内燃机先进技术译丛

柴油机手册

（原书第 3 版）

［德］克劳斯·莫伦豪尔（Klaus Mollenhauer）
赫尔穆特·乔克（Helmut Tschöke） 主编

于京诺　宋进桂　杨占鹏　译

机 械 工 业 出 版 社

本书对柴油机进行了全面的介绍。第一部分简单地介绍了柴油机历史，接着介绍基础知识，其中包括增压系统、柴油机燃烧、燃料及现代喷射系统；第二部分至第四部分涉及所选择零件的负荷和设计、柴油机工作过程、柴油机污染物及降低污染物排放的重要措施；第五部分展示了从小型单缸柴油机到大型低速二冲程柴油机的整个系列的发动机。

本书不仅适用于柴油机专业人员，而且也适用于具有基本工程知识或至少对技术感兴趣的“柴油机外行”。此外，该书还有助于希望直接、全面、可靠地了解柴油机工程技术及其开发现状的学生。

译者的话

19 世纪 90 年代，德国人鲁道夫·狄赛尔发明了柴油机。经过 100 多年的发展，柴油机技术已经日臻完善。特别是采用了电子控制共轨喷射、排气后处理等先进技术以后，柴油机的效率进一步提高，排放和噪声进一步降低。柴油机现在仍然是热效率最高的内燃机。目前，柴油机不仅几乎占领了所有的商用车发动机市场，而且采用柴油机的乘用车也越来也多。欧洲的柴油机乘用车占乘用车的比例已经超过 50%。

对于柴油机的研究、开发和制造技术，欧洲特别是德国一直处于领先地位。这本由德国学者、专家共同编著的柴油机手册，从柴油机的发展史开始，系统介绍了柴油机的工作循环、燃料以及燃油喷射系统，柴油机零件机械负荷和热负荷的分析方法和曲柄连杆机构设计方法，以及制造材料的选用，柴油机的工作过程以及排放和噪声控制，柴油机在车辆和工业以及船舶上的应用实例。本书还介绍了柴油机的最新技术、最新研究方法和研究成果，以及柴油机技术的发展趋势。这样的一本手册可谓柴油机的百科全书，可以作为柴油机研究、开发、制造、使用工程技术人员的参考资料，也可以作为相关专业的高校师生的教学和学习参考书。

自 2009 年至今，我国的汽车年产销量一直位列世界第一，但我国的柴油机乘用车占乘用车的比例还不到 1%，我国的柴油机技术水平还相对较低。工信部《中国制造 2025》详解版中，明确提出“推动柴油发动机在乘用车上的应用”。柴油机在我国的发展还有巨大的潜力。机械工业出版社将这样的一本柴油机手册翻译出版，是我国柴油机专业技术人员的一大福音，相信必将对我国柴油机技术的发展有所裨益。

本手册的第 1 章至第 6 章以及第 17 章和第 18 章由于京诺翻译；第 7 章至第 10 章由宋进桂翻译；第 11 章至第 16 章由杨占鹏翻译。另外，李栋、杨永盛、林红旗、吴凯、李刚为本书的翻译工作提供了帮助，在此一并表示感谢。由于水平有限，难免存在错误和不当之处，敬请读者批评指正。

译者

2017. 2. 2

前　言

"这种机器注定会使发动机工程领域实现彻底的革命并取代现有的一切"（摘自鲁道夫·狄赛尔于1892年10月2日给出版商朱利叶斯·斯普林格的一封信）。

当然，狄赛尔陈述的目标不太可能按字面实现。即便如此，柴油机的确使动力系统实现了革命性的变化。本手册评述了柴油机工程技术的目前状况。想想100多年前，鲁道夫·狄赛尔将他对热机的合理构思变成现实这一重要事件，自然萌发了出版一本柴油机手册的强烈愿望。1892年，鲁道夫提出柴油机的专利申请，并于次年开始了他的发动机的开发工作。在等待了4个年头之后，于1897年6月，德国工程师学会在卡塞尔大会上为他提供了一个向公众展示他的发动机的平台。此后不久，该发动机就以它的天才发明者的名字命名了。

本手册不仅适用于柴油机专业人员，而且也适用于具有基本工程知识或至少对技术感兴趣的"柴油机外行"。此外，该手册还有助于希望直接、全面、可靠地了解柴油机工程技术及其开发现状的学生。

这些目标通过手册的五部分结构来体现。第一部分简单地介绍了柴油机历史，接着介绍基础知识，其中包括增压系统、柴油机燃烧、燃料及现代喷射系统；第二部分至第四部分涉及所选择的零件的负荷和设计、柴油机工作过程、柴油机污染物及降低污染物排放的重要措施；第五部分展示了从小型单缸柴油机到大型低速二冲程柴油机的整个系列的发动机。

最近20年来，用于道路和非道路用途的柴油机，作为经济、清洁、大功率和方便使用的动力装置的发展日新月异。由于石油储量的限制和对气候变化预测的研究，开发工作的焦点继续集中在降低燃油消耗和利用替代燃料，同时尽可能地使排气清洁，并进一步提高柴油机的功率密度和运行性能。开发工作的方向是满足基本的法定条件，满足客户需求以及提高与汽油机的竞争力（最后这一点也很重要，因为汽油机在许多领域仍被认为是标准的车用发动机）。

本手册考虑到了对所涉及的主题的详略加以权衡。除了利用新型燃烧系统和新燃料来降低废气排放的发动机机内净化措施外，"排气后处理"部分值得特别详细介绍。20世纪90年代在乘用车领域作为标准件使用的氧化催化转换器将很快不再能满足大气保护法的安装要求；颗粒过滤器和氮氧化物还原系统（如选择性催化还原和存储式催化还原）已经变成标准配置。

新型燃烧系统的预混、均质燃烧的比例通常比扩散燃烧更大。为了提高功率输出，增加了最高气缸压力以及随着制动平均有效压力的增长需要限制负荷的增加，需要对增压技术进行进一步的改进。本手册对新型燃烧系统与增压系统的改进给予了同样的关注。当20世纪90年代末，汽车领域从间接喷射转向直接喷射的时候，共轨喷油系统作为最佳喷油系统迅速出现，并于新千年伊始逐渐（最初仅仅为试用）用于大型柴油机。实际上，在各种排量的柴油机上，共轨系统现在都是标准配置。因此，为了反映当前正在进行的而并非已经结束的新发展，本手册详细介绍了不同的结构形式，如采用电磁式喷油器或采用压电式喷油器的共轨喷油系统。同样，对实现发动机控制过程的多种可选方案的电子控制也给出足够的篇幅进行介绍。

为了能够满足对本柴油机手册的期望和要求，我们不仅参考了应用型大学和综合性大学的教授们的研究成果，而且还得到了来自发动机行业的杰出工程师们的密切合作。狄赛尔的发明本身就是以当时的工程为基础的，而在狄赛尔时代之后，在发动机研究方面，在理论与实践之间，在学术界与工业界之间仍然保持着特别紧密的联系。

在一代又一代的工程师们、科学家们和研究人员以及教授们的辛勤工作下，柴油机继续保持着效率最高的内燃机的地位，并且已经发展成一种先进的高科技产品。

我们真诚地感谢所有的作者——他们或许是工作在需要有无私奉献精神的行业的专家，或许是工作在轻松创意的时代早已成为过去式的学术界的我们的同行。感谢他们给予的密切合作；感谢他们对我们的理念的理解与认同；感谢他们给出了许多富有成效的论述。我们还要真诚地感谢允许它们的员工参与我们的工作，协助完成文字和主要示图的编辑以及提供材料的公司。我们还应感谢公司和研究所的许多助手，没有他们的贡献，这样的一本内容宽泛的手册稿件绝不会完成。

特别感谢罗伯特·博世（Robert Bosch GmbH）的狄赛尔系统分公司（Diesel Systems Division），是它给予技术和资金上的支持，使从一开始就能广泛地开展工作成为可能。

尽管有时是忙碌的节奏和大量额外的工作，但编辑们极度享受他们与作者、出版商和所有的其他合作者之间的密切合作所带来的快乐。

Klaus Mollenhauer

Helmut Tschöke

2009年9月

我的发动机将继续取得巨大进展……（摘自鲁道夫·狄赛尔1895年7月3日给他的妻子的信）

目 录

第二部分 柴油机过程

第三部分　柴油机的工作

第四部分 柴油机对环境的污染

第五部分　柴油机的实际应用

第一部分　柴油机工作循环

第 1 章　柴油机的发展史和基本原理

第 2 章　换气和增压

第 3 章　柴油机燃烧

第 4 章　燃料

第 5 章　燃油喷射系统

第 6 章　燃油喷射控制系统

第1章　柴油机的发展史和基本原理

1.1　柴油机的发展史

1892年2月27日，工程师鲁道夫·狄赛尔向柏林的德国专利局申请了一项“新型合理热机”的专利。1893年2月23日，他被授予申请日期为1892年2月28日德国专利DRP 67207的“内燃机的工作方法和设计”的专利。这是狄塞尔向他自己的目标迈出的重要的第一步，就像在他的传记中描述的那样，从大学时代他就一直专注于这项研究。

鲁道夫·狄赛尔1858年3月18日生于巴黎，父母都是德国人。当1870年至1871年的普法战争爆发时，他仍是一名小学生。他取道伦敦前往奥格斯堡，在那里长大成人。由于缺少家庭和经济支持，年轻的鲁道夫·狄赛尔不得不将命运掌握在自己手中，他靠当家庭教师的收入来维持生计。奖学金基本上能够保证他在慕尼黑理工学院以及后来的工学院完成学业，他作为当时最优秀的学生于1880年从那里毕业。

在读书期间，在林德教授的热机理论课程中，作为学生的狄塞尔认识到，根据卡诺1824年提出的理想能量转化公式（见1.2节），在当时占主导地位的蒸汽机浪费了大量能量。当时的锅炉热效率只有约3%，而且排放严重污染空气的令人厌恶的烟尘。

保存下来的课堂笔记表明，作为学生的狄塞尔已经在思考如何实现卡诺循环，思考是否可能直接利用煤炭中包含的能量而不是作为媒介的蒸汽。在林德制冰机公司工作期间，他从巴黎到了柏林，他还是雄心勃勃地追求着高效发动机的理想，希望他的发明能给他带来经济上的收益以及社会的进步。他最终申请并被授予前面提到的专利，该专利的权利要求1如下：

内燃机的工作方式具有以下特征：纯空气或者其他惰性气体（或蒸汽）用工作活塞在气缸内压缩纯空气，从而使其温度升高到远高于所使用的燃料的发火温度（参考文献［1-1］中的图2中的曲线1-2），由于排气活塞以及压缩空气（或气体）引起的膨胀的结果（参考文献［1-1］中的图2中的曲线2-3），燃料由上止点开始逐渐供入，以至于燃烧发生不会引起压力和温度的显著增加，因此，在燃料供给结束之后，做功气缸内的气体会进一步膨胀（参考文献［1－1］中的图2中的曲线3－4）。

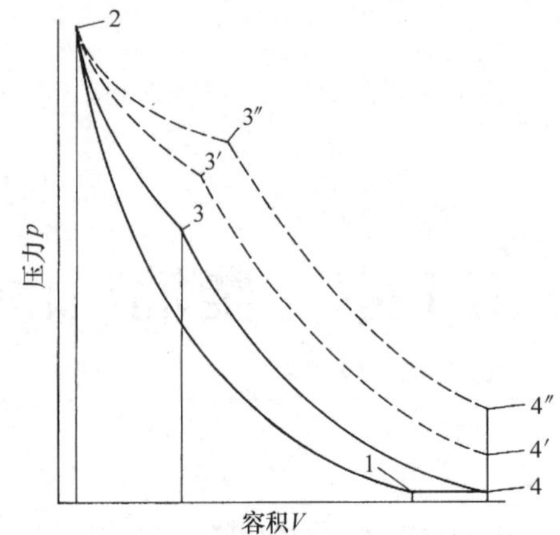

图1-1　基于参考文献［1－1］中的图2的理想柴油机工作过程（1－2－3－4），根据狄塞尔1893年10月16日写给克虏伯的信补充修改“进气过程”（1－2－3′－4′和1－2－3″－4″）

一旦气体被降压到排气压力，热量便沿等压线4－1（图1-1）放出，因此循环结束。

权利要求2要求对多级压缩和膨胀进行专利保护。狄塞尔提出了3缸复合式发动机的设想（图1-2）。绝热压缩发生在两个工作相差180°的高压气缸2和3内，由料斗B在上止点供入的燃料（狄塞尔最初说是煤粉）自燃，因此等温燃烧和膨胀

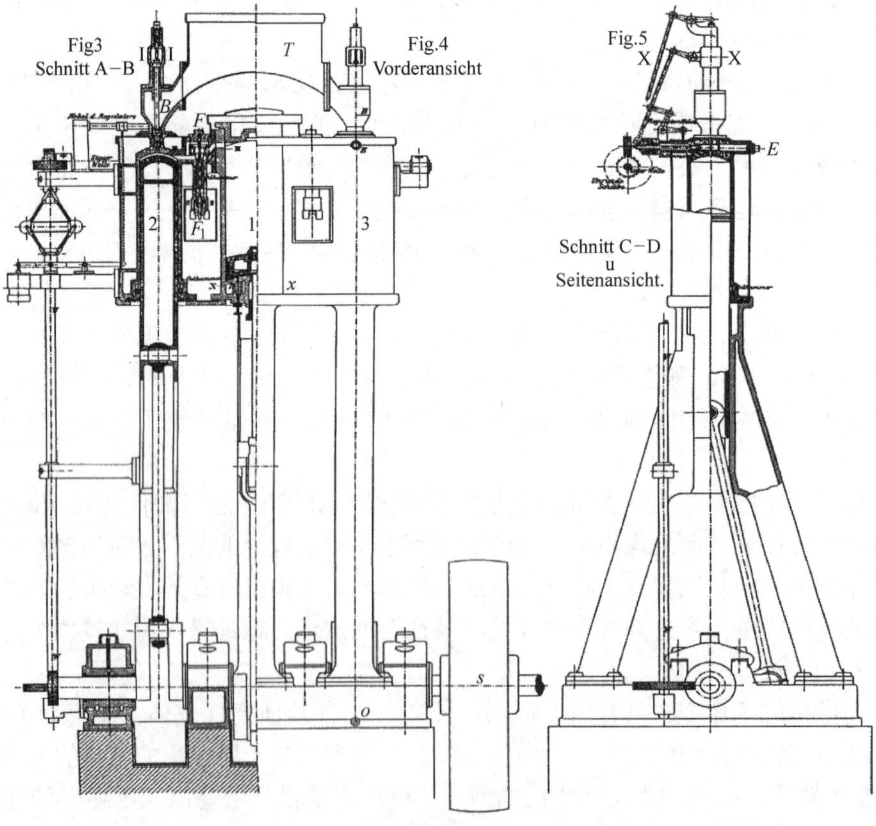

图1-2　狄塞尔的复合发动机设计

发生，燃烧结束以后转入绝热膨胀。燃烧气体被转移到双作用中心气缸1，在那里它完全膨胀到环境压力，并且在反向运动之后，与由水喷射进行的等温预压缩或者发动机并行运行的第二个循环充入新鲜空气的同时被排出。这样，发动机每转一转完成一个工作循环。

为了实现卡诺循环，狄塞尔回到尼古拉斯·奥托时代被认为是“最高技术水平”的四冲程循环。他认为在最高800℃下的等温燃烧能够保持发动机的热负荷足够低，可以在不需要冷却的情况下工作。这一极限温度需要压缩压力大约为250 at（工程大气压），狄塞尔远远超出了所谓的“最高技术水平”。一方面，这给了“局外人”狄塞尔实现他的理想的自信；另一方面，有经验的发动机制造公司，例如道依茨燃气发动机厂，都避开了狄塞尔的专利。

狄塞尔意识到，“一项发明包含两部分：想法及其实现”，狄塞尔撰写了论文“一种合理的热机的理论与设计”，并寄给教授和工业界以及道依茨的专家，在1892年底到1893年初宣传他的以下想法并赢得了工业界的支持：在800℃下具有约73%的卡诺效率，他预计在实际运行中最大损失30%～40%，这相当于有效效率可以达到50%。

在经过将近一年的努力和运筹帷幄之后，狄塞尔最终在1893年初与海因里希·布斯领导的著名的蒸汽机制造引领企业—奥格斯堡机械有限公司签订合同。合同内容包括狄塞尔对他的理想发动机的授权：最高压力从250at（工程大气压）降低到90 at，后来降低到30 at，复合发动机的3个气缸减少到1个高压气缸，放弃使用煤粉而改用燃油。其他两家重型机械制造厂，克虏伯和不久后的苏尔寿也加入合同，这使狄塞尔获利颇丰。

第一台无冷却系统试验发动机于1893年初夏在奥格斯堡开始制造，该发动机气缸行程400mm，缸径150mm。尽管石油是预期的燃料，但在更容易发火这一错误假设下，汽油于1893年8月10日首先被喷射到动力发动机，尽管压力计在压力超过80bar时爆裂，但这确实证实了自燃的原理。

从选择的示功图（图1-3）可以看出，一旦第一台发动机（后来提供了水冷却系统）得以改进，燃料能够不再直接喷射，而是借助于压缩空气进行燃料的喷射、雾化和燃烧，那么它就能得到进一步的发展。第一台动力发动机于1894年2月17日首次怠速运转，它成为了第一台自制的发动机。首次制动试验终于在1895年6月26日进行：使用石油作为燃料，并从外部压缩喷入空气，测得的指示效率 $\eta_i=30.8\%$，有效效率 $\eta_e=16.6\%$，燃料消耗率为382g/(hp·h)。

第3台试验发动机装备了单级空气泵，仅仅是这一设计修改就取得了突破，尽管Technische Hochschule München（慕尼黑技术大学）的Moritz Schröter（莫里茨·施勒特）教授在1897年2月17日就进行了验证测试，但直到1897年6月16日他才与狄赛尔和布兹一起将这一结果在德国工程师协会上予以公布，介绍了第一台热机的效率为26.2%，这在当时引起了轰动！

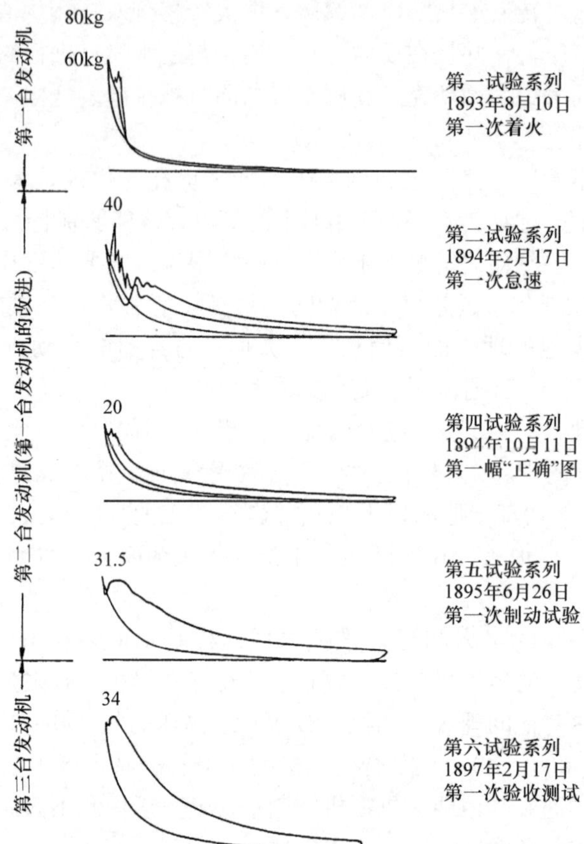

图 1-3　基于参考文献［1－2］的柴油机演变的示功图作为气缸容积的函数的压力曲线所围的面积对应于发动机内功，见 1.2 节

当狄赛尔绘制理论示功图（图1-4）时，根据图中与指示功成比例的狭窄区域和被认为是较高压力导致的摩擦损失，他就已经意识到，该发动机将不能完成任何有效的工作，因此必须放弃基本专利中等温加热的权利要求。为了不危害基本专利，他可谓煞费苦心，他最初给出的想法是延长进气周期，即升高在 $p-V$ 图（图 1-1）中的等温加热线。1893 年 11 月 29 日的专利（德国专利 DRP 82168）的第二项应用也引用等压循环，因为“没有实质

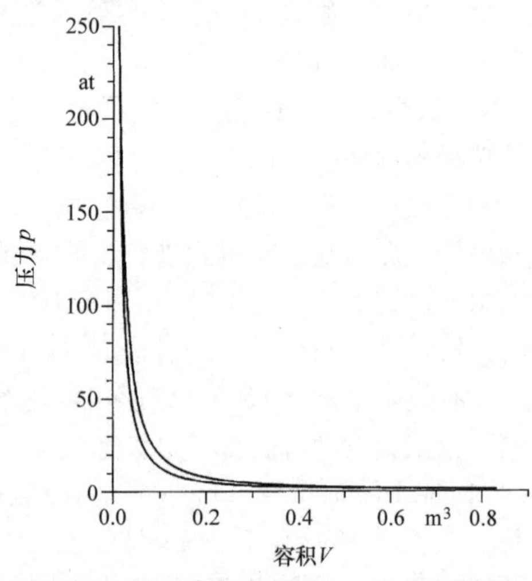

图 1-4　基于参考文献［1－3］的卡诺循环理论示功图

性的压力增加”，这被认为与基本专利一致。但与基本专利不同的是，这一授予的专利忽略了燃油量和最高温度增高的事实。

不出所料，狄赛尔和他的团队不久后在卡塞尔卷入专利争端。按照指控，狄赛尔的发动机不能满足他的专利的任何权利要求：没有冷却发动机就不能运转；随着压缩的进行，压力和温度没有实质的增加就不会有膨胀的发生。只有权利要求 1 中提及的自动发火得以实现。然而，正如狄赛尔从不承认他的发动机没有完成卡诺循环一样，他一直坚决否认自燃是他的发明的基本特征。

另一项没有使用煤粉的指控无关紧要：主要是因为他的发动机是要替代蒸汽机的，作为一名 19 世纪的工程师，狄赛尔首先不可能绕开煤炭，因为煤炭在他那个时代是主要能源。但是，在后来的试验中他并没有排除其他燃料，这些燃料中甚至包括植物油，见参考文献［1－2］。考虑到当时的“最高技术水平”，所有的人，甚至包括狄赛尔本人，都不知道哪种燃料最适合狄赛尔发动机。许多设计草稿可以证明，他依靠敏锐的直觉把握着柴油机的燃烧循环，那个时候他对此并不熟悉，不像现在可以利用先进的仪器和计算机技术进行检测，因此他更加令人钦佩（图 1-5）。

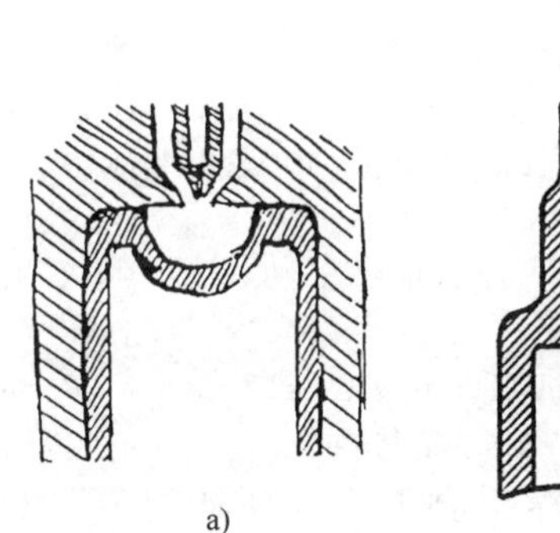
a)

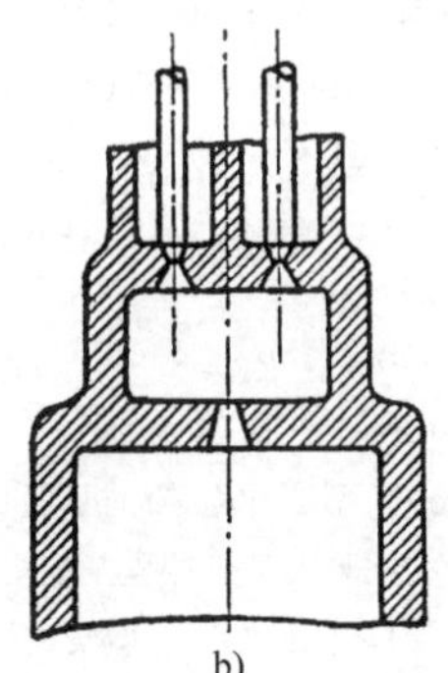
b)

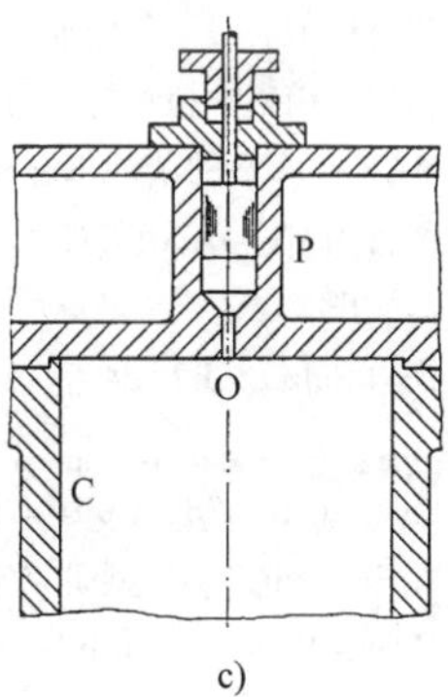

c)

图 1-5　狄赛尔推荐的燃烧系统

a）顶部球形坑活塞（1892）　b）二次燃烧室（1893）　c）泵－喷嘴单元（1905），见 5.3 节

除了成功地化解专利纠纷以外，狄赛尔发动机的前景又因发明人与狄赛尔财团的冲突而蒙上阴影：后者对销售发动机获利更感兴趣，打算尽快用它更换固定的和船用蒸汽机。这也预示着“高性能柴油机”的发展（表 1-1）。

表 1-1　柴油机发展的里程碑

高性能大功率柴油机的发展历程	
1897 年	第一台效率 η_C = 26.2% 的柴油机在奥格斯堡机械厂运转
1898 年	在肯普滕的 Zündholzfabriken AG 联合公司生产出第一台双缸柴油机，转速 180r/min，功率 2×30hp[①]

（续）

高性能大功率柴油机的发展历程	
1899年	由MAN公司的Hugo Güldner生产的第一台二冲程柴油机问世（未在市场销售）
1899年	由Gasmotorenfabrik Deutz生产的第一台无十字头的W型柴油机问世
1901年	由伊曼纽尔·劳斯特制造的MAN筒形活塞柴油机问世（DM 70型）
1903年	双缸四冲程25hp的对置活塞柴油机由迪克霍夫在巴勒迪克第一次安装到了船上（Petit Pierre驳船）
1904年	第一座4×400hp柴油机驱动的MAN柴油机发电站在基辅建成
1905年	阿尔弗雷德·布奇提出了利用废气能量增压的设想
1906年	Sulzer和Winterthur兄弟首次将每缸功率100hp（行程s/缸径D=250/155）的可逆二冲程发动机用于船舶
1912年	第一艘装有两台可逆四冲程柴油机的MS斯兰迪亚远洋船试航，该发动机产自布尔迈斯特和魏恩，每台功率为1088hp
1914年	第一台来自纽伦堡MAN公司的每缸功率为2000hp（s/D=1050/850）的双作用6缸二冲程发动机首次试验运转
1951年	第一台具有高增压装置的MAN四冲程柴油机（6KV30/45型）问世，η_e = 44.5%；W_{emax} = 2.05kJ/L；p_{Zmax} = 142bar②；P_A = 3.1W/mm^2
1972年	当时最大的二冲程柴油机开始工作（s/D=1800/1050；4000hp）
1982年	市场上销售的超长行程的二冲程发动机，$s/D\approx3$（Sulzer，B&W）
1984年	MAN–B&W的柴油机燃料消耗率达到167.3g/kW·h（η_e = 50.4%）
1987年	装备MAN–B&W四冲程柴油机的最大柴油电力驱动系统试运转，其总输出95600kW，驱动伊丽莎白女王2号
1991/1992年	产自Sulzer（RTX54型，p_{Zmax} = 180bar；P_A = 8.5W/mm^2）和MAN–B&W（4T50MX型，p_{Zmax} = 180bar；P_A = 9.45W/mm^2）的二冲程和四冲程实验发动机问世
1997年	Sulzer 12RTA96C（s/D=2500/960）型二冲程柴油机问世，在转速n=100r/min下，P_e=65880kW
1998年	在Sulzer RTX–3型研究发动机上试验大型二冲程柴油机共轨技术
2000/2001年	MAN–B&W的12K98MC–C（s/D=2400/980）型柴油机问世，是当时功率最大的二冲程柴油机，在转速n=104r/min下，P_e=68520kW
2004年	第一台MAN–B&W 32/40型四冲程中速共轨喷射柴油机问世，P_e=3080kW，用于集装箱运输船
2006年	MaK M43C型柴油机是四冲程中速船用柴油机的顶级产品，燃料消耗率为b_e=177g/kW·h，单缸输出1000kW（s/D=610/430；W_e=2.71kJ/L；c_m=10.2m/s）
2006年	世界上第一台14缸二冲程最大功率Wärtsilä RTA–flex96C型共轨喷射柴油机问世，P_e = 80080kW；s/D=2500/900；c_m=8.5m/s；W_e = 1.86kJ/L（p_e = 18.6bar）
高速车用柴油机的发展历程	
1898年	由纽伦堡MAN公司的Lucian Vogel制造的双缸四冲程对置活塞发动机（“5hp无马马车发动机”）首次运转（试验发动机，未在市场销售）
1905年	鲁道夫·狄赛尔基于具有空气压缩机和直接喷射的Saurer四缸汽油机制造出试验发动机（未在市场销售）
1906年	Deutz获得直接喷射德国专利DRP 196514

（续）

高速车用柴油机的发展历程	
1909年	L’Orange获得预燃室德国基本专利DRP 230517
1910年	McKenchie获得直接高压喷射英国专利1059
1912年	MKV型无压缩机Deutz柴油机开始批量生产
1913年	Sulzer brothers（苏尔寿兄弟）制造的具有4缸二冲程V形发动机的柴油机车问世（功率1000hp）
1914年	Prussian和Saxon国家铁路使用Sulzer发动机的柴油电动机车问世
1924年	纽伦堡MAN公司（直接喷射）和Daimler Benz AG（预燃室直接喷射）首次展示了商用车柴油机
1927年	Bosch（博世公司）开始批量生产柴油喷射系统
1931年	Junkers－Motorenbau GmbH公司的JUMO 204型6缸二冲程对置活塞飞机用柴油机进行原型机试验，功率530kW（750hp），质量功率比1.0kg/hp
1934年	Daimler－Benz公司为LZ 129 Hindenburg生产的具有预燃室的V8四冲程柴油机问世，在1650r/min下功率1200hp（包括变速器的质量功率比为1.6kg/hp）
1936年	由Daimler－Benz AG（车型为260D）和Hanomag生产的具有预燃室的乘用车柴油机问世
1953年	由Borgward（博格瓦德）和Fiat（菲亚特）生产的具有涡流室的乘用车柴油机问世
1978年	第一辆具有废气涡轮增压（Daimler－Benz公司制造）的乘用车柴油发动机问世
1983年	由MTU生产的第一台高速高性能柴油机问世，具有二级涡轮增压，$W_{emax}=2.94\mathrm{kJ/L}$；$p_{Zmax}=180\mathrm{bar}$；单位活塞面积功率$P_A=8.3\mathrm{W/mm^2}$
1986/1987年	具有电控发动机管理系统的车用柴油机问世（BMW：乘用车；Daimler－Benz：商用车）
1988年	第一台用于量产乘用车的直接喷射柴油机问世（Fiat）
1989年	第一台用于量产乘用车的具有废气涡轮增压和直接喷射的柴油机（Audi 100 DI乘用车）在奥迪公司诞生
1996年	第一台具有直接喷射和四气门燃烧室的乘用车柴油机问世（Opel Ecotec柴油机）
1997年	第一台具有高压共轨直接喷射和可变几何涡轮增压系统的乘用车增压柴油机问世（Fiat，Mercedes－Benz）
1998年	第一台BMW V8 3.9 L DE涡轮增压柴油机问世，在转速4000r/min下，$P_e=180\mathrm{kW}$，$M_{max}=560\mathrm{N\cdot m}$（1750～2500r/min）
1999年	由DaimlerChrysler公司生产的智能发火、排量0.8L，在当时是最小的具有中冷和高压共轨喷射系统的增压发动机问世，在转速4200r/min下，$P_e=30\mathrm{kW}$，油耗3.4l/100km，是首辆“3L汽车”
2000年	第一台具有微粒过滤器的量产乘用车柴油机问世（Peugeot）
2004年	Opel引入了Vectra OPC自适应学习系统，具有1.9L的CDTI双涡轮增压装置，升功率$P_V=82\mathrm{kW/L}$
2006年	在74届勒芒24小时耐力赛上，一辆装有V12柴油机（在转速$n=5000\mathrm{r/min}$下，功率$P_e>476\mathrm{kW}$；$V_H=5.5\mathrm{L}$；$W_e=2.1\mathrm{kJ/L}$，双涡轮增压压力$p_L=2.94\mathrm{bar}$）的AUDI R10 TDI赛车赢得冠军

① 1hp＝745.7W。

② 1bar＝100kPa。

另一方面，由于鲁道夫·狄赛尔对分布式能源发电感兴趣，并且预期在铁路工程中的热电技术和现代发展，设想利用卫星遥控，自动引导货车车厢，鲁道夫·狄赛尔认为借鉴具有A框架的重型试验发动机和来自蒸汽机工程的十字头式发动机只是通向轻型无压缩机柴油机之路的初级阶段。

狄赛尔在奥格斯堡机械厂（Maschinenfabrik Augsburg）研发工作的结果是复合式发动机的结构被勉强承认，因为它没有达到人们对它的预期以及对用煤粉和其他燃料进行试验的预期结果。

后来，狄赛尔与一个叫做Safir的小公司一起进行的试验中，有一项是预期能被大家广泛接受的车用柴油机生产线开发项目，该项目由于燃油计量装置不良而失败。这一问题首先由博世公司开发的柴油喷射系统解决。

鲁道夫·狄赛尔在1913年9月29日至30日在从Antwerp（安特卫普）到Harwich（哈里奇）的途中离世，此时正是他的著作“柴油机的起源”出版后的几周时间。经过数年的争斗和努力，他的精神和身体都达到了极限，财务危机正威胁着他从发明得到的收益：他自尊心太强，不肯承认他犯了错误，并且已经有了不好的预感，也不接受别人的帮助。

他留给我们的是他毕生的工作成果，由热机理论演化而来的以他的名字命名的高效发动机。100多年以后，这种发动机像它的创造者鲁道夫·狄赛尔所预期的那样：在他那个时代甚至当代都是最合理的热机（图1-6）。与1897年相比，它的效率达到大约两倍，并且接近由狄赛尔估计的卡诺循环效率。最高气缸压力 p_{Zmax} 已经达到5倍以上。

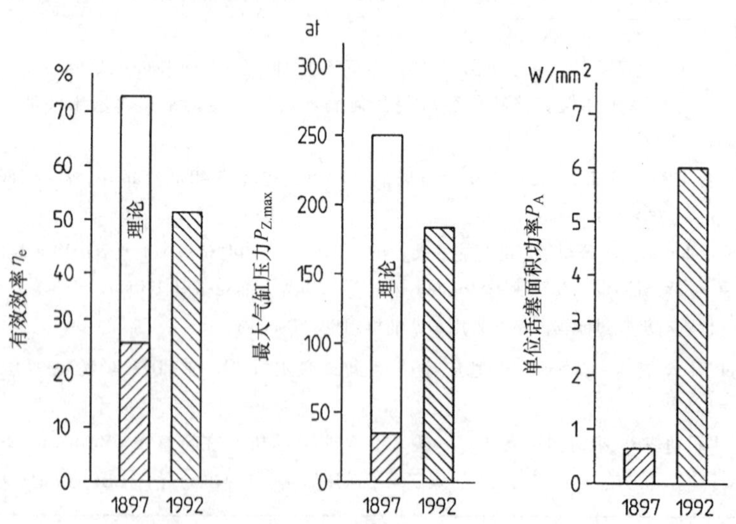

图1-6　第一台柴油机和约100年后量产发动机的最高有效效率 η、最大气缸压力 p_{Zmax} 和单位活塞面积功率 P_A（也见图1-13和表1-3）

（$1\text{at} = 1.01 \times 10^5\text{Pa}$）

按照生态保护的要求，狄赛尔发动机的高效率和多燃料通用性可以保护有限的能源并减少二氧化碳排放。然而，只有持续地进一步减少排放和噪声才能保证柴油机在未来被人们接受，同时，最终实现狄赛尔的梦想：

“我的发动机的废气将是无烟尘和无气味的”。

1.2 发动机工程基础

1.2.1 简述

柴油机与汽油机一样，其工作原理都是将包含化学能的燃料，在发动机内燃烧，释放热能，通过热力学循环转变成机械能（有效功）。

作为用“黑箱”表示的转化器的系统边界的函数，能量平衡（图 1-7）可以表达为：

$$E_B + E_L + W_e + \sum E_V = 0$$

如果助燃空气的能量相对于环境状态为 $E_L = 0$，那么燃料 m_B 提供的能量等于有效功 W_e 和所有损失的能量 $\sum E_V$。

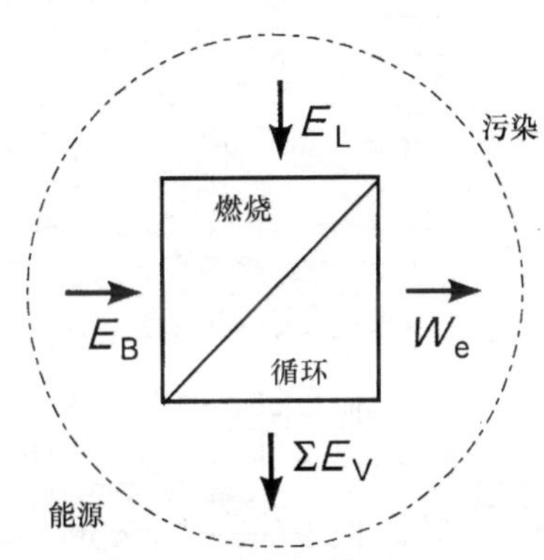

图 1-7 柴油机作为能量转化器

“柴油机”技术领域也是由“资源”和“环境污染”概念定义的广泛的全球网络化系统的一部分。单独考虑能源和经济，追求最小的能量损失 $\sum E_V$，就不能满足当代的生态需求，即能源和材料必须总是以最小的环境污染和最高的效率进行转换。根据这些要求所进行的复杂的研究和研发工作，结果就产生了今天的柴油机，它已经从简单的发动机改进成包含许多子系统的复杂的发动机系统（图 1-8）。集成电器和电子部件的增加以及从开环控制到闭环控制的演变就是这一发展的特征。此外，国际竞争正使得制造成本和材料消耗进一步降低。除此以外，还需要能够最佳利用部件的适合目标的设计。

1.2.2 基本工程数据

每一台往复式发动机的几何形状和运动状态都可以由下列几何参数进行清晰的描述：

1）行程/缸径比 $\zeta = s/D$；

2）连杆比 $\lambda_{Pl} = r/l$；

3）压缩比 $\varepsilon = V_{max}/V_{min} = (V_c + V_h)/V_c$。

V_{min} 代表燃烧室容积 V_c，而最大气缸容积 V_{max} 等于 V_c 与气缸工作容积 V_h 之和。

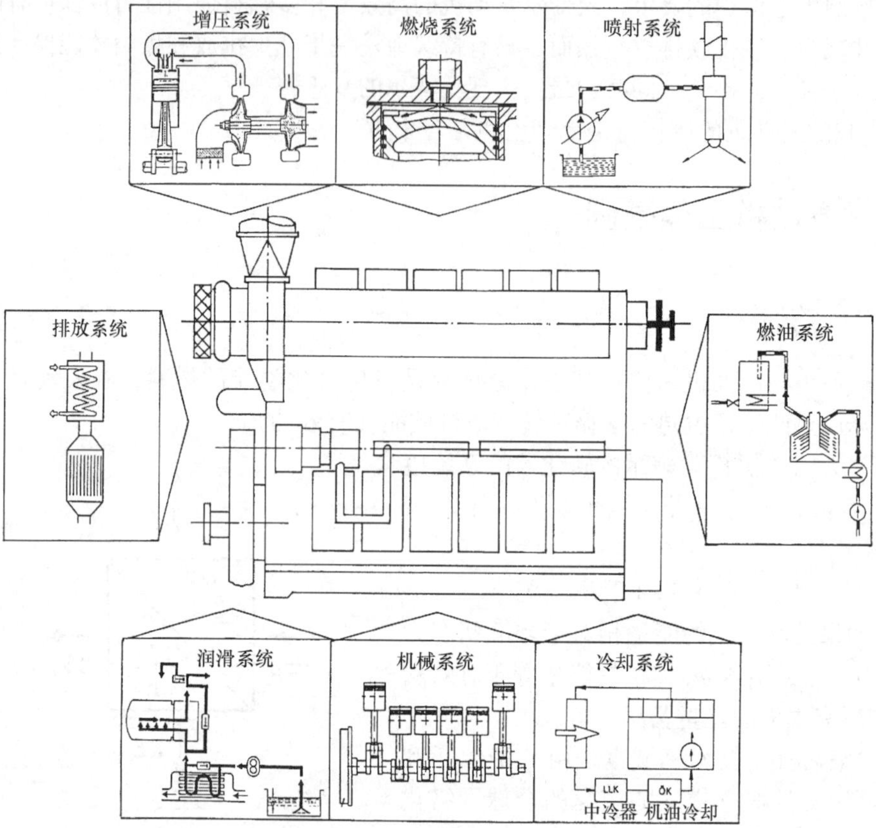

图 1-8　具有复杂子系统的现代柴油机

以下是缸径为 D，活塞行程为 s 的气缸的工作容积：

$$V_h = s \cdot \pi \cdot D^2/4$$

因此，$V_H = z \cdot V_h$ 是具有 z 个气缸的发动机的排量。

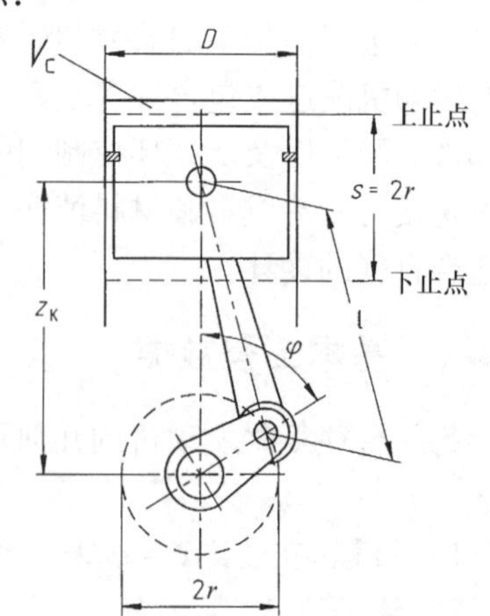

图 1-9　筒形活塞发动机的基本工程数据

筒形活塞发动机（图 1-9）的基本数据已经确定。只有大型二冲程发动机（见 18.4 节）才有的十字头可以减小活塞的侧向力（见 8.1 节）。这两种类型仍然只用于单向加载活塞。作为标准时间值的曲轴转角 φ 和转速 ω 有如下关系：

$$\omega = \mathrm{d}\varphi/\mathrm{d}t = 2 \cdot \pi \cdot n$$

当转速不是用发动机转速（s^{-1}）表示，而是按照发动机制造厂的习惯用转/分钟（r/min）表示，则 $\omega = \pi \cdot n/30$。

内燃机的燃烧循环在密闭的气缸容积 V_z 内进行，它随着活塞运动的瞬时行程 z_K 在 V_{max} 与 V_{min} 之间周期性变化：

$$V_z(\varphi) = V_c + z_K(\varphi) \cdot \pi \cdot D^2/4$$

以曲柄半径 r 作为用曲轴转角（°CA）表示的曲轴瞬时位置 φ 的函数，并且以上止点（TDC，$\varphi=0$）为始点，下式用于表达活塞运动的瞬时行程：

$$z_K = r \cdot f(\varphi)$$

通常应用下列近似函数：

$$f(\varphi) = 1 - \cos\varphi + (\lambda_{P1}/4) \cdot \sin^2\varphi$$

因此活塞瞬时速度 c_K 和瞬时加速度 a_K 为：

$$c_K = dz_K/dt = r \cdot \omega \cdot [\sin\varphi + (\lambda_{P1}/2) \cdot \sin 2\varphi]$$

$$a_K = d^2z_K/dt^2 = -r \cdot \omega \cdot (\cos\varphi + \lambda_{PL} \cdot \cos 2\varphi)$$

活塞行程 s 以 m 为单位，发动机转速以 s^{-1} 为单位，活塞的平均速度

$$c_m = 2 \cdot s \cdot n[m/s] \tag{1-1}$$

是发动机运动学和发动机动态性能的重要参数。随着活塞平均速度的增加，惯性力（$\sim c_m^2$）、摩擦力和磨损都将增加。因此，c_m 的增加只能被限制在一定的极限范围。所以大型发动机通常以低速运转，高速发动机通常尺寸较小。下面给出的是柴油机缸径尺寸在 $0.1m < D < 1m$ 范围内活塞的平均速度与气缸直径之间大致的对应关系：

$$c_m \approx 8 \cdot D^{-1/4} \tag{1-2}$$

1.2.3　发动机燃烧

1.2.3.1　燃烧模拟的基本原理

燃烧是燃料分子与作为氧化剂的大气中的氧发生氧化反应的化学反应过程。因此，可燃烧的最大燃料质量 m_B 取决于发动机气缸内存在的空气的质量。利用燃料按化学计算完全燃烧所需要的空气量 L_{min}（kg 空气/kg 燃料），过量空气系数 λ_V 定义了燃烧中“供应与需要”的比例：

$$\lambda_v = m_{LZ}/(m_B \cdot L_{min}) \tag{1-3}$$

下式适用于整个发动机所有气缸（$V_Z = z \cdot V_z$）“供应”的空气质量 m_{LZ} 的计算：

$$m_{LZ} = V_Z \cdot \rho_Z = \lambda_1 \cdot \rho_L \cdot V_H \tag{1-4}$$

由于进气终了气缸内的空气密度 ρ_Z 通常是未知的，充气效率 λ_1（见 2.1 节）和直接在进气门到气缸盖的新鲜充量的密度 ρ_L 的定义可以转换为：

$$\rho_L = p_L/(R_L \cdot T_L) \tag{1-5}$$

需要的空气量可以通过对燃料进行元素分析得到：柴油（DF）是石油衍生品，它是碳氢化合物的混合物，主要由碳（C）、氢（H）和硫（S）元素组成，通常还

含有微量的氧（O）和氮（N）。因此，一个燃料分子 $C_xH_yS_z$ 完全氧化成二氧化碳（CO_2）、水（H_2O）和二氧化硫（SO_2）的化学反应平衡方程

$$C_xH_yS_z + [x + (y/2) + z] \cdot O_2 \longrightarrow$$
$$x \cdot CO_2 + (y/2) \cdot H_2O + z \cdot SO_2 + Q_{ex}$$

可以根据空气中的氧含量通过化学当量计算出空燃比 L_{min} 和特定的摩尔数：

$$L_{min} = 11.48 \cdot (c + 2.98 \cdot h) + 4.3 \cdot s - 4.31 \cdot o[\text{kg/kg}]$$

式中，c、h、s、o 是根据元素分析得到的 1kg 燃料的质量分数。柴油参考值：$L_{min} = 14.5\text{kg/kg}$。

根据燃料的热值 H_u 和燃料在燃烧过程中释放的热量 Q_{ex}，还可以由元素分析通过计算得到：

$$H_u = 35.2 \cdot c + 94.2 \cdot h + 10.5 \cdot (s - o)[\text{MJ/kg}]$$

以下是在15℃下燃料密度为 ρ_B 时的近似关系：

$$H_u = 46.22 - 9.13 \cdot \rho_B^2 + 3.68\rho_B[\text{MJ/kg}]$$

因此，下式适用于燃烧循环的热量计算：

$$E_B = Q_{zu} \leqslant m_B \cdot H_u$$

1.2.3.2 发动机燃烧系统的比较

柴油机的燃烧通常在液体燃料蒸发成燃油蒸气与空气混合成可燃混合气之前就已经开始，这一过程与汽油机不同（表1-2）。

表1-2 发动机燃烧系统的比较

特　性	柴　油　机	汽　油　机
混合气形成	缸内	缸外
混合气类型	非均质	均质
点火	在过量空气下自燃	在着火极限内火花点火
过量空气系数	$\lambda_V \geqslant \lambda_{min} > 1$	$0.6 < \lambda_V < 1.3$
燃烧	扩散燃烧	预混燃烧
通过燃料改变转矩	可变 l_V（质调节） 高自燃性	混合气量可变（量调节） 抗爆性

柴油机在气缸内形成可燃混合气（见第3章）是从上止点之前将燃料喷入高压高温的空气开始的。相反，传统的汽油机的外部混合是在进气行程通过化油器或者将燃油喷射到进气歧管在气缸外部形成可燃混合气。

汽油机具有均匀的燃油/空气混合气，而柴油机在着火之前混合气是不均匀的，包含有分布在燃烧室内的几微米直径的油滴。它们部分是液体，部分被燃油蒸气/空气的混合物所包围。

所提供的均质混合气的空燃比取决于着火极限，汽油机的燃烧是通过控制火花塞放电触发的。对于柴油机，已经完成准备的燃料油滴，即被可燃混合气包围着的

油滴发生自燃。在化学当量混合气范围（$\lambda_V=1$）的着火极限仅存在于燃料油滴的微混合区域（见第 3 章）。

柴油机在正常燃烧时需要过量的空气（$\lambda_V \geqslant \lambda_{min}>1$），因此柴油机通过调节空燃比使其发出的动力适应发动机负荷，即改变混合气的质量（质调节）。而汽油机在着火极限范围内通过节流阀限制新鲜空气的进入改变混合气的数量（量调节）。

发动机的着火方式和混合气的形成方式决定了对燃料的要求：柴油必须有高自燃性，这用十六烷值来表示。汽油必须有较好的抗爆性，即有较高的辛烷值，以保证不会发生不受控制的自燃（爆燃）。后者通过低沸点、短碳链保证，这样的碳氢化合物（C_5 至 C_{10}）具有较好的热稳定性。另一方面，柴油由高沸点、长碳链的碳氢化合物（C_9 至 C_{30}）组成，它们的分子化学键更容易断裂而形成自由基，这样更容易自燃（见第 3 章）。

1.2.4　热力学原理

1.2.4.1　理想气体状态的变化

质量为 m 的气体的状态可以使用理想气体一般状态方程由可变化的两种热态确定：

$$p \cdot V = m \cdot R \cdot T$$

式中，p 是绝对压力，单位为 Pa；T 是温度，单位为 K；V 是容积，单位为 m^3；R 是比气体常数，例如空气的比气体常数 $R_L=287.04$J/kg。

理想气体具有恒定的等熵指数 κ（空气：$\kappa=1.4$；废气：$\kappa\approx1.36$），它是压力、温度和气体成分的函数。

因此，气体状态可以在 $p-V$ 图中用变化的 p 和 V 的轨迹进行表达。通过设定状态常数，等压（$p=$常数），等温（$T=$常数），等容（$V=$常数），状态的变化可以很容易地进行计算。状态的绝热变化是一种特殊情况：

$$p \cdot V^{\kappa}=\text{常数}$$

热量在气体和周围环境之间不能传递。当这一循环是可逆的，则被称为状态的等熵变化。然而，正如实际等熵指数取决于气体状态和成分一样，这在实际中是不可能发生的。

1.2.4.2　理想循环与标准循环

在理想循环中，气体经历独自的状态变化，一旦完成循环就回到它的初始状态。因此，下式适用于内能 $U=U(T)$：

$$\oint \mathrm{d}U = 0$$

所以，由描述在封闭系统内能量守恒的热力学第一定律：

$$\partial Q = \mathrm{d}U + p \cdot \mathrm{d}V$$

可以得到在循环过程中转换成为机械功的热量 Q：

$$\oint \partial Q = \oint p \cdot \mathrm{d}V = W_{th}$$

即压力和容积的变化与理想循环理论上的有用功 W_{th} 相对应。

一旦进行实际的调节，理想循环就变成了热机的标准循环。对于往复活塞式发动机，这意味着理想循环和实际燃烧循环在容积和压力的高、低两个极限值 V_{max} 和 V_{min} 以及 p_{max} 和 p_{min} 之间非常相似地进行。最高压力极限值 p_{max} 对应于考虑到稳定性所允许的气缸最高压力 $p_{Z\,max}$，最低压力极限值 p_{min} 对应于进入发动机之前的空气压力 p_L（图1-10a）。其他需要确定的参数是压缩比 ε 和传入热量 Q_{ZU} 或 Q_B：

$$Q_{zu} = Q_B = m_B \cdot H_u$$

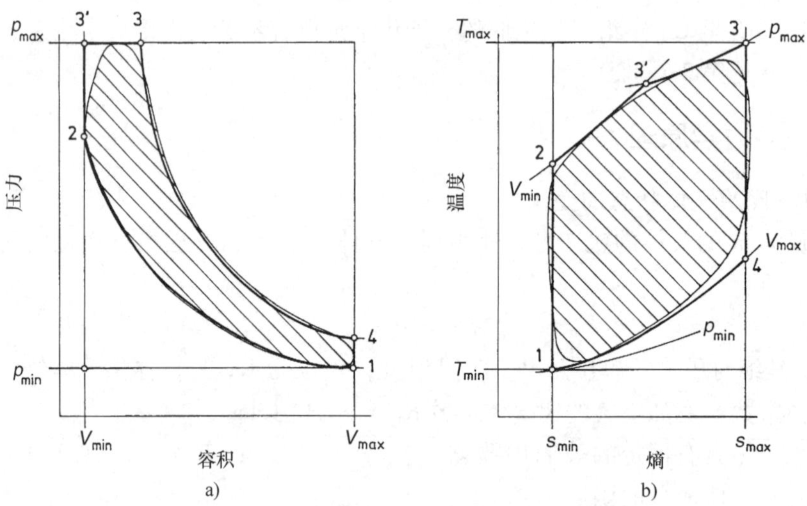

图1-10　作为内燃机标准循环的Seiliger循环

a）$p-V$ 图　b）$T-s$ 图

当新鲜充量的质量 m_{LZ} 已经给定时［式（1-4）］，燃油质量 m_B 便受到过量空气系数 λ_V 和混合气的热值 hu 的限制：

$$h_u = Q_{zu}/(m_B + m_{LZ}) = H_u/(1 + \lambda_V \cdot L_{min})$$

根据柴油机的燃烧过程，假设换气过程沿等压线 p_{min} 无损失地进行（见2.1节），标准循环从1开始绝热压缩至 $p_2 = p_c = p_1 \cdot \varepsilon^{\kappa}$（图1-10a）。此后，热量传入，首先在等容下传入直至达到3′点的极限压力 p_{max}，然后恒压到达3点，再绝热膨胀直至到达4点。当沿着等容 V_{max} 线放热后循环结束。点1－2－3′－3－4－1区域的面积就是理论功：

$$W_{th} = h_{th} \cdot Q_{zu}$$

应用预膨胀比 $\delta = V_3/V_2$ 和压力升高比 $\psi = p_3/p_2$，能够得到Seiliger循环热效率 η_{th} 的封闭表达式（假设 κ = 常数）：

$$\eta_{th} = (1 - \varepsilon^{1-\kappa}) \cdot (\delta^k \cdot \psi - 1)/[\psi - 1 + \kappa \cdot (\delta - 1)]$$

Seiliger 循环的能量转换见后面的温熵（$T-s$）图（图 1-10b）：由于区域 $s_{min}-1-2-3'-3-4$ 和区域 $s_{min}-1-4-s_{max}$ 的面积分别对应供热量 Q_{zu} 和获取的热量 Q_{ab}，其差值对应于理论有效功。因此，下式适用于热效率计算：

$$\eta_{th} = (Q_{zu} - Q_{ab})/Q_{zu} = W_{th}/Q_{zu} \tag{1-6}$$

在图 1-10 中由极限值构成的矩形对应着在每一种情况下的最大有用功，但具有不同的效率：具有中等效率的理想的往复活塞式蒸汽机的全负荷图在 $p-V$ 图中位于具有实际无用功的卡诺效率的旁边（见 1.1 节）。温差 $T_{max}-T_{min}$ 对于卡诺循环效率 η_c 的影响非常大：

$$\eta_c = (T_{max} - T_{min})/T_{max}$$

从 $T-s$ 图可以看出，当实际燃烧发生时，出现最高温度（达到 2500K）（见 1.3 节）。由于燃烧是间歇的，在设计发动机的这些部件时（见 9.1 节），工作温度都远远低于这一温度。可能的最低温度 $T_{min} \leqslant T_L$ 也有利于降低部件工作温度。

由于 Seiliger 循环适用于发动机的实际工作过程，因此它符合标准循环的最普遍的情况，也包括等容循环（$\delta \to 1$）和等压循环（$\psi \to 1$）等极限情况，这两种极限情况被称为汽油机和柴油机的理想工作过程，尽管在汽油机内的燃烧不是在燃烧速率无穷大的情况下发生，柴油机内的燃烧不是在等压的情况下发生（图 1-11）。

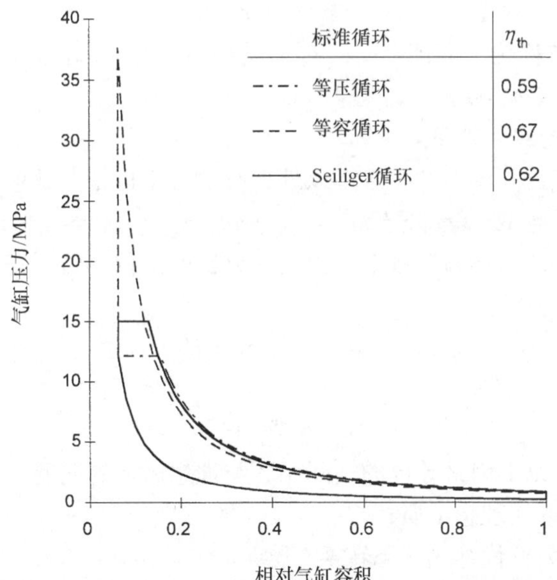

图 1-11　理想循环作为标准循环：Seiliger 循环（$p_{Zmax}=15\text{MPa}$），等压和等容循环

$p_1=250\text{kPa}$，$T_1=40℃$，$\varepsilon=16$，$\lambda_v=2$，$H_u=43\text{MJ/kg}$

对于实际气体，即 $\kappa \neq$ 常数，压缩比在压力比为 $p_{max}/p_{min}=60$ 的情况下对于热效率 η_{th}^* 的影响在图 1-12 中可以很明显地看出：在过量空气系数 $\lambda_v=2$，压缩比

$\varepsilon \approx 9$ 的情况下已经超过等容循环下允许的最高压力。Seiliger 循环允许有较高的压缩比，$\varepsilon \approx 19.7$，但变成了等压循环。

发动机工作过程的模拟（见 1.3 节）已经排除了在这一领域的理想标准循环，但还保留着快速提高的估计的价值，例如当发动机工作过程的控制发生变化时。

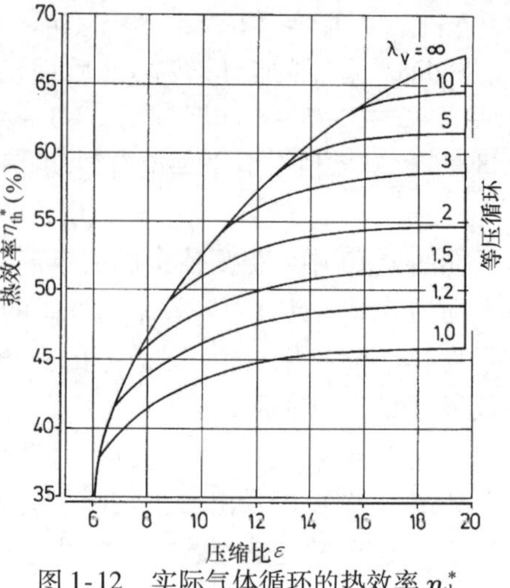

图 1-12　实际气体循环的热效率 η_{th}^*（根据参考文献［1-13］）

1.2.5　柴油机的工作过程

1.2.5.1　二冲程和四冲程循环

与外部加热的理想循环不同，内燃机需要在每一个燃烧过程结束后通过换气过程更换新鲜充量（见 2.1 节）。要进行换气，四冲程发动机需要两个从一个止点移动到另一个止点的所谓的附加行程或循环。在膨胀行程（压缩以及燃烧和膨胀）结束以后，进行排气和吸入新鲜空气，整个工作循环由两转或者 720°CA（曲轴转角）完成。因此，在转速与工作循环频率 n_a 之间存在一个频率比值：

$$a = n/n_a \tag{1-7}$$

该比值通常被称为“循环率”，它不需要说明实际循环数，而是使用 $a=2$（四冲程循环）或者 $a=1$（二冲程循环）表示。

1.2.5.2　发动机的实际效率

除了能够评价提高潜力的热效率以外，有效效率也是非常重要的指标：

$$\eta_e = W_e/(m_B \cdot H_u) = \eta_{th} \cdot \eta_u \cdot \eta_g \cdot \eta_m = \eta_i \cdot \eta_m \tag{1-8}$$

有效效率也可以描述为热效率与损失百分比的乘积。由不完全燃烧引起的损失包括转换因子：

$$\eta_u = Q_{zu}/(m_B \cdot H_u)$$

效率因子：

$$\eta_g = W_i/W_{th}$$

它描述了由于以下因素导致的实际循环与理想循环的偏差：

1）实际工质取代理想工质；

2）壁面热损失取代绝热状态转换；

3）实际燃烧取代理想加热过程；

4）换气（节流、加热和排气损失）。

参照德国标准 DIN 1940，机械效率

$$\eta_m = W_e/W_i$$

损失包括活塞和轴承部位的摩擦损失，发动机工作所需的所有部件的热量损

失，以及曲轴总成的空气动力以及液力损失。

气缸盖压力曲线的测量结果可用于确定活塞的指示功 W_i（图1-10a中的阴影线区域），因此内（指示）效率

$$\eta_i = W_i/(m_B \cdot H_u) = \oint p_z \cdot dV/(m_B \cdot H_u)$$

1.2.5.3 发动机工作和发动机参数

1. 制动有效功和转矩

制动有效功 W_e 可以由从发动机输出轴测得的转矩 M 和“循环率” a 计算得到：

$$W_e = 2 \cdot \pi \cdot a \cdot M = w_e \cdot V_H \tag{1-9}$$

当考虑有效功 W_e 与排量 V_H 的关系时，可以用升有效功 w_e 表示每升排量发出的有效功，其单位为kJ/L。因此，除了活塞平均速度 c_m［式（1-1）］以外，升有效功是最重要的发动机参数，它能够表现出发动机的“最高技术水平”。传统的发动机制造公司仍然经常使用参数“制动平均有效压力” p_e，尽管它也是以“bar”作为单位的压力值，但它不属于任何一项可测量的压力。平均有效压力已经根植于机械工程的历史㊀。

1bar“制动平均有效压力”约相当于0.1kJ/dm^3。

根据式（1-9），可得到 $M/V_H = w_e/(2 \cdot \pi \cdot a)$，术语升有效转矩 M/V_H（单位为N·m/L）与升有效功一样有时候也用于汽车发动机，对于四冲程发动机，$w_e \approx 0.0125 \cdot (M/V_H)$。

2. 柴油机循环的基本方程

根据有效效率 η_e［式（1-8）］和过量空气系数 λ_v［式（1-3）］，可以得到以下有效功：

$$W_e = \eta_e \cdot m_B \cdot H_u = \eta_e \cdot m_{LZ} \cdot H_u/(\lambda_V \cdot L_{min}) \tag{1-10}$$

发动机内的新鲜空气质量 m_{LZ}［式（1-4）］，由充气效率 λ_1 和充气密度 ρ_L［式（1-5）］确定，因此可以得到以下升有效功：

$$w_e = \eta_e \cdot \lambda_1 \cdot [p_L/(R_L \cdot T_L)] \cdot [H_u/(\lambda_V \cdot L_{min})] \tag{1-11}$$

如果将燃油作为影响效率的间接因素，那么只通过压缩增加压力，例如通过具有中冷装置（见2.2节）的废气涡轮增压，就可以由于充气效率极限$(\lambda_1)_{max} \to \varepsilon/(\varepsilon - 1)$和过量空气系数极限 $\lambda_V \to \lambda_{min} > 1$ 的存在，而保留增加效率的选项。

3. 发动机功率

由燃烧循环频率 n_a［式（1-7）］和升有效功 w_e［式（1-9）］，就可以得到以下有效功率：

$$P_e = W_e \cdot n_a = w_e \cdot z \cdot V_h \cdot n/a \tag{1-12}$$

㊀ 来自企业界和学术界的许多作者在各章节中的描述不相同之处必须注意，特别是当提供参数时。

下式包含有活塞平均速度 c_m［式（1-1）］：

$$P_e = C_0 \cdot w_e \cdot c_m \cdot z \cdot D^2 \tag{1-13}$$

（四冲程发动机 $C_0 = \pi/(8 \cdot a) \approx 0.2$，二冲程发动机为0.4）。

由于功率与缸径 D 的平方成正比，从功率方程式的第二种形式［式（1-13）］可以看出增大发动机缸径是增大功率的另一种选项。同时，发动机转矩［式（1-9）］也增大：

$$M \sim W_e \sim w_e \cdot z \cdot D^3$$

因此，当气缸尺寸保持不变时，以升有效功 w_e 进行比较的发动机功率只能通过最大增压得到（见17.4节）。

当速度的单位为r/min，排量的单位为L，升有效功的单位为kJ/L时，可以得到功率实际计算公式

$$P_e = w_e \cdot z \cdot V_h \cdot n/(60 \cdot a)$$

或者使用制动平均有效压力 p_e（bar㊀），得到下式

$$P_e = p_e \cdot z \cdot V_h \cdot n/(600 \cdot a)$$

其单位为kW。

由柴油机循环的基本方程［式（1-11）］可以看出，发动机的功率是周围环境因素的函数：一台柴油机在海拔为1000m工作时，不能够发出在海平面高度工作时发出的功率。因此，设定基准条件（x）进行性能比较以及为用户特别关注的内容进行测试时，将测得的功率 P 转换成适用于基准条件㊁的功率 P_x，通常使用以下公式：

$$P_x \cong \alpha^{\beta} \cdot P$$

除了空气压力和温度以外，影响 α 和 β 变化的是相对湿度、中冷装置冷却液入口温度和发动机机械效率（如果发动机的机械效率是未知的，取 $\eta_m = 0.8$）。由于已经证实常常存在着过度补偿的风险，有些车用发动机制造厂已经将功率测量转到符合标准环境条件的有空调的试验台上进行。由于柴油机的过载能力较低，取决于发动机用途的不能超过的ISO堵转功率或者可以超过的ISO标准功率，是根据额外功率的大小和持续时间确定的。超负荷10%，符合国际内燃机学会（CIMAC）推荐的船用发动机“连续制动功率”标准。

4. 与功率有关的发动机参数

升功率经常用于汽车发动机，升功率

$$P_V = P_e/V_H = w_e \cdot n/a \tag{1-14}$$

是发动机转速以及发动机尺寸的函数。另一方面，单位活塞面积的功率：

㊀ 1bar = 100kPa。

㊁ 通用标准包括DIN ISO 3046的第一部分，专门用于汽车发动机的DIN 70020（11/76），以及用于“装在农业和林业用拖拉机以及非道路行驶可移动机器的内燃机”的ECE Regulation 120（欧洲经济委员会法规120）。

$$P_A = P_e/(z \cdot A_k) = w_e \cdot c_m/(2 \cdot a) \quad (1\text{-}15)$$

w_e的单位为 kJ/dm^3，c_m的单位为 m/s，对于四冲程发动机 $2 \cdot a = 4$，对于二冲程发动机 $2 \cdot a = 2$，P_A的单位是 W/mm^2。如果我们不考虑式（1-2），则 P_A与发动机尺寸无关。机械热力循环指标（w_e）以及动载荷指标（c_m）的乘积，可以反映二冲程或者四冲程发动机以及大型或者车用发动机在同等测试条件下的“最高技术水平”，下面的例子可以很清楚地说明这一点：

比较两款量产发动机，一款是低速二冲程 Wärtsilä RT96C 柴油机，具有 MCR 单缸输出功率5720kW，升有效功 $w_e = 1.86kJ/L$，活塞平均速度 $c_m = 8.5m/s$；另一款是 BMW 当前动力最强的乘用车柴油机（BMW 306 D4：$w_e = 1.91kJ/L$，$c_m = 13.2m/s$），下面是它们的单位活塞面积功率和升功率：

Wärtsilä　$P_A = 7.91W/mm^2$，$P_V = 3.16kW/L$

BMW　$P_A = 6.31W/mm^2$，$P_V = 70.2kW/L$

单位活塞面积功率的比较清楚地表明了即使是有时候被人们戏称为“恐龙”的二冲程低速发动机，在这一方面甚至成为超过额定功率为 210kW 的 BMW 360 D4 发动机的“高科技”产品㊀。

乘用车柴油机当汽车在道路上行驶时很少全负荷运转，而船用柴油机，除了一些机动，总是在全负荷下运转，每年工作达到 8000h 的并不少见。

图 1-13 所示的单位活塞面积功率 P_A的发展变化趋势表明柴油机的发展潜力还

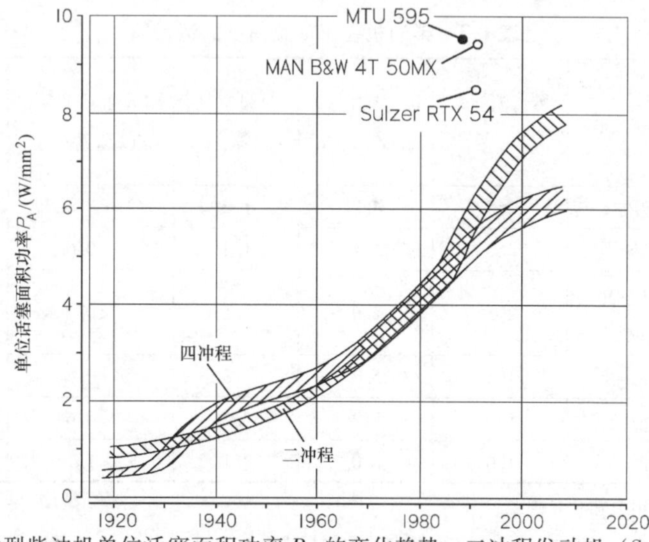

图 1-13　大型柴油机单位活塞面积功率 P_A 的变化趋势；二冲程发动机（Sulzer RTX54）以及四冲程（MAN B&W 4T 50MX）试验发动机和（MTU 595）量产发动机的 P_A 最大值

㊀ 项“$p_e \cdot c_m$”不经常使用，其结果对于低速柴油机为 158bar · m/s，BMW 发动机为 252bar · m/s。由于忽略了工作过程的不同，乘积“$p_e \cdot c_m$”不是实际变量。此外，量纲（bar · m/s）不符合任何合理的分析。

没有耗尽！然而，当前的发展重点不是提高动力性能，而是在燃油价格不断升高的情况下减少燃油消耗和改善废气排放。

5. 燃料消耗率

由燃油的质量流量 $\dot{m}_B$ 可以得到与性能相关的燃料供给速率或者燃料消耗率：

$$b_e = \dot{m}_B / P_e = 1/(\eta_e \cdot H_u)$$

因此，可以比较分析需要相同的热值或燃料。当使用替代燃料时（见4.2节），根据燃料消耗的数据不能推断能量转换的质量，而使用有效效率可以从根本上解决这一问题。ISO标准燃油消耗所涉及的燃油（DF）的热值规定为 H_u = 42MJ/kg。因此可以得到燃油消耗率（单位为g/kW·h）的转换公式：

$$\eta_e = 85.7/b_e \text{ 和 } b_e = 85.7/\eta_e$$

6. 比空气流量或空气消耗率

与燃料消耗率一样，根据总的空气流量 $\dot{m}_L$（见2.1.1小节）可以得到发动机的比空气流量或空气消耗率（见表1-3）：

$$l_e = \dot{m}_L / P_e$$

因此，下式适用于总过量空气系数：

$$\lambda = l_e/(b_e \cdot L_{min})$$

表1-3 柴油机在正常负荷下的运行值

发动机类型		燃料消耗率 b_e/(g/kW·h)	空气消耗率 l_e/(kg/kW·h)	过量空气系数 λ_V	润滑油消耗率 b_0/(g/kW·h)	涡轮增压器后的废气温度 T_A/℃
乘用车柴油机	无增压	265	4.8	1.2	<0.6	710
	有废气涡轮增压	260	5.4	1.4	<0.6	650
具有废气涡轮增压和中冷装置的商用车柴油机*		205	5.0	1.6	<0.2	550
高性能柴油机		195	5.7	1.8	<0.5	450
中速四冲程柴油机		180	7.2	2.2	<0.6	320
低速二冲程柴油机		170	8.0	2.1	<1.1	275

*用于重型商用车和公共汽车。

注：空气消耗率 l_e 不仅包括燃烧消耗的空气，也包括排出的空气。过量空气系数 λ_V 只包含燃烧的空气质量。规定的平均值在大约 ±5% 的范围内。

7. 发动机特性图

一般来说驱动固定系统或者车辆的发动机的使用需要调节转矩 M 随转速变化的特性曲线：当接近全负荷转矩时，过量空气系数 λ_V 降低，因此达到冒烟界限 λ_V

→λ_{min}。此时的烟度仍在可以接受的范围内。由于极限转速 n_A 和 n_N（起动转速和额定转速）的差值越来越大，车用发动机的转矩在平均转速区域出现了一个较高的峰值，这使得这些发动机具有更加灵活的响应特性（图 1-14）。

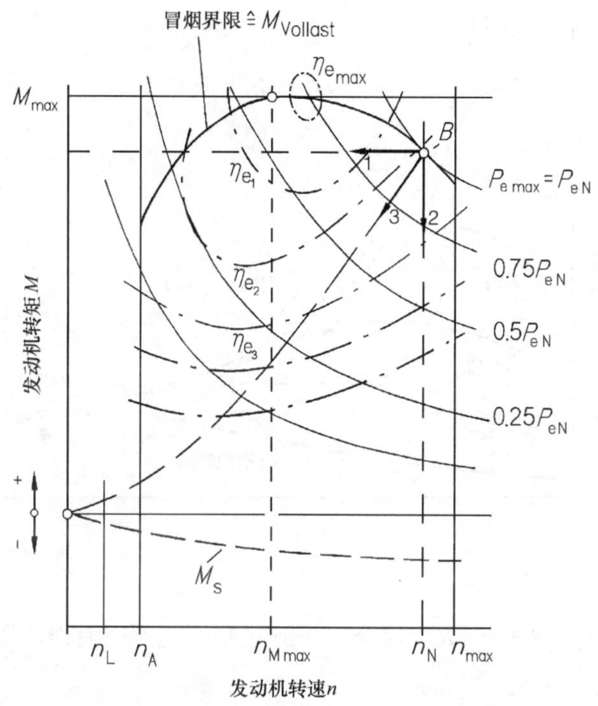

图 1-14　在 P_e = 常数和 η_e = 常数下的发动机转矩 M 的特性曲线，以及选择的发动机特性图的规格

1—在发动机额定转矩下转速降低　2—发电机工作　3—螺旋桨工作曲线

除了冒烟界限和功率曲线（等功率线）以外，该发动机特性图往往还包含等效率曲线、燃油消耗率曲线以及发动机其他性能曲线。某些特殊的发动机特性曲线图有：

1）在发动机额定转矩下转速降低：M = 常量，n = 变量。

2）发动机驱动发电机工作：M = 变量，n = 常量。

3）发动机驱动螺旋桨工作：$M \sim n^2$。

整个特性图的区域能否被车辆驱动工况覆盖，包括具有阻力矩 M_s 的反拖情况，取决于滚动阻力。“在发动机额定转矩下转速降低”的情况在增压发动机上应该避免，这是由于减小空燃比可能引起发动机在极限负荷下过热（见 2.2 节）。

与由滚动阻力曲线确定的发动机特性曲线图相对应，汽车驱动需要调节由变速系统转换的转矩特性曲线（图 1-15）。该图受到驱动车轮（“打滑极限”）最大可传递转矩 M_{Rmax} 的限制，发动机或者驱动轮最高转速 n_R 和转矩具有 P_{max} = 常数的特性，表示为“理想牵引曲线”。下式适用于作用于驱动轮的转矩 M_R，包括减速比 i_{ges}（变速器、主减速器、差速器）和所有的机械损失 η_{ges}：

$$M_R = i_{ges} \cdot \eta_{ges} \cdot M$$

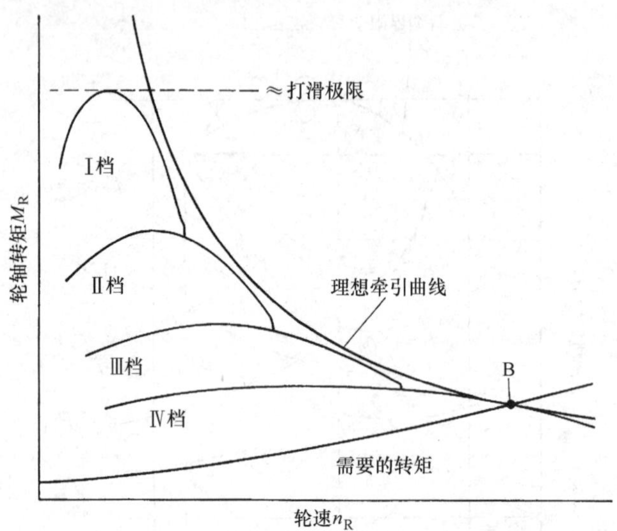

图 1-15　具有 4 速变速器的汽车发动机特性曲线图

在行驶速度 $c_F = 2 \cdot \pi \cdot R \cdot n_R$ 下，下式适用于克服所有滚动阻力 $\sum F_W$ 的驱动性能：

$$P_R = 2 \cdot \pi \cdot n_R \cdot M_R = C_F \cdot \sum F_W$$

根据图 1-14 进行传动系统的设计可以得到良好的驱动和令人满意的油耗。

1.3　燃烧循环模拟

1.3.1　简述

柴油机工作时气缸内每一个过程都非常短暂，这是由于发动机工作时压缩、燃烧、膨胀和进气的工作循环都在很短时间内完成的。因此，试图使用理想的标准循环，准确地模拟柴油机的实际循环这种简单的方法来进行发动机的改进和开发是不可能的，开发者必须求解质量守恒和能量守恒的微分方程，包括热力学和放热状态方程。

早在 20 世纪 60 年代，随着数据处理技术的快速发展，求解这些微分方程就已经成为可能。由于采用数学方法可以降低台架试验的高成本，开始的试验是在大型发动机制造厂进行的。

与此同时，燃烧循环模拟已经成为发动机开发的标准工具，并且在未来将继续变得越来越重要。应用范围从对气缸内的循环过程的简单的描述，到对具有双级涡轮增压的瞬时加载柴油机复杂的瞬态过程的描述。

气缸压力曲线的热力学分析构成了当今试验的最高技术水平，这得益于先进的计算机，它不仅能够确定瞬时燃烧的特性，而且能够确定其他的工作参数，例如气缸内残余废气的实时参数。这可以基于气缸压力建立控制系统，为新的燃烧系统，例如均质压燃（HCCI）系统，用于批量生产提供精准和稳定的压力传感器。

当然，发动机工作过程模拟的描述不可能涉及每一个与发动机热力循环相关的部件，例如气缸、废气涡轮增压器或者进气和排气歧管系统等。因此，以在统一式燃烧室的气缸内的热力过程模型为例，以下各节只介绍发动机工作过程模拟的基本原理。各章节提供更详细的文献参考。

1.3.2　发动机工作过程模拟的热力学基础

1.3.2.1　一般假设

1. 热力学气缸模型

为了分析理想燃烧循环，在 1.2 节提出的在燃烧循环中模拟气缸充气状态的变化（压力、温度、质量、成分等）的发动机工作过程模拟的假设可以不再采用。必须定义单个气缸和工作过程边界条件的合适的热力学模型，这些边界条件包括例如通过燃烧进行能量释放、缸壁热量损失或者气缸前后的条件（表 1-4）。

表 1-4　理想循环和实际循环不同子循环的差别

子模型	理想循环	实际循环
物理性质	理想气体 c_p、c_v、κ = 常数	实际气体，循环燃烧后发生变化 物理性质随压力、温度和成分而变化
换气	随热量散失换气	通过气门换气、气缸内残存废气
燃烧	按照规定的理想的规则完全燃烧	因混合气的形成和燃烧循环产生不同的燃烧特性；燃料燃烧不完全
缸壁热量损失	缸壁热量损失被忽略	考虑缸壁热量损失因素
泄漏	忽略泄漏	泄漏被部分考虑，但在此介绍中忽略

图 1-16 建立了气缸工作腔的系统边界条件，为此通常假设气缸内气体的压力、温度和成分随着时间变化，因而也就是随着曲轴转角而变化，但与气体在气缸内的位置无关。所以，气缸的充气被认为是均质的，这被称为单区模型。自然，这一前提不符合柴油机气缸内的实际工作过程，然而它可以产生一个计算机模拟的结果，这一结果对于大多数研发工作足够精确，只要不是为了模拟污染程度就可以。污染物的构成成分，特别是氮氧化物，受温度的影响很大，需要将燃烧后的混合气温度（后火焰区）作为输入值。它比单区模型的能量平均温度明显升高。在这种情况

下，气缸充气划分成两个区域（双区模型）。第一个区域包含新鲜空气、燃油和残余废气（温度相对较低）等未燃成分，另一个区域是废气和未利用的空气（高温）等化学反应产物。两个区域由厚度无穷小的燃油（主）氧化火焰前锋分开。图 1-17 表示柴油机高压循环单区模型的平均温度和双区模型两个区域的温度。很明显，燃烧后的区域的温度比单区模型有显著提高。虽然如此，只有单区模型用于实际循环模拟。

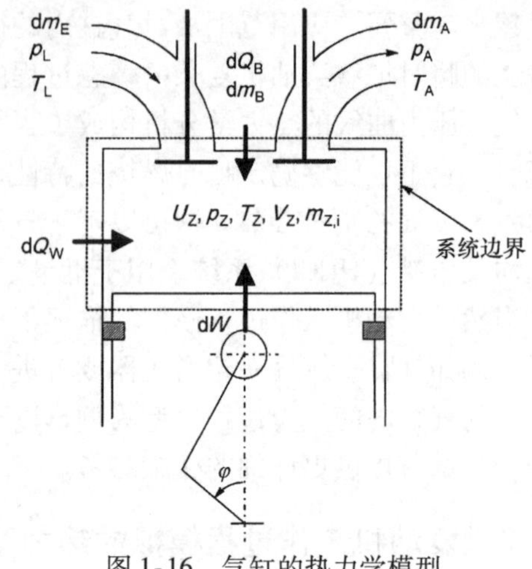

图 1-16　气缸的热力学模型

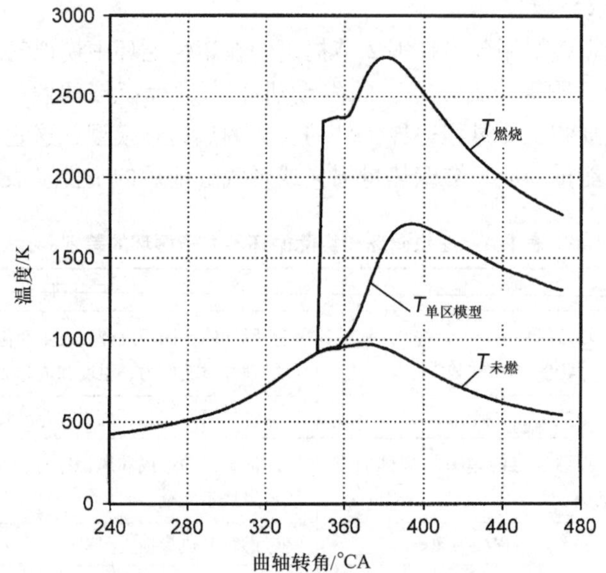

图 1-17　单区模型和双区模型的温度曲线

2. 热与热量状态方程

气缸内充气的状态可以通过压力 p、温度 T、容积 V 和成分（成分 i 的质量 m_i）进行描述。这些参数之间存在一定的物理关系，即热力学状态方程。对于理想气体，它们之间的关系是：

$$p \cdot V = m \cdot R \cdot T \tag{1-16}$$

式中　R——气体常数；

m——总质量，是各种成分的质量之和：

$$m = m_1 + m_2 + \cdots + m_i \tag{1-17}$$

如果气缸的充气被认为是实际气体，那么式（1-16）就必须由来自参考文献（例如：Justi［1－28］，Zacharias［1－29］）的许多常用的实际气体状态方程之一进行更换。

借助于热量状态方程，对于每一种成分 i 状态变量 p 和 T 产生特有的内能 u_i。对于理想气体有：

$$\mathrm{d}u_i(T) = c_{v,i}(T) \cdot \mathrm{d}T \tag{1-18}$$

式中　c_v——定容比热容，通常是温度的函数。

在实际气体的情况下，c_v 和 u 都是温度和压力的函数，并且能够通过从合适的资料的表格查到或者通过计算得到。

3. 质量守恒和能量守恒定律

气缸内含有具有一定成分的充入质量 m，该质量可以通过从进气门 $\mathrm{d}m_E$、排气门 $\mathrm{d}m_A$ 或者喷油器 $\mathrm{d}m_B$ 供入或者排出（泄漏引起的气体损失忽略）。质量守恒定律产生如下方程：

$$\mathrm{d}m = \mathrm{d}m_E + \mathrm{d}m_A + \mathrm{d}m_B \tag{1-19}$$

在式（1-19）中，流入质量为正，流出质量为负。

热力学第一定律描述了能量守恒规律。它阐明气缸内的能量 U 只有在与质量 $\mathrm{d}m$、热量 $\mathrm{d}Q_W$ 或功（$\mathrm{d}W = -p \cdot \mathrm{d}V$）相关的焓 $\mathrm{d}H$ 通过系统边界供入或移除时才能变化。通过燃烧喷射的燃油释放能量作为内热输入 $\mathrm{d}Q_B$。热力学第一定律的能量守恒定律描述了各种形式的能之间的关系：

$$\mathrm{d}W + \mathrm{d}Q_W + \mathrm{d}Q_B + \mathrm{d}H_E + \mathrm{d}H_A + \mathrm{d}H_B = \mathrm{d}U \tag{1-20}$$

当这一微分方程式的各项是已知的，就可以通过适当的数学方法进行求解。通常应用 Runge－Kutta（龙格－库塔）法或由此得到的算法。首先，当对“进气门关闭”时气缸内的初始状态进行估计，然后选择一个燃烧循环以小曲轴转角步幅的算法对式（1-20）进行积分。在燃烧循环结束时进行核对，以确定当“进气关闭”时估计的初始状态是否出现。如果没有出现，采用改变估计值计算燃烧循环，直至估计值足够精确地出现为止。

4. 气缸壁热损失

气缸壁热损失根据以下关系式进行计算：

$$\frac{\mathrm{d}Q_W}{\mathrm{d}\varphi} = \frac{1}{\omega} \cdot \alpha \cdot A \cdot (T - T_W) \tag{1-21}$$

这里角速度是 $\omega = 2 \cdot \pi \cdot n$，平均传热系数是 α，传热面积是 A，缸壁温度是 T_W。传热面积包括气缸盖面积、活塞顶面积和与相应的曲轴转角对应的气缸套面积。每一个表面的壁面平均温度都需要知道，它们不是通过测量就是通过估计得到。由于排气门的温度明显高于气缸盖，气缸盖的面积通常划分为排气门面积和其余面积。

许多人在开始模拟发动机的工作过程之前就已经着手进行传热系数的计算。当前使用的方程大多来自 Woschni（见7.2节）。

5. 换气

通过进气门和排气门流入和流出的质量的焓是由比焓 h 和变化的质量 $\mathrm{d}m$ 的乘积得到的：

$$\mathrm{d}H_{\mathrm{E}} = h_{\mathrm{E}} \cdot \mathrm{d}m_{\mathrm{E}} \qquad (1\text{-}22)$$
$$\mathrm{d}H_{\mathrm{A}} = h_{\mathrm{A}} \cdot \mathrm{d}m_{\mathrm{A}}$$

比焓根据进入气缸之前、在气缸中或离开气缸后的温度进行模拟。下面的方程给出了越过系统边界的质量元素：

$$\frac{\mathrm{d}m_{\mathrm{id}}}{\mathrm{d}\varphi} = \frac{A(\varphi)}{2 \cdot \pi \cdot n} \cdot \frac{p_{\mathrm{v}}}{(R \cdot T_{\mathrm{v}})^{0.5}} \cdot \left\{\frac{2 \cdot \kappa}{\kappa - 1}\left[\left(\frac{p_{\mathrm{n}}}{p_{\mathrm{v}}}\right)^{2/\kappa} - \left(\frac{p_{\mathrm{n}}}{p_{\mathrm{v}}}\right)^{(\kappa+1)/\kappa}\right]\right\}^{0.5} \qquad (1\text{-}23)$$

状态“V”和“n”每一项都与所分析的气门的前、后的条件有关（例如，在充气状态和气缸内的状态进气门具有正常流入，即没有逆流）。

方程（1-23）是基于理想气体等熵（绝热和无摩擦）流体运动方程得到的。面积 A 代表能在给定瞬间通过气门的几何流通截面面积（见2.1节）。

在发动机实际工作过程中，摩擦损失和喷雾收缩使得与理想值相比其质量流量减少。考虑到在涡流试验台进行的试验确定的流量因子 μ，需要确定一个标准截面。因此，无论什么时候比较流量因子（也用 μ、σ 或 α 表示）时，必须知道相关的参考面积（见2.1节）。

流量的变化需要根据方程（1-23）通过进气门前面的压力和排气门后面的压力进行计算。在废气涡轮增压发动机中，增压压力低于涡轮增压器前面的废气压力，增压压力是通过借助于测量的压气机和涡轮机脉谱图平衡废气涡轮增压器得到的（见1.3.2节）。

6. 燃烧特性

到目前为止，除了处理物理模型以外，燃烧的描述需要模拟一个气缸。在不考虑喷射燃料 $\mathrm{d}H_{\mathrm{B}}$ 的焓的情况下，燃烧释放的能量由比热值 H_{u} 和尚未燃烧的燃料质量 $\mathrm{d}m_{\mathrm{B}}$ 得到：

$$\mathrm{d}Q_{\mathrm{B}} = H_{\mathrm{u}} \cdot \mathrm{d}m_{\mathrm{B}} \qquad (1\text{-}24)$$

通过燃烧释放的能量随时间或者曲轴转角变化的曲线（燃烧特性 $\mathrm{d}Q_{\mathrm{B}}/\mathrm{d}\varphi$）是发动机工作过程模拟最重要的设置参数之一。相比之下理想循环（见1.2节）的燃烧特性直接由希望的压力曲线产生（例如等压或者等容循环），而实际的发动机燃烧特性取决于许多因素。

图1-18所示的方法是最佳的：喷油泵的供油量曲线是唯一的设置参数。喷油系统（喷油泵、共轨和喷油器）被模拟，用合适的模型由供油曲线计算喷油特性。如果有足够丰富的燃料雾化、蒸发和混合气形成的物理过程方面的知识，就可能用数学模型模拟着火延迟和燃烧（燃烧特性）。

然而，到目前为止开发的模型和方法还不能精确地预先确定希望模拟的发动机工作过程的燃烧。有关内燃机燃烧过程的知识大多数来自于气缸压力的指示。当分辨率较高时，例如每0.5°曲轴转角或者更小时，使用压电式压力表进行的这些测量可以提供关于气缸内工作过程的信息。当气缸压力曲线已知时，燃烧特性可以由逆变方程（1-18）确定（压力曲线分析）。这为我们提供了对发动机内能量转换过程的深刻理解。

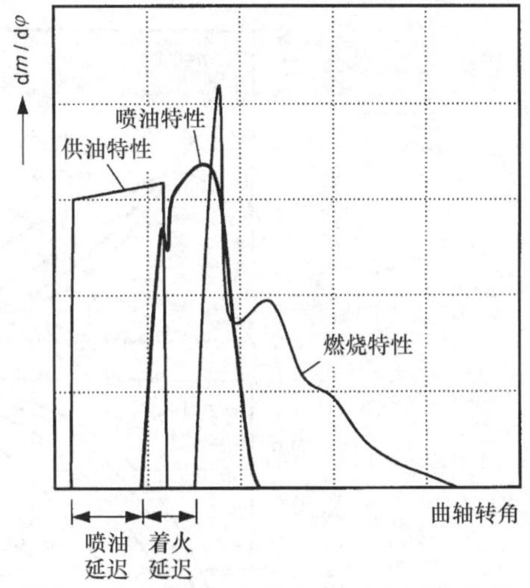

图1-18　供油特性、喷油特性和燃烧特性

放热率是一种简单的数学函数，它可以代替由压力曲线分析计算燃烧特性，通常被用来模拟发动机的工作过程。优化方法可用于选择这一函数的参数，使通过压力曲线分析已知的燃烧特性能够最佳地再现。如果得不到气缸压力值，被测发动机借助于发动机工作过程模拟软件在试验台架上进行模拟，并且选择估计的放热率以保证测量和计算的参数一致。放热率最常见的应用可以追溯到韦伯（Vibe）的工作，他利用指数函数定义放热率的积分［总的燃烧特性或者燃烧函数Q_B（φ）］：

$$\frac{Q_B(\varphi)}{Q_{B,0}} = 1 - \exp\left[-6.908 \cdot \left(\frac{\varphi - \varphi_{VB}}{\varphi_{VE} - \varphi_{VB}}\right)^{m+1}\right] \tag{1-25}$$

式中　φ_{VB}——燃烧开始；

φ_{VE}——燃烧结束；

$Q_{B,0}$——在燃烧结束时释放的总能量Q_B（φ_{VE}）；

m——形状因子。

系数6.908是通过校准在燃烧结束时，接近零到数值0.001的渐近线指数函数得到的。

放热率$dQ_B/d\varphi$通过对方程（1-25）进行微分得到：

$$\frac{dQ_B}{d\varphi} = \frac{Q_{B,0}}{\varphi_{VE} - \varphi_{VB}} \cdot 6.908 \cdot (m+1) \cdot \left(\frac{\varphi - \varphi_{VB}}{\varphi_{VE} - \varphi_{VB}}\right)^{m} \cdot \exp\left[-6.908 \cdot \left(\frac{\varphi - \varphi_{VB}}{\varphi_{VE} - \varphi_{VB}}\right)^{m+1}\right] \tag{1-26}$$

被称为韦伯函数的方程用3个参数描述燃烧：燃烧开始φ_{VB}，燃烧持续$\Delta\varphi_{BD} = \varphi_{VE} - \varphi_{VB}$和形状因子$m$。形状因子$m$可以从图1-19得到，它定义了韦伯函数最大的相对位置。

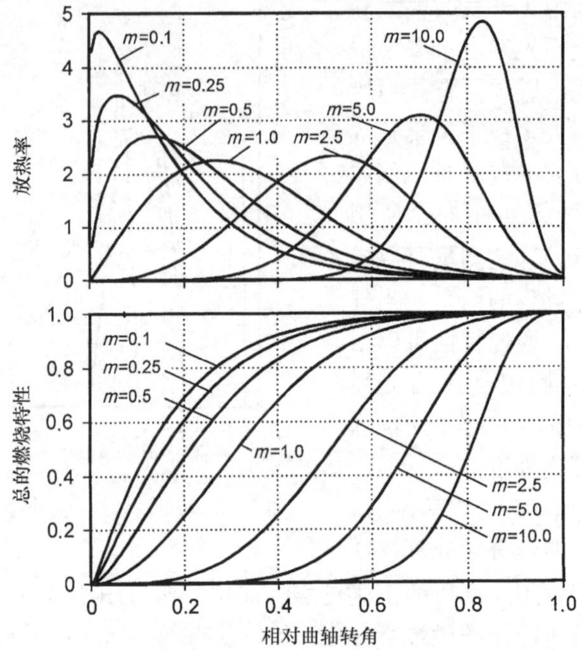

图1-19 不同形状因子 m 下的 Vibe（韦伯）函数

发动机工作过程模拟的一项重要任务是在进行燃烧循环参数研究时确定改变边界条件，例如环境条件的影响（见1.3.3.3小节和1.3.3.4小节）。这样的模拟的前提是必须了解发动机参数对作为边界条件的放热率的显著影响。

Woschni/Anisits 根据过量空气系数 λ、转换因子 η_u、速度 n 和韦伯函数在“进气门关闭”状态计算下式：

$$\frac{\Delta\varphi_{BD}}{\Delta\varphi_{BD,0}} = \left(\frac{\lambda_V}{\lambda_{V,0}}\right)^{-0.6} \cdot \left(\frac{n}{n_0}\right)^{0.5} \cdot \eta_u^{0.6} \tag{1-27}$$

$$\frac{m}{m_0} = \left(\frac{\Delta\varphi_{BD}}{\Delta\varphi_{BD,0}}\right)^{-0.5} \cdot \frac{p_{Es}}{p_{Es,0}} \cdot \frac{T_{Es}}{T_{Es,0}}\left(\frac{n}{n_0}\right)^{-0.3} \tag{1-28}$$

式中的下标0指的是已知的初始工作点。

从供油 φ_{FB} 开始，到喷油延迟 $\Delta\varphi_{EV}$ 和着火延迟 $\Delta\varphi_{ZV}$，接着燃烧开始：

$$\frac{\Delta\varphi_{EV}}{\Delta\varphi_{EV,0}} = \frac{n}{n_0} \tag{1-29}$$

$$\frac{\Delta\varphi_{ZV}}{\Delta\varphi_{ZV,0}} = \frac{n}{n_0} \cdot \frac{\exp\left(\frac{b}{T_{ZV}}\right)}{\exp\left(\frac{b}{T_{ZV,0}}\right)} \cdot \left(\frac{p_{ZV}}{p_{ZV,0}}\right)^{-c} \tag{1-30}$$

式中 p_{ZV}——着火延迟期气缸内的压力；

T_{ZV}——着火延迟期气缸内的温度；

b——必须由测量确定的方程参数。

有关着火延迟的其他资料见参考文献［1－44，1－45，1－46］。

由于其简单的数学形式可能妨碍韦伯函数重现足够精确的燃烧特性，特别是对于高速直喷柴油机，有时候两个韦伯函数结合成一个“双韦伯函数”。图1-20示出了由单韦伯函数和双韦伯函数生成的高性能高速柴油机的工作点。很明显，简单的韦伯函数［式（1-29）］不能描述在燃烧开始点燃烧特性的升高（“预混合燃烧峰值”）。

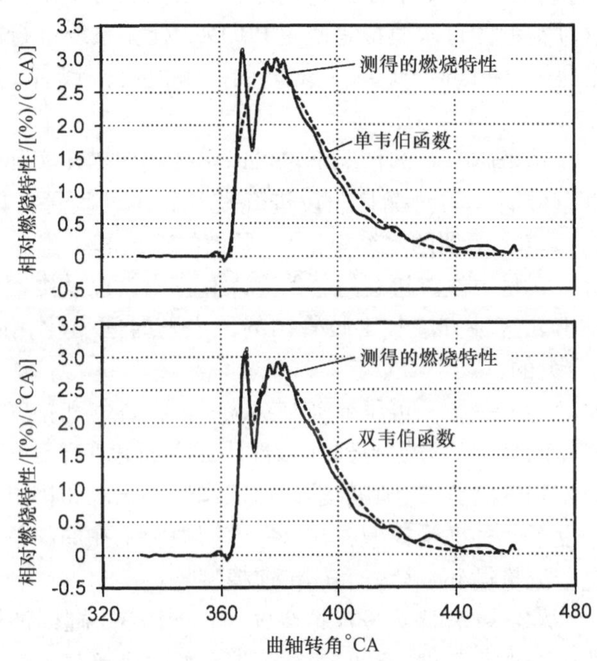

图1-20　双韦伯（Vibe）函数表示的近似燃烧特性

1.3.2.2　指示功和有效功

热力学第一定律微分方程（1-20）的解可以提供气缸内的压力曲线，因此由指示功 W_i 导出的平均指示压力 p_i 和升指示功 w_i 可以作为发动机参数（见1.2节）。然而，一般而言人们对所谓的制动平均有效压力 p_e 和升有效功 w_e 更感兴趣。因此，当模拟实际循环时，如果不能通过测量得到摩擦损失，模型表达可以用来模拟摩擦损失，摩擦损失由平均摩擦压力 p_r 表示，是 p_i 和 p_e 的差值（$p_r=p_i-p_e$）。

文献［1－38，1－48，1－49］介绍了各种计算摩擦功的方法，根据文献的不同，它可能是速度、负荷、发动机结构、增压、冷却液温度和润滑油的函数。例如根据参考文献［1－38］，从确定设计点的摩擦压力开始［在式（1-31）中的下标0］，应用下式：

$$\frac{p_r-p_{r,0}}{p_{r,0}}=0.7\cdot\frac{n-n_0}{n_0}+0.3\cdot\frac{p_i-p_{i,0}}{p_{i,0}} \tag{1-31}$$

根据上式，只要知道速度和平均指示压力就可以求出摩擦压力。

1.3.2.3 整台发动机建模

气缸建模的例子见1.3.2.1小节和1.3.2.2小节。很自然，发动机的每一个重要部件都必须建模，以模拟整台发动机。同样，对于气缸外的如进、排气歧管，中冷装置，催化转化器或废气涡轮增压器等发动机部件的每一个流程，必须对质量守恒（连续方程）、冲量和能量（热力学第一定律）以及热力学第二定律的基本物理方程进行求解。这种类型的首次模拟是使用PROMO程序系统进行的。当前使用的市场化的程序通常是GT－Power（GT－Suite的一个模块）或者Boost（由AVL提供）。

上述各种方法在越来越复杂的情况下也可以更准确地描述实际条件，使其能够模拟进、排气歧管。最简单的情况是假设进气歧管和排气歧管（即假设储存容积无穷大）内的压力恒定（所谓的零维模型）。所谓的充入和排出法可以模拟作为有限储存容积的歧管，它是由气缸进行短暂的充入和排出，以及由废气涡轮增压器进行连续的充入和排出。这种方法整个歧管内的压力随时间变化，而不随位置变化（即认为声速是无穷大的）。

当方程用于非稳定、一维和可压缩管流系统时，在进气和排气系统内状态的改变可以使用瞬态气体动力学的方法得到（特性法或者简化声学法）。这种一维法也可以模拟局部压力差和管路分支，其数学计算工作远比充入和排出法要复杂得多。

最近，已经开发了一种准维模型，在这一模型中变量在局部是位置和时间的函数。使用的实例包括流量循环、燃烧和热传递模型。

图1-21示出了以Boost程序为例模拟废气涡轮增压V6缸柴油机的模型。它包括与发动机连接的所有重要部件，从空气滤清器开始，到废气涡轮增压器，直至催化转化器和排气消声器。另外还增加了控制喷油和涡轮增压器废气阀门的电子控制单元（ECU1）。对于发动机工作过程的模拟，由于篇幅所限，作者建议读者参阅参考文献（例如：[1－26，1－27]，或者［1－55，1－56]）和2.2节。

1.3.3 发动机工作过程模拟应用的典型实例

1.3.3.1 简述

基本上两种类型的应用是最佳的。

（1）被模拟的发动机工作点的测试数据已经获得

在这种情况下，是通过发动机工作过程模拟来确定已经通过试验得到的参数。比较计算结果和测量结果就可以检验测试结果的可信度，或者计算过程模拟的物理子模型（例如放热率、缸壁热传递和平均有效摩擦压力）。

（2）对于要模拟的发动机工作点没有可用的测试数据

在这种情况下，发动机工作过程模拟是对未知工作点的预测。首先，物理子模型的参数必须进行估计，即采用一个类似的工作点的数据，如有必要，运用

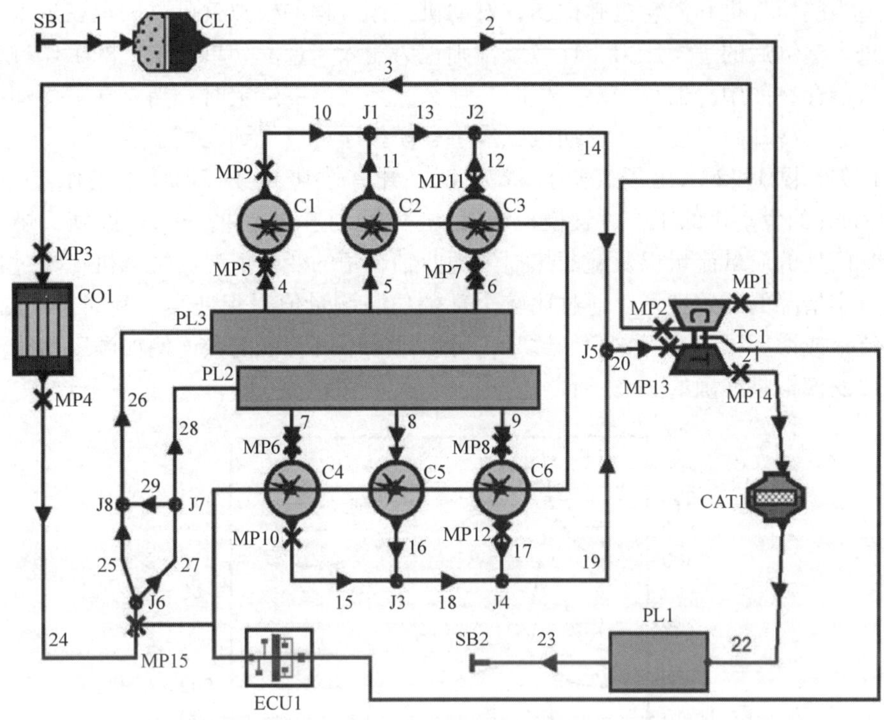

图 1-21　增压 V6 柴油机仿真模型：（CL1）空气滤清器；（TC1）废气涡轮增压；（CO1）中冷器；（CAT1）催化转化器；（PL1）排气消声器；（PL2，PL3）V 形发动机进气歧管；（C1 至 C6）发动机气缸；（J）接头和支管；（ECU1）控制喷油和涡轮增压器的废气阀门的电子控制单元

1.3.2.1 小节和 1.3.2.3 小节介绍的转换方程进行修正。自然地，这一工作过程模拟的结果的精确性与所使用的转换方程有关。因此，在实践中通过在发动机工作过程模拟中选择尽可能多的测量工作点进行重复模拟以及与测量值进行比较，对特定的发动机进行检查和校准。

因此，设计新的发动机时对工作过程的模拟与已经测试的发动机的重新模拟没有本质的区别。

1.3.3.2　发动机工作过程模拟结果

根据 1.3.2 小节，发动机工作过程模拟的典型输入变量包括：发动机结构参数、气门升程曲线、气门流量系数、转速、发动机功率、机械效率、放热率、传热系数、壁面温度、进入气缸前的进气压力、进气温度，进入气缸后的进气压力。

典型结果是压力曲线、温度曲线、壁面热损失、有效燃料消耗、有效效率、内效率、最高燃烧压力、最高压缩终了压力、最大压力升高比、最高循环温度（平均能量值）、废气涡轮前端温度、换气损失、进气流量和空燃比。

除了气缸以外，当废气涡轮增压器也能使用热力学方程进行描述时，例如通过采用适当的压气机和涡轮机脉谱图，发动机工作过程的模拟就可以确定在进入气缸前和进入气缸后的进气压力，环境条件则视为输入变量。如果在未来的工作过程模拟中可能存在的中冷器也需要建模时，那么当环境温度给定时，当充气被冷却液冷却时，除了冷却液温度以外发动机工作过程模拟还可以得到充气温度。

例如，图1-22示出了气缸排量为4L、升有效功 w_e 为2kJ/L、工作点在 $n=$ 1500r/min的发动机的工作过程模拟结果。它显示了气缸内的压力、温度、燃烧特性和气门处的质量流量以及壁面热损失随曲轴转角的变化情况。发动机工作过程模拟与真实情况的一致性可以通过比较全部数值与测量值得到证实，例如排气温度、充气流量或增压压力。当它们一致时，可以推断不可验证的数值例如温度曲线或质量曲线的模拟是准确的。

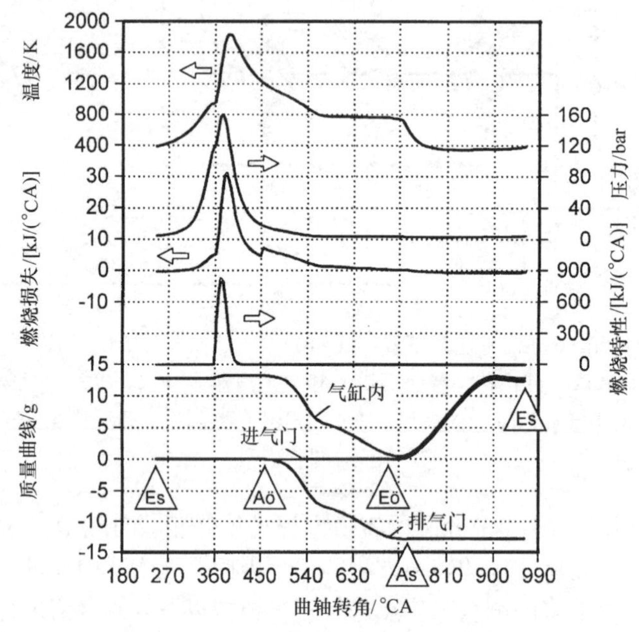

图1-22 发动机工作过程模拟结果

Es—进气门关闭 Aö—排气门打开

Eö—进气门打开 As—排气门关闭

1.3.3.3 参数研究

发动机工作过程模拟应用的重要领域是全面分析燃烧循环边界条件影响的参数研究。参数研究结果是在新发动机设计阶段，或者已有发动机优化，或者性能改善时所需要的。参数研究可以得到作为可能实现的目标参数如油耗、功率和转矩的最佳值。可以通过优化使得最高燃烧压力、压力升高率、排气温度或排放污染不超过工程限制或者法律限制。

典型参数研究的成果如下所述。由于受到工程限制的最高燃烧压力严重影响循环的有效效率并因此影响其燃油消耗，最重要的参数研究之一用于确定最高燃烧压力 p_{Zmax}对于有效效率 η_e的影响。当燃烧特性给定时，最高燃烧压力由供油开始参数（因此决定燃烧开始）和最终压缩压力参数确定。然后，依次主要取决于压缩比和增压压力。增压压力实质上是由废气涡轮增压效率和目标空燃比确定的。图 1-23 示出了在各种恒定最高燃烧压力值、废气涡轮增压器效率为 η_{TL}和过量空气系数为 λ 的情况下，有效效率 η_e随压缩比 ε 变化的情况。虚线表示燃烧开始的位置，在每一种最高燃烧压力下都存在着一个最高有效效率 η_e所对应的最佳压缩比。相比之下，理论上的标准循环表明最高有效效率是在最大压缩比时得到的。

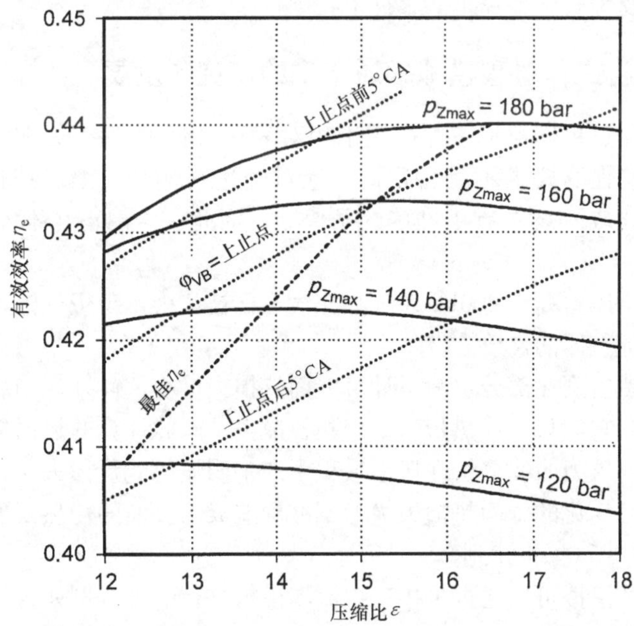

图 1-23　压缩比 ε 和最高压缩压力 p_{Zmax}对有效效率 η_e 的影响

1.3.3.4　其他应用实例

除了参数研究以外，发动机工作过程模拟也用于许多其他目的。

1）热平衡和热损失分析。热平衡模拟和热损失分析用于对发动机进行评价（开发潜力、优化、冷却系统设计）。

2）废气涡轮增压系统设计。增压能量供给模拟（废气质量流量和温度）以及需要的增压压力和空气流量的模拟。

3）气门升程和配气正时优化。以较低换气损失和较高充气效率为目标的换气过程模拟。

4）温度场模拟。发动机热平衡和热负荷模拟作为输入变量的气缸内的气缸套、活塞和气门温度场模拟，见7.1节。

5）气体压力曲线模拟。为进一步研究，对作为输入变量的气体压力曲线进行模拟，例如强度模拟、扭转振动分析、活塞环运动模拟。

6）潮湿腐蚀。潮湿腐蚀失效分析（低于废气露点温度）。

7）氮氧化物排放。应用燃烧模型（例如双区模型）分析氮氧化物的排放。

8）环境条件。当环境条件（压力和温度）改变时发动机工作参数的确定。

9）真实性检验。为损坏分析进行测量值或者设定值的真实性检验。

10）将单缸发动机的试验结果用于多缸发动机。将单缸发动机在试验中测得的运行数据转换到多缸发动机的条件下。

1.3.4 发动机工作过程模拟领域未来的研究和发展

发动机工作过程模拟是一种适用于相对表达（例如，参数研究）的工具，它对于子模型准确性的要求不是特别高。绝对表达（例如，增压或冷却系统设计、不同发动机的比较）要求有更准确的子模型。因此，人们正在不断努力改进这些模型。

当最高燃烧压力高于200bar，气缸充气不再被认为是理想气体，必须考虑包含各种成分的实际气体的性质。

现在的传热模型在部分负荷下计算壁面热损失过小，此外，当燃烧不完全或者根本没有燃烧时它们只允许热量从烟尘颗粒散失。因此计算的热损失过小，特别是当燃烧不良时。压力曲线分析在压缩过程中产生明显的能量损失，这可能是由于使用的随曲轴转角变化的壁面热损失模型不准确造成的。新的传热模型可以在参考文献［1-58至1-63］中找到。

充气流量的模拟可以通过采用三维流场模拟进行改进。例如这样的模拟能够优化在气缸盖内的流动条件。流场模拟用于分析混合气成分并且部分已经用于燃烧循环模拟。

直接由喷射数据进行燃烧特性模拟的工作正在进行。另一方面，为了在进行氮氧化物排放模拟时能够更准确地描述燃烧，放热率的模型及其在图中的转换已经得到改进。

进行的其他研究还包括在图中转换平均有效摩擦压力时，重点放在确定某一部件的摩擦损失占全部摩擦损失的百分比上。

参考文献

1-1 DRP Nr. 67207: Arbeitsverfahren und Ausführungsart für Verbrennungskraftmaschinen. An: R. Diesel ab 28. Febr. 1892

1-2 Sass, F.: Geschichte des deutschen Verbrennungsmotorenbaus von 1860–1918. Berlin/Göttingen/Heidelberg: Springer 1962

1-3 Diesel, R.: Die Entstehung des Dieselmotors. Berlin/Heidelberg/New York: Springer: 1913

1-4 Diesel, R.: Theorie und Konstruktion eines rationellen Wärmemotors zum Ersatz der Dampfmaschinen und der heute bekannten Verbrennungsmotoren. Berlin/Heidelberg/New York: Springer 1893, Reprint: Düsseldorf: VDI-Verlag 1986

1-5 Reuß, H.-J.: Hundert Jahre Dieselmotor. Stuttgart: Franckh-Kosmos 1993

1-6 Adolf, P.: Die Entwicklung des Kohlenstaubmotors in Deutschland. Diss. TU Berlin (D83) 1992

1-7 Knie, A.: Diesel – Karriere einer Technik: Genese und Formierungsprozesse im Motorenbau. Berlin: Bohn 1991

1-8 Heinisch, R.: Leichter, komfortabler, produktiver – die technologische Renaissance der Bahn. Mobil 1 (1994) 3. Ferner: Heinrich, J.: Flinker CargoSprinter hilft der Deutschen Bahn. VDInachr. (1996) 41, S. 89ff

1-9 Diesel, E.: Die Geschichte des Diesel-Personenwagens. Stuttgart: Reclam 1955

1-10 Diesel, E.: Diesel. Der Mensch, das Werk, das Schicksal. Stuttgart: Reclam 1953

1-11 Boie, W.: Vom Brennstoff zum Rauchgas. Leipzig: Teubner 1957

1-12 Schmidt, E.: Einführung in die technische Thermodynamik. 10. Aufl. Berlin/Heidelberg/New York: Springer 1963

1-13 Pflaum, W.: I, S-Diagramme für Verbrennungsgase, 2. Aufl. Teil I und II. Düsseldorf: VDI-Verlag 1960, 1974

1-14 DIN ISO 3046/1: Hubkolbenverbrennungsmotoren; Anforderungen. Teil 1. Normbezugsbedingungen und Angaben über Leistung, Kraftstoff- und Schmierölverbrauch

1-15 Technical Review Wärtsilä RT-flex 96C / Wärtsilä RTA 96C. Firmenschrift der Wärtsilä Corporation 2006

1-16 Steinparzer, F.; Kratochwill, H.; Mattes, T.; Steinmayr, T.: Der neue Sechszylinder-Dieselmotor von BMW mit zweistufiger Abgasturboaufladung – Spitzenstellung bezüglich effizienter Dynamik im Dieselsegment. Tagungsband zum 15. Aachener Kolloquium Fahrzeug- und Motorentechnik 2006, S. 1281–1301

1-17 Groth, K.; Syassen, O.: Dieselmotoren der letzten 50 Jahre im Spiegel der MTZ – Höhepunkte und Besonderheiten der Entwicklung. MTZ 50 (1989) S. 301–312

1-18 Zinner, K.: Aufladung von Verbrennungsmotoren. Berlin/Heidelberg/New York: Springer 1985

1-19 Zurmühl, R.: Praktische Mathematik für Ingenieure und Physiker. Berlin/Heidelberg/New York: Springer 1984

1-20 Albers, W.: Beitrag zur Optimierung eines direkteinspritzenden Dieselmotors durch Variation von Verdichtungsverhältnis und Ladedruck. Diss. Universität Hannover 1983

1-21 Barba, C.; Burckhardt, C.; Boulouchos, K.; Bargende, M.: Empirisches Modell zur Vorausberechnung des Brennverlaufs bei Common-Rail-Dieselmotoren. MTZ 60 (1999) 4, S. 262–270

1-22 Bargende, M.: Ein Gleichungsansatz zur Berechnung der instationären Wandwärmeverluste im Hochdruckteil von Ottomotoren. Diss. TH Darmstadt 1991

1-23 Boulouchos, K.; Eberle, M.; Ineichen, B.; Klukowski, C.: New Insights into the Mechanism of In Cylinder Heat Transfer in Diesel Engines. SAE Congress 27. Feb.-3. Mar. 1989

1-24 Chemla, F.; Orthaber, G.; Schuster, W.: Die Vorausberechnung des Brennverlaufs von direkteinspritzenden Dieselmotoren auf der Basis des Einspritzverlaufs. MTZ 59 (1998) 7/8

1-25 Constien, M.; Woschni, G.: Vorausberechnung des Brennverlaufs aus dem Einspritzverlauf für einen direkteinspritzenden Dieselmotor. MTZ 53 (1992) 7/8, S. 340–346

1-26 De Neef, A.T.: Untersuchung der Voreinspritzung am schnellaufenden direkteinspritzenden Dieselmotor. Diss. ETH Zürich 1987

1-27 Flenker, H.; Woschni, G.: Vergleich berechneter und gemessener Betriebsergebnisse aufgeladener Viertakt-Dieselmotoren. MTZ 40 (1979) 1, S. 37–40

1-28 Frank, W.: Beschreibung von Einlasskanaldrallströmungen für 4-Takt-Hubkolbenmotoren auf Grundlage stationärer Durchströmversuche. Diss. RWTH Aachen 1985

1-29 Friedrich, I.; Pucher, H.; Roesler, C.: Echtzeit-DVA – Grundlage der Regelung künftiger Verbrennungsmotoren. MTZ-Konferenz-Motor Der Antrieb von Morgen. Wiesbaden: GWV Fachverlage 2006, S. 215–223

1-30 Golloch, R.: Downsizing bei Verbrennungsmotoren. Berlin/Heidelberg/New York: Springer 2005

1-31 Hardenberg, H.; Wagner, W.: Der Zündverzug in direkteinspritzenden Dieselmotoren. MTZ 32 (1971) 7, S. 240–248

1-32 Heywood, J.B.: Internal Combustion Engine Fundamentals. New York: McGraw-Hill Book Company 1988

1-33 Hiereth, H.; Prenninger, P.: Aufladung der Verbrennungskraftmaschine – Der Fahrzeugantrieb. Wien: Springer 2003

1-34 Hohenberg, G.; Möllers, M.: Zylinderdruckindizierung I. Abschlussbericht Vorhaben Nr. 362. Forschungsvereinigung Verbrennungskraftmaschinen 1986

1-35 Hohlbaum, B.: Beitrag zur rechnerischen Untersuchung der Stickstoffoxid-Bildung schnellaufender Hochleistungsdieselmotoren. Diss. Universität Karlsruhe (TH) 1992

1-36 Huber, K.: Der Wärmeübergang schnellaufender, direkteinspritzender Dieselmotoren. Diss. TU München 1990

1-37 Justi, E.: Spezifische Wärme, Enthalpie, Entropie und Dissoziation technischer Gase. Berlin: Springer 1938

1-38 Kleinschmidt, W.: Entwicklung einer Wärmeübergangsformel für schnellaufende Dieselmotoren mit direkter Einspritzung. Zwischenbericht zum DFG Vorhaben Kl 600/1 1 (1991)

1-39 Kolesa, K.: Einfluss hoher Wandtemperaturen auf das Betriebsverhalten und insbesondere auf den Wärmeübergang direkteinspritzender Dieselmotoren. Diss. TU München 1987

1-40 Krassnig, G.: Die Berechnung der Stickoxidbildung im Dieselmotor. Habilitation TU Graz 1976

1-41 Merker, G.; Schwarz, C.; Stiesch, G.; Otto, F.: Verbrennungsmotoren: Simulation der Verbrennung und Schadstoffbildung. Wiesbaden: Teubner-Verlag 2004

1-42 NIST/JANAF: Thermochemical Tables Database. Version 1.0 (1993)

1-43 Nitzschke, E.; Köhler, D.; Schmidt, C.: Zylinderdruckindizierung II. Abschlussbericht Vorhaben Nr. 392. Forschungsvereinigung Verbrennungskraftmaschinen 1989

1-44 Oberg, H.J.: Die Darstellung des Brennverlaufs eines schnellaufenden Dieselmotors durch zwei überlagerte Vibe-Funktionen. Diss. TU Braunschweig 1976

1-45 Pflaum, W.: Mollier-(I, S-)Diagramme für Verbrennungsgase, Teil II. Düsseldorf: VDI-Verlag 1974

1-46 Pflaum, W.; Mollenhauer, K.: Wärmeübergang in der Verbrennungskraftmaschine. Wien: Springer 1977

1-47 Pischinger, R.; Klell, M.; Sams, T.: Thermodynamik der Verbrennungskraftmaschine – Der Fahrzeugantrieb. Wien: Springer 2002

1-48 Schorn, N.: Beitrag zur rechnerischen Untersuchung des Instationärverhaltens abgasturboaufgeladener Fahrzeugdieselmotoren. Diss. RWTH Aachen 1986

1-49 Schreiner, K.: Untersuchungen zum Ersatzbrennverlauf und Wärmeübergang bei schnellaufenden Hochleistungsdieselmotoren. MTZ 54 (1993) 11, S. 554–563

1-50 Schwarzmeier, M.: Der Einfluss des Arbeitsprozessverlaufs auf den Reibmitteldruck. Diss. TU München 1992

1-51 Seifert, H.: Instationäre Strömungsvorgänge in Rohrleitungen an Verbrennungskraftmaschinen. Berlin/Heidelberg/New York: Springer 1962

1-52 Seifert, H.: Erfahrungen mit einem mathematischen Modell zur Simulation von Arbeitsverfahren in Verbrennungsmotoren. Teil 1: MTZ 39 (1978) 7/8, S. 321–325; Teil 2: MTZ 39 (1978) 12, S. 567–572

1-53 Seifert, H.: 20 Jahre erfolgreiche Entwicklung des Programmsystems PROMO. MTZ 51 (1990) 11, S. 478–488

1-54 Simulationsprogramm Boost: www.avl.com

1-55 Simulationsprogramm GT-Power: www.gtisoft.com

1-56 Sitkei, G.: Kraftstoffaufbereitung und Verbrennung bei Dieselmotoren. Berlin/Göttingen/Heidelberg: Springer 1964

1-57 Thiele, E.: Ermittlung der Reibungsverluste in Verbrennungsmotoren. MTZ 43 (1982) 6, S. 253–258

1-58 Thiemann, W.: Verfahren zur genauen Zylinderdruckmessung an Verbrennungsmotoren. Teil 1: MTZ 50 (1989), Heft 2, S 81–88; Teil 2: MTZ 50 (1989) 3, S. 129–134

1-59 Vibe, I.I.: Brennverlauf und Kreisprozess von Verbrennungsmotoren. Berlin: VEB Verlag Technik 1970

1-60 Vogel, C.; Woschni, G.; Zeilinger, K.: Einfluss von Wandablagerungen auf den Wärmeübergang im Verbrennungsmotor. MTZ 55 (1994) 4, S. 244–247

1-61 Witt, A.: Analyse der thermodynamischen Verluste eines Ottomotors unter den Randbedingungen variabler Steuerzeiten. Diss. TU Graz 1999

1-62 Wolfer, H.: Der Zündverzug im Dieselmotor. VDI Forschungsarbeiten 392. Berlin: VDI Verlag GmbH 1938

1-63 Woschni, G.: Elektronische Berechnung von Verbrennungsmotor-Kreisprozessen. MTZ 26 (1965) 11, S. 439–446

1-64 Woschni, G.: Die Berechnung der Wandverluste und der thermischen Belastung der Bauteile von Dieselmotoren. MTZ 31 (1970) 12, S. 491–499

1-65 Woschni, G.: CIMAC Working Group Supercharging: Programmiertes Berechnungsverfahren zur Bestimmung der Prozessdaten aufgeladener Vier- und Zweitaktdieselmotoren bei geänderten Betriebsbedingungen. TU Braunschweig. Forschungsvereinigung Verbrennungskraftmaschinen e.V. (FVV) Frankfurt 1974

1-66 Woschni, G.; Anisits, F.: Eine Methode zur Vorausberechnung der Änderung des Brennverlaufs mittelschnellaufender Dieselmotoren bei geänderten Randbedingungen. MTZ 34 (1973) 4, S. 106–115

1-67 Zacharias, F.: Analytische Darstellung der thermodynamischen Eigenschaften von Verbrennungsgasen. Diss. Berlin 1966

1-68 Zellbeck, H.: Rechnerische Untersuchung des dynamischen Betriebsverhaltens aufgeladener Dieselmotoren. Diss. TU München 1981

第2章　换气和增压

2.1　换气

2.1.1　简述

从膨胀行程结束开始，换气过程基本要完成两个功能，即：

1）用新鲜气体（在柴油机中是纯空气）替换气缸内利用后的气体（废气），这是内燃机工作所必需的基本条件。

2）散热，这是完成热力学循环所必需的。

换气过程可以在四冲程发动机中进行，也可以在二冲程发动机中进行。无论如何，换气的结果都可以通过一些无量纲参数进行描述和评价，首先进行以下规定：

m_Z——换气结束时气缸内工质气体的总质量；

m_L——通过进气系统进入气缸的空气总质量；

m_{LZ}——换气结束时气缸内新鲜空气的质量；

m_{RG}——换气结束时气缸内残余废气的质量；

ρ_L——进气系统部件前端的空气密度；

m_{Ltheor}——理论空气质量。

理论空气质量

$$m_{Ltheor} = \rho_L \cdot V_h \tag{2-1}$$

是恰好充满气缸工作容积 V_h 的密度为 ρ_L 的空气的质量。

空气效率

$$\lambda_a = \frac{m_L}{m_{Ltheor}} \tag{2-2}$$

是换气过程进入气缸的空气总质量与理论空气质量的比值。对于某一稳定的发动机工作点，它正比于测得的空气流量。

充气效率

$$\lambda_1 = \frac{m_{LZ}}{m_{Ltheor}} \tag{2-3}$$

是进入气缸且留在气缸内的空气质量与理论空气质量之比。

因此，保留率可定义为：

$$\lambda_z = \frac{m_{LZ}}{m_L} = \frac{\lambda_1}{\lambda_a} \tag{2-4}$$

提高效率和扫气效率也很重要，特别是对于二冲程发动机。

提高效率

$$\lambda_t = \frac{m_Z}{m_{Ltheor}} \tag{2-5}$$

是换气结束时气缸内工质气体的质量与理论空气质量的比值。新鲜空气质量m_{LZ}占工质气体质量m_Z的比例称为扫气效率：

$$\lambda_s = \frac{m_{LZ}}{m_Z} \tag{2-6}$$

式（2-7）用于残余废气m_{RG}，即上一个燃烧循环留在气缸内的残余工质气体：

$$m_{RG} = m_Z - m_{LZ} \tag{2-7}$$

2.1.2 四冲程循环

2.1.2.1 控制要素

现在几乎所有的往复活塞式四冲程发动机的换气都是由气门控制的，滑阀控制尽管原先用于车用汽油机，但由于冷、热变化引起的密封问题，以及热变形问题，甚至在汽油机上也未能继续使用。它在柴油机上根本不能使用，特别是有比较高的缸内压力的柴油机。现在，具有锥形密封面的气门在最大缸内压力下也能完美地密封气缸，因为气缸内的压力增加可以直接导致气门与气门座圈接触压力的增加，因此能够保证密封效果。气门的升程是由配气机构驱动凸轮产生并传递到气门上的，这种方法目前大部分发动机仍在使用。

1）在下置凸轮轴配气机构中，通过挺杆、推杆和摇臂克服气门弹簧阻力使气门打开。

2）在顶置凸轮轴配气机构中，通过摇臂或凸轮挺杆或挺柱克服气门弹簧阻力使气门打开。

采用单气缸盖的大型柴油机，以及商用车发动机都装有下置凸轮轴。乘用车柴油机（整体式气缸盖）大部分都装有顶置凸轮轴，因为这可以减小配气机构运动部件的质量。

2.1.2.2 气门升程曲线和配气正时

从理论上讲，四冲程发动机进行换气时需要曲轴转一整圈。根据理论上的发动机工作过程，换气部件（气门）必须恰好在相应的上、下止点打开或者关闭，以获得矩形气门升程特性（图 2-1）。

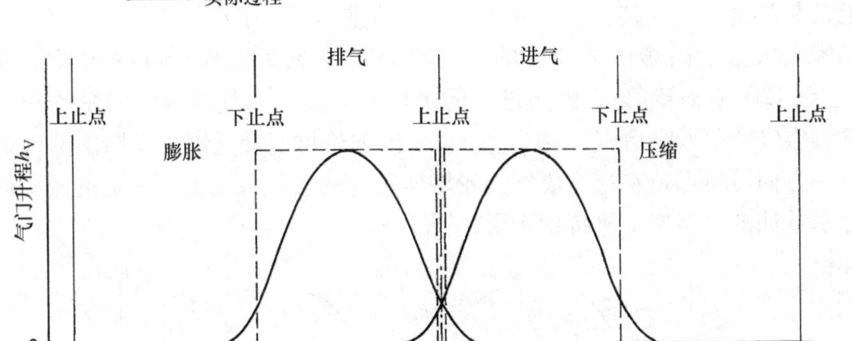

图 2-1　四冲程发动机气门升程曲线

Aö—排气门开　Eö—进气门开　As—排气门关　Es—进气门关

然而，实际发动机由于受到配气机构运动部件加速度的限制，气门只能逐渐打开或者关闭。这不仅由于配气机构存在惯性质量，而且由于气流进入或者排出气缸时首先必须加速，当活塞反向运动时气流才开始停止，因此设置气门开启时刻比相应的上、下止点提前，关闭时刻滞后。这就是所谓的配气正时，具体描述如下。

1. 排气门开启

当排气门打开时，通常在气缸内的压力与排气管的压力之间存在一个超临界压力比。所以，最初流出的排气流以声速通过最狭窄的流通截面（在气门座处）。因此，气缸内的压力下降相对较快，这样活塞在接下来的向上的排气行程消耗的功就不会太大。排气门打开过早虽然可以降低排气消耗的功，但却相应减小了膨胀行程工质膨胀推动活塞所做的功。因此，最佳的排气提前角就是总的功率损失（膨胀损失功和排气消耗功）达到最小，或者指示功达到最大。这一最佳范围相对比较小，在下止点前 40°~60°曲轴转角的范围。

2. 气门重叠

由于进气门在上止点（图 2-1 中的上止点）之前、排气门尚未关闭时打开，就发生了所谓的气门重叠现象。

如果完全没有气门重叠，将发生图 2-2a 所示的情况，如果排气门在上止点关闭，燃烧室容积仍然充满废气，这些废气将出现在下一个燃烧循环中。

排气门在上止点关闭，活塞的运动速度将会降低。因此在这一过程中实际上不能发挥流体的任何排出和吸入效应。但是如果进气门在上止点之前已经开启，排气门在上止点之后仍保持打开，排气管将会对气缸以及相连的进气道产生吸气效应，引起新鲜气体（空气）流入气缸并将残余废气清除（图2-2b）。在自然吸气发动机中，气门重叠角只能达到约40°~60°曲轴转角。但是这足以清除大部分残余废气。如果重叠角选择得过大，并且在上止点前、后基本对称，则在排气行程时废气将可能被驱赶进入进气歧管，并且在接下来的进气行程中排气歧管的废气也将可能被重新吸入气缸。高增压柴油机的气门重叠角（见2.2节）可以选择得足够大（可以达到120°曲轴转角），因为进气的平均压力高于排气歧管内的平均压力，可以用新鲜空气清除残余废气（图2-2c）。一方面这可以降低燃烧室周围部件的热负荷，另一方面可以保持在进入废气涡轮增压器前的废气温度低于一定的极限值。这对于使用重油的大型柴油机特别重要（见3.3节）。

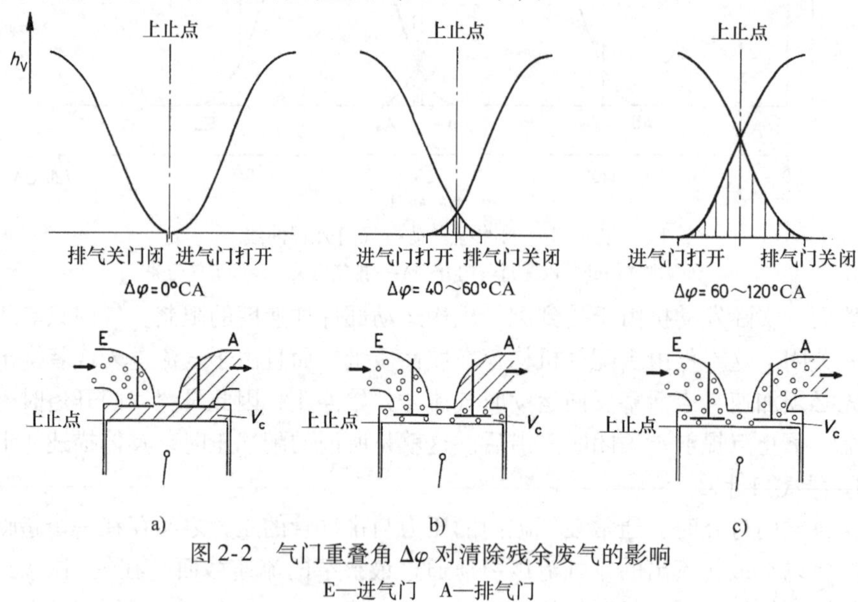

图2-2 气门重叠角 $\Delta\varphi$ 对清除残余废气的影响

E—进气门 A—排气门

3. 进气门关闭

由于进气门的关闭时刻影响在特定空燃比下发动机的功率，因此必须设定合适的进气迟后角以保证充入的新鲜空气最多，即充气效率 λ_1 最大。因此进气迟后角具有重要意义。进气门关闭时刻通常设置在下止点之后，因为当活塞接近到达下止点时，活塞的吸入效应几乎完全消失，但是进气流的惯性仍然可以使气流进入气缸。如果进气迟后角设置得过大，就会发生进气流被反推回进气管的情况。进气迟后角通常在下止点后20°~60°曲轴转角范围。与充气效率相似，进气迟后角的最佳值主要随发动机转速的变化而变化。对于固定的进气迟后角，充气效率随转速而变化的曲线（实线）如图2-3所示。这一曲线在峰值左、右两侧下降，主要

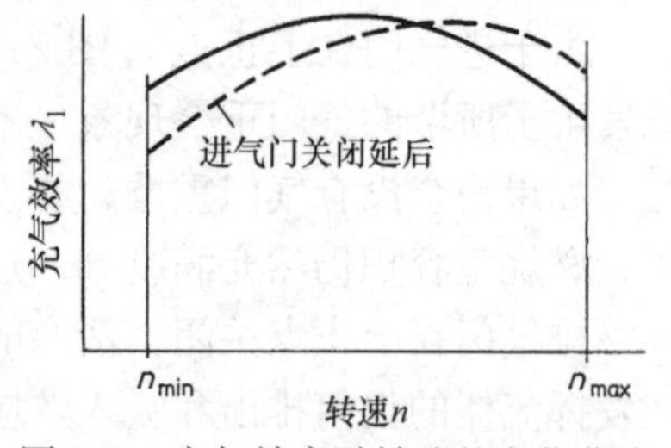

图2-3 充气效率随转速的变化曲线

是因为在相应的转速范围内进气迟后角被设置得过大或者过小。例如，如果一台发动机计划将来主要在较高转速范围工作，那么将进气迟后角设置得大一些是明智的（在图 2-3 中的虚线）。

2.1.2.3　气门流通截面和流量系数

当气门和气道被设计成固定的时，在气门开启的持续时间内流过的气体质量不仅受气门前、后方压力差的影响，而且也主要受气门升程特性的影响。气门升程特性直接影响自由流通截面的大小。

气门在某一升程 $h_V(\varphi)$ 下的几何流通截面面积 $A_V(\varphi)$，可以通过气门座内径 d_i 和气门座锥角 β（图 2-4）计算得到：

$$A_V(\varphi) = \pi \cdot h_V(\varphi) \cdot \cos\beta \cdot [d_i + 0.5 \cdot h_V(\varphi) \cdot \sin 2\beta] \tag{2-8}$$

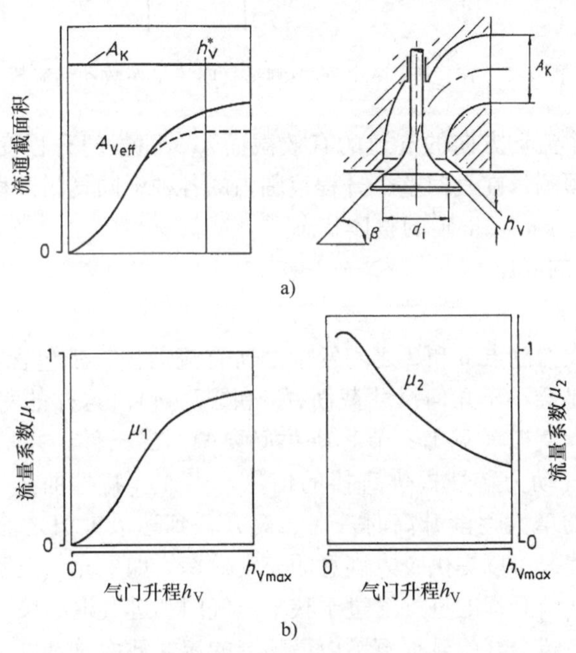

图 2-4　有效气门流通截面 A_{Veff}（φ）和气门流量系数

a）气门流通截面积　b）气门流量系数

在某一气门升程 $h_V(\varphi)$ 下流体实际得到的有效气门流通截面 $A_{Veff}(\varphi)$ 通常小于气门流通截面 $A_V(\varphi)$。有效气门流通截面是将气门流通截面带入 Saint - Venant 方程［方程（2-9）］，在流入侧的气流整体状态（p_{01}，T_{01}）和在流出侧静压为 p_2 的给定值下得到实际流量 $\dot{m}$ 时的结果：

$$A_{Veff} = \frac{\dot{m}\sqrt{R \cdot T_{01}}}{p_{01} \cdot \sqrt{\frac{2\kappa}{\kappa-1}\left[\left(\frac{p_2}{p_{01}}\right)^{\frac{2}{\kappa}} - \left(\frac{p_2}{p_{01}}\right)^{\frac{\kappa+1}{\kappa}}\right]}} \tag{2-9}$$

为了在一个如图2-5所示的定常流试验台上通过试验确定$A_{Veff}(\varphi)$，试验中的气缸盖被放置在内径与气缸直径D相同的管上，并且一根内径断面等于连续进气道截面A_K的管，连接在试验中的气门的进气道外端。

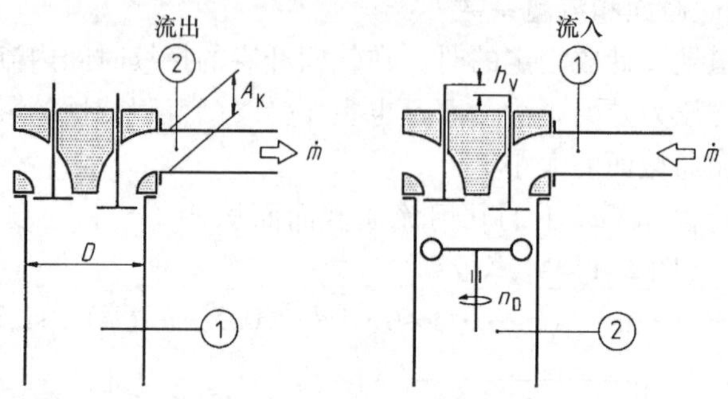

图2-5　在稳态流量试验中测量气门流量系数和涡流数

在可能的两个流动方向的气道的有效截面A_{Veff}随气门升程变化的关系就可以确定。为此，必须测量在气门整个升程范围内的各种不同气门升程下的流量：

1）在位置1（p_{01}，T_{01}）的整体状态。

2）在位置2的静压p_2。

3）质量流量$\dot{m}$。

按照定义，在控制点1和2之间发生的所有流动损失都包含在A_{Veff}内。因此，一般说来A_{Veff}总是会小于几何尺寸截面A_K（图2-4a）。这样的稳态流量测量可以为发动机工作过程模拟（见1.3节）提供必要的边界条件，并且为给定的气门和进气道设计的空气动力特性提供直接的信息。当A_{Veff}特性曲线（图2-4a中的虚线）随气门升程的增大逐渐升高时，在气门升程到达最大值之前，已经选择一个足够大的气门升程，可以提供令人满意的充气效率。如果充气效率不是足够高，可能是对应于最大气门升程的进气道过于狭窄。气门和进气道的尺寸必须与最大气门升程匹配，保证在整个气门升程范围内最狭窄的流通截面总是位于气门座处。

实际上，气门流量特性通常不是用有效气门流通截面A_{Veff}（h_V）表示，而是用气门流量系数μ（h_V）表示，气门流量系数

$$\mu(h_V) = \frac{A_{Veff}(h_V)}{A_{bez}} \tag{2-10}$$

等于有效气门流通截面与参考截面A_{bez}之比。

实际上，参考截面有两种版本。

版本1：$A_{bez}=A_K$

恒定进气道截面A_K（见图2-4）作为参考截面产生的流量系数为μ_1，该系数在整个气门升程范围内的数值范围是$0 \leqslant \mu_1 \leqslant 1$（图2-4b）。

版本2：$A_{bez}=A_V(h_V)$

因此得到的流量系数$\mu_2(h_V)$在$h_V=0$时未定义，在h_V值较低时也可以假设流量系数μ_2（h_V）大于1（图2-4b）。

2.1.2.4 进气涡流

一般来说，高速直喷柴油机依赖涡流获得令人满意的混合气的形成和燃烧，即流入气缸的空气通常因为螺旋进气道使其绕着气缸轴线旋转，这种旋转会由于气流压缩效应而增强（见3.1节）。

对于给定的燃烧系统，涡流过弱或者过强都是有害的，涡流强度（涡流数）需要根据实际情况确定。为了达到这一目的，装备了具有叶轮流速计的稳流试验台（图2-5），叶轮流速计的尺寸和安装位置都是确定的。为了测试涡流的特性，需要建立叶轮速度n_D与当测得的平均轴向流速c_a等于活塞平均速度c_m时对应的发动机转速n的关系，即

$$c_a = c_m = 2s \cdot n \tag{2-11}$$

因此

$$n = \frac{c_a}{2 \cdot s} \tag{2-12}$$

n_D/n的比值随气门升程而变化，并且当确定代表某一特定进气道的平均涡流（涡流数D）时，必须作为其函数的平均值：

$$D = \left(\frac{n_D}{n}\right)_m = \frac{1}{\pi}\int_{BDC}^{TDC} \frac{n_D}{n} \cdot \left(\frac{c_K}{c_m}\right)^2 d\varphi \tag{2-13}$$

在方程（2-13）中，c_K表示根据方程（2-12）计算出的在转速n下特定曲轴位置对应的活塞瞬时速度。

2.1.2.5 进气歧管的影响

方程（2-3）定义的充气效率λ_1除了取决于气门和气缸盖内的进气道的几何尺寸和空气动力学特性以外，也取决于连接的进气歧管的形状和尺寸。

假设有一台四冲程单缸发动机，在其进气侧连接一条如图2-6所示的光滑的进气管。进气管的长度为L，与气缸相对的一端为“开口端”，管内进气口前的压力p等于外部压力[BF_{p_0}(p/p_0)=1]。当进气门打开时，气缸内由进气行程产生的真空引起一个负压波从进气门向管的开口端传播（t_1）。根据声学理

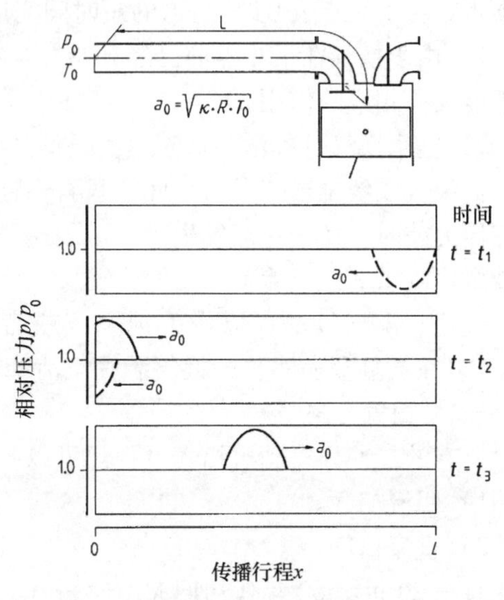

图2-6 压力波在进气管内基于声学理论的传播

论，这一负压波以声速 a_0 传播，它等于

$$a_0 = \sqrt{\kappa \cdot R \cdot T_0} \tag{2-14}$$

式中 T_0——管内的气体温度，这里假设它是恒定的。

在时间 $t = L/a_0$ 之后，负压波到达进气管的开口端，在那里以压力波（$p > p_0$）的形式被反射（t_2）回来，然后以速度 a_0 回到进气门（t_3）。如果压力波到达时进气门仍是打开的，那么就能够提高充气效率。为了达到这一目的，负压波和压力波的整个传播时间 $\Delta t = 2L/a_0$ 必须短于气门开启持续时间 $\Delta\varphi_{Eö-Es}$。该条件可用式（2-15）表示：

$$L \leqslant \frac{a_0}{720 \cdot n} \cdot \Delta\varphi_{Eö-Es} \tag{2-15}$$

很明显，在一定转速 n 下，在给定的进气门配气正时以及因此而确定的进气门开启持续时间 $\Delta\varphi_{Eö-Es}$ 内，进气管必须有特定的长度 L 才能得到最大的充气效率。然而在实践中反过来则更重要，即在给定时间内，在给定进气管长度 L 则只能在某一定转速下才能得到最大充气效率，并且通常只在相对较窄的转速范围内得到相对较高的充气效率。从逻辑上讲，进气歧管对于单缸发动机充气效率的基本影响结果可以用于多缸发动机，并且在非常明确的转速范围内系统地运用它们产生气缸最大充气量（进气谐振系统或者可变长度进气歧管）。

2.1.3 二冲程循环

2.1.3.1 二冲程发动机换气的特点

二冲程工作循环对应于活塞的两个行程或曲轴转一圈（=360°曲轴转角）。换气不得不在下止点（UT）附近的短时间完成。由此可以直接推断出两个结果：

1）由于换气在下止点前已经开始并且在下止点后结束，一部分膨胀和压缩行程不能发挥相应的作用。

2）整个换气过程活塞瞬时速度很低，以至于在气缸换气时活塞几乎不能够发挥任何吸气或者排气作用。因此，只有当存在正向扫气梯度，即从进气侧到排气侧存在压力差时，换气才能发生。要达到这一目的，事实上二冲程发动机必须装有扫气鼓风机（或者扫气泵）。

气门和换气口都可以作为纯空气或者可燃混合气的换气部件。对于换气口（换气口在气缸套表面）式换气装置，活塞也具有滑动控制的功能。

2.1.3.2 扫气方法

所有的二冲程发动机扫气过程都可以归类为两种基本类型：

1）回流扫气。

2）直流扫气。

直至20世纪80年代初期MAN公司的反向扫气（即回流扫气）对于大型二冲程柴油机（缸径 $D = 250 \sim 900$mm）都是非常重要的，它的行程/缸径比刚好大于

$s/D=2$。图2-7a所示为进、排气口的布置以及配气正时图。

当向下运动的活塞到达排气口时，预释放过程（从排气口打开（Aö）到进气口打开（Eö））开始。在这一排气阶段，气缸内的压力仍然相对较高，当接下来进气口打开时，气缸内的压力已经低于扫气压力，进入气缸的部分新鲜空气足以将气缸内的废气扫除，因为此时进气口已经打开，新鲜空气能够流入气缸。这样就能在气缸内形成如图2-7a所示的环流，作用于气缸内仍在排出的废气。活塞在下止点换向以后，在向上移动的行程中首先关闭进气口，并且通过排气口再一次排出气缸内的部分空气。这种所谓的与后排气相关的新鲜空气损失是回流扫气系统一个明显的缺点，其原因是配气正时图在下止点（UT）处是对称的。

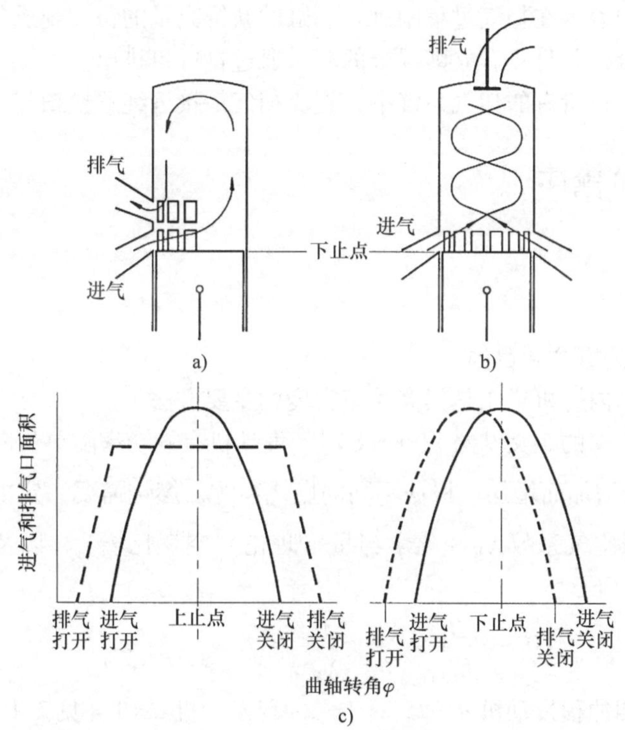

图2-7 大型二冲程柴油机两种基本扫气过程的扫气气流和配气正时

a）回流扫气 b）直流扫气 c）配气正时

大型二冲程柴油机的直流扫气在20世纪80年代初期就被宣称优于回流扫气，但它需要较大的行程/缸径比（$s/D>4$，见18.4节）。直流扫气系统通常有几个进气口和一个位于气缸盖中央的排气门（见图18-36和图18-43）。排气门配气正时的自由选择使其可以形成非对称配气正时图（见图2-7b）并消除后排气。通过将进气口的边缘做成适当的锥形，可以形成一个叠加在轴向的由底部到顶部的扫气涡流。这使得扫气的效果更好，并且能够对混合气的形成和燃烧产生影响，还具备控制排气门高热负荷这一基本功能（见6.1节）。

在2.1.1小节中定义的参数可用于推导如图2-8所示的评价二冲程发动机扫气的相互关系曲线。只有当空气效率 λ_a 保持具有容积 V_h+V_c 或者 $\lambda_a=\varepsilon/(\varepsilon-1)$ 以得到扫气效率 $\lambda_s=1.0$，即完全扫气时，才存在最佳的扫气特性，即纯置换扫气。直线 $\lambda_s=0$ 相当于短路流，即当空气效率 λ_a 还是那么大时没有得到扫气。标示为全部混合的曲线表示在扫气过程中进入气缸的新鲜充量的每一种成分与气缸内的充量立即完全混合，并且只有立即混合的充量通过排气口排出。

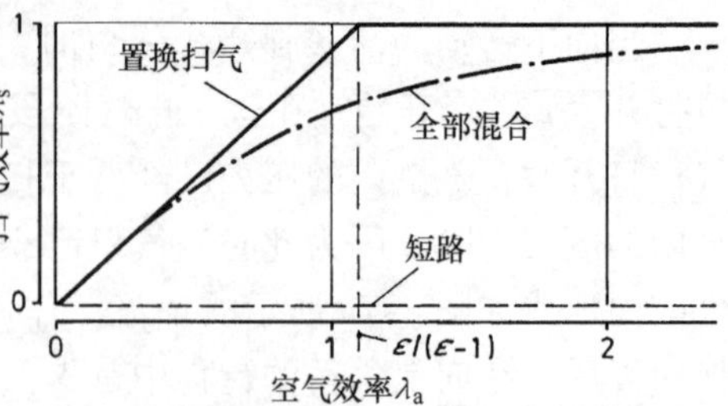

图2-8　在理想的扫气顺序下扫气效率随空气效率的变化情况

不难理解，在所有的扫气系统中，直流扫气最接近纯置换扫气。

2.2　柴油机增压

2.2.1　简述

2.2.1.1　增压的概念和目的

简而言之，内燃机增压是提高功率密度的主要方法。

根据有效效率的定义［方程（1-8)］，发动机有效功率随单位时间内被转换的燃油质量 $\dot{m}_B$ 的增加而增加。根据不同的燃烧系统，燃烧需要一定的空气质量流量 $\dot{m}_{LZ}$。应用过量空气系数 λ_V 和化学当量（理论）空燃比 L_{min}，以及充气效率提供 P_e 的条件方程如下：

$$P_e = \frac{H_u}{L_{min}} \cdot \frac{V_H}{a} \cdot \frac{1}{\lambda_V} \cdot \lambda_1 \cdot n_M \cdot \rho_L \cdot \eta_e \tag{2-16}$$

这里对于四冲程发动机 $a=2$，对于二冲程发动机 $a=1$（见2.1节）。应用特定的燃料（H_u，L_{min}）和特定的燃烧系统（λ_V），这表明在特定转速 n_M（$\rightarrow\lambda_1=$ 常数），并且不考虑有效效率 η_e 的情况下，特定的发动机（V_H，a）有效功率仍然只是发动机进气管前的空气密度 ρ_L 的函数。

当进气管前的空气以比环境空气更高的密度供给到发动机时，这就是增压。

由于空气的密度 ρ_L 取决于由气体状态热力方程计算得到的压力 p_L 和温度 T_L：

$$\rho_L = \frac{1}{R} \cdot \frac{p_L}{T_L} \tag{2-17}$$

而 T_L 通常不可能低于环境温度，增压主要是使进气压力，即所谓的增压压力 p_L 高于环境压力。增压所使用的装置被称为增压器。增压器的选择由德国标准 DIN

6262 规定。

2.2.1.2　废气涡轮增压和机械增压的比较

由于废气涡轮增压和机械增压都已经得到了非常广泛的实际应用，它们对基本发动机的不同影响将借助于理想循环（图 2-9）进行说明。在机械增压的情况下，由发动机驱动的增压器在进气行程为气缸提供恒定压力 $p_2 = p_L$ 的空气，因此压缩在比自然吸气发动机（1Z）更高的压力下开始。一旦膨胀行程结束（5Z），排气门打开并且气缸内的气体压力高于周围环境压力（p_1）而排出。就是否由发动机提供功的意义上说，这会产生换气正功 W_{LDW}（面积 1Z，6Z，7Z，8Z，1Z），尽管由发动机提供给增压器的功 W_L 大于其换气功。垂直线表示的阴影区代表损失的功，它是从状态 5Z 因为气缸换气节流开始出现到压力（排气门后面的压力）达到 p_1，而不是等熵膨胀（损失是由于不完全膨胀产生的）。

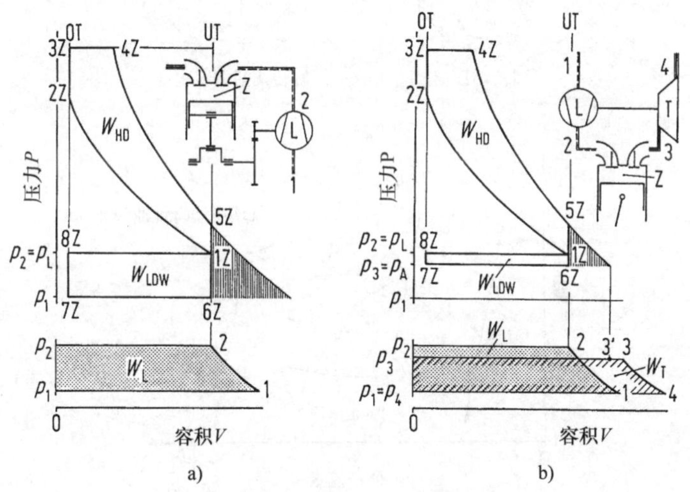

图 2-9　理想发动机工作过程的增压

a）机械增压　b）废气涡轮增压

OT—上止点　UT—下止点

废气涡轮增压与机械增压一样，也必须在相同的增压压力 p_2 下，在相同的发动机高压工作过程下，产生相同大小的增压器功 W_L，并且在膨胀结束时气缸内有相同的状态（5Z）。增压器功 W_L 不是来自曲轴上的功，而是来自废气能量产生的涡轮功 W_T。由于涡轮前的废气温度 T_3 比 T_2 高，在 $W_T = W_L$ 的条件下，涡轮前的废气压力 p_3 低于 p_2。因此，这里的换气功 W_{LDW} 也是正功。另外，由于气缸换气造成的不完全膨胀，在出口形成较高的背压产生功的损失（垂直线表示的阴影区）小于机械增压器。点 3 的温度比点 3′的温度高，如果气缸等熵膨胀换气，点 3 的温度可以调节废气压力 p_3，它表示废气涡轮重新获得气缸内膨胀损失的部分功。虽然图 2-9 表示的只是理想换气状态，它仍然可以说明废气涡轮增压一定能够比机械增压在发动机各种工况下提供更好的条件。

2.2.2 发动机和增压器的相互影响

2.2.2.1 增压器的类型和增压器特性图

我们所熟悉的每一种增压器都可以按照其工作原理划分成两类，即

1）容积式增压器。

2）涡轮压气机增压器。

因此也存在两种基本类型的增压器特性图。增压器特性图是在规定的参考条件（p_1，T_1）下，用等增压器转速 n_L（增压器特性曲线）和恒定的等熵增压器效率 η_{sL} 曲线族表示的增压比 $\pi_L=p_2/p_1$ 随体积流量 $\dot{V}_1$ 的变化规律（图2-10和图2-11）。

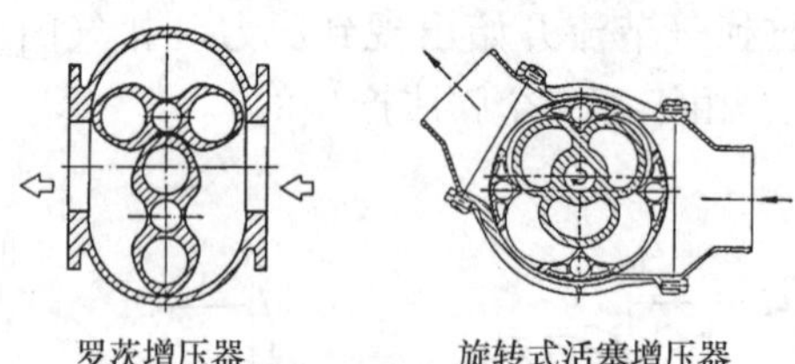

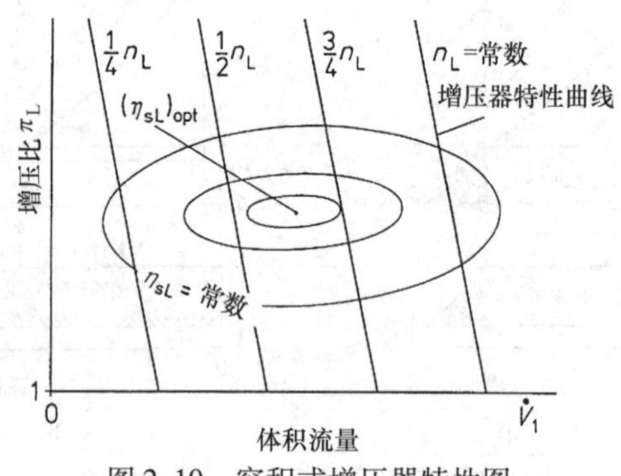

图2-10 容积式增压器特性图

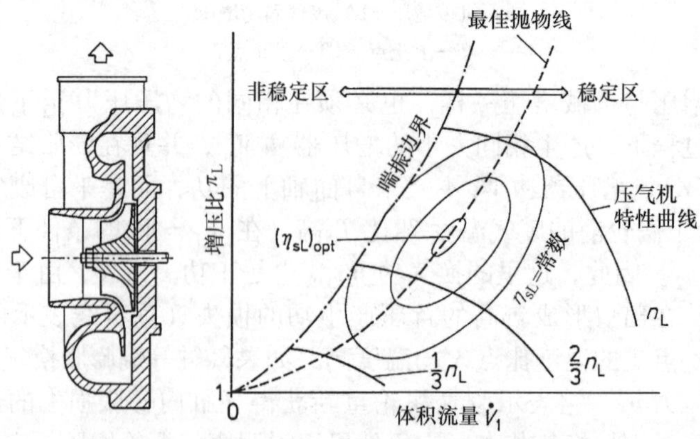

图2-11 离心式涡轮压气机特性图

1. 容积式增压器

不仅原来只用于大型二冲程发动机的往复活塞式压气机增压器是容积式的，而且罗茨鼓风机、旋转活塞式压气机（旋转活塞式增压器和叶片式增压器）、螺旋式增压器（G 增压器）都是容积式增压器（图 2-10）。

根据容积式增压器的原理，增压器特性曲线（n_L = 常数）变化比较陡峭。如果增压器没有损失，它们甚至可能完全垂直，增压比只与转速有关，与流量无关。

实际的容积式增压器根据结构不同，其泄漏损失或者由压缩介质的再膨胀引起的损失会随着增压比的增加而增加，并且会随着体积流量的降低而相对增加（n_L = 常数）。由此可以得到以下结论：

1）可得到的增压比不是转速的函数，因而在低转速和小体积流量下可能得到高增压比。

2）体积流量 $\dot{V}_1$ 实际上仅仅是转速的函数。

3）特性图在整个工作范围都是稳定的，因此可用于增压器。

2. 涡轮压气机增压器

涡轮压气机包括轴流式压气机和离心式压气机。与轴流式压气机不同，由于离心式压气机甚至采用单级结构也能提供较高的增压比，内燃机用增压器几乎完全采用离心式压气机。

图 2-11 所示为离心式压气机，体积流量 $\dot{V}_1$ 随压气机转速 n_L 大致成正比例增加，而增压比 π_L 与压气机转速 n_L 大致成二次函数关系。随着体积流量的降低，增压比接近它们各自的峰值，压气机特性曲线到达喘振边界。这条边界将压气机特性图划分成一个稳定区（右侧）和一个非稳定区（左侧）。对于一台发动机来说必须调节压气机，使其预期的工作范围在喘振边界的右侧区域，这样可以防止喘振。已经证实喘振是由于压力和体积流量的脉动（短时间的除外）引起压气机叶片振动的现象，可以导致叶片损坏。

以下 3 个关键点已经确定：

1）可达到的增压比是转速的函数；在低速和小体积流量下不能得到高增压比。

2）体积流量是转速和增压比的函数。

3）特性图中的喘振界限左侧区域是不稳定区域。

2.2.2.2　发动机质量流量特性

在增压特性图中将发动机作为“消费者”，是一种说明发动机与增压器关系的简便方法。“消费者”的特性被称为发动机质量流量特性，并且对于四冲程和二冲程发动机来说它们有根本不同的曲线。

1. 四冲程发动机

假设扫气损失可以忽略不计，下式用于计算由相对于进气条件为（p_1，T_1）的发动机“消费”的体积流量 $\dot{V}_1$：

$$\dot{V}_1 = \frac{\dot{m}_L}{\rho_1} = V_H \cdot \lambda_1 \cdot \frac{n_M}{2} \cdot \frac{\rho_L}{\rho_1} \tag{2-18}$$

通过对方程（2-18）的逻辑应用，可以得到适用于特定发动机（V_H = 常数）的如下形式的方程（2-19）：

$$\pi_L = \frac{p_L}{p_1} \sim \frac{T_L}{\lambda_1 \cdot n_M} \cdot \dot{V}_1 \tag{2-19}$$

这说明在特定的发动机转速 n_M 下，也因此在给定的充气效率 λ_1 下，增压比 π_L 和体积流量 $\dot{V}_1$ 与特定的充气温度 T_L 成正比。在图 2-12 中，这对应于一条穿过原点的直线。斜率较小的直线表示转速较高（$n_{M2} > n_{M1}$）。这一直线族只在 $\pi_L \geqslant 1$ 时有实际意义，$\pi_L = 1.0$ 对应于自然吸气发动机。

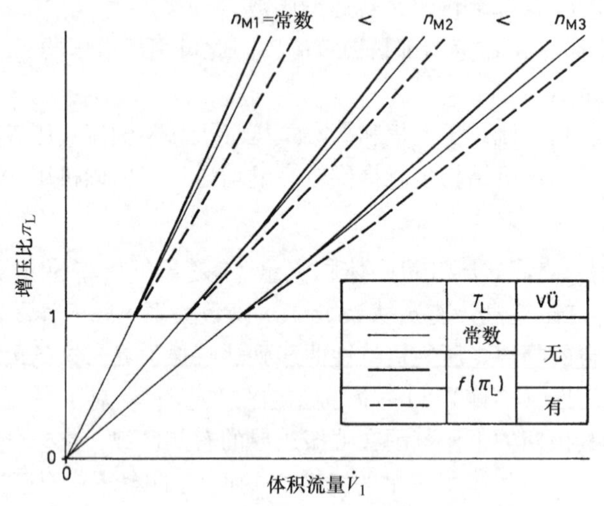

图 2-12　四冲程发动机质量流量特性

T_L—充气温度　VÜ—气门重叠

结合 T_L 和 π_L 的增加可以产生 $\pi_L \geqslant 1$ 的粗实线直线族。如果被分析的发动机另外还可以实现气门重叠（VÜ），那么质量流量特性如虚线所示，这说明压力 p_1 是在排气侧。

2. 二冲程发动机

对于二冲程发动机气缸换气来说，必须存在从进气侧到排气侧的压力变化。根据发动机转速不同，二冲程发动机气缸的进气口和排气口就像两个串联的节流阀，它可以由对气流产生相同阻力的压力比为 p_L/p_A 的一个节流阀代替。因此，使用排气后的压力 p_A 作为参数，在图 2-13 中的质量流量特性表现出节流特性曲线的形式，图中的增压比 π_L 随体积流量 $\dot{V}_1$ 呈近似二次曲线增加。

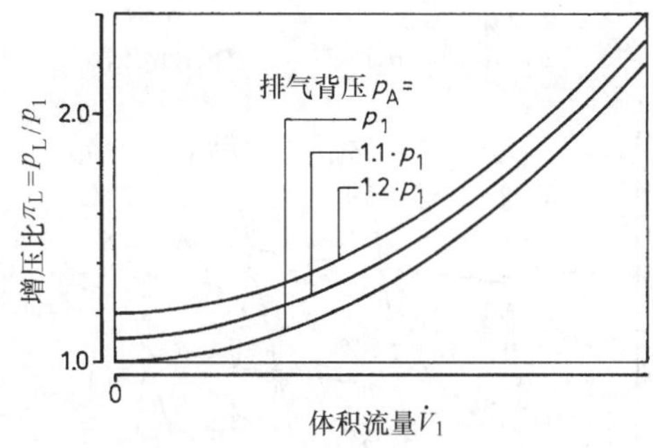

图 2-13　二冲程发动机在不同排气背压下的发动机质量流量特性

2.2.2.3　发动机运行线

每一台增压发动机的工作点都作为相关的发动机质量流量特性，与相关的增压特性曲线的交叉点出现在增压特性图上。连接特定发动机运行模式的每一个可能的交叉点就产生了发动机运行线。

某些实际上非常重要的增压过程的发动机运行线将在下面进行介绍。

当四冲程发动机采用容积式增压器机械增压时，在发动机转速 n_M 与增压器转速 n_L 之间有恒定传动比 $\ddot{u}$ 的情况下，呈现在增压特性图中的发动机运行线只随发动机转速的变化而稍微倾斜。因此，相对较高的增压比仍然很容易获取，甚至在低速范围就可以得到。例如，这可以使乘用车发动机有良好的加速性能。增大传动比 $\ddot{u}$ 可以提高整个增压水平，或者反过来降低传动比可以降低增压水平（图 2-14 上）。

另一方面，当涡轮压气机用于机械增压时其表现会完全不同。在与容积式增压器额定转速下的增压压力相同的情况下，增压压力随发动机转速的下降而迅速下降（图 2-14 下）。可变传动比始终是一个努力追求的未来的目标，并且因为涡轮压气机的高效率而将其用于机械增压。

2.2.3　废气涡轮增压

废气涡轮增压中的压气机转速不像机械增压器那样，可以由发动机转速直接确定，它是由发动机对废气涡轮增压器提供的瞬时废气能量（废气动力）决定的。

图 2-15 的上图示出了一种四冲程发动机在额定功率点能够达到理想的增压压力的设计。取该点为开始点，在压气机特性图中的工作点根据负荷特性移动（见 1.2 节）。

在发电机运行模式下（$n_M = n_{Nenn}$ = 常数），工作点随着发动机功率的下降，沿着发动机质量流量特性向下移动，因为废气动力也随发动机功率的下降而下降。只要保持在稳定状态下工作，增压压力的下降就不会对发动机的工作造成影响，因为在低负荷下的发动机只需要较低的增压压力。

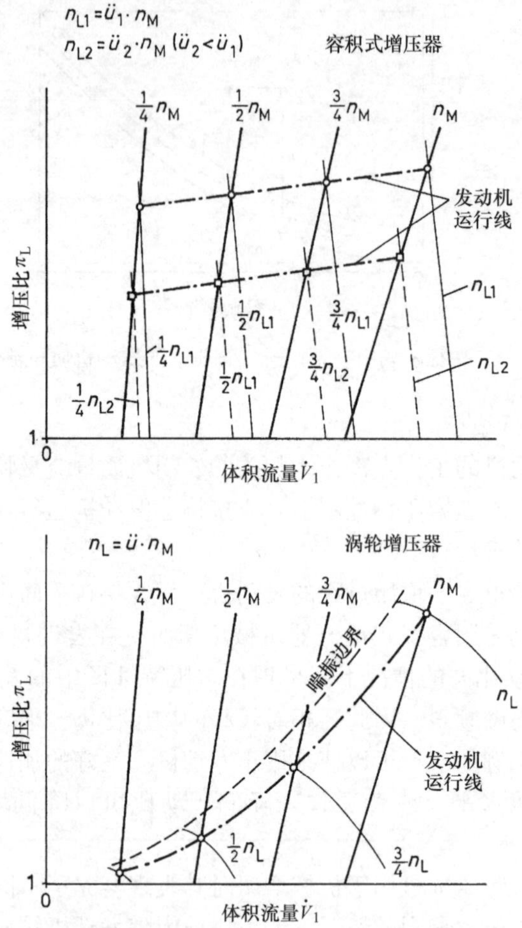

图 2-14 机械增压四冲程发动机在增压特性图中的发动机运行线

相反，如果发动机的功率在转矩 M = 常数的条件下变化（在发动机额定转矩下转速下降），那么由于废气动力的逐渐减小引起的增压压力下降也是不得不接受的状况。尽管在转矩 M = 常数的情况下，恒定的增压压力是人们所希望的。此外，工作点到达喘振界限相对较快。

在螺旋桨工作模式下，$M \sim n_M^2$之间的关系适用于定距螺旋桨。在发动机转速下降的情况下特定的增压压力通常足够高，至少处于稳态模式。

在涡轮增压二冲程柴油机中，对于考虑的全部 3 种工作模式只产生一条发动机运行线。气缸之后、涡轮增压器之前的排气背压 p_A 由于流量 $\dot{V}_1$ 的增加而升高。发动机每一个可能的工作点都位于这一发动机运行线上时。例如，螺旋桨用发动机在 50% 功率下，以及发电机用发动机在 50% 功率下的工作点不是位于相同的点。

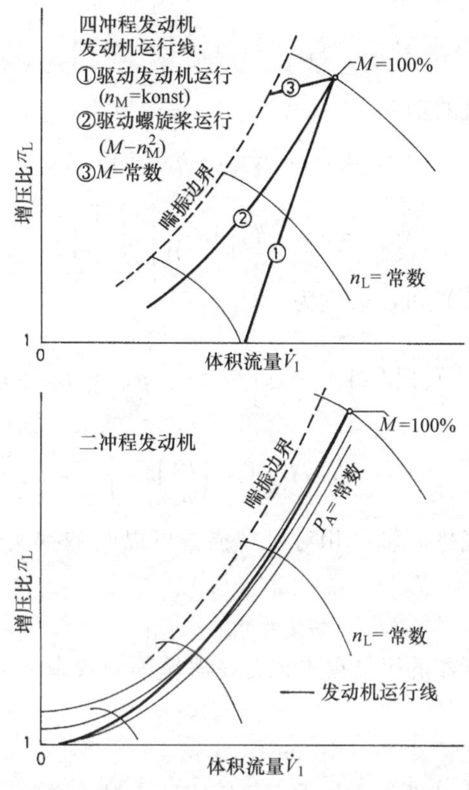

图 2-15 涡轮增压压气机特性图中的发动机运行线

2.2.3.1 涡轮增压器的基本方程和效率

根据废气涡轮增压在稳态下运行的原理，假设在压气机与涡轮机之间总是功率相等：

$$p_L = P_T \tag{2-20}$$

通常在公认的假设条件下，压气机和涡轮机被认为是绝热机械（绝热＝没有损失同时没有得到热量），式（2-21）适用于计算压气机功率（见图2-16）：

$$P_L = \dot{m}_L \cdot \Delta h_{sL} \cdot \frac{1}{\eta_{sL} \cdot \eta_{mL}} \tag{2-21}$$

压气机具有等熵焓差 Δh_{sL}

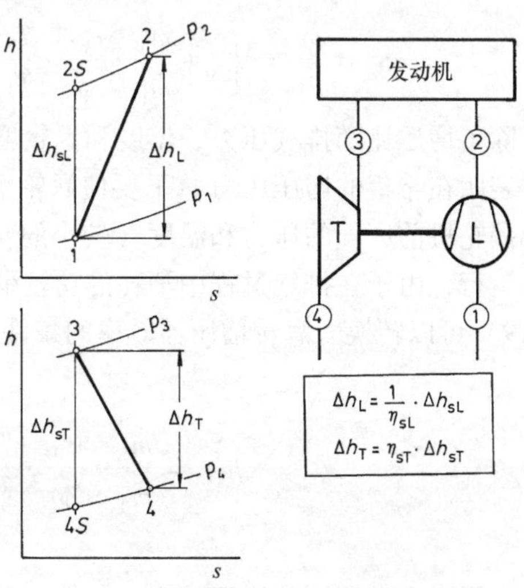

图 2-16 增压器和涡轮机的比功

$$\Delta h_{sL} = c_{pL} \cdot T_1 \left[\left(\frac{p_2}{p_1} \right)^{\frac{\kappa_L - 1}{\kappa_L}} - 1 \right] \tag{2-22}$$

与此类似，涡轮机的功率

$$P_T = \dot{m}_T \cdot \Delta h_{sT} \cdot \eta_{sT} \cdot \eta_{mT} \tag{2-23}$$

$$\Delta h_{sT} = c_{pT} \cdot T_3 \left[1 - \left(\frac{p_4}{p_3} \right)^{\frac{\kappa_T - 1}{\kappa_T}} \right] \tag{2-24}$$

因此，方程（2-20）可以表达为

$$\dot{m}_L \cdot c_{pL} \cdot T_1 \left[\left(\frac{p_2}{p_1} \right)^{\frac{\kappa_L - 1}{\kappa_L}} - 1 \right] = \eta_{sL} \cdot \eta_{mL} \cdot \eta_{mT} \cdot \eta_{sT} \cdot \dot{m}_T \cdot c_{pT} \cdot T_3 \left[1 - \left(\frac{p_4}{p_3} \right)^{\frac{\kappa_T - 1}{\kappa_T}} \right] \tag{2-25}$$

由于涡轮机和压气机同轴，相对机械损失可以归纳到涡轮增压器的机械效率 η_{mTL} 中：

$$\eta_{mTL} = \eta_{mL} \cdot \eta_{mT} \tag{2-26}$$

实际上，涡轮增压器的机械损失包含在涡轮等熵效率 η_{sT} 中，因此将其转化到涡轮机效率 η_T 中：

$$\eta_T = \eta_{sT} \cdot \eta_{mTL} \tag{2-27}$$

在方程（2-25）中的总效率的乘积可以表达为涡轮增压器效率 η_{TL}：

$$\eta_{TL} = \eta_{sL} \cdot \eta_T \tag{2-28}$$

应用方程（2-28），方程（2-25）可以转化为涡轮增压器第一基本方程：

$$\pi_L = \frac{p_2}{p_1} = \left\{ 1 + \frac{\dot{m}_T}{\dot{m}_L} \cdot \frac{c_{pT}}{c_{pL}} \cdot \frac{T_3}{T_1} \cdot \eta_{TL} \cdot \left[1 - \left(\frac{p_4}{p_3} \right)^{\frac{\kappa_T - 1}{\kappa_T}} \right] \right\}^{\frac{\kappa_L - 1}{\kappa_L}} \tag{2-29}$$

除了增压比随排气压力、温度和涡轮增压器效率 η_{TL} 的增加而增加以外，它进一步表明在希望的增压压力 p_2 下要使涡轮增压器具有较高的效率 η_{TL}，只需要稍微增加涡轮机前废气的压力和温度（较小的 p_3、T_3 值）。因此，发动机在较少残余废气下运行，由于在排气过程中消耗的功较少，而使发动机有较低的油耗。另外方程（2-29）可以转换为涡轮增压器效率的条件方程：

$$\eta_{TL} = \frac{\dot{m}_L}{\dot{m}_T} \cdot \frac{c_{pL}}{c_{pT}} \cdot \frac{T_1}{T_3} \frac{\left(\frac{p_2}{p_1} \right)^{\frac{\kappa_L - 1}{\kappa_L}} - 1}{1 - \left(\frac{p_4}{p_3} \right)^{\frac{\kappa_T - 1}{\kappa_T}}} \tag{2-30}$$

它同时也是所谓的增压效率的条件方程。这一术语非常广泛地用于采用了废气能量再利用的增压系统。

涡轮增压系统被视为“黑箱”，其中供入状态为p_3、T_3的废气，它在“黑箱”中膨胀至背压p_4，在回程压缩空气从进气状态p_1、T_1到增压压力p_2。除了一个（单级）废气涡轮增压器以外，该“黑箱”也支持压力波增压器（气波增压器，见2.2.5节），或者二级涡轮增压器，以及在低压压气机与高压压气机之间安装中冷装置的系统。

当采用具体的数值计算η_{TL}时，产生它们的状态方程，特别是对于状态1～4作为静态值，或者作为总状态变量的状态变量（p、T），就可以一起构成重要的信息。

在稳态工况下，发动机的排气质量流量对应于提供到涡轮机的排气质量流量。由此得到涡轮增压器第二基本方程：

$$\dot{m}_T = A_{Teff} \cdot \frac{p_{03}}{\sqrt{R \cdot T_{03}}} \cdot \sqrt{\frac{2\kappa_T}{\kappa_T - 1}\left[\left(\frac{p_4}{p_{03}}\right)^{\frac{2}{\kappa_T}} - \left(\frac{p_4}{p_{03}}\right)^{\frac{\kappa_T+1}{\kappa_T}}\right]} \tag{2-31}$$

它对应于节流阀的有效流通截面等于涡轮机的有效截面A_{Teff}的流量方程。除了涡轮机的导向叶片和转子的几何尺寸以外，它尤其取决于涡轮机的压力比p_{03}/p_4。压力比越大，A_{Teff}就变得越大。

因此，对于轴流式涡轮增压器涡轮机，以下已经证明了的关系可用于A_{Teff}：

$$对于\ \frac{p_{03}}{p_4} \geqslant 1,\ A_{Teff} \sim \left(\frac{p_{03}}{p_4}\right)^{0.204} \tag{2-32}$$

不仅涡轮机的效率η_T，而且车辆涡轮增压器的涡轮机（实际上都是离心式涡轮机）的流量，通常都是被作为减少的质量流量$\dot{m}_{Tred}$表示在涡轮机特性图中：

$$\dot{m}_{Tred} = \frac{\dot{m}_T \cdot \sqrt{T_{03}}}{p_{03}} = \frac{A_{Teff}}{\sqrt{R}} \cdot \sqrt{\frac{2\kappa_T}{\kappa_T - 1}\left[\left(\frac{p_4}{p_{03}}\right)^{\frac{2}{\kappa_T}} - \left(\frac{p_4}{p_{03}}\right)^{\frac{\kappa_T+1}{\kappa_T}}\right]} \tag{2-33}$$

减少的质量流量$\dot{m}_{Tred}$是涡轮机压力比p_{03}/p_4的函数（见图2-17）。

假设发动机和涡轮增压器的一个工作点一直处于稳定状态[(p_T, p_L, n_{TL}) = 常数]，如果对于涡轮增压器的废气能量的供给被改变，那么涡轮机的功率P_T就会相对于压气机的瞬时功率P_L相对增加或者减少。因此，根据角动量守恒的原理涡轮增压器的速度n_{TL}就会变化［方程（2-34）］。

$$\frac{dn_{TL}}{dt} = \frac{1}{4\pi^2 \cdot \Theta_{TL} \cdot n_{TL}}(P_T - P_L) \tag{2-34}$$

涡轮增压器的惯性质量Θ_{TL}越小，结果速度的变化就越大。这对于涡轮增压器的加速性（反应速度）是最重要的。

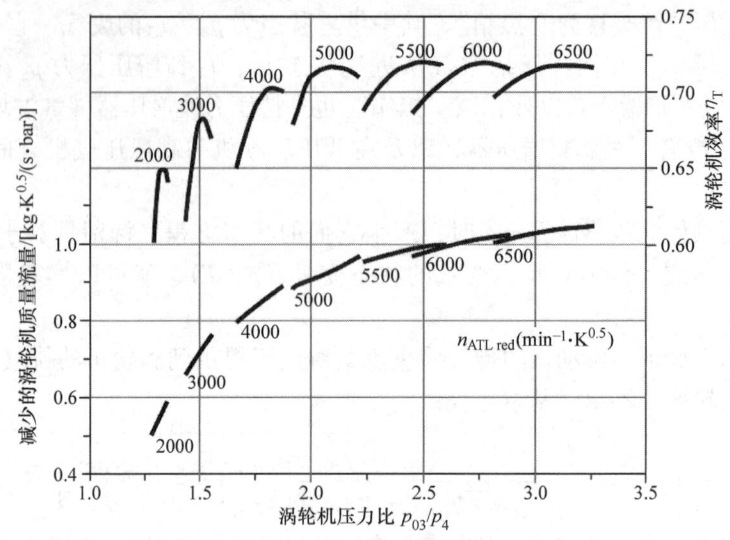

图2-17　车用涡轮增压器的涡轮特性图

2.2.3.2　脉冲涡轮增压和定压涡轮增压

1. 排气歧管的影响

排气歧管对于废气涡轮增压特别重要，它应该满足以下要求：

1）排气过程中相连的气缸不能相互影响。

2）可利用的废气能量从气缸到涡轮机具有最小的损失。

3）供给到涡轮机的废气能量要保证以最高效率转换成涡轮机的机械功。

有两种排气歧管结构是非常著名的，即脉冲涡轮增压和定压涡轮增压。

2. 脉冲涡轮增压

脉冲涡轮增压可追溯到发明家 Büchi 1925 年申请的被称为“压力波系统”的专利。根据这个专利，在流通截面等于气缸盖的出气口截面的管路中，只有来自相互的发火间隔足够长的同一列的气缸的废气，它们在排气过程中不会相互影响，应该被结合到排气歧管的一个公共的支管，并且通往同一个单独的涡轮机入口。反之，同一支管连续排气的两个气缸的发火间隔也可能不是那么长，排气歧管的相关支管内的排气压力在两个排气脉冲之间可能下降到涡轮机背压压力。

这些要求都可以通过三脉冲增压得到最好的满足。三脉冲增压在四冲程发动机中发火间隔为 3×240°曲轴转角，在二冲程发动机中发火间隔为 3×120°曲轴转角。在脉冲涡轮增压中，排气压力 p_A 在气门重叠期间降低到增压压力 p_L 以下，如图2-18所示。

因此，即使当平均排气压力较高甚至高于增压压力时，气缸仍然可以被扫气。但是被认为是理想的三脉冲增压只有在每一列气缸的气缸数为 $z=3n$（ =1，2，… N）的发动机上才能使用。对于其他缸数能被2整除的发动机，可以选择对称双脉冲涡轮增压。由于发火间隔（四冲程发动机）是 2×360°曲轴转角，在每一个排气

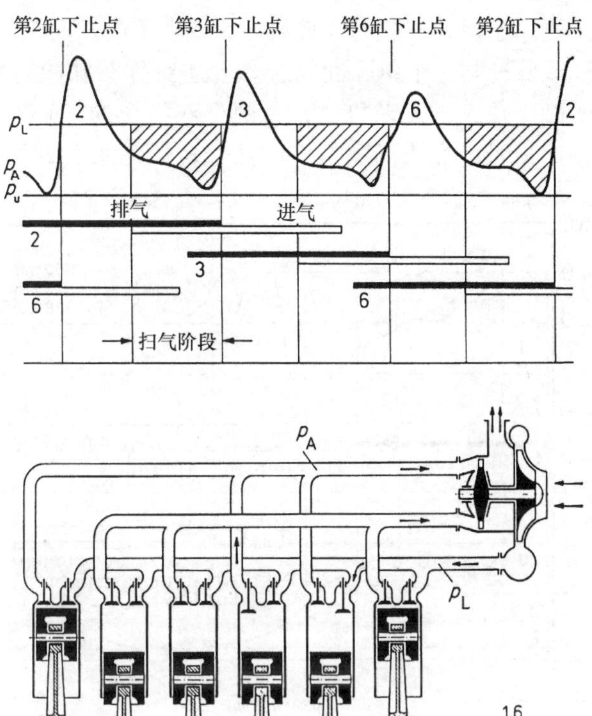

图 2-18　具有脉冲涡轮增压的 6 缸发动机的排气压力曲线和排气导管

脉冲后排气压力都会降低到涡轮机背压。

另一方面，单一“压力升高”比三脉冲增压衰减更缓慢，因为涡轮机入口的部分截面只通过来自两个气缸的排气，因此比三脉冲增压更小（见图 2-19）。后者对于妨碍扫气的作用可以通过设置延迟气门重叠的方法在很大程度上予以消除。

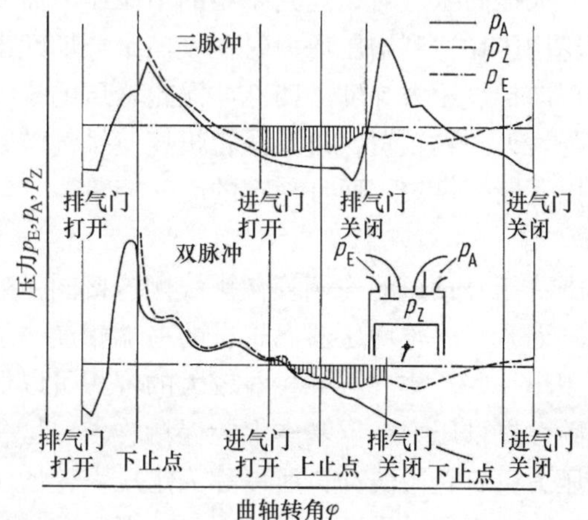

图 2-19　具有三脉冲和对称双脉冲涡轮增压的中速柴油机的换气压力曲线

脉冲涡轮增压要用于每列气缸的气缸数为5或者7的发动机，只有将每一个双组或者三组不对称双脉冲与一个单脉冲组合。上述对称双脉冲的缺点超过三脉冲，并且变得越来越明显。在5缸发动机中，每两个双组合的气缸的发火间隔是288°和432°曲轴转角。单脉冲的发火间隔是720°曲轴转角（图2-20）。

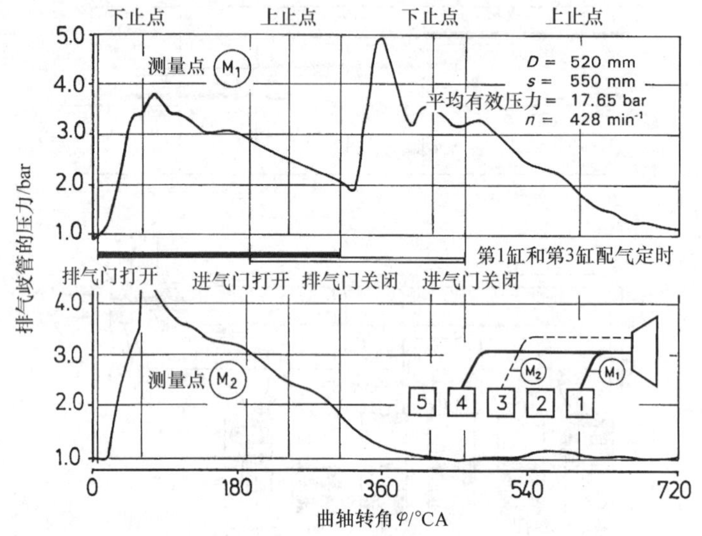

图2-20　10缸中速V形发动机的脉冲增压

除了对称双脉冲以外，对于每列气缸的气缸数可以被4整除的发动机来说，四脉冲也是脉冲涡轮增压的一种可能的变化。因此其发火间隔是4×180°曲轴转角。

由于随后排气的气缸的排气脉冲已经到达处于扫气阶段的气缸的排气门，因此这一原因对四脉冲将是非常不利的。这种情况直到大约25年前一直如此。今天的涡轮增压器效率已经大大提高了，对于达到希望的增压压力需要尽可能低的排气压力，以防止四脉冲涡轮增压在达到增压压力时在气门重叠期间出现排气脉动，确保在整个扫气阶段保持正向扫气压力梯度。四脉冲涡轮增压的排气压力曲线仍然只有较低的波动幅度，因为发火间隔较短，以及涡轮机连接排气歧管每一个支管流通截面相对较大，所以可以逐渐提供较大而且稳定的废气能量。

3. 定压涡轮增压

在定压涡轮增压中，相对较短的连接管在排气侧连接同一列的每个气缸到一个歧管上，歧管沿着气缸列并与涡轮增压器涡轮机的一端相连。歧管的内截面面积通常选择得比气缸孔面积小一些。排气歧管相对较大的容积可以保证在涡轮机的排气能量流尽管由气缸间歇性提供压力，但基本上能保持均匀。这一涡轮增压系统因为在涡轮机前面的排气压力只有轻微波动，所以称为定压涡轮增压系统。因此，在定压涡轮增压发动机中气缸数不再是重要的影响因素，即一台直列5缸发动机就增压而言不再与一台6缸发动机有什么区别。它还有一种结构优势，不同气缸数的排气歧管可以由许多相同部分组装而成。除此以外，它还减少了备件库存，总之这可以被认为是定压涡轮增压的一个明显的成本优势。

从热力学的角度分析，在定压涡轮增压中基本上是连续的涡轮增压这一优点，被与脉冲涡轮增压相比存在从气缸中排气过程中有较大的节流损失这一缺点相抵消，因为在歧管内的排气压力保持在接近定压水平，而脉冲涡轮增压中由于排气歧管的流通截面积较小，由气缸“感觉”到的排气背压会迅速上升到接近气缸瞬时压力的水平。

一般来说，对于在稳定工况下工作的中速柴油机上是采用定压涡轮增压还是脉冲涡轮增压更有利这一问题，目前的看法是对于制动平均有效压力 $p_e \approx 18$bar 或者升有效功 $w_e \approx 1.8$kJ/L 的发动机采用定压涡轮增压比较有利，所对应的增压压力约为 3.4bar。

脉冲涡轮增压在部分负荷性能和加速性能方面基本上优于定压涡轮增压。在发动机功率较低以及发动机气缸提供的排气能量相对较低这两种情况下，涡轮机工作的效率非常低。但是，由于在气缸的节流损失小，脉冲涡轮增压可以对涡轮机提供更多的排气能量。此外，根据脉冲涡轮增压的原理，在气门重叠期间会引起排气压力达不到增压压力，残余废气扫除得到改善，因此在换气过程结束后气缸内有更多的氧气。增压效果决定了在加速过程初期实际转化成加速动力的喷油量。

由于良好的加速性对于车用发动机是非常重要的，根据脉冲涡轮增压的需要，它们的排气歧管的尺寸应足够大。对于其他所有种类的发动机，无论发动机制造公司具有怎样的传统，都应根据发动机的增压比，以及其主要用途来决定采用脉冲涡轮增压还是定压涡轮增压。

在最近几年有可能极大地提高涡轮增压器的效率，可以消除目标之间的冲突。这是通过采用混合形式，以及在各种情况下脉冲涡轮增压和定压涡轮增压最佳折中方案的排气歧管设计（见图 2-21）实现的。

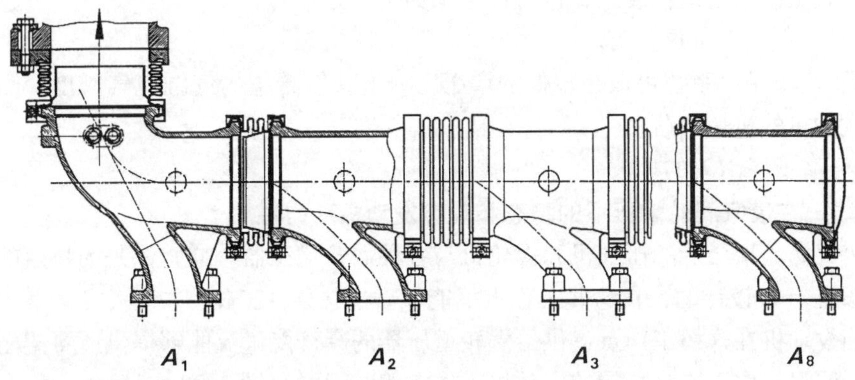

图 2-21　MWM TBD 604 BV16 发动机的排气管（$D=170$mm，$s=195$mm）

2.2.3.3 中冷装置

当空气在增压器中被从状态1压缩到压力为p_2时，增压器出口温度T_2（这一温度通常比相应的等熵压缩温度T_{2S}高）也随压力的升高而升高。

当根据试验数据用下式确定等熵增压器效率η_{sL}

$$\eta_{sL} = \frac{T_{2s} - T_1}{T_2 - T_1}, \quad 其中\ T_{2s} = T_1 \cdot \left(\frac{p_2}{p_1}\right)^{\frac{\kappa-1}{\kappa}} \tag{2-35}$$

或者从增压器特性图得到等熵增压器效率η_{sL}时，则可以计算出温度T_2（见图14-3）：

$$T_2 = T_1 \cdot \left\{1 + \frac{1}{\eta_{sL}} \cdot \left[\left(\frac{p_2}{p_1}\right)^{\frac{\kappa-1}{\kappa}} - 1\right]\right\} \tag{2-36}$$

在增压器中温度升高对发动机的工作不利，这可以通过等压冷却（在p_2=常数下），即在中冷装置中进行中冷来部分消除。

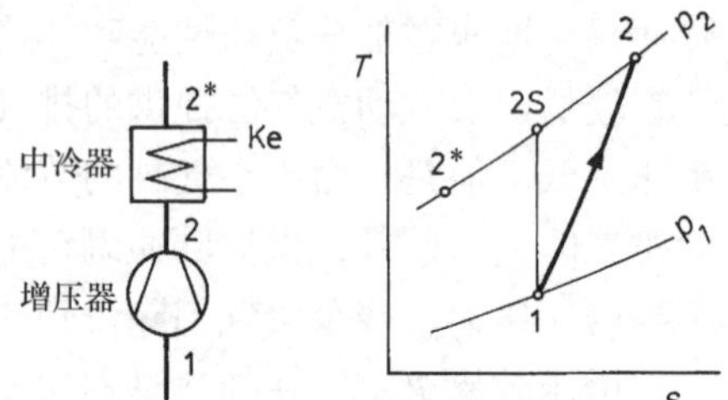

图2-22 增压器和中冷器中的温度升高

除了可得到的冷却介质的温度水平（冷却液入口温度T_{Ke}）以外，中冷器的效率决定了它使温度降低的能力（见图2-22）。这可以用热回收率η_{LLK}表示，也称为中冷器效率：

$$\eta_{LLK} = \frac{T_2 - T_{2*}}{T_2 - T_{Ke}} \tag{2-37}$$

根据逆流原理工作的大型发动机中冷器的效率可以达到最高的η_{LLK}值（>0.9）（见14.3节）。

尽管中冷器的结构复杂，但可以带来如下益处：

1）降低发动机热负荷。

2）由于中冷系统可以在较低的增压压力下获得希望的气缸充气密度，因此降低了发动机的机械负荷。

3）降低了NO_x的排放。

2.2.3.4 在废气涡轮增压下的稳态和动态发动机动力性

废气涡轮增压器的压气机和涡轮机与各种涡轮增压器一样，都是为特定的工作点（设计点）设计的，在这些工作点下能够以最佳条件工作。

当发动机在这一工作点提供给涡轮增压器的废气能量流能够提供所希望的增压时，说明涡轮增压器与特定的发动机工作点相匹配（见图2-23点A）。

在发动机运行图中牵引力双曲线（等额定功率线）下的每一个工作点的功率都低于发动机的额定功率。由于它也只能对涡轮增压器提供较低的废气功率，相关

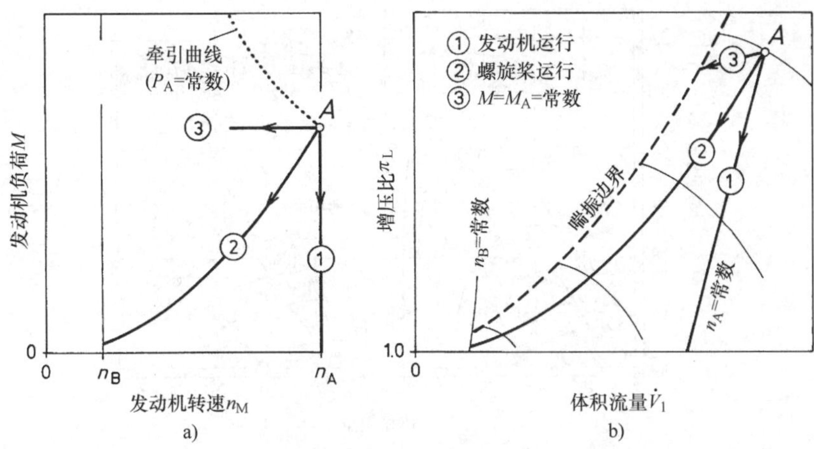

图 2-23　在发动机特性曲线图（左图）中和在压气机特性图（右图）中的发动机减速运行线；具有无调节废气涡轮增压的四冲程柴油机（EGT）

的增压压力也低于 A 点。

发动机 3 种工作模式下的发动机运行线：

1）发电机运行（n_M = 常数）。

2）螺旋桨运行（$M \sim n_M^2$）。

3）在发动机额定转矩下转速降低（M = 常数）。

曲线被绘制在发动机特性图（图 2-23a）中用于四冲程发动机的压气机特性图见图 2-23b，也见图 2-15。

假设发动机工作点呈准静态变化（稳态性能），那么，按 2.2.2.3 小节的解释，发电机和螺旋桨运行过程中的增压压力的下降是毫无疑问的。但是，在发动机额定转矩下的转速降低，只能通过降低空燃比实现。此时，除了排气黑烟增加以外，可以预期燃烧室部件的热负荷将增加。在发动机额定转矩下的转速下降还具有接近甚至超过喘振边界的危险（图 2-23b）。

以额定功率点为始点，由于随着转速的下降，需要不仅是水平的而且甚至是上升的全负荷线，但是涡轮增压器必须更适应不同的车用发动机而不是大型发动机。废气涡轮增压器可以分为固定几何涡轮式和可变几何涡轮式。当选择具有固定几何涡轮的废气涡轮增压器（图 2-24）时，就会产生发动机在最大转矩 M_{max} 以及相应的转速 n_2 下需要的增压压力。对于商用车发动机这一转速被设置为发动机额定转速 n_3 的约 60%，对于乘用车发动机这一转速被设置为发动机额定转速 n_3 的约 40%。由于上述原因，在较低发动机转速（$n < n_2$）下的增压压力和对应的全负荷转矩相对于最大转矩 M_{max} 下降的程度比自然吸气发动机更明显，因为自然吸气发动机自然在任何转速下都有最大的“增压”。

如果不对涡轮增压器进行任何控制和干预，在发动机转速高于其最大转矩所对

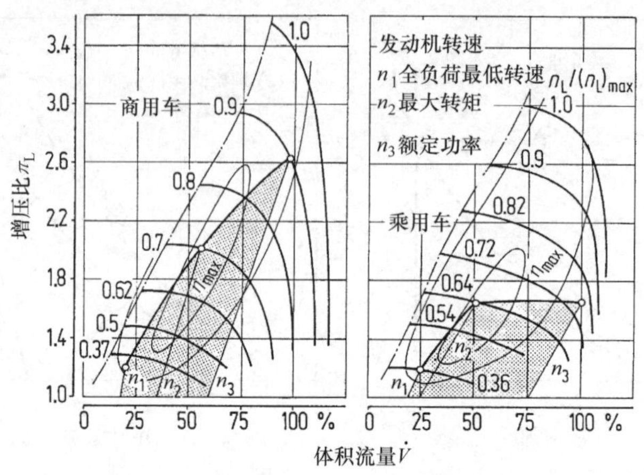

图 2-24　商用车和乘用车发动机增压器特性图中的发动机全负荷运行线

应的转速时（$n>n_2$），全负荷增压压力就会稳定升高。这种全负荷增压压力的提高通常在商用车发动机上仍然是可以接受的，因为这些发动机通常结构坚固，并且工作在相对较大的空燃比下，它们的全负荷转矩曲线向额定转速倾斜。

乘用车发动机全负荷下的增压压力在转速 $n>n_2$ 的情况下会迅速升高，因为这包括转速的大部分范围并且 $n_2\approx0.40\cdot n_3$。与此相关的曲轴总成较高的机械负荷使得这一点不可接受，因为乘用车柴油机需要高压缩比。

在涡轮增压乘用车发动机上，增压压力控制，或者至少由开环旁通阀进行的增压压力限制是必要的（图 2-25）。当增压压力达到允许的上限时，增压压力膜片克服弹簧力打开废气旁通减压阀，废气绕过涡轮机排出。

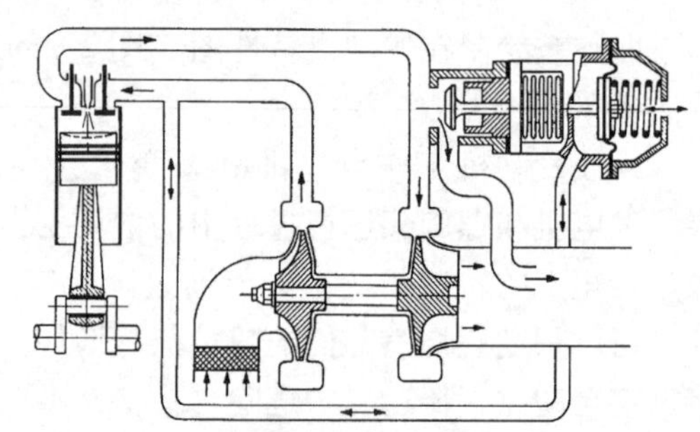

图 2-25　用废气阀门限制增压压力

现代汽油机和柴油机大部分都采用电子控制增压系统。控制器将实际增压压力值与存储在发动机控制单元内与工作点对应的标准值进行比较，并通过对废气旁通阀的电控气动实现对增压压力的调节（闭环废气旁通阀）。所调节的部分负荷下的增压压力与全负荷下的增压压力相比越低，涡轮机前的排气压力也越低。这尤其反映了发动机燃油消耗的相应降低。

可变几何涡轮（VTG）增压器也可以根据发动机的工作点提供所需要的空气，当使用不可控制的涡轮增压器时，在发动机转速下降的情况下，增压器仍会持续起作用。选择废气涡轮增压器涡轮机时，其流通截面应保证发动机在额定功率点得到希望的增压压力。随着发动机转速的降低，可以通过减小流向涡轮转子的流通截面来防止增压压力的降低，这可以通过可调涡轮导向叶片较好地实现（图 2-26）。这样可以在涡轮机的前面建立起较高的排气压力值和温度值 p_3 和 T_3［方程 (2-29)］，因此，可得到较高的增压压力。但是，可调涡轮导向叶片系统流通截面的结构不可能允许涡轮转子的流量降低过大，否则 η_T 以及 η_{TL}［见方程（2-28）和方程（2-29）］的过度降低，会导致由于可利用的排气能量太小而不能使增压压力提高。

图 2-26　具有可变几何涡轮（可调涡轮导向叶片）的车用涡轮增压器（BorgWarner 涡轮增压系统）

虽然采用在转子轴向方向滑动的滑套来部分关闭涡轮转子流入口截面的这种机械装置（见图 2-27）更为可靠，但其效率较低，因为涡轮机入口流通截面面积的降低会导致涡轮转子的局部压力升高。

在 20 世纪 70 年代就已经开发了用于大型柴油机的具有可调涡轮导向叶片的涡轮增压器，可以在 100% 到约 70% 的范围内调节涡轮机入口的流通截面。但是它们现在不再被使用，因为现在有效率更高的涡轮增压器用于大型柴油机。

另一方面，车用柴油机大都配备可变几何涡轮（VTG）增压器。除了最初常见的气动执行机构以外，现在越来越多地使用电子执行机构，因为它们的调节速度快 10 倍，并且控制特性得到明显改善。

顺序涡轮增压可以提供适应发动机需要的涡轮增压器涡轮入口流通截面的另一种解决方案。为了达到这一目的，发动机装备几个并联的涡轮增压器，每一个涡轮增压器都能够通过在空气侧和排气侧的阀门接入或者脱开，因此对于发动机的不同

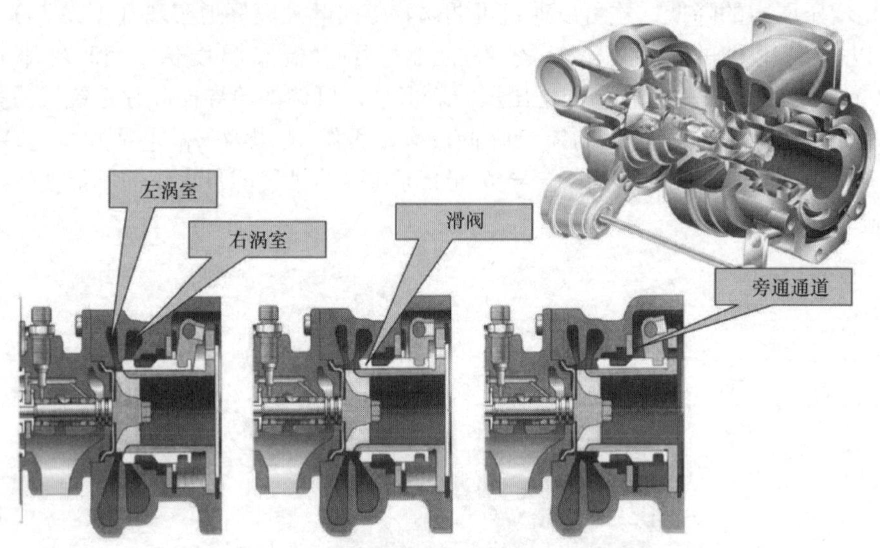

图2-27　具有可变滑阀涡轮机的VST涡轮增压器（BorgWarner涡轮增压系统）

的工况都有合适的涡轮入口截面。

由于这样每一个涡轮增压器都能够在其最佳工况下工作，发动机甚至能在不利的工况（小负荷、低转速）下得到相对较高的增压效率，而单个大型涡轮增压器在这种情况下工作会远离最佳工况点。

顺序涡轮增压的优点在发动机加速工况下尤为明显，在加速开始阶段，能够得到的全部排气能量，比如说只能由4个涡轮增压器中的1个提供，因此，其转速升高非常快，因为其转子的转动惯量比一个大的涡轮增压器要小。增压压力也因此而快速升高，这样就可以更迅速地增加喷油量。

由于发动机转速升高迅速，因而排气能量增加迅速，其他涡轮增压器可以依次接入，得到希望的高水平工作点远比采用单个（大）涡轮增压器时要快。顺序涡轮增压的主要缺点是结构复杂（几个涡轮增压器，风门和排气阀门及其控制装置）以及成本的增加。

顺序涡轮增压用于高速高性能二级增压柴油机已经许多年了（见18.4节）。它现在也被用于车用发动机。不过目前的型号通常只有两个涡轮增压器。当使用两个不同尺寸的涡轮增压器时，接入和脱开它们，可以提供给发动机三种不同尺寸的总涡轮入口截面。

MaK（现在的卡特彼勒发动机）生产的可变多脉冲（VMP）系统提供了另一种用于船用中速柴油机的能够产生可变涡轮入口截面的有趣方法。但是，它不再用于现在的发动机项目。

在低于额定功率75%范围内，被称为变速装置的滑阀可以关闭轴流式涡轮机的喷嘴环的部分入口截面（图2-28），这样就可以在涡轮处建立起较高的排气压力和温度，因此发动机就可以得到较高的进气压力。根据制造厂提供的说明，这可以降低油耗10g/kW·h以上。

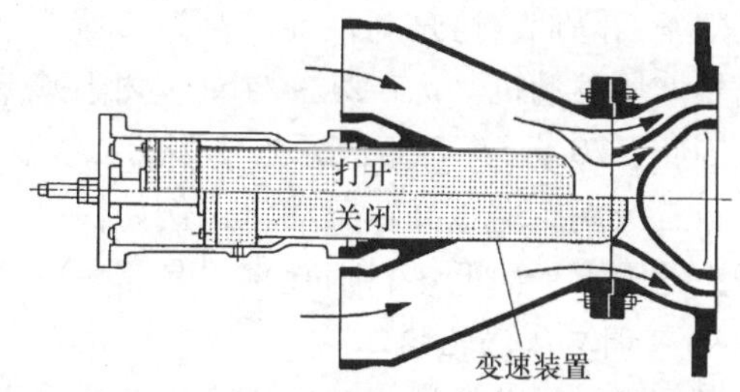

图2-28 基于MaK的可变多脉冲（VMP）方法的废气涡轮增压器涡轮入口截面的调节

2.2.3.5 小型化

小型化是指用较小尺寸的发动机（总排量减小，也可以是气缸数减少），通过高增压产生希望的发动机额定功率。尺寸较小的发动机较低的摩擦可以提高机械效率，因而也使其有效效率提高。此外，发动机的重量也降低。因此，小型化已经变成了设计的重要特性，被首先用于车用发动机的开发。

2.2.4 废气涡轮增压的特殊形式

2.2.4.1 二级涡轮增压

二级涡轮增压将两个惯性滑行废气涡轮增压器串联在一起，一个是低压涡轮增压器，另一个是高压涡轮增压器，它们有两种类型：

1）不可调二级涡轮增压。

2）可调二级涡轮增压。

1. 不可调二级涡轮增压

当制动平均有效压力需要达到$p_e=30$bar甚至更高时，不可调二级涡轮增压器的增压比必须达到6甚至更高［2-10］。

如果两个增压器（压气机）串联，例如每一个增压器在等熵效率$\eta_{sL}=80\%$的情况下建立起$\pi_L=2.5$的增压比，那么两级增压得到的总增压比$\pi_{Lges}=6.25$，具有的等熵效率仍然至少可以达到77.5%。事实上，单级离心式压气机也可以达到6.25的增压比，但其效率非常低。当装备中冷器时，二级压气机的这一优点更加突出。中冷器可以降低进入高压增压器之前的空气温度，因此，按照方程(2-22)，它也降低了在得到相同增压比情况下压气机消耗的功率。这两种结果都会对增压效率产生有利影响，因此使发动机燃料消耗率下降。

瞬时增压压力（在部分功率下）与最大增压压力（在额定功率下）的差值越大，中冷器对提高增压效率的作用就越小，因此对提高发动机效率的作用也越小，因为需要的冷却作用也相对减少。

在二级涡轮增压如此高的增压比下，为了保证最大气缸压力（燃烧压力，该值已经达到$p_{Zmax}\approx200$bar）引起的发动机机械负荷在可控制的范围内，与单级涡轮增压相比，这种发动机的压缩比ε必须明显降低。然而，压缩比ε的下降会引起发动机效率的降低。这是高性能、高速二级涡轮增压发动机（$p_e \approx 30$bar）与中速单级涡轮增压发动机（$p_e \approx 21 \sim 24$bar）相比燃料消耗率较高的基本原因。

因此，20世纪70年代开始使用的二级涡轮增压不适合用于中速柴油机。另一方面，二级涡轮增压高速柴油机，例如快艇发动机，能够得到最大功率密度，是优先考虑的因素，而低燃料消耗率只是需考虑的次要因素。

2. 可调二级涡轮增压

可调二级涡轮增压已被用于商用车和乘用车柴油机，不是因为需要产生特别高的增压压力，而是使用双增压器交替顺序增压。

可调二级涡轮增压器与不可调二级涡轮增压器的根本区别在于有一个绕过高压涡轮机和高压压气机的可调旁通阀（见图2-29），以及用于乘用车的绕过低压涡轮机的排气旁通阀。车用发动机在低转速范围高加速功率工况下也需要最大增压压力。简单的废气涡轮增压（无增压调节）因为发动机的排气质量流量低，不能达到这一要求。在这种工况下，可调二级涡轮增压器的两个旁通阀都保持关闭，这样可以使全部的排气质量流量，以及全部的排气能量流经（较小的）高压涡轮，产生的效果类似于流通截面减小的可变几何涡轮（VTG）。涡轮高速转动，因此高压压气机能够产生希望的高增压。在这种发动机工况下，下游的低压涡轮仅仅得到剩余的小部分废气能量，因此，它转动相对较慢，尽管通过低压压气涡轮压缩全部进入的空气流，但只能建立起非常小的增压比。

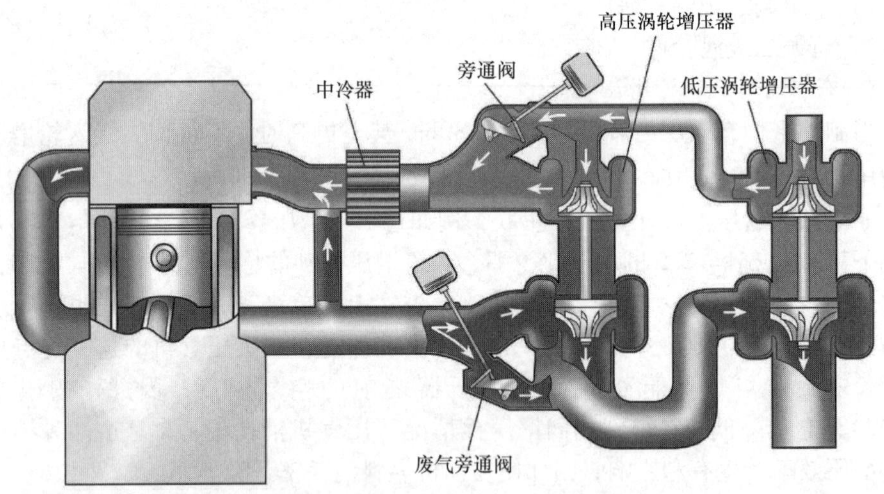

图2-29　可调二级涡轮增压器（BorgWarner涡轮增压系统）

由于流经发动机的工质的质量流量，以及从发动机流出的废气能量流随着发动机转速以及负荷的增加而增加，两个旁通阀随转速增加进一步打开，直至高压和低压涡轮增压器以混合串并联的形式工作。装备这样增压系统的发动机具有良好的加速性能。

2.2.4.2 米勒方法

米勒方法运转的前提条件是具有废气涡轮增压和中冷系统的四冲程发动机，并且在发动机工作中“进气门关闭”定时可以调节。米勒方法的目标是在压缩开始时，在期望的气缸压力下以及给定的中冷器的条件下，具有比通常情况更低的气缸温度。为了达到这一目的，必须对涡轮增压器进行调节，对应于进气门提前关闭（在下止点前），以及此后气缸内已充入气体的持续膨胀，可以提供非常高的增压压力，仍然能够达到通常情况规定的初始压缩压力。气缸内气体的膨胀冷却会引起在下止点气缸内的温度下降到低于在正常情况下，即当“进气关闭”迟后情况下的温度。

这种方法可以改变高负荷增压汽油机的爆燃极限。已经用于增压汽油机和非增压汽油机的进气门关闭提前或者进气门关闭迟后的方法，可用来使节气门在一定程度上失去作用，这被称为减小节流汽油机。在柴油机中，在压缩开始阶段，在相同的气缸压力下，可以由米勒方法得到较多的气缸充气（相对正常情况），这既可以提高发动机动力，又可以得到较大的空燃比。由于气缸压力较低，还可以用于降低 NO_x 排放。

但是，以单纯的形式对米勒方法的任何评价，都必须考虑由压气机产生的高于正常增压过程的增压压力，是靠增加消耗发动机的膨胀功而得到的，这样就会影响发动机的效率。

米勒方法也具有对装备固定尺寸涡轮增压器的发动机的增压压力进行控制的可能性。为达到这一目的，涡轮增压器，特别是涡轮必须适应发动机（涡轮增压器匹配），因此在发动机低速范围内，发动机工作在正常的进气关闭（下止点后）的情况下，能够产生需要的增压压力以获得希望的全负荷特性。这种增压器的增压压力，以及由此决定的气缸压力水平，在发动机高转速范围可以保持在可控范围内，因此在高流量的情况下通过提前关闭进气门（下止点前），具有缸内膨胀冷却的积极作用。

2.2.4.3 电动辅助增压

从车辆电气系统获取电能也可以用来快速建立增压压力，这种方法用于特定增压车用发动机需要比常规涡轮增压器达到更好的加速性的情况下。到目前为止，已经开发了两种类型，称为 eBooster 和电动辅助涡轮增压器（EAT）。

1. eBooster

电动涡轮压气机（离心式压气机）通常装在涡轮增压器压气机之前，与废气涡轮增压器压气机串联。这一附加的电动压气机只在发动机加速阶段初期工作，其他时间保持关闭，并且有绕过附加压气机的旁通阀直接供给进气到涡轮增压器压气机（见图 2-30）。对于 12V 电气系统，这一过程的极限是在给定蓄电池容量下每一个加速循环的最大潜在驱动力和最大电功率。

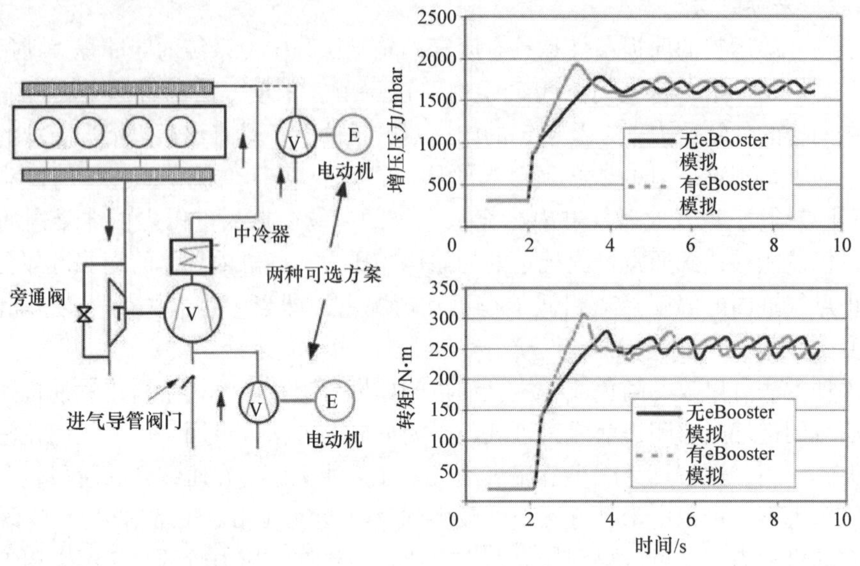

图2-30　具有eBooster的废气涡轮增压器，根据参考文献［2-16］（BorgWarner涡轮增压系统）

2. 电动辅助涡轮增压器

发动机在低速范围增压压力的降低，可以通过使用单独的电驱动装置进行补偿，它能够使涡轮增压器转子的转速比由发动机的瞬时排气能量驱动的转子转速更高。为了达到这一目的，电动机转子与压气机转子和涡轮机转子装在一起（见图2-31）。但是，这一系统要用于车用发动机，电动机的转速必须很高，至少应达到100000r/min。

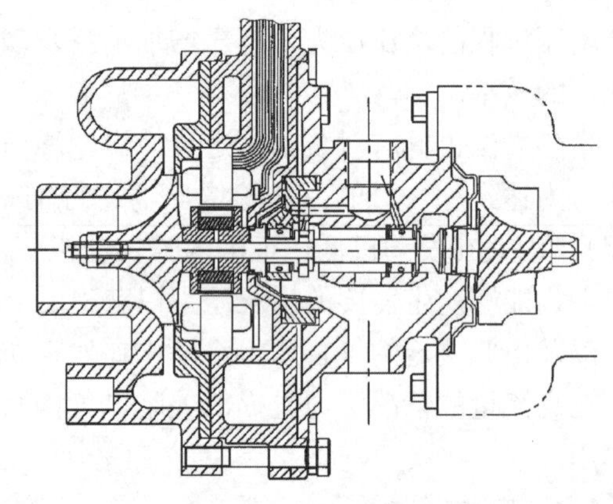

图2-31　电动辅助涡轮增压器（EAT）（BorgWarner涡轮增压系统）

适用于eBooster的电气系统提供的最大功率极限同样也适用于电动辅助涡轮增压器。但是，电动辅助涡轮增压器与eBooster相比有一个严重的缺点，即增加了涡轮增压器转子的转动惯量。如果在某一特定工况下，发动机工作时只靠排气能量流就恰好足以加速基础涡轮增压器（没有电动机装在转子上）的需要，那么当电动机转子装在涡轮增压器转子上（不进行电动辅助增压）以后，就不再可能达到原来的状态［见方程（2-34）Θ中的影响］。

如果将增压不需要的多余的排气能量转变成电能回馈给电气系统，与涡轮增压器转子集成在一起的电动机也可以作为发电机使用（见2.2.4.4小节和参考文献[2-17]）。

2.2.4.4　复合涡轮增压

复合涡轮增压指内燃机与一个或者多个废气涡轮一起工作，制动功率不仅由发动机发出，而且也至少由一个涡轮发出。在图2-32所示的回路类型中，第4种类型已经实际使用在大型柴油机上，而第1种类型用于商用车柴油机。

涡轮增压发动机有两种基本类型，尽管已经过去了几十年，但复合涡轮增压只是在近几年由于涡轮增压器的效率大幅度提高而再一次被采用，这是采用复合涡轮增压的先决条件。

根据参考文献[2-18]，利用具有固定传动比的下游动力涡轮（图2-32中的第1种类型），商用车发动机的油耗可以降低5%。此外，与基本发动机相比，在低负荷、低转速下增压压力以及空燃比较高。由于发动机在低速全负荷下通常在较小空燃比下工作，这是复合涡轮增压的积极作用。但是，动力涡轮在制动平均有效压力低于5bar的情况下燃料消耗率会有所增加，因为它严重偏离其设计点运行，效率相当低，在固定传动比的情况下尤其如此。但是，参考文献[2-18]认为单位距离油耗的模拟结果表明，在低负荷范围关闭动力涡轮获得的改进是不值得的。

因为涡轮增压器涡轮尺寸较小，使得发动机的加速性能与其他发动机相比更好，这是下游动力涡轮的另一个优点。

大型四冲程和二冲程柴油机的复合涡轮增压（图2-32中的第4种类型）通过并联的较小动力涡轮的废气流量达到12.5%。由于涡轮增压器的效率与其尺寸有关，第4种类型不适合商用车发动机。

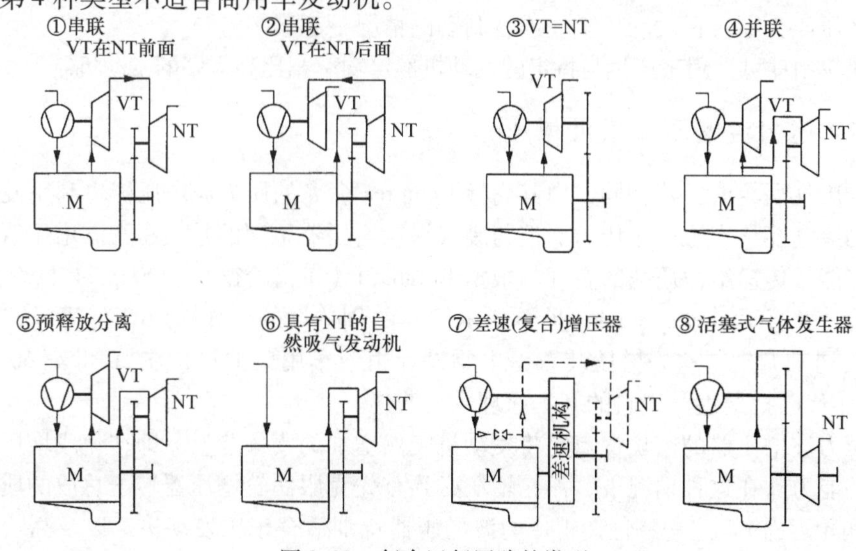

图2-32　复合运行回路的类型

M—发动机　VT—压气机涡轮　NT—动力涡轮

因此，中速恒压涡轮增压柴油机可以额外得到约4%的制动功率，燃料消耗率降低4.5g/kW·h，在40%功率下仍可以降低燃料消耗率约2.5g/kW·h。当功率在低于75%的范围将动力涡轮关闭，甚至可以使油耗降低更明显。因为此时发动机的全部排气能量流都提供到增压器涡轮，产生更高的增压压力。特别是复合涡轮增压发动机的增压器涡轮通常设计得比普通增压发动机（没有复合涡轮增压）更小。原则上动力涡轮在发动机功率低于40%时应保持关闭。

复合涡轮增压在低速二冲程柴油机上的效果与在四冲程柴油机上的效果相当。较高的增压器效率，以及可以预见的发动机效率的整体增加是采用复合涡轮增压的基本先决条件。目前，大型柴油机的涡轮增压器效率可以达到70%以上。

2.2.4.5 涡轮制动

涡轮制动不是狭义上的增压系统，而是附加利用了商用车发动机的可变几何涡轮增压器（VTG）来增加发动机的制动功率。梅赛德斯奔驰和依维柯是早期批量生产这种用于重型商用车的系统的汽车制造公司。

该系统更容易在具有双涡室的涡轮增压器的基础上实现。能够向转子轴移动的滑阀可以在转子入口处关闭两个涡室中较大的涡室（见图2-27）。发动机在反拖并且没有燃烧的情况下运转，滑阀使两个涡室中的一个关闭，就会产生制动效果。通过来自发动机相对较高的质量流量，尺寸较小的涡轮产生较高的涡轮增压器转速以及相应的高增压压力。这需要在压缩行程来自发动机相对较高的压缩输出，可以作为制动功率。在压缩行程结束时排气门已经打开，因此气缸内被压缩气体的能量没有作为（正）膨胀功完全传给活塞，这将削弱制动效果。这样就会在发动机示功图中产生一个负的高压封闭曲线。在涡轮前面的放气机构，即废气阀门可以保证过高的增压压力不会在发动机工作或者制动的情况下超载。

涡轮制动可被用来产生与特定的发动机额定功率相比高得多的发动机制动功率。

2.2.5 压力波增压（气波增压）

与废气涡轮增压器相同，由其商标Comprex命名的压力波增压器也利用发动机提供的废气能量产生增压压力。但与废气涡轮增压器不同的是，压力波增压器直接将废气能量传递给被压缩的空气。根据Burghard（布格哈德）和Seippel（塞佩尔）的专利，并且通过Berchtold（贝希托尔德）的创造性的工作，BBC公司（现在的ABB公司）开发了这一增压装置，主要设计用于车用柴油机，在20世纪60年代到70年代已批量生产，它的基本原理令人着迷。

压力波增压器的突出优点是将发动机突然增加的废气能量立即转化成增压压力升高的能力。在这种情况下，涡轮增压必须首先克服涡轮增压器转子总成的质量惯性（涡轮迟滞）。这一特性使得压力波增压器特别适合车用发动机，以及高负荷工作的发动机参考文献[2-26]。不过涡轮增压器现在至少已经在加速性能上超过了压力波增压器，此外，涡轮增压器制造成本低，质量小，在发动机上的布置灵活。因此，压力波增压器不再作为标准配置安装。

2.2.6　机械增压

根据在 2.2.2 节中的说明，普通机械增压器在发动机低速范围内就已经能够产生相对较高的增压压力，因此与自然吸气发动机相比，机械增压发动机全负荷转矩大致平行向上移动了（见图 2-33），增压压力随发动机转速的变化关系，导致了不仅在静态而且在动态下（加速）这种情况的发生。同样，在车用柴油机中应用机械增压与废气涡轮增压相比存在发动机燃料消耗率高的缺点。

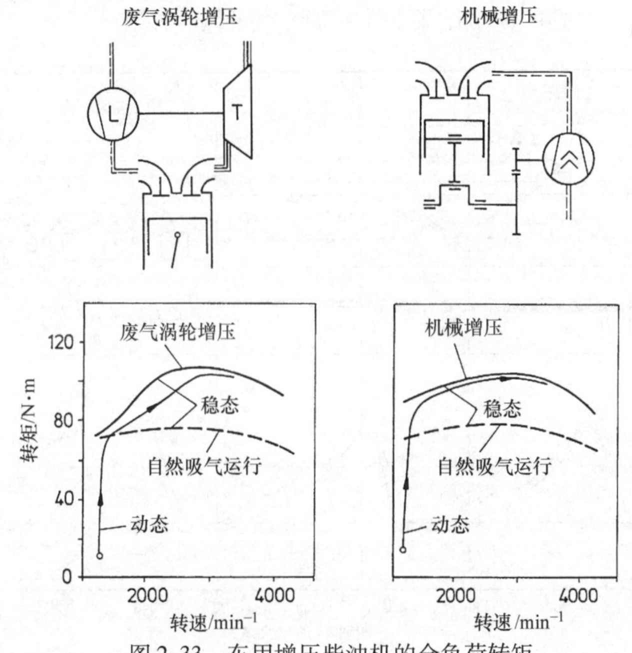

图 2-33　车用增压柴油机的全负荷转矩

为此，需要增加增压压力控制系统以克服这一缺点，即在任何时候都只允许增压器产生发动机实际工况需要的增压压力，并消耗相应的功率。除了可变传动比增压器以外，可调旁通阀增压器也可以满足这一要求。只有当自然吸气情况下发动机的空气供给不足时，电磁离合器才允许机械增压器接入。

机械驱动容积式增压器可能是适合于柴油机机械增压的增压器，它安装在商用车发动机的进气管路涡轮增压器的前面，只有在加速过程中（电磁）离合器才接合。这相当于 eBooster 的功能（见 2.2.4.3 小节）。

2.3　程控换气模拟

除了缸内状态变化模拟以外，进、排气管内状态变化的模拟，即所谓的换气模拟，构成了发动机工作过程模拟的核心（见 1.3 节）。

无论采用何种以在进、排气管内的恒定气体状态极度简化的前提作为始点的模拟方法，使用的计算机程序都可以分成两组。

基于充排法的准稳态过程的程序只能模拟换气系统中状态变化的时态特性。因此，它们也被称为零维法。例如，涡轮增压多缸发动机的排气管被看做是按照发动机的发火顺序间歇充入废气的恒定储存容器，这些废气是由废气涡轮连续排出的。从根本上说，对这一控制容积应用质量和能量平衡方程以及气体状态方程，能够模拟压力和温度特性，并且也能够模拟对涡轮增压器的废气能量的供给。它们的特性图可作为边界条件用于对增压器的涡轮和压气机进行模拟。图2-34中模拟和测试结果的比较证实，得到的模拟结果非常接近实际测量结果。

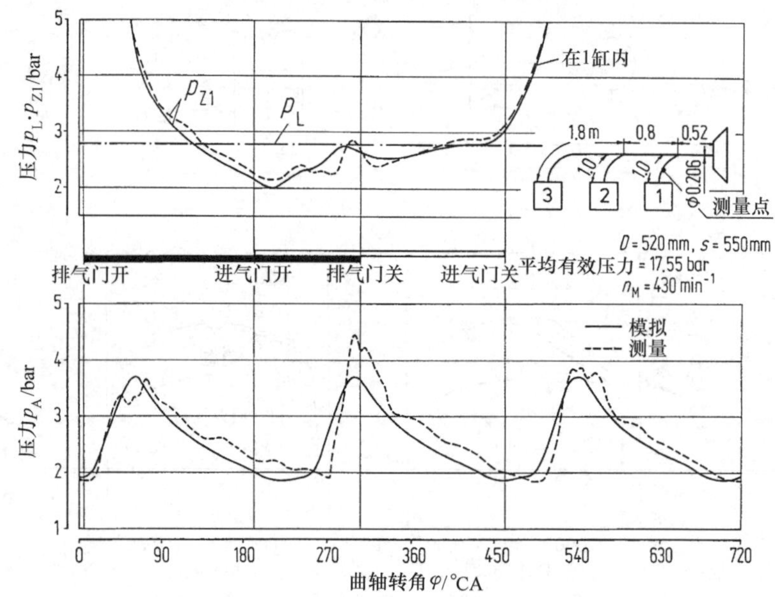

图2-34　中速柴油机充气与排气方法的模拟和测量结果的比较

速度越高，且被模拟的发动机换气系统的管路越长且越细，充排法需要满足的基本条件就越少。换气系统管路内状态变量也必须允许采用非定常数值模拟的适当方法，例如特性法。换气系统管路内的气流作为一维非定常管流加以模拟。

普切尔（Pucher）比较了准稳态充排法和特性法在不同的四冲程柴油机上的应用（图2-35）：特性法能够较好地显示具有对称双脉冲增压高速高性能柴油机的动态排气压力曲线；充排法只能显示其总的变化趋势。

发动机工作过程模拟开始于20世纪60年代，并且随着计算机技术的迅速发展，已经变成发动机开发不可或缺的工具。除了模拟气缸内和进排气管内的状态变化以外，它也能包含被驱动车辆（车辆纵向动力学）和驾驶人的建模。例如，可以使用具有可调二级涡轮增压特殊车用发动机的开发运行策略。图2-36示出了乘用

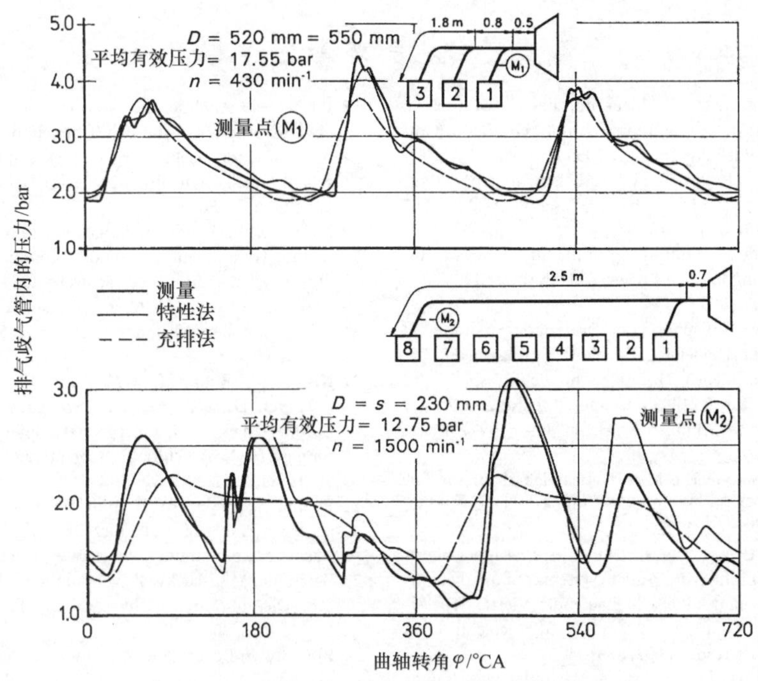

图 2-35　准稳态和瞬态换气模拟与测量结果的比较

车二级增压柴油机，以全负荷从 0 到 100km/h 加速过程中发动机的转速、增压压力特性及旁通阀位置。模拟的速度特性显示出换档时伴随着转速的急剧下降。已经达到的发动机工作过程实时模拟软件的能力，允许应用软件进行 HIL（硬件在环）模拟。

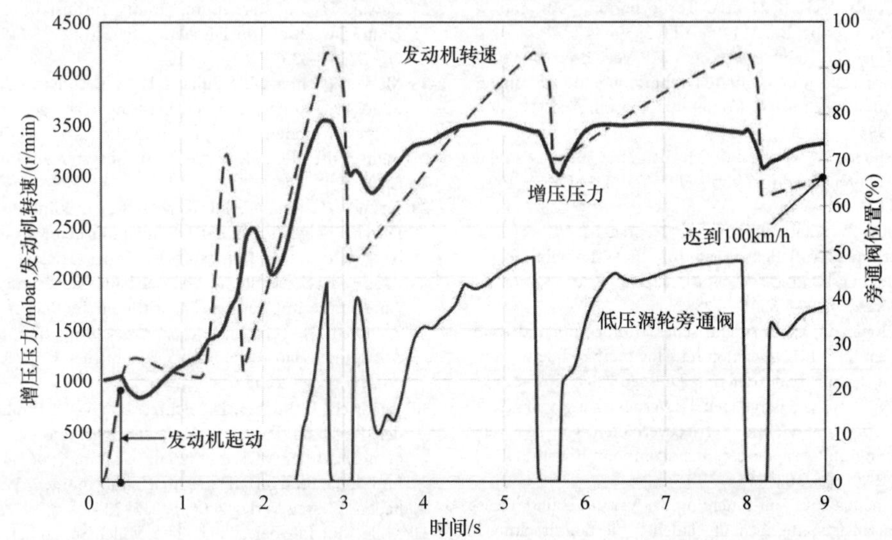

图 2-36　具有可调二级增压的乘用车柴油机从 0 至 100km/h 全负荷加速过程增压压力和转速增长曲线，用 THEMOS® 模拟

参考文献

2-1 Bensinger, W.-D.: Die Steuerung des Gaswechsels in schnellaufenden Verbrennungsmotoren. Berlin/Göttingen/Heidelberg: Springer 1955

2-2 Pischinger, F.: Entwicklungsarbeiten an einem Verbrennungssystem für Fahrzeugdieselmotoren. ATZ 65 (1963) 1, S. 11–16

2-3 Petermann, H.: Einführung in die Strömungsmaschinen. Berlin/Heidelberg/New York: Springer 1974

2-4 DRP Nr. 568855

2-5 Zinner, K.: Aufladung von Verbrennungsmotoren. 3. Aufl. Berlin/Heidelberg/New York: Springer 1985

2-6 Zapf, H.; Pucher, H.: Abgasenergie-Transport und Nutzung für Stoß- und Stau-Aufladung. HANSA Schiffahrt – Schiffbau – Hafen 114 (1977) 14, S. 1321–1326

2-7 Bozung, H.-G.: Die M.A.N.-Turboladerbaureihe NA und NA-VP für ein- und zweistufige Aufladung. MTZ 41 (1980) 4, S. 125–133

2-8 Holland, P.; Wachtmeister, G.; Eilts, P.: Untersuchungen zum Einfluss des Aufladesystems auf das dynamische Verhalten mittelschnellaufender Viertakt-Dieselmotoren. Tagungsband der 8. Aufladetechnischen Konferenz Dresden 2002, S. 31–40

2-9 Anisits, F. et al.: Der erste Achtzylinder-Dieselmotor mit Direkteinspritzung von BMW. MTZ 60 (1999) 6, S. 362–371

2-10 Deutschmann, H.: Neue Verfahren für Dieselmotoren zur Mitteldrucksteigerung auf 30 bar und zur optimalen Nutzung alternativer Kraftstoffe. In: Pucher, H. et al.: Aufladung von Verbrennungsmotoren. Sindelfingen: expert 1985

2-11 Borila, Y.G.: Sequential Turbocharging. Automotive Engineering, Bd. 34 (1986) 11, S. 39–44

2-12 Zigan, D.; Heintze, W.: Das VMP-Verfahren, eine neue Aufladetechnik für hohe Drehmomentanforderung. 5. Aufladetechnische Konferenz Augsburg 11./12. Okt. 1993

2-13 Rudert, W.; Wolters, G.-M.: Baureihe 595 – Die neue Motorengeneration von MTU; Teil 2. MTZ 52 (1991) 11, S. 538–544

2-14 Stütz, W.; Staub, P.; Mayr, K.; Neuhauser, W.: Neues 2-stufiges Aufladekonzept für PKW-Dieselmotoren. Tagungsband der 9. Aufladetechnischen Konferenz Dresden 2004, S. 211–228

2-15 Hopmann, U.: Ein elektrisches Turbocompound Konzept für NFZ Dieselmotoren. Tagungsband der 9. Aufladetechnischen Konferenz Dresden 2004, S. 77–87

2-16 Woschni, G.; Bergbauer, F.: Verbesserung von Kraftstoffverbrauch und Betriebsverhalten von Verbrennungsmotoren durch Turbocompounding. MTZ 51 (1990) 3, S. 108–116

2-17 Khanna,Y.K.: Untersuchung der Verbund- und Treibgasanlagen mit hochaufgeladenen Viertaktdieselmotoren. MTZ 21 (1960) 1, S. 8–16 u. 3, S. 73–80

2-18 Pucher, H.: Analyse und Grenzen der Kraftstoffverbrauchsverbesserung bei Schiffsdieselmotoren im Turbocompoundbetrieb. Jahrbuch der Schiffbautechnischen Gesellschaft Bd. 82. Berlin/Heidelberg/New York/London: Springer 1988

2-19 Meier, E.: Turbocharging Large Diesel Engines – State of the Art and Future Trends. Broschüre der ABB Turbo Systems Ltd. Baden (Schweiz) 1994

2-20 Appel, M.: MAN B&W Abgasturbolader und Nutzturbinen mit hohen Wirkungsgraden. MTZ 50 (1989) 11, S. 510–517

2-21 Nissen, M.; Rupp, M.; Widenhorn, M.: Energienutzung von Dieselabgasen zur Erzeugung elektrischer Bordnetzenergie mit einer Nutzturbinen-Generator-Einheit. HANSA Schiffahrt – Schiffbau – Hafen 129 (1992) 11, S. 1282–1287

2-22 Flotho, A.; Zima, R.; Schmidt, E.: Moderne Motorbremssysteme für Nutzfahrzeuge. Tagungsband 8. Aachener Kolloquium 4.-06.10.1999, S. 321–336

2-23 Berchtold, M.: Druckwellenaufladung für kleine Fahrzeug-Dieselmotoren. Schweizerische Bauzeitung 79 (1961) 46, S. 801–809

2-24 BBC Brown Boveri, Baden (Schweiz): Erdbewegungsmaschinen mit Comprex-Druckwellenlader. Comprex bulletin 7 (1980) 1

2-25 Seifert, H.: 20 Jahre erfolgreiche Entwicklung des Programmsystems PROMO. MTZ 51 (1990) 11, S. 478–488

2-26 N.N.: GT-Power – User's Manual and Tutorial, GT-Suite TM Version 6.1, Gamma Technologies Inc. Westmont IL 2004

2-27 Pucher, H.: Ein Rechenprogramm zum instationären Ladungswechsel von Dieselmotoren. MTZ 38 (1977) 7/8, S. 333–335

2-28 Münz, S.; Schier, M.; Schmalzl, H.-P.; Bertolini, T.: Der eBooster – Konzeption und Leistungsvermögen eines fortgeschrittenen elektrischen Aufladesystems. Firmenschrift der 3K-Warner Turbosystems GmbH (2002) 9

2-29 Birkner, C.; Jung, C.; Nickel, J.; Offer, T.; Rüden, K.v.: Durchgängiger Einsatz der Simulation beim modellbasierten Entwicklungsprozess am Beispiel des Ladungswechselsystems: Von der Bauteilauslegung bis zur Kalibrierung der Regelalgorithmen. In: Pucher, H.; Kahrstedt, J. (Hrsg.): Motorprozesssimulation und Aufladung. Haus der Technik Fachbuch Bd. 54, Renningen: expert 2005, S. 202–220

2-30 Friedrich, I.; Pucher, H.: Echtzeit-DVA – Grundlage der Regelung künftiger Verbrennungsmotoren. Tagungsband der MTZ-Konferenz – Motor 2006. (1./2. Juni 2006, Stuttgart) Der Antrieb von morgen, Wiesbaden: Vieweg Verlag 2006, S. 215–224

2-31 Miller, R.; Liebherr, H.U.: The Miller Supercharging System for Diesel and Gas Engines Operating Conditions. CIMAC-Kongress 1957 Zürich, S. 787–803

第3章　柴油机燃烧

3.1　混合气的形成和燃烧

3.1.1　混合气的形成和燃烧特点

汽车首选的发动机是内燃机，它们利用空气中的氧将主要由碳氢化合物组成的燃料所含的化学能转化成热能，然后热能传递到发动机的工质。工质的压力升高，发生膨胀，转化为活塞的运动，进而转变成机械功。

工质的更换发生在燃烧室内的燃烧和膨胀之后，被称为“内燃开式过程控制”。它用于汽油机也用于柴油机。相比之下，斯特林（Stirling）发动机被描述为外燃闭式过程控制的发动机。

在传统的汽油机中，可燃混合气在进气歧管内形成。均质混合气主要在进气和压缩行程形成，由火花塞点火燃烧。这一燃烧系统也被认为是“外部形成混合气”，均质混合和火花点火。从火花塞开始，能量随着火焰的传播而释放，并且与火焰前锋的表面面积成正比。火焰传播的速度取决于燃料、混合气温度和空燃比。此外，燃烧速度还受火焰前锋的表面面积的影响。混合气中湍流引起的“火焰折叠”会导致燃烧速度随着发动机转速而增加。由进气、压缩以及燃烧本身引起的混合气流动是影响火焰折叠的明显因素。燃油必须有一定的阻燃性（抗爆性）防止自燃或早燃。压缩比受到“爆燃”或者早燃的限制。在爆燃燃烧中，火焰还没有传播到整个气缸内的混合气，即所谓的“末端燃烧的混合气”时，着火的条件已经形成。因高压而能量密度很大的混合气发生自燃，几乎同时发生失去控制的火焰传播，这导致具有压力波特性的压力突然变化，并产生非常高的部件局部热负荷和机械负荷。发动机长时间在爆燃的情况下工作将导致损坏，因此必须严格避免爆燃。限制压缩比、必要的负荷控制系统（混合气数量或者节流控制）以及限制增压能力，都会降低外部形成混合气和火花点火系统工作过程的效率。但是，这一过程没有任何燃油引发颗粒物排放，因为当 $\lambda=1$ 时，混合气均质燃烧，燃烧室内没有浓混合气区域。现代汽油机也在汽油直接喷射下工作，根据喷油正时的不同，可能形成均质混合气或者非均质混合气。在柴油机中，这被称为“内部形成混合气”。

在柴油机中被压缩的是空气而不是混合气。高压柴油在上止点稍前喷入高温空气中，因此在发动机燃烧室内就会非常迅速地形成可燃混合气，不需要任何外部点火能量，仅仅靠压缩空气传给燃油的热量就足以使其发火。因此，柴油机是一种“内部形成混合气”和“自燃”的发动机。必须使用易燃的燃料，并保证必要的温度以确保能够自燃着火。必要的温度是靠高压实现的（压缩比 $12<\varepsilon<21$），如有必要，可以辅助加热空气（例如用电热塞）。着火困难特别可能发生在发动机起动阶段。较低的起动速度可能使进气系统的任何增压措施都失去作用，因而在压缩过程中，活塞会将已经吸入的空气驱赶回进气歧管。这一过程只有当进气门关闭才能结束，而压缩只有在此后才能开始。因此，在这种情况下有效压缩比，以及压缩温度明显下降。冷起动时，从工质散失到燃烧室低温缸壁的热量增加，这会导致起动困难加剧。

喷油速率和混合气形成速度会影响柴油机的能量转换。由于形成的混合气是非均质的，汽油机中那种典型的火焰传播方式在柴油机中是不存在的，并且也不存在任何“爆燃”的风险。因此高压缩比和高增压可以在柴油机中实现，这两种措施都可以提高发动机效率，改善发动机转矩特性。在柴油机中压缩比和增压压力的最大值不像汽油机那样受爆燃的限制，而是受允许的最高气缸压力限制，这就是现代车用柴油机允许的气缸压力达160～180bar，而商用车柴油机允许的气缸压力达210～230bar的原因。这里提出的压缩比范围适用于高增压大型柴油机。

由于混合气是在气缸内形成的，燃油蒸发和混合气的形成时间限制了柴油机的转速。因而，即使是高速柴油机也很少有转速超过4800r/min的。功率密度较低的缺点可以通过适合的增压而得到补偿。燃油喷入副燃烧室（“涡流室”或“预燃室”）的喷射称为燃油间接喷射。它原来用于更好地形成可燃混合气和更好地利用主燃烧室中的空气，以及控制燃烧噪声。先进的柴油机燃烧系统，即直喷发动机，直接将燃油喷射到主燃烧室。

在气缸内部形成混合气以及燃油延迟喷入燃烧室，会在燃烧室内产生明显的空气/燃油分布梯度（λ 梯度）。在燃油喷注中心存在没有氧气的情况下（$\lambda\approx0$），燃烧室内也存在只有纯空气的区域（$\lambda=\infty$）。在燃油喷射时燃烧室内燃油分布或多或少地在 $\infty>\lambda>0$ 的范围中。对非均质混合气而言，空气的完全利用是不可能的。产生并完全燃烧均质混合气因为时间太短而不可能实现。因此，柴油机在全负荷下工作时，进气空气必须超出理论空气量5%～10%。考虑到部件的热负荷，大型低速柴油机工作时空气甚至必须超出更多。

过量的空气会影响可能采用的任何废气再处理系统。三元催化器（TWC），由于必须在汽油机均质混合气过量空气系数 $\lambda=1$ 的情况下使用，在柴油机中，因为废气中总是存在过剩的氧气而不能采用。

空气/燃油分布梯度不仅是混合气质量差异造成的，而且也是燃烧室内温度局部差异造成的。最高温度出现在燃油喷注外边缘过量空气系数 $\infty > \lambda$ 的区域，最低温度出现在燃油喷注中心过量空气系数 $\lambda \approx 0$ 的区域。如图 3-1 所示，氮氧化物在高温富氧区域形成。在火焰外围稀混合气区域燃烧温度很低，以至于燃料不能完全燃烧。这是碳氢化合物不能完全燃烧的根源。炭烟颗粒及一氧化碳在喷注中心缺少空气的区域形成。由于在非均质混合气的浓混合气区域炭烟的形成是不可避免的，现代柴油机燃烧系统的目标是在发动机中氧化这些碳粒。这可以通过在膨胀行程保持或者产生更大的涡流来改进这一情况。因此，现代柴油机燃烧系统能够燃烧掉在发动机内生成的 95% 的炭粒。

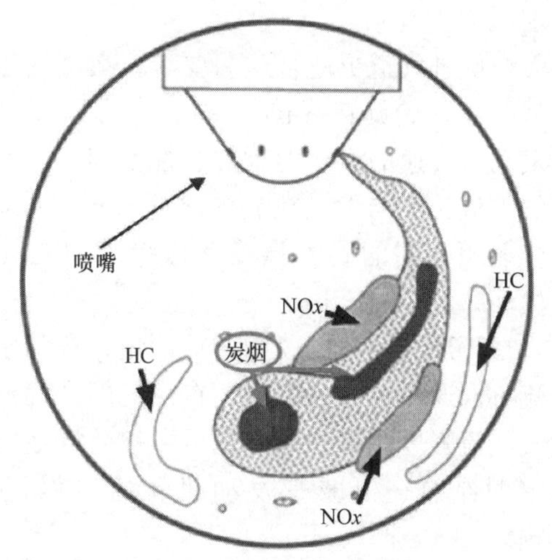

图 3-1　非均质混合气在燃烧室内污染物产生的区域

缸内形成混合气还有高压缩比，以及负荷调节（质调节）方法是柴油机高效率的基础。

3.1.2　混合气的形成

3.1.2.1　主要影响参数

空气在燃烧室内会产生运动（挤气涡流和进气涡流），这种运动可以通过燃烧室和进气道的设计实现。缸内混合气的形成基本上受空气运动和燃料喷射的控制。喷射系统必须完成以下任务：建立需要的喷射压力，计量燃油，保证喷雾传播，保证燃油快速雾化，形成细小油滴并且与空气混合（也见第 5 章）。

3.1.2.2　进气涡流

进气涡流基本上是绕着气缸轴线的"实心旋流"，其旋转速度受进气道的结构影响，并且随发动机转速的增加，因活塞运动速度的增加而增加。进气涡流的基本功能是击碎燃油喷注，并且将燃油喷注中的燃油与喷注扇面区域内的空气混合。很明显，随着喷油器喷孔数量的增加，所需要的涡流强度会降低，这是有利因素，因为涡流强度的增加会引起壁面热损失的增加，并且涡流的产生必然会导致进气损失。进气增压可以补偿进气损失，抵消由于产生涡流对于换气效率以及对于油耗的不利影响。

当气流沿切线方向进入气缸时很容易产生进气涡流，但是这种方法会产生很大的进气损失，涡流强度不能随发动机转速的增加而成比例地增加，并且对制造偏差要求严格。

螺旋进气道更适合这一要求，在进气道内进气流就已经开始旋转（图3-2），它可以使涡流强度随发动机转速的增加而近似线性增加，因此具有恒定的涡流转速与发动机转速之比（n_{Drall}/n_{Mot}），因而能兼顾必要的涡流强度和可接受的充气效率的损失。

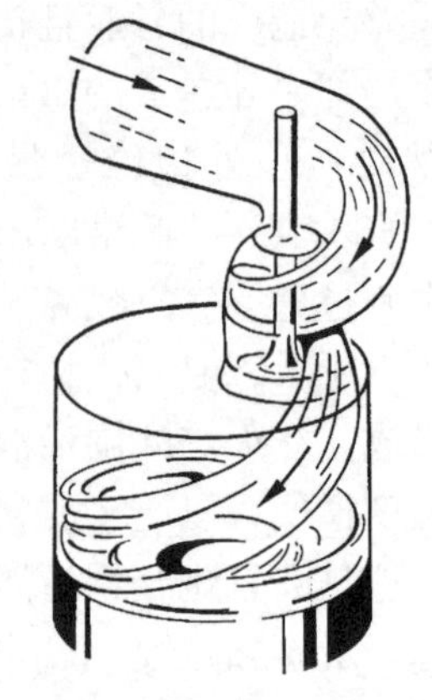

图3-2　具有螺旋进气道的涡流设计

在环形气门座的一侧增加倒角，有利于气流在涡流方向通过，并可以增加在小气门升程范围内的进气涡流强度。这种措施也可以被巧妙地用于与气门定时结合，以减少发动机转速对涡流强度的影响。

安装关闭阀是另一种产生进气涡流的方法，它必须安装在固定位置，因此不适合作为产生涡流的标准方法，但非常适合用于基本试验。

因为由螺旋进气道产生的进气涡流随发动机转速的增加而增强，每度曲轴转角对应的进气量也增加。但是，这一随转速增加而加速混合气形成的自调节效应只有在喷油时间也相应调节时才能得以利用。当以曲轴转角°CA表示的，作为转速函数的喷油时间（例如在全负荷）是恒定的，涡流和喷油时间在发动机整个转速范围可以进行最佳调节。但是，当作为转速函数的喷油时间（以曲轴转角°CA表示）增加时，低速范围内的涡流强度就会太弱，空气利用就会比较差，或者在高速范围涡流太强，喷注的各个区域被涡流扰乱。这两种可能发生的情况都会降低制动平均有效压力，并导致排放的增加。这一问题在任何具有固定喷孔直径的喷射系统，即现在的每一种标准系统中都可能存在。高转速比（n_{max}/n_{min}）和/或较大的全负荷供油量与怠速供油量之比使发动机的设计更加复杂。在特性图中的可变喷油压力和所谓的注册喷嘴结构的使用正是为了试图解决这一问题。

尽管涡流速度随发动机转速的变化而变化是理所当然的，至少在螺旋进气道方面涡流速度与发动机转速之比是常数，在喷射系统喷油开始点不合适的情况下，可尝试改变涡流，并根据喷射系统的“不当喷射时间”对涡流进行调节。在每个气缸具有两个或者更多进气门的发动机中，在低速范围可以通过隔离一个进气门（进气道关闭IPSO）使涡流增强，这样可在低速范围内通常喷射时间较短的情况下调节涡流强度。连续可变的节流阀（进气道关闭阀）调节甚至可以调节图3-3中节流阀在各种开度下对应点的涡流强度。但是，因为它在发动机低速范围内加速混合气的形成，而在高速范围内延迟混合气的形成，因此是不够理想的。

柔性喷射系统也只能通过调节喷油压力，在一定程度上协调涡流与喷油时间之间的矛盾。这一措施将引起发动机低速范围内喷油压力的下降。最佳的解决方案是

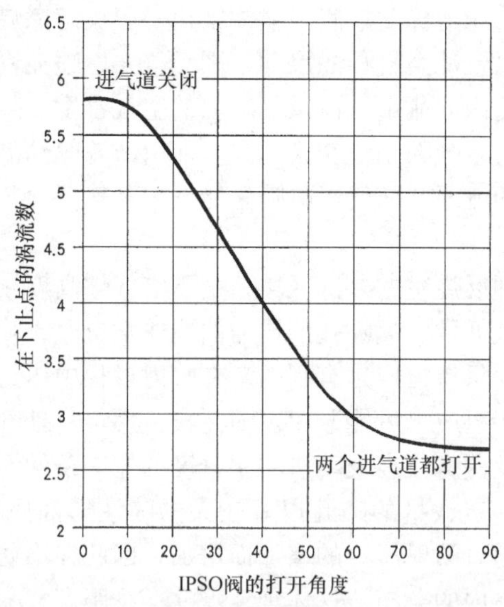

图 3-3　涡流强度随进气道关闭阀开度的变化关系

喷油器喷孔采用能够随发动机转速的增加而增大的可变流通截面。

3.1.2.3　挤气涡流

在压缩行程空气被迅速挤入活塞顶部凹坑，这会增强涡流。活塞顶部凹坑越小，涡流越强。

随着活塞接近上止点，越来越强的挤气涡流会干扰上述由于气流进入气缸或者燃烧室产生的进气涡流。挤气涡流是由于活塞顶部与气缸盖之间的空气被挤入活塞顶部凹坑产生的（图 3-4）。

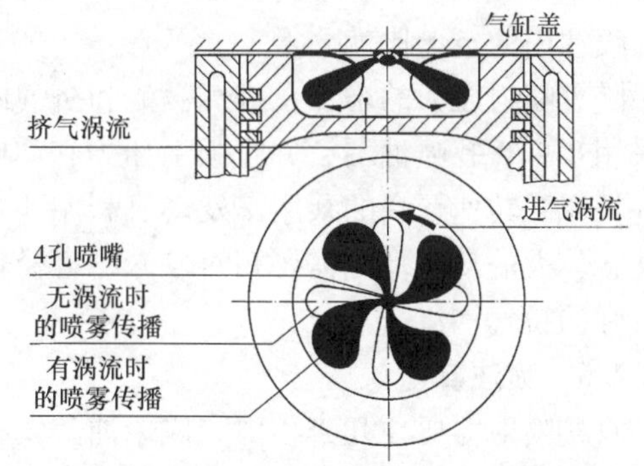

图 3-4　发动机燃烧室内的气流运动影响燃油喷雾传播以及混合气的形成

挤气涡流会阻碍燃油喷雾的传播，但会促进燃烧室内的空气与燃油喷雾之间的动量交换，这对于混合气的形成至关重要。

当膨胀行程开始时，涡流方向逆转。适当设计活塞顶凹坑的几何形状，特别是凹坑边缘的形状，能够产生很强的紊流，这有利于混合气的形成并能使燃烧速度加快。

3.1.2.4　燃油喷注的动能

燃油喷注的动能是混合气形成的主要参数。它不仅取决于喷注的燃油质量，而且也取决于喷油嘴处的压力梯度。它与喷注锥角一起决定燃烧室内的空气与燃油喷注之间的动量交换，以及油滴直径的尺寸范围。首先，喷注锥角取决于由喷嘴结构和喷油压力决定的喷嘴内的流量，以及气缸内的空气密度。随着喷嘴孔内气穴的增加，喷注锥角增大，与空气的动量交换增强。在由凸轮驱动的喷射系统中，喷油泵的输出流量和喷油嘴的流通截面会影响喷注能量。共轨压力是蓄能式喷射系统的重要参数。

喷注将燃油传播到燃烧室的外部区域，由于空气被高度压缩变得高温并且黏性较大，这一作用不应被低估。喷嘴孔的压力曲线非常重要，喷油压力随喷油时间的延续而上升，或者至少保持恒定是有利的。在喷射过程中压力下降不能促进喷注各个区域的相互作用，所以应尽可能避免。喷注覆盖燃烧室外部区域范围是较好利用燃烧室内的空气，以及获得较高发动机功率密度的先决条件。当喷油压力限制在一定范围内时，只通过一定数量的喷孔以及较大的喷注燃油质量就能够达到这一目的。喷注的数量可以随着喷射压力的增加而增加，因此在不妨碍喷雾传播的情况下可以改善燃油在燃烧室内的分布。这体现在喷注穿透距离、喷射压力或喷嘴出口的压力梯度，以及喷孔直径之间的相互关系。因此，喷注穿透距离是喷孔附近的压力、喷孔直径、燃油密度、空气密度的倒数、喷油开始以后的时间的函数。如果喷油时间大致相同，且每个喷孔的直径相同，则相应的喷油量将随喷孔数量的增加而减小。所以，决定喷注散布性能的喷注动量必须再通过增大压力进行相应的补偿。随着喷油压力的增加，进入喷注的空气（空气混入）增多，因此喷注内部的过量空气系数 λ 增大。根据参考文献［3－5］，随着喷油压力的增大，喷注穿透距离增加，喷注内的空燃比就会增大。

随着喷射压力的增加，进气涡流和挤气涡流的重要性下降。现代商用车燃烧系统采用8～10孔喷油器，并且喷射压力在2000bar以上，它几乎不需要进气涡流和挤气涡流。转速较高的乘用车发动机利用非常稳定的涡流在膨胀过程使炭粒氧化。另外，较大的转速范围需要相对较深，直径较小的活塞顶凹坑，这不可避免地会产生较强的挤气涡流。

3.1.2.5 喷注雾化

直接喷射需要在几毫秒内完成燃油蒸发和混合气的形成。这就需要非常迅速地将喷注中较大的油滴击碎成具有较大表面积的许多细小油滴。

有两种方法能够保证喷注的燃油迅速雾化，并且使其表面积增大：“初次雾化”，在喷嘴附近区域由湍流和喷嘴内的气穴引起；“二次雾化”，在远离喷嘴处由空气动力引起。

3.1.2.6 初次雾化

喷入燃烧室内高压、高黏性空气中的燃油喷注的初次雾化，受到喷注内的速度分布（在喷注中不同部分的相互作用）、表面张力、空气动力（运动的喷注与“静止”的空气）、湍流（在很大程度由喷注动量引起）和气穴的影响。气穴是由于燃油在喷嘴内湍流运动而产生的。喷嘴曲率半径与喷孔半径之比、流体流动效应以及喷油孔的形状和锥度等可能使燃油液流突然改变方向的因素，将对湍流的产生起重要作用。发动机转速和湍流参数，以及容积内的燃油蒸气和空气含量方面的相关参数，可用于确定气穴的大小和数量。喷孔内的气穴影响喷注初次雾化、喷注散布、油滴形成，以及喷孔沉积物的积累和喷嘴的使用寿命。图 3-5 所示为喷嘴附近喷注的雾化情况。

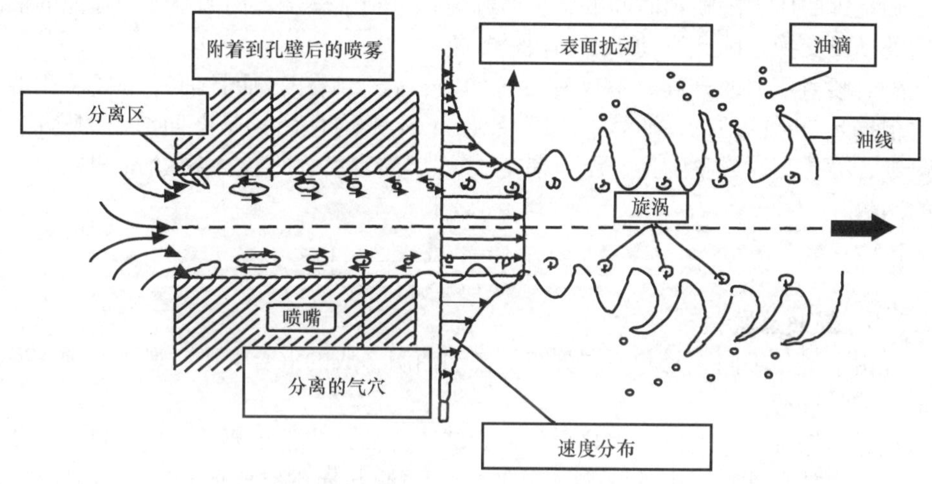

图 3-5　喷嘴附近油束的散开和雾化

燃油的温度和成分决定了其挥发性，并且对喷注雾化有重要影响。气穴核是由于溶解在燃料中的气体，因为局部压力低于饱和蒸气压力而脱气形成的。

开始时可以观察到在靠近喷嘴附近是一个液体油束核心，但在离开喷孔约为喷孔直径 5～10 倍的距离后，空气和燃油蒸气气泡已经使燃油受到强烈的雾化。空气动力与表面张力的关系，即韦伯数，可以描述油滴尺寸和油滴分布：

$$W_e = \rho_k \cdot v_{inj}^2 \cdot d \cdot \sigma^{-1}$$

式中　ρ_k——燃油密度；

v_{inj}——喷孔处的喷射速度；

d——喷孔直径；

σ——表面张力。

韦伯数表达了单位时间从喷孔形成连续喷注的动能与单位时间产生的油滴与空气接触的表面积的关系。

3.1.2.7　二次雾化

二次雾化实际上是通过波浪形分解，将较粗的油束破碎成中等直径尺寸的油滴，并且通过雾化形成微小油滴。后者的形成需要快速加热和蒸发，因此必须缩短物理着火延迟期。空气动力在二次雾化中发挥重要作用。喷油压力、喷油压力变化曲线、喷注锥角和空气密度是二次雾化重要的影响因素。

在二次雾化中同时存在的两种效应值得关注：

1）因为喷注核心比喷注边缘具有更大的惯性，由空气摩擦力产生的减速度使油滴变形。

2）喷注边缘波浪形分解引起的微米级油滴的剪切。

上面定义的参数，即韦伯数，是一个特征值，在这里也用于计算喷注的环境空气密度。

喷孔内的压力随喷油时间的延长而升高，有利于燃烧室内的空气与喷注的油滴之间的动量交换，因此有助于燃油快速雾化。

随着喷射压力的升高，不仅有更多的空气进入喷注，而且油滴的直径变得更小。根据Sauter的理论，油滴平均直径（Sauter平均直径）是上面给出的韦伯数、雷诺数、喷孔直径或喷嘴出口压力梯度Δp、燃油密度ρ_k、空气密度ρ_L和燃油黏度v_K的函数

$$d_{32} = f\left(\frac{1}{\Delta p, \rho_k, \rho_L, v_K}\right)$$

3.1.2.8 燃油蒸发

在由空气与不同直径和不同分布的燃油油滴形成的混合气中，燃油必须蒸发才能进行化学反应。

通过压缩加热空气然后将热量传递到液体燃油是非常重要的。这一过程主要受喷注动能也就是喷油压力的影响（图3-6）。油滴与周围空气的相对速度越高，将促进生成油滴与空气更大的接触表面积，并促进质量传送和热量传递。油滴雾化越好，散布燃料和向燃烧室连续充入的速度越高，油滴表面达到明显蒸发的温度就越快。在扩散和反应区，这样形成的可燃混合气，一旦过量空气系数λ在$0.3 < \lambda < 1.5$的范围内就会自燃（图3-7）。

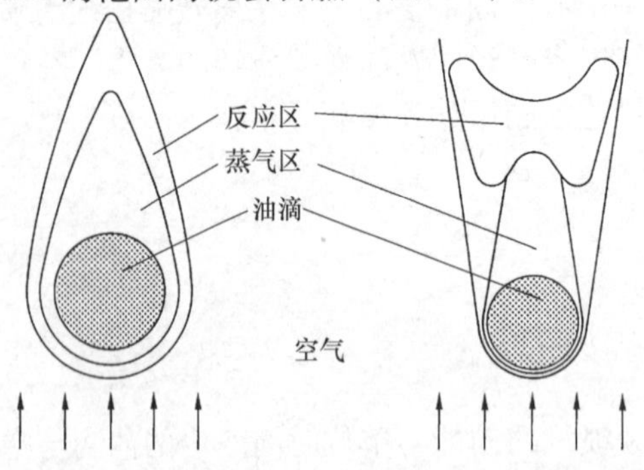

图3-6　油滴在低（左图）和高（右图）流速下的着火准备

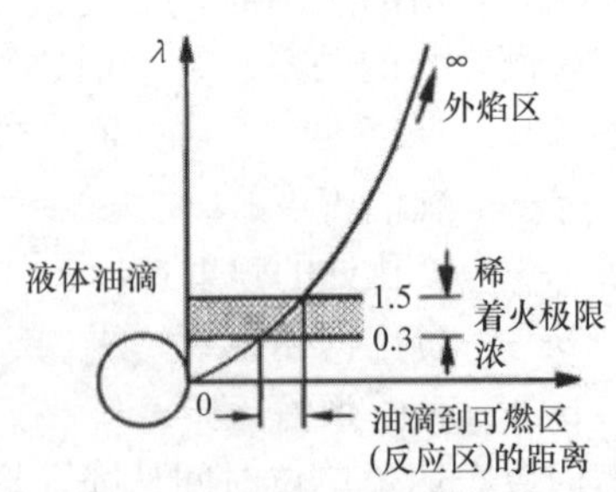

图3-7　空燃比随到油滴的距离变化的曲线

3.1.3　着火和着火延迟期

喷入高压、高温燃烧室的空气中的燃油的着火性能，取决于由于分子的热激发而形成着火自由基的反应速率。根据先前的描述，加热和扩散过程在二次雾化以后

进行，燃烧室内的两个热力学条件，即压力和局部温度，以及蒸气的局部浓度决定自燃的条件。当然，燃油本身是重要的因素，十六烷值（CN）代表了柴油的发火性。极易着火的正十六烷被规定为100，不易着火的甲基萘被规定为0。十六烷值越高，柴油的发火性越好。十六烷值(CN) >50 是可以保证发动机符合极为严格的排放和噪声法规要求的柴油燃料（见第4章）。

喷油开始与着火开始之间的时间间隔对于发动机的效率、污染物排放、燃烧噪声和部件的负荷有重要影响。这两个开始点之间的时间间隔被称为着火延迟期，通常可以由喷油嘴针阀升程，以及燃烧室内的压力参数计算得到，它是柴油机燃烧的重要参数（图3-8）。

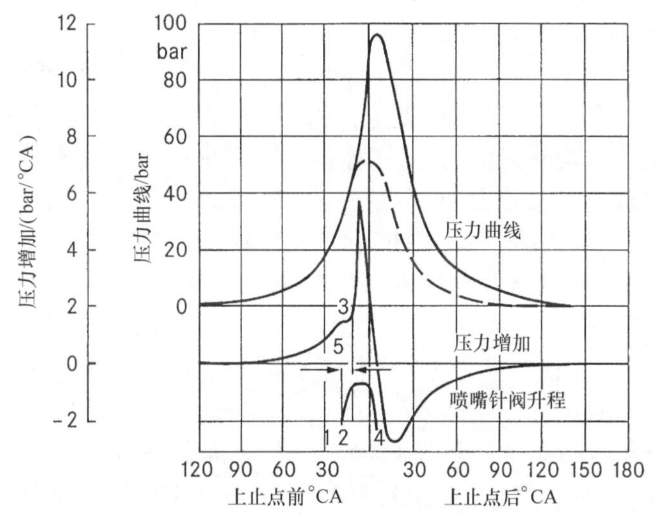

图3-8 直喷柴油机的着火延迟期

1—供油开始 2—喷油开始 3—着火开始 4—喷油结束 5—着火延迟期

着火延迟期会产生物理和化学诱导因素的差别，物理着火延迟期包括上述的初次雾化和二次雾化过程，燃油蒸发以及可燃混合气形成的过程。化学着火延迟期是指在预反应阶段形成着火自由基（例如OH）的时间段。

现代高增压柴油机喷油压力可达2000bar，着火延迟期在0.3 ~0.8ms。自然吸气发动机具有相应较低的喷油压力，着火延迟期在1 ~1.5ms。

除了十六烷值以外，喷油开始的温度（压缩比、进气温度、喷油时间），以及气缸内的空气状态（增压压力、进气涡流、挤气涡流、活塞速度）也必须纳入着火延迟期的复杂计算。

随着研究的不断进行，已经有大量的经验公式用于描述着火延迟。

最初完成准备的燃料通常在喷注下风侧（低空气渗透侧）的边缘着火。在扩散区的这一区域过量空气系数 λ 的变化率较小，即与喷注的迎风侧或前端相比这一区域的混合气成分几乎是均质的。因此，在接近喷嘴的区域着火是不可能的，因为喷嘴附近的燃油较浓，达不到可燃的空燃比。

3.1.4 燃烧和放热率

柴油机的基本特征是能够利用喷油正时和燃油喷入燃烧室的方式（喷油规律）来控制燃烧因而控制能量转换。当喷油正时和喷油规律有利于提高发动机的效率时，一方面会造成生成颗粒污染物（颗粒物 PM）与氮氧化物（NO_x）之间的矛盾，另一方面也会造成燃油消耗与生成 NO_x 之间的矛盾。以液体的形式附着到燃烧室壁面上的燃油越少，液体燃油在空气中蒸发得越好，喷油速率对放热率的影响就越大。喷注的穿透速度和蒸发速率发挥着重要作用。甚至可以根据工况将电控系统与蓄压式喷射系统结合（喷油压力能够随负荷和转速变化的共轨系统），用于控制喷油规律，实现多次预喷射和/或多次后喷射（图 3-9）。随着开关频率的增加，从电磁阀到压电式喷油器的进步基本上为开关元件（可变节流阀）提供了一种指定途径的选择。但是，由于喷孔内高压有利于混合气的形成，必须防止在针阀座处形成节流（见第5章）。

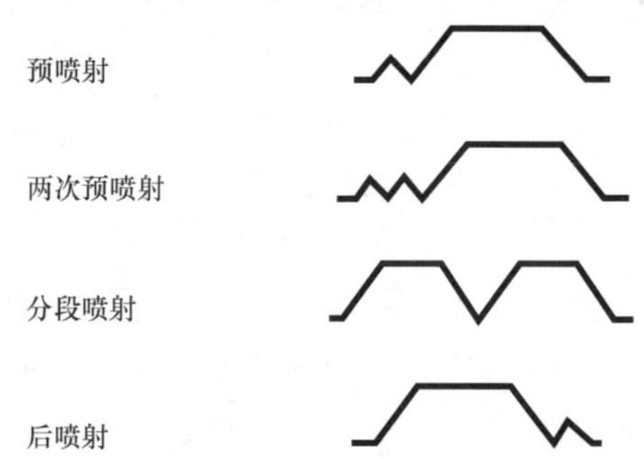

图 3-9 多次喷射的各种喷油特性［3－11］

现代直喷柴油机着火延迟期很短，当发动机全负荷时着火延迟期在 0.3 ~ 0.5ms 的范围内，部分负荷时着火延迟期在 0.6 ~ 0.8ms 的范围内。由于在较宽广的负荷范围内喷油时间都比着火延迟期长，因此在着火开始之前只有一小部分的燃油喷入。这部分燃油可以与助燃空气进行很好的混合，并且有较高的 λ 值和较低的 λ 梯度。虽然这可以防止在这些混合区域形成炭烟颗粒，但发动机内产生的氮氧化物大部分是在“预混燃烧”阶段形成的。此外，预混燃烧所占的比例也会影响燃烧噪声和油耗。预混燃烧（等容燃烧）的比例增大将增大燃烧噪声，但会降低油耗（图 3-10）。

大部分的燃油是在已经燃烧的过程中喷入的。在扩散燃烧（等压燃烧）阶段，由于局部的 λ 值较低，生成的 NO_x 减少，但产生的炭烟增多。所以，发动机内的炭烟氧化是现代柴油机研发的重点之一。在温度足够高的情况下，由于还没有凝结在一起的细小炭粒具有较大的表面积，更易于氧化。例如，可以通过高喷射压力产生的较高的喷注空气动力提供必要的湍流。此外，后喷射是一种提高温度和增强湍流的合适方法，因此可以通过在发动机内氧化来减少颗粒。

能量转换应尽早完成，以防止不希望的热损失。为了符合未来的排放标准的要求，废气后处理系统对排气温度和排气成分提出了特殊要求。因此，燃烧过程对于

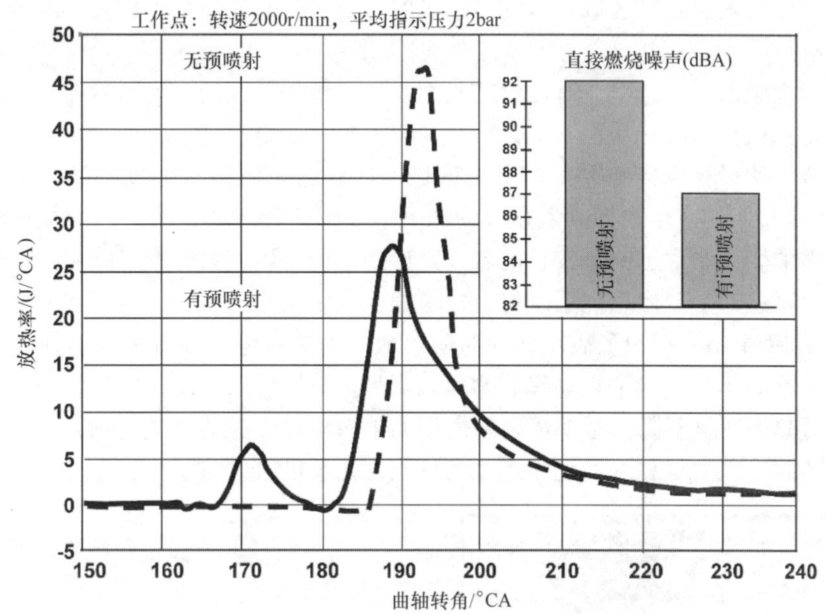

图3-10　预喷射对于放热率和燃烧噪声的影响

发动机/废气后处理系统的相关分析甚至更为重要。

发动机部件越来越多地配备了可调节装置。一般来说，全柔性喷射系统，可变气门定时、可变涡流、可变几何涡轮、可变压缩和/或冷却液温度控制，可以提供许多满足不同需求的优化燃烧循环的参数。传感器和执行器系统，以及发动机管理单元的性能越来越重要，当后处理系统包括在这一分析系统时，在发动机瞬态运行中，调节系统的反应通常显得太慢。“基于模型的闭环控制策略”变得越来越重要，并且可以达到预期的目标。

3.1.5　污染物

一般而言，可燃混合气可以在相对较宽的过量空气系数 $1.5>\lambda>0.5$ 范围内着火。但是最佳着火条件存在于喷注边缘区域。喷注核心的温度（燃油温度）较低，喷注边缘的温度差不多是空气的温度。因此，在喷注边缘混合气较稀的区域首先开始着火。最高燃烧温度出现在 $\lambda=1.1$ 附近的区域（见图3-1）。

图3-11示出了在温度高于2000K的稀混合气区域生成氮氧化物的情况。不仅局部空燃比而且Zeldovich描述的热氮氧化物的生成都是滞留时间的函数，并随局部温度呈指数增长。外部某些区域的混合气非常稀，尽管温度很高但混合气不能燃烧。未燃碳氢化合物在这一“稀薄外火焰区”形成。

炭烟颗粒在温度高于1600K的浓混合气区域形成。这样高的温度只有在着火以后才会出现。浓混合气区域主要存在于喷注核心，或由于活塞顶凹坑壁面对喷注的阻挡形成的浓混合气区域。因此，油滴的大小对排放的炭烟颗粒大小的分布没有直接影响。

在着火延迟期内，喷注有足够的时间在低于炭烟形成的温度时散布，使浓混合气区域得到稀释。因此从根本上说较长的着火延迟期更有利于降低炭烟的生成。但是，混合气的稀释也会产生 λ 较高的区域，这样的区域易于生成氮氧化物（预混燃烧），也易于使产生未燃碳氢化合物的火焰外围稀薄区域扩大。由于在预混燃烧阶段燃料的燃烧非常迅速，较长的着火延迟期也会产生较大的燃烧噪声。因此，较短的着火延迟期是现代燃烧系统努力追求的目标。

图 3-12 中用一个矩形表示作为时间函数的喷油过程。在着火延迟期后热量开始释放，预混燃烧决定了热量释放的速率。受扩散燃烧的控制，能量转换的第二阶段过后放热率明显下降。很明显，在燃烧的第一阶段生成的氮氧化物，随着时间的推移被暂时出现的氢和一氧化碳还原的可能性几乎可以忽略不计。

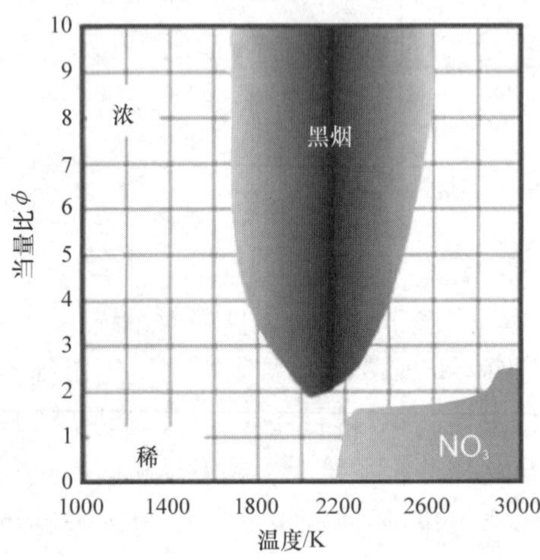

图 3-11 NO_x 和炭烟形成的混合气浓度和温度范围（$\phi = 1/\lambda$）

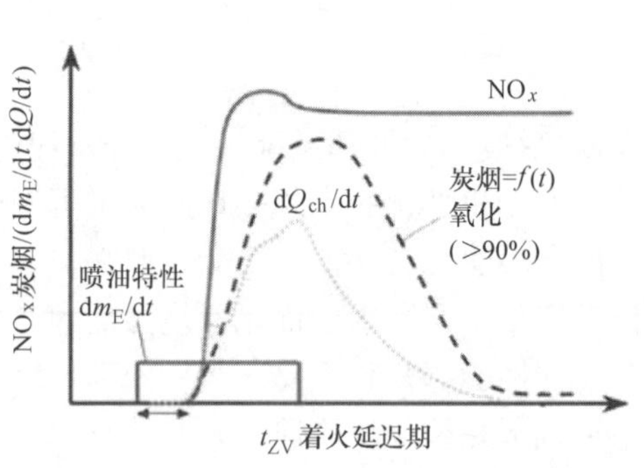

图 3-12 燃烧室内的 NO_x 和炭烟浓度随用曲轴转角°CA 表示的活塞位置的变化规律

由于浓混合气必须经历相当高的温度，炭烟颗粒也只是在能量转换时开始生成。但是，随着燃烧过程的进行燃烧室内的炭烟浓度明显减少。在燃烧室内形成的炭烟的95%左右会在膨胀过程再氧化。较高的温度和较强的湍流有利于炭烟的氧化，因为它们只有在经过一段时间以后才会凝结成较大颗粒，持续保持炭烟较小颗粒是有益的。随着膨胀过程的进行，炭烟氧化的条件变差，因为压力、温度、湍流和颗粒的表面积（因为颗粒凝结）都会下降。因此，随着膨胀过程的进行颗粒氧化所需要的时间增加。在排气过程中氧化的条件变得非常不利，几乎没有炭烟氧化。颗粒必须用柴油机颗粒过滤器（或 DPF）进行捕集，以便有时间对炭烟进行氧化。由于仍然不能保证在柴油机宽广的工作范围内有合适的温度，因此需要其他措施在 DPF 内达到炭烟颗粒的燃烧温度。

3.2 设计特点

3.2.1 燃烧室设计

柴油机燃烧室结构的设计主要包括两大类：统一式燃烧室和分隔式燃烧室。对于统一式燃烧室，燃料直接喷入主燃烧室（直喷）。对于分隔式燃烧室，燃油喷入预燃室（或者涡流室），因此被称为间接喷射，部分燃油在预燃室内燃烧。在分隔式燃烧室中升高的压力驱赶燃油和/或部分氧化的燃料进入主燃烧室，在主燃烧室与空气继续进行混合燃烧。因此，部分燃烧的燃料应产生足以完成这一过程所需要的能量。这种两阶段燃烧具有降低燃烧噪声的优点，但由于燃烧时间变长缸壁热损失增加，也存在油耗增高的缺点。特别是在低速范围，在主燃烧室内的燃烧，以及压力升高延缓了气体从预燃室进入主燃烧室。从预燃室到主燃烧室的流通截面决定了最高速度范围内的燃烧持续时间。目前已经找到了一种兼顾利用主燃烧室空气所需要的压力与燃烧持续时间的折中方案。

由于高压喷射技术、可选择的预喷射以及喷油规律已经非常成熟，效率更高的直喷发动机使得预燃室式发动机越来越被市场边缘化。因此，在这里不再对预燃室式发动机的特点进行任何探讨。

直喷发动机因为只有一个结构紧凑的燃烧室，壁面热损失小。为了使燃料蒸发和着火，柴油机需要较高的压缩比（$15<\varepsilon<20$；大型发动机 $12<\varepsilon<16$）。因而，柴油机通常有一个平的具有并列顶置凹陷气门的气缸盖。由于气缸盖与活塞之间的间隙保持尽可能小（<1mm），直喷柴油机的燃烧室接近于只有位于活塞顶的凹坑构成。因此，在上止点位置与燃料发生混合的空气大多（80%~85%）集中在活塞顶凹坑内。直接进入活塞顶凹坑的挤气涡流是在压缩行程以及着火开始以后产生的，在膨胀行程湍流返回活塞与气缸盖之间的间隙。活塞顶凹坑的设计，特别是凹坑边缘的设计能够影响挤气涡流和湍流。它们实际上有利于燃料与空气的混合。其效果可以通过“收缩”凹坑得到加强。但是，这样的活塞凹坑的边缘具有较高的机械负荷和热负荷。

进气涡流提供了另一种有利于混合气形成的途径。进气涡流被描述为空气绕气缸轴线的整体转动。这种涡流受进气道结构、活塞顶凹坑直径、发动机活塞行程的影响，并可以使燃油扩散到喷注之间的扇形区域。随着喷油嘴喷孔数量的增加，需要的进气涡流强度降低。长行程发动机工作时活塞运动速度较高，所以进气速度较高，因而可以在进气道涡流水平较低的情况下运行。通过这一进气道具有较小直径的活塞顶燃烧室凹坑也能增强进气涡流。

需要产生进气涡流的直喷发动机被设计成螺旋进气道或者切向进气道。这两种进气道可用于四气门技术，也能结合成一个单一进气道。

活塞顶燃烧室凹坑的设计应该与喷嘴的设计和发动机工作的转速范围相适应，应避免液体燃料到达燃烧室凹坑底部。因此，工作转速范围较大的发动机趋于采用直径小而深的活塞顶燃烧室凹坑（图3-13中的b、c、d）。一个收缩非常明显的燃烧室凹坑能够在活塞与气缸盖之间的间隙内产生强烈的湍流。这可以加速扩散燃烧并缩短燃烧持续时间。燃烧室凹坑边缘的热负荷限制了这些措施。低涡流商用车发动机通常具有直径大而浅的活塞凹坑（图3-13中的a）。

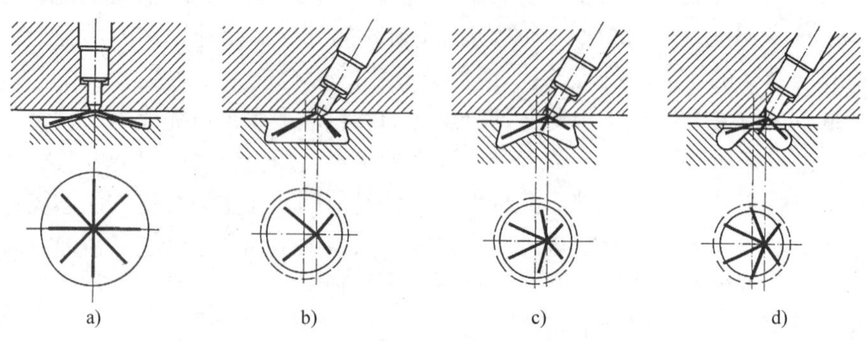

图3-13　直喷柴油机的燃烧室凹坑

3.2.2　喷嘴结构

喷嘴结构会明显影响喷注的雾化、油滴的形成和燃油在空气中的分布。二气门技术的气门布局需要喷嘴的安装位置离开气缸和活塞顶燃烧室凹坑的中心。为了使喷注分布于所有助燃空气，应设计具有不同喷孔直径、喷孔在周围非均匀分布的偏心布置的喷嘴。尽管存在成本和制造的问题，但这通常是不可避免的。另外，由于燃油喷注应该以相同高度喷向燃烧室凹坑边缘，各个喷孔必须设计成相对于喷嘴轴线具有不同角度，即喷孔锥角偏离喷嘴轴线的角度。这会对燃油在喷嘴内的流动产生非常不利的影响，尽管人们在喷嘴设计和制造领域做出了很大努力，但每一种喷注的特性都有很大差异。

四气门技术允许喷嘴布置在气缸中心位置，因此便于喷注的对称分布。这有利于混合气的形成，因此有利于改善油耗、燃烧噪声和排放等发动机特性，并且能够优化喷注缺陷的影响。

喷油正时、喷注速度、喷嘴位置和喷孔锥角一起决定了喷注喷向燃烧室凹坑边缘的位置（图3-14）。喷注喷向燃烧室凹坑边缘的位置应尽可能高。设计工作必须考虑随转速变化的挤气涡流对于喷注喷向燃烧室凹坑边缘的位置的影响，以及空气密度增加对于喷注传播的影响。图3-15示出了一种用于四气门技术的中央喷嘴结构，它具有冷起动电热塞装置。

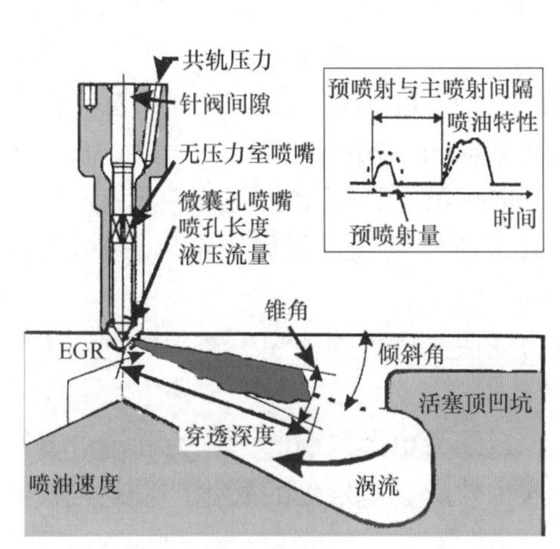

图 3-14　喷注传播及其影响因素

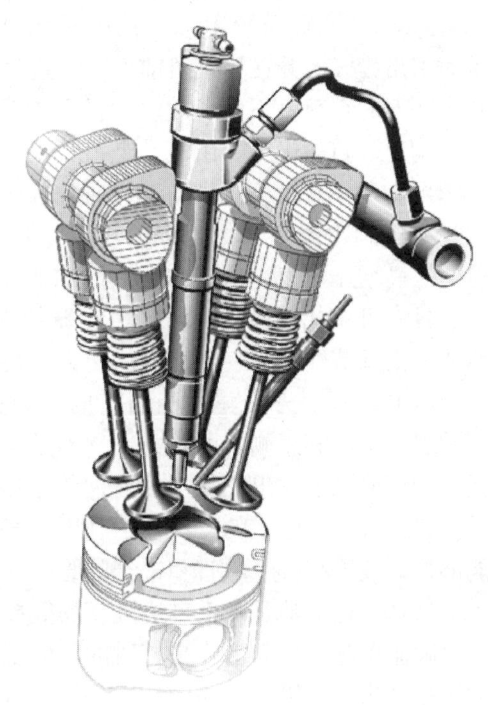

图 3-15　用于四气门技术的中央喷嘴结构

3.2.3　废气再循环与降低燃烧温度

氮氧化物一旦形成就非常稳定，很难在膨胀行程中还原。即使另外加入氢气、一氧化碳或者碳氢化合物也几乎没有效果。如果不能防止氮氧化物的生成，只有排气后处理才能有效地减少它们。众所周知的汽油机三元催化转化技术并不能在柴油机上使用，因为柴油机可燃混合气总是存在过量的空气。

由于根据氮气氧化成氧化亚氮反应（Zeldovich）机理（也称为热 NO 机理），氮氧化物的生成非常迅速（快速 NO），并且在非均质混合气形成过程中在局部 λ 区域是普遍存在的现象，NO 的生成难以防止，因此降低燃烧温度可以提供减少 NO 的技术上的有效途径。

众所周知的降低温度的方法是废气再循环（EGR），它用于乘用车柴油机已经很长时间了。水蒸气和二氧化碳等惰性燃烧产物的热容量的增加会影响局部温度。冷却式废气再循环特别有效，并且可以减少对油耗的不利影响，但需要维持汽车散热器的热平衡。因此，汽车散热器的冷却能力可能是限制在某一负荷范围内 EGR 率的潜在因素。由于废气具有腐蚀性，散热器必须用不锈钢制造。增压柴油机尤其可以借助自身进行废气再循环，因为增压系统可以很方便地将废气从废气系统送入进气管。当废气在涡轮之前引出并且在中冷器之后供入到空气中，这种情况被称为

“高压EGR”（短程EGR）。“低压EGR”在涡轮后面或者炭烟颗粒过滤器（DPF）后面引出废气，并在压气机前面供入进气管（长程EGR）。这种布置增加了压气机和中冷器的负荷，不利于效率的提高，但具有有利于废气与空气的混合，以及在气缸内均匀分布的优点。由气动、液压或者电磁驱动的EGR阀控制在各种工况下的废气再循环率。由于提供的废气通常替换了部分空气，这被称为“替换EGR”，这种类型的EGR会使空燃比降低。当有EGR的情况下要求空燃比保持在稳定值时，需要提高增压压力，这被称为“附加EGR”。

具有可变几何涡轮的涡轮增压器特别适合于EGR，因为它们能够在宽广的负荷范围内调节输送废气所需要的压力，甚至能够应用“附加EGR”。

EGR的输送需要建立相当高的压力，因此涡轮不再能够被完全卸压。其次，下游涡轮可以利用剩余的压力。它不是与第二级压气机（双级涡轮增压器）相连，就是利用曲轴的输出能量（复合涡轮增压TC）。

另一种废气输送的方法包括利用废气压力峰值。压力峰值超出簧片阀的压力时能够短时地连接排气歧管和进气歧管。

选择延迟喷油是降低燃烧温度的简单方法，因为由燃烧引起的压力和温度升高与由膨胀引起的压力下降是矛盾的。但是，这种效应会对炭烟的氧化和发动机效率的提高产生不利影响。

所谓的米勒（Miller）循环也可以用于降低燃烧温度。提前“进气关闭”利用废气循环的部分使吸入的空气膨胀，因此，缸内温度降低，并且整个燃烧过程在较低温度水平下进行。这一正在进行研究的技术主要用于大型柴油机，并且非常有助于在部分负荷范围，特别是由于λ也减小的情况下实现希望的排放目标。提前“进气关闭”这一构想的缺点是对充气效率不利，进而对功率产生不利影响，因此必要通过增压措施进行补偿。

喷水也是一种降低燃烧温度的方法，在进气歧管喷水效果最差，并且还有稀释润滑油的缺点。虽然将水通过单独的喷嘴喷入燃烧室是更好的方法，但冷却它比较困难。“双燃料喷嘴”是最有效的但也是最复杂的方法。在喷射停顿期间，计量泵在喷嘴内储存水。水的储存位置应保证首先是柴油，然后是水，然后又是柴油喷入燃烧室。这样具有不延长着火延迟期和燃烧结束时间的优点，并且能够使水在合适的位置、合适的时间降低燃烧温度。

对于喷水来说，将水作为柴油/水乳浊液喷入是不合适的，并且水的供应在各种情况下都是有问题的。

3.2.4 增压的影响

如图3-16所示，废气再循环可以明显降低氮氧化物排放。但是，具有替换式EGR的系统过量空气系数λ明显下降，炭烟氧化的条件恶化导致生成的颗粒物增加。使用所谓的附加式EGR，可以保证在相同的过量空气系数λ下，能够接近达到原来的颗粒物排放值。在相同的喷油开始点的情况下，NO_x 只有少量增加。附加式 EGR 在增压、热平衡，以及提高发动机允许的峰值压力方面发挥着重要作用。

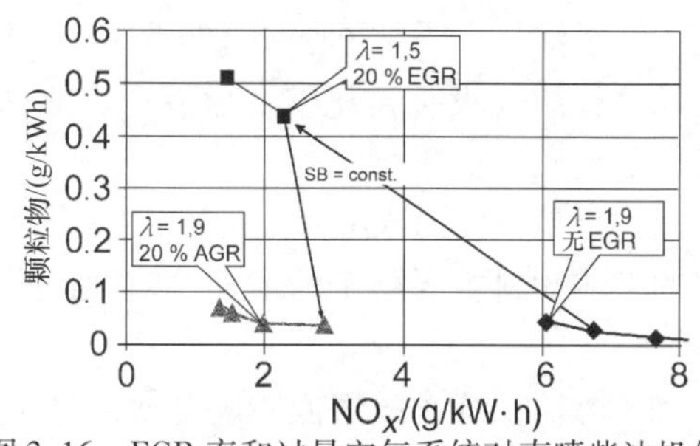

图 3-16 EGR 率和过量空气系统对直喷柴油机的 No_x 和颗粒物排放的影响

由于往复活塞式发动机和涡轮增压器随转速而变化的空气流量表现出不同的质量流量特性，涡轮流通截面面积不是在低速范围显得过大，就是在高速范围显得过小。为了达到快速增压响应的要求，涡轮机必须设计成小流量。因此，在高速范围会阻碍增压。这将降低换气效率并增加内部废气再循环。压力控制排气门能够解决这一问题，但对最佳能量回收有一定损失。“可变几何涡轮”增压，或者顺序增压是在这种情况下更好的选择。

增压不仅可以化解降低 NO_x 与 PM 之间的目标冲突，而且对提高发动机的升功率和适应发动机的转矩特性是非常重要的。因此，现代欧洲柴油机已经包含具有进气中冷的二级涡轮增压。

3.3 替代燃烧过程

柴油机非均质混合气的形成会引起 PM 与 NO_x 目标之间，以及 NO_x 与油耗目标之间的冲突。传统柴油机的非均质混合气总是包括能够生成氮氧化物和颗粒物的温度和 λ 范围。与在燃烧室内生成颗粒物不同，氮氧化物一旦在燃烧室内生成就不再能够减少，现代燃烧系统的目标是在气缸内通过降低温度（延时喷油、EGR、米勒循环、喷水等）防止氮氧化物的生成。当某项特殊的措施导致了炭烟的形成时，必然会有更多的氧化炭烟的方法（更高的喷射压力、后喷射、增压）被采用。

燃油本身也可以提供一种解决这一问题的好方法。由于芳香烃表现出炭烟颗粒的基本环形结构，因此应该被视为生成炭烟的前体。不含芳香烃的燃料可以减轻 NO_x 与 PM 目标之间的冲突。通过费 - 托法（Fischer - Tropsch process）由甲烷（天然气主要成分）产生的液化天然气（GTL）燃料仅由烷烃组成，因此是理想的柴油机燃料（见第 4 章）。

存在于燃料分子中的氧原子，可以防止含氧燃料［如甲醇或者二甲醚（DME)］生成任何炭烟。但是，它们的低引燃性（甲醇）或高蒸发性（二甲醚）使得它们不适合传统柴油喷射系统。

菜籽油甲基酯（RME）是柴油机制造商唯一同意在一定限度内使用的生物燃料，它会使更换润滑油的间隔里程明显缩短。市场销售的 RME 的质量差别较大，其黏度也不相同，这将影响混合气的形成。因此，大多数发动机制造商趋向于主张只在传统柴油机中添加不会引发问题的体积分数小于5%的RME。发动机制造商对待压榨菜籽油（没有转化成甲基脂）非常挑剔，因为它可能导致喷射系统的问题，并可能引起发动机损坏。

因为只是植物的果实用于RME，生物利用的最新方法是针对整个植物的气化。生产的气体燃料主要用于固定式发动机，而进一步生产的液体燃料可用于移动式发动机。

替代燃烧系统尝试降低燃烧温度，并完全防止进入 λ 的临界范围 $1.3>\lambda>1.1$（NO_x生成）或 $0<\lambda<0.5$（炭烟生成）。其目标是让发动机在更清洁、均质、低温下运行。大多数方法可以通过延长着火延迟期达到均质化所需要的时间。

均质充气延迟喷油过程（HCLI）最接近传统柴油机混合气形成方式。这一过程与传统柴油机相比具有更先进的喷油正时功能，因此具有更长的着火延迟期。这是为了延长混合时间，减少浓混合气区域，并增加稀混合气区域。这一过程需要EGR率在50%～80%，以防早燃，因而只能用于部分负荷范围。

高预混延迟喷油过程（HPLI）也具有延长着火延迟期的功能，但需要中等的废气再循环率。顾名思义，长着火延迟期是通过极度推迟喷油开始点至上止点之后获得的。这一过程对油耗产生不利影响，废气温度限制了动力性的范围。

在稀释控制燃烧系统（DCCS）中，EGR率大于80%的目的是在传统喷油正时下将温度降低到低于 NO_x 和炭烟生成的温度。

均匀降低 NO_x 和炭烟对于典型均质充气压燃过程（HCCI）非常重要。它给予了混合气充分的时间均质化，因而在压缩行程较早期就进行喷油（上止点前90°～140°曲轴转角），甚至工作时混合气在外部形成，因为柴油蒸发不良引起的润滑油稀释可能导致问题的发生。当通过压缩混合气达到发火需要的温度时燃烧开始。在不同的边界条件下合适的着火点和燃烧循环的控制对燃烧过程是非常重要的，它与传统汽油机的原理密切相关。这一过程需要降低压缩比至 $12:1<\varepsilon<14:1$，并采用高EGR率（40%～80%）以防早燃。高废气再循环率在一定程度上是由于采用具有可变配气正时的气门传动装置产生的。这一装置也可以用于米勒循环，使用它可以降低混合气温度。然而，燃烧、早燃和不发火之间的界限非常接近。在负荷很小的情况下，后者另外需要对EGR进行进气节流。根据这些约束条件，这一过程只能用于较低负荷和中等负荷范围。

图3-17示出了在以上描述的这些燃烧过程中有利的和需要争取的过量空气系数和温度范围。稀释控制燃烧系统得到了最大的 λ 范围以及最低的温度。典型均质充气压燃过程提供了最小的 λ 范围。进气节流是在最低负荷范围对EGR提出的附加要求。建立这些过程的能力不仅取决于可驱动负荷范围和进气管理的要求，而且取决于在全负荷和部分负荷下兼顾发动机参数的有效性。如果这些过程主要是为部分负荷设计的，就会给全负荷范围带来很多缺陷，被实际使用的可能性将减小。

得到更好的均质混合气和通过改变边界条件适应燃油，进而得到更精确的着火点控制的希望可能很难实现。

多燃料发动机不对燃料的爆燃极限（辛烷值 ON）或者发火性（十六烷值 CN）设置任何要求，因此应该同样兼容汽油和柴油燃料。如 3.1.1 节所述，不易自燃的汽油需要火花塞这样的额外的点火源。高自燃性燃油不需要任何外加的点火源，但它们只能较晚进入燃烧室以防过早着火。因此它们需要在气缸内较晚形成混合气。发动机只使用汽油燃料就可以避免这一问题。计划使用两种燃料的多燃料发动机工作时，需要在气缸内形成混合气，并延迟喷油和增加火花塞点火。这些过程的应用主要受产品的限制。

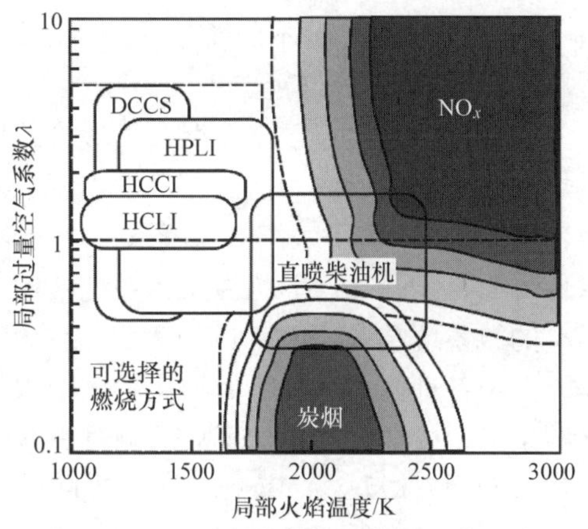

图 3-17　可选择的燃烧系统的工作区域

3.4　喷油特性和放热率的过程模拟

除了试验以外，内燃机过程控制的模拟程序已经变成了优化相互冲突的发动机参数的不可或缺的工具参考文献［3-15］。过程模拟能够明显缩短开发时间，并减少优化过程的试验运行。不仅现在可得到的工具能够用于进行敏感的趋势预测研究，它们还能在分领域提供详细的定量信息。如三维仿真这样的现象学方法同样是有用的。发动机燃烧的整个过程必须从进气流和喷油到蒸发、混合气形成、燃烧一直到污染物的形成和排放进行描述。非均质燃烧（柴油机）的复杂热力学系统只能通过将其分解成子过程进行控制。用于建模的各种模拟平台作为计算流体动力学（CFD）的软件可以从市场上得到。已开发的程序包括 FLUENT、STAR CD 和 FIRE。PROMO 程序系统也用于模拟换气过程。所谓的“零维唯像模型”常常被用于参数研究。

面向进气道和燃烧室的具体几何形状的交互式仿真系统作为三维建模的基础，可用于优化燃烧系统。进气流流动过程的基本方程可以借助于数学方法进行求解，并且可以详细准确地描述进气和压缩过程活塞和气门的配合运动。描述压缩过程的基础是在发动机内燃油喷雾传播、喷注雾化、油滴形成、油滴蒸发、燃油蒸气与空气混合、发火和燃烧、废气的产生，以及减少的 CFD 建模。

上述软件还集成了“离散液滴模型”，描述喷注的方法基于现在常见的统计力学的方法。它能够描述多粒子系统概率分布的动态变化，在该系统中每一个粒子都经历不断变化的过程（例如油滴的蒸发和阻滞以及碰撞、破碎以及凝结过程）。

一种简单的化学反应机理，其中具有相同或者相似性质的化学物质被合并成

“同类物质”，用于描述在气态下的自动发火反应。这可以明显减少在多维计算机程序中需要的计算步骤。

燃烧循环的模拟建立在混合气形成的模型计算的基础上，因为它们会显著影响燃烧和污染物的形成。但是，数学模型隐藏着模型参数与这些数值相互影响从而导致错误结果的风险。用于喷射系统的经验喷射模型，不限制喷油压力的高低。CFD软件可以将实际几何形状抽象为系统结构。三维仿真通常不能描述具有足够高的分辨率的微系统结构，或者适当表达系统相关数值的几何结构，例如喷嘴油孔。但是，由于各种原因在喷嘴处细化系统结构是不可能的。因此，需要继续通过模型计算结果进行验证，并根据可靠的测量进行核对。

“单级整体反应”模型用于燃烧的高温阶段，它假设氧化过程比由空气和汽化的燃油形成混合气的过程明显快，在这一阶段燃油与空气中的氧进行氧化反应生成二氧化碳和水。

炭烟形成模型包括碳粒核心的形成、凝结以及氧化子过程。氮氧化物的形成借助于氮氧化成氧化亚氮的 Zeldovich 机理进行描述。由于热 NO 生成的时间明显长于在火焰中的氧化反应，因此它可以与实际燃烧反应分开进行处理。

参考文献

3-1 Schmidt, E.: Thermodynamische und versuchsmäßige Grundlagen der Verbrennungsmotoren, Gasturbinen, Strahlantriebe und Raketen. Berlin/Heidelberg/New York: Springer 1967

3-2 Krieger, K.: Dieseleinspritztechnik für PKW-Motoren. MTZ 60 (1999) 5, 308

3-3 Naber, D. et al.: Die neuen Common-Rail-Dieselmotoren mit Direkteinspritzung in der modellgepflegten E-Klasse. Teil 2: MTZ 60 (1999) 9

3-4 Binder, K.: Einfluss des Einspritzdruckes auf Strahlausbreitung, Gemischbildung und Motorkennwerte eines direkteinspritzenden Dieselmotors. Diss. TU München 1992

3-5 Wakuri et al.: Studies on the Fuel Spray Combustion Characteristics in a Diesel Engine by Aid of Photographic Visualisation. ASME ICE-Vol. 10 Fuel Injection and Combustion. Book-No. G00505 (1990)

3-6 Leipertz, A.: Primärzerfall FVV. 730 (2002)

3-7 Ruiz, E.: The Mechanics of High Speed Atomisation. 3. Internat. Conference on Liquid Atomisation and Spray Systems London 1985

3-8 Hardenberg, H. et al.: An empirical Formular for Computing the Pressure Rise Delay of a Fuel from its Cetane Number and from the Relevant Parameter of Direct Injection Diesel Engines. SAE 7900493 (1979)

3-9 Heywood, J.B.: Internal Engines Fundamentals. Mc Graw-Hill Book Company

3-10 Hiroyasu, H. et al.: Spontaneous Ignition Delay of Fuel Sprays in High Pressure Gaseous Environments. Trans. Japan Soc. Mech. Engrs. Vol. 41, 40345, S. 24–31

3-11 Chmela, F. et al.: Emissionsverbesserung an Dieselmotoren mit Direkteinspritzung mittels Einspritzverlaufsformung. MTZ 60 (1999) 9

3-12 Kollmann, K.: DI-Diesel or DI-Gasoline Engines – What is the future of Combustion Engines. 4. Conference on Present and Future Engines for Automobiles Orvieto 1999

3-13 Wagner, E. et al.: Optimierungspotential der Common Rail Einspritzung für emissions- und verbrauchsarme Dieselmotoren. Tagungsbericht AVL-Tagung Motor und Umwelt Graz 1999

3-14 Zellbeck, H. et al.: Neue Aufladekonzepte zur Verbesserung des Beschleunigungsverhaltens von Verbrennungsmotoren. Bd. 1 des 7. Aachener Kolloquiums Fahrzeug und Motorentechnik 1998

3-15 Chmela, F. et al.: Die Vorausberechnung des Brennverlaufes von Dieselmotoren mit direkter Einspritzung auf Basis des Einspritzverlaufes. MTZ 59 (1998) 7/8

3-16 Winklhofer, E. et al.: Motorische Verbrennung – Modellierung und Modelverifizierung. Bd. 1 des 7. Aachener Kolloquiums Fahrzeug und Motorentechnik 1998

3-17 Krüger, C. et al.: Probleme und Lösungsansätze bei der Simulation der dieselmotorischen Einspritzung. Mess- und Versuchstechnik für die Entwicklung von Verbrennungsmotoren. Essen: Haus der Technik (2000) 9

第4章 燃　　料

4.1 汽车用柴油

4.1.1 简述

当鲁道夫·狄赛尔发明了第一台压燃发动机，他意识到不易自燃的汽油不适合作为这种发动机的燃料。用各种燃料进行大量试验表明，所谓的中间馏分明显更加适合压燃。当原油在高温蒸馏时，这些馏分与汽油相比属于中间馏分。在此之前，它们的潜在用途一直受到限制。当时它们的典型用途是用于油灯和城市煤气的添加剂，这些中间馏分通常仍被称为“瓦斯油”，这是个习惯称谓。

尽管最初存在许多技术问题，但是它的高效率和柴油产品的低成本使得柴油机的商业化非常成功。很长时间里柴油是生产汽油时的副产品。

一般来说，压燃发动机燃烧可以采用许多不同的燃料，这些燃料必须足够容易自燃，并且发动机与燃料必须相互匹配（柴油用于汽车发动机，蒸馀油用于船用发动机）。除了其他的以外，在使用安全性、排气和噪声污染方面不断增加的需要，对车用柴油燃料提出了更高的质量要求，例如：

1）清洁。

2）氧化安定性。

3）低温流动性。

4）润滑可靠性。

5）低硫含量。

现在柴油的标准与汽油一样细致而严格。部分相互矛盾的要求，例如发火性能和低温流动性，或者润滑性能与低硫含量，越来越多地需要使用添加剂来得到满足。道路车辆压燃发动机，机车或船舶由于经济性的原因，基本上都采用了明显不同的燃料。通过工程措施可以使特定的发动机适应不同的燃料。

在全球柴油车（乘用车和商用车）市场上，最大限度地使燃料标准化的趋势越来越明显。事实上，世界各地的差异有时是相当大的。汽油机和汽油在美国仍然有着广泛的影响，尽管如此，美国近来已经出现了发展先进的柴油乘用车和相应的适合的柴油燃料的趋势。

与汽油不同，原来用于道路交通的柴油燃料通常只有一个等级。不同等级的柴油，例如所谓的载货车用柴油或者优质柴油，最近也开始在一些国家销售，用于大型柴油车辆 。

柴油仍然主要是来自原油的产品，高质量等级成分（具有高发火性）一直是由天然气通过化学合成生产的。可再生材料成分（生物燃料成分）在某些国家以低浓度与柴油混合。例如，在德国从2004年开始并且自2007年1月1日起，作为法律规定强制使用混合油。

4.1.2 可获得性

现在全世界在使用的柴油几乎全部来自石油。目前全世界有大约1.5×10^{11}t的石油储量可利用。然而，这个数量取决于开采技术（这一技术已经有了巨大的进步），以及可用于勘探和开采的资金。国际市场上的原油成本越高，就需要筹集更多的资金用于勘探、开发、生产和运输石油。同时，这也增加了替换目前不经济的原材料和生产工艺的机会。每年石油开采量与绝对可采储量的比值是计量可获得性的参数。目前估计石油可开采储量大约可以维持40年。

世界各地的原油储量和消费量分布极不均匀，大部分储量位于中东地区。目前的情况下，估计石油产量将在二十一世纪达到顶峰，只是达到顶峰的具体时间和最高产量存在争论，这取决于具体情况。由天然气和可再生材料合成替代燃料是人们最感兴趣的事情（见4.2节和4.4节）。

尽管全世界石油产品包括柴油的消费量将继续上升，但更加合理地利用将导致传统工业国家的柴油消费量下降。欧洲在2008年的柴油消费量约为2×10^{8}t。

4.1.3 生产

通过传统的蒸馏原油的方法生产的柴油产量（见图4-1），根据使用的原油的不同（轻、低黏度，或者重、高黏度）而变化，见表4-1。

柴油由中间馏分产生，通过简单的大气蒸馏和真空蒸馏得到，还有其他的一系列方法（热裂化或催化裂化、加氢裂化），能够提高由原油生产柴油的产量和/或质量（图4-2）。

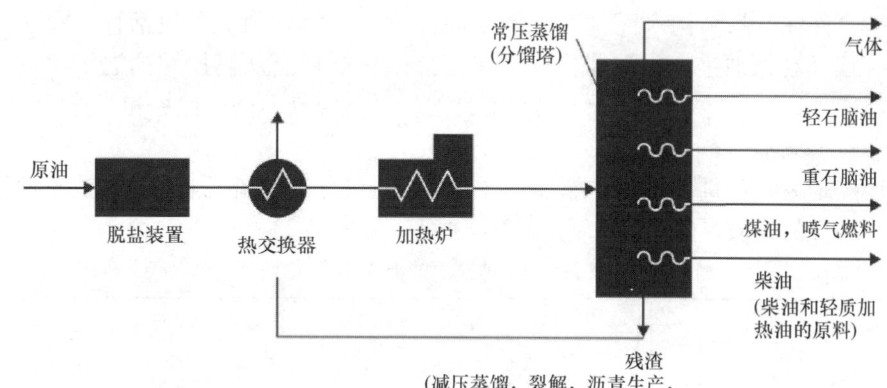

图 4-1　蒸馏装置示意图

表 4-1　各种原油馏分百分比

原油类型	中东 阿拉伯轻原油	非洲 尼日利亚	北海 布伦特	南美 玛雅
液化气	<1	<1	2	1
石脑油（汽油馏分）	18	13	18	12
中间馏分	33	47	35	23
蒸馀油	48	39	45	64

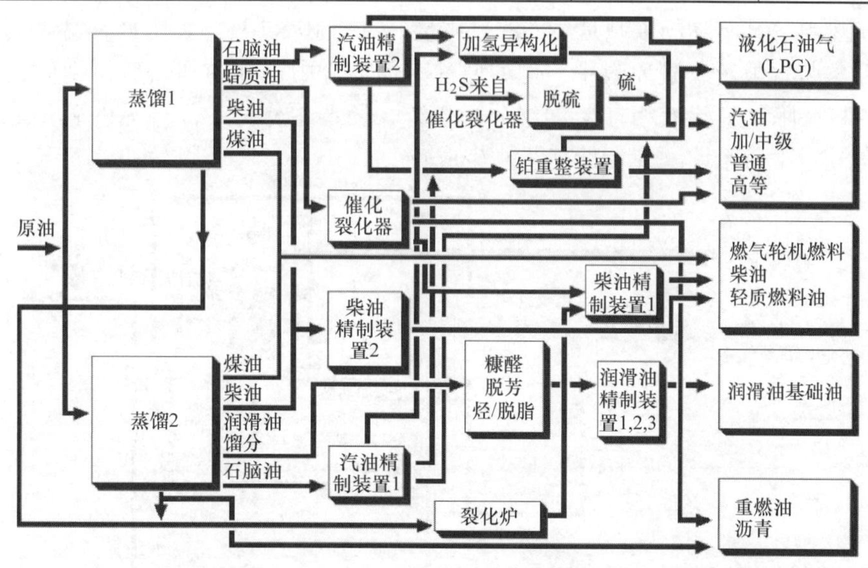

图 4-2　炼油厂简化示意图

裂化过程是分解高沸点的原油馏分，并将其转换成低沸点的烃。热裂化（减黏裂化、焦化）仅在高压和高温下进行。在催化裂化中要添加催化剂。因此，可以对成品的成分（分子结构）更好地控制，并较少地形成不稳定的烃类。加氢裂化工艺允许在产品结构方面（汽油和中间馏分油）具备最大的灵活性。在这一工艺中，氢（在汽油生产中由催化重整装置获得）被送至从高压和高温下蒸馏获得的原料中。这一工艺明显降低了具有双键的碳氢化合物，例如烯烃和芳香烃，它们不适合作为柴油燃料。

脱硫是另一项重要工艺，原油中含有不同质量分数的硫元素，这取决于原油的产地。常见的硫质量分数在0.1%~3%之间（见表4-2）。

表4-2 几种原油的典型硫含量

产　　地	名　　称	硫质量分数
北海	布伦特	0.4
中东	伊朗重油	1.7
	阿拉伯轻油	1.9
	阿拉伯重油	2.9
非洲	利比亚轻油	0.4
	尼日利亚	0.1~0.3
南美	委内瑞拉	2.9
俄罗斯		1.5
德国北部		0.6~2.2

柴油必须经过非常有效的脱硫，以获得规定的低硫含量（例如欧盟仍然只允许无硫燃料，其实际的限制是最大的硫质量分数为10×10^{-6}）。为此，富氢气体从催化重整装置被送入到原料中，例如原油蒸馏馏分中，并在加热后传到催化装置（图4-3）。除了脱硫液相（柴油组分）以外，还产生作为中间产品的硫化氢，由硫化氢通过下游系统（克劳斯工艺）生成硫。

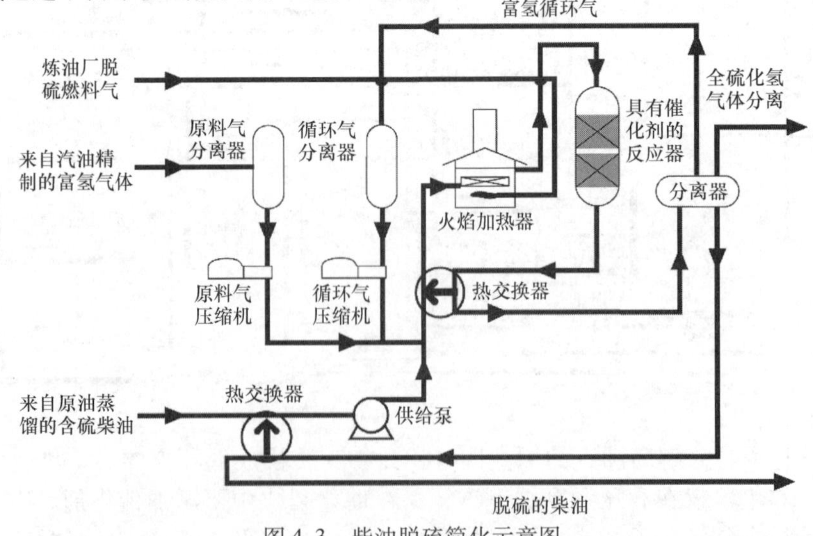

图4-3 柴油脱硫简化示意图

取决于所使用的原油和炼油系统，柴油是由不同组分构成的高等级燃料，是符合发动机夏季和冬季标准规定的燃料质量要求的稳定燃料。从常压和减压蒸馏得到的常见成分是：

1）煤油。

2）轻瓦斯油。

3）重瓦斯油。

4）减压瓦斯油（基本上是下游裂化工艺的原料）。

此外，与它们的生产过程相对应的名称的成分也被采用。尽管通过蒸馏可以得到不同的成分，这取决于所利用的原油，但裂化产物的成分在很大程度上取决于裂化工艺（表4-3）。

表4-3　不同工艺生产的柴油组分的构成

柴油组分	烷　烃	烯　烃	芳香烃
直馏蒸馏油	变化：中到高	变化：低到非常低	变化：中到低
加氢热裂化油	高	非常低	低
催化裂化油	低	无	高
加氢裂化油	非常高	无	非常低
合成油	非常高	无	非常低到无

在较低的温度下有良好的过滤性能的，通常是具有较高的芳香烃和低沸点成分含量的馏分（例如煤油）。但是，在冬季它们的黏性会增加，而且它们的发火性能也会下降。低芳香烃含量高沸点组分的馏分（例如重瓦斯油），具有更高的发火性能，但在冬季过滤性较差。必要时添加发火改进剂可以弥补冬季燃料的发火性能的潜在损失（见4.1.5节）。

一旦燃料由基本组分和特殊计量的混合添加剂混合，就可以达到标准化的质量水平（低温性能、发火质量和磨损保护），或者特定的品牌属性（喷嘴清洁和泡沫抑制）。

质量水平明显超过标准燃料的，是由专门选择的成分生产的，利用合成成分制出的油。例如，由壳牌中间馏分合成（SMDS）工艺通过天然气制油（GTL）。这一工艺可以由天然气合成发火性能非常好（十六烷值约为80）的柴油。

合成柴油燃料并不是什么新鲜事，费－托法（Fischer－Tropsch process）就是第二次世界大战期间利用煤炭生产柴油的方法。然而，多年来原油价格低迷使得这一方法并不经济。目前，由可再生原材料合成燃料的发展有更好的商业成功前景。与目前使用由植物的种子生产“生物柴油”（脂肪酸甲酯，FAME）不同，未来的燃料将更可能是由整个植物生产的，甚至包括有机残留物。目前采用含有低浓度FAME的混合油料作为市场供应的柴油燃料。欧盟的目标是在所有消耗的燃料能量中，让FAME所占的能量份额达到6.25%，以减少二氧化碳的排放。但是，这种浓度由于获得 FAME 的限制还不能实现。FAME 的供给在某些地区是难以实现的，因为它的生产危及到当地的森林 。

4.1.4 成分

原油和由原油得到的成品油是不同碳氢化合物的混合物，可大致分为烷烃、环烷烃、芳香烃和烯烃 。其他元素，例如硫，含有的质量分数非常低，必须在燃料生产过程中尽可能去除。

随着沸点范围的增加，碳氢化合物成分的变化范围也增大。虽然天然气是最轻的能源，它只由种类非常少而明确的碳氢化合物组成，基本上是甲烷。而汽油中含有 200 多种碳氢化合物，柴油则更多。它们是以下描述的常见的碳氢化合物类型的组合。组成链烷烃或链烯烃的侧链变化往往非常大。柴油燃料标准沸点范围内的碳氢化合物约有 10 ~ 20 个碳原子。

与火花点火的汽油机不同，柴油机需要碳氢化合物在高温高压下易于发火，这些碳氢化合物主要是正构烷烃。

正构烷烃是具有简单碳键的链状烃，它们代表了饱和烃（烷烃）的一个分组，饱和一词指的是氢的化学键。在石蜡分子中简单的碳键产生最大可能（饱和）的氢含量。正构烷烃通常以高浓度存在于原油中，但是它们在低温下流动性差的特点（石蜡分离）不利于在车上使用，例如十六烷 $C_{16}H_{34}$（图 4-4）。现代燃料中的流动性改进剂（见 4.1.5 节）可以弥补这一缺陷。与正构烷烃不同，具有相同成分式的支异链烷烃由于发火性能差不适用于柴油发动机（例如异十六烷的十六烷值只有 15，见图 4-4）。随着它们碳链长度（分子大小）的增加，其分子变得更不稳定，因此它们的发火性能提高（图 4-5）。

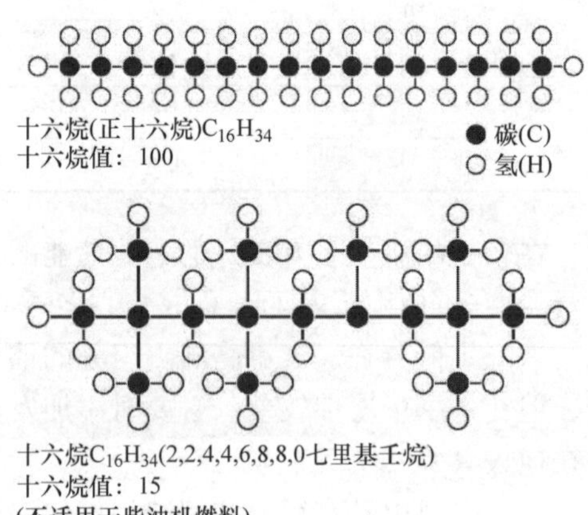

图 4-4 烷烃的发火性能

环烷烃（图 4-6）是环状饱和烃（在分子中的碳原子之间都是单键 ）。存在于原油中的环烷烃数量是变化的，它是由中间馏分的芳香族氢化产生的。在柴油中环烷烃只有在中等十六烷值下能产生良好的低温性能（但高于芳香烃）。

烯烃是简单或多不饱和链状或支链烃。尽管它们的十六烷值比正构烷烃低，但仍是相当高的。例如，正构烷烃 $C_{16}H_{34}$的十六烷值是 100，具有相同碳原子数量的一种简单不饱和烯烃 1 - 十六碳烯 $C16H_{32}$ 的十六烷值是 84.2。与汽油中的短链烯烃不同，柴油的长链烯烃中的简单双键仅对物理性能和燃烧性能有着轻微的影响。

芳香烃是环状的烃化合物，例如苯，尽管因为苯的沸点为 80℃ 而在柴油中并

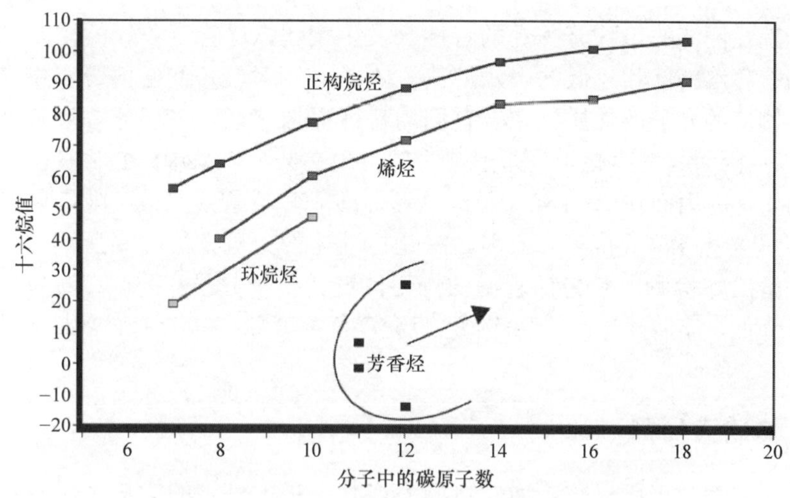

图4-5 十六烷值随分子大小的增加而升高

不存在。不同芳香烃的差别通常是由芳环系统的数量为1、2、3和3以上芳香烃产生的。图4-7给出了几个与柴油相关的例子。由于它们的沸点范围约为180～370℃，大量不同的芳族化合物可能存在于柴油燃料中。在传统柴油燃料中存在的主要是具有各种不同侧链的单环芳香烃（约占15%～25%的质量分数）。双环芳香烃约占5%的质量分数，三环芳香烃和更多环芳香烃通常占不到1%的质量分数。

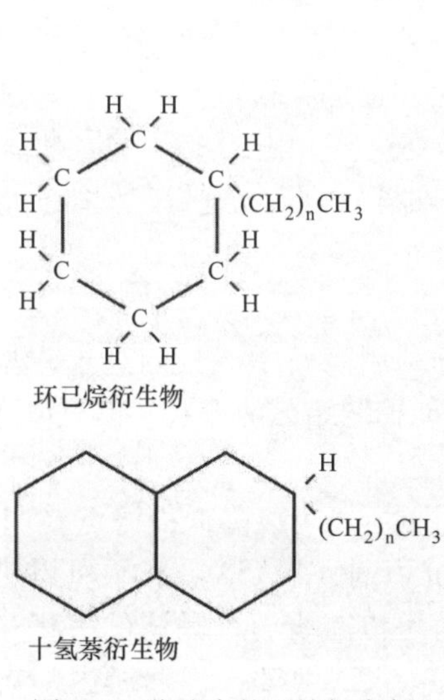

图4-6 柴油中的环烷烃实例

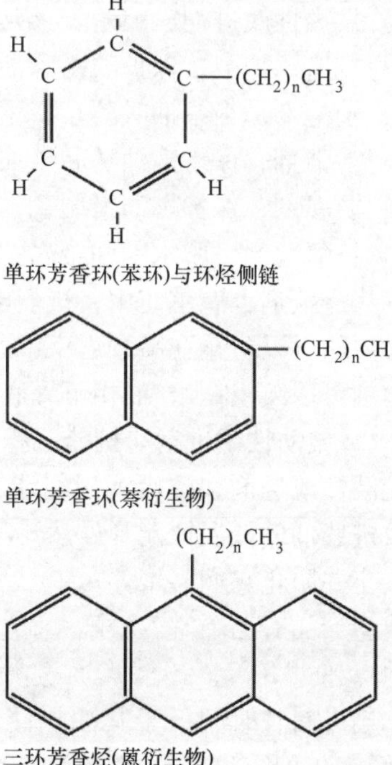

图4-7 柴油中的芳香烃实例

具有烷烃侧链的单环芳香烃的特性会发生变化，尽管芳香烃的性质（例如对其他产品的高溶解性和较低的十六烷值）在具有相对较短侧链的分子中占主导地位，但长侧链的分子的性质，使得它们的特性更像烷烃。多环芳香烃及其衍生物（见图4-7）因为其发火性能差而不被希望出现在柴油燃料中。它们还会引起颗粒物排放的增加，因而在2004年实行的欧洲标准EN590规定其最高限量为11%质量分数。实际含量通常低得多，原因之一是标准化的分析方法（高压液相色谱或高效液相色谱法）检测的是包括它们的烷烃侧链的整个分子。因此，芳香环的实际含量显著降低。脂肪酸甲酯（FAME）只允许低浓度存在（有关FAME的性质，见4.2节）。

4.1.5 柴油添加剂

没有添加剂，现代标准柴油燃料的生产几乎是不可能的。某些成分（分子群组）的性质之间的矛盾常常需要通过添加剂进行平衡，以满足发动机在整个使用寿命内的运行安全性、热效率和排放性能的高标准要求。这在最近几年发生了一定的变化，与汽油相比通常有更多品种和数量的柴油燃料加入了添加剂。除了消泡剂以外，所有的添加剂都是由纯有机化合物组成的。更详细的描述如下，最重要的添加剂组包括：

1）流动性改进剂和抗蜡沉积剂，以改进冬季使用性能；

2）发火性改进剂，缩短着火延迟期并改善燃烧性能；

3）抗磨添加剂，保护喷嘴和油泵；

4）消泡剂，当泵油时防止产生泡沫和溢出；

5）清洁剂，保持喷油嘴和燃油系统清洁；

6）防腐剂，保护燃油系统；

7）抗氧化剂，脱水剂和金属钝化剂，提高燃料的储存稳定性。

气味掩蔽剂也偶尔使用，抗静电添加剂用于在生产和随后的运输（物流）过程是必要的，以防止在高泵送率下产生静电。当燃料分配系统进行定期维护时，使用杀菌剂可以防止在水/油相下罐底真菌感染。

4.1.5.1 流动性改进剂和抗蜡沉积剂（WASA）

流动性改进剂和抗蜡沉积剂能够在冬季充分利用高石蜡成分的高十六烷值柴油，改进柴油的低温性能。虽然流动性改进剂不能抑制蜡晶的形成，但可以降低它们的大小并防止它们凝聚。

典型产品有乙烯基乙酸酯（EVA）。流动改进剂本身可以降低冷滤点（CFPP），低于浊点超过10℃。冷滤点通过另外使用抗蜡沉积剂（WASA）甚至可以进一步降低。当燃料长时间低于其浊点储存时，它同时可以减少石蜡晶体的沉积（见图4-8；图4-9；图4-10a：燃料中石蜡晶体的形成，图4-10b：玻璃瓶内的燃料样品）。

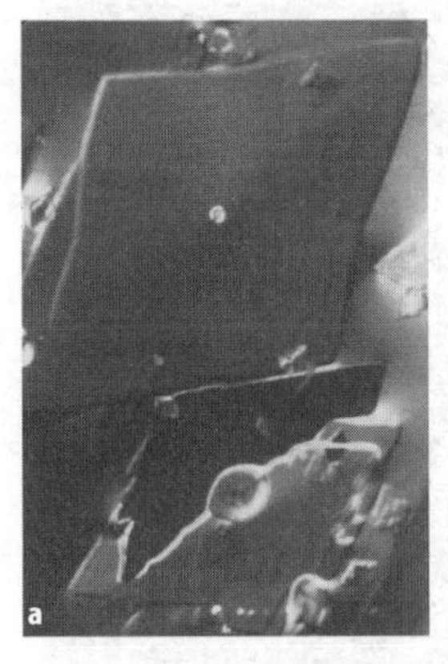

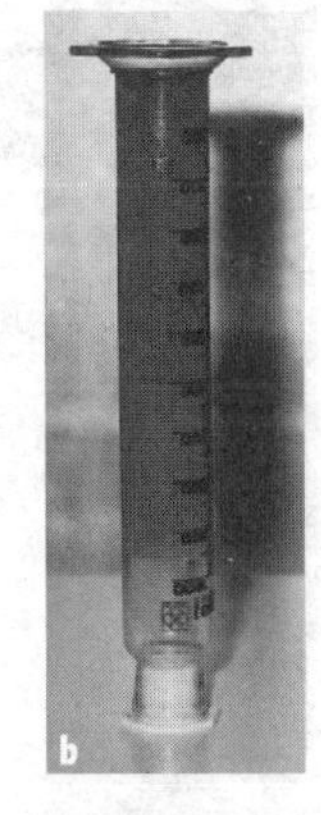

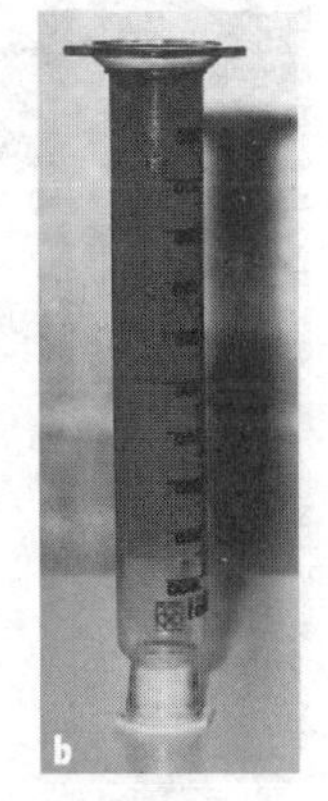

图4-8　加有流动性改进剂的柴油在－10℃下：凝结，不可泵送（玻璃烧瓶倒置）

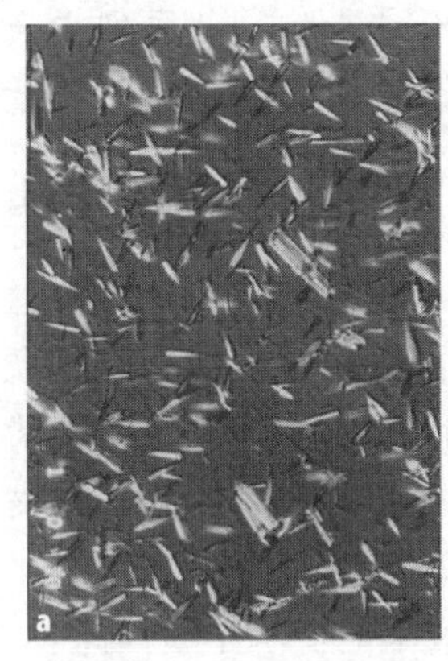

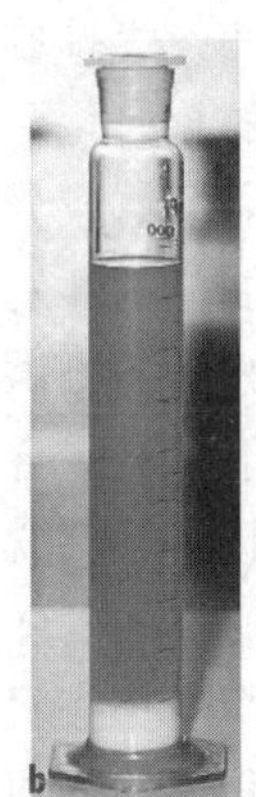

图4-9　只加有流动性改进剂的柴油在－22℃下：石蜡晶体沉积

这些（通常是预稀释的）低温流动性添加剂必须在炼油厂燃油温度仍然较高时按照严格的工艺加入。出厂后加入汽车油箱的低温燃油中通常是无效的。

4.1.5.2　发火性改进剂

发火性改进剂是一种较经济的提高十六烷值的方法，并且对燃烧和废气排放都有相应的积极影响。有机硝酸盐是活性成分，乙基已基硝酸酯是已经被市场证明了的有效的发火性改进剂。

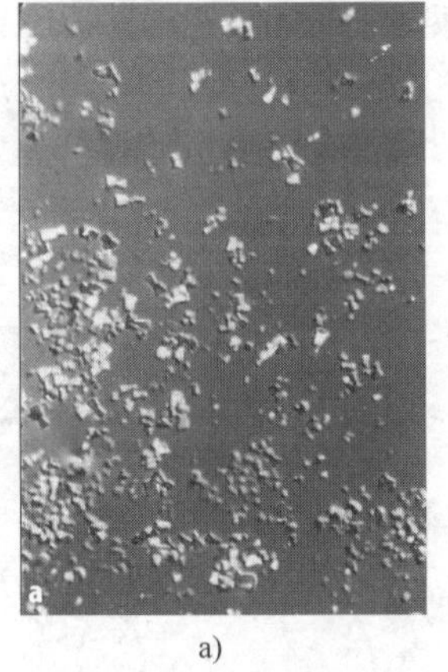

a)

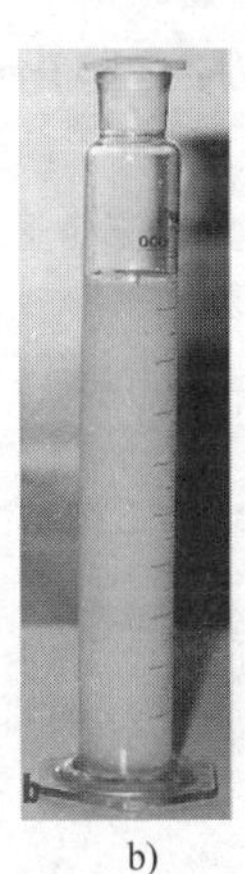

b)

图4-10　加有流动性改进剂和抗蜡沉积剂的柴油在－22℃下：无石蜡晶体沉积

4.1.5.3　抗磨添加剂

抗磨添加剂也称为“润滑添加剂”，当引入低硫和无硫柴油时，抗磨添加剂成为了必需的添加剂。当加氢去除含硫化合物时，柴油失去了天然的润滑特性。脂肪酸衍生物是典型的抗磨添加剂产品，早已在航空燃料中使用。

4.1.5.4　消泡剂

消泡剂可以保证加油容易，保证加油站的燃料喷嘴自动安全关闭，而不出现早期经常发生的燃油溢出，因此降低了加油站的环境污染。极低浓度的硅油作为消泡剂使用，它们也被用于发动机润滑油，以防止润滑油在曲轴箱中起泡（图4-11）。

4.1.5.5　清洁剂

柴油燃料可以在喷嘴中形成炭质沉积物，因此改变喷油特性，同时对燃烧循环和废气排放产生不利影响。一系列复杂的有机化合物能够防止喷嘴积炭，持续的活性成分必须适应喷射技术。新的添加剂的开发需要在完整的发动机上进行详细的测试，最好是在实际的运行条件下进行。合适的清洁添加剂由胺组、酰胺、琥珀酰亚胺和聚醚胺制成。随着柴油机的发展，喷油压力不断提高，喷嘴的喷孔直径不断减小，对于“清洁度”和保持柴油清洁效果的要求不断提高。

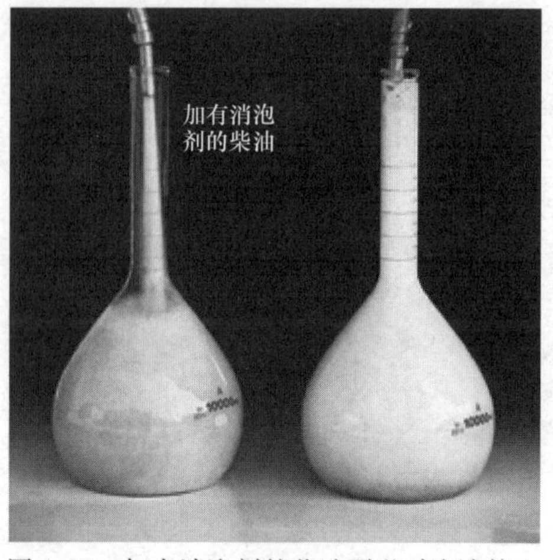

图4-11　加有消泡剂的柴油泵送时泡沫较少

4.1.5.6　防腐剂

当燃料中掺入了少量水时，例如长时间停机后冷凝形成的水，特别需要加入缓蚀剂（图4-12）。酯或者链烯酰酸极性分子基团可以在金属表面形成单分子保护层，防止水和酸的直接接触（图4-13）。

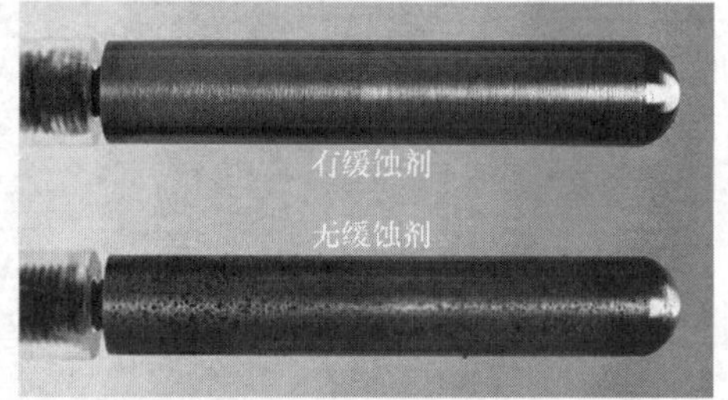

图4-12　在实验室试验缓蚀剂的效果

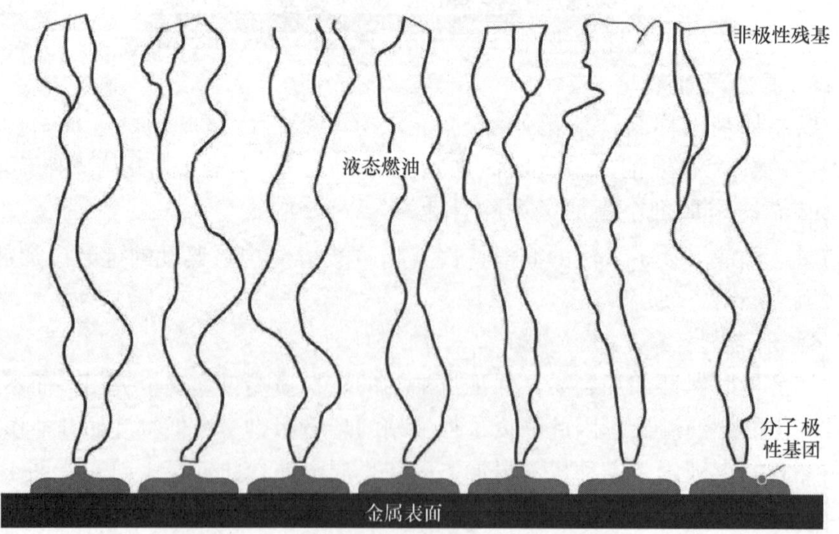

图4-13　缓蚀剂的功能（单分子保护层）

4.1.5.7 抗氧化剂、脱水剂和金属钝化剂

这些添加剂主要用于提高燃料储存的稳定性。首先，它们不直接影响燃料的使用性能，但是它们可以避免燃料在长期储存后性能恶化，因此，可以确保燃料的过滤性好，在车辆长时间停放后沉积物最少。对于来自热裂化和催化裂化的燃油成分特别需要这些添加剂，因为这些燃油成分中含有较高质量分数的不饱和烃。抗氧化剂可以防止氧化和聚合反应。脱水剂被要求在某种程度上能够快速使细小水滴沉降。金属钝化剂可以防止金属对燃料的老化催化作用。现在更先进的柴油加氢方法（加氢裂化，脱硫，多环芳香烃限制）已经使得这些种类的添加剂失去了它们的重要性。

4.1.6 质量要求

就其本身而言，柴油机似乎对燃料质量的要求相对不高，至少不像火花点火发动机那样高。柴油机甚至允许使用具有非常不同性能的燃料，例如低速船用柴油机可以使用渣油。但是，与在乘用车和商用车上不同，燃料在船上被输送到发动机之前被滤清并加热。在环境更敏感的地区，往往使用起动和运行性能更好的燃料。

除了一定程度的杂质过滤以外，燃料在道路车辆上进行制备是不可能的。而且，道路车辆燃料系统和发动机必须在各种变化的条件下工作，这就需要更严格的燃料质量要求。

与汽油机当燃料的爆燃极限过低时可能遭到损坏不同，柴油机燃用发火性能较差的柴油也能工作，只是工作得不是太好。人们希望柴油机在所有的工况下都能提供最佳的功率，有最低的油耗、噪声和废气排放等。然而，一台发动机只有燃料和燃烧系统相互精心匹配，并且使用规定的性能达标的燃料时，才能够成功优化。因此，任何影响优化燃料特性的偏离都会或多或少地影响发动机的性能。所以，对于柴油机而言，燃料性能的稳定性，以及燃料性能的最小允许变化范围与燃油的绝对指标和性能同样重要。

很长时间以来，人们一直非常重视汽油的质量，而不重视柴油的质量。十六烷值被认为只是对于冷起动有重要影响。柴油的低温流动性差可能使柴油机在冬季出现运行故障。过去柴油的沸点特性几乎是不受限制的，硫含量高，添加剂很少使用，纯度也不是特别高。今天，由于已经知道柴油的质量是影响发动机的排放、噪声、驾驶性能和使用寿命的重要因素，柴油质量在全世界大部分地区都得到了关注。

过去柴油质量在世界各地差异非常大，即使在像美国这样的高度工业化国家，柴油燃料和加油站网点很不适合乘用车，并且消费者开始时并不接受柴油乘用车。

过去柴油最初的质量很大程度上取决于原油加工，因为柴油几乎只是通过蒸馏原油得到，柴油的质量也随之相应变化。由于生产汽油的裂化厂在20世纪70年代前后增加了，它们生产的某些成分由于较高的沸点范围而不适合作为汽油，也开始

逐步积累。由于密集加氢还没有开始，石油行业越来越多地考虑将这些成分混合到柴油中，虽然这些成分中的芳香烃和烯烃会降低柴油的质量。但是，这些想法没有得到进一步实现，这是由于来自发动机行业的阻力，以及加油设备的质量要求和随后而来的废气排放标准的限制 。相反，柴油燃料被加入添加剂，以抗沉淀、消泡沫甚至改善气味。发火性能的改善，首先要保证在冬季气候条件下，例如德国在 -22℃下，能够正常行驶。

在此期间，许多国家有另外一些类型的柴油具有显著改善的性能，除了其他的优势以外，还具有不经处理就可以得到的低排放性。例如引领潮流的是瑞典的“城市燃料”。

虽然立法者原来只规定最高硫含量，但现在与汽油相对应的法规已经在欧盟生效。此外，法规对可燃液体（闪点）、海关关税和燃油命名也进行了相应规定。

4.1.7 燃料标准

控制最低要求的标准对于发动机制造商与燃料生产商、零售商和消费者之间的沟通是不可或缺的。同样，燃料标准的适应性和环境相容性方面已经有很多积极的变化。尽管每个国家都有自己的标准，自1993年以来EN 590标准已经影响了整个欧洲，适用于欧洲标准化委员会（CEN）代表的所有国家。但是，每个国家都可以颁布额外的本国规定的附录。在北欧国家实行了特殊分类规定的，具有相对较低CFPP（冷滤点）和CP（浊点）的流动特性标准。EN 590在相对较高的质量水平上定义每一个有关的燃料参数。从2008年开始的最新版本目前正处于采用阶段（表4-4）。4.1.8小节将介绍每一个参数。

表4-4 柴油燃料质量的最低要求（根据DIN EN 590：2008—2009）

	单　位	最低要求		检验方法
在15℃下的密度	kg/m^3	温和气候 820~845	北极气候 800~840或845	EN ISO 3675 EN ISO 12185
十六烷值		最小51	最小47，48或49	EN ISO 5165 EN 15195
十六烷指数		最小46	最小43或46	EN ISO 4264
蒸馏：回收率				EN ISO 3405
到180℃	体积百分数		最大10	
到250℃	体积百分数	最大65		
到340℃	体积百分数		最大95	
到350℃	体积百分数	最小85		
回收95%	℃	最高360		
闪点	℃	最低55		EN ISO 2719
在40℃下的黏度	mm^2/s	2.00~4.50	1.2；1.4或1.5~4.0	EN ISO 3104

（续）

	单　位	最低要求		检验方法
滤过性/冷滤点 CFPP				EN 116
A级	℃	最高 +5		
B级	℃	最高0		
C级	℃	最高 −5		
D级	℃	最高 −10		
E级	℃	最高 −15		
F级	℃	最高 −20		
0级	℃		最高20	
1级	℃		最高26	
2级	℃		最高32	
3级	℃		最高38	
4级	℃		最高44	
浊点				EN 231050
0级	℃		最高10	
1级	℃		最高16	
2级	℃		最高22	
3级	℃		最高28	
4级	℃		最高34	
硫含量	mg/kg		最高10	EN ISO 20846 EN ISO 20884
残炭	质量百分数	最大0～0.30		EN ISO 10370
灰分含量	质量百分数	最大0.01		EN ISO 6245
铜片腐蚀	腐蚀等级	1级		EN ISO 2160
氧化安定性	g/m^3 h	最大25 最小20		EN ISO 12205 pr EN 15751
总杂质	mg/kg	最大24		EN 12662
含水量	mg/kg	最大200		EN ISO 12937
润滑性	μm	最大460		EN ISO 12156 −1
多环芳香烃	质量百分数	最大11		EN 12916
脂肪酸甲酯含量	体积百分数	最大5		EN 14078

标准和应用的测试方法要定期修订，以保证满足新的或修改后的标准要求。例如，近几年新设立的磨损保护（润滑）和多环芳香烃限制标准。

在标准中应用的和持续进行质量控制的试验方法也是基于标准化的实验室方法。例如，通过对整台发动机进行广泛的测试，来自发动机和石油工业，以及独立科研机构的工作组，能够确保标准化的方法用于相应的汽车燃料。

EN 590 标准包含的法规，是来自欧盟的规定，以及欧洲标准化委员会汽车和石油业界 CEN TC19/WG24 工作组之间协商和妥协的结果。

此外，德国政府已颁布了燃料质量法案及其相关的具体实施规定。政府能够并且需要审查市场提供的燃料是否符合标准。这些努力的目的是确保购买符合 EN 590 标准的燃料的客户，可以相信这些燃料是适合他们的发动机的，并且是对环境友好的。

4.1.7.1 世界燃油宪章

在 20 世纪 90 年代早期，柴油机制造商普遍对规定的柴油最低要求、国际标准化进展缓慢和由于国家间质量差异造成的不统一表示不满。标致公司和雷诺公司编制了不仅包含可以由试验数据证明的较高质量的柴油的产品规格，而且也制订了测试喷嘴清洁度的方法（加入添加剂）。

欧洲、美国和日本的汽车协会已经为质量“好”的柴油编制了性能规格。全球化的一个合乎逻辑的结果是由世界汽车协会起草了一个世界燃油宪章，它的第四版于 2006 年出版。它适用于汽油和柴油燃料，并包含四类不同发展程度的市场，这是由排放控制法规的要求决定的。

世界燃料宪章概述了实验室和发动机试验方法与相关的限制 。第 4 类要求燃油基本不含硫，即最高硫质量分数 $5 \sim 10 \times 10^{-6}$。目前，市场销售的柴油燃料大部分已经达到了质量标准的规定。

4.1.7.2 基准燃料

基准测试、法律认可、发动机开发、润滑油试验等都需要确定基准燃料。很自然，只有当各方都参与合作时，这些标准才能确定。德国协调委员会（DKA）负责德国内燃机用液体燃料的评价与开发试验方法的研究。欧洲协调委员会（CEC）负责欧洲同样的工作。欧洲协调委员会（CEC）定义的用于柴油机排放试验的燃料已纳入法规，根据定义，它是欧洲商品油的加权平均值 。

柴油机的润滑油试验主要检查活塞的洁净度、油泥形成和磨损，这些也受燃油的影响。因此，即使进行润滑油试验大多数柴油机也使用 CEC 基准燃油。

4.1.8 基本参数和试验方法

4.1.8.1 发火性能（十六烷值，十六烷指数）

燃油的发火性能很自然地在压燃式发动机中起着非常重要的作用。经验表明，实验室设备不能足够精确地确定它。相反，它只能依靠发动机，最好是现代多缸发动机进行确定。但是，由于标准规定发火性能是在标准的单缸发动机中确定的，因此符合 EN ISO 5165 标准的 CFR 发动机被广泛使用。符合 EN ISO 15195 标准的所谓 BASF 发动机主要在德国被使用。十六烷值代表发火性能，使用 CFR 发动机进行试验时，通过改变发动机压缩比来保持着火延迟期恒定的方法进行燃料十六烷值的试验和计算（发火性能好的燃油需要的压缩比下降，反之亦然）。在 BASF 发动机中则是通过改变空燃比得到恒定和定义的着火延迟期。十六烷和α－甲基萘分别被定义十六烷值为100和0，用以作为基准燃料（图4-14）。根据定义，一种燃料在试验发动机中能够产生与由52%的十六烷和48%的α－甲基萘（体积百分数）混合而成的燃料相同的发动机试验结果，那么这种燃料的十六烷值为52。

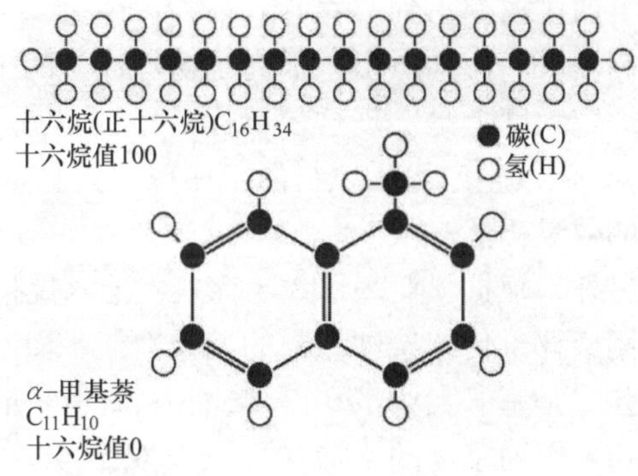

图4-14 基准燃料十六烷值测量

发火性差的燃油着火延迟期长，这将导致冷起动性差、最高压力过高、废气排放和噪声过高。

链烷烃有较高的十六烷值，而具有双键和芳香烃类的烃类化合物具有较低的发火性。链烷烃的十六烷值随着其碳链长度的增加而增加，即随着它们的分子量和沸点的增加而增加（图4-5和图4-15）。

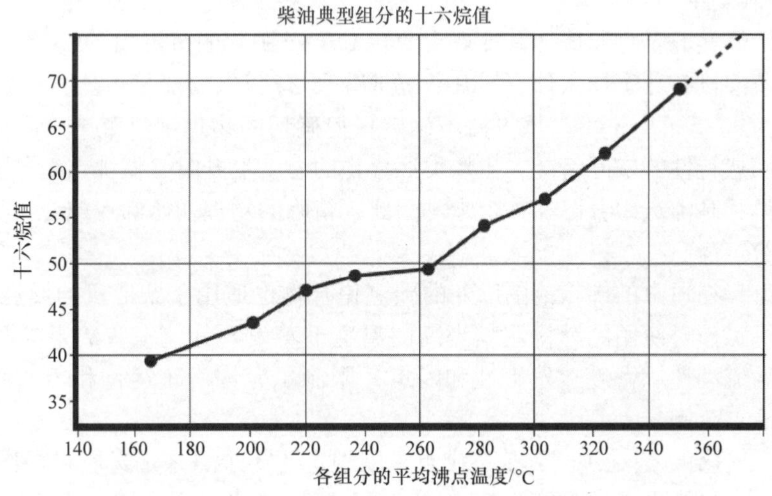

图4-15 典型柴油组分的十六烷值随沸点温度的升高而升高

EN 590规定最小十六烷值为51，德国柴油的十六烷值在52左右，夏季燃油趋于较高值，冬季燃油趋于较低值（因为高沸点石蜡被部分消除，以保证安全的低温滤过性）。

传统柴油燃料的发火性通过其十六烷值可以充分表示出其特征，通过添加发火性改进剂确实也能提高燃料的发火性能。相比之下，含有大量发火性改进剂的乙醇燃料，在实际发动机上的表现与其高十六烷值带来的预期表现有很大差异。

在柴油机中，随着十六烷值的增加起动性能和噪声，特别是废气中的CH、CO

和 NO_x 的排放都得到改善。

高压、高温加氢工艺提高了精炼成分的十六烷值。加氢裂化和加氢脱硫精炼过程在一定程度上是实现这一目标的重要措施。生产合成柴油成分（例如由天然气合成），用以生产优质燃料的工厂现在具有良好的成本效益。然而，可得到的这些成分的数量仍然有限。

另外，根据 EN ISO 4264 标准，十六烷指数可以由燃料密度和沸点通过计算得到，用于评价传统柴油燃料的发火性能，而不必测量十六烷值。典型的商业燃料的经验公式是基于大约 1200 种柴油燃料的分析得到的。通过使用一些修正值，基本说明随着燃油密度的增加（即具有双键或芳香烃的裂解产物的比例增加）十六烷值下降，而随着高沸点成分的增加（分子碳链长度增长）十六烷值升高。

该公式已多次修改，以反映炼油结构和柴油组分较长期的变化。但是，它不适合单独的燃料成分。同理，它不能确定加有发火性改进剂的燃料的十六烷值。

该经验公式的不精确度（特别是对含有发火性改进剂燃料的不适用）和十六烷值测量的相对分散，导致了测量的十六烷值与计算的十六烷指数之间有 3 个单位的差别。

4.1.8.2 沸点特性

柴油由烃类混合物组成，其沸点大约在 170～380℃的范围内。EN ISO 3405 标准规定了蒸馏设备和蒸馏条件（其中，蒸馏需要有变化的能量供应以保证恒定的蒸馏速率为 4～5mL/min）。该方法不确定任何确切的物理沸点范围，而是接近快速汽化的沸点特性的实际情况。当烃类混合物的温度上升时，低沸点组分被部分保留下来，尽管高沸点组分已经被带走。因此，精确的物理初始沸点或终止沸点会高于或低于给定值。

原则上，在通常的沸点范围以外的碳氢化合物也适用于柴油机的燃烧。例如，船用发动机工作时使用的燃料在相当高的温度下蒸发。其他一些约束参数（例如黏度、低温流动性、密度、发火性和闪点）限制了允许汽车运行和燃油系统设计的燃油的沸点范围。

因此，EN 590 只在中间到最终沸点范围规定了 3 个点来定义燃料（图 4-16）。但是，柴油的最终沸点并不能精确确定，部分原因是当最后的燃料组分被蒸发时，在蒸馏设备温度高于 350℃的情况下裂化过程可能已经开始。这种不确定性也是 EN 590 不明确定义最终沸点的原因。

燃料的沸点对柴油机的工作影响并不严重，已经证明降低燃料的最终沸点可以提高高速柴油机的燃烧性能，并减少废气排放。因此，最新版本的 EN 590 将 95% 溜出温度从 370℃降低到 360℃。

4.1.8.3 硫含量

原油中本来就含有不同数量的硫，在燃烧过程中形成的二氧化硫会使润滑油酸化，生成硫酸排放，增加颗粒物排放，损伤废气后处理系统（催化剂），因此柴油

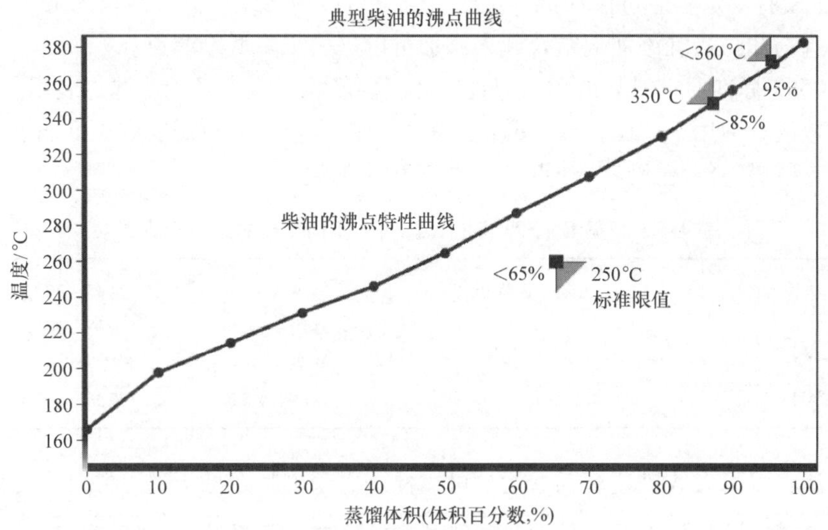

图4-16 典型柴油的沸点特性

脱硫是非常必要的。尽管道路交通对二氧化硫排放污染几乎没有直接影响，但废气后处理系统要求必须使用无硫燃料（$S<10\times10^{-6}$）。硫含量的确定可以使用不同方法，例如紫外荧光法或者X射线荧光法。EN ISO 20846 和 EN ISO 20884 标准描述了测试柴油含硫量的合适的方法。允许的最大硫含量的限值已稳步降低。柴油较高的含硫量会严重影响发动机的使用寿命。燃烧过程中产生的酸性产物会在气缸上部缸壁以及活塞环区域引起腐蚀磨损，因而会导致油耗的增加和功率的下降。汽车在走走停停过程中气缸磨损特别严重。但是，高碱性的润滑油能中和产生的酸性燃烧产物。当燃料中的硫含量较高时，减少更换润滑油的间隔时间是另一种有效方法。欧盟已经自2005年限制柴油中的最大的硫质量分数为50×10^{-6}，而自2009年1月起限制的最大硫质量分数为10mg/kg（无硫）。

4.1.8.4 低温流动性

烷烃通常被认为有利于柴油机的运行，不幸的是在低温下烷烃常常形成石蜡晶体沉淀、凝结并堵塞柴油滤清器、油管和喷射系统，因此妨碍发动机的工作。尽管通常情况下仍然可以起动，但发动机会由于燃料供给不足而熄火。

柴油的低温流动性用冷滤点（CFPP）进行测量，冷滤点确定了柴油仍然能够自由流动和过滤的最低温度。EN 116 标准规定测量冷滤点使用的滤网网孔宽度为45μm，行距为32μm，冷却速率大约为1℃/min。

不添加低温流动性添加剂的燃料的冷滤点仅比浊点，即石蜡开始分离点低一点。取决于添加剂的类型和质量，低温流动性添加剂可以减少石蜡晶体的生成，因此可以使冷滤点比浊点低20℃以上。浊点（CP）是燃料开始有石蜡结晶明显浑浊时测得的温度。柴油的滤过性对于现代汽车来说无关紧要，因此在德国标准 EN

590 中也没有规定。通过添加流动性改进剂就可以使冷滤点低于浊点约 15℃。将流动性改进剂和防蜡沉添加剂结合起来添加可以进一步降低冷滤点。

EN 590 标准要求燃料的耐低温性与环境温度相对应并且用冷滤点表示。表 4-5 列出的数值是适用于德国，即中欧国家的。北欧国家的燃料需要有更低温度的滤过能力。这些燃料的冷滤点与浊点之间也有 10℃的温差。

表 4-5　根据 EN 590 标准（德国）不同季节的柴油冷滤点

冬季	11 月 16 日 ~2 月 28 日	F 级	最高 -20℃
春季	3 月 1 日 ~4 月 14 日	D 级	最高 -10℃
夏季	4 月 15 日 ~9 月 30 日	B 级	最高 +/-0℃
秋季	10 月 1 日 ~11 月 15 日	D 级	最高 -10℃

冷滤点可以大致描述车辆的运行可靠性。由于燃料在低于浊点并且在冷滤点范围之内含有小的石蜡结晶，燃油系统应安装滤清器，一旦起动发动机或者通过其他措施都可以加热滤清器。装有主动加热滤清器的车辆即使在温度低于冷滤点时也能保证可靠运行。装有发动机加热滤清器的车辆的可靠运行温度应大致参照燃油的冷滤点。

4.1.8.5　密度

密度是在 15℃下单位体积的燃油的质量，单位为 kg/m^3（EN ISO 3675，EN ISO 12185）。密度传统上使用气体比重计测量，近来也根据弯曲振动的原理进行测量。弯成 U 形的管子充入少量要试验的燃油，使管子振动并测量管子的谐振频率就可以计算出燃油的密度。

柴油的密度随着其碳元素的质量分数的增加而增加，即随着烷烃分子碳链长度和不饱和烃类（芳香烃和烯烃）比例的增加而增加。因此，柴油燃料中氢的比例增加将使其密度降低。燃料的单位体积热值也随着它的碳元素的质量分数的增加而增加，即燃料密度增加说明单位体积燃料的热值更高。因此，在喷射燃油的体积保持不变的情况下，当燃油密度增加时，提供给发动机的能量增加。由于标准车用柴油机的喷油量还没有作为燃油的函数进行控制，在全负荷范围内高燃油密度可以同时提高发动机的功率和增加颗粒物和烟雾的排放。这对于体积计量的喷射系统尤其如此。因此，当提供相同的功率时，消耗的燃油的体积随密度的增加而下降。减小密度将产生相反的结果，即在全负荷时消耗的燃料体积较大，颗粒物排放减少，功率下降。最新版本的 EN 590 标准将最大密度从 $860kg/m^3$ 降低到 $845kg/m^3$，以降低现有车辆的颗粒物排放量。

这些相关性只有当燃料的燃烧性能大体保持不变时才可能发生。与传统柴油相比，合成燃料（天然气制油）中具有较高的氢元素的质量分数，因而具有较高的能量含量，说明了随着氢元素的质量分数的增加其单位质量热值也增加。

4.1.8.6 黏度

黏度是指可流动物质在变形时吸收应力的能力，它仅取决于变形速率（见DIN 1342）。燃料黏度影响供油系统和喷油泵的供油特性，以及喷嘴对燃料的雾化能力。动态黏度η（单位为Pa·s）与运动黏度v之间的差别是，运动黏度是动态黏度与密度的商，单位为m^2/s或者mm^2/s。

乌氏毛细管黏度计（EN ISO3104）可以测量柴油的运动黏度，通过测量在40℃下15mL样品流过一根指定的毛细管所需要的时间来测定柴油黏度。EN 590标准规定柴油的黏度为2.0～4.5mm^2/s。在北欧燃料黏度最小值降低到1.2mm^2/s。

市场销售的燃料在规定的温度40℃下的黏度为2.0～3.6mm^2/s。黏度通常不是燃料生产的主要标准。相反，它是由燃料的其他参数决定的。

黏度随着温度的降低和压力的升高而增加，当温度从40℃降低到20℃或者压力增加约600bar时，柴油的黏度会增加一倍（图4-17）。燃油黏度将影响其在燃油系统中的流动和泵送特性，并且影响在燃烧室内喷油嘴喷射的喷注形状以及喷雾质量。燃料黏度过高时在低温下会影响可泵性，导致冷起动困难。而黏度过低会使得热起动困难，并在高温下引起功率损失和油泵磨损。

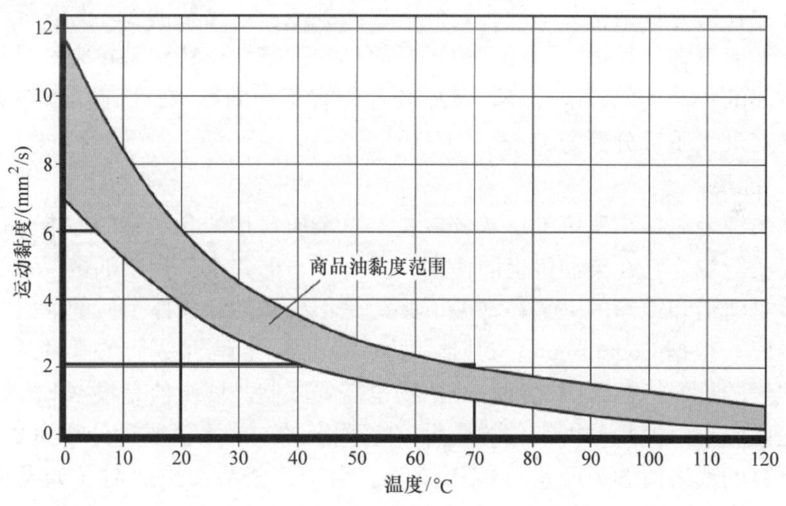

图4-17　柴油黏度－温度特性

4.1.8.7 闪点

液体的闪点最指在密闭容器内液体蒸发产生的蒸气与空气的混合物的量足以由外部点火引起燃烧的最低温度（根据EN ISO 2719的定义）。闪点是一个安全参数，它对于发动机的燃烧并不重要。

点燃的风险随闪点的升高（℃）而降低，柴油规定的闪点最高为55℃。一些条例和技术规范规定了易燃液体的储存和运输，以及危险物品处理与工业安全的方法和标准。闪点是这些条例适用于柴油燃料的主要标准之一。

汽油的闪点比柴油低得多（<2℃），即使混入少量的汽油也会降低柴油的闪点，使其低于55℃的限制而产生安全隐患。例如，当用同一个油罐交替运输汽油和柴油时，就会这样。

闪点限制了低沸点组分在柴油生产中的应用。闪点的限制是不需要规定柴油燃料的初始沸点的原因之一。

4.1.8.8 芳香烃

芳香烃由于其环形的分子结构，发火性能差，基本上不适合柴油机燃烧（见4.1.4节）。然而，存在于柴油燃料中具有较长侧链的单环芳香烃具有类似于长链烷烃的性质。苯（无侧链）、甲苯和二甲苯（环苯具有短侧链）的沸点对于柴油来说太低，因此柴油中不包含它们。多环芳香烃，如萘（2环烃）或蒽（3环烃），由于其沸点较高，也可能存在使其沸点不明显改变的侧链。4环芳香烃的沸点高于380℃，即高于柴油沸点范围，在柴油中只允许微量存在。

为了进行持续的质量控制，寻找一种确定柴油中的芳香烃含量的合适的方法是比较困难的。几年来，总的多环芳香烃已经根据EN 12916标准按照高压液相色谱法和折光指数检测仪进行检测。这样就可以确定包括有侧链的聚芳环结构的质量，确保实际存在的芳环结构分子的含量低于检测规范。商品柴油多环芳香烃含量随着环数的增加而下降。长侧链单环芳香烃目前已知的特性，特别是在废气排放和颗粒物形成方面的特性类似于链烷烃。多环芳香烃有不利的影响，因此EN 590标准限制柴油中其最大质量分数为11%。

4.1.8.9 纯度

柴油的纯度包括炭残留量、灰分含量、总杂质含量和含水量的标准。由于柴油是一种优质能源，它在柴油机上的使用需要有严格的要求。当柴油被泵入汽车油箱时，应该是清洁和纯净的。它在常温下必须是不含酸性和固体杂质的。

残炭值（根据Conradsen）与其他标准一起形成了是否易于在喷射系统和燃烧室形成积炭的重要指标，因此这种残留物也需要限制。残炭值是根据EN ISO 10370标准，在低温下由沸腾分析炭化的最后10%测定的，最大值质量分数为0.3%。市场销售燃料的残炭值约为质量分数0.03%。由于某些柴油添加剂（如发火性改进剂）使残碳值提高，因此只应该检测无添加剂的燃油。

灰分含量描述了燃料中无机污染物的含量，它是根据EN ISO 6245标准通过焚烧/灰化燃料样品确定的，质量分数不得超过0.01%。在典型的商品燃料中它通常低于检测极限。

根据EN 12662标准，一种燃料中的总杂质指总的不溶解的污染物（砂、铁锈等），这是用正庚烷清洗后通过过滤和称重测得的。总杂质的最高允许含量是每1kg柴油含24mg杂质，通常柴油中的总杂质含量是每1kg柴油含10mg杂质。杂质含量过高可能导致故障，特别是在冬季，当石蜡晶体生成时，柴油中的杂质会和石蜡晶体一起部分堵塞燃油滤清器。

水本来就存在于原油中，在一些炼油过程结束时也存在于燃料中。因此燃料炼制后要进行干燥。溶解的水含量随着温度的降低和芳香烃含量的降低而降低。柴油的水含量在20℃下大约在50～100mg/kg，明显低于汽油。每1kg燃油含200mg水是允许的最大值，水含量根据EN ISO 12937标准，基于菲舍尔－卡尔法通过滴定法测定。应该避免在任何情况下使水进入柴油中，尤其是在冬天，因为冰晶体与石蜡晶体一起能迅速堵塞滤清器。

处理柴油时应小心，需要防止任何藻类、细菌和真菌的生成。这通常只能通过清洗和定期对燃油储罐脱水完成。

4.1.8.10 润滑性

含硫量非常低的柴油燃料已被证明可能导致由燃料进行润滑的喷油泵的严重磨损。这不是由硫的减少引起的，而是由于在脱硫过程中使减摩极性物质减少引起的。添加剂可以保证必要的润滑可靠性，这可以根据EN ISO12156－1标准，通过使用高频往复试验机（HFRR）确定。HFRR试验在恒压的液体中，在60℃温度下通过在抛光钢板上摩擦球（具有6mm直径）来模拟喷油泵中的滑动磨损（图4-18）。

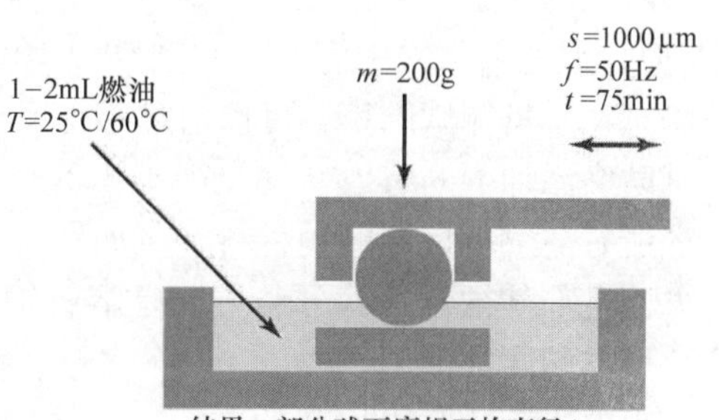

图4-18 燃料润滑性测定实验室装置示意图（HFRR润滑试验）

试验75min后所产生的小球变扁的测量结果就是试验结果（直径平均磨损μm）。NE 590标准允许的直径最大磨损是460μm。

4.1.8.11 热值

总热值H_o和净热值H_u是有差别的（现在统一指定为热值H）。总热值H_o或发热量，是通过燃料在30bar的氧环境下在弹式热量计内完全燃烧确定的。二氧化碳和可能存在的二氧化硫是燃烧后的气体，而水蒸气会产生冷凝。由于水蒸气在发动机燃烧过程中不会凝结，总热值的评价比燃料实际燃烧时的热值要高。因此，通过元素分析可以确定氢含量，并且水蒸气冷凝产生的热量可以通过计算得到，再从发热量中减去它最终即可获得净热值（DIN 51900）。

热值是由密度、沸点和燃油组分决定的。在燃料生产过程中，它不是作为质量控制目标的检测项目。只有当燃料用于特定的研究和开发工作时才必须对它进行测量。表4-6给出了某些典型柴油的热值。由于具有较高的密度（碳元素质量分数较高），柴油的净热值高于汽油约15%。

4.1.8.12 对金属的腐蚀性

柴油在运输、储存和在车上的使用过程中不可避免地会接触到湿气和氧气，温度变化和冷凝作用可能导致管路和储存容器腐蚀。腐蚀产物可能会导致车辆的燃料系统，包括其敏感的喷油嘴的损坏。

表4-6 商品柴油的热值和元素分析（DGMK，Hamburg）

柴油	15℃下的密度/(kg/m³)	元素分析 C	H	O	H_o/(MJ/kg)	H_u/(MJ/kg)	H_u/(MJ/L)
		质量分数(%)					
A	829.8	86.32	13.18	—	45.74	42.87	35.57
B	837.1	85.59	12.70	—	45.64	42.90	35.91
C	828.3	86.05	13.70	—	46.11	43.12	35.72
平均	831.7	85.99	13.19	—	45.84	42.96	35.73

对钢的腐蚀性可以根据DIN 51585标准进行测试。将钢棒插入燃料与蒸馏水（A型）或燃料与人工海水（B型）以10:1的比例配制的60℃的混合液中24h进行测试，一旦测试结束，可以通过感官评价铁锈的形成。例如，这种方法可以用来测试防腐添加剂的有效性（见图4-12）。

所有与燃料接触的铜材料（例如燃料泵部件）的腐蚀会产生两个方面的问题，一方面是部件被腐蚀，另一方面是溶解铜的催化活性，使燃料中形成大量分子杂质。燃料的腐蚀性主要取决于其含水量、含氧化合物、硫化合物的种类和数量。当然，也取决于防腐添加剂的应用 。根据EN 590标准的规定，接地铜条与柴油在50℃下接触3小时（EN ISO 2160）以测试腐蚀极限。即使在不利的条件下，添加剂也能够在很大程度上保护所有与燃油接触的金属。

4.1.8.13 氧化安定性

燃料经过长时间储存（作为战略库存/石油储备超过1年 ）时可能会部分氧化和聚合，这会导致不溶性成分的形成，从而堵塞车上的滤清器。其化学机理是氢的裂解和氧的附着，尤其是不饱和烯烃燃料分子。抗氧化剂（添加剂）可以防止或有效地中断在储存过程形成的“自由基”引起的氧化和聚合过程。

氧化安定性的测定是在实验室进行的，将装有燃料的容器暴露在纯氧环境(3L/h)、温度为95℃下16h进行人工老化（EN ISO 12205）。形成的可溶性和不溶性树脂材料不应超过25g/m³。这种方法测得的在市场销售柴油中的树脂材料很低，通常低于1g/m³。已经开发了一种新的测试燃料中FAME含量的方法，并且已经写入欧洲标准EN 590和pr EN 15751。在这种试验方法中，将过滤后的空气供入燃料样本，并且使空气－燃油蒸气通过蒸馏水 ，再测量水的电导率。计量从试验开始直到观察到电导率的突然上升所经历的时间作为质量标准，至少20h是必需的。目前，该试验方法不适用于纯烃燃料。

4.1.9 未来的发展趋势

柴油与汽油相比效率高、燃油经济性好、富有竞争力的生产和运用成本将确保柴油发动机在很长一段时间内在道路车辆中占有很大的市场份额。越来越多的人接受柴油机有效的废气后处理系统，良好的驾驶性能，优异的动力性能和较低的噪声排放将加强这一趋势，从而争夺更多的汽油机市场份额，最近在赛车上的成功清晰地展现了这一发展 。此外，柴油燃料的消费量正在稳步增长。由生物生产柴油作为替代能源已经成功地实现。

但是，没有经过化学处理的植物油不适合当前和未来的发动机。通过转换能够使生产的生物燃料产品，例如植物油甲酯或脂肪酸甲酯（FAME），满足由欧洲标准化委员会工作组 TC19/WG24 制订的要求时（见 4.2 节）就可以作为燃料。这些产品可以掺入石油基柴油中。

许多国家规定小浓度的 FAME 作为一种混合化合物加入柴油，以减少二氧化碳的排放量。因此，欧洲 EN 590 标准允许混入体积分数 7% 的 FAME（因此必须满足 EN 14214 的要求）。这一标准的基础是欧盟生物燃料法令 2003/30/EG。但是，目前由于供给有限，加入的数量较少，部分原因是某些地区的产品可能会破坏当地雨林。过去，只有通过减税才能使生物柴油取得竞争优势。但是，生物柴油生产的成本最近与传统柴油燃料相差无几，因为原油价格显著上升。

对生物柴油质量的要求和监控更加重要，因为天然产品的质量变化更大。尽管利用生物生产燃料的中长期前景看好，但它的短期发展前景还不清晰。由于税收特权以及强制与传统柴油燃料混合的限制已经期满，生物柴油作为一个单纯品种可能只会保留一个很小的市场份额，尤其是它的使用可能影响最先进的废气后处理系统的工作。

发动机和燃料，特别是合成燃料和添加剂，都在进一步的发展中。用可再生原料生产燃料成分也是很有前途的。与菜籽油甲基酯的生产工艺不同，例如像 CHOREN 的 BTL 工艺可以利用整个植物或者残留物作为原料。这样的发展也将进一步推迟传统的柴油燃料的耗尽。

4.2　替代燃料

4.2.1　简述

全球不断增长的能源消耗，由此引起的废气排放对气候的影响，化石燃料枯竭的预期（见 4.1.2 节），重要的石油和天然气供应国的政局不稳，以及不断升高的价格，正在促使人们加紧寻找替代燃料，替代传统的来自石油的柴油和汽油产品，实现一个安全和可持续的燃料供应的解决方案。可持续性的目标要求已经在参考文献［4-8］中被概括为“限制运输排放温室气体到可持续水平”，即“消除交通作为温室气体排放的主要来源的情况……这可能需要开发将氢作为运输的主要能源载体，以及开发先进的生物燃料”。然而，可持续发展也需要一个与社会学结合的生态和经济的平衡。

图 4-19 所示为潜在的燃料发展路径。两组替代燃料基本上已确定：

一组是以化石燃料为基础的常规燃料以及合成燃料和氢；另一组是可再生替代能源，包括生物能源、水电或光伏发电。

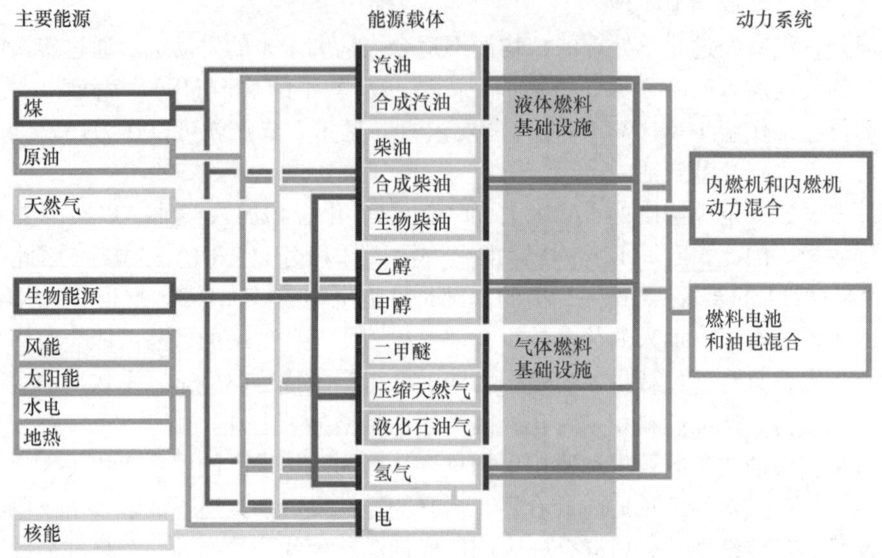

图4-19 潜在的燃料发展路径

燃料可以通过两方面的途径满足上述的既定目标：

（1）直接方式（对发动机进行改进）

1）改进传统燃烧系统的能量转换。

2）防止污染物的生成。

3）新的替代燃料燃烧系统和废气后处理系统。

（2）间接方式

1）CO_2闭式循环生物燃料。

2）通过加氢降低燃料的C/H比。

从近期到中期，可以产生3组替代燃料。

1）由化石燃料合成燃料（GTL）。

2）第一代和第二代生物燃料。

3）低碳和无碳燃料［压缩天然气（CNG）或纯氢］。

氢燃料电池目前有潜力作为最高效率的车辆单一能源。然而，得到可再生氢是有条件的，因为只有当由一次能源生产氢不产生CO_2时，使用氢才能够帮助减少CO_2排放。三个关键的技术壁垒阻碍了这一技术的发展：

1）缺少用户可以接受的用于汽车的储存系统。

2）缺乏分销基础设施。

3）缺乏经济上可行的技术生产可再生氢。

由于还没有得到突破这 3 个障碍的技术解决方案，因此氢以及氢燃料动力电池只构成一个远期解决方案。

对道路车辆（在更广泛的意义上也包括船舶、铁路机车和飞机）所用未来燃料的 4 个基本要求是：

1）高功率密度。

2）稳定的供应。

3）整体上的经济可行性。

4）满足环境和气候保护的要求。

目前还没有这样的燃料能够满足这些要求，即使是氢也不能满足这些要求。

人们对许多类型的能源进行了探讨并且还对部分能源进行了研究。目前正在出现增加燃料多样化的趋势。图 4-20 所示为最常探讨的类型的概况。

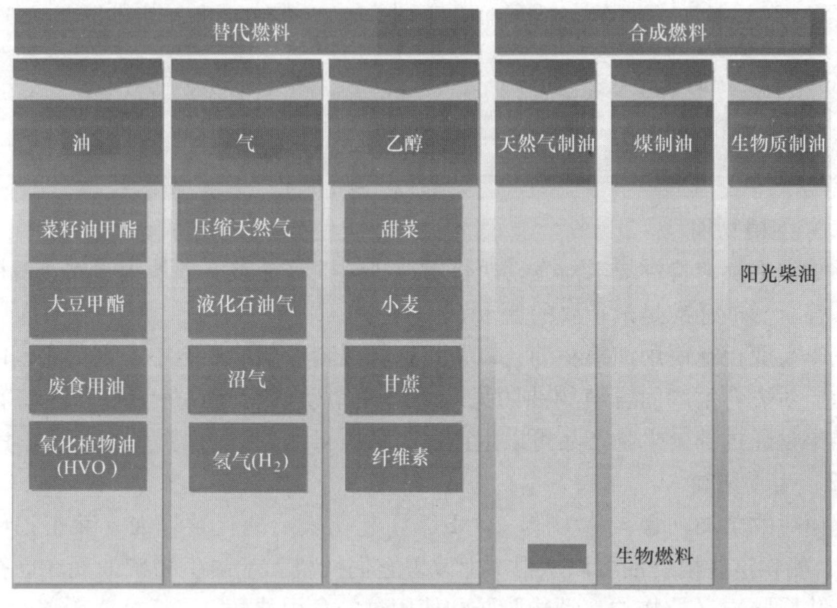

图 4-20　替代燃料概况

替代燃料可以根据它们的一次能源、生产类型和性能进行分类。因此，可以定义为由植物油和动物脂肪制成的液体燃料组，以及由发酵和气体燃料产生的乙醇燃料组。从农产品获得的替代液体燃料被称为第一代生物燃料。它们的使用是有争议的，因为它们的生产与食品生产争夺资源。可以通过生产过程影响液体合成燃料的特性，这一点变得越来越重要。由可再生生物（利用整株植物）制成的合成燃料是第二代生物燃料。

4.2.2 液体燃料

4.2.2.1 植物油和脂肪生产的燃料

植物油是由含油果实压榨得到的，鲁道夫·狄赛尔当时就已经意识到它们可以用于柴油机。它们的主要优点接近柴油燃料的高能量特点。然而，它们的物理性质，如高黏度和高沸点温度导致的燃烧不良是主要缺点。

此外，它们的冷起动性能不理想，并且只能在有限的时间内稳定地存储。表4-7列出了植物油的某些特征值与柴油的比较。

表4-7 植物油与柴油的规格对比（DF）

参数	单位	柴油	菜籽油	向日葵油	亚麻籽油	大豆油	橄榄油	棕榈油
密度	g/cm^3	0.83	0.915	0.925	0.933	0.93	0.92	0.92
黏度（20℃）	mm^2/s	≈2	74	65.8	51	63.5	83.8	39.6
热值	MJ/kg	43	35.2	36.2	37.0	39.4	(40.0)	35
十六烷值	—	50	40	35.5	52.5	38.5	39	42
闪点	℃	55	317	316	320	330	325	267

（1）纯植物油

植物油的燃料特性要求对发动机进行改进。菜籽油被有限地用于农业机械和拖拉机，符合燃油标准是最重要的要求。

汽车行业拒绝使用纯植物油，以及将它们混合在柴油燃料中，因为它们的燃料性能差。对燃料生产而言植物油的另一个潜在用途可能是在炼油过程中将它们加入，结果是通过部分生物产品可以生产出高品质柴油。

（2）生物柴油

术语生物柴油（也被称为第一代BTL）起初表示酯化菜籽油（菜籽油甲酯或RME）：酯化这些植物油可以从根本上改善它们性质。术语生物柴油现在已扩大到包括酯化脂肪酸（植物油、动物脂肪和使用过的食用油）。

根据EN 590和DIN 51628标准，目前在柴油燃料中混入体积百分比达7%的生物柴油（B7）是可以接受的。这符合欧洲标准EN 14214对于脂肪酸甲酯（FAME）的规定。一旦更大区域的市场提供混合7%生物柴油的燃料（例如欧盟25国），生物柴油体积百分比起初可增加到10%（B10），以后体积百分比甚至可以高达20%（B20），前提是相应的兼容性测试已成功通过。但很可能出现问题，特别是在最新的柴油发动机技术方面和颗粒过滤器系统。EN 590标准必须在适当的时候进行修订，这是非常可能的并且也是必须接受的。

纯生物柴油（B100）由于排放的原因，在未来是不大可能获得任何进一步批准用于汽车发动机的。

4.2.2.2　醇类

醇具有优异的燃烧性能，但它们在能量密度（车辆可行驶里程）、冷起动性能和对金属及橡胶件的腐蚀性方面存在明显的缺陷（表4-8）。因此，使用较大比例的醇燃料（15%的体积百分比），有必要开发专门的发动机。

表4-8　醇类燃料规格

特性值	单位	汽油	柴油	甲醇	乙醇
热值	MJ/kg	≈42	42~43	19.7	26.8
热值	MJ/dm^3	≈32	36	15.5	21.2
需要的理论空燃比	Kg/kg	14~14.7	14.5	6.46	9.0
可燃混合气的热值	kJ/kg	≈2740	2750	2660	2680
密度	Kg/m^3	730~780	810~855	795	789
沸点温度	℃	30~190	170~360	65	78
汽化热	kJ/kg	419	544~785	1119	904
蒸汽压力	bar	0.45~0.90	—	0.37 0.34~2.00	0.21
在 λ_V 下着火极限		0.4~1.4	0.48~1.40	—	
十六烷值		—	45~55	114.4	—
辛烷值 ROZ		98~92		94.6	114.4
辛烷值 MOZ		88~82		≈20	94.0
敏感性 MOZ—ROZ		≈100	—		≈17

1. 甲醇

甲醇主要是由初级矿物燃料产生的（天然气，煤）。但是，可再生能源（生物）也可以用来生产甲醇。甲醇以甲基叔丁基醚的形式（MTBE）初次作为抗爆燃剂添加到汽油中。EN 228 标准允许添加 MTBE 达到15%（体积百分比）。高达3%的甲醇还可以第二次直接加入。由于毒性的原因，应避免较大比例使用甲醇。

2. 乙醇

乙醇是由含糖或淀粉原料（谷物、甜菜、甘蔗等）直接发酵产生的。当木质纤维素（如秸秆）制成打浆酶时，木材和碳质页岩原料也可以用来生产乙醇。这一工艺是由加拿大IOGEN（艾欧基）公司开发的，并已实现规模化工业生产（图4-21）。

乙醇适用于汽油机，首要的是 EN 228 标准要求乙基叔丁基醚（ETBE）体积百分比达到15%（乙醇体积百分比可达47%）。其次，EN 228 标准允许直接使用体积百分比达5%的乙醇（E5）。目前，供应整个欧洲是不可能的，因为可以得到的乙醇太少。如果供给能力快速增长使得这一需求在将来成为可能，它可能由初期的乙醇体积百分比的10%（E10）到后来的15%（E15）。许多进入市场的新汽油机已经设计适用乙醇10%体积百分比的燃料。但是，EN 228 标准必须适时修订。

一旦在整个燃料市场得到大量的乙醇成为可能（例如在巴西），E 85 和 FFV（灵活燃料汽车）就会得到认可。

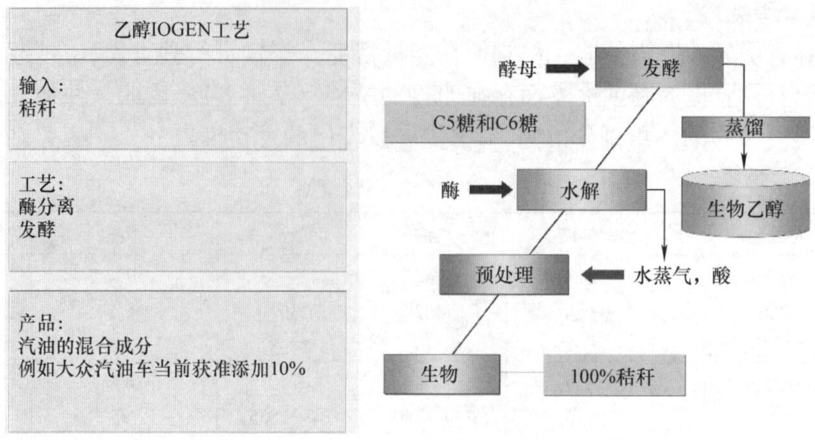

图 4-21　IOGEN 工艺生产乙醇（第 2 代）

将乙醇与柴油混合而成的燃料用于乘用车的可能性基本上已经被排除，其原因很大程度上是由于混合燃料稳定性差，以及其他一些问题。但在局部地区（例如在美国和巴西），这种燃料对于以车队的形式使用的商用车来说还是很重要的。

4.2.3　气体燃料

气体燃料在环境条件下为气态（见第 4.4 节），具有非常低的能量密度（相对于体积），其使用需要相当复杂的技术，包括被存储在车上的技术。

4.2.3.1　天然气

天然气（主要是甲烷）是一种天然化石燃料，其处理过程只需要清洗和去除硫和其他干扰成分。未来天然气将越来越多地在非道路运输领域（发电厂和热电联供厂）使用。具有天然气质量的加工成燃料气体的沼气是不可忽视的潜在的天然气的替代品。

在车上储存天然气达到可以接受的行驶里程是非常复杂的工作：

一种是在 -167℃ 下液化储存（液化天然气 LNG）。这种方法当车辆停驶较长时间会造成比较高的蒸发损失，因此这种方法没有在乘用车中建立起自己的使用地位。

另一种是以气态（压缩天然气 CNG）在 200 ~ 250bar 压力下储存在大的、重量优化的压力罐内。

天然气具有很高的爆燃极限，因此特别适合于汽油发动机。

例如在德国，大量的减税措施确保了天然气在未来几年内会越来越多地使用。天然气可直接用于驱动车辆 。但是，鉴于所有气体燃料众所周知的缺点，有关行驶里程、储存所需的空间和需要遵守严格的排放限制增加的废气后处理，天然气只能期望有限程度地作为补充燃料，而不能代替原有燃料。

在意大利、阿根廷和俄罗斯等一些市场，天然气燃料在道路交通中的重要性已达到相当程度（用于全球约400万辆汽车），预计2020年在欧洲将占有约5%的市场份额。

4.2.3.2 液化气

液化气或液化石油气（LPG）是丁烷和丙烷的混合物，是石油生产和加工的伴随产品，因此它来自于化石燃料。其有限的销量使它只能争取一个补充性的市场。它可以在5~10bar的压力下以液态存储在车上。液化石油气实际上只用于点燃式发动机。

液化气在意大利、荷兰和东欧的道路交通方面占据了特别重要的地位（全世界约900万辆汽车使用液化气）。液化气汽车基本上只是通过改装生产。

4.2.3.3 二甲醚（DME）

二甲醚可由天然气或生物生产。与液化石油气相同，它可以在约5~10bar的压力下以液态存储在车上。

二甲醚是一种适合于柴油机的燃料。其良好的燃烧性能（无炭烟和低NO_x排放）被其低润滑性、低黏度、低能量含量（只有柴油的一半）和腐蚀性的缺点削弱。

由于罐中的燃料是在压力下，因此燃料喷射系统必须相当精密。高成本和低产量使得大量使用二甲醚这种想法不太现实。

4.2.3.4 氢

显然，可再生氢可以帮助缓解环境压力。然而，从油井到车轮的分析表明，在交通运输领域使用来自化石燃料的氢，对于降低二氧化碳排放而言没有任何意义。

在车上储存氢达到可以接受的行驶里程是非常复杂的：

1）在-253℃下以液态储存，当车辆长时间停驶时，会造成过高的蒸发损失。

2）或者在约700bar的压力下以气态储存。

3）或者储存在大而重的金属氢化物罐内。

从大规模生产的角度看，金属氢化物罐目前看不到成本效益。缺乏成本效益的可再生氢的生产，以及生产和销售环节需要大量资金的基础设施建设要求，使得氢和燃料电池技术在未来二十年之内成为大规模生产且适销对路并且有足够竞争力的能源是不可能的。

4.2.4 合成燃料

市场上每一种燃料的平行供给产品，如柴油、汽油、甲醇、乙醇、天然气和其他燃料，都不可能单独成为具有成本效益的解决方案，因为每一种燃料不仅必须开发一种单独的发动机，而且需要一种单独的分销基础设施。因此，在标准燃料中以可以接受的限度混入替代燃料具有相当重要的意义。这些混合燃料的销售和使用在任何地方都可以得到保证。

引入市场的其他可替代能源，需要寻求机会使一次能源多样化，同时将被车辆利用的能源的类型限制到最少。例如天然气制油（GTL）和生物质制油（BTL）等合成燃料可以提供这样的机会。

4.2.4.1 化石燃料（GTL）

众所周知，例如壳牌公司中间馏分合成（SMDS）的工业试验流程可用于由天然气生产其他的二次能源载体。

按照目前的原油价格水平，在世界上许多天然气或石油伴生气供应廉价的地区，这种天然气制油技术是非常经济的。例如壳牌公司、沙索公司、康菲公司和雪佛龙公司已经开始显著扩大它们的生产能力。尽管如此，鉴于合成燃料工厂需要的投资和建设，在得到这些合成燃料的稳定供应之前肯定需要5~8年时间。因此，这只构成一个近期到中期范围的解决方案。

合成燃料有很大的潜力改善发动机的燃烧过程。合成柴油燃料的规格令人印象深刻，最主要的是因为它的十六烷值高、不含芳香烃和硫。

以壳牌GTL市售的无硫柴油合成燃料为例，对于排放性能的改善如图4-22所示。

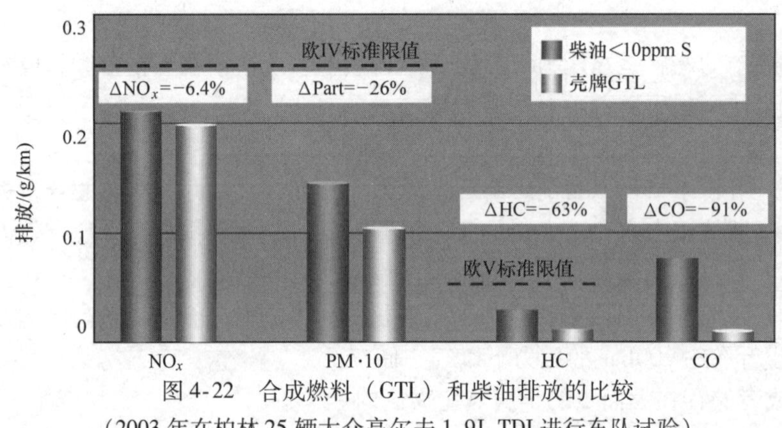

图4-22 合成燃料（GTL）和柴油排放的比较

（2003年在柏林25辆大众高尔夫1.9L TDI进行车队试验）

最新的技术已被证明可以提供实质改善的基础，并且高尔夫TDI车辆甚至使用柴油燃料达到了欧IV标准的限值。没有改进校准或其他措施，按照旧的概念只符合欧Ⅲ排放标准的车辆，颗粒物的排放的降低超过了50%。因此，这些车辆甚至低于欧IV标准的颗粒物排放限值。

4.2.4.2 可再生能源（BTL）

只要输入阶段进行相应的改进，合成燃料生产过程就能使用最广泛的各种一次能源。例如像残余木材、残余秸秆、能源植物或废弃物等可再生能源。甚至以前常常被忽视的废弃物，也将变成非常受关注的残余材料，因此可以提供更多的材料作为能源。一个关键的优点在于最终产品的质量不受使用的一次能源性质的影响。存储在全球的每年的作物生长产生的能量大约相当于人类消耗能源的50倍，因此它存在巨大的替代能源潜力。从政策的角度来看，生物的使用缓解了供给，因为与化石能源不同，生物在世界各地分布相对均匀。尽管这样并不能将当地的 CO_2 排放减少到零，它确实创造了一个接近中性的 CO_2 循环，太阳提供了运行动力（见图 4-23）。因此，燃料循环被集成在自然的二氧化碳循环中，约98%的二氧化碳排放按照规定的路径循环。

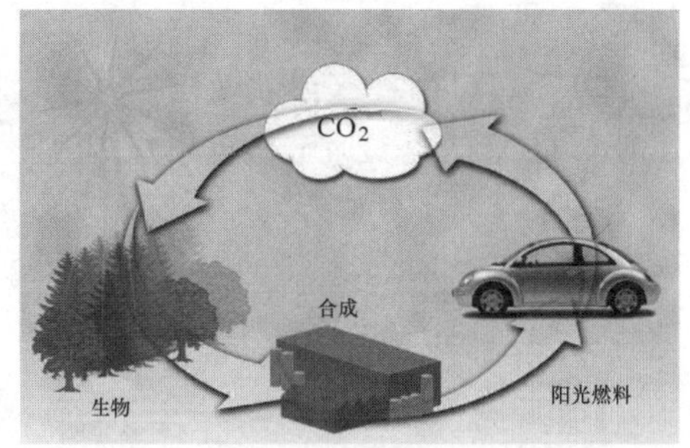

图 4-23 采用生物质制油的 CO_2 循环

可用的生物基本上分布在残余材料和种植的能源植物中。有关现有替代燃料的潜力存在广泛的不同意见。相关文献以欧洲的实际现状为出发点，推测存在10% ~ 15%的替代潜力。一旦育种和生产得到优化，农业部门就能够尽快大量增加产量，而不影响食品植物的产量。考虑到这些因素，到 2030 年大概会达到一个潜在的约 25%的替代燃料替代量。

通过对不同的快速增长的木材和特殊能源植物的种植的分析（见图 4-24），残余材料，尤其是工业和城市生物垃圾和其他废物的潜力值得深入研究。在未来，所有收集起来的生物都可以送去生产高等级燃料，而不是堆肥。

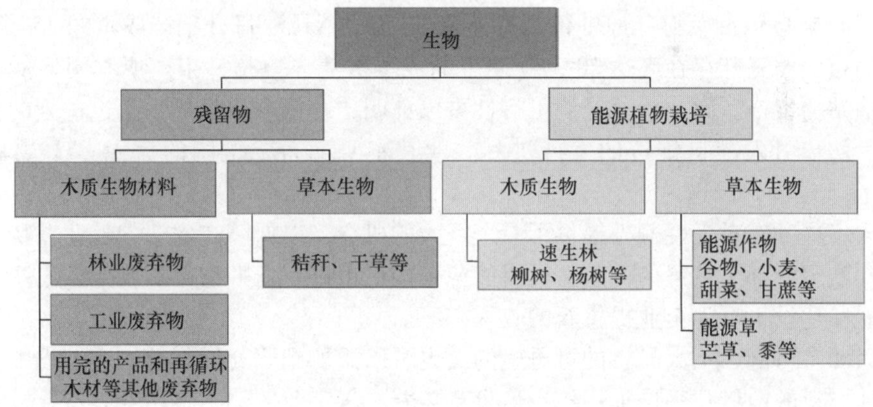

图 4-24 可用于生产替代燃料的能源植物

图 4-25 示出了一个工厂基于生物质制油（BTL）工艺生产阳光燃料（SunFuel®）的过程。根据工艺的不同，在初始阶段热解可以转化生物材料为气体、液体和固体成分。CHOREN（ 科林公司）热解过程产生裂解气和生物炭。加拿大和美国公司的其他工艺主要产生被称为生物柴油的固体或液体物质作为热解产物。这种可泵送的初级产物类似于原油。当它在较小的分散的工厂被预压缩后，生物质材料特别适合运输到大型中央工厂。因为没有生物运输环节降低整个产业链的效率，这

可以大大提高中央生产厂的实际效率。这样的裂解厂仍保持在小规模财政管理的范围之内，甚至可以由社区或农业机械合作社在堆肥厂经营。另一个优势是可以利用潮湿和干燥的原料，去除矿物成分并作为肥料使它们返回到土壤。

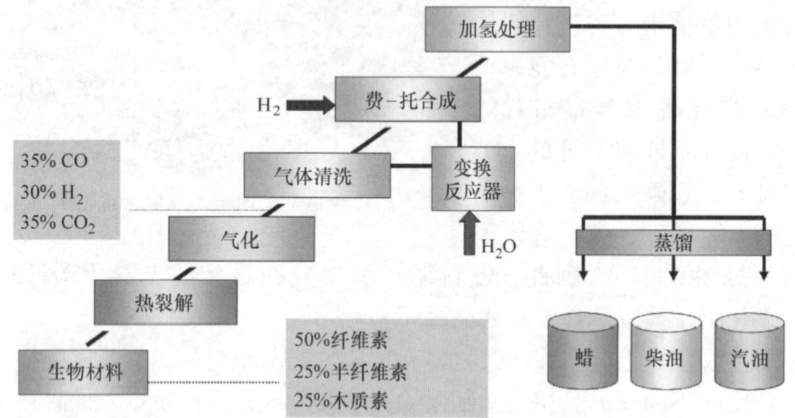

图4-25　BTL生产流程图［4-21］

第二阶段为实际气化过程，产生合成气。经过适当清洗，进行费-托（Fischer-Tropsch）合成，然后是加氢和随后的蒸馏将合成气转换成高热值燃料和蜡。这种蜡作为生产合成油的基础原料，目前主要由石油和天然气生产。

由于目前在经济上尚不可行，这种生物变燃料解决方案（也被称为第二代BTL）也仍然是一个中期前景。不含税的纯生产成本（基于生产厂规模为2×10^8W热能）与来自化石燃料（原油价格每桶50美元，燃料油每升生产成本约35美分）的燃油相比，每升存在高达20～30美分的成本劣势。但是，生产成本明显低于目前加油站的价格。因此，其经济可行性可以证明，并依靠政府的手通过适当的税收法律，初步引入燃料推进的发展进程。就其本身而言，德国的免税BTL燃料到2015将不足以确保这一点。

出售这种燃料无疑额外提供了一个巨大的机会，以保障在农业的就业。特别是考虑到欧盟的补贴政策的调整，提供能源植物也可以有长期稳定的收入。生产工厂的发展和建设也将为工业提供新的收入来源。

只要有可能，不太昂贵的可再生的氢也可以添加到阳光燃料的生产过程中。这将会使燃料的产量几乎增加一倍。这也意味着，氢工业的建立将不会必然导致氢在汽车经济中的利用。从整体看，生物合成燃料能够被证明是有利的，特别是在可持续发展方面。

随着石油生产接近技术极限和世界对能源需求的增加，替代能源将在未来迅速变得更加重要。对传统燃料的质量和纯度的要求也不断提高，传统燃料相关成本的增加有利于通常更昂贵的替代燃料的推出。大众汽车公司预计燃料在未来几年获得发展，将从传统的石油基燃料转到由天然气生产的合成燃料，直到基于生物的阳光燃料。氢将只能在遥远的未来，当所有的技术障碍都已突破时，才能在汽车能源应用中发挥作用。图4-26描述了这样的前景。

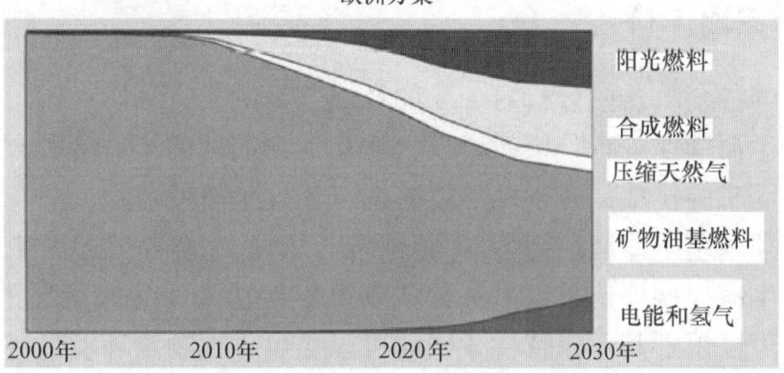

图4-26 机动性能源载体的欧洲方案

第一代和第二代生物燃料之间的中间阶段产品被称为NExBTL（耐斯特勒）。这是一种由植物油和动物脂肪通过费-托合成方法获得的生物质制油（BTL）燃料，与天然气制油（GTL）燃料一样，可作为传统柴油的混合成分。表4-9对它们最重要的性能进行了比较。

表4-9 替代燃料的性质

	NExBTL	GTL	FAME（RME）	瑞典一级柴油	夏季柴油（EN 590）
在+15℃下的密度/(kg/m^3)	775…785	775…785	≈885	≈815	≈835
在+40℃下的黏度/(mm^3/s)	2.9…3.5	3.2…4.5	≈4.5	≈1.8	≈3.5
十六烷值	≈80…99	≈73…81	≈51	≈53	≈53
90%体积溜出温度(℃)	295…300	325…330	≈355	≈280	≈350
浊点(℃)	≈-5…-25	≈0…-25	≈-5	≈-30	≈-5
热值(MJ/kg)	≈44.0	≈43	≈37.5	≈43	≈42.7
热值(MJ/dm^3)	≈34.4	≈34	≈33.2	≈35	≈35.7
总芳香烃/(质量百分比,%)	0	0	0	≈4	≈30
多环芳香烃/(质量百分比,%)	0	0	0	0	≈4
氧含量/(质量百分比,%)	0	0	≈11	0	0
硫含量/(mg/kg)	<10	<10	<10	<10	<10
在+60℃ HFRR(高频往复试验润滑性)/μm	<460	<460	<460	<460	<460

鉴于对当前农业土地的利用率和使用效率的局限，用阳光燃料替代欧洲所需燃料的15%~20%是可能的。更高的比例通过改进生物材料的生产、加工和物流也可以实现。但是，稳定的外部条件，例如政府对生物燃料可持续发展的支持，也是一个先决条件。

欧盟制订了在运输部门推广使用生物燃料或其他可再生燃料的生物燃料指令，规定在2005年生物燃料以能量占比应达到2%，2010年达到5.75%的基准值。

欧盟拟于2008年在其他方面修改其生物燃料指令，将包含成本效益和生物燃料对环境的影响等问题，制订的目标将适用于在2010年以后执行。改善在传统燃料中的高混合比的边界条件也将是必不可少的。

4.2.5 生命周期评价

生命周期的各个阶段的分析对未来的环境友好的推进和燃料概念的发展特别重要。当对整个生命周期进行分析时，仅仅优化生命周期的某一阶段，例如汽车的使用阶段和随之而来的排放，并不总是能够提供最佳生态效益。

因此，必须利用生命周期评价作为一种工具，用来分析其整个生命周期中产品的环保特性。生命周期评价是以另一种成本确定解决一个生态问题的时间和方法。将问题转变成可以识别其环保特性，因此可以更可靠地制定环境策略。

戴姆勒－克莱斯勒和大众汽车公司在一个联合项目中开发了一个比较阳光柴油和传统柴油生命周期评价项目，以评价贯穿其整个生命周期的 BTL 燃料的环境状况。生物的栽培，燃料由生物的合成以及燃料在车辆中的使用都要进行分析。分析的 BTL 燃料已经运用 CHOREN（ 科林）工艺由木材生产（见图 4-27）。

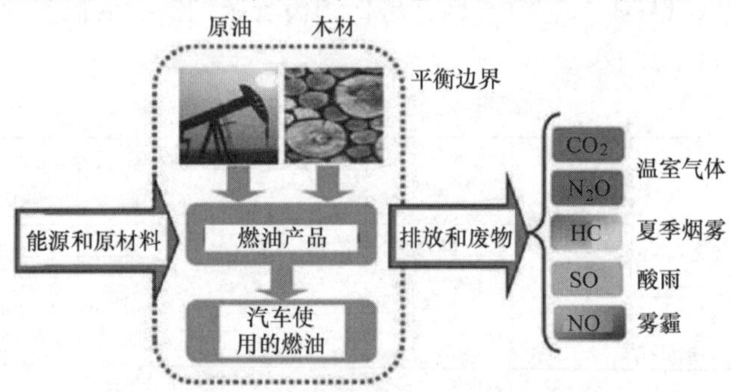

图 4-27 阳光柴油的生命周期评价结果

该研究得出这样的结论：阳光柴油与传统柴油相比在整个生命周期内可以减少 61% 到 91% 的温室气体排放。这些削减主要是基于由正常行驶排放的二氧化碳被植物的生长所吸收，因此二氧化碳被纳入到循环之中。

此外，阳光柴油的使用也降低了碳氢化合物的排放，有助于夏季烟雾比传统柴油降低约 90% 以上。在正常行驶期间较低的 HC 排放量以及没有传统柴油在石油钻探和炼制过程中的 HC 排放是阳光柴油 HC 排放低的主要原因。

整个生命周期的分析导致整体生态产品的开发，精确的分析代替了概括性的假设。当推行某些政策或者制定燃料策略时，考虑在整个生命周期内的具体限制条件，就可以使它们与环境更加协调。

由木材通过 BTL 工艺生产出来的柴油燃料几乎是 CO_2 零排放的，基于这一分析，它被称为阳光燃料是当之无愧的。

4.2.6 新的燃烧系统

所有这些考虑表明，液体碳氢化合物即使在未来 30 年大概也是可以得到的，并且是占主导地位的燃料。同时，合成燃料能够提供潜在的适合于最佳燃料特性的燃烧。首先，当分层燃烧系统可以降低 NO_x 的原排放量时，进一步减少废气排放或者明显降低废气后处理系统的复杂性才是可行的。这意味着必须在燃烧过程中抑制氮氧化物的产生，而不降低发动机效率，使其基本保持直接喷射质调节的效率。这将需要把汽油机和柴油机各自的优点汇聚在一个新燃烧过程中（见3.3节）。

当直接喷射也被引入到汽油机时，两种发动机燃烧系统的概念已经明显变得更加相似了。燃烧系统开发的下一个阶段将需要加强这一趋势（见图4-28）。

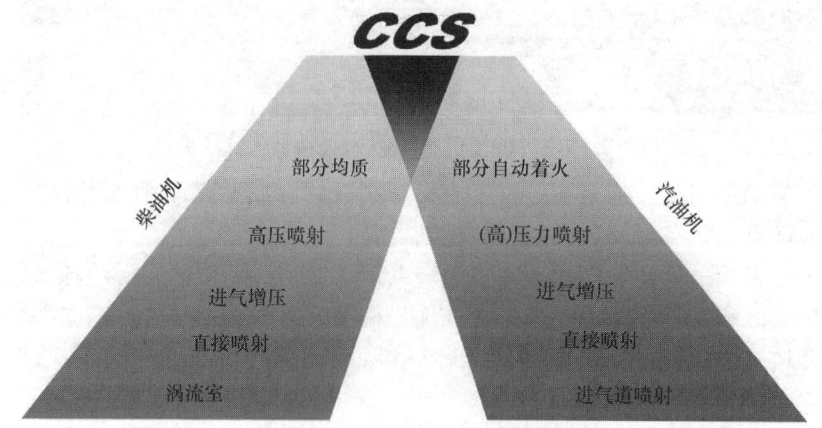

图4-28 发动机燃烧系统的演变

“柴油机部分均质燃烧”技术的发展和当前在研发实验室进行的“自燃汽油发动机”的开发都已经同样基于类似的核心硬件。因此，开发一种新的结合在一起的燃烧系统，包括系统的基本特征是唯一合乎逻辑的做法。大众汽车公司将其称为组合燃烧系统（CCS）。该系统的基础是一种具有改进特性的新的合成燃料。

实施CCS仍然需要克服许多障碍。因此，在十年之内不可能预期它能在市场上的推出。

4.2.7 结论

图4-29示出了未来的驱动装置及相关燃料发展的完整的前景。

目前，以石油为基础的燃料和传统的发动机将有助于进一步降低二氧化碳排放指标，符合汽车行业的自愿承诺与技术进步。直喷发动机将起到关键作用。

除了以石油为基础的燃料以外，主要基于天然气的合成常规燃料将在十年之内在市场上推出。由于所有的商业特征和分销体系将保持不变，引进合成燃料不需要汽车用户做任何改变。合成燃料不含硫和芳香烃，其性能指标的变化范围比当前的燃料更窄。这些优势将有助汽车制造商进一步开发先进的产品，特别是先进柴油机，以减少燃料消耗和改善排放。

如果合成气不是由化石燃料生产的，而是由基于无 CO_2 或 CO_2 零排放的能源生产的，那么即使燃料消耗保持不变，车辆运行排放的二氧化碳也将下降。无论燃料

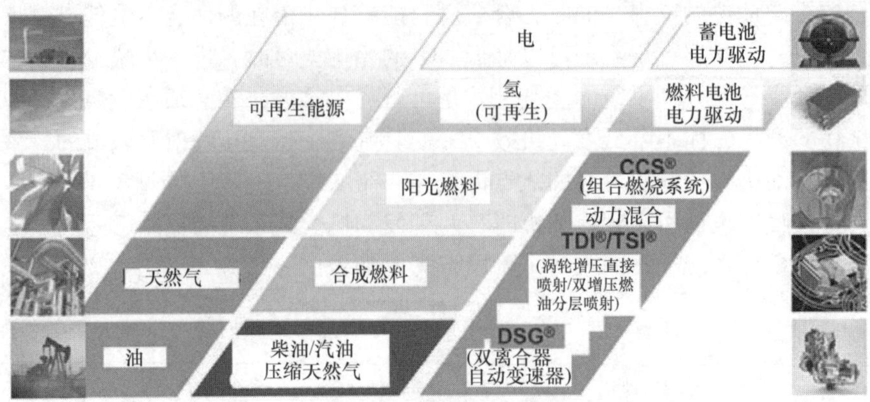

图4-29　大众公司的燃料和动力传动系统发展策略

是什么类型都是如此，甚至是可再生原材料制成的合成燃料（阳光燃料）。这种方法的最大优点是它保留了目前的燃料基础设施。

从中期来看，将开发新的发动机燃烧系统，把目前的柴油润滑油耗低的优点与汽油机排放低和易于废气后处理的潜在优势相结合。因此，必须为这些混合燃烧系统定制合适的燃料。合成燃料（合成燃料和后来的阳光燃料）可以为此提供最好的条件。

首先，电动机被认为是远期可持续发展交通的最佳驱动装置。至于这样的车辆是否将拥有先进的电池系统或氢燃料电池作为能量转换系统仍难以判断，至少在未来的20年内是不可能的。无论任何系统建立后，一个无可争议的优势是由可再生能源如风能、水或阳光产生电能和氢的能力。事实上，电动机不会像内燃机那样引起当地排放的增加也是其优点。

4.3　使用重油的船用和固定发动机的运行

4.3.1　重油

重油是石油（原油）在加工过程中从分馏中累积的渣油的混合物。它们的主要成分是碳氢化合物，是原油在蒸馏后留下的高沸点馏分。由于渣油与馏分油（例如汽油或轻燃料油）相比明显便宜，因此存在一个使用这些化合物作为燃料的经济鼓励因素。

在大多数情况下，工厂将馏分油混入渣油，以保证特定的产品性能，特别是为了达到规定的黏度限值。

标准ISO 8217规定重油在100℃时黏度应在4.5 ~55mm^2/s（cSt）。

在ISO标准的基础上，国际内燃机委员会（CIMAC）对重油根据其理化数据以及更多要求划分等级。这些“对用于柴油机的渣油的要求”是由部分燃用重油的发动机生产厂制定的运行规范构成的（图4-30）。

对柴油机渣油的要求(1990)

牌号:			CIMAC A 10	CIMAC B 10	CIMAC C 10	CIMAC D 15	CIMAC E 25	CIMAC F 25	CIMAC G 35	CIMAC H 35	CIMAC K 35	CIMAC H 45	CIMAC K 45	CIMAC H 55	CIMAC K 55
与ISO 8217(87)有关:	F –		RMA 10	RMB 10	RMC 10	RMD 15	RME 25	RMF 25	RMG 35	RMH 35	RMK 35	RMH 45	RMK 45	RMH 55	–
特性	单位	限值													
在15°C下的密度	kg/m³	最大	950	975		980	991		991		1010	991	1010	991	1010
在100°C下的运动黏度1)	cSt2)	最大	10			15	25		35			45		55	
		最小4)	6				15								
闪点	°C	最小	60			60	60		60			60		60	
倾点	°C	最大	0 6 3)		24	30	30		30			30		30	
残炭	% (m/m)	最大	12		14	14	15	20	18	22		22		22	
灰分	% (m/m)	最大	0.10			0.10	0.10	0.15	0.15			0.15		0.15	
老化后总沉积物	% (m/m)	最大	0.10			0.10	0.10		0.10			0.10		0.10	
水分	% (V/V)	最大	0.50			0.80	1.0		1.0			1.0		1.0	
硫	% (m/m)	最大	3.5			4.0	5.0		5.0			5.0		5.0	
钒	mg/kg	最大	150		300	350	200	500	300	600		600		600	
铝+硅	mg/kg	最大	80			80	80		80			80		80	
发火性能															

1) 黏度大致相等(仅供参考):

在100°C下的运动黏度(cSt)	6	10	15	25	35	45	55
在50°C下的运动黏度(cSt)	22	40	80	180	380	500	700
在100°F下的雷氏黏度1Sec	165	300	600	1500	3500	5000	7000

2) 1cSt=1mm²/sec

3) 适用于存储和使用燃料的区域和季节(上面数值用于冬季，下面数值用于夏季)

4) 建议值，如果密度也比较低，它可能比较低

图 4-30　根据 CIMAC/ISO 标准的重油分级（摘录自原标准）

重油的属性或成分在广泛的范围内变化，这是因为原油来源不同，并且各炼油厂处理过程也不同（也参见参考文献［4-25］）。重油除了明显的高黏度以外，其特点还有高密度、高硫含量和焦化倾向大于馏分油。不燃性成分（灰分）高出两个数量级，因为较高的芳香烃和沥青含量，其着火和燃烧性能较差，因为含有相当数量的水分和固体杂质，可能导致磨损的出现。

重油的密度大于柴油是因为碳比氢的质量分数大得多。无论硫含量是多少，这都降低了净热值 H_u（见图4-31）。

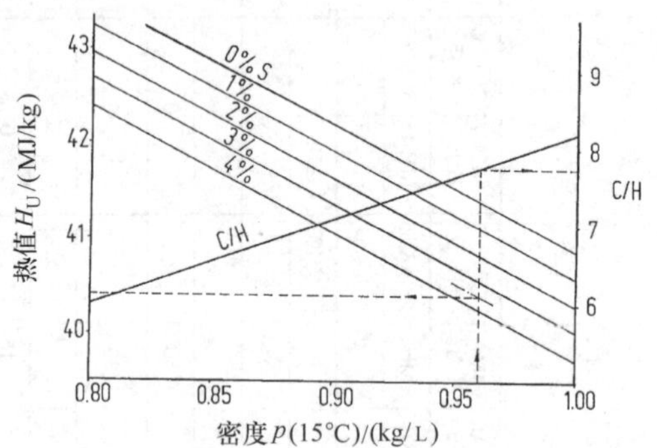

图4-31　重油碳/氢（C/H）比对密度ρ和作为含硫量函数的热值的影响

重油的质量不断下降的趋势是由于现代炼油厂的催化和热裂解等转化工艺的增加，以更好地利用原油的结果（在传统的常压蒸馏炼油厂，残留成分的质量分数为32%～57%，在使用转化工艺的炼油厂残留成分的质量分数为12%～25%）。较高的芳香烃含量会影响着火质量（见4.3.4.1节），并增加沥青成分的稳定性。转化工艺中生成的油泥和树脂的增加，可能影响对燃料的处理工艺。

其他不利影响源于对在渣油中的使用过的润滑油、有机溶剂或化学废物进行处理的趋势加剧。

重油应在给定的条件下适应柴油机的工作，保证符合其质量标准（ISO，CIMAC，图4-30），特别是最佳的重油生产工艺有利于提高成本效益，并且在这些条件下，能够在柴油机中无故障使用重油。

4.3.2　重油的处理

重油要作为柴油机的燃料必须经过处理，这需要去除或大大减少不受欢迎的杂质，例如水和可能溶解于水的任何腐蚀性物质，例如焦炭、砂、铁锈等固体杂质，炼油厂残留的催化剂，以及诸如凝聚的沥青质等污泥成分。

如果不去除这些有害杂质，燃油喷射系统（例如油泵和喷嘴）必然会被腐蚀和/或磨损，并且会在短期内对发动机本身（例如对气缸套，活塞和活塞环）造成非常严重的后果。

重油处理的另一个作用是提供喷射所需要的合适的黏度，以优化发动机的运行。这需要在90℃到160℃（170℃）之间进行预热，具体取决于初始黏度（见图4-32）。

图4-33示出了基于现代先进技术的最佳重油处理系统的组成。重油从储罐到沉淀箱，24h的停留时间在周围温度70℃下便于准备分离杂质。

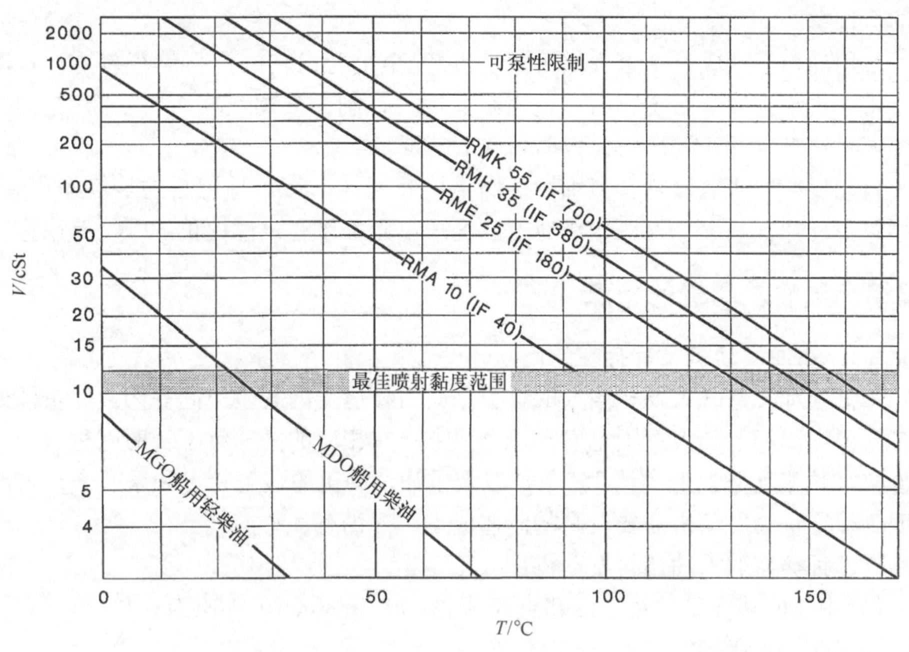

图 4-32 船用燃料黏/温特性，RMA：船渣油，A 级，根据图 4-30

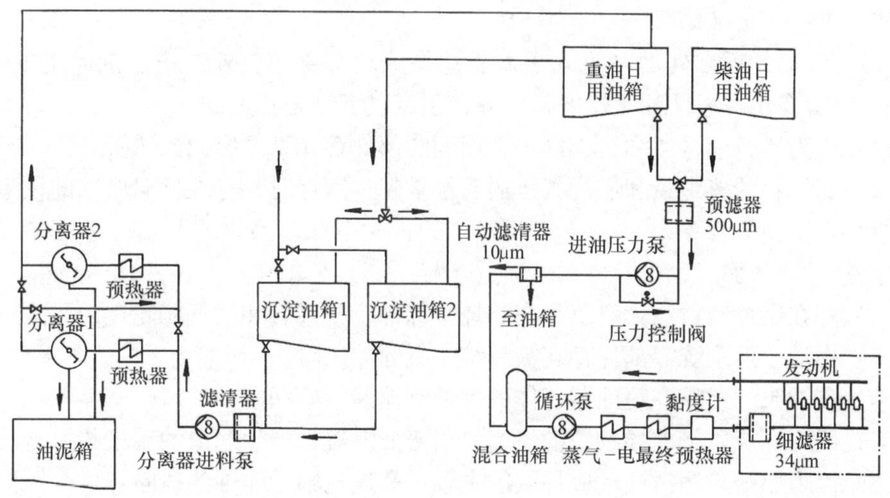

图 4-33 重油处理系统示意图

下一站是离心分离器，它在重油处理系统中起非常关键的作用。离心分离器串联或者并联工作，根据设备的不同，它们作为分离阶段的设备（也叫净化器）以去除水分和杂质，或者作为澄清阶段的设备（澄清器）以除去杂质。为此，重油必须被预热到约 95℃，以获得高净化效率所需要的低黏度和高密度差异。

现代分离器能够独立调节，以改变重油参数，如密度，黏度和水含量等，并且能够自排空。

日用油箱设计成一个至少供给发动机 8h 全负荷运转的燃料储存装置，日用油箱将重油供给到增压系统，由黏度控制器进行控制，被预热至所要求的喷射黏度。系统压力高于水的蒸发压力，以防蒸气的形成。

自动反冲洗滤清器具有很细微的网格尺寸（10μm），是燃料的最终净化装置，根据它的反冲洗频率，可以构成对上游处理单元工作有效性评价的一个有用指标。

4.3.3 重油发动机的特点

4.3.3.1 重油发动机及其存在的问题

重油处理设备既需要相当大的投资，又需要适当的安装空间。因此，重油处理设备主要用于船上和大型固定发动机。只有将在相应的高油耗下长时间运行与重油的价格（价格比柴油低大约35%），以及重油发动机的显著特点联系起来，才能够说明为什么重油发动机需要较高的制造成本，但仍有优势。

有两种类型的重油燃料发动机：

1）中速四冲程发动机，活塞直径约为 200～600mm，转速为 400～1000r/min，功率为 500～18000kW。

2）低速二冲程发动机，活塞直径约为 250～900mm，转速为 250～80r/min，功率为 1500～70000kW。

除了重油的可靠处理（见 4.3.2 节）是绝对必要的以外，柴油机燃用重油工作除了具有燃用普通柴油工作的特点外，还有以下显著特点：

1）因为燃料中含钒和钠，燃烧室周围的部件存在高温腐蚀的风险。

2）当燃料的硫含量和燃烧气体的含水量超过露点时，存在低温腐蚀的风险。

3）由于固体焦炭、砂、锈渣和残余的催化剂，以及沥青质和水残留在燃料中，磨损风险增加。

4）存在燃烧残留物大量沉积在燃烧室部件、排气管和废气涡轮上的风险。

5）燃油喷射系统零部件存在被粘结、凝固的风险。

6）喷油泵、喷嘴和喷油器壳体的燃油有泄漏污染润滑油的风险。

7）因为燃烧质量差导致滤清器的使用寿命缩短，产生润滑油污染的风险。

8）因为燃料与润滑油反应导致的主轴承和连杆轴承腐蚀的风险。

9）同样作为燃料（含沥青的）与润滑油反应的结果，在用润滑油的冷却管道内存在形成沉积物，因而导致散热能力降低的风险。

4.3.3.2 对发动机部件的影响

1. 喷油装置

重油发动机装有单体喷油泵。重油共轨喷射系统仍在实施阶段（见 18.3 节）。

喷油装置直接与预热的重油接触。预热温度为 160℃时可以保证喷射黏度达到期望的12cSt，这取决于使用的重油的黏度等级（见图4-32）。这一相对较高的温度使得它有几个问题必须解决。像O形密封圈这样的密封元件必须适合高温。柱塞和柱塞套的间隙必须被适当地设计，一方面应保证在高温下不会产生热膨胀卡滞，另一方面当切换到冷的柴油时应保证较低的泄漏率。

此外，喷射部件必须使用经过特殊热处理的材料，以防止由于燃油温度高而导致的喷射部件变形和油泵热膨胀卡滞。

喷油泵的其他特点是如下防止粘结、凝固等措施：

1）油泵齿条润滑：分别润滑可以防止燃油进入油泵齿条和油量调节套，并保持它们清洁和工作平稳。

2）去除吸油腔泄漏的燃油：柱塞导向部位的环槽连接到吸油腔，以清除在燃油循环中泄漏的燃油。

3）从喷油泵中清除泄漏的燃油：在柱塞导向部位的另一个槽收集剩余的泄漏燃油，这是油泵导管至泄漏油箱的另一路连接。

此外，必须防止泄漏的润滑油和燃油通过油泵的驱动装置到达发动机的曲轴箱。因此，这些泄漏的油被分别收集并通过漏油管导流到漏油箱内。

重油运行的另一显著特征是喷油嘴需要冷却，以防止在该喷嘴孔内形成炭质沉积物。这是通过喷油器壳体的一个单独的冷却回路，将冷却介质供入和排出来完成的。润滑油、柴油或水被用作冷却介质。

为了实现无故障运行，当发动机停止工作时，不能允许燃油喷射系统中的重油冷却下来而阻塞喷油泵。当发动机短时间停止工作时，加热的重油继续通过发动机进行循环。为了冷起动发动机时没有任何问题，在发动机熄火之前需要切换到柴油，并将系统中的重油运行“干净”。

图4-34示出了一个重油喷油泵

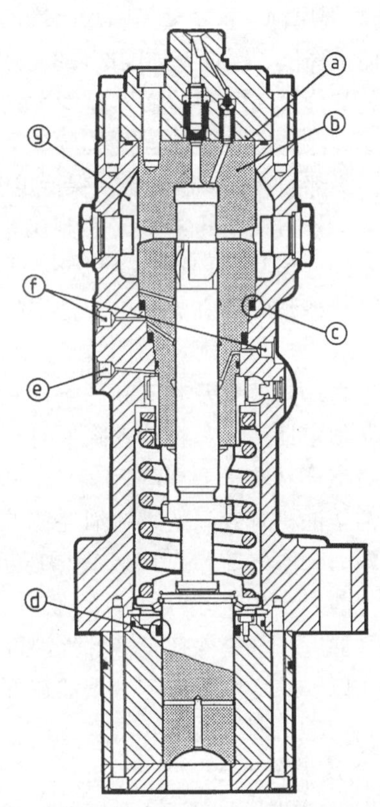

图4-34 具有油泵齿条润滑和泄漏燃油清除以及高压喷射盲孔元件的重油喷油泵

a）只有一个高压密封面 b）泵送重油的高压刚性单元 c）适用于所有类型重油的特殊密封元件 d）用液压密封防止燃油污染以保护发动机润滑的中央挺杆 e）工作范围内的清除连接 f）双引流有利于对重油的良好密封 g）大吸油腔－在低压侧较低的压力有利于保护重油设备

的实例。

为了实现重油在燃烧室和活塞凹坑的最佳分布，必须在非常高的压力下通过喷嘴上许多直径很小的喷孔进行精细雾化喷射。例如，中速发动机的数据如下：

1）制动平均有效压力 $p_e = 27\text{bar}$（或者 $w_e = 2.7\text{kJ/dm}^3$）。

2）喷油压力 $p_E = 1800\ \text{bar}$。

3）喷孔数量 $z = 10 \sim 14$。

2. 涡轮增压

当对重油发动机进行涡轮增压时，几个特定的因素必须考虑。

柴油发动机通常在过量空气下运行，因此在各种工况下过量空气系数都是 $\lambda_V > 2$，以防高温腐蚀。这主要是因为高增压压力产生的高空气流量，降低了燃烧时的温度，从而也降低了燃烧室周围部件的温度。这可以防止钠－钒化合物沉积为可导致高温腐蚀的灰分。气门座的临界温度大约是450℃，高于这一温度就会在气门座上积灰。因此，保持足够的安全余量是必不可少的。随着气门座的腐蚀损坏，最后阶段会导致气门头部的破碎，因此必须保持足够低的温度以防止气门底面的腐蚀损坏。

较大的空气流量也有利于控制涡轮机入口的排气温度。温度明显低于550℃可以防止燃烧残留物沉积在涡轮机上，进而降低涡轮机的效率和增压压力以及空气流量。否则，燃烧室的高温和由此带来的高温腐蚀的风险会增加，因而涡轮沉积物也会增加。

这种自增强效果及其不利影响，必须不惜一切代价加以防止。因此，压气机和涡轮机必须定期清洗。在功率降低时，一个特殊的装置将水喷入涡轮机入口，使沉积物从喷嘴环和转子上剥落。

重油柴油机有专门的燃料消耗标准，因此通过增加换气损失可能无法获得需要的增压压力和空气流量，即废气增压器需要最高效率。这是在低排气背压下（在涡轮机之前）产生高增压压力的唯一途径。同时，在气门重叠过程中可以产生良好的扫气梯度。这是保持较低部件温度和换气系统部件无污染运行的先决条件。

除此以外，增压还决定着重油在部分负荷下运行的能力。详细的讨论参见参考文献［4－26］，见2.2.3.4节。

3. 热效率和油耗

燃烧室的设计决定了混合气的形成和燃烧，并最终决定了发动机连续运转可靠燃烧重油的能力。高效率需要所制备的可燃混合气快速燃烧，因此需要具有高压缩比和紧凑的燃烧室（见图4-35）。

燃料在整个燃烧室内的均匀分布是必不可少的。四冲程发动机通过向远方进行最大数量的定向喷雾实现这一目的。二冲程发动机有几个喷嘴分布在周围，喷射的油滴应尽可能细小。较高的喷油压力和较小的喷孔可以实现这一点。

4. 高温腐蚀

较低的燃烧温度和对部件进行有效和稳定的冷却，可以防止燃烧室周围部件的

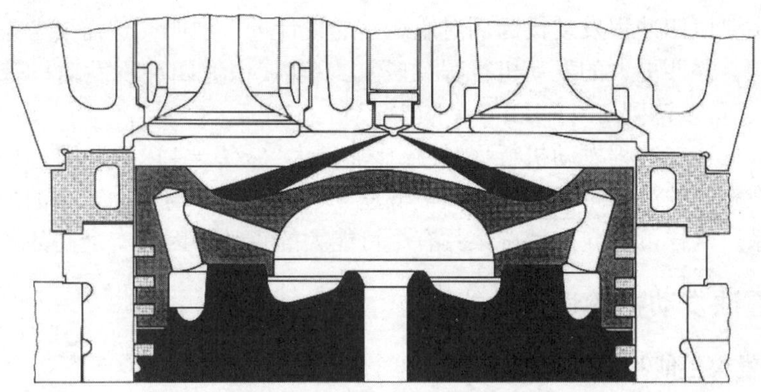

图4-35 重油发动机的燃烧室

高温腐蚀。除了工况因素，活塞顶的形状、喷雾的方向和喷嘴的数量，以及空气运动的类型（进气道），是影响排气门温度的额外因素。

5. 低温腐蚀

一般来说，低温腐蚀可以损坏缸套、活塞环及活塞环槽。在相关工况下平缓的燃烧压力曲线和足够高的部件温度可以帮助防止这种腐蚀。因此，促使气缸套形成适当的温度分布特别重要。

6. 气缸套磨损和润滑油消耗

保持缸套在上部区域的低磨损，从而保证润滑油在长时间内的低消耗，必须防止硬油焦沉积在活塞顶上而导致磨损。这是通过冷却活塞顶凹坑并通过限制其与气缸套的间隙来实现的。此外，活塞边缘被加高，以保护气缸壁，因而使燃料喷雾不能到达气缸壁表面。这可能需要限制喷雾的方向。

在气缸套的上部区域设置火焰环或校准环是减少磨损的另一种方法。在这一区域较小直径的校准环和活塞是为了防止积炭沉积在活塞顶岸，在活塞向上运动时磨损缸套的接触表面（见图4-35）。

此外，缸套和活塞环材料的配合对缸套的磨损性能有决定性的影响。硬化的缸套表面（渗氮，感应淬火，激光硬化）通常与具有例如铬，铬陶瓷和等离子等涂层的活塞环组合。

恒定的润滑油消耗需要活塞环槽长期保持原来的几何形状。重油发动机活塞的特点是将硬化的压缩环槽布置在复合活塞的钢冠部位。

7. 压缩比

重油的发火稳定性受燃料的雾化质量，以及压缩终了时气缸内的最高温度和最高压力的影响。燃用重油需要选择高压缩比的燃烧室。随着行程/缸径比的增大，中速柴油机的压缩比 ε 大约为13~16，低速二冲程柴油机大约为11~14。由于随着压缩比的增加，当燃烧发生时燃烧室中的空气密度增加，在着火点的可燃混合气的温度峰值下降。此外，随着压缩比的增加，压力曲线和放热率曲线形状更加平滑，这可以降低氮氧化物的排放量。因此，高压缩比也有利于排放性能。

这里主要以四冲程发动机为例对燃烧室的设计进行说明，这需要考虑各种因素之间的协调，需要更大的发动机行程/缸径比。现代中速四冲程发动机有较大的行程/缸径比，可以达到 $s/D=1.5$（见图 18-35）。

目前，低速二冲程发动机行程/缸径比非常大（$s/D=4$）的原因，与发动机或者螺旋桨在相同的活塞平均速度下以最低速度运转有关，与它们对重油的适应性没有多大关系。这样可以允许螺旋桨具有尽可能大的直径，因此有最高的效率。

4.3.4 重油发动机的运行性能

4.3.4.1 发火性能和燃烧性能

以重油为燃料的柴油机的发火和燃烧性能一直有许多研究课题，其中大部分在参考文献［4-25］中被引用。芳香烃含量较高的燃料被证明容易导致发火困难。鉴于它们的分子结构，芳香烃在柴油机中抵抗热裂解的能力比烷烃、烯烃和环烷烃都强。

如果没有对发动机进行改进，那么当燃烧含有芳香烃的燃料时，就会有较长的着火延迟期。结果就会产生陡峭的缸内压力升高曲线。在极端的情况下，就会观察到可能产生过载机械负荷和热负荷的“工作粗暴”现象。

因此，必须识别可能产生问题的燃料，以防损坏发动机。低黏度、高密度芳香烃的性质表明它是可能产生问题的燃料。图 4-36 是以经验值为基础绘制的，它提供了燃料的可靠性随密度和黏度的变化而变化的信息。

计算碳芳香度指数（CCAI）是一个评价燃料在密度 ρ（在 15℃ 下 kg/m^3）和黏度 v（在 50℃ 下 mm^2/s）下发火性能的一个有用的指标，计算碳芳香度指数（CCAI）可用下列经验公式进行计算：

$$CCAI=\rho-141\log\log(v+0.85)-81$$

通常，较高的 CCAI 值预示着燃料的发火性能较差。

在绝大多数情况下，重油不会给市场销售的装备的燃烧系统带来任何问题。现代中速发动机当燃用柴油和重油时，气缸内的压力曲线略有变化。发动机燃用重油工作时着火延迟期趋向于稍微变长，最高压力有所降低，放热率（图 4-37）也略有不同。准确的评估表明，燃烧的开始点有所延迟，燃烧结束点相同，燃烧的最高速率几乎没有变化。

4.3.4.2 排放性能

重油发动机基本上是用来作为船用主机和辅机，以及在基础设施欠发达国家作为发电的固定发动机，它必须符合国际海事组织（IMO）或常常为固定柴油发电站提供资金的世界银行的排放法规。

国际海事组织（IMO）对氮氧化物排放量的限值是：

$$NO_x=45\cdot n^{-0.2}(g/kW\cdot h)$$

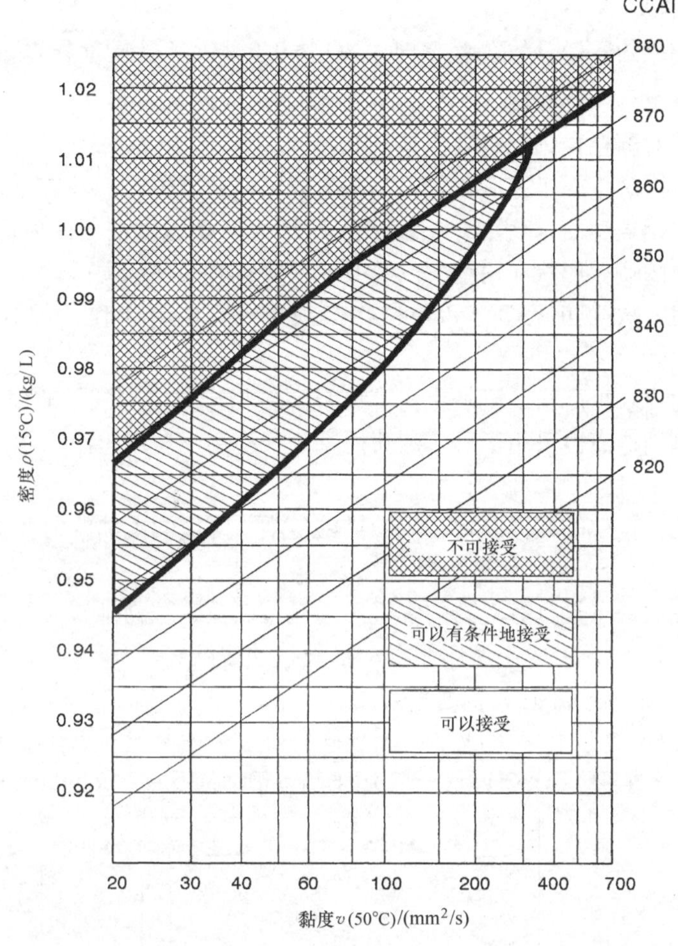

图4-36 燃料的可接受程度随密度和黏度的变化（根据Mak操作手册）

式中 n——发动机转速，单位是 r/min。

对二冲程发动机，在转速低于130r/min的范围内该限值是恒定的。排放值是根据ISO 8178-4标准加权测量4个功率点得到的。加强监管和降低限值约30%的措施的落实正在准备之中。

国际海事组织（IMO）没有规定对颗粒物排放的限制。对基于不可见烟雾排放的船舶经营者的要求，应符合Bosch烟度SN<0.5。

世界银行对氮氧化物排放的限

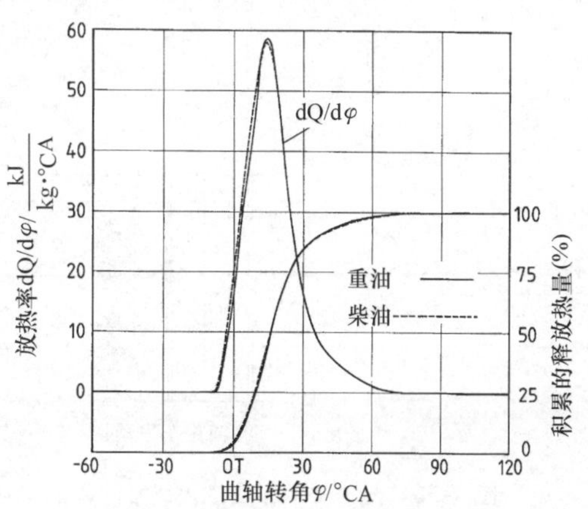

图4-37 燃用柴油和重油工作时的放热率和积累的释放热量

值是：

当废气中氧的质量分数在15%时，$NO_x=940\times10^{-6}$（质量分数）。

世界银行也有降低限值（$NO_x=710\times10^{-6}$）的计划。

世界银行对颗粒物排放的限值是 $PM=50mg/m^3$。

在发动机内防止产生氮氧化物以符合上述限值的措施，主要是降低在形成氮氧化物过程中的燃烧温度。例如包括提高增压压力，延迟供油开始时间，提高压缩比，产生需要的喷雾形状和角度，以及改变配气正时实现米勒循环。

另一方面，减少可见烟雾和颗粒物必须提高在临界工作范围内的燃料气体温度。

对排放的要求越严格，氮氧化物排放与颗粒物排放之间的矛盾就越难以协调。因此，发动机制造商也采用了可变的喷射系统，适用于燃用重油工作，例如共轨系统和可变配气正时。

减少颗粒物排放的其他非常有效的措施包括：降低润滑油的消耗量和使用低含硫量的重油。

重油燃烧的特点是具有较高的废气不透光度以及颗粒物排放（炭烟）。

如果使用BOSCH专为小型车用发动机设计的滤纸法（见15.6.2.4节）进行测试，大型柴油机的废气不透光度通常会产生远低于1的非常低的测量值，造成了烟尘排放相对较低的假象。代表FVV（内燃机研究协会）的测量显示，低烟尘排放的推断仅适用于普通柴油。BOSCH烟度SN用于测量重油是没有意义的（见图4-38）。

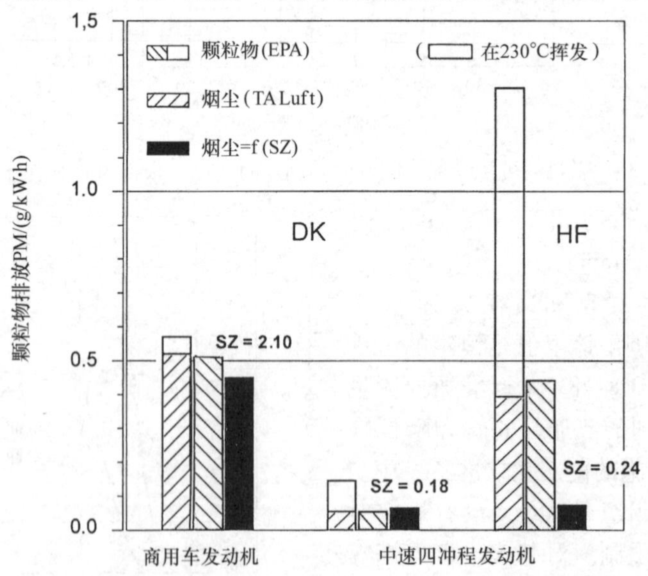

图4-38　烟度SN和用烟度SN计算的烟尘排放、基于TA Luft的烟尘排放，以及颗粒物排放与美国环保局的测量一致。中速发动机（$s/D=320/240$mm/mm）在全负荷下使用重油IF 380（HF）与老式货车发动机在全负荷下的数值进行比较

根据 VDI 2066 标准确定的烟尘排放可能比由相关方法通过烟度 SN 计算的“烟尘排放”大许多倍。根据 ISO 8178 标准测量的颗粒物排放以及类似的污染物输入表明具有相对较严重的空气污染。燃油的硫含量是根本的影响因素，因为颗粒物的排放量随进入发动机的硫的流量近似线性增长。

因此，除了改善燃烧，像柴油一样限制重油的含硫量（见 4.1 节）似乎是显而易见的追求目标。第一步，国际海事组织在全球限制燃油的硫含量为 4.5%，在波罗的海，北海和英吉利海峡为 1.5%。截至 2010 年，船上发电的辅助柴油机，只允许使用最大硫含量为 0.1% 的燃料在港口运行。

4.3.5 重油发动机的润滑油

以重油作为燃料的柴油机必须使用专门为它们开发的润滑油。

当确定对这些润滑油的要求时，应用于两种完全不同的发动机的润滑油存在明显区别。

1. 二冲程十字头式发动机

二冲程十字头式发动机因为由活塞杆填料函产生密闭，因此在气缸区域和曲轴箱有独立的润滑系统。而筒状活塞发动机的气缸和曲轴箱是相互联通的。

十字头式发动机单独的气缸润滑是纯损失润滑，即气缸润滑系统不断补充所消耗的润滑油。气缸润滑油必须具备以下质量来完成或支持下列重要功能：

1）良好的润湿和分布能力，以确保在气缸表面上的均匀分布。

2）良好的中和能力，以防止在燃料中的硫含量高造成的腐蚀。

3）高清洗能力（清洗效果），以防止燃烧残留物的沉积。

4）高氧化安定性和热稳定性，防止润滑油分解产生沉积物。

5）高承载能力，防止高磨损和卡滞的风险。

测量每克润滑油中所含氢氧化钾毫克数（mgKOH/g），总碱值（TBN）可以作为衡量润滑油的中和能力的指标。

十字头式发动机典型的气缸润滑油具有 SAE 50 和 TBN 70 ~ 90 的黏度值。

黏度等级为 SAE 30，总碱值 TBN 约为 6mgKOH/g 的添加剂含量相对较少的润滑油，可以作为十字头式发动机的润滑油。

2. 四冲程筒状活塞发动机

与十字头式发动机不同，四冲程筒状活塞发动机的气缸和曲轴箱之间没有隔开。因此，高温高压的燃烧气体不断作用于筒形活塞发动机的润滑油。特别是当循环的润滑油量较低（相对于输出功率）和润滑油的消耗量较低（低添加量）时，酸、积炭和沥青等残留物与重油燃烧产生的固体颗粒一起进入润滑油中。润滑油的承载能力除了受燃料的质量影响以外，还受发动机的维护、活塞环的密封效果以及润滑油的处理等工作条件的影响。此外，润滑油的添加通常不做改变，即必须在数千工作小时发挥它的功能。

筒状活塞发动机润滑油与重油兼容将产生以下要求：

1）高氧化安定性和热稳定性，以防润滑油产生漆膜和积炭类沉积物。

2）对酸性燃烧残留物的高中和能力，以防腐蚀。

3）特别良好的清洁和污垢悬浮能力（清净剂/分散剂的作用），以中和积炭和越来越多的沥青状燃烧残留物。

4）应特别仔细地匹配清净剂/分散剂这两种添加剂，以有效清洁在分离器和滤清器的润滑油。

5）低乳化倾向和活性成分对水的低敏感性，以保持对润滑油的有效保护，避免添加剂的过早损失。

此外，对其承载能力、良好的消泡性和较低的蒸发性都有很高的要求。

燃用重油的筒状活塞发动机使用的典型润滑油的黏度为 SAE 40 和 30 ~ 40 的 TBN 值。

4.4 气体燃料和气体燃料发动机

4.4.1 历史回顾

目前的汽油机的前身，是最初的火花点火气体燃料内燃机，它是利用从煤或木材获得的发生炉煤气或城市煤气作为燃料的。当时的发动机的制动平均有效压力和热效率都比较低。只有更容易存储的液体燃料——汽油被使用后，车辆才开始实现远距离机动。有了汽油机以后，气体发动机只作为固定发动机小规模使用。在钢铁厂回收高炉煤气等措施，已经从工业界的集体记忆中消失了。鲁道夫·狄赛尔最初也曾设想用气体作为他的新型合理热机的燃料。这使得 Krupp（克虏伯）与 MAN 公司一起对试验发动机的构造产生了浓厚兴趣。最近在大型柴油机上使用氢作为燃料的试验使狄塞尔的想法再现。燃气发动机通过充分利用稀薄燃烧的潜力以减少废气排放，已经能够达到柴油发动机的水平，特别是在热电联产机组发电方面。关于更多热电联产（Chp）的内容见 14.2 节。

4.4.2 气体燃料及其参数

4.4.2.1 燃气发动机的气体燃料

表 4-10 列出了用于燃气发动机的最重要的气体燃料的燃烧特性值。纯气体只出现在如天然气的气体混合物中。只有氢可以作为可能提供的纯气体使用。沼气是诸如粪便、花园剪枝或秸秆等生物分解产生的可再生气体燃料。沼气的使用可以从两个方面缓解环境压力：一是可以防止甲烷释放到大气中，二是可以节省化石燃料。它们的基本成分是 40% ~60% 的甲烷和二氧化碳。此外，它们还可能含有有害物质，例如氯亚硫酸盐、氟硫和氢硫化物。当这些燃料被燃烧时，可以将它们从

环境中去除。用于计算液体燃料燃烧的相同的燃烧特性原则上适用于气体燃料（见 1.2.3.1 节）。然而，在标准状态下的气体体积 m_n^3 往往被选择作为参考值。

表 4-10　在标准状态下气体燃料的最重要的参数（表 3-5，第二版）

气体种类	热值 H_u /(kWh/m_n^3)	需要的最小空气量 L_{min} /(m^3/m^3)	可燃混合气的热值 h_u /(kWh/m_n^3)	甲烷值 MN —
甲烷	9.97	9.54	0.95	100
天然气 L	9.03	8.62	0.93	88
天然气 H	11.04	9.89	0.96	70
丙烷	25.89	23.8	1.03	34
正丁烷	34.39	30.94	1.03	10
堆填区沼气	4.98	4.73	0.86	>130
沼气	6.07	5.80	0.89	130
焦炉煤气	4.648	4.08	0.91	36
一氧化碳	3.51	2.381	1.038	75
氢气	2.996	2.38	0.89	0

天然气中的碳氢化合物主要是 C 和 H 原子组成的链状结构的烷烃，其分子结构式为 C_nH_{2n+2}。最简单的烃是甲烷 CH_4，接着是乙烷 C_2H_6、丙烷 C_3H_8 和丁烷 C_4H_{10}。它们在标准状态下都是气态。分子链结构的变化被称为异构，在丁烷中已经开始出现。因此，尽管摩尔质量保持一致，但异丁烷与其标准形式（正丁烷）相比物理性质已经发生变化（见表 4-11）。这些因素必须被考虑到，特别是当工业废气在燃气发动机中被利用时。

表 4-11　异构对丁烷的燃烧特性数据的影响（表 3-6）

C_4H_{10}	在空气中气体的体积百分比 λ_u	在空气中气体的体积百分比 λ_0	自燃温度 /K	摩尔质量 /(kg/kmol)	密度 /(kg/m_n^3)	在 101.325kPa 的沸点/K
异丁烷	1.8	8.4	733	58.123	2.689	261.431
正丁烷	1.9	8.5	678	58.123	2.701	272.65

4.4.2.2　燃烧参数

1. 燃料热值和可燃混合气热值

丁烷的热值 H_u = 34.4kWh/m_n^3，是用于燃气发动机的气体燃料中最高的（见表 4-10）。单质气体氢气具有 2.99kWh/m_n^3 的最低的热值。这些单一气体的热值之间的差别达到 11 倍以上。将它们混入诸如二氧化碳或氮气等惰性气体，将使得这种差别更大。燃气发动机仍能利用的有足够 H_2 成分的“最弱”的低能量混合气的热值大约为 0.5kWh/m_n^3，即稀混合气与浓混合气的热值之比可以高达 1∶60。这些热值的差别是由于 C 和 H_2 成分不同造成的，这也影响化学计量完全燃烧需要的最

小空气量 L_{min}。相比之下，将 H_u 和 L_{min} 结合起来可以求出可燃混合气的热值 $h_u = H_u/(1+\lambda_v L_{min})$，它对于能量的产生具有决定性的影响。

2. 甲烷值

甲烷值（MN）是由甲烷（MN = 100）和氢（MN = 0）的体积混合比定义的，因而可以直接提供混合气的爆燃极限的信息。甲烷值接近100意味着爆燃极限高，甲烷值接近零意味着爆燃极限低。因此，体积分数20%的 H_2 和80%甲烷 CH_4 混合气体的甲烷值为80。Cartellieri（卡尔泰列里）和Pfeifer（普法伊费尔）还同时在单缸CFR试验发动机上测试其他单质气体和混合气的甲烷值，确定它们在过量空气系数 $\lambda = 1$ 下的定义。

三组分气体混合物的甲烷值可以用三元相图确定。其中也包含恒定气体成分的恒定甲烷值的参数线。图4-39所示说明了阅读这种图的方法：左图中的P点表示A、B、C三种成分所占的百分比分别为a、b、c。右边的图中还包含了恒定爆燃极限线或通过P的甲烷值。

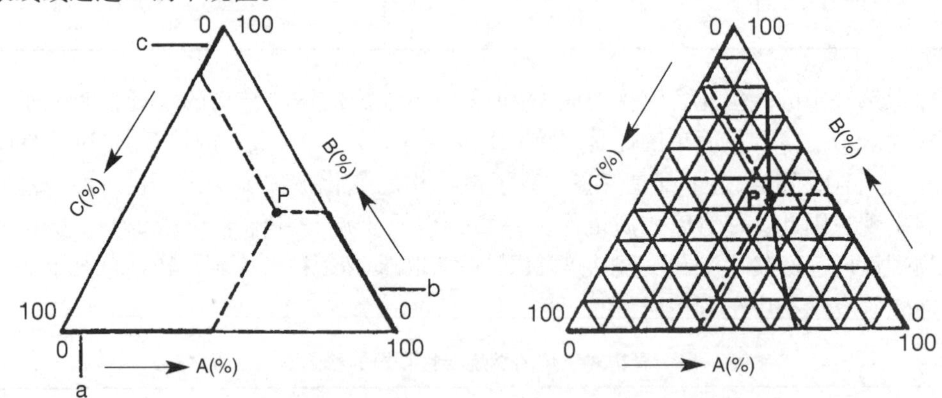

图4-39 绘制三元相图确定三种气体混合物的甲烷值

图4-40是由三种主要成分：甲烷、二氧化碳和氮气组成的沼气的甲烷值的三元相图。

各厂商都销售计算甲烷值的程序。AVL公司开发的程序主要在欧洲使用。当用于氢气混合物时，它可能移向“稀”的一侧，这取决于工作点的 H_2 体积分数。然而，由于计算是基于过量空气系数 $\lambda = 1$ 进行的，因此甲烷值不能准确说明混合气体的爆燃特性。

3. 层流火焰速度

层流火焰速度指在层流条件下的火焰传播速度。它是化学当量条件下的最大值，并随混合气的逐渐变稀和变浓（$\lambda < 1$）而降低。各种气体燃料具有不同的层流火焰速度特性（见图4-41）。

4. 着火极限

单一气体的着火极限主要受混合气成分的影响（图4-42）。着火极限可以确定

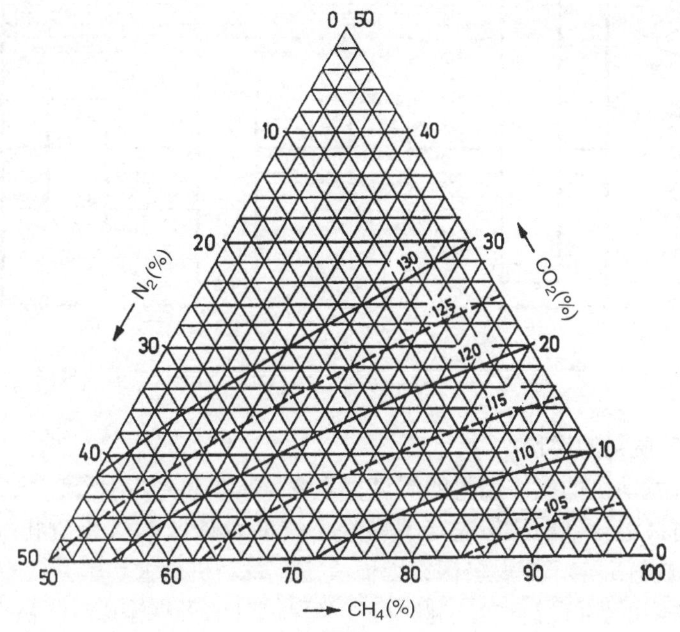

图4-40　由甲烷、二氧化碳和氮气组成的沼气的三元相图

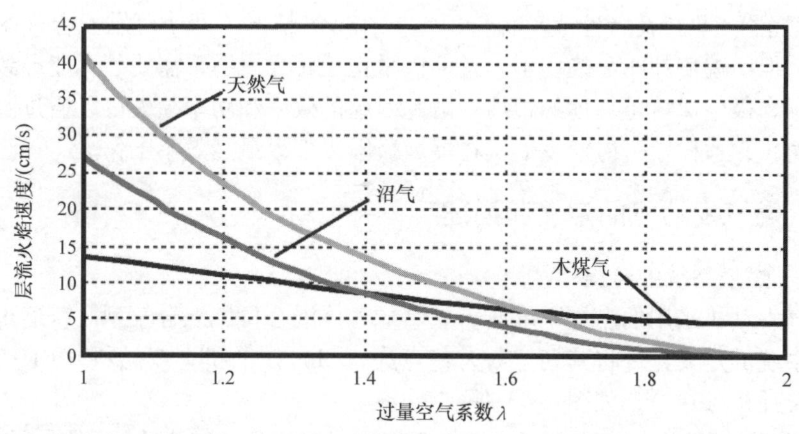

图4-41　过量空气系数对层流火焰速度的影响

低于或者等于化学计量的仍然能够着火的空燃比。氢气具有最宽的着火极限范围，甲烷具有相对较窄的着火极限范围。因此，最重要的是要了解混合气形成的过程，以便采取适当措施保证可燃混合气在燃烧室内的燃烧。当氢气作为燃料时，对混合气的形成或燃料供给系统的要求是相当宽松的。天然气作为燃料时对混合气均匀性的要求特别高，尤其是在混合气非常稀的情况下更是如此。

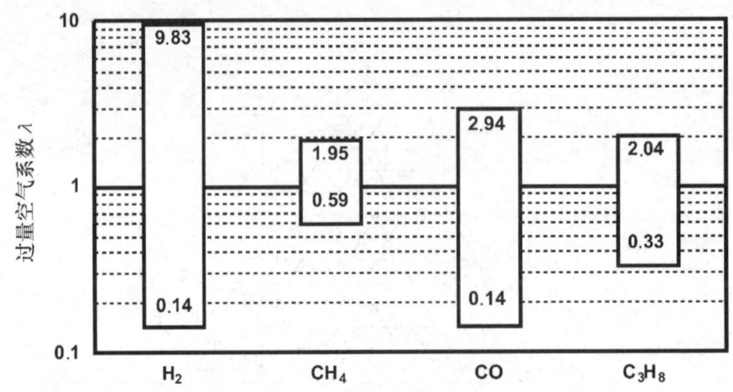

图4-42 单一气体氢气、甲烷、一氧化碳和丙烷的着火极限

4.4.2.3 燃气质量的评价

用于燃气发动机的气体燃料的质量，主要是根据可燃混合气的热值和甲烷值进行评价的。可燃混合气的热值决定了燃气系统的设计（燃气压力和气门开启持续时间），而甲烷值决定了爆燃极限，因而决定了发动机最大功率。

将不同来源的燃气混合在一起，可以确保燃气的可靠输送。天然气可以根据气体家族的允许极限混入基础气体。通常，气体混合（通常是丙烷/丁烷气体混合）是按照这样的方式进行的，即它们的可燃混合气的热值或沃泊（Wobbe）指数（燃气燃烧器的热负荷特性值）保持恒定。在这种情况下即使可燃混合气的热值是恒定的，但甲烷值却明显改变了。发动机平稳运转无爆燃，需要与可能导致发动机损坏的爆燃极限保持足够远的距离。由此引起的效率和功率损失可以通过激活爆燃控制来防止，这样就可能使发动机在爆燃极限以下以最高效率工作。

4.4.3 燃气发动机的定义和描述

4.4.3.1 燃烧系统的分类

燃气发动机采用的燃烧系统属于点燃式气体混合可燃混合气型。普遍可以接受的燃烧系统的定义允许将其划分为火花点火（SI）发动机，双燃料（DF）发动机和燃气柴油机（DG），如图4-43所示。

SI和DF发动机的工作基于汽油机系统，只是它们的点火形式不同。然而，在燃气柴油机（DG）中均质混合气是通过少量的柴油（引燃燃料）辅助气体燃料自燃的，因此符合柴油机的原理。

1. 火花点火（SI）发动机

基于汽油发动机系统，火花点火发动机的均质可燃混合气是在燃烧室外形成的。可燃混合气主要在发动机进气管，或者对于增压发动机来说是在压气机后方或进气门前方形成的。因此，要求燃气的压力必须高于进气压力或者充气压力。

用火花塞可以实现电子点火，对预燃室式发动机电热塞点火也是可能的，但需

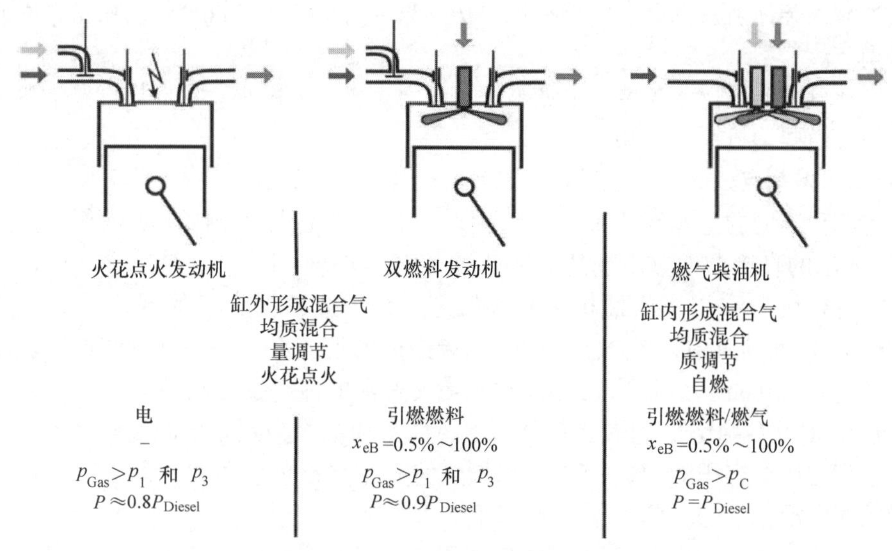

图4-43 燃气发动机燃烧过程的定义

要控制进入预燃室以触发燃烧的燃气的供给。发动机的功率取决于所供给的可燃混合气的数量，因此它属于量调节。

柴油机的压缩比用于火花点火发动机，必须调整到所用燃气的爆燃极限（甲烷值），以保证可燃混合气不会自燃。这大概会比柴油系统降低功率20%以上。

2. 双燃料（DF）发动机

柴油机和火花点火（SI）发动机在其点火类型和混合气形成方面彼此相像，因此以汽油机系统为基础工作，根本差别是点火源的类型不同。与SI发动机电火花点火不同，DF发动机着火是由喷射柴油，即所谓的引燃燃料引起燃烧的。实际上，对于双燃料发动机也可以将引燃燃料增加到100%，即使用纯柴油使发动机工作。微引燃发动机限制引燃燃料的使用，起动发动机时使用柴油，在全负荷时需要喷射的引燃燃料约占体积分数的10%～15%。由于它的混合气的制备和传送类似于火花点火（SI）发动机，这种燃烧系统的发动机功率也是由供给的可燃混合气的数量决定的，因此也属于量调节。

一方面由于引燃燃料必须自燃，另一方面，为发动机运行提供主要能源的均质可燃混合气不能有爆燃的倾向，即它必须有足够高的甲烷值，双燃料（DF）发动机要求比火花点火（SI）发动机的压缩比有较少的降低。生产柴油机的应用工程不需要更换双燃料发动机的喷油装置，双燃料发动机与火花点燃发动机一样具有点火系统（喷油泵）和火花塞（喷油嘴）。

3. 燃气柴油机（DG）

基于柴油机系统，燃气柴油机基本上是自燃，混合气的形成是通过将燃气喷入压缩空气中实现的。因此，燃烧室内的可燃混合气在着火时是非均质的。着火是通过额外喷入柴油引发的。燃气柴油机的功率只取决于喷入的混合气的质量，因此属于质调节。

发动机的压缩比不需要明显调整来保证引燃燃料的发火，因此燃气柴油机可以产生像普通柴油机一样的功率。

4.4.3.2 火花点火（SI）发动机

有两种不同的基本点火概念，直接点火和预燃室点火。除了少数例外，如图4-44a所示的直接点火应用于高速发动机（$n \geqslant 1500$r/min），缸径达到170mm。这基本上符合用于乘用车汽油机的点火概念。在燃烧浓混合气的低速（$n = 800 \sim 1200$r/min）发动机中，燃烧室内的火焰传播速度足够高，甚至可以使这种发动机的缸径达到250mm。缸径达到200mm或者更稀薄的稀燃发动机（$\lambda \geqslant 1.7$）需要预燃室点火（图4-44b），即燃烧室分为主燃烧室和被称为预燃室的副燃烧室，副燃烧室容积占压缩容积的1%～5%。副燃烧室有它自己的燃气供给装置，可以使预燃室的可燃混合气加浓到$\lambda \approx 1$，以保证点火可靠。

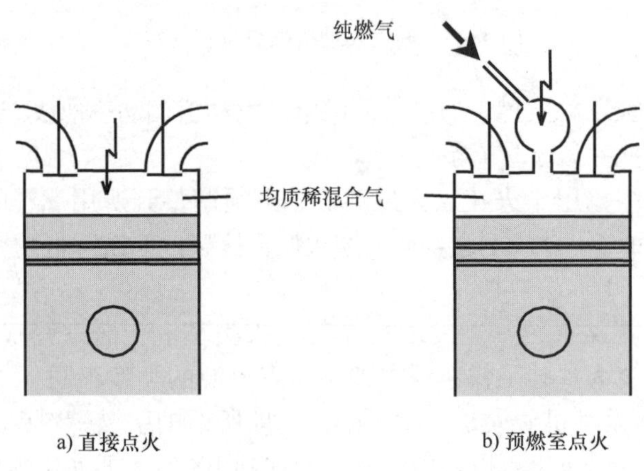

图4-44　火花点火发动机中的直接点火和预燃室点火

因此，预燃室的浓混合气可以保证过稀混合气（$\lambda \geqslant 2.2$）的可靠点火。高速火花点火发动机能实现NO_x的排放符合空气质量控制技术指导［Technical Instructions on Air Quality Control（*TA Luft*）］的要求，即在有效热效率超过45%的情况下NO_x的排放在250～500mg/m_n^3的范围内。

预燃室也用于缸径小于200mm的稀燃发动机，以改善火花塞的点火条件（见4.4.4.3小节）。

4.4.3.3 双燃料（DF）发动机

双燃料发动机通过喷入气缸的柴油（引燃燃料）的自燃引燃可燃混合气。鲁道夫·狄赛尔已经指出这一系统点燃如煤粉这样的燃料比较困难。

引燃燃料的量会从根本上影响双燃料发动机NO_x的排放水平。由于通过喷射引燃的可燃混合气的燃烧循环会产生接近双倍的 NO_x 值（1500 ~ 2000mg NO_x/m_n^3），当引燃燃料的体积分数超过5%的情况下（双燃料发动机），NO_x 的限值目前只能在具有 SCR 催化器时才能得到满足。大量减少引燃燃料达到大约全负荷量的0.5%（如微引燃发动机）后，即使在没有废气后处理的情况下，也可以实现 NO_x 的排放值达到500mg/m_n^3（*TA Luft* 限值）。

双燃料发动机的优点是当燃气用完时具有作为柴油发动机继续运转的能力（主要是作为重要的应急动力使用）。发动机作为柴油机起动，然后使作为主能源的燃气可以接着混入进气流中。这种类型的发动机主要燃用大量低热值和低可燃性气体，如惰性气体比例较高的气体。

这种发动机的缺点是需要相对较高甲烷值的燃料，因为必须选择合适的压缩比，以保证在起动发动机时柴油足以自燃。当燃气或可燃混合气具有较低的甲烷值时，必须采取例如导致减少或者“变稀”等对策，通过用大量的引燃燃料替代燃气能源成分，保证工作时不发生爆燃燃烧。富氢合成气是特别有问题的，因为它意味着必须接受或者仅中等水平的平均有效压力（自然吸气发动机的水平），或较高的柴油燃料消耗。

4.4.3.4 燃气柴油机

燃气柴油机的概念，其特征在于混合气在燃烧室内形成。高压燃气从引燃区上游喷入，随后由柴油喷注引燃。气体的发火性能是次要的，这种方法甚至可以使用低甲烷值气体，不需要特殊措施。燃气柴油机的发展是基于这样的高压气体（约200bar）的存在，像在压缩天然气罐的“副产品”的积累，或者在石油工业钻井平台或泵站可以得到高压气体。由于所需的气体压力必须高于最终的压缩压力，供气系统必须满足这一要求（抗压性和安全性）。

这种发动机的效率几乎和柴油机一样高。但是，任何基于引燃点火概念工作的发动机的 NO_x 排放都需要装有脱硝催化剂的废气后处理装置。

4.4.3.5 氢燃料燃气柴油机的工作

在未来，努力利用替代燃料和减少发动机排气污染将使人们对氢高度重视，只要氢不是由使用矿物燃料发出的电通过电解而获得的。业界已经着眼于能够在大型柴油机上使用氢，相关的测试是在一台缸径为240mm的单缸柴油机上进行的。在目前的发展阶段，氢压缩到300bar，在上止点稍前时由喷射阀提供给发动机，喷射阀有几个喷孔，替代了中央喷嘴。在试验过程中，压缩比由原来的柴油机的 $\varepsilon = 13.7$ 增加到16.8 ~ 17.6。相对于柴油机通常的负荷调节，空气/氢气混合气的着火范围允许相当大范围的质调节。在增压发动机上进行运转试验，对应的升有效功为 $w_e = 1.9\text{kJ/dm}^3$，制动平均有效压力约为19bar，业界评估未来的进展可以达到25bar。这可与目前船用柴油机的功率水平相媲美。

氢燃料燃烧时不产生烟尘，温室气体二氧化碳和一氧化碳，碳氢化合物也只会以非常小的浓度出现。氮氧化物是唯一值得关注的成分，它们的浓度超过了排放优化的柴油机的排放水平。可燃混合气较强的不均匀性和具有高转化率的极短的燃烧持续时间，导致了燃烧室的局部高温，从而增加了NO的形成，可以被认为是这一问题的原因。以氢气为燃料的燃气柴油机的发展需要在这方面作出努力。废气后处理系统可以降低NO_x排放，因为能够在提高排气纯度方面具有非常有效的功能，可能成为必备的装置。

尽管氢动力柴油机从目前的条件看仍然是一个很难实现的选项，但它已经实现了鲁道夫·狄赛尔的两个愿望，即他的合理热机的无烟尘运转，以及对气体燃料的适应性。

4.4.3.6 车用燃气发动机

以$\lambda=1$概念为基础的柴油机衍生的火花点火发动机被用于市政车辆、通勤车辆与公共交通车辆。这些车辆使用压缩到200bar，储存在顶罐内的天然气（CNG）作为燃料。它们很容易像柴油机汽车那样被改装和处理。

对稀燃发动机（$\lambda\geqslant1.7$）的系统开发正在明显扩展提高功率、效率和行驶里程的选项。为满足较低的燃料消耗和最小排放下对较高功率的要求，在传统柴油机上已经产生了许多改变，例如燃烧室形状、活塞设计、气缸盖和缸套强化冷却、润滑油消耗、燃油系统和发动机控制等。因此，当今的车用燃气发动机表现出独立的发展方向。

工业机车的燃气发动机现在应该被视为一个例外。然而，在具有特殊环境法规要求的区域工作时，它们是必要的。

4.4.4 混合气的形成和点燃

4.4.4.1 混合气的形成

与车用汽油机类似，燃气发动机混合气的形成方式也可以进行如下区分：

1）通过混合气形成装置或气体混合器在中央形成混合气（对应于单点喷射）。

2）在进入燃烧室之前在进气道，或者在发动机的燃烧室内单独形成混合气（对应于多点喷射）。

增压燃气发动机的中央气体混合器可布置在增压器组件的压气机之前或之后。布置在吸气侧是有利的，因为它只需要较低的预压力，可以使用沼气或者堆填区沼气（30~100mbar）。在压气机中均质混合气可以产生另一个优点，能够为V形发动机每一列气缸都提供完全相等的空燃比。将气体混合器布置在压力侧（p_2）需要相对较高的燃气预压力，这一压力必须根据具体情况由内部的气体压缩机产生。此外，为防止出现燃气流中断的风险，它更适合从气体混合器的下游连接一个均质装置。

各缸单独形成混合气通常用于大型发动机（$D>140$mm）。如果不是自然吸气发动机，那么燃气压力水平必须随增压空气压力相应提高。在这两种情况下，都需要额外的进气阀，这就要求在缸盖的设计上必须有所变化。当使用节气门调节空气供给以控制转矩时，燃气阀的流通截面必须进行调整，以保证可燃混合气可以继续被点燃。增压发动机所需的空气质量流量通过使用排气旁通阀（排泄阀门）、压气机旁通阀或者可变几何涡轮（VTG）控制增压压力进行调节，转矩的改变或者是通过根据负荷对燃气压力控制的方法，或者是利用具有可变打开持续时间的进气阀的方法进行调节。

4.4.4.2 气体混合器

大多数气体混合器是根据文丘里原理工作的：文丘里喷嘴位于在进气流流通截面最窄的部位，这样可以降低静压力。此处，有两个通过环形通道相互连通的孔允许燃气进入（图4-45）。由于在入口处存在压力差，因此流入的燃气的质量流量也随着气缸充气量的增加（例如当发动机转速增加时）而增加。由于燃气和空气的密度同时变化，必须要有额外的控制功能以保持希望的空燃比。

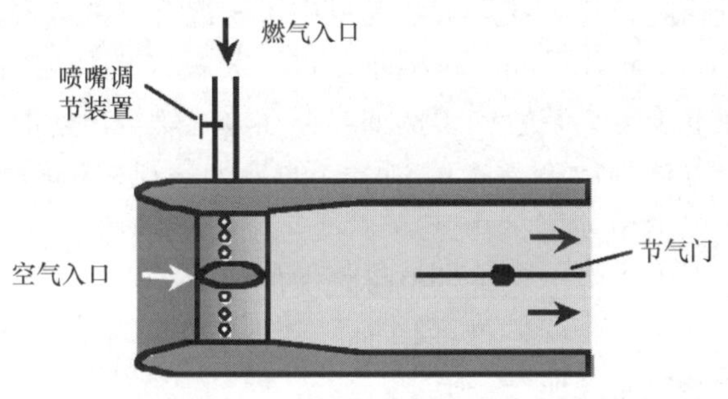

图4-45 文丘里式混合器

可变限值气体混合器（IMPCO）经常使用在低排放要求的发动机上。图4-46示出了其基本原理。这种类型的气体计量阀的显著特征是其外形，它可以相对容易地获得根据空燃比曲线变化的气体质量流量。当需要其他的特性时，控制阀的形状就能适合于所需的混合比。位于真空室的弹簧可以提供另外的控制功能的潜力。这种类型的气体混合器可以安装在吸气侧或压力侧。由于它没有电子执行器，因此一个明显的优势是结构简单。但是，当它被调整时，固定的设置对应着相应的几何位置，因此对应着一个特定的空燃比值，这是它的缺点。这种混合器没有对热值或者环境条件（进气温度和大气压力）的改变进行补偿的任何控制功能。

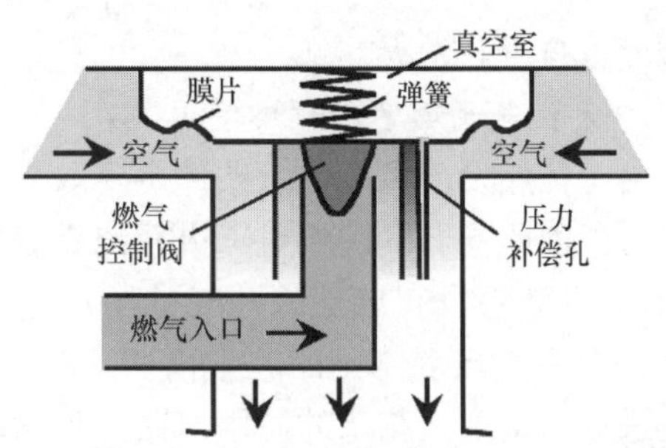

图4-46 可变限值混合器

其高流动损失和随之而来的充气损失，使得这类混合器适合具有高升功率的增压燃气发动机。

另一个普遍的基本概念是利用空气和燃气流通截面面积比调整混合比。一个已经比较陈旧的基本思路，相当于可变喉管化油器，是由 Ruhrgas AG 在 1980 年代中期采用，并改进成目前的产品（HOMIX 品牌）。

这一概念用于稀薄燃烧发动机的优点是，在工作过程中调节空气/燃料流通截面面积比相对容易。这种类型的气体混合器总是需要一个压力调节器（零压力调节器），调节气体供入的压力达到压气机前的吸气管的供入压力条件。

为了调节燃气系统的压力达到在燃气发动机形成可燃混合气所需要的压力水平，就需要所谓的燃气阀组。除了调节压力，燃气阀组或“气路”通常将所需的安全设备集成在一起。

4.4.4.3 电点火系统和火花塞

与车用汽油机相同，在火花点火发动机中可燃混合气的点燃是借助于火花塞完成的。直到 20 世纪 90 年代早期，机械驱动点火装置（例如来自 Altronic）被电子点火装置取代。在电子点火装置中，例如当存在爆燃燃烧风险时，由晶闸管控制电容器放电，可以很方便地改变点火时刻。它的最大潜在栅极触发电压（供给栅极的触发电压）和电弧放电所需的电压（栅极触发所需的电压）的区分是非常重要的。其数值主要是由中心电极和搭铁电极之间的间隙决定的。所需的栅极触发电压也随着点火时刻气缸内的空气密度的增加，因而随着升有效功 w_e（或者制动平均有效压力 Pm_i）的增加而增加。

市场销售的贵金属（铂，铱或铑）电极保护火花塞，例如 Champion RB 77WPC 和 Denso 3－1，可以增加火花塞在固定发动机上的使用寿命。有些发动机制造商也自行开发火花塞。

1. 无扫气预燃室和预燃室火花塞

由于稀燃发动机的点火条件主要取决于燃烧室内的条件，例如充气运动和非均质混合，因此稀燃发动机对点火系统具有特殊要求。措施之一是使用预燃室火花塞（无扫气预燃室没有自己的燃气供给）。火花塞安装在由几条相对较小的通道（传输孔）与主燃烧室连接的腔室内。这为火花塞建立了恒定的点火条件，点火条件的改进可以增加火花塞的使用寿命。预燃室式发动机可以使用过稀混合气，从而比统一式燃烧室产生更低的 NO_x 排放。

2. 激光点火

采用脉冲激光点燃燃烧室内的混合气的概念正在发展过程中，以替代使用火花塞点火的电子点火系统。通过对燃烧室的光学连接，光缆可以将来自激光源的激光聚焦到燃烧室的任何地方，以这种方式实现对混合气的点燃。由于其工作原理，它的优点是不存在火花塞的耗损。此外，激光点火还可以在燃烧室内实现多个点火源，从而产生非常快速的混合气燃烧速率。

激光点火的发展目标是具有稳定的燃烧室的光学接入性，激光源和燃烧室之间的功率损失的最小化，并降低整个系统的成本。后者是妨碍激光点火系统在生产中使用的主要因素。设想未来的火花点火发动机制动平均有效压力达到30bar，对应的升有效功达到 $w_e = 3.0\text{kJ/dm}^3$，只有通过激光点火才可能实现。

4.4.5 燃气发动机的排放

4.4.5.1 均质混合气的燃烧

如图4-47所示，作为过量空气系数 λ 的函数，一氧化碳、总的碳氢化合物和氮氧化物的排放特性是在典型的均质可燃混合气燃烧时产生的。尽管在化学当量混合气以后（$\lambda>1$）的燃烧随过量空气系数的增加CO和HC明显降低，但 NO_x 的排放在 $\lambda\approx1.1$ 时达到最大值，因为燃烧室内的温度以及氧气的供给在 $\lambda>1$ 时仍然非常高。当过量空气系数进一步增加时，NO_x 的排放水平降低，在 $\lambda\approx1.6$ 时达到非常低的水平，这是 *TA Luft* 排放控制法规可以接受的水平。图中的边界表示排放优化的燃气发动机的两种类型的运行：一种是化学当量燃烧（$\lambda=1$），另一种是 $\lambda\geqslant1.6$ 的稀可燃混合气燃烧。

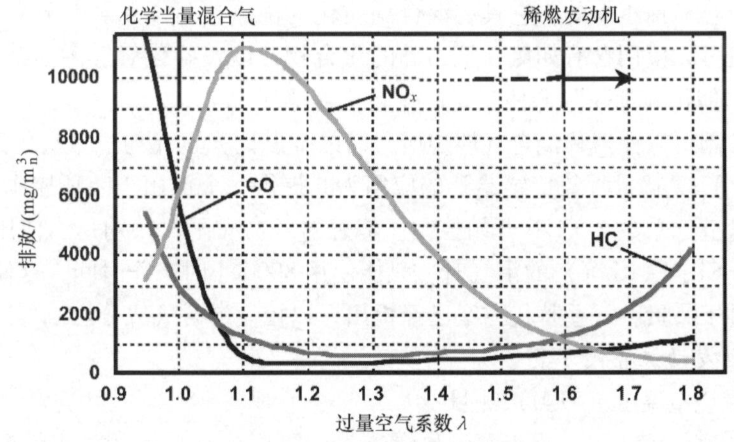

图4-47 过量空气系数与废气排放，降低氮氧化物的极限

欧洲排放控制的立法基本上是以德国的 *TA Luft* 标准（见15.2节）为基础制订的，但有值得注意的区别，即限值不是通常的根据功率确定的，而是根据在排气中的 O_2 体积分数为5%情况下的进气流量（m_n^3）确定的。这样，等量的气体燃料产生的功率值无关紧要，因为利用效率不进入排放值的计算。因此，个别国家如丹麦在确定未燃烧的碳氢化合物的限值时将净效率作为计算因子。排放限制不仅包括 NO_x、CO和HC，也包括非甲烷烃类（NMHC），烟尘或颗粒物排放（根据规定的测量程序，见15.6节）和可分为C1、C 2、C 3等的C类化合物，以及其他有害化合物。

4.4.5.2 燃用化学当量混合气的燃气发动机

如在车用汽油机上一样，化学当量空燃比是使用三元催化转化器通过后氧化或还原反应同时降低 CO、HC 和 NO_x 排放的先决条件。空燃比必须通过使用氧传感器进行控制，以保证催化转化器在很窄的 0.980 ~ 0.991 的“λ 窗口”极限范围内起作用。只有均质燃烧（$\lambda \approx 0.997$）才能有效地降低 NO_x。

石油灰分和气体燃料中有问题的气体所产生的影响，以及高热负荷的共同作用会降低催化转化器的效率，因此，维修和维护成本相对较高。这限制了三元催化转化器的适用功率较低，主要只能在自然吸气发动机上使用（$p_{me} \leqslant 8\text{bar}$ 或者 $w_e \leqslant 0.8\text{kJ/dm}^3$）。因此，废气涡轮增压和废气再循环的结合可以同时降低热负荷和 NO_x 的排放，因而可以降低成本。

4.4.5.3 稀燃发动机

1. 宽量程氧传感器混合控制

符合 *TA Luft* 标准限值的稀薄燃烧需要稀混合气增压，通过增压来补偿与稀薄燃烧相关的制动有效功的损失。预混合可燃混合气已被证明在废气涡轮增压器的压气机内是很容易预压缩的，它具有混合均质化的优点（见 4.4.4.1 节）。只有稀薄燃烧发动机可以使用含有如氯、氟、硅的化合物，以及硫化氢等污染杂质的沼气，因为这些“催化剂毒药”会使三元催化转化器瘫痪。

闭环控制可以保持稀混合气燃烧所必需的空燃比稳定（与过量空气系数等于 1 的运行相比）。“宽量程氧传感器”的应用为此提供一个可用于闭环控制的电信号，它只在过量空气系数 $\lambda > 1.6$ 开始控制。传感器寿命有限，特别是当使用含有极其有害成分（Cl、F、S 等）的沼气时，只能使用 8000 小时工作时间，这使得这一方案的成本过于昂贵。一些替代方案已经提出，以控制混合气成分。

2. 稀燃发动机替代方案

（1）燃烧室温度（TEM）测量

Deutz（道依茨公司）提出了测量燃烧室的测定体积单元的代表性温度以维持空燃比的设想。相对缓慢的传感器（热电偶）不能测量气缸盖底部凹槽的测定体积单元的真实温度。相反，它测量的是燃烧循环达到的平均温度，在这一温度下，在某一工况点测量并存储在控制器（TEM）内的平均 NO_x 排放被确定。

由于在虚假的平均温度过低信号下会使混合气加浓，同时缸内沉积物的隔离作用会降低传感器的灵敏度而产生更加不利的影响。另一方面，在爆燃区运行会在传感器产生更高效率的热传递，因此控制器会按照预期向“稀”的方向调整，因此可以防止爆燃的发生。

（2）LEANOX 系统

由 Jenbacher（颜巴赫）开发并获得专利的 LEANOX 系统采用在节气门后面检测压力和温度值的方法进行控制，这些检测值对应于发动机给定设置的燃油供给。

结合相关的氮氧化物排放值，就可以确定空燃比与氮氧化物的排放量之间存在的相关性。这一方案的优点是与发动机的工作寿命无关，发动机的工作寿命对测量没有影响。此外，控制器对于偏向“稀”的偏差的“理解”，等同于任何输出热量的降低，这会产生对工况有益的混合气加浓。

（3）电离传感器

卡特彼勒（Caterpillar）公司将电离传感器用于其大3600发动机和G－CM34系列发动机。它的基本原理是基于捕捉火焰前锋从火花塞传播到安装在靠近气缸套的电离传感器的速度。在“校准”期间，通过火焰速度可以确定NO_x的排放。但当燃烧的混合气非常稀（$\lambda>2.5$）时，传感器检测到的信号相对比较模糊，控制系统不再能够足够精确地进行控制。

（4）光辐射测量

研究结果表明，火焰辐射可以归因于氮氧化物的310nm OH带的辐射发光，两者存在着明显的相关性。随着运转周期的延长，燃烧室光辐射测量窗口的污染存在明显的不确定性。频繁调整传感器需求会使成本增加，限制了系统的精度，从而也限制了其应用。

（5）气缸压力测量

气缸压力选择性测量和在线进行热力学分析能够提供一个非常好的选择。这种方法的优点是具有能够用于控制和监测其他相关参数的能力，例如平均指示压力Pm_{i}、最高气缸压力、点火时刻、燃烧持续时间，甚至爆燃现象。这种方案（仍然非常昂贵）目前已用于大型船用柴油机的发动机管理目的。廉价且功能强大的计算机与新型传感器和压力测量方法结合起来，在未来可以促进这一方案在燃气发动机上的使用。

3. 废气后处理

（1）氧化催化剂

*TA－Luft*标准限制燃气发动机的CO排放≤650mg/m_n^3。先进、效率优化的燃气发动机的原始排放约为800～1100mg/m_n^3。一氧化碳主要是燃烧过程中不完全燃烧造成的。甲醛是甲烷氧化的中间产物。当氧化催化转化器（使用贵金属）转化能力足够大时，两种排放成分和较高的碳氢化合物可以大大降低。

（2）热后氧化

热后氧化应用于排气效率优化的燃气发动机上，以减少部分燃烧或未燃成分，它包含上面提及的有问题气体的沼气，那些气体是“催化剂毒药”，可以立即使氧化催化剂失去作用。根据混合气燃烧的原理，在废气中存在足够的氧气。然而，氧化温度必须增加到>760℃才能使未燃成分氧化。恢复式或再生式换热器可以用来减少所需的能量。GE Jenbacher（颜巴赫）的CL. AIR系统已经为垃圾填埋气厂而建立。

参考文献

4-1 DIN EN 590 Kraftstoffe für Kraftfahrzeuge – Dieselkraftstoffe – Anforderungen und Prüfverfahren. Deutsche Fassung der EN 590 (2006) 3

4-2 Gerling, P. et al.: Reserven, Ressourcen und Verfügbarkeit von Energierohstoffen 2005 – Kurzstudie. Hannover: Bundesanstalt für Geowissenschaften und Rohstoffe (2007) 2 (www.bgr.bund.de)

4-3 Bundes-Immissionsschutzgesetz in der Fassung der Bekanntmachung vom 26. September 2002 (BGBl. I S. 3830), zuletzt geändert durch Artikel 3 des Gesetzes vom 18. Dezember 2006 (BGBl. I S. 3180), §§ 34, 37

4-4 Zehnte Verordnung zur Durchführung des Bundes-Immissionsschutzgesetzes: Verordnung über die Beschaffenheit und die Auszeichnung der Qualitäten von Kraftstoffen. BGBl. I (2004) 6, S. 1342

4-5 European Automobile Manufacturers Association (ACEA), Japan Automobile Manufacturers Association (JAMA), Alliance of Automobile Manufacturers (Alliance), Engine Manufacturers Association (EMA), Organisation Internationale des Constructeurs d'Automobiles (OICA) (Hrsg.): Worldwide Fuel Charter. 4th Ed. (2006) 9

4-6 DIN EN 14214 Kraftstoffe für Kraftfahrzeuge – Fettsäure-Methylester (FAME) für Dieselmotoren – Anforderungen und Prüfverfahren. Deutsche Fassung der EN 14214 (2004) 11

4-7 Richtlinie 2003/30/EG des Europäischen Parlaments und des Rates vom 8. Mai 2003 zur Förderung der Verwendung von Biokraftstoffen oder anderen erneuerbaren Kraftstoffen im Verkehrssektor. EU-ABl. L 123 (2003) 5, S. 42–46

4-8 World Business Council for Sustainable Development (WBCSD) (Hrsg.): Mobility 2030 – Meeting the challenges to sustainability. The Sustainable Mobility Project – Full Report 2004. Genf (2004) 7 (www.wbcsd.org)

4-9 Geringer, B.: Kurz- und mittelfristiger Einsatz von alternativen Kraftstoffen zur Senkung von Schadstoff- und Treibhausgas-Emissionen. MTZ extra: Antriebe mit Zukunft. Wiesbaden: Vieweg 2006

4-10 Schindler, V.: Kraftstoffe für morgen: eine Analyse von Zusammenhängen und Handlungsoptionen. Berlin/Heidelberg: Springer 1997

4-11 Hassel, E.; Wichmann, V.: Ergebnisse des Demonstrationsvorhabens Praxiseinsatz von serienmäßigen neuen rapsöltauglichen Traktoren. Abschlussveranstaltung des 100-Traktoren-Demonstrationsprojekts am 9. 11 2005 in Hannover. Universität Rostock 2005 (www.bio-kraftstoffe.info)

4-12 DIN V 51605 Kraftstoffe für pflanzenöltaugliche Motoren – Rapsölkraftstoff – Anforderungen und Prüfverfahren. (2006) 7

4-13 Rantanen, L. et al.: NExBTL – Biodiesel fuel of the second generation. SAE Technical Papers 2005-01-3771 (www.nesteoil.com)

4-14 Bourillon, C. (Iogen Corporation): Meeting biofuels targets and creating a European Biofuels Industry. 4. Intern. Fachkongress „Kraftstoffe der Zukunft 2006". Berlin, November 2006

4-15 DIN EN 228 Kraftstoffe für Kraftfahrzeuge – Unverbleite Ottokraftstoffe – Anforderungen und Prüfverfahren. Deutsche Fassung der EN 228, (2006) 3

4-16 DIN EN 15376 Kraftstoffe für Kraftfahrzeuge – Ethanol zur Verwendung als Blendkomponente in Ottokraftstoffen – Anforderungen und Prüfverfahren. Deutsche Fassung der EN 15376 (2006) 7

4-17 Fachagentur für Nachwachsende Rohstoffe (Hrsg.): Biokraftstoffe – eine vergleichende Analyse. Gülzow 2006 (www.bio-kraftstoffe.info)

4-18 Fachverband Biogas e.V. (Hrsg.): Biogas – das Multtalent für die Energiewende. Fakten im Kontext der Energiepolitik-Debatte. Freising 3/2006 (www.biogas.org)

4-19 Steiger, W.; Warnecke, W.; Louis, J.: Potentiale des Zusammenwirkens von modernen Kraftstoffen und künftigen Antriebskonzepten. ATZ 105 (2003) 2

4-20 N.N.: Biofuels in the European Union – A vision for 2030 and beyond (EUR 22066). European Commission, Office for Official Publications of the European Communities Luxembourg 2006

4-21 CHOREN Industries GmbH: Das Carbo-V®-Verfahren (http://www.choren.com/de/biomass_to_energy/carbo-v-technologie)

4-22 Steiger, W.: Die Volkswagen Strategie zum hocheffizienten Antrieb. 22. Wiener Motorensymposium 2001, Wien 4/2001

4-23 Steiger, W.: Potentiale synthetischer Kraftstoffe im CCS Brennverfahren. 25. Wiener Motorensymposium 2004, Wien 4/2001

4-24 Steiger, W.: Evolution statt Revolution. Die Kraftstoff- und Antriebsstrategie von Volkswagen. Volkswagen AG Forschung Antriebe 2007

4-25 Häfner, R.: Mittelschnellaufende Viertaktmotoren im Schwerölbetrieb (im Teillastdauerbetrieb). Jahrbuch der Schiffbautechnischen Gesellschaft Bd. 77. Berlin: Springer 1983

4-26 Groth, K. et al.: Brennstoffe für Dieselmotoren heute und morgen: Rückstandsöle, Mischkomponenten, Alternativen. Ehningen: expert 1989

4-27 Zigan, D. (Hrsg.): Erarbeitung von Motorkennwerten bei der Verbrennung extrem zündunwilliger Brennstoffe in Dieselmotoren im Vollast- und Teillastbereich. Schlußbericht zum Teilvorhaben MTK 03367. Krupp MaK Maschinenbau GmbH, Kiel 1988. TIB/UB Hannover: Signatur: FR 3453

4-28 Wachtmeister. G.; Woschni, G.; Zeilinger, K.: Einfluß hoher Druckanstiegsgeschwindigkeiten auf die Verformung der Triebwerksbauteile und die Beanspruchung des Pleuellagers. MTZ 50 (1989) 4, S. 183–189

4-29 Christoph, K.; Cartellierie, W.; Pfeifer, U.: Die Bewertung der Klopffestigkeit von Kraftgasen mittels Methanzahl und deren praktische Anwendung bei

Gasmotoren. MTZ 33 (1971) 10

4-30 Zacharias, F.: Gasmotoren. Würzburg: Vogel 2001

4-31 Mooser, D.: Caterpillar High Efficiency Engine Development – G-CM34. The Institution of Diesel and Gas Turbine Engineers (IDGTE) Paper 530. The Power Engineer 6 (2002) 5

4-32 Hanenkamp, A.; Terbeck, S.; Köbler, S.: 32/40 PGI – Neuer Otto-Gasmotor ohne Zündkerzen: MTZ 67 (2006) 12

4-33 Hanenkamp, A.: Moderne Gasmotorenkonzepte – Strategien der MAN B&W Diesel AG für wachsende Gasmärkte. 4. Dessauer Gasmotoren-Konferenz 2005

4-34 Wideskog, M.: The Fuel Flexible Engine. 2. Dessauer Gasmotoren-Konferenz 2001

4-35 Wärtsilä VASA Gas Diesel Motoren. Firmenschrift der Fa. Wärtsilä NSD

4-36 Mohr, H.: Technischer Stand und Potentiale von Diesel-Gasmotoren. Teil 1: BWK 49 (1997) 3; Teil 2: BWK 49 (1997) 5

4-37 Wagner, U.; Geiger, B.; Reiner, K.: Untersuchung von Prozeßketten einer Wasserstoffenergiewirtschaft. IfE Schriftenreihe. TU München: (1994) 34

4-38 Vogel, C. et al.: Wasserstoff-Dieselmotor mit Direkteinspritzung, hoher Leistungsdichte und geringer Abgasemission. Teil 1: MTZ 60 (1999) 10; Teil 2: MTZ 60 (1999) 12; Teil 3: MTZ 61 (2000) 2

4-39 Knorr, H.: Erdgasmotoren für Nutzfahrzeuge. Gas-Erdgas GWF 140 (1999) 7, S. 454–459

4-40 Geiger, J.; Umierski, M.: Ein neues Motorkonzept für Erdgasfahrzeuge. FEV Spectrum (2002) 20

4-41 Pucher, H. et al.: Gasmotorentechnik. Sindelfingen: expert 1986

4-42 Latsch, R.: The Swirl-Chamber-Spark-Plug: A Means of Faster, More Uniform Energy Conversion in the Spark-Ignition Engine. SAE-Paper 840455, 1994

4-43 Herdin, G.; Klausner, J.; Winter, E.; Weinrotter, M.; Graf, J.: Laserzündung für Gasmotoren – 6 Jahre Erfahrungen. 4. Dessauer Gasmotoren-Konferenz 2005

4-44 TEM-Konzept. Firmenschrift der Fa. Deutz Power Systems

4-45 LEANOX-Verfahren. Firmenschrift der Fa. GE Jenbacher

4-46 Pucher, H. et al.: In-Betrieb-Prozeßoptimierung für Dieselmotoren – Arbeitsweise und Chancen. VDI Fortschrittsberichte. Düsseldorf: VDI-Verlag 12 (1995) 239, S. 140-158

4-47 Raubold, W.: Online-Ermittlung von Zünddruck und Last aus der Zylinderkopfschraubenkraft. Diss. TU Berlin 1997

4-48 Eggers, J.; Greve, M.: Motormanagement mit integrierter Zylinderdruckauswertung. 5. Dessauer Gasmotoren-Konferenz (2007)

第5章　燃油喷射系统

5.1　喷射流体力学

对喷射系统喷射过程的描述需要应用流体力学、机械技术、热力学、电气工程和控制工程等跨学科方法的应用。喷射压力很高，对主喷射而言的预喷射每次喷射需要提供最小1.5mm^3的喷油量，并且要求在灵活、可选择的间隔内实现计量精度达到±0.5mm^3。这对模型和数值方法的质量提出了很高的要求。此外，可压缩流体中的过程属于极度瞬态。因此，组件受到气蚀侵蚀的威胁，并且可能激起高机械负荷的振动。由节流和摩擦损失引起的对燃料性能和喷油泵的轴承或柱塞/柱塞套间隙的实质影响，以及对燃料相当大的加热必须是可以量化的。

5.1.1　燃料状态方程

有关流体性质的知识，是对液压系统特性理解和建模的前提。密度ρ和比体积$v=1/\rho$描述了燃料和试验油的可压缩性。文献中包含了一些在高压试验室中，基于系统测量的液体的密度或比体积近似作为压力p和温度T的函数的方法。

首先，修正Tait（泰特）方程

$$
\begin{aligned}
v(p,T) &= v_0(T)\left(1 + C(T)\ln\frac{p + B(T)}{p_0 + B(T)}\right)\\
v_0(T) &= a_1 + a_2 T + a_3 T^2 + a_4 T^3 \qquad (5\text{-}1)\\
B(T) &= b_1 + b_2/T + b_3/T^2\\
C(T) &= c_1 + c_2 T
\end{aligned}
$$

已经证明了它可适用于环境压力下的柴油和试验油。

在喷射过程中，状态的变化如此迅速，以至于它们可能被认为是绝热过程。此外，具有微不足道的摩擦和动量损失的压缩和膨胀过程可以看成是可逆，因而是等熵过程。由于

$$a^2 = (\delta p/\delta\rho)_s = -1/\rho^2(\delta p/\delta v)_s \qquad (5\text{-}2)$$

适用于在等熵s下的声速$a(p,T)$，它的特征是线性压力波传播速率和局部等

熵压力变化。根据式（5-2），状态的等熵变化与温度的变化有附加的关联

$$(\delta T/\delta p)_{\mathrm{s}} = -T/(c_{\mathrm{p}}\rho^2)(\delta\rho/\delta T)_{\mathrm{p}} = T/c_{\mathrm{p}}(\delta v/\delta T)_{\mathrm{p}} \tag{5-3}$$

以下关系式是比热容 c 与在已知密度 $\rho(p, T)$ 下的声速之间的关系

$$\begin{aligned} c_{\mathrm{p}} &= (\delta\rho/\delta T)_{\mathrm{p}}^2/[(\delta\rho/\delta p)_{\mathrm{T}} - 1/a^2]T/\rho^2 \\ &= -(\delta v/\delta T)_{\mathrm{p}}^2/[(\delta\rho/\delta p)_{\mathrm{T}} + (v/a)^2]\cdot T \end{aligned} \tag{5-4}$$

因此，状态特性的描述是当 $\rho(p, T)$ 或 $v(p, T)$，以及 $a(p, T)$ 或 $c(p, T)$ 的关系建立时，在理论上完成的。然而，偏导数使方程极易受到误差的影响。因此，一个本质上是一致的精确的近似结果，很难通过有限的测量得到的状态经验公式来获取。根据 Davis（戴维斯）和 Gordon（戈登）的理论［式（5-3）］，如果声速在要研究的状态的整个区域是已知的，$v(p, T)$ 可以通过下列 Maxwell（麦克斯韦）方程来计算离散点

$$(\delta c_{\mathrm{p}}/\delta p)_{\mathrm{T}} = -T(\delta^2 v/\delta T^2)_{\mathrm{p}} \tag{5-5a}$$

和由方程（5-4）导出的方程

$$(\delta v/\delta p)_{\mathrm{T}} = -[T/c_{\mathrm{p}}(\delta v/\delta T)_{\mathrm{p}}^2 + (v/a)^2] \tag{5-5b}$$

由 Jungemann 提出的进一步发展［式（5-4）］，可以在最小化问题中计算选择的状态方程的系数，因此使得这样确定的流体参数能最好地满足偏微分方程组（5-5），并且能够最好地表达声速和比热容。例如，使用该方法可以根据方程（5-1）为符合 ISO 4113 标准的通用试验油确定状态的经验方程。它是基于在状态的整个区域测得的声速值，和在常压下沿等压线测得的比体积和比热容。图 5-1 示出了计算的流体性质。

5.1.2　建模、模拟与设计

现在柴油机喷射系统的开发和设计基本上都基于数学模型的数值模拟，即用数学方程描述现实过程。我们期望它能够正确地描述质量流量、压力波动和压力损失随时间的变化。目标参数，例如喷油速率特性，取决于各种系统组件间复杂的相互作用，并需要适当允许对局部可变的整个系统的分析，以及应用量非常高的局部分辨率的分析。设计时可以采用计算流体力学（CFD）详细分析局部三维流（见 5.2 节）。

当前的系统仿真工具（参见参考文献［5-5 ~ 5-7］）允许从一个工具包选择参数化模型元素，并将它们合并成通常是由图形界面支持的一个完整模型。结合每一个相关的三维效果，模型液压区采用流线理论，这将产生一个“液压网络模型”。最重要的模型元素说明如下。

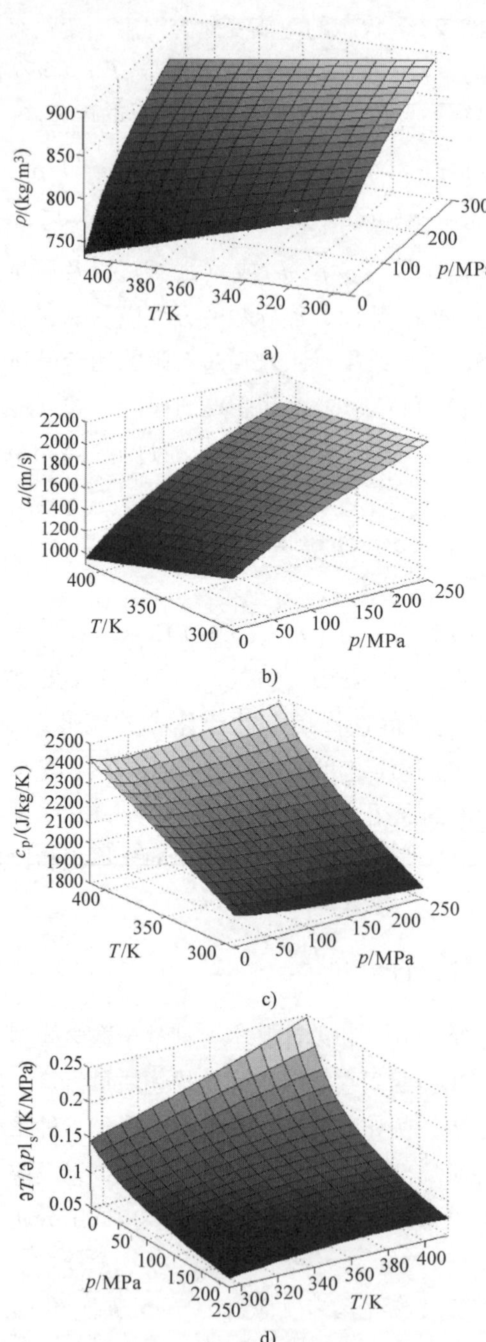

图5-1 根据ISO 4113标准的试验油的流体性质

a）来自方程（5-1）的密度ρ b）来自方程（5-4）的声速a

c）来自方程（5-5a）的比热容c_p d）来自方程（5-3）的等熵温度变化

1. 腔室

该模型元素具有作为网络中的节点的基本意义，腔室可能是燃料充入部件、喷油器和高压泵柱塞套。根据定义，压力和温度的局部变化被忽略。分配的参考空间的接触面可以按照速度矢量$\vec{v}$传输由移动壁面（所谓的体界面）和自由面A的流量引起的质量流量。利用方程（5-2）结合可压缩性，质量平衡产生如下压力变化：

$$(V/a^2)(\mathrm{d}p/\mathrm{d}t) = -\rho(\mathrm{d}V/\mathrm{d}t) - \int_A \rho \vec{v} \mathrm{d}A \tag{5-6}$$

2. 管道

线性波的传播，例如在油泵与高压蓄压器之间或高压蓄压器与喷油器之间，线性波在高度瞬态过程中起着非常重要的作用。根据方程（5-6），沿流管具有坐标x和速度w的差动平衡是

$$(\delta p/\delta t + w\delta p/\delta x)/(a^2\rho) + \delta w/\delta x + (\delta A/\delta t + w\delta A/\delta x)/A = 0 \tag{5-7}$$

由摩擦引起膨胀，欧拉运动方程

$$\delta w/\delta t + w\delta w/\delta x + (1/\rho)(\delta p/\delta x) + r = 0 \tag{5-8}$$

包含燃料的惯性动量平衡。由方程（5-7）和方程（5-8）组成的偏微分方程组是基于使用管道模型元素的非常精确的计算公式。

3. 短管

燃料的惯性在相对较短的一段内起着重要的作用，例如喷油器的喷嘴孔区域，但压力波的传播却不是这样。因此，短管模型由方程（5-7）建立。方程（5-8）允许计入流动压力损失和流体惯性。短管比管道需要的计算时间大幅减少。即使在较长的孔或管道内流动，也可以通过将短管和腔室串联起来得到很好的近似结果。

4. 节流阀

节流阀和阀座处的体积流量取决于相邻的压差和由几何条件决定的有效截面面积。伯努利（Bernoulli）摩擦膨胀方程是一个合适的数学模型

$$\int_1^2 (\delta w/\delta t)\mathrm{d}x + \int_1^2 (1/\rho)\mathrm{d}p + (w_2^2 - w_1^2)/2 + \int_1^2 r\mathrm{d}x = 0 \tag{5-9}$$

它是由积分方程（5-8）在截面“1”和“2”之间产生的。由壁面摩擦和不连续性引起的压力损失现象的表达包括在r中。由于所分析的段的长度非常短，因此第一项惯性通常可以被忽略。

5. 缝隙流

例如在高压油泵和喷油器柱塞导向部位的泄漏，可以用雷诺润滑方程作为平面

流进行计算。例如，在高压下的间隙膨胀和柱塞位置偏心的附加影响，在许多情况下必须另外计入。由于不能保证保持层流状态，因此进一步的修正是必要的。

压力在运动部件中起着至关重要的作用，例如压力阀或者喷油嘴针阀。这种液压和力学的耦合的建模是基于数学表达

$$\vec{F} = \int_{O} p \mathrm{d}\vec{O} \tag{5-10}$$

这里由一个平行耦合三维流场模拟已知的在 O 表面的压力分布，方程（5-10）将提供精确的力。在大多数情况下可以消除这方面的工作量

$$\vec{F} = \sum_{i} (p_{\mathrm{i}} \cdot A_{\mathrm{F,i}}) \tag{5-11}$$

减少了相邻腔室的压力 p_{i} 和有效压力的分配面积 $A_{\mathrm{F,i}}$ 的力的计算。腔室压力的局部偏差被包含在有效压力区的压力与行程关系图中。

6. 气穴

当压力达到局部蒸气压力时，气泡形成，同时气穴现象发生。例如，在喷油器的电磁阀之前特意设计了节流口以便在喷油过程中产生气穴，由此使流量不受背压和电磁阀升程的影响。这对于体积稳定性有很大的优势。为了也能够计算在节流口的流量，在 1966 年 Schmitt（施密特）已确定了一种相对简单地将假设与能量方程（5-8）联系起来的方法。更重要的是，气穴模型的发展及其三维计算流体动力学（CFD）一体化需要付出很大的努力，以确保对零件损坏情况预测的准确度。

7. 参数化

已知的尺寸，例如喷油嘴针阀的质量、管路长度、直径以及喷油器和共轨的容积，都可以用于喷射系统模型的参数化。阀升程与压力的关系图说明了阀的有效截面面积和阀压力的有效区域。这些图用三维计算流体动力学（CFD）计算，并生成详细说明的流线形模型，再以适当的形式插入模型。由于系统压力大，构件变形可能会导致液压功能的变化。弹性的影响借助于有限元法（FEM）确定，并且集成在模型中。

8. 执行器

执行元件的精确再现，如电磁阀或压电执行器，在喷射燃油量的精确计量中也起着非常重要的作用。电磁模型可以直接与液压和机械模型耦合，可用于计算随着时间的推移驱动力的产生和消除。以压电控制系统为例，图 5-2 示出了典型的 5 次喷射的仿真结果。

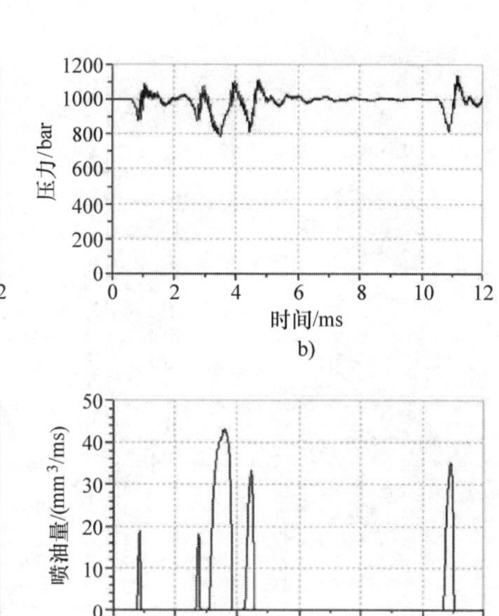

图 5-2　车用共轨喷射压电控制系统仿真结果

a）阀升程　b）喷油嘴内的压力　c）喷油嘴轴针升程　d）喷油特性

5.2　喷嘴和喷油器体

喷嘴是燃油喷射系统与燃烧室之间的接口。它们会明显影响发动机的功率、废气排放和噪声，并影响喷油器之间喷射系统与燃烧室的密封。它们装在喷嘴喷油器体总成（NHA）、喷油单元（UI）和共轨喷油器（CRI）内，并与它们一起作为一个功能单元，装在气缸盖上正确对应燃烧室内具体定位的位置（图 5-3）。

5.3 节的相关部分将介绍喷油单元和共轨喷油器。

以下功能原理适用于喷嘴针阀控制。

（1）针阀关闭/密封喷油系统

机械或液压产生的关闭力，作用于针阀一端将针阀压入喷嘴座。

（2）针阀打开

喷嘴针阀在喷射阶段开始时一旦阀座一侧的“液压”力 F_D（喷射压力作用于针阀导向部位与喷嘴座之间的环形区域），变得大于关闭力 F_S时便打开。

喷嘴喷油器体总成和喷油单元是具有压力控制的喷嘴针阀的凸轮驱动喷射系统，共轨喷射是具有喷嘴针阀升程控制的蓄压器喷射系统，即“液压”关闭力可以根据燃油量随系统压力的变化关系进行调节，因此针阀可以被可控制地升起（参见 5.3.1.1 节和图 5-14）。

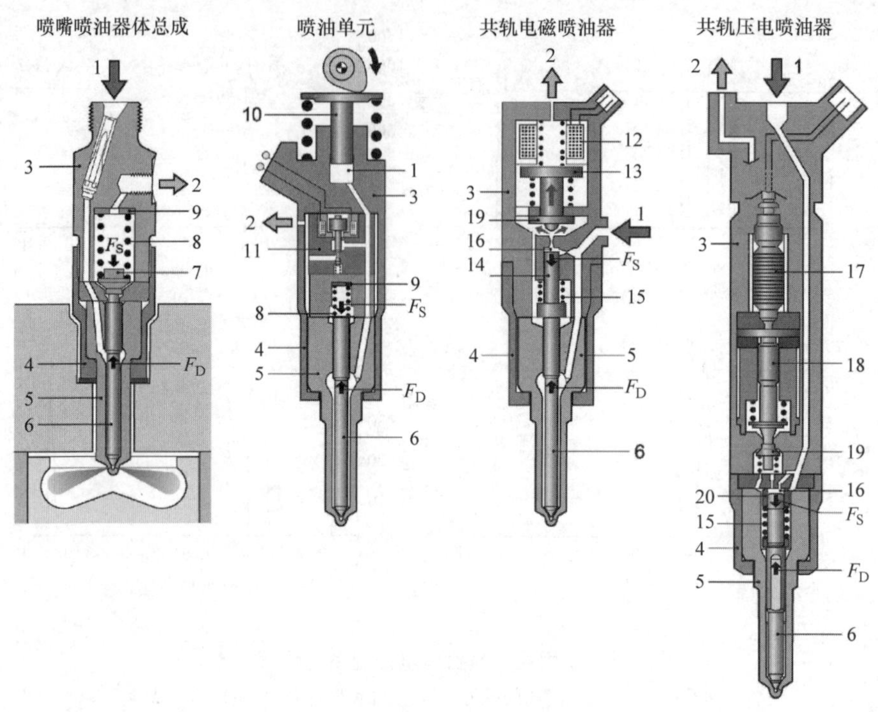

图5-3　喷油器体，喷油器

1—高压油进口　2—回油口　3—喷油器体　4—喷嘴紧固螺母　5—喷嘴体　6—喷嘴针阀　7—推力座　8—压缩弹簧　9—调整垫片　10—油泵柱塞　11—压力控制电磁阀　12—电磁线圈　13—衔铁　14—推杆　15—回位弹簧　16—控制室　17—压电执行器　18—液压耦合器　19—控制阀　20—控制室套

5.2.1　喷嘴

通过系统地分配和最佳雾化在燃烧室内的燃料，喷嘴可强烈地影响混合气的形成，并且影响喷射特性。

5.2.1.1　喷嘴的设计和类型

标准喷嘴包括高压油入口、针阀导向孔、阀座和喷孔区域的喷嘴体，以及可以向内打开的针阀。常见的基于燃烧系统和针阀控制的喷嘴设计有三种（图5-4）：

1）轴针喷嘴用于非直喷发动机喷嘴壳体总成喷油器，在新型发动机开发中已不再重要。

2）孔式喷嘴在直喷发动机中用于喷嘴喷油器体总成、喷油单元和共轨喷射喷油器。

3）喷嘴模块，即具有集成液压控制室的孔式喷嘴，被用于直喷发动机共轨喷射系统。喷油器的入口和可控制的出口节流可以调节控制室的压力。控制室的容积是液压刚性的，即设计小的内部容积获得低的喷油量。

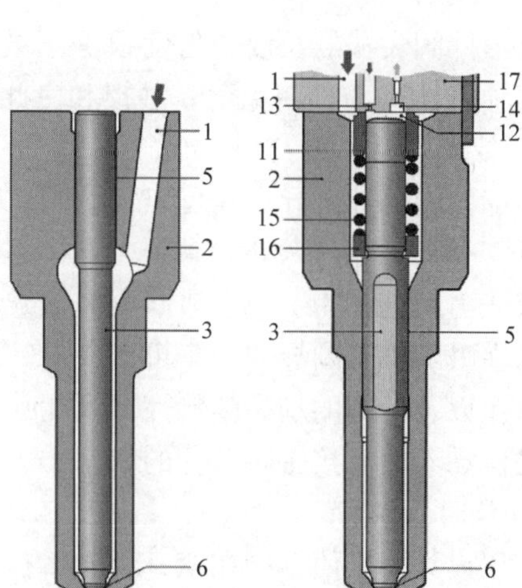

图 5-4 喷嘴设计

1—高压油入口 2—喷嘴体 3—喷嘴针阀 4—压力销 5—针阀导向孔 6—针阀座 7—喷孔 8—节流销 9—销 10—囊孔 11—控制室套 12—控制室 13—入口节流口 14—可控制出口 15—回位弹簧 16—弹簧垫片 17—节流板（喷油器）

喷嘴尺寸取决于气缸排量和喷油量。孔式喷嘴和喷嘴模块可进一步分为阀盖孔或囊孔设计（图 5-5）。

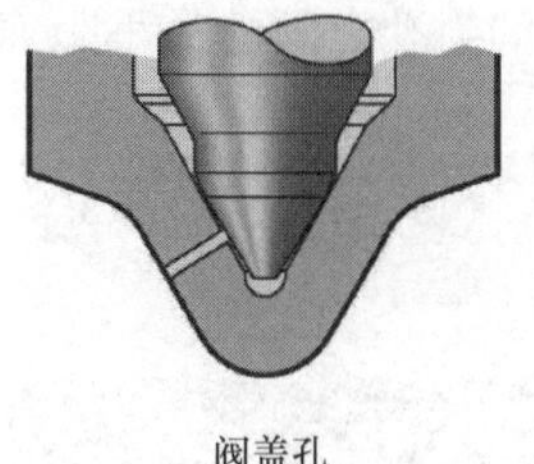

阀盖孔

锥形囊孔

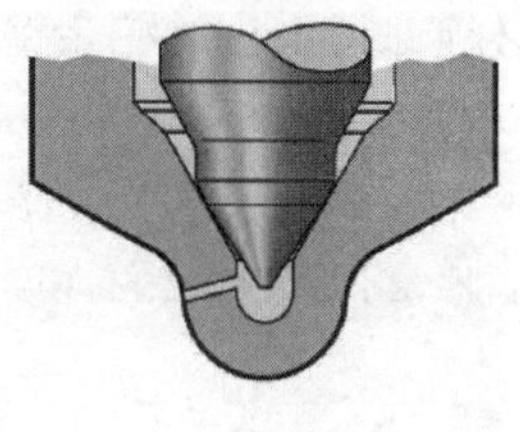

圆柱囊孔

图 5-5 阀盖孔和囊孔设计

1. 设计

所有的现代直喷发动机都采用孔式喷嘴和喷嘴模块。喷嘴设计的目标是以最佳效率将压力能转换成动能，即转换成能够根据燃烧系统、燃烧室几何参数、喷油量、发动机空气管理功能，以及负荷和转速随喷油规律变化而进行调节的，具有穿透力、破碎和雾化特性的喷注。

2. 阀座几何参数

阀座的设计影响密封功能，其直径决定打开压力。

在较小的升程下，阀座间隙起到节流口的作用，从而影响燃油流入喷孔，因此喷雾准备，以及针阀在间隙内通过压力场的运动由燃油的流动引起。喷嘴体、针阀座和锥形针阀尖端的长度和角度根据系统进行设计，并且是一个针阀动态（喷油量和喷油特性）和长期稳定（磨损和由此产生的喷油量变化）的折中结果。

3. 针阀导向孔

喷嘴体内的针阀导向孔可以使针阀在喷油过程与阀座对中，并且将高压和低压区分开（这不适用于喷嘴模块）。导向孔与针阀之间的间隙为1～5μm。喷射压力或系统压力越高，为了减少泄漏损失，导向孔与针阀之间的间隙就必须越小。阀盖孔喷嘴在喷嘴轴有副导向面，可以改进针阀与阀座的对中性，因此改进燃料在喷孔内的分布以及针阀的动力学特性。囊孔喷嘴对于对中性的要求低一些，因为燃油在阀座的流动不会直接影响喷孔的状态。

4. 针阀升程

液压设计可以使针阀在全升程时，在阀座处的节流损失保持在不明显的程度。针阀不是迅速升起，就是被止动固定部件限制住。针阀迅速升起的优点是，燃料供给特性作为喷油持续时间的函数几乎是线性的（平滑）的。然而，它仅适用于共轨喷射喷油器，它控制开启和关闭时间远比其他系统更精确。

5. 阀盖孔和囊孔设计以及封闭容积（图5-5）

所谓封闭容积是指在针阀关闭以后在阀座下面剩余的容积，它会影响阀盖孔喷嘴和囊孔喷嘴与排放有关的特性。未完全燃烧燃料的蒸发会增加HC排放。阀盖孔喷嘴可以具有最小的封闭容积，然后是锥形囊孔喷嘴和圆柱囊孔喷嘴。阀盖孔喷嘴的喷孔单排或者多排布置在阀座下面的椎体上。由于燃油的流入和喷嘴强度的原因，必须保持最小的剩余壁厚。囊孔喷嘴明显需要更小的喷孔之间的最小距离。

6. 喷孔长度（图5-6）

常见的喷孔长度为0.7～1.0mm之间。由于喷孔靠近阀座上力的作用点，它们会影响喷雾以及尖端的强度，特别是在阀盖孔喷嘴上。

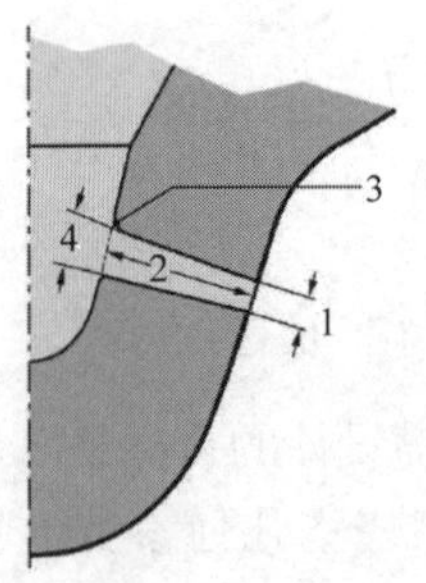

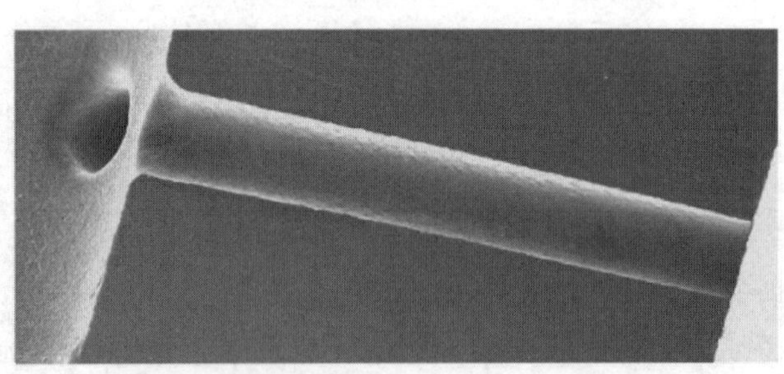

图5-6 喷孔几何尺寸

1—喷孔直径 2—喷孔长度 3—液力研磨圆化喷孔入口 4—锥形喷孔

7. 喷孔的几何参数和喷雾

目标是在燃烧室内产生最佳燃料分布、雾化和混合气形成。喷孔的数量和喷雾的方向要首先进行设计，它们都与气缸盖、电热塞和燃烧室凹坑具有空间位置的相关性。

喷孔截面由最小喷油量、相关喷射压力和可接受的喷油持续时间确定。

喷孔的数量取决于燃烧系统和空气管理（包括涡流）。目前在乘用车上采用 7～9个直径为 105～135μm 喷孔的喷嘴，在商用车上采用 6～8 个直径为 150～190μm 喷孔的喷嘴。

8. 喷注形状

某些参数可用于优化喷嘴的喷孔的设计。考虑到为提高效率而优化的几乎无气穴喷油器喷孔极易结焦的问题，必须选择合适的参数。目前，正在进行选择性喷孔设计（即每一个喷孔单独设计）、双孔配置甚至是集群孔，或者具有平行、发散或相交喷注的阀盖孔与囊孔设计组合的潜在可行性研究（表 5-1）。这需要较小的喷孔直径，以及专门为它们开发的电火花加工或激光加工系统。

表 5-1　喷孔设计

参数	设计目标
喷孔数	喷孔数量应尽可能多，但关键是喷注不能交叉、混合
喷孔截面	最小可能的截面对雾化和混合气形成是最佳的
液力研磨圆角（入口边）	液力预研磨圆角，取决于圆化的程度，影响喷孔内的流动（有/无气穴）参见图 5-6 和图 5-7
锥度	锥度与液力研磨圆角，以及喷孔长度共同影响压力转换效率和雾化效果
喷孔长度	长度越短，喷注穿透深度越小（同等效率下）

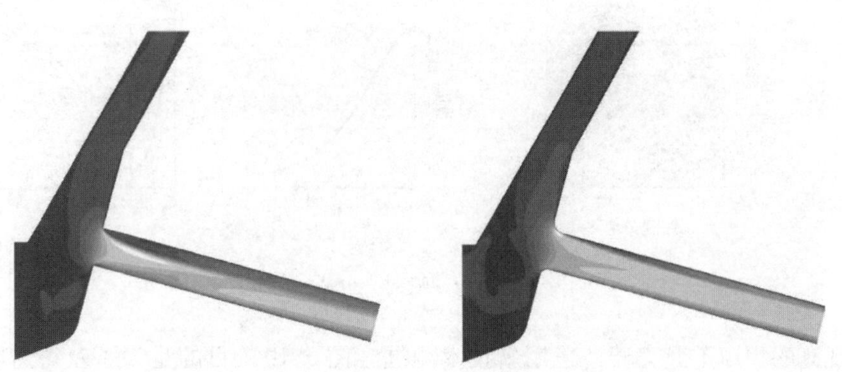

图 5-7　流动模拟：喷孔的比较（圆化和未圆化的入口）

5.2.1.2　喷注分析和模拟

1. 光学喷注形状分析

使用高速摄像机可在喷油开始和结束时，通过镜头变化快速提供喷注形状、喷注形状对称性和喷注显影信息，通过比较它们的喷注轮廓、喷注形状进行分析（图 5-8）。

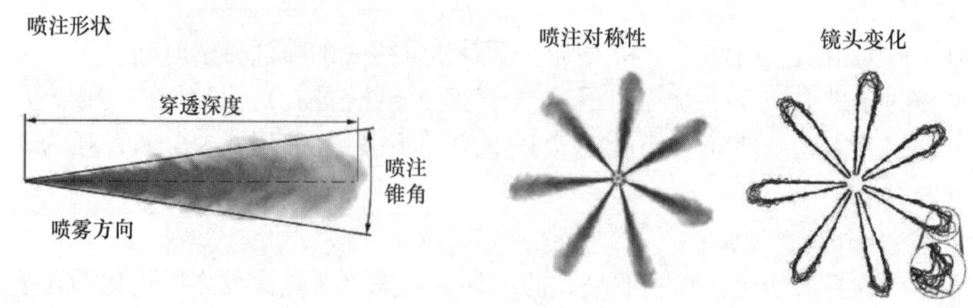

图5-8　光学喷注形状分析

2. 喷射力分析

这种分析提供了效率、对称性、雾化质量和结构的准确信息。压力传感器以不同距离对喷嘴的喷注进行扫描，捕获无条件信号和喷注结构（图5-9）。

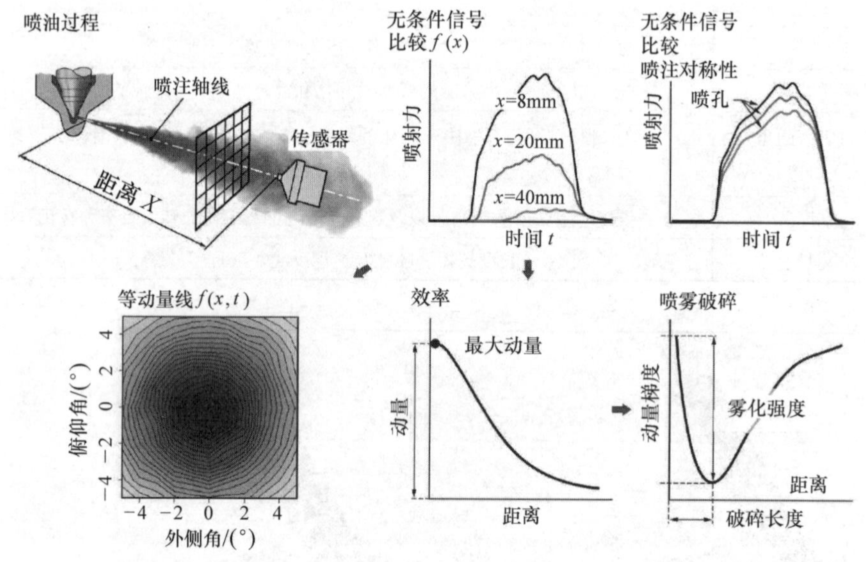

图5-9　喷射力分析

现有的程序不断完善，采用新技术测试（图5-10）目的是为了获得对喷雾的更多信息，例如喷雾破碎、液滴尺寸、蒸发、空气掺入、混合气形成和燃烧。

获得这些信息是对从喷嘴内部流动到燃烧的过程链进行模拟的前提条件，也是排放的数值模拟的前提条件（图5-11）。在这个过程链的每一个领域都在进行深入的研究和开发。喷射系统的优秀仿真模型已经出现，甚至能够再现组件在整个生命周期内液压效果的变化。

3. 材料和尖端温度

共轨系统的压力波动会在阀座处针阀与阀体之间产生相对运动。对材料进行表

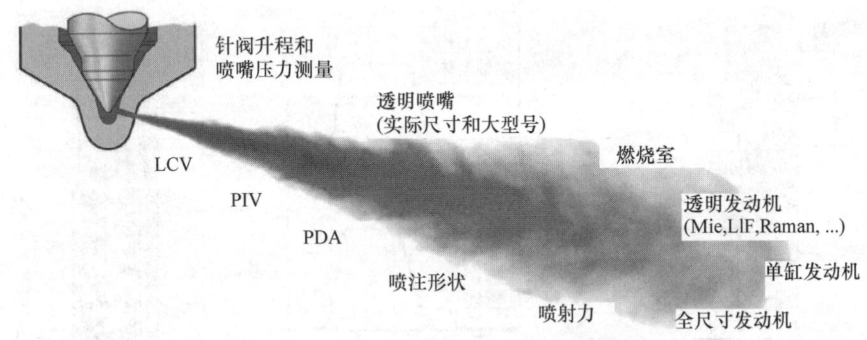

图5-10　喷雾、燃烧和排放分析工具

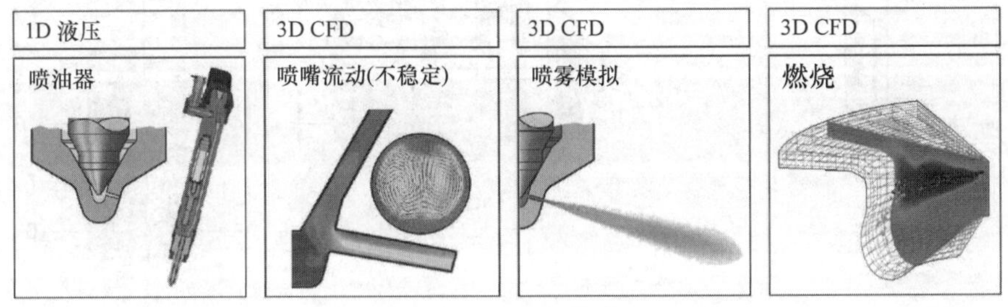

图5-11　过程链模拟

面涂层可以减少磨损。

喷嘴尖端具有高热负荷（乘用车可以达到约300℃，商用车高于300℃）。在高温范围采用耐热钢和导热套管。喷嘴长期在低温下工作（低于120℃左右），可能在整个阀座和喷孔区域遭受腐蚀（废气和水反应生成硫酸，造成腐蚀）。

5.2.2　喷油器体和喷嘴喷油器体总成

喷嘴与单弹簧或者双弹簧喷油器体（图5-12）组合起来就形成了喷嘴喷油器体总成，它用于凸轮驱动系统。单弹簧喷油器体（1SH）用于商用车，而双弹簧喷油器体（2SH）用于乘用车，因为增加的预喷射可以用于降低燃烧噪声。

1. 单弹簧喷油器体的功能

见5.2节的介绍（针阀关闭和打开），压缩弹簧的负荷产生使针阀关闭的力。

2. 双弹簧喷油器体的功能

喷嘴针阀最初克服压缩弹簧1（15，升程 h_1，预喷射阶段）的力打开，它通过推杆作用于针阀。对于主喷射（升程 h_2），液压力必须利用升程调节套克服另外作用在针阀上的压缩弹簧2（18）的力。在高转速下第一阶段完成得非常快。

针阀的关闭力和开启压力的设置，可以通过调整垫片调整压缩弹簧的预紧力

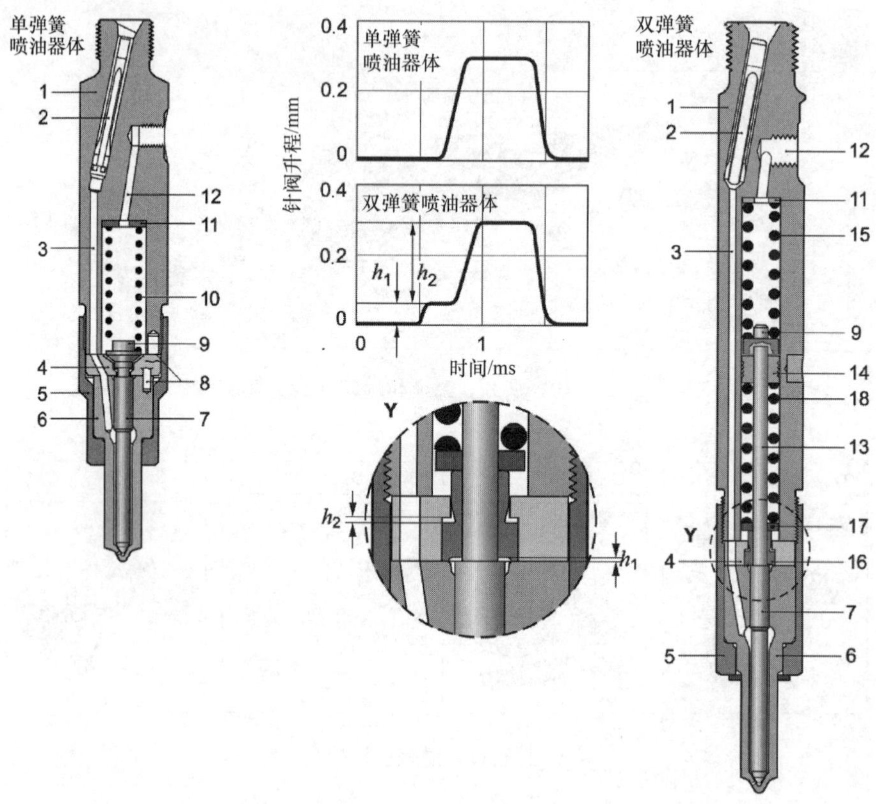

图 5-12　喷嘴喷油器体总成

1—喷油器体　2—流线式过滤器　3—高压油入口　4—中间盘　5—喷嘴紧固螺母　6—喷嘴体　7—喷嘴针阀　8—定位销　9—推杆　10—压缩弹簧　11—垫片　12—回油孔　13—压力销　14—导向盘　15—压缩弹簧1　16—行程调节套　17—弹簧垫　18—压缩弹簧2

实现。

电控喷射系统采用具有针阀运动传感器的喷油器体。与推杆相连的铁心插入喷油器体内的感应线圈，并提供喷油开始、结束和喷油频率信号。

5.3 喷射系统

5.3.1 基本功能

柴油喷射系统的基本功能可分为以下四项子功能：

1）供油（低压侧）从油箱经燃油滤清器到高压油泵。这一功能由“低压油路”子系统实现，它通常装备有预滤清器、主滤清器（如果需要，进行加热）、供油泵和控制阀等部件。低压油路连接汽车油箱和高压供油系统，并通过油管经低压部件回油。连接高、低压部件的功能性限定压力和流量规范必须达到。

2）产生高压和供油（高压侧）。在压缩时高效地产生高压，并将燃油供给到计量点或蓄压器。最佳稳态和动态喷射压力都必须作为发动机工况的函数加以提供。系统必须提供所需的喷油量和系统相关控制以及泄漏量。这一功能由高压泵，根据系统的不同，也许还有蓄压器来实现。压力控制阀安装在高压回路上以控制压力和流量。在先进的喷射系统中，它们采用电控装置控制工作。

3）燃油计量。燃油计量功能，是精确计量与发动机转速和负荷成函数关系的进入燃烧室的燃油量，并且由废气后处理系统加以反馈控制。先进的燃油喷射系统借助于安装在高压油泵，或者直接安装在喷油器的电磁阀，或者压电阀计量燃油。

4）燃油准备。通过最佳利用压力能量进行燃油喷雾，实现燃料在燃烧室内在时间和空间的最佳分布，便于混合气形成。燃油在喷嘴内准备，计量阀与喷嘴针阀控制的相互作用，以及从喷嘴入口到喷嘴喷口的流动路线是非常重要的。

1. 概述

如上所述的基本功能可以采用不同的方式实现，这取决于喷射系统的类型。图5-13示出了市场上销售的喷射系统和典型应用领域的情况。

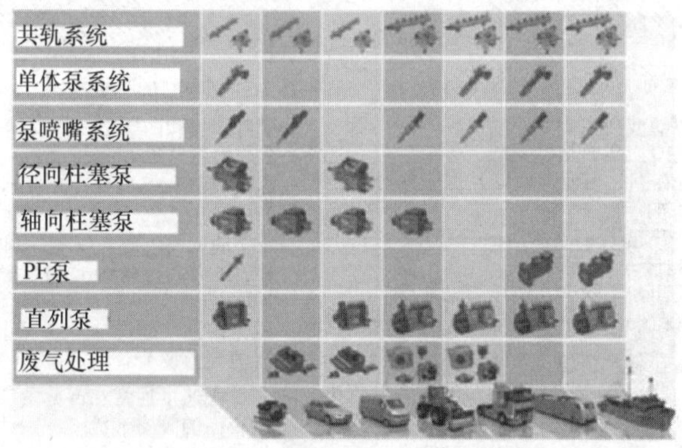

图5-13 目前的喷射系统设计及其应用

燃油喷射系统可以分为传统设计系统和具有高压蓄压器的喷射系统。无蓄压器的喷射系统全都安装了由凸轮直接驱动的高压泵柱塞，因而在高压系统产生压力波，压力波被直接用来打开喷嘴，并按照发火顺序将燃油喷入相应的气缸。

下一级分类包括具有“中央喷油泵”的系统，它用于所有的气缸，为它们提供和计量燃油。典型的代表是具有轴向柱塞和径向柱塞的直列泵和分配泵。其他的设计特征是“发动机每一个气缸具有单独的喷油泵”。由发动机凸轮轴驱动的单独的压力产生单元连接到发动机的每一个气缸。燃料的计量是通过集成在单体泵内的快速开关电磁阀实现的。泵喷嘴系统是这种类型的喷射系统的常见例子。

另一方面，蓄压系统有一个中央高压泵压缩燃油以高压提供给蓄压器。低压阀和高压阀控制蓄压器内的压力。来自蓄压器的燃油由喷油器计量，喷油器由电磁阀或压电阀控制。共轨系统这一名称来自“公共蓄压器/分配器”。根据喷油器执行器的类型，可以区分为“电磁共轨”系统和“压电共轨”系统，以及特殊设计的共轨系统。

所有的喷射系统提供燃料都与喷嘴的结构无关，喷嘴可以通过高压油管与泵单元连接，也可以直接集成在泵单元壳体或喷油器中。喷嘴针阀的控制类型是区分传统喷射系统和共轨喷射系统的主要特征。在凸轮驱动喷射系统中的喷嘴针阀是“压力控制”，而在共轨系统中的喷油器是“升程控制”。图5-14对喷嘴针阀控制的类型进行了比较，并概括了其特征。

升程控制

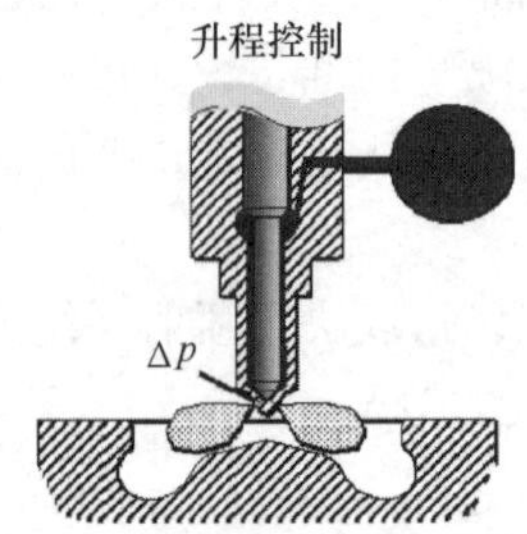

压力控制

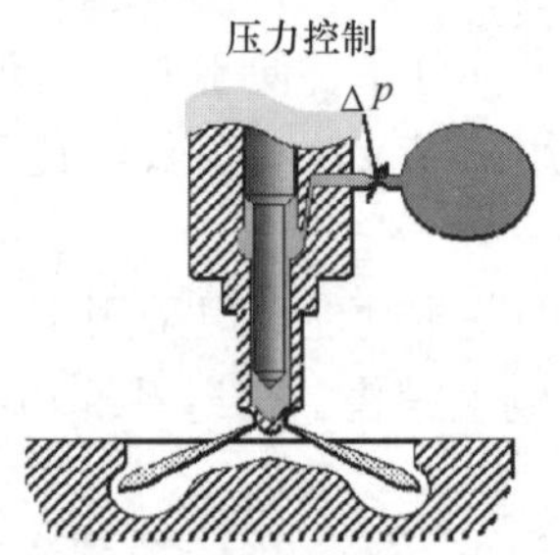

升程控制喷射的特征

- 喷嘴可以直接驱动或由电磁阀驱动
- 喷嘴是电源供电的，截面是可变的
- 简单地说，高压在到达可变截面后是恒定的；在喷嘴阀座压力被降低
- 喷嘴针阀被悬空升起(没有达到最大升程)或非悬空升起(达到量大升程)
- 喷嘴可以迅速关闭，不受输送的压力的影响
- 高压可以通过油泵和油管或者蓄压器和油管提供
- 横截面控制通常在部分负荷下在喷嘴处产生较高的阀座节流，因此，在喷孔上可利用的压力差较小
- 与压力控制喷射相比，升程控制喷射会导致排放变差，但噪声降低，还有更好的多次喷射效果

压力控制喷射的特征

- 来自计量阀的压力波提高喷嘴室的压力，直至达到打开压力
- 喷嘴打开和保持打开，直到压力低于初始关闭压力
- 当喷油量很小时，喷嘴针阀只能悬空打开(没有达到最大升程)，或者非悬空打开(达到最大升程)
- 压力由油泵通过油管或者计量阀，通过蓄压器的油管调节
- 高针阀速度通常在部分负荷下在喷嘴座处产生较高的阀座节流——因此，在喷孔上可利用的压力差较大
- 与升程控制喷射相比，压力控制喷射相比，压力控制喷射有利于改善排放，不利于降低噪声和多次喷射

图5-14　压力和升程控制喷射的比较

可以预期未来每一台发动机都会使用共轨系统。因为它们比传统的设计更加灵活，这些喷射系统主要用于汽车发动机。能根据发动机的转速、负荷和其他参数自由选择压力和每工作循环的喷射次数，对于满足发动机的性能参数是不可或缺的。此外，蓄压器可以按照曲轴转角计量的喷射时刻，在很晚进行喷射，以有利于废气后处理。这对于满足未来的排放标准是必要的。虽然压力控制的喷嘴针阀也有利于排放，但它被灵活的多次喷射取代是必然的，并且共轨喷射依赖喷嘴针阀升程控制，在整个系统的分析中，升程控制燃油计量在精度、最小喷油量和最小喷射时间

间隔方面的优势，都超过具有压力控制针阀的传统系统。

2. 直列泵（图5-15）

直列泵的主要特征如下：

1）每个发动机气缸有一个分泵，分泵直列布置。

2）柱塞由油泵凸轮驱动，由柱塞弹簧回位，柱塞行程是固定不变的。

3）当柱塞封闭回油孔时供油开始。

4）当柱塞向上运动时压缩燃油，并将燃油供至喷油嘴。

5）喷油嘴由压力控制工作。

6）螺旋斜槽重新与回油孔连接，从而使柱塞腔卸载，结果是喷嘴关闭。

7）有效行程是柱塞腔从关闭到打开的柱塞行程。有效行程以及由此对应的喷油量可以通过利用控制装置转动柱塞而改变。

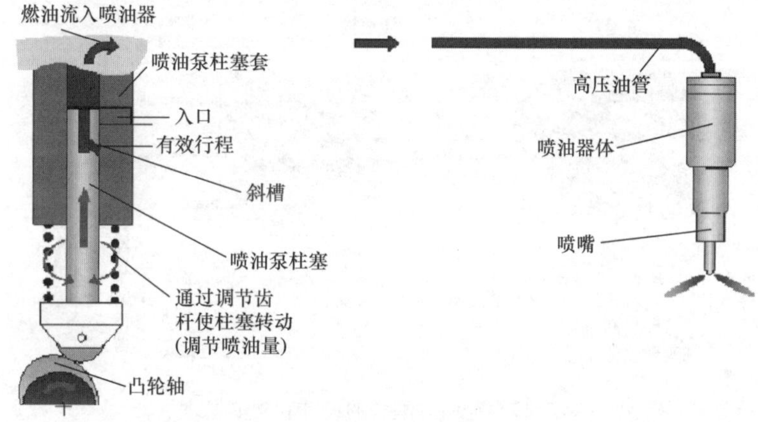

图5-15 直列泵的设计与功能原理

3. 轴向分配泵（图5-16）

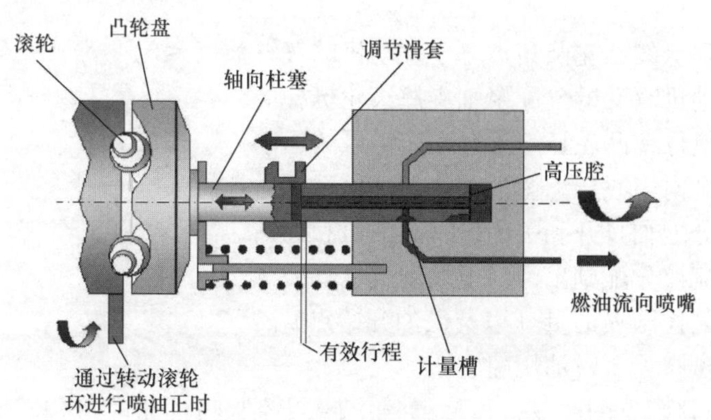

图5-16 轴向分配泵的设计和功能原理

轴向分配泵的主要特征如下：

1）有一个轴向泵总成用于所有气缸。

2）凸轮盘由发动机凸轮轴驱动，凸轮盘上的凸轮数与发动机气缸数相同（≤6）。

3）凸轮凸角对着滚轮环滚动，这使分配柱塞产生旋转运动和轴向运动。

4）中心分配柱塞打开和关闭进、出油口和腔室。

5）燃油流被分配到出油口至发动机气缸。

6）柱塞轴向压缩并将燃油供至压力控制喷嘴。

7）调节滑套改变有效行程因而改变喷油量。

8）通过喷油正时机构可以改变供油开始点，它是通过转动滚轮环与凸轮盘之间的相对位置实现的。

4. 径向分配泵（图5-17）

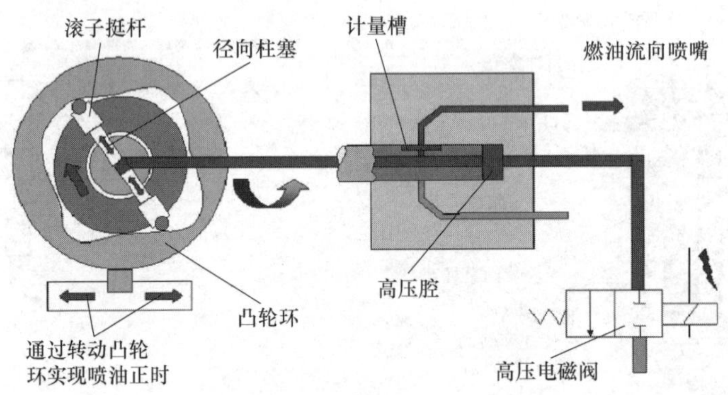

图5-17　径向分配泵的设计和功能原理

径向分配泵的主要特征如下：

1）高压是由一个径向柱塞或者一对，或者两对或者3个单独的径向柱塞产生的。

2）凸轮环上的凸轮凸角数等于发动机的气缸数（≤6）。

3）由发动机驱动的分配泵轴支撑滚轮挺杆。

4）滚轮挺杆在凸轮环上滚动而产生泵的运动。

5）柱塞副向中心压缩燃油并将燃油供至压力控制喷嘴。

6）中心分配轴打开和关闭进、出油口和腔室。

7）燃油流被分配到出油口至发动机气缸。

8）电磁阀控制喷油量（以及供油开始点）。

9）当电磁阀关闭时油压建立。

10）供油开始点的改变，可以通过电磁阀控制喷油正时机构转动凸轮环与分配泵轴的相对位置实现。

5. 泵喷嘴系统（泵喷嘴）（图 5-18）

泵喷嘴的主要特征如下：

1）发动机每个气缸一套泵喷嘴集成在气缸盖上。

2）它由发动机凸轮轴通过喷油凸轮和挺杆或者滚轮摇臂驱动。

3）高压是由油泵柱塞产生的，柱塞由弹簧回位。

4）高压直接在喷嘴前产生，因此不需要高压油管。

5）喷嘴由压力控制工作。

6）电磁阀控制喷油量和喷油开始点。

7）当电磁阀关闭时高压建立。

8）控制单元计算并控制喷油。

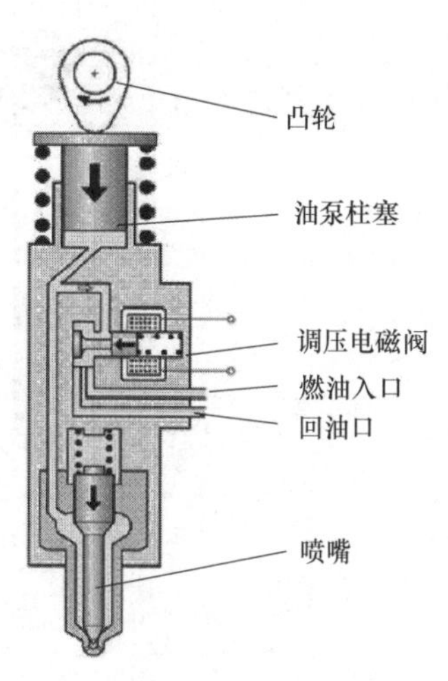

图 5-18　泵喷嘴的设计和功能原理

6. 单体泵系统（单体泵，图 5-19）

单体泵系统的主要特征如下：

1）其原理与泵喷嘴系统类似。

2）有一根较短的高压油管在喷油器体上将喷嘴与油泵相连。

3）每个气缸有一套喷射单元（泵、油管和喷油器总成）。

4）它由下置凸轮轴驱动（商用车）。

5）喷嘴由压力控制工作。

6）高压电磁阀控制喷油量和喷油开始点。

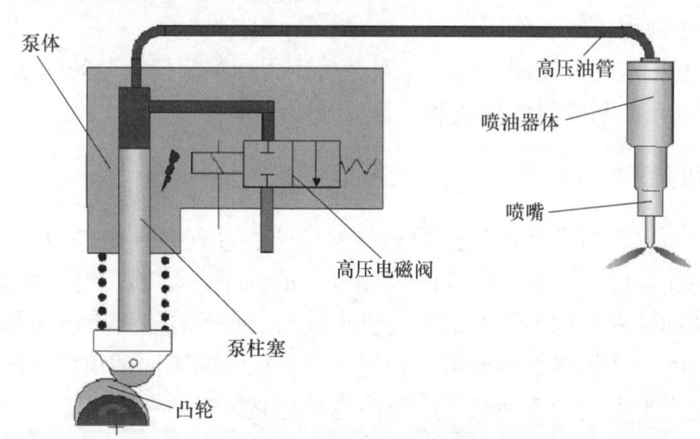

图 5-19　单体泵系统的设计和功能原理

7. 共轨系统（图 5-20）

共轨系统的主要特征如下：

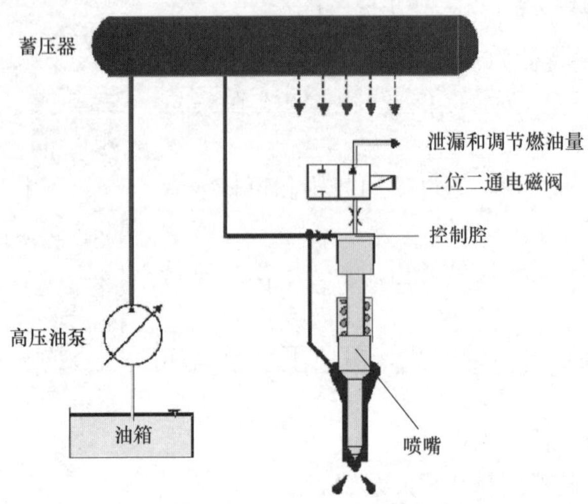

图5-20　共轨系统的设计和功能原理

1）它是蓄压式喷射系统。

2）高压的产生和喷射是分开的。

3）中央高压泵产生压力供至蓄压器，压力可以在整个范围内调节，不受发动机转速和负荷的影响。

4）在发动机每一工作循环燃油可以由共轨反复提供，具有喷射的位置、次数和喷油量的高度灵活性。

5）发动机每个气缸安装一个喷油器［有喷嘴的喷油器体和控制阀（电磁执行器或者压电执行器）］。

6）喷嘴由升程控制工作。

7）喷油器工作时间控制和喷油量是共轨压力和控制持续时间的函数。

8）控制单元控制喷射的次数和位置以及喷油量。

5.3.2　直列泵

直列泵由泵体、与发动机气缸数相符的柱塞、直列泵泵组件组成（图5-21），组装好后装在壳体内。由发动机定时齿轮驱动的油泵凸轮轴，用于驱动油泵柱塞。喷油量通过转动柱塞由螺旋斜槽的控制进行计量。每个柱塞都有一个螺旋斜槽，与在气缸一侧的回油孔相连，因此可以根据喷油泵柱塞的不同的角位置产生不同的供油行程，由此产生不同的喷油量。柱塞的总行程是恒定的，对应于凸轮的升程。在直列泵高压出口的压力阀将泵内的高压区与高压油管和喷油器隔开，使燃料在喷射后的该高压油管喷嘴系统中处于压力状态，即在该处存在一定的静压力。回流量限制装置通常集成在压力阀中，使其具有较低的喷射压力，可以防止任何偶然的二次喷射。控制套筒与纵向运动的控制齿杆啮合，在转动控制套筒的同时可以转动柱塞。因此供油量可以在零和最大之间进行调节。控制齿杆通过与喷油泵相连的控制器的控制而移动。

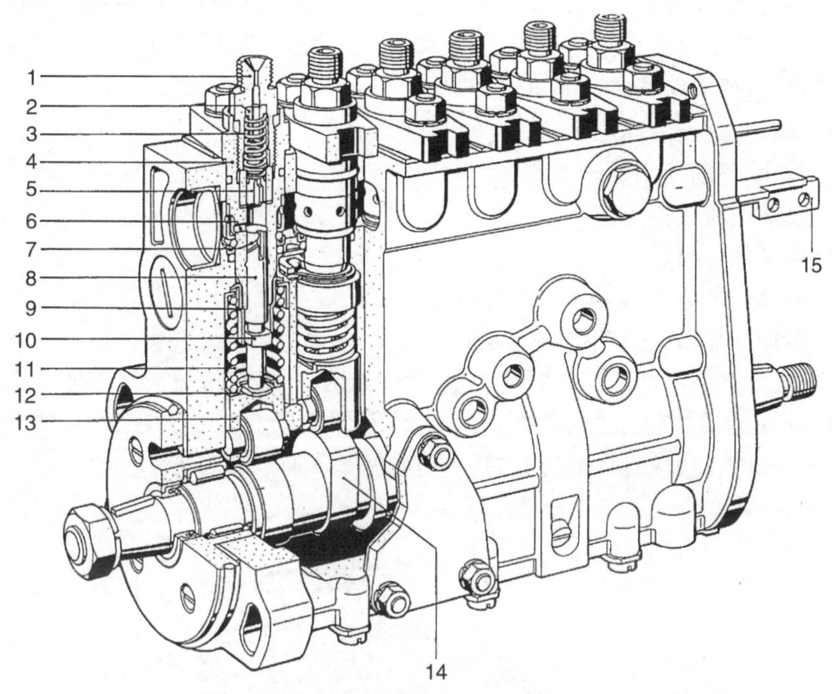

图 5-21　P 型直列泵

1—压力阀体　2—垫片　3—压力阀弹簧　4—泵体　5—出油锥阀　6—进油口和控制口　7—螺旋槽　8—油泵柱塞　9—控制套筒　10—柱塞控制臂　11—柱塞弹簧　12—弹簧油封　13—滚柱挺杆　14—凸轮轴　15—控制齿杆

该控制器可以是一个机械的离心式调速器，也可以是一个电子控制器。机械离心式调速器可以根据转速使控制齿杆移动，因此调节全负荷转速。电子控制器使用一个电磁执行机构作用于控制齿杆。机械控制喷油泵需要辅助装置，例如随增压压力变化的全负荷止动装置，在不同工况下调节喷油量。

由喷油泵凸轮轴上专门的凸轮驱动的低压供油泵安装在直列泵上，为各分泵可靠地提供燃油。这一供油泵为直列泵提供的燃油通常压力低于 3bar。

有各种尺寸的直列泵适用于不同功率的发动机。现在直列泵的喷射压力在 400～1150bar之间，这取决于它们用于预燃室喷射还是直喷发动机。A 型和 P 型直列泵是典型的 Bosch 型喷油泵。P 型泵可以根据喷油压力、喷油量和喷油持续时间有各种变型。所谓的油量调节套式喷油泵具有可变供油开始设置装置，用于商用车发动机。

5.3.3 分配泵

分配泵是结构紧凑、低成本喷油泵。它们的主要应用领域是乘用车直喷发动机（以前的非直喷发动机也采用），以及功率水平达到约45kW/气缸的商用车发动机。分配泵通常包括下列总成：

1）具有分配器的高压泵。

2）转速/燃油控制器。

3）喷油正时机构。

4）低压供油泵。

5）电动切断装置（油泵具有控制关闭装置）。

6）附加功能单元（机械控制泵）。

分配泵的类型包括能够在喷嘴产生1550bar压力的轴向柱塞分配泵，和能够产生2000bar压力的径向柱塞分配泵（图5-22和图5-23）。这两种分配泵用于气缸数限制在6个以内的发动机。它们的基本功能见5.3.1节的描述。

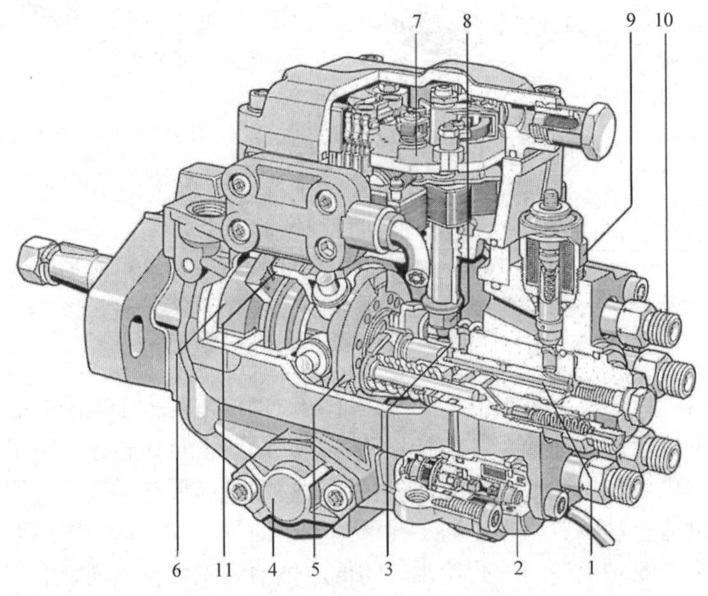

图5-22　电控轴向柱塞分配泵

1—分配泵柱塞　2—喷油正时电磁阀　3—控制滑套　4—喷油正时机构　5—凸轮盘　6—供油泵　7—具有反馈传感器的油量控制电磁阀　8—设置轴　9—电动关闭装置　10—压力阀体　11—滚轮环

5.3.3.1 喷油开始点的调节

分配泵喷油开始点的调节根据负荷和转速由喷油正时机构完成。在轴向柱塞分配泵中，喷油正时机构通过转动滚轮环进行调节，在径向柱塞分配泵中喷油正时机

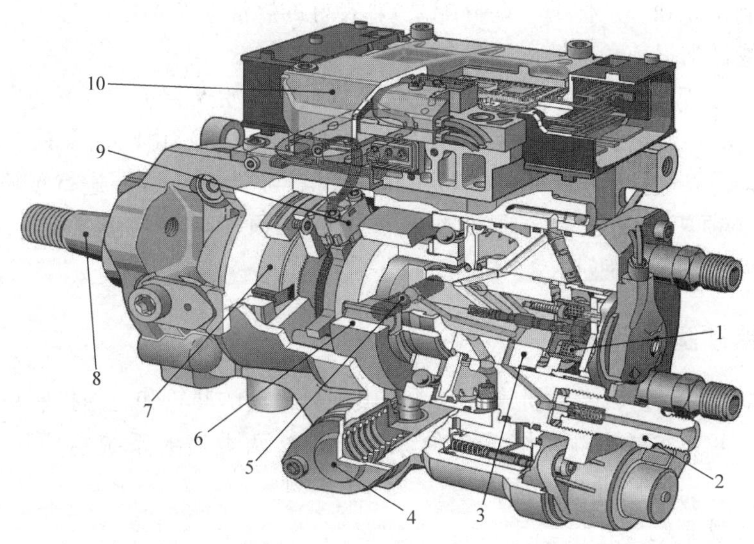

图 5-23　电磁阀控制电控径向柱塞分配泵，VP44，Robert Bosch GmbH

1—电磁阀　2—高压油出口　3—分配泵轴　4—喷油正时机构　5—泵柱塞
6—凸轮环　7—叶片泵　8—驱动轴　9—转角传感器　10—喷油泵电控单元

构通过转动凸轮环角度约 20°实现调节（从最大提前角到最小提前角）。滚轮环和凸轮环的旋转由喷油正时活塞加压或减压实现，这一压力正比于转速，是由集成在高压油泵中的低压叶片泵产生的。必要时，作用于该活塞的压力可以借助脉宽调制控制电磁阀和喷油始点传感器结合起来进行精确设置。

作为这种简单的喷油正时机构的变型，还有一种后续动作的喷射定时装置，它具有集成在定时活塞内的控制活塞。这改进了控制动态特性，因为控制活塞不受滚轮环和喷油正时活塞摩擦的影响。

5.3.3.2　变型

1. 机械控制分配泵

纯机械控制分配泵根据可单独配置的功能性附加组件的变型，具有不同的特性。例如，调整供油提前角，控制怠速和全负荷，或改进冷起动性能。离心调速器控制油泵的转速。

2. 电控分配泵

由于电控分配泵通过传感器和控制单元控制喷油量和供油提前角，如图 5-22 所示的电控分配泵的设计，不需要单独的功能性附加组件。喷油量控制执行器是具有磁感应传感器的旋转电磁执行机构，磁感应传感器能够为发动机控制单元提供控制环精确位置的信号。这有利于精确和完全灵活的燃油计量。

3. 电磁控制分配泵

图 5-23 示出了电磁控制径向柱塞分配泵。这种控制类型的特殊优点是其高精

确性（控制单元和泵一体的可调分配泵），良好的燃油动态特性（单个气缸燃油计量）和可变供油提前角对输出流量的影响。

二位二通高压电磁阀的关闭时间决定了供油的开始点。它的打开时间决定整个柱塞行程的输出流量。供油开始和结束（供油持续时间）由喷油泵控制单元根据喷油泵状态，以及发动机传感器的转角和速度信号进行控制。要进行预喷射，油泵控制单元必须驱动油泵电磁阀两次，首先进行预喷射（典型喷油量为1.5～$2mm^3$），然后进行主喷射。

5.3.4 单柱塞泵系统

从根本上说，每个发动机气缸有一个喷油泵供油的凸轮和时间控制单柱塞燃油喷射系统，可分为泵喷嘴系统或单体泵系统。这两类喷射系统主要用于重型发动机。

1. 泵喷嘴系统

产生压力的油泵和喷油器形成一体，它能够使喷射系统的封闭容积最小，并达到非常高的喷射压力（在额定功率下超过2000bar）。每个发动机气缸都有自己的泵喷嘴，直接装在气缸盖上。喷嘴总成集成在泵喷嘴中，实现将燃油喷入燃烧室。在发动机凸轮轴上，每一个泵喷嘴都有一个单独的驱动凸轮，凸轮借助于回位弹簧驱动泵柱塞完成上、下运动。

现代单柱塞泵系统都使用高压电磁阀或者压电执行器进行控制，打开或者关闭低压油路与油泵柱塞腔之间的联系。在吸油行程，具有一定压力的燃油在低压油路流入油泵柱塞腔（当油泵柱塞向上移动时）。高压电磁阀由控制单元控制，在一定的时刻关闭。准确的关闭时刻（“通电喷油开始”或者供油开始）通过分析电磁阀的线圈电流确定，并且用于控制喷油开始点和修正驱动输入脉冲的持续时间（减少燃油量偏差）。油泵柱塞压缩柱塞腔内的燃油直至达到喷嘴打开压力（“实际喷油开始”）。因此，喷嘴针阀升起，燃油喷入燃烧室。在整个喷油过程喷油泵柱塞的高输出流量引起压力的持续升高。在电磁阀关闭后不久，达到最大峰值压力，之后压力下降非常迅速。电磁阀控制的喷油持续时间决定了喷油量。

由蓄压器柱塞控制的机械和液压预喷射装置集成在泵喷嘴中，用于降低乘用车发动机的噪声和排放（图5-24）。每次喷油都可以有少量的燃油（约$1.5mm^3$）被预喷射。

与具有螺旋槽的机械计量系统不同，由电磁阀控制的系统的喷油柱塞的位置并非一定与供油行程有关。传感器捕获凸轮轴的角位置信号，控制单元通过确定的喷油量计算供油行程。为了使供油提前角和喷油量的偏差最小，凸轮轴的角位置必须精确地表达油泵柱塞行程的几何位置，不受任何气缸的限制。这需要发动机和泵喷嘴装置具有非常精确的设计。

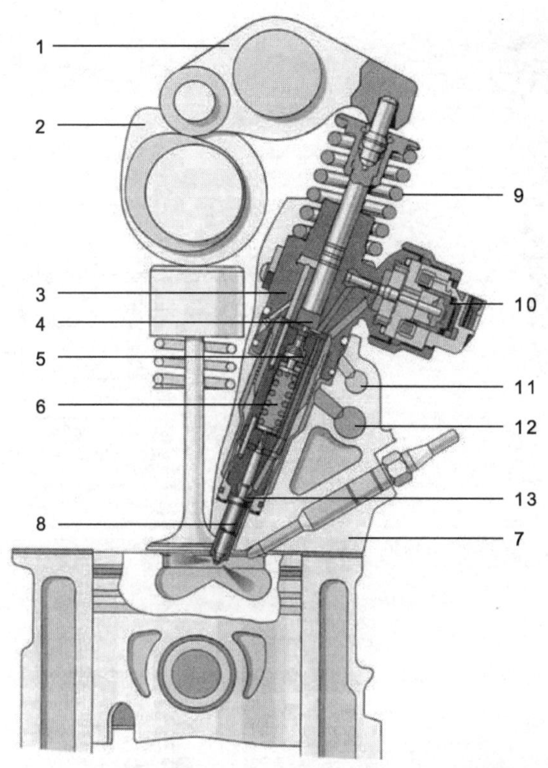

图 5-24　安装在气缸盖上的乘用车泵喷嘴

1—滚轮摇臂　2—驱动凸轮轴　3—泵体总成　4—高压腔　5—蓄压柱塞　6—针阀弹簧
7—气缸盖　8—喷嘴　9—随动弹簧　10—电磁阀　11—回油孔　12—进油孔　13—缓冲装置

2. 单体泵系统

该系统由具有类似于泵喷嘴系统的集成电磁阀的高压泵、一根短的喷油管、高压接头和传统的喷油器总成组成（图 5-25）。喷油提前角和喷油量控制与泵喷嘴系统相同。

模块化设计（油泵、高压油管和喷油器总成）能够将单体泵集成在发动机侧面。这消除了气缸盖重新设计制造的麻烦，并简化了客户服务。喷油泵通过一个集成在泵体中的法兰安装在凸轮轴上方的发动机缸体上。凸轮轴与油泵柱塞直接通过滚轮挺柱相连。

泵喷嘴和单体泵系统都具有 Δ 形喷油特性，乘用车泵喷嘴系统还可以另外提供分开的预喷射选项。

除了电磁控制的单体泵系统，机械控制单柱塞泵（螺旋槽控制）也广泛用于小型和特大型发动机。它们的基本功能与具有控制齿杆的机械控制直列泵相同。

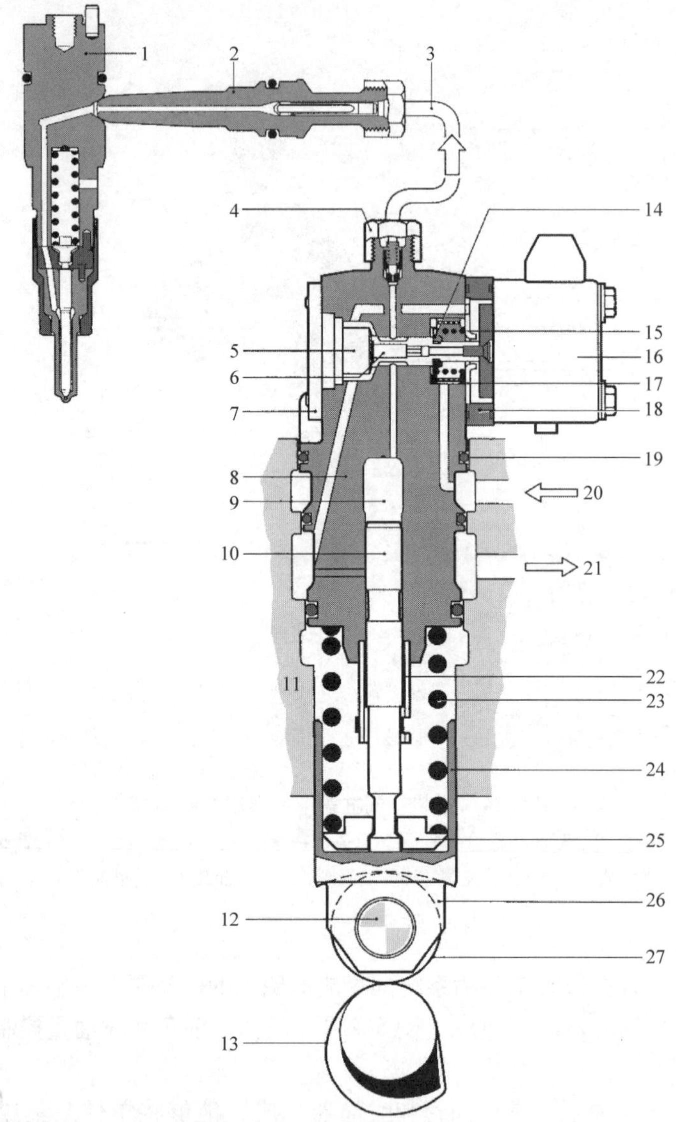

图5-25 单体泵系统

1—喷油器体 2—压力连接件 3—高压油管 4—油管接头 5—行程终止装置 6—电磁针阀 7—盘 8—泵体 9—高压腔 10—油泵柱塞 11—发动机缸体 12—滚轮挺柱销 13—凸轮 14—弹簧座 15—电磁阀弹簧 16—具有线圈和铁心的电磁阀壳体 17—衔铁 18—中间板 19—油封 20—燃油入口（低压） 21—回油口 22—油泵柱塞保持装置 23—挺柱弹簧 24—挺柱体 25—弹簧座 26—滚轮挺柱 27—滚轮

5.3.5 共轨系统

5.3.5.1 设计

与凸轮驱动喷射系统不同，共轨系统的压力产生和喷油是分开的。压力是由能够将喷油压力提供到蓄压器容积或者共轨的高压油泵产生的，它独立于喷油循环。较短的高压油管连接共轨与发动机气缸的喷油器。喷油器由电控阀驱动并按期望的时间将燃油喷入发动机燃烧室。喷油正时和喷油量与高压油泵的供油过程无关。将压力的产生与燃油喷射的功能分开可以使喷射压力与转速和负荷无关。这可以产生以下超过凸轮驱动系统的优点：

1）可以持续得到不受速度和负荷影响的喷油压力，允许灵活地选择喷油提前角、喷油量和喷油持续时间。

2）具有高喷射压力，因此具有良好的混合气形成条件，甚至在低速低负荷下也是如此。

3）提供了多次喷射的高度灵活性。

4）可以非常容易地装到发动机上。

5）油泵驱动转矩峰值明显降低。

共轨系统被所有的乘用车和商用车（公路和越野）直喷发动机采用。最高系统压力为1800bar。压力高于2000bar的系统正在开发。

共轨系统可以分为以下子系统（图5-26）：

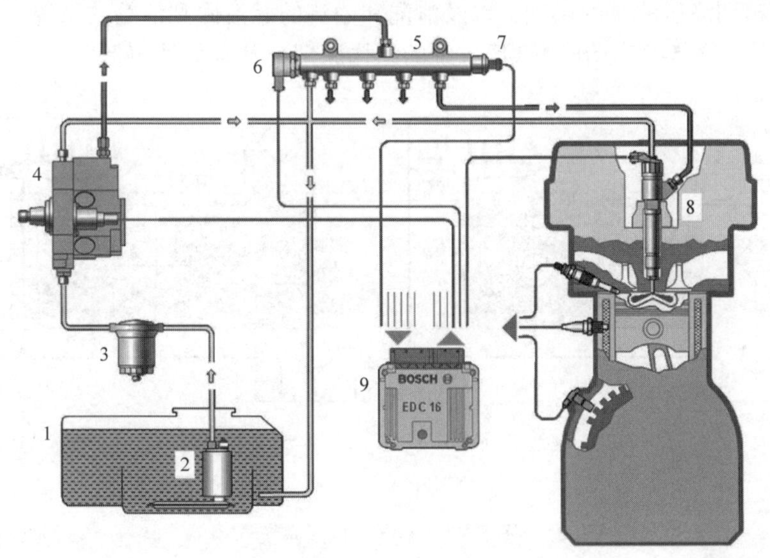

图5-26　共轨系统

1—油箱　2—具有滤网的低压油泵　3—燃油滤清器　4—具有计量单元的高压泵　5—共轨　6—压力控制阀　7—共轨压力传感器　8—喷油器　9—具有传感器输入接口和执行器输出接口的电控单元

1）低压系统，具有燃油供给部件（油箱、燃油滤清器、低压油泵和油管）。

2）高压系统，具有高压油泵、共轨、喷油器、共轨压力传感器、压力控制阀或者压力限制阀以及高压油管等部件。

3）柴油喷射电控系统，具有控制单元、传感器和执行器。

由发动机驱动持续工作的高压油泵产生需要的系统压力，并在不受发动机转速和喷油量影响的情况下维持这一压力。由于几乎是均匀地供油，因此油泵的尺寸较小，并且与其他喷射系统相比产生的油泵驱动转矩的峰值较小。

高压油泵被设计成径向柱塞泵，对于商用车，部分为直列泵或单柱塞泵（由发动机凸轮轴驱动）。不同的模式被采用来控制共轨压力。压力可以由压力控制阀在高压侧控制，或者在低压侧由集成在油泵内（对于单柱塞泵装在单独的部件内）的计量单元控制。双执行器系统结合两种系统的优点。较短的高压油管连接喷油器与共轨。发动机控制单元控制集成在喷油器中的电磁阀打开和关闭喷嘴。喷嘴打开持续时间和系统压力决定喷油量。在压力恒定的情况下，喷油量与电磁阀打开的时间成正比，因此与发动机转速与油泵转速无关。

共轨系统的基本分类可以按照是否有压力放大功能划分。在具有压力放大功能的系统中，喷油器中的阶梯形柱塞将高压泵产生的压力放大。当增压器是由它自己的电磁阀单独控制时，可以灵活改变喷油特征。当前所使用这一系统主要是无压力放大功能的系统。

5.3.5.2 低压系统

从油箱到高压油泵的供油，以及泄漏和溢流的燃油回到油箱的系统，都属于低压油路系统。图5-27示出了低压系统的结构原理，基本部件包括：

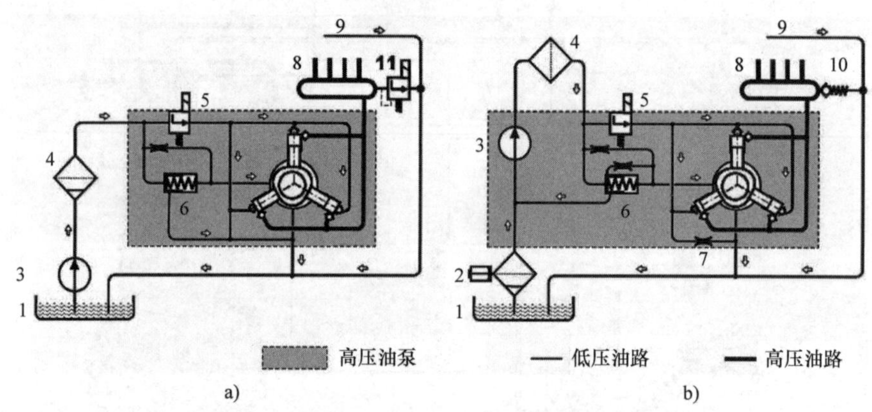

图5-27 不同的低压系统

a）乘用车（吸油侧和高压侧控制） b）商用车（吸油侧压力控制）

1—油箱 2—具有水分离器和手油泵的预滤清器 3—电动机械低压油泵 4—有、无水分离器的燃油滤清器 5—计量单元 6—溢流阀 7—零流量节流阀 8—共轨 9—喷油器回油管 10—限压阀 11—压力控制阀

1）油箱。

2）具有手油泵（选装件）的燃油粗滤器和主滤清器。

3）控制单元散热器（选装件）。

4）低压油泵。

5）燃油散热器（选装件）。

低压泵一般采用电动燃油泵（EFP，图 5-28）或齿轮泵（GP）。具有电动燃油泵的系统仅用于乘用车和轻型商用车。电动燃油泵通常装在油箱内（油箱内泵），或者装在油箱到高压泵（直列泵）之间的供油管上。当起动过程开始时，电动燃油泵的电路被接通，这保证了当起动发动机时低压油路存在压力的需要。燃油持续供给，并且与发动机转速无关，多余的燃油通过溢流阀流回油箱。滚柱泵（见图 5-28）通常用于柴油机。燃油可以冷却电动机。这可以满足较高功率密度的发动机的要求。单向阀集成在连接盖中，可以防止油泵停止工作时油管内的燃油流回。电动燃油泵优于机械驱动式低压油泵的优点是当燃油温度较高、冷起动和发动机维护之后（例如更换燃油滤清器）具有良好的起动性能。

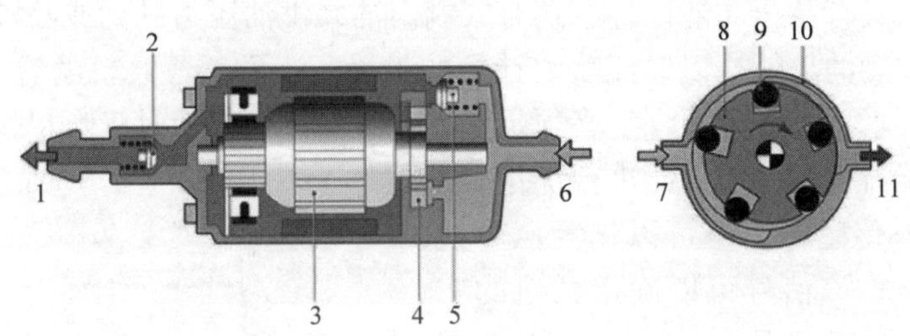

图 5-28　单级电动燃油泵（左）和滚柱泵（右）

1—压力侧　2—单向阀　3—电动机电枢　4—油泵单元　5—限压阀

6—吸油侧　7—入口　8—开槽转子　9—滚柱　10—油泵壳体　11—压力侧

齿轮泵（GP）被乘用车和商用车用作低压油泵。被用于重型商用车的只有齿轮泵。齿轮泵通常集成在高压油泵中并由高压油泵的轴驱动。因此，齿轮泵只有当发动机旋转时才能供油，即它必须被设计得在起动时产生油压非常快。这需要限制高速时的供油量（输出流量大致与发动机转速成正比）。因此，这一要求由齿轮泵吸油侧的节流阀实现。

为了防止油箱中的杂质进入燃油系统（固体颗粒和水），确保发动机的使用寿命，需要使用与特定的工作环境相匹配的燃油滤清器。具有水分离器的集成预滤清器主要用于燃油质量不高的国家的商用车，以及用于工业发动机。它们的分离器的特点适用于主滤清器。主滤清器通常安装在低压油泵和高压油泵之间的压力侧。

作为计量单元的连续可调的电磁阀（只在系统中对吸入侧供油控制），以及溢流阀和零流量节流阀位于高压泵的低压油路。计量单元调节到达高压油泵的燃油量，以保证只有系统在高压侧需要的数量的燃油被压缩成高压。低压油路供给的多余的燃油通过溢流阀引导回油箱或者低压油泵前面。在由燃油润滑的油泵中，在溢流阀中的节流装置用于放油或保证有足够的润滑量。零流量节流阀可以消除在计量单元关闭时出现节流阀泄漏，这样可以防止不希望的共轨压力增加，并保证需要时共轨压力能够迅速降低。

5.3.5.3 高压系统

共轨系统高压油路又可以分为3个区域，压力产生区、压力储存区和燃油计量区，它们具有以下部件：

1）高压油泵。

2）具有压力传感器、压力控制阀或限压阀的共轨。

3）高压油管。

4）喷油器。

高压油泵由发动机驱动，传动比的选择保证有足够的输出流量满足系统的流量平衡。此外，在喷油过程中供油应与喷油同步，以在最大程度上获得相同的压力条件。由高压油泵压缩的燃油通过高压油管供入到共轨，然后被分配到所连接的喷油器。共轨除了具有蓄压功能以外，还有限制由油泵供油压力脉动或喷油器喷油产生的最高压力波动的功能，以保证喷油计量的精确。一方面，共轨的容积应足够大，以保证上述要求；另一方面，它必须足够小，以保证在起动时压力尽快建立。在设计过程中蓄压器容积必须据此进行优化。

共轨压力传感器信号可以作为压力控制的输入变量，该信号可以确定共轨的实时油压。各种模式用于压力控制（图5-29）：

1. 高压侧控制

压力控制阀（由控制单元控制的比例电磁阀）在高压侧控制达到希望的共轨压力。在这种情况下，高压油泵提供的输出流量与燃油的需求量无关。多余的燃油通过压力控制阀流回低压油路。当工况变化时尽管这种控制允许共轨压力快速调节，但从能量消耗的角度看，在高压下恒定的最大的供油量和燃油回流量是不利的。它的不良的能量消耗性能限制了该系统在低压范围（最高1400bar）的应用。这种控制类型用于早期的乘用车的共轨系统。压力控制阀通常装在共轨上，但也有的安装在高压油泵上单独使用。

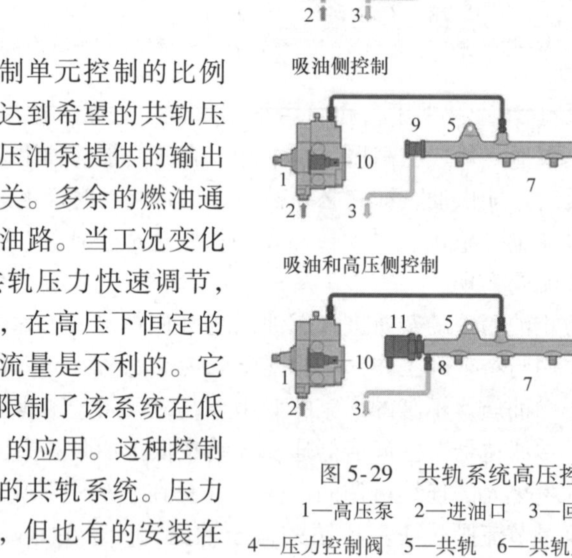

图5-29 共轨系统高压控制
1—高压泵 2—进油口 3—回油口 4—压力控制阀 5—共轨 6—共轨压力传感器 7—连接喷油器 8—回油管接头 9—限压阀 10—计量单元 11—压力控制阀

2. 吸油侧控制

这种方法通过用法兰安装在高压油泵上的计量单元在低压侧控制共轨压力。吸入侧供油控制只是控制提供到共轨的燃油量从而保持所需的共轨压力。这样，与高压侧控制相比只需要将较少的燃油压缩到高压。因此，油泵的功率消耗较低。一方面这有利于降低油耗，另一方面流回到油箱的燃油温度较低。这种类型的压力控制方式用于所有的商用车系统。

限压阀安装在共轨上，以防发生故障（例如计量单元发生故障）时压力无法控制地升高。如果压力超过规定值，移动柱塞能使排油口打开。限压阀的设计使得在任意发动机转速下都能够达到共轨压力，该压力明显低于系统最高压力。这一“跛行回家”功能可以让车辆在一定速度下继续行驶到下一个服务站，这尤其在交通运输行业中是特别重要的功能。

3. 吸油侧和高压侧控制

当压力只能在低压侧设置时，在油泵供油周期内的不供油阶段，共轨内的压力衰减可能会持续太久。这个问题对于具有小的内部泄漏的喷油器特别严重，例如压电式喷油器就是如此。安装在共轨上的压力控制阀被附加利用提高动态特性以调整压力，改变负荷条件。双执行器系统将低压侧控制的优点与高压侧控制良好的动态特性结合在一起。

当发动机在冷态时只在高压侧控制会产生另一个超过只在低压侧控制的优点。高压泵提供的燃油比喷射的多，因此多余的燃油明显地被快速加热，不需要另外加热燃料。

高压油管连接高压油泵和与共轨相连的喷油器，它们必须承受最高系统压力和非常高频率的压力变化。高压油管由能满足非常高的强度要求的自紧无缝精密钢管制成。由于节流损失和压缩效应，截面尺寸和油管长度会影响喷油压力和喷油量。因此，共轨到喷油器之间的油管必须等长，并且尽可能短。喷油器产生的压力波在油管中以声速传播，并且在端部反射。因此相近的连续喷射（例如预喷射和主喷射）会相互影响。这会对计量的精确性产生不利影响。此外，压力波会导致喷油器的机械负荷增加。将优化的节流阀安装在共轨的入口可显著降低压力波。当确定合适的变化关系并通过合适的软件实现控制功能时，对计量精度的影响就会得到补偿（见5.3.5.7节）。

高压油管使用安装在规定距离的固定夹固定在发动机上。因此，没有振动或只有被削减了的振动（发动机振动，供油脉冲）传输到高压油管和连接的部件。

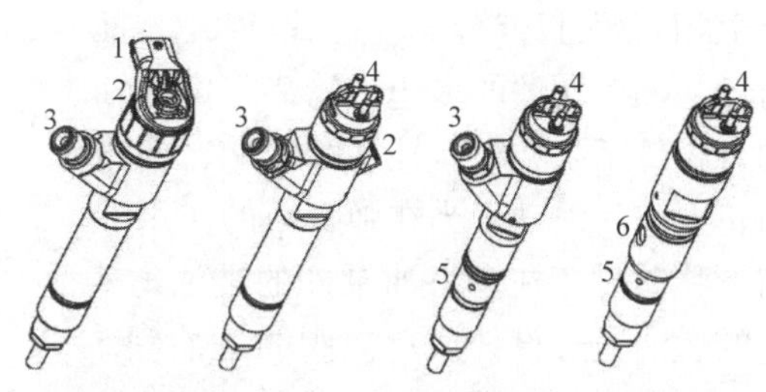

图5-30　共轨喷油器设计（LD：轻型商用车，MD：中型商用车，HD：重型商用车）

1—电路插接器　2—外回油口　3—高压油外接口　4—导线连接螺钉　5—内回油口　6—高压油内接口

喷油器通过夹紧零件安装在气缸盖上，并用铜垫圈使其与燃烧室进行密封。有各种型号和类型的连接固定装置适用于不同的特殊的发动机，它们将共轨和低压油路（回油）与喷油器连接（图5-30）。对于乘用车和轻型商用车，高压油路通过集成的高压连接器连接（高压油管上的密封锥面和接管螺母）。回油管通过喷油器顶部的伸缩接头或者螺纹套管连接。

内部接口在发动机上建立适当的连接，它用于重型商用车。用于高压接口的分开式高压连接器作为喷油器与高压油管之间的连接零件。用螺栓连接到发动机缸体上将高压连接器压入喷油器的锥形进油口中。它是由高压油管端部的锥面密封的。在另一端，它通过传统的压力接口用锥面和接管螺母与高压油管连接。免维护流线型滤清器安装在高压连接器上，过滤燃油中较粗的杂质。喷油器的电路连接是通过插接器或者螺栓连接实现的。

控制单元确定喷油正时和喷油量。通过对安装在喷油器上的执行器控制的持续时间决定喷油量。柴油机电控角度 - 时间系统控制喷油正时（EDC，见6.2节）。它们使用电磁或者压电式喷油器，压电执行器的使用目前只限于乘用车喷油器。

5.3.5.4 高压油泵

高压油泵是共轨系统的低、高压油路之间的接口，其功能是保持系统所需的根据希望的压力水平在工作点准备的燃油量。这不仅包括发动机此刻需要的喷油量，而且还包括为快速起动和在共轨中压力迅速上升储备的燃油量，以及其他系统部件包括它们在整个车辆使用寿命内磨损产生的偏差的泄漏和控制量。

1. 设计和功能

第一代乘用车共轨系统主要使用由偏心轴驱动和具有三个径向布置的柱塞的高压泵（图5-31）。下面以这种设计为例说明共轨高压油泵的功能。

中心驱动部件是偏心轴1，泵单元，即功能组件柱塞3、高压柱塞套8、进、出油阀（5，7），以及燃油进、出接口（4，6）被径向定位并在油泵圆周上相互呈120°分布。一个120°的推力环，一个所谓的多边凸轮2将偏心轴的行程传至泵柱塞。柱塞踏板9在多边凸轮上前后滑动。当在弹簧力的作用下向下移动时，柱塞将油泵外的进油道4内的燃油通过设计成单向阀的进油阀5吸入。取决于高压油泵的类型，集成在高压油泵内的机械式低压泵，或者外部电动低压泵负责将燃油从油箱供至高压油泵，并在进油口产生吸油压力。进油阀稍晚于柱塞移动的下止点关闭，即在柱塞下一个向上运动的过程关闭，柱塞套内的燃油被压缩，直至达到高压出油阀7的工作压力，出油阀同样设计成单向阀。这大致相当于共轨内的压力。在高压出油阀打开

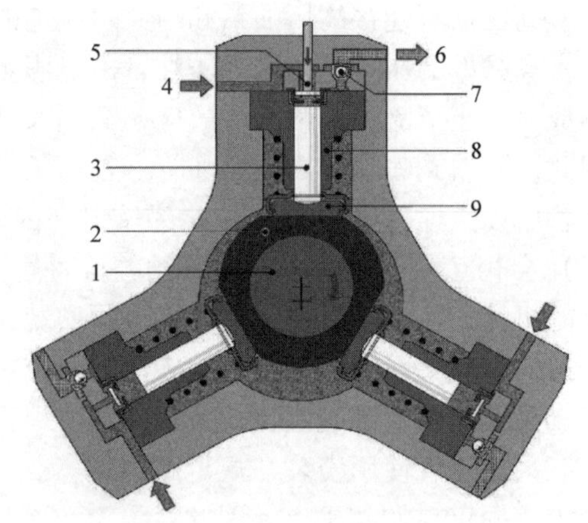

图5-31　共轨径向柱塞高压油泵（径向截面图）

1—偏心轴　2—多边凸轮　3—油泵柱塞　4—进油道　5—进油阀　6—到共轨的高压油出口　7—出油阀　8—高压柱塞套　9—柱塞踏板

之后，燃油从油泵通过连接高压油管的接口（6）到共轨。当柱塞到达上止点时供油行程结束，随着柱塞向下运动柱塞套内的压力重新下降，这使得高压出油阀关闭，柱塞套进油过程重新开始。

发动机通过固定传输比驱动高压油泵。只有某些传输比的值是合适的，这取决于发动机的气缸数量和不同的油泵。相对于发动机转速的 1∶2 和 2∶3 的传输比广泛应用于 4 缸发动机连接 3 柱塞喷油泵。传输比越小，油泵将不得不被设计得不合理地大，以补偿几何输送容积。另一方面，传输比越大，对油泵的转速稳定性的要求越高。油泵供油与喷油同步用于在喷油时在共轨和喷油器达到恒定的压力条件。

凸轮轴每转一转喷油泵的供油行程数与发动机的气缸数对应。在具有 3 个柱塞的油泵的 4 缸发动机中，将提供传输比为 2∶3。当相同的泵单元总是分配给每个喷油器同步喷射时，即可得到与泵单元同步供油的理想状态。基本上这只是对于 4 缸发动机具有 1 个或者两个柱塞的油泵和适当传输比才有可能。

这样的泵单元与喷油器的耦合对于燃油的补偿控制是必要的，可以减少喷入不同气缸的燃油量的差别，并且当凸轮轴每转一转以后喷油泵行程的相位相对的喷油时间被保持时，在同步供油过程中也能够提供这样的耦合。当油泵被组装时，通过确定凸轮轴和油泵驱动轴旋转的角度，设定油泵供油行程与用凸轮转角表示的喷射的相位精确值，可以进一步提高喷油量的精度。

由于此系统的原理所限，并且因为喷油器的控制燃油量较大，压力放大共轨系统的高压油泵需要比具有相同喷油量的非压力放大系统的高压油泵有更高的输出流量。但是，油泵只需要以低压供油，因为油压在喷油器内会增加。输出流量的增加部分可用于冷却部件热载荷。

2. 供油控制

鉴于上述的设计标准，高压泵通常提供比发动机需要量多出很多的燃油量，特别是发动机在部分负荷工作时，更是如此。如果没有调节措施，当产生高压力时将导致不必要的功率消耗。这会引起对燃油系统的加热，除其他影响外，还具有燃料的温度较高时会降低其润滑作用的危害。

现代高压油泵采用吸油节流控制，以便根据发动机的需要调节输出流量。计量单元（其设计见图 5-32）是一个电磁阀调节节流装置，安装在油泵单元的进油通道上。电磁阀柱塞（10）能使流通截面随着它的位置的变化而变化，电磁阀通过脉宽调制信号进行控制。它的脉冲占空比转换成相应的进油流通截面。发动机在部分负荷工作时，受限制的进油通道使燃油不能完全充满油泵泵腔。稍后在一定的工作状态下会产生燃油蒸气，油泵的输出流量会随着一起降低。在油泵泵腔产生的蒸气泡只有在油泵柱塞向上运动，但在部分行程压力开始产生而燃油供给到共轨之前破碎。与没有吸油节流控制的油泵相比，有吸油节流控制的油泵在泵腔内的蒸气泡破碎后瞬时产生的压力，会在凸轮轴总成上产生更大的负荷。

3. 乘用车高压油泵的主要类型

用于乘用车的径向柱塞高压泵无一例外都是由燃料润滑的。燃料的润滑性比润滑油差，这对关键件，特别是产生高压的零件的表面质量提出了更高的要求。燃料润滑可以防止液体燃料与润滑油的混合，因为在喷射的燃油中润滑油的成分会引起润滑油稀释和喷嘴结焦的风险，这是我们不希望看到的。

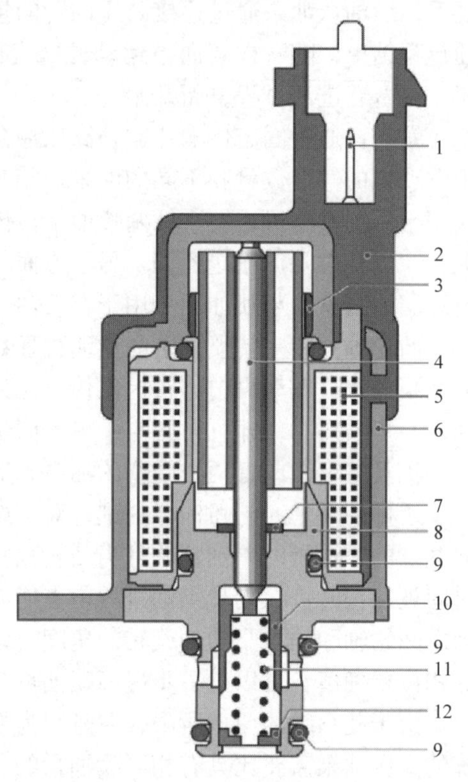

图5-32　计量单元设计

1—导线插接器　2—电磁阀壳体　3—支座　4—衔铁与挺柱　5—线圈绕组　6—壳体　7—剩余气隙　8—磁心　9—密封圈　10—带控制槽的柱塞　11—弹簧　12—安全元件

（1）共轨3柱塞径向高压泵

前已述及，这种泵的特征是具有3条正弦曲线供油过程，呈120°偏心角分布的非常均匀的燃油供给，这将产生一个油泵驱动转矩非常稳定的特性。共轨油泵的转矩峰值低于分配泵5～8倍，也比具有强烈膨胀性脉冲转矩的泵喷嘴的转矩峰值低。因此，高压油泵驱动可以被设计得更有成本效益。但是，在共轨系统中的必要的储备输出流量会产生一个相对较高的平均转矩。

如图5-33所示的Bosch CP3油泵是典型的具有吸油节流控制和外齿轮低压泵的3柱塞径向高压泵，低压泵8直接通过法兰安装在泵壳上。与CP1泵（没有吸油节流控制）不同，多边凸轮的运动不能直接传递给柱塞，而是传递给放置在它们之间的挺柱2。这可以保持由摩擦引起的横向力不作用在柱塞5上而是传递到壳体7上，所以柱塞可以承受更大的载荷。因此，这种结构的高压泵适用于更高的压力范围和更大的输出流量。

CP3油泵的低压油口主要设置在铝制泵法兰1上，铝制泵法兰用螺栓连接在整体设计的锻钢壳体7上，它代表了用户定制的与发动机的接口部件。这可以达到很高的抗压强度，但需要对非常难以加工的壳体材料加工较长的高压孔。

（2）共轨单柱塞或双柱塞径向高压泵

高压油泵新的发展趋势是减少泵单元的数量至两个甚至是一个，以降低成本，特别是用于小型和中型乘用车发动机的高压泵。为了补偿输出流量降低的后果采取以下措施（如果需要也结合使用）：

1）增大泵腔容积（当柱塞直径增大时，工作效率下降）。

2）提高转速（采用适当的驱动传输比）。

3）采用具有双凸轮的驱动轴代替偏心轴，这种驱动轴每转一转，可以产生双倍的柱塞行程。

取决于不同的驱动系统，双柱塞泵的泵单元具有 90°或者 180°的压油行程，以得到相同的输出流量。

CP4 油泵（见图 5-34）具有成 90°排列的柱塞，驱动轴有两个凸轮。另一个传动元件必须插入凸轮 6 与挺柱 8 之间，防止它们之间点接触。这种类型的油泵有一个支撑在挺柱上并具有可以在凸轮上滚动的滚轮 7。

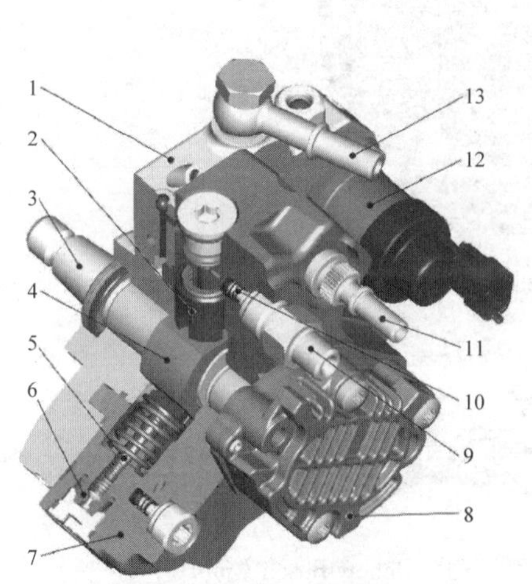

图 5-33　共轨 3 柱塞径向高压油泵，CP3，Robert Bosch GmbH

1—泵法兰　2—挺柱　3—偏心轴　4—多边凸轮　5—油泵柱塞　6—进油单向阀　7—壳体　8—低压泵　9—至共轨的高压接口　10—高压单向阀　11—回油箱接口　12—计量单元　13—低压油接口

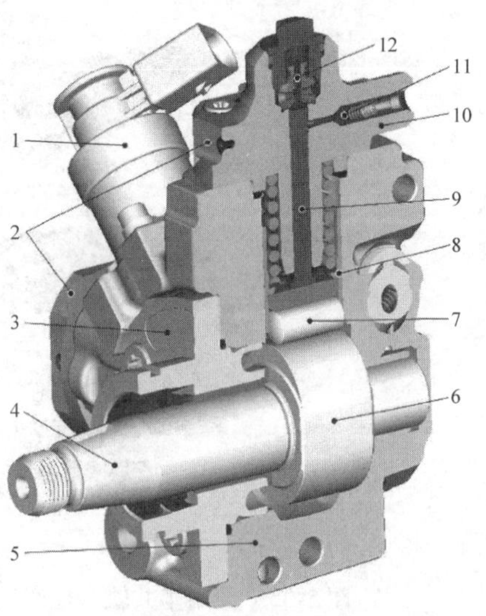

图 5-34　共轨双柱塞径向高压油泵，CP4，Robert Bosch GmbH

1—计量单元　2—油泵盖　3—油泵法兰　4—驱动轴　5—铝壳体　6—双凸轮　7—滚轮　8—挺柱　9—油泵柱塞　10—到共轨的高压油出口　11—高压单向阀　12—进油单向阀

这种泵还作为单柱塞变型泵被生产，它可以方便地以传输比为 1 被驱动。这将产生与 4 缸发动机中的泵单元同步的传输，至于传输比，是对于较少的柱塞数的很好的附加补偿。

4. 商用车高压油泵的主要类型

到目前为止所描述的高压油泵也可以在商用车领域使用，特别是在轻型和中型商用车上使用。考虑到由它们的高输出流量造成的大负荷和所要求的使用寿命，在重型商用车领域使用的高压油泵常常被设计使用润滑油润滑。这是可能的，因为较大的喷嘴孔直径可以减少由燃油中的润滑油成分在喷孔结焦的潜在影响。

共轨直列高压泵

如图5-35所示的Bosch CP2高压泵用于非常大型的商用车发动机，这往往需要与传统的直列泵具有安装的兼容性（见5.3.2节）。它是泵单元并列排列的直列双柱塞泵。计量单元2装在低压泵5和进油阀之间，按照前面描述的方法进行供油控制。油泵将油供入压缩室并通过组合在一起的进油/高压阀7进一步将其送入共轨。

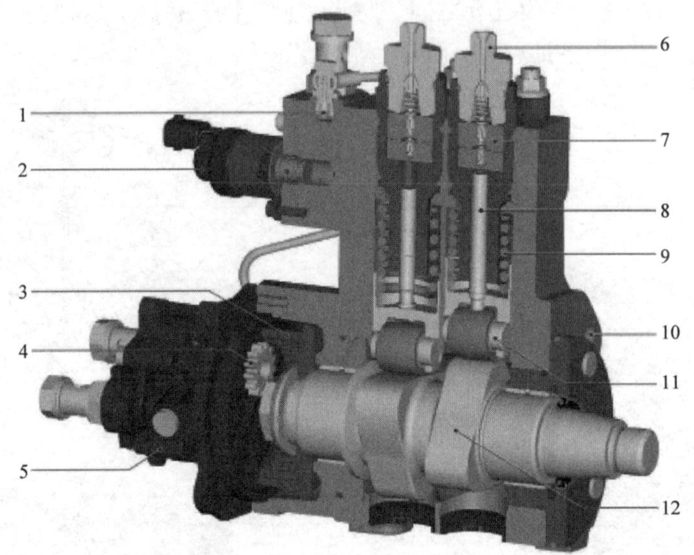

图5-35　商用车共轨双柱塞直列高压泵，CP2 Robert Bosch GmbH

1—零流量节流阀　2—计量单元　3—内齿轮　4—小齿轮　5—低压泵　6—高压出油口
7—进油/高压阀　8—C涂层柱塞　9—柱塞弹簧　10—润滑油进孔　11—C涂层滚柱销轴　12—凹形凸轮

5.3.5.5　共轨和附加部件

1. 共轨的功用

蓄压式喷射系统有一个高压蓄压器，也称为（共）轨。共轨的主要功能是：

1）在高压下储存燃油。

2）将燃油分配到喷油器。

这些主要功能还包括当供油或者从共轨喷油时减缓压力波动。允许的共轨压力波动代表了共轨的设计标准。此外，共轨还具有以下次要功能：

1）传感器和执行器在高压油路中的一个附加安装点。

2）衰减高压油泵与共轨之间以及喷油器与共轨之间管路压力波动的节流元件。

3）高压共轨系统高压油路部件，例如高压油泵和喷油器通过高压油管的连接元件。

由高压油泵压缩的燃油通过高压油管到达共轨并储存在共轨中，再通过连接到共轨的其他高压油管分配到喷油器。结合燃料的可压缩性，共轨的储存容积能够衰减由于从共轨中喷油以及向共轨供油引起的压力波动。因此，共轨内的压力取决于与共轨相连的“消耗者”和油泵以及共轨蓄压器本身的特性。共轨压力传感器检测共轨的实时压力。不仅高压油泵和喷油器，而且可以安装到共轨本身或安装到高压泵上的压力控制阀，都是影响共轨压力的因素。

2. 共轨设计

一方面要求共轨产生尽可能大的储存容积，通过容积缓冲保持共轨的压力恒定，另一方面，要求尽可能对于共轨内的压力设定值做出动态反应，例如在起动期间或者发动机负荷动态变化时。共轨设计追求的目标就是以上两者的折中。所需要的压力高低的变化取决于发动机的负荷变化。在这种情况下最小的高压容积是最佳选择。采用在具有代表性的负荷点对整个系统进行模拟以及在液压试验台上进行验证的方法，可以确定所需要的作为给定发动机的主喷油量的函数的最小共轨容积。表 5-2 给出了应用产品的共轨容积的典型配置。在高压系统中防止气缸间差异的等油管长度的边界条件可以确定发动机共轨的长度。在车辆中确定的结构空间和共轨制造方面的要求是确定共轨容积的其他因素。因此，实际选择的共轨容积在没有明显影响所要求的动态特性的情况下，往往比按照功能确定的最小容积大。

表 5-2　典型应用的产品设计

	QE，最大 /(mm^3/L)	节流孔 ϕ /mm	V RAK /cm^3	总 VHK /cm^3	共轨数	共轨/油管连接
乘用车发动机						
直列 4 缸	~80	0.85	~25	~20	1	—
直列 6 缸	~80	0.85	~35	~40	1	—
V 形 6 缸	~80	0.85	~20	~50	2	是
V 形 8 缸	~80	0.85	~25	~60	2	是
商用车发动机						
直列 4 缸	~80	0.85	14…20	20…30	1	—
直列 6 缸	~80	0.85…1.3	20…40	35…65	1	—

位于共轨出口的阻尼孔被设置为最小压力降与共轨与喷油器之间反射的压力波的最大阻尼之间的折中值。从功能上讲，节流元件用于减少油泵和喷油器的负载，并衰减油管内在多次喷射时降低计量精度的压力波动。

3. 共轨类型

共轨设计的选择主要取决于发动机的特点，以及共轨系统本身的设计。图5-36示出了用于乘用车共轨系统具有压力控制阀和共轨压力传感器的典型 4 缸共轨。取决于不同的制造理念，共轨由锻造毛坯或者管坯制造。在机械加工过程中通常是进行圆形的切削，以获得所需的强度。在高压出口到喷油器和油泵的阻尼通道可以是钻孔或者作为单独的组件压装上去。直列发动机有一个共轨，而V形发动机通常每列气缸有一个共轨。另外，特殊的配置取决于发动机，并可能包括在共轨之间的补偿油管，甚至包括保证压力在发动机两列气缸之间和各个气缸之间平均分配的连接共轨。

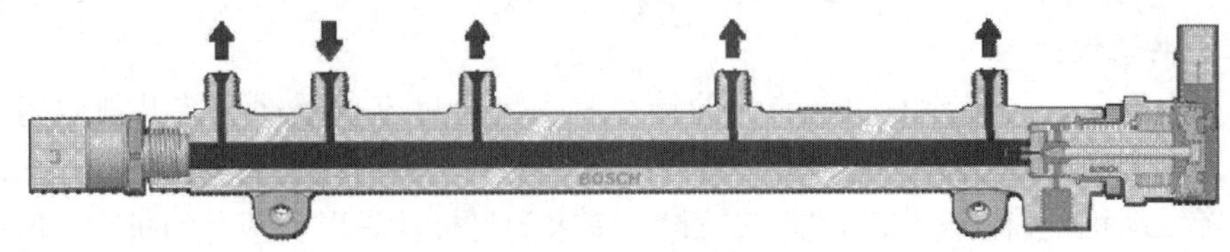

图5-36 用于乘用车4缸发动机的带有附件的典型共轨

4. 共轨压力传感器

共轨压力传感器用于检测共轨的实时压力。传感器安装在共轨上由电路与控制单元连接。其他传感器的设计见6.3节。

5. 压力控制阀

压力控制阀在高压控制回路中作为高压侧的执行器，其功用是设置共轨压力。这是通过不断改变压力控制阀的流通截面实现的，取决于压力和电磁吸力，更多或更少的燃油被从高压减压到低压。压力控制阀主要安装在共轨上，并将减压后的燃油送到共轨系统的低压油路。图5-37示出了其结构和主要功能部件。

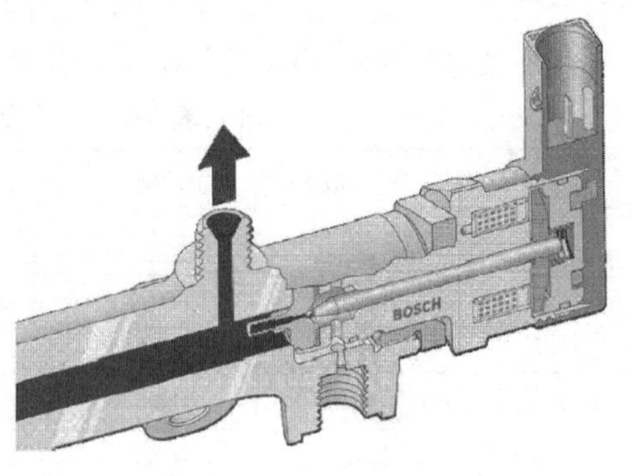

图5-37 压力控制阀剖视图

压力控制阀体内具有通过流通节流截面的阀座。燃油的流入，以及由电磁阀杆施加在球阀上的电磁力和弹力将其置于液压力的平衡中。通过阀截面的流量较大时会增加液压力，将使球阀和电磁阀杆位移越大。这会产生弹性力并使其增大，从而产生成比例的负反馈。当必须承受较大的平均压力时，控制单元通过调节脉冲宽度给电磁线圈通以较大的平均电流，能够增加电磁力。在控制系统工程方面，压力控制阀被设计成具有综合参考慢变量和快速比例前馈控制的比例积分单元。这可以成比例地均衡高动态压力波动，并且使串级控制回路中的积分器带来的稳态偏差为零。

保持电磁阀杆不断运动的扰动频率叠加在电流信号上，可以消除不希望的滞后效应。频率的选择原则是不会给当前的共轨压力造成不利影响。

取决于压力控制阀的工作点，用于典型的四缸发动机乘用车的压力控制阀流量值在0~120L/h之间，在压力为250~1800bar时平均电流小于1.8A。

6. 限压阀

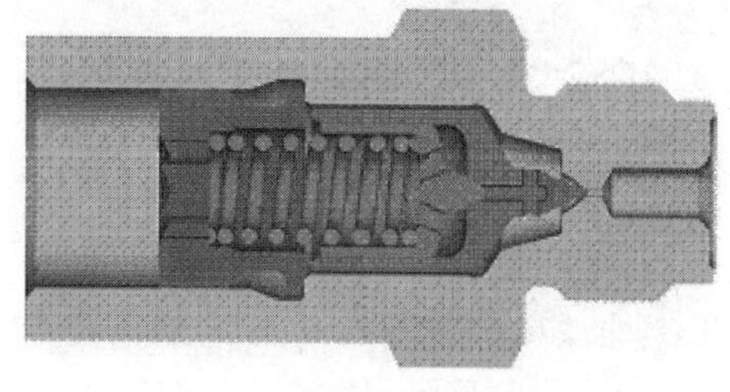

图5-38 具有跛行回家功能的限压阀剖视图

限压阀（图5-38）主要用于商用车，一方面在压力控制回路中高压侧没有任何执行器，另一方面需要发动机具有断油运转性能，因而限制了喷射系统的运行模式。这就要求在高压控制回路出现故障的情况下，压力限制阀有以下主要功能：

1）限制系统压力达到最大值。

2）保证共轨压力控制在限定范围内。

限压阀用螺栓固定在共轨上，并利用弹簧对限压阀杆加载以保持通过阀座与高压燃油接触。在密封座的背面，一根油管连接限压阀与共轨系统的低压油路。当共轨压力在允许的范围内变化时，施加的弹簧力克服回流的力使阀保持关闭和密封。如果在出现故障的情况下超过了允许的最高共轨压力，限压阀杆打开，限制系统压力并利用第二阀柱塞的工作来控制高压油流动的通道。控制活塞的控制边缘与阀柱塞在低压侧同轴对齐，决定了压力-流量特性。控制单元的故障检测可以使它能够维持高压油泵的输出流量随发动机转速变化，因此在共轨内应急运行压力随着限压阀的流量特性而变化。为了使商用车在受限制的负载范围内运行，应急运行特性应确保应急运行压力仍然在有利于发动机工作的极限范围内。

5.3.5.6 共轨喷油器

用于乘用车和商用车系统的共轨喷油器具有相同的基本功能。喷油器主要由喷嘴（见5.2节 喷嘴）、喷油器体、控制阀和控制腔组成。控制阀有一个电磁或者压电执行器。两种执行器都允许喷油器进行多次喷射。只有当喷油器进行了优化设计，压电执行器具有较大的驱动力和较短的开关时间的优点才能被充分利用。

共轨柴油喷射系统中的喷油器通过较短的高压油管与共轨相连。铜垫片装在喷油器与燃烧室之间起密封作用。夹紧件将喷油器固定在气缸盖上。共轨喷油器适用于直喷式柴油机上直立或倾斜安装，取决于喷嘴的设计。

该系统的特征是产生的喷射压力与发动机的转速和喷油量无关。电控喷油器控制喷油提前角和喷油量。柴油电子控制（EDC）的角度-时间功能控制喷油正时。这需要在曲轴和凸轮轴上的两个传感器进行气缸识别（相位检测）。

当前各种类型的标准喷油器有：

1）具有1个或2个衔铁的电磁阀（SV）喷油器（Bosch）。

2）直列电磁阀喷油器（Delphi）。

3）Tophead压电喷油器（Siemens）。

4）直列压电喷油器（Bosch，Denso）。

1. 电磁阀喷油器

(1) 构造

喷油器可以分解成不同的功能组：

1）孔型喷嘴（见5.2节）。

2）液压伺服系统。

3）电磁阀。

燃油从高压油入口（图5-39，位置13）通过进油通道到达喷嘴，并通过进油节流孔14进入阀控制腔6。阀控制腔通过可以由电磁阀打开的出油节流孔12与回油口1相连。

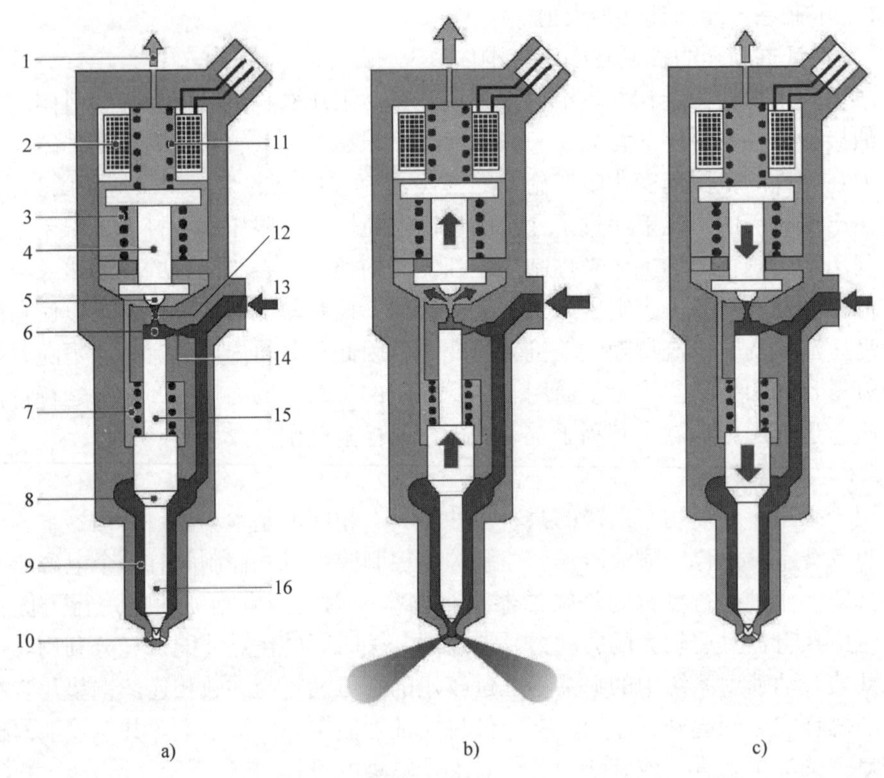

图5-39　电磁阀喷油器（功能原理）

a）静止状态　b）喷油器打开　c）喷油器关闭

1—回油口　2—电磁线圈　3—超升程弹簧　4—电磁阀衔铁　5—球阀　6—阀控制腔　7—喷嘴弹簧　8—喷嘴针阀承压锥面　9—高压油腔容积　10—喷孔　11—电磁阀弹簧　12—出油节流孔　13—高压油入口　14—进油节流孔　15—阀柱塞（控制柱塞）　16—喷嘴针阀

(2) 功能

当发动机运转高压油泵供油时喷油器的功能可以分为4种工作状态：

1）喷油器关闭（具有高压）；

2）喷油器打开（喷油开始）；

3）喷油器持续打开；

4）喷油器关闭（喷油结束）。

这些工作状态可以通过作用在喷油器部件上的力的分配进行调节。当发动机停止运转共轨内没有压力时，喷嘴弹簧则关闭喷油器。

喷油器关闭（静止状态）：喷油器的静止状态（图5-39a）是指没有被驱动的状态。电磁阀弹簧11将球阀5压到出油节流孔12的阀座上。共轨的高压是在阀控制腔产生的，相同的压力也存在于高压油腔容积9内。共轨压力作用于阀柱塞15的顶面上的力和喷嘴弹簧7的力克服作用于承压锥面8的打开力保持喷嘴针阀关闭。

喷油器打开（喷油开始）：喷油器在其中性位置，电磁阀由“吸动电流”驱动，以快速将电磁阀打开（图5-39b）。较短的开关时间要求可以通过适当设计控制单元，以较高的通电电压和较大的通电电流控制电磁阀的打开来实现。

驱动电磁铁的电磁力超过阀弹簧的弹力，衔铁使球阀离开阀座而打开出油节流孔。片刻之后，增加的吸动电流减少到一个较低的电磁铁保持电流。当出油节流孔打开后，燃油从阀控制腔流入到它上面的腔室并通过回油管回到油箱。进油节流孔14可以防止压力完全平衡，这样阀控制腔的压力就会降低。这会引起阀控制腔的压力低于喷嘴容积腔内的压力，喷嘴容积腔内的压力总是与共轨压力相等。在阀控制腔内降低的压力减小了作用在控制柱塞上的力，引起喷嘴针阀打开，喷油开始。

喷油器保持打开：喷嘴针阀的打开速度由进油和出油节流孔之间的流量差决定。控制柱塞到达其顶部位置并通过燃油的缓冲作用停留在那里（液压止动）。燃油的缓冲作用是由在进油节流孔和出油节流孔之间引起的燃油流动产生的。此时，喷嘴被完全打开，燃油以接近共轨的压力被喷入燃烧室。

在给定压力下，喷油量正比于电磁阀的通电时间，而与发动机和喷油泵的转速无关（时间控制喷射）。

喷油器关闭（喷油结束）：当电磁阀断电时，阀弹簧向下推动衔铁，于是球阀关闭出油节流孔（图5-39c）。出油节流孔的关闭引起进油节流孔在控制腔重新建立起共轨压力。这一压力增加了作用在控制柱塞上的力。来自阀控制腔的力和来自喷嘴弹簧的力此时超过从下面作用于喷嘴针阀上的力，因此喷嘴针阀关闭。进油节流孔的流量决定了喷嘴针阀的关闭速度。当喷嘴针阀重新到达喷嘴体针阀座而关闭喷孔时，喷油结束。

之所以采用这种由液压助力系统间接控制喷嘴针阀的方法，是因为电磁阀不能直接产生快速打开喷嘴针阀所需要的力。除了喷油量以外，需要的“控制量”通过控制腔的节流孔到达回油口。除了控制量以外，在喷嘴针阀和阀柱塞导向部位还存在泄漏量。控制量和泄漏量通过具有歧管的回油管路回到油箱。回油歧管还与溢流阀、高压泵和压力控制阀相连。

2. 压电喷油器

压电喷油器有两种类型：

1）Tophead 共轨喷油器（Siemens）。

2）直列共轨喷油器（Bosch，Denso）。

Tophead 共轨喷油器与 Bosch 的具有伺服阀的共轨喷油器相似。在具有压电执行器的共轨喷油器中，陶瓷执行器与壳体的不同的温度相关性必须进行补偿。在 Tophead 喷油器中执行器壳体具有这一功能，在压电直列喷油器中液压耦合器具有这一功能。下面详细描述直列喷油器的功能。

（1）压电直列喷油器的设计和功能

现在的压电直列喷油器由下列组件构成（图5-40）：

1）压电执行模块 3。

2）液压耦合器或放大组件 4。

3）控制或伺服阀 5。

4）喷嘴模块 6。

为了在执行器链中获得较高的整体刚度，当设计喷油器时液压耦合器和控制阀应优先考虑。另一个独特的设计特点是在 Tophead 喷油器（电磁式或者压电式）上由推杆产生的喷嘴针阀上的机械力的消除。总之，与其他系统相比，压电喷油器可以大大减少移动质量和摩擦，从而提高喷油器的稳定性和减小偏差。

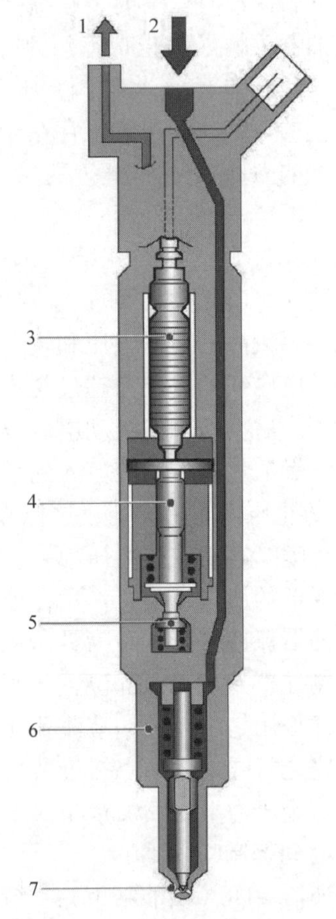

图 5-40　Bosch 压电直列喷油器设计

1—回油口　2—高压油入口　3—压电执行模块　4—液压耦合器（放大器）　5—伺服阀（控制阀）　6—具有针阀的喷嘴模块　7—喷孔

此外，喷射系统可以实现间隔时间很短的多次喷射。目前，燃油计量的量和配置可以达到每个喷油周期喷油 7 次，因此适应发动机运行工况的需要。

由于伺服阀 5 与喷嘴针阀紧密相连，针阀会对执行器的工作做出直接反应。从电信号控制开始到喷嘴针阀做出液压反应之间的延迟时间大约是 150μs，这同时满足了具备高针阀速度和保持最小可重复喷油量这一相互矛盾的要求。此外，根据原理，喷油器不包含任何从高压区到低压油路的直接泄漏。这提高了整个系统的液压效率。

（2）压电直列喷油器的控制

喷油器由发动机控制单元控制，发动机控制单元的输出级是专门为这种喷油器设计的。执行器电压的设定值被确定为工作点共轨压力的函数。它被间歇通电（图 5-41），直至达到设定值与控制电压之间的最小偏差。电压的上升成比例地转换成压电执行器的行程。液压放大导致执行器行程在耦合器中产生压力升高，直至超过了在控制阀中的力的平衡而使阀打开。一旦控制阀到达其最终位置，针阀上方的控制腔的压力开始下降并且发生喷油。

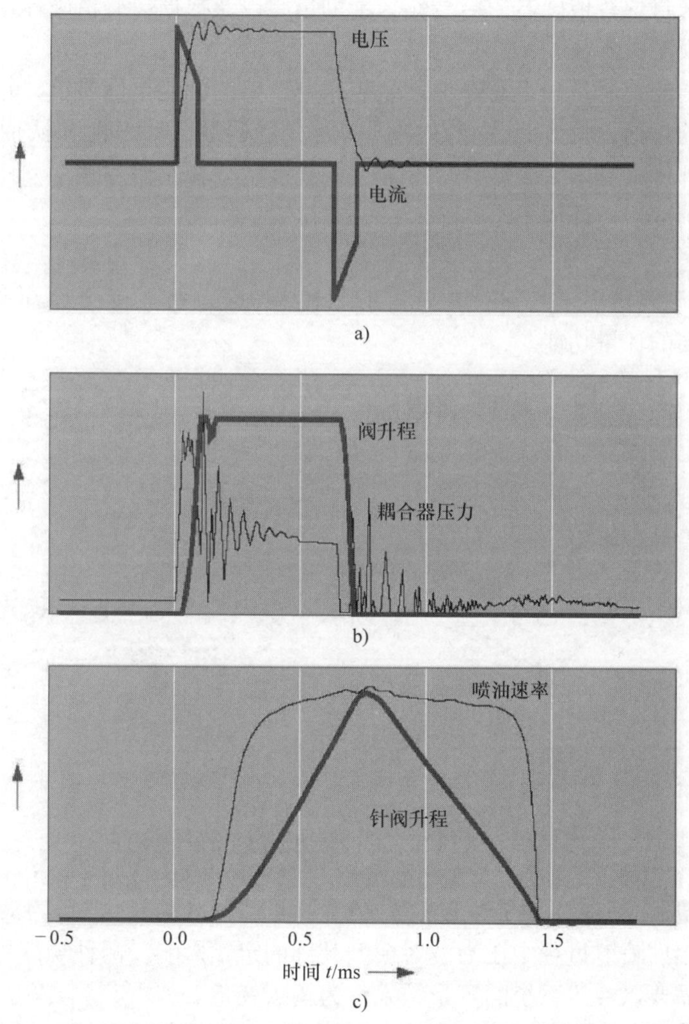

图 5-41 压电直列喷油器一次喷射的驱动顺序

a）被驱动喷油器的电流和电压曲线 b）阀升程和耦合器压力曲线 c）针阀升程和喷油速率

压电直列喷油器的原理使其与电磁阀喷油器相比具有以下优点：

1）具有灵活的喷油开始和喷油间隔时间的多次喷射。

2）喷油量非常小的预喷射。

3）喷油嘴尺寸小，质量轻（270g 替代 490g）。

5.3.5.7 计量功能

1. 定义和目标

计量功能包括在电控单元中的开环和闭环控制结构，电控单元结合单调的喷油器动作，确保在喷油过程中所需的计量精度。该功能利用专门开发的液压喷射作用，并应用来自现有传感器的信号作为辅助量，以及根据保持精确计量燃油的物理定律的基于模型的方法。

这些功能的使用是由于对燃油计量越来越严格的性能指标要求，相应地，源于柴油机发展的目标，特别是原排放更低同时对舒适性、动力性和低油耗有较高要求。对液压部件本身调节燃料计量所需要的精度，并在它们的整个使用寿命内试图保持这样的精度，被证明不是一个经济的方法。

2. 概述

图 5-42 简要给出了达到 EU4 标准应用和未来全球排放标准所需要的计量精度的 4 个最重要的计量功能。

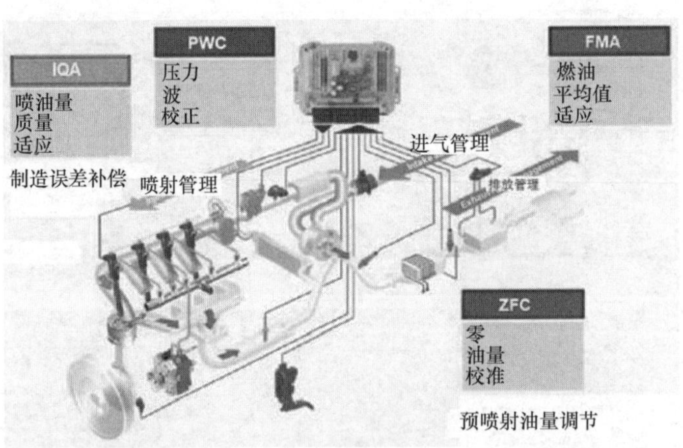

图 5-42 从 EU4 开始的乘用车应用的测量功能

“喷油器质量适应”功能可以调节新喷油器的制造误差，“压力波校正”功能可以校正在多次喷射过程中压力波对模型基础的定量影响。两种功能可控制地进行运行，并且需要以液压系统的测量结果作为输入变量。

“零油量校准”功能利用转速变化的辅助量，学习喷油器在整个工作范围内的原位最小喷油量。

“燃油平均值适应”功能根据氧传感器信号，计算平均喷射燃油量下的空气质量流量。后两项功能是利用来自传感器信号的辅助量的适应喷油量控制功能。

3. 喷油器质量适应（IQA，图5-43）

这一功能采用喷油器最终组装后在工厂进行的湿测试的试验结果。每一个喷油器的喷油量都进行测量，例如，在4个测试点测量（通电时间和压力），测试结果与特定测试点的设定值比较。这一信息被作为数据矩阵码储存在喷油器内。这种方法的先决条件是由基于4个测试点的单个喷油器性能，例如由相关因子对整个脉谱的足够精确的描述。相同类型所有喷油器的相关因子都与平均油量脉谱一起储存在控制单元中。单个喷油器性能的信息都可以通过阅读数据矩阵码，存入控制单元的可写入存储器内。在汽车生产过程中，这一工作在总装线的最后完成。

喷油器质量适应代表了一种基于喷油器试验数据均衡它们的喷油量的有效方法。总之，这种方法可以通过增加计量精度和通过扩大调节公差提高成品率方面实现双赢。这有利于降低成本。

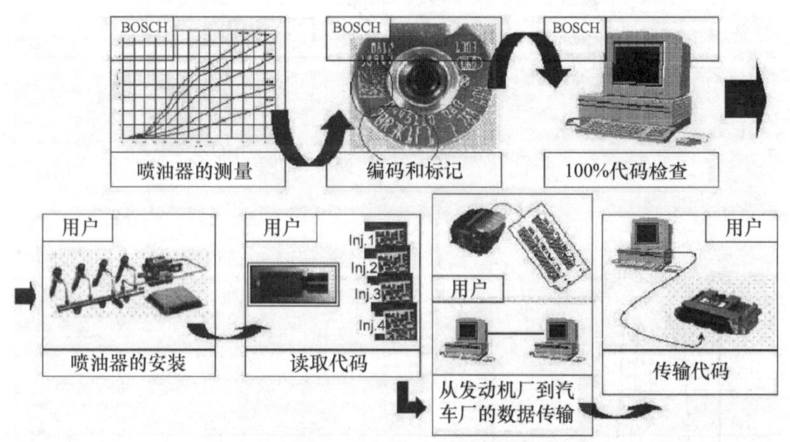

图5-43 喷油器质量适应过程链

4. 压力波校正（PWC，图5-44）

多次喷射可以实现可变喷油位置并适用于不同的发动机负荷点，因而有不同的压力和不同的喷油量，对于达到柴油机的排放和舒适性目标是不可或缺的。由于柴油的可压缩性，压力波总是在系统内喷射过程中引发，一旦开始多次连续喷射，这会影响燃料在燃烧室的计量。这样引发的压力波将使一次或者几次喷油的误差增大。这是不希望的，并且可能对发动机的排放和噪声造成不利影响。随着液压系统阻尼措施的增加（见5.3.5.4节和5.3.5.5节），物理模型可以作为校正压力波引起的定量影响的基础。这就是压力波校正功能。瞬时喷射和预喷射的喷油量、燃油压力和温度以及喷油时间间隔是可变化的，它影响喷油量的变化。压力波校正有效地校正了对这些变量的基础，以及对液压系统本身的响应特性的定量影响。压力波校正能与最佳发动机热力学应用的液压喷射时间间隔相结合，并且能均衡燃料温度对燃料波动的影响，即使喷射间隔是恒定的。由于压力波校正构成一个基于模型的控制，最重要的是应用于模型中的缺陷也相当于在液压系统的缺陷，即基于测量的当前液压系统的再现和喷油器的物理校正控制脉谱图的利用，对于压力波校正的功能是相当重要的。

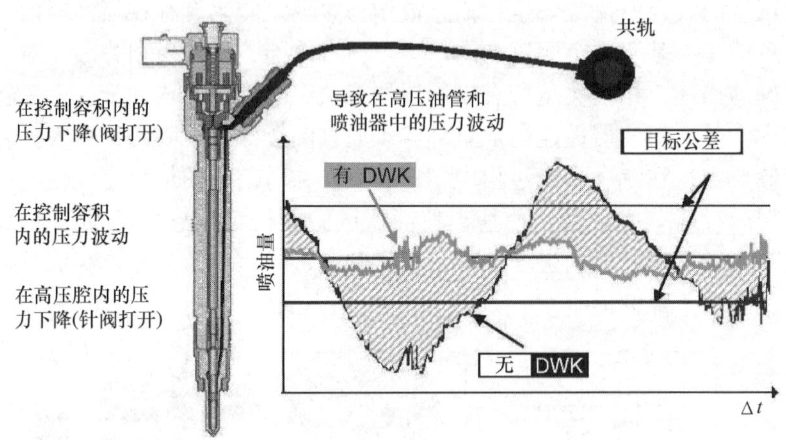

图 5-44　压力波校正（DWK）功能

5. 零油量校准（ZFC，图 5-45）

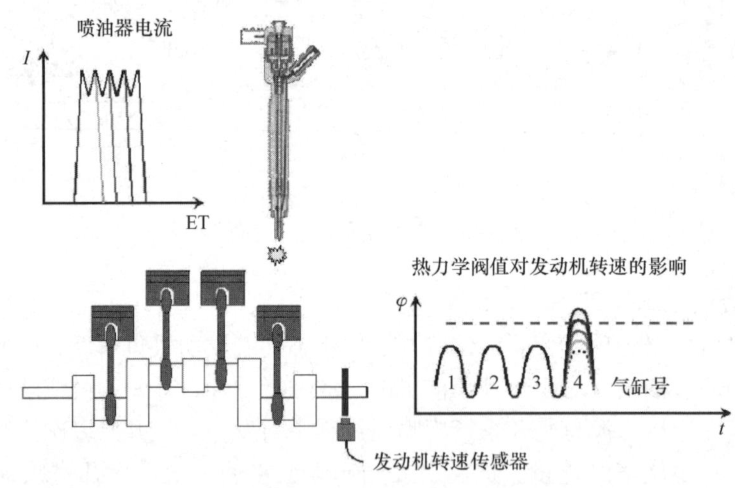

图 5-45　零油量校准（ZFC）功能

从发动机的角度来说，应用预喷射一方面可以降低燃烧噪声，另一方面只能最低限度地增加颗粒物排放这一固有矛盾已经解决。因此，零油量校准的自适应功能是为了保证在寿命期内最小预喷射油量的稳定。零油量校准利用来自发动机的高分辨率速度信号作为辅助量。它可以提供在最小喷油量下燃烧过程中产生的气缸选择性转矩信息。该功能只能在汽车反拖条件下工作，以保证不破坏正常驾驶。通过分析速度信号，每一个喷油器通电时间的调节允许连续检测喷油器喷射最小喷油量的时间，即所谓的“零油量”。控制的持续时间被应用到检测，并且如有必要，被应用到校正液压系统在整个工作期间的变化。最小喷油量和速度的响应特性取决于车辆使用的传动系统，因此必须进行专门计算。值得注意的是，此功能运行不需要额外的传感器，并且能够检测到的最小喷油量肯定在小于 0.4mm^3 的精度。因此，小于 1mm^3 的预喷射油量可以表示在作为发动机所需的燃烧极限的函数脉谱图中。

6. 燃油平均值适应（FMA，图 5-46）

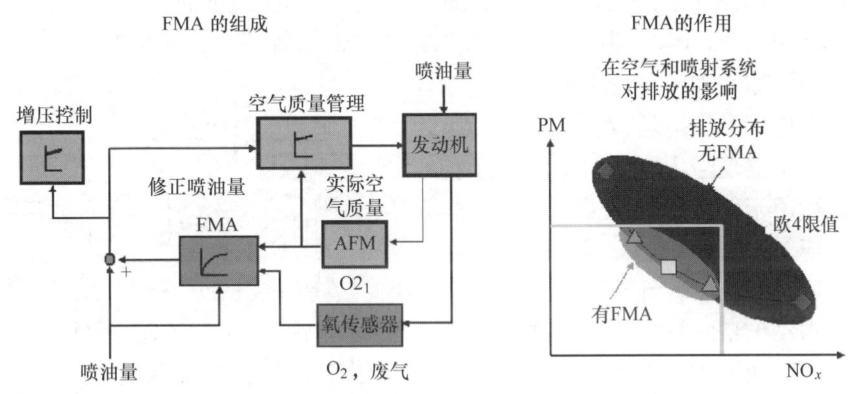

图 5-46　燃油平均值适应（FMA）系统的组成和功用

为了在所有认证车辆上可靠地达到颗粒物和氮氧化物排放限值，空气、喷射系统的传感器和执行器系统的所有允许偏差，必须保证始终可以得到恰好的空气量助燃供给的燃油量。这是通过控制废气再循环率来保证合适的助燃空气量的。如果喷入的燃油质量偏离控制单元推定的质量，原来的应用程序就会偏离废气再循环率的颗粒物 - 氮氧化物的折中位置。如果在某一特定负荷点喷入的燃油比控制单元推定得少，那么废气再循环将降低，提供假定燃烧需要的氧气更多。与标准的应用不同，这将产生氮氧化物排放增加，颗粒物排放降低。如果喷射的燃油过多，就会产生与上述相反的结果，也符合颗粒物 - 氮氧化物折中规律。燃料的平均值适应功能是基于氧传感器信号确定实际喷油质量，然后调节空气质量流量，以获得原颗粒物 - 氮氧化物之间的折中。燃油平均值适应对喷油量误差做出的反应，以及它基于氧传感器信号对空气质量流量传感器误差的补偿是期望的副作用。因此，进气系统和发动机的误差也可能被补偿。这最终体现在一个相当小的颗粒物和氮氧化物相应应用的排放限值的安全余量上。当排放水平是基于所涉及的所有部件误差的典型分布时，那么对于欧Ⅳ标准而言，燃油平均值适应至少能比没有燃油平均值适应的排放极限值的原始余量减少一半的安全余量。

5.3.6 大型柴油机的喷射系统

5.3.6.1 应用领域

大型柴油机喷射系统应用范围包括：

1）单缸功率70～2000kW（在大型低速二冲程柴油机达到4500kW）。

2）发动机转速60～1800r/min。

3）全负荷喷油量180～2000mm^3/一次喷射。

4）发动机气缸数1～20。

5）燃油从标准柴油到在50℃下的黏度达到700 cSt的重油。

大型柴油机的开发、制造工程和喷射系统的制造等基本方面包括：

1）高可靠性和长使用寿命。

2）大比例全负荷运行。

3）易于实现与现有喷射系统的互换。

4）适用于任何气缸布置。

5）便于维修。

6）燃料的可兼容性。

7）当小批量制造时成本有竞争性。

8）所有的喷射参数的可控性，以符合排放标准。

5.3.6.2 传统喷射系统

油泵柱塞直径达到20mm，柱塞行程达到15mm的直列泵，仍然用于单缸功率达到约160kW的大型发动机上。只有单体泵能灵活地适用于不同数量的气缸。它们允许实现短的和标准化的喷油管。

位于发动机凸轮轴上的喷油凸轮通过滚轮挺柱（见图5-47）或摇臂使油泵柱塞运动。

单体泵在它们相应的气缸直接布置，这允许它们有非常短的喷油管。因为液压损失减小可以提高系统的效率。相同的部件简化了发动机设计和气缸数量的适应性以及备件管理。

图5-47所示单体泵有一个具有囊孔结构的柱塞套，这种设计可以使油泵一侧的峰值压力达到1500bar。恒压阀安装在泵柱

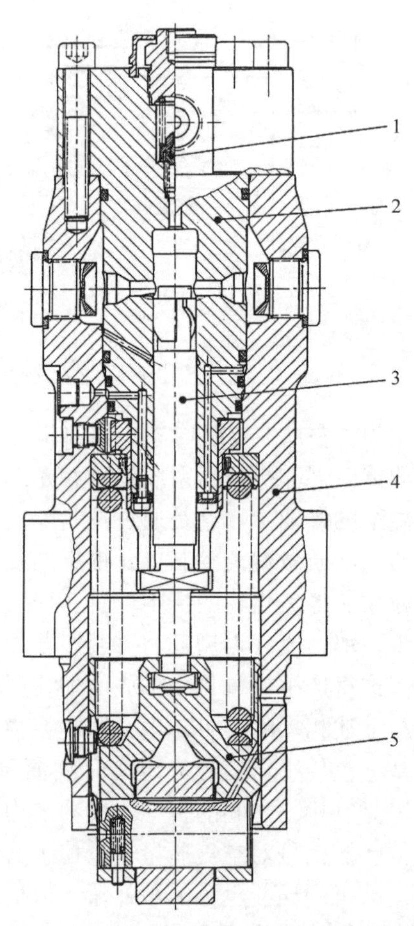

图5-47　具有集成滚轮挺柱的单体泵（Bosch PFR1CY）

1—恒压阀　2—柱塞套　3—柱塞　4—壳体　5—滚轮挺柱

塞套抗变形法兰上。它可以通过迅速降低供油结束后的压力防止喷嘴出现后喷射，也可以保持喷射管路内较高的压力防止系统的气穴现象。这种设计避免了大面积的高压密封。

用于重油的单体泵通常在泵柱塞套回油孔的下方有三个环槽，它们具有不同的功用。在所有柴油机应用中，上槽使泄漏的润滑油返回到入口室。来自发动机润滑油路的润滑油，作为密封油并防止燃油稀释润滑油，通过细滤器被送入最下面的槽中。中间的沟槽是无压力去除含有燃油和润滑油的混合油。

单体泵的驱动凸轮安装在作为发动机配气机构凸轮的同一凸轮轴上。因此，与驱动机构共用的凸轮相位无法用于喷油正时的改变。调节中间部件，例如偏心安装在凸轮与滚轮挺柱之间的滚轮摇臂，能够产生几度的提前角。因此，可以优化油耗和排放，甚至适应各种类型的燃料的不同着火质量。这种解决方案的复杂结构导致了电磁控制泵的发展。

5.3.6.3　电磁控制泵

图 5-48 所示为电磁控制单体泵（单缸泵）。发动机凸轮轴上的喷射凸轮驱动具有滚轮挺柱的油泵柱塞。一根短的高压油管建立单体泵与气缸盖上的喷油器之间的连接。这些泵用于高速（>1500r/min）和中速（>1200r/min）发动机，并且油泵柱塞直径为 18 ~ 22mm，柱塞行程为20 ~ 28mm。

油泵柱塞上既没有螺旋槽也没有斜槽，柱塞套上没有回油孔。安装有压力阀替代具有控制柱塞的电磁阀。

该系统的优点是：

1）安装空间小。

2）对传统气缸盖设计有良好的适应性。

3）刚性驱动。

4）具有自由选择供油开始点的快速开关次数和精确的燃油计量。

5）在维护和修理过程中易于更换。

6）在部分负荷工作时可以闭缸的选项。

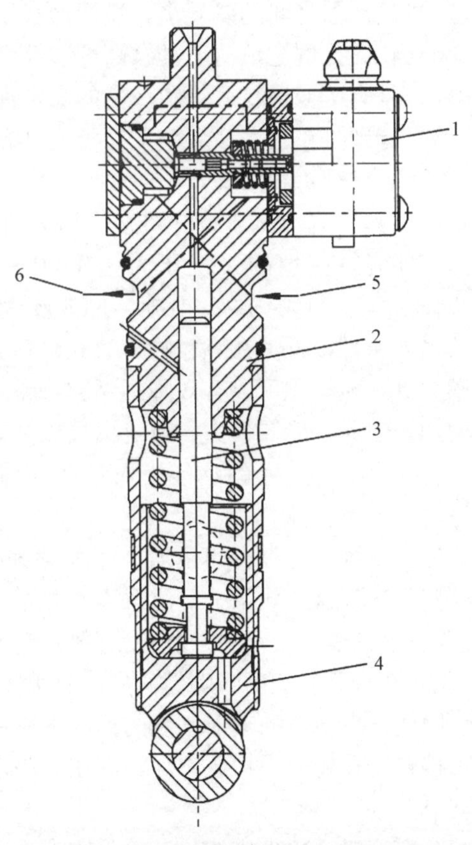

图 5-48　具有电磁阀的单体泵（BoschPFR1Z）

1—电磁阀　2—柱塞套　3—柱塞

4—滚轮挺柱　5—供油口　6—回油口

5.3.6.4 共轨系统

直到最近，与速度和负荷相关的喷油正时对于大型高速和中速发动机来说都是无关紧要的。船用发动机具有固定的速度与负荷之间的关系。驱动发电机的发动机以可变负荷恒速运转。因此，这两种应用允许在传统油泵的柱塞上部采用螺旋槽依靠供油开始点调节负荷。

对于2006年部分生效的更严格的排放法规而言，即使在大型柴油机上也需要使用新的喷射系统。在商用车领域建立的共轨系统具有目前大型柴油机不可或缺的优势。但是，必须注意到该系统比车用发动机甚至更严格的要求：

1）系统压力不受转速影响，高达2000bar，可自由调节。

2）在低峰值转矩下具有高效率，因而具有低驱动功率。

3）通过降低高压油管、阀和喷嘴的压力损失，使在喷孔之前有更高的压力。

4）多次喷射的选项。

5）喷油器之间的差异小，喷油器在使用寿命内喷油量变化小。

6）在高比例全负荷下具有高可靠性和长使用寿命。

7）具有可变燃料质量和污染的稳定性。

8）特别是在长寿命大型发动机上具有容易取代传统系统的互换性。

9）容易维护和修理。

10）具有冗余和“跛行回家”功能的特别可靠的电子控制系统。

当前流行应用的系统压力是1400～1600bar，特殊应用如游艇发动机可达1800bar。减少氮氧化物的措施，例如废气再循环或者喷油速率控制，要求有比较高的喷油压力以抵消在颗粒物排放和油耗方面带来的不利影响。通过增加燃油压力使燃油更好地雾化可以有效降低颗粒物排放。压力增加会引起驱动高压泵的能量消耗增加。因此，泄漏损失、节流损失以及热量的产生也必须保持较低水平防止过高损失。如果没有这样的功能，较高的驱动能量将抵消由于优化燃烧带来的油耗优势。

增加系统压力只有当也增加平均喷射压力和最高喷孔压力时才会有希望的效果。为了达到这一效果，应注意以下几个方面：

1）喷油器的设计必须优化，降低节流阻力，消除可能产生气穴的区域。

2）在打开和关闭喷嘴针阀期间，喷嘴座区域的节流必须保持较低。

因此，高质量的喷射系统的标准不是由高压泵输送的最大公称压力决定的，而是直接在喷孔处的平均压力和最高压力决定的，只有此处的压力会影响燃料的雾化和燃烧。

多次喷射是减少排放的有效手段。后喷射可以减少颗粒物排放。预喷射可以使气缸压力升高保持适度，以降低噪声。用于多次喷射的喷油器必须能够一直保持小油量喷射而不会在高压系统引起压力波动。

压力控制喷射系统只能通过影响针阀打开的速度来改变喷油规律。喷油规律的改变在很大程度上并不取决于喷油压力，而是需要复杂得多的执行器喷油器的设计。

制造成本是选择设计类型的一个基本标准，即使对大型柴油发动机喷射系统也是如此。允许改装长寿命发动机以符合更严格的排放标准的系统，因为大批量生产也具有成本优势。

5.3.6.5　柴油燃料共轨系统

用于单缸输出功率达到 150kW 的大型高速柴油机的具有 1 个或者 2 个执行器的压力放大系统正在开发中。它们具有喷油规律可调节以及多次喷射的优点。但它们也存在着不一致性、喷油量漂移、效率低、特别是成本高的缺点。从共轨到喷油器的高压油管随着发动机尺寸的增加而变长会产生不利影响。这是基于如图 5-50 所示的喷油器设计的模块化共轨系统（见图 5-49）发展的结果。

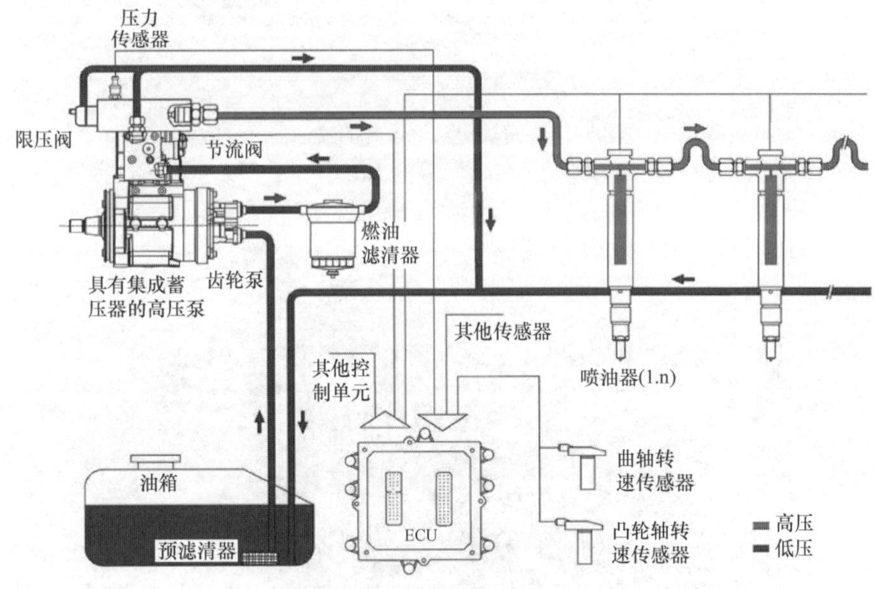

图 5-49　模块化共轨系统

具有多缸设计的高压油泵由发动机驱动，并包括一个相对较小的蓄压器容积（见图 5-51）。

供油由 ECU 通过进油计量阀控制。限压阀和压力传感器装在高压油泵内。高压油管从高压油泵的蓄压器连接到具有集成蓄压室的各个喷油器。从蓄压室到电磁阀的较短的距离允许以最小喷油量的多次喷射。在电磁阀和喷嘴座上的低磨损坚固设计，减少了喷嘴在整个使用期内的喷油量变化。在泵单元较长的密封长度和在阀内的低节流损失提供了压力产生的高效率。泵和柱塞由于具有足够的安装空间可以进行改进。

单缸输出功率达 500kW 的中速发动机的传统喷射系统可以更换成共轨系统。

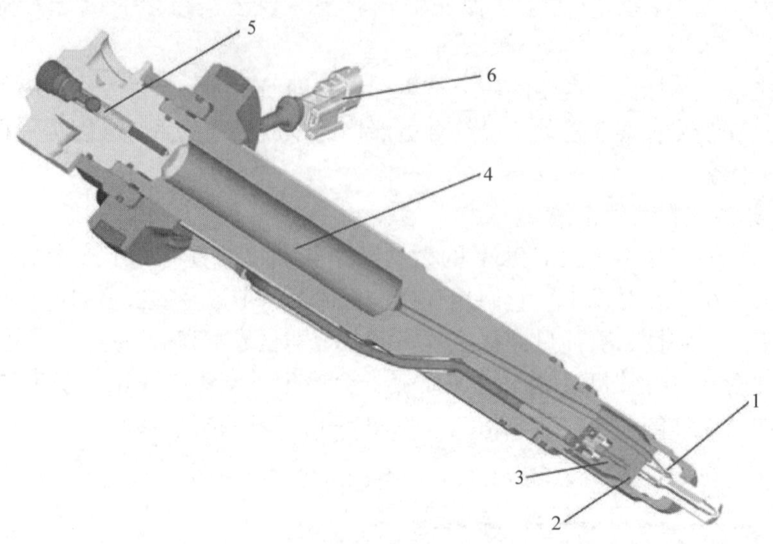

图 5-50　模块化共轨系统的喷油器

1—喷嘴　2—孔板　3—电磁阀　4—具有蓄压器的喷油器体　5—限流阀　6—导线连接器

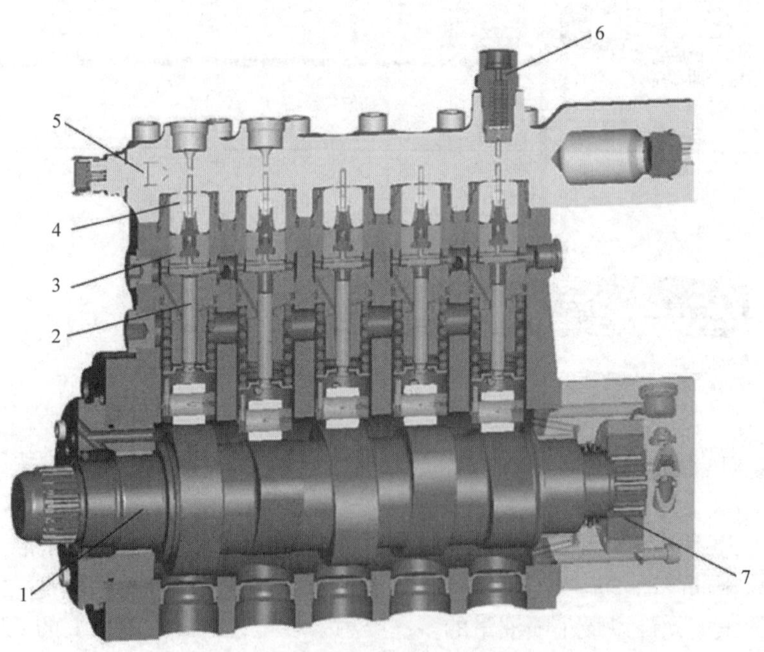

图 5-51　模块化共轨系统的高压油泵

1—凸轮轴　2—泵单元　3—吸入阀　4—压力阀　5—蓄压器　6—限压阀　7—低压泵

如图 5-52 所示的模块化共轨系统具有优势，并且可以降低成本。

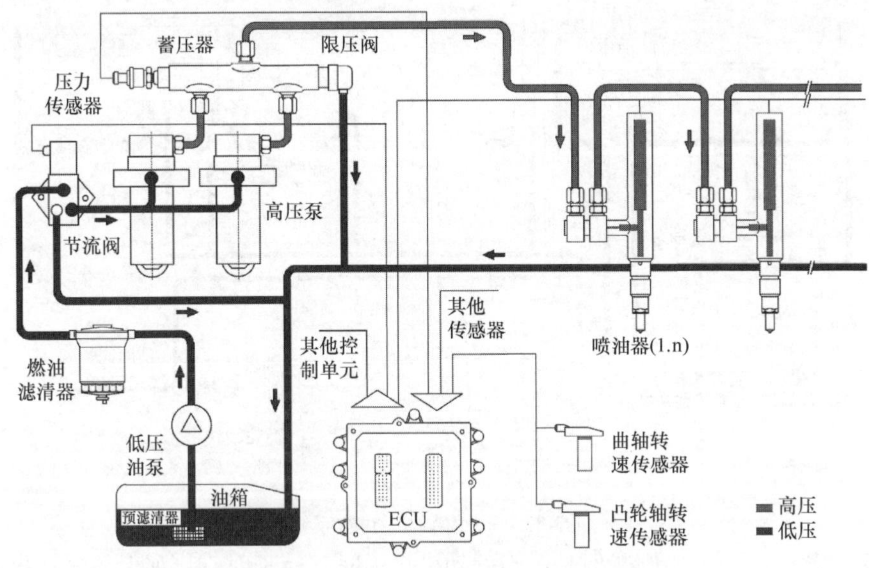

图 5-52 有两个高压泵的模块化共轨系统

由单柱塞泵产生高压，低频压力产生的压力峰值在一个较大的蓄压器中被衰减，蓄压器上装有压力传感器和限压阀。一种共享控制的吸入节流阀控制单柱塞泵的供油。各个喷油器的蓄压容积串联在一起均衡喷油器之间的压力。这一系统可以明显改善颗粒物排放和噪声，改造成本低。

范围广泛的燃料，包括在 50℃下黏度高达 700 cSt 的重油，都可用于中速发动机，特别是船用发动机。低燃料消耗、减少废气排放和改善运行平稳性的要求不仅是由用户提出的，而且也出现在国际海事组织的排放法规中。其他要求包括对高杂质含量和温度高达 180℃的不同等级的燃油的适用性，闭缸的选项，以及基于燃油温度或喷油器的气缸平衡控制。很明显，重油共轨系统将能够很好地满足这些要求。它对于不同数量的气缸、不同的气缸布置和不同尺寸的发动机的无障碍适应是一个重要方面。

发动机制造商和喷射系统制造商之间的密切合作对重油蓄压式喷射系统的开发来说是必不可少的。对可行的方案进行实施和广泛的试验是唯一的途径。高油温和高杂质含量需要新的材料和结构方案，这样的结构方案甚至可以达到所需要的长使用寿命。

图 5-53 为改装的重油模块化共轨系统，下面描述其独特的功能。燃油供给系统设有加热系统，将燃油预加热至 160℃。发动机的喷射系统最初被充入柴油，以确保柴油中没有气泡。一个专门的清除系统在发动机开始运转前以另外的次序向燃油供给系统充入重油。

在运行期间或者发动机正常的短时间熄火期间，循环预热的重油可以不断加热

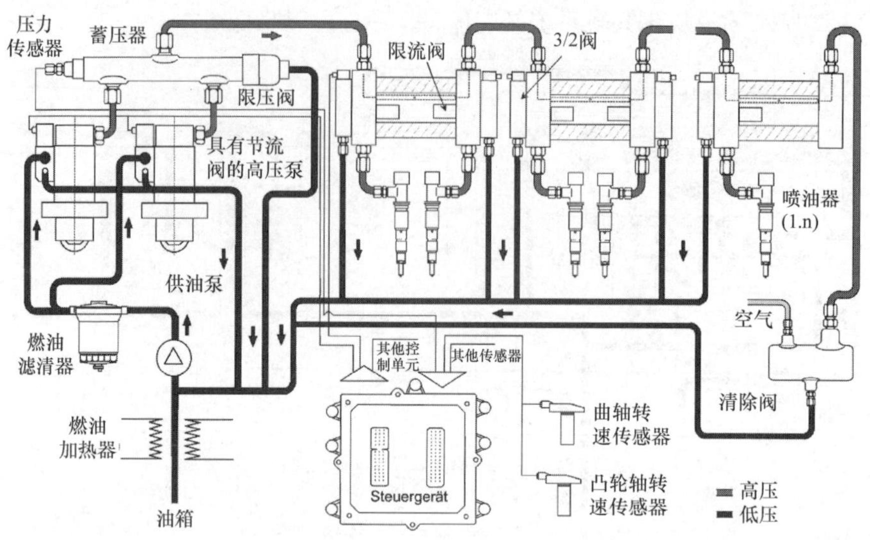

图 5-53 重油模块化共轨系统

高压泵、蓄压器和电磁阀。但是，当发动机熄火时间较长时，例如保养时，提前被切换到柴油运行很短时间。这样发动机工作时在喷射系统消耗重油，然后在系统充入黏度低的柴油。在发动机紧急停止以后，喷油系统用柴油进行清洗，并且只有高压油管到喷油器以及喷油器本身含有充入的重油。这些堵塞的重油当发动机起动时随后可以清除。

大型柴油机的尺寸使得单个蓄压器沿发动机长度安装存在一定问题。由于每一个发动机气缸获得相同的喷射条件几乎是不可能的，必须防止系统中出现过大的压力波动。因此，将蓄压器分成几个具有合适蓄压容积的空间，并且至少由两个高压油泵分开供油就更加实用了。

这种结构的优点之一，是当不同结构的发动机安装喷射系统时具有较大的灵活性。这是令人感兴趣的改装方案。更紧凑的结构能够更好地利用发动机的结构空间，并具有装配和备件管理的优点。

低压供油泵通过电磁控制节流阀对两个高压泵供油，高压泵将燃油通过压力阀泵入油泵蓄压器，由此燃油进入串联的蓄压器单元。蓄压器单元由一根大截面的管和两端各一个连接并密封它们的蓄压器盖组成。蓄压器盖包含连接喷油器高压油管和连接到下一个蓄压器单元的径向接口。使用 2 个到 4 个高压泵对油泵蓄压器供油，可以保持较低的动态压力波动。电控单元通过分析共轨压力传感器提供的压力信号，以及发动机的特定工况计算高压泵的供油速率。低压管路中的电磁控制节流阀测量供给到高压油泵的燃油量。

每一个蓄压器盖都包含部件和接口，以便于供给和输送燃油以及对喷油器进行喷油控制。燃油从蓄压器内通过流量限制孔到达两位三通阀，并由此到达喷油器。在每一次喷油过程中，这一部件中的弹簧加载的柱塞完成与喷油量成正比的行程，并且当喷油间歇时回到其原始位置。但是，当喷油量应该超过规定的极限值时，柱塞在其行程结束时压靠在出口侧的密封座上，因此防止喷油器继续喷油。

每个蓄压器盖还包含一个两位三通阀，该阀由控制单元电磁控制的两位两通阀驱动，因此可以清除从蓄压器单元通过限流孔到喷油器的高压油路。在喷射过程中激活两位三通阀多次，就会产生预喷射和后喷射。

限压阀安装在油泵蓄压器上，当超过限定压力时限压阀打开，从而保护高压系统防止过载。

高压油管和蓄压器单元采用双壁结构，这样当连接处出现常见的泄漏、破裂或失去密封时，燃油不会漏出。

供油系统需要有加热系统预热重油。为了冷起动燃用重油的发动机，喷射系统的高压油路需要用热循环重油加热。为了减压，通过气动控制装置打开安装在串联的最后一个蓄压器单元末端的清除阀。一旦喷射系统已被充分加热，清除阀关闭，发动机起动。

清除阀也可在维护或修理时用于解除喷射系统高压油路的压力。通过两个高压油泵向油泵蓄压器提供高压燃油的优点是如果其中的一个油泵失效，发动机仍能在部分负荷下工作。

两位三通阀在蓄压器盖上的布置，以及传统喷油器的利用大大简化了现有类型的发动机的改造。这消除了发生在其他共轨系统共轨与喷油器之间的高压油管中的压力波动，特别是在喷油结束时的压力波动，因此降低了压力部件上的应力。模块化的结构单元和它们分配到每个气缸的布局减少了组装和维护工作，并允许到喷油器的油管缩短。发动机客户已经很重视机械喷油器的使用。显然，这将需要几年，直到船舶工程师和机械师充分地信任他们的电子产品。

用于大型中速柴油机的重油共轨喷射系统的低成本改装自 2003 年已经在试验用的发动机上使用，并且在几个领域已经有几千小时的工作时间。优化的第一步已经显著改善了烟尘和氮氧化物排放，使其超过了机械系统。

5.4　喷射系统计量

现代喷射系统和系统组件质量的优化和评估，需要高度发达的测量和试验系统。下面概括介绍用于测试喷射系统的液压功能的技术，使用的是符合 ISO 4113 标准的标准试验油。

5.4.1　测量原理及其应用

1. 流量测量

基于齿轮原理在一个封闭的管路系统工作的测量仪器，在喷射系统部件中连续测量流量是应用广泛的流量测量方式。通过一个与齿轮副相结合的传感器的检测，齿轮的转速与流体的体积流量相关。这能够确定高压油泵在低压油路的回油量。通常的流量测量值是5~150L/h。齿轮副的入口和出口之间无压差工作的仪器设计也在广泛使用，由控制伺服电动机驱动齿轮。这些高精度仪器的设计可以应用到检测最小的泄漏和流量最小值为0.01L/h，并且（在其他设计）最大流量为350L/h。

另一种在用的流量测量系统是基于科里奥利（Coriolis）原理工作的。与试验台管路系统连接的测量管被激发以其固有频率振动。科里奥利力作用于流动的被测试油液引起管两端的振动相移，这反映了瞬时流量。这种连续测量系统的显著特点是具有确保故障较低的敏感性的简单设计。它的测量时间在几秒钟的范围。科里奥利测量系统主要用于生产测试，如确定高压泵的供油速率和喷嘴的通过量。市场销售的基于上述流量测量原理的仪器的测量误差已经非常小，在测量值的±0.1%范围以内。

2. 喷油量测量

在喷油器中测量的最重要的液压量是每喷射循环的喷油量。由于喷油量不准确会直接影响发动机输出功率和排放，喷油器与喷油器之间的喷油量误差必须非常小，例如在全负荷下要小于±2.5%。因此，对用于测量喷油量的测量设备的绝对精度和分辨率有特别高的要求。燃油量指标，采用包括滑动柱塞和测量室的测量原理的油量指示器已经证明它们在产品开发和质量测试中的流量测量价值。喷射的燃油量可能分散在每一个喷油周期中的几次喷射中，被喷射到充满测试油的测量室内并使柱塞移动，柱塞的行程用电感位移测量装置测定（图5-54）。测量室被加压以规定的背压，以抑制活塞振动和防止空气释放。在喷射循环结束时，测量室通过一个阀排空。喷油量 $m(\rho, h)$ 可以很容易地计算：

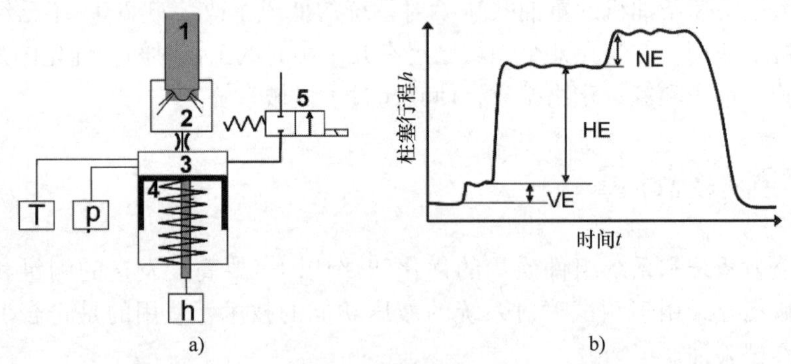

图5-54　柱塞位移测量

a）柱塞位移原理图　b）在预喷射（VE）、主喷射（HE）和后喷射（NE）阶段的柱塞行程

1—喷射系统　2—喷雾阻尼器　3—测量室　4—柱塞　5—高压阀

$$m(\rho, h) = \rho(T, p) \cdot h \cdot A_{\text{Kolben}} \tag{5-12}$$

式中 h——柱塞行程；

A_{Kolben}——柱塞面积。

在方程（5-12）中的试验油密度 $\rho(T,\ p)$ 是测量室内的温度 T 和背压 p 的函数。

基于活塞位移原理工作的现代测量仪器具有测量值 ±0.1% 的测量误差。这些用于乘用车和商用车的测量装置的测量范围在每次喷射为 0.2～600mm^3 之间，分辨率为 0.01 mm^3。可以被分别检测的两次连续部分喷射规定的最小喷射时间间隔是 0.25ms。每一个喷油周期可以检测高达 10 次的部分喷射。

3. 喷油特性的检测

喷嘴的喷油特性是在喷油周期内通过将喷油量对时间进行微分得到的。原则上，这可以用上述的喷油测量系统来完成。但是，鉴于振动活塞的动态特性，这种方法只能有条件地用于取得喷油特性的高分辨率的测量。基于管指示器的测量仪器更适合于确定喷射特性。喷油器喷嘴喷入管内的试验油量随着时间的推移产生一个压力波，以声速在已充满油的管内传播。压力传感器捕获管内压力 p（t）的动态增量。喷油特性 dm/dt 用管的截面积 A_{Rohr} 和温度以及在试验油内取决于声速 c 的压力计算得到：

$$\frac{dm}{dt}=\frac{A_{Rohr}}{c}p(t) \tag{5-13}$$

喷油量通过对式（5-13）积分进行计算。目前，基于管指标器原理的仪器设计指定的流量测量范围接近每次喷射 0～150mg，喷油量分辨率为每次喷射 0.01mm^3。高达 5 次的部分喷射是标准的可检测范围。基于管指示器原理的仪器用于喷油器的开发。

与管指示器将燃油喷入长环管测量喷油特性不同，液压增压系统的测量原理是基于将油喷入具有恒定测量容积的腔室进行测量。喷油速率特性和喷油量是通过计算压力随时间的变化得到的。在目前的仪器设计中，测量室充满试验油并被加压，以防止溶解的空气和气穴的释放。喷油特性 dm/dt 借助于测量室容积 V_{Kammer}、声速 c 和测量室内的绝对压力变化 dp/dt 计算（5-14）：

$$\frac{dm}{dt}=\frac{V_{Kammer}}{c^2}\frac{dp}{dt} \tag{5-14}$$

高精度压电压力传感器具有非常短的响应时间，可检测测量室内的压力。利用超声波换能器在测量室内通过声波脉冲的回波时间来计算声波的速度。这种液压增压系统可同时测量喷油特性和喷油量，因而用于喷油器的开发。

5.4.2 计量要求

对喷射系统的测量和试验设备的要求，必须分别考虑它们的两个应用领域：开发和生产。通常，开发对测试信号的时间和局部分辨率以及测试结果的范围提出的要求很高。试验台测试有助于通过实验来验证新喷射系统的理论潜力。为此，在开发中使用的任何测量设备必须尽可能灵活和通用。与在开发中的灵活使用相比，生产中的测试设备需要测量装置和测量过程，以及工序的广泛的自动化和标准化。这是保持喷射系统部件制造持续高质量所必需的（见5.4.3节）。

测量能力

测量能力及其稳定性监测的定期测试，是为了确保测量装置能够可靠地获取产品的特征测量值，例如喷油量，是在其运行工况下长时间的测量值，它相对于公差而言有很小的偏差。汽车行业制定了帮助评估测量能力的标准［5-24］。在大规模生产中用来检查产品的几个测量装置，必须有类似的结构设计和测试序列，以确保它们对产品都有相同的测试条件。

5.4.3 喷油器测试

1. 喷油器测量装置

喷油器在制造的过程中，有专门的测量装置测试一个完全组装的喷油器所要求的精确的喷油量和回油量。就其本身而言，这样的测量装置已经构成了一个完整的共轨系统。这保证了喷油器在试验台上的功能特性与它后来在发动机上的特性的最大的一致性。虽然一个喷射系统通常只适用于某一特定的发动机，测量装置的共轨部件对同一代喷油器总是相同的（见图5-55）。

2. 喷油器测试顺序

喷油器每个工作点的喷油量都需要根据确定的测试顺序进行测试。使用测量装置喷油器所需要的机械和电气连接全部自动完成，以确保安装条件总是相同，并能缩短测试周期。测试顺序必须按照以下要求进行优化，因此，一方面指定的特性能够在短时间内精确测量，另一方面稳定的边界条件能够得到保证。喷油量和回油量通常在喷油器的几个特征工作点进行测量，例如怠速、部分负荷、全负荷和预喷射。共轨内的绝对压力和喷油器在工作点测试的电气控制的持续时间必须与特定的发动机类型相匹配。

喷油器的低压油路在测试顺序开始时必须完全排放。然后，整个系统升温直至达到稳定状态。试验顺序规定对所有喷油器都是相同的后续测量的时间顺序。输入到喷油器和流量计的热能随工作点的不同而变化，并且在某种程度上是相当大的。在高入口压力下喷油器和测量装置内的温度可以达到150℃。通常，建立温度所需的时间比实际测量的时间长很多倍，实际测量对每一个工作点只需要几秒钟。测量装置除了稳定的温度边界条件以外，在入口（即在共轨）稳定的压力条件对喷油量的精确和可重复测量也是必要的。入口压力借助于高精度压力传感器和信号放大器控制。当将它们结合使用时，在绝对压力2000bar下精度可达到±1bar。

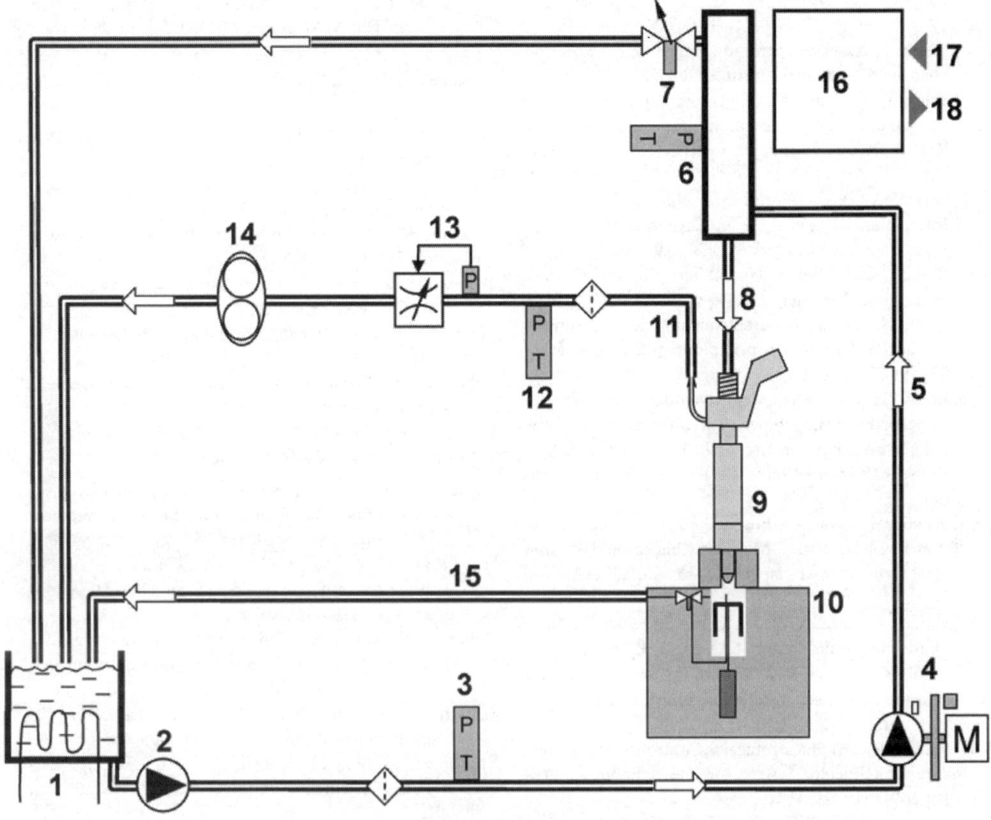

图 5-55 喷油器测试装置原理图

1—具有温度控制的试验油箱 2—低压供油泵 3—进油压力和温度传感器
4—具有驱动和同步装置的共轨高压油泵 5—连接到共轨的柔性高压油管 6—装有压力和温度传感器的共轨
7—有回油管的压力控制阀 8—到喷油器的高压油管 9—共轨喷油器（压电 CRI）
10—基于柱塞位移原理的喷油量计量装置 11—自喷油器的低压回油管 12—回油压力和温度传感器
13—低压回路压力调节器 14—齿轮式流量计 15—喷射燃油回油 16—试验台控制装置
17—传感器和数据输入 18—控制和数据输出

参 考 文 献

5-1 Bessières, D.; Saint-Guirons, H.; Daridon, J.: Thermophysical properties of n tridecane from 313.15 to 373.15 K and up to 100 MPa from heat capacity and density data. Journal of Thermal Analysis and Calorimtry 62 (2000), S. 621–632

5-2 Bosnjakovic, F.; Knoche, K.F.: Technische Thermodynamik Teil I, 8. Aufl. Darmstadt: Steinkopff-Verlag 1999

5-3 Davis, L.A.; Gordon, R.B.: Compression of mercury at high pressure. Journal of chemical physics 46 (1967) 7, S. 2650–2660

5-4 Jungemann, M.: 1D-Modellierung und Simulation des Durchflussverhaltens von Hydraulikkomponenten bei sehr hohen Drücken unter Beachtung der thermodynamischen Zustandsgrößen von Mineralöl. Düsseldorf: VDI Fortschrittsberichte 473 (2005) 7

5-5 Cellier, F.E.; Kofman, E.: Continuous System Simulation. Berlin/Heidelberg/New York: Springer 2006

5-6 Bianchi G.M.; Falfari S.; Parotto M.; Osbat G.: Advanced modeling of common rail injector dynamics and comparison with experiments. SAE-SP Band 1740 (2003) S. 67–84

5-7 Chiavola O.; Giulianelli P.: Modeling and simulation of

common rail systems. SAE-P Band P-368 (2001) S. 17–23
5-8 Spurk, J.; Aksel, N.; Strömungslehre, 6. Aufl. Berlin/Heidelberg/New York: Springer 2006
5-9 Schmitt, T.; Untersuchungen zur stationären und instationären Strömung durch Drosselquerschnitte in Kraftstoffeinspritzsystemen von Dieselmotoren. Diss. Technische Hochschule München 1966, Forschungsberichte Verbrennungskraftmaschinen Nr. 58
5-10 International Symposium on Cavitation (CAV2006). Wagening: The Netherlands, 11.–15.9.2006
5-11 Robert Bosch GmbH (Hrsg.): Technische Unterrichtung. Diesel-Verteilereinspritzpumpe VE. 1998
5-12 Bauer, H.-P. et al.: Weiterentwicklung des elektronisch geregelten Verteilereinspritzpumpen-Systems. MTZ 53 (1992) 5, S. 240–245
5-13 Eblen, E.; Tschöke, H.: Magnetventilgesteuerte Diesel-Verteiler-Einspritzpumpen. 14. Internationales Wiener Motorsymposium 6./7. Mai 1993. Düsseldorf: VDI Fortschrittberichte, Reihe 12, Nr. 182, Bd. 2. Düsseldorf: VDI-Verlag 1993
5-14 Tschöke, H.; Walz, L.: Bosch Diesel Distributor Injection Pump Systems - Modular Concept and Further Development. SAE-Paper 945015, 25. FISITA-Congress, Beijing 1994
5-15 Hames, R.J.; Straub, R.D.; Amann, R.W.: DDEC Detroit Diesel Electronic Control. SAE-Paper 850542 (1985)
5-16 Frankl, G.; Barker, B.G.; Timms, C.T.: Electronic Unit Injector for Direct Injection Engines. SIA Kongress, Lyon (France), Jun. 1990
5-17 Lauvin, P. et al.: Electronically Controlled High Pressure Unit Injector System for Diesel Engines. SAE-Paper 911819 (1991)
5-18 Kronberger, M.; Maier, R.; Krieger, K.: Pumpe-Düse-Einspritzsysteme für Pkw-Dieselmotoren. Zukunftsweisende Lösungen für hohe Leistungsdichte, geringen Verbrauch und niedrige Emissionen. 7. Aachener Kolloquium Fahrzeug- und Motorentechnik 1998
5-19 Maier, R.; Kronberger, M.; Sassen, K.: Unit Injector for Passenger Car Application. I. Mech. E., London 1999
5-20 Egger, K.; Lauvin, P.: Magnetventilgesteuertes Steckpumpensystem für Nfz-Systemvergleich und konstruktive Ausführung. 13. Internationales Wiener Motorensymposium. VDI Fortschrittberichte 167, Reihe 12. Düsseldorf: VDI-Verlag 1992
5-21 Maier, R. et al.: Unit Injector/Unit Pump – Effiziente Einzelpumpensysteme mit hohem Potential für künftige Emissionsforderungen. Dresdener Motorensymposium 1999
5-22 Zeuch, W.: Neue Verfahren zur Messung des Einspritzgesetzes und der Einspritzregelmäßigkeit von Diesel-Einspritzpumpen. MTZ (1961) 22/9, S. 344–349
5-23 Bosch, W.: Der Einspritzgesetz-Indikator, ein neues Messgerät zur direkten Bestimmung des Einspritzgesetzes von Einzeleinspritzungen. MTZ (1964) 25/7, S. 268–282
5-24 DaimlerChrysler Corporation, Ford Motor Company, General Motors Corporation: Measurement System General Motors Corporation: Measurement System Analysis (MSA) Reference Manual. 3rd. ed. 2002

Weiterführende Literatur

Tschöke H. et al. (Hrsg.): Diesel- und Benzindirekteinspritzung. Essen: Expert Verlag 2001
Tschöke H. et al. (Hrsg.): Diesel- und Benzindirekteinspritzung II. Essen: expert 2003
Tschöke, H. et al. (Hrsg.): Diesel- und Benzindirekteinspritzung III. Essen: expert 2005
Tschöke, H. et al. (Hrsg.): Diesel- und Benzindirekteinspritzung IV. Essen: expert 2007
Robert Bosch GmbH (Hrsg.): Kraftfahrtechnisches Taschenbuch. 25. Aufl. Wiesbaden: Vieweg 2003
Robert Bosch GmbH (Hrsg.): Dieselmotor-Management. 4. Aufl. Wiesbaden: Vieweg 2004
van Basshuysen; Schäfer (Hrsg.): Handbuch Verbrennungsmotor. 3. Aufl. Wiesbaden: Vieweg 2005
Dohle, U.; Hammer, J.; Kampmann, S.; Boecking, F.: PKW Common Rail Systeme für künftige Emissionsanforderungen. MTZ (2005) 67-7/8, S. 552ff.
Egger K.; Klügl, W.; Warga, J.W.: Neues Common Rail Einspritzsystem mit Piezo-Aktorik für Pkw-Dieselmotoren. MTZ (2002) 9, S. 696ff.
Dohle, U.; Boecking, F.; Groß, J.; Hummel, K.; Stein, J.O.: 3. Generation Pkw Common Rail von Bosch mit Piezo-Inline-Injektoren. MTZ (2004) 3, S. 180ff.
Bartsch C.: Common Rail oder Pumpedüse? Dieseleinspritzung auf neuen Wegen. MTZ (2005) 4 S. 255ff.
Kronberger, M.; Voigt, P.; Jovovic, D.; Pirkl, R.: Pumpe-Düse-Einspritzelemente mit Piezo-Aktor. MTZ (2005) 5, S. 354ff.

Weiterführende Literatur zu Abschnitt 5.2

Bonse, B. et al.: Innovationen Dieseleinspritzdüsen – Chancen für Emissionen, Verbrauch und Geräusch. 5. Internationales Stuttgarter Symposium Febr. 2003, Renningen: expert
Gonzales, F.P., Desantes, J.M. (Hrsg.): Thermofluiddynamic processes in Diesel Engines. Valencia: Thiesel 2000
Potz, D.; Christ, W.; Dittus, B.; Teschner, W.: Dieseldüse – die entscheidende Schnittstelle zwischen Einspritzsystem und Motor. In: Dieselmotorentechnik. Renningen: expert 2002
Blessing, M.; König, G.; Krüger, C.; Michels, U.; Schwarz, V.: Analysis of Flow and Cavitation Phenomena in Diesel Injection Nozzles and its Effects on Spray and Mixture Formation. SAE-Paper 2003-01-1358
Urzua, G.; Dütsch, H.; Mittwollen, N.: Hydro-erosives Schleifen von Diesel-Einspritzdüsen. In: Tschöke; Leyh: Diesel- und Benzindirekteinspritzung II. Renningen: expert 2003
Winter, J. et al.: Nozzle Hole Geometry – a Powerful Instrument for Advanced Spray Design. Konferenzband Valencia: Thiesel 2004

Harndorf, H.; Bittlinger, G.; Drewes, V.; Kunzi, U.: Analyse düsenseitiger Maßnahmen zur Beeinflussung von Gemischbildung und Verbrennung heutiger und zukünftiger Diesel-Brennverfahren. Konferenzband Internationales Symposium für Verbrennungsdiagnostik, Baden-Baden 2002

Bittlinger, G.; Heinold, O.; Hertlein, D.; Kunz, T.; Weberbauer, F.: Die Einspritzdüsenkonfiguration als Mittel zur gezielten Beeinflussung der motorischen Gemischbildung und Verbrennung. Konferenzband Motorische Verbrennung. Haus der Technik 2003

Robert Bosch GmbH (Hrsg.): Technische Unterrichtung. Diesel-Radialkolben-Verteilereinspritzpumpen VR. Stuttgart: Robert Bosch GmbH 1998

第6章　燃油喷射控制系统

6.1　机械控制

6.1.1　机械调速器的功能

机械调速器坚固耐用，易于维修，继续在世界各地广泛使用，尤其适合在越野车上和非道路发动机上应用。下面以直列泵为例说明机械控制的基本功能。

闭环控制的特点是控制变量对执行变量的反馈，例如通过设置直列喷油泵控制齿条的位置确定喷油量。在负荷不变的情况下增加喷油量会引起转速的增加。反过来，作用在控制装置上的离心力也增加从而减小齿条的行程。这样就建立起了闭环控制回路。

调速器的基本功能是限制最高转速，以防柴油机的转速超过允许的最高值。机械调速器的其他功能还有：

1）提供起动喷油量。

2）控制怠速。

3）在各种发动机负荷下保持指定的转速。

4）用转矩控制装置或者辅助装置调节转矩特性。

比例度

当柴油机的负荷降低，而不改变加速踏板的位置时，控制范围内的转速只能按照发动机制造商允许的量增加。转速的增加正比于负荷的变化，即发动机负荷降低得越多，转速的变化越大。这就是所谓的比例特性或比例度。比例度被定义为最大空载转速 n_{Lo} 与最大全负荷转速 n_{Vo} 之差与最大全负荷转速 n_{Vo} 之比：

$$\delta = 100\frac{n_{Lo}-n_{Vo}}{n_{Vo}}\ (\%)$$

常见的比例响应在发电机发动机中约为0%~15%，在车辆发动机中约为6%~15%。

6.1.2　机械调速器的设计

铰接杆连接建立了与喷油泵控制齿条的连接。RQ 和 RQV（K）调速器（图

6-1）有两个飞锤直接作用于集成在控制装置内的调速弹簧，其作用是为了达到希望的额定转速、比例度和怠速。

与转速的二次方成正比的旋转离心飞锤的离心力，与调速器弹簧的弹性力相互抵消。控制齿条的位置对应于由离心力导致的调速器弹簧被压缩产生的飞锤的特定位移。

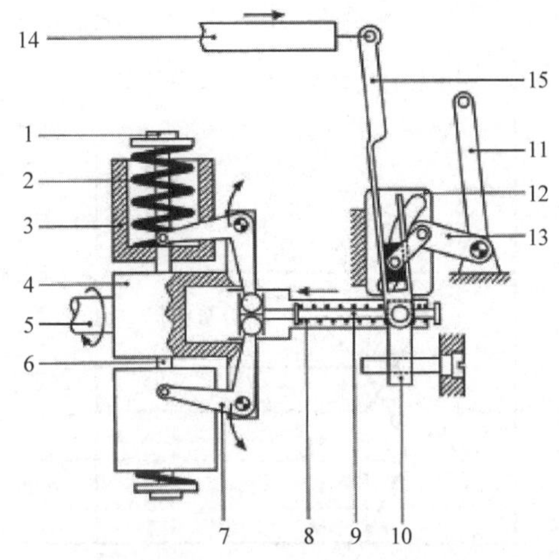

图6-1 具有内部集成调速器弹簧的控制装置
1—调整螺母 2—调速器弹簧 3—飞锤
4—连接元件 5—凸轮轴 6—加载弹簧螺栓
7—曲柄 8—拉簧 9—滑动螺栓 10—滑块
11—控制杆 12—凸轮盘 13—连杆
14—控制齿条 15—支点杠杆

下面以RQ怠速—最高转速调速器作为调速器设计的实例说明。通常，用于车辆的柴油发动机，不需要在怠速和最大转速之间的速度范围内进行任何控制。在该范围内，驾驶人使用加速踏板直接控制车辆需要的转矩与发动机转矩（即需要的燃油）之间的平衡。调速器控制怠速和最高转速。从调速器原理图可以看出调速器具有的以下功能（图6-2）：

1）当加速踏板完全踏下时，冷机以起动油量（A）起动。

2）一旦发动机被起动，并且加速踏板被释放，转速在怠速位置（B）进行调节。

3）发动机预热后，怠速（L）沿怠速曲线调节。

4）当发动机正在运转但车辆静止不动时完全踩下加速踏板，仍然会增加供油量到全负荷值，并且转速从n_{Lu}增加到n_1。然后，转矩控制被激活。供油量略有下降，转速增加到n_2，转矩控制结束。转速再次增加，直到达到全负荷最大转速n_{Vo}。然后，根据设计的比例度，开始进行全负荷转速调节。供油量减少，直至达到空载最大转速n_{Lo}。

5）在驾驶过程中，驾驶人使用加速踏板通过建立发动机输出转矩与当前需要的转矩之间的平衡，控制当前的驱动状态。根据加速踏板的位置和连接的控制齿条的位置，喷油泵提供所需的具体喷油量。

读者可以通过参考文献［6－1］了解其他调速器设计和辅助/附加装置。

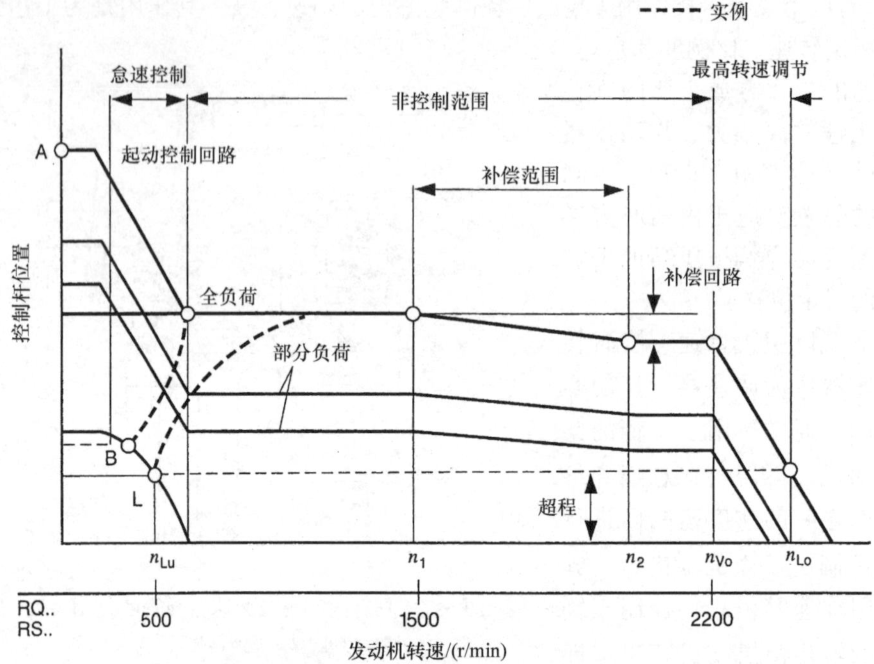

图6-2　具有正转矩控制的怠速—最高转速调速器的调速特性图

A—控制起始位置　B—冷机怠速点　L—热机怠速点　n_{Lu}—最低怠速　n_1—转矩控制开始　n_2—转矩控制结束　n_{Vo}—全负荷最高转速　n_{Lo}—空载最高转速

6.2　电子控制

自1986年以来，柴油喷射系统已经越来越多地配备了数字电控系统。在开始的时候，使用了电子控制的分配泵。1987年，具有电子控制器的直列泵被用于控制废气再循环和控制喷油量[⊖]。

随着改用先进的直喷系统，即如1997年的共轨系统和1998年的泵喷嘴系统，所有自动控制功能均集成在一个电子控制单元（柴油机电子控制单元EDC）中。发动机电子控制的最重要的特点是它在整个车辆使用寿命内的高有效性，还有在极端的环境条件和各种运行状态下，以及各种发动机转速下的实时运行时，能够实现全部控制的功能。

6.2.1　控制单元系统概述

泵喷嘴系统允许将一次喷射分成几段单独喷射（预喷射、主喷射和后注射），共轨直喷系统更是如此。共轨系统还允许在控制单元设置喷射压力作为大量的发动

⊖　能够调节喷油开始点和喷油量的电子调速器在20世纪80年代早期就已经出现。

机、车辆和环境参数的函数。多达 10000 个参数（即特征值和特性曲线或脉谱图）必须在先进的控制系统设置，并且系统的计算能力、存储器和功能的复杂性在近十年的显著增长，已经使得这些成为可能（图 6-3）。发动机控制是人们熟知的数字电子控制，它遵循戈登·摩尔定律，表明集成电路的复杂度呈指数增加。

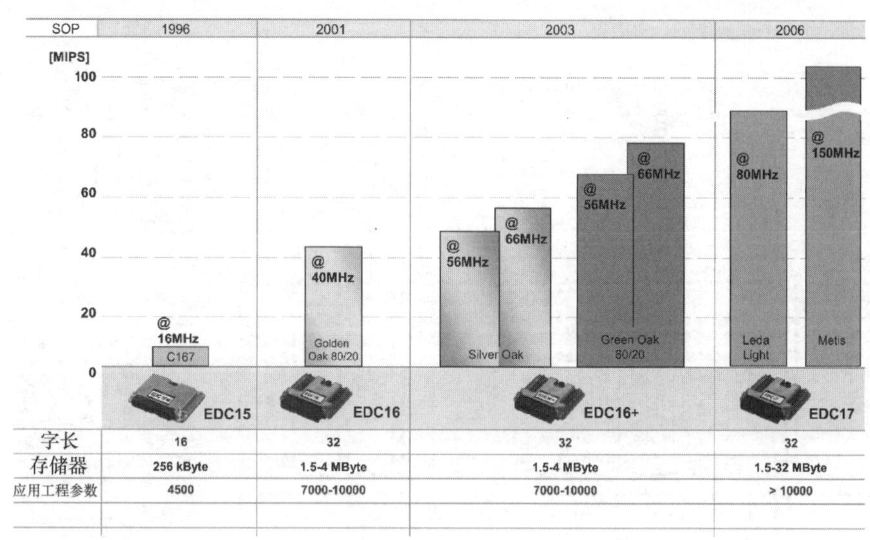

图 6-3　柴油机电子控制单元（EDC）复杂性的增加（BOSCH）

6.2.1.1　功能系统描述

发动机电子控制系统由 3 部分组成：由传感器和设定值发生器组成的输入电路，控制单元本身，以及由执行器和显示装置组成的输出电路。此外，双向通信数据总线也与其他控制单元交换信息。控制单元本身在功能上可进一步被分为输入电路（信号处理）、中央处理单元，以及具有控制执行器的功率电子输出级电路（图 6-4）。

控制单元通过加速踏板信号（驾驶人需求），并且考虑到大量的其他输入信号，例如发动机转速、车速、空气温度和发动机冷却液温度、空气质量等，确定驾驶人期望的转矩。该信息与其他转矩要求相匹配，例如发电机的附加转矩或 ESP（电子稳定程序）所希望的转矩。考虑在喷射的各个部分，（预喷射、主喷射和后喷射）中的转矩效率，作为最终结果的转矩被分到各个喷射部分，并且通过输出级传输到喷油器。

随着实际的发动机控制系统的发展，大量的其他功能随着时间的推移已经被集成在控制系统中，例如用于乘用车的电子防盗器、发电机控制和空调压缩机的控制，或者用于商用车的变速调速器。在后一种情况下，即使在车辆停止行驶时，发动机也可以用来驱动辅助单元。

6.2.1.2　系统要求的环境条件

由于特殊的安装和运行条件，汽车中的电子设备必须为特殊的环境条件而设计。原则上，电子设备应根据车辆的使用寿命进行设计。因此，在乘用车中它们的

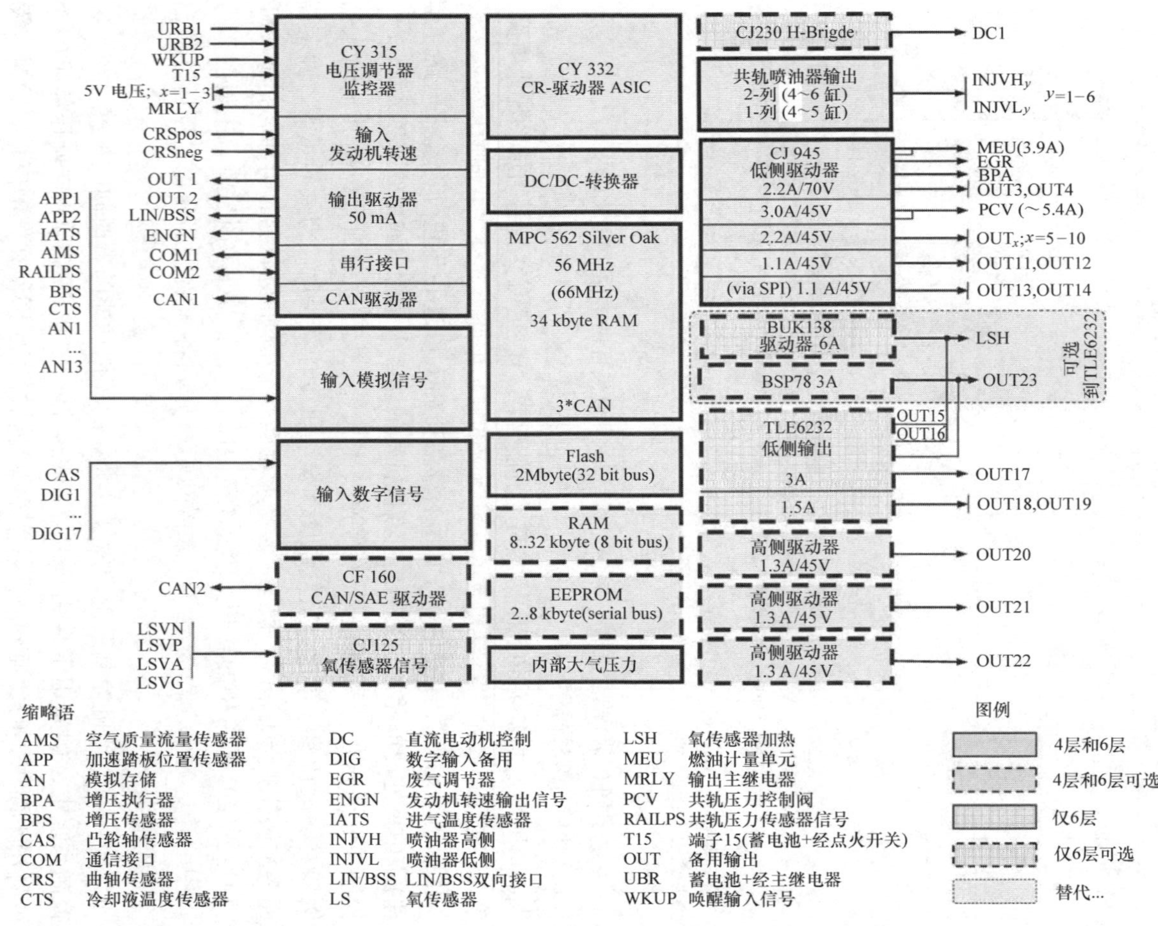

图 6-4　控制单元的组成：左侧：信号处理；中间：数字中央处理单元；右侧：控制执行器的输出级（BOSCH）

使用寿命通常设计为 10 年或 250 000km。表 6-1 列出了乘用车发动机舱内常见的典型环境条件。

表 6-1　乘用车发动机舱内的典型环境条件

环境温度	-40 ~ 85℃	在流动的环境空气中
热带适应性	85℃和 85% 相对湿度	
防尘性	IP 5 kxx	
防水性	IPxx 9 k	
防腐蚀	盐雾	
耐化学性	燃油、润滑油、脱脂剂等	
加速阻力	~3*g*	在所有空间轴

6.2.2　组装和连接技术

发动机控制单元通常设计为具有 4 ~ 6 层印制电路板材料的印制电路板。外壳由压铸铝和深拉铝板的基座/盖组合构成，用螺栓连接或粘结在一起。不透水的隔膜可以平衡空气压力。因此，控制单元可以配备大气压力传感器，用于根据空气压力（即根据海拔）校正喷射的燃油量。典型的商用插头和插座连接具有的 154 个端子分成两个插接器（图 6-5）。

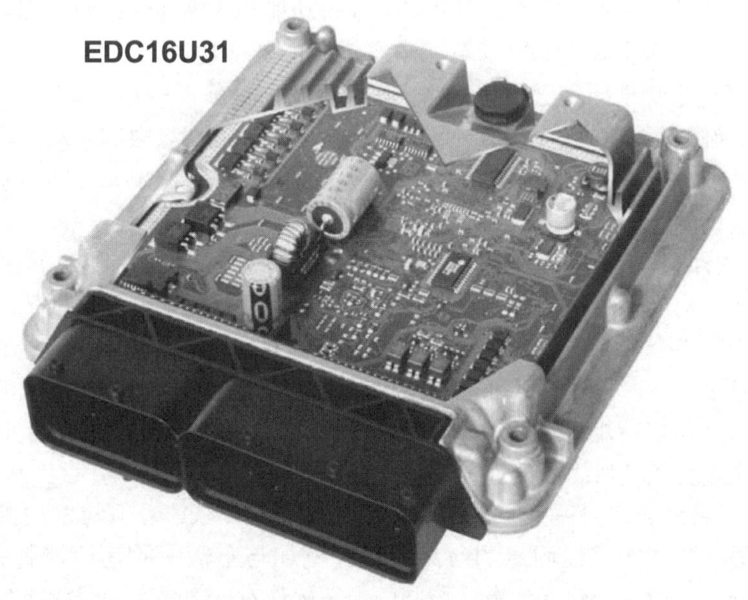

图 6-5　剖开的发动机控制单元（BOSCH）

6.2.3　数字中央处理单元

它们的设计包括一个 32 位中央处理单元，时钟频率高达 150 MHz。软件（包括校准参数）装在2~4 Mb的闪存内。此外，它有一个32 Kb的随机存取存储器来执行程序。另外提供了2~8 Kb的电可擦只读存储器（EEPROM），用于计算适应值、车辆的特征数和故障存储，以便控制单元能够在没有电流的情况下完全关闭。监控电路检查微控制器是否工作正常，并以正确的时钟频率进行计算。

6.2.4 输入和输出电路

输入电路将输入信号［开关的开关电平，传感器的模拟电压和信号通过诸如CAN（控制器局域网）的串行接口］转换为数字信号，并将它们提供给微控制器。输出端将计算值转换为用于喷油器和执行器的电信号或串行接口的信息。此外，输入和输出电路必须防止产生电磁辐射，反过来也要防止电磁辐射的干扰。输出级中特殊的监控电路检测对地短路、蓄电池电压和电缆故障。对输入端的传感器也进行检测，使得在输入电路中的短路和电缆故障能够被检测并识别出不可信的信号。

6.2.5 功能和软件

人们通常看不见控制单元是如何工作的，因此车辆驾驶人只能了解它的软件功能。软件用C语言编程，越来越多地由系统规范通过自动生成的可执行代码直接产生。控制单元的功能可以大致划分成发动机功能和车辆功能，两者都在共同的架构中实现。串行总线系统将控制单元与车辆中的其他控制单元连接。一个或多个CAN总线系统是常见的。更快的总线系统具有规定的实时性能，如FlexRay，将在未来采用。例如，变速器通信控制最佳工作点以及在换档点限制发动机转矩，防止动力传动系统过载。串行数据交换的其他例子是与预热控制单元、防盗系统、交流发电机或空调的通信。

6.2.5.1 软件架构

软件架构构成了用于极大量的广泛变化的功能之间的交互控制框架。高度复杂的系统控制的一个重要方面是实现模块化，即出于经济原因将软件细分成可控的个别功能和可重用性。首先，发动机控制单元的功能接口必须按照标准化的标准来定义。物理量（例如转矩）已经在早先使用的测量量（例如空气质量）上建立。该架构还定义了功能模块之间的通信，例如如何提供、请求和传输信息。同样，该架构必须包含所需的实时性能：某些功能（例如喷射系统）必须与发动机速度同步计算，而另一些功能又以固定的时间栅格（例如与车辆中的其他控制单元通信）执行。三分之一类别的软件是事件控制的，即软件对外部输入信号做出反应。这需要适合于发动机控制的实时操作系统，符合OSEK标准（参见在www.osek-vdx.org的用于汽车电子控制的开放系统和相应接口）。

由于软件适用范围正在大幅增加，因此未来软件必须集成在不同制造商的不同控制单元中。为此，AUTOSAR被标准化为跨制造商架构（参见www.autosar.org）。目标是模块化、可扩展性、可重用性、可移植性和接口标准化，这将能够合理地控制更加复杂的软件系统的成本。

6.2.5.2　数字式控制器

微处理器系统中的控制器的数字实现产生了许多与模拟表达不同的特征。例如，它可以表达几乎任何复杂的控制算法。控制器不受任何老化的影响，并且监测范围可以用于系统诊断。控制器可以以最广泛的各种方式彼此耦合，例如几个控制器可以时间同步，并且输入变量同时可用于许多控制器，即使这些控制器位于通过数据网络互连的几个不同控制单元中。

模拟传感器信号通常由 8 位模/数转化器（ADC）量化。当需要更高的分辨率时，也使用 10 位 ADC。这使得可以在其物理分辨率内映射传感器的测量范围和精度，而没有任何信息损失。数字信号处理电路对信号进行滤波，以抑制电磁辐射、微中断和其他干扰。此外，信号基于传感器的特性曲线被线性化，从而使物理量的测量值可用于控制器。当前的微控制器系统将该物理值作为 32 位数字表示来处理。由于分辨率高，所以控制算法本身对结果的精度没有任何显著的影响。

6.2.5.3　发动机功能

从空气质量流量的测量到喷油器的控制，所有控制燃烧循环的功能都被称为发动机功能。用于控制燃烧的排气后处理功能和用于优化排气质量和保持排放法规限值的催化器构成发动机功能的特殊类别。

表 6-2 提供了发动机功能的概括，表 6-3 提供了重要的废气排放控制功能总结。

表 6-2　发动机功能

- 预热塞指示灯
- 主继电器控制
- 起动系统控制
- 喷射输出系统
  - 分为预喷射、主喷射和后喷射
  - 与发动机同步的实时输出
- 发动机协调器
  - 发动机状态
  - 伺服控制
  - 断开协调器
  - 发动机转矩计算
  - 转矩限制
  - 转矩梯度限制
  - 燃油消耗计算
  - 发动机强制怠速条件协调器
- 怠速控制器

（续）

-怠速波动抑制器
-负载反向阻尼器
-喷射控制
-喷油量协调器
-数量限制器
-转矩→燃料质量转换
-烟雾限量
-发动机转速和转角测量
-超速保护
-失火检测
-发动机冷却
-风扇控制
-冷却液温度和油温监测
-空气系统
-废气再循环控制
-增压控制
-进气涡流阀控制
-空气蝶阀控制
-空气质量测量（通过热膜式空气质量传感器）
-防盗系统
-诊断系统
-通过串行总线（CAN）通信

表6-3　废气排放控制功能

-预热塞指示灯
-主继电器控制
-柴油机颗粒过滤器（DPF）
-存储式 NO_x 催化器（NSC）
-空燃比闭环控制
-使用气缸压力进行燃烧检测
-选择性催化还原（SCR）
-排气温度模型

1. 转矩管理

转矩是动力传动系统中重要的守恒物理量。它对于汽油发动机和柴油发动机是相同的。因此，功能结构与所选择的内燃机的类型无关，转矩因而被用于协调动力传动系统。驾驶人通过操纵加速踏板请求传到车轮的特定的转矩。这是反向计算的，即在离合器处传递的转矩（具有传递损失）。由于各种辅助装置（空调压缩机、交流发电机等）在任何时刻都需要不同的转矩，这些转矩必须是已知的并且包括在发动机产生的总的转矩中。一旦发动机本身的摩擦损失已经包括在内，就可以确定发动机的内部转矩。它是确定所需喷射的燃油量的基础。然而，现代车辆不直接转换驾驶人的愿望：牵引力控制系统、巡航控制系统或辅助制动系统可能另外影响车轮转矩。转矩管理的特殊优点是通过限制转矩，使自动变速器在恒定转矩下的换档平顺，以及易于集成额外的辅助驱动装置。

2. 基于模型的空气管理

气缸中最佳混合气形成的前提是气缸中的空气质量以高精度确定。为此，采用进气道中的空气运动和从废气再循环混合的废气的物理模型，以高动态精度直接在进气门处计算气体参数（图 6-6）。应用腔室模型来对进气道中的几何条件进行建模，并且特别包括在高动态下的存储和延迟效应。节流阀模型包括流量的物理模型。空气混合模型模拟新鲜空气和废气的混合循环。最后，燃烧模型模拟燃烧循环本身和排气温度。

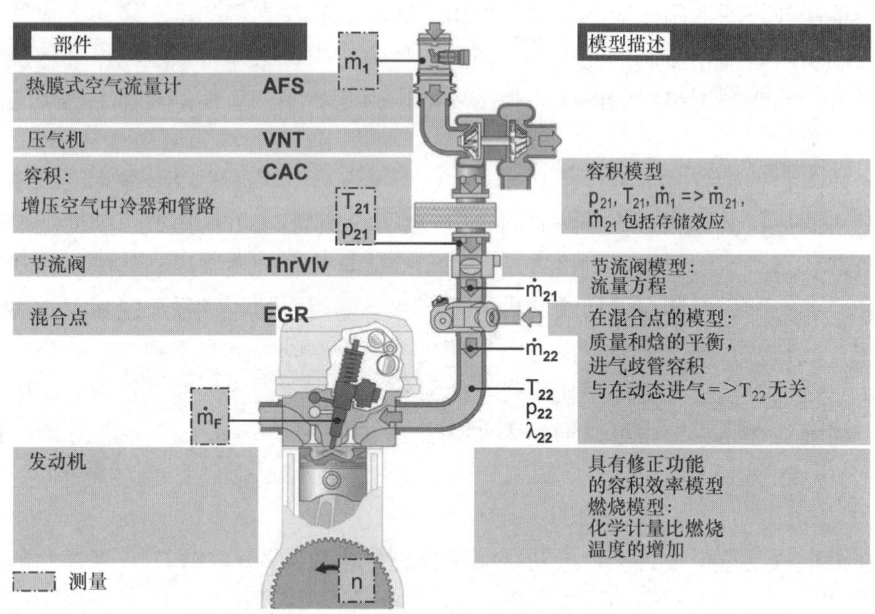

图 6-6 柴油机基于模型的助燃空气管理

这种方法明显降低了对于校准要求的复杂性，尤其对各种运行模式（正常运行、排气后处理系统的再生运行）下的校准，优化了对进气质量流量的计量。此外，快速控制使得驾驶人难以察觉各种运行模式之间的转换。特别重要的是，空气和废气的量总是同步调节。这降低了在废气再循环系统工作的运行期间，甚至是在正常运行期间的排放控制误差。

3. 基于模型的废气管理

车辆排放控制的立法在世界各地越来越严格。以欧Ⅳ（2005）为基础，欧盟将欧Ⅴ标准（2008年）的 NO_x 排放限值降低了约30%，颗粒物排放限值降低了约80%。

排气温度模型模拟排气系统的每个点的温度。这对于催化剂的最佳使用策略是非常重要的。因此，可以减少通常所需要的温度传感器的数量，并且可以通过露点分析确定排气系统中来自燃烧反应的水冷凝的点。排气温度模型包括排气系统的热力学模拟。重要的子模型是排气系统的几何形状和热力学模型，即涡轮增压器和催化器的热力学模型。

借助于在排气中的氧传感器，空燃比闭环控制系统能够获取燃烧排放废气中的氧含量。首先，控制系统的模型模拟氧传感器位置处的氧含量，然后将其与测量值进行比较。然后，将差值输入到空气模型中作为校正值，用于校正空气质量、燃料量和废气返回率。即使在非稳定运行工况并且尽管机械喷射部件老化，也能够使排放恒定地保持在较窄的公差内。

柴油颗粒过滤器用于减少柴油机烟尘。颗粒沉积在它们的反应表面上。这会在一段时间后阻塞催化器。因此，在所谓的再生运行中，必须将颗粒物循环地烧掉。

各种措施提高了再生的温度。最重要的措施是能够在氧化催化器中燃烧的附加和延迟后喷射。

后喷射目标是将排气温度提高到600℃，在该温度下颗粒物燃烧。负载模型根据发动机的运行参数和运行持续时间，以及颗粒过滤器上方的压差传感器测量过滤器的负载状态。系统能够通过检查来自两者的信息的合理性来识别故障。当达到适当的负载状态时，控制单元切换到再生运行状态。再生运行过程以及从正常运行到再生运行的转换必须保证转矩没有明显变化，使得驾驶人觉察不到。

由于柴油机在正常工作中使用过量的氧气运行，它们比汽油机排放更多的氮氧化物。目前，在乘用车中可以通过两种措施中的一种使其减少：存储式 NO_x 催化器（NSC）和选择性催化还原（SCR）催化器。在商用车中只采用选择性催化还原催化器。

在汽车行驶过程中，NSC最初存储来自燃烧排放的 NO_x 和 SO_2。当存储催化器被充满时，通过显著延迟的附加喷射在排气混合物中保留过量的燃料，用于在氧化催化器中先产生CO，然后将NSC中的 NO_x 还原为 N_2。最终，在大约化学计量的空气/燃油混合气的情况下，催化器中的排气温度升高到650℃以上。这可以将硫分子燃烧掉，否则经过一段时间硫化物会堵塞催化器。

另一方面，SCR通过在SCR催化器之前单独喷入尿素水溶液，所以能使用明显更便宜的催化剂材料。这种解决方案（具有AdBlue的品牌名称）不需要对发动机做任何修改。相反，它可以另外单独安装在排气管中。类似于添加燃料，AdBlue也必须在几千公里后再填充。

4. 喷射管理

喷射管理根据转矩需求、排气后处理的附加要求，以及当前的工作点计算喷油循环的精确过程。共轨系统中的喷油循环可以包括几次预喷射、一次或多次主喷射和几次后喷射。对于每一个喷油循环的每一个单次喷射，必须计算出相对于气缸上止点的喷射开始点和喷射持续时间。此外，喷油管理必须确定喷射循环所需的单次喷射量。控制单元根据工作点控制喷射压力（共轨压力）的能力为燃油喷射提供了附加的自由度。单次喷射具有非常不同的功能：非常早的预喷射用于为后续燃烧循环预处理气缸，延迟的预喷射优化发动机噪声，主喷射用于产生转矩，接着进行的后喷射增加排气后处理的排气温度，并且延迟的后喷射提供燃料，作为废气后处理系统中的还原剂。

此外，喷射系统包含用于校正喷油量的4个功能（参见第5.3.5.7节）：喷油器质量适应（*IQA*）功能补偿喷油器生产过程中的制造误差，从而改善排放。当制造喷油器时，测量并标记其特征参数。在发动机和车辆制造过程中，该数据作为取决于工作点的校正值被传送到控制单元。燃油量适应（*FQA*）功能根据曲轴旋转的不均匀性，确定各个气缸的输出转矩大小的差异并对其进行校正。这提高了整个发动机运转的平稳性。零燃油量校准（*ZFC*）功能补偿预喷射的喷油量漂移。这被用于减少排放和噪声。在发动机强制怠速条件下改变通电时间，直到可以观察到发动机转速的变化。这可以产生对转矩有效的最小通电时间。

最后，压力波校正（*PWC*）功能允许燃油压力不保持恒定，而是在喷油器打开时下降。这在喷油器和共轨之间产生压力波，会影响后续喷射的喷油量。该效应通过取决于工作点的校正值来校正，从而使得用于多次喷射的喷油量公差变窄。

5. 监控的概念

人的安全，尤其是车辆乘客的安全是电子系统设计的首要任务。因此，控制单元包括具有3个级别的监控概念，使得即使在有故障的情况下也能够安全地控制车辆。如果另一个可控的系统不再可能做出反应，则发动机被强制停止工作。

监控概念的第一层级是驱动功能及其合理性检测和输入与输出电路监控。可靠性检测可以包括涡轮增压器出口处的增压压力和发动机起动时的大气压力值的一致性的相互检查。输入和输出电路中的特殊电路可以直接检测短路或电缆故障，将它们存储在故障存储器中并启动备用响应。

在监控概念的第二层级，由独立于软件程序的原始传感器信号计算连续转矩监测值。一方面，由冗余信号估算最大允许转矩，另一方面，由测量的喷射输出级的通电时间计算当前转矩。此外，在发动机强制怠速条件下运行检测，例如车辆在制动时减小转矩，以确定在不踩加速踏板的状态下喷油器的输出级的通电时间是否也实际为零。

监控概念的第3层级最终在其计算和其时间响应方面检测微控制器自身是否正确运行，从而使得能够检测微控制器是否陷入无休止的程序循环中。为此，控制单元具有第二电路单元，该电路单元可以是配备有独立于主微控制器的时基（晶体振荡器）的另一微控制器或专用集成电路（ASIC）。

6.3 传感器

在汽车中使用的传感器需要对机械、气候、化学和电磁影响具有高灵敏度水平。不仅要求具有高可靠性和长使用寿命，而且要求高精度。对柴油机控制所需要的最重要的传感器及其功能的描述如下（图6-7）。

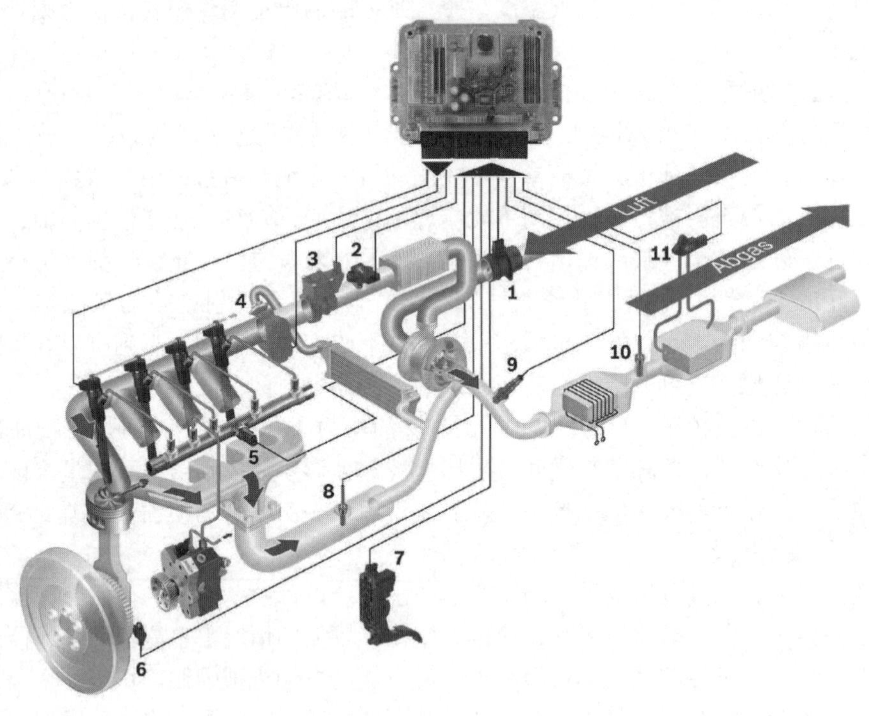

图6-7　柴油机传感器系统图

1—空气质量传感器　2—增压压力传感器　3—蝶阀　4—废气再循环阀　5—共轨压力传感器　6—转速传感器　7—加速踏板模块　8、10—排气温度传感器　9—氧传感器　11—差压传感器

加速踏板模块（APM，图6-7，7）检测驾驶人期望的车辆加速度。其信号作为输入变量用来计算发动机控制系统中的喷油量。加速踏板模块由车辆特有的踏板、安装支架和旋转角度传感器组成。传感器冗余设计作为参考和监测传感器，并且包含双电位计或非接触式双霍尔效应元件。电位计是由丝网印制技术制造的。霍尔效应元件集成在两个独立的霍尔集成电路中，它还包含控制和解码电子器件。传感器的输出信号与加速踏板位置成正比。

温度传感器（TS）测量空气（ATS）、冷却液（CTS）、润滑油（OTS）和燃油（FTS）的温度。作为传感器元件，它们通常包含具有负温度系数的（NTC）电阻器，即其电阻值随着温度增加而按对数减小。温度传感器的时间常数取决于传感器

（蓄热器）中 NTC 的安装、被测介质的类型（热容量）及其流量（传热量）。温度传感器因为通常采用塑料外壳，因此具有非常大的对于空气的时间常数。暴露的 NTC 可用于高动态要求。这种改进型传感器也组合热膜式空气质量传感器和增压压力传感器中。

转速传感器（SS，图 6-7，6）运用与曲轴连接，并与曲轴保持一定的角位置关系的脉冲发生器轮测量发动机转速。这种电磁感应式传感器包含一个由带有永久磁铁的线圈所包围的软铁心，并安装在与脉冲发生器轮直接相对的位置。永久磁铁的磁场在软铁心和脉冲发生轮的上方形成闭合磁路。通过线圈的磁通取决于或者是具有较大气隙的脉冲发生器轮齿间，或者是具有与铁心相对的小气隙的齿的出现。运转的发动机的齿和齿间交替变化引起磁通按照正弦曲线变化，感应出正弦输出电压。转速传感器还可以制造成具有数字输出信号的传感器，霍尔集成电路可应用在较小脉冲发生器轮上。

除了纯粹测量发动机转速外，转速传感器还有助于发动机的某些功能的实现，例如能够根据较小的转速变化的测量来校正相对于某一气缸的喷油量。因此，可以校正单个气缸的特定喷油量中的最小差异（燃油量适应），也可以用来防止纵向车辆振动（发动机冲撞的主动防护）。

相位传感器（PS）借助于与凸轮轴连接，并与凸轮轴保持一定的角位置关系的脉冲发生器轮来检测凸轮轴的位置。脉冲发生器轮的直径较小，不适应电磁感应式转速传感器。因此，相位传感器由霍尔传感器制成，类似于转速传感器，霍尔传感器使用脉冲发生器轮来检测磁场的变化，将其作为处理的数字信号输出。在发动机第一缸上止点（TDC）处的绝对角位置由相位和转速传感器信号计算得到。这使得减少排放以及实现舒适功能成为可能，例如快速起动。如果转速传感器失效，相位传感器可以部分承担其功能。

电动蝶阀（BV，图 6-7，3）安装在发动机低温侧的进气歧管中，在废气再循环管路流动方向的前面。它可以减少部分负荷范围内的进气管横截面，从而控制阀门后的压力水平。关闭阀门增加了进气的流速，因此也增加了阀门后的真空度。真空度的增加将废气回流率提高到了 60%。这样的废气回流率使得可以相当大地减少排放。

蝶阀的其他功能有：

1）通过节流和打开到中冷器的旁路增加排气温度，以实现颗粒过滤器的再生。

2）在存储式 NO_x 催化器再生期间作为过量空气系数 <1 的空气控制调节器。

3）提供安全和舒适的发动机关闭。

4）在怠速时节流，通过降低气缸峰值压力来降低噪声。

热膜式空气质量传感器（HFM，图 6-7，1）测量由发动机吸入的空气，因此可以测量可用于助燃的氧气，不受吸入空气的温度和密度的影响。热膜式空气质量传感器安装在空气滤清器与压气机之间。空气的质量流量通过使空气流过薄而且被加热的硅膜进行测量。4个热敏电阻测量热膜的温度分布。空气质量流量会改变热膜的温度分布，并且将导致上游和下游电阻之间的电阻阻值的差异。由于电阻差是空气流量方向和大小的函数，热膜式空气质量传感器能够以高动态测量和修正脉动空气质量流量。这使得发动机控制单元能够精确计算空气质量的平均值。有的热膜式空气质量传感器中附带温度传感器以测量进气温度。

由于测量的空气质量信号用作控制废气再循环和限制喷油量（烟雾限制）的实际值，所以热膜式空气质量传感器的高精度对于满足排放要求是特别重要的。

增压压力传感器（BPS，图6-7，2）测量进气歧管中的进气压力。由于压气机将进气增压至较高压力，因此，有更多的空气进入各个气缸。增压压力由增压压力控制系统控制。当前实际压力和发动机转速可以用于计算进入发动机的空气质量。对空气质量的准确计量对于防止过量的燃油喷射到发动机中是非常重要的（烟雾限制功能）。

增压压力传感器的传感器元件是在硅芯片上蚀刻出薄膜。压力增加导致传感器薄膜弯曲变型，并且位于薄膜中的测量电阻的阻值因此而改变。增压压力传感器被设计为绝对压力传感器，即所测量的压力在薄膜的一侧产生，而被密封的参考真空位于薄膜的另一侧。集成在芯片上的信号估算电路放大电阻的变化，并将其转换为馈送到控制单元的电压信号。

差压传感器（DPS，图6-7，11）的功能是测量排气系统中颗粒过滤器的压降。这可以用于确定过滤器被颗粒物堵塞的程度。当过滤器被明显堵塞时，启动再生循环。差压传感器的传感器元件是类似于增压压力传感器的硅芯片。然而，两个测量的压力（差压传感器之前和之后的压力）分别作用在压力测量薄膜的两侧。差压信号由在薄膜前端测量的压力减去在薄膜背部测量的压力产生。薄膜两侧的压力变化导致传感器薄膜的弯曲程度的变化，因此测量电阻的阻值相应改变。芯片上的信号估算电路将电阻的变化放大，并转换为馈送到控制单元的电压信号。

共轨压力传感器（RPS，图6-7，5）测量共轨喷射系统的共轨中的燃油压力。共轨的当前压力决定喷油量，并且用作共轨压力控制系统的实际值。共轨压力传感器的传感器元件是不锈钢膜片，其上布置有由薄膜电阻器制成的电阻桥。在该设计中，膜片在最大压力下的膜片厚度偏差仅为大约1μm。虽然由电阻桥传递的测量信号很小（10mV），然而在整个传感器的寿命中是非常稳定和精确的。该信号在电子电路中放大并馈送到控制单元。

传感器的压力端口使用所谓的刃口密封（金属对金属）可靠地密封来自共轨的非常高的共轨压力（最大为180～200 MPa）。

氧传感器（LS，图6-7，9）测量排气中的O_2的浓度。这可用于确定发动机的整个工作范围内的过量空气系数λ。废气通过扩散障碍层到达测量室，氧气可以通过传感器陶瓷元件从该测量室泵回到排气管中。控制电路使测量室内的O_2浓度保持在非常低的值（理想值为零）。泵电流是排气中 O_2浓度的对应函数。

现在氧传感器的主要用途（与来自 HFM 的空气质量信号结合）是在其整个使用寿命内为达到车辆的废气排放限值而对喷油量进行修正。氧传感器新的用途是监测和控制存储式 NO_x催化器（NSC）的再生。

排气温度传感器（ETS，图 6-7 中的 8 和 10）具有测量排气管中不同位置的排气温度的功能。排气温度传感器与其他温度传感器之间的基本差异是它们的测量范围和动态特性。它们最重要的安装位置在氧化催化转化器（柴油机氧化催化器 DOC）之后，以及颗粒过滤器（DPF）之前和之后。排气温度传感器用于监测和控制颗粒过滤器，并且如果过滤器中的颗粒物不受控制地燃烧则保护部件。

根据其应用场合和测量范围的不同，排气温度传感器由具有负温度系数的陶瓷材料（NTC 陶瓷）、具有正温度系数（PTC）的铂或者热电偶构成，即基于塞贝克效应的机械连接的金属线，当经受温度梯度时能够提供信号电压。

NO_x 传感器对于 NO_x 催化器的监测和控制是非常重要的。其原理不仅使得 NO_x 传感器能够确定排气中的氮氧化物浓度，而且还能确定空燃比的值。它由两个腔室的传感器元件组成。废气通过第一扩散障碍层到达第一腔室，与氧传感器相当，在第一腔室确定氧含量。第一腔室废气中的氧含量减少到接近零。由此处理的废气通过第二扩散障碍层到达第二腔室，在该腔室中通过催化还原从氧化氮中提取氧并测量。这种氧含量测量的原理也与氧传感器相当。

NO_x 传感器可以用于对达到废气排放限值（NO_x 浓度阈值监测）具有重要作用的 NO_x 催化器（最小 NO_x 浓度控制）的控制和监测。

未来的废气后处理概念，例如颗粒过滤器和 NO_x 催化器，将需要使用其他传感器来控制和监测系统。与排气温度和排气压力一起，排气流中的特定污染物部分，例如碳氢化合物、氮氧化物和烟尘的测量，将是特别重要的。

6.4 诊断

用于操作的系统的不断增加的需求和日益增加的复杂性，已经稳定地增加了柴油发动机诊断的重要性。诊断系统的开发现在是发动机、系统和组件开发的一个组成部分，并且被整合到从开发到生产直到维修的整个车辆生命周期内。

在使用过程中监测和诊断的基本功能是确保可靠性和符合排放法规的要求。在有损坏的情况下，优先对有缺陷的部件进行快速定位（图 6-8）。

正常行驶过程中的行驶监测和诊断是基于发动机控制单元的连续监测功能，并且还包括相关的排放组件和系统的法律规定的车载诊断（OBD）。

除了在行驶期间的诊断结果之外，修理厂还能够具备特殊的诊断功能，这些功能可以在发动机控制单元或诊断仪中获得。此外，其他的检测和测量仪器可用于在损坏的情况下指导故障排除。

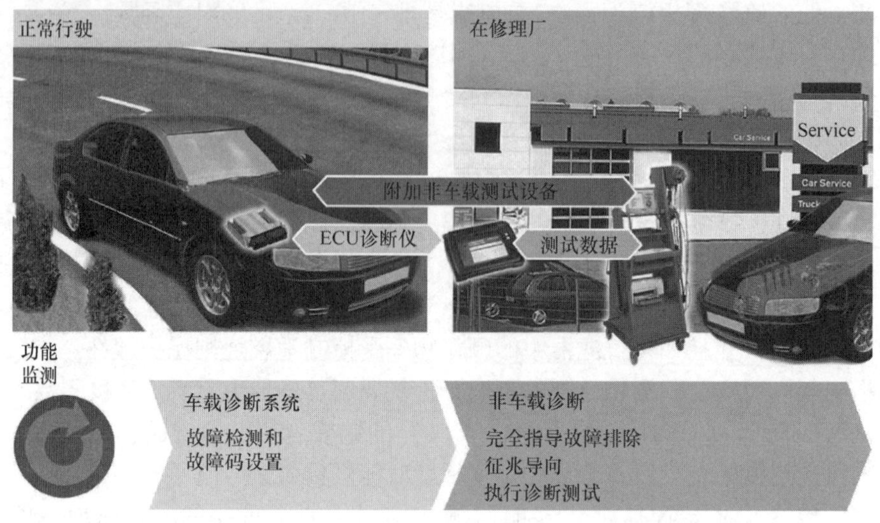

图6-8　正常行驶和在修理厂的诊断和监测

6.4.1　在行驶过程中的诊断

在没有辅助设备的情况下在行驶过程中进行监测和诊断，这属于发动机电子控制系统的基本功能。它分为法规要求的用于监测与排放相关的系统和部件的OBD系统，以及由制造商确定的与排放无关的其他参数的测试。两个单元都利用了控制单元的自我监控、电信号监控、系统参数的合理性检测，以及系统和组件功能的测试。检测到的故障存储在控制单元的故障存储器中，并且可以通过通常由制造商特定的串行接口输出。

在行驶过程中的部分监测和诊断是确保系统状态可控，以防在有故障的情况下导致的相继损坏。必要时，这种默认响应采用默认功能和默认值来控制“跛行回家”运行，或在严重情况下使发动机停止工作。

诊断系统管理（DSM）是行驶过程中诊断的核心管理要素。DSM包括存储器中的故障的实际存储，用于故障消除抖动和补救的算法，测试周期监测，用于防止次级故障的输入的排他性矩阵以及故障默认响应的管理。

6.4.2　车载诊断系统（OBD）

根据法律规定，发动机控制单元必须监控在使用期间与排放相关的所有部件和系统。当超过OBD排放限值时，仪表板上的故障指示灯（MIL）向驾驶人发出信号。诊断功能的激活可以与特定的接通和排他性条件相关联。激活频率（使用中的监控器性能比IUMPR）也必须被监控。

如果故障重新消失（“补救”），则输入通常仍保持输入故障存储器40个驾驶周期（预热周期），在 3 个无故障的驾驶周期后，故障指示灯通常被重新关闭。

OBD 法规要求故障存储信息及其可访问性（诊断座和通信协议）的标准化。通过在车辆中容易接近的诊断插座，借助于各制造商提供的扫描仪访问与排放相关的故障存储信息。

当车辆不能达到 OBD 法规的要求时，执法部门可以责令汽车制造商召回。

加利福尼亚州和美国的其他 4 个州在 1996 年（1988 年第一阶段后）颁布了柴油发动机第二阶段 OBD II（CARB）法规。它需要监测与排放相关的所有系统和部件。只有提供诊断功能的监测频率（IUMPR）足以适用于特定的使用驾驶工况的证明才能获得认可。OBD II 限值是根据合法排放限值定义的。

环境保护（EPA）法从 1994 年起在美国的其他各州生效。这些诊断的当前范围基本上对应于 CARB（加州空气资源委员会）法律（OBD II）。

适应欧洲条件的 OBD 被称为 EOBD，并且在功能上是基于 EPA 的 OBD。用于乘用车和轻型商用车的柴油机的 EOBD 自 2003 年以来一直具有法律约束力。EOBD 绝对排放限值在欧洲具有法律效力。

6.4.3　维修诊断（修理厂诊断）

修理厂诊断的功能是快速而准确地确定最小的可更换零部件。使用的计算机化的诊断仪在先进的柴油发动机诊断中是绝对必要的。

修理厂诊断利用在行驶过程中（故障存储器存储）的诊断结果，以及控制单元中的修理厂诊断功能，或诊断仪和其他测试和测量设备进行诊断。在诊断仪中，这些诊断选项集成在故障排除指导中。

6.4.3.1　故障排除指导

故障排除指导是修理厂诊断的一个组成部分。以故障征兆或故障记忆作为起点，修理厂员工借助于结果驱动程序按指导进行故障诊断。故障排除指导将每个诊断选项结合到有针对性的诊断程序中，即征兆分析（故障记忆和/或车辆故障征兆），发动机控制单元（ECU）中的修理厂诊断功能，以及诊断仪和附加的检测设备/传感器系统中的修理厂诊断功能（图 6-9）。

6.4.3.2　征兆分析

有故障车辆的性能可以由驾驶人直接感受到和/或由故障存储器记录。在故障诊断开始时，修理厂员工必须将识别故障征兆作为故障排除指导的起点。

6.4.3.3　读取和清除故障记忆

在行驶过程中发生的所有故障，以及在发生故障时与相关的环境条件一起被保存，并且可以通过接口协议读取，接口协议通常是客户特定的。诊断仪还可以清除故障记忆。

6.4.3.4　附加测试设备和传感器系统

附加的传感器系统、测试设备和外部分析单元能够扩展在修理厂中的诊断选

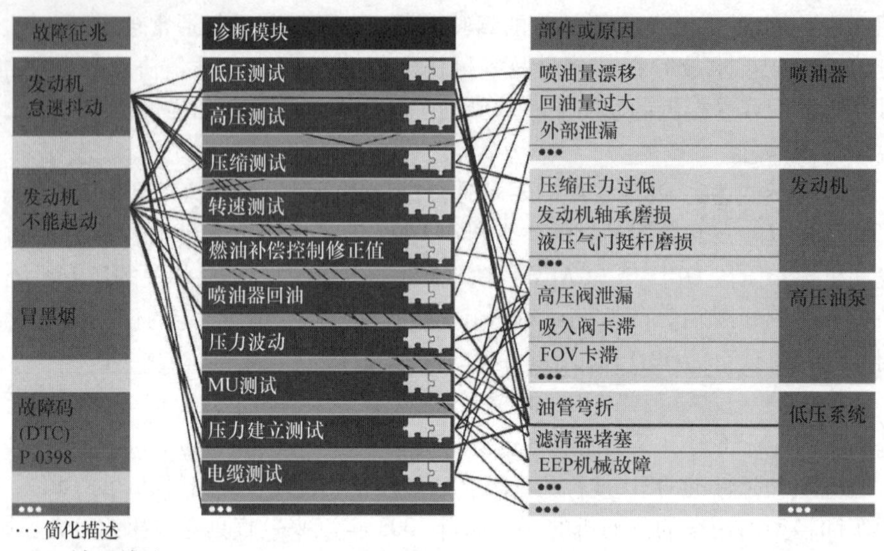

图6-9　诊断程序，指导故障排除的原则

项。在有故障的情况下，外部分析单元适用于在修理厂中进行诊断的车辆。通常在诊断仪中可以评估测试结果。

6.4.3.5　基于控制单元的修理厂诊断功能

一旦集成在控制单元中的诊断功能被诊断仪启动，诊断功能就完全自动地在控制单元中运行，并且一旦完成就将结果报告给诊断仪。诊断仪被设计具有参数化诊断功能。这可以适用于已经在市场上销售的车辆的诊断。

6.4.3.6　基于诊断仪的修理厂诊断功能

这些诊断功能在测试仪中运行、分析和评估。车辆传感器的 ECU 和/或附加测试传感器系统确定用于分析的测量数据。

由于它们的默认值使得诊断仪能够可变地利用其结构，动态测试模块提供了最大的灵活性。测试协调器在 ECU 中协调该功能。来自不同传感器的测试结果可以实时传送到诊断仪或者临时存储和评估。

任何修理厂诊断功能都只能在连接诊断仪的情况下使用，并且通常仅在车辆停止行驶时使用。在控制单元中监控运行条件。

6.5　应用工程

6.5.1　应用工程的意义

发动机电子控制单元使用电子执行器针对特定的运行条件，例如冷起动和预热期间，以及在极端的高温和/或高海拔之下，优化发动机的调整、性能和排放。

术语应用或校准描述了根据期望的规格，将在电子控制单元中编程的功能调整到各个硬件的功能（或过程）。最终，这意味着利用传感器和电子或者机电执行器，使车辆与发动机和变速器的适当的性能相结合（发动机功率、转矩特性、燃烧噪声、平稳运行和响应性能）。此外，必须满足法律规定的排放限制，并且系统的自诊断能力得到适当保证。

必须运用（校准）大量的应用工程数据，即特性值、特性曲线和脉谱图，以实现这些目标。

先进的发动机控制系统在应用过程中需要处理超过 10000 种不同的应用数据。应用系统（校准系统）将这些可参数化的数据提供给工程师。该应用程序是在实验室中在发动机和车辆试验台和在试验跑道的真实环境条件下产生的。一旦这个过程已经完成，所获得的数据被广泛验证可用于生产并存储在只读存储器的写保护，例如 EPROM 或 Flash 中。

了解整个工程过程中的相关性变得越来越苛刻和具有挑战性。系统变得越来越复杂，原因如下：

1）车载网络中具有多个相互通信的控制单元。

2）每个工作循环有更多的喷射次数（预喷射、主喷射和后喷射）。

3）废气后处理系统对基本发动机的调整有新的要求。

4）排放法规的要求更高。

5）应用工程数据的交互。

6）诊断能力的扩展。

结果，必须应用的特性值，特性曲线和脉谱图的数量不断增加。

6.5.2　应用工程系统

应用工程的工作是由应用工程师通过电子接口，进行发动机控制单元内部信号测量，并同时调整应用工程数据的诊断工具。工具的用户界面使用描述文件在执行层或物理层上，或者图形化地表示和修改测量的信号和应用数据。附加仪器补充并引用发动机控制的内部变量以完成应用任务。

通常，校准系统可分为离线校准和在线校准。当参数值被修改或调整时，离线校准中断软件程序开环控制、闭环控制和监控功能的执行。中断这些功能会对校准过程产生不利影响，特别是当它们在试验台或车辆测试中使用时。

开环控制、闭环控制和监控功能在在线校准过程中是激活的。因此，可以直接在驱动模式下评估所进行的修改的效果，并且更有效地完成校准过程。然而，在线校准对校准系统和所采用的开环控制、闭环控制和监控功能的稳定性提出了更高的要求，因为软件程序必须针对潜在的异常情况——例如，工具正在进行调整过程中由插值节点的分布差异引起的异常情况，进行更可靠地设计。

6.5.3 应用工程过程和方法

应用工程过程需要完成最广泛的各种任务，所采用的方法和工具是针对任务的类型和复杂性，以及任务随着项目进展而使用的频率而开发的。

首要任务是校准传感器和执行器，使得在发动机控制单元中计算的物理输入和输出信号与在发动机或车辆中测量的实际值尽可能精确地一致。传感器和执行器的独特特征、安装条件的影响、电子控制单元中信号评价电路和采样频率都需要考虑进去。通过使用外部传感器系统的参考测量来验证应用工程。

控制功能包括设定值、计算的实际值、调速器或控制器的实际通电以及计算的执行器开/关比。增压压力、共轨压力、行驶速度或怠速控制是该领域中的任务的一些实例。根据特定的工况调节设定值，例如冷/热发动机，环境条件和驾驶人需求。控制器的设计通过识别系统（例如确定频率响应）、对受控系统建模，以及应用设计控制器的方法［例如，伯德图、齐格勒·尼柯尔斯（Ziegler - Nichols）法、极点配置法］来进行。随后，在实际运行和极端条件下检查控制回路的稳定性和控制质量，稳定性对于不同的老化过程尤为重要。实际应用中需模拟极端条件以确定和提高已经优化的系统的耐久性。

统计设计实验（DOE）已取代基本发动机调校中的完全的光栅测量，其原因是由于以下因素引起的优化任务的复杂性急剧增加：

1）连续增加的可自由选择的参数（例如预喷射、主喷射和后喷射的时间和喷油量的计量，共轨压力，EGR率和增压压力）。

2）复杂的发动机优化标准和运行状态的数量增加（例如浓混合气运行，稀混合气运行，颗粒过滤器再生和非均质燃烧等）。

统计设计实验的目的是大大减少测量的运行点的数量，并且基于最小的参数变化来确定代表性运行状态相应的局部模型。最有影响的参数在典型工作点中是变化的，并且对于排放、油耗、功率、排气温度、噪声、燃烧压力上升和气缸压力的影响是可以测量的。

重复测量和“填充点”以及边界工作区域中的测量点，为计算发动机局部模型、评估结果的统计值、评估模型误差和更好地防止测量误差提供了基础。

测量结果的可重复性和异常值的某些检测对于模型的质量也是至关重要的。在整个测量过程中，参数的变化不得超过发动机和特定部件的限制，例如允许的气缸压力或最高排气温度。

基于计算模型可以准确地确定用于校准发动机控制单元中的映射结构的最佳参数。由于仅基于几个选择的工作点在粗光栅中确定数据，因此必须通过插值程序来计算必要的中间范围。校准通常离线进行。所获得的结果仍然必须在发动机试验台上稳态运行和在动态运行中的车辆上被验证和记录。

应用工程将具有平均值的部件作为起点。此外，制造公差的影响必须进行评估，以验证在生产中使用的校准数据。这可以通过调整传感器和执行器的特性曲线来模拟，或者在适当准备的测试原型上进行实验测试。另一种选择是应用智能校正功能，以调整元件公差或校正漂移，这可以用于防止元件老化的系统，从而避免老化对性能和排放的不利影响。喷油量对于特定气缸的校正，可以获得极为平稳的发动机运转是这种方法的一个例子。

例如，发动机和变速器保护功能，可以确保即使在极端条件（高温、低温、高海拔和大负荷运转）下，也不超过最大转矩和允许的发动机最高工作温度。这些功能可以上述条件下的道路试验中，或在具有空调的车辆试验台上应用和验证。

发动机和车辆诊断的范围在应用工程中具有更重要的意义。通过特殊开发的功能，可以识别故障部件以进行维护，并且能够指导故障排除。在整个开发过程中获得的丰富的知识和经验，被用于诊断应用工程并输入校准数据。诊断应用工程还定义了当部件有缺陷时必须执行的默认反应。设计标准包括车辆的安全性，部件的保护和防止继发性故障或不希望的继发反应。

鉴于大量的应用工程数据，车辆制造商、供应商和应用工程服务提供商之间的分工，数据集（车辆、发动机、变速器和排放系统的组合）的大量变型，以及部件的同步工程，软件功能和应用工程本身，所定义的目标只能通过高效的基于知识的数据管理来实现。各种工具（数据库系统）为应用工程师提供有效管理数据，并满足严格质量要求的支持。

越来越短的开发时间和日益增加的复杂性，使得改进的应用工程方法的开发越来越重要。自动的系统校准方法的发展，在应用工程中硬件在环系统的运用，以及参数化模型更高效的计算，将在应用工程中建立。

参 考 文 献

6-1 Robert Bosch GmbH: Gelbe Reihe. Technische Unterrichtung. Motorsteuerung für Dieselmotoren. 2. Aufl. S. 52–97

6-2 Moore, G. E.: Cramming more components onto integrated circuits. Electronics 38 (1965) 8

Weiterführende Literatur

Robert Bosch GmbH: Dieselmotor-Management. 4. Aufl Wiesbaden: Vieweg 2004

第二部分　柴油机过程

第7章　发动机零件载荷分析
第8章　曲柄连杆机构结构形式、力学性能与受力分析
第9章　发动机冷却
第10章　材料及其选择

第 7 章 发动机零件载荷分析

7.1 零件的机械载荷和热载荷

7.1.1 零件的机械载荷

对于发动机的各个零件和组件的设计而言，确定柴油机的实际载荷非常重要。确定应力是确定零件尺寸的先决条件，是确定几何尺寸，选择所用材料，甚至是确定采用的制造方法的基本依据。因此，载荷分析对开发过程中的成本与产能分析将起到重要的作用，并且通过载荷分析基本上可确定柴油机的可靠性。

由于不同类型的载荷会产生不同的影响，因此，针对不同类型的载荷，必须进行不同的应力分析。总体上讲，可将载荷分为三种不同类型。

7.1.1.1 静载荷

按照工程设计的要求，柴油机的各个组件通常用螺栓进行连接，因而螺栓的紧固作用会在发动机上产生很大的预加静载荷。与尺寸确定相关的问题通常依据 VDI Guideline 2230 进行处理。过盈配合（例如采用加热连接和液压连接的部件配合）也会引起静应力。

另外，有些应力概念还将内应力解释为一种静载荷。这些内应力可由制造工艺（例如铸造、锻造、焊接和机械加工）所引起，或者由某种特殊的表面机械处理或表面化学热处理（如喷丸、滚压、渗氮、渗碳等）所产生。然而，很难确定这些应力参数，确定的方法也并非总是有效。此外，在随后的发动机工作期间可能出现应力重新分布，这使零件可靠性评估更加复杂化。

7.1.1.2 热载荷

靠近燃烧室的零件涉及热载荷的问题，对于各种管路系统和排气系统而言也会遇到。燃烧循环期间，燃气温度巨幅变动，并对这些零件进行加热。图 7-1 表明，在柴油机中，达到峰值温度的时间非常短暂。然而，零件表面热传递的惯性致使这种温度波动实际上并不那么显著，这是因为积炭层的隔热效应起到了重要的作用。相应地，零件内的温度场常常会被认为近似不变，也就是说，当发动机载荷不变时，零件内的温度场也不会改变。对于周期性加载所产生的热载荷而言，这显然是不正确的。

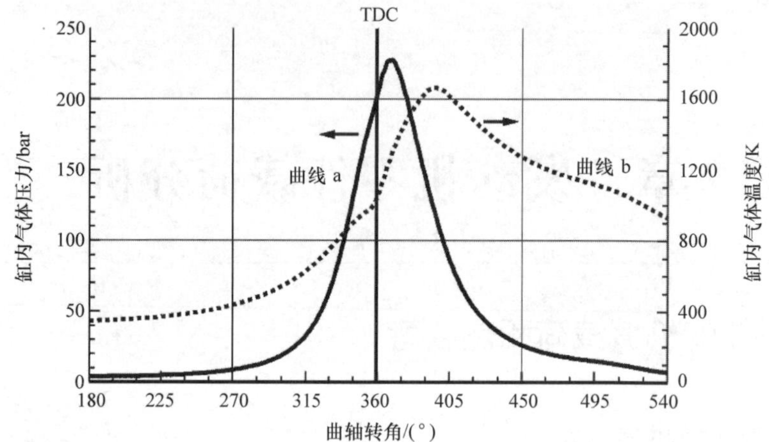

图 7-1 中速四冲程柴油机的气体压力（曲线 a）和平均气体压力（曲线 b）的时间特性

传热导致了所有的燃烧室零件内形成温度场，并且从零件的受热表面到冷却表面之间会表现出最大的温度梯度。因此形成的温度差会产生零件产生热膨胀，从而形成热应力。负荷温度值会影响许用应力（与温度相关的材料强度），以及所出现的应力值。

估算热载荷时，可以先将热载荷作为一个准静载荷来对待，然后反复地用因子相乘而得到平均应力。不过，另外一些情况会需要将热载荷作为一个临时变动载荷来对待。在零件内存在导致永久变形（局部屈服）应力时，因为膨胀受到抑制，所以这种方法特别适用。

7.1.1.3 动载荷

缸内气体压力波动是形成临时性变动机械载荷的一个基本原因（图 7-1），这样的机械载荷直接作用于诸如活塞、气缸盖或气缸套这样的燃烧室零件上。由于相连接的零件会相继传递气体作用力，因而由气体压力所产生的载荷会明显地作用于每一个柴油机零件上。想要确定作用于一个单独的零件上的载荷，需要对发动机内部的作用力传递与力的平衡进行分析。

对许多零件来说，最高气体作用力是确定尺寸的重要参数，它产生于最高气体压力（燃烧压力）。当弹性零件受激振动时，这种简化的准静态法不再有效，例如当零件表现出由气体作用力的强大谐波分量所激发的固有振动频率时，也就是出现共振时，就属于这种情况。对于具有低的固有振动频率的零件，主要担心的是出现与应力相关的共振模式，因为这种模式引发的破坏性的共振振幅会快速地衰减为更高的固有振动频率。诸如管路系统，包括整流罩以及涡轮增压器（即泵轮）这样的附加部件，时常会因此而受到破坏。除了共振之外，各自的固有阻尼也将起一定作用（可以达到1% ~10% 的幅度）。

零件的其他动载荷是由发动机动态所引起的惯性力而产生的。旋转质量会产生旋转惯性力（离心力），活塞运动而形成的振荡质量会产生振荡惯性力。这两种惯性力是不同的，并且都会激发振动（见 8.2 节）。恒速转动时，离心力是零件的静载荷。然而，在必须吸收由离心载荷所产生的反作用力的零件中，也会出现振动作用力。例如，曲轴中的离心力会产生失衡效应和结构变形，从而在支座中，继而在发动机曲轴箱中会引起振动性应力。由惯性力引起的零件应力酷似气体作用力所引起的应力，也就是说，对某些零件，最大惯性力决定了必须满足的准静态尺寸。而对另外一些零件，特别是考虑到会出现共振的情况，额外振动的激发作用在设计时同样必须予以考虑。

例如，气门坐落在气门座上，或者是当喷嘴针阀关闭时，都会产生极大的冲击压力，从而对零件的强度和磨损产生不利影响，这时出现了冲击动力学影响。

总的振动应力不仅必须考虑各个气缸的气体作用力和惯性力特性，而且还必须考虑它们之间的相互影响。因为这种相互影响会导致一个燃烧循环期间的着火过程的偏差，从而产生相应的后果，例如对曲轴扭转应力或发动机整机性能产生影响。

7.1.2　零件的应力

7.1.2.1　基础知识概要

大体上讲，确定一个零件或组件内的应力的方法可分为计算法和测量法。

确定应力的常用计算法是用于轴、螺栓、管等零件的古典强度理论。在许多情况下，用这样的方法能够获得的结果对于应力分析已经足够，但却只需要花很少的精力。计算分析法和试验计算法总体上应用都很普遍，在零件设计中占有优势地位，并且特别适合于草图设计、备选方案仿真、初步优化等设计阶段。然而，由于一些重要输入数据（如结构弹性、非线性的材料和接触特性）通常无法考虑进去，所以输出参量及其精度的有效性时常受到限制。有限元法（FEM）的应用主要是为了将应力分析中的边界条件和零件几何结构方面的全部复杂问题加以综合考虑。FEM 能获得最佳质量且呈多样性的计算结果。然而，将这种方法应用于设计过程时，操作复杂且耗费时间多。

多体仿真（MBS）、计算流体动力学（CFD）或轴承计算（HD/EHD）各方法正在频繁地结合，以便能为这样的计算适当选择边界条件。这样一来，就可能实现对一个完整的功能组件（如曲柄连杆机构、轴组件或燃烧室）进行仿真。这项开发的最终目标是对整个“柴油机”系统进行集成模拟。

在发动机设计中，一种用于应力分析的最重要的测量法是应变仪测量法。测量的基本依据是：零件的局部膨胀与该被测零件的静载荷和动载荷所产生的应力成正比。在许多情况下得到应用的三线测量法既能测量膨胀幅度又能测量平均应变。这样，不仅可以测量动态分量，而且还能测量准静态应力，例如零件内因热膨胀而产生的应力。这种方法甚至已经达到这样的一个状态：可允许在不同的条件下（例如表面被水洗过或者受到高温作用）完成测量，甚至可将运动零件的测量值传送出来（见图7-2）。

测量零件应力时，为确保获得最大的确定性，必须将计算方法与测量方法进行结合（因为可达性和比例允许）。这样，在一阶整体分析中，理论与实践有机结合，充分互补。

图7-2　典型的应变仪应用，采用无线感应信号传输（这里用于水泵轴转矩测量）

7.1.2.2　部分发动机零件的应力

1. 中速柴油机连杆

发动机连杆的强度一般仅与机械载荷有关。连杆的温度在发动机润滑油温度范围内，而只有不大的变化范围。因此，温度对最终强度和应力均不会构成影响。连杆内的主要应力是由点火上止点的最大气体压力和排气上止点时活塞和连杆本身的惯性力所引起（这里分别为压应力和拉应力）。在某些评价点处，最大应力不能配置在上止点位置上。例如，对于某些点而言，横向弯曲是决定性因素（如连杆螺栓）。甚至在某些连杆设计中固有振动频率可能会起到一定作用。当这些零件受到相应频率（如具有气体压力特性）的振动激发时，必定引起零件失效。单个零件之间（如支撑体与轴套之间）的相对运动也必须得到充分的试验测试。在受压力作用的同时，超出允许限度的相对运动会导致接触区的极度破坏，并进而导致疲劳强度的下降。因此，确定连杆应力是运用多种有效数学方法和试验方法才能完成的一项重要任务。

2. 燃烧室附近的零件

气体压力和加热使所有的燃烧室周围的零件承受很高的载荷。此外，活塞和换气气门必须承受由惯性力所引起的额外载荷。更进一步分析可知，燃烧室侧的表面必须维持在一个适度的温度水平上，从而不会过度地影响材料的强度。

当燃烧产生的热载荷过大时，薄壁件有助于降低燃烧室侧的表面温度，同样（由于壁面温度梯度小）也会降低热应力。但是，这将削弱结构部件对高燃烧室压力的抵抗力。

所有这些情况最后导致的结果是，发动机开发人员对燃烧室零件的控制要比其他零件难度更大。在选择适当的边界条件期间，目前已需要进行密集的初始试验，如燃烧过程或冷却液流动试验。这就意味着巨大的，且时常是无法实现的时间和金钱投入。另外，有些方法（如喷油冷却）几乎不能预先计算。因此，为了定义边界条件，需要设定众多的假设。在承受热载荷的组件中，接触特性（滑动过程和热传导）很难测量，这会严重影响结果的质量。

图 7-3 展示了计算气缸套温度场所需要的 FEM 模型和基于该模型而建立的结构分析模型。必须考虑的其他的应力有气缸盖螺栓的预紧力引起的应力和气体压力导致的应力。

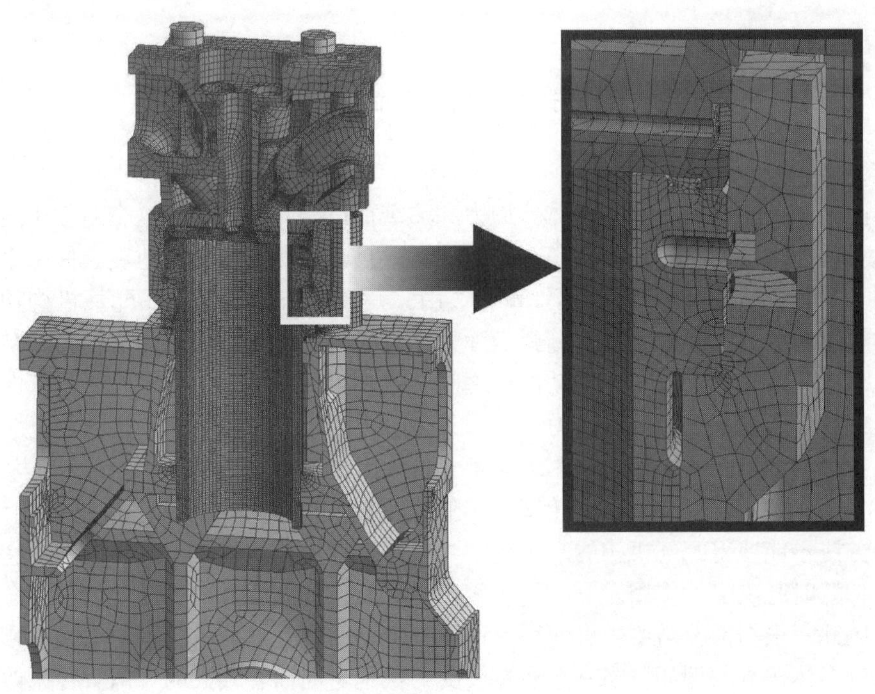

图 7-3 带有气缸套凸缘和支撑圈细节的大型柴油机气缸套计算的 FEM 模型

图 7-4 展示了一只复合材料钢活塞的钢活塞顶内的温度分布情况。由该图可清晰地看出最大温度应力和最大温度梯度就出现在活塞顶这里。因此，最重要的是确定出现的热应力，以及热应力对最终强度系数的影响。在活塞底部，因气体作用力

和惯性力而带来的机械载荷是主要的。在活塞裙部的应力方面，尤其是在大型柴油机上，活塞侧向运动也将起到重要作用。

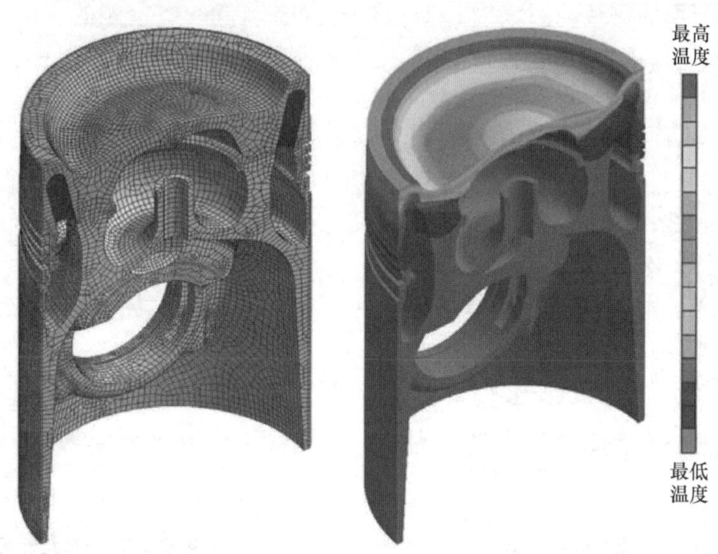

图7-4　利用数学计算确定温度分布的组合活塞的FEM模型

3. 换气气门与驱动装置

除了气门锥面处受到的气体作用力和热载荷以外，惯性力在这个组件中也会起到重要的作用。凸轮决定了气门行程曲线，并且凸轮所导致的加速度会使每个零件（挺杆、推杆、滚子摇臂、气门弹簧和气门）承受很大的惯性力。配气机构功能完善的最重要的先决条件，是气门弹簧弹力任何时候都大于与气门弹簧弹力相抗衡的惯性力。只有这样才能防止传动部件之间的接触损失，例如当凸轮升起挺杆时，整个系统内都会出现高的接触应力。

在最初的步骤中，可以采用多质量分析模型进行配气机构运动学计算。从根本上讲，这只是以推程特性、加速度、零件质量和气门弹簧弹力为基础进行的计算。这种方法不能获得配气机构的动态特性，而对于一个系统来说，这样的动态特性常常在计算时起决定性作用。

因此，根据情况需要，可使用允许额外考虑结构弹性、系统阻尼、接触刚度和间隙的多体仿真。例如，当有意通过较陡的推程弯曲面和较大的气门直径来改善换气时，这样的仿真是必要的。在这个例子中，影响惯性力有两个方面，一是提高了加速度，二是增加了气门质量。图7-5给出了一个推杆的计算受力特性，这个特性与实测特性极为接近。

设计配气机构时，为了确定气门杆与气门头内的应力，必须进行应力分析。合适的仿真计算可以完成这样的应力分析。气门关闭时和气门落座时的气体压力应力

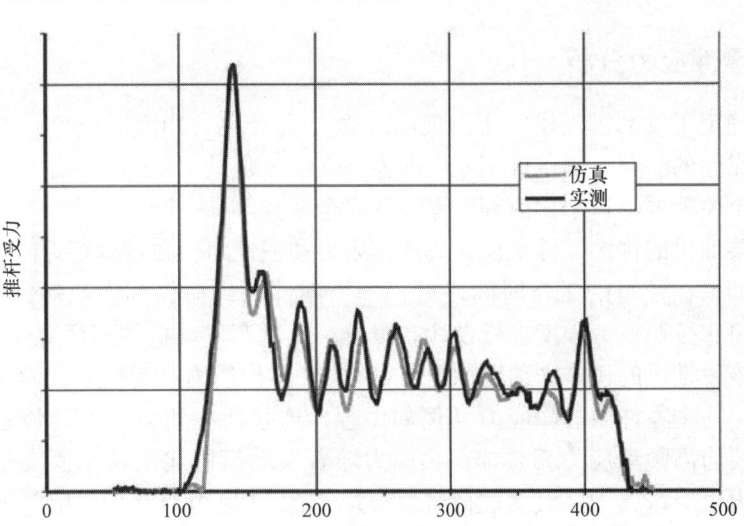

图 7-5　典型推杆的计算受力特性与实测受力特性的比较

是重要的边界条件。因为在气门开启阶段的气门自由弯曲振动、气门导管间隙和可能的气门转动会引起应力的宽幅变动（见图 7-6），所以如果可行的话，本书作者强烈推荐对分析结果进行计量学整合。这样，为配气机构所建立的边界条件完全不能清晰地划定，因而会使理论空燃比出现波动。这就形成了一个在不同燃烧循环之间会出现应力曲线巨幅变动的曲线段。在发动机长期工作后，气门座和气门导管也会出现磨损和烧蚀，从而加剧这种效应。

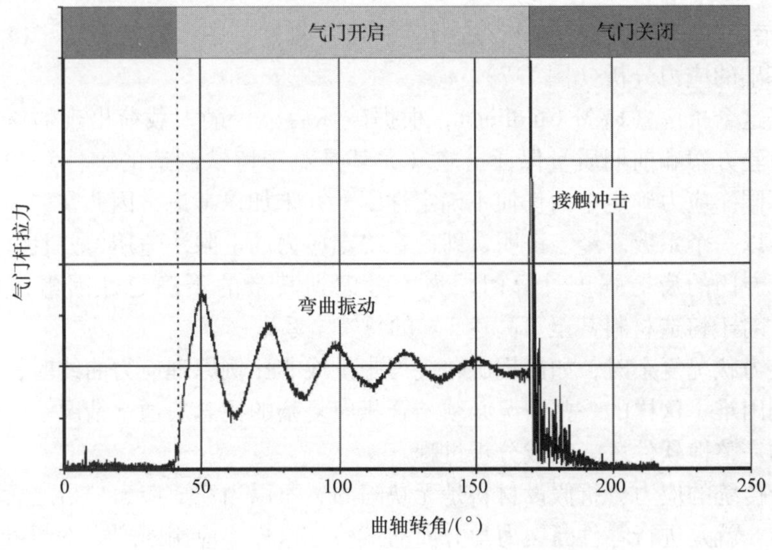

图 7-6　测定气门杆载荷的应变仪测量结果

7.1.3 零件应力分析

仅仅确定了发动机工作中所出现的应力（有效应力和实际应力）不能满足评价零件可靠性的需要。确定许用应力即零件强度才是最重要的。许用应力与最大应力的比值至关重要，这个比值等于零件的安全系数。

对于柴油机的许多零件来说，气体作用力和惯性力会在这些零件内产生最大有效应力。如果在较短的工作时间之后，一个零件的载荷循环次数达到 10^6 次，那么，必须将它按照疲劳强度进行设计。假设一台货车发动机的使用寿命为20000h，那么现在该发动机的机体必须能承受约 10^9 次气体作用力载荷循环，而保证不出现疲劳破坏。一个零件内的静应力（例如由螺栓连接所导致）以及燃烧室零件内的热应力还要与高频动应力相叠加。热应力随着发动机的输出功率而变动，严格地讲，热应力也应该属于“交变载荷”。不过，由于热应力的“应力幅”的变动频率极低，所以，在发动机设计中通常将热应力看做是准静态量。在某些情况下，例如当评价局部塑性变形时，必须应用可用于低循环疲劳（LCF）的一些适当原理。

高循环疲劳（HCF）通常用疲劳强度图进行评价，这个图表达了许用应力幅（疲劳强度）与有效静应力（平均应力）之间的关系。

以前常见的惯用做法仅仅考虑材料特性，因而不再适用于现在柴油机设计中所用的材料。因此，建议使用基于零件的疲劳强度图，在该图中，已为评价点准备好具体零件的特定边界条件。重要的输入参数有表面粗糙度、评价点的应用效能、技术规格系数、零件局部温度，甚至还有可能的表面处理（表面层影响）。在FKM Guidline “Computerized Stress Analysis/Proof of Strength in Mechanical Components”（FKM指南——计算机应力分析/机械零件强度验算）中，概括介绍了以零件局部应力为基础的应力分析（图7-7）。

依据这个指南（FKM Guidline），根据破坏后果、最大载荷出现的概率、选择的零件检验方案和前期质量保证措施（尤其是对于铸铁制造的零件）的不同，安全系数不同。应力确定中的任何不确定性因素并未加以考虑，因此在应力分析中必须额外乘以一个系数。经验证明，即使在确定应力的上限法适用，并且针对一个零件可进行专门的疲劳强度计算时，为了考虑到其余的不确定性因素，必须采用1.5～2（对于铸造材料甚至可高达3）的总安全系数。

当应力状况复杂时，如出现旋转应力张量或非比例原理应力曲线时，应力分析显得特别困难。这样的一些情况必须结合相应复杂的概念。通常情况下，要通过特殊的结构完整性软件才能完成分析过程。

由于传统的应力分析假设材料是无缺陷的，所以当完成应力分析之后的另一方面的工作，就是进行零件断裂力学方面的试验。这样，应用断裂力学便可对材料缺陷的评价加以补充，因而应用断裂力学分析也就成为确保柴油机可靠性的一种重要手段。

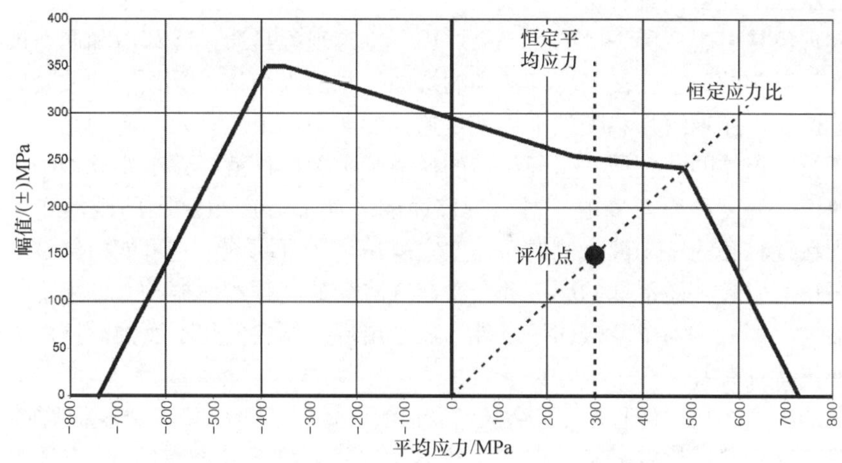

图 7-7　基于 HAIGH 的零件疲劳强度图

真实零件的试验和发动机在试验台上的长时间运转试验，是用于可靠性分析的另外一些可选用的手段。尽管可在有限的程度上使用极端加载试验来获得延时效应，但是，仅证明这种方法是否适用于小型零件和车辆发动机就需要做大量的工作。

7.1.4　柴油机零件的典型破坏

与机械工程的其他领域一样，破坏是由产品缺陷（设计缺陷、材料缺陷和制造缺陷）和操作错误（维护错误和使用错误）所引起。对柴油机来说，这两类错误都有典型例子。当然，它们主要依赖于零件的加载情况。有一些影响因素在确定零件尺寸时，虽加以了考虑但未给予足够重视，或根本没有给予考虑，而这些因素却以后会导致发动机失效，它们对于发动机的开发者和使用者都是同样重要的。

疲劳断裂（疲劳失效）所导致的失效是柴油机破坏中的最常见形式。出现这种失效的原因是大多数零件在气体作用力和惯性力作用下会形成支配性的交变载荷。在钢质零件中，由于它们的表面结构所决定，疲劳断裂的发现比较容易。零件的疲劳断裂表面通常光滑并具有细密纹理，而残余断裂表面（过载断裂表面）呈现一种粗糙的断口表面组织。实际检测中经常可以发现，裂缝的不间断扩展所产生的海滩状标记围绕着原始断裂点。就像在其他机械中一样，尺寸不正确或未探测到的材料缺陷都可能成为疲劳断裂的起因。

由零件之间的接触区内的磨蚀（摩擦腐蚀）所引起的疲劳断裂经常会突然出现，并常常只在长期工作之后出现。磨蚀会使疲劳强度降低为初始值的 20% 左右。在一个小凸起内常常探测到裂纹，这样的裂纹的出现最初是由剪应力引起的。在另外的一些情况下，诸如滑动轴承（如连杆轴承和主轴承）的安装承孔、安装螺栓或轴上的压入配合表面等，也存在这样的断裂危险。

空穴现象是引起疲劳失效的另一个原因。空穴现象是通过冷却液和润滑油渠道对零件产生影响的，它会使与冷却液和润滑油接触的媒介物承受强烈的波动压力或高的弯曲速度。曲轴组件和喷油部件就是这样的典型例子。空穴的起因是：压力降低到低于特定流体的蒸气压，引起气泡的形成和破裂。这就导致了媒介物中出现极高的加速度、温度和压力峰值，对靠近壁面的表面部分产生巨大的破坏作用。例如，出现在气缸套的冷却液一侧的振动空穴就是个严重问题，它可能由气缸套的高频弯曲振动所引起，而活塞的副运动会激起气缸套的高频弯曲振动。如果冷却液具有化学活性，那么，除了空穴作用之外，还会出现破坏性的化学腐蚀。这对高速高性能柴油机特别有害。

破坏的程度在很大的程度上取决于腐蚀的类型。尽管在腐蚀（表面腐蚀）均匀的情况下这种破坏比较轻微，而在腐蚀不均匀的情况下（如点蚀），腐蚀点处出现较大的凹槽，破坏作用会大大增加。振动腐蚀引发的裂纹特别具有破坏作用，并且在腐蚀和拉伸动应力同时作用时可能出现这种开裂。在这样的情况下，零件不再有任何疲劳强度，其使用寿命仅取决于裂纹扩展的速度，而使用寿命又取决于材料、腐蚀介质和应力幅水平。因此，使用者遵守制造厂家有关冷却液维护的说明去操作，并使用适当的防腐剂是极为重要的（见9.2.6节）。

在使用重柴油的大型柴油机上，当排放废气中有二氧化硫存在时，会出现另一种腐蚀形式，即水蒸气的冷凝所引起的潮湿或低温腐蚀。在这种情况下，会形成极具腐蚀性的亚硫酸。腐蚀过程取决于温度和压力的综合作用，因而除了排气管之外，这种腐蚀主要会影响到气缸体。在发动机低负荷运转期间所出现的潮湿腐蚀会加速磨损过程（见4.3节）。

燃烧室一侧的表面会经历与局部高温有关的各种破坏。

燃料的燃烧产物会瓦解氧化物保护层。在材料本体部分消耗时，材料就正在进行与耗损等量的腐蚀。活塞承受高的热负荷（如在大型二冲程发动机上）可能会引起活塞顶局部强度下降，因而限制了部件使用寿命。这种称之为高温腐蚀的现象还会出现在高压阀上。采取的对策包括限制阀座内的阀门温度（防止熔渣沉积和因此而出现的腐蚀磨损）和使用具有热稳定性高的耐腐蚀材料。

由热负荷过高而导致的高温压缩开裂是零件破坏的另一种形式。一个零件局部受到高温作用，但其余温度较低部位却牢牢地制约着高温局部的热膨胀。因而，材料内的塑性约束作用产生了压应力。在发动机停机而温度均等之后，这些部位又会出现拉应力。这个过程反复进行而形成的“低循环”高应力幅，最终引发初始裂纹的出现。在气缸盖上、在两个气门口之间的活塞岸处、在气缸套的内顶边缘处和在燃烧室凹坑的边缘处，这样的初始裂纹是常见的。这样的破坏形式的根源是燃烧过程中断、爆燃期间的加剧的热传递（如在双燃料发动机中）和冷却不足。

为了获取破坏分析和预防的更多的信息，读者可参阅参考文献［7-12，7-14］。

7.2 发动机内的热传递和热负荷

7.2.1 简述

除了废气焓 H_A 和通常可忽略的漏气焓 H_L 之外，壁面传热损失 Q_W 是内燃机内能平衡中最重要的内部损失（式7-1）。

$$Q_b + Q_w + H_A + H_E + H_B + H_L + W_i = 0 \tag{7-1}$$

与能量平衡中的其他部分不同，内能做功 W_i、进气和燃料焓 H_E 和 H_B，以及燃料释放能量 Q_B 测量起来非常困难。

然而，由于壁面传热损失 Q_W 对热功转换过程、效率和污染物的形成的影响如此之大，所以实际上从内燃机历史的早期阶段起，研究者便对壁面传热损失进行了彻底的研究，并且直到今天这方面的研究仍未结束。因此，有关这个主题的文献资料数量很大。

在美国汽车工程师学会网站（www. sae. org）上，用关键词“wall heat transfer”（壁面传热）进行搜索，可以得到近5年来出版的各种相关SAE论文，总量有大约2000篇之多。

Pflaum和Mollenhauer编写的权威著作《*Der Wärmeübergang in der Verbrennungskraftmaschine*》尽管是在1977年出版的，但是的确是一本值得推荐的有关该主题的介绍性著作。

因此，这一部分仅用短小的篇幅展现热传递基础理论与测量系统、传热方程及某些对于理解壁面传热是最重要的应用案例。除此之外，这部分讨论还有助于解决用3D CFD（计算流体动力学）进行传热建模过程中的特有的问题。

7.2.2 内燃机热交换基础

在发动机过程仿真中，通常利用牛顿传热在一个燃烧循环上（ASP）的积分来计算发动机燃烧室内的壁面传热损失（Q_w）：

$$Q_w = \frac{1}{\omega} \cdot \int_{ASP} \alpha \cdot A \cdot (T_w - T_z) \cdot d\varphi \tag{7-2}$$

对壁面－气体间温度差（$T_w - T_z$）的规定为：能量离开“燃烧室”系统时壁面传热的数值符号为“－”。式（7-2）中的其他值有曲轴转角 φ、角频率 ω、瞬时燃烧室表面积 A 和传热系数 h。

应用这个牛顿传热学说已经意味着发动机燃烧室的传热方式基本上是强制对流，并且相比之下另外两种传热方式（热辐射和热传导）可忽略不计。由于壁面附近的气流必须是层流，所以壁面附近紧靠壁面处的热交换的确由热传导引起。不过，在边界层的黏性底层之外，强制对流的传热方式明显占有优势。

热辐射引起的传热比例主要取决于燃烧期间燃烧室内形成炭烟的多少，这是因为仅有发源于炭烟的固体辐射与热辐射是密切相关的（参见参考文献［7－15，7－16］）。另一方面，潜在的气体辐射完全被忽视，这是因为气体是选择性辐射源，因而只在很窄的波长范围产生辐射。而炭烟辐射损失的比例不仅取决于辐射的炭烟质量及其温度，而且还取决于对流传热的热量。实际上，在大型低速柴油机上，可以仅仅假设辐射损失达到一个很大的比例。因此，最常用的传热方程都配有一个明确的辐射项（见7.2.4节）。

可以基本上认为，发动机燃烧室内的所有的状态参数（压力、温度和气体成分）在任何时刻任何地点都是不同的。这也适用于对传热会产生极度影响的壁面温度和紊流。此外，可以想到缺乏开发的流动模态。的确，可以假设停滞流和瞬态初始流，从而使这种情况实际上变得高深莫测。

然而，如果对燃烧室壁面附近的状态进行总体上的彻底的分析（图7-8），事情会变得清楚起来：像许多其他传热技术问题一样，应用相似理论来分析传热现象会有助于达到希望的目标。无量纲系数描述了这些现象及它们之间的联系。在强制对流传热的情况下，无量纲系数对于温度而言为努塞尔特（Nusselt）数

$$Nu=\frac{\alpha\cdot d}{\lambda}$$

而对于流动边界层为雷诺（Reynolds）数

$$Re=\frac{w\cdot d\cdot \rho}{\eta}$$

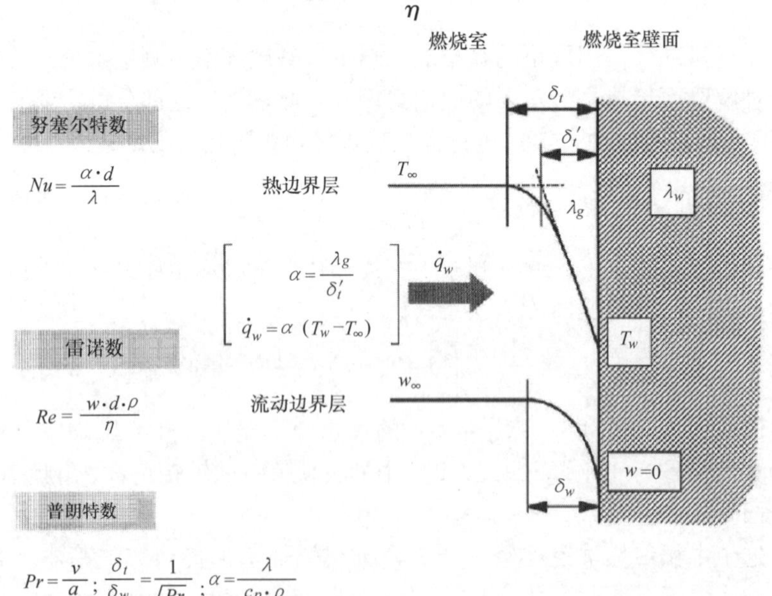

图7-8　燃烧室壁面强制对流传热示意图

普朗特（Prandtl）数

$$Pr = \frac{v}{a}$$

描述了两个边界层之间的相互联系。例如，在 $Pr=1$ 时，两个边界层等厚，而对于空气和废气 Pr 总是小于 1，因而流动边界层厚度总是小于温度边界层。严格意义上讲，所有这些分析过程只适用于静态和准静态情况，即变化必须如此缓慢发生，以至于没有出现瞬态效应（如惯性效应）。内燃机燃烧室内的传热肯定不是“准静态”过程。确实，短时间内局部变化极快，尤其是在高速发动机上。然而，对传热瞬态效应的巨大量化影响仍然无法用测量的方法加以证明（见 7.2.8 节）。

传热系数 h 可以借助于通用方次定律模型，用无量纲系数进行计算：

$$Nu = C \cdot Re^{n} \cdot Pr^{m} \tag{7-3}$$

大量的试验已经证明，来自紊流管流动指数 m 和 n 的取值 $n=0.78$ 和 $m=0.33$ 对于内燃机是正确的。

因此，在相关温度范围内，$Pr^{0.33}$ 是常量，变动范围为 $\pm 1\%$，因而可将其加入到常数 C 中。这就产生了一个建立在相似理论基础上的适用于发动机燃烧室的通用传热方程：

$$\alpha = C \cdot d^{-0.22} \cdot \lambda \cdot \left(\frac{w \cdot \rho}{\eta}\right)^{0.78} \tag{7-4}$$

Pflaum 给出的文献［7－2］还包含有关于传热系数 λ 以及依赖于温度和气体成分的动态黏度 η 的经验多项式。用热状态方程可求出密度 ρ 的计算公式为

$$\rho = \text{const} \cdot \frac{p}{T}。$$

这样，传热方程的明确方案还需要依据实测值和按照常数 C 做比例调整的基础上，对特征长度 d 和热传递相关的热流量 w 给出适当的解释。

“依据实测值”的意思是，在缺少对问题的数值解法甚至是解析解法的情况下，必须利用被设计的发动机的合适的测量值来建立一个数据库，从而允许这种半经验式建模能尽可能通用有效，以确保这种建模还能适用于未来燃烧系统开发。

7.2.3　热流测量法

依据当前的知识状况，实际上有三种方法适用于创建传热方程数学建模的数据库。

“内热平衡法”（图 7-9）可根据燃烧室的内能平衡（式 7-1）计算临时局部平均壁面传热损失。必须对进气、排气、漏气和燃料焓全部进行测量。燃烧热 Q_b 等于喷油量乘以低热值 H_u（$Q_b = m_b \cdot H_u$）。内功是通过

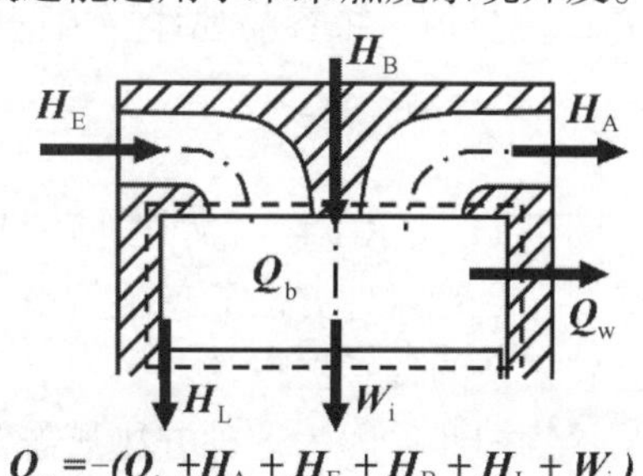

图 7-9　确定临时局部平均壁面传热损失 Q_w 的内热平衡原理

特征压力 p_z乘以容积的变化率 $dV/d\varphi$ 在一个循环上的环积分而得到的，p_z为曲轴转角的函数（参见1.2节）。

假如已经进行过精心的测量，“内”热平衡是必需的，但对于确定壁面传热损失并不是一种妥当的方法。由于仅评估总能量平衡，所以不可能提供局部壁面平均热流随时间变化的信息（例如用于分析热力学压力特性的信息，参见1.3节）。

确定壁面传热损失的直接测量法有：

1）热流传感器测量法。这种方法所用的传感器可测定局部临时平均壁面热流密度 q_w。

2）表面温度测量法。这种方法可测量局部临时变动的壁面热流密度（见图7-10）。

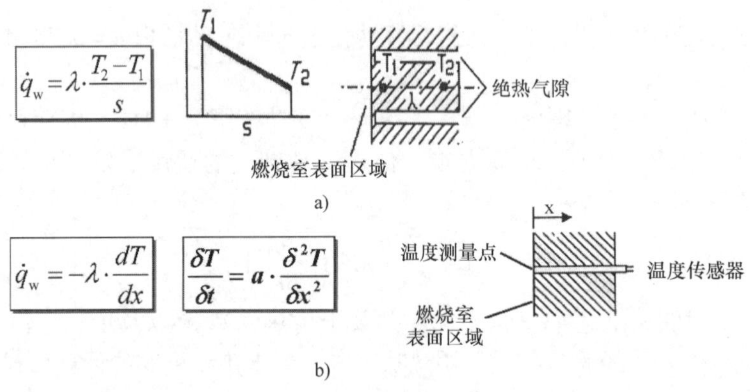

图7-10　表面温度测量法

a）在燃烧室壁面上直接测量局部临时平均壁面热流密度　b）测量局部临时可变壁面热流密度 $\dot{q}_w$

热流传感器的安装应与燃烧室表面尽可能平齐。气隙所产生的绝热作用在传感器内形成了一个确定的一维热传导路径。当热传导路径的材料的热导率已知时，就可以使用下面的一维静态传热方程，利用按照规定的间隔时间 s 测得的两个温度 T_1 和 T_2的测量值，很容易地计算出壁面热流密度：

$$\dot{q}_w=\lambda\cdot\frac{T_2-T_1}{s} \tag{7-5}$$

图7-11 展示了参考文献［7－19］和［7－2］中有效实施的这种类型的热流传感器。尽管这种方法原理很简单，但其实际应用时，只要需要高精度，就必须采用比较复杂的传感器设计。

尽管如此，因为这种方法只需要在测量零件的几个温度时具有高精度，并且不需要与若干种不同测量法之间形成测量值差，所以使用方便且可获得高测量精度是这种方法的明显优势。像“内热平衡”法一样，正常情况下，其绝对值甚至会大于待定的微分值。

然而，这种方法有一个明显的缺点：因为安装后必须与燃烧室表面绝对平齐，所以正常情况下，热流传感器仅能安装在燃烧室内一个或最多两个位置上。否则，对流传热会因为伸出的边缘而出现过量的变化。这样测量的结果仅仅代表安装点的局部情况，并且根本不能提供后来变化的信息。

用所述的方法确定的临时平均壁面热流会随着气体温度而变化，而气体温度在燃烧循环期间会不停地变化，因而也影响了工作过程。表面温度测量法只不过是用来测量局部可变的壁面热流密度的已知的唯一的一种方法。图 7-10b 展现了这种热流测量法的原理。

在表面温度测量法中，温度传感器的安装要使其与燃烧室的表面平齐。传感器的实际温度测量点位于表面下 2μm 深处。这就有可能测量到因为变化的壁面热流所引起的表面温度的波动。这种方法可使用铠装热电偶。借助于薄膜技术所形成的厚度仅有 0.3μm 的金属膜构成了实际上的测量结。图 7-12 为这样的热电偶设计的一个例子。

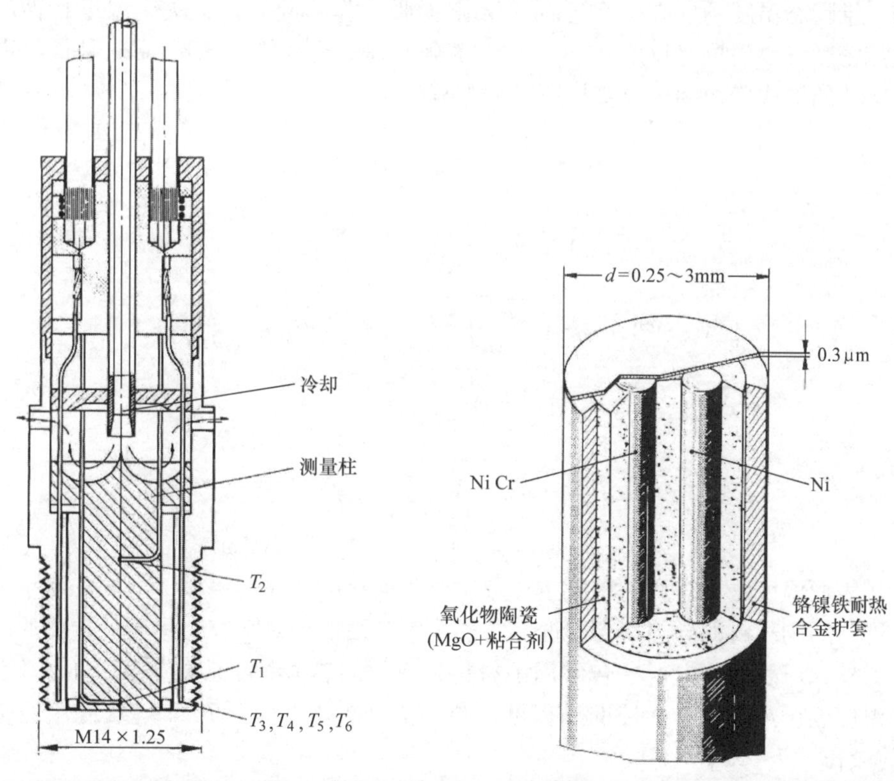

图 7-11　带有冷却、补偿测量点和纯铁护套的热流传感器

图 7-12　表面热电偶（依据参考文献［7 - 19］）

图 7-13 展示了在商用车直喷柴油机工作期间所产生的各种不同深度下的典型

的计算温度波动情况。显而易见，相对气体温度变动，表面温度变动显得更为平坦，并且是由巨幅变动的热透深度系数 b 所引起的（式7-7），对于金属来说，这个系数比气体的对应系数大约大500倍。温度波动的幅度相应减小。零件内温度波动的快速衰退特别明显。可以认为2mm深度处的温度场是纯粹不变的。这样，“真正的”表面温度只能在温度测量结离表面的距离不超过2μm的情况下测出。

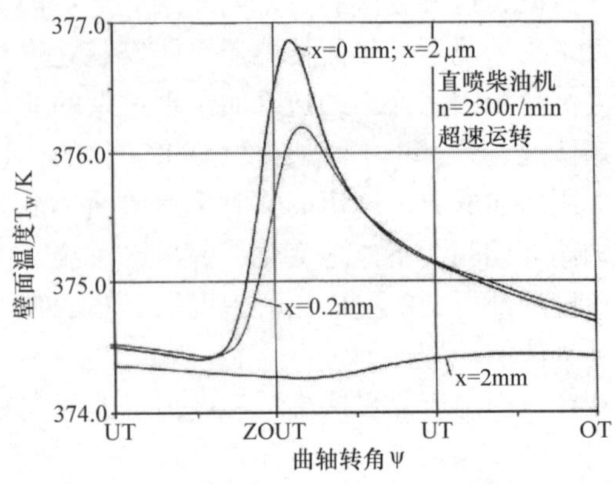

图7-13　商用车直喷柴油机在 n = 2300r/min 超速运转期间的计算温度波动情况

以温度波动的周期和燃烧室壁面的一维瞬态温度场（在一个方向上无限膨胀）作为起始点，决定温度特性的壁面热流密度可以用拉普拉斯（Laplace）微分方程进行计算。Eichelberg 是最早以傅里叶级数的形式确切阐述拉普拉斯微分方程的第一人。

$$\frac{\delta T}{\delta t} = a \cdot \frac{\delta^2 T}{\delta x^2}$$

$$T(t,\ x) = T_m - \frac{\dot{q}_m}{\lambda} \cdot x + \sum_{i=1}^{\infty} e^{-x\sqrt{\frac{i\omega}{2a}}}$$

$$\left[A_i \cdot \cos\left(i\omega t - x\sqrt{\frac{i\omega}{2a}}\right) + B_i \cdot \sin\left(i\omega t - x\sqrt{\frac{i\omega}{2a}}\right)\right]$$

$$\dot{q} = -\lambda \cdot \left(\frac{\delta T}{\delta x}\right)_{x=0}$$

$$\dot{q} = \dot{q}_m + \lambda \cdot \sum_{i=1}^{\infty} \sqrt{\frac{i\omega}{2a}}$$

$$[(A_i + B_i) \cdot \cos(i\omega t) + (B_i - A_i) \cdot \sin(i\omega t)] \tag{7-6}$$

用表面温度法可得到的精度主要取决于表面热电偶在燃烧室壁上的安装精确程度，即与周围材料的导热耦合状况和与燃烧室表面的绝对平齐都是至关重要的。

另外，对表面热电偶（包含周围材料）有效的热透深度系数 b 式（7-7）必须依据温度逐个进行校准。校准过程可用数学法（参考文献［7－19］）或用经验法（参考文献［7－22］）完成

$$b = \frac{\lambda}{\sqrt{a}} = \sqrt{\rho \cdot c \cdot \lambda} \tag{7-7}$$

毕竟，采用表面温度法时如何确定临时平均壁面热流密度 $\dot{q}_m$ 仍是一个问题。从计量学角度讲，通过将表面热电偶集成在热流传感器内是可以解决这个问题的。

对于表面温度法，可能会要求必须安装最大数目的热电偶，以便能够形成有代表性的局部均值。这一点还需要经过试验验证。

利用温差路径穿过零［（T_w-T_g）=0］的“零交叉法”是一种替代法。这种情况通常会出现在压缩行程期间，这是因为忽略了可能的瞬态效应，按照式（7-2），瞬间壁面热流密度 $\dot{q}$ 也等于零。这样，式（7-6）变为：

$$\dot{q}=-b\cdot\sqrt{\frac{\omega}{2}}\cdot\sum_{i=1}^{\infty}\sqrt{i}\cdot$$

$$[(A_i+B_i)\cdot\cos(i\omega t_0)+(B_i-A_i)\cdot\sin(i\omega t_0)]$$

$$t_0=r_{(T_g=T_w)} \tag{7-8}$$

特别是对于各个表面温度测量点而言，燃烧期间出现的极大的局部气体温差在压缩期间并不存在，所以式（7-8）的应用即便是局部应用也会具有足够的精度。这样，热状态方程便将气体温度 T_g 作为全体平均温度 T_z 进行计算：

$$T_g=T_z-\frac{p\cdot V}{m_z\cdot R_g} \tag{7-9}$$

工作期间各测量点处形成沉积物（炭烟、积炭等）的问题尤其会出现在柴油机上，当然也会出现在汽油机上。结果，实际温度测量点不再直接设在表面上，因而测量信号也会衰减。图 7-13 的温度特性是取自表面。假如沉积物不会生长太厚，且不再能测量到明显的振动，那么，可参照参考文献［7－19］和［7－22］制定的方法对沉积物进行矫正。原则上，为了全面防止出现这个问题，使用无炭烟模型燃料操作是非常明智的。然而，很少有人这样做，因为他们担心一方面非标准燃料对壁面传热的影响是不可传递的，而另一方面使用模型燃料来模拟有些现象操作十分艰难，例如在与壁面的相互作用期间获得同样的混合气形成特性（油滴的形成、穿透深度、壁面涂层、蒸发质量和点火质量）。的确，在气缸盖和（或）活塞必须重新拆下、清洗、重涂和重新安装之前，仅容许对几个工作点进行测量。

通常，仅有几个商业可用的表面热电偶（参考文献［7－23］）可以使用，它们可将工作量和操作成本降至最低限度（参见参考文献［7－24］至［7－25］）。不过，在参考文献［7－19］中曾使用了数量庞大的热电偶。尽管这是一台汽油机，但是，一些基本的重要结论仍然可以推导出来。图 7-14a 给出了发动机运行的 182 条壁面热流密度特性曲线。作为一个纯充气气道，进气道的形状使流场仅仅呈现为不定向的紊流。这样，平均超过 100 个燃烧循环的所有测量点都呈现出几乎相同的特性。燃烧期间的状况则完全不同（图 7-14b）。

在点火点（IP）之后，一旦火焰前锋到达表面温度测量点，壁面热流密度会陡然升高。随着离开火花塞距离的增加，即随着燃烧时间的推迟，火焰前锋亮度渐失（峰值压力之后的燃烧阶段出现温度下降）。结果，壁面热流密度从陡然上升变为平直。尽管火焰前锋越过测量点时的结果很容易解释，但是要对壁面热流密度在达到其最大限度之后无任何规律地下降予以合理解释还很难。在活塞进入膨胀过程

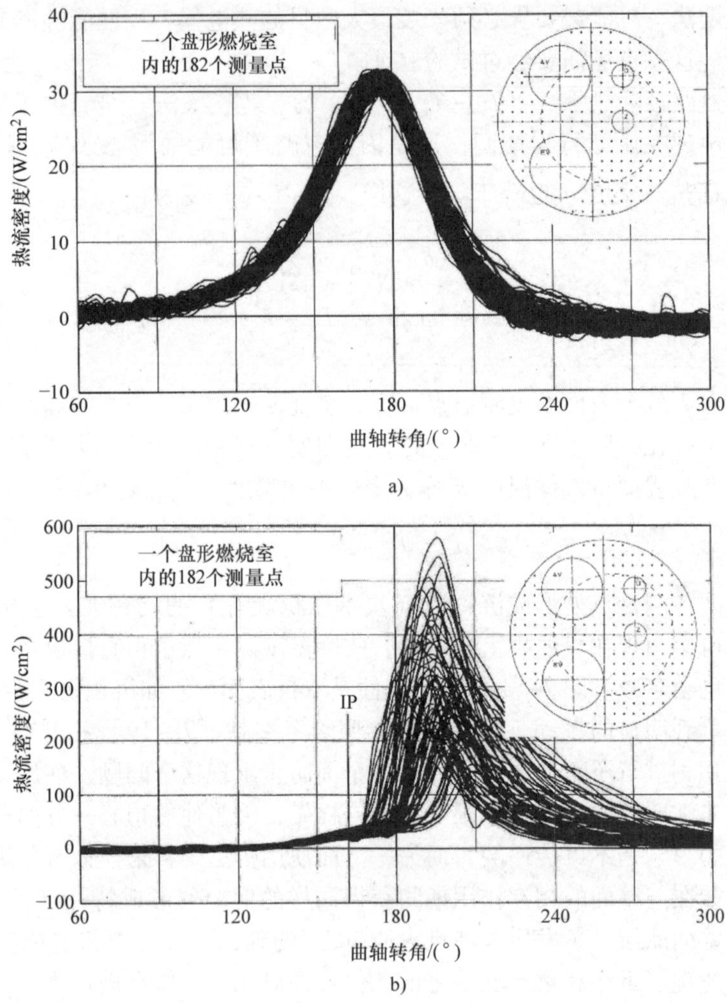

图7-14　一台汽油机的盘形燃烧室的182条壁面热流密度特性曲线

a）换气上止点（TDC）处，n = 1465r/min

b）工作转速 n = 1500r/min，在 ITDC 处 p_i = 7.35bar（W_i = 0.735kJ/dm^3）

后的燃烧阶段中，每个测量点都会出现具有无秩序紊流态特征的个别行为。

这个例子非常明确地证明，为了能够形成一个真正有代表性的局部均值，必须设置很多表面温度测量点。虽然在文献中多次看到，但是用描述局部均值的类似的传热方程，对在单一测量点处测得的壁面热流密度特性进行比较是毫无意义的。

由于燃烧期间温度边界层之外的局部可巨幅变化的气体温度是未知的，进而导致推进气体－壁面温度梯度必须由按照热状态方程计算出的全体平均温度 T_z 来决定，所以，传热系数 h 只可用具有代表性的局部壁面热流密度（作为整个燃烧室的平均值）进行计算。

图7-15给出了这样的分析的一个例子。在110℃A的范围内传热系数出现间断的起因是使用“零交叉法”确定临时平均壁面热流密度 $\dot{q}$。这绝不是“瞬态效应”的证据。的确，这更像是燃烧室压力测量（据此可计算全体平均温度 T_z）与表面温度测量（据此可计算壁面热流密度）之间的轻微相移（测量链电信号延迟时间）的产物。这样，商 $\dot{q}/(T_z - T_w) = \dot{q}/\Delta T = h$ 的形成便会产生 $\dot{q} = 0$ 范围所显示的效应。理想的状态是必须形成一个数学上的极点。

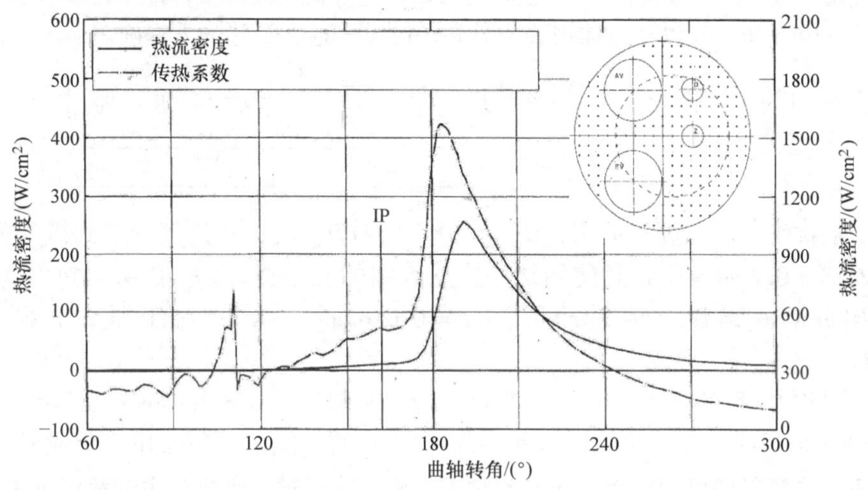

图7-15　由182条壁面热流密度特性曲线确定的与面积相关的局部平均值和局部平均传热系数（汽油机，盘形燃烧室，运行状态：n = 1500r/min，p_i = 7.35bar）

目前，尚无办法对壁面传热损失的局部平均特性和临时可变特性进行直接测量。已知的方法都只能或者输出局部临时平均值，或者输出局部时间曲线。尽管后面的表面温度法非常复杂，但是，它采用足够数目的测量点，是能满足全部要求的唯一的方法。

下面章节中使用最多的传热方程，或者要借助于三种测量法之一（或更多）才能成立，或者至少用这些方法进行过多次反复校验。

7.2.4　发动机过程仿真的传热方程

计算局部平均而不是临时可变的壁面传热损失（作为发动机过程仿真的构成部分）所用的传热方程的推导，始于20世纪的学者努塞尔特（Nusselt）。尽管他将努塞尔特数用公式表达为一个可计算强制对流传热的无量纲系数，但是，他在1923年发布的传热方程纯属经验公式，并非依据相似理论而得出的。1928年，Eichelberg仅仅修改了“努塞尔特方程”的常数和指数，没有进行任何本质上的改变。德国和英国的研究者曾推导出了基于“努塞尔特方程”经验公式的其他经验公式。由于纯粹依赖经验的特质，所有这些公式都是一些针对特定发动机进行过专门修改的公式，所以除了研究所用的发动机外，这些公式实际上并不适合于任何其他发动机，因而没有任何通用性。

1954年，Elser成为应用基于相似理论的传热方程的最早的人，只不过，他的方程很少有人关注。

最先将基于相似理论的内燃机传热方程用公式表达出来的学者是Woschni。今天仍在使用的这个方程最初在MAN公司为发动机过程仿真而开发，并作为EDP工具的一部分，1965年已经以“定律形式”发布。1970年后，最终的方程确定如下：

$$\alpha = 130 \cdot D^{-0.2} \cdot T_z^{-0.53} \cdot p_z^{0.8} \underbrace{\left(C_1 \cdot c_m + \underbrace{C_2 \cdot \frac{V_h \cdot T_1}{p_1 \cdot V_1} \cdot (p_z - p_0)}_{\text{燃烧项}} \right)}_{w}{}^{0.8} \tag{7-10}$$

式中：从排气开启到进气关闭，$C_1 = 6.18 + 0.417 c_u / c_m$；从进气开启到排气关闭，$C_1 = 2.28 + 0.308 c_u / c_m$；对使用统一式燃烧室的发动机，$C_2 = 0.00324\text{m/(sK)}$；对使用分隔式燃烧室的发动机，$C_2 = 0.0062\text{m/(sK)}$；对于压缩和换气过程，$C_2 = 0$。

除了将Re数的指数n（见式7-4）从0.78圆整到0.8外，Woschni将气缸直径D选择为特征长度。在应用活塞平均速度c_m的情况下，他使用了集成燃烧项，这样不用热辐射即可明确表达出热流项w。相应地，对于燃烧产生的紊流可用“有燃烧时压力p_z与无燃烧时的压力p_o（发动机被反拖工况）”的压力差来模拟，并按照燃烧过程相关量C_2和用于获取流动速度［确定涡流数和圆周速度c_u（见2.1.2.4节）］的涡流相关量$C_1 = f(c_u / c_m)$进行调整。

不同的常数适用于换气阶段却不适用于高压阶段。在排气开启之后，更改这些常数和“关闭”燃烧项会在壁面热流曲线中形成并不漂亮的“拐弯”（图7-16）。

计算全体平均温度T_z（式7-9）用于模拟形成到壁面的驱动温差的壁面热流。可以采用不同的“壁面温度范围”（例如气缸盖、活塞和气缸套）。然而，这并不能形成一个传热系数的关系式。此外，对该方程的调整会导致活塞第一道环槽岸被忽视，好像它不是燃烧室的构成部分。当在过程仿真中将活塞顶环岸明确地进行计算时，那么这里所产生的壁面传热损失必须以适当的形式（带有反向符号）包含在燃烧室内。否则，能量平衡就不可能是正确的。

在全世界到目前为止，式7-10仍是应用最广泛的传热方程。按照Woschni的原则，该方程已经进行了反复验证（参见参考文献［7-24］和［7-29］）、补充完善和针对一些特定的问题加以调整。

Kolesa曾研究过壁面高温对壁面传热损失的影响，他的发现是：当达到一定的壁面温度（T_w>600K）后，由于火焰燃烧更接近壁面，传热系数会大幅度增加。这样，靠近壁面的火焰淬熄出现的更晚。结果，热边界层会变得更薄，且边界层内的

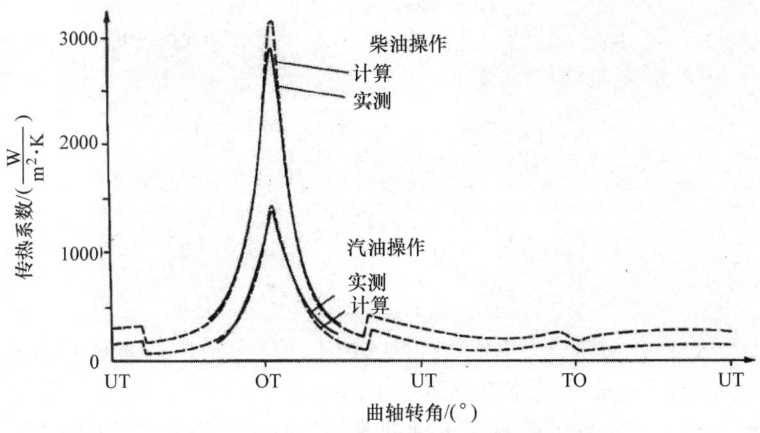

图 7-16　一台柴油机和一台汽油机根据式（7-10）计算结果与表面温度测量结果的比较

温度梯度增大。这就可以对传热系数增加进行解释。这种增加抵消了随着壁面温度上升而减小的驱动温差所引起的壁面热流的下降。这样，壁面传热损失甚至会先增加，并且仅在壁面温度更高时才开始下降，直到温度等于发动机整机平均温度，发动机达到绝热状态为止（参见 7.2.7 节）。

由 Kolesa 所开发的改进型式仅仅影响到燃烧项的常数 C_2，并且只经过具有分开燃烧室的发动机的验证：

$$T_w \leqslant 600\text{K}$$

$$C_2 = 0.00324$$

$$T_w > 600\text{K}$$

$$C_2 = 2.3 \times 10^{-5} \cdot (T_w - 600) + 0.005 \tag{7-11}$$

1993 年，Schwarz 通过将式（7-11）转变为常数形式消除了不同发动机形式之间的差异

$$T_w < 525\text{K}$$

$$C_2^* = C_2 = 0.00324$$

$$T_w \geqslant 525\text{K}$$

$$C_2^* = C_2 + 23 \times 10^{-6}\ (T_w - 525) \tag{7-12}$$

Woschni 的传热方程经过频繁使用，反映出对于低负荷低功率发动机运行，已经确立的方程传热计算值过低。另外，研究还发现壁面传热损失会随燃烧室表面积炭而变化。

因此，Huber 和 Vogel 对式（7-10）补充了一个可变项，这个可变项形成了一个改进速度元素 w。对于柴油机，仅规定了常数 C_3。对于其他的燃烧系统和燃料，$C_3 = 0.8$ 适用于汽油，$C_3 = 1.0$ 适用于甲醇。

如果

$$2 \cdot C_1 \cdot c_m \cdot \left(\frac{V_c}{V_\varphi}\right)^2 \cdot C_3 \geqslant C_2 \cdot \frac{V_h \cdot T_1}{p_1 \cdot V_1} \cdot (p_z - p_0)$$

那么

$$\alpha = 130 \cdot D^{-0.2} \cdot T_z^{-0.53} \cdot p_z^{0.8} \cdot w_{mod}^{0.8} \tag{7-13}$$

式中

$$w_{mod} = C_1 \cdot c_m \cdot \left(1 + 2 \cdot \left(\frac{V_c}{V_\varphi}\right)^2 \cdot C_3\right)$$

$$C_3 = 1 - 1.2 \cdot e^{-0.65\lambda}$$

在美国，也正在对式（7-10）进行研究中。2004 年，Assanis 等人曾针对用于 HCCI 燃烧系统对 Woschni 基本方程进行了改进。

虽然如此，工程实践证明，所提到的改进没有一个得到广泛的应用。相反，式（7-10）的原始形式尽管具有已知的弱点但基本都适用。每当偏离现在的这个标准形式时，选择另一个方程通常是用于计算传热系数 HTC。

1980 年，Hohenberg 发布了一个用于柴油机的传热方程，这个方程也是以相似理论为基础的：

$$\alpha = 130 \cdot V^{-0.06} \cdot T_z^{0.53} \cdot p_z^{0.8} \cdot (T_z^{0.163}(c_m + 1.4))^{0.8} \tag{7-14}$$

该方程排列相对简单，经常作为参照，与 Woschni 方程进行比较。

Hohenberg 将体积等于燃烧室瞬时体积的一个球体的半径作为特征长度。他之所以选择球体，是因为球体是通过规定几何量可描述的唯一的几何体。结果，具有不同行程/缸径比的发动机可以被模拟得更好。值得注意的是，编入指数“3”（$V = \pi r^3$）会产生一个很小的指数（ -0.06），这证明传热系数在很大程度上独立于发动机的几何尺寸的。

对于速度影响，Hohenberg 同样选择活塞平均速度 c_m，并补充以一个反映燃烧影响的常数（1.4）和对该项进行的轻微温度矫正（$1.4T_Z^{0.163}$）。虽然他在参考文献［7－33］中描述了他是怎样用试验的方法发现压力对速度的与传热相关的轻微影响（$p_Z^{0.25 \cdot 0.8}$），但是他还是将纯压力指数从 0.8 降低到 0.6，以至于在相似理论的严格意义上，从数序关系上看压力不会对速度产生任何影响（$Re^{0.8}$），总而言之，压力指数保持在 0.8 上。

与 *Woxchni* 方程不同，式（7-2）在计算燃烧室瞬时总面积 A 时还考虑了活塞顶岸的表面积：

$$A = A_{燃烧室} + A_{活塞顶岸} \cdot 0.3 \tag{7-15}$$

加系数 0.3 是基于这样的考虑：活塞顶岸的传热仅占燃烧室传热的 30%。活塞顶岸表面积是利用燃烧室尺寸，乘以活塞顶岸的高度，再乘以二而得到的（$A_{活塞顶岸} = D \cdot \pi \cdot 2 \cdot h_{活塞顶岸}$）。

式（7-14）是采用各种不同的测量方法（在参考文献［7－33］和［7－34］中给出了介绍），对较大数量的真实型号发动机，已经进行了大量的试验测试，并得到了具体结果。

1991 年，Bargende 出版了参考文献［7－19］和［7－13］，介绍了最初为汽油机而开发的有关 HTC 的关系式，然而这个关系式也适用于柴油机（参考文献［7－35］和［7－36］）。该关系式的基础也是相似理论：

$$\alpha = 253.5 \cdot V^{-0.073} \cdot \left(\frac{T_z + T_w}{2}\right)^{-0.477} \cdot p_z^{0.78} \cdot w^{0.78} \cdot \Delta \tag{7-16}$$

在该式中，指数值采用精确值 n＝0.78，不采用圆整值 0.8。Hohenberg 的方程被采纳作为特征长度（$d^{-0.22} \cong \cdot V^{-0.073}$）。由于在热边界层内气体与壁面间温度平衡，这样便需要使用平均温度来计算物理特性（λ，η 和密度 ρ），因此将全体平均温度与壁面温度的平均温度$\left(T_m = \frac{T_z + T_w}{2}\right)$用作传热系数的相关温度。

为了满足更高的要求，还将气体成分随空气量 r 变化的关系考虑进去。空气量 r 被定义为

$$r = \left(\frac{\lambda - 1}{\lambda + \frac{1}{L_{min}}}\right)_{\lambda \geqslant 1} \tag{7-17}$$

且数值会在 $r=0$（理论空燃比 $\lambda=1$）与 $r=1$（纯空气 $\lambda \to \infty$）之间变化。这样，材料可变项为：

$$\lambda \cdot \left(\frac{\rho}{\eta}\right)^{0.78} = 10^{1.46} \cdot \frac{1.15 \cdot r + 2.02}{[R \cdot (2.57 \cdot r + 3.55)]^{0.78}} \cdot \left(\frac{T_z + T_w}{2}\right)^{-0.477} \cdot p_z^{0.78} \tag{7-18}$$

传热速度 w 用一个全局 $k-\varepsilon$ 紊流模型进行描述：

$$w = \frac{\sqrt{\frac{8}{3} \cdot k + c_k^2}}{2} \tag{7-19}$$

式中　c_k——活塞瞬时速度。

在 $\varepsilon = \varepsilon_q = 2.184$ 和涡流特征长度 $L = \sqrt[3]{6/(\pi \cdot V)}$ 的情况下，式（7-20）适用于比动能的变化。为了计算挤压流的比动能 k_q，必须确定一个杯形盘，它能使通常会偏离理想状态的真实条件再现。

$$\frac{dk}{dt} = \left[-\frac{2}{3} \cdot \frac{k}{V} \cdot \frac{dV}{dt} - \varepsilon \cdot \frac{k^{1.5}}{L} + \left(\varepsilon_q \cdot \frac{k_q^{1.5}}{L}\right)_{\varphi > ITDC}\right]_{IC \leqslant \varphi \leqslant EO} \tag{7-20}$$

最近，在参考文献［7－17］中，使用这种 $k-\varepsilon$ 模型的一个极为相似的形式，来模拟与放热相关的对流。

与 Woschni 和 Hohenberg 的模型不同，它并不将热流项中的集成式用作燃烧项。相反，乘法燃烧项 Δ 用温度 T_{uv} 模拟未燃组分到燃烧室壁面的不同驱动温度梯度，并用温度 T_v 模拟已燃组分到燃烧室壁面的不同驱动温度梯度。

在变化的发动机参数对壁面传热损失的影响方面，Bargende 的传热方程显然不

如 Woschni 和 Hohenberg 的老方程更加清晰。速度增加对壁面传热损失的影响可直接从 Woschni 和 Hohenberg 的方程获得。由于使用 $k-\varepsilon$ 模型模拟速度项，Bargende 的传热方程使得原本简单的物理解释变得模糊。

这清楚地证明，新一代模型较少考虑物理解释的明确性，以换取更高的精度。正如最近的传热建模研究（参考文献［7－17］和［7－16］）证实，这种趋势将来会继续下去。然而，不允许建模错误地给出一个“虚假的精度提高”的印象。当建模中包含未经试验证实的现象时，这种情况就会发生。这样的方程仅仅表现为“物理”模拟。实际上，这样的方程的改动纯属经验修正，其相应的有效范围是有限的。

7.2.5 传热方程应用举例

通常，为了对一个新的传热方程进行归类，或者为了将测量和计算结果进行对比，会频繁地对上节描述的一些传热方程所获得的不同结果加以比较。

所以，这里也对三个传热方程进行比较，以便于使用者能较容易地选择出帮他们解决问题的传热方程。

图7-17左侧示图给出了一台典型的现代直喷（DI）共轨（CR）车用柴油机在部分负荷时、以传统的非均质操作，并应用预喷射的情况下的实测压力特性曲线，以及由该曲线经热力学计算而得到的全体平均温度特性曲线，还有燃烧特性曲线。图7-17右侧示图给出了按照 Woschni［式（7-10）］、Hohenberg［式（7-14）］和 Bargende［式（7-16）］的方法分别计算出的传热系数和高压阶段（HD）的壁面传热损失占燃烧放热量的百分比。

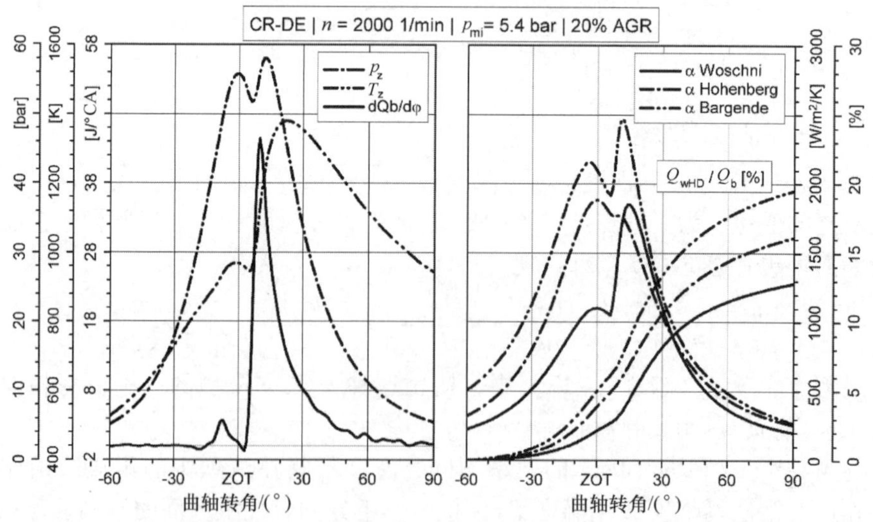

图7-17 一台非均质操作的 CR DI 乘用车柴油机在部分负荷、应用预喷射和20%冷却外部 EGR 的情况下的 Woschni、Hohenberg 和 Bargende 传热方程的比较

相应地，图 7-18 展示了一台同样的发动机的均质燃烧（HCCI，见 3.3 节）的分析结果。从形状看类似于预燃，就在主燃烧（热焰）之前存在的“低温燃烧”（冷焰）在燃烧特性曲线中清晰可见。

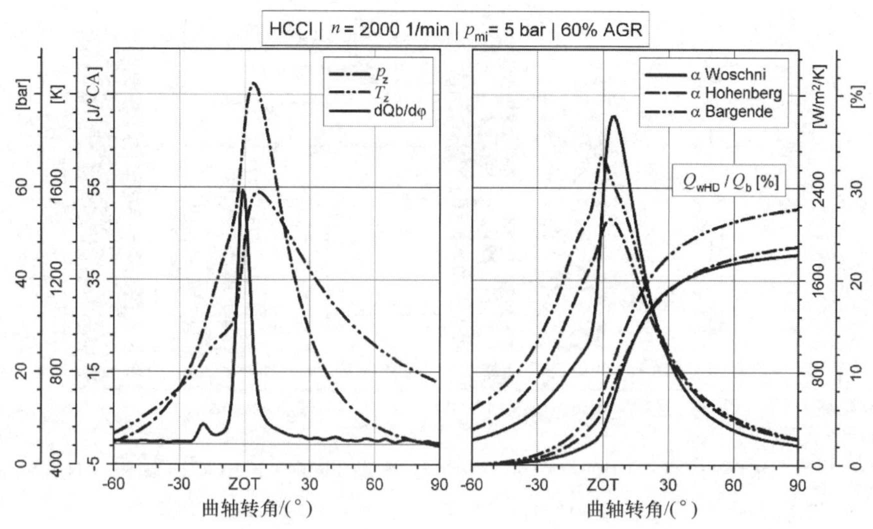

图 7-18　一台均质（HCCI）操作的 CR DI 乘用车柴油机在部分负荷、60% 冷却外部 EGR 的情况下的 Woschni、Hohenberg 和 Bargende 传热方程的比较

整体时间更早，且历时更短的 HCCI 燃烧会使峰值压力升高到大大高于非均质燃烧过程，且相对于点火 TDC 而言，在更早的曲轴转角位置出现。由于压力更高，通过全部三个方程计算而得到 HCCI 操作时的传热系数总体上都略有升高。结合全体平均温度，尤其是因为只有极少的燃料 Q_b 被燃烧，所以，均质燃烧时高压阶段（HD）产生的相对壁面传热损失比非均质时明显增大。

按照三个方程计算得到的相对壁面传热损失之间的差异非常大，其根源是随着时间的循环而计算出的传热系数特性存在巨大差异。

这样的差异在能量平衡中也会表现出来（图 7-19），能量平衡以最大综合燃烧特性 $Q_{b\,Max}$，与燃料供应能 Q_{Fuel} 与不完全燃烧（CO）和燃烧不充分（HC）的能量 $Q_{HC,CO}$ 之差的商 $Q_{b\,Max}/(Q_{FUEL}-Q_{HC.CO})$ 来表示。由于大量的未燃能量组分和部分燃烧能量组分会存在于排气中，所以对于 HCCI 操作来说，考虑这部分能量损失尤为必要。

一段时间，对于非均质操作来说，Woschni 方程被认为输出的平衡值过低（参考文献［7-22］和［7-32］）。对于非均质操作来说，Hohenberg 和 Bargende 方程是否会输出更加精确的结果尚不明确，这是因为即使测量设备已得到精心校准并细心使用，利用实测燃烧室压力特性得到的能量平衡仍至少存在 ±2% 的随机误差。由于基于 Hohenberg 的研究并绘制在图 7-19 中的非均质燃烧的偏差小于 ±4%，所

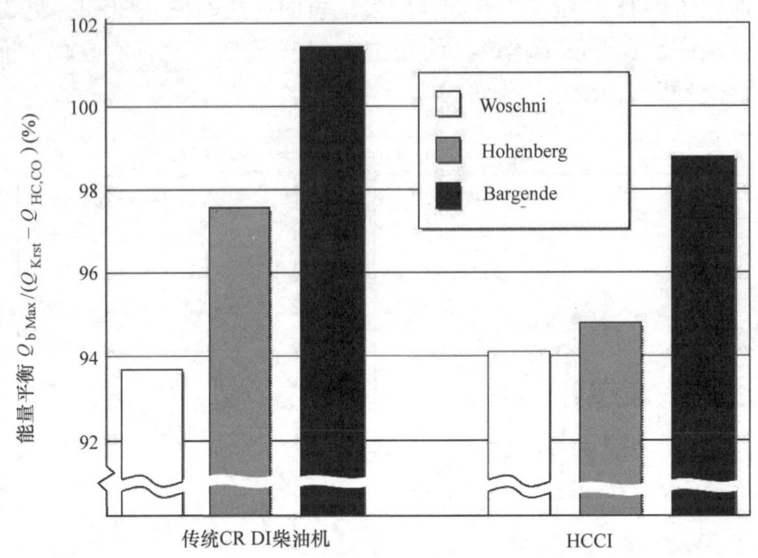

图7-19 在非均质（传统 CR DI）与均质（HCCI）燃烧期间的 CR DI 乘用车柴油机的 Woschni、Hohenberg 和 Bargende 壁面传热损失计算的热平衡比较（n = 2000r/min，部分负荷，冷却外部 EGR）

以可以将精度问题进行相对化处理。

总之，值得注意的是，由于这三个方程没有一个是针对均质柴油自燃而开发，所以对于 HCCI 操作，可以计算出具有真实性的结果。显然，基于相似理论、经过精心开发的传热方程在实际上具有广泛的适用性。

然而，正如预期的那样，由于 HCCI 操作在能量方面比较接近采用以单一点火点为火焰中心的紊流火焰传播的预混汽油机燃烧，Bargende 方程的输出结果具有最佳的能量平衡。

当将三个方程用于 DI 柴油机的全负荷工况时，会出现很大的差异。图 7-20 中的上半部分给出了一台调整到欧 4 限值的乘用车共轨柴油机在全负荷操作时平均指示压力 i_{mep} 和计算效率 η_i 随着发动机转速而变化的关系。下半部分给出了高压段（hp）的相对壁面传热损失。所有的三个方程都有相同的量化特性曲线，但是它们的量化传热损失却有很大不同（使用 Woschni 方程最明显）。尽管指示效率（根据指示功与喷油量计算出）没有显示出任何不规则，但与 n = 1500r/min 时相比较，在 n = 1000r/min 时的高损失百分比特别明显。高速时壁面传热损失用 Woschni 方程计算出的结果不到 10%，这似乎有些过低。

一项对传热系数的更加精确的分析得出了这样的结论（图 7-21）：Woschni 方程再现了 n = 1000r/min 时燃烧对传热的过强的影响，和在 n = 4000r/min 时的过弱的影响。这就可以解释相对壁面传热损失的差异。

三个传热关系式的比较产生了不同的结果。Woschni 方程似乎对大型柴油机会输出最好的结果；Hohenberg 方程似乎是尤其对商用车柴油机会输出最好的结果；而 Bargende 方程可能会对均质和半均质燃烧过程的输出结果最好，这些燃烧过程非常类似于汽油机的工程流程，特别是在按曲轴转角位置的工作循环和放热过程方面。

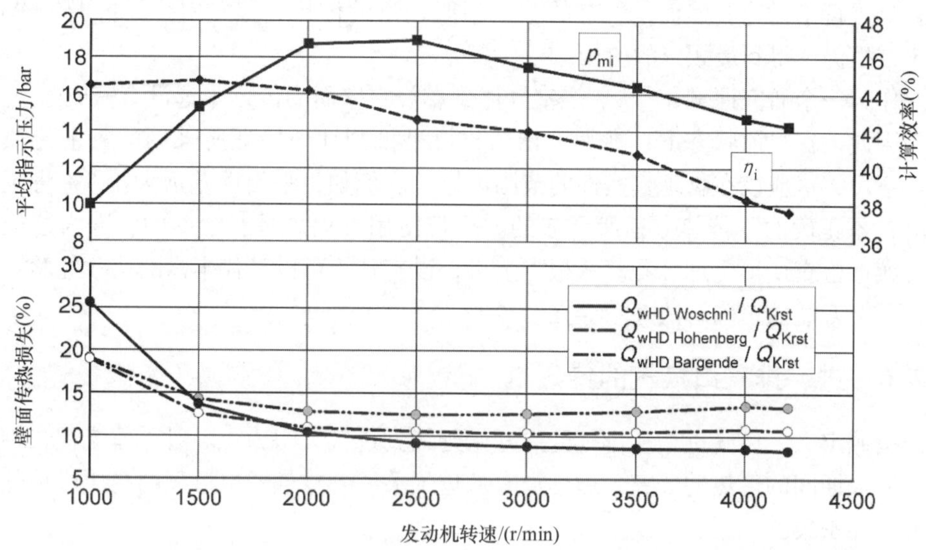

图 7-20　Woschni、Hohenberg 和 Bargende 传热方程的全负荷比较（CR DI 乘用车柴油机）

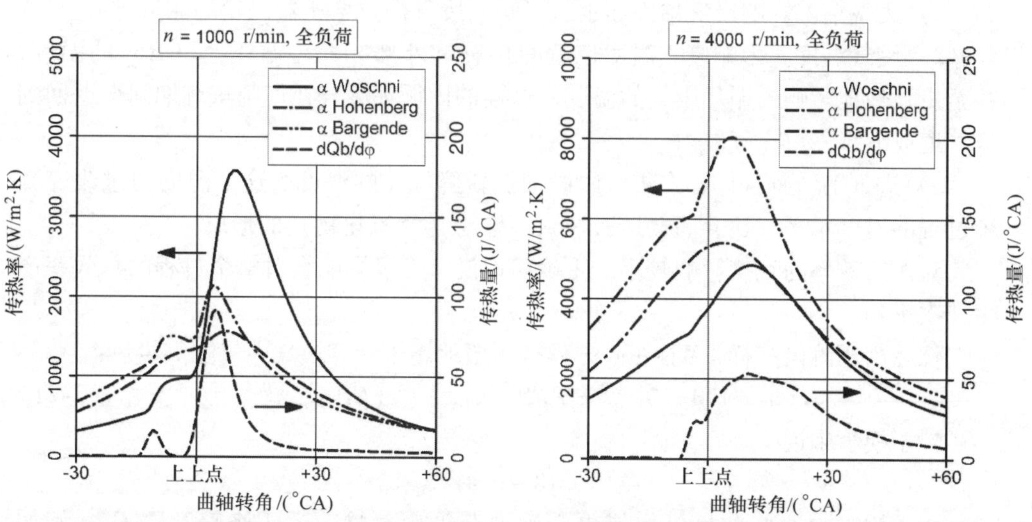

图 7-21　Woschni、Hohenberg 和 Bargende 传热方程在 $n=1000$r/min 和 $n=4000$r/min 时的全负荷比较（CR DI 乘用车柴油机）

然而，Bargende 方程的出现现在已经超过 15 年，Hohenberg 方程已经超过 25 年，而 Woschni 方程的发布已经超过 35 年。

自那时以后，柴油机的工作流程已经经历了明显的变化。共轨系统的喷油设计的柔性化出现了广泛的应用。众多的出版物已经就新喷油模式对壁面传热损失建模的影响进行了讨论。然而，所有的基于相似理论的传热方程之中，最古老的 Woschni 方程仍然得到最频繁的应用。

作为一个研究课题，“从燃烧室气体到燃烧室壁面的传热”远没有完成。

因此，在目前状态下，唯一可行的建议是批判性地验证所采用的每个传热方程。不过，这应该在物理真实性的范围内进行。例如，平衡误差远大于5%肯定不是由“不正确的”传热方程所引起的。平行使用方程总是有帮助的，因为这样能使真实性检查变得更加容易。从根本上讲，没有什么可以替代丰富的实践经验，再者，一个万能的正确解法并不存在。

7.2.6 进、排气口换气的传热

按照定义，换气过程从排气开启开始延续到进气关闭为止。对工作流程当中的这个阶段期间的传热的研究，远远没有从进气关闭到排气开启过程的高压段传热的研究那样密集。

有关发动机过程仿真精度的要求越来越高。这样，换气过程期间的壁面传热损失也就具有重要意义。换气过程期间的壁面传热损失会明显影响：

1）废气焓。影响废气焓因而也就影响到废气涡轮增压器涡轮的能量供应。

2）废气温度。影响废气温度也就间接影响外部废气再循环（EGR）的温度，甚至更强烈地影响内循环废气的温度，这样的内循环废气在气门重叠期间会返回到进气道或继续停留在气缸内。

3）进入的新鲜气体和在进气阶段加热新鲜气体的温度。这个温度通过改变整个过程的温度水平，还会间接地影响到污染物（氮氧化物）的形成。

对换气效率的直接影响较小。更确切地说，上述影响会对整个过程的总效率产生二次影响。

像在高压阶段一样，Woschni 方程被频繁地用于计算换气中气缸侧传热：

$$\alpha = 130 \cdot D^{-0.2} \cdot T_z^{-0.53} \cdot p_z^{0.8} \cdot (C_1 \cdot c_m)^{0.8} \tag{7-21}$$

对于换气来说

$$C_1 = 6.18 + 0.417 c_u / c_m$$

为了用于中速柴油机以便能更精确地获得废气焓，还要修整常数 C_1，例如 1999 年的参考文献［7－40］中 Gerstle 提出的修整公式为：

$$C_1 = f = \left(2.28 + 0.308 \cdot \frac{c_u}{c_m}\right)_{\varphi_{IC} \leqslant \varphi \leqslant \varphi_{IO}}$$

$$C_1=(k\cdot f)_{\varphi_{IO}<\varphi<\varphi_{IC}} \quad 其中，k=6.5\sim 7.2$$

结果，从排气开启到进气开启的壁面传热损失大幅降低，而且相比原来的方程，进气期间对新鲜充量的加热作用显著加强。

根据参考文献［7－33］，Hohenberg 方程可用于高压和换气阶段，常数不变。

由于 Bargende 方程仅适用于从 IC（进气关闭）到 EO（排气开启）的高压阶段，所以换气需要转变为 Woschni 方程。

与缸内传热一样，换气仿真或分析也需要将进、排气道作为边界条件来建立适当的模型。

1969 年，Zapf 也发布了基于管道紊流相似理论的，分别适用于进、排气道的两个方程：

$$Nu_{EK}=0.216\cdot Re^{0.68}\cdot\left(1-0.785\cdot\frac{h_v}{d_i}\right)$$

$$Nu_{AK}=2.58\cdot Re^{0.5}\cdot\left(1-0.797\cdot\frac{h_v}{d_i}\right) \tag{7-22}$$

这两个方程需要以传热系数 h 为基础来求解进气道的努塞尔特（Nusselt）数 Nu_{EK}和排气道的努塞尔特数 Nu_{AK}。h_v/d_i项是气门升程与气门口内径的商。

在参考文献［7－42］中，对式（7-22）进行了非常广泛而系统的研究，并且已证实该方程非常适合于计算气道内传热，并具有很高的精度。

7.2.7 用于计算零件热负荷的高能平均气体温度

计算燃烧室壁面温度场不需要参考以曲轴转角为参数的燃烧循环的时间分辨率。既将传热系数，又将气体温度在一个燃烧循环上取平均值来使用，就能够计算出“燃烧室表面上的壁面热流密度”的边界条件。

为了限定计算时间和确保获得良好的收敛，对于冷起动和热起动，以及工作点的总体变化的计算，推荐采用更低的时间分辨率。

式（7-23）适用于计算平均传热系数 α_m：

$$\alpha_m=\frac{1}{\mathrm{ASP}}\cdot\int_{\mathrm{ASP}}\alpha\cdot d\varphi \tag{7-23}$$

式（7-24）适用于计算高能平均全体平均温度 T_{zm}：

$$T_{zm}=\frac{\int_{\mathrm{ASP}}(\alpha\cdot T_z)\cdot d\varphi}{\int_{\mathrm{ASP}}\alpha\cdot d\varphi} \tag{7-24}$$

全体平均温度 T_z对瞬时传热系数 h 的影响，产生了比燃烧循环上求数学平均值（ASP）高得多的温度。用数学平均温度计算温度场得出的壁面温度完全不正确，严重过低，从而严重低估了零件的壁面传热损失和热负荷。

然而，这还意味着满足下列条件：

$$\int_{ASP} \mathrm{d}Q_w/\mathrm{d}\varphi \cdot \mathrm{d}\varphi = 0 \rightarrow \Delta T = 0 \rightarrow T_w = T_{zm}$$

$$\int_{ASP} (\alpha \cdot T_z) \cdot \mathrm{d}\varphi \Big/ \int_{ASP} \alpha \cdot \mathrm{d}\varphi$$

从而获得了一台绝热发动机。同样的，全负荷时的壁面温度将会达到远高于 T_w = 1000 K 的程度。除了这个困难之外，相关的研究已经证明这样的对策不可能获得任何效率提升。相反，燃油消耗率甚至会增加。

7.2.8 3D CFD 仿真的传热建模

随着先进计算机的推广应用，研究者开发了可设计发动机过程特别是燃烧过程的瞬态三维仿真程序。最初，研究者期望这些仿真工具能免除对基于相似理论的传热方程的需要，并且使壁面热流计算精度更高和大致上实现局部计算成为可能。

基于紊流模拟的经典壁面流动紊流和对数定律被采用的原因仅仅是它们在其他的 CFD 应用中具有极高的有效性。基本关系式在参考文献［7-44］和［7-45］中得到非常清楚地展示。

然而，与平衡测量以及发动机过程仿真相比，内燃机内的壁面对数定律很快地被证明会使整个壁面集成传热损失被低估 4/5 之多。如此之大的差异，的确不可能期盼所有其他有价值的参数会获得正确的结果。

在内燃机的极薄的边界层内可能会找到造成这些差异的原因。实际上，这些层叠的黏滞性底层非常非常薄，利用下面的计算式来估计黏滞性底层厚度 δ'_t（参见 7.2.2 节）便可证明这一点

$$\delta'_t = \frac{\lambda}{\alpha} \tag{7-25}$$

图 7-22 给出了用式（7-25）计算出的，在 7.2.5 小节中详细讨论过的四个工作点的热边界层黏滞性底层局部平均厚度。尽管这个简单的关系式仅仅是一种估计公式，但是很明显，一个在燃烧室壁面上最大厚度为 20μm 的厚度数值离散的底层是不可能存在的，因而必须采用近似法。

除了适合于 3D CFD 仿真的壁面定律在问题的局部明确表达方面（例如由 Reitz 开发仿真方法，参见参考文献［7-15］）的进展之外，3D CFD 仿真仍然非常频繁地使用了在 7.2.5 节曾经讨论的三个传热方程之一。当以智能的方式来实现时，通过同时执行的发动机过程仿真，可以实现 3D CFD 仿真的能量平衡中的过程中检查的优点。

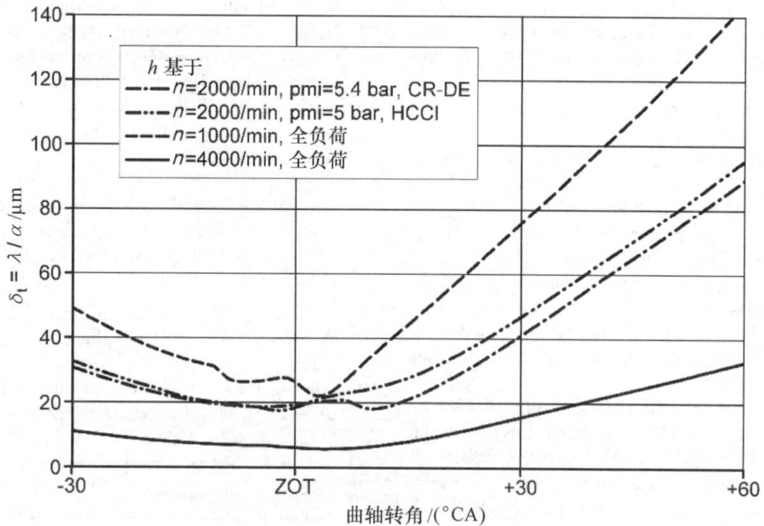

图 7-22　热边界层的黏滞性底层的厚度特性

传热系数 h 基于 Bargende 方程（CR DI 乘用车柴油机）

参 考 文 献

7-1 Verein Deutscher Ingenieure (Hrsg.): Systematische Berechnung hochbeanspruchter Schraubverbindungen. Düsseldorf: VDI 2230 (2003) 2

7-2 Pflaum, W.; Mollenhauer, K.: Der Wärmeübergang in der Verbrennungskraftmaschine. Wien/New York: Springer 1977

7-3 Maas, H.; Klier, H.: Kräfte, Momente und deren Ausgleich in der Verbrennungskraftmaschine. In: Die Verbrennungskraftmaschine. Bd. 2 Wien/New York: Springer 1981

7-4 Bathe, K.-J.: Finite-Element-Methoden. Berlin/Heidelberg/New York: Springer 2002

7-5 Keil, S.: Beanspruchungsermittlung mit Dehnungsmessstreifen. Lippstadt: Cuneus-Verlag 1995

7-6 Robertson, R.-E.; Schwertassek, R.: Dynamics of Multibody Systems. Berlin/Heidelberg/New York: Springer 1988

7-7 Issler, L.; Ruoß, H.; Häfele, P.: Festigkeitslehre Grundlagen. Berlin/Heidelberg/New York: Springer 2003

7-8 Radaj, D.: Ermüdungsfestigkeit. Berlin/Heidelberg/New York: Springer 2003

7-9 Naubereit, H.; Weiher, J.: Einführung in die Ermüdungsfestigkeit. München/Wien: Hanser 1999

7-10 Forschungskuratorium Maschinenbau (FKM): Rechnerischer Festigkeitsnachweis für Maschinenbauteile. 4. Aufl. Frankfurt: VDMA-Verlag 2002

7-11 Forschungskuratorium Maschinenbau (FKM): Bruchmechanischer Festigkeitsnachweis. 3. Aufl. Frankfurt: VDMA-Verlag 2006

7-12 Broichhausen, J.: Schadenskunde – Analyse und Vermeidung von Schäden in Konstruktion, Fertigung und Betrieb. München/Wien: Hanser 1985

7-13 Zima, S.; Greuter, E.: Motorschäden. Würzburg: Vogel 2006

7-14 Barba, C.; Burkhardt, C.; Boulouchos, K.; Bargende, M.: A Phenomenological Combustion Model for Heat Release Rate Prediction in High-Speed Di Diesel Engines With Common-Rail Injection. SAE-Paper 2933 (2000) 1

7-15 Bargende, M.; Hohenberg, G.; Woschni, G.: Ein Gleichungsansatz zur Berechnung der instationären Wandwärmeverluste im Hochdruckteil von Ottomotoren. 3. Tagung: Der Arbeitsprozess des Verbrennungsmotors. Graz 1991

7-16 Bargende, M.: Ein Gleichungsansatz zur Berechnung der instationären Wandwärmeverluste im Hochdruckteil von Ottomotoren. Diss. TU Darmstadt 1991

7-17 Bargende, M.: Berechnung und Analyse innermotorischer Vorgänge. Vorlesungsmanuskript Universität Stuttgart 2006

7-18 Bendersky, D.: A Special Thermocouple for Measuring Transient Temperatures. ASME-Paper 1953

7-19 Chiodi, M.; Bargende, M.: Improvement of Engine Heat Transfer Calculation in the three dimensional Simulation using a Phenomenological Heat Transfer Model. SAE-Paper 3601 (2001) 1

7-20 Eichelberg, G.: Zeitlicher Verlauf der Wärmeübertragung im Dieselmotor. Z. VDI 72, Heft 463 (1928)

7-21 Eiglmeier, C.; Lettmann, H.; Stiesch, G.; Merker, G.P.: A Detailed Phenomenological Model for Wall Heat Transfer Prediction in Diesel Engines. SAE-Paper 3265 (2001) 1

7-22 Elser, K.: Der instationäre Wärmeübergang im Dieselmotor. Diss. ETH Zürich 1954

7-23 Enomoto, Y.; Furuhama, S.; Takai, M.: Heat Transfer to Wall of Ceramic Combustion Chamber of Internal Combustion Engine. SAE Paper 865022 (1986)

7-24 Enomoto, Y.; Furuhama, S.: Measurement of the instantaneous surface temperature and heat loss of gasoline engine combustion chamber. SAE-Paper 845007 (1984)

7-25 Fieger, J.: Experimentelle Untersuchung des Wärmeüberganges bei Ottomotoren. Diss. TU München 1980

7-26 Filipi, Z.S. et al.: New Heat Transfer Correlation for An Hcci Engine Derived From Measurements of Instantaneous Surface Heat Flux. SAE-Paper 2996 (2004) 1

7-27 Gerstle, M.: Simulation des instationären Betriebsverhaltens hoch aufgeladener Vier- und Zweitakt-Dieselmotoren. Diss. Uni Hannover 1999

7-28 Haas, S.; Berner, H.-J.; Bargende, M.: Potenzial alternativer Dieselbrennverfahren. Motortechnische Konferenz Stuttgart, Juni 2006

7-29 Haas, S.; Berner, H.-J.; Bargende, M.: Entwicklung und Analyse von homogenen und teilhomogenen Dieselbrennverfahren. Tagung Dieselmotorentechnik TAE Esslingen 2006

7-30 Hohenberg, G.: Experimentelle Erfassung der Wandwärme von Kolbenmotoren. Habilitationsschrift Graz 1980

7-31 Hohenberg, G.: Advanced Approaches for Heat Transfer Calculations. SAE-Paper 790825 (1979)

7-32 Klell, M., Wimmer, A.: Die Entwicklung eines neuartigen Oberflächentemperaturaufnehmers und seine Anwendung bei Wärmeübergangsuntersuchungen an Verbrennungsmotoren. Tagung: Der Arbeitsprozess der Verbrennungsmotors. Graz 1989

7-33 Kolesa, K.: Einfluss hoher Wandtemperaturen auf das Brennverhalten und insbesondere auf den Wärmeübergang direkteinspritzender Dieselmotoren. Diss. TU München 1987

7-34 Kozuch, P.: Ein phänomenologisches Modell zur kombinierten Stickoxid- und Rußberechnung bei direkteinspritzenden Dieselmotoren. Diss. Uni Stuttgart 2004

7-35 Merker, G.; Schwarz, C.; Stiesch, G.; Otto, F.: Verbrennungsmotoren, Simulation der Verbrennung und Schadstoffbildung. 2. Aufl. Wiesbaden: Teubner 2004

7-36 Nusselt, W.: Der Wärmeübergang in der Verbrennungskraftmaschine. Forschungsarbeiten auf dem Gebiet des Ingenieurwesens. 264 (1923)

7-37 Pischinger, R.; Klell, M.; Sams, T.: Thermodynamik der Verbrennungskraftmaschine. 2. Aufl. Wien/New York: Springer 2002

7-38 Sargenti, R.; Bargende, M.: Entwicklung eines allgemeingültigen Modells zur Berechnung der Brennraumwandtemperaturen bei Verbrennungsmotoren. 13. Aachener Kolloquium Fahrzeug- und Motorentechnik 2004

7-39 Schubert, C.; Wimmer, A.; Chmela, F.: Advanced Heat Transfer Model for CI Engines. SAE-Paper 0695 (2005) 1

7-40 Schwarz, C.: Simulation des transienten Betriebsverhaltens von aufgeladenen Dieselmotoren. Diss. TU München 1993

7-41 Sihling, K.: Beitrag zur experimentellen Bestimmung des instationären, gasseitigen Wärmeübergangskoeffizienten in Dieselmotoren. Diss. TU Braunschweig 1976

7-42 Vogel, C.: Einfluss von Wandablagerungen auf den Wärmeübergang im Verbrennungsmotor. Diss. TU München 1995

7-43 Wiedenhoefer, J.; Reitz, R.D.: Multidimensional Modelling of the Effects of Radiation and Soot Deposition in Heavy-Duty Diesel Engines. SAE-Paper 0560 (2003) 1

7-44 Wimmer, A.; Pivec, R.; Sams, T.: Heat Transfer to the Combustion Chamber and Port Walls of IC Engines – Measurement and Prediction. SAE-Paper 0568 (2000) 1

7-45 Woschni, G.: Die Berechnung der Wandverluste und der thermischen Belastung von Dieselmotoren. MTZ 31 (1970) 12

7-46 Woschni, G.; Zeilinger, K.; Huber, K.: Wärmeübergang im Verbrennungsmotor bei niedrigen Lasten. FVV-Vorhaben R452 (1989)

7-47 Woschni, G.: Beitrag zum Problem des Wärmeüberganges im Verbrennungsmotor. MTZ 26 (1965) 11, S. 439

7-48 Woschni, G.: Gedanken zur Berechnung der Innenvorgänge im Verbrennungsmotor. 7. Tagung: Der Arbeitsprozess des Verbrennungsmotor. Graz 1999

7-49 Zapf, H.: Beitrag zur Untersuchung des Wärmeüberganges während des Ladungswechsels im Viertakt-Dieselmotor. MTZ 30 (1969) S. 461ff.

第 8 章　曲柄连杆机构结构形式、力学性能与受力分析

8.1　曲柄连杆机构的结构形式与力学性能

8.1.1　曲柄连杆机构的功用与要求

在往复活塞式发动机上，连杆与活塞销和曲轴连杆轴颈一起，将活塞往复运动转变成曲轴的旋转运动。运转的平顺性绝对是曲柄连杆机构的一个重要设计原则。在汽油机上，高转速是优先考虑的，因而形成最小运动质量便成了一条绝对的规则。而对于柴油机，考虑的重点发生了转变。柴油机的燃烧压力高达汽油机的两倍，并且随着发动机的强化还在继续增加。这样，控制气体压力效应便成为主要挑战。

由于将直接喷射与一级或二级废气涡轮增压和中冷相结合，乘用车柴油机现在获得了与汽油机相同的单位容积的功率输出。此外，目前降低燃油消耗率（降低CO_2排放）、满足愈加严格排放法规、轻量化，以及设计越来越紧凑（没有损害可靠性）等要求正在成为发动机开发的推动力。然而，总体上讲，稳步提高燃烧压力和喷油压力会使燃烧“更粗糙”。随着舒适性要求的提高，这必将带来更多的与噪声和振动相关的问题。现在柴油机乘用车上很常见的多段喷射优化了振动衰减，将凸轮轴驱动移到飞轮侧，采用双质量飞轮和部分封装技术，这些都能改善现代柴油机的噪声和振动特性。尤其是气体作用力矩特性中振幅的稳步增加，使得利用发动机支架和整个动力总成来控制曲柄连杆机构的振动，改善质量平衡和减弱激发振动变得更加重要。在欧洲，柴油机已经不再只是商用车的主要动力，还正在成为乘用车普遍使用的动力装置。

设计者必须接受现代柴油机加给曲柄连杆机构的巨大机械应力。曲柄连杆机构各个零件需要对结构设计进行优化，以获得合理的结构强度、刚度和质量。对导致零件破坏的材料的局部疲劳极限的了解还远没有跟上载荷条件仿真（已经相当精确）的步伐。这就暴露了极限范围内的疲劳强度仿真的潜在弱点。这样，在将来更加精确的测量技术的应用和生产质量波动的控制将是必不可少的。

8.1.2 曲柄连杆机构的受力

技术文献中有大量的专门介绍往复活塞式发动机曲柄连杆机构的研究报告（参见参考文献［8-1］和［8-2］）。随曲轴转角 φ 变化的活塞作用力 $F_K(\varphi)$ 作用在曲柄连杆机构的活塞侧。根据图 8-1，这个力等于往复惯性力 $F_{mosz}(\varphi)$ 与气体作用力 $F_{Gas}(\varphi)$ 之和：

$$F_K = F_{Gas} + F_{mosz} \tag{8-1}$$

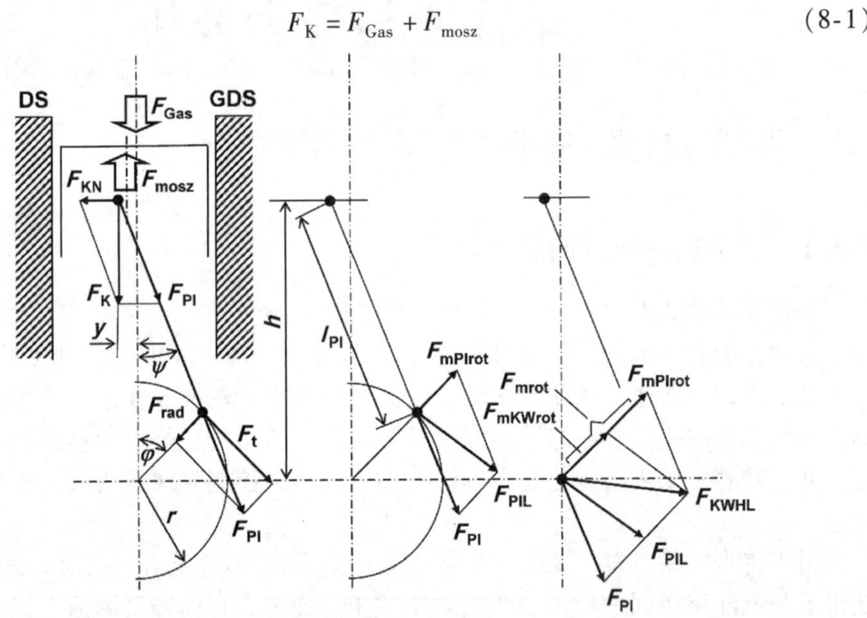

图 8-1 作用于往复活塞式发动机偏置活塞销上的作用力（TS 是气缸推力侧，ATS 是非推力侧）

气体作用力 F_{Gas}（φ）是气缸压力 P_Z（φ）与活塞面积 A_K 之积。气缸压力特性可用气缸压力指标进行度量，或借助于发动机过程仿真进行计算。往复惯性力可以按照式（8-30）进行测量。当连杆的摆动角度为 ψ 时，气缸相关参考系内连杆的作用力 F_{Pl} 可由活塞作用力 F_K 求出：

$$F_{Pl} = \frac{F_K}{\cos\psi} \tag{8-2}$$

连杆的倾斜产生了作用于气缸内表面上的活塞侧推力 F_{KN}：

$$F_{KN} = F_K \tan\psi \approx F_K \lambda_{Pl} \sin\varphi \tag{8-3}$$

式中 λ_{Pl}——活塞行程/连杆比（曲柄回转半径 r 与连杆长度 l_{Pl} 的商）。

在曲轴相关参考系中，切向力即扭转力 F_t 作用于曲轴的连杆轴颈上：

$$F_t = F_{Pl}\sin(\varphi + \psi) = F_K \frac{\sin(\varphi + \psi)}{\cos\psi} \tag{8-4}$$

径向力 F_{rad} 沿着径向作用于曲轴的连杆轴颈上：

$$F_{\text{rad}} = F_{\text{Pl}}\cos(\varphi+\psi) = F_{\text{K}}\frac{\cos(\varphi+\psi)}{\cos\psi} \tag{8-5}$$

曲柄作为杠杆臂其回转半径为 r，切向力 F_t 产生的曲轴转矩为 M。依据活塞侧推力 F_{KN} 和活塞销与曲轴轴线之间的瞬时距离 h，曲轴转矩 M 还可以定义为曲轴箱的反作用力矩：

$$M = F_t r = -F_{\text{KN}}h \quad h = r\cos\varphi + l_{\text{Pl}}\cos\psi \tag{8-6}$$

通过将连杆作用力 F_{Pl} 的矢量与有关旋转惯性力的矢量相加，便会得到连杆轴承和曲轴主轴承的轴承受力 F_{PlL} 和 F_{KWHL}。对于连杆轴承，旋转惯性力是随曲轴连杆轴颈旋转的连杆的假设质量分量产生的惯性力 F_{mPlrot}。对于曲轴主轴承，惯性力是随曲柄旋转的质量的全部惯性力 F_{mrot}。后者是连杆旋转惯性力 F_{mPlrot} 与曲轴旋转惯性力 F_{mKWrot} 的总和：

$$\vec{F}_{\text{PlL}} = \vec{F}_{\text{Pl}} + \vec{F}_{\text{mPlrot}} \quad \vec{F}_{\text{KWHL}} = \vec{F}_{\text{PlL}} + \vec{F}_{\text{mKWrot}} = \vec{F}_{\text{Pl}} + \vec{F}_{\text{mrot}} \tag{8-7}$$

在多缸发动机的超静定曲轴支承方面，必须考虑通过相邻气缸的作用力传递（随着这些气缸的相位关系和在相关曲轴曲柄的主轴承上的分布而变化）。实际上，捕捉到每个效应（轴承隔板和曲轴的弹性变形、轴承间隙的不同、动态变形的轴承内的流体动力润滑油膜的形成，以及制造引起的曲轴主轴承轴线的同轴度误差）已证明是相当困难的，并且是相当复杂的（见参考文献［8－3］～［8－8］）。

曲轴以恒定转速（角速度 ω）转动，在时间 t 时的曲轴转角为 φ，则 $\varphi=\omega t$。下面的关系式给出了 φ 与 ψ 之间的关系：

$$r\sin\varphi = l_{\text{Pl}}\sin\psi \quad \begin{cases} \sin\psi = \dfrac{r}{l_{\text{Pl}}}\sin\varphi = \lambda_{\text{Pl}}\sin\varphi \\ \sin\varphi = \dfrac{l_{\text{Pl}}}{r}\sin\psi = \dfrac{1}{\lambda_{\text{Pl}}}\sin\psi \end{cases} \tag{8-8}$$

$$\sin^2\psi + \cos^2\psi = 1$$

$$\cos\psi = \sqrt{1-\sin^2\psi} = \sqrt{1-\lambda_{\text{Pl}}^2\sin^2\varphi} \tag{8-9}$$

这样，含有连杆摆动角 ψ 的方程还可以表达为曲轴转角 φ 的函数式。

式（8-9）只能精确地用于非曲轴偏置往复活塞式发动机上，这种发动机的活塞销没有任何偏置。通常，这种偏置非常轻微，因而在计算足够精确的情况下，可以将其忽略。否则，式（8-8）左式应补充有横向偏置距离 y 或 e（图8-2）：

$$r\sin\varphi \pm y = l_{\text{Pl}}\sin\psi \quad e = \frac{y}{l_{\text{Pl}}} \tag{8-10}$$

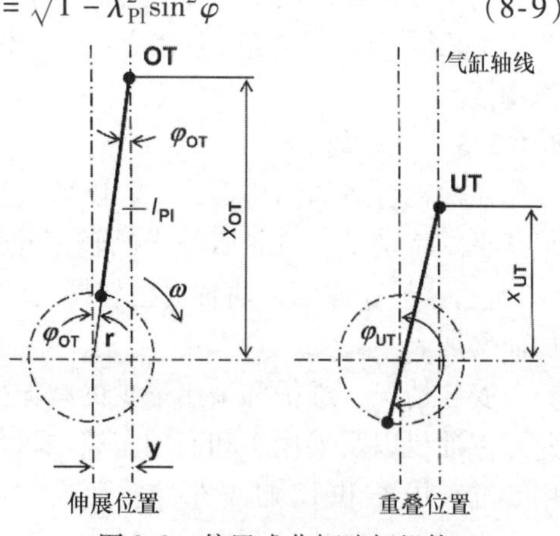

图8-2　偏置式曲柄连杆机构

偏置可分为为降低噪声（控制接触

区的变化）而朝向推力侧的偏置，以及为防止单侧积炭而朝向非推力侧的“热”偏置。两种偏置均能加大行程，并使上止点和下止点位置离开其规定位置。在伸展位置和重叠位置，即当曲柄和连杆在几何位置上处在相同的方向上时，达到止点位置。通过接受平衡质量的干扰和控制激发振幅，可以仔细考虑让直列式发动机采用一定的偏置，以降低由气体作用力所引起的活塞侧推力，继而降低摩擦损失。

8.1.3 发动机结构形式和曲柄连杆机构的结构

8.1.3.1 影响参数

自由气体和惯性力的作用决定了曲柄连杆机构的机械性能和动态性能。在这方面，缸数 z 和发动机结构形式（气缸布置）是基本的而具有重要意义的影响参数。

基本的影响参数有：

1）气缸压力特性。

2）曲柄连杆机构质量。

3）曲柄连杆机构的运动参数。

4）曲轴曲柄结构形式（点火间隔和点火次序）。

8.1.3.2 发动机的常见结构形式

乘用车、商用车、机车和小型船舶所用的汽油机和高速柴油机都使用筒状活塞，以便减小所占空间和重量，而低速柴油机即大型二冲程柴油机采用十字头曲柄连杆机构。十字头是大行程/缸径比（这些发动机的典型特征）发动机不可缺少的结构。否则，有限的连杆摆动角只允许设计出采用超长连杆的筒形活塞发动机。另一个优点是在活塞（其头部一侧是燃烧室的构成部分，因而承受极高的热应力）和直线导向部分之间实现结构和功能的彻底分离。

直列式（简写为“I”）和V形结构是柴油机的常见结构形式。对于汽油机，对置式结构很少采用。V形（含VR形）发动机的气缸排形成了V形结构。在W形发动机的特殊情况下（仅用于汽油机），气缸排布置成扇形。各个气缸排之间具有一个相同的V形夹角 α_V，或者几个不同的夹角，是这种W形发动机最明显的结构特征。

8.1.3.3 气缸数

在一种合适的结构形式中，随着气缸数 z 的增加，自由气体和惯性力的作用显著减小。特别是，飞轮所输出的转矩能得到平衡（参见参考文献［8-2］），如图8-3所示。另一方面，曲轴对扭转振动的敏感性（见8.3节）会随着其总长度的增加而增加。

安装情况、维护和采用最少的减振措施的愿望限制了车用发动机的气缸数。因此，汽油机以及乘用车和商用车柴油机都被限制到六缸直列式。再多的气缸需要采用8缸、10缸和12缸V形结构形式。

当将大型柴油机用作船舶动力时，由于它能减小船体和上部结构的激发振动，所以采用更多气缸的运转平稳性已被证明具有优越性。同样，可能获得的最平稳的转矩特性有益于发电机的运行。扭转振动的衰减特别重要。在 I6、I7、I8、I9 和 I10（例如 MAN SE 系列 L32/40 型柴油机）等形式的，气缸数不断增加的各种发动机中，也有气缸数为奇数的中速发动机。一个低速二冲程发动机系列也可以从 I6 型发动机扩展到 I11 型和 I12 型发动机，甚至 I14 型发动机（例如 MAN SE 系列的 K98MC MK7 型柴油机）。具有不同缸数的中速柴油机也可设计成 V 形结构，其最大缸数可达 12 缸。

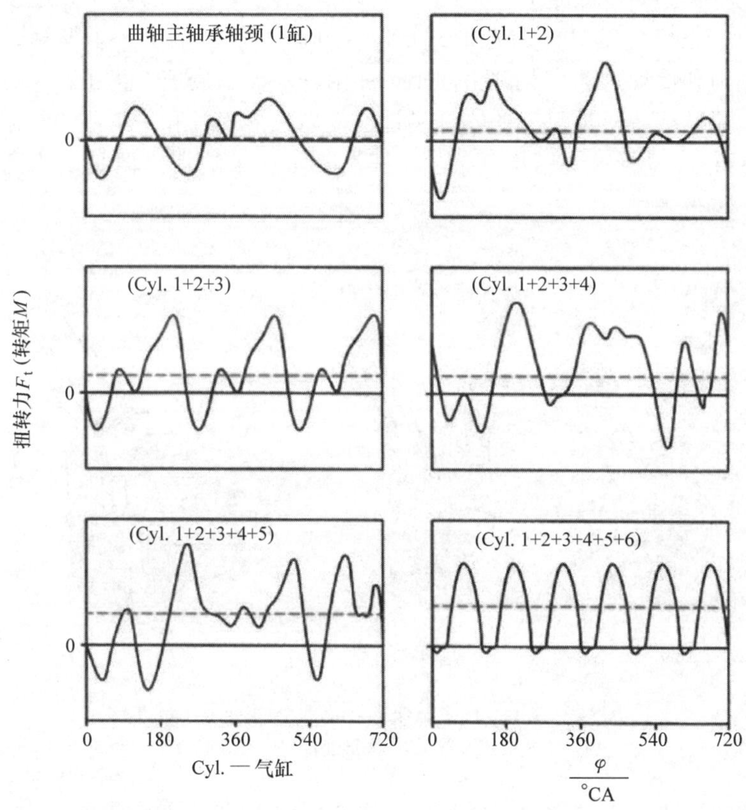

图 8-3　四冲程直列 6 缸发动机的曲轴各个曲柄处产生的扭转力和扭矩的叠加

8.1.3.4　曲柄布置和自由质量作用

合理的曲柄布置能够从多缸发动机曲柄连杆机构获得相当好的动态特性。在直列式发动机上，当曲轴采用中心对称结构时，一阶自由惯性力完全平衡（参见 8.3.3.2 节的中心对称一阶星形图）。当曲轴曲柄间隔角 φ_K 等于均布的点火间隔角 φ_z 时就会出现这种情况：

$$\varphi_z = \frac{4\pi}{z} \text{（四冲程发动机）}$$

$$\varphi_z = \frac{2\pi}{z} \text{（二冲程发动机）} \tag{8-11}$$

点火顺序根本不起作用。如果二阶星形图（假想地将每个气缸的曲柄间隔角放大一倍）仍然是中心对称的，那么，二阶自由惯性力也没有出现。气缸数为偶数的四缸直列式发动机的纵向对称的曲轴也不会承受任何阶次的惯性力矩。

在V形发动机上，每个成V形布置的单个气缸对的作用力作用于一个双连杆曲柄上。一种“连杆靠着连杆”的布置（即两只连杆轴向偏置却又连接到同一个连杆轴颈上）已成为常见的布置形式。连杆轴向偏置产生了一个弯矩，这个弯矩随气体作用力和惯性力而变化并由曲轴传递给轴承支承隔板。为了消除这个弯矩的作用，提出了结构上更加复杂的连杆设计，例如叉形连杆和一个主连杆附带一个副连杆（图8-4）。尽管这些结构复杂的连杆消除了这个缺点，但是因为高成本的缘故它们已不再被采用。

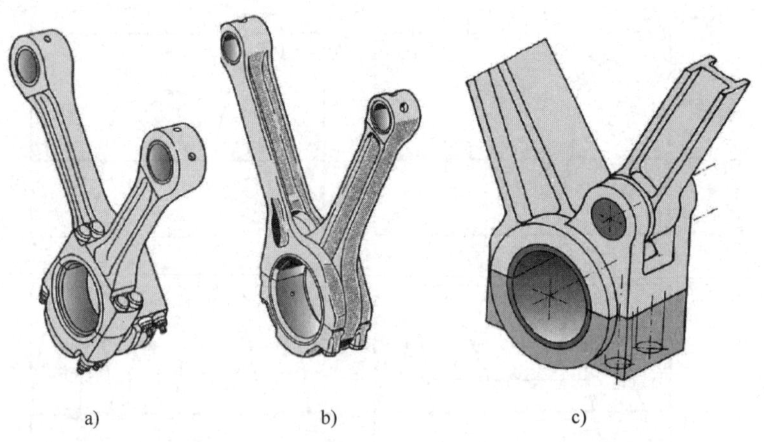

图8-4　用于V形发动机的各种不同的连杆布置

a）肩并肩式布置　b）叉形连杆　c）主副连杆

正如8.3.3.2节中详细解释的那样，V形发动机的情况更加复杂。当满足下列条件时，V形曲柄连杆机构的一阶自由惯性力可以完全由曲轴的平衡重加以平衡：

$$\delta = \pi - 2\alpha_V \tag{8-12}$$

除了V形夹角 α_V 之外，δ 表示连杆轴颈偏置量，更确切地说是连杆偏置角（双式连杆轴颈可以偏置即反向旋转的角度）。在V形夹角90°时，这个角对于V8发动机为 $\delta=0°$，对于对置式发动机（$\alpha=180°$）为 $\delta=180°$，而对于60°/V6发动机为 $\delta=+60°$。“+”号表示偏置与曲轴旋转方向相反。当连杆偏置角大的时候，为了确保强度，在偏置的连杆轴颈之间加一个中间连接板很有必要。这样必然增加曲轴的总长度，同时气缸排偏置至少还会使其宽度增大（图8-5）。

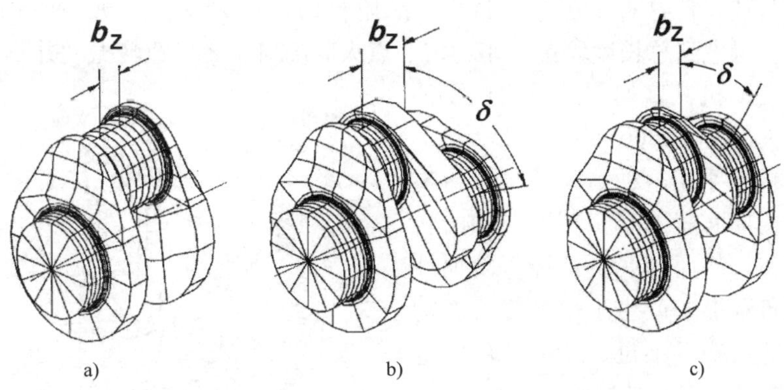

图 8-5　V 形发动机所用的不同的曲轴曲柄结构形式

a）常见的两根轴向偏置连杆共用的连杆轴颈　b）大的连杆轴颈偏置（连杆偏置角）、带中间连接板的双式连杆轴颈　c）小的连杆轴颈偏置（无中间连接板的特殊情况——分开式曲柄销设计）的双式连杆轴颈

当连杆轴颈偏置（连杆偏置角）很小时，同时又结合使用提高疲劳强度的措施，可以整个省去中间连接板（这种结构被称为分开式曲柄销设计）。曲柄销微小偏置正在得到越来越多的应用，以便抵消模块设计中的非均匀点火间隔的不利效应。这种情况主要出现在气缸排 V 形夹角为 90°（V 形夹角 90°是针对 V8 发动机所配置的夹角）的 V6 和 V10 发动机上。假设该发动机为一台四冲程发动机，那么连杆偏置角便可利用气缸数 z 按照下式进行计算：

$$\delta = \frac{4\pi}{z} - \alpha_V \tag{8-13}$$

这个角的大小遵循这样的规则：对于 90°/V6 发动机，$\delta = +30°$，而对于 90°/V10 发动机，$\delta = -18°$。这里的“+”和“-”符号前面已做过解释。依据自由扭转力来看，均匀的点火间隔角具有更重要的意义。为了彻底平衡一阶自由惯性矩，必须额外采用一个平衡轴（见 8.3.6 节）。在采用常规的即偶数的气缸数的时候，在特殊情况下，V 形发动机仅有纵向对称的曲轴。那么，通常不出现一阶自由惯性矩。在中心对称的一阶星形图上的连杆轴颈偏置，既不产生一阶自由惯性力，又不产生一阶自由惯性矩。

8.1.3.5　柴油机曲柄连杆机构特性

曲柄连杆机构的下述特性建立在四冲程发动机的基本工作原理之上。单缸柴油机（见 8.3.3.1 节关于单缸曲柄连杆机构的质量平衡部分）是小型动力机械的重要的动力源。一些结合有改善大型机运行平稳性的对策的非传统解决方案，也适用于小型发动机。

对于直列 2 缸四冲程发动机来说，有一些目标是相互矛盾的。在 360°均匀点火间隔的情况下，一阶和更高阶次的自由惯性力会叠加在一起。这种情况是不利的。然而，自由惯性矩并未出现。一根曲柄夹角为 180°的曲轴（对应着二冲程 I2

型发动机曲轴）使这种情况颠倒过来。一阶自由惯性力没有出现，但一阶自由惯性矩出现。考虑到总长度较短，非均匀的点火间隔对于激发扭转振动并不危险。作为乘用车发动机，直列2缸柴油机无关紧要。点火间隔为360°的VW Eco Polo［8-4］以前曾采用这种结构形式（图8-6）。一根横向布置的平衡轴以曲轴的转速反向旋转，从而彻底平衡掉一阶惯性力。单侧布置形式产生了一个绕着发动机纵轴线的力矩，不过，这个力矩对自由惯性力矩产生有利的影响。

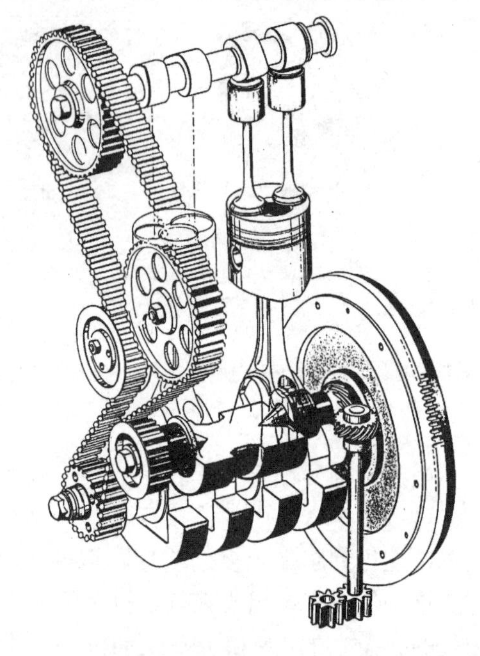

图8-6 VW Eco Polo的直列2缸型柴油机的一阶自由惯性力的彻底平衡［8-4］

除了四冲程星形飞机发动机和更最近的VW VI5型车用发动机［8-15］之外，仅有直列式发动机基本适合于采用奇数气缸数。上述的发动机类型均被设计为汽油机。因为高负荷（活塞侧推力和轴承载荷），VR型设计不适合于柴油机过程。

四冲程直列3缸型发动机并不特别流行，原因是因为自由惯性矩，特别是一阶自由惯性矩的存在使该发动机的舒适性极差。当气缸数为奇数时，仅有曲轴平衡重不能实现良好的平衡。尽管如此，直列3缸柴油机多年来一直占据着特别是节油小型乘用车发动机这块不大的市场（如VW Lupo 3L和戴姆勒－克莱斯勒Smart两款小型汽车）。对于这些小型发动机，有人认为去掉平衡轴会更好。从乘客室内的感觉来看，气体作用力激发的1.5阶振动比一阶质量作用更加明显。但是，在Smart/Mitsubishi的I3型柴油机上现在采用了一个以曲轴转速（反向）旋转的平衡轴。

大多数乘用车柴油机均为四缸直列式发动机。这种直列4缸发动机没有任何一阶自由惯性力或任何一阶和高阶自由惯性矩。但是糟糕的是，点火频率与二阶吻合。如果不采取适当的加强措施，发动机－变速器总成的最低自然弯曲振动频率会非常接近相应的激发频率。乘客室内出现令人不快的嗡嗡响声是必然的结果。考虑到不断增加的舒适性要求，厂商正在越来越多地采用以曲轴两倍速度反向旋转的两根平衡轴，以改善运转平稳性（见参考文献［8－19］）。

直列5缸型发动机被保留下来也是因为质量平衡时存在目标相互矛盾。这种设计的代价是存在过大的一阶或二阶倾斜力矩（见8.3.4节）。一阶倾斜力矩仅靠曲轴平衡重不能得到彻底平衡。大型曲轴比较笨重，因而在它振动时产生的二阶倾覆力矩需要通过一对以二倍转速反向旋转的平衡轴来平衡。除了这种最近开发的新型

R5型柴油机外（图8-7），这种结构形式似乎也没有什么意义。

直列4缸柴油机输出转矩高且单位容积输出功率增加，这就有可能将这些发动机用作中型以上乘用车的基本动力装置。另外，采用V6型柴油机的趋势已可以看出。在所有的乘用车上，车辆封装、碰撞长度和选择横置发动机（一种越来越多的布置）总体上都在影响着这种发展。虽然直列4缸型发动机比较长，但其杰出的运行平稳性（甚至不存在四阶自由质量作用）给人深刻印象。特别是从运行成本和效益来看，这种发动机在商用车上也赢得了盛誉。

图8-7　VW I5 TDI柴油机曲轴（扭转减振器集成在发动机曲轴前端平衡重内）

V6发动机的一阶和二阶自由惯性矩使这种发动机不能获得如此高质量的运行平稳性（这里不考虑$\alpha_V=180°$的特殊情况）。然而，一种折中的所谓的“正交平衡”（见8.3.3节）使V形夹角为60°（同样连杆轴颈偏置为+60°）和90°的一阶自由惯性矩得以完全平衡成为可能。不过，大家清楚，在V6发动机经常使用的120°的曲柄间隔角的情况下，90°的V形夹角需要采用不均匀的点火间隔。这样，根据8.1.3.4节中已经提到的式（8-13），AUDI V6TDI发动机的点火间隔均等化需要连杆轴颈偏置+30°。在V形夹角为典型的72°的DaimlerChrysler V6型柴油机上连杆轴颈偏置+48°。这就产生了反向旋转的一阶惯性矩。同样以曲轴转速反向旋转的一根平衡轴提供了完善的平衡功能。

采用V形夹角90°的V8型设计在大型柴油机上得到普遍应用。在这种结构中既不会出现一阶和二阶自由惯性力，又不会出现二阶自由惯性矩。“正交平衡”（见8.3.3节）也能完全平衡剩余的一阶自由惯性矩。每个气缸排的非均匀点火间隔（两个气缸排没有连续的交替点火），加之换气所产生的响声是很明显的。尽管承受二阶自由质量作用，这只能使用“扁平”曲轴，即曲轴偏置180°而不是90°（I4曲轴）。

由于正当的理由，一台V8发动机只能偏离V形夹角90°，如DaimlerChrysler的OM629 V8乘用车柴油机为75°[8-25]。不均匀的点火间隔还优先采用+15°的连杆轴颈偏置。因此，使用前述的一阶平衡轴。为节省空间，将该平衡轴罩在主油道中。采用V形夹角45°的SKL的8VDS24/24AL柴油机设计有更窄的发动机宽度[8-26]。一根横轴以及90°的连杆轴颈偏置角可平衡一阶质量。为了保证强度，必须使用厚的中间连接板。

发动机的高功率不仅需要大排量而且还需要气缸数多。V10发动机在V8发动机和V12发动机之间已经占据着重要位置。大型柴油机通常基于降低成本的模块化概念进行设计。V8 发动机质量平衡正常情况下要指定采用均匀的 90°V 形夹角。在“正交平衡”（见 8.3.3 节）中，一阶自由惯性矩不再出现。适当的曲柄结构（点火顺序）还能附带地减小二阶自由惯性矩。

90°V 形系列可更加广泛地用于四冲程中速发动机，不仅包括 V8、V10 和 V12，还包括 V16 和 V20 发动机（例如 MTU 2000（CR）、DEUTZ－MWM 604［8-27］、616 和 620、MTU396 和 4000）。图 8-8 展示了 MTU 4000 系列 V16 发动机。考虑到特定的边界条件，必须确定对其他缸数和递增缸数的发动机的最合适的标准 V 形夹角。虽然自由质量作用对于 12 缸以及更多缸数的发动机越来越不重要，但是非均匀点火间隔需要有效的振动衰减。90°V 形夹角仍然会提供足够的空间以便在两个气缸排之间容纳附件。然而，增加气缸数会使纯数学计算的 V 形夹角减小。只要继续安装附件，一台发动机会变得越来越重。这个方面也会影响到为 V12 和 V16 发动机选择按比例加大 V 形夹角的方案（像在 MTU 595 系列［8-28］那样，采用 72°来替代 60°或 45°）。

图 8-8　MTU 4000 系列 V16 发动机

8.2　曲柄连杆机构受力分析

8.2.1　曲柄连杆机构零件受力初步分析

活塞、活塞销、连杆和曲轴以及飞轮构成了往复活塞式发动机曲柄连杆机构。曲柄连杆机构的零件不仅要承受很高的气体压力，还要承受巨大的加速度的作用力（惯性作用力）。一方面要求曲柄连杆机构质量要小，而另一方面又要求具有足够的刚性和疲劳强度，如此之类的相互矛盾的要求给零件设计带来了挑战。由于本手册在其他地方（8.6 节）涉及活塞和连杆，因此这里的有关它们的受力分析的描述很简短。

8.2.2　活塞和连杆受力分析

活塞的质量基本上属于往复质量，因而要服从严格的轻量化结构的标准。燃烧室压力和温度会使活塞承受极高的温度—变形应力。由于极强的导热性，活塞铝合金将材料的低密度与极强的热负荷解除能力相结合。然而，它们在柴油机上的应用在燃烧压力高于 200bar 时达到物理极限。

活塞作用力［式（8-1）］由活塞销孔凸台来承受。惯性力会抵消气体作用力，因此随着转速的增加，会减小这个负荷。活塞裙部压在气缸孔表面上，形成运动激发的侧推力［式（8-3)］。使柴油机活塞承受压力的主要是气体作用力。在高速汽油机上，惯性力的作用超过气体压力的作用。防止活塞销孔凸台过载必须限制接触压力和减小活塞销变形（弯曲变形和椭圆变形)。柴油机活塞销必须设计得特别坚固，当然这会增加往复质量。

活塞销与曲柄销（连杆轴颈）之间的链接元件可分为往复质量分量和旋转质量分量［式（8-24）和式（8-25)］。轻重量的铝质连杆只能用在很小的发动机上。钛合金由于成本高的原因在这里不加以讨论，它的应用主要在竞技领域而得以保留。正如活塞一样，减小质量和优化结构强度之间的关系是密不可分的。

气体作用力（ITDC）和往复惯性力（ITDC 和 GETDC）以脉动压应力的形式给柴油机连杆杆身加一负荷。总之，必须对其进行适当的保护，以防弯曲。以柴油机的速度水平来看，由横向加速度所引起的连杆杆身的交变弯曲应力并不重要。惯性力在连杆小端和孔内产生脉动拉伸应力和弯曲应力。弯曲应力、正应力和径向应力作用在孔的弯曲横断面上。活塞和连杆往复惯性力减去连杆轴承盖的往复惯性力所得的差作用于连杆的小端，只有活塞的往复惯性力作用于连杆小端孔上。螺栓连接的连杆接头处会在钳口区产生静态预压应力。小端衬套和连杆轴承衬套半件的压入配合会引起静态接触应力。连杆孔应该仅出现轻微变形，以防对润滑油膜产生不利效应，包括“轴承咬住”。偏心作用的螺栓和驱动力会引起分开面处出现弯矩。必须防止由此引起的分开面的单侧张开。特别是大型柴油机连杆大端，这里因为方便装配的原因而被斜着分开，所以采用一种成形配合（锯齿形，或目前采用的撑断式连杆），会有利于防止由横向力引起的错位。

8.2.3　曲轴结构形式、材料和制造

8.2.3.1　曲轴的结构形式

曲轴的结构形式和外形尺寸取决于曲拐间隔（气缸孔中心线之间的距离）a_Z、行程 s、曲轴曲拐的数目和曲拐之间的夹角 φ_K 或可选择的曲柄销偏置（连杆偏置角 δ)，以及平衡重的数量、尺寸（受曲轴箱内自由单向转动的限制）和布置。一根曲轴的“内部”尺寸有主轴颈直径、连杆轴径直径、相关轴径的直径和曲轴曲拐连接板（腹板）厚度和宽度（图 8-9)。飞轮凸缘位于输出端，其上带有一圈螺栓孔并对正曲轴中心。曲轴的自由端是一个轴颈，用于安装带轮、扭转减振器等。由曲轴驱动的凸轮轴传动装置可以安装在前端，或者在柴油机上因为振动的影响而常常安装在飞轮端。

曲拐数目取决于气缸数 z 和曲轴主轴承数目，结果取决于发动机结构形式（I 型发动机：z 个曲拐，$z+1$ 个主轴颈；V 形发动机：$z/2$ 个双式曲拐，$z/2+1$ 个主轴颈)。

在直列式发动机上，气缸孔中心线之间的距离 a_Z（气缸孔直径 D_Z 和气缸之间的隔壁厚度 Δa_Z 之和）限定了曲拐间隔的大小。相反，与相应的直列式发动机不

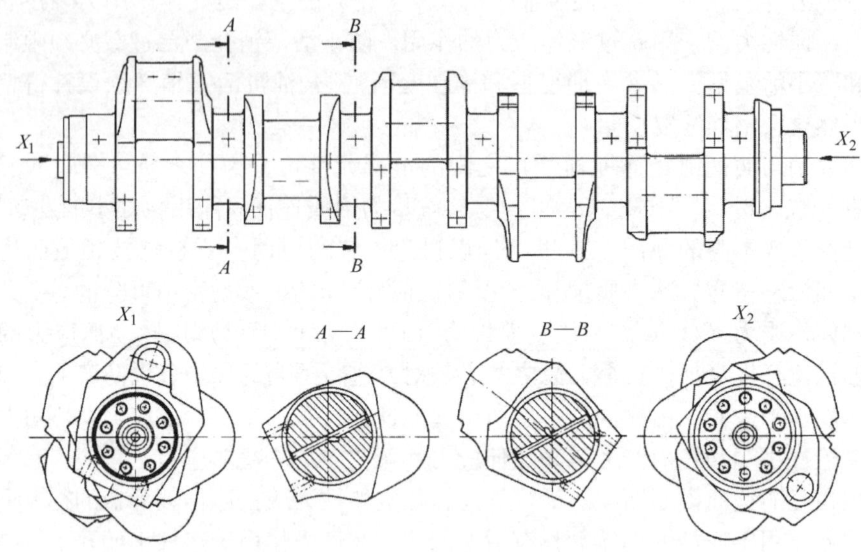

图8-9　曲轴结构形式举例（一种MAN V10型商用车柴油机的钢制曲轴）

同，在V形发动机上，当必须采用加大轴承宽度，加强曲轴连接板和带有曲柄销偏置的双式曲拐以及中间连接板的时候，“内部”尺寸会与气缸间隙有关。当有$z+1$个主轴承，即双式曲拐被省去的时候，特别是在采用（水平）对置气缸对、曲拐偏置180°的所谓的“拳击手”式设计时，“内部”尺寸无论如何都要决定曲拐间隔的大小。

8.2.3.2　曲轴材料和制造

用高级热处理钢制造的锻制曲轴能够最好地满足高要求的动态强度以及刚度。从锻造时的高温经过可控冷却而进行热处理的低成本的微合金钢（命名为“BY”）正在得到越来越多的应用。在负荷不大的乘用车发动机（主要是自然吸气式汽油机）上，曲轴还可以用球墨铸铁（GJS-700-2和GJS-800-2高级球墨铸铁）进行铸造。这就降低了坯件的制造和机加工的成本。另外，球墨铸铁的密度比钢低8%~10%，球墨铸铁曲轴可采用空心结构，这些能在控制曲轴重量方面获得益处。当然，铸铁比钢低得多的弹性模量、低得多的动态强度和更小的断裂伸长率，这些弱点都必须得接受。

低成本的机械加工将材料的抗拉强度限制在大约1000MPa。因此，必须采取提高轴颈和连接板之间的过渡段和内圆角半径处（危险受力部位）的疲劳强度的措施。对此，可采用机械处理、热处理和化学热处理的方法。压力成形、滚压强化、喷丸强化、感应表面淬火和渗氮可形成内部压应力，使材料的表面区域得到强化(图8-10)。

以上每种方法都能不同程度地提高疲劳强度。渗氮的渗透深度比较浅，因而不

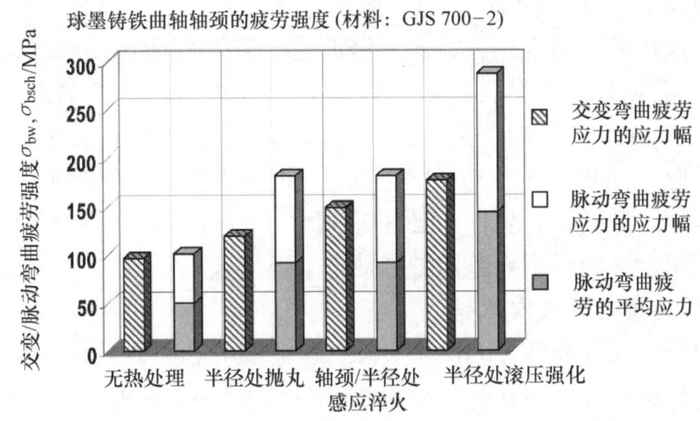

图 8-10　用不同的表面强化方法提高球墨铸铁（GJS）曲轴疲劳极限的例子

可能消除表面附近的芯部组织内的疲劳失效。汽车发动机的轴颈也能得到硬化。感应淬火是一种成本相当低的表面处理法［8－32、8－33］。另一方面，与表面淬火相关的费用限制了它在大型曲轴上的低成本应用。由于变形的原因，对内圆倒角的硬化必须遵循一定的程序。在回火期间，极短的加热期需要极高的热输出量，这使薄薄的中间连接板，或者内圆角下面不深处的油道孔可能出现裂纹。

铸造和锻造都必须使正在设计的坯件能与制造方法相适应。砂（绿砂或粘结砂芯）型铸造、壳型铸造、蒸发型铸造即全模铸造，都可用于曲轴的铸造。模锻是大量使用的锻造方法（纤维纹理有益于提高疲劳强度）。然而，大型曲轴采用锤锻制造（纤维纹理较差）。对于较大的曲轴，在生产量较小时可采用纤维纹理锻造。在锻锤作用下，轴逐渐形成曲拐，或在部分锻模中捶击曲柄。现在还在越来越多地将曲轴在一个平面内进行锤锻，接着在主轴颈区域进行扭转。低速二冲程柴油机采用“全”或“半”组合曲轴（热套连接或窄隙埋弧焊接）。曲轴的机械加工局限在轴颈、止推端面和平衡重半径等处。机械加工肯定会带来高应力。较大的曲轴采用螺栓连接的平衡重（高强度螺栓连接）。

8.2.4　曲轴受力

8.2.4.1　受力条件

曲轴的受力相当复杂。连杆作用力的方向分量，即切向力或扭转力和径向力分量［式（8-4）和式（8-5）］全部都是由随曲轴转角周期性变化的气体作用力和往复惯性力所产生。径向力的附加惯性力分量仅仅随着转速而变化。假想的连杆质量旋转分量的离心力也作用于曲柄销上。另外，曲拐和平衡重也都会产生离心力。

气体和质量扭矩特性产生的扭矩虽然随曲轴转角变化，但是常常不能表述为“静态”参数。曲轴各曲拐扭矩分布（图 8-3）的重叠使各个主轴颈和连杆轴颈上出现了大不相同的扭矩值。扭力特性的谐波（见 8.3.8 节）会额外地激发曲柄连杆机构的旋转振动（扭转振动）。当“静态”扭矩特性与“动态”扭矩特性叠加到一起时，会出现扭矩突增现象。径向力谐波也会激发弯曲振动和轴向振动，这样，所有模式的振动都被互相关联起来。另外，重力和飞轮或扭转减振器的杠杆臂（飞轮摇板）、传动带拉力或者不同轴的主轴承内的均匀的强制变形都会形成不可避免的陀螺效应（同步反向转动时的进动）。共振事件还额外产生一个与进动周率一致的转动弯矩。最后，燃烧压力的快速的增长率 $dp_z/d\varphi$ 与轴承间隙一道会引起曲轴的质量作用，这同样会导致曲轴载荷的动态增长。

8.2.4.2 曲轴仿真的等效模型

现在，曲轴的设计通常分为两个步骤：概念阶段和布置阶段。概念阶段涉及确定主要尺寸；初步设计支承；基于分析法进行长度仿真（见 8.2.4.3 节和 8.2.4.4 节）和进行扭转振动 1D 仿真。然后，在布置阶段中，采用 3D 多体动态仿真（MBS）和有限元法（FEM）来完成最后详细分析。所有的重要现象都尽可能真实地得到再现：

1）在所有空间分布的和临时移位的内、外作用力和弯矩作用下，整个工作循环中多重支承（超静定）的曲轴上的应力。

2）由耦合振动产生的额外应力的加入，包括耦合振动的（旋转曲轴的弹性动态变形的）阻尼。

3）带有柔性轴承支承隔板的仅仅有限刚性的曲轴箱的反力（轴承的支承作用）（包含质量作用）的加入。

4）弹性变形的主轴承承孔（包含它们的间隙）与润滑油膜的非线性流体动力反力（EDH）。

参考文献［8-8、8-36 和 8-37］中有合适的仿真方法和降低计算时间的建议。等效模型的容许简化（也叫做模型压缩，图 8-11）是极端重要的。其依据是一种从 3D CAD 模型离散化的曲轴有限元或边界元模型（FEM、BEM），也叫应力仿真。它用于导出一个动态等效 3D 结构模型（等效梁/质量模型）和动态等效 1D 扭转振动模型。

对于车用发动机，唯有现代数学仿真技术才能够可靠地获得较高的刚度、更低的质量和令人满意的动态特性，揭露影响疲劳强度的隐藏危险，并防止设计尺寸超标。关于常见模型的利与弊和多体弹性系统动态仿真处理的讨论，超出了本手册的范围。因此，下面的分析局限于在概念阶段中如何用传统的大幅简化的方法，来初步确定曲轴的尺寸。

在多缸发动机上，不考虑多重支承的超静定支承和相邻曲拐的临时移位对载荷的影响。这样，数学模型可被简化为曲拐的静定模型。根据这个早先的常见的论点，假如它们抵消载荷引起的弯矩因而会降低应力，那么，忽略主轴承固定端的弯矩是无可非议的。

径向力仅仅使曲柄承受弯曲应力，切向力既能使曲柄受到弯曲（这里忽略）

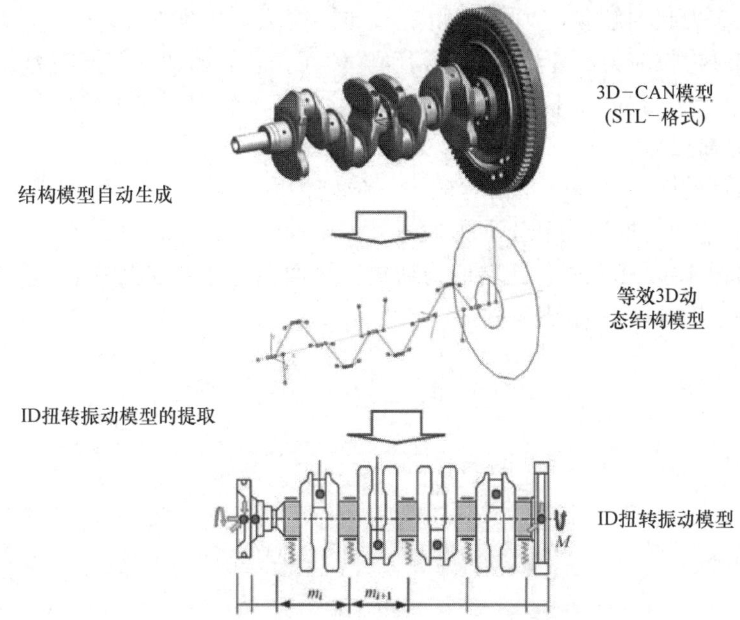

图 8-11　计算机曲轴仿真、满足特定要求的等效曲轴模型

又能受到扭转应力的作用（图 8-12）。仿真的重点集中在出现最大应力的部位。这些部位包含从轴颈到连接板的过渡部分（例如文献［8－1］所述实例），在这里由于作用力偏斜和切槽效应会出现应力峰值。老的技术文献还专门涉及主轴颈和连杆轴颈过渡部分谁会受到更大危害的问题。能在整个零件上输出极为精确应力分布的现代仿真法使这个问题不再突出。有些陈述前后不一致与变化的尺寸有关。尽管曲轴连接板薄和轴颈重叠度大是车用发动机曲轴的特征，但是相反的情况适用于大型发动机。在气体作用力作用下，连杆轴颈过渡段内出现拉应力。由横（垂直）向

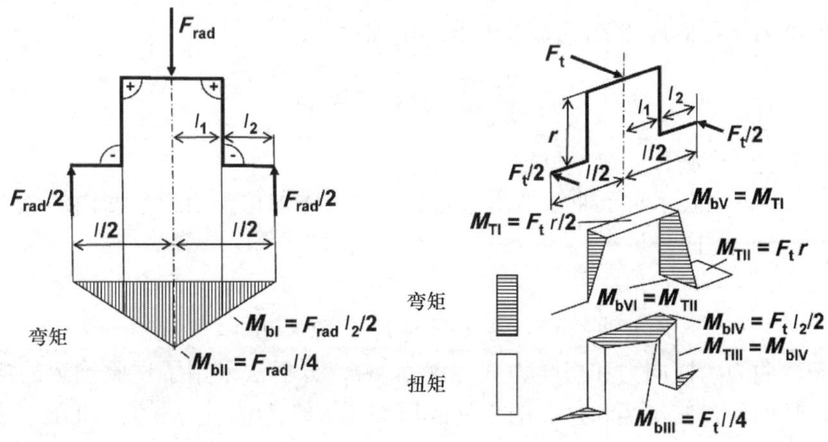

图 8-12　静定单曲拐模型（由曲柄连杆机构作用于曲柄销上的各种力所产生的弯矩和扭矩）

力引起的压应力起到解除应力的作用。与同样情况下出现在主轴颈内的压应力相比，连杆轴颈内拉应力的评估必须更精确。然而，它们增加一个横向力分量。为曲轴曲柄加一个恒定载荷而不是切向弯矩的实验设备却忽视了这种情况。

8.2.4.3 弯曲应力和扭转应力

应力仿真的简化的基础是由弯曲力、横向力和扭转力所产生的规定名义应力 σ_{bn}、σ_{Nn}和 τ_{Tn}。弯曲应力和正应力通过轴向平面惯性矩 I_P或阻力矩 W_b与曲轴连接板横截面面积 A_{KWW}相关联；扭转应力通过柱平面惯性矩 I_b或阻力矩 W_T阻力矩，与所分析的特定轴颈横截面积相关联：

$$\sigma_{bn}=\frac{M_{bI}}{W_b}\quad M_{bI}=F_{rad}\frac{l_2}{2}$$

$$W_b=\frac{2I_b}{h_{KWW}}=\frac{b_{KWW}h_{KWW}^2}{6} \tag{8-14}$$

$$\sigma_{Nn}=\frac{F_{rad}}{A_{KWW}}\quad A_{KWW}=b_{KWW}h_{KWW} \tag{8-15}$$

$$\tau_{Tn}\frac{M_{TI,II}}{W_T}$$

$$M_{TI}=F_t\frac{r}{2}$$

$$M_{TII}=F_t r \tag{8-16}$$

$$W_T=\frac{2I_P}{d_{KWG,H}}=\frac{\pi\left(d_{KWG,H}^4-d_{KWGi,Hi}^4\right)}{16d_{KWG,H}}$$

式（8-14）中的弯矩 M_{bI}和式（8-16）中的扭矩 $M_{TI,II}$均来自于图 8-12 和图 8-13（还请参见那里的几何参数定义）。力、力矩和因而产生的应力都是一些随着曲轴转角 φ 而变化的量。相对于曲轴中心连接板（即图 8-13 中点 $x=l_2$）的旋转惯性力的准名义弯曲应力 σ_{bKWrot}可用下式单独计算：

$$\sigma_{bKWrot}=\frac{l_2}{W_b}\sum_i \vec{m}_{KWroti}r_i\omega^2\left(l-\frac{l_i}{l}\right) \tag{8-17}$$

式中 m_{KWroti}——旋转质量分量；

$\rightarrow$——表示对于曲轴平衡重质心，仅需添加位于曲拐平面内的惯性力方向分量；

r_i——重心半径；

l_i——离开主轴颈的距离（图 8-13 中点 $x=0$）。

对于弯曲力、横向力和扭转力 α_b、α_q和 α_T，分析法采用了试验确定的应力集中系数，从而使过渡半径和过渡圆角处的局部应力峰值 σ_{bmax}、σ_{Nmax}和 σ_{Tmax}：

$$\sigma_{bmax}=\alpha_b\sigma_{bn}\quad \sigma_{Nmax}=\alpha_q\sigma_{Nn}\quad \tau_{Tmax}=\alpha_T\tau_{Tn} \tag{8-18}$$

严格地讲，应力集中系数仅适用于试验所覆盖的曲拐参数范围。德国内燃机研究协会（FVV）是此类众多研究机构中的代表。在补充了大型曲轴上常见的切口的影响后，应力集中系数现在一直被 IACS Unified Requirements M53 中的每个分类实体所采用。

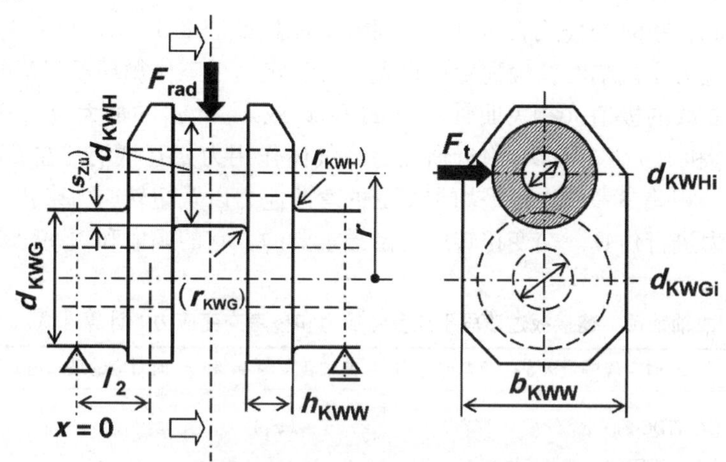

图 8-13　用于轴颈 - 连接板过渡段名义应力和最大应力仿真的曲拐几何参数（后面必须用到的参数顺便给出）

应力集中系数的计算要靠经验公式。根据参考文献［8－38、8－39］，将一个特定的常数乘以用多项式计算的 f_i 值。多项式包含曲拐几何参数的幂（凹面圆角半径除外），而且必然与连杆轴颈直径有关。例如，连杆轴颈过渡区的弯曲应力集中系数 α_b 按照下列数学方法进行计算：

$$\alpha_b = 2.6914 \times \times f_1\left(\frac{d_{KWHi}}{d_{KWH}}\right) f_2\left(\frac{d_{KWGi}}{d_{KWH}}\right) f_3\left(\frac{d_{KWW}}{d_{KWH}}\right) f_4\left(\frac{d_{KWW}}{d_{KWH}}\right) \times \times f_5\left(\frac{s_{Zü}}{d_{KWH}}, \frac{h_{KWW}}{d_{KWH}}\right) f_6\left(\frac{r_{KWH}}{d_{KWH}}\right) \tag{8-19}$$

式中　$s_{Zü}$——轴颈重叠量；

r_{KWH}——连杆轴颈凹角半径。

其他参数已知。由于其重要性正在减弱，所以这种分析法以前已进行充分介绍（参见参考文献［8-2］）。有些几何条件的偏差可高达 20%。

严格说来，应力集中系数 α_K 只适用于静应力，而且必须通过疲劳切槽敏感系数 η_K 转变成适合于动应力的疲劳切槽系数 α_K（参见参考文献［8－41］）。对于曲轴来说，这个问题引起了反复的激烈辩论。对这种方法有保留意见根源在于，与以可靠的测量为基础的 α_K 值相比，这种方法存在明显的不确定性。

8.2.4.4　参考应力

考虑到扭转振动，承受最大交变转矩的轴颈对于动应力是很关键的（见 8.4 节）。变形能假说允许模拟弯曲和扭转应力所产生的参考应力。更大的重要性放在这两个应力的最大值的时间与空间关系上。严格地讲，将它们与疲劳强度图关联起来，需要确定它们是在同一空间同时出现并且同步交替变化的。然而，实际情况并非如此。此外，在经过共振点时突然移相180°（瞬态运行），又额外使弯曲和扭转相位叠加问题变得复杂。

虽然如此，粗略的公式表达可使下列方法能按照表8-1［式（8-20）］对弯曲应力和扭转应力实现临时精确配置：首先，可确定一个工作循环期间弯曲应力和扭转应力特性曲线的极值（相关曲轴转角 φ_1 和 φ_2 或 φ_3 和 φ_4 的最大应力和最小应力 σ_o 和 σ_u 或 τ_o 和 τ_u）。在ITDC附近惯性力与气体作用力相互抵消，在GETDC附近只有惯性力。相关参考应力由平均和交变的弯曲应力以及扭转应力来获得，然后必须对这些应力进行仿真。交变扭转应力是最重要的，它的幅值和频率比交变弯曲应力高很多。

表8-1　曲轴轴颈－连接板过渡段平均参考应力和参考交变应力的计算［式（8-20）］

曲轴转角为 φ_1 和 φ_2 时对应的最大正、负弯曲应力	曲轴转角为 φ_3 和 φ_4 时对应的最大正、负扭转应力
$\sigma_0=\sigma_b(\varphi_1)$（在ITDC时） $\sigma_u=\sigma_b(\varphi_2)$（在GETDC时，仅惯性力） 相关扭转应力 $\tau_0=\tau_T(\varphi_1)$ $\tau_u=\tau_T(\varphi_2)$ 平均弯曲和扭转应力 $\sigma_{bm}=\frac{1}{2}(\sigma_0+\sigma_u)$ $\sigma_{Tm}=\frac{1}{2}(\tau_0+\tau_u)$ 平均参考应力 $\sigma_{vm}=\sqrt{\sigma_{bm}^2+3t_{Tm}^2}$　(8-20a)	$\tau_0=\tau_T(\varphi_3)$ $\tau_u=\tau_T(\varphi_4)$ 相关弯工应力 $\sigma_0=\sigma_b(\varphi_3)$ $\sigma_u=\sigma_b(\varphi_4)$ 交变弯曲和扭转应力 $\sigma_{ba}=\left\|\frac{1}{2}(\sigma_0-\sigma_u)\right\|$ $\tau_{Tm}=\left\|\frac{1}{2}(\tau_0-\tau_u)\right\|$ 参考交变应力 $\sigma_{va}=\sqrt{\sigma_{ba}^2+3t_{Ta}^2}$　(8-20b)

图8-14依据参考文献［8－36］再现了一台直列4缸发动机全负荷时飞轮侧主轴承的扭矩特性。从数量上看，这里采用的简单等效1D扭转振动模型能很好地与现实相符。紧接着还展示典型的弯矩特性（同一台发动机但是转速略高）。动态特性显著偏离纯运动学特性。虽然明显需要捕捉每一个动态现象，但这还需要一个旋转3D梁/质量等效模型。当节点移动时，依据外载荷得到变形。例如，依据这种方法能够完成应力仿真，以至于仿真的节点位移越来越多地适用于体积模型（有限元结构）。为了进行强度仿真，还必须在大的应力梯度范围方面进行合理调节，以便离散和选择单元的类型。图8-15给出了一台BMW V8型柴油机飞轮侧曲拐内的因弯曲产生的最大主正应力的分布。

8.2.4.5　轴颈－连接板过渡段的局部疲劳强度

特别是在曲轴内应力动态多变的情况下，准确掌握局部疲劳强度特别困难，这是因为存在多而繁杂的影响因素：

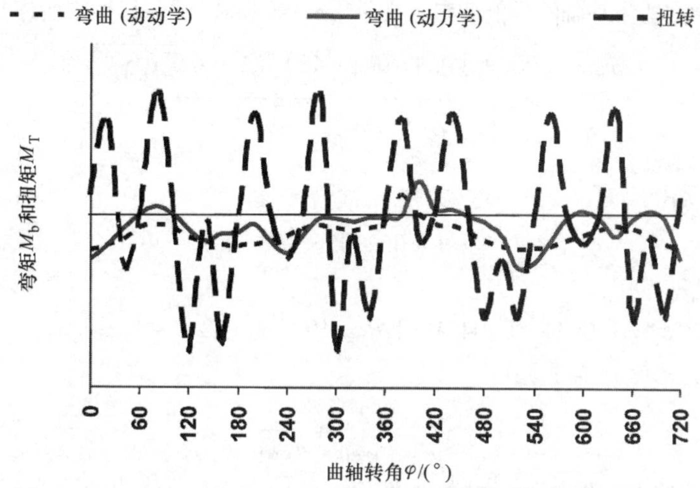

图 8-14　一台直列 4 缸发动机全负荷时飞轮侧曲轴连接板内和飞轮侧主轴颈内仿真弯矩和扭矩特性（将基于［8－36］的两个有条件可比较的图像合并成一个）

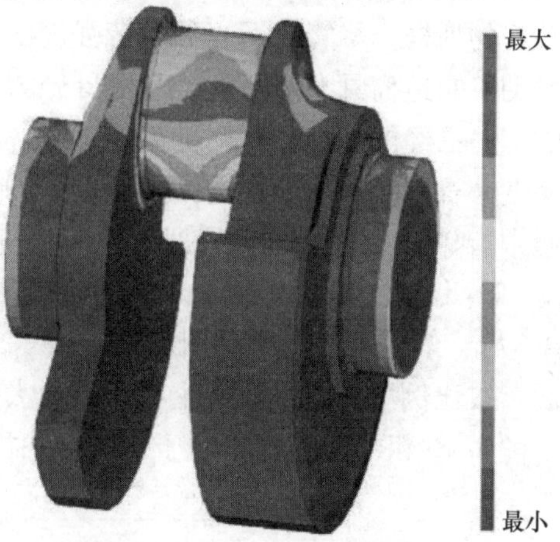

1）制造技术方面的影响：

① 铸造质量：生产质量检测中未监测到的显微结构缺陷、缩孔、偏析和氧化夹杂物。

② 锻造质量：纤维纹理、填充不足、生产质量检测中未监测到的夹渣线。

③ 内应力。

④ 热处理，如淬火和退火。

2）后处理技术的影响（抛光、冷作硬化、回火、渗氮）。

3）表面的影响：表面质量。

4）零件尺寸的影响（随着尺寸的增加，疲劳强度下降）。

图 8-15　一台 BMW V8 型乘用车柴油机曲轴飞轮侧曲拐内的最大主正应力的分布［8－42］

① 相对于零件的横断面积的应力梯度会随着零件尺寸的增加而下降：

$$\chi^* = \frac{1}{\sigma_{\max}}\left(\frac{\mathrm{d}\sigma}{\mathrm{d}x}\right)_{\max} \tag{8-21}$$

② 随着零件尺寸的增加，填充不足现象会减轻。

试样的尺寸反映，对于材料动态试验，局部取样是不可行的。另一方面，铸造上的或锻造上的取样棒不可能提供局部的情况。因此，局部的疲劳极限只能间接地推断。若干 FVV 项目的成果，即一个计算曲轴材料疲劳性能 σ_w 的公式就是以一种熟悉的方法为基础的。这个计算值允许与参考交变应力 σ_{va} 进行直接比较（而其他的推荐方法也是以这种方法为基础的，例如参考文献［8－40］和［8－47］中所述)：

$$\sigma_w = 0.9009\ (0.476R_m - 42)\ (1 + \sqrt{0.05\chi^*})$$
$$\times\left[1 - \sqrt{(1-o_k)^2 + (1-i_k)^2}\right] \tag{8-22}$$

影响因素：

内切槽效应：

$$i_k = 1 - 0.2305 \cdot 10^{-3} R_m$$

表面质量：

$$o_k = 1.0041 + 0.0421 \cdot \lg R_t - 10^{-6} R_m (13.9 + 143.\lg R_t)$$

相对应力梯度（弯曲）：

$$\chi^* = \frac{2}{r_{KWH}} + \frac{2}{d_{KWH}}$$

平滑的锻造上的取样棒的抗拉强度 R_m（在可替代的公式中，交变拉伸－压缩疲劳极限 σ_{zdw}）以 MPa 代入，粗糙度深度 R_t 以 μm 代入，曲柄销直径 d_{KWH}和有关的内圆半径 r_{KWH}以 mm 代入。最初，将平均参考应力忽略不计。正如8.1.1节中已经解释的那样，尽管对适当的疲劳强度图的辅助结构有各种不同的建议，但是，除了发动机制造商具有广泛的经验之外，人们对材料特性的准确理解还不够，而对它们的应力已经能够给予相当准确的理解。通常用处于最大应力位置的应力张量和应力梯度来查阅弯曲疲劳强度图是有道理的（参考文献［8－37］）。特定的疲劳强度值通常指90%生存概率。根据参考文献［8－37］，99.99%的一个值是指安全系数为1.33（仅对变动系数 $\sigma/\bar{x} = 0.09$ 有效）。假设仿真模型合适，依据参考文献［8－37］，使用系数1.05（相应偏低）来评估曲轴仿真载荷的不确定性已经足够。然后，按比例增加会形成一个1.4的更大的安全系数。

图8-16粗略地给出了用于中速柴油机曲轴仿真的疲劳强度图上的参考交变应力

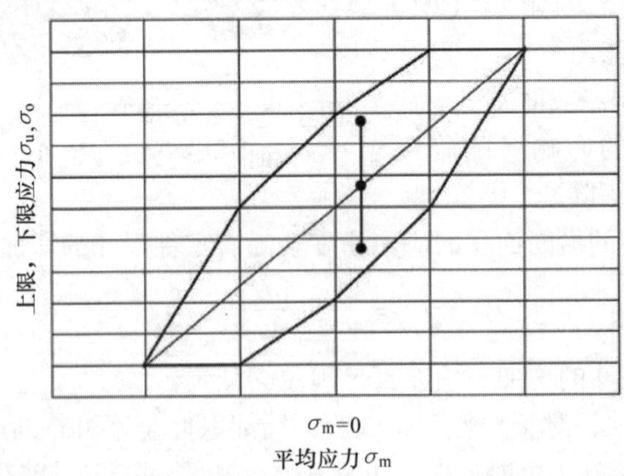

图8-16　依据参考文献［8－37］绘制的疲劳强度图（基于Smith表示法）。中速发动机曲轴的曲柄销－连接板过渡段的交变应力幅与平均应力之比值的例子，留有安全间隙以防疲劳失效

与平均参考应力的关系。虽然没有普遍意义，但是平均应力的影响仍然不一定会减小许用应力幅。

8.3　曲柄连杆机构质量平衡

8.3.1　质量平衡初步

曲柄连杆机构的自由惯性力依赖于无规律运动（甚至是发动机转速和离心力保持不变时）作用所产生的曲柄连杆机构的加速度。多缸发动机的气缸之间的距离和 V 形发动机的曲柄销偏置，都会形成产生自由惯性矩的杠杆力臂。质量平衡可通过在曲柄连杆机构上采取措施的方式来减小这样的质量作用，从而抑制振动，改善舒适性。隔离振动的辅助措施通常会快速地达到它们的物理极限。下面的讨论仅限于现在盛行的筒形活塞式发动机。详细的讨论请参见参考文献［8－1］和［8－6］，概括性要点请参见参考文献［8－9］和［8－48］。

质量平衡主要涉及发动机恒定转速。速度变化时，自由惯性力和惯性矩的额外谐波分量可能成为动力总成内激发机体传播噪声的原因。曲轴连接板的平衡重是普遍采用的平衡措施。根据发动机概念和舒适性要求，对特殊的需求可另外采用多达两根平衡轴。曲柄连杆机构的往复运动质量，也会通过它们的扭转力分量影响发动机转矩特性。在理想状况下，可能会降低转矩峰值，因而也就降低曲轴的交变扭转应力。平衡重质量增加了曲轴的质量惯性矩。根据它们的数量、尺寸和结构，它们会影响曲轴的弯曲应力和主轴承的受力。曲轴平衡的质量必须是令人满意的，因而对于许用残余不平衡有一些推荐值［德国工程师学会 VDI 推荐标准 DIN ISO 1940－1 (1993－12) 适用于最低质量等级］。当确定坯件质量中心时，要对校对环规和可能尚未存在的平衡质量进行仿真。与仿真不同，最终平衡期间校对环规的复杂应用也有助于容忍不可避免的制造公差，因而也就改善了平衡质量。

8.3.2　曲柄连杆机构质量、惯性力和惯性矩

往复惯性力和旋转惯性力之间的质量平衡是有区别的。旋转惯性力随着曲轴转动，因此仅以一阶的形式出现。往复惯性力还有更高的阶次。然而，质量平衡限于二阶。某一更高阶次的少量残余不平衡实际上是可以忽略的。直角坐标系统对于下述计算是有益的：

$$\vec{F}=\begin{bmatrix}F_{\mathrm{x}}\\F_{\mathrm{y}}\end{bmatrix}\quad\vec{M}=\begin{bmatrix}M_{\mathrm{x}}\\M_{\mathrm{y}}\\M_{\mathrm{z}}\end{bmatrix}\tag{8-23}$$

纵向力 F_{xi}作用于气缸轴线方向上即垂直于发动机轴线的方向上，而横向力 F_{yi}则作用于横向，即沿着发动机纵轴线（z 轴）看与气缸或发动机的竖直轴线垂直。

所有的纵向力都会产生一个绕着 y 轴的倾斜力矩 M_y，而所有的横向力都会产生一个绕着 x 轴的纵向横摆力矩 M_x（见图 8-17）。气体作用力和惯性力所产生的力矩互相干涉，从而产生了绕着 z 轴的不稳定的发动机转矩。另外，旋转惯性矩也会绕着这根轴线产生作用。它们由连杆的非匀速转动（即使在发动机恒速转动时）和在发动机转速变化时旋转质量的角加速度所产生（见 8.3.5 节）。

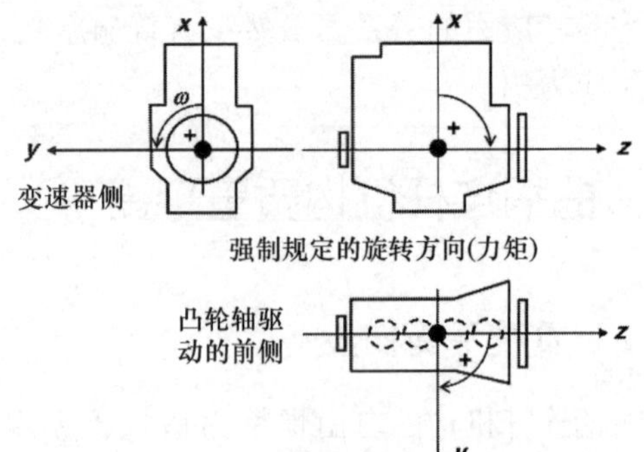

图 8-17　包含确定曲轴旋转的正方向的发动机坐标系统
（x 轴：发动机的垂直轴线；y 轴：过曲轴中心的发动机横向水平线；z 轴：发动机纵轴线；坐标原点：曲轴中点等）

正如图 8-18 所示，曲柄连杆机构的自由惯性力的参数有：

1）活塞总质量 m_{Kges}、无平衡重曲轴质量 m_{KW} 和连杆质量 m_{Pb}。

2）曲拐回转半径 r 和曲拐重心回转半径 r_1。

3）连杆孔中心距 l_{Pl} 和连杆重心到大端孔中心的距离 l_{Pl}。

4）活塞行程/连杆比 $\lambda_{Pl} = r/\lambda_{Pl}$。

曲轴旋转质量 m_{KWrot} 被简化为处于曲拐回转半径 r 处。连杆质量可分为随活塞往复运动的质量分量（m_{Plosz}）和随曲轴旋转运动的质量分量（m_{Plrot}）。这样，将往复运动质量（m_{osz}）和旋转运动质量（m_{rot}）定义如下：

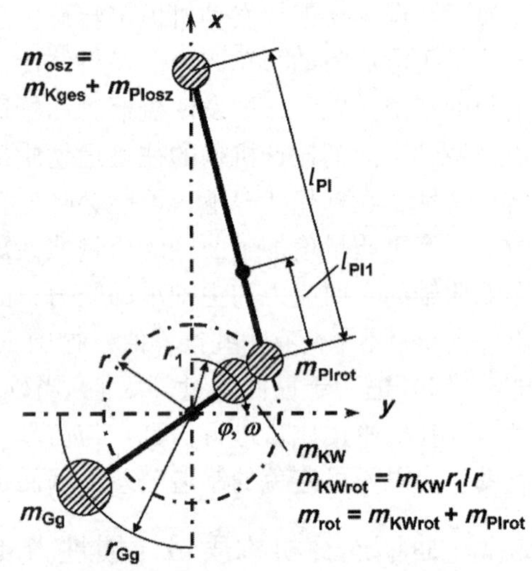

图 8-18　曲柄连杆机构等效质量系统

$$m_{KWrot} = m_{KW}\frac{r_1}{r} \quad m_{Plosz} = m_{Pl}\frac{l_{Pl1}}{l_{Pl}} \quad m_{Plrot} = m_{Pl}\left(1 - \frac{l_{Pl1}}{l_{Pl}}\right) \tag{8-24}$$

$$m_{osz} = m_{Kges} + m_{Plosz} \quad m_{rot} = m_{KWrot} + m_{Plrot} \tag{8-25}$$

往复质量的加速度可根据活塞的位移 x_K（这里从 TDC 开始）求得，并且 x_K 的计算式可由式（8-6 右）和式（8-9）很容易地推导出来：

$$x_K = r + l_{Pl} - (r\cos\varphi + l_{Pl}\cos\psi) = r\left[1 + \frac{1}{\lambda_{Pl}} - \cos\varphi - \frac{1}{\lambda_{Pl}}\sqrt{1 - \lambda_{Pl}^2\sin^2\varphi}\right] \tag{8-26}$$

式（8-26）既未考虑活塞销又未考虑曲轴的偏置（活塞销偏置或曲柄横向错位）。一种可替代的最初通用的级数表达法被临时采用。对时间 t 二阶求导便得到加速度：

$$\ddot{x}_k = r\omega^2 \times (\cos\varphi + B_1\sin\varphi + B_2\cos2\varphi + B_3\sin3\varphi + B_4\cos4\varphi + \cdots) \tag{8-27}$$

没有活塞销或曲轴偏置（活塞销偏置或曲柄横向错位），系数 B_i 仅是行程/连杆比 λ_{pl} 的幂级数。这样，它们就会被简化为随后用 A_i 表示的系数，奇数行消失：

$$A_2 = \lambda_{Pl} + \frac{1}{4}\lambda_{Pl}^3 + \frac{15}{128}\lambda_{Pl}^5 + \cdots$$

$$A_4 = -\frac{1}{4}\lambda_{Pl}^3 - \frac{3}{16}\lambda_{Pl}^5 - \cdots \tag{8-28}$$

下列简化公式适用，通常误差 < 10%：

$$\ddot{x}_k = r\omega^2(\cos\varphi + \lambda_{Pl}\cos2\varphi) \tag{8-29}$$

这样，当旋转运动（ω = 常数）被理想化，且被假设为规则运动时，一阶和二阶往复惯性力 $F_{mosz}^{(1)}$ 和 $F_{mosz}^{(2)}$ 以及旋转惯性力 F_{mrot} 可按下式确定：

$$F_{mosz}^{(1)} = \hat{F}_{mosz}^{(1)}\cos\varphi = m_{osz}r\omega^2\cos\varphi$$

$$F_{mosz}^{(2)} = \hat{F}_{mosz}^{(2)}\cos2\varphi = m_{osz}r\omega^2\lambda_{Pl}\cos2\varphi$$

$$F_{mrot} = m_{rot}r\omega^2 \tag{8-30}$$

仅有纵向力仍会以高阶出现。一阶可分为纵向力分量 $F_x^{(1)}$ 和横向力分量 F_y：

$$F_x^{(1)} = (\hat{F}_{mosz}^{(1)} + F_{mrot})\cos\varphi = r\omega^2(m_{osz} + m_{rot})\cos\varphi$$

$$F_y = F_{mrot}\sin\varphi = r\omega^2 m_{rot}\sin\varphi \tag{8-31}$$

8.3.3　用平衡重平衡自由惯性力

8.3.3.1　单缸发动机的平衡重

单缸发动机旋转惯性力的平衡被认为是最低要求。合并式（8-24）、式(8-25）和式（8-31），通过对横向力进行平衡，即可完成旋转惯性力的平衡：

$$F_y = 0 \rightarrow F_{mrot} = 0：m_{KW}r_1 + m_{Pl}r\left(1 - \frac{l_{Pl1}}{l_{Pl}}\right) = 0 \tag{8-32}$$

满足式（8-32）意味着曲拐重心回转半径 r_1 的符号为负，这是不可能的。通过加一个零转矩（对称）平衡重质量 m_{Gg}，即可解决这个问题。这个平衡重的质心位于曲拐的反向延长线上距离为 r_{Gg} 的位置上。这个平衡重将共同的质心移动到曲轴的旋转轴线上。经过近似变形之后，式（8-32）可用于计算必需的平衡重质量：

$$m'_{KW}r'_1 = m_{KW}r_1 - m_{Gg}r_{Gg} \tag{8-33}$$

$$m_{KW}r_1 - m_{Gg}r_{Gg} + m_{Pl}r\left(1 - \frac{l_{Pl1}}{l_{Pl}}\right) = 0$$

$$m_{Gg} = \frac{1}{r_{Gg}}\left[m_{KW}r_1 + m_{Pl}r\left(1 - \frac{l_{Pl1}}{l_{Pl}}\right)\right]$$

求解以 l_{Pl1} 为基础的式（8-32）要求 $l_{Pl1} > l_{Pl}$，即将连杆的质心移至连杆小孔旋转轴线之外。这种解法要求压缩活塞高度和缩小连杆间隙，因此这种解法并不实际。

当将式（8-24）、式（8-25）和式（8-31）各方程联立后，一阶往复惯性力的加入导致了一阶纵向力的平衡：

$$F_{x}^{(1)}=0 \quad F_{mosz}^{(1)}+F_{mrot}=0: \tag{8-34}$$

$$\left(m_{Kges}+m_{Pl}\frac{l_{Pl1}}{l_{Pl}}\right)r+m_{KW}r_{1}+m_{Pl}r\left(1-\frac{l_{Pl1}}{l_{Pl}}\right)=0$$

类似于式（8-33 第一行），在曲轴上需要加平衡重质量，以便将曲轴共有重心移到曲轴旋转轴线上：

$$(m_{Kges}+m_{Pl})r+m_{KW}r_{1}-m_{Gg}r_{Gg}=0 \tag{8-35}$$

$$m_{Gg}=\frac{1}{r_{Gg}}[m_{KW}r_{1}+(m_{Kges}+m_{Pl})r]$$

此结果显然与横向力的平衡［式（8-33）］相抵触。尽管往复惯性力在纵向上得到补偿，但是，这种情况似乎是在横向上附加了力。必要的折中（正交平衡）使旋转惯性力和另外的一阶往复惯性力的50%得到彻底的平衡。将这些事实考虑到式（8-34）中，会相应降低平衡重质量：

$$\left[\frac{m_{Kges}}{2}+m_{Pl}\left(1-\frac{l_{Pl1}}{2l_{Pl}}\right)\right]r+m_{KW}r_{1}-m_{Gg}r_{Gg}=0 \tag{8-36}$$

$$m_{Gg}=\frac{1}{r_{Gg}}\left\{m_{KW}r_{1}+\left[\frac{m_{Kges}}{2}+m_{Pl}\left(1-\frac{l_{Pl1}}{2l_{Pl}}\right)\right]r\right\}$$

从理论上讲，将所有阶次的往复惯性力彻底平衡是可能的。这样，公共质心必须要移到曲柄销上。由条件 $F_{mosz}=0$ 会得到连杆的中心距 l_{Pl} 为负值。实际上，连杆小端下面补充一个较大的质量会因为曲柄室空间条件受限而不能实现。底部平衡会带来局部改善，从而将连杆小端的补充质量限制到结构合理的大小上。

“正交平衡”中的自由“残余力矢量”以恒定的大小旋转。不足平衡或超出平衡是指只平衡不足50%的或平衡超过50%的一阶往复惯性力的情况。残余力矢量的峰值描绘出一个圆形路径，或者一个随着平衡度变化的类似于垂直定向或水平定向的椭圆路径（图8-19）。同样的情况适合于描述单缸发动机的振动。

自由惯性力或者随平衡度而变化的残余力，每一个都可被看做是沿与曲轴转速相反方向旋转的两个矢量的和（图8-20）。一个反向的平衡力矢量只能平衡正向旋转（曲轴旋转方向）的矢量。其值等于往复惯性力的一半。假如其峰值没有描绘出一个圆形路径，那么当旋转运动为匀速时，惯性力矢量的角速度就会周期性变化。文献详细地介绍了正、负旋转矢量相加的方法（参见参考文献［8－1］和［8－6］）。这里提出的分析法对分析所有的问题和进行模拟编程都是有益的。

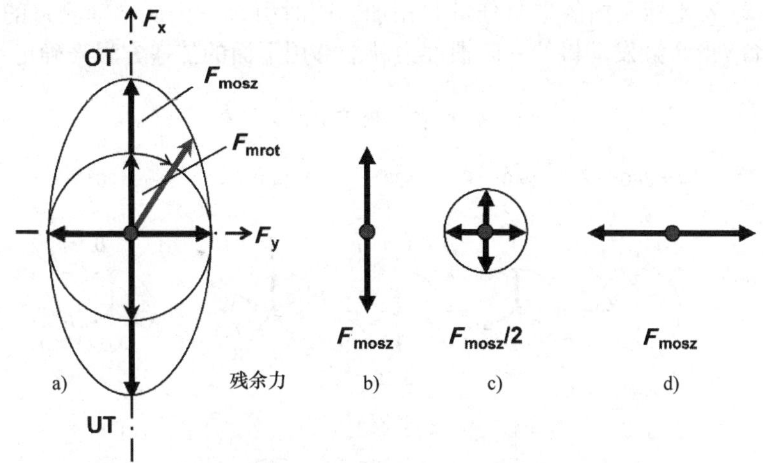

图 8-19　一阶自由惯性力和随平衡度 Ω 而变化的残余力矢量

a）起动阶段　b）$\Omega=0$，即横向力（旋转质量）平衡

c）$\Omega=0.5$，即“正交平衡”（100% 旋转 +50% 往复质量）　d）$\Omega=1$，即纵向力平衡

8.3.3.2　多缸发动机的平衡重

应首先考虑直列式发动机。多缸发动机中的自由惯性力在其星形图呈现中心对称时会相互补偿。各缸工作顺序对此根本不起作用。将 1 缸 TDC 位置作为起始点，并应用可分配给各缸的曲柄转角 $\varphi_{KK}(k=1, 2, \cdots, z)$，或者应用与曲轴转向相反的曲轴转角的倍量 $\varphi_{KK}(i)$ $(k=1, 2, \cdots, z; i=1, 2, 4, 6)$，就会形成第 i 阶星形图（图 8-21）。

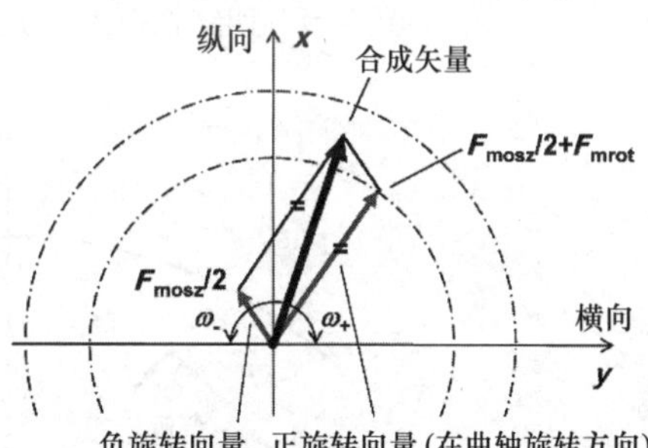

图 8-20　用正、负旋转矢量表示的单缸发动机自由惯性力

在更高阶次的情况下，将纵向力计算简化。式（8-37）一般适用于未平衡阶次：

$$\sum_{k=1}^{z} \cos\varphi_{Kk}^{(i)} = c_F^{(i)} = z \tag{8-37}$$

式中　$c_F^{(i)}$ ——一阶惯性力影响系数。在直列式发动机中，它们等于气缸数 z，即对相关的阶次，所有气缸的往复惯性力相加。

V 形发动机的情况更加复杂。因此，应该首先分析 V 形气缸对（V 形 2 缸发动机，图 8-22），这是一种具有任何 V 形夹角 α_V 和曲柄销偏置（连杆偏置角 δ）的常见情况。两台单缸发动机的气缸特定的坐标系（x_1，y_1）和（x_2，y_2）中的纵向力和横向力不需要进一步解释［式（8-30）和式（8-31）］。缸排特定的曲轴转角 φ_1 和 φ_2 从两个气缸各自的 TDC 位置开始计量。一旦曲柄连杆机构作用力被分解为

在高级的 $x-y$ 坐标系内的方向分量并相加，同时引入一个从 x 轴测量的曲轴转角 φ 时，这台V形2缸发动机的一阶惯性力就能够用下面的传递方程来确定：

$$\varphi_1=\varphi+\frac{\alpha_v}{2}\quad \varphi_2=\varphi-\frac{\alpha_v}{2}-\delta \tag{8-38}$$

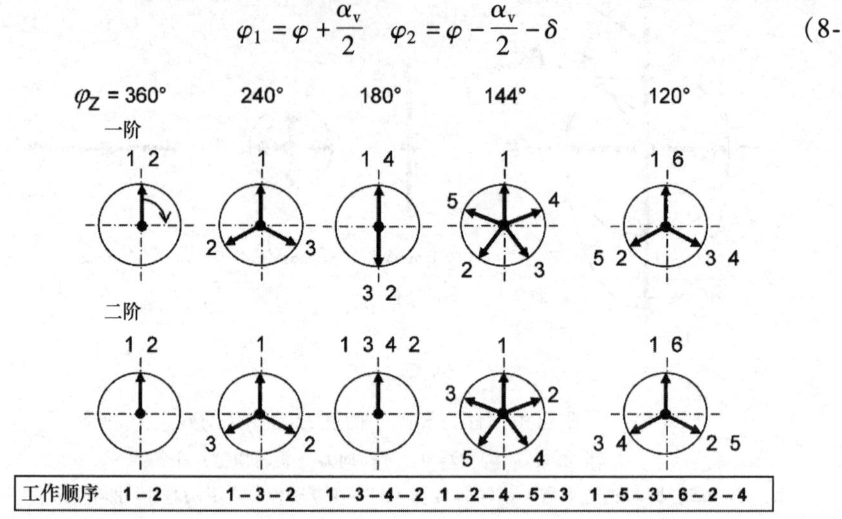

图8-21　四缸直列式发动机的点火间隔和一、二阶星形图

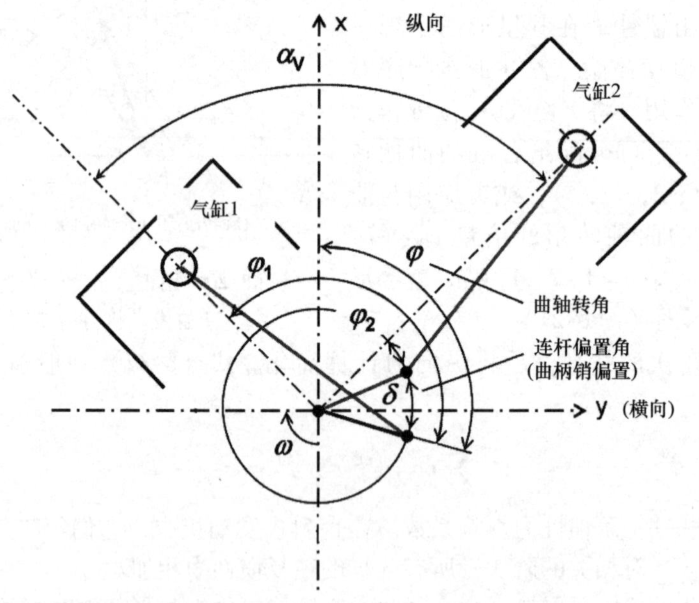

图8-22　具有任何V形夹角 α_V 和曲柄销偏置（连杆偏置角 δ）的一个V形气缸对的曲柄连杆机构示意图

这样，更高阶次的惯性力既会出现在 x 轴方向又会出现在 y 轴方向：

$$F_{x}^{(1)}=\left\{F_{\text{mosz}}^{(1)}\left[\cos\frac{\delta}{2}+\cos\left(\alpha_{v}+\frac{\delta}{2}\right)\right]+2F_{\text{mrot}}\cos\frac{\delta}{2}\right\}\times\cos\left(\varphi-\frac{\delta}{2}\right)$$

$$F_{y}^{(1)}=\left\{F_{\text{mosz}}^{(1)}\left[\cos\frac{\delta}{2}-\cos\left(\alpha_{v}+\frac{\delta}{2}\right)\right]+2F_{\text{mrot}}\cos\frac{\delta}{2}\right\}\times\sin\left(\varphi-\frac{\delta}{2}\right)\tag{8-39}$$

在下列情况下，仅靠平衡重即可完全将曲轴质量加以平衡：

$$\cos\left(\alpha_{v}+\frac{\delta}{2}\right)=0\qquad\begin{array}{l}1)\alpha_{v}=90^\circ\ \delta=0^\circ\\ 2)\delta=180^\circ-2\alpha_{v}\end{array}\tag{8-40}$$

那么，下列条件适用：

$$F_{\text{mosz}}^{(1)}+2F_{\text{mrot}}=0\tag{8-41}$$

这对应于正交平衡。由于只展现一个曲柄，每个气缸仅仅加入一个气缸质量的一半。已经采用若干次，平衡重质量的描述分别得到下面的结果：

$$m_{\text{Gg}}=\frac{1}{r_{\text{Gg}}}\left[m_{\text{KW}}r_{1}+m_{\text{Kges}}r+m_{\text{Pl}}r\left(2-\frac{l_{\text{Pl1}}}{l_{\text{Pl}}}\right)\right]\text{以及}$$

$$m_{\text{Gg}}=\frac{r}{r_{\text{Gg}}}\left[m_{\text{KW}}\frac{r_{1}}{r}+m_{\text{Kges}}+m_{\text{Plosz}}+2m_{\text{Plrot}}\right]\tag{8-42}$$

V 形 2 缸发动机仅仅对于摩托车发动机有意义。当星形图为中心对称时，V 形发动机的一阶惯性力也能相互补偿。当气缸数 z 为偶数，并且曲轴及其曲柄的中心偏置角为 $\Delta\varphi_{\text{K}}$时，第 i 阶惯性力仍能按下式计算：

$$F_{x}^{(i)}=2F_{\text{mosz}}^{(i)}\sum_{m=1}^{z/2}\cos\left[i\left(\frac{\alpha_{v}}{2}+\frac{\delta}{2}\right)\right]\cos\frac{\alpha_{v}}{2}\times\cos\left\{i\left[\varphi-\frac{\delta}{2}-2(m-1)\Delta\varphi_{\text{K}}\right]\right\}$$

$$F_{y}^{(i)}=2F_{\text{mosz}}^{(i)}\sum_{m=1}^{z/2}\sin\left[i\left(\frac{\alpha_{v}}{2}+\frac{\delta}{2}\right)\right]\sin\frac{\alpha_{v}}{2}\times\sin\left\{i\left[\varphi-\frac{\delta}{2}-2(m-1)\Delta\varphi_{\text{K}}\right]\right\}\tag{8-43}$$

“连杆靠着连杆”（肩并肩式）结构的替代结构（图 8-4）没有什么实际意义。因此，它们对质量平衡的影响这里不做深入考察：

1）叉形连杆上用铰链直接连接一个内连杆（连杆质量不均衡）。

2）主连杆上用铰链直接连接辅助连杆（连杆质量不均衡，曲柄连杆机构运动学特征不同）。

8.3.4　用平衡重平衡自由惯性矩

自由惯性矩源自于离开杠杆臂的自由惯性力沿着纵向分布（见 8.3.2 节的纵向倾斜力矩和倾斜力矩的定义）。自由惯性矩与曲柄连杆机构内的参考点（按照惯例定为曲轴中心）有关。具有偶数气缸数的四冲程直列式发动机的曲轴为纵向对称，因此所有阶次的自由惯性矩也纵向对称。当气缸数为奇数时，会出现一阶和更高阶次的自由惯性矩。在这些情况下，平衡重不再能将一阶自由惯性矩完全平衡。通过将两个旋转方向相反的力矩矢量相加，就能形象地表示出一阶自由惯性矩的形态（图8-23）。

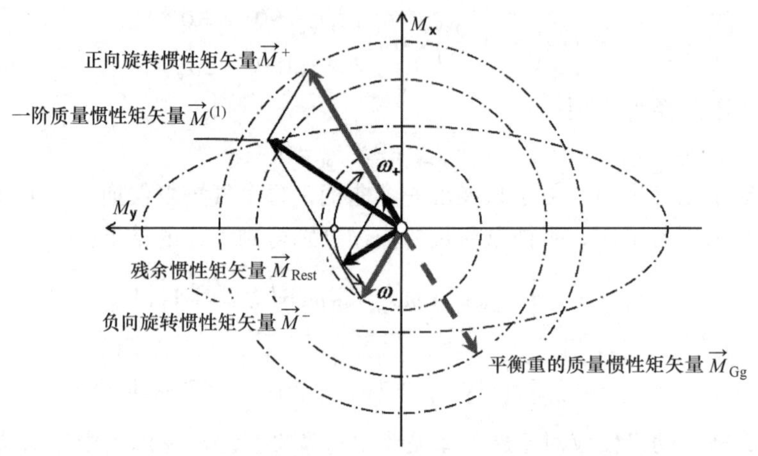

图8-23　一阶质量惯性矩以及由平衡重实现的用正、负旋转矢量表示的局部平衡

V形发动机同样从纵向对称性（至少在一阶惯性矩方面）获益。不过，这是一种特殊情况。在有些情况下，在不存在纵向对称的情况下，通过正交平衡，曲轴平衡重仍然能将一阶自由惯性矩彻底平衡（参见参考文献［8－1］）。这需要星形图为中心对称、V形夹角适合于曲柄夹角、曲拐结构，一般应具有必备的曲柄销偏置。在曲轴为中心对称式结构时，后者不会产生任何一阶惯性矩。

另一方面，惯性矩的平衡不应产生任何自由惯性力。现以直列5缸型发动机为例，来解释一阶自由惯性矩以及对点火顺序1－2－4－5－3（$(z-1)!/2=12$个点火顺序之一）的局部平衡问题。四冲程发动机的点火间隔为$\varphi_Z=4\pi/5=144$。点火顺序决定了下面的相位关系：

$$
\begin{aligned}
\varphi_1 &= \varphi \\
\varphi_2 &= \varphi - 144° \\
\varphi_4 &= \varphi - 2\times144° = \varphi - 288° \\
\varphi_5 &= \varphi - 3\times144° = \varphi - 432° \\
\varphi_3 &= \varphi - 4\times144° = \varphi - 576°
\end{aligned} \tag{8-44}
$$

合并这些相位关系式，一阶倾斜力矩$M_y^{(1)}$和纵向倾斜力矩M_x均可借助于曲轴曲拐距离图（图8-24，参考点是曲轴中心，假设顺时针力矩符号为正）求出：

$$M_y^{(1)} = (F_{mosz}^{(1)} + F_{mrot})a_z$$

$$\times\begin{bmatrix}2\cos\varphi+\cos(\varphi-144°)-\cos(\varphi-288°)\\-2\cos(\varphi-432°)\end{bmatrix}$$

$$M_y^{(1)}=(F_{mosz}^{(1)}+F_{mort})a_z(-0.3633\sin\varphi+0.2640\cos\varphi)\tag{8-45}$$

$$M_x=F_{mrot}a_z\begin{bmatrix}-2\sin\varphi-\sin(\varphi-144°)+\sin(\varphi-288°)\\+2\sin(\varphi-432°)\end{bmatrix}$$

$$M_x=-F_{mrot}a_z(0.2640\sin\varphi+0.3633\cos\varphi)\tag{8-46}$$

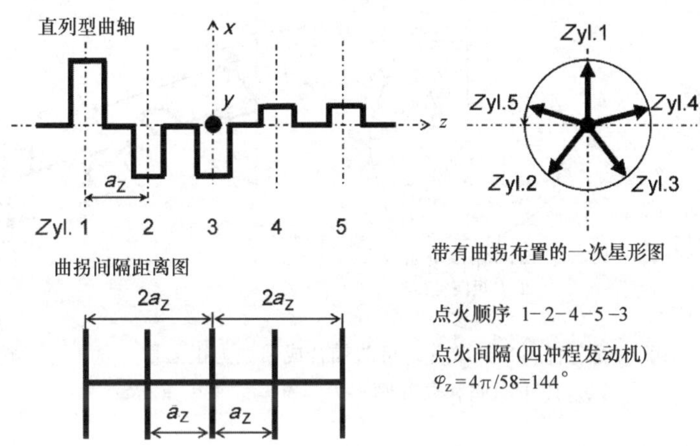

图 8-24　一台点火顺序为 1-2-4-5-3 的直列发动机的纵向不对称曲轴、一阶星形图和曲拐间距图

经验证明，至少需要平衡旋转质量惯性矩。这种做法被称为纵向和局部倾斜力矩补偿。由两个分量 M_y（$M_y^{(1)}$ 的旋转惯性力矩分量）和 M_x 组成的惯性矩矢量在曲轴的旋转方向恒速旋转，因而与平衡重完全平衡：

$$|\vec{M}|=\sqrt{M_y^2+M_x^2}=0.449F_{mrot}a_z=\text{常数}\tag{8-47}$$

尽管替代的点火顺序 1-5-2-3-4 能将二阶影响系数从 4.980 降低为 0.449，但是却会将一阶影响系数提高到 4.98，这样会形成目标的冲突。这样的结果也可以利用一阶和二阶星形图，使用矢量求和的图解法来获得（图 8-25）。力矩矢量的方向分量确定了力矩矢量相对于第一缸 TDC($\varphi_1=\varphi=0$)的相位角 β：

$$\tan\beta=\frac{M_y}{M_x}=-\frac{0.2640}{0.3633}=-0.7267$$

$$\beta=\arctan(-0.7267)=144°\tag{8-48}$$

动态平衡要将两个平衡重质量 m_{Gg1} 和 m_{Gg2} 固定到曲轴的两端，这两个平衡质量间隔距离分别为 a_{Gg1} 和 a_{Gg2}，方位角分别为 β_1 和 β_2，安装的方式应确保不会出现自由作用力和力矩。如果两个反向平衡质量 m_{Gg} 和杠杆臂 a_{Gg} 相同，并且中心对称式曲轴产生的惯性力互相平衡的话，那么，确定平衡力 F_{Gg} 和方位角 β_1 和 β_2 的数学表达式可进行如下简化：

$$\sum_i F_{xi} = 0 \quad \sum_i F_{yi} = 0 \quad \cos\beta_1 + \cos\beta_2 = 0$$

$$\sin\beta_1 + \sin\beta_2 = 0$$

$$\sum_i M_{yi} = 0 \quad F_{Gg}a_{Gg}(\cos\beta_1 - \cos\beta_2) + M_y = 0$$

$$\sum_i M_{xi} = 0 \quad F_{Gg}a_{Gg}(-\sin\beta_1 + \sin\beta_2) + M_x = 0 \tag{8-49}$$

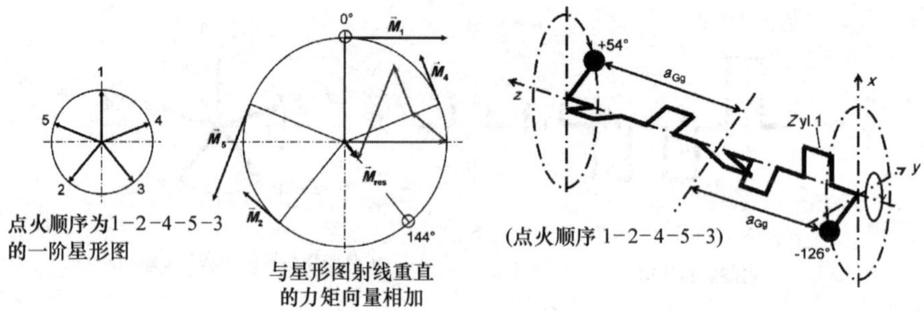

图 8-25　用图解法确定直列 5 缸型发动机曲轴合成惯性力矩矢量（这里是旋转惯性力）以及用于纵向和局部倾斜力矩补偿的平衡重布置

考虑式（8-45）和式（8-46）以及相对于第一缸 TDC 的关系（$\varphi_1 = \varphi = 0$），方程组（8-49）可得到下面的结果：

$$\tan\beta_1 = \frac{\sin\beta_1}{\cos\beta_1} = -\frac{M_x}{M_y} = \frac{0.3633}{0.2640} = 1.3761$$

$$\beta_1 = 54° \text{和} 234°(-126°) \tag{8-50}$$

必须选择 β_1，从而使平衡力变为正值。相应地，$\beta = 234°$［见式（8-51）］，而 $\beta_2 = 54°$（图 8-25）。平衡重质量 m_{Gg} 仍然由式（8-49）来确定，例如，惯性矩为 M_y，平衡重惯性力 F_{Gg}，曲柄半径为 r，平衡重重心半径 r_{Gg}：

$$F_{Gg} = \frac{-M_y}{2a_{Gg}\cos\beta_1} = \frac{-0.2640F_{mrot}a_z}{2a_{Gg}\cos234°}$$

$$m_{Gg} = 0.2246\,\frac{ra_z}{r_{Gg}a_{Gg}}m_{rot} \tag{8-51}$$

这样，尚未考虑到的往复惯性力会产生一个往复倾斜力矩的残余矢量。正交平衡会提供进一步改进，即将力矩矢量大小减半。这样，仅有一个以恒速转动的负值残余力矩矢量保留下来，再由一根合适的平衡轴对其进行彻底补偿。利用往复惯性力平衡度来控制主要方向的激发振动是常用做法。一个旋转残余力矩矢量可能引起发动机的突然倾斜。除非它有恒定的速度，否则其角速度同样会出现周期性变化。

另外，不均匀的气缸间隔也能对倾斜力矩进行补偿。由于气缸间隔不均匀会使发动机加长，因而很少被采用。表 8-2 归纳了具有实用意义的发动机的特征。

表 8-2 具有重要实际意义的发动机动态特性、自由惯性力影响系数、自由惯性矩影响系统和激振阶次

发动机	工作原理	α_v^a	φ_k^b	δ^c	常见点火顺序	无平衡时的质量惯性力影响系数[e] $C_F^{(1)}$ 和 $C_F^{(2)}$	采用正交平衡的质量惯性力影响系数[e] $CF^{(1)}$ 和 $C_F^{(2)}$	无平衡时的质量惯性矩影响系数[f] $C_M^{(1)}$ 和 $C_M^{(2)}$	采用正交平衡的质量惯性矩影响系数[f] $C_M^{(1)}$ 和 $C_M^{(2)}$	最重要的激振阶次[g]
直列2缸	二冲程	—	180°	—	1-2	(1):**0**(2):**2**	(1):**0**(2):**2**	(1):**1**(2):**0**	(1):**0.5**(2):**0**	1;2;3;… 0.5;1.5;2;2.5;…[h]
直列2缸	二冲程	—	360°	—	1-2	(1):**2**(2):**2**	(1):**1**(2):**2**	(1):**0**(2):**0**	(1):**0**(2):**0**	1;2;3;…
直列3缸	二冲程	—	120°	—	1-3-2	(1):**0**(2):**0**	(1):**0**(2):**0**	(1):**1.732**(2):**1.732**	(1):**0.866**(2):**1.732**	3;6;9;…
直列3缸	四冲程	—	240°	—	1-3-2	(1):**0**(2):**0**	(1):**0**(2):**0**	(1):**1.732**(2):**1.732**	(1):**0.866**(2):**1.732**	1.5;3;4.5;6;…
直列4缸	二冲程	—	90°	—	1-4-2-3 1-3-2-4 或1-3-4-2 1-2-4-3	(1):**0**(2):**0** (1)**0**(2):**0**	(1):**0**(2):**0** (1):**0**(2):**0**	(1):**1.414**(2)**4** (1):l**3.162**(2):**0**	(1):**0.707**(2):**4** (1):1.581(2):**0**	4;6;8;…
直列4缸	二冲程	—	180°	—	1-3-4-2 1-4-3-2	(1):**0**(2):**4**	(1):**0**(2):**4**	(1):**0**(2):**0**	(1):**0**(2):**0**	2;4;6;…
直列5缸	四冲程	—	144°	—	1-2-4-5-3 或 1-5-2-3-4	(1):**0**(2):**0** (1):**0**(2):**0**	(1):**0**(2):**0** (1):**0**(2):**0**	(1):**0.449**(2):**4.98** (1):**4.98**(2):**0.449**	(1):**0.225**(2):**4.98** (1):**0.225**(2):**0.449**	2.5;5;7.5;…
直列6缸	二冲程	—	60°	—	1-6-2-4-3-5 1-5-3-4-2-6	(1):**0**(2):**0**	(1):**0**(2):**0**	(1):**0**(2):**3.464**	(1):**0**(2):**3.464**	3;6;9;…

8.3.5 旋转惯性矩

旋转惯性矩产生绕着 z 轴（曲轴旋转轴线）旋转的作用。依据力学中的角动量原理，当存在一个质量惯性矩时，非匀速的旋转运动会产生转矩。连杆的角动量 $T_{Pl}=T_{Plosz}+T_{Plrot}$ 是不可忽略的：

$$T_{Plosz}=-\Theta_{Plosz}\dot{\psi}=-m_{Plosz}k_{Plosz}^2\dot{\psi} \tag{8-52}$$

$$T_{Plrot}=-\Theta_{Plrot}\dot{\psi}+m_{Plrot}r^2\omega=m_{Plrot}\ (-k_{Plrot}^2\dot{\psi}+r^2\omega) \tag{8-53}$$

式中 Θ_{Plosz} 和 Θ_{Plrot}——质量 m_{Plosz} 和 m_{Plrot} 的质量惯性矩；

k_{Plosz} 和 k_{Plrot}——相关回转半径（基准轴是活塞销轴线或曲柄销轴线）；

$\dot{\psi}$——回转角速度；

ω——曲轴的角速度；

r——曲拐回转半径。

引入相对于质心的连杆回转半径 k_{Pl} 和连杆质量 m_{Pl} 并代入式（8-24），应用平行移轴定理，得到如下结果：

$$m_{Plosz}[k_{Plosz}^2+(l_{Pl}-l_{Pl1})^2]+m_{Plrot}(k_{Plrot}^2+l_{Pl1}^2)=m_{Pl}k_{Pl}^2$$

$$m_{Plosz}k_{Plosz}^2+m_{Plrot}k_{Plrot}^2=m_{Pl}[k_{Pl}^2-l_{Pl1}(l_{Pl}-l_{Pl1})] \tag{8-54}$$

由于只有在转速变动时才相关，所以曲轴的角动量可相应地定义如下：

$$T_{KW}=\Theta_{KW}\omega=m_{KW}k_{KW}^2\omega \tag{8-55}$$

最终，借助于“简化”的质量惯性矩 Θ_{red1} 和 Θ_{red2}，“旋转惯量”的总角动量可以以下面的简化的方式来确定：

$$T_{ges}=\dot{\psi}\Theta_{red1}+\omega\Theta_{red2}$$

$$\Theta_{red1}=m_{Pl}[l_{Pl1}(l_{Pl}-l_{Pl1})-k_{Pl}^2]$$

$$\Theta_{red2}=m_{Pl}r^2\left(1-\frac{l_{Pl1}}{l_{Pl}}\right)+m_{KW}k_{KW}^2 \tag{8-56}$$

角动量的变化产生了旋转惯性矩：

$$M_z=-\frac{dT_{ges}}{dt}=-(\ddot{\psi}\Theta_{red1}+\dot{\omega}\Theta_{red2}) \tag{8-57}$$

式中 $\ddot{\psi}$——连杆回转的角加速度；

$\dot{\omega}$——曲轴转速变动时的角加速度（否则，$\dot{\omega}=0$）。

根据级数的展开式和基于时间 t 的二阶导数，由回转角 $\psi=\arcsin(\lambda_{Pl}\sin\psi)$ ［式（8-8）］可得出下面的回转角加速度：

$$\ddot{\psi}=-\lambda_{Pl}\omega^2(C_1\sin\varphi+C_3\sin3\varphi+C_5\sin5\varphi+\cdots)$$
$$+\lambda_{Pl}\dot{\omega}\left(C_1\cos\varphi+\frac{C_3}{3}\cos3\varphi+\frac{C_5}{5}\cos5\varphi+\cdots\right) \tag{8-58}$$

系数 C_i 是行程/连杆比 λ_{Pl} 的多项式：

$$C_1 = 1 + \frac{1}{8}\lambda_{Pl}^2 + \frac{3}{64}\lambda_{Pl}^4 + \cdots \approx 1$$

$$C_3 = -\frac{3}{8}\lambda_{Pl}^2 - \frac{27}{128}\lambda_{Pl}^4 - \cdots \approx -\frac{3}{8}\lambda_{Pl}^2$$

$$C_5 = \frac{15}{128}\lambda_{Pl}^4 + \frac{125}{1024}\lambda_{Pl}^6 + \cdots \approx \frac{1}{8}\lambda_{Pl}^4 \tag{8-59}$$

当简化的质量惯性矩［式（8-56），第二和第三行］变为零时，旋转惯性矩便被平衡。连杆的回转半径必须满足 $k_{Pl}^2 = l_{Pl1}(l_{Pl} - l_{Pl1})$ 这一要求。这一要求还可以通过在连杆小端和连杆小孔处补加小的质量来改善，但显然无法通过连杆重心距离 $l_{Pl1} > l_{Pl}$ 来满足。

8.3.6　借助于平衡轴进行平衡

平衡轴给发动机设计、开发和生产增加了额外的工作。因而，通常它们的应用被简化为对曲轴平衡重不能平衡的自由残余力和力矩进行补偿。因此，平衡轴被集成在曲轴箱内，并可作为动力输出装置以节省空间，它们由链条、齿轮或同步带来驱动。它们必须有长期的相位保真度，耐用，摩擦力小，并具有良好的声学特性。平衡轴必须可靠地安装在轴承上。以双倍发动机转速运转对二阶平衡提出了更高的要求。滑动轴承需要集成在润滑油路中。总体上，它们的配置既不应该产生自由力又不应该产生自由力矩。

8.3.6.1　借助于平衡轴进行惯性力平衡

平衡一个自由残余力矢量需要两根偏心轴，它们的（单侧的）偏心质量的位置应以曲轴的旋转轴线对称。这样，它们的合成惯性力矢量会抵消自由残余力矢量。下列不同情况应区别对待（图 8-26）：

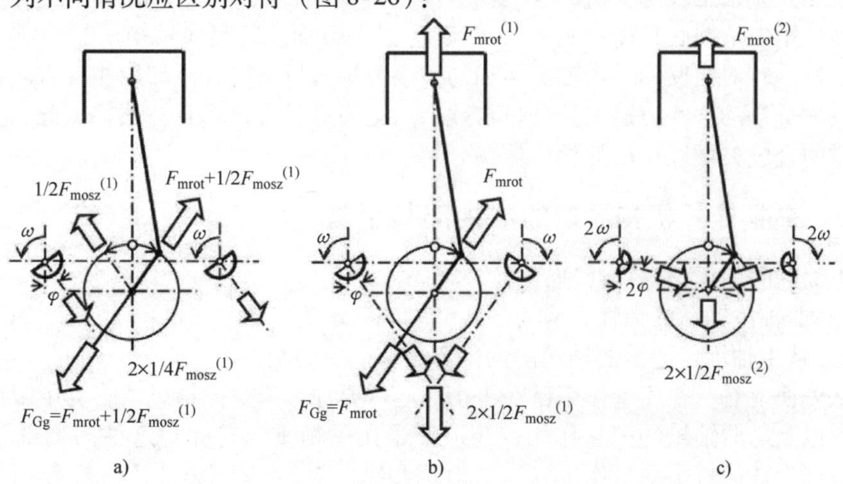

图 8-26　彻底平衡单缸曲柄连杆机构一阶自由惯性力的可选方法

a）采用两根平衡轴的正交平衡　b）用平衡重平衡旋转惯性力　c）平衡二阶惯性力

1）负值（反向）旋转一阶残余力矢量：为防止惯性矩而对称布置的两根偏心轴也要以曲轴转速反向旋转。

2）往复残余力矢量：镜面对称布置的偏心轴以曲轴转速（一阶）或二倍于曲轴转速反向旋转。Lanchester 系统（轴高度偏置）虽能将二阶自由力矩控制到一个有限的程度上，但只能在一个特别的工作点有效（图 8-27）。

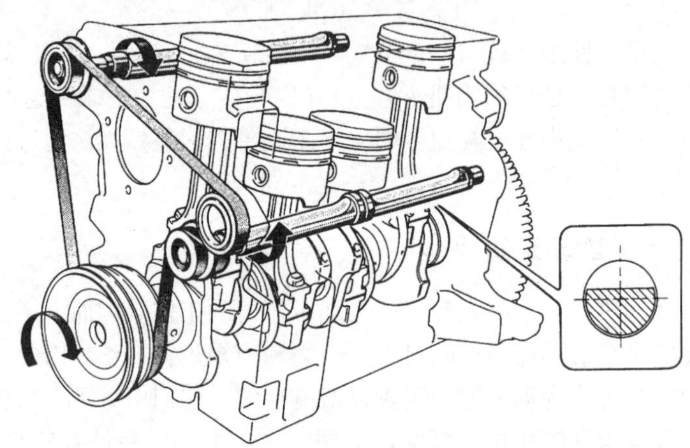

图 8-27　Lanchester 系统中平衡重的布置

（连同二阶自由惯性力的平衡一起，在某一工作点上还加入对二阶自由惯性矩的影响）

8.3.6.2　借助于平衡轴来平衡惯性矩

一根平衡轴能够平衡旋转自由残余力矩矢量。该平衡轴上有两个相间 180°并以最大距离间隔安装的偏心质量。由此产生的平衡惯性矩矢量会抵消残余力矩矢量。平衡重（反向）以曲轴转速反向旋转。一个以双倍转速旋转的二阶惯性矩也会出现在某些采用二阶平衡的 V 形发动机上。这已经意味着平衡重将正向旋转的一阶惯性矩矢量彻底平衡（见 8.3.4 节）。另一方面，往复惯性矩的平衡需要两根镜面对称、转向相反的平衡轴。增加与残余力矩矢量平行，但却以相反方向作用的力矩矢量分量。这些力矩矢量分量与残余力矩矢量垂直，相互补偿。因此，力矩矢量分量的合成矢量以相反的相位振荡。

8.3.7　曲柄连杆机构质量的“内部”平衡

下面的问题仍需等待处理：

1）曲轴主轴承的惯性力应力。

2）从主轴承传递给曲轴箱的内部弯矩所产生的激振。

从表面上看，在质量作用已经平衡而不需要加平衡重的情况下，为了限制曲轴的变形以及与曲轴箱的相互作用，还应该采用平衡重。对此，这种“内部”平衡重不应产生任何自由质量作用（中心对称和纵向对称）。另外，不存在任何普遍有效的平衡重布置规则。在每个曲轴连接板上，以便利的方式提供合适的平衡质量。对在这个过程中所获得的曲轴偏斜曲线的校正是极为重要的。

"内部"惯性矩表示非支承（即"在空间上自由漂浮"的）曲轴弯矩的纵向分布（图 8-28）。通常，对两个相互垂直的作用平面必须予以考虑。在"内部"弯矩作用下的曲轴自由偏斜是一个用来评价"内部"质量平衡优劣的假想的基准参数。没有中间主轴承支承时的"曲轴箱弯矩"也是很有趣的。图 8-28 以简单的四冲程直列 4 缸发动机为例，对此进行了说明。曲柄仅允许对一个平面进行分析。图 8-28 还绘出安装大小不同的平衡重质量时曲轴箱弯矩的简化情况。

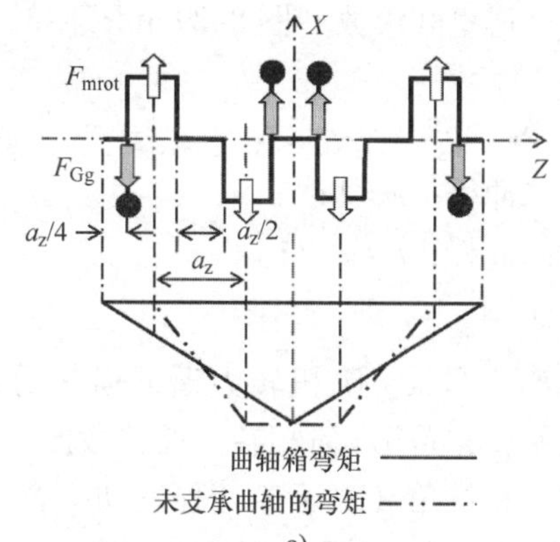

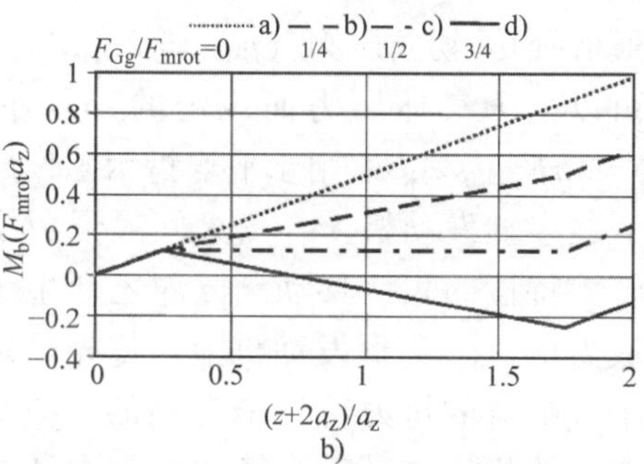

图 8-28　一根未支承曲轴的弯矩和一台直列 4 缸四冲程发动机曲轴箱的弯矩
a）纵向分布
b）不同内部质量平衡的曲轴箱弯矩

8.3.8　扭转力特性

8.3.8.1　惯性力引起的扭转力特性

随着曲轴转角的变化，扭转力 $F_t(\varphi)$ 会激发曲柄连杆机构的扭转振动（见 8.4 节）。式（8-4）用于计算有活塞作用力 F_K 引起的扭转力 F_t。在存在惯性力矩 F_{tmosz} 的情况下，活塞作用力被简化为振荡惯性力 F_{mosz}［式（8-1）］：

$$F_t \approx F_K\left(\sin\varphi + \frac{\lambda_{Pl}}{2}\sin2\varphi\right)$$

$$F_{tmosz} \approx \ddot{x}_K m_{osz} r\omega^2\left(\sin\varphi + \frac{\lambda_{Pl}}{2}\sin2\varphi\right) \tag{8-60}$$

插入往复惯性加速度 $\ddot{x}$［式（8-29）］，即引入一阶、二阶项，最后得到下列结果：

$$F_{tmosz} \approx m_{osz} r\omega^2 \times \left(\frac{\lambda_{Pl}}{4}\sin\varphi - \frac{1}{2}\sin2\varphi + \frac{3}{4}\lambda_{Pl}\sin3\varphi - \frac{\lambda_{Pl}}{4}\sin4\varphi\right) \tag{8-61}$$

除以活塞面积 A_K 可得到往复惯性力的切向压力 $p_{tmosz} = F_{tmosz}/A_K$。对于多缸发动机，在移相期间，有些阶次通过叠加而互相抵消，因而不会形成合成力矩。

8.3.8.2　气体作用力引起的扭转力特性

在存在气体力矩 F_{tGas} 的情况下，式（8-60 上）中的活塞作用力 F_K 由气缸内的气体作用力 $F_{tGas} = pz(\varphi)A_K$ 替代。由于气缸压力 $pz(\varphi)$ 曲线是周期性的，所以借助于谐波分析，可将气体力矩分解为谐波分量，见参考文献［8－52］，然后表示为一个傅里叶级数（图 8-29 和图 8-30）：

$$F_{\mathrm{tGas}}(t) = F_{\mathrm{tGas0}} + \sum_{m=1}^{m=n,i=m\kappa} \breve{F}_{\mathrm{tGasi}} \sin(i\omega t + \delta_{\mathrm{i}}) \tag{8-62}$$

二冲程：$\kappa=1$；

四冲程：$\kappa=/12$；

$m=1, 2, 3, \cdots, n$

$\hat{F}_{\mathrm{tGasi}}$是第 i 阶扭转力谐波激振分量的振幅；δ_{i} 是第 i 阶扭转力谐波激振分量的相关相位角（对于四冲程发动机，$i=1/2$ 是最低阶；对于二冲程发动机，$i=1$ 是最低阶）。切向压力（$p_{\mathrm{tGas}}=F_{\mathrm{tGas}}/A_{\kappa}$）也可以是为气体压力而规定的。另外，$p_{\mathrm{mi}}=2\pi F_{\mathrm{tGas0}}/A_{\mathrm{K}}$ 适用于平均指示工作压力。在多缸发动机上，点火间隔形成了扭转力特性的相位移动。叠加还产生了合成力矩。在 V 形发动机上，首先确定一个气缸对的扭力特性是有利的。在给定它们的相位关系后，气体作用力和惯性力矩的谐波可以按照求矢量和的方法进行叠加（参见参考文献［8－2］）。在四阶以上，惯性力矩小的可以忽略。

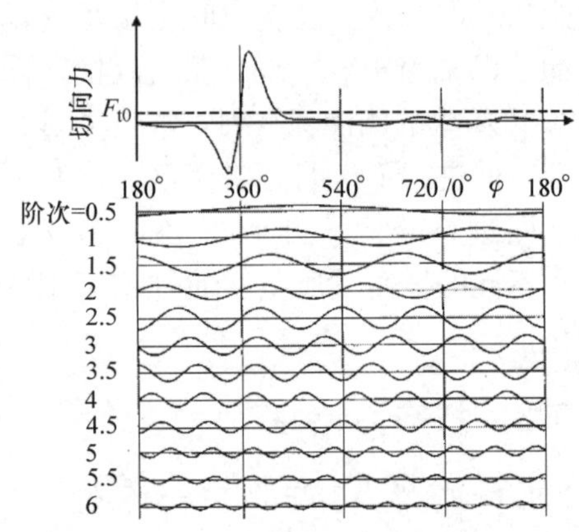

图 8-29　一台四冲程往复活塞式发动机的扭转力（切向力）F_t的谐波分量

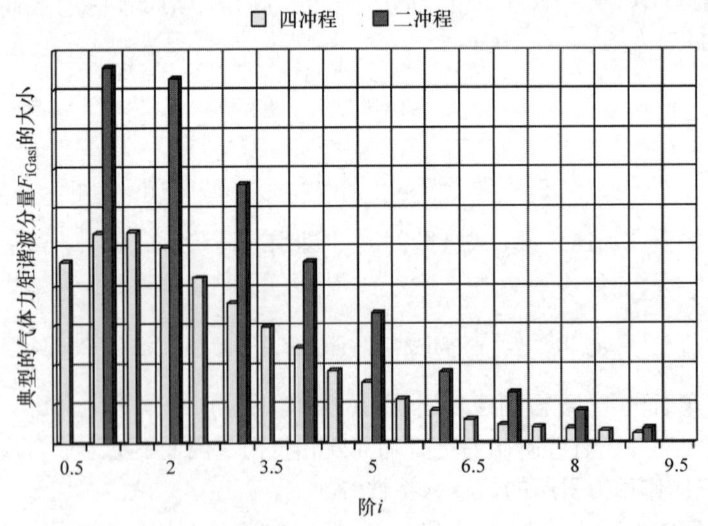

图 8-30　二冲程和四冲程发动机气体力矩 F_{tGasi}谐波振幅（根据参考文献［8－53］）

8.3.8.3　主、副激励器的阶次

更高阶次的气体力矩会激发扭转振动。与星形图类似，也有一些与扭转力谐波分量相对应的矢量图。具有主激励器某一阶 i_H 的矢量是同方向的（图 8-31）。当两个矢量位于一条线上但指向却相反，这些矢量就是一阶副激励器 i_N。与副激励器力矩大小不同，合成主激励器力矩的大小与点火顺序有关，因此，选择的点火顺序必须具有适当的优越性（要了解对此的规则，请参见参考文献［8－1］）。

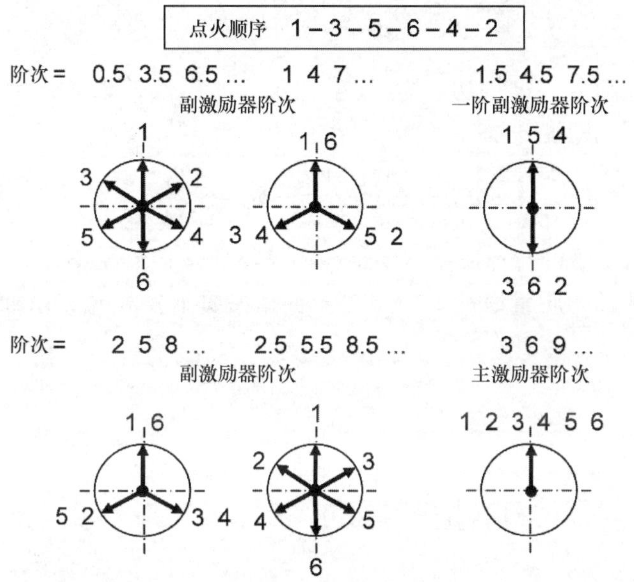

图 8-31　激振力矩矢量图（星形图）；一台点火顺序 1－3－5－6－4－2 的直列 6 缸四冲程发动机的主激励器阶次、一阶和其他的副激励器阶次

8.3.9　旋转运动的不规则性和飞轮参数

往复活塞式发动机的无规律的扭转力特性，会在一个工作循环内出现转速波动量 $\Delta\omega$。这个转速波动量与平均转速 $\bar{\omega}$ 之比称为循环不规则度 δ_U，$\delta_U \leqslant 10\%$：

$$\Delta\omega = \omega_{max} - \omega_{min}$$

$$\bar{\omega} = \frac{1}{2}(\omega_{max} + \omega_{min})$$

$$\delta_U = \frac{\Delta\omega}{\bar{\omega}} \tag{8-63}$$

一个工作循环期间所产生的内功 w_i（这里假设为一种四冲程发动机），与平均切向力 $\bar{pl}$ 和平均指示工作压力 p_{mi} 具有下面的关系：

$$W_i = 4\pi \bar{p}_t A_K r = 2p_{mi} A_K z r$$

$$\bar{p}_t = \frac{z}{2\pi} p_{mi} \tag{8-64}$$

式中 A_K——活塞面积；

r——曲柄回转半径；

z——气缸数。

引入相对于曲轴的曲柄连杆机构质量惯性矩 Θ_{ges}，在曲轴转角从 $\varphi1$ 变为 $\varphi2$ 的一个加速或减速（$\omega_1 \rightarrow \omega_2$）阶段的旋转动能的变化量为：

$$\frac{1}{2}(\omega_2^2 - \omega_1^2)\Theta_{ges} = A_K r \int_{\varphi_2}^{\varphi_1} [p_t(\varphi) - \bar{p}_t] d\varphi \tag{8-65}$$

因此，可以确定“过量功” $W_Ü$（根据定义，出现的最大正与负能量之差），并规定循环的不规则度 δ_U：

$$\omega_{max}^2 - \omega_{min}^2 = \frac{2W_Ü}{\Theta_{ges}} \rightarrow \delta_U = \frac{W_Ü}{\omega^2 \Theta_{ges}} \tag{8-66}$$

尤其是，可接受的怠速质量需要足够的飞轮质量惯性矩 Θ_{Schw}，飞轮质量惯性矩可以按照与曲轴的质量惯性矩 Θ_{KWges}（含相关质量）相互关系准确地计算（参见参考文献［8－2］）：

$$\Theta_{Schw} = \frac{W_Ü}{\omega^2 \delta_U} - \Theta_{KWges} \tag{8-67}$$

8.4 曲柄连杆机构的扭转振动

8.4.1 曲柄连杆机构的扭转振动初步讨论

一根扭转、弯曲并纵向具有弹性的曲轴以及曲轴组件的各个质量体构成了一个振动系统，这个系统在交变作用力、交变力矩和交变弯矩作用下会受到激发而振动。这样的振动会使曲轴和轴承形成额外的动应力（参见8.2.4节）。在出现共振的情况下，过大的振幅可能会引起组件疲劳失效。另外，曲柄连杆机构的振动是引起机体传播噪声激励的主要根源。现代发动机对每个曲轴曲拐提供中间轴承支承，使曲轴具有很短的主轴承间隔。结果，弯曲临界转速得到明显提高。尽管现实中所有的振动现象都是互相联系的，但是最初在曲柄连杆机构设计阶段，并没有将弯曲振动的重要性看得与扭转振动一样（为了获得有关的曲柄连杆机构振动，参见8.2.4.2节。参考参考文献［8－37］）。

8.4.2 曲柄连杆机构的动态当量模型

8.4.2.1 发动机和传动系统的当量模型

不规则的气体作用力和惯性力矩特性［式（8-61）和式（8-62）］，以及传动系统内变化的负荷力矩，会使往复活塞式发动机的曲柄连杆机构受到激发而出现扭转振动。振幅即曲柄连杆机构的弹性、动态扭转变形会与旋转运动相叠加。扭转振动的仿真可以用于发动机本身（曲柄连杆机构，包括飞轮），或者包含带有或不带有分支系统的整个动力系统（发动机、工作机、插入的传动系统、传动轴等），见图 8-32。

在分析的频率范围内，一个传统的飞轮（与双质量飞轮不同）由于它的巨大质量惯性，相当于与传动系统的其余部分之间广泛去耦。这时候的发动机隔离分析才是有效的。常用的等效扭转振动模型是弹性耦合多自由度系统（参考文献[8-54]）。等效旋转质量安装在无质量的等效直轴上。曲柄连杆机构的每个曲拐都有一个等效旋转质量，飞轮加在上面。整个动力系统的简化等效模型已经很成熟。

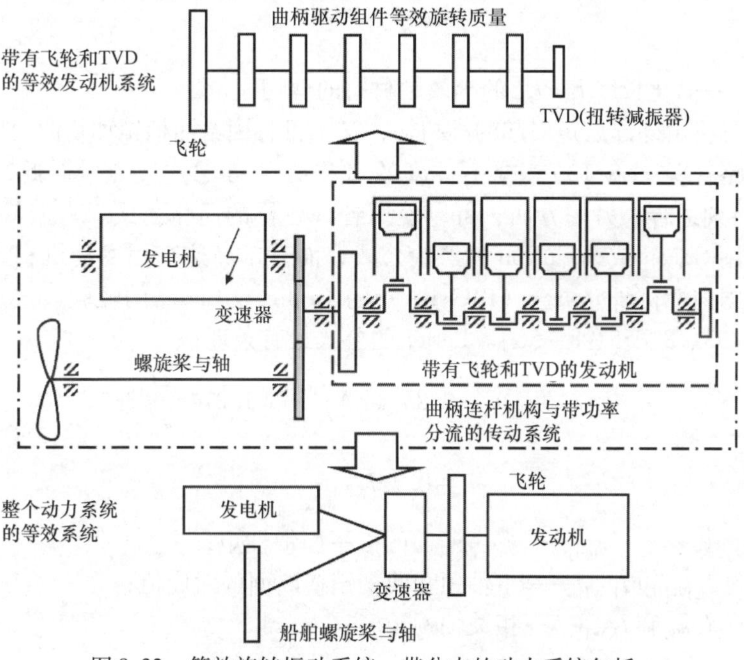

图 8-32　等效旋转振动系统。带分支的动力系统包括发动机与飞轮、变速器、发电机和传动轴与螺旋桨

8.4.2.2　质量和长度的简化

通过简化长度和质量可确定各轴段的等效长度 l_{red} 和其间装入的等效旋转质量 Θ_{red}。质量简化的依据是等效模型的等效动能原理：

$$\frac{1}{2}\Theta_{\mathrm{rad}}\omega^2 = \frac{1}{2}m_{\mathrm{rot}}r^2\omega^2 + \frac{1}{2}m_{\mathrm{osz}}\dot{x}_{\mathrm{K}}^2 \tag{8-68}$$

式中符号含义参见 8.3.2 节。

与旋转质量不同，在往复活塞式发动机上，往复质量和等效旋转质量（质量惯性矩）Θ_{red} 的动能随曲拐转角 φ 而变化：

$$\Theta_{\mathrm{red}}(\varphi) = r^2\left[m_{\mathrm{rot}} + m_{\mathrm{osz}}\left(\sin\varphi + \frac{\lambda_{\mathrm{Pl}}\sin\varphi\cos\varphi}{\sqrt{1-\lambda_{\mathrm{Pl}}^2\sin^2\varphi}}\right)^2\right] \tag{8-69}$$

这里需要使用一个代表值。一般情况下这个代表值可用弗拉姆公式（Frahm's formula）求出：

$$\overline{\Theta}_{red}=r^2\left(m_{rot}+\frac{1}{2}m_{osz}\right) \tag{8-70}$$

将长度简化以至于一个等效轴段的扭转弹性变形与曲轴的一个曲拐（实际上，一个曲拐由两个主轴颈、曲柄销和两个曲轴连接板组成）的长度 l_{red} 相对应。这必然建立一种与主轴颈极平面惯性矩之间的关系 $I_{red}=I_{KWG}$。对称曲轴的等效扭转弹簧刚度 c 见式（8-71）：

$$c=G\frac{I_{red}}{l_{red}} \tag{8-71}$$

式中　G——简化长度 $l_i=l_{red}$ 的等效轴材料的剪切模量。

既不可将由外部力矩引起的纯扭转，又不可将因给曲柄销加切向力所引起的额外变形忽略（见图8-12）。减小长度的过程必须考虑这一点。对此，有限元法（FEM）特别适合。另一方面，可以使用各种各样的简化公式。大型低速柴油机，在继续使用 Geiger 或 Seelmann 的经验公式，而对于高速车用发动机和飞机发动机可使用英国内燃机研究协会（BICERA）的 Tuplin 或 Carter 的经验公式。参见参考文献［8-53、8-55、8-56］。Carter 的公式最有条理：

$$l_{red}=(l_{KWG}+0.8h_{KWW})\frac{I_{red}}{I_{KWG}}+1.274r\frac{I_{red}}{I^*_{KWW}}+0.75l_{KWH}\frac{I_{red}}{I_{KWH}} \tag{8-72}$$

式中　I_{ted}——参考断面的极平面惯性矩；

I_{KWG} 和 I_{KWH}——主轴颈和曲柄销横断面的对应值；

l_{KWG} 和 l_{KWH}——相关轴颈长度；

$I^*_{KWW}=\frac{h_{KWW}}{12}$（！）——一个代表性（平均）的曲轴连接板横断面的赤道平面惯性矩（$I^*_{KWW}\perp I_{KWW}$）；

r——曲拐回转半径（见图8-13）。

8.4.2.3　变速器的简化

一个具有变速器的动力系统可以简化成一个具有一根连续轴和各个旋转质量的等效系统。先决条件是势能和动能等效。参考轴（通常为曲轴）与真实系统相符，如式（8-73）和式（8-74），利用变速器传动比 i（不要与指数 i 混淆）将旋转质量 Θ_i 和扭转刚度 c_i 简化为参考轴（图8-33）：

$$\frac{1}{2}\Theta_i\omega_2^2=\frac{1}{2}\Theta_{ired}\omega_1^2\quad i=\frac{\omega_2}{\omega_1}=\frac{n_2}{n_1}=\frac{r_1}{r_2}\quad \Theta_{ired}=i^2\Theta_i \tag{8-73}$$

$$\frac{1}{2}c_i\vartheta_{i2}^2=\frac{1}{2}c_{ired}\vartheta_{i2}^2\quad i=\frac{\vartheta_{i2}}{\vartheta_{i1}}\quad c_{ired}=i^2c_i \tag{8-74}$$

图 8-33 中含有正文中没有解释的公式符号。变速器的旋转质量必须按照下面的原理并入等效质量 Θ_{Gred}（指数“1”表示参考轴，指数“2”表示齿轮轴）：

$$\Theta_{\mathrm{Gred}} = \Theta_{\mathrm{G1}} + i^2\Theta_{\mathrm{G2}} \quad (8\text{-}75)$$

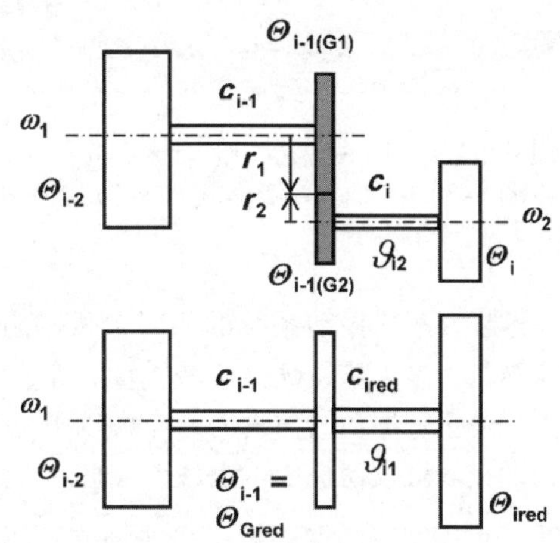

图 8-33　一个带有变速机构的真实旋转振动系统简化为一个带有一根连续轴的等效系统

8.4.2.4　往复活塞式发动机的阻尼

不同类的阻尼对曲柄连杆机构的扭转振动的影响存在天壤之别。摩擦损失和边际油流失以及飞溅润滑油损失都会从外部产生阻尼，而材料性能以及组合曲轴的接头处会从内部产生阻尼。常见的阻尼损失形式呈线性，并与速度成比例。由于外部摩擦随着发动机的工作状态（润滑油温度）和工作时间（曲柄连杆机构零件磨损、润滑油老化等）而变化，所以在阻尼矩阵 K 中插入现实的系数（见 8.4.2.5 节）已经被证明是困难的。严格地讲，内部阻尼也是扭转角的函数。另外，两个分量都是频率和速度的函数。因此，常常习惯于采用在测量与仿真进行比较后获得的经验值。一种常用的方法与振动方程系的去耦有密切的联系（见 8.4.3.3 节）。下面的表达式适用于阻尼矩阵 K 的外部和内部阻尼分量 K_{a} 和 K_{i}［8 –54］：

$$\boldsymbol{K} = \boldsymbol{K}_{\mathrm{a}} + \boldsymbol{K}_{\mathrm{i}} = \alpha\boldsymbol{\Theta} + \beta\boldsymbol{C} \quad (8\text{-}76)$$

式中的比例系数 α 表示相对于旋转质量矩阵 $\boldsymbol{\Theta}$ 的外部阻尼，β 表示相对于刚度矩阵 $\boldsymbol{C}$ 的内部阻尼。

8.4.2.5　振动方程和参数

一个等效旋转振动模型是一个由 n 个旋转质量和 $n-1$ 个自然振动频率和自然振型所组成的系统（图 8-34）。节点数等于自然振型的层级。由于其他的临界速度都在工作速度范围之上，因此，仅考虑第一自由度振动的模式与唯一的一个节点常常足够。

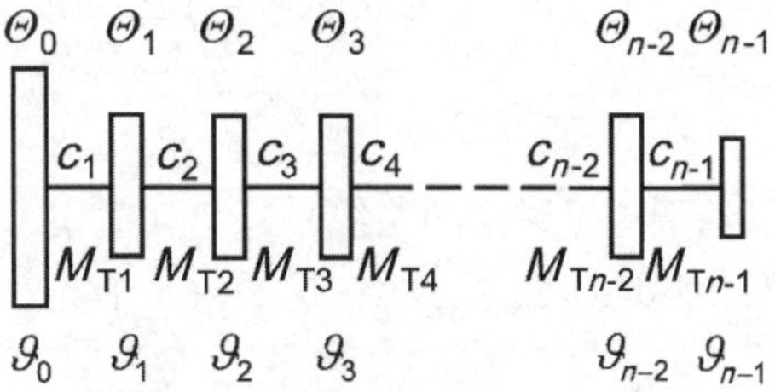

图 8-34　未被合并衰减的曲轴组件的扭转振动等效模型

根据角动量原理可得到各个旋转质量 Θ_{i} 的角加速度 $\ddot{\vartheta}_{\mathrm{i}}$：

$$\Theta_{\mathrm{i}}\ddot{\vartheta}_{\mathrm{i}} = M_{\mathrm{Ti+1}} - M_{\mathrm{Ti}} \quad (8\text{-}77)$$

$$M_{\mathrm{Ti+1}}=c_{\mathrm{i+1}}(\vartheta_{\mathrm{i+1}}-\vartheta_{\mathrm{i}})$$

$$i=0,1,\cdots,n-1 \quad M_{\mathrm{T0}}=M_{\mathrm{Tn}}=0 \quad c_{\mathrm{n}}=0 \tag{8-78}$$

后者是作用于旋转质量两侧上的扭矩所产生的扭矩。被分析轴段的扭矩 $M_{\mathrm{Ti+1}}$ 与相邻等效旋转质量的扭转角之差 $\vartheta_{\mathrm{i+1}}-\vartheta_{\mathrm{i}}$ 成比例。常数 $c_{\mathrm{i+1}}$ 是扭转弹性刚度。像在图8-34中那样，依据式（8-77）和式（8-78）可以建立一个微分方程：

$$\boldsymbol{\Theta}\ddot{\boldsymbol{\vartheta}}+\boldsymbol{C}\boldsymbol{\vartheta}=0 \tag{8-79}$$

这样，忽略振动系统的相对较低的阻尼后，便能确定最常见的变量。$\ddot{\vartheta}$ 和 ϑ 均应被认为是矢量，$\boldsymbol{\Theta}$ 是旋转质量矩阵，而 $\boldsymbol{C}$ 是刚度矩阵。

强迫扭转振动的仿真需要考虑以阻尼矩阵 K 和激发力矩矢量 $\boldsymbol{M}_{\mathbf{E}}(t)$ 形式的阻尼，即在多缸发动机中考虑各个气缸的贡献（图8-35）。使用时必须注意各缸相位关系（点火间隔和点火顺序）。阻尼矩与振动速度 $\ddot{\vartheta}$ 成正比，在这里也被认为是一个矢量：

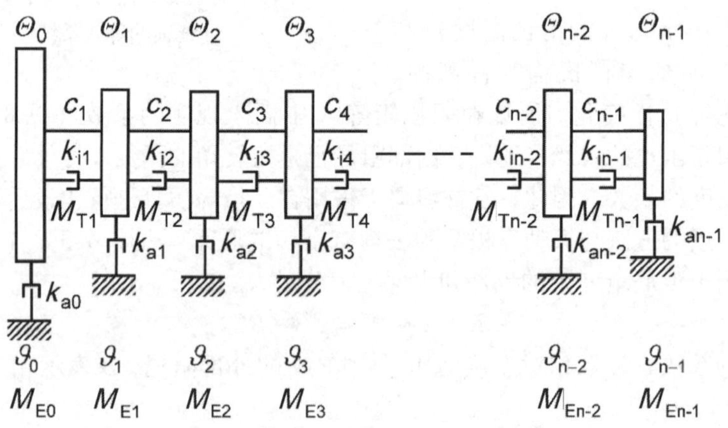

图8-35　加入内、外阻尼的曲柄连杆机构的扭转振动等效模型

$$\boldsymbol{\Theta}\ddot{\boldsymbol{\vartheta}}+\boldsymbol{K}\dot{\boldsymbol{\vartheta}}+\mathbf{C}\boldsymbol{\vartheta}=\boldsymbol{M}_{\mathbf{E}}(\boldsymbol{t}) \tag{8-80}$$

基于这里讨论的系统，可建立适用于具有四个仍然可控的等效旋转质量的等效模型，其运动微分方程在扩展为 n 个等效旋转质量后呈现为下列形式：

$$\begin{bmatrix}\Theta_0 & 0 & 0 & 0\\ 0 & \Theta_1 & 0 & 0\\ 0 & 0 & \Theta_2 & 0\\ 0 & 0 & 0 & \Theta_3\end{bmatrix}\begin{bmatrix}\ddot{\vartheta}_0\\ \ddot{\vartheta}_1\\ \ddot{\vartheta}_2\\ \ddot{\vartheta}_3\end{bmatrix}+\begin{bmatrix}k_{00} & k_{01} & 0 & 0\\ k_{10} & k_{11} & k_{12} & 0\\ 0 & k_{21} & k_{22} & k_{23}\\ 0 & 0 & k_{32} & k_{33}\end{bmatrix}\begin{bmatrix}\dot{\vartheta}_0\\ \dot{\vartheta}_1\\ \dot{\vartheta}_2\\ \dot{\vartheta}_3\end{bmatrix}$$

$$+\begin{bmatrix} c_{00} & c_{01} & 0 & 0 \\ c_{10} & c_{11} & c_{12} & 0 \\ 0 & c_{21} & c_{22} & c_{23} \\ 0 & 0 & c_{32} & c_{33} \end{bmatrix}\begin{bmatrix} \vartheta_0 \\ \vartheta_1 \\ \vartheta_2 \\ \vartheta_3 \end{bmatrix}=\begin{bmatrix} M_{E0}(t) \\ M_{E1}(t) \\ M_{E2}(t) \\ M_{E3}(t) \end{bmatrix} \tag{8-81}$$

激发力矩来自与气体作用力和惯性力相关的力矩的叠加（见 8. 3. 8 节）。

当对多缸发动机的整个动力系统进行分析时，作为激发力矩矢量的一个分量，一个合成激发力矩及其相关谐波分量肯定会形成。这就产生了与各个气缸移相激发力矩相同的激发功（参见参考文献［8－2］）。此外，系统各元件的特别的负荷和摩擦力矩是有关矢量的构成要素。8. 4. 2. 4 节已经对内、外阻尼作了区分（式（8-76）是对此的常用表达式）。考虑图 8-35 中所呈现的关系，下面的计算规则适用于阻尼矩阵系数 k_{ij} 和刚度矩阵系数 c_{ij}：

$$\begin{aligned} &k_{00}=k_{a0}+k_{i1} &&c_{00}=c_1 \\ &k_{11}=k_{i1}+k_{a1}+k_{i2} &&c_{11}=c_1+c_2 \\ &k_{22}=k_{i2}+k_{a2}+k_{i3} &&c_{22}=c_2+c_3 \\ &k_{33}=k_{i3}+k_{a3} &&c_{33}=c_3 \\ &k_{01}=k_{10}=-k_{i1} &&c_{01}=c_{10}=-c_1 \\ &k_{12}=k_{21}=-k_{i2} &&c_{12}=c_{21}=-c_2 \\ &k_{23}=k_{32}=-k_{i3} &&c_{23}=c_{32}=-c_3 \end{aligned} \tag{8-82}$$

8. 4. 3　扭转振动仿真

8. 4. 3. 1　运动微分方程的求解

解齐次微分方程（8-79）可得到振动系统的常用参数：

1）自然角频率 ω_{0k}。

2）相关自然振型，即扭转角 $\hat{\vartheta}_{ek}$ 和扭转力矩 $\hat{M}_{Tek}$ 的振幅。

自然振型可以以相对于 Θ_0 或 Θ 最大值的等效旋转质量的相对（标准化）扭转振动振幅，以及它们的数目和节点位置的形式描述。非齐次微分方程式（8-81）分两步求解：

1）用相关的相位关系 $\beta_{ij}(\omega)$ 和传输因数 γ_{ij} 确定幅频响应 $\alpha_{ij}(\omega)$。

2）确定作用有激发力矩的各个轴段的扭转角 $\vartheta_i(t)$ 和扭矩 $M_{Ti}(t)$。

无分支和带分支的方程的特征参数有刚度系数和以主对角线对称排列的阻尼矩阵。无分支方程系的带形结构特别引人注目［式（8-81）］。现在正在选择合适的算法，开发求解上述矩阵。作为下面将要解释的特征值问题的解，提供了最常见的变量。特别是，为了求解方程，可用下面的算法：

1）行列式法。

2）Holzer－Tolle 法。

3）转移矩阵法。

后两种方法的唯一区别是它们的数学表达式。它们应该仅适用于无分支方程系。下面将简短介绍前两种方法。为了完成适当离散的曲柄连杆机构结构的模态分析，可以采用有限元法（FEM）。

1. 行列式法

对于方程（8-85），式（8-83）的解法会产生式（8-84）的特征值问题。

$$\vartheta = \hat{\vartheta}\cos\omega t \tag{8-83}$$

$$(\mathrm{C} - \omega^2 \Theta)\hat{\vartheta} = 0 \tag{8-84}$$

方程（8-84）只有在下列情况下才有非零解：

$$\det(\mathrm{C} - \omega^2 \Theta) = 0 \tag{8-85}$$

行列式的计算会产生特征性的第 n 次 $P_n(\omega)$ 的多项式，它的零表示自然角频率 ω_{0k}，$k=0, 1, 2, \cdots, n-1$，（$\omega_{00}=0$ 是刚体运动部分，其零自然振型对于每个自由度都有同样的大振幅）。一旦插入一个特定的自然角频率 ω_{0k}，那么方程（8-85）的解会形成第 k 次 $\hat{\vartheta}_{ek}$。其 n 个分量即等效旋转质量的扭转振幅可用标准的形式表达出来，这是因为方程的解是线性相关的（图8-36）。相应的矢量 $\hat{M}_{Tek}$ 的 $n-1$ 个标准化扭矩振幅可用式（8-78）计算出来。常见的数学软件都带有求解这样的方程的方法。

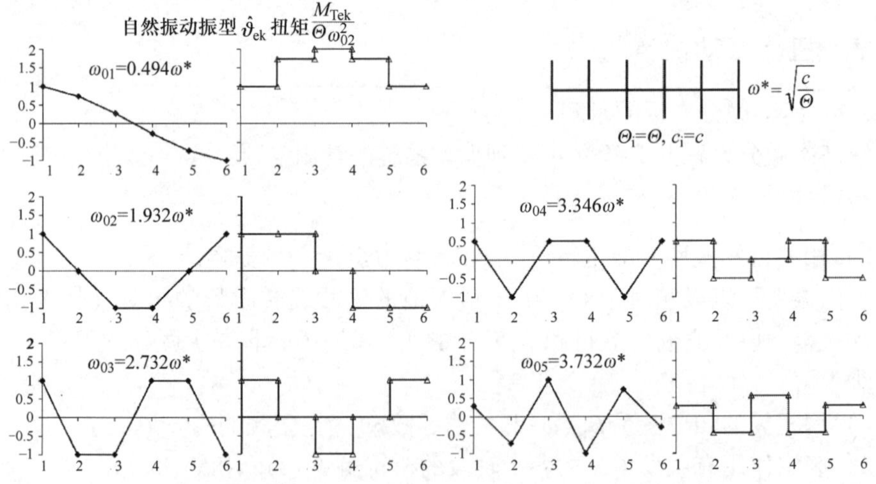

图8-36 一种具有六自由度的扭转振动系统的热自然振动振型（振幅标准化）和各轴段的有关标准化扭矩

2. Holzer－Tolle 法

一旦插入式（8-86）的语句之后，式（8-77）和式（8-78）会呈现为式（8-87）的形式。

$$M_{\mathrm{Ti}} = \hat{M}_{\mathrm{Ti}}\cos\omega t \quad \vartheta_{\mathrm{i}} = \hat{\vartheta}_{\mathrm{i}}\cos\omega t \quad i=0,\ 1,\ \cdots,\ n \tag{8-86}$$

$$\hat{M}_{\mathrm{Ti+1}} = -\Theta_{\mathrm{i}}\omega^2 \quad \hat{\vartheta}_{\mathrm{i}} + \hat{M}_{\mathrm{Ti}}$$

$$\hat{\vartheta}_{\mathrm{i+1}} = \hat{\vartheta}_{\mathrm{i}} + \frac{1}{c_{\mathrm{i+1}}}\hat{M}_{\mathrm{Ti+1}} \tag{8-87}$$

初始值为 $M_{\mathrm{T0}}=0$ 而任何 $\hat{\vartheta}_0=1$（举例）。这种递推式方法很适合于编程。角频率的起始值例如为 $\omega=0$。那么，从一个计算环路到另一个计算环路，角频率会按照一个适当增量 $\Delta\omega$ 不断增加。如果“残余扭矩”满足条件 $\hat{M}_{\mathrm{Tn}}=0$，那么，$\omega=\omega_{0\mathrm{k}}$。当“自动斜坡”离开 ω，最终发现 $k=n-1$ 自然角频率时，程序终止计算。计算还必然输出特征矢量 $\hat{\vartheta}_{\mathrm{ek}}$ 和 $\hat{M}_{\mathrm{Tck}}$ 的分量。

8.4.3.2　确定频率响应

传递函数 $H(\omega)$ 是描述一个系统的动态输入与随角频率 ω 而变化的输出变量之间的关系的一个系数。作为系统响应，扭转振动振幅 $\hat{\vartheta}$ 与激发转矩 $\hat{M}_{\mathrm{E}}$ 相关联。对于任何谐振激发力矩 $\hat{M}_{\mathrm{E}}(t)$，使用数学上的复数记法和欧拉公式并为扭转角 $\vartheta(t)$ 选择一个模拟表，这是方便做法：

$$M_{\mathrm{E}}(t) = \hat{M}_{\mathrm{E}}(\cos\omega t + \mathrm{j}\sin\omega t) = \hat{M}_{\mathrm{E}}e^{\mathrm{j}\omega t} \quad \vartheta(t) = \hat{\vartheta}e^{\mathrm{j}\omega t} \tag{8-88}$$

这样，非齐次微分方程（8-80）可呈现为下列形式：

$$\hat{\vartheta}(-\Theta\omega^2 + \mathrm{j}\omega K + C) = \hat{\vartheta}B = \hat{M}_{\mathrm{E}}$$

$$\hat{\vartheta} = B^{-1}\hat{M}_{\mathrm{E}} \quad B^{-1} = H(\mathrm{j}\omega) \tag{8-89}$$

$B^{-1}=H(\mathrm{j}\omega)$ 即逆矩阵 $\boldsymbol{B}$ 是带有复数元素 $H_{\mathrm{ij}}(\mathrm{j}\omega)$ 的传递函数的矩阵（必须将指数 j 与使用相同符号表示的复数虚部 $j=\sqrt{-1}$ 相区别）：

$$H_{\mathrm{ij}}(j\omega) = \gamma_{\mathrm{ij}}\alpha_{\mathrm{ij}}(\omega)e^{-\mathrm{j}\beta_{\mathrm{ij}}(\omega)} \quad i,\ j=0,\ 1,\ \cdots,\ n-1 \tag{8-90}$$

这些传递函数可用于计算点 j 处的激发力矩所引起的点 i 处的等效旋转质量的幅频响应 $\alpha_{\mathrm{ij}}(\omega)$ 和相关的相位移动 $\beta_{\mathrm{ij}}(\omega)$：

$$\alpha_{\mathrm{ij}}(\omega) = \frac{1}{\gamma_{\mathrm{ij}}}|H_{\mathrm{ij}}(\mathrm{j}\omega)| = \frac{1}{\gamma_{\mathrm{ij}}}H_{\mathrm{ij}}(\omega)$$

$$\beta_{\mathrm{ij}}(\omega) = -\arctan\frac{\mathrm{Im}\{H_{\mathrm{ij}}(\mathrm{j}\omega)\}}{\mathrm{Re}\{H_{\mathrm{ij}}(\mathrm{j}\omega)\}} \tag{8-91}$$

变量 γ_{ij} 是传输因数。图 8-37 给出了一个二自由度系统在带有阻尼和不带阻尼的两种情况下的幅频响应 $\alpha_{\mathrm{ij}}(\Omega)$ 的一个例子和示意图。

8.4.3.3　确定强迫扭转振动的振幅

选取类似于式（8-62）的一段语句作为起点：

$$M_{\mathrm{Ej}}(t) = \sum_{q=1}^{q=m,\ n=q\kappa}\hat{M}_{\mathrm{Ejn}}\cos(n\omega_{\mathrm{t}}+\delta_{\mathrm{jn}}) \quad \begin{array}{l}\text{二冲程}:\kappa=1\\ \text{四冲程}:\kappa=1/2\\ q=1,2,3,\cdots,m\end{array} \tag{8-92}$$

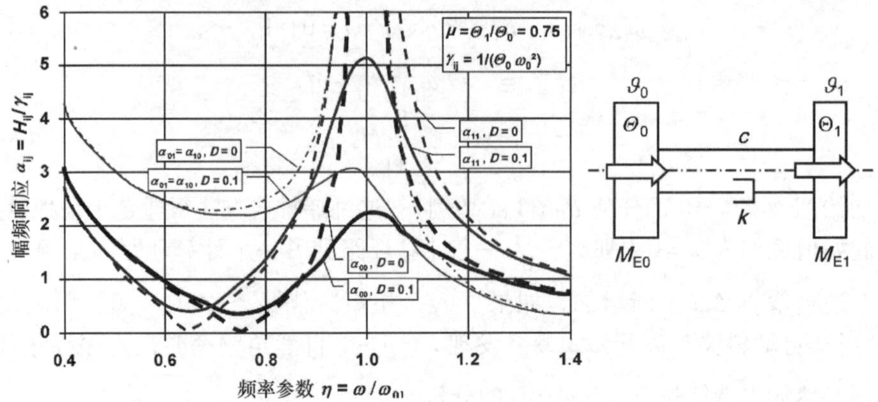

图 8-37　一个带有和不带有阻尼的二自由度系统的旋转质量 Θ_0 和 Θ_1 相对于激发转矩 M_{E0}（t）和 M_{E1}（t）的幅频响应 $\alpha_{00}(\omega)$、$\alpha_{11}(\omega)$和 $\alpha_{01}(\omega)$示意图

对于 j 点处同时作用的发动机 n 阶谐波激发力矩（见 8.3.8 节），通过叠加（对各个项相加）可以计算 i 点处等效质量的扭转角：

$$\vartheta_i=\sum_{j=0}^{l-1}\vartheta_{ij}=\sum_{j=0}^{l-1}\sum_{q=1}^{q=m,\ n=q\kappa}H_{ij}(n\omega)\hat{M}_{Ejn}\cos[n\omega t+\delta_{jn}-\beta_{ij}(n\omega)]\tag{8-93}$$

当另一个随机谐波激发出现在动力系统内时，式（8-92）和式（8-93）中的激发角频率 $n\omega$ 必须用 $n\omega_j$ 替代。那么，$\kappa=1$ 适用。另一方面，用傅里叶变换也可以很容易地计算扭转角分量 ϑ_{ij}：

$$\vartheta_{ij}(j\omega)=H_{ij}(j\omega)M_{Ej}(j\omega)\tag{8-94}$$

为了描述动态系统特性，还可以参考完全去耦方程来替代复杂的传递函数。借助于最常见的变量，方程（8-80）通过本征矢量的矩阵 ϑ_e 变换成模态坐标 ξ（叫做主坐标），并乘以转置向量 ϑ_e^T：

$$\vartheta=\vartheta_e\xi$$

$$(\dot{\vartheta}=\vartheta_e\dot{\xi}\quad\ddot{\vartheta}=\vartheta_e\ddot{\xi})\tag{8-95}$$

$$\vartheta_e^T\xi\vartheta_e^T\ddot{\xi}+\vartheta_e^TK\vartheta_e\dot{\xi}+\vartheta_e^TC\vartheta_e\xi=\vartheta_e^TM_E(t)\tag{8-96}$$

将方程去耦的改写式［式（8-95）］仅仅引向实现 $\boldsymbol{K}=0$ 的目标［8-54］。结果，系统参数矩阵 $\vartheta_e{}^T\Theta\vartheta_e$ 和 $\vartheta_e{}^TC\vartheta_c$ 会变成“对角”矩阵。它们仍然在主对角线上只有模态（通用化）系数。方程（8-76）后面的信息必须用于阻尼矩阵 $\vartheta_e{}^T\boldsymbol{K}\vartheta_e$，以确保阻尼去耦。这样，对于 $k=1$ 到 $n-1$ 的自然振型，一个单自由度模态系统存在一些独立的易解的方程：

$$\Theta_k^*\ddot{\xi}_k+k_k^*\dot{\xi}_k+c_k^*\xi_k=M_{Ek}^*(t)\tag{8-97}$$

$$\Theta_k^*=\vartheta_{ek}^T\Theta\vartheta_{ek}\quad k_k^*=\vartheta_{ek}^TK\vartheta_{ek}$$

$$c_k^*=\vartheta_{ek}^TC\vartheta_{ek}\quad M_{Ek}^*(t)=\vartheta_{ek}^TM_{Ek}(t)\tag{8-98}$$

这样，利用模态阻尼 $D_k = k_k^* / (2\Theta_k^* \omega_k)$ 求解谐振振幅是可能的。按照式（8-95 的第一行）的逆变换可输出点 i 处的旋转质量 Θ_i 的扭转振动振幅：

$$\vartheta_i(t) = \sum_{k=1}^{n-1} \vartheta_{eik} \xi_k(t) \tag{8-99}$$

各轴段中的相关扭矩还可以按照式（8-78）进行计算。

图 8-38 给出了反映点火顺序对激发扭转振动的影响的另一个重要的例子。8.4.2.5 节中已经提到，一台直列 6 缸型发动机是一个重要阶次的等效激发力矩的例子。当简化计算后，这些重要阶次的激发力矩打算作为点 j 处的 n 阶激发力矩 $\hat{M}_{Ejn}$ 的等效物，并假想地作用于轴的自由端。所分析的自然振型的相对扭振振幅必须绘制在阶次分析星形图的射线方向上。对矢量求和可输出合成矢量。最后，它的值必须再乘以相应的扭转力谐波幅值和曲轴回转半径。图 8-38 对这样的等效激发力矩的相关振幅以及相关临界转速进行了比较（依据参考文献［8-2］）。

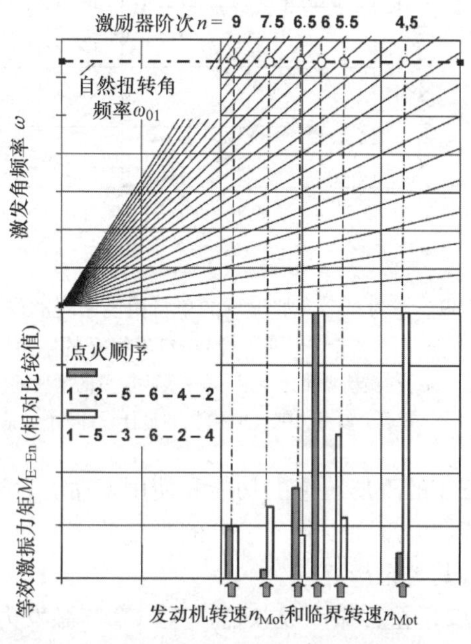

图 8-38　一台直列 6 缸发动机的相关阶次 n 的等效激发力矩（取得与点 j 处 n 阶移相激发力矩 M_{Ejn} 相同的激发能力），以及不同的点火顺序的相对激发力矩和对应临界转速（依据参考文献［8-2］）

8.4.4　扭转振动阻尼与吸收

8.4.4.1　扭转振动阻尼器与吸收器

大体上讲，适度地调整系统能够使发动机以固定速度无共振运转成为可能。然而，当加速和减速时，发动机必须快速穿越共振区。然而，反复地穿越共振区和短暂停留在共振区这种情况在过渡工况下是几乎不可避免的。因此，通常会将扭转振动阻尼器和吸收器安装在振幅大的曲轴自由端上。这些装置会降低相关频率范围内的振动振幅，从而限制了振动应力，起到降低磨损和改善舒适性的作用。图 8-39 给出了振动吸收器和阻尼器的工作原理以及两个概念组合的工作原理。

1）扭转振动阻尼器将动能转变成热能。它们的辅助旋转质量 Θ_D 通过一个理论上的纯阻尼（k_D）但是实际上的弹性元件（$c_D > 0$）与轴相连接。高黏度硅油内的剪应力，带有钢质弹簧的摩擦表面、油的平移或弹性体材料阻尼均能产生阻尼效应。不可避免的弹性会与耦合阻尼器产生一个额外的共振频率，这个频率必须低于激发频率范围。原始共振频率移向更高的频率。足够的散热是确保主要靠消耗能量

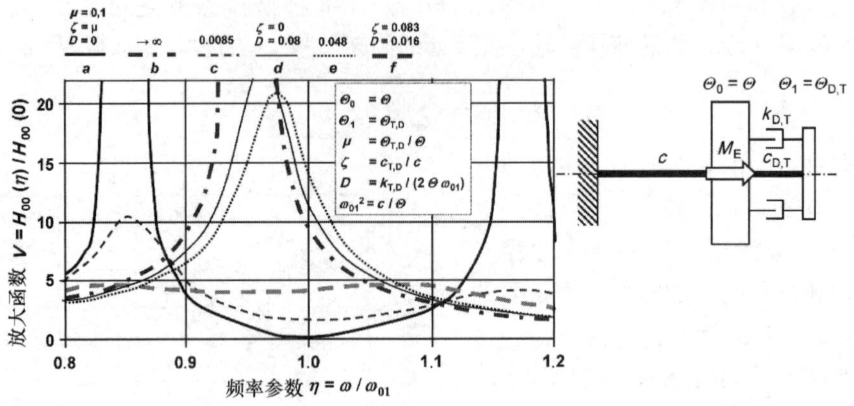

图8-39 作为一个未加阻尼的单自由度系统的放大函数（振幅升高率）举例的扭转振动阻尼器、吸收器和二者组合的示意图（ a、b 和 c 共振调节）

a—纯振动吸收无阻尼 b—吸收质量的刚性耦合 c—振动吸收带阻尼 d—阻尼带振动吸收

e—基于参考文献［8－2］的最佳设计 f— 基于参考文献［8－2］的最佳振动吸收带阻尼

来工作的阻尼装置的功能和使用寿命。合适的材料刚度和阻尼效能或多或少会随着振幅和温度而变化。额外的吸振效应取决于结构形式。阻尼器安装的位置离节点越远，其效果越好。

2）扭转振动吸收器产生一个与激发力矩方向相反的惯性力矩。它们不是消耗振动能量，而是将能量大部分传给连接的振动吸收系统。这种装置是由一个补充的旋转质量 Θ_T 和一个刚度为 c_T 的扭转弹簧组成。扭转弹簧以及整个振动系统的必然的阻尼特性（$k_D>0$）降低了设计频率范围内的振动吸收效能。这种振动吸收器的自然频率 $\omega_{T0}=\sqrt{c_T/\Theta_T}$被调整为激发频率（共鸣调整）。在加速和减速过程中，当由振动吸收器所额外引起的共振频率被穿越时（共振原点也被分离成两个相邻的共振点），由于低阻尼的原因，会出现大的振幅。这也适用于吸收质量本身。因此，在设计或调整振动吸收器时，必须对振动吸收器的扭转振动振幅的可接受程度进行验证。扭转弹簧的高应力限制了振动吸收器的寿命，这是将振动吸收与阻尼结合使用的实际原因。

“内部振动吸收”装置必须对系统参数进行调整——通常仅仅在后面的一个很窄的频率范围才有作用。总体上讲令人满意的一种“转速适应”振动吸收器能抑制在整个转速范围上振动激发器被调到的激发阶次的影响（参见 Sarazin－Tilger 的文献［8－1，8-53］）。振动吸收器的自然频率对转速做出比例响应。这种功能的作用原理是离心钟摆原理。

因后面提到的原因，振动阻尼器和吸收器的等效系统是相同的。只有它们的应用领域在某种程度上存在差异。依据它们的特殊布置的不同（图8-40），它们或多或少要满足两个要求。通常，对于多于四个气缸的情况，通过主轴承和连杆轴承内的润滑油的位移而形成的内在阻尼不再足够。由于空间的限制，一只普通而简单的“带有飞轮齿圈的橡胶阻尼器”会迅速达到极限状态，因而随着气缸数的增加，有必要采用更加复杂的设计。特别是在气体转矩幅值极高的增压发动机上，扭转振动阻尼器和振动吸收器是必不可少的。带轮和阻尼器或带轮和阻尼器与吸收器组合也常见于车用发动机上。去耦带轮、附加的曲轴弯曲振动阻尼器，以及凸轮轴和平衡轴振动吸收器和阻尼器，也在得到越来越多地应用。

图 8-40　扭转振动阻尼器/吸收器的结构
a）橡胶扭转振动吸收器　b）黏弹性振动吸收器
c）流体动力阻尼扭转振动吸收器
（套管弹簧阻尼器，MAN B&W Diesel AG）

8.4.4.2　双质量飞轮

目前汽车工业的发展（高动态转矩、传动系统的低质量、变速器的高档位数、动力换档变速器、低黏度润滑油，特别是节油和低速行驶性能要求）使整个动力系统内的振动问题更加突出。因此，对于汽车发动机，使用双质量飞轮（DMF）使曲柄连杆机构与传动系统实现振动去耦（图 8-41）。它的原理是通过插入扭转弹性或黏弹性元件，将飞轮的质量分成发动机侧一次质量和传动侧二次质量。

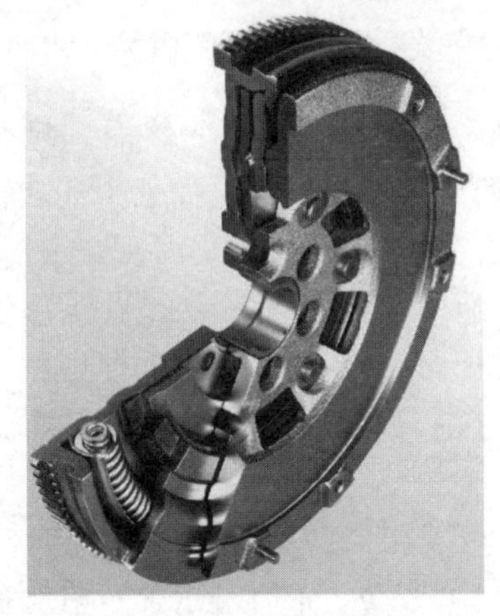

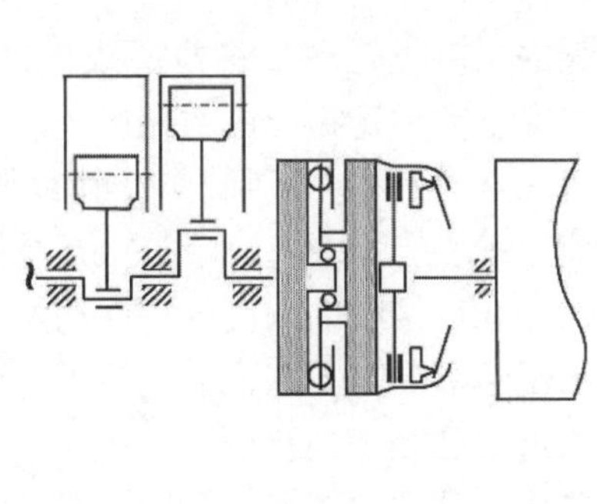

图 8-41　双质量飞轮示意图和设计举例

DMF 会在曲柄连杆机构和动力系统内产生额外的、极低的自然振动频率。因此，它可用作一个机械式低通滤波器。然而，其响应随着发动机转速而变化。在设计中必须考虑这一点。传输到发动机上的变速器和传动系统其他部分的激振振幅会显著降低。因此变速器输入轴接近匀速旋转对传动系统的人所共知的噪声现象（变速器咔嗒声、后桥嗡嗡声等）产生了极其有益的影响。然而，一次飞轮质量减小，DMF会增加发动机本身的运转不均匀性。在调整凸轮轴传动和动力输出装置时，必须记住这一点。

总之，由于较小的一次侧飞轮质量很少形成曲轴的阻力（图8-42），因此，DMF对曲柄连杆机构的扭转振动和弯曲振动会产生非常有利的影响。在良好的情况下，甚至可以不需要安装阻尼器/吸收器。传动侧的非常轻微的旋转不均匀性会消除来自变速器的高频力矩振幅。在柴油机上，这可以将传递的静转矩提高约10%。

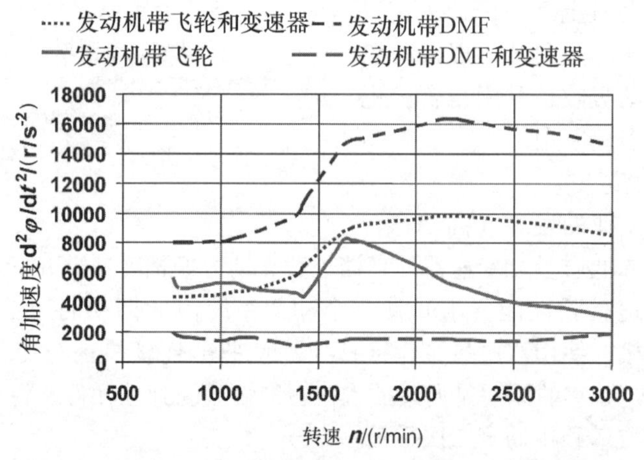

图8-42　双质量飞轮（DMF）的变速器侧振动隔离与传统飞轮的比较［8-58］

足够大的二次飞轮质量将共振频率控制在怠速转速以下。然而，起动发动机时，发动机穿越大力矩振幅的共振区仍然会遇到一定的问题。而三个气缸和四个气缸的柴油机在这方面会特别麻烦。辅助阻尼在某种程度上是必要的，但会限制DMF的效能。高的起动转矩和高的起动机转速，以及系统参数的最佳调节都能使这个问题保持在可接收的限度内。起动发动机时会出现令人讨厌的撞击声，停止发动机时会出现咔嗒响声。在低的扭转阻力时采用具有大扭转角的“宽角设计”，其作用在柴油机上已经得到验证。

离合器从动盘内的扭转振动阻尼器（扭转减振器）也能满足传统的机动车传动系统的功能需求，但是在低速时不能适度隔离振动。带有一个弹簧质量系统的液力式扭转振动阻尼器被用作商用车发动机与变速器之间的一个连接装置。新的设置（如Voith公司的Hydrodamp牌产品）正在解决减振与隔振之间的目标上的矛盾。集成起动机发电机阻尼器（ISAD）在动力系统中也有一个额外的阻尼器/吸收器功能。其他的应用场合还采用高度柔性的联轴器，其功能是作为一个扭转振动阻尼器和在传动系统内的过载联轴器。

8.5 轴承与轴承材料

8.5.1 柴油机曲轴轴承的位置

像汽油机一样，滑动轴承已被证明是柴油机曲轴的最佳解决方案。主要原因是：

1）由于轴承与轴颈之间的润滑油膜构成了能承受重载荷的支承和阻尼元件，所以滑动轴承具有吸收强烈冲击载荷的能力。

2）对高转速的适应性强并且使用寿命长（通常在发动机的整个使用寿命期间不用更换）。

3）结构简单，轴承钢背质量小、壁厚薄，按照需要可容易地与轻量化曲轴组合件分离开。

4）采用卷材涂覆，确保全面高质量，具有实现低成本制造的潜力。

滑动轴承的外形和材料针对特定的应用场合来确定：

1）曲轴轴承呈半贝壳形。

2）连杆轴承在连杆大端呈半贝壳形。

3）连杆轴承在连杆小端呈套筒形。

4）活塞轴承呈套筒形。

5）凸轮轴轴承呈半贝壳形或呈套筒形。

6）摇臂轴承呈套筒形。

7）配气正时机构的中间传动齿轮轴承呈套筒形。

8）平衡轴轴承呈半贝壳形或呈套筒形。

9）十字头轴承呈套筒形。

10）十字头滑道呈导轨形。

在采用更高压缩比和极高气体压力（特别是因为涡轮增压）的情况下，柴油机滑动轴承所承受的机械负荷远高于汽油机。另外，人们期望商用车柴油机具有显著提高的工作寿命，期望工业发动机和船用发动机具备更长的工作寿命。对于滑动轴承而言，加大轴承尺寸和采用具有更高承载能力的轴承材料就可以解决这个问题。

8.5.2 功能与应力

8.5.2.1 滑动轴承流体动力学

内燃机滑动轴承是按照流体力学原理来工作的。润滑油从一个合适的位置提供给轴承，由于润滑油黏附到轴的表面上，因而会沿着旋转方向向前运动，形成黏性流。由于轴相对于轴承产生偏心位移而形成一个油楔，所以黏性流使油楔润滑油压力升高。所形成的压力场的作用就像一个弹簧力。除了旋转运动外，负荷作用还会使轴沿径向运动，这将使润滑油沿着圆周方向和沿着两个轴向从减小的润滑间隙中被排挤出来。这个过程所产生的压力场其作用就像一个阻尼力。转动和位移所引起的压力场互相叠加，从而产生一个轴承反力，这个反力将轴和轴承的滑动表面分开。图8-43展示了两个压力场和相关的轴承反力。

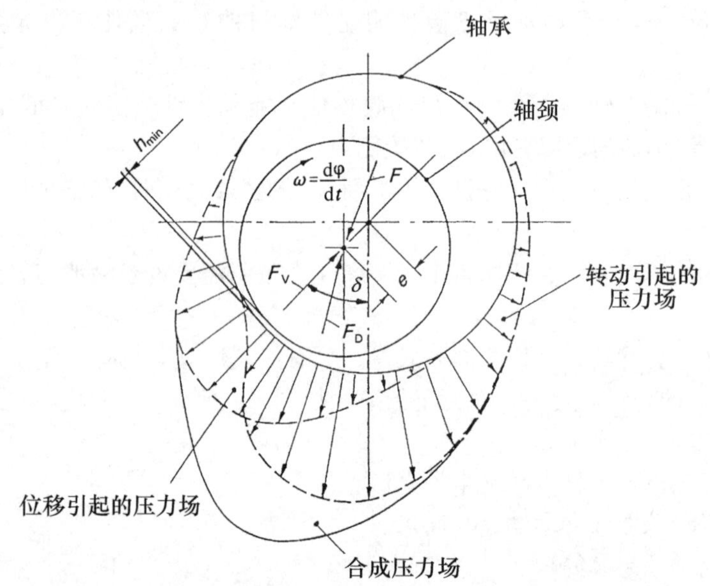

图8-43　瞬间加载的流体动力滑动轴承的润滑油压力的形成

F—轴承加载的作用力　F_D—转动引起的压力场产生的轴承反力　F_V—位移引起的压力场产生的轴承反力

e—轴颈偏心距　δ—轴颈偏移方位角；h_{min}—润滑油膜最小厚度　ω—轴颈旋转角速度

滑动轴承流体动力学仿真的基础是雷诺微分方程（参见参考文献［8－59］等，便可了解其推导过程），它通过模拟与连续条件相关联的运动（Navier－Stoke方程），描述了润滑间隙内的润滑油流。为了简便起见，通常，仅仅在雷诺微分方程的可能数值求解过程中，做了大量的理想化的假设（参见参考文献[8－60]至[8－64]）。大多数这样的假设的适用性在试验和现场已经得到了充分的验证。

然而，轴承的几何结构完全是刚性的这个假设是个例外。在早期的发动机上，较低的负荷和有些保守的尺寸确定仍然会使这个问题具有正确性。现在，因为提高性能和采用轻量化结构而导致轴承比负荷大幅度提高，工作变形明显增大。这种情形在乘用车和商用车柴油机上尤为突出，必须予以考虑，从而使轴承设计精确可靠。

现在，这样的流体动力学（HD）应用仿真用于采用刚性轴承几何形状的滑动轴承仅仅用作设计阶段一开始的初步评估。一旦零件（如连杆、发动机气缸体和曲轴）的精确几何形状确定之后，要接着进行滑动轴承的弹性流体力学（EHD）

仿真，包含零件的机械－弹性变形和（需要的话）热－弹性变形（TEHD）。

8.5.2.2　轴承应力仿真

轴承仿真的目的是确定由轴承箱、钢背、润滑油和轴颈所组成的滑动轴承摩擦系统的工作参数。为每个相关工作状态所确定工作参数都必须与标准工作值（来自试验和经验的极限值）相比较，并且必须核对它们的有效性，以验证工作可靠性。

滑动轴承功能的数学校验仅仅包括确定机械负荷和工作状态时轴颈离开轴承的距离（最小润滑油膜厚度）。其他的评估参数有：摩擦损失、润滑油流速和轴承温度。

在发动机滑动轴承的工作仿真开始时，应首先确定负荷作用力（见 8.4.2 节）。

图 8-44 以极坐标图的形式给出了商用车柴油机连杆轴承的典型的负荷特性。连杆轴线在垂直方向，杆身在上，连杆盖在下。

为了对连杆轴承和主轴承内的轴颈位移轨迹进行仿真，将轴承受力 $\boldsymbol{F}$ 简化为在轴承最小间隙 h_{min} 方向的，和垂直于轴承最小间隙 h_{min} 方向的两个分力（见图 8-43），然后使这两个分力与轴承反力 F_D 和 F_V（脚注 D 表示转动压力；V 是位移产生的压力）的相应的分力相平衡。用 F_D 和 F_V 形成的 Sommerfeld 数（轴承无量纲工作值），被用来获得曲轴转角按照增量 $\Delta\varphi$ 改变时，轴颈偏心距的变化量 Δe 和方位角变化量 $\Delta\delta$。将这些值加到各自的当前值上，便可模拟出一个或几个燃烧循环的轴颈位移轨迹，直至获得一条周期性的封闭曲线（即一个收敛点）为止。

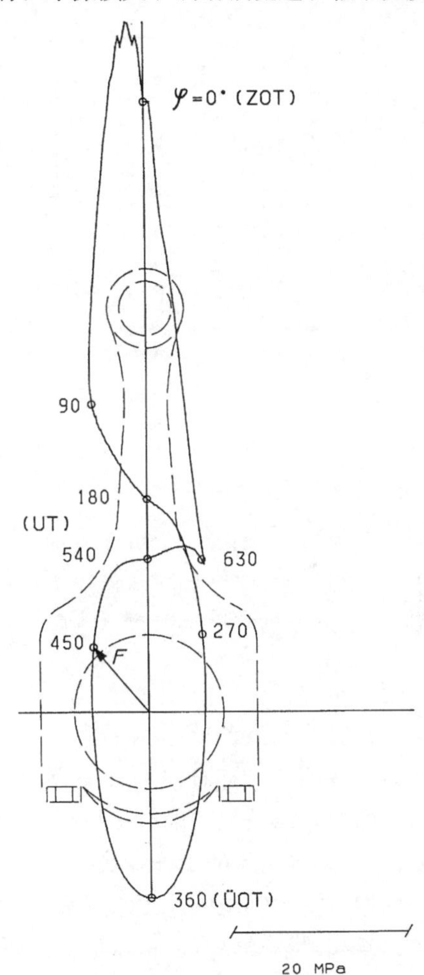

图 8-44　商用车柴油机连杆轴承的典型的负荷特性

（φ 为曲轴转角，轴承参考系）

图 8-45 给出了经过这样模拟的属于图 8-44 所示的轴承内的轴颈的位移特性。位移曲线与外圆之间的距离是轴颈与轴承之间的距离（最小油膜厚度 h_{min}）。

依据采用轴承钢背参考系的极坐标图，对于负荷特性（图 8-44）和轴颈位移（图 8-45）而言，可能还会得出有关结构必需的润滑油供应要素（润滑油孔、润滑油槽和集油槽）在轴承内具有良好的位置的结论。采用轴颈参考系的极坐标图可为确定润滑油供应要素（润滑油孔）提供相应的帮助。

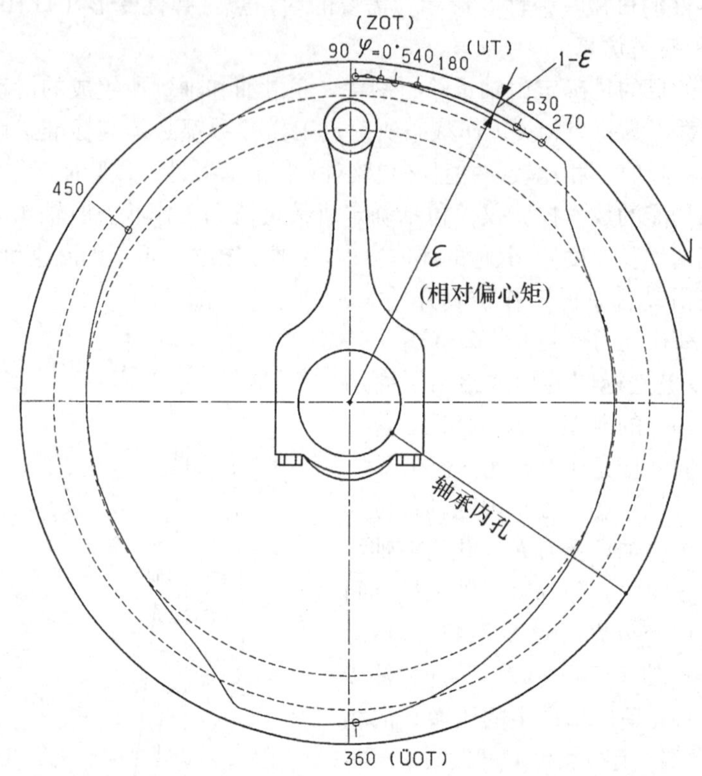

图 8-45 商用车发动机连杆轴承内的轴颈的典型位移轨迹

说明：曲轴转角为 φ（轴承参考系）；$\varepsilon = 2e/C$ 是轴颈相对偏心距；e 是绝对偏心距；C 是轴承绝对间隙（轴承内孔与轴颈的直径差）；$1-\varepsilon = h_{\min}/(C/2)$

图 8-46 给出了连杆大端变形对轴承性能产生严重影响的一个例子。连杆大端变形不仅影响润滑油膜压力的大小、作用位置及其分布状况，以及在轴承内（可能的材料疲劳）和连杆内的有关应力作用过程，而且还影响润滑油膜厚度的大小和所处的位置以及相关的磨损风险。

8.5.2.3 现代轴承的工作参数

内燃机滑动轴承的应力水平评估，主要考虑轴承比负荷和润滑油膜压力的最大值，以及润滑油膜厚度的最小值。最近几年，柴油机的这些评估标准的极值已经发生巨大变化。

总体上讲，大多数极值应力出现在乘用车涡轮增压发动机的小型滑动轴承内，并且随着发动机尺寸的增加，极值应力开始向着更加适中的工作值变化。对此最可信的原因是随着发动机尺寸的增加，人们需要更长的发动机工作寿命。然而，就像内燃机精确的使用寿命预测一样，发动机工业所希望和需要的滑动轴承工作寿命的可靠预测至今还是不可能的。因此，由于轴承会受到发动机使用期间的不同工作条

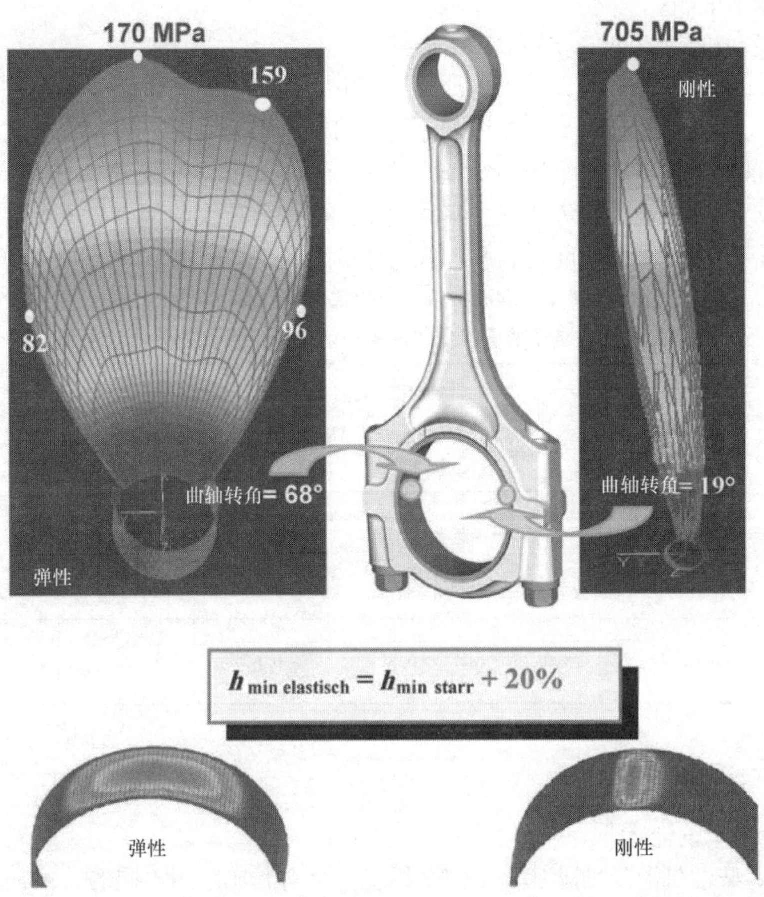

图 8-46　弹性工作参数对润滑油膜压力（MPa）的大小、分布与位置的影响以及对最小油膜厚度 h_{min} 的影响

件（特别是转速和负荷）和任何故障（例如由使用失误所导致的）的巨大影响，所以任何工作寿命的预测在很大程度上都要回到试验、实际经历和统计学应用上才能进行。

除了工作负荷增加外，最近几年满足更长工作寿命的需求已被证实是可能的。从根本上讲，这可归因于一整套的技术改进。

发动机滑动轴承的技术改进包括以下方面：

1）轴承材料。

2）轴承钢背和轴颈抛光。

3）低变形轴承设计（例如借助于有限元法进行设计）。

4）润滑油。

5）滤清器技术。

6）润滑油循环。

7）发动机装配期间的精确度和清洁度。

数学计算的工作值的大小可能会因计算方法而不同。表8-3中规定的全部数值都是用8.5.2.1小节和8.5.2.2小节提到的HD计算法来确定的。所有这些数据都是来自批量生产的柴油机个体的极值。将来，这些数据可望会进一步提高。不过，大部分发动机都表现为中等状况。平均起来，最大负荷大约是表8-3规定值的大约65%，而最小润滑油膜厚度是表8-3规定值的大约150%～200%。

表8-3　欧洲批量生产的乘用车、商用车和大型柴油机的连杆轴承和主轴承的当前工作参数（计算值）汇编

工作参数值	乘用车发动机，轴直径≤75mm，预期使用寿命3000h		商用车柴油机，75mm≤轴直径≤150mm，预期使用寿命15000h		大型柴油机，轴直径≥350mm，预期使用寿命50000h	
	连杆轴承	主轴承	连杆轴承	主轴承	连杆轴承	主轴承
最大轴承比负荷/Mpa	130	60	100	60	55	40
润滑油膜最小厚度/μm	0.15	0.25	0.30	0.60	2	3

8.5.3　结构设计

8.5.3.1　基本设计

现在，柴油机滑动轴承几乎全部采用复合材料制成。用不同的、通常为连续的几道工艺（详见8.5.4节）往钢带上涂覆轴承材料。坯件从双金属带上冲裁下来，弯曲成半贝壳状，接着进行机械加工。在某些情况下，为了改善功能，另外还要往实际轴承材料上涂覆极薄的减摩层。

当尺寸很大的时候（直径大概在200mm以上），还要用钢管而不是用钢带作为瓦背材料，轴承减摩材料用离心铸造法浇注到管形瓦背基材的内表面上。然后，再将这些管切割成两个半贝壳形轴瓦。

8.5.3.2　连杆轴承和主轴承

图8-47和图8-48绘出了商用车柴油机典型的连杆轴承和主轴承的结构设计。薄壁设计用于降低所需空间和重量。

由于连杆轴颈为连杆轴承提供润滑油，所以连杆轴承上不需要有任何润滑油槽。在有些情况下，连杆小端的活塞销衬套，或者用从连杆大端喷油孔喷出的润滑油来润滑，或者用经过连杆杆身油孔提供，并利用从连杆轴颈出油口喷出的润滑油实现压力润滑。

大型发动机常常通过连杆盖轴瓦内的环形槽和通过连杆大端和连杆杆身内的油

孔，对活塞销衬套进行压力润滑。图 8-47 中的不同壁厚（瓦背偏心）有利于连杆孔几何形状的匹配，从而获得正圆形的形状，优化了承载能力和润滑油膜的厚度。

在小型和中型发动机上，通常将主轴承钢背厚度设计成大于连杆轴承，以便允许有足够深的环形油槽。这些油槽不仅适用于为主轴承供油，而且还为连杆轴承供油。润滑油从环形槽流经主轴颈内的油孔再到达连杆轴颈。在柴油机上，为了改善承载能力，仅在上半轴承上有油槽，而下半轴承或者根本没有油槽或者仅有从油槽根部朝向滑动表面的部分油槽。润滑油经过圆形油孔或长槽（有利于在上半轴承座与轴承钢背的油孔之间出现的可能的偏位角），从主油道流到主轴承。

接合端面处的定位唇仅用于装配时的正确定位（定位辅助）。适当设计的压入配合必须能阻止轴承钢背与轴承承孔之间发生相对运动。

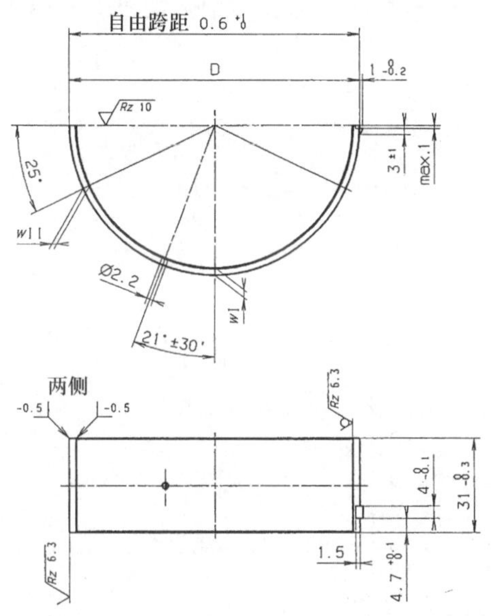

图 8-47　商用车发动机的连杆轴瓦

径 D = 98.022mm；轴瓦壁厚 w_1 = 2.463 + 0.012mm（中间）；离结合面 25°处的轴瓦壁厚 w_{11} = w_1 的实际尺寸（−0.010 + 0.010）mm

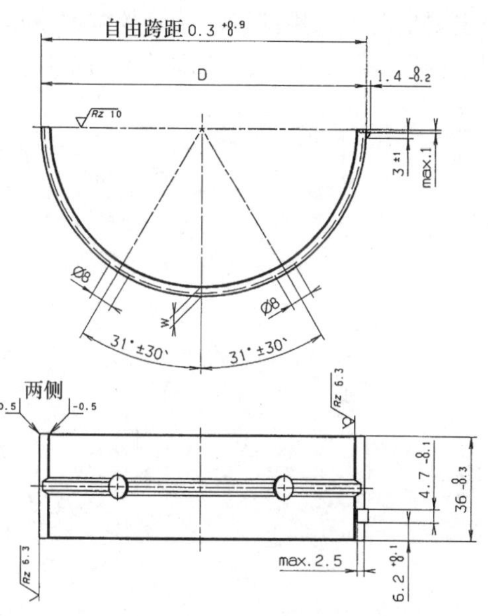

图 8-48　商用车发动机曲轴主轴承上半轴瓦外径 D = 115.022mm；壁厚 w = 3.466 + 0.012mm

稳步降低对所占空间的需求和减轻重量是所有的内燃机（当然也包括柴油机）的发展趋势。在发动机轴承方面，正在努力减小轴承直径、宽度和钢背厚度。轴承支持元件也在越来越轻。这就意味着将来必须给予特别注意，以便在柴油机上采用像在重量极轻的汽油机上已经采用的轴承的压入配合。

常见的轴承平均间隙为轴承内径的 1/1000。为了获得更好的承载能力，要努力实现可能的最小间隙目标。这个限值是由构成滑动轴承的各要素（轴承座、轴瓦和轴）的不规则性来确定的，这些要素的各类偏差是由制造、装配和润滑油流经轴承而产生的持续冷却效应所引起的。

8.5.3.3 推力轴承

曲轴主轴承之一装有一个能对曲轴进行轴向限位，并承受离合器压力（并能在采用自动变速器时部分地吸收恒定的轴向载荷）的双向作用推力轴承。早些时候，车用发动机常常使用翻边主轴承，即将径向轴承（轴瓦）和推力轴承（两侧翻边）制成一体（整体式）。现代翻边轴承基本上都是组合式的。轴承的一半在其两端均连接（冲铆或焊接）有半圆环止推片。与整体式相比，这种组合式的优点是半圆环止推片与轴瓦有可能采用不同的材料，以便满足不同的使用要求。

然而，新发动机上仍经常采用分开式的半圆环止推片，这样的止推片在径向轴承的两端嵌入轴承座部位或轴承盖上的凹槽中（图9-49）。目前的小型发动机的趋势主要偏向于采用这种不精确的推力轴承的低成本方案，而在大型柴油机上，由于制造的原因，一直采用标准的推力轴承。

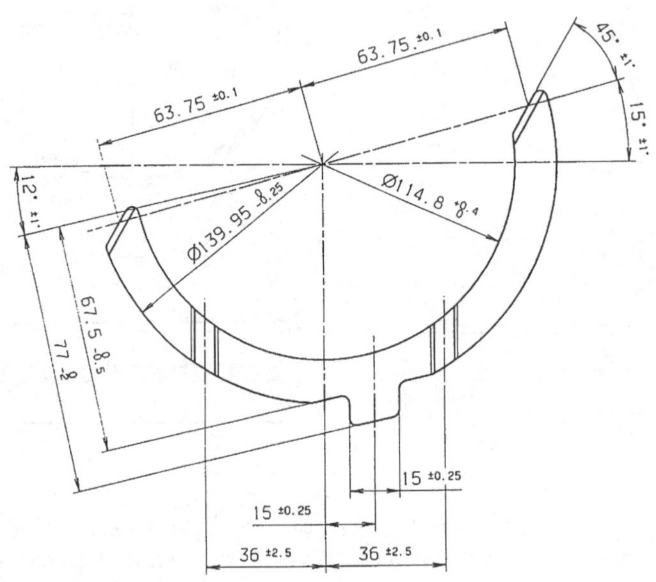

图8-49　一种商用车发动机的半圆环止推片（壁厚3.360+0.05mm）

8.5.3.4 活塞销、摇臂和凸轮轴轴承

活塞销轴承和摇臂轴承基本上都设计成衬套，其内孔通常仅仅在安装后进行过精加工，以适应更小的轴承内孔公差要求。在可能的情况下，凸轮轴轴承也采用衬套。不过，由于结构的原因，某些情况下必须采用轴瓦。

8.5.4 轴承材料

8.5.4.1 发动机工作中的应力和滑动轴承的功能

在气体作用力和惯性力的作用下，内燃机的滑动轴承受到机械负荷的作用。由于动载荷，滑动配合副（即轴承与轴颈）表面之间的流体动力学油膜引起滑动表面的压力脉动。必然产生的摩擦热和可能出现的燃烧室热影响都会产生热应力。

磨损应力的起因是：不可能通过使用润滑油膜将摩擦表面彻底隔开的方法，在所有的工作点都获得理想的实际无磨损的液体摩擦，因此，不可避免会出现由此而导致轴承表面短暂的混合摩擦。另外，制造和装配的误差会使配合表面需要有相互适应的过程。这还会使滑动表面额外出现压应力和磨损应力，以及在工作中出现机械变形和热变形。

最后，可能因为外部因素或者因为内部因素导致润滑油的变化，润滑油会与表面材料发生化学反应，这时滑动表面还要承受腐蚀应力的作用。

为了确保“滑动轴承”摩擦系统的功能达到应对这些应力所要求的程度，必须满足下列条件：

1）不要出现过度的机械磨损或腐蚀磨损。

2）不要出现不适当的轴承温度。

3）不要出现材料疲劳。

8.5.4.2　轴承的材料要求

工作中与配合的滑动零件（如轴）之间的配伍性最可能成为“滑动轴承材料”选择的最重要依据。ISO 4378/1 对滑动轴承材料的配伍性和性能要求的细节做出了规定。这些规定包含下面几个方面：

1）配伍性（补偿几何缺陷）。

2）嵌入性（嵌埋润滑油中的硬质颗粒物）。

3）磨合能力（降低磨合期间的摩擦）。

4）耐磨性（抵抗磨损）。

未列入的其他性能有：

1）应急运行能力（借助于良好的抗咬合性，在润滑恶化的情况下仍能使轴承继续工作）。

2）耐疲劳性（抵抗脉动压力）。

只有较软的材料（通常具有相当低的熔化温度范围）有利于获得良好的配伍性和磨合能力，以及同样所希望的抗咬合性。然而，这对抵抗脉动压力的抗疲劳性，以及最大耐磨性这样的进一步要求却带来了限制，这是因为获得这样的性能需要较硬的材料。

另外，希望支持材料具有良好的导热性和适度的耐腐蚀性（例如抵抗润滑油中的腐蚀性组分的作用）。从技术和经济的角度，有良好的工艺性也是极为重要的。与座孔之间仅仅用压入配合进行连接的轴瓦和衬套使更换操作得以简化，因而在维修时具有优越性。

上面所提到的这些特性，均需按照滑动轴承的特定应用场合和工作条件确定优先次序。例如，经验证明，如果流体摩擦的干扰出现在低滑动速度的流体润滑滑动轴承中，由此导致的混合摩擦通常仅产生磨料磨损。这种磨损会随着轴承负荷的增加而增加。尽管这种磨损会降低轴承使用寿命，但是由自发性的轴承咬合所引起的破坏主要出现在轴承负荷极高的时候。如果在高比负荷和低滑动速度时不可能彻底防止润滑恶化的话（如连杆衬套和摇臂衬套），那么，应该优先考虑采用具有最高耐磨性和耐疲劳性好的材料，而不是那些具有高适应性（配伍性）的材料。较硬的材料才是首选的轴承材料。

当出现极高的瞬态比负荷（即在车用柴油机的连杆轴承和主轴承内出现）的同时又遇到高的滑动速度时，对轴承材料提出了极高且多样性的要求，除了具有高的疲劳强度外，轴承材料还必须具有最佳的耐磨性和配伍性。

通过多相组织的轴承材料可很好地满足这些多样性，且部分方面相互矛盾的要求。这种多相组织既要通过轴承合金本身的显微组织（固溶体即不可溶合金成分），还要通过将轴承材料分成层次来获得。

因此，数十年来，由多层混合材料制成的滑动轴承已经在内燃机设计中得到认可。这些轴承包含轴瓦和衬套，它们都有一个钢背，能够提供与承孔之间实现压入配合所必需的强度。

8.5.4.3　基本的滑动轴承材料及其组分

铅或锡轴承合金在早些时候用于低负荷的场合。为了改善承载能力和耐磨性，在具有良好应急运行能力的软基体内掺有硬质固溶体（通常为锑合金）。由于承载能力过低，报废汽车的欧洲指令提出了车用内燃机用铅禁令，以及大多数发动机制造商都要遵守在内燃机中禁止使用有毒物质的禁令，所以这些材料实际上已经消失。

现在，在中等负荷的情况下常常使用铝轴承合金，而在高负荷情况下使用铜轴承合金。

与铅、锡合金相反，铝轴承合金将少量的较软熔化成分（如锡）渗到较硬的，且具有较高固相点基体中，其优点是疲劳强度高和耐磨性好，因而获得了所要求的应急运行性能。

8.5.4.4　单层轴承

有些情况下，在内燃机上，将单层滑动轴承用作连杆小端的衬套，以及活塞内的用铜合金制成的活塞销衬套，但是很少用作曲轴铝合金实体止推片。在大多数情况下，由于多层轴承具有更高强度来满足工作负荷和压入配合的要求，所以在柴油机和汽油机上都采用多层轴瓦和衬套。

8.5.4.5　双层轴承

在双层轴承的制造过程中，通常利用铸造涂覆、烧结涂覆或滚轧涂覆的方法往钢带上连续涂覆减摩合金层。

最重要的应用之一是在连杆小端内，或在摇臂内和高负荷活塞销孔凸台内的大型卷制衬套。这些衬套均由通过铸造涂覆或烧结涂覆制成的青铜双金属带制造。由于对铅的禁用，以前标准的CuPb10Sn10合金已经被无铅合金替代。新轴承基体通常是一种具有不同合金元素的 CuSn 材料。CuSn10Bi3 是许多新型无铅材料中的一种。

在轴套中，双层混合材料的其他应用还包括凸轮轴轴承和变速器轴承。由于近来滑动速度的提高，常常采用更软、适应性更好的合金。

图 8-50 给出了早期使用的含铅铸造合金 CuPb10Sn10，以及现在使用的无铅烧结合金 CuSn10Bi3 的金相显微图。

滚压结合的双层轴承的使用特别频繁。在这种轴承上，轴承合金通过滚轧而粘结在钢带上。对于铝轴承材料，这种方法已被证明特别适用。

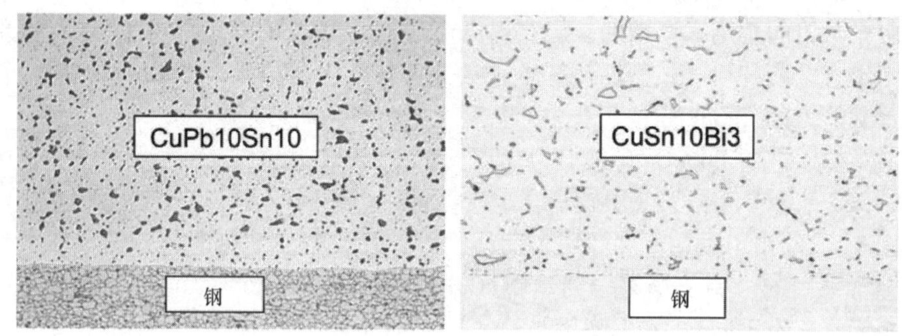

图 8-50　双层复合材料钢/CuPb10Sn10 和钢/CuSn10Bi3 的金相显微图

AlSn20Cu 应用很广。这种轴承材料用于乘用车汽油机和乘用车柴油机的曲轴主轴承，并且因为它具备良好的耐腐蚀性，还用于某些大型发动机的连杆轴承和主轴承。

图 8-51 给出了这种材料组织的金相显微图。锡实际上不能溶解于铝，但通过退火可致密地分布在铝中，从而获得令人满意的抗疲劳性。

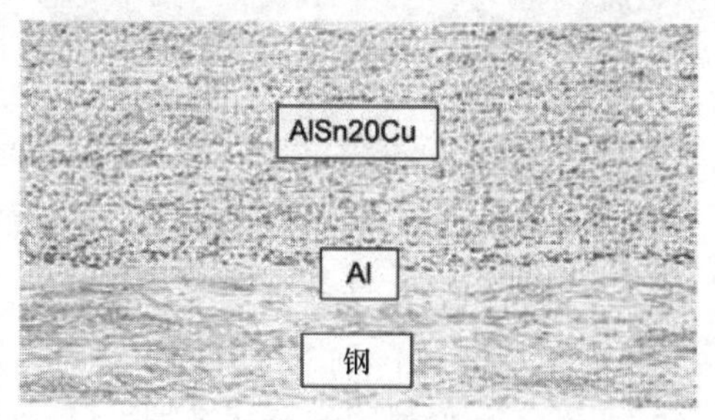

图 8-51　双层复合材料钢/AlSn20Cu 的金相显微图

由于铅的禁用，轴承材料毫无例外地采用无铅材料，因而开发了大量的具有不同合金元素的 AlSn 合金，从而获得了与青铜合金相近或更高的抗疲劳性。在使用球墨铸铁曲轴（在乘用车柴油机上已成为一种趋势）的情况下，含有 Si 的 AlSn 合金的优点已经得到证实。在铝合金与钢背之间采用额外的各种不同成分的合金层，可提高轴承抗疲劳性。

8.5.4.6　三层轴承

在高滑动速度的同时，内燃机连杆轴承内的比负荷很高，且近几年一直在稳步快速提高。内燃机比功率增加和尺寸减小，这些都对滑动轴承材料提出了极高的要求。

为了满足这些要求，新型内燃机采用了三层轴承。

用真空电镀或蒸气沉积的方法将第三层（减摩层）附着到较硬的双层复合材料上，双层复合材料的第二层通常只有0.2～0.7mm厚。第三层的作用是提高应急运行能力，以及对润滑油中的外来颗粒物的适应性和嵌埋能力。

为了防止过多地降低轴承的承载能力，电镀轴承极软的第三层的厚度仅有大约0.010～0.040mm。铸造不可能获得这个厚度。

第二层主要用于确保要求的承载能力。然而，第二层还必须具有足够的抗咬合能力，以确保在第三层局部磨损的情况下轴承能继续发挥作用。

由于对铅的禁用，早期的三层CuPbSn（如CuPb22Sn）轴瓦的第二层青铜现在已被无铅合金所替代。新型轴瓦基体通常是具有不同合金元素的CuSn材料。具有更高承载能力的CuSn8Ni也是众多的新型无铅轴承材料之一。

通常，以前的PbSnCu电镀合金涂层（如PbSn14Cu8）已经由无铅锡合金所替代。SnCu6是许多无铅第三层轴承合金新材料的一个例子。

图8-52给出了乘用车和商用车发动机，以及大型发动机的连杆轴承和主轴承以前经常采用的含铅三层复合材料钢/CuPb22Sn/PbSn14Cu8的金相显微图（第三层合金元素略有不同）。在铅青铜与第三层之间额外电镀的1～2μm厚的镍阻挡层会起到减轻在工作温度时出现的锡从第三层向铅青铜的扩散。否则的话，这种扩散会大大减弱含铅的第三层的耐腐蚀性。图8-52展示了无铅三层复合材料钢/CuSn8Ni/CuSn6的金相显微图。

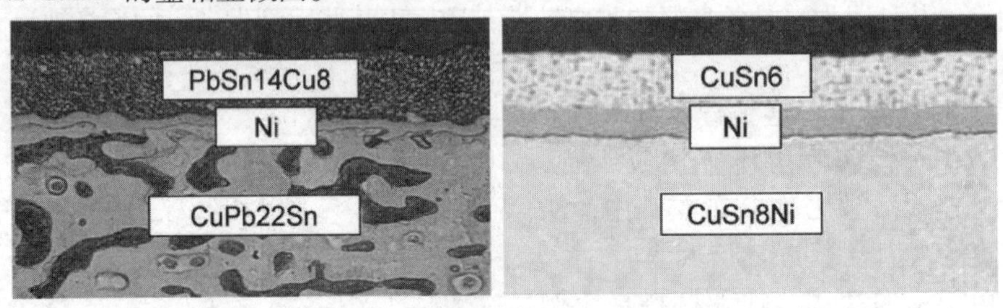

图8-52　三层复合材料钢/CuPb22Sn/PbSn14Cu8和钢/CuSn8Ni/CuSn6的金相显微图

通过在无铅材料中维持含铅轴承材料的主要组织不变，与各种不同的新型中间层的组合会大幅度地提高轴承抗疲劳性和耐磨性。

在给定良好的耐腐蚀性的情况下，由SnPb7构成的第三层还用于重质燃料柴油机和燃气发动机上。

一种改善电镀第三层经常出现的抗疲劳性和耐磨性不足的早期方法是，在双层复合材料的表面上制有小坑，并只对这些小坑进行电镀，而不是对整个滑动表面进行电镀。较硬的区域提高了承载能力和耐磨性，而较软的区域仍然提供有足够的应急运行能力。由于电镀材料容易脱落，使用寿命难以满足要求，所以曾经用作商用车和中速柴油机的连杆轴承和主轴承的这种轴承现在应用得越来越少了（特别是在商用车领域）。

如果不额外增加硬度（如 CuSn6），以提高耐磨性和抗疲劳性，电镀的第三层常常不能满足今天的高增压柴油机的要求。

因此，对于第三层必须开发更硬的合金。现在已使用了利用物理蒸气沉积（PVD）涂覆（也叫溅射涂覆法），使材料在真空中以蒸气相的形式进行沉积的新技术。

以前，将具有更高含锡量的铸造铅青铜用作第二层来获取最大承载能力。然而，正如电镀的第三层复合材料一样，它们现在已经被具有更高承载能力的无铅合金（如 CuSn8Ni）所替代。较硬的 PVD 第三层通常采用 AlSn20 合金（图 8-53）。

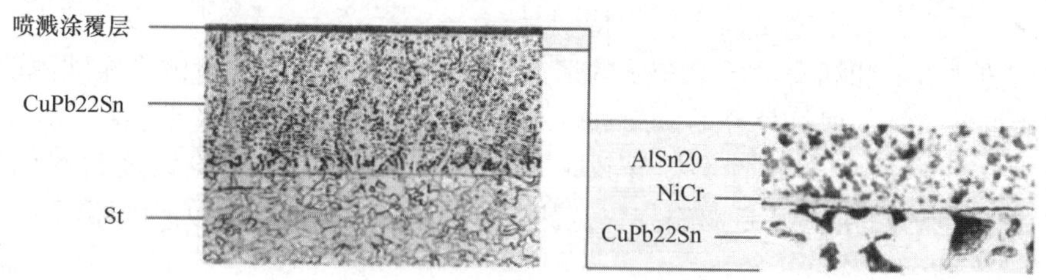

图 8-53　溅射涂覆轴承的金相显微图

典型的应用例子有乘用车高增压柴油机的连杆轴承，以及商用车高增压柴油机（特别是那些现代直喷中冷柴油机）的连杆轴承和主轴承。

8.5.5　轴承破坏及其原因

8.5.5.1　使用破坏

各种不同的干扰因素都会对轴承工作造成不利影响，这些干扰因素（除了设计因素外）构成了在完全流体润滑的情况下，妨碍轴承流体动力学良好运转的起因。这些因素包括：润滑不良、润滑剂脏污、变稀或起泡；过载和因为制造和装配误差造成的滑动配合副的几何结构失准。这些干扰因素会导致磨损、过载、材料疲劳或腐蚀。当这样的损害不够严重时，轴承仍能保持其正常功能。但是妨碍因素再进一步发展，会最终导致轴承失效。

8.5.5.2　磨损

如果两个滑动配合副之间的润滑油膜厚度不足以将两个滑动表面完全分开，那么就会出现混合摩擦磨损，而不再是纯流体摩擦的无磨损完全流体润滑。制造过程形成的粗糙表面会使两个滑动配合副中较硬的一个将较软的一个划伤，并使滑动面上凹凸不平的尖峰出现剪切。这样的微切削过程被称为磨损。在轴承磨损的速度很慢，不会降低滑动轴承的目标使用寿命的情况下，磨损是可接受的。平面磨损的危害比划痕磨损要轻，这是因为平面磨损对轴承流体动力学压力的建立影响很小。实际运行中肯定还会看到层状磨合磨损，这样的磨损使滑动表面变平滑，从而会改善轴承流体动力学特性。图 8-54 展现出了表面磨损的情况。

由润滑油中的外来硬质颗粒物所造成的轴承磨损被称为磨料磨损。许多小颗粒往往会形成层状磨损，一些大颗粒会产生划痕磨损。

过高的磨损速度会导致轴承材料过热和熔化。这会形成滑动配合副之间的搭接现象，继而在剪切过程中引起黏着磨损。当搭接处无法再分开的时候，或者黏着磨损导致严重的破坏的时候，这种情况被称为轴承咬合，通常情况下，这将意味着轴承的全面失效。

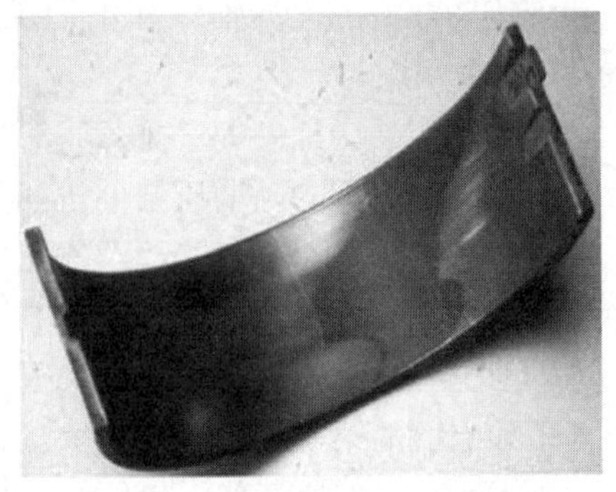

图 8-54　三层轴瓦的磨损情况

由于轴承材料与润滑油中的腐蚀性介质发生化学反应，会出现腐蚀磨损。特别是在存在高的热负荷和润滑油已经变质的情况下，在超过规定的润滑油更换间隔时就会形成诸如酸这样的腐蚀性介质。腐蚀性介质还有可能通过燃料（重燃料、垃圾填埋气）进入润滑油中。腐蚀性磨损导致轴承材料的化学溶解，这会改变材料的性能，并常常会以点蚀的形式引起材料损失，甚至导致轴承卡住这样的致命破坏。

8.5.5.3　疲劳

根据参考文献［8－59］和［8－69］，脉动的润滑油膜压力所引起的过高的交变表面应力会使轴承出现疲劳裂纹。

在变动的轴承负荷作用下，滑动表面之间的润滑油中出现脉动压力场。这个压力场会在轴承材料中产生切向交变正应力和剪应力。当超过材料的疲劳强度时，就会出现疲劳破坏。疲劳纯粹是一个压力作用过程。这种破坏本身的表现是从表面到深处发生开裂，并且在前一段内滑动层出现破碎。图 8-55 展示了电镀滑动轴承的典型疲劳破坏。根据参考文献［8－59］和［8－69］，不仅润滑油膜压力的绝对值，而且压力的局部变化率也会对轴承材料的疲劳造成影响。由于流体动力学压力的建立被中断，所以轴承滑动表面破坏，降低了它的承载能力。额外的磨损、过热和最终因为卡滞所引起的不可恢复的破坏常常随之而来。

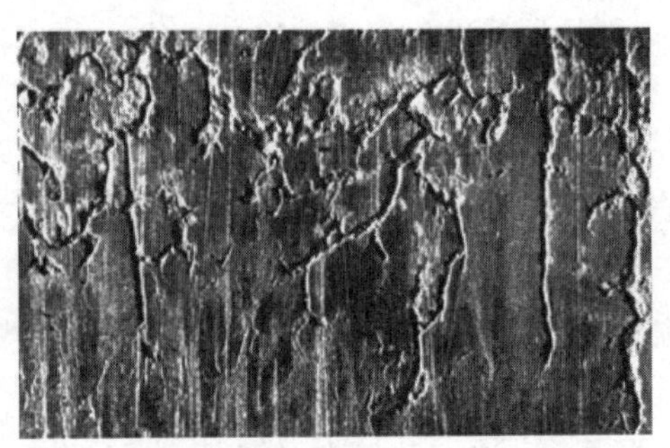

图 8-55　三层轴瓦的第三层的疲劳

8.6　活塞、活塞环和活塞销

8.6.1　活塞的功能

在内燃机的作用力传递链中，活塞是第一个环节。作为一个可移动的传力壁面，活塞必须与活塞环一道，在每一个工作和负荷状态下都能将燃烧室可靠地密封起来，以防止气体泄漏和润滑油的流入。经专门设计而作为燃烧室的一个组成部分的活塞顶会影响换气期间的气流状态、各种工作模式的混合气形成过程和燃烧过程。转速的增加和增压引起的制动平均有效压力的增长，不断地对柴油机活塞的机械负荷和热负荷承受能力提出更高的要求。然而，增加的负荷已经使得满足现代活塞设计的要求（例如对变化工况的适应性、耐咬合性、高的结构强度、NVH 性能、低燃油消耗和长使用寿命）变得越来越困难。另外，对某些传统活塞设计和常用材料的使用限制已经越来越明显。因而，当设计高性能柴油机活塞时，必须对每一种材料和结构设计的可选方案进行深入研究。

8.6.2　活塞的温度和负荷

在燃烧期间，燃料的能量以极快的速度转变成热能，从而导致温度和压力显著增长。工作原理的差异需要不同的压缩比和空燃比。此时，燃烧室内的气体的最高温度在 1800 ~2600℃之间。尽管在燃烧循环期间，温度会大幅度下降，但是从燃烧室排出来的废气其温度仍然在 500 ~1000℃之间。高温燃烧气体中的热能主要传递给燃烧室壁面，靠对流和仅有一小部分靠辐射传递给活塞顶（见 7.2 节）。

燃烧室内的温度的强烈的周期性变动，会导致活塞顶的最上层内出现温度变化。这些变动的幅度在活塞表面约为 10 ~40℃，并且向材料内部在几毫米内按照指数函数衰减。

膨胀行程期间活塞顶所吸收的热大部分通过活塞环区和气缸壁释放给冷却液。根据发动机和活塞结构的不同，并且受工作模式和活塞速度的影响，活塞顶积累的热量中有 20% ~60% 基本靠活塞环释放掉。只有一小部分热量在换气期间传给了新鲜气体。进入活塞内腔的润滑和冷却油吸收掉活塞散发的其余热量。

活塞的三维温度场可以用使用适当的边界值的有限元程序进行仿真。图 8-56 展示了汽油机和柴油机活塞的表面特征温度。

在一台发动机上，温度的测量可用非电测量法（熔断塞、Templugs 温度塞和残余硬度），或者使用复杂的电测法（热电偶、NTC 热敏电阻和遥测装置）。冷却过程（喷油冷却和压力供油冷却）会对活塞温度产生重大影响。

在活塞上，气体作用力、惯性力和支持力（连杆和侧推作用）始终平衡。最大气体压力对活塞的机械应力特别重要。自然吸气式柴油机的最大气体压力为80 ~110bar，增压式柴油机为 160 ~250bar。此压力按照 3 ~8bar/°CA 的速率增加，并在燃烧中断时可超过 20bar/°CA。

8.6.3　活塞设计和应力

8.6.3.1　活塞的主要尺寸

一只活塞的功能要素包括：活塞顶、环槽区和活塞顶岸、活塞销孔凸台和活塞裙。诸如冷却油道和环槽护圈这样的额外的功能要素构成了活塞设计的特色内容。活塞组件还包括活塞环、活塞销和活塞销挡圈。

活塞的主要尺寸（见图8-57，表8-4）与发动机的主要尺寸和其他零件（曲轴箱、曲轴和连杆）的尺寸密切相关。除了气缸直径外，最重要的活塞尺寸是压缩高度，即活塞销中心线与活塞顶岸上边缘之间的距离。特别是在高速发动机上，压缩高度对活塞质量起到了重要作用。

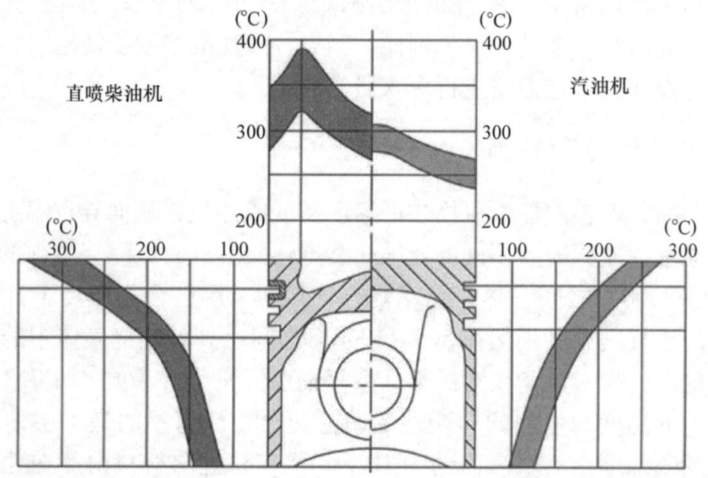

图8-56　全负荷时车用发动机铝活塞的工作温度（示意图）

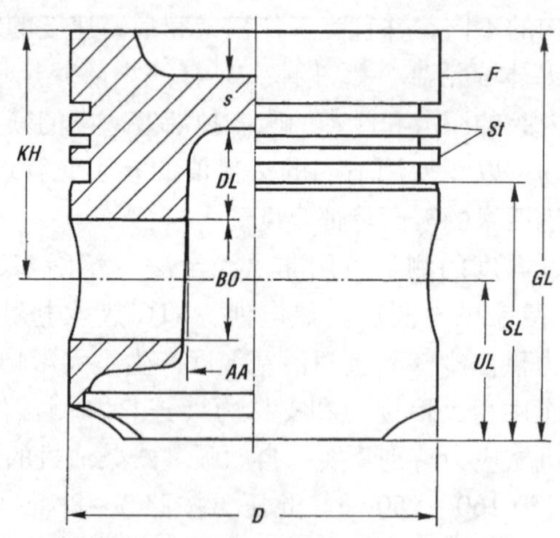

图8-57　活塞的重要尺寸和术语

F—活塞顶岸　*St*—环岸　*s*—活塞顶厚度　*KH*—压缩高度　*DL*—延伸长度　*GL*—总长度
BO—销孔直径（活塞销直径）　*SL*—裙部长度　*UL*—底部长度　*AA*—活塞销孔凸台间隔　*D*—活塞直径

表8-4　柴油机轻合金活塞的主要尺寸

四冲程柴油机		
活塞直径 D/mm	75 ~ 100	>100
活塞总长度与活塞直径之比 GL/D	0.8 ~ 1.3	1.1 ~ 1.6
活塞压缩高度与活塞直径之比 KH/D	0.50 ~ 0.80	0.70 ~ 1.00
活塞销直径与活塞直径之比 BO/D	0.35① ~ 0.40	0.36 ~ 0.45
活塞顶岸高度与活塞直径之比 F/D	0.10 ~ 0.20	0.10 ~ 0.22
第一道环岸高度与活塞直径之比 St/D②	0.07 ~ 0.09	0.07 ~ 0.12
第一道环槽高度/mm	1.5 ~ 3.0	3.0 ~ 8.0
活塞裙部长度与活塞直径之比 SL/D	0.50 ~ 0.90	0.70 ~ 1.10
活塞凸台间隔与活塞直径之比 AA/D	0.27 ~ 0.40	0.25 ~ 0.40
活塞顶厚度与活塞直径之比 s/D	0.10 ~ 0.15③	0.13 ~ 0.20
重量比 $G_N/D/(g/cm^3)$	0.8 ~ 1.1	1.1 ~ 1.6

① 乘用车柴油机的下限值。

② 适用于带环槽护圈的活塞。

③ 对于直喷柴油机为0.2倍的凹坑直径。

8.6.3.2　活塞的加载条件

1. 概述

作用于活塞上的气体作用力、惯性力和裙部侧推力，使活塞产生变形和内部出现应力。燃烧气体的压力作用于活塞顶上。活塞将合力通过活塞销和连杆传给曲轴。由于活塞裙部区域内的活塞销孔凸台支承在活塞销上，因此裙部的敞口端会发生椭圆变形。

变形还受活塞销变形（椭圆形和弯曲变形）和受气缸接触力的影响，它们都会加重活塞变形。

活塞温度场所产生的变形与机械应力引起的变形相叠加，从而在工作温度下引起活塞顶的翘曲，并且从活塞裙部底端到活塞顶岸直径不断加大。

活塞设计的目标是获得大小适当的壁厚，一方面应足以防止破裂和变形（包含由侧推力引起的变形），而另一方面，在某些区域受外部作用（如气缸作用）而变形时，活塞壁却又具有足够的弹性。由于活塞是一个快速运动的发动机零件，所以它的质量应该始终保持在最小值。

力和热负荷的作用而产生的变形和应力可用有限元法进行仿真（图8-58）。

2. 活塞顶负荷

柴油机活塞顶要受到温度远高于300℃的极端温度的热负荷作用，而在这个温度下所采用的铝合金材料的疲劳强度会显著下降。活塞顶设计和燃烧室凹坑边缘设计必须尽可能地避免出现局部温度峰值和弱化容易引起开裂的切槽效应。

发动机工作时，燃烧室凹坑边缘处会出现显著的热循环。局部加热与周围较冷区域的变形抑制作用会使活塞材料局部屈服，因而在极端情况下会产生热循环疲劳。活塞顶的硬质阳极氧化形成了一个坚硬的氧化铝层，从而降低了活塞初始热裂的倾向。

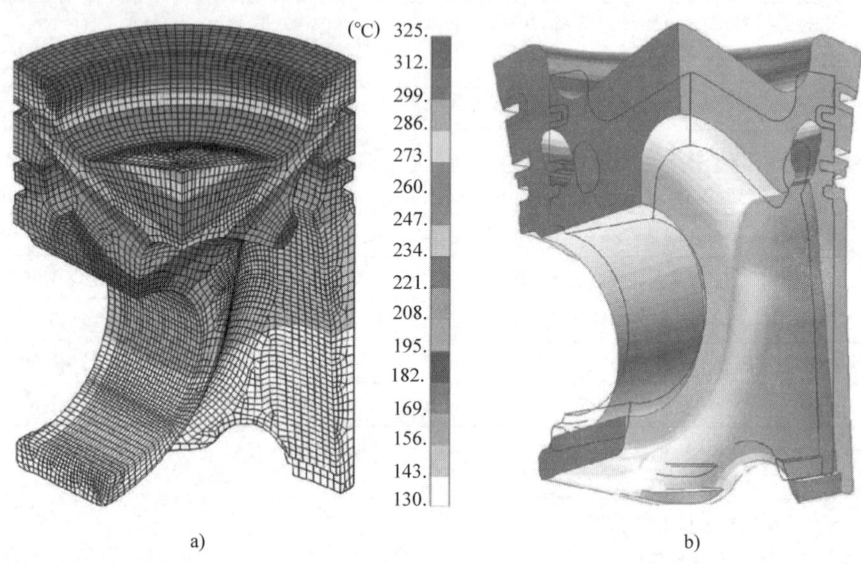

图8-58　活塞的有限元仿真

a）有限元网格和温度场（℃）　b）热负荷作用下的变形

直喷发动机废气排放的优化常常需要将燃烧室凹坑设计成具有最小可能的半径和切去下部的结构。在凹坑的边缘处必然会出现一个明显的温度最大值。在活塞合金中加入氧化铝陶瓷纤维会明显提高凹坑边缘处的强度，然而，为了能够制造这样的用纤维增强凹坑边缘（图8-59）或用纤维局部加强活塞顶区的活塞，需要用一种专用的铸造法。只有在提高液态合金的压力的情况下，才能使活塞合金穿透多空隙的纤维增强物。

图8-59　带有冷却环槽护圈和活塞销孔衬套的陶瓷纤维增强活塞

3. 环槽区负荷

由于环槽区的第一道（有些情况下也包含第二道）环槽会受到很强的热负荷和机械负荷作用，因此，柴油机的铝制活塞需要采取额外的措施才能达到要求的使用寿命。活塞在气缸内的摆动所引起的活塞环径向运动是环槽磨损（侧面磨损）的主要原因。气体作用力、惯性力和摩擦力所引起的活塞环轴向运动以及活塞环的转动，也会引起环槽磨损。

一方面，第一道环槽的极高的热应力会加剧机械磨损。而另一方面，热负荷还会引起环槽结焦，从而导致柴油机第一道环卡滞。

正常情况下，柴油机铝活塞第一道环槽通过铸入一个通常用高镍耐蚀铸铁（Ni – resist）制成的环槽护圈。高镍耐蚀铸铁（Ni – resist）是与铝的热胀系数几乎相同的奥氏体铸铁。铁心铝铸件的热浸镀铝后注塑法成形（Alfin process），可在环槽护圈与活塞材料之间形成金属间相，从而防止环槽护圈在气体作用力和惯性力作用下出现松动，并且有利于更好的传热。

通常，诸如在环槽上侧面镶薄钢片，或者加入合金的耐磨材料，此类加强环槽区的措施的磨损防护作用不如环槽护圈。

4. 活塞销孔凸台与支撑区

作用于活塞上的各种力经活塞销孔传给活塞销，然后经连杆传给曲轴。活塞销孔凸台是活塞上的高应力区之一。

为了适当地支撑承受负荷的活塞顶，可采用不同的活塞销孔几何形状（矩形、梯形、阶梯形支撑设计）。对于作为铁路机车驱动和船舶动力装置的大型柴油机，常常可通过阶梯形活塞销孔凸台（带有阶梯的连杆）来降低活塞销孔接触压力。与活塞销配合的中心销孔位于活塞销孔凸台的支撑区。由于中心销孔起到轴承的作用，所以必须对其进行高精度的机械加工。

活塞销的尺寸和连杆小端的宽度会严重影响活塞销孔的承载能力。当对发动机的性能进行调整之后，最终的工作条件（燃烧压力、温度和使用寿命）会要求活塞销孔的精确几何形状偏离圆柱形，这样才能确保活塞销孔工作可靠，不发生开裂。活塞销孔的轻微椭圆形或者是一种朝向连杆方向优化的圆锥形，可使活塞销孔凸台区域的零件强度提高约 5% ~ 15%。活塞销孔凸台副后角或带有仿型外廓的活塞销（见 8.6.5 节可获得更多仿型活塞销的介绍），可以提供更多的设计选择。然而，这些措施中的每一项都会提高活塞顶的机械应力。

5. 活塞冷却

由于 SiAl 合金的疲劳强度会随着温度增长，到高于 150℃后会急剧下降，所以只能将活塞的热负荷提高到一个有限的程度。因此，在大多数情况下，柴油机需要有系统的活塞冷却措施。利用一个固定的喷嘴将润滑油喷向活塞内部的喷油冷却（将第一道环槽区的温度降低 10 ~ 30℃），在多数情况下已经可以满足要求。活塞环槽区的背后常常需要有一个环形空腔。

带冷却油道的活塞使用水溶性盐型芯进行制造，或者制造成冷却环槽护圈（将一个金属片冷却油道连接到环槽护圈上）的形式。一个带有固定外壳的精确调校的喷嘴通过活塞上的一个进油节流孔，将冷却润滑油喷入环形油腔内。维持正确数量的润滑油对散热起到决定性的作用。润滑油通过活塞内部的一个或几个回油孔排出，回油孔最好位于与进油孔大致相对的一侧。

燃烧室凹坑周缘处、活塞环、支撑和销孔凸台区的温度，会因冷却油腔位置的不同而出现大幅度下降。第一道活塞环槽区的温度会降低25～50℃（图8-60，表8-5）。

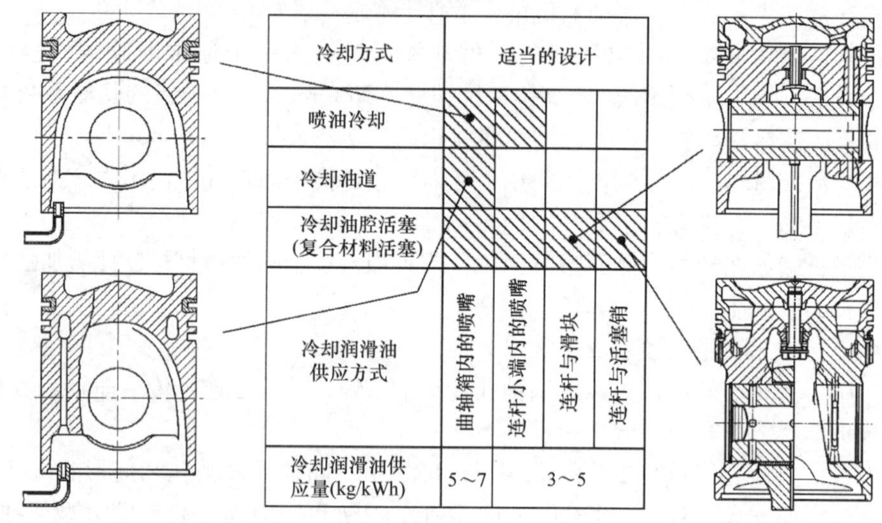

图8-60　活塞冷却方式与冷却润滑油要求

表8-5　发动机工作状况和冷却对车用发动机活塞温度的影响

工作参数	工作参数变化量	第一道活塞环槽温度变化
转速 n（p_e = 常数）	100/min	2～4℃
负荷 p_e（W_e）（n = 常数）	1bar（0.1kJ/dm^3）	≈10（凹坑周缘≈20℃）
	1bar（带冷却腔的活塞）s	5～10（凹坑周缘15～20℃）
喷油始点（提前）	1℃A	+1～3（凹坑周缘<4.5℃）
压缩比	变化1	4～12℃
冷却液温度	10℃	4～8℃
冷却液成分	乙二醇，质量分数50%	5～10℃
润滑油温度（油底壳）	10℃	1～3℃
活塞油冷方式	连杆端部的喷油嘴	−8～−15℃（局部）
	固定喷油嘴	−10～−30℃
	冷却油腔	−25～−50℃
	冷却油温10℃（带冷却油腔的活塞）	4～8℃（凹坑周缘也是如此）

组合活塞的钢活塞顶内壳设计有冷却油腔，从而促进了特别是活塞环区的有效冷却。通常，将冷却润滑油输送到外面的环形冷却油腔，然后经过内冷却油腔回油。由于温度降低到SO_2和SO_3的露点以下时会形成酸，所以部分负荷时，第一道压缩环的环槽区域的温度不应该降到低于150℃。因此，必须调整冷却润滑油的分配使活塞顶先得到冷却然后再冷却环槽区。

8.6.3.3　活塞设计

1. 乘用车柴油机活塞

由工作过程决定，柴油机不仅要经历极高的热负荷，还要承受极高的机械负荷。硅质量分数 18% 的过共晶铝合金材料，其力学性能在负荷较小的乘用车柴油机上仅仅够用。活塞环槽护圈已被确认是一种用于更高负荷发动机第一道环槽的极为有效的磨损防护措施。这样的活塞通常用硅质量分数 11%～13% 的共晶 AlSi 合金制造。

在热负荷更高的增压发动机上，活塞冷却是一种重要的措施。活塞冷却可以是往活塞内轮廓上喷射润滑油的方式，或者是在活塞内设置冷却油道，对活塞进行强制油冷的方式。

除了传统的盐型芯冷却油道活塞（图 8-61）外，还采用带有冷却环槽护圈的铸造活塞（图 8-62），这种冷却环槽护圈的活塞能够显著降低活塞重要部位的温度。将活塞凹坑周缘处的温度有效地降低 15℃ 以上，可以使活塞使用寿命提高一倍。

图 8-61　带有环槽护圈和冷却油道的活塞（盐型芯活塞）

图 8-62　带有冷却环槽护圈冷却油道的活塞

2. 重载柴油机活塞

金属型铸造的带环槽护圈的活塞已经成为商用车柴油机的标准设计，不带环槽护圈的铸造活塞只能继续用于低比功率或使用寿命有限的发动机上。

许多车用柴油机一度不再使用铸造活塞，而使用强度更高的锻造活塞。然而，随着功率的增加，在第一道环槽的耐磨性方面，使用过共晶合金材料，而并不采用加强环槽措施的局限性已经显露出来。环槽护圈与锻造活塞材料之间的纯机械锁固作用不能令人满意。

与仅仅将润滑油喷射到活塞下部局部区域的活塞相比，带有冷却油道、润滑油在其内强制流动的活塞能使温度水平降低。冷却通道内仅部分充满润滑油，从而获得了“振荡器”效应，传热更快。

冷却油道铝活塞现在用于带有中冷和平均有效制动压力高于20bar，且气缸最高压力可高达200bar以上的高负荷涡轮增压柴油机上。

采用较高的气缸压力和改进活塞顶上燃烧室凹坑几何形状和棱角设置，可以进一步降低废气中炭烟含量并提高热效率。这会增加活塞上的热负荷，特别是在活塞顶部的燃烧室区域。

铰接式活塞（Ferrotherm活塞，见图8-63）是针对机械应力和热应力极高的应用场合而设计的活塞。这些活塞由两部分构成：一个是钢活塞顶部分，另一个是铝活塞裙部分；两个部分通过活塞销柔性地连接在一起。活塞顶的功能当然是与活塞环一起密封燃烧气体和将气体压力传递给曲柄连杆机构。活塞裙的作用是承受曲柄连杆机构所引起的侧推力和合成的导向力。另一种类型的活塞是钢制整体式活塞（Monotherm活塞，见图8-64），该活塞是从一种非机械切削锻钢部件，经过精加工而成。其裙部仅仅与活塞销孔凸台相连，或另外再与活塞顶相连。由于铁质材料的导热性较差，所以铁活塞上需要有比铝活塞更多的冷却措施，以防润滑油老化。喷油嘴将冷却润滑油提供给活塞的冷却管道。活塞头部冷却室下侧的盖板能够将敞口的冷却管道转接到封闭的冷却油道（酷似冷却油道活塞，可以产生冷却润滑油的振荡器效应）。

与铝活塞不同，钢活塞的活塞顶的第一道环槽通常不需要额外采取加强措施。

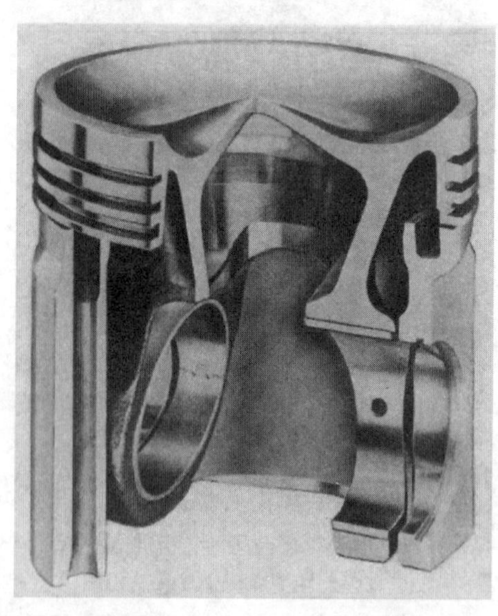

图8-63　采用钢活塞顶和铝活塞裙的铰接式活塞（Ferrotherm活塞）

图8-64　整体式锻钢活塞（Monotherm活塞）

3. 机车柴油机、固定式柴油机和船用柴油机活塞

以前，发电厂、船舶推进以及轨道车辆和机车内燃机的工况比较平稳，因而在许多场合下允许使用全裙铝活塞。

这样的活塞的活塞顶和活塞环区结构坚固，并具有传导热流所需的足够大的横断面。这样的一些带有环槽护圈和冷却盘管，或冷却油道的活塞采用铸造法制造，或者用电子束焊接，将锻造活塞身部与包含环槽护圈和冷却油道的铸造环带连接到一起（图 8-65）。

应用中已经证实，铝合金活塞在使用重燃料的中速发动机上受到限制。这样的合金对因固体燃烧残留物所引起的活塞顶岸的机械磨损不具有足够的抵抗力。

对于燃料硫含量高的情况，球墨铸铁的良好性能促成了整体式轻重量铸铁活塞的应用。不过这样的活塞需要用特别铸造法来制造（图 8-66）。

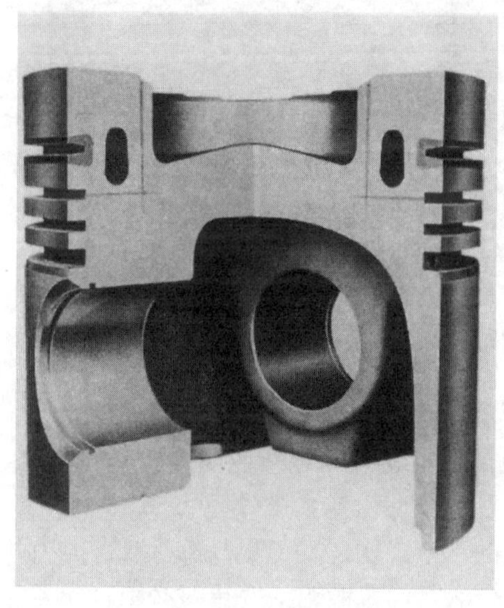

图 8-65　带有冷却油道和环槽护圈的电子束焊接活塞

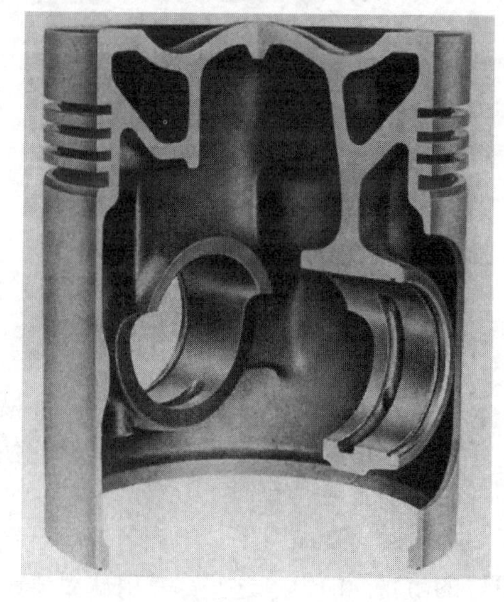

图 8-66　整体式球墨铸铁活塞（Monoblock）

另一方面，组合活塞将各种不同材料的特性集中到一个活塞上。第三代组合活塞今天还在使用中。它们都用一种活塞设计，在这种设计中，活塞顶与活塞环区形成了活塞的一个要素，而活塞裙与活塞销孔凸台形成了另一个要素。两个部分通过适当的元件互相连接起来。

具有锻造轴对称钢活塞顶并采用内、外冷却油腔和锻造铝活塞裙的传统组合活塞（图 8-67），已经被一种多孔冷却活塞顶的活塞设计（图 8-68）所补充。除了它们的壁厚薄外，脱离钢活塞顶的传统结构，将钢活塞顶上设置径向冷却油道孔，这种结构的特点是提高了螺栓连接刚度，同时散热能力保持不变。

图 8-67　采用铝活塞裙的传统冷却组合活塞

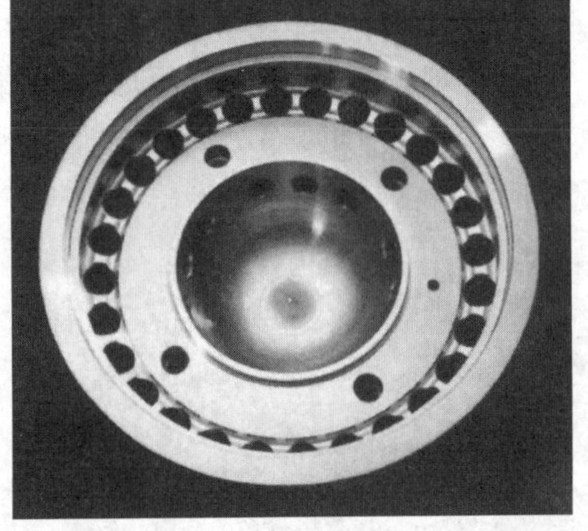

图 8-68　组合活塞的多孔冷却钢活塞顶

为了降低磨损，钢活塞顶的活塞环槽常常经过感应淬火处理或镀铬处理。

铝活塞裙的优点是活塞裙设计时比使用其他材料的壁厚可以更薄，刚度更大，但并未增加重量。

冷态时活塞间隙小，因而可获得更轻微的活塞二次运动、更高的抗咬合能力和更好的耐腐蚀能力，这些都是用球墨铸铁组合活塞代替锻铝活塞裙时必须首先考虑的因素。一种采用内、外冷却油腔的传统轴对称锻钢活塞顶已经被采用（图 8-69）。

将计划用于气缸压力高于 200bar 的组合活塞设计成采用球墨铸铁或锻钢活塞裙和钢活塞顶的组合结构。这种设计的特点是变形小、结构强度高和冷态间隙小。

使用密度较高的材料会使活塞总质量比铝合金活塞提高大约 20%～50%。

二冲程柴油机活塞（十字头发动机）通常采用这样的结构：将一种杯形轴对称钢制零件（如用 34CrMo4 合金钢制成）用螺栓直接固定到活塞杆上，或通过一个滑块或接头连接到活塞杆上（图 8-70）。使用油孔冷却（由 Sulzer 开发的一种原理）的设计简单而坚固，在热负荷和机械负荷的作用下具有很高的可靠性。活塞顶能够承受机械应力作用，并且允许不可避免的变形，同时还不会出现明显的应力增加现象。

图 8-71 给出了中速四冲程柴油机的大直径活塞设计的应用范围。

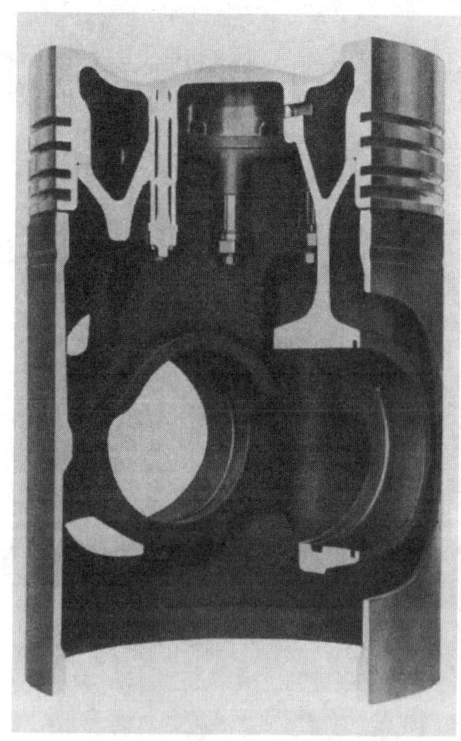

图 8-69　采用薄壁球墨铸铁活塞裙的传统冷却组合活塞

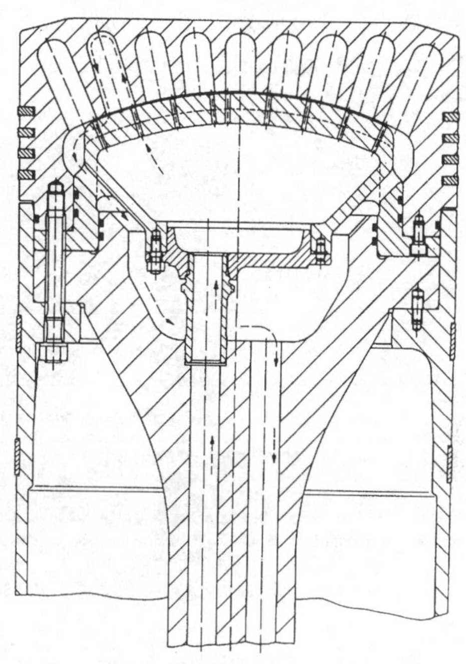

图 8-70　二冲程十字头柴油机的多孔冷却活塞

8.6.3.4　材料

1. 活塞材料

在内燃机发展进程中，仅用于活塞而不用于其他零件的活塞专用合金的使用，体现了这个零件必须满足一些极端的使用条件。事实上，普通的活塞材料是在一整系列目标都相互矛盾的要求之间进行综合考虑的一种材料。

铝硅合金（流行的共晶合金）用作活塞制造材料具有压倒性的优势地位（图 8-72）。良好的导热性、低密度、良好的可铸造性和工艺性，以及良好的机械加工性能和极高的高温强度仅仅是此类轻重量合金的优良性能

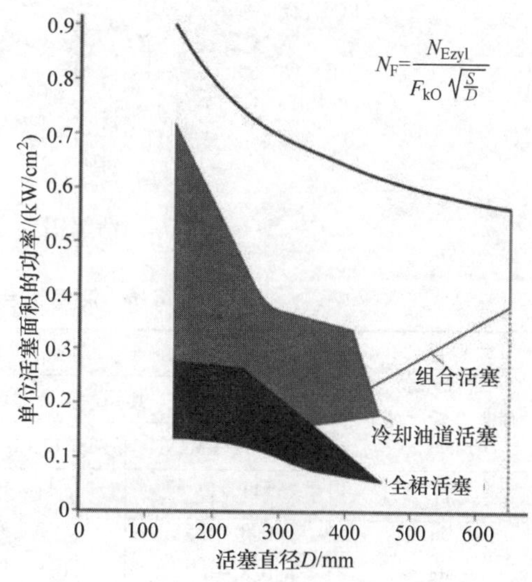

图 8-71　各种大缸径中速柴油机的单位活塞面积功率

中的几种（表8-6）。

从150~200℃开始，铝硅合金材料的性能（包括硬度）明显下降，这是铝硅合金的缺点。合金成分改变，特别是提高铜含量，会大大提高 AlSi 合金在温度高于250℃范围的疲劳强度，但付出的代价是铸造的复杂性增加。AlSi 合金可用于制造铸件和锻件（表8-7）。

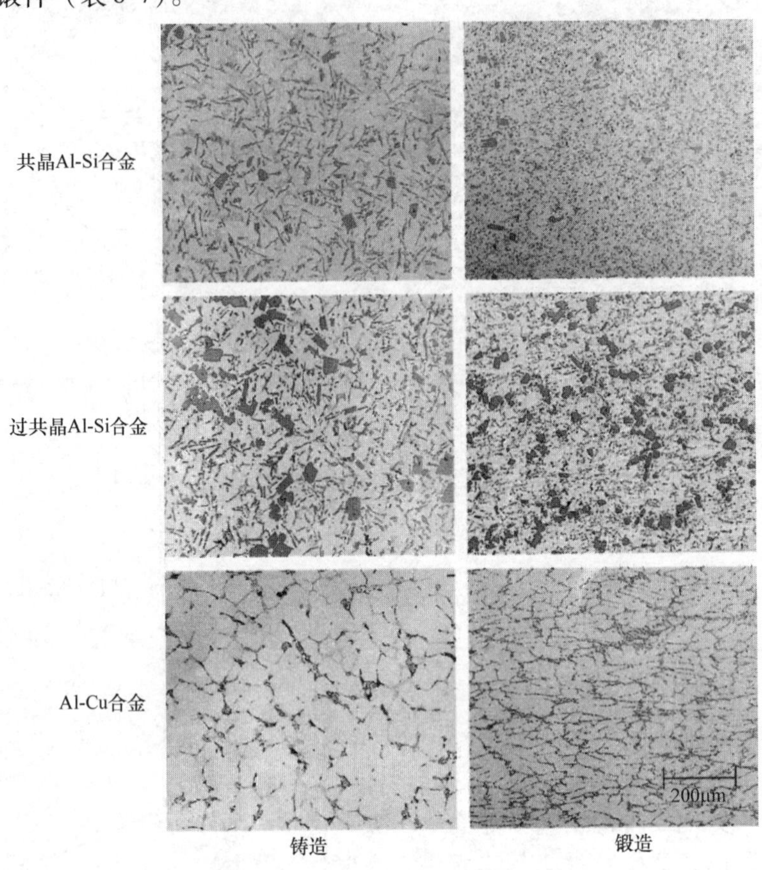

图8-72　活塞铝合金的纤维结构举例

表8-6　活塞铝合金的化学成分

合金元素 质量分数（%）	AlSi 合金			
	共晶		过共晶	
	AlSi 12CuMgNi	AlSi 12 Cu4Ni2Mg	AlSi 18 CuMgNi	AlSi 25 CuMgNi
Si	11~13	11~13	17~19	23~26
Cu	0.8~1.5	3~5	0.8~1.5	0.8~1.5
Mg	0.8~1.3	0.5~1.2	0.8~1.3	0.8~1.3
Ni	0.8~1.3	1~3	0.8~1.3	0.8~1.3
Fe	≤0.7	≤0.7	≤0.7	≤0.7

（续）

合金元素质量分数（%）	AlSi 合金			
	共晶		过共晶	
	AlSi 12CuMgNi	AlSi 12 Cu4Ni2Mg	AlSi 18 CuMgNi	AlSi 25 CuMgNi
Mn	≤0.3	≤0.3	≤0.2	≤0.2
Ti	≤0.2	≤0.2	≤0.2	≤0.2
Zn	≤0.3	≤0.3	≤0.3	≤0.2
Cu	—	—	—	≤0.6
Al	剩余	剩余	剩余	剩余

表 8-7　活塞铝合金的材料性能（强度值由单独生产的棒材确定）

参数		共晶			过共晶	
		AlSi 12 CuNiMg 金属型铸造	AlSi 12 CuNiMg 锻造	AlSi 12 Cu4Ni2Mg 金属型铸造	AlSi 18 CuNiMg 金属型铸造	AlSi 25 CuNiMg 锻造
抗拉强度 R_m /(N/mm²)	20℃	200～250	300～370	200～280	180～220	230～300
	50℃	180～200	250～300	180～240	170～210	210～260
	250℃	90～110	80～140	100～120	100～140	100～160
	350℃	35～55	50～100	45～65	60～80	60～80
屈服极限 $R_a0.2$ /(N/mm²)	20℃	190～230	280～340	190～260	170～210	220～260
	50℃	170～200	220～280	170～220	150～190	200～250
	250℃	70～100	60～120	80～110	100～140	80～120
	350℃	20～30	30～70	35～60	20～40	30～40
断裂延伸率 A(%)	20℃	0.1～1.5	1～3	<1	0.2～1.0	0.5～1.5
	50℃	1.0～1.5	2.5～4.5	<1	0.3～1.2	1～2
	250℃	2～4	10～20	1.5～2	1.0～2.2	3～5
	350℃	9～15	30～35	7～9	5～7	10～15
疲劳强度（旋转变曲疲劳）σ_{bw} /(N/mm²)	20℃	90～110	110～140	100～110	80～110	90～120
	50℃	75～85	90～120	80～90	60～90	70～110
	250℃	45～50	45～55	50～55	40～60	50～70
	350℃	20～25	30～40	35～40	15～30	20～30
弹性模量 E /(N/mm²)	20℃	80000	80000	84000	83000	84000
	50℃	77000	77000	79000	79000	79000
	250℃	72000	72000	75000	75000	76000
	350℃	65000	69000	70000	70500	70000
热导率 λ /[W/(mK)]	20℃	155	158	125	143	157
	50℃	156	162	130	147	160
	250℃	159	166	135	150	163
	350℃	164	168	140	156	—

（续）

参数		共晶			过共晶	
		AlSi 12 CuNiMg 金属型铸造	AlSi 12 CuNiMg 锻造	AlSi 12 Cu4Ni2Mg 金属型铸造	AlSi 18 CuNiMg 金属型铸造	AlSi 25 CuNiMg 锻造
平均线热胀系数 20~200℃ /[(1/K)×10^{-6}]		20.6	20.6	20.0	19.9	20.3
密度ρ /(g/cm^3)		2.68	2.68	2.77	2.68	2.68
相对磨损		1	1	~0.9	~0.8	~0.8
布氏硬度 HB2.5/62.5			90~125			

当形成大量的铝锈或温度过高时，这些合金不再有足够的耐磨性。这样，如8.6.3.2节中所提到的，环槽护圈便成为必要的设计。

对于船用柴油机和固定式柴油机，特别是这些发动机使用重燃料工作时（表8-8），应使用球墨铸铁（GGG 70）制造组合活塞的活塞裙，或者用于制造整个活塞（整体式活塞）。合金钢（42CrMo4）用于制造组合活塞的活塞顶、商用车发动机 Ferrotherm 活塞的活塞顶和 Monotherm 整体式活塞。这些材料的优点是热稳定性更好，耐磨性提高，刚度更大和强度更高，但是通常它们的重量更重，且生产过程更复杂（表8-9）。

表8-8 铸铁材料性能推荐性

	GGG 70 球墨铸铁	含有片状石墨的奥氏体铸铁	含有球形石墨的奥氏体铸铁
合金元素质量分数（%）			
C	3.5~4.1	2.4~2.8	2.4~2.8
Si	2.0~2.4	1.8~2.4	2.9~3.1
Mn	0.3~0.5	1.0~1.4	0.6~0.8
Ni	0.6~0.8	13.5~17.0	19.5~20.5
Cr	—	1.0~1.6	0.9~1.1
Cu	≤0.1	5.0~7.0	—
Mo	—	—	—
Mg	0.04~0.06	—	0.03~0.05
抗拉强度 R_m/(N/mm^2)			
20℃	≥700	≥190	≥380
100℃	640	170	—
200℃	600	160	—
300℃	590	160	—
400℃	530	150	—

（续）

	GGG 70 球墨铸铁	含有片状石墨的奥氏体铸铁	含有球形石墨的奥氏体铸铁
屈服极限 $R_p0.2$/(N/mm²)			
20℃ 100℃ 200℃ 300℃ 400℃	≥420 390 360 350 340	150 150 140 140 130	≥210 — — — —
断裂伸长率（20℃）A（%）	≥2	≥2	≥8
布氏硬度（20℃）HB 30	240～300	120～160	140～180
疲劳强度（旋转弯曲疲劳，20℃）σ_{bw}/(N/mm²)	≥250	≥80	—
弹性模量（20℃）E	177000 171000	100000 —	120000 —
热导率（20℃）λ/[W/(mK)]	27	32	13
平均线热胀系数（20～200℃）/[(1/K)×10⁻⁶]	12	18	18
密度 ρ/(g/cm³)	7.2	7.45	7.4
特殊性能与应用	高应力活塞、组合活塞的活塞顶和活塞裙	高的热胀性，用于环槽护圈	高的热胀性和高强度用于环槽护圈

表 8-9　用于锻制活塞零件的钢材性能推荐值

	AFP 钢 38 Mn VS6	42 CrMo 4 V
合金元素质量分数（%）		
C	0.34～0.41	0.38～0.45
Si	0.15～0.80	0.15～0.40
Mn	1.2～1.6	0.60～0.90
Cr	≤0.3	0.90～1.20
Mo	≤0.08	0.15～0.30
V	0.08～0.2	—
（P，S）	（≤0.025，0.02～0.6）	（≤0.02）
抗拉强度 R_m/(N/mm²)		
20℃	≥910	≥920
100℃	—	—
200℃	—	—
300℃	840	850～930

（续）

	AFP 钢 38 Mn VS6	42 CrMo 4 V
抗拉强度 R_m/(N/mm²)		
400℃ 450℃	— 610	— 630~690
屈服极限 R_p/(N/mm²)		
20℃ 100℃ 200℃ 300℃ 400℃ 450℃	≥610 — — 540 — 450	≥740 — — 680~750 — 520~580
断裂伸长度（20℃）*A*（%）		
20℃ 200℃ 300℃ 400℃ 450℃	≥14 — 11 — 15	12~15 — 10~13 14 15~16
布氏硬度（20℃）HB 30	240~310	265~330
疲劳强度（旋转弯曲 疲劳，20℃）σ_{bw}/(N/mm²)		
20℃ 200℃ 300℃ 400℃ 450℃	≥370 — 320 — 290	≥370 — 340~400 — 280~400
弹性模量（20℃）*E*/(N/mm²)		
20℃ 200℃ 400℃ 450℃	210000 189000 — 176000	210000 193000 — 180000
密度 ρ/(g/cm³)	7.8	7.8
热导率（20℃）λ/[W/(mK)]		
20℃ 200℃ 300℃ 400℃ 450℃	44 — 40 — 37	38 — 39 — 37
平均线热胀系数 /[(1/K)×10⁻⁶]		
20~200℃ 20~300℃ 20~400℃ 20~450℃	— 13.2 — 13.7	— 13.1 13.2 13.7
特殊性能与应用	BY 钢用于制造活塞、组合活塞的活塞顶和活塞裙	高温调质钢用于制造活塞、组合活塞的活塞顶和螺栓

2. *表面涂层*

活塞表面上涂有不同的表面涂层，这些涂层可依据功能的不同分为两大类。第一类是能起到特别的保护作用，防止热应力过大的涂层。第二类是改善运行性能的涂层。

3. *保护涂层*

硬质阳极氧化会产生一种与基体材料紧密结合的氧化铝层。这种氧化铝层能阻挡高温燃气的热负荷和机械负荷的冲击作用，对活塞顶起保护作用，并且提高了在热负荷和机械负荷下，在燃烧室凹坑边缘和活塞顶上发生裂纹的抵抗能力。

由于硬质氧化层的干运行性能不好，所以在涂覆过程中，要对活塞的裙部和环槽区进行遮盖处理。

4. *活塞裙涂层*

综上所述，活塞与气缸材料的配对及它们的表面粗糙度，决定着活塞裙部的工作性能。裙部的表面粗糙度对于即使在供油不足的情况下也能够支承一定负荷的润滑油膜的形成和附着会产生有巨大的影响。另外，即使在边界润滑的条件下，薄的软金属涂层或石墨涂层都能确保（至少临时确保）良好的滑动性能。

活塞镀锡能使活塞具有良好的工作性能。镀锡工艺以离子交换原理为基础。将铝活塞浸入锡盐溶液中，由于在电化学电位序中锡比铝更不活泼，因而它会沉积在活塞表面上。同时，在这个工艺过程中，铝会被溶解，直至封闭的锡表面形成为止。由于具有良好的干运行性能，这种形成的 1 ~ 2μm 厚金属涂层的工艺仍在一定程度上用于商用车和乘用车发动机的活塞。

石墨有利于提高润滑剂的附着性能，并且万一润滑油膜被破坏的话，它本身也会产生润滑作用。在活塞上形成附着性极好的加石墨的聚合物保护涂层（固态润滑剂）是很重要的。为此，可以用碱池将金属表面涂上厚度约为 3 ~ 5μm 金属磷酸盐层。对于由细石墨粉末与聚酰胺 - 亚胺（PAI）树脂混合在一起而形成的合成树脂石墨涂层来说，这种金属磷酸盐层是一种很好的底涂层。涂覆完成后，要将这种大约 10 ~ 20μm 厚的加石墨聚合物保护层在较高的温度下进行处理（聚合）。这样的涂层用于大型活塞，以及乘用车汽油机和乘用车柴油机的活塞。石墨保护涂层可以用于铝活塞和铁活塞。它们的“亲油”表面具有极好的干运行性能。

8.6.4　活塞环

8.6.4.1　概述

作为燃烧室的运动零件，内燃机活塞环的功用是从活塞处将燃烧室与曲轴箱尽可能完全地隔开。另外，活塞环还要帮助热量从活塞传递给气缸壁，以及调节润滑油供应，从而完成在气缸壁上布油和刮除气缸壁上多余的油。因此，活塞环可按照功能的不同分为气环和油环。

为了产生所要求的对气缸壁的压力，活塞环开口端必须具有张开的能力（图 8-73）。在切掉等于自由间隙的一段（开口）后，双仿形车削（即对切割坯料的内、外两侧同时进行复制切削）使活塞环具有在气缸内充分发挥功能所希望的径向压力分布。活塞环是一个密闭气缸的密封件，它对气缸壁施加特定的径向压力。

活塞环安装后，在发动机工作期间，气环后面气体压力的作用方向与径向作用的弹性力方向一致。作用于活塞环侧面气体压力会使活塞环与活塞环槽侧面紧密接触（图8-74）。

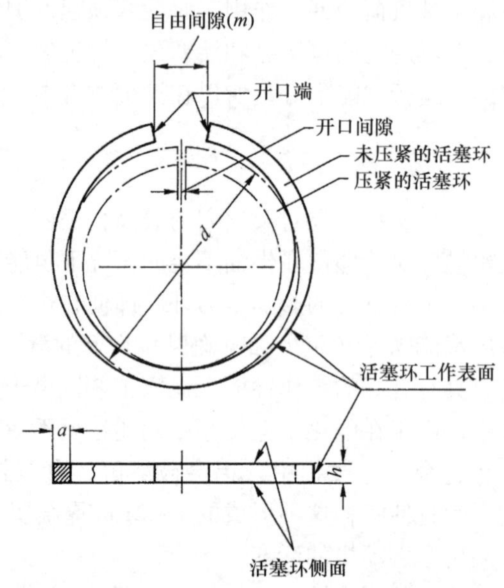

图8-73　活塞环尺寸

a—壁厚（径向）　h—活塞环高度（径向）　d—名义直径

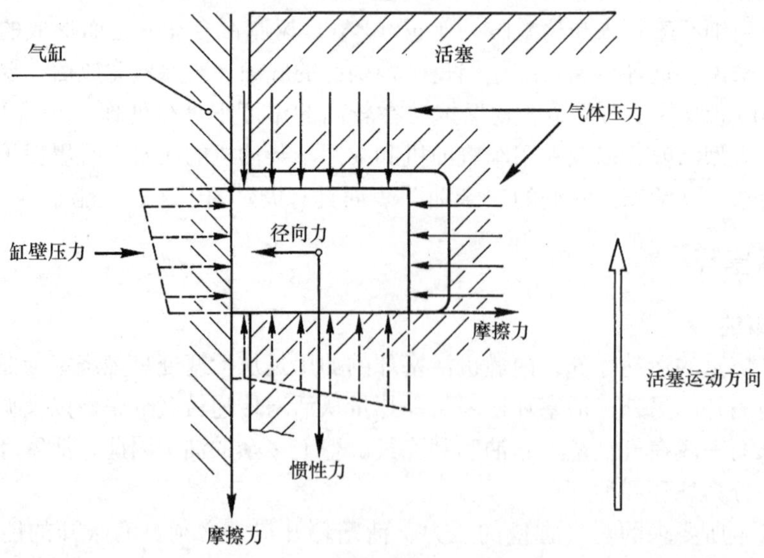

图8-74　作用于活塞环上的各种力

8.6.4.2　气环

气环的作用是密封气缸和将热量传给气缸壁。此外，气环还要调节润滑油的分布。气环的密封功能主要是阻止燃烧气体从燃烧室进入曲轴箱。气缸漏气量增加会使活塞和活塞环过热，使气缸壁润滑中断，并且会严重影响油底壳内的润滑油品质。

采用矩形或梯形断面和凸起、对称凸起或圆锥形接触表面的活塞环已被证明是效能最好的气环。当将接触表面设计成锥角为几分的范围（锥形气环）时，初始的直线接触区会在气环的接触表面与气缸壁之间产生很高的单位载荷，从而缩短磨合过程。活塞环端面的对称结构（内切角和内锥面）也会取得同样的效果。这样，在一侧有变化的断面会使活塞环在安装后扭转成碟形，从而使与气缸套接触的表面变成锥形或加大锥形的锥角（“扭转”效应）。在气体压力作用下，气环被压平。这样，气环在工作中会产生额外的动应力。同样，“扭转”角仅仅在几分角度的范围内（表 8-10）。

表 8-10　气环的主要类型

	带有圆筒形接触表面的矩形环（R 环） 用于正常工作条件
	带有凸起接触表面的矩形环（R 环 B 型） 最适合于带涂层的活塞环
TOP	带有锥形接触表面的矩形环，也叫做锥面环（M 环） 具有刮擦效应，能缩短磨合期
TOP	半梯形环（ET 环） 抗结焦、防卡滞能力强
	带有圆桶形、锥形或凸起接触表面的梯形环（r 环） 特别对于柴油机，抗结焦、防卡滞能力强
采用内倒角（IE）或内切角（IA）会导致活塞环扭转，从而可获得在气缸内和在环槽内的紧密贴合。 举例：	
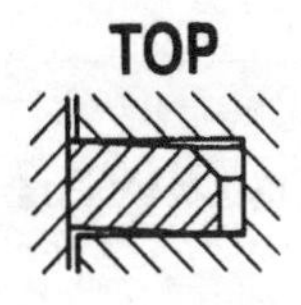	带有内倒角的 R 环 接触表面下边缘贴合，磨合更快

（续）

采用内倒角（IE）内切角（IA）会导致活塞环扭转，从而可获得在气缸内和在环槽内的紧密贴合。 举例：	
	带有内切角的T环 接触表面下边缘贴合，磨合更快
	带有下倒角的M环（反向扭转） 活塞环在接触表面的下端抵靠在气缸表面上，上侧抵靠在环槽上侧内端，活塞环出现反向扭转。这种环最好安装在第二道环槽内
有“top”标记的环侧必须朝向活塞顶（燃烧室）	

第一道环槽的活塞环的接触表面通常为外凸表面，以便快速磨合。当采用对称外凸表面时，在向上的行程中，活塞环能更快浮动，使更多的润滑油进入上止点对应的缸壁位置，缓解气缸套上部由于常常处于混合润滑条件下而导致的快速磨损。

8.6.4.3 油环

油环的作用是调节和控制润滑油的供应。它们可从气缸壁上刮下多余的润滑油，使其返回到曲轴箱，刮油不充分会导致润滑油结焦甚至流入到燃烧室，增加润滑油消耗。油环通常有两个分开的接触表面。螺旋衬簧决定着接触压力的大小。

锥面环或Napier锥面环具有气环/油环的混合功能，它们既要充当气环又要充当油环（表8-11）。

表8-11　油环的主要类型

TOP	带有圆柱形接触表面的Napier环（N环） 结构最简单的油环
TOP	带有圆锥形接触表面的Napier环（NM环） 锥形结构能缩短磨合期，并能增强刮油效果
	带有螺旋衬簧的油环（SSF环） 适合于一般工作条件和磨合条件
	双锥面螺旋衬簧油环（DSF环），最好带有镀铬支撑桥。较大的单位接触压力会引起磨合期的缩短并使刮油效果改善

（续）

	螺旋衬簧上锥面油环（GSF 环） 加速磨合过程，增强刮油效能
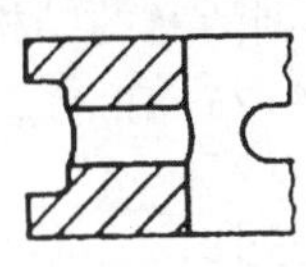	带回油孔的油环（S 环） 外廓特征：锥形边（D 环）和双锥形边（G 环），很少用于轻载发动机
有“top”标记的环侧必须朝向活塞顶（燃烧室）	

尽管气环的主要功能是密封燃烧气体，而油环的主要功能是布油和刮油，但是它们的材料、表面涂层和致密的表面组织都会在由活塞、活塞环和气缸构成的摩擦系统中起到重要的作用。活塞环通常用含有片状石墨或球状石墨的高级铸铁制造。另外，各种为提高强度和降低磨损的特种材料，以及多种钢材都用来制造气环和油环，以及用来增加径向压力的螺旋衬簧。

为延长使用寿命，活塞环的接触表面需经过镀铬处理，或喷钼（填隙或全涂）处理，或用火焰喷涂、等离子喷涂，或高速氧燃料（HVOF）喷涂工艺，或用 PVD 工艺进行金属、金属陶瓷和陶瓷混合涂层的喷涂。

对整个活塞环的表面进行处理可改善磨合性能，或降低侧面和接触表面的磨损。处理方法包括磷化、氮化、铁氧化、镀铜、镀锡等。

8.6.5　活塞销

活塞销的作用是在活塞与连杆之间传递作用力。活塞的往复运动和气体作用力与惯性力的叠加，使活塞销承受方向不断变化的高负荷作用，然而，由于活塞、活塞销和连杆之间的支承表面的相对转动速度很慢，润滑条件会恶化（表 8-12）。

表 8-12　典型的活塞销布置推荐值

应　用		活塞销外径与活塞直径之比	活塞销内径与活塞销外径之比
柴油机	乘用车发动机	0.30 ~ 0.42	0.48 ~ 0.52
	商用车发动机	0.36 ~ 0.45	0.40 ~ 0.52
	中型发动机（活塞直径 160 ~ 240mm）	0.36 ~ 0.45	0.45
	大缸径发动机（活塞直径大于 240mm）	0.39 ~ 0.48	0.30 ~ 0.40

管形活塞销已经成为大多数应用场合的标准设计（图 8-75a），并可以满足技术简单、制造经济的要求。

卡环会确保活塞销不会横向移出中心孔和顶到气缸壁上。为此，几乎全部采用在中心孔外边缘处嵌入槽内的弹簧钢膨胀卡环。对商用车柴油机和大型发动机，主要使用缠绕钢丝平卡环或带孔膨胀卡环。对于柴油机，优先采用在活塞和连杆中“浮动”的活塞销。为了使活塞销与销孔凸台能更平缓地相适应，有些柴油机使用了一种仿形活塞销，这种活塞销通过磨削使活塞销外径的活塞销孔凸台区域在活塞内腔边缘的两个平面部位略微凹进（图8-75b）。

特别在大型活塞上，经常采用让冷却润滑油从连杆经过活塞销流到活塞的结构。因此，在活塞销上制有纵向和横向油道，并将纵向油道两端封闭（图8-75c和d）。

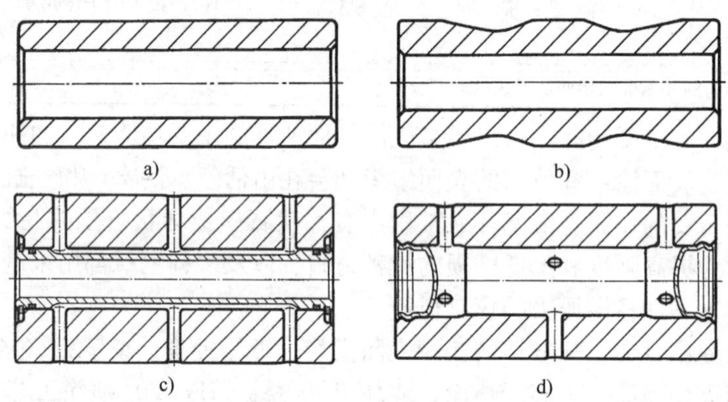

图8-75 活塞销的结构

a）标准活塞销 b）仿形活塞销（示意图） c）用于油冷活塞的带有油道的活塞销

d）用于油冷活塞的带有封闭堵头的活塞销

为了实现活塞销的功能，对活塞销提出以下要求：

1）质量小。

2）具有最大刚度。

3）具有适度的强度和延展性。

4）具有高的表面质量和形状精度。

图8-76是活塞销在承受气体作用力的情况下的应力分布示意图。为了提高接触表面的耐磨性和油道孔表面的强度，应对活塞销进行表面硬化或渗氮。

根据DIN 73126推荐，制造活塞销的材料可用表面硬化钢（17Cr3，16MnCr5），对于更高负荷的发动机应使用渗氮钢（31CrMoV9）。

经过热处理后，这些钢材可保证具备达到要求的坚硬耐磨的表面和韧性好的内部。大缸径发动机的活塞销用电渣重熔（ESR）材料制造。ESR能获得更高的纯度。

活塞销的弯曲应力、使其变成椭圆形的应力和总应力大致上都可以依据参考文献［8-89］给出的方法进行仿真。为了更加精确地进行应力计算，已经开发了扩大范围的仿真方法。三维有限元法可对活塞、活塞销和连杆小端整个组合件及其应力与变形进行仿真。

8.6.6　发展趋势

柴油机的未来发展目标将是：

1）提高比功率输出。

2）降低燃油消耗率。

3）提高使用寿命。

4）按照排放法规的要求，尤其要降低废气排放物（NO_x、炭烟/颗粒物、CO、HC）。

发展目标的其他方面包括降低噪声、质量和成本。

发动机的发展目标会从许多方面影响到活塞的开发。就像热负荷一样，活塞的机械负荷（最高气缸压力）正在增加。因此，AlSi 合金活塞需要有一种更加坚固的内部几何结构（壁厚和拱顶）、梯形或阶梯式销孔凸台和加大的活塞销外径。在活塞顶应力增长（取决于燃烧室凹坑几何形状）的情况下，为了提高活塞销孔的强度，正在对活塞销孔进行深思熟虑的结构改进。冷缩式衬套（如黄铜衬套或铝青铜衬套）正在越来越多地得到应用（图 8-77）。除了在直喷式发动机上将燃烧室凹坑的几何形状设计成有侧凹之外，将第一道环槽位置提高，满足了活塞顶岸区域余隙容积最小的要求，从而降低了排放。这种做法加大了第一道环和环槽的热负荷，并使活塞销轴线方向上的燃烧室凹坑边缘处的机械应力增加。这就必须通过嵌入纤维的方式进行局部加强。嵌入增强纤维的体积分数通常为 10%～20%。在燃烧室凹坑边缘的高温状态下，这种措施可将疲劳强度（扭转弯曲疲劳）提高大约 30%。如果负荷继续增加，钢活塞也会成为高速柴油机的一种选择。

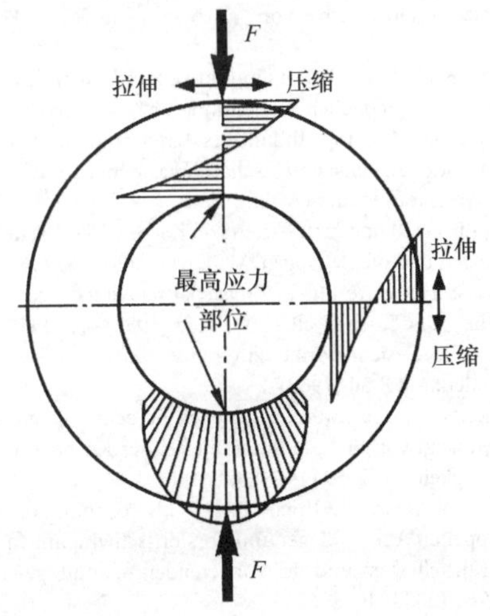

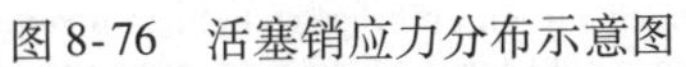
图 8-76　活塞销应力分布示意图

图 8-77　用于高负荷柴油机的带有销孔衬套的活塞

参考文献

8-1 Lang, O.R.: Triebwerke schnellaufender Verbrennungsmotoren. Konstruktionsbücher Bd. 22 Berlin/Heidelberg/New York: Springer 1966

8-2 Urlaub, A.: Verbrennungsmotoren. Bd. 3: Konstruktion. Berlin/Heidelberg/New York/London/Paris/Tokyo/Hong Kong: Springer 1989

8-3 Gross, W.: Beitrag zur Berechnung der Kräfte in den Grundlagern bei mehrfach gelagerten Kurbelwellen. Diss. TU München 1966

8-4 Schnurbein, E.v.: Beitrag zur Berechnung der Kräfte und Verlagerungen in den Gleitlagern statisch unbestimmt gelagerter Kurbelwellen. Diss. TU München 1969

8-5 Maaß, H.: Calculation of Crankshaft Plain Bearings. CIMAC Congress Stockholm. Paper A-23 (1971)

8-6 Maaß, H.; Klier, H.: Kräfte, Momente und deren Ausgleich in der Verbrennungskraftmaschine. Wien/New York: Springer 1981

8-7 Salm, J.; Zech, H.; Czerny, L.: Strukturdynamik der Kurbelwelle eines schnellaufenden Dieselmotors: Dynamische Beanspruchung und Vergleich mit Messungen. MTU FOCUS 2 (1993) S. 5

8-8 Resch, T. et al.: Verwendung von Mehrkörperdynamik zur Kurbelwellenauslegung in der Konzeptphase. MTZ 65 (2004) 11, S 896

8-9 van Basshuysen, R.; Schäfer, S. (Hrsg.): Handbuch Verbrennungsmotor: Grundlagen, Komponenten, Systeme, Perspektiven. ATZ-MTZ-Fachbuch. Wiesbaden: Vieweg 2002

8-10 Zima, S.: Kurbeltriebe: Konstruktion, Berechnung und Erprobung von den Anfängen bis heute. ATZ-MTZ-Fachbuch. Wiesbaden: Vieweg 1998

8-11 Krüger, H.: Sechszylindermotoren mit kleinem V-Winkel. MTZ 51 (1990) 10, S. 410

8-12 Metzner, F.T. et al.: Die neuen W-Motoren von Volkswagen mit 8 und 12 Zylindern. MTZ 62 (2001) 4, S. 280

8-13 Kochanowski, H.A.: Performance and Noise Emission of a New Single-Cylinder Diesel Engine – with and without Encapsulation. 2. Conf. of Small Combustion Engines, Inst. Mech. Eng., England 4./5. April 1989

8-14 Wiedemann, R. et al.: Das Öko-Polo-Antriebskonzept. MTZ 52 (1991) 2, S. 60

8-15 Ebel, B.; Kirsch, U.; Metzner, F.T.: Der neue Fünfzylindermotor von Volkswagen – Teil 1: Konstruktion und Motormechanik. MTZ 59 (1998) 1

8-16 Piech, F.: 3 Liter / 100 km im Jahr 2000? ATZ 94 (1992) 1

8-17 Thiemann, W.; Finkbeiner, H.; Brüggemann, H.: Der neue Common Rail Dieselmotor mit Direkteinspritzung für den Smart – Teil 1. MTZ 60 (1999) 11

8-18 Digeser, S. et al.: Der neue Dreizylinder-Dieselmotor von Mercedes-Benz für Smart und Mitsubishi. MTZ 66 (2005) 1, S. 6

8-19 Suzuki, M.; Tsuzuki, N.; Teramachi, Y.: Der neue Toyota 4-Zylinder Diesel Direkteinspritzmotor – das Toyota D-4D Clean Power Konzept. 26. Internationales Wiener Motorensymposium 28.–29. April 2005, S. 75

8-20 Fünfzylinder-Dieselmotor im Mercedes-Benz 240 D. MTZ 35 (1974) S. 338

8-21 Hauk, F.; Dommes, W.: Der erste serienmäßige Reihen-Fünfzylinder-Ottomotor für Personenwagen: Eine Entwicklung der AUDI NSU. MTZ 78 (1976) 10

8-22 Hadler, J. et al.: Der neue 5-Zylinder 2,5l-TDI-Pumpedüse-Dieselmotor von VOLKSWAGEN. Aachener Kolloquium Fahrzeug- und Motorentechnik, Aachen 7.–9. Okt. 2002, S. 65

8-23 Bach, M. et al.: Der neue V6-TDI-Motor von Audi mit Vierventiltechnik – Teil 1: Konstruktion. MTZ 58 (1997) 7/8

8-24 Doll, G. et al.: Der Motor OM 642 – Ein kompaktes, leichtes und universelles Hochleistungsaggregat von Mercedes-Benz. 26. Internationales Wiener Motorensymposium 28.–29. April 2005, S. 195

8-25 Schommer, J. et al.: Der neue 4,0-l-V8-Dieselmotor von Mercedes-Benz. MTZ 67 (2006) 1, S. 8

8-26 Frost, F. et al.: Zur Auslegung der Kurbelwelle des SKL-Dieselmotors 8VDS24/24AL. MTZ 51 (1990) 9, S. 354

8-27 DEUTZ-MWM Motoren-Baureihe 604B – jetzt mit Zylinderleistung bis 140 kW. MTZ 52/11, S. 545

8-28 Rudert, W.; Wolters, G.M.: Baureihe 595 – Die neue Motorengeneration von MTU. MTZ 52 (1991) 6, S. 274 u. 52 (1991) 11, S. 38

8-29 Krause, R.: Gegossene Kurbelwellen – konstruktive und werkstoffliche Möglichkeiten für den Einsatz in modernen Pkw-Motoren. MTZ 38 (1977) 1, S. 16

8-30 Albrecht, K.-H.; Emanuel, H.; Junk, H.: Optimierung von Kurbelwellen aus Gußeisen mit Kugelgraphit. MTZ 47 (1986) 7/8

8-31 Finkelnburg, H.H.: Spannungszustände in der festgewalzten Oberfläche von Kurbelwellen. MTZ 37 (1976) 9

8-32 Velten, K.H.; Rauh, L.: Das induktive Randschichthärten in der betrieblichen Anwendung im Nutzfahrzeugmotorenbau. Tagung: Induktives Randschichthärten. Darmstadt: Arbeitsgemeinschaft Wärmebehandlung und Werkstofftechnik (AWT) 1988

8-33 Conradt, G.: Randschichthärten von Kurbelwellen: Neue Lösungen und offene Fragen. MTZ 64 (2003) 9, S. 746

8-34 Metz, N.H.: Unterpulver-Engstspaltschweiß-Verfahren für große Kurbelwellen. MTZ 48 (1987) 4, S. 147

8-35 Maaß, H.: Gesichtspunkte zur Berechnung von Kurbelwellen. MTZ 30 (1969) 4

8-36 Fiedler, A.G.; Gschweitl, E.: Neues Berechnungsverfahren zeigt vorhandene Reserven bei der Kurbelwellenfestigkeit. MTZ 59 (1998) 3, S. 166

8-37 Rasser, W.; Resch, T.; Priebsch, H.H.: Berechnung der gekoppelten Axial-, Biege- und Torsionsschwingungen von Kurbelwellen und der auftretenden Spannungen. MTZ 61 (2000) 10, S. 694

8-38 Eberhard, A.: Einfluss der Formgebung auf die Spannungsverteilung von Kurbelkröpfungen, insbesondere von solchen mit Längsbohrungen. Forschungsvereinigung Verbrennungskraftmaschinen e.V., FVV-Forschungsbericht 130 (1972)

8-39 Eberhard, A.: Einfluss der Formgebung auf die Spannungsverteilung von Kurbelkröpfungen mit Längsbohrungen. MTZ 34 (1973) 7/9

8-40 IACS (International Association of Classifications Societies): M53 Calculation of Crankshafts of I.C. Engines. IACS Requirements 1986

8-41 Wellinger, K.; Dietmann, H.: Festigkeitsberechnung: Grundlagen und technische Anwendungen. Stuttgart: Alfred Körner 1969

8-42 Nefischer, P. et al.: Verkürzter Entwicklungsablauf beim neuen Achtzylinder-Dieselmotor von BMW. MTZ 60 (1999) 10, S. 664

8-43 Forschungsvereinigung Verbrennungskraftmaschinen e.V.: Kurbelwellen III – Studie über den Einfluss der Baugröße auf die Dauerfestigkeit von Kurbelwellen. FVV-Forschungsbericht 199 (1976)

8-44 Zenner, H.; Donath, G.: Dauerfestigkeit von Kurbelwellen. MTZ 38 (1977) 2, S. 75

8-45 Forschungsvereinigung Verbrennungskraftmaschinen e.V.: Kurbelwellen IV – Dauerfestigkeit großer Kurbelwellen, Teil 1 u. 2. FVV-Forschungsbericht 362 (1985)

8-46 Petersen, C.: Gestaltungsfestigkeit von Bauteilen. VDI-Z. (1952) 14, S. 973

8-47 Lang, O.R.: Moderne Berechnungsverfahren bei der Auslegung von Dieselmotoren. Symposium Dieselmotorentechnik. Esslingen: Technische Akademie 1986

8-48 Köhler, E.: Verbrennungsmotoren: Motormechanik, Berechnung und Auslegung des Hubkolbenmotors. 3. Aufl. Braunschweig/Wiesbaden: Vieweg 2002

8-49 Ebbinghaus, W.; Müller, E.; Neyer, D.: Der neue 1,9-Liter-Dieselmotor von VW. MTZ 50 (1989) 12

8-50 Krüger, H.: Massenausgleich durch Pleuelgegenmassen. MTZ 53 (1992) 12

8-51 Arnold, O.; Dittmar, A.; Kiesel, A.: Die Entwicklung von Massenausgleichseinrichtungen für Pkw-Motoren. MTZ 64 (2003) 5, S. 2

8-52 Beitz, W.; Küttner, K.-H. (Hrsg.): Taschenbuch für den Maschinenbau. 14. Aufl. Berlin/Heidelberg/New York: Springer 1981

8-53 Haug, K.: Die Drehschwingungen in Kolbenmaschinen. Konstruktionsbücher Bd. 8/9. Berlin/Göttingen/Heidelberg: Springer 1952

8-54 Krämer, E.: Maschinendynamik. Berlin/Heidelberg/New York/Tokyo: Springer 1984

8-55 Nestrorides, E.J.: A Handbook on Torsional Vibration. Cambridge: British Internal Combustion Engine Research Association (B.I.C.E.R.A) 1958

8-56 Hafner, K.E.; Maaß, H.: Die Verbrennungskraftmaschine. Bd. 4: Torsionsschwingungen in der Verbrennungskraftmaschine. Wien: Springer 1985

8-57 Nicola, A.; Sauer, B.: Experimentelle Ermittlung des Dynamikverhaltens torsionselastischer Antriebselemente. ATZ 108 (2006) 2

8-58 Reik, W.; Seebacher, R. Kooy, A.: Das Zweimassenschwungrad. 6. LuK-Kolloquium 1998, S. 69

8-59 Lang, O.R.; Steinhilper, W.: Gleitlager. Konstruktionsbücher, Bd. 31 Berlin/Heidelberg/New York: Springer 1978

8-60 Sassenfeld, W.; Walther, A.: Gleitlagerberechnungen. VDI-Forsch.-Heft 441 (1954)

8-61 Butenschön, H.-J.: Das hydrodynamische, zylindrische Gleitlager endlicher Breite unter instationärer Belastung. Diss. TU Karlsruhe 1957

8-62 Fränkel, A.: Berechnung von zylindrischen Gleitlagern. Diss. ETH Zürich 1944

8-63 Holland, J.: Beitrag zur Erfassung der Schmierverhältnisse in Verbrennungskraftmaschinen. VDI-Forsch-Heft 475 (1959)

8-64 Hahn, H.W.: Das zylindrische Gleitlager endlicher Breite unter zeitlich veränderlicher Belastung. Diss. TH Karlsruhe 1957

8-65 Schopf, E.: Ziel und Aussage der Zapfenverlagerungsbahnberechnungen von Gleitlagern. Tribologie und Schmierungstechnik 30 (1983)

8-66 Lang, O.R.: Gleitlager-Ermüdung. Tribologie und Schmierungstechnik 37 (1990) S. 82–87

8-67 Steeg, M.; Engel, U.; Roemer, E.: Hochleistungsfähige metallische Mehrschichtverbundwerkstoffe für Gleitlager. GLYCO-METALL-WERKE Wiesbaden: GLYCO-Ingenieur-Berichte (1991) 1

8-68 Engel, U.: Schäden an Gleitlager in Kolbenmaschinen. GLYCO-METALL-WERKE Wiesbaden: GLYCO-Ingenieur-Berichte (1987) 8

8-69 DIN 31661: Gleitlager; Begriffe, Merkmale und Ursachen von Veränderungen und Schäden. 1983

8-70 Pflaum, W.; Mollenhauer, K.: Wärmeübergang in der Verbrennungskraftmaschine. Wien/New York : Springer 1977

8-71 MAHLE GmbH: MAHLE-Kolbenkunde. Stuttgart-Bad Cannstatt 1984

8-72 Kolbenschmidt AG: KS-Technisches Handbuch Teil 1 u. 2. Neckarsulm 1988

8-73 ALCAN Aluminiumwerk Nürnberg GmbH: NÜRAL-Kolben-Handbuch. 1992

8-74 MAHLE GmbH: MAHLE-Kleine Kolbenkunde. Stuttgart-Bad Cannstatt April 1992

8-75 Röhrle, M.D.: Ermittlung von Spannungen und Deformationen am Kolben. MTZ 31 (1970) 10, S. 414–422

8-76 Röhrle, M.D.: Thermische Ermüdung an Kolbenböden. MAHLE Kolloquium 1969

8-77 Lipp, S.; Ißler, W.: Dieselkolben für Pkw und Nkw – Stand der Technik und Entwicklungstendenzen. Symposium Dieselmotorentechnik. Esslingen: Technische Akademie 6. Dez. 1991

8-78 Rösch, F.: Beitrag zum Muldenrandrissproblem an Kolben aus Aluminium-Legierungen für hochbelastete Dieselmotoren. MTZ 37 (1976) 12, S. 507–514

8-79 Müller-Schwelling, D.: Kurzfaserverstärkte Aluminiumkolben prüfen. Materialprüfung 33 (1991) 5, S. 122–125

8-80 Seybold, T.; Dallef, J.: Bauteilfestigkeit von Kolben für hochbelastete Dieselmotoren. MAHLE-Kolloquium 1977

8-81 Sander, W.; Keim, W.: Formgedrehte Bohrungen zur Bolzenlagerung hochbelasteter Kolben. MTZ 42 (1981) 10, S. 409–412

8-82 Röhrle, M.D.: Thermische Beanspruchung von Kolben für Nutzfahrzeug-Dieselmotoren. MTZ 42 (1981) 3, S. 85–88 u. MTZ 42 (1982) 5, S. 189–192

8-83 Röhrle, M.D.: Ferrotherm® und faserverstärkte Kolben für Nutzfahrzeugmotoren. MTZ 52 (1991) 7/8, S. 369f

8-84 Röhrle, M.D.; Jacobi, D.: Gebaute Kolben für Schwerölbetrieb. MTZ 51 (1990) 9, S. 366–373

8-85 Böhm, F.: Die M.A.N.-Zweitaktmotoren des Konstruktionsstandes B/BL.MTZ 39 (1978) 1, S. 5–14

8-86 Aeberli, K.; Lustgarten, G.A.: Verbessertes Kolbenlaufverhalten bei langsam laufenden Sulzer-Dieselmotoren. Teil 1: MTZ 50 (1989) 5, S. 197–204; Teil 2: MTZ 50 (1989) 12, S. 576–580

8-87 Goetze AG: Goetze Kolbenring-Handbuch. Burscheid 1989

8-88 Kolbenringreibung I. Frankfurt: FVV-Forschungsbericht 502 (1992)

8-89 Schlaefke, K.: Zur Berechnung von Kolbenbolzen. MTZ 1 (1940) 4 S. 117–120

8-90 Maaß, K.: Der Kolbenbolzen, ein einfaches Maschinenelement. VDI-Fortschritts-Berichte 41 (1976) 1

Weiterführende Literatur

Affenzeller, J.; Gläser, H.: Lagerung und Schmierung von Verbrennungsmotoren. Wien/New York: Springer 1996

Schopf, E.: Untersuchung des Werkstoffeinflusses auf die Fressempfindlichkeit von Gleitlagern. Diss. Universität Karlsruhe 1980

第 9 章　发动机冷却

9.1　发动机内部冷却

9.1.1　发动机冷却的功能

9.1.1.1　热平衡与热传递

根据排量、工作状态和燃烧系统的不同，一台柴油机最多可将 30%～50% 的燃料能量转变成有用功。除了燃烧期间的转换损失外，其余能量损失以热的形式（图 9-1）主要是伴随废气排出，或依靠冷却系统散发到环境中。仅有很小的一部分热依靠对流和辐射，经发动机表面到达环境中。除了传递给冷却液的那部分热能外，冷却系统散发的热能还包括润滑油冷却器和中冷器所散发的热能。

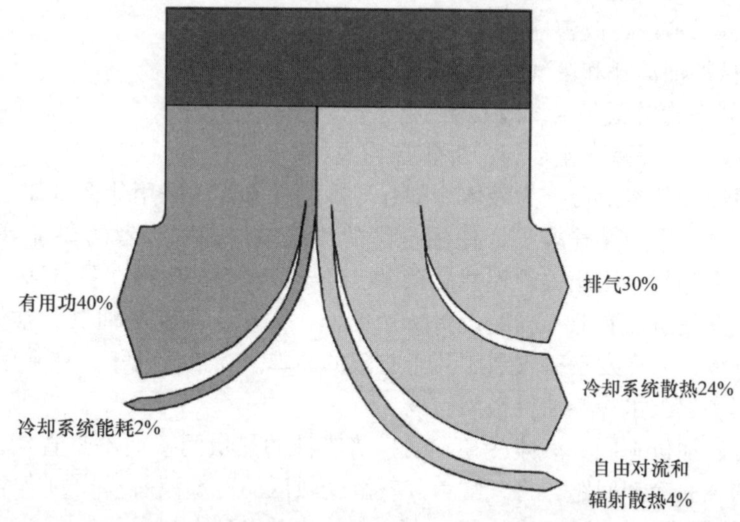

图 9-1　现代商用车柴油机的外部热平衡

利用废热进行加热（见第 14 章），需要对各种废热载体的含热量，以及发动机的用途和类型进行详细分析。在分析中，还必须包含外部冷却系统（9.2 节）。

发动机内部冷却实际上涵盖在燃烧室内能量转换时所发生的，并通过热传递进入冷却液的壁面传热损失（见1.3节和7.2节）。其他的发动机零件（如喷油器、废气涡轮增压器和排气歧管）也常常需要直接冷却。

仅从能量转换的角度来分析，对发动机进行冷却似乎是浪费能量。这就提出了不进行冷却的绝热发动机是否是一个值得开发的目标的问题。在20世纪80年代初，有很多人相信这样的看法：在新开发的陶瓷材料中，可以得到充足高温强度和绝热的材料，可以开发出绝热发动机（鲁道夫·狄赛尔的基本概念之一）。

1970年，有人已经指出，冷却中断时发动机零件温度会升高到大约1200℃。即使在今天，对于往复活塞式发动机来说，这也是一个不可控制的温度水平，并且当充气损失不能通过提高增压压力来补偿时，会伴随有气缸充量下降和比功率的下降。在一台具有绝热燃烧室的发动机上进行试验测试，结果表明燃油消耗率显著恶化而不是期望的油耗改善。导致这个结果的原因是燃烧第一阶段中的气体侧传热系数急剧增加，从而导致更多的热能进入冷却液（见7.2节）。通过发动机过程仿真最终发现，能防止零件温度升高到高于今天常见温度水平的有效的发动机冷却，是保证低的氮氧化物排放的基本条件之一。

发动机冷却的一个基本功能是充分降低燃烧室零件（活塞、气缸盖和气缸套）的温度，使它们保持原有的强度。活塞的有限的热膨胀尺寸，要求保证工作间隙，足以防止气缸套与活塞之间的磨损。此外，润滑油必须具有要求的黏度，并且不能过热。高温腐蚀为高热负荷的排气门额外确立了一个温度限值（见4.3节）。

另外，发动机冷却还具有下列功能：

1）进气量增加，改善性能。

2）降低燃油消耗和废气排放。

3）提高涡轮增压器压气机效率。

4）使发动机保持安全运行，保护操作人员。

发动机冷却基本上可分为液体冷却和风冷两种方式。采用什么冷却方式取决于发动机的功率水平、用途类型、使用地区的气候条件和购买者的要求等因素。过去，市场需求和与使用相关的理性认识，已经导致水冷和风冷在各自适合的领域内广泛使用，在建筑、农业和辅助设备所用的低、中功率高速柴油机常常使用风冷。在商用车领域，风冷发动机仅限于几个有限的品牌。在最近几年，在乘用车领域风冷柴油机基本上被水冷柴油机挤出市场。

与风冷发动机不同，液体冷却发动机将零件的热量间接而不是直接传给大气。一个封闭的独立冷却回路，将气缸盖和气缸受热区的冷却液所吸收的热输送给冷却液/空气换热器或冷却液/水换热器，在这里热能散发到大气中，如图9-2所示。这种热能的整个传输过程（由热传递过程和热传导过程构成）很难进行数学模拟。发动机的设计师们常常局限于从工作气体到冷却液的热传导，这种热传导简单地说相当于沿着一个平的壁面进行的热传输。7.2节介绍的是从工作气体到周围燃烧室壁面的热传导。

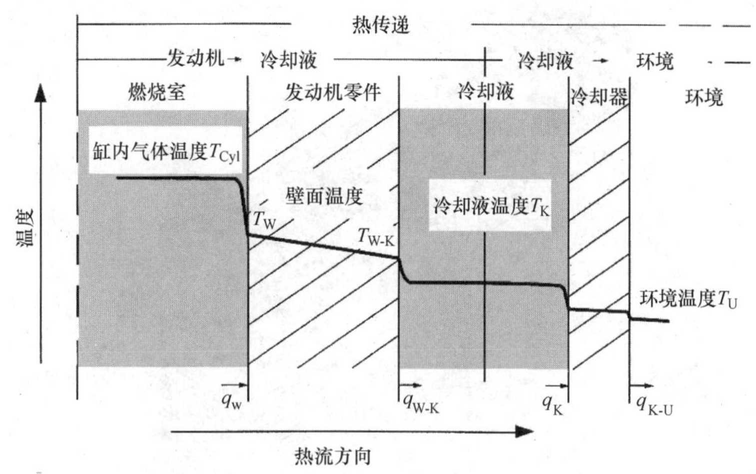

图 9-2　发动机和冷却系统内的温度曲线和热流

通常，水冷发动机的冷却液是水或者是一种带有防腐、防气穴剂的水与乙二醇的混合物。添加乙二醇可使冷却液的冰点降低到 -50℃。尽管不加乙二醇的冷却液（水）的冷却效能优于任何其他冷却液，但是纯水冷却的应用仅限于中、低速船用柴油机和一些辅助设备发动机，因为在这些发动机中，由于存在外部动力辅助，或者发动机的位置原因不可能使冷却液结冰（为了表述简单的原因，下面将水/乙二醇冷却系统称为水冷系统）。

油冷用于某些低功率高速柴油机，是液体冷却的一种特殊情况（但是油冷与利用润滑油进行活塞冷却的情形不同，见 8.6 节）。在油冷发动机中，气缸盖和气缸用发动机润滑油进行冷却，因此仅需要两种资源（润滑油和燃料），不需再用冷却液。然而，由于润滑油冷却传热性能较差，且耐热性差，油冷可实现的冷却能力受到限制（见 9.1.3 节）。

9.1.1.2　热传递数学分析

为了分析发动机受热零件内的冷却液传输情况，现在与模拟试验和样机试验研究一道，同时采用各种不同的 CAE 技术进行模拟。在 17.1 节给出的复杂的发动机零件几何结构和发动机内的明显的冷却室的基础上，基于有限元法的可用程序可以有效地建立流动模型，进而进行温度场和热流的仿真。这些程序用于分析设计阶段中改变边界条件（如几何结构变更或参数变动）的效果，而不会花费很多的时间或金钱。

这样的仿真预示着一个用于发动机气缸体冷却液套的 FEM 系统（图 9-3）的诞生。例如，这样可以以流动模型作为基础，来分析发动机整个冷却液套内的速度和压力分布，确定存在的死角，并优化气门过梁区域的冷却液流速。另外，现在使

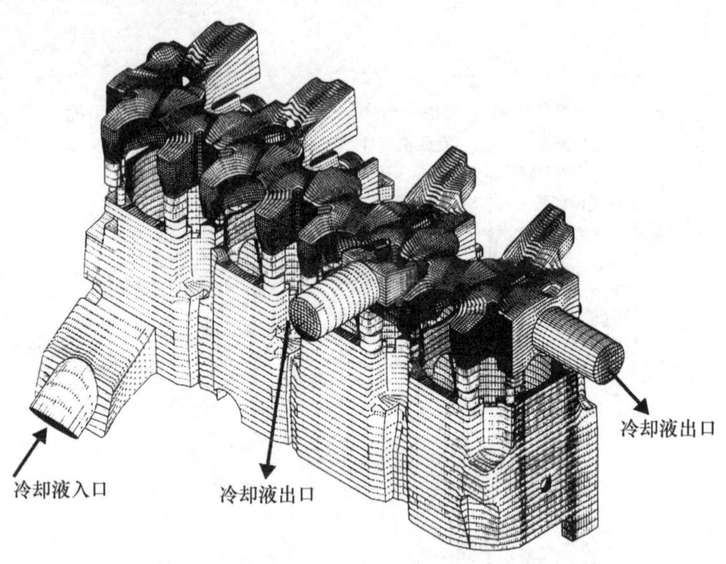

图 9-3　乘用车柴油机（V_H = 1.9L，VW）的冷却液套的 FEM 网格

用冷却液一侧的传热系数值来获得气门导管的温度值也是可能的。

使用这些值并利用发动机过程仿真，便可依据气缸盖和气缸体的结构模型对零件内的温度分布进行预模拟。图 9-4 给出的油冷发动机气缸盖底部温度分布就是这样一种仿真的结果。

9.1.2　水冷

9.1.2.1　水冷热传递

用冷却液对气缸盖和气缸套进行充分冷却是零件有效冷却的前提。在零件冷却室内必须防止出现死区。必须防止冷却液流在零件高热负荷区形成气阻。图 9-2 的网格设定含有描述从零件到冷却液的传热参数值。假设从零件壁面传递到冷却液的热等于冷却系统所吸收的热，并且在冷却液一侧引入传热系数和壁面温度，那么可用下列方程求热流密度：

$$q_{WK} = q_K = \alpha_K (T_{WK} - T_K)$$

冷却液温度和局部壁面温度可比较容易地测量出来。确定冷却液一侧热传递的传热系数已被证明是极度困难的事情。除了冷却液的流速、密度、比热容、热导率和成分之外，它也取决于零件的热负荷和形状以及零件处的流动条件。另外，核状沸腾和发动机振动所引起的空穴有时也会显著影响局部传热。这样，一台发动机内会存在完全不同的局部传热条件。可以依据相似理论并利用相关参数改造传热定律，但是依据这些定律而开发的相关理论主要适用于几何体和固定的流动条件。因此，它们只能有条件地应用于发动机上。

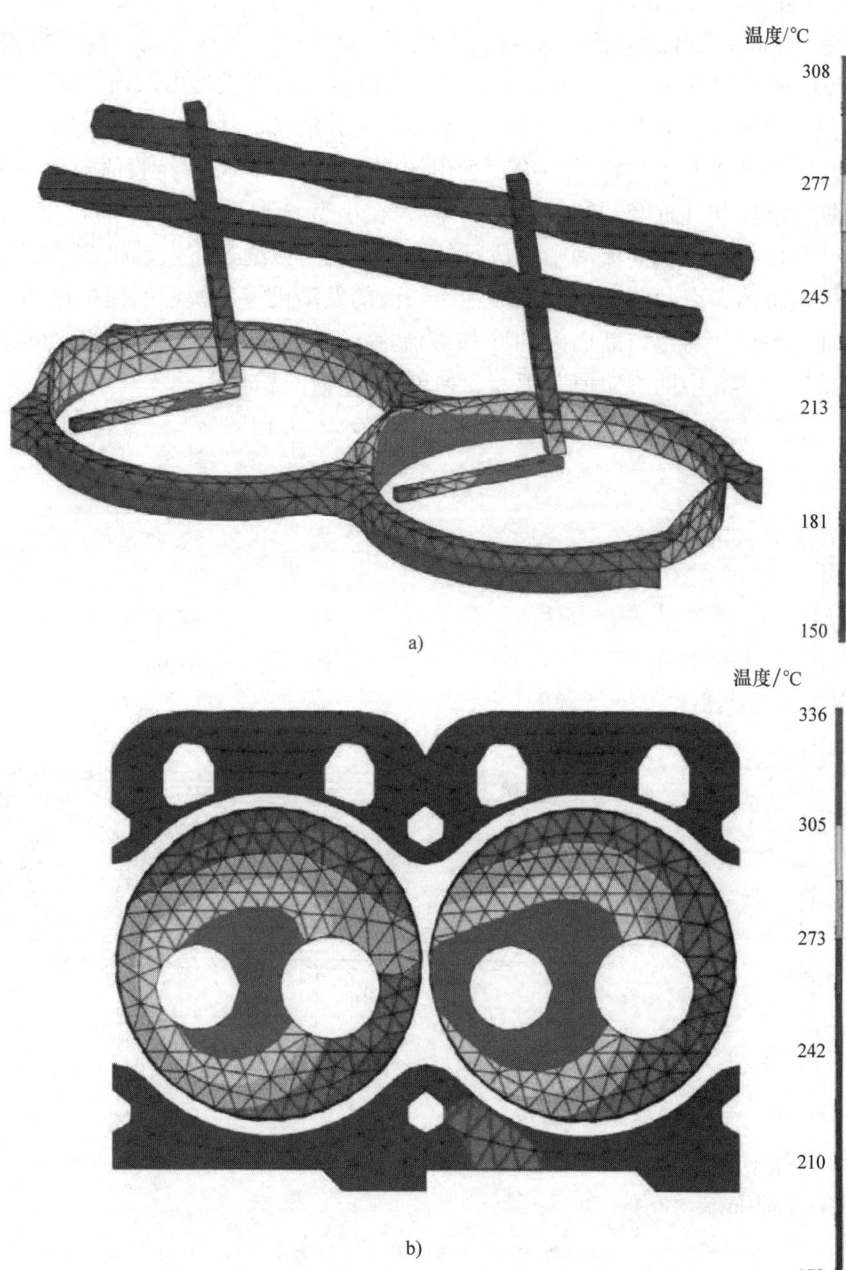

图 9-4　Deutz BF4M 2011 油冷柴油机气缸盖底部和气缸盖垫板的温度分布（冷却油流见图 9-10）

a）底部　b）垫板

1）气缸套。大型发动机气缸套的冷却液室（图9-5）内主要是垂直流，且其流速远低于1m/s。自由对流的影响大于低于0.5m/s的强制对流。随着温度梯度$T_{WK}-T_K$的增加和流内长度L的增加，自由层流对流转变成自由紊流对流，因而热传递增强。此外，不能像通常那样把水套假设为光滑管，还必须考虑气缸套外边的表面粗糙度。表9-1和文献［9-9］列出的传热系数（HTC）经验值α_K必须够用。

根据气缸体和气缸套的结构（图9-6），在小型（乘用车）柴油机上，传给冷却液的热可以模拟为横向流动中排成行的管束。这可以通过将发动机测量值与真实发动机的模拟值，以及与用水和油作为冷却液的发动机零件模型的模拟值相比较来加以验证。另外，将空口断面内的冷却液流速c_0和空穴为ψ的流速的比例作为始点，并采用图9-6中的规定值，那么，速度c_ψ可按下式计算：

$$c_\psi = c_0/\psi = c_0/[1-\pi D'/(4H)]$$

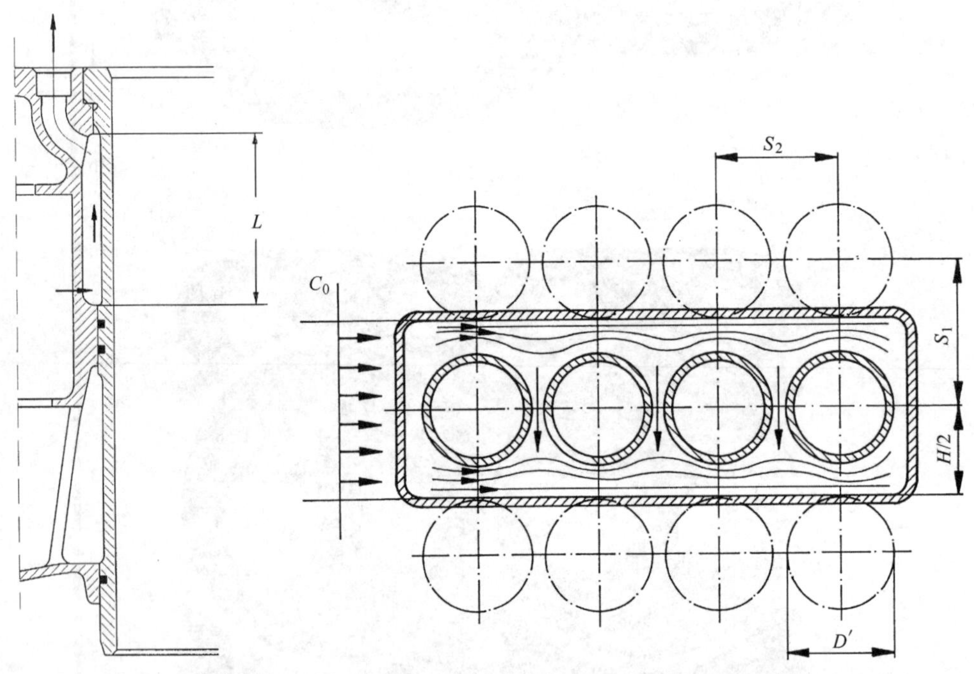

图9-5　一台大型水冷发动机的湿式气缸套周围的流动条件

图9-6　车用发动机的流动条件和气缸布置

排列系数f_A由下式确定：

$$f_A = 1+\{[0.7(b/a)-0.21]/\psi^{1.5}[(b/a)+0.7]^2\}$$

式中　$a=S_1/D'$；

$b=S_2/D'$。

在气缸外径为D'和特征“充满长度”$L=\pi\cdot D'/2$，并将c_ψ用作速度项的情况下，对于雷诺数则有：

$$Re_{\psi}=c_{\psi}\cdot L/\nu=c_{\psi}\cdot\pi D'/2\nu$$

这样，普朗特（Prandtl）数 P_r 已知时，独立努塞尔特（Nusselt）数 Nu^* 可用下式确定（图9-7）：

$$Nu^*=Nu/f_R$$

或者，当管排系数

$$f_R=[1+(z-1)f_A]/z$$

内含有流内缸筒数 z 时，努塞尔特数 $Nu=h_K L/\lambda$，这样，可以确定流内缸筒中热传递的均匀传热 h_K（见表9-2 空气和水的物理特性）。

在高负荷的水冷发动机中，活塞在改变与气缸套的接触时对气缸套的冲击会引起气缸套在冷却液一侧出现空穴。这会使局部传热系数增加十倍之多，因而空穴作用会加速材料的破坏（见7.1节）。

表9-1 冷却液侧传热系数指导值

热交换形式	$h_K/[W/(m^2\cdot K)]$		
	水	水/乙二醇（体积分数50%+50%）	油
自由对流	400~2000	300~1500	300~1000
强制对流	1000~4000	750~3000	
核状沸腾	2000~10000	1500~7500	

2）气缸盖。由于气缸盖的复杂结构，特别是因为很少能开发出一种适当的程序，所以使每一个能精确求得HTC的方法（例如用于气缸盖底部“横流板”关系式），对于大多数气缸盖来说都不适用。此外，由于气缸盖内仅有低流速且热负荷又较高，所以传热基本上取决于局部传热系数 h_K 可高达20000W/($m^2\cdot K$) 的强烈的核状沸腾（见表9-1和9.1.2.3节）。

相应地，清晰的流动条件仅存在于孔冷发动机零件（图9-8），在这里，窄管内的强制流引起具有较高流速的紊流管流。通过改变孔的间隔和直径，以及这些孔到表面的距离和冷却液流速，可得到几乎每一种所希望的表面温度。因此，对机械应力起决定性作用的主要壁面的厚度可以自由地选择。这样，孔冷便可实现将热负荷和机械负荷分开考虑的设计原理（见7.1节）。

9.1.2.2 高温冷却

如标题所示，高的冷却液温度水平使高温冷却有别于传统的冷却系统。高温冷却的目标是应对部分负荷时发动机冷却液出口侧高达150℃的温度。自然，这会导致零件温度的相应攀升。然而，冷却液温度的适当控制必须确保在发动机的任何负荷点上，零件温度都不会超过最高容许值。参考文献［9-13］中介绍了一种温度调节的零件冷却概念。由于在150℃时水的蒸气压刚好低于5bar，所以采用高温冷却的发动机不能使用传统冷却液，除非设计意图是准备将整个冷却系统置于与沸腾压力相对应的高压之下。经验证明，这样的设计所需要的高要求的密封性能是无法实现的。而微小的泄漏会使发动机“被笼罩在薄雾之中”。

过去，使用高温冷却的飞机发动机使用纯乙二醇作冷却液。不过，纯的乙二醇的传热系数仅有纯水的五分之一。高温冷却的优点是在发动机部分负荷的低端区燃油消耗明显下降。较高的润滑油温度和因此较低的润滑油黏度是油耗下降的原因，高温润滑油降低了发动机的流体动力学摩擦损失。除了油耗降低的优势和主要集中在20世纪70年代的密集的研究之外，高温冷却迄今仍然没有在高速车用发动机和工业发动机上得到推广应用，原因是缺少一种能满足各种不同要求的合适的冷却介质。将在9.1.3节中介绍的出口处的冷却液温度为130℃的油冷系统是向着高温冷却迈进的重要一步。

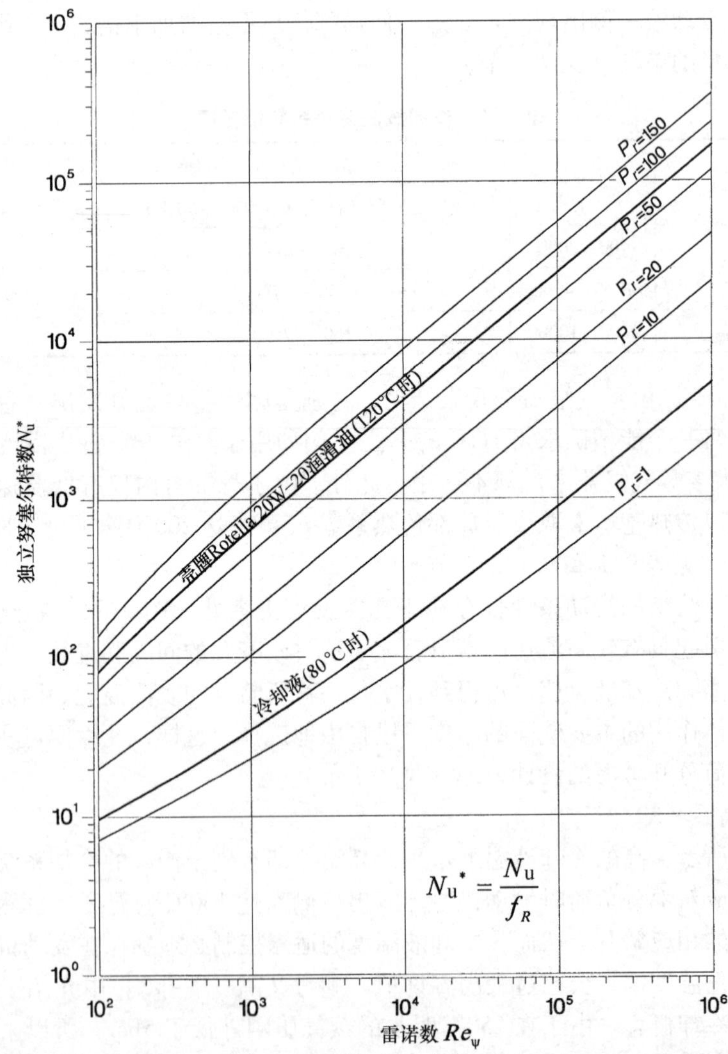

图9-7 车用发动机的集成气缸套冷却液侧传热的努塞尔特数随雷诺数和普朗特数的变化关系

表9-2　空气和水的物理特性

			空气（60℃时）	空气与水之比	
密度	ρ	kg/m^3	1.045	961.70	1:920
比热容	c_p	kJ/(kg·K)	1.009	4.21	1:4.2
热导率	λ	W/(m·K)	28.94×10^{-3}	675.30×10^{-3}	1:23
运动黏度	ν	m^2/s	18.90×10^{-6}	0.31×10^{-6}	61:1
热扩散系数	a	m^2/s	27.40×10^{-6}	0.17×10^{-6}	161:1

9.1.2.3　蒸发冷却

1. 基础

蒸发冷却依靠流体潜热和与潜热有关的自行温度调节的物理冷却原理来工作。被冷却的零件内的冷却液被加热至沸点，这样通过核状沸腾将热传递给冷却液，并没有强制冷却液流过发动机冷却室。当零件的热负荷较高时，冷却侧的表面温度升高，因此，尽管冷却液的平均温度低于其饱和温度，但靠近壁面的边界层内会达到过热状态。由此形成的气泡会被冷却液流冲走，从而在壁面附近会出现气泡破裂和因为气泡的持续形成与破灭而形成的强烈的液流脉动。这种现象随着热负荷的增加而加剧，因而传热系数HTC也会增加。一个在参考文献［9-10，9-15］中发布的，经过试验证实的HTC关系式考虑了核状沸腾和对流的瞬间出现。

在每个高热负荷零件内，甚至在气缸套的顶部区域，总会发生或轻或重的核状沸腾。因为增加的传热仅能导致冷却液侧的壁面温度增加约10～20K，因此与此相关的HTC的剧烈上升在一定程度上转变成对发动机的自我过热保护。虽然如此，核状沸腾为局部现象时，特别是在动态负荷的运行期间，零件内的较大的温度梯度会导致严重的变形和应力。

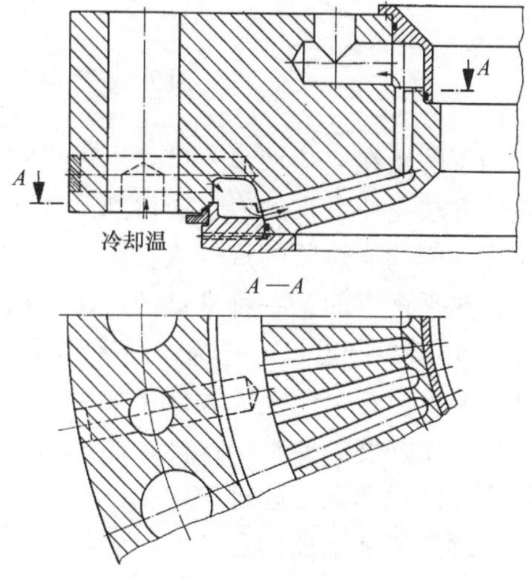

图9-8　一台大型二冲程柴油机的气缸盖使用的孔冷（根据［9-8］绘制）

2. 封闭系统的蒸发冷却

这种冷却方式比强制循环冷却的优势是：零件内的温度分布更加均匀，同时随着负荷而变化的冷却液的温度波动也很轻微。由于冷却液的沸点取决于蒸气压力和系统压力，因此，在不同的发动机负荷下，程序压力控制系统能在不同的发动机负荷下将零件的温度值大致上保持不变。与高温冷却（见9.1.2.2节）的情况一样，部分负荷工作时，由于较高的零件温度（即使在全负荷时也不会超出正常温度范围），实现了低油耗。在如图9-9所示的封闭式回路蒸发系统中，蒸发的冷却液会变为液体。一只电动冷却液泵不停地使冷却液（既有液态同时也有气态）循环，并经过发动机冷却液室，发动机冷态时还要经过旁通管而在发动机热态时流经换热器。液/气分离器确保大部分蒸气进入换热器。由于水基冷却液的高蒸发热，冷却液的体积流量只有压力循环冷却的1%~3%。因而，可以使用功耗大幅度降低的较小的冷却液泵，以便进一步降低燃油消耗。

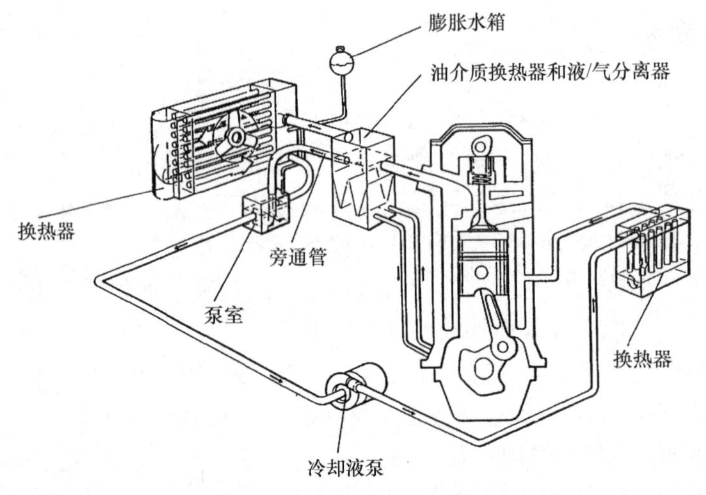

图9-9 蒸发冷却示意图（VW）

为了防止在冷却液泵入口处出现空穴，必须通过适当地设计车辆换热器和冷却液流的方法，使吸入的冷却液得到过度冷却。通过局部压力差会形成到发动机冷却室对面一侧的换热器的蒸气流。

在热平衡方面，一种常见的，按体积分数（50%+50%）混合的乙二醇/水混合液，在100~300mbar的系统压差作用下，可形成105~120℃的与系统状态无关的沸腾温度。这个压差大大低于乘用车上常见的液体冷却系统压差，因此降低了对零件的抗压强度的要求。这样，在汽油机上可降低油耗5%，而对柴油机因缺少节流效应，油耗降低不超过3%。

问题是通常添加的乙二醇/水混合液并不是共沸的，即发动机冷却室中的低沸点的水会被蒸馏出来，从而使乙二醇体积分数增加。这将导致沸腾温度的稳定增长和需要不停地供给过度冷却的冷却液进行补偿。另一方面，换热器中冷却液的乙二醇体积分数，也就是冷却液冻结防护能力降低。到目前尚未找到这种冷却液的合适的替代物。

此外，在冷却室设计中遇到一些问题，例如，即使在欧洲，对于坚固的小型低功率单缸柴油机早期采用的额外空间问题，由于一直找不到问题的解决方法，现在这种冷却系统基本已被设计成一种卧式单缸柴油机的开放式冷却系统。在中国，这样的一种卧式单缸柴油机用于驱动农用手扶拖拉机，手扶拖拉机有着非常广泛的用途，可以将农民和建筑工人从繁重的体力劳动中解放出来。此类开放式冷却系统中蒸发的冷却液可用未经处理的普通水加以补充。

9.1.3　油冷

油冷既能改变零件的热应力，又能改变发动机的运行性能。在－50～150℃的发动机零件相关温度范围内，润滑油既不会结冰又不会沸腾。油冷发动机（图9-10）不会出现腐蚀和孔穴问题。冷却油的100～130℃的工作温度明显高于通常的水冷温度。与传统的水冷发动机相比，这就会导致零件的温度水平相应提高，从而进一步导致由冷却油带走的零件热量的轻微减少，以及废气流的热容量增大。由于部分负荷低端区的燃油消耗率降低，油冷发动机相当接近“高温冷却”发动机。

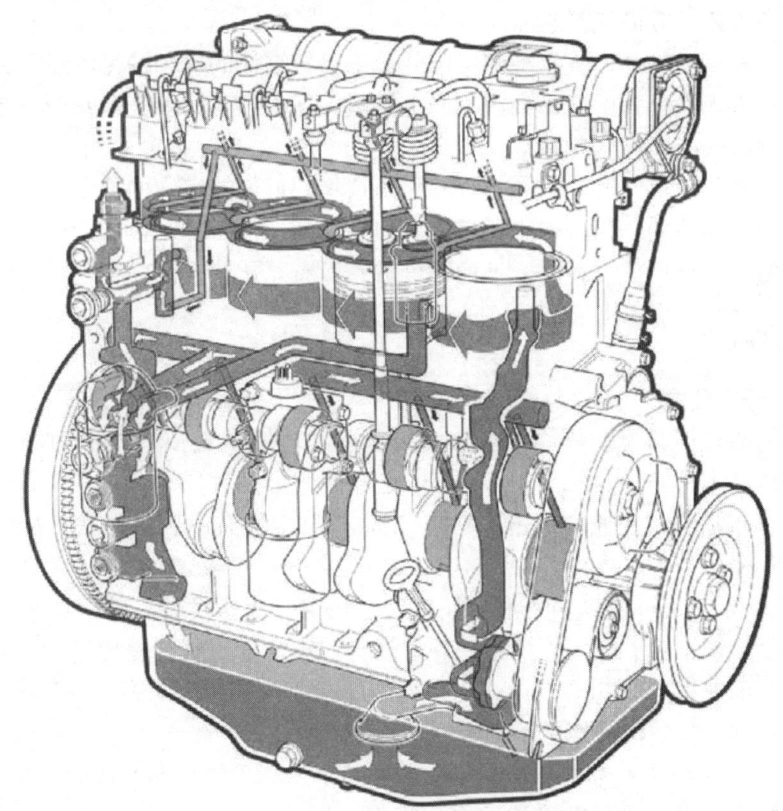

图9-10　Deutz BF－4 M型油冷柴油机的润滑和冷却油流示意图

与95℃的水相比，油在加热到130℃时，密度大约低15%，比热容仅为水的一半，热导率仅为水的1/5，动力黏度比水大10～30倍。假如冷却油黏度较大，必须对油冷发动机冷却室和冷却油孔的断面设计给予特别的关注。

油冷的传热系数仅达到水冷发动机25%～30%（见表9-1）。在关系式$h_K \equiv c^n$中，速度的指数平均为0.3。在给定适当的冷却油侧传热系数的情况下，油冷发动机当然不能获得与水冷发动机相同的比功率。一台增压、油冷发动机的最大比功率为21kW/L。然而，传热不够强烈和冷却油温度提高引发一个优点是零件内的温度梯度小，因而材料内的应力幅度减小。与水冷相比，油冷属于温柔冷却。新型的2011系列油冷柴油机是1011系列柴油机的进一步开发的产物（还请参见18.2节）。初始设计打算用于轻型拖拉机、建筑设备和辅助设备的这种直喷式发动机，在2800r/min的额定转速时的功率可达65 kW，它们的显著特征是：气缸体是带有铸入式气缸套的“敞开甲板”式（开式水套）油冷气缸体，而气缸盖采用单元孔冷（也是油冷）。气缸的冷却油沿着发动机纵向流动。由油泵供给的冷却油全部先从气缸周围流过（图9-10）。曲轴箱内的流通断面在各个气缸处是不同的，从而确保了流过中间气缸的流量足够。气缸盖底部冷却室的几何机构与曲轴箱成镜像对称，冷却油以相反方向流经它（见图9-4）。

气缸垫将气缸体与气缸盖冷却室隔开。来自气缸体的冷却油流流经气缸体上的冷却油孔后进入气缸盖的冷却油道。向上倾斜并互相连通的油孔对每个气缸的冷却油流出量进行限流。风扇侧最后一个气缸上方的气缸盖上布置的两个V形孔将气缸盖底部的冷却油道与回油道相连。总之，这将降低气缸盖内的流动阻力，提高流速，并通过冷却液的均匀分布来改善气缸盖的冷却。油冷发动机的使用经历已经证实，冷却室内不会形成沉积物，油的黏度特性没有恶化，且油中氧化物并没增加。

9.1.4 风冷

9.1.4.1 历史回顾

风冷的原理（将发动机零件的热直接散发到环境空气中）就像内燃机本身一样古老。1871年，Frenchman de Bisschop已经使用了一种风冷内燃机。Lenoir的单缸煤气机（依据大气压原理来工作），在工作气缸上铸有纵向散热片，从而通过自由对流将热能传给大气。

在1909年Bleriot飞跃英吉利海峡之后，航空业快速发展，其中也包括风冷飞机发动机的发展，具有标志性的里程碑事件有：铝合金的研制成功（1915年）；铝合金气缸盖的诞生（1920年），以及有关冷却叶片散热物理方程 、冷却叶片的优化设计和冷却气流流向的影响的研究。

1944年，飞机用汽油机单位活塞面积的功率达到了约0.5kW/cm^2。除此以外，在20世纪30年代，遍布世界的许多公司都曾被吸引而投入飞机用柴油机的开发中，以便抵御高海拔引起的缺火风险和获取更高的效率。在总共25个项目中，20种发动机采用风冷，不过只有Junkers公司的Jumo 205型水冷对置式发动机曾经大批量生产。大约在同一时间，车用风冷柴油机投放市场。1927年，Austro－Daimler推出第一台高速风冷柴油机，这是一台功率为11kW的直列四缸发动机。

水冷发动机在极端气候条件下容易出现重大损坏，这一事实在第二次世界大战期间为载货车和坦克用风冷柴油机的开发带来大量的订单。基于第二次世界大战时所获得的研发成果，从20世纪50年代，一些企业开始进行风冷柴油机用于商用车、农用设备和建筑设备的开发设计。那时候，几家发动机公司只能慎重地提供风冷柴油机。Klöckner – Humboldt – Deutz（现在的Deutz AG）自20世纪50年代以来一直是全球风冷柴油机市场的领导者。1980年前后，德国制造的建筑设备中有80%使用风冷柴油机。

通过转变为直喷和采用具有更高的高温强度的铝合金来提高功率密度曾成为一种潮流，以此趋向来抵抗零件热负荷的增长最初是可能的。然而，自20世纪80年代中期以后，风冷柴油机的产量一直在下降。仅有功率15kW左右的小型工业用柴油机仍然采用风冷，原因是集成式风冷系统具有成本低廉的优势。甚至在今天，建筑设备和辅助设备仍然较多地使用风冷柴油机，它们的功率最高可达100kW左右。在功率最高可达400kW的高功率区段，两种冷却方式各占半壁江山。

9.1.4.2　从零件到冷却空气的热交换

1. 热传递与冷却表面设计

传热系数h、温度梯度ΔT_K和换热表面积A决定可传递热能的多少（见9.1.2节）。传热系数（HTC）是流速c和材料性能（热导率λ、动力黏度ν和热扩散率a）的函数。表9-2中物理性能的比较表明风冷和液体冷却的传热条件不同。

借助于相似理论及其参数，即努塞尔特（Nusselt）数$Nu = h \cdot D/\lambda$、雷诺（Reynolds）数$Re = c \cdot D/\nu$和普朗特（Prandtl）数$Pr = \nu/a$，内径为D的紊流管的传热可用下面的幂方程加以描述（$10^4 < Re < 10^5$）：

$$N_u = 0.024 \cdot Re^{4/5} \cdot Pr^{1/3}$$

保持管径和流速不变，空气和水的传热系数（下标分别为“Lu”和“Wa”）的关系如下：

$$\alpha_{Lu}/\alpha_{Wa} = (\lambda_{Lu}/\lambda_{Wa}) \cdot (v_{Lu}/v_{Wa})^{-7/15} \cdot (\alpha_{La}/\alpha_{Wa})^{-1/3},$$

并且在代入物理性能值（见表9-2）后得：

$$\alpha_{Lu}/\alpha_{Wa} = 1870.$$

这样，在相同的条件下，水冷的传热系数约比风冷大900倍。然而，空气的密度大大低于水，这使得空气的流速大大增加，因而传热增加8~10倍。除了这项有可能实现的改善外，根据下式：

$$\alpha_{Lu}/\alpha_{Wa} = 1/(110 \sim 60)$$

要想取得与水冷相同的冷却能力，只能依靠零件与冷却气体之间的增大的温度梯度和依靠给零件设计合适的散热片，从而加大表面积。在相同的冷却能力和通过试验确定的温差比为：

$$(T_{WK} - T_K)_{Lu}/(T_{WK} - T_K)_{Wa} \approx 2 \sim 4$$

的情况下，冷却侧的散热表面积必须加大为：

$$A_{Lu}/A_{Wa}\approx 15\sim 55.$$

对于矩形断面的直散热片，散热片高度为h，宽度为b，间隔距离为s，导热系数为λ_R，那么，下式适用于计算散热片根部壁面温度为T_{WK}和冷却空气温度为T_K时的冷却能流q_K：

$$q_K=\alpha_K(T_{WK}-T_K)[(2h+s)/(b+s)]\cdot\eta_R$$

其中，散热片效率系数为：

$$\eta_R=\tanh(h\sqrt{2\alpha_K/\lambda_R b})/(h\sqrt{2\alpha_K/\lambda_R b})$$

这个系数是一个冷却散热片实际释放的热通量，与一个具有恒定的表面温度（即具有无穷大的热导率）的散热片能够传递的热流通量之比。如图9-11所示，换热所必需的散热片高度，也就是设置散热片的重要意义随着换热系数的增大而快速减小。因此，水冷发动机的冷却室壁面不装散热片。对于散热片高度和厚度接近零的极限情况，热通量密度方程被简化成适用于平滑壁面的形式$q_K=h_K(T_{WK}-T_K)$。

精确地确定冷却能流的先决条件是不仅应知道零件的局部温度，而且还应知道传热系数值。原则上，不同的传热系数方程均可被追溯到下面两种方法之一：

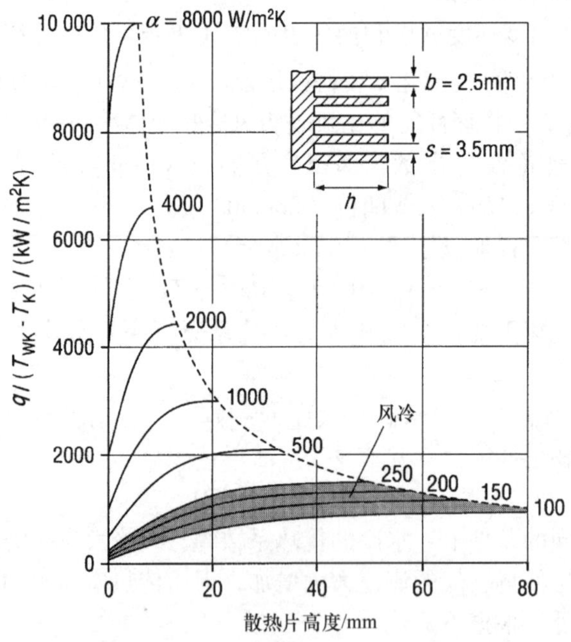

图9-11　散热片高度和传热系数对热通量与温度梯度的相对值的影响（$\lambda_R=58\text{W}/(\text{mK})$的灰铸铁散热片）

1）紊流通道内的传热。

2）流内物体传热。

第一种通道流动法用于一个全封闭翼片管的带翼片通道，也可用于许多适用于紊流管流的，可代入水力直径的有效传热方程。第二种方法以 Krischer 和 Kast 的研究成果为基础，并对应于一根未封闭的翼片管。参考文献［9－27］中描述了适用于风冷发动机的传热数学处理方法。在翼片管内的流动条件不能精确知晓的情况下，必须将用试验法获得的传热系数进行恢复。

借助于翼片来放大传热表面既可通过增大散热片高度，又可以通过增加片数的方法来实现。不过，当以同样的程度加大表面积时，这两种方法未必会带来热通量密度的相同程度的增长。超出一定程度后，由于散热片尖部的温度已经接近冷却空气的温度，所以散热片高度的继续增长不会再带来任何散热效果。正如图 9-12 中对铝散热片与灰铸铁散热片的比较所揭示的那样，散热片材料的热导率决定性地确定了散热片根部和尖部之间的温度曲线。

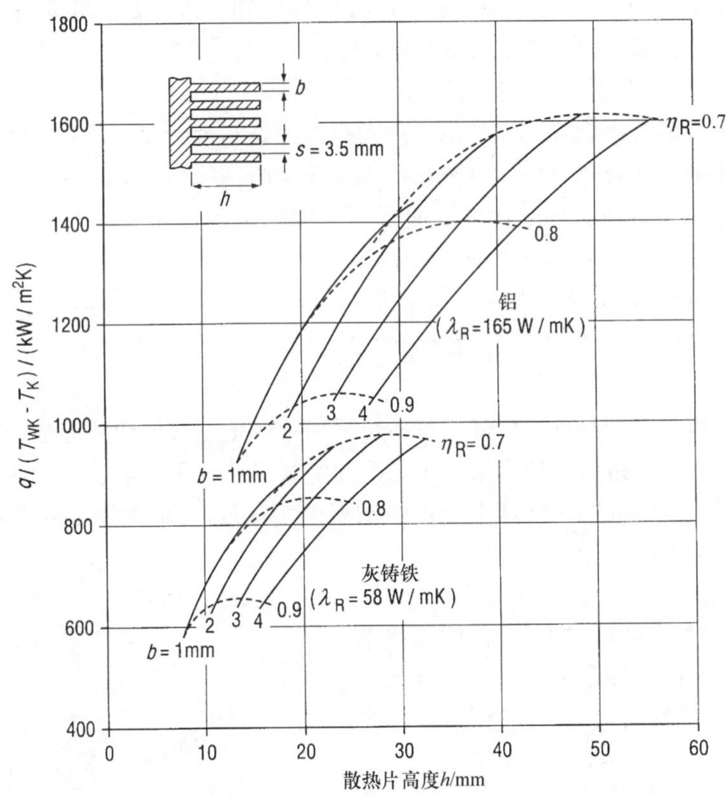

图 9-12　散热片高度 h 和散热片热导率 λ_R 对热通量与温度梯度的相对值的影响［传热系数 $h_K = 150W/(m^2K)$ 并保持恒定］

同样，仅通过增加散热片数和降低片间间隔距离，可将表面在一定程度上予以放大。这样做会受到片间间隔距离的限制，因为间隔减小到某一间隔距离时，气流会在相邻边界膜将要接合之前直接转变成紊流。最小而又经济的间隔距离约为

1.2mm。这样小的间隔会处在可加工性的极限状态，因而只能用于高性能风冷发动机的钢质机械加工气缸体上。

从成本效能上看，散热片高度最高达70mm、散热片根部最小间隔距离3.5mm、散热片厚度从根部到尖部为3mm到2mm，这些参数对于金属型铸造法所生产的铝气缸盖也是最切实可行的。而灰铸铁由于热导率低，所以散热片高度不超过35mm、散热片根部间隔距离3mm、散热片厚度从根部到尖部为2.5mm到1.5mm的灰铸铁气缸体，可以用砂型铸造法来生产。飞机发动机制造中的样本的加工必须将散热片厚度和散热片间隔距离车削到最小。

当平均传热系数 $h_K = 250W/(m^2K)$ 时，带灰铸铁散热片的气缸体的最大散热量估计为 $0.5 \times 10^3 kW/m^2$；在采用机加工Alfin（铁心铝）散热片的气缸体上，估计最大散热量约为 $0.2 \times 10^3 kW/m^2$。通过比较可知，水冷高热负荷零件，通过局部核状沸腾散热量可高达 $0.2 \times 10^3 kW/m^2$。

2. *冷却气流的流动路径与热传递*

冷却气流的流动路径影响传热，因而也就影响零件的温度分布。流经带有散热片的气缸体的冷却气流首先在气流到达点处受到阻挡，然后流过气缸体子午断面的高点处突然横向离开，从而在气缸的背后形成死区。这样的结果是，在气缸的后部，壁面温度最高，而在流入侧壁面温度最低（图9-13）。因此，为了防止热膨胀不同引起气缸弯曲变形，需要给带有散热片的气缸体加导流板来引导气流运动（图9-14）。只有在缸径小且升功率低的发动机（如摩托车发动机）上，可以不采用这种措施。

加导流板的目的是确保冷却空气不留任何死区地穿过散热片缝隙。利用这个原理，当气流横向穿过时，依靠槽缝中的冷却空气吸热，不可能获得沿四周完全均匀的温度分布。经验证明，冷却空气加热的温差为 ΔT_{KL}，那么用下式便可确定四周的最大温度偏差 ΔT_{Umfang}：

$$\Delta T_{Umfang}/\Delta T_{KL} \approx 0.8$$

因此，对于40K的最大容许温度偏差，冷却空气的加热温差被限制为50K。

9.1.4.3 风冷发动机的设计特点

1. *发动机总体结构*

风冷发动机结构的最显著特点是它们采用单个独立气缸和共用的集成冷却系统。由于铝和铸铁的热胀系数不同，所以铝气缸盖的实际广泛使用（气缸盖底部的温度分布比较均匀，并且能以最大限度将热散发给散热片）和零件热膨胀不受阻碍的要求必然要求采用独立气缸结构。因

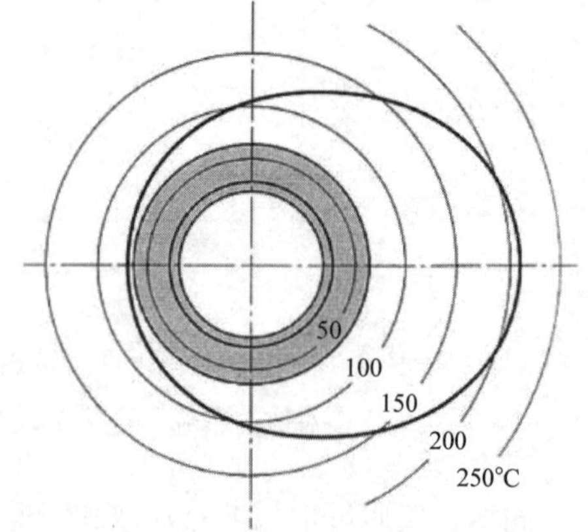

图9-13 一个横流式未封闭气缸体的温度曲线（气流从左向右流动）

此，特别是对于中、小生产批量的风冷发动机，注定要采用模块化设计原理，使用大量的相同的零件，确保制造和备件管理成本降低。另外，模块化的发动机不必拆卸发动机和拆下油底壳，就能很方便地对气缸盖、气缸体和活塞进行维护。

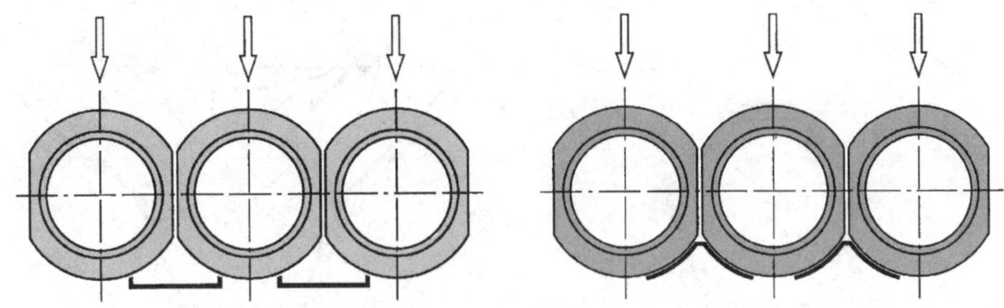

图 9-14　冷却气流路径

左图：Argus 导流板；右图：紧贴型导流板

在多数情况下，风冷柴油机的每个气缸单元都配备四个张力螺栓，这些螺栓将气缸盖与曲轴箱连接起来，并将气体压力直接传给曲轴箱，而气缸体撑在气缸盖与曲轴箱之间。张力螺栓是一种细长的高弹性膨胀螺栓，它能降低螺纹的拉应力区域的交变载荷，并限制因气缸盖和气缸体比温度低很多，而使螺栓承受更大的热膨胀所产生的作用力。

在风冷直列式发动机上，是对发动机总长度影响很大的散热片的设计，而不再是曲轴轴承的间隔距离决定着气缸的间隔距离。此间隔距离通常为缸径的 1. 35 ~ 1. 45 倍，仅在极端情况下（KHD 公司的 B/FL 913 型发动机）为 1. 275 倍。

将风冷发动机与水冷发动机（包含后者的外部冷却系统）的安装尺寸相比较可以发现，采用集成冷却系统的风冷发动机，除了气缸间隔较大之外，它们其实是一种异常紧凑的发动机。对于 V 形发动机尤其如此，因为在 V 形发动机上，将冷却风扇安装在两个气缸排之间，节省了空间。

2. 曲轴箱

与气缸体一样，曲轴箱也会吸收从气缸盖传递给曲柄连杆机构和曲轴轴承的负荷，因而需要有极高的固有稳定性，甚至在曲轴箱同时作为车辆支承元件（如在拖拉机上）时，也可以保证活塞平滑运动。曲轴箱横断面形状对它的弯曲刚度和扭转刚度很重要，图 9-15 给出了主要尺寸相同的风冷发动机和水冷发动机曲轴箱横断面的比较。由图 9-15 可见，风冷发动机曲轴箱的设计必须非常谨慎，因为缺少了冷却水室使总高度大幅度减小，从而导致强度状况恶化。已被证实能为风冷发动机曲轴箱提供高的固有稳定性的有效措施有：

1）侧壁板下伸到远远低于曲轴轴线，并且可能的话制成弯曲状。

2）侧壁板和横隔板上带有连续的加强筋，油底壳凸缘宽而结实。

3）气缸支撑台面厚度较大，仅有少量穿孔。

4）用铸造油底壳代替钢板油底壳。

5）在V形发动机上，主轴承盖与横隔板用螺栓横穿连接。

风冷式发动机的曲轴箱还常常制造成隧道式结构，以便提高刚度。

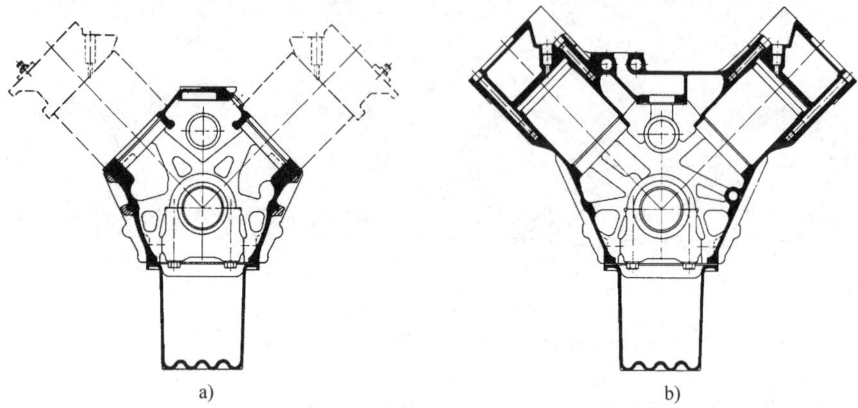

图9-15　对固有稳定性重要的横断面

a）带有独立气缸体和单个气缸盖的风冷式发动机　b）带有整体式气缸盖的水冷式发动机

3. 气缸体

气缸体是一种带有散热片的气缸套，通常用灰铸铁制成单件式结构。即使对于大批量生产来说，砂型铸造法仍然具有低成本的优点。通常，将气缸体的上部、下部区域的壁厚设计得略大些，气缸体的最上面部分的散热片沿着圆周封闭起来，以减小螺栓紧固力和缸内压力所引起的气缸套变形。考虑到结构强度和冷却效果，升功率高的发动机必须采用铸钢气缸体，并且散热片的外露部分必须经过机械加工。

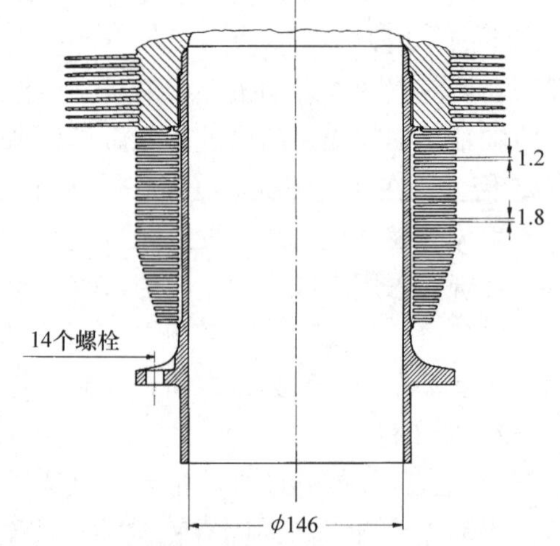

图9-16　一种风冷发动机（Teledyne Continental公司的发动机）的Alfin气缸体

如果采用称之为铁心铝铸件的热浸镀铝后注塑法（Alfin process）的复合铸造法（图9-16），大约0.03mm厚的中间金属层能确保钢质气缸套与带散热片的铝水套之间实现无间隙连接，但是这种方法除了几个军事应用项目外，过去仅用于且目前仍用于飞机发动机制造。这种方法还用于民用柴油机上，从而用灰铸铁代替钢。具有精加工表面的铝合金气缸体仅用于汽油机。

4. 气缸盖

功能、交变机械应力和热应力方面的差异，使气缸盖成为发动机上最复杂的零件。为了将作用于气缸盖上的气体作用力传递给曲轴箱，并同时确保与气缸体的密封良好，气缸盖必须具有很高的固有稳定性。风冷式发动机气缸盖不仅必须罩住气道、喷油嘴、预燃室（如果有的话）和气缸盖螺栓，而且还要罩住散热片和形成冷却空气流必需的流动断面。考虑到直喷柴油机需要散热片面积要比活塞面积大30~50倍，才能冷却到气缸盖的底部和排气道区域，所以，要完成这些功能对气缸盖来说是一个艰巨的任务。另外，散热片的设计应能限制气缸盖上两个气门之间区域的最高温度，同时为了防止气缸盖底部出现高的热应力，必须避免此处出现大的温差。正常情况下，只有铝气缸盖能够满足这些苛刻的要求，因为铝的热导率大，有助于气缸盖底部的热分布，并允许以低成本制造既薄又高的散热片。

这样的气缸盖基本上都需要使用气门座圈。气门座圈通常使用离心铸造法制造，并使用冷缩装配。气门相对于曲轴轴线横向布置要比平行布置更有利于气门区域的散热片设计，并能获得更大的气流流通断面。不过，燃烧系统必须让气门大角度倾斜（汽油机）。当将气门与曲轴平行布置时，它们仅应朝向气缸轴线略微倾斜。然而，假如燃烧系统允许气缸盖底部有轻度弯曲，那么这将使气门过梁上方的散热片具有更大的面积。在高热应力的气门过梁区，为了使散热片最大就必须将气道断面设计成又窄又高。尽管在风冷式摩托车汽油机上，四气门气缸盖实际上是标准配置，但是在风冷式柴油机上，气缸盖底部上方极为有限的空间会妨碍每缸四气门的应用。

风冷气缸盖铸铝合金的明显特点是高温强度特别高和对温度循环的耐受能力强。对气缸盖尺寸稳定性极为重要的这两个方面的材料性能，可通过复杂的合金成分（见表9-3）、金属型的可控冷却和特种后续热处理来获得。多合金材料RR350在200℃时的高温强度为230N/mm^2，到目前为止这是最高的，并且它在250℃时的200N/mm^2 的高温强度也是很好的。铝合金较高的热膨胀系数和延长率使风冷发动机气缸盖气门过梁处开裂的危险性比水冷气缸盖高得多。起到伸缩节作用的两块铸入钢板可保持气缸盖底部两个气门之间区域，在气缸盖冷却之后能大幅度地释放拉伸应力，从而防止了气门过梁开裂（图9-17）。热冲击试验对于风冷气缸盖的开发是一个重要的助手，在这个试验中，先将气门过梁加热到300℃，然后再在约2min内冷却到100℃。

表9-3 用于制造风冷式发动机气缸盖的铸铝合金

合金类型	合金名称	合金元素质量分数/(%)								
		Cu	Ni	Si	Mg	Mn	Ti	Co	Zr	Sb
AlMgSiMn	希德罗纳利姆耐蚀铝镁合金，Ho411、511；Hy418、511；Hy51；Hy71	0~1.0	0~1.5	0.7~1.8	3.5~6.5	0.1~1.0	0.1~0.2	—	—	—
AlCuNiMg	Y合金，A-U4NT	3.5~4.5	1.7~2.3	0.2~0.6	1.2~1.7	0.02~0.6	0.07~0.2	—	—	—
AlCuNiCoMnTiZrSb	RR 350、A-U5NZr	4.5~5.5	1.3~1.8	0~0.3	0~0.5	0.2~0.3	0~0.25	0.1~0.4	0.1~0.3	0.1~0.4

9.1.4.4 发动机集成冷却系统

1. 液体冷却发动机外部冷却系统的比较

依靠这个原理，由于零件的热量直接传递给环境空气缘故，风冷发动机的冷却系统为与发动机集成一体的形式。发动机与冷却系统构成一个单元。带导流罩的冷却风扇和集成式润滑油冷却器，以及设备冷却器或车辆冷却器（如液压油冷却器）都是外加的发动机部件。风冷发动机由于能更好地利用冷却空气（更大的温度增量）而使需要的冷却空气量减小。但是，窄的流通断面导致散热片区域的较高的空气流速，因而导致较大的冷却空气阻力（图9-18）。而在水冷式发动机上，让冷却系统与这些条件相适应导致了不同的零件尺寸和结构形式。不过，风冷发动机风扇的直径仅为同样的水冷发动机的一半左右。然而，它们的工作转速要高2~3倍，并且由于需要导向叶片而使长度略大。风冷发动机散热器也明显更加紧凑，它们的冷却空气侧的端面比传统散热器小60%。它们安装到发动机上通常不用弹性中间元件。这会导致很大的机械应力，并需要铝散热器具有低的惯性力、较高强度和刚度。基于空气对空气传热原理的有效的中间冷却功能从一开始就应用到风冷发动机上。这样，可将进气冷却到远低于水冷发动机的冷却液温度。根据中冷器布置形式的不同（位于冷却风扇之前，或位于与其他的冷却空气消耗装置并列的气流中），进气温度只能高于各自的环境温度25~45K。

图9-17　将钢片铸入气门过梁可防止风冷柴油机气缸盖的气门过梁开裂（Deutz AG FL513）

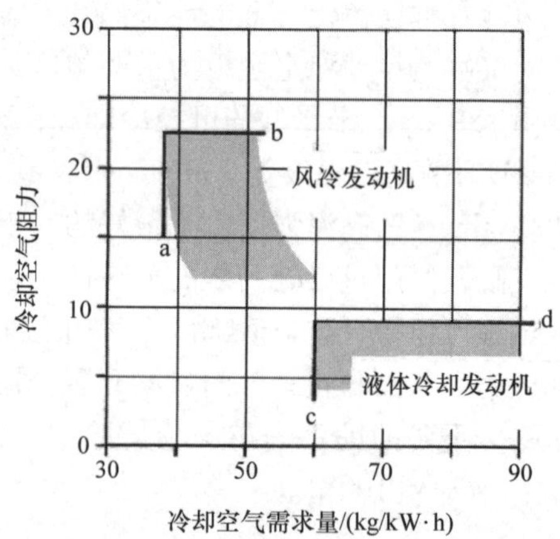

图9-18　直喷式柴油机冷却系统工作区的冷却空气阻力随冷却空气温度变化的情况

a—冷却空气加热最大容许极限

b—经济而合理的冷却空气阻力

c—传统系统的冷却空气加热最大容许极限

d—传统风扇的最大压力增量

2. 冷却风扇设计与设计原则

风冷发动机的较高冷却空气阻力，以及对具有最小可能直径和低转速的风扇的需求，导致了具有高空气动力负载流量的串级轴流式冷却风扇的应用。基本上可容纳在飞轮内的径流式风扇用于小型单缸和两缸发动机上。

结构紧凑的轴流式风扇促进了冷却气流路径的简化。当对梯流结构进行精细设计和制造之后，便可获得高效率和低噪声排放。依据导向叶片布置的不同可分为两种结构形式。风扇中的两个叶片装置的导向叶片位于叶轮下游（出口导向叶片风扇），这是提升压力的减速梯流。当导向叶片位于叶轮上游时（入口导向叶片风扇）时，这就是加速梯流，它能降低静压力，从而使叶轮必须产生压力增量，来补偿前面的压力降。

由于存在许多限制因素，所以只有在考虑不同种风扇各自的特点之后，才能决定两种风扇哪一种更适合相应机型。表9-4列出了两种风扇的最重要的特点。两种结构形式均已在现场应用中得到证实。当遵守某些流动值和压力系数值和空气流在轴向梯流中没有分流的限制时，可实现总效率80%~84%。根据风扇效率、冷却空气需求量和气流阻力的不同，发动机集成冷却所需的总功率为发动机额定功率的2.4%~4.5%。

表9-4 出口导向叶片风扇和入口导向叶片风扇的不同

	出口导向叶片风扇	入口导向叶片风扇
最大效率	84%	80%
最小比声功率	31dB（A）	33dB（A）
压力模铸工具	仅有两个半模（叶片无重叠部分，允许轴向脱模）	两个半模加一个轴向滑块（叶片并非没有重叠部分）
发动机安装	高	低
	在从风扇上游干扰期间（加挡板、限流）具有声学敏感性	

风扇产生的噪声正在得到前所未有的重视，良好的空气动力学设计在这方面最关键。风扇噪声不应影响到发动机的总噪声。根据安装环境的规定（见第16章），这常常会需要较高的开发成本。风扇的空气动力学噪声由三个不同的部分构成：最强噪声源、紊流噪声和涡流噪声在整个音频频段上进行传播。另一方面，风扇叶轮产生的人耳基本频率几倍（叶片数乘以转速）的噪声，听起来比同样强度的宽带噪声响许多倍。将风扇叶片非均匀布置可对此进行补救。

冷却风扇产生的声功率可用以经验为主的基本公式进行计算：

$$L = L_{sp} + 10\log[(\dot{V}/\dot{V}_0)(\Delta p_g/\Delta p_{g0})^2]$$

式中 $\dot{V}$——体积流量；

Δp_g——总的压力增量。

参考变量 $\dot{V}_0 = 1\text{m}^3/\text{s}$ 和 $\Delta p_{g0} = 1\text{mbar}$。

每个风扇设计的一个不变的特征值 L_{sp} 是比声功率。第二项等于工作点的声功率。通过降低比声功率，只能在一个限定的工作点（冷却空气需求量和冷却系统的气流阻力）处降低风扇的响度。对于优化的设计，流动系数和压力系数的幅值只能在一定的数值范围内变化。除了流动系数和压力系数外，风扇的响度还会受到下列因素的严重影响：

1）导向叶片布置类型。

2）梯流和风扇入口的空气动力学品质。

3）工作点相对于设计点的位置。

4）叶轮与蜗壳内壁之间的径向间隙。

5）叶轮片的形状类型（径向或镰式）。

6）叶片在叶轮圆周上的布置类型。

7）叶片数和叶片数的配对类型。

现在，高品质风冷发动机轴流式风扇的比声功率水平达到31dB（A），并具有低宽带噪声的特点。通过控制冷却空气量可以获得均匀的零件和润滑油温度水平，因而也就获得了最佳的发动机工作状况（燃油消耗、排气品质、噪声排放和使用寿命）。一种特别具有优势的控制策略是：使用这种控制策略，气缸盖温度成为可控的变量，并在考虑润滑油温度的情况下保持恒定。一般通过一只安装在风扇毂内的液压离合器来控制风扇转速。

9.1.4.5 柴油机应用举例

民用风冷式柴油机的产品范围包括建筑设备，以及动力总成和油泵总成广泛使用的具有标准化设计的通用型小型单缸直喷发动机，一直到大功率V12型重型商用车柴油机（图9-19）。图9-19所示的采用废气涡轮增压和中冷的高性能型风冷式柴油机是直列六缸、八缸和十缸发动机的组成部分，并针对一种用于大型施工场地和露天煤矿所用的38吨自卸货车的特定要求经过专门设计。作为一个典型例子，它证实了发动机集成冷却系统的优点。这种集成冷却系统不仅包括发动机的实际冷却部分，而且还包括对进气、润滑油以及变速器和缓速器所用的油进行冷却的换热

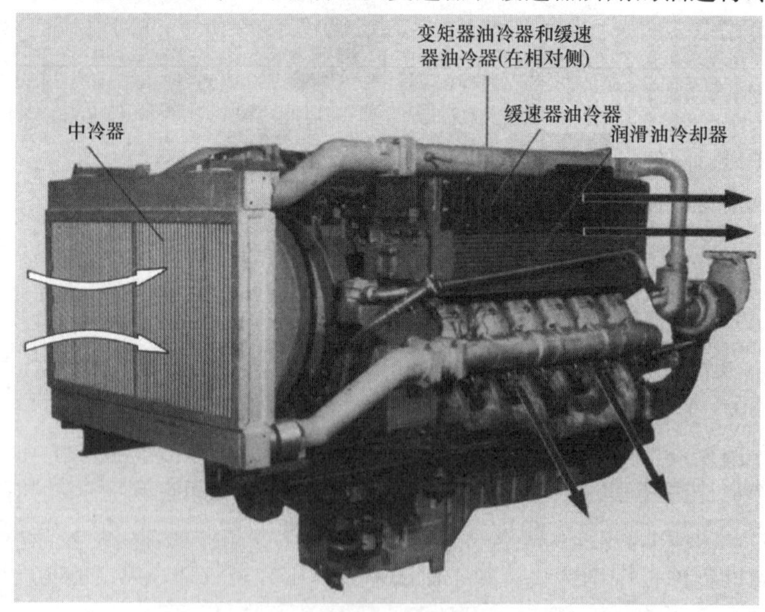

图9-19 Deutz AG BF12L523CP型12缸风冷式柴油机

（V_H=19.144dm^3，2300r/min时p_e=441kW）

器，因此发动机安装时，仅需要连接燃油管和排气歧管。在正常行驶时，发动机冷却所需的空气量为41kg/kW·h。风扇的功率消耗约需11.6kW。风冷工业柴油机用于中低功率范围（见18.2节），可以用于包括配备封装设施的隔声柴油机在内的许多安装场合（见16.5节）。

9.1.4.6 风冷式发动机的限制

最高可达440kW功率范围内的风冷式柴油机已经达到非常完善的程度，并且由于它们简单、耐用而多用作工业发动机（见18.2节）。在汽车领域，由于舒适性不够好，特别是低的供暖能力，风冷式柴油机始终没有得到接受。

高的平均有效应力会导致气缸单元和曲柄连杆机构机械负荷的加大以及活塞、气缸体和气缸盖热负荷的大幅增加，因此，随着增压度的提高，风冷作为同样可选的冷却方式正在越来越频繁地受到质疑。热负荷的极限值取决于气缸盖铝合金的高温强度和最大散热冷却能力。冷却侧传热系数h_K小的缺点可通过加大零件与冷却空气之间的温度梯度和通过采用更薄更靠近的散热片来加大发热零件表面（当然也有限度）的方法来加以补救。因为加大温度梯度必然会提高零件温度，所以加大温度梯度也会受到限制：如果润滑充分，气缸套滑动导向表面内的温度最大应为190℃，为保证尺寸稳定性气缸盖底部平均温度应为240℃，而气缸盖的气门过梁处应不高于280℃。

铝合金的高温强度低于灰铸铁，这使得气缸盖成为最薄弱的零件，因而也就成为决定风冷式发动机性能的零件。气缸盖的尺寸稳定性决定了气缸盖的密封能力。在气缸体温度增加和铝合金热胀系数较大的情况下，热致变形已被证明远大于由作用力和压力所引起的机械变形。除了气缸盖底面弯曲所引起的内密封表面的最大密封压力发生转移之外，高增压发动机上可观测到的排气道的塑性变形也会影响缸盖密封压力的分布。

然而，风冷式发动机的高的零件温度水平会导致吸入的燃烧空气变热，从而降低了进气量。当排放的烟度值相同时，低压模式进气的风冷式柴油机的额定功率比水冷式发动机低约2.5%，在最大转矩工作点时低约3.5%。通过仿真试验确定，在导致功率下降的各因素中，进气道占50%，气缸套的较高的壁面温度占30%，气缸盖和活塞顶温度的升高各占10%。在没有中冷的增压发动机上，由于零件与燃烧空气之间的温差较小，因而不存在明显的功率损失，而在带有中冷的发动机上，略有提高的进气压力可对功率损失进行补偿。

构成燃烧室的零件的较高温度水平，加之较高的进气温度，决定了风冷柴油机最终的压缩温度和最高燃烧温度都更高。正如一些有关冷却对NO_x形成的影响的基础试验所证实的那样，它们对NO_x形成是决定性的（见15.3节），并且随着排放限值继续变严，它们会使降低NO_x排放的措施变得更复杂，所以它们会导致风冷式发动机出现明显的成本问题。

尽管下列措施会解决风冷式柴油机外部散热受限制所带来的一些问题，但是这些措施需要有水冷式发动机根本不需要，或并非同样程度地需要的高技术水平。

1）加强机内冷却（中冷器和带冷却油道的活塞）。

2）采用昂贵的材料、润滑剂和更加复杂的机械加工工艺来提高零件温度极限。具体包括：具有极高高温强度的气缸盖材料、完全按配方制造的润滑油、气缸体表面冷作硬化、Alfin粘结活塞环槽护圈和采用钼涂层的梯形活塞环。

3）零件隔热（将排气道与气缸盖之间进行隔热）。

9.2 发动机外部冷却

9.2.1 发动机冷却系统的功能

9.2.1.1 定义

如9.1节所解释，冷却系统是发动机无故障运行的重要保证。为了保证不超过影响发动机正常功能的极限温度，冷却系统将作为冷却负荷的热从发动机零件（气缸盖、活塞和气缸套等）上危险的高温部位和相关流体（润滑油、燃料、进气等）内，或直接地（如用空气冷却，见9.4节），或通常通过一个封闭的冷却液回路和一个散热器传递到环境中。

当换热器将热直接释放到冷却空气时，流体的冷却被称为直接冷却，而当将热释放到一个封闭的冷却液回路时，被称为间接冷却。

相互热散的零件及其控制装置的组合构成了一个冷却系统。从热力工程的角度，发动机的冷却零件构成一些并联连接和（或）串联连接的，通常具有小的换热表面的换热器，因此，换热器就需要大的传热系数（见7.2节和9.1节）。

除了冷却液散热器外，冷却液回路中还包含有下列换热器：

1）用于发动机润滑油的换热器。

2）用于活塞冷却润滑油或冷却液的换热器。

3）用燃油、冷却液或冷却润滑油冷却喷油嘴的换热器。

4）用于进气的换热器。

5）用于废气再循环的换热器。

6）用于变速器油的换热器。

设计冷却系统及其部件时常常必须做出妥协。尽管常常初步规定冷却系统额定功率和考虑不利的环境条件（如气候和季节）所需的额外功率，但是对燃油消耗、污染物排放，以及怠速和部分负荷性能方面提出的要求越来越严格，已经使零件和流体的温度控制而不再是冷却液流动成为冷却系统的主要控制功能。这不仅需要提供足够的冷却能力，而且还要使用像节温器这样的执行器、控制阀、泵或风扇。

9.2.1.2 发动机冷却

根据发动机的不同，使用冷却液的发动机冷却系统所散发的作为冷却负荷的热，占发动机额定功率的40%～100%，即所消耗燃料能量的20%～40%（见表9-5）。由于有效效率的增加，高压增压的功率密度增加已经导致了热平衡的移动。当发动机对冷却液的放热减少时，润滑油冷却器和中冷器吸收的热能增加，因此总的冷却负荷大致保持恒定。另外，随着有效制动功的增加，废气能量下降。

表9-5　散发的热通量占额定功率的百分比　（单位：%）

发动机类型/转速范围	发动机冷却①	发动机润滑油	中冷	冷却液热量	EGR冷却
低速发动机/60～200r/min	14～20	6～15.3②	20～35	40～70	—
中速发动机/400～1000r/min	12～25	10～15	20～40	40～80	—
高性能发动机/1000～2000r/min	30～50	5～15	10～20	10～20	—
商用车发动机/1800～3000r/min（带有废气涡轮增压和中冷）	30～50	30～50	15～30	45～80	10～20③
自然吸气式发动机	50～70	50～70	不详	50～70	—

① 气缸、气缸盖和废气涡轮增压冷却。

② 润滑油和活塞冷却油冷却。

③ 润滑油冷却（用水进行活塞冷却）。

注：这些和下面的热量、体积流量和温度的数字均为指导值。发动机结构、功率范围和工作条件的不同导致数值存在大的变动范围。

另外，为降低NO_x采用缸内冷却的废气再循环，会随着再循环率的变化而不同程度地将额外的热量传给冷却液。这种做法会明显地提高冷却系统的复杂程度。

从生态和经济性的角度，被认为是能量损失的释放给环境的冷却负荷，可通过热电联产系统得以利用，从而提高了系统效率（见14.1节）。

9.2.1.3　冷却介质

来自变速器和传动系统以及车辆的热损失也必须散发出去，因而必须对冷却系统进行正确设计。

额外的冷却需求与传动装置输入功率的百分比为：

1）机械式变速器为1%～3%。

2）带有液力变矩器的传统式自动变速器可高达约5%。

3）使用油/水冷却的机车液力传动为5%（使用空气/油冷却为40%）。

4）铁路客车的液压传动为25%（当容许的传动油温度为$T=80\sim100℃$，而且仅有短暂时间的125℃到最高130℃）。

商用车的液力制动器（如缓速器）会产生比发动机正常工作时还要多的热量，这些热量将传给冷却系统。

冷却介质水、油和进气的温度会随着发动机规格大小、类型和工作模式的不同而变化。在大型低、中速发动机上，发动机冷却液温度会低于高速发动机。考虑到轴承结构、材料和设计，润滑油的温度常常大幅度降低（见表9-6）。由散发的热通量和所希望的温度差可得冷却液的体积流量（见表9-7）。

表 9-6　冷却液的温度　　（单位：℃）

	低速二冲程发动机	中速四冲程发动机	高速四冲程发动机
发动机冷却液			
发动机入口	65～75	70～80（82）	76～87
发动机出口	75～80	80～90	80～95（110）
发动机内温度差	5～10	5～10	4～8
预热温度	50	40～50	40
使用重燃料油工作期间预热温度	60～70	60～70	不详

淡水（海水）					
散热器入口（最高①）	32～38	32～38	32～38		
散热器出口（最高）	≤50	≤50	≤50		

① 热带使用

表 9-7　相对于发动机功率的体积流量　　（单位：L/kW・h）

	低速二冲程发动机	中速四冲程发动机	高速四冲程发动机	商用车发动机
发动机冷却液	6～15	30～40	50～80	50～90
淡水	30～40	30～50	30～50	不详

9.2.2　冷却系统设计

9.2.2.1　采用直接散热的冷却系统

作为将发动机的热散发到环境中的两种可选方法之一，直接冷却使用一个开式冷却回路将冷却负荷散发到环境中。开式冷却回路用于下列发动机：

1）风冷式发动机。

2）采用循环水冷却器的发动机。

3）使用冷却塔冷却的发动机。

4）采用蒸发冷却的发动机。

现在，在一些例外的情况下，直接冷却与风冷同义（见 9.1.4 节）。

9.2.2.2　间接散热的冷却系统

1. 散热

在间接散热即间接冷却过程中（图 9-20），发动机最初先将冷却能释放给封闭回路（主回路）中的冷却介质，然后冷却系统的换热器再将这些热传递给另一种冷却介质（副回路）。

水冷式发动机可分为：

1）采用风扇冷却（空气/水冷却）的发动机。这些发动机应用于冷却液不可用于副回路（自主冷却系统）的场合，即主要是车用发动机，但也包含有固定发动机。在风扇消耗动力的情况下，必须获得零冷却液消耗的优点。当车上安装条件恶劣时，必须专门安装高功率风扇（对乘用车，占额定功率的1%；对中型商用车发动机可高达约5%；大型商用车发动机约为10%）。为了不增加燃油消耗，这样的风扇的控制方法是仅在危险的冷却条件下才允许最大功率消耗。风冷系统没有任何零件或连接淡水（或海水）的管路。然而，风冷系统的缺点是系统成本较高和需要的空间较大。

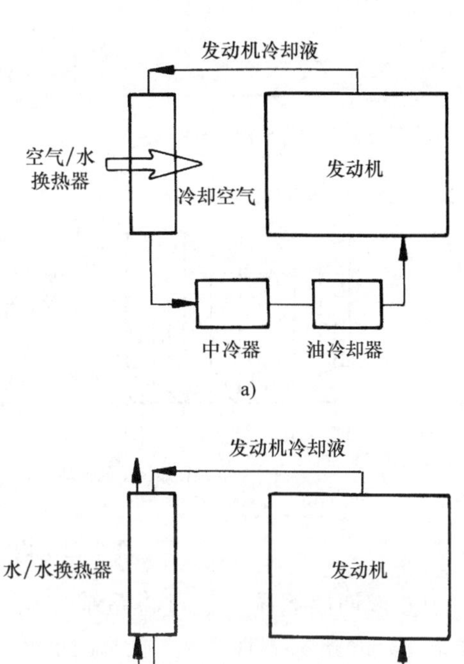

图9-20 带有封闭冷却系统的间接冷却
a）空气冷却 b）水冷

2）在封闭的副回路中采用水/水冷却的发动机。副回路的淡水（外部水源）从上部进入冷却塔，在这里将水分布在一个大的区域上，或者在自然条件下，或者靠风扇产生的逆向空气流将其雾化。经过蒸发和冷却，将热释放给空气。冷却能力取决于空气温度、空气流速和湿度。水的损失约为3%。缺点包括设备复杂程度增加，防冻保护困难和容易形成羽状物。这种冷却方式仅对大型设备有意义。

3）在开式副回路中采用水/水冷却的发动机。淡水即未净化水回路（副回路）是敞开式的。水可以是淡水（河水或湖水）或者是海水或含盐的水。地表淡水，特别是海水实际构成了一个无穷大的吸热器。然而，这种冷却实际上有许多问题，在设计冷却系统时必须予以考虑。安装在船体上的冷却系统和龙骨冷却是这种冷却的特殊形式（图9-21）。

2. 冷却系统设计

1）主、副回路冷却。副回路侧即外部水循环侧的换热器并联连接（图9-22）。

2）单回路、双回路和多回路冷却。这些系统中的换热器在副回路侧串联连接。

① 单回路系统。在单回路系统中，将冷却回路中等待冷却到希望温度的零件（按冷却优先顺序）串联连接和（或）并联连接（图9-23）。回路中的换热器互相影响。当适当配置后，可利用待冷却零件和换热器的相互影响来实现系统“自我调节”。

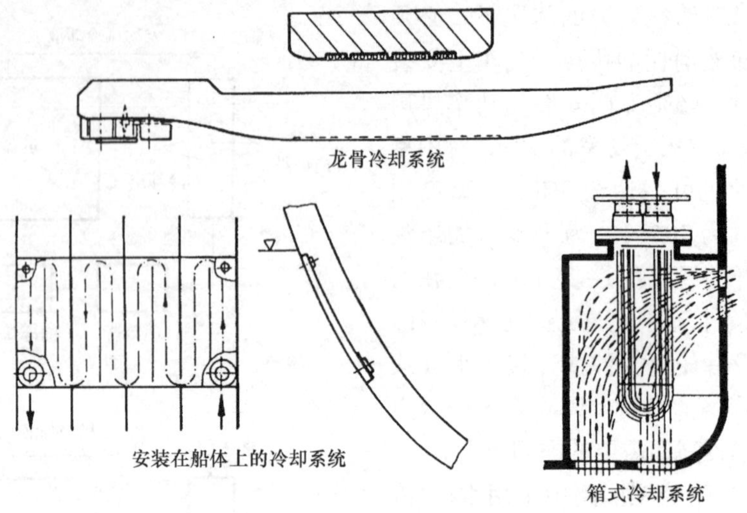

图9-21　内河船的水冷系统

② 双回路系统。通过将系统分隔成高温回路（HTC）和低温回路（LTC），可使冷却系统更好地与诸如发动机负荷、温度要求值或淡水温度这样的参数相匹配。LTC和HTC换热器在淡水侧（在车用发动机的冷却空气侧）串联连接（图9-24）。这样的优点是淡水流量减小。热传给副回路的位置取决于系统的设计，即在什么回路中采用哪种换热器。例如，车用发动机、船用发动机和发电用发动机常常采用混合双回路系统，将空气冷却器布置在空气/水换热器的上游。

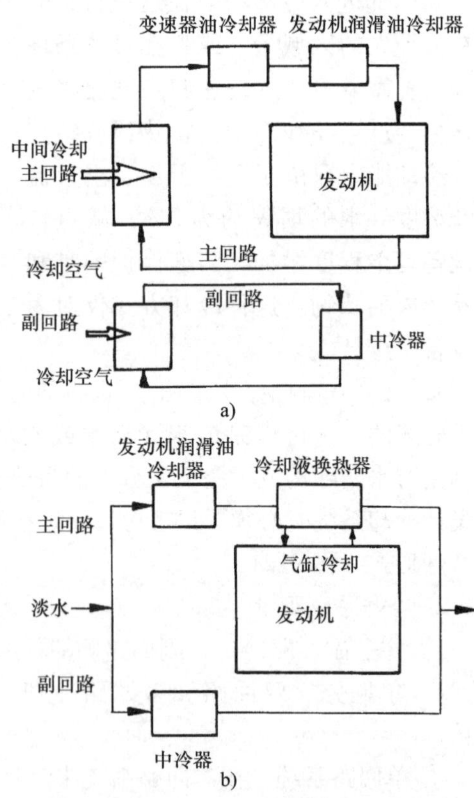

图9-22　主、副回路冷却（冷却系统在冷却液侧（副侧）并联连接。大部分热量在主回路散发掉，一小部分在副回路散发掉）
a）用空气冷却　b）用淡水冷却

③ 混合双回路系统。该冷却系统也叫“集成冷却系统”，在该系统中，HTC和LTC通过管路相连接（图9-25）。高温（HT）冷却液通过与低温（LT）冷却液混合而得到冷却。这就去掉了HTC换热器。然而，这样一来，在设计时必须小心翼翼，以便保证在每个支路中都有希望的冷却液流量。在配置有全套集成附件的紧凑型发动机上，

高温（HT）回路和低温（LT）回路结合在一起（图9-26）。大约有三分之二的冷却液流量经过高温回路，其余的流量经过低温回路。HTC的冷却液通过与LTC的冷却液进行混合而得到冷却，而不是通过换热器冷却。在低负荷和部分负荷时，通过对LTC的控制，使加热的发动机冷却液经过一根旁通管直接到达中冷器。副回路未被冷却，因而可以加热进气。随着发动机温度的升高，越来越多的冷却液会流经换热器［9－50］。

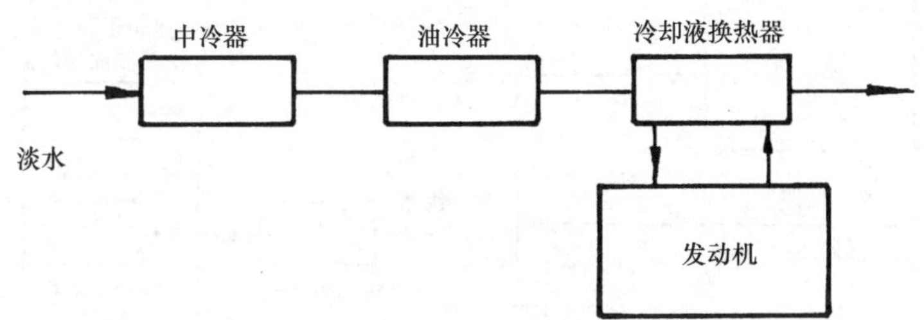

图9-23 单回路冷却

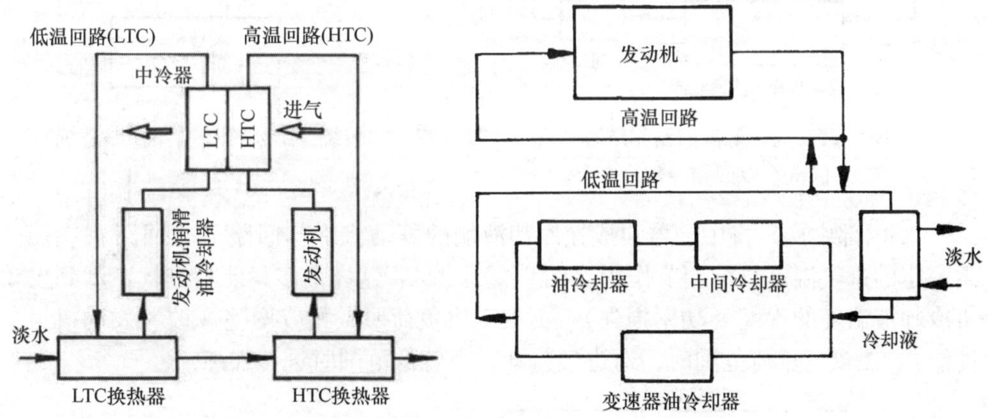

图9-24 具有高温回路（HTC）、低温回路（LTC）和淡水冷却回路的双回路冷却

图9-25 混合双回路冷却（高、低温回路连通）

将这些特征组合一起，并将换热器加在各个冷却液支路中，便可以提供多重设计选择，而且可依据特定的发动机结构和冷却器在副回路中的布置，对冷却系统进行优化。尤其是靠海水冷却，必须考虑到污染和沉积物带来的问题。

3）海水冷却系统。这些系统可分为：

①“传统”海水冷却系统（图9-27）。入口温差大使技术比较简单，海水的流量较小导致泵输出减小，当然这些热力工程学优点必然伴有海水工作的缺点。

② 中央冷却（图9-28）。考虑到传统冷却的缺点，通常宁愿采用中央冷却。在中央冷却系统中，一个大型中央冷却器对所有其他换热器的淡水进行冷却。几个大型冷却器（较低的进水温差和额外的传热阻力）带来的技术复杂性，以及更多

的管路和泵也是间接式海水冷却存在的标志性问题。另外，还需要几根管路和零件来输送海水。由于淡水回路的温度基本保持不变，所以冷却系统控制较容易。总之，中央冷却对发动机多重冷却系统是有利的。

4）中冷器布置。中冷器在冷却回路中放在什么位置取决于全负荷时的最低进气温度要求，并取决于特定的发动机工作点处的容许进气温度的需求。下面几种方法可供选择：

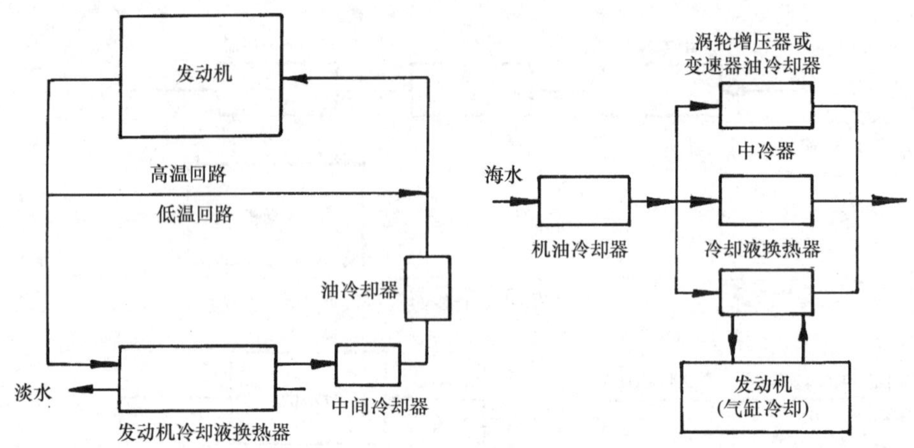

图9-26　高、低温回路相结合的混合双回路冷却

图9-27　“传统”海水冷却（单回路系统）

① 内部中冷。将中冷器集成在冷却液侧的发动机冷却回路（主回路）中能产生一定的进气温度自行调节作用（图9-29）。尽管这样最多只能将进气冷却到发动机冷却液温度的程度（功率损失），但发动机负荷要做相应调整（改善发动机运行性能）。在较高负荷范围时，对进气冷却，在较低范围时进行加热。

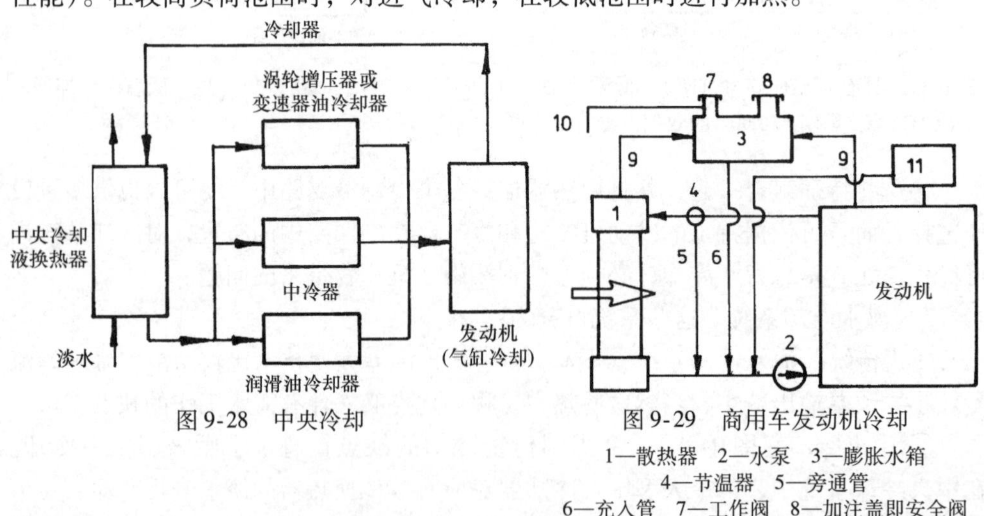

图9-28　中央冷却

图9-29　商用车发动机冷却

1—散热器　2—水泵　3—膨胀水箱　4—节温器　5—旁通管　6—充入管　7—工作阀　8—加注盖即安全阀　9—放气管　10—溢流管　11—驾驶室取暖换热器

② 外部中冷。将中冷器安置在副回路中，因而冷却液与其他换热器平行地流过中冷器（图9-23）。这样会出现大的入口温差，因而可对进气进行进一步的冷却。为了将这种方法的优势进一步开发并用于小型发动机（商用车发动机），过去大约20年来，人们在不停地努力着。由于将进气与发动机之间实现热隔离，所以应利用对外部回路的适当控制，来实现温度与发动机负荷水平的匹配。

③ 两级和多级中冷。将中冷器分为与高温回路相连的子冷却器和与低温回路相连子冷却器（图9-24中为两级中冷）。当进气进入高温（HT）回路的冷却器时，其高温可将热消耗装置（如淡水生产装置）的冷却液温度提高到98℃，并相应地增加有用的热梯度。大部分进气热（1.5∶1～2.6∶1）经过高温回路散发掉。在部分负荷（≤40%，特别是在全速）时，低温段回路被切断，进气靠高温回路的发动机冷却液加热。这样可实现更充分的燃烧、更低的燃烧压力和更低的炭烟排放。在发动机负荷降至15%以下时，开始对发动机冷却液加热。通过设置若干支路以及支路的合并，并采用具有不同流动阻力的零件，方可实现结构如此复杂的冷却系统（见9.2.4节）。设计中需对回路的各个支路的压力与体积流量进行建模，并在系统试验中或在安装后进行验证。在需要精确控制的场合，可以用可调式限流器对各支路流量进行校正。

3. 车用发动机和紧凑型发动机的冷却系统

车辆、移动式发电机和所有类型的快速艇所用的发动机具有特定的安装位置。由于需要紧凑的结构，冷却系统部件也不得不集成在发动机总成上，或安装在尽可能靠近发动机的位置上。

在车用发动机或具有类似紧凑结构的发动机上，实际的发动机冷却液循环包括发动机机体、散热器、水管、膨胀水箱、温控器和水泵这些部件。由发动机直接驱动的冷却液泵迫使冷却液流经串联连接或并联连接的各换热器（油冷却器和中冷器），进入发动机冷却室（气缸和气缸盖），再经过待冷却的其他部件（如废气涡轮增压器、排气歧管等）或流经其他换热器（如油冷却器、废气再循环冷却器等）。按照冷却能力要求，对冷却液流进行分流。温控器确保冷态发动机内的冷却液全部或部分地流经一根绕过散热器的管子而到达发动机冷却液泵的吸入管（图9-29）。这就保证了起动时能快速达到工作温度，和即使在发动机负荷变动时也能使所希望的温度维持不变。

膨胀水箱位于冷气系统的最高点位置，其作用是在温度变动时为冷却液的体积变化留有余地和从冷却回路中除去废气（如在气缸垫漏气时）和空气（如经过水泵衬垫进入的空气）。由于空气或燃气存在于冷却液中会降低流量，所以冷却系统放气和通风也很重要。在含气量达到12%（体积分数）时，冷却液的循环会变得不够稳定，而在达到15%时循环会停止。此外，热传递会减弱，腐蚀会加快。另外，膨胀水箱内储备的冷却液还用于补偿微小泄漏和形成一定的压力缓冲作用。

组合式高、低压阀的作用是：对冷却液被加热时，和因冷却液被冷却而产生真空度时产生的极端压力提供所需的压力平衡。连续的放气管从发动机（以及从车用发动机的空气/水散热器）通到膨胀水箱。另外，还有一根从膨胀水箱通往冷却液泵吸入侧的连接管。

流经气缸和气缸盖的冷却液流经过精心配置。在所有气缸共用一个水室的发动机上，限定的流动条件必须确保冷却液均匀地流过热负荷区（横流）。一方面不应该出现空穴，还应维持低的压力损失。由于各气缸由一根歧管分别供水，因此一台大型单缸发动机的流动条件是比较简单的。由于气缸盖具有复杂的结构（在这种结构中，热态强度和机械强度以及可铸造性各个方面都很重要），因此要做到在这些结构中将冷却液通路设计成温度尽可能均匀需要依赖设计经验。受热时既不漏水又不溢水会导致气穴的形成。局部沸腾不应该引起气泡的集聚。冷却液流可用流动仿真工具（CFD）进行优化，并可用基于 Plexiglas 模型的流动试验进行测试。

9.2.3 冷却系统控制

9.2.3.1 控制要求

为了降低燃油消耗、磨损、排污和噪声，在这几个方面正在努力着：快速地达到发动机工作温度，不管发动机负荷怎样变化都要保持发动机工作温度不变（防止过冷和过热），以及为了维持冷却而装备的附加装置（如冷却风扇）实现最小的功率消耗。此外，冷却回路必须能够按照发动机工作条件和外加的环境条件的要求不断进行调节。另外，冷却回路不仅必须与冷却负荷（随发动机负荷的变化而变化）相适应，而且还必须与不同的外界环境（如季节和地理条件）相适应。

发动机还要在不同的负荷条件下工作，如全负荷、部分负荷和怠速。发动机冷却液、中冷器或发动机润滑油冷却器所吸收的热大致上是发动机功率的函数。换热器的冷却能力主要取决于副回路的冷却液质量流量和冷却液的性质。这样，只要冷却液流量的变化与发动机功率不成比例，冷却能力需求和供应就会出现脱节。

由于必须按照在发动机输出额定功率时获得最大需求冷却能力（冷却负荷），来设计换热器和整个冷却系统，所以必须保证即使当发动机工作点偏离时，也能获得希望的（预期的）温度。因此，冷却液的温度控制不可缺少。冷却液温度用主回路进行调节。

1）回流温度。发动机出口处的冷却液温度可用作衡量发动机热态的一个指数。执行元件是一个装有温度传感器的恒温控制阀。通过将流经旁路中的散热器的冷却液，与流经控制阀的未冷却的冷却液进行混合，来达到所希望的温度。这个过程类似于油冷器。

2）液流温度。冷却液温度在入口处进行调节。同样，混合温度控制主要用于带有中央冷却系统的多路发动机冷却系统。大型发动机装有电动或气动 PI 控制器，小型发动机使用没有辅助动力（靠膨胀元件）的控制器。发动机负荷变化时，发动机冷却液的热惯性可以忽视。即使在大型中速发动机上，50～70s 后，冷却液也会达到工作温度。船用发动机当使用区域改变时，使用倒极电动机的水泵，从而使海水的流速与实际冷却需求相适应。

3）预热。起动后需要立即发出最大功率的发动机（特别是需要快速起动的无断电备用发电机组）必须持续预热或保持加热状态，准确地说是通过电加热设备或换热器将发动机冷却液维持在40℃。大型发动机通常都进行预热（见表9-6）。

9.2.3.2　风扇－冷却器组合

风扇－冷却器组合（主要用于车用发动机和固定发动机）利用风扇转速来控制冷却空气，从而确立所希望的冷却液温度。这能有效地降低能耗和噪声排放。风扇所调节的温度高于节温器的工作范围。风扇的驱动方式有：

1）机械驱动。风扇转速与发动机转速的固定关系不允许任何控制干预，因而这是不利的方面。当采用双金属黏液离合器时，便可按照冷却液温度（基于车辆散热器）对风扇转速进行调节。现代电控离合器能够按照任何基准参数来控制风扇转速。

2）电动。风扇转速与发动机转速不关联。发动机停机后风扇仍可继续运转。这样，在风扇和散热器布置上具有灵活性。

3）液力传动。可调速液力耦合器产生驱动力。控制范围有限。风扇必须直接安置在发动机上。总之，这是一种复杂的驱动方案，风扇的功率输入不再可能通过传动带可靠地传递，不过在传动装置内的振动获得衰减的情况下，此系统可用于大型车辆发动机。

4）流体静力传动。这种传动有较高的功率输入，也能在较大的距离上传递动力，因此，散热器的安装位置比较灵活。此系统的控制范围和功率损失大，但是传动总成的体积和质量小。

机械驱动风扇有各种不同的设计选择。对于效率和空气流量具有最大需求的情况，采用间隙小（约8mm）的轴流式风扇。在发动机转速一定的情况下，这样小的间隙需要将一个环绕风扇的空气导流环安装到发动机上。假如导流环不能牢固地安装在发动机上，就必须通过一个大的间隙（20～30mm）对相对运动加以补偿。为了防止通过该间隙产生强烈的倒流和气流扩散，可使用带有整流罩的风扇。除了容许风扇具有大的间隙外，这种装置的优点是噪声小和气流稳定性好。

9.2.4　实际使用的冷却系统

9.2.4.1　商用车柴油机冷却系统

图9-29给出了这里描述的普通冷却系统。加热驾驶室所需的换热器输出（6～10kW）并未计入到散热器回路的设计中。然而，为了防止发动机冷却液温度降低过多，从冷却回路吸收的热量不超过20%。在高增压发动机上，尤其是对于提高车顶的大空间驾驶室，来自发动机冷却液的热量可能不足以满足取暖要求。在这种情况下，必须额外设计上一个暖气装置。将其他的换热器（用于缓速器油冷却和变速器油冷却用的），与发动机冷却管路串联连接在发动机出水口与节温器之间。

对装甲车辆的散热器提出了极高的要求，它必须能在极端环境温度（－30～

+45℃）下，将来自发动机和传动系的大量的热散发掉。这需要很大的冷却空气流量，以及冷却液温度与外界气温之间有大的温差。例如，在外界气温为20℃（45℃）时温差为95℃（110℃）。坦克内狭窄的空间要求散热器具有极为紧凑的结构。另外，在同样的较高风扇空气量输出时，风扇必须克服高进气和压力损失（如在 Leopard Ⅱ 坦克内风扇功率达到1100 kW 发动机功率的13.5%）。

9.2.4.2 柴油机车冷却系统

Deutsche Bahn 的215、218 和210 系列柴油机车的冷却系统采用具有一个高温回路和一个低温回路的双回路系统（图9-30）。这种现行的冷却系统的两个散热器

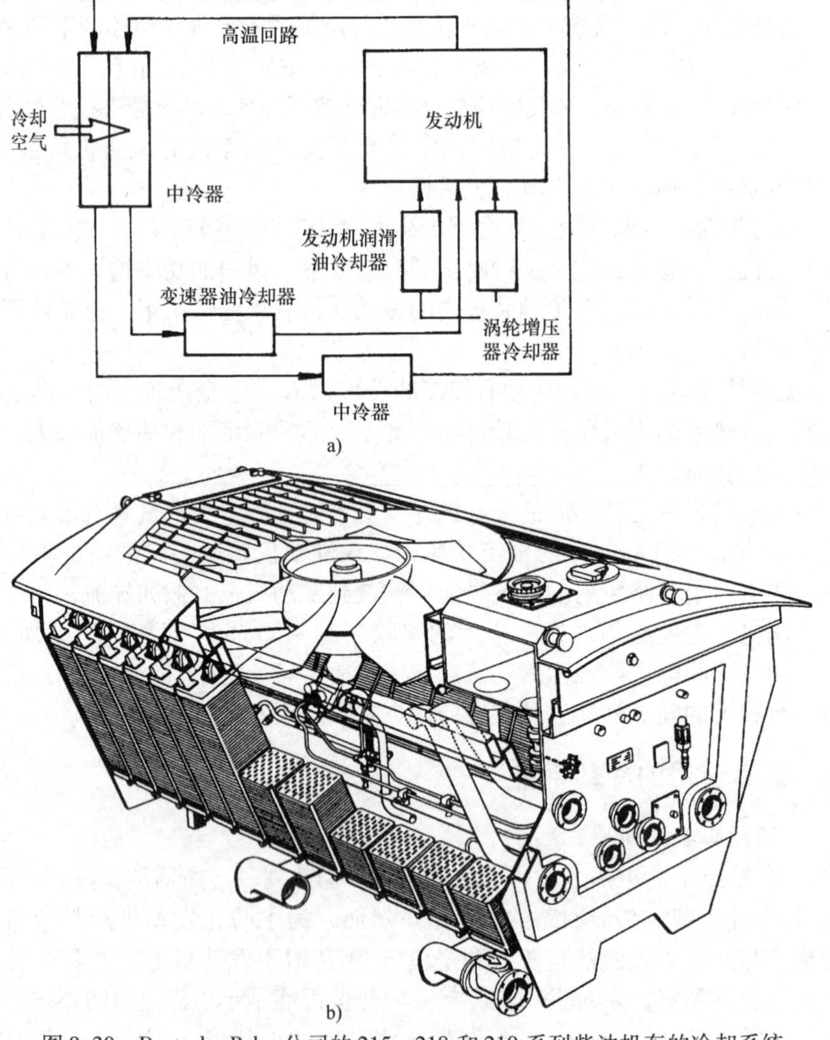

图9-30 Deutsche Bahn 公司的215、218 和210 系列柴油机车的冷却系统（具有高温回路和低温回路的双回路系统，见图9-24）

a）冷却回路示意图 b）呈V形布置的散热器

芯布置成 V 形，并由一个液压或液力驱动的轴流式风扇提供冷却空气。随着发动机负荷和外界温度的变化，通过风扇转速的调节能使冷却液的温度几乎保持恒定。当外界温度低时，一个混合阀（响应温度为 30℃）将低温回路与高温回路连接起来，从而减轻了低温回路的过冷程度。第二个混合阀（响应温度约为 60℃）能够实现两个冷却回路的预热，并通过一个加热器和一个循环泵保持两个回路处于温热状态。从每个回路流到另一个回路的冷却液分量要回到膨胀水箱。

9.2.4.3　船舶动力系统的冷却系统

图 9-31 是船舶发动机使用的高温回路与低温回路连通的中央冷却系统（集成冷却系统）示意图。该系统组成包括水泵、膨胀水箱和其他部件。它的主要结构与图 9-26 相同。这个冷却系统是 MAN B&W 40/54 和 58/64 系列发动机冷却系统的基础。

9.2.4.4　车辆冷却系统的冷却模块

在车辆上，将需要冷却的基本零件组合成一个冷却模块，这个模块通常包括散热器、中冷器、空调冷凝器和风扇外壳。风扇采用电动或采用直接由发动机进行机械驱动。在公共汽车和专用汽车上经常采用液压风扇驱动装置。

换热器在冷却气流中的布置依赖于待冷却的流体的特定的入口温度和目标温度。正常情况下，这样所确定的顺序为冷凝器、中冷器、散热器和风扇。为了以最佳效果利用冷却模块的装机冷却能力，采用空气导流和密封装置来阻止气流倒流是很重要的。

9.2.5　换热器

9.2.5.1　热工学

这里仅涉及两种流体之间带有固定挡板的非移动式换热器，即所谓的间壁式换热器。脚注“1”指放热流体，“2”指吸热流体。脚注“e”代表“入口”，脚注“a”代表“出口”。

这样，式（9-1）适用于质量流量 $\dot{m}_1$ 的冷却，而式（9-2）适用于质量流量 $\dot{m}_2$ 的冷却

$$\Delta T_1 = T_{1\mathrm{e}} - T_{1\mathrm{a}} \geqslant 0 \tag{9-1}$$

$$\Delta T_2 = T_{2\mathrm{a}} - T_{2\mathrm{e}} \geqslant 0 \tag{9-2}$$

代入热流量

$$\dot{W}_1 = \dot{m}_1 c_{\mathrm{p}1} \tag{9-3}$$

$$\dot{W}_2 = \dot{m}_2 c_{\mathrm{p}2} \tag{9-4}$$

得出下面的传热能力计算式：

$$\dot{Q} = \dot{W}_1 \Delta T_1 = \dot{W}_2 \Delta T_2 \tag{9-5}$$

当将功率与传热中的最大可能的温差（即两个质量流的入口温度之差）［式

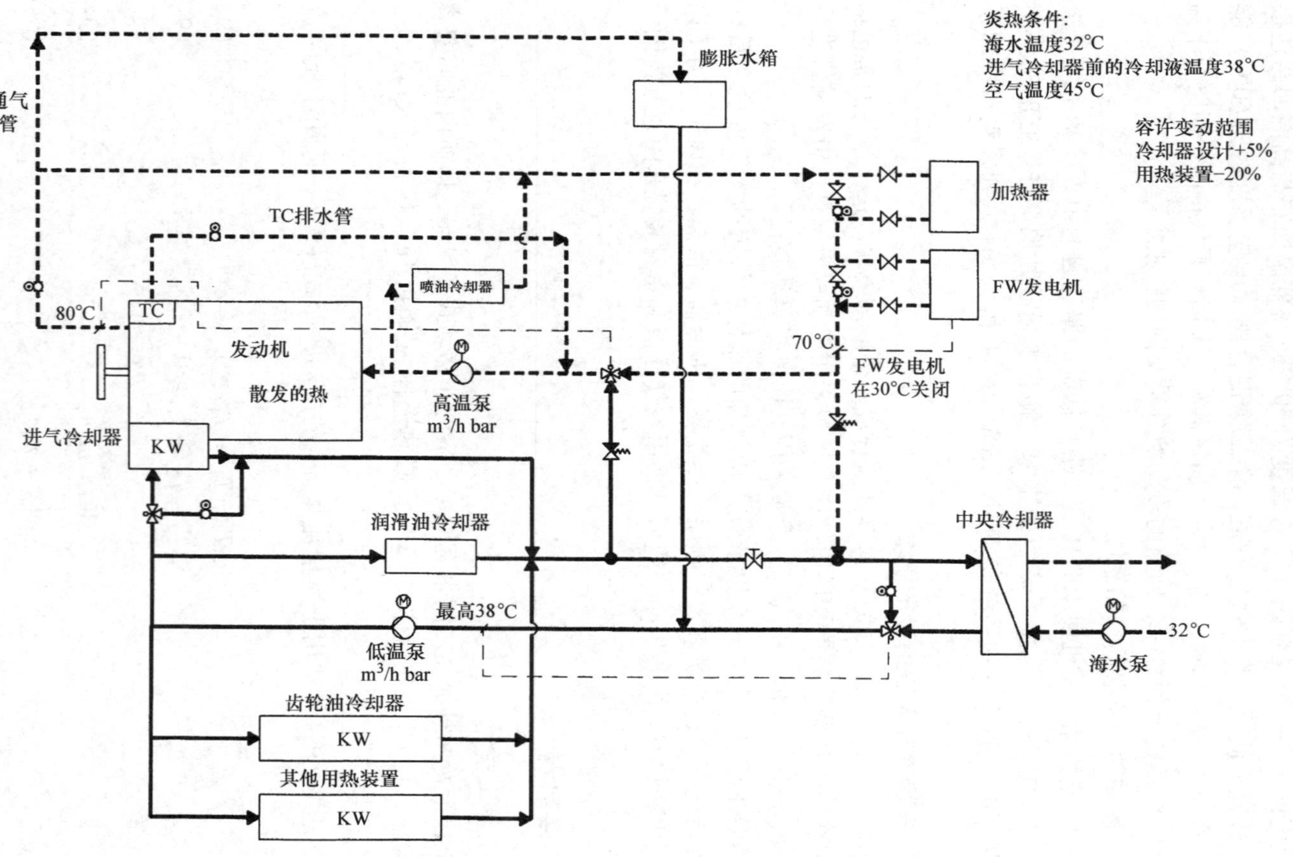

图 9-31　船舶动力系统的集成双回路中央冷却系统（MAN B&W）

(9-6)］相关联时，那么用 $\dot{W}_{\min}$ 表示两个热流量中的较小的热流量，因而可得到式(9-7)。

$$\Delta T_{\mathrm{e}} = T_{1\mathrm{e}} - T_{2\mathrm{e}} \tag{9-6}$$

$$\frac{\dot{Q}}{\Delta T_{\mathrm{e}}} = \frac{\dot{W}_1 \Delta T_1}{\Delta T_{\mathrm{e}}} = \frac{\dot{W}_2 \Delta T_2}{\Delta T_{\mathrm{e}}} = \dot{W}_{\min} \varepsilon \tag{9-7}$$

在式（9-7）中：

$$\varepsilon = \frac{\Delta T_1}{\Delta T_{\mathrm{e}}} \quad (\dot{W}_{\min} = \dot{W}_1 \text{ 时}) \tag{9-8}$$

或

$$\varepsilon = \frac{\Delta T_2}{\Delta T_{\mathrm{e}}} \quad (\dot{W}_{\min} = \dot{W}_2 \text{ 时}) \tag{9-9}$$

在式（9-8）和式（9-9）中，ε 表示换热器效率即换热器工作特性。

可以证明，ε 是传热单元数 N、热流量比 R 和换热器流动组态的函数。

$$N = \frac{kA}{\dot{W}_{\min}} \tag{9-10}$$

$$R = \frac{\dot{W}_{\min}}{\dot{W}_{\max}} \tag{9-11}$$

在式（9-10）中，kA 是传热系数 k 与换热面积 A 的乘积，在带有散热片的表面上，此换热面积不可能像通常那样很方便地被确定出来。

《VDI Heat Atlas》(德国工程师学会热图)，见参考文献［9－63］内含有不同流动组态的公式和示图（图9-32)。该文献与文献［9－62］以及文献［9－64］都指定了一种数学法——单元法，此法可用于计算任何流动组态的换热器效率。

设计换热器时需要完成的任务是，利用式（9-7)、式（9-3)、式（9-4)，以及可得到的相对传热能力 $\dot{Q}_{\mathrm{c}}/\Delta T_{\mathrm{c}}$，来计算必要的换热器效率 ε。依据计划采用的流动组态，传热单元数 N，以及在式（9-10）中需要的 kA 值，都可依据相关公式或相关示图确定出来。在许多情况下，N 不能用规定的公式直接计算出来，而是需要反复计算才能确定出来。

由于热流量的大小常常取决于所选换热器的尺寸和类型，如车用散热器承受的冷却空气压力动态变化，换热器的初定尺寸在实际中是假设的，然后按照平均流体温度重新确定，直到获得满意的结果为止。当需要时，将如此计算的换热器输出为基础，从而将换热器尺寸调整到达到性能要求。

为了实际计算 kA 值，需要传热系数 α_1 和 α_2、挡板的导热系数 λ_{W}，以及散热片的导热系数 λ_{r1} 和 λ_{r2}。这样，Péclet 方程适用：

$$\frac{1}{kA} = \frac{1}{\alpha_1 A_1} + \frac{\delta_{\mathrm{W}}}{A_{\mathrm{W}} \lambda_{\mathrm{W}}} + \frac{1}{\alpha_2 A_2} \tag{9-12}$$

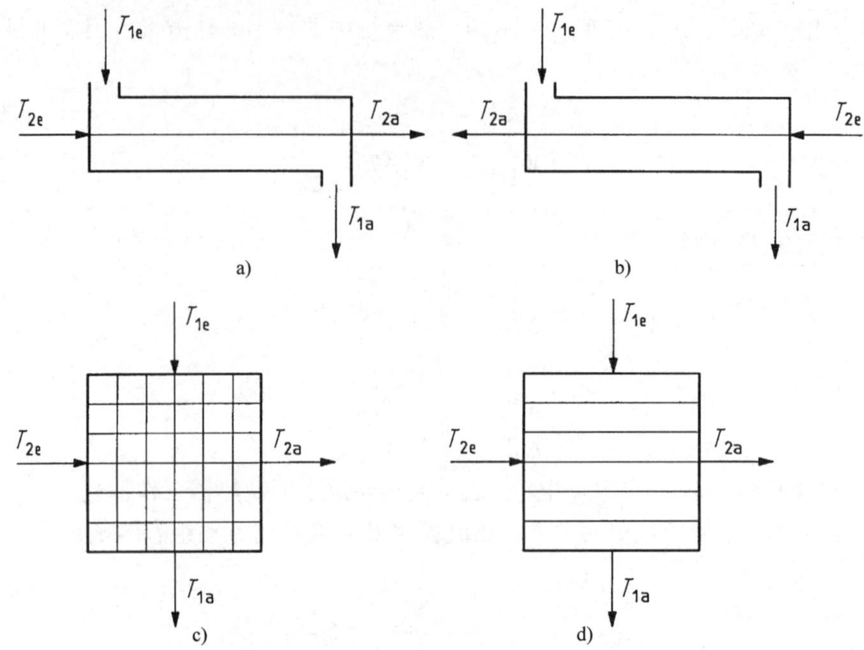

图9-32　换热器流动组态的几种基本形式

a）纯平行流　b）纯反向流　c）纯交叉流　d）一侧交叉混合的交叉流

式中　A_W——平挡板的面积；

δ_W——挡板的厚度；

A_1和A_2——换热表面积（部分用效率η_r进行估计）。

传热系数通常按照努塞尔特（Nusselt）数来确定：

$$Nu = \alpha \cdot l/\lambda = Nu(\mathrm{Re}, \mathrm{Pr}) \tag{9-13}$$

式（9-14）是雷诺（Reynolds）数的计算式，而式（9-15）是普朗特（Prandtl）数的计算公式

$$\mathrm{Re} = v \cdot l/\nu \tag{9-14}$$

$$\mathrm{Pr} = \rho \cdot \nu \cdot c_p/\lambda \tag{9-15}$$

式（9-14）和式（9-15）中　l——固定主体的特征长度；

λ——流介质的导热系数；

v——介质流速；

ν——介质的运动黏度；

ρ——介质密度；

c_p——介质等压比质量热容。

车用发动机冷却所用的换热器的特点是结构极为紧凑。传热面积A_1或A_2与换热器单元体积V的比值是换热器的特征参数，这个特征值一般可用下式计算：

$$\frac{A}{V} > 700\ \frac{m^2}{m^3} \tag{9-16}$$

然而，kA 值与单元体积 V 的比值甚至更有价值。表 9-8 给出了某些推荐值。

表 9-8 高效能换热器单位横断面积的常见最大质量流量和 kA/V 值

（流体 1 发热，流体 2 吸热）

流体 1	流体 2	比质量流量		
		$\dot{m}_1^*$ /[kg/(m² · s)]	$\dot{m}_2^*$ /[kg/(m² · s)]	kA/V/[×10⁻³W/(m³ · K)]
冷却液①	空气	250	12	370
润滑油②	空气	150	6	200
润滑油②	冷却液①	150	200	1300
进气	冷却液③	12	40	280
进气	空气	20	10	100

① 在大约 100℃时以 70% 和 30% 的体积分数混合的水和乙二醇的混合物。

② 在大约 130℃时的 Essolub HDX 30。

③ 同①但温度约为 70℃。

9.2.5.2 散热器

风冷散热器与水冷散热器是有区别的。用于车用柴油机的风冷换热器的设计应该非常紧凑，但是，空气与冷却液侧容许的压力降制约了它们的紧凑程度。然而，根据式（9-16），随着空气侧表面密度的增加，冷却管带散热片的换热器芯对污染物的敏感度增加，尤其是对拖拉机和工程车辆，这样也就确定了它们的尺寸极限值。冷却管带散热片的换热器芯由散热片和冷却管组合而成，并根据不同的制造工艺将它们制成不同的外形。图 9-33 绘出了一种扁管和波状散热片用铜焊焊接在一起的散热器设计。

机械连接的散热器（图 9-34）的圆形冷却管或椭圆冷却管穿过百叶窗式的散

图 9-33 用于机动车的铜铝散热器结构（资料提供：Behr）

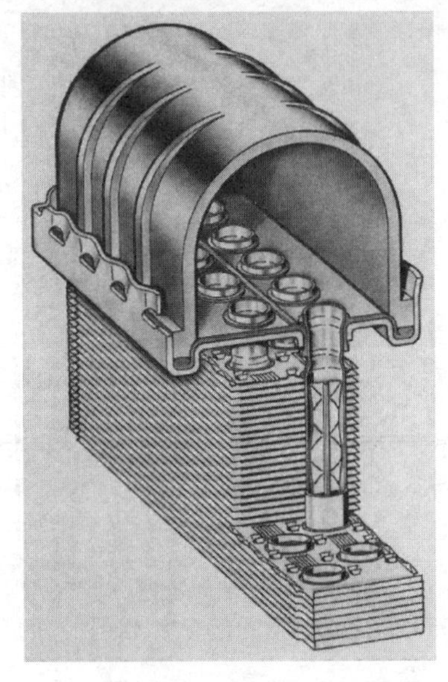

图 9-34 用于机动车的机械连接铝散热器的结构（资料提供：Behr）

热片上尺寸很精确的孔眼。这些孔眼用机械的方法制成喇叭口形，从而在管与孔之间产生了持久的接触压力，以便将热从管传给散热片。在采用圆管或椭圆管这两种情况下，散热片上均有大量的波形槽，以改善传热。用玻璃纤维增强聚酰胺材料制造的上水室和下水室通过弹性水封与特殊的管座互相连接。有的铜焊散热器也采用用铜焊链接铝质下水室的方法。设计中可以给冷却管加上扰流插件，以防冷却液流量小的时候出现平流。

机械连接的散热器的制造成本比铜焊散热器低。然而，它们的空气侧端面单位面积的传热能力或单位空气侧压力降的传热能力通常较差。这就需要较大的散热器或较高的风扇功率。

现在，欧洲乘用车和商用车上几乎全部采用铝散热器。

图9-35给出的散热器芯端面是用于带有主、副回路冷却系统（9.2.2节）的另一种风冷散热器设计。主回路的部分液流在副回路中得到进一步的冷却，以便使（譬如）中冷器获得低的充气出口温度。散热器芯由铜散热片和扁铜管组成，平滑的羽板状铜散热片上带有穿插扁铜管的孔眼。管上的铅锡钎焊层将管和散热片连接起来。管座和上、下水室，以及用铜焊连接到它上面的铸造连接装置构成了黄铜散热器。将管与管座连接，然后再用软焊料将水室焊上。这样的散热器极为耐用且不易受污染物的影响，因此在轨道车辆上受到欢迎，并且还用于固定式发动机。图9-36给出了Deutsche Bahn公司的地板下冷却系统中使用的简单的紊流散热器芯。

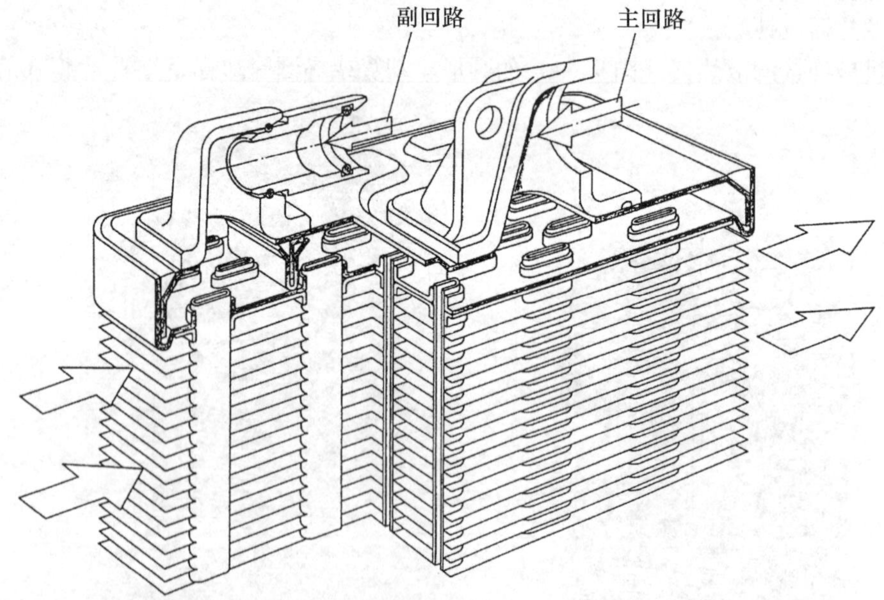

图9-35　轨道车辆上的带有主、副回路的有色金属散热器的结构（资料提供：Behr）

对于直接安装在发动机上的散热器，必须选择特别抗振的设计。Deutz AG公司将壳式或板式设计的风冷散热器用于它的新一代装有发动机集成冷却系统的发动机（18.2节）。每个流通冷却液的散热器单元均由两个铝板半件构成。与图9-33给出的结构类似的铝质波状散热片布置在各个单元之间。装备有合适的端板和连接件后，整个散热器用铜焊焊接。散热性能可方便地通过单元数进行调整。

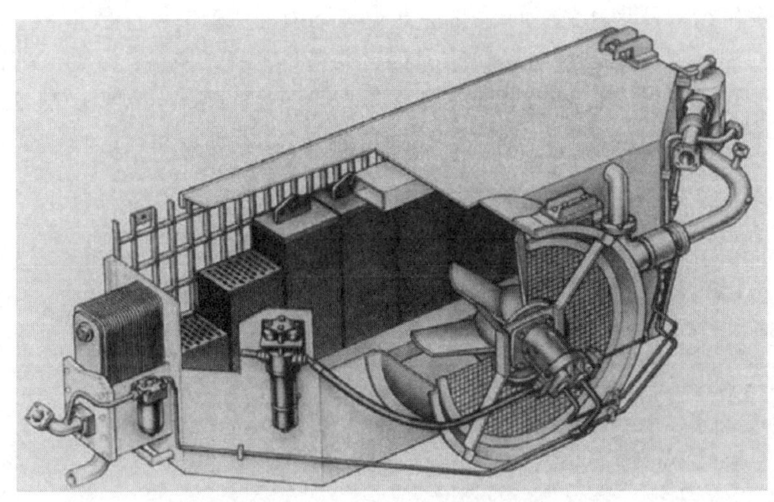

图9-36 一种Deutsche Bahn公司铁路车辆的地板下冷却系统，其组成包含十个散热器芯（长70cm，宽20cm）、一个板式设计的液体冷却变速器油冷却器和一个静液驱动风扇。在入口温差58K的情况下，有405kW的热功率可以被传递给冷却气流

充有液体的散热器主要用于船用发动机，也部分地用于固定发动机。由于换热器两侧传热系数差不多一样高，因此通常采用无散热片结构。更有甚者，使用海水时，对污染物的低敏感度和对清洁性、流动阻力和耐腐蚀性的要求极为重要。除了采用经典的管束式结构外，还可使用用CuNi合金或钛合金制造的板式换热器。通常这些换热器与发动机分开安装，但也可以像MTU的新型595发动机系列一样集成在发动机内。

图9-37展示了另一种充有海水的散热器，该散热器集成在发动机内。铸铝壳体内有一个扁管冷却装置。发动机冷却液从扁管内流过。海水经过调节装置后从扁管周围流过，并与用铜焊焊接在一起的CuNi合金制零件接触。各个扁管均冲压有凹痕，这些凹痕与管的相对侧的凹痕用铜焊焊在一起。这就产生了抵抗6bar表压力的工作压力所需的机械强度，以及比在平滑管内更好的传热效果。

图9-37 安装在发动机上的采用扁管设计的充有海水的散热器

9.2.5.3 油冷却器

油冷却器必须设计有比散热器高的工作压力（10～20bar之间）。另外，它们的从油到壁面的传热要慢得多。因此，这就要求在油的一侧采用紊流发生结构。将这些紊流发生结构件焊接到壁面上也能获得提高内部机械强度的效果。

风冷的油冷却器实际上全部是使用铝材制造的。图9-38给出了一种机动车柴油机所用的扁管式油冷却器。带有散热片的冷却管芯的结构与铜焊散热器类似。然而，水室因工作压力的提高而使用铝制成。如图9-39所示，紊流板被成形为像偏移的鱼鳍一样。

图9-38 用于机动车的扁管铝质风冷油冷却器

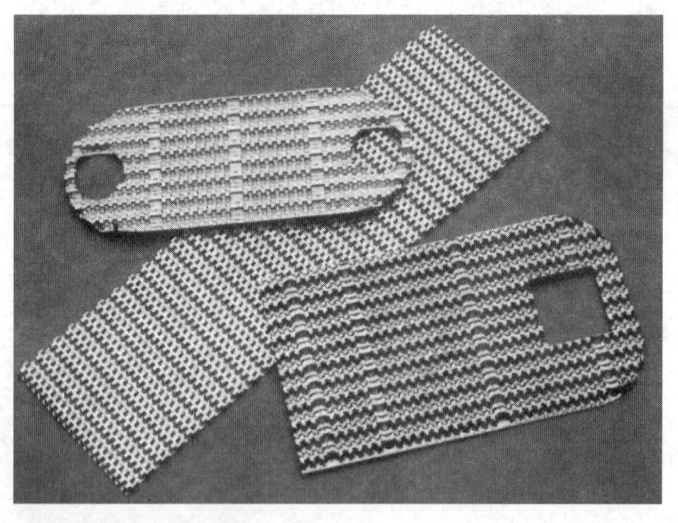

图9-39 风冷和液体冷却的油冷却器所用的不同的紊流板。用铝或钢制成

在替代了扁管之后，油冷却器也有部分采用铝板，并且在中间布置有紊流板的结构。焊入作为分界面的矩形紊流板后形成空气和油流经的通道。这样的封装结构所具有的优点是制造散热器时可以不用设计专用工具。然后，将特定型号的水室焊接到完全采用铜焊的换热器体上。

另一种风冷油冷却器为板式结构。由于强度和换热的需要，紊流板也是不可缺少的，这些紊流板用铜焊焊接在油侧的板上。

如图9-40所示，堆积铝板式油冷却器现在仅用于车用柴油机充有液体的油冷却器。由于每块板都要与下块板焊在一起，使板的边缘提高，所以这些散热器不需要一个单独的外壳。紊流插件与图9-39所示的紊流板相似，它们位于冷却液一侧也可位于油的一侧，也就是说各层板具有实现相同功能的不同结构。这样的散热器常常用螺栓固定到带有润滑油滤清器的滤清器模块上。

图9-40　用于乘用车的堆积式板式油冷却器（资料提供：Behr）

图9-41右侧给出的板式设计常常用于重载发动机（如商用车发动机）。它将一个纵向板式油冷却总成安装在如图9-36所示的一个专用壳体内，或者直接与发动机气缸体合并到一起。油从各个装有紊流板的冷却板周围穿过，而冷却液从冷却板组件周围反向流动或横流。

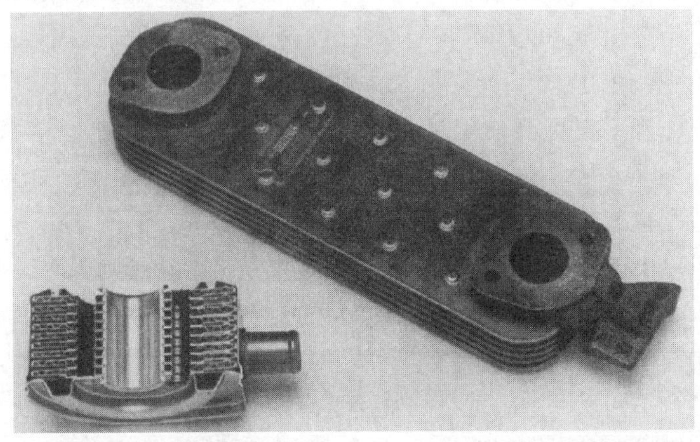

图9-41　安装在润滑油滤清器下面的（左图，剖切开）和装在发动机气缸体内或一个单独的壳体内的（右图）液体冷却的油冷却器

图9-41左侧给出的堆积板式油冷却器可安装在润滑油滤清器下面，并被集成在油路中。由于使用钢使重量增加，这种产品现在用的越来越少。板式油冷却器偶尔也有全部用铝来制造的，或者当使用海水时全部用CuNi合金制造。

不仅板式油冷却器，而且还有管束式换热器常常用于船用发动机和工业发动机。考虑到油液的热交换效能较差，在管束上装有密集的百叶窗式翼片。在管束上油流情况依赖于挡板的布置。另一种设计采用平滑的管束，并让油流过具有特种装置的管。发动机集成的板式换热器也用于油冷。然而，由于它们仅具有一个换热器主表面，所以这样的装置在抵消油和发动机冷却液或海水的不均衡的换热效能方面的能力是有限的。

9.2.5.4 中冷器

中间冷却通过降低空气温度的方法来降低空气密度。这样，更大质量的空气会参与燃烧过程。这就会使发动机输出更大的功率。因此，研发中冷器时，必须尽可能地降低进气侧的压降Δp_1。否则，压降的效应会抵消因冷却引起的空气密度的增长，因而中冷器引起了发动机功率的下降。为了评价中冷器内所得到的密度恢复情况，引入了效能系数η_ρ：

$$\eta_\rho = \frac{\dfrac{T_{1e}}{T_{1a}}\left(1 - \dfrac{\Delta p_1}{p_{1e}}\right) - 1}{\dfrac{T_{1e}}{T_{2e}} - 1} \tag{9-17}$$

温度T_{1e}、T_{1a}、T_{2e}的单位用K。p_{1e}是散热器入口处的进气绝对压力；对于理想的没有压降的无限大的换热器，$\eta_\rho = 1$；但是，在低增压压力时出现高的压降的情况下，η_ρ可能假定为负值，即密度下降。

风冷中冷器多半用于机动车。它们布置在散热器的下游，在乘用车上部分布置在其他位置。铝散热器芯的构造与铜焊散热器类似。像在散热器中一样，当进气温度低于190℃时，使用玻璃纤维增强聚酰胺水室。这种特别耐用的塑料甚至可用在高达220℃的场合。在更高的温度时，必须将金属型铸铝水室焊接在上面，如图9-39所示。扁管内含有内翼片，这样的扁管虽然会产生压降，但设置翼片的目的只是为了适度提高表面积。

除非将风冷中冷器用在其他车辆上或固定发动机上，否则风冷式中冷器的结构通常与9.2.5.3节中所介绍的用于油冷却器的铝质结构一样。进气和冷却空气侧的散热片的结构与图9-42给出的结构类似。同样的，封装结构的优点是能够低成本地制造具有各自不同尺寸的小批量的紧凑型冷却器。凡是空间和重量不太重要的场合，还采用用钢或有色金属制造的扁管系统。为了在进气侧形成低的压降，扁管常常不含有任何内部翼片，那么，必须靠将散热器端面设计得足够大，来获得所需要的冷却能力。

为了获得进气流的畅通流动，避免压力损失，对进气流冷却最好采用液体冷却式中冷器。这种中冷器能平稳地集成在发动机进气管路中。另外，它们的结构甚至比风冷式中冷器更紧凑，这是因为风冷式结构的 kA/V 值必须更大（见表9-8），且热流量比 R 更好。此外，为了获得高的换热器效率，常常采用横流－逆流结构。

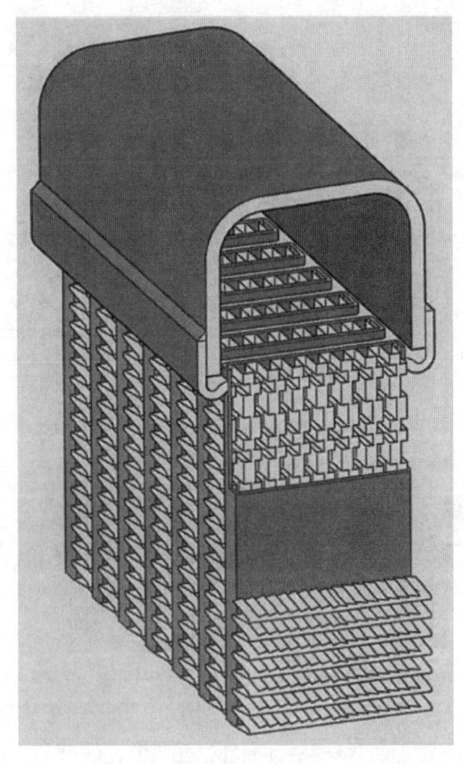

图9-42 用于机动车的铝制焊接中冷器的结构

除机动车以外，现在，大型增压柴油机，特别是船用发动机是液体冷却式中冷器的主要应用领域。这项技术也已经越来越多地用于机动车。图9-43给出了这样一种带有一个换热器单元的，能使船舶柴油机实现中间冷却的冷却器。其组成包括外径8mm的圆管和厚度为0.12mm的具有轻微波状的铜散热片。通过将管子制成喇叭口形来实现这些散热片与管之间的连接，就像机械连接的散热器一样（见图9-34）。依据个案情况，采用一种CrNi或CuNi合金来制造冷却管。钢板或特种黄铜管板通过管内滚轧进行连接。依据所用的冷却液的不同，将灰铸铁或AlSi合金或CuAl合金选为制造上、下水室的材料。由于进气和冷却液的温度显著不同，所以将一种板设计为滑动板，可部分地防止热应力的出现。这样，可用铝来制造铸造侧板。否则，为了获得与冷却管的类似的膨胀比，最好采用灰铸铁。

图9-44所示的是奔驰公司若干年来在它的S级轿车和迈巴赫轿车的12缸双涡轮发动机上一直使用的液体冷却式中冷器。这种中冷器完全用铝制成。换热器单元由若干换热板构成，每对换热板都会形成一个供冷却液流过的窄长通道。换热板对中间布置有翼片，以便吸收进气热并将其释放给冷却液。外壳用铸铝制造。

对于商用车还有另外一些形式的中冷器。

总之，充有液体的中冷器也适合于充当进气预热器，并且具有同样的结构。

图9-43 安装在船用柴油机的进气管路中的充有海水的圆管中冷器

图9-44 奔驰S级和迈巴赫（12缸双涡轮M275型发动机）的中冷器/散热器

9.2.5.5 排气换热器

1. 结构与形式

排气换热器是气体/水（油）换热器。到目前为止，每种形式的废气换热器均设计有不同的结构，即可以是平滑管换热器和翼片管换热器，并且这些换热器有气流从管内通过（气体管设计）和气流从管外通过（水平穿过和垂直穿过）两种。导致设计多样性的原因是安装条件受限（垂直和水平设计或在空气冷却器生产中采用了翼片管），或是采用衍生于空气/水滤清器的设计所具有的制造优势，或者是定价限制。另一方面，柴油机排气换热器的设计有明确的规则，这些规则的依据是国家法规和各种试验结果。专业公司会严格执行这些规则：

1）基本上仅使用排气从内部通过的直管，这样可用机械法进行清洗，并且修理方便。

2）用焊接法将管连接在管片上。局部发生过热时会使滚压配合变松弛，因而不宜采用滚压连接法。

3）要为气体管热膨胀留有余地。例如，可让管自由地偏离直管的方向，并且用一些小弯头，或者设计上一个可调节管片，或柔性壳来限制偏离方向。

4）主要采用垂直设计，即尽可能地采用出口气室位于管的下面、让排气流向下流动的布置，这样大块颗粒物才能更容易地分离出来，并且必要时可排出积存的冷凝物。由于换热器上方需要有较大的操作高度，所以必须接受机械清洗法的缺点。

5）管径选择不小于12mm。

6）设计必须做到让冷却液在排气入口管片和在气体管入口区域可靠流动。

7）冷却液流总是设计为从下向上流动，并且甚至在工作中也应进行充分放气。

8）排气入口气室和出口气室使用圆形法兰，这样的设计可使两侧开启方便，或者便于设计出足够的开口，从而可清除炭烟或可能存在的金属硫酸盐固体沉积物，并且冷凝出口不封闭。

9）由于排气阀绝不会完全关闭，所以总是有一股小流量的水流，以便吸收泄漏废气的热。

10）由于商用半成品管中通常存在的管壁强度储备，因此小的气体管（直径12～13mm）都用高等级钢 X10CrNiMoTi 18.10（1.4571 号材料）制造，而大的气体管甚至用低碳钢 St 37.10 制造。考虑到成本和制造原因，管片通常用低碳钢制造。高等级钢 X10CrNiMoTi 18.10（材料编号 1.4571）也被选作制造排气入口气室和出口气室的材料。材料 1.4539 和 1.4404 用于车辆排气管的制造。

图 9-45 展示了小批量制造的垂直式排气换热器。对于特殊安装条件、低矮的机加工车间，或者是排气换热器上方没有空间等情况，也要制造适用于较小功率的水平式换热器。由于在柴油机废气利用方面仍然存在制约因素，并且生产数量通常不大，所以在分批生产中，对每个系统的特种排气换热器一般分别制造。另外，废蒸气发生器是一些也采用水平和垂直布置的排气换热器，它们必须由专业公司针对个别情况的具体要求进行制造，并装备有保护范围明显加大的安全保护装置。

2. 高温侧结垢问题

柴油机使用的排气换热器（排气/水换热器）常常会出现废气通道被干燥而松散或略微潮湿的炭烟颗粒和可溶成分的沉积物堵塞的现象。因而，普通的气体/水换热器只有配置额外预防措施方可获得实际应用。

由于柴油机炭烟的形成为系统所引起，所以尽管在燃烧技术方面取得了许多进展，但是即使极低炭烟排放值的大型发动机（即使在炭烟过滤器之后）也并非是完全无炭烟的。

研究报告已经基本上能够解释系统试验中的沉积机理：同样的，废气中带走的颗粒物受到不同的作用力作用（图 9-46）。热迁移即沿着温度梯度方向运动的颗粒物的吸引力，以及碳氢化合物、水和硫酸或亚硫酸冷凝到壁面上（吸附）的附着力，会引起颗粒物附着。

废气中的脉动和紊流密度会导致颗粒物再次随废气流排出。此外，对壁面流层的干燥有希望起到清洁作用。

尽管系统实验的发现表明具有改善的潜力，但是并非所有的困难都能得到解决。柴油机排气热的回收利用仍存在下列问题：

（1）没有外界的影响，积垢逐渐增加会引起堵塞。

（2）积垢严重影响甚至阻断排气热利用介质（如水）之间的热交换。

（3）不能保持换热器稳定，因此颗粒物会结成较大块状而不定期排出，污染环境。

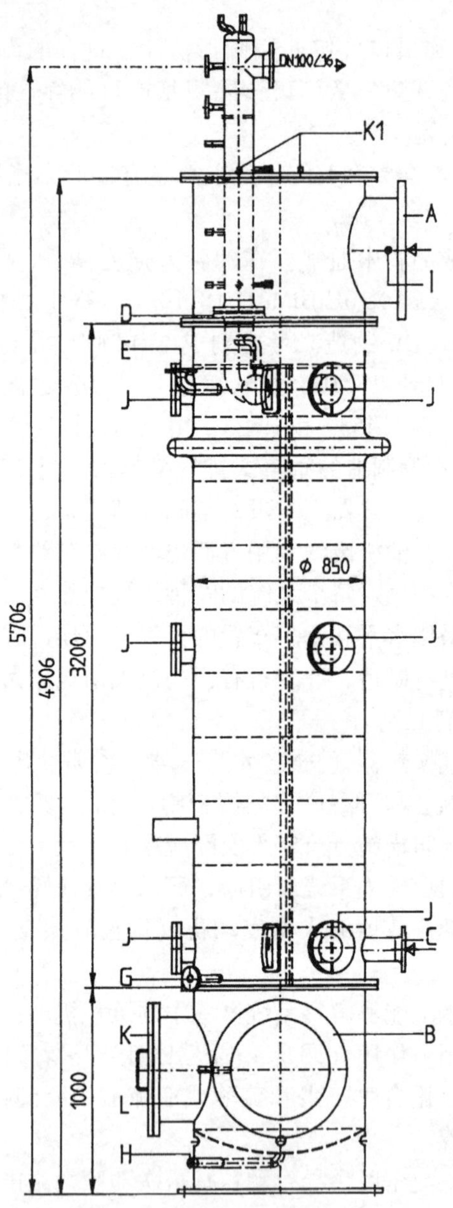

图9-45　垂直式排气换热器（MBN、Neustadt/Wied）。在 $TA_1=475℃$、$TA_2=180℃$、$\dot{m}_A/\dot{m}_W=$ 8475/3087kg/h/kg/h 的情况下，温度从100℃提高到120℃时给热水的热量输出为718kW。

A—废气入口　B—废气出口　C—入水口　D—出水口　E—安全阀　J—检查孔　K、L—水喷嘴

不仅炭烟颗粒物而且还有金属硫酸盐［特别是 $Fe_2(SO_4)_3 \cdot H_2O$］都会污染加热表面。在硫酸/水的露点温度范围内，它们以固体物的形式大量沉积在排气换

热器内。这些金属硫酸盐是逐渐腐蚀剥离发动机排气系统（特别是腐蚀剥离铁）而形成的。燃料中硫含量越高，排气中 SO_3 越多，金属硫酸盐越多。当柴油机使用了氧化催化转化器时，这个过程会逐渐加剧。在使用氧化催化转化器后，会使 SO_3 排放增加，增加的 SO_3 由 SO_2 转变而成。

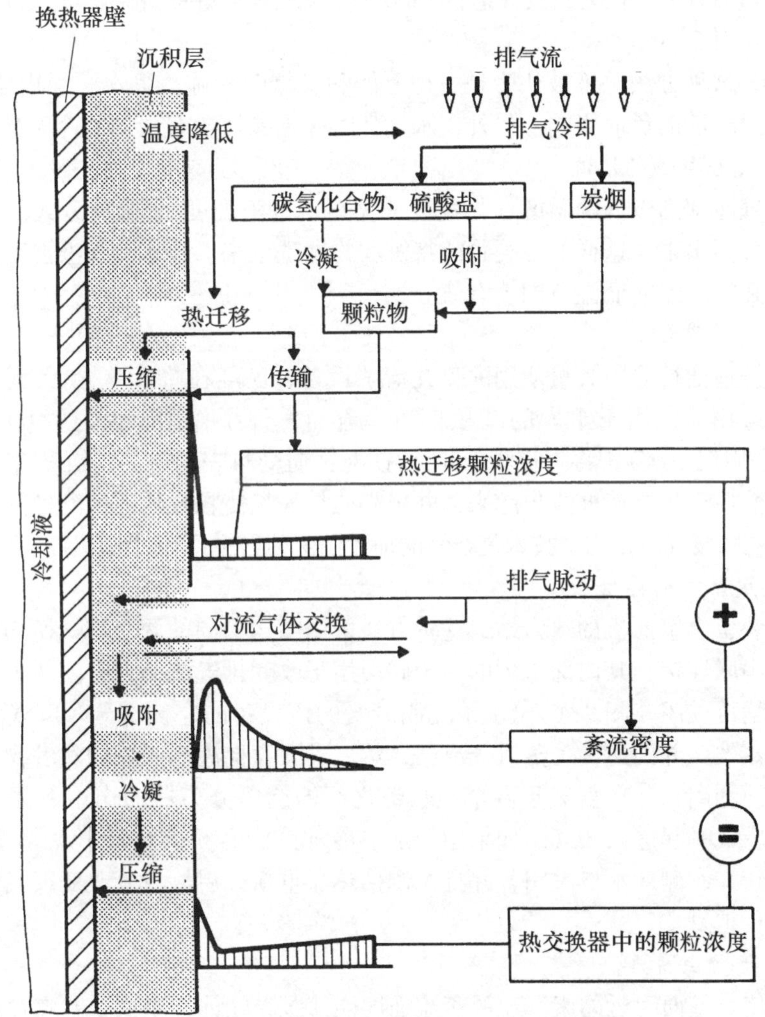

图 9-46　排气换热器中的沉积物形成过程

3. 解决方法

研究报告与柴油机厂的制造经验都提出了一些防止或降低炭烟沉积物形成的措施。另外，在工厂停工期间，必须对全部解体或部分解体的排气换热器安排定期机械清洗或化学清洗。

4. 喷水

作为重新装备和改装措施，喷水是在装备有柴油机的热电站内最早采用的一种机械清洗法。它以人们熟悉的蒸气锅炉炭烟风机效应为基础，其成功的安装实例之一是自1979年后在Lülsfeld使用的，采用$2\times1000kW_{el}$峰值负荷柴油机驱动的CHPS。到1991年，它已经累计运行18000h，并取得良好的效果，喷水循环为大约每10min喷射5～6s。

然而，这种方法并不被认为是一种万能和可靠的措施。喷水必须周期性进行，且增加了对环境的负面影响。另外，水循环时必须除掉含有炭烟的冷凝物。

5. 排气冷凝物的清洗

将排气冷却到极低的温度（如仅为15℃的冷却液温度），会导致大量的冷凝物从废气中分离出来，这样的冷凝物能将沉积物冲洗下来。要求冷却液温度较低使这种措施仅在换热器的低温范围才有效。

6. 机械清洗

在锅炉清洁行业中大量使用的喷丸清洗设备，已经在将近40个大型柴油热电厂中得到应用，在用于干燥的沉积物清理方面发挥了作用。大约每60～100min（有时一个周仅一次），将直径3mm的软铁丸抛向受热表面，打击沉积在上面的尘土颗粒。然后，将金属丸收集起来，并用驱动空气流使颗粒物返回到换热器。炭烟和尘土颗粒随废气流排出。技术复杂性的加大使这种方法只有对大型工厂才值得。

7. 换热器的热再生

对于装备有柴油机的热力站，这种方法采用结构相同的两个排气换热器，这两个换热器串联连接，其内部采用的一个阀门用于改变排气流的方向。两个部件中的冷却液流均可关闭，图9-47给出了充满废气的该设备的左侧部分。废气中所含残余水汽会蒸发，并到达一个蒸汽分离器，然后进入存储罐。干燥的颗粒物从被废气加热的壁面剥离，并在安装于两个换热器之间的旋风分离器的作用下部分分离出来，或随废气一起进入大气。如果用于加热冷却液的右侧换热器中废气背压增加，废气阀反转，右侧入水口关闭，并且左侧换热器重新开启。对于改变废气流向的情况，该过程重复。

8. 紊流增强器

增强传热壁面附近的废气流的紊流强度能使颗粒物涌向壁面，并在热迁移作用下返回到废气流的主流中。除了已经确定的排气压力脉动之外，还可以利用Helmholtz共振器所产生的脉动。随着脉动振幅的增加和随着冷却介质温度的增加，形成沉积物的倾向减弱，但是脉动频率很明显对沉积物的形成没有影响。不过，这些发现在工业上还没有得到应用。

为了满足车用柴油机欧4排放标准，已经开发了用于冷却废气再循环的废气换热器（冷却器）（见15.4节）。为了减轻换热器管的结垢，在管的表面上装有内置紊流发生片（所谓的“小翼”）。它们以可接受的压力损失为代价来产生废气紊流，

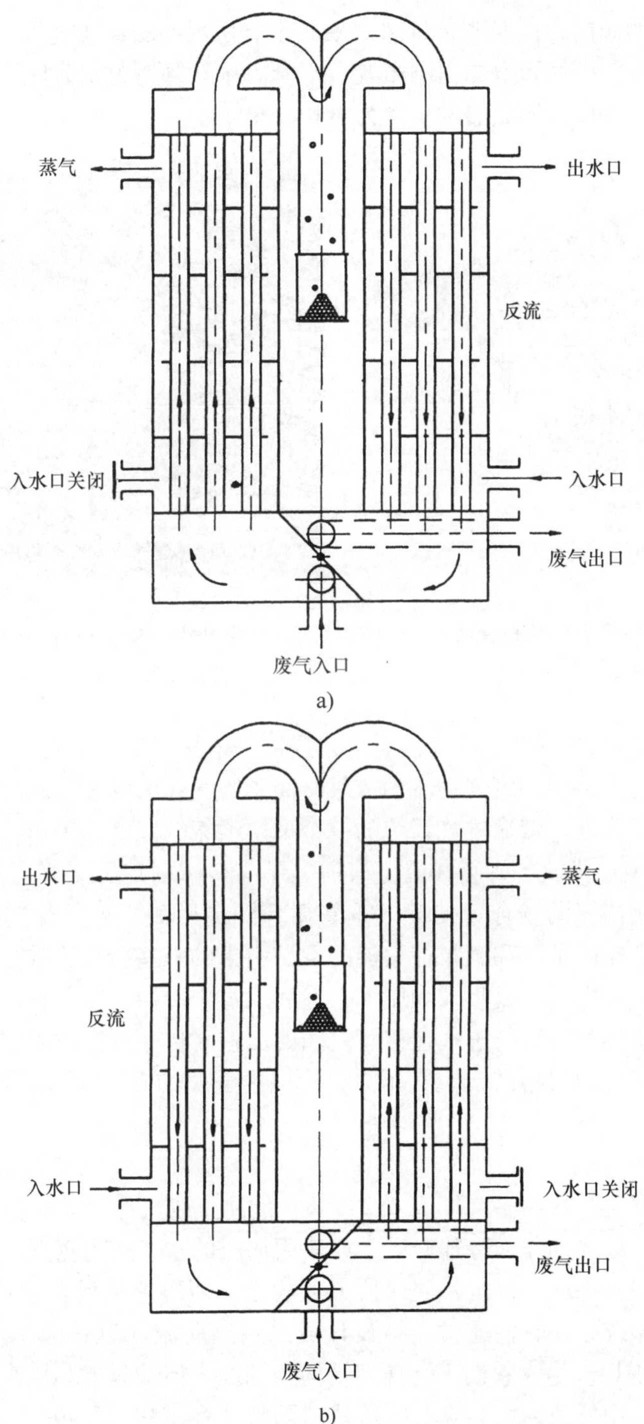

图9-47 靠热再生工作的自净式排气换热器

a）左侧 b）右侧

从而降低结垢的倾向，同时改善传热效果。小翼用焊接法或通过压力成形连接在管子上（图9-48）。排气管道的周围布置有水套。排气管道组用薄优质钢板通过激光焊接而成（图9-49）。换热器的长度为100～800mm。

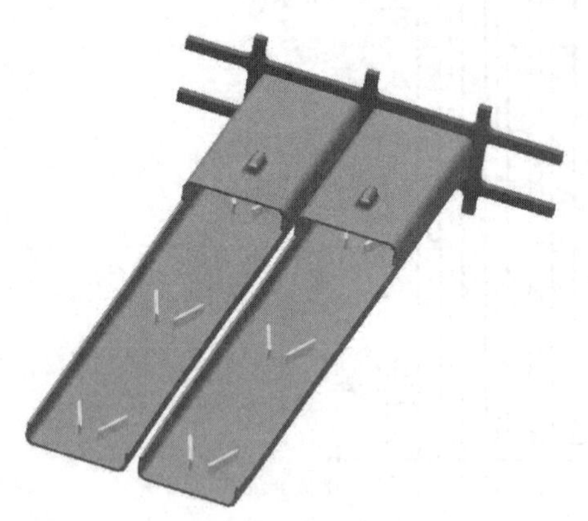

图9-48　带有小翼和管板的废气流通道

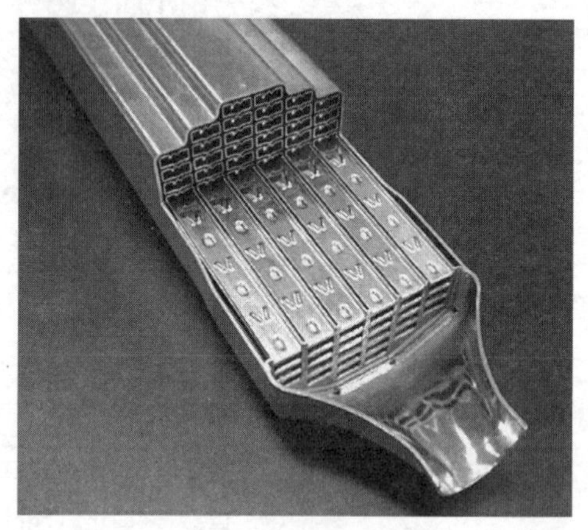

图9-49　EGR冷却器的排气管道组的横断面

废气再循环（即EGR）冷却器通常布置在一个从发动机排气歧管到进气歧管，再回到中冷器的支路中。废气的流动依靠略高于吸气压力的废气压力来维持，偶尔还要利用短时压力波，依靠进气系统的一个抽空喉管，以及一个单向阀来维持。为了有效地降低NO_x排放，将废气流冷却到100～200℃。EGR冷却器连接在冷却回路中。除了应用高压的场合（使废气重新循环到高压侧）外，开发人员正在对先将废气从废气涡轮的下游和微粒捕集器的下游引出的一些新想法进行测试。废气与新鲜空气混合，并由压气机吸入和压缩，然后通过中冷器。这种解决方案的优点在于消除了发动机排气歧管与进气连接管之间的压差对再循环率的限制。由于低压废气再循环的废气压力仅略高于大气压力，所以废气侧的EGR冷却器的压力损失可以显著降低。

9. 高温运行

排气换热器运行在高温（即高于240℃）能防止废气冷凝成分粘结在壁上。这样的换热器使用导热油作为冷却介质，或使用加压的水来产生蒸汽。由于沉积层内的沉积与腐蚀保持平衡，使沉积层保持大致稳定，所以这种设备的功能令人满意。起初，在船舶系统中，它们通常会被设计成采用反向流（过热器）和平行流（蒸发器）的双通锅炉。尽管它们不会遇到结构的问题，但却只能利用高温废气热。

总体上，使用低硫燃料会降低硫酸盐的颗粒物和沉积的形成（见4.3节）。排气换热器的设计应该使废气通道在清理时容易接近。

9.2.6 冷却液

9.2.6.1 冷却液的特性与要求

液体冷却主要使用加有改善性能的添加剂（发动机冷却液、化学剂、防腐油等）的水。用燃料冷却喷油器喷嘴和用金属钠冷却气门杆内部属于特殊情况。

水因为优良的导热性而成为一种理想的冷却液，但它也具有一些影响发动机工作的缺点：

1）水的冰点和沸点将最大可用温度范围限制为100K。然而，核状沸腾会对高热负荷零件的局部产生强烈的冷却作用（参见9.1.2节的内容里关于自我热保护的讨论）。

2）溶入水的物质会产生腐蚀作用，并且通过沉积物干扰传热。

3）水冷系统出现异常和损坏会引起严重的破坏。所有的发动机损坏中有15%~20%可直接地或间接地归因于水冷系统的异常和缺陷。

表9-9和表9-10对最重要的传热介质物理性质进行了比较。

表9-9 对发动机冷却很重要的传热介质物理性质（在80℃和1bar时）

参数	符号	单位	空气	水	发动机润滑油	冷却液①
密度	ρ	kg/m^3	0.986	972.0	843.6	1035
比热容	c_p	kJ/(kg·K)	1.010	4.194	2.154	3.59
运动黏度	ν	$10^{-6}m^2/s$	21.2	0.366	23.34	1.01
热导率	λ	$\times10^{-3}W/(mK)$	29.93	666.6	127	4.29
普朗特数	Pr	—	0.70	2.24	333.1	8.73

① 水和乙二醇按照体积分数50% +50%混合而成的冷却液。

表9-10 传热介质相对于空气的物理性能（在80℃和1bar时）

传热介质物理参数	空气	水	发动机润滑油	冷却液（见表9-2）
密度	1	986	856	1050
比热容	1	4.15	2.13	3.55
运动黏度	1	0.017	1.10	0.048
热导率	1	22.27	4.24	14.33
普朗特数	1	3.20	475.9	12.47

像燃料和润滑剂一样，冷却液也是一种汽车用工作液体。发动机的可靠性和使用寿命取决于其成分。水作为一种冷却介质，其适用能力由下面所述的性能所决定。

1. 水的硬度

水的硬度指水中钙离子和镁离子的含量（DIN 38409 Part 6）。总碱土金属值被称为总硬度，其构成有：

1）暂时硬度（碳酸盐硬度）。加热期间，随着温度升高，碳酸盐从碳酸氢盐中分解出来，并呈鳞片状沉积在热高温区，从而抑制与冷却液的热传递。此过程中所释放出二氧化碳溶于水后具有腐蚀作用。当碳酸盐沉积形成后，水应该只呈现一小部分碳酸盐硬度。

2）永久硬度（非碳酸盐硬度）。钙和镁的氯化物和硫酸盐不会随温度而变化。然而，永久硬化会影响导电性并会加剧腐蚀。

水的硬度被规定为硬度离子的数量浓度，单位为 mmol/L。然而，以 mval/L 为单位的过时的技术规格或德国硬度在发动机工程中仍常见。表 9-11 列出了溶解的硬度成分的数量与硬度度数之间的关系。

2. pH 值

pH 值是对氢离子浓度的度量。中性溶液的 pH 值为 7。碱性溶液的 pH 值 >7，酸性溶液的 pH 值 <7。发动机冷却液的 pH 值在 6.5 ~8.5 之间（见表 9-12）。

3. 氯化物含量

氯化物会加速材料腐蚀（尤其对铝材和优质钢材散热器）并加快沉淀物的形成。所以，氯化物的含量必须很小，即低于 100mg/L（见表 9-12）。

表 9-11　硬度度数总览

等级	总硬度/(mmol/L)	德国硬度度数/(°d)	旧的德国分级/(°dH)	杂质质量分数(美国)/($\times10^{-6}$)
极软	0 ~1	0 ~5.6	0 ~4	0 ~70
软	1 ~2	5.6 ~11.2	4 ~8	70 ~140
中等	2 ~3	11.2 ~16.8	8 ~18	140 ~320
硬	3 ~4	16.8 ~22.4	18 ~30	320 ~530
极硬	>4	>22.4	>30	>530

表 9-12　发动机冷却液性能要求

总硬度/(°d)	pH 值	氯化物/(mg/L)	硫酸盐/(mg/L)	碳酸氢盐/(mg/L)
最大 20	6.5 ~8.5	最大 100	最大 100	最大 100

4. 腐蚀、气蚀和冲蚀

材料的腐蚀以及因此而导致的材料崩溃是由充当原电池的金属，与作为电解液的冷却液之间的电化学反应所导致的。气体（如氧、二氧化碳和二氧化硫）溶入电解液，以及 pH 值偏离规定的推荐值都会加剧腐蚀。同样，活塞接触区的变化所激发的流体空穴和振动空穴现象也会导致气蚀。表面过热时所出现的气阻是一种特殊情况，这种情况与空穴作用过程类似，通过在壁面附近的气泡的爆聚而对材料表面及其保护层产生破坏作用。这是一种热腐蚀。气蚀对发动机冷却液室有害，而冲蚀对换热器有破坏作用。冲蚀是冷却液与材料表面之间的机械摩擦所导致的磨损，与冷却液流速和冷却液内所含固体和气体有关。

9.2.6.2　冷却液路径选择的影响

冷却液不合适会带来发动机损坏直至完全瘫痪的危险，因此冷却液的准备和养护非常重要。适当的设计对策能够降低发生损坏的潜在危险。目前采用的对策有：

1）放气和让冷却回路通大气。

2）管路及断面设计有利于冷却液的流动。

3）提高冷却回路的系统压力。

4）选择最佳流速。

冷却回路的冷却液温度可高达115℃左右，最高达2bar的系统过压是必需的。因此，要通过一个压力安全阀对系统进行保护。

低的流速会促使沉积物的形成，并依据材料的不同而不同程度地增加由腐蚀引起的材料磨损。流速的推荐值为：铝冷却元件，$0.2\text{m/s} < c_{\text{Grenz}} < 3.0\text{m/s}$；对于材料为CuZn20Al合金的海水冷却元件，$c_{\text{Grenz}} < 2.2\text{m/s}$；对于材料为CuNi10Fe合金的冷却元件，$c_{\text{Grenz}} < 2.7\text{m/s}$，对于材料为CuNi30Fe合金的冷却元件，$c_{\text{Grenz}} < 4.5\text{m/s}$。当冷却液导电时，材料的电化学兼容性很重要。当冷却系统由不同的企业（发动机制造商、造船厂等）所设计时，这一点尤其如此。最后，由于冷却液的补充加注会使额外的氧气或二氧化碳进入冷却回路，所以必须防止冷却液的损失或将冷却液损失降到最低程度。另外，如果冷却水发生损失，冷却水中的活性成分也会浓缩（矿物质积累）。

9.2.6.3　冷却液管理

1. 对冷却液的要求

冷却液的管理始于冷却液的选择。发动机制造商规定，冷却液必须保证清澈、清洁、无杂质。为此，还可以使用冷凝水即完全去除离子的水。海水、含盐的水或河水和雨水基本上不能用。软水能防止出现水垢沉积物（见表9-11)，为了防止金属离子溶解物的增多还必须具有2°d的最小硬度（见表9-12)。

2. 发动机防冻液

当发动机工作在冰点或冰点以下的环境温度时，必须给发动机冷却液中添加防冻液。防冻液的基本成分为乙二醇或不太常用的丙二醇。其效能取决于与水的混合比。约50%（体积分数）的乙二醇的含量可将冷却液混合物的冰点降低到－50℃左右。乙二醇的体积分数再增大，效能又变差（图9-50)。

乙二醇的体积分数还会改变防冻液的物理性质（密度、热容、黏度、热导率和沸点)。在散热器的设计中必须考虑这些变化（图9-51)。

由于水/乙二醇混合物不具有足够的防腐能力，因此，在商品发动机防冻液中额外加有防腐剂（抑制剂)。

3. 含硅发动机防冻液

含硅发动机防冻液主要含有无机抑制剂（如硅酸盐、亚硝酸盐或钼酸盐）和有机抑制剂（如甲苯基甚至少量的苯并三唑)。为了保证在整个使用期间获得所希望的中性的pH值，将一些添加剂（如硼酸盐、磷酸盐、苯甲酸盐或咪唑）用作缓冲物质。另外，还要添加清洁分散剂（如磺酸盐)、抗泡沫添加剂和色素。

这些发动机防冻液已经在现场进行了十多年的验证试验。这些冷却液当中的硅成分通过形成薄薄的保护涂层而抑制了铝制发动机发生危险的热腐蚀。然而，添加剂的不利之处是某些添加剂的溶解度低，使抑制剂的含量不能随意增加。在正常行驶中，无机添加剂品质还会下降，因此如果降至最小浓度以下应补加或更换冷却液。

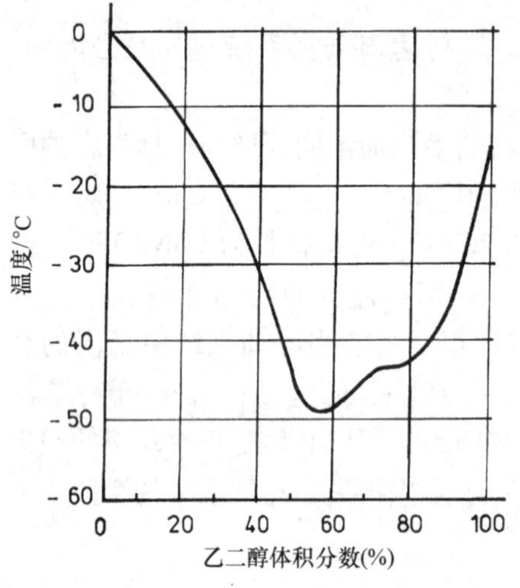

图9-50　水/乙二醇混合物的冰点随乙二醇含量的变化情况

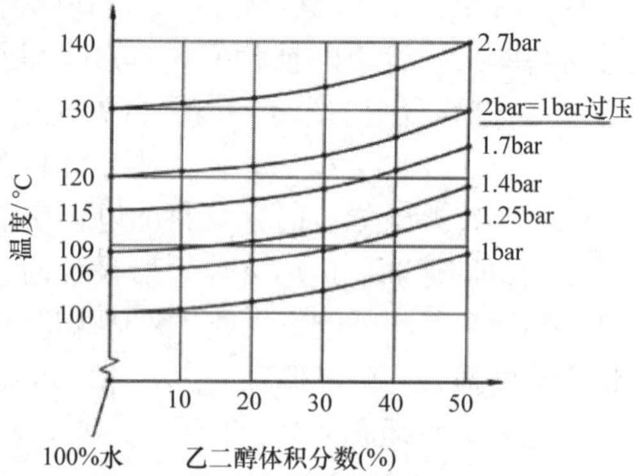

图9-51　水/乙二醇混合物的冰点随压力变化的曲线

4. 有机酸技术（OAT）发动机防冻液

有机酸技术（OAT）发动机防冻液已经使用若干年，其内含有有机抑制剂而不是无机抑制剂的组合。脂肪族一元羧酸和二羧酸、壬二酸和芳香族羧酸的组合是典型的组合。也可采用羧酸与有机抑制剂的混合物，但是，通常绝不采用硅酸盐。OAT产品的优点是它们在正常驾驶时品质降低速度缓慢。这就提高了它们的工作寿命并降低了维护需求。

5. 化学剂

当没有冻结危险且发动机制造技术要求允许的情况下，可以仅使用非防冻添加剂。所用的添加剂并不含有任何乙二醇成分而仅仅起到防腐作用。然而，这会增加蒸发损失，因而增加维护需求。当存在有机械负荷时，腐蚀的危险性会增加。通常，添加化学剂的体积分数应达到5%～10%。

6. 防腐油

防腐油不常用。防腐蚀且防气蚀的防腐油的保护原理是：形成一层保护膜，阻止溶入发动机冷却液中的氧气和其他气体与发动机冷却液室壁面接触，并抑制电化学腐蚀。防腐油添加的混合比为1∶200～1∶100（70），防腐油的组成包括乳状矿物油和防腐添加剂或防淤泥沉积的添加剂，万一在加热到95℃以上，或接触到铜材料时乳胶体瓦解后会形成淤泥。

一个总原则是，对于每一种添加剂，必须遵循发动机制造商的技术要求，以及在使用和报废期间与人、与环境的相容性。

参考文献

9-1 Zinner, K.: Einige Ergebnisse realer Kreisprozessrechnungen über die Beeinflussungsmöglichkeiten des Wirkungsgrades von Dieselmotoren. MTZ 31 (1970), S. 249–254

9-2 Zapf, H.: Einfluss der Kühlmittel- und Zylinderraumoberflächentemperatur auf die Leistung und den Wirkungsgrad von Dieselmotoren. MTZ 31 (1970), S. 499–505

9-3 Woschni, G.; Kolesa, K.; Spindler, W.: Isolierung der Brennraumwände – ein lohnendes Entwicklungsziel bei Verbrennungsmotoren? MTZ 47 (1986), S. 495–500

9-4 Kleinschmidt, W.: Einflußparameter auf den Wirkungsgrad und auf die NO-Emission von aufgeladenen Dieselmotoren. VDI-Berichte Nr. 910. Düsseldorf: VDI-Verlag 1991

9-5 Wanscheidt, W.A.: Theorie der Dieselmotoren. 2. Aufl. Berlin: Verlag Technik 1968

9-6 Eckert, E.: Einführung in den Wärme- und Stoffaustausch. 3. Aufl. Berlin/Göttingen/Heidelberg: Springer 1966

9-7 Schack, A.: Der industrielle Wärmeübergang. 7. Aufl. Düsseldorf: VDI-Verlag 1969

9-8 VDI-Wärmeatlas, 5. Aufl. Düsseldorf: VDI-Verlag 1988

9-9 Pflaum, W.; Mollenhauer, K.: Wärmeübergang in der Verbrennungskraftmaschine. Wien/New York: Springer 1977

9-10 Willumeit, H.-P.; Steinberg, P.: Der Wärmeübergang im Verbrennungsmotor. MTZ 47 (1986), S. 9–12

9-11 Norris, P.M.; Hastings, M.C.; Wepfer, W.J.: An Experimental Investigation of Liquid Coolant Heat Transfer in a Diesel Engine. International Off-Highway & Powerplant Congress and Exposition, Milwaukee/Wisconsin, Sept. 1989, SAE-Paper 891898

9-12 Pflaum, W.; Haselmann, L.: Wärmeübertragung bei Kavitation MTZ 38 (1977), S. 25–30

9-13 Wolf, G.; Bitterli, A.; Marti, A.: Bohrungsgekühlte Brennraumteile an Sulzer-Dieselmotoren. Techn. Rundschau Sulzer 61 (1979) S. 25–33

9-14 Willumeit, H.-P.; Steinberg, P.; Ötting, H.; Scheibner, B.: Bauteiltemperaturgeregeltes Kühlkonzept und seine Auswirkungen auf Verbrauch und Emission. VDI-Berichte 578, S. 291–306. Düsseldorf: VDI-Verlag 1985

9-15 Mühlberg, E.; Beßlein, W.: Variable Heißkühlung beim Fahrzeug-Dieselmotor. MTZ 44 (1983), S. 403–407

9-16 Held, W.: Untersuchungen über die Verdampfungskühlung an Nutzfahrzeugdieselmotoren. Diss. TU-Braunschweig 1986

9-17 Schäfer, H.J.: Verdampfungskühlungssysteme für Pkw-Motoren. Diss. TH-Darmstadt 1992

9-18 Garthe, H.; Wahnschaffe, J.: Konstruktion und Entwicklung der Deutz-Dieselmotorenbaureihe FL 1011. MTZ 53 (1992) S. 148–155

9-19 Schmitt, F.; Münch, K.-U.; Rechberg, R.: Optimierte Zylinderkopfkühlung der luft-/ölgekühlten Deutz-Dieselmotorenbaureihe 1011F. In: Pischinger, St.; Wallentowitz, H. (Hrsg.): 8. Aachener Kolloquium Fahrzeug und Motorentechnik (1999) S. 1003–1015

9-20 Sass, F.: Geschichte des deutschen Verbrennungsmotorenbaues. Berlin/Göttingen/Heidelberg: Springer 1962

9-21 Schmidt, E.: Die Wärmeübertragung durch Rippen. VDI-Z. (1926), S. 885–888 u. S. 947–951

9-22 Löhner, K.: Leistungsaufwand zur Kühlung von Rippenzylindern bei geführtem Luftstrom. Diss. TH Berlin 1932

9-23 Biermann, A.E.; Pinkel, B.: Heat Transfer from finned metal cylinders in an air stream. NACA Techn. Report 488 (1936)

9-24 Berndorfer, H.; Keidel, W.: Luftkühlungsuntersuchungen an geheizten Rippenzylindern. Deutsche Luftfahrtforschung FB 981 (1938)

9-25 von Gersdorff, K.; Grasmann, K.: Flugmotoren und Strahltriebwerke. München: Bernard & Graefe Verlag 1981

9-26 Flatz, E.: Der neue luftgekühlte Deutz-Fahrzeug-Dieselmotor. MTZ 8 (1946), S. 33–38

9-27 Mackerle, J.: Luftgekühlte Fahrzeugmotoren. Stuttgart: Franckh'sche Verlagshandlung 1964

9-28 Scheiterlein, A.: Der Aufbau der raschlaufenden Verbrennungskraftmaschine. Wien: Springer 1964

9-29 Gröber,H.; Erk, S.; Grigull,O.: Grundgesetze der Wärmeübertragung. Berlin/Göttingen/Heidelberg: Springer 1963

9-30 Kast, W.; Krischer, O.; Reinicke, H.; Wintermantel, K.: Konvektive Wärme- und Stoffübertragung. Berlin/Heidelberg/New York: Springer 1974

9-31 Krischer, O.; Kast, W.: Wärmeübertragung und Wärmespannungen bei Rippenrohren. VDI-Forschungsheft 474. Düsseldorf: VDI-Verlag 1959

9-32 Biermann, A. E.; Ellerbrock, H.: The design of fins for air cooled cylinders. NACA Techn. Report 726 (1937)

9-33 Biermann, A.: Heat transfer from cylinders having closely spaced fins. NACA Technical Note 602 (1937)

9-34 Lemmon, A.W.; Colburn, A.P.; Nottage, H.B.: Heat transfer from a baffled finned cylinder to air. Transactions ASME 67 (1945), S. 601–612

9-35 Berndorfer, H.: Die Beeinflussung der Kühlungsverhältnisse an luftgekühlten Motorenzylindern durch die Gestaltung der Luftführung. MTZ 15 (1954), S. 291–298

9-36 Mai, O.; Mettig, H.: Das Baukastensystem als Konstruktionsprinzip im Motorenbau. ATZ 67 (1965), S. 77–85

9-37 Mettig, H.: Die Konstruktion schnellaufender Verbrennungsmotoren. Berlin/New York: Walter de Gruyter 1973

9-38 Bertram, E.: Das Alfin-Verfahren. Gießerei 44 (1957) 20
9-39 Maier, A.: Verchromte Aluminiumzylinder in luftgekühlten Motoren. MTZ 14 (1953), S. 60–62
9-40 Hübner, H.; Osterman, A.E.: Galvanisch und chemisch abgeschiedene funktionelle Schichten. Metalloberfläche 33 (1979), S. 456–458
9-41 Nitsche, J.: Entwicklung und Einsatz von warmfesten Aluminium-Gußlegierungen für luftgekühlte Zylinderköpfe. Vortrag auf der österreichischen Gießerei-Tagung am 8. Mai 1980 in Leoben
9-42 Howe, H.U.: Der luftgekühlte Deutz-Dieselmotor FL 413. SAE-Paper 700028
9-43 Esche, D.: Beitrag zur Entwicklung von Kühlgebläsen für Verbrennungsmotoren. MTZ 37 (1976), S. 399–403
9-44 Esche, D.; Lichtblau, L.; Garthe, H.: Cooling Fans of Air cooled Deutz-Diesel Engines and their Noise Generation. SAE-Paper 900907
9-45 Schöppe, D.: Einfluss der Kühlbedingungen und des Ladeluftzustandes auf die Stickoxidemission bei direkteinspritzenden Dieselmotoren. Diss. RWTH Aachen 1991
9-46 Moser, F.X.; Haas, E.; Sauerteig, J.E.: Optimization of the DEUTZ aircooled FL 912/913 engine family for compliance with future exhaust emission requirements. SAE-Paper 951047
9-47 Pflaum, W.; Mollenhauer, K.: Wärmeübergang in der Verbrennungskraftmaschine. Wien/New York: Springer 1977
9-48 Brun, R.: Science et technique du moteur diesel industriel et de transport, Tome 3. Paris: Éditions Technique
9-49 Mau, G.: Handbuch Dieselmotoren im Kraftwerks- und Schiffsbetrieb. Braunschweig: Vieweg Verlag 1984
9-50 Rudert, W.; Wolters, G.-M.: Baureihe 595 – die neue Motorengeneration von MTU. MTZ 52 (1991) 6
9-51 Lilly, L.R.C.: Diesel Engine Reference Book. London: Butterworth 1986
9-52 Küntscher, V. (Hrsg.): Kraftfahrzeugmotoren. Berlin: Verlag Technik 1987
9-53 Süddeutsche Kühlerfabrik Julius Fr. Behr (Hrsg.): Die Kühlung der Brennkraftmaschine.
9-54 Wilken, H.: Derzeitiger Stand der Motorkühlung. ATZ 82 (1980) 12
9-55 Rüger, F.: Luftabscheidung aus Kühlkreisläufen von Fahrzeugmotoren. ATZ 73 (1971) 8
9-56 Süddeutsche Kühlerfabrik Julius Fr. Behr (Hrsg.): Lüfter und Lüfterantriebe für Nutzfahrzeug- Kühlanlagen
9-57 Feulner, A.: Entwicklung der Kühlanlagen in den Diesellokomotiven der Deutschen Bundesbahn. ZEV/Glasers Annalen (1974) 3
9-58 Feulner, A.: Neue Kühlanlage für die Diesellokomotiv-Baureihe 218 der DB. ZEV/Glasers Annalen (1975) 12
9-59 Gelbe, H.: Komponenten des thermischen Apparatebaus. In: Dubbel – Taschenbuch für den Maschinenbau. 19. Aufl. Berlin/Heidelberg/New York: Springer 1997
9-60 Kays, W.M.; London, A.L.: Compact heat exchangers. 3. Aufl. New York: Krieger Publishing 1984
9-61 Bošnjaković, F.; Viličić, M.; Slipčević, B.: Einheitliche Berechnung von Rekuperatoren. VDI Forschungsheft 432. Düsseldorf: VDI-Verlag 1951
9-62 Martin, H.: Wärmeübertrager. Stuttgart/New York Thieme-Verlag 1988
9-63 Roetzel, W.; Spang, B.: Berechnung von Wärmeübertragern. In: VDI-Wärmeatlas. 8. Aufl. Berlin/Heidelberg/New York: Springer 1997
9-64 Gaddis, E.S.; Schlünder, E.-U.: Temperaturverlauf und übertragbare Wärmemenge in Röhrenkesselapparaten mit Umlenkblechen. Verfahrenstechnik 9 (1975) 12, S 617ff
9-65 Grigull, U.; Sandner, H.: Wärmeleitung. 2. Aufl. Berlin/Heidelberg/New York: Springer 1990
9-66 Webb, R.L.: The flow structure in the louvered fin heat exchanger geometry. SAE-Paper 900722 (1990)
9-67 Illg, M.; Kern, J.: Aluminium-Wärmeaustauscher für Kraftfahrzeug-Motorkühlung. METALL 42 (1988) 3, S. 275–278
9-68 Pietzcker, D.; Fuhrmann, E.: A mechanically bonded AKG-ML3-alumium radiator as a direct replacement for brazed units. SAE-Paper 910198 (1991)
9-69 Rudert, W.; Wolters, G.-M.: Baureihe 595 – Die neue Motorengeneration von MTU. MTZ 52 (1991) 6, S. 274–282 (Teil 1) u. 11, S. 538–544 (Teil 2)
9-70 Jenz, S.; Wallner, R.; Wilken, H.: Die Ladeluftkühlung im Kraftfahrzeug. ATZ 83 (1981) 9, S. 449–454
9-71 Reimold, H.W.: Bauarten und Berechnung von Ladeluftkühlern für Otto- und Dieselmotoren. MTZ 47 (1986) 4, S. 151–157
9-72 DIN 4751, Teil 2: Wasserheizungsanlagen bis 120°C mit TRD (Technische Regeln für Dampfkessel) 702 sowie für Wassertemperaturen > 120°C TRD 604
9-73 Konstruktionsskizzen von Maschinen und Behälterbau. Köln: Neuwied GmbH, MBN
9-74 Abgaswärmeübertragerverschmutzung; Verminderung der Ablagerungen in Abgaswärmeübertragern von Verbrennungsmotoren. FVV-Forschungsbericht, Heft 429, Vorhaben Nr. 374 (1989)
9-75 Abgaswärmeübertrager; Entwicklung kompakter Wärmeübertrager mit geringer Verschmutzungsneigung für Verbrennungsmotoren. FVV-Forschungsbericht, Heft 474, Vorhaben Nr. 425 (1991)
9-76 Mechanism of Deposit Formation in Internal Combustion Engines and Heat Exchangers. SAE 931032, Detroit 1993
9-77 Kugelregen-Anlagen. Firmenunterlagen von FEG Heizflächen Reinigungsanlagen, Oer Erkenschick
9-78 Selbstreinigende Abgaswärmetauscher. Firmenunterlagen Kramb Mothermik. Patentschrift DE 3243114C1, Simmern
9-79 Lutz, R.; Kern, J.: Ein Wärmeübertrager für gekühlte Abgasrückführung. 6. Aachener Kolloquium Fahrzeug- und Motorentechnik 1997
9-80 Lösing, K.H.; Lutz, R.: Einhaltung zukünftiger Emissionsvorschriften durch gekühlte Abgasrückführung. MTZ 60 (1999)
9-81 Hütter, L.A.: Wasser und Wasseruntersuchung. 3. Aufl. Frankfurt: Diesterweg 1988
9-82 Pflug, E.; Piltz, H.H.: Korrosion und Kavitation in den Kühlwasserräumen von Hochleistungs-Dieselmotoren. MTZ 26 (1965) 3

第 10 章　材料及其选择

10.1　柴油机材料的重要性

材料工程是与柴油机开发密切相关的技术之一。不仅与发动机基本原理相关联的高燃烧压力和高工作温度，而且腐蚀和摩擦影响都会使发动机零件处于极为复杂的受力状态，因而影响着材料的选择。柴油机材料选择的主要目标是：

1）通过采用不同的高性能材料以提高可靠性。

2）通过限制成本来提高效益。

金属是对工业应用最适合的一类材料。在晶体结构有序的情况下，金属不仅具有良好的基本性能，而且还具有特别多的和有吸引力的应用性能可供选择，因而，金属材料在工业上已经生产和应用了很长的时间。如图 10-1 所示，现代高性能柴油机中约有 90% 的材料采用的是铸铁合金、钢和铝。其他金属和非金属仅占 10%。金属材料的主要元素的比例可随发动机设计、规格和应用场合而变化。例如，轻量化汽车发动机的制造要求会显著降低铁的比例，而更多地使用轻重量的铝合金和镁合金，或者增强塑料和非增强塑料。然而，在可预见的将来，用其他的材料大规模

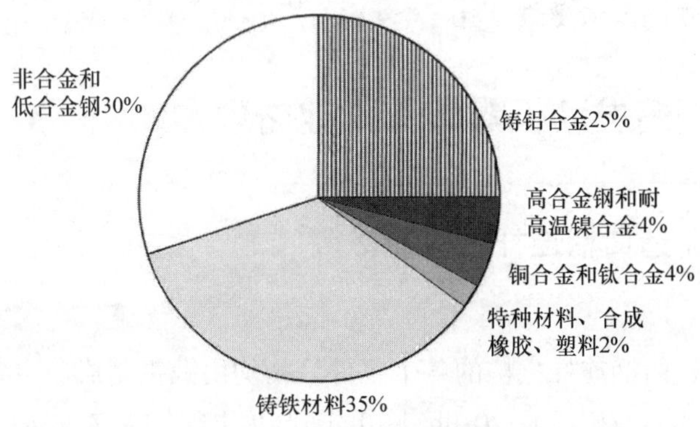

图 10-1　一台用于船舶推进的高性能柴油机的材料质量分布

地替代技术先进且经济实用的金属材料是不可能的。金属将继续承担构建发动机基础结构的任务。

疲劳强度用作许多承受快速交变循环负荷（高循环疲劳 HCF）的发动机零件的强度指标。然而，偶有需要以及相互矛盾的一些额外性能，已经导致几乎所有工业化生产的金属及其合金投入了使用（表10-1）。

表10-1　典型的发动机零件材料

零部件＼性能	密度	热膨胀	热导率	杨氏模量	延长率	静态强度	高循环疲劳	低循环疲劳	高温强度	耐磨性	耐磨蚀性	材料
曲柄连杆机构零件	(▽)			△	△	△	▲			△		调质钢以及铸铁和铝合金
控制部件和喷油设备						▲	▲			▲		硬化钢、激冷铸铁
螺栓					▲	▲	▲				△	调质钢
支承结构	▽	▽		△	△	△	▲					铸铁和铝合金
高温零件		▽	△	▽	▲		▲	▲	▲		△	高温和超高温强度钢
轴承					▲		▲			▲	▲	层压金属复合材料
散热器、冷却器		▽	▲				△	△			▲	铝铜和钛合金
密封件、过滤器、绝热件			(▽)				△		△	▲		特种材料、合成像胶和塑料

▲表示要求高；△表示希望高；▽表示希望低。

下面回顾材料的最新进展并预期未来的新材料。不应仅考虑 DIN 标准，还应考虑 EN 标准，最近几年这两个标准的规模都已扩大。为了获取更加精确的材料性能信息，读者可查阅参考文献［10-4～10-7］。

10.2　用于制造发动机零件的工业材料

10.2.1　用于制造曲柄连杆机构的材料

10.2.1.1　曲轴

除了活塞外，曲柄连杆机构的各个零件最初均由锻钢制成。主要是在小型发动机上，由于经济性的原因，自20世纪70年代初以来，锻钢正在由球墨铸铁所替代。铸造与锻造成形工艺之间的经济性竞争，导致了微合金珠光体钢的开发成功，这样的微合金珠光体钢从处于最佳屈服（BY）状态的锻造温度开始控制冷却。通常，在这类材料（因为时效硬化、铁素体 - 珠光体的组织成分，也叫做 AFP 钢）中，添加少量的钒和铌可替代其他昂贵的合金元素。另外，由于省去了热处理，能耗成本也在下降。与标准的锻造工艺相比，这种锻造工艺中的控制冷却会引起微合金元素钒（V）或铌（Nb）的特种碳化物的形成，以及珠光体成分的增加。两种金相结构变化提高了材料强度。

表 10-2 概略展示了曲轴材料技术的当前状态。锻钢最适合于高应力场合。由于钢内具有非金属夹杂物，以及因熔化和滚轧而呈现的多相性，所以在锻造期间必须对结构强度加以控制。与锤锻不同，模锻会产生与曲轴外形相适应的连续纤维流（见图 10-2）。

表 10-2　曲轴材料

	球墨铸铁	珠光体铸铁/微合金钢	非合金钢和钢合金
型号	EN - GJS - 600 - 3 ~ EN - GJS - 700 - 2	C38mod、30MnVS 6、46MnVS 3	C 35 E ~ 42CrMo4 mod、34CrNiMo6
抗拉强度 R_m/MPa	700 ~ 850	700 ~ 1000	700 ~ 1150
成型方法	铸造	落锻	落锻、纤维流锻造和锤锻
热处理		控制锻件冷却（BY）	调质（V）正火（N）
应用	乘用车发动机	乘用车和商用车发动机	乘用车发动机、商用车发动机、大型发动机

由于形状的最大变化发生在模具的分开面处，同时图 10-2 中阴暗的芯部区域被向外压出，所以，非金属夹杂物和偏析常常会严重削弱毛刺线区域。为了提高可靠性，预防扭转应力所引起的疲劳破坏，将毛刺线移离曲拐的高应力中心平面是一个可行的措施。一个曲拐接着一个曲拐的锻造即纤维流锻造是一种可选的方法。每个曲拐均要用运动件镦入锻模中。由于为了锻造每个端部的曲拐必须将整个轴在炉内进行再加热，所以考虑到经济性原因，这种方法仅适用于批量较小的大型曲轴（平均长度在 4 ~ 9m 之

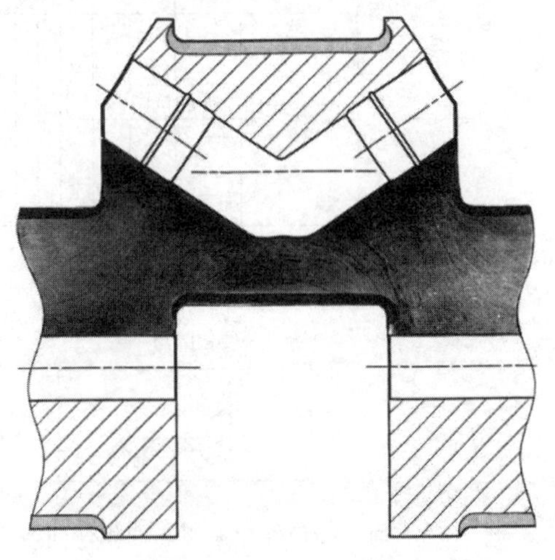

图 10-2　模锻曲轴曲拐的纤维流以及感应淬火轴颈和圆角表面

间）。根据数量和尺寸的不同，将轴在冲压线上，或用基于回击原理的锻锤，或用大型液压压力机进行锻造。

根据虎克定律，$\varepsilon=\sigma/E$ 适用于金属材料的弹性变形。无论合金元素比例为多大，室温下大约 210000MPa 的钢的杨氏模量在工业用金属中属于最高的。这样，在总尺寸一定的情况下，材料的变化不会改善曲轴结构的刚度。由于曲轴在高的燃烧压力下不能支撑自身，因此支承结构采用了很大的尺寸。然而，即使那样，对于像圆角这样的高应力区，为了确保它们的耐久性，常常必须采取提高疲劳强度的措施。为此，轴颈和圆角常常进行表面硬化处理。在 1950 年后，在主轴承和连杆轴承接触表面（因为磨损）硬化的基础上，圆角硬化技术逐渐地得到了认可。最初使用的火焰淬火由感应淬火所替代。热处理和制造方法的改进已经使一根曲轴的所有圆角的硬化成为可能（见图 10-2）。由于圆角必须在未硬化区的上用一台压床压平，或者用冲模冲压，所以，由于最初翘曲的原因，它们中只有部分会较早地得到硬化。马氏体结构转变所产生的内部压缩应力和硬化圆角表面强度的提高，使承受弯曲应力时的疲劳强度提高了 50% ~100%（图 10-3）。

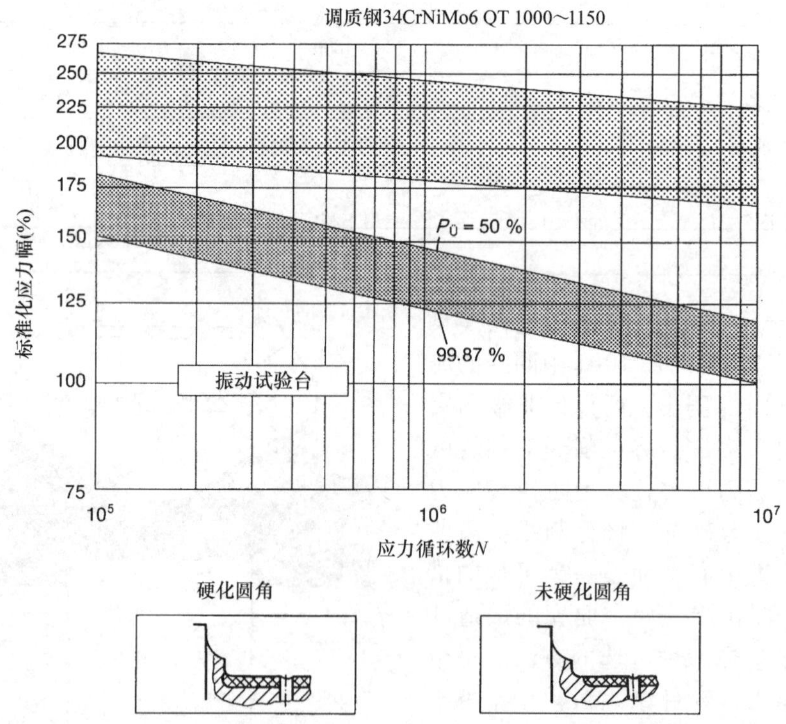

图 10-3　通过圆角硬化来提高曲拐弯曲疲劳强度。疲劳强度衰退线，$P_Ü$ 为生存概率

由于在油孔部位可能会出现与高应力峰值相关的其他薄弱点，所以硬化通常会提高扭转疲劳强度而不会提高弯曲疲劳强度。其他的热处理或机械处理（如氮化、

喷丸或滚压，或不同方法并用）也可以提高曲轴的疲劳强度（见 10.5.2 节）。在单独运用每种方法的情况下，技术参数选择和成本效益是决定性因素。

在乘用车和商用车发动机上经常使用 EN－GJS－600 和 EN－GJS－700（GGG－60和 GGG－70）球墨铸铁，它们在成形和质量方面的优势能够补偿强度值低的不足。前面提过的提高使用寿命的方法也同样适用和有效。由于表面热处理后需要重新精加工，所以在大型发动机上不常使用表面热处理。对曲轴轴径表面进行滚压抛光会降低球形石墨夹杂物所产生的“擦伤”，因此使球墨铸铁曲轴主轴承和连杆轴承的原来较高的磨损速度得到降低。除了所有种类的铸铁以及非合金和低合金钢之外，在特殊情况下，还可采用密度为 17～19g/cm^3 的烧结钨基合金块来制造螺栓连接的平衡重。

10.2.1.2　连杆

表 10-2 中列举的材料也可用于制造连杆。对于较小的铸件，还可使用强度级为 EN－GJMB－650～ EN－GJMB－700（GTS－65～ GTS－70）的可锻铸铁来替代球墨铸铁。然而，热处理钢（可以是非合金钢，或 Cr、CrMo、CrMoV 低合金钢，或 CrNiMo 合金钢）仍占主要地位。由于成本低的原因，20 世纪 80 年代中期，AFP 级珠光体铸铁也得到了认可。在相同的抗拉强度条件下，这些等级的铸铁除了屈服强度较低之外，屈服点与调质钢相同。在燃烧压力越来越高的前提下，AFP 钢的较低的屈服强度和压缩屈服点在连杆设计中必须加以考虑。由于零点几毫米深的表面瑕疵就可以造成它们的静态强度的差异，所以所有的锻钢，不管它们基本强度是多大，都可能期望得到相同的疲劳强度。20 世纪 90 年代初，开始开发连杆的撑断技术。尽管 C70S6 钢的强度性能比 C38mod 钢（车辆这个领域的标准材料）略低，但是连杆撑断技术通过结束锯割操作和缩短工艺链而首次用于批量生产时，获得了重大的经济效益。连杆撑断技术的进一步系统发展已经提高了屈服点，因此现在 C70S6 钢的强度性能满足了这个领域的大多数要求。

通过对表面进行机械加工，接着进行喷丸，可最佳地提升材料强度性能。根据合金抗拉强度的不同，这也会使材料疲劳强度提高最高达 100%。连杆上一些高变形区和严重切口区常常是小的危险区，它们必须通过结构、材料或制造技术措施加以改善。连杆大端的带齿分开面或阴螺纹就是一些例子。一旦结构措施用尽，通过对表面进行喷丸或对螺纹进行成形（滚压）而不用切削法，可使这些部位的疲劳强度大幅度提高。图 10-4 展示了斜切连杆的相应耐久试验的试验结果，由该图可见疲劳强度提高 30% 以上。除了机械法外，热处理（表面硬化）或化学热处理（渗氮）法也偶尔用于连杆，以便对连杆进行局部或全部的最后加工。然而，这些方法对于连杆不像对曲轴那样有明显意义。

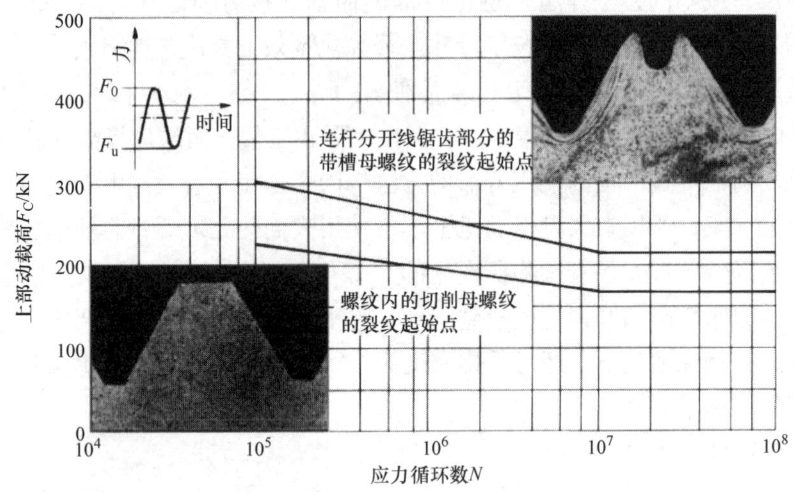

图 10-4　倾斜剖切连杆的振动机试验。通过滚压母螺纹来提高疲劳强度

10.2.1.3　活塞

活塞和活塞环材料对于柴油机特别重要，在 8.6 节中已经介绍。

10.2.2　控制部件和喷油设备的材料

HRC 约为 60 的表面硬化钢适宜制造凸轮轴和齿轮。这些钢包括表面淬火钢和适合表面感应淬火或渗氮的调质钢。小型发动机的凸轮轴和凸轮随动件通常是由莱氏体固化的激冷铸铁制成。前面提过的硬钢和 100Cr6 型全硬化钢都用于制造滚子式挺杆。高度调质喷丸 CrV 或 CrSi 弹簧合金钢是制造气门弹簧的典型材料。

表面淬火和渗氮钢还用于制造喷嘴和高压泵零件。在个别情况下（例如制造油泵柱塞），还使用具有碳化物形成条件（如 Cr、Mo、W 和 V）的高合金冷、热加工钢或高速工具钢。排放量越来越低的要求，以及因此而提高的系统压力，使得必须承受越来越大摩擦作用的共轨系统油泵曲轴组件或喷油器零件只能使用专用耐磨材料，这些能降低摩擦系数的材料有氮化钛涂层或像钻石一样的薄薄的无定形碳涂层等。在内部压力高达 6000bar 的情况下，挤压硬化内表面使内部承压零件（如壳体）得到强化，从而提高了零件的疲劳强度和使用寿命。

10.2.3　螺栓材料

在 ISO 898 和 DIN EN 20898 中，螺栓的材料和性能已经实现了全球标准化。首先，高强度级的 8.8、10.9 和 12.9 螺栓对于耐久的发动机结构很重要。这样的螺栓使用具有低硬度和提高强度的加有合金元素 Cr、Mo、Ni 和 B 的调质钢来制造。螺纹的滚压在调质后进行，这样可获得更高的疲劳强度。当它们的强度性能高于 1000MPa 后，因为氢原子被吸收，材料容易变脆。因此，应避免使用韧性有限的强度等级极高的材料，而是只使用表面保护涂层材料，因为在形成这样的保护涂层的工艺过程中，工艺过程中供应的氢很少，并且氢能很容易地再次扩散出来（无机锌或磷酸镁涂层、金属锌镀层）。欧洲联盟关于报废车辆的指令（The European Union's Directive on End of Life Vehicles），要求从2007年起，涂层中不得含有铬（VI）。最近几年，这个指令已经推动了作为染色处理（特别对螺栓）的替代措施，即所谓的复式涂层（带薄锌层的涂漆层）的开发与应用。

10.2.4　发动机核心部件的材料

10.2.4.1　曲轴箱

曲轴箱和气缸盖因为有流通冷却液的水套使结构特别复杂，它们使用铸铁并采用不同的制造技术来制造。

尽管早期已经使用铸钢和铸造铝合金，但是像EN－GJL－250（GG－25）这样的，带有低的Cr、Mo或Ni合金元素的灰铸铁，以及像EN－GJS－500（GGG－50）这样的球墨铸铁合金现在还是曲轴箱的主要材料。表10-3汇编了一些具有特征性的材料组分和性能的典型材料。因为只有铸钢适合于结构焊，其余的合金只能作为一个整体进行机加工。对于制造曲轴箱来说，能够胜任半成品零件焊接的极先进的热焊接技术，使得球墨铸铁的成本效益得到提高。

把灰铸铁和球墨铸铁各自良好的性能加以组合，研究者开发了“蠕墨铸铁EN－GJV”。形成蠕虫状石墨是蠕墨铸铁的独有特征。这使蠕墨铸铁的刚度和疲劳强度高于灰铸铁，铸造性能、冲压性能和导热性能好于球墨铸铁。然而，EN－GJV的冶金技术比灰铸铁和球墨铸铁复杂，特别是当曲轴箱壁的强度有很大变化的情况下更是如此。为了使蠕墨铸铁获得更多的应用，出现了新的铸造技术（见10.6.1节）。新的发动机采用了蠕墨铸铁［如EN－GJV－450（GGV－45）］作为曲轴箱材料。撑断技术也在部分地用于轴承盖区域。

AlSiMg类人工时效铸铝合金材料特别适合于力求获得较高的功率密度和更低的重量－功率比的发动机设计。高硅铝合金（如EN AC－ALSi7Mg、EN AC－AlSi9Mg和EN AC－ALSi10Mg）将低的相对密度和良好的铸造性能与良好的强度性能结合在了一起。

镁是制造曲轴箱的一种新材料，其相对密度展现出特别大的优势：镁比铝约轻30%（镁的密度1.81g/cm^3，铝的密度为2.68g/cm^3，而铸铁的密度为7.2g/cm^3）。使用铝锌镁合金（如AZ－91）制造曲轴箱能使重量－功率比从1.19（铝曲轴箱）降低到1.02。将镁与铝或铸铁材料组合可避开镁的缺点，如低刚度、蠕变倾向、腐蚀和耐磨性。举例来说，可以在气缸套及其冷却水套上使用EN AC－AlSi17Cu4镶件，或对于基本的轴承座使用蠕墨铸铁镶件。在现代乘用车柴油机上，只有此类镁芯铝材或镁芯铸铁镶件才能满足高刚度、低噪声和耐久性要求。

表 10-3　曲轴箱和气缸盖材料

性能	灰铸铁	蠕墨铸铁	球墨铸铁	铸钢	铸铝合金
显微组织	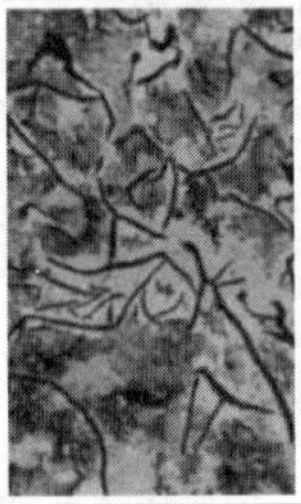	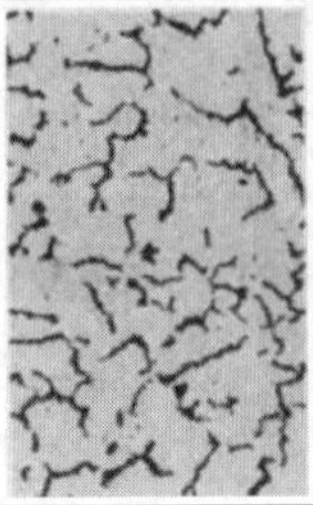	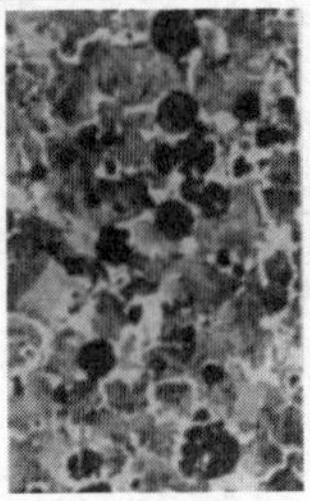	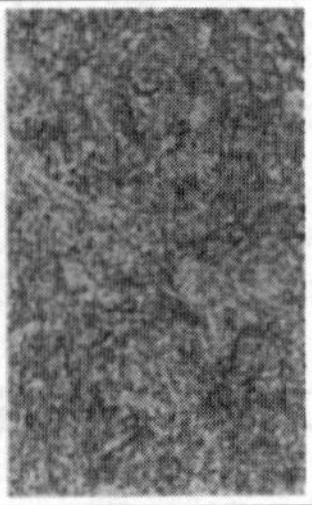	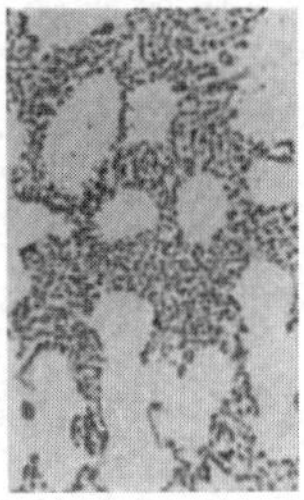
密度/(g/cm^3)	7.2	7.2	7.2	7.7	2.7
抗拉强度/MPa	250～400	300～500	400～800	450～800	160～320
杨氏模量/GPa	100～135	130～160	160～185	210	75
铸造性能	优秀	良好	良好	差	优秀
焊接性能	差	差	良好	优秀	良好
成形	整块	整块	整块	用钢板拼合焊接	整块
应用	乘用车和商用车发动机	大型发动机	商用车发动机和大型发动机	大型发动机	特种发动机

10.2.4.2　油底壳

根据具体设计的情况，油底壳和曲轴箱下半部分可用于提高发动机总体结构的刚度。油底壳使用 AlSi、AlSiMg 和 AlSiCu 合金铸造而成，或使用 FeP03/04（St13/14）或 S235JR/S355J2（St37/52）钢板制造而成。目前，还开始较大规模地使用塑料（玻璃纤维增强聚合物）来制造车用发动机润滑油底壳。

10.2.4.3　气缸盖

表 10-3 中包含的铸造合金代表了气缸盖常用材料的性能范围。加给燃烧室侧的温度负荷使气缸盖的负荷条件变得苛刻，作为材料热膨胀受阻的结果，这会产生一个由发动机负荷变化所激发的低频热应力（低循环疲劳 LCF）。由于较好的物理性能、良好的铸造性能和低成本，气缸盖材料仍然优先选择传统的灰铸铁。在高应力场合，也可选用球墨铸铁。除了个别情况外，强度等级为 400 和 500 的蠕墨铸铁（EN－GJV）一般还不能用于制造气缸盖。

由于高温和磨损引起的高应力，气缸盖的气门座要经过部分感应淬火或激光淬火。如果这还不够，可提供布氏硬度为 35～55HRC 的离心铸造气门座圈。添加中等数量或大量的 Cr、Mo 和 V 合金元素，可使含石墨和无石墨铸铁获得所要求的温度和耐磨性。对需承担最高燃烧压力和温度负荷的发动机，可以将具有坚硬的中间相、硬度为 42 ~58HRC，并且在宽广的温度范围上具有相同表面性能的钴合金用作气门座圈材料。尤其在润滑条件恶劣的情况下，这类优质材料能确保气门座的高耐磨性和耐高温腐蚀能力。

灰铸铁 EN – GJL – 250（GG – 25）也已经被证实可用于制造气门导管。另外，还可使用沉淀硬化铜材料（如 CuNi2Si）制造。带抑制磨损的填隙碳化物和青铜成分的粉末冶金铁合金已经开发成功，可用于批量生产的车用发动机。

10. 2. 4. 4　气缸套

对于气缸套，材料的耐磨性是最重要的。自发动机最初开发以来，气缸套的材料基本保持不变。主要的材料过去是且现在还是含有 Cr 和 Mo 元素的 EN – GJL – 250（GG – 25）级灰铸铁，并且在欧洲，增加了磷含量，促进了组织内抑制磨损的磷化物网状结构的形成。大型缸套采用砂型铸造，小型缸套采用离心铸造。部分缸套采用感应淬火，或者个别情况下采用激光淬火，以提高耐磨性（图 10-5）。低变形渗氮是另一种改善磨损的措施。

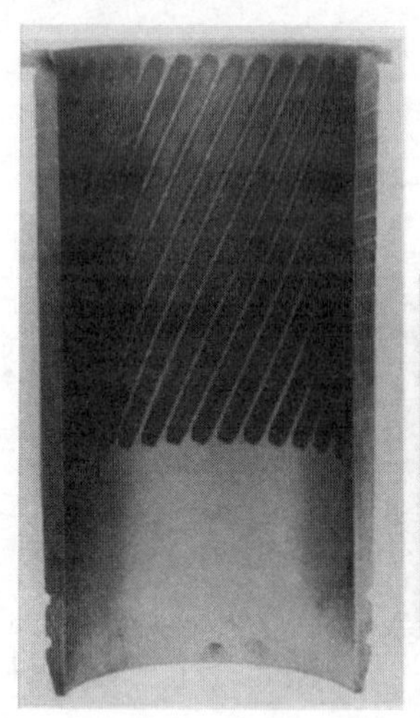

	硬化区	基本材料
显微组织	马氏体	珠光体
硬度	570～715HV1	245～260HV1
淬火深度	0.6mm	

通过硬化区的断面

图 10-5　激光淬火气缸套

正如 10. 2. 4. 1 节所解释的那样，使用铝质曲轴箱的乘用车柴油机，一般采用铸入式灰铸铁气缸套，或过共晶高硅铸铝合金气缸套，作为与活塞环接触的表面。

10. 2. 5　高温零件的材料

10. 2. 5. 1　根本问题

气门、输送废气的零件和废气涡轮增压器零件的平均工作温度可超过 750℃，因此它们需要使用极高高温强度合金。近几年，柴油机工程领域已经能利用燃气轮机材料领域的最新发展成果，包括具有改善强度的中间金属相的镍基合金（γ′相 Ni3（Ti，Al））。

当发动机使用重燃料油或混合燃料运行时，会出现一个特殊的问题。它们的高高硫和钒含量会明显加剧对输送气体的零件的高温腐蚀。当超过限制温度时，会形成镍的硫化物和五氧化二钒，从而破坏零件材料。因此，还必须使用增硬表面焊来为重要部位（如气缸盖的和高温排气门的气门座密封表面）镀上钨铬钴合金或类似的合金材料（见7.1.4节）。

10.2.5.2　气门和预燃室

由于承受化学应力、摩擦应力和热机械应力，对柴油机气门的材料提出了极为复杂的要求，气门材料选择必须满足所有这些要求。尽管具有CrMoV合金元素的高高温强度调质钢长久以来一直用于进气门，但是从很早开始，排气门就使用CrSi高合金淬火钢，或诸如具有CrNiW合金元素的奥氏体钢这样的特种钢。耐高温的奥氏体合金具有较低的高温强度，这就必须限制气门头部区域的最高温度和加强高负荷区。所采取的措施有：往空心气门杆内充金属钠和在气门锥面和气门杆端部进行堆焊或电镀。这样的复杂的结构因为有可能发生故障和失效，因而今天已基本被人们遗忘。单一金属气门是当前进气门的流行技术，而摩擦焊或对焊双金属气门是排气门的最先进技术（图10-6）。根据DIN EN 10090标准，气门的材料范围从热处理高高温高强度钢X45CrSi9－3，到沉淀硬化氮合金奥氏体钢，再向上一直到镍合金钢NiCr20TiAl（Nimonic 80A）。新的发展方向还包括作为进气门材料的压力渗氮钢。这种新材料将传统进气门材料X45CrSi9－3的良好性能（如硬度和延长率）与较高高温强度和耐腐蚀性相结合。

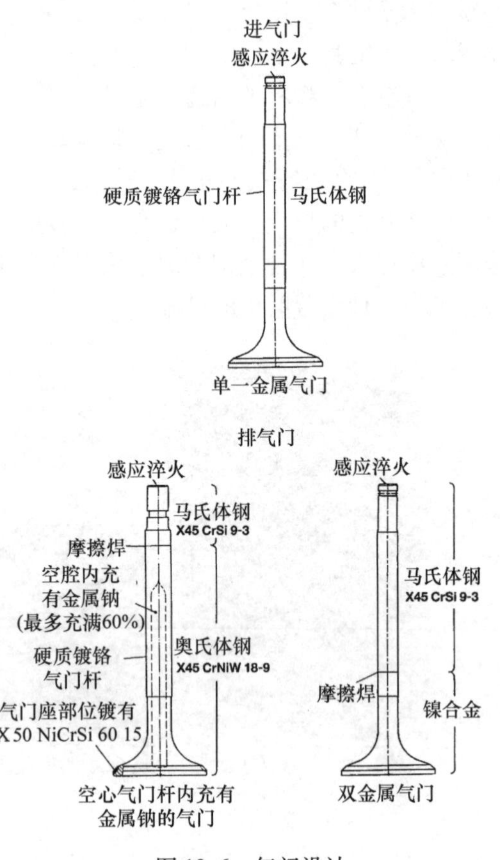

图10-6　气门设计

气门杆镀铬是改善使用寿命的措施之一。与盐浴氮化一道，对于磨损和腐蚀为应力形成主因的区域，气门杆镀铬作为一种常见的方法已经确立了它的地位。

除了高合金钢外，预燃室还使用以镍为主并常常含钴的合金钢。

10.2.5.3 排气管路与壳体零件

基于成本效益的原因，尺寸较小的零件使用带有高的高温强度的增强合金元素 Cr 和 Mo 的灰铸铁，或者是铁素体球墨铸铁 EN－GJS－400－15 来生产。除了带有较高 Si 和 Mo 含量的更耐氧化的球墨铸铁（EN－GJS－X SiMo5－1 和 GGG－SiMo51）之外，EN－GJL 和 EN－GJS 型高合金含镍奥氏体铸铁（Ni－Resist）也可用于高热负荷零件。大型发动机使用高温高强度钢（如 X15CrNiSi20－12）或镍合金钢，直至最高性能的固溶体硬化合金钢 NiCr22Mo9Nb（Inconel625）制造的带有内壳的密封结构、冷却结构。

10.2.5.4 废气涡轮增压器

为了充分利用废气涡轮增压，要使用一些高性能材料。特高高温强度沉淀硬化超级合金钢 G－NiCr13MoAl（Inconel 713）（部分钢种含碳量特别低，低于质量分数 0.08%）被优先选为涡轮或叶片的材料。用于制造极高负荷的压气机叶轮的材料范围明显较宽，范围从用于乘用车发动机和商用车发动机的 AlSi 和 AlCu 型铸铝合金，到高强度 AlCu2MgNi 锻铝合金，一直到用于高压比和高圆周速度的 TiAl6V4 钛合金（图 10-7）。

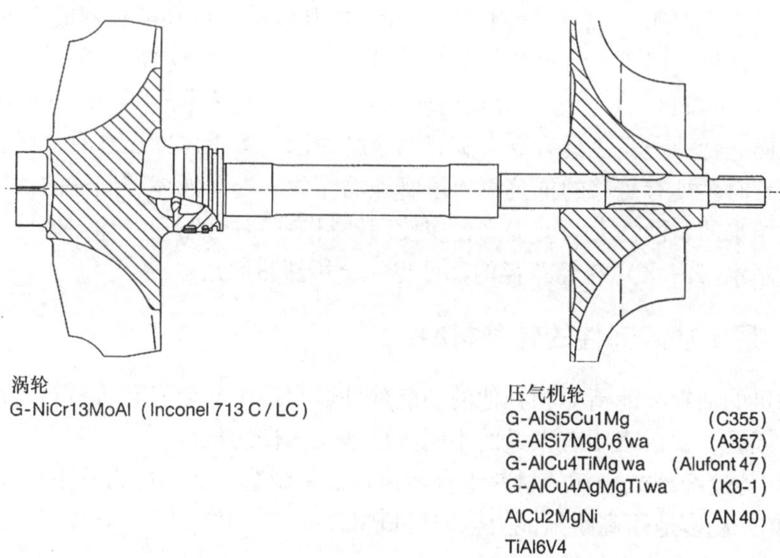

图 10-7 带有径向叶片叶轮的转子总成
（废气涡轮增压器材料应用举例）

10.2.6 轴承材料

层压复合材料可用于制造高负荷滑动轴承（见 8.5.4 节）。铜合金（如锡青铜合金 CuSn8 或黄铜 CuZn31Si1）以及铝合金（如活塞铝合金 AlSi12CuMgNi）都已经被证实可用于大量的其他发动机轴承。用铁、钢或青铜合金制成的轴套可满足低应力轴承的需要。

偶尔用于曲轴的减摩轴承使用全硬化辊轧轴承钢（如100Cr6和100CrMn6）和高纯度表面硬化铬钢来制造轴承的基础部分。

10.2.7 抗腐蚀应力的材料

发动机零件腐蚀应力的类型范围极宽。因此，为了保证发动机正常运行，许多由于成分原因毫无腐蚀防护能力的材料必须首先得到保护。在使用防腐油、油脂或漆层进行防腐处理不可能实现防腐功能的情况下，一些表面（如螺栓表面）涂覆有镀锌层、锌鳞片涂料、粘合剂锌涂层或磷酸锰涂层。

每个被冷却液浸湿的表面都将呈现出特别复杂的腐蚀应力问题。尽管每个发动机制造商只允许将质量合格的纯水用于冷却，但输送冷却液的零件的热应力和机械应力的持续作用，常常会导致以特别危险的点蚀形式出现的腐蚀破坏。材料工程中的使用涂层和防腐专用材料的补救措施已经被证实不适合于冷却回路内部的零件，实际上就是经济上不可行。内燃机研究协会（the Research Association for Combustion Engines）在20世纪60年代初出版的著作介绍了抑制冷却液体腐蚀的基本知识，从而使铝（AlMn合金）材用于制造输送冷却液的零件和散热器成为可能。

船用发动机副回路中海水冷却系统的材料选择会受到严格的限制。只有像铜合金（红铜/CuSnZnPb－C、多组分铝青铜/CuAl10Ni－C和铜镍合金/CuNi10/30Fe）或纯钛这样的特种金属才具有令人满意的耐腐蚀性。奥氏体钢在含有氮或含量大量钼合金元素时才具有足够的抵抗氯离子腐蚀的能力。由于液体和固体的污染物，使港口区域的水的腐蚀性大幅度提高，应使用塑料涂层对管路和冷却器插件进行部分保护。控制水（海水）流经路径的部件也完全用塑料制造。

10.2.8 用于功能部件的特种材料

发动机的油封、滤清器和其他的功能部件通常都用非金属有机材料制造。这里提到几个问题，仅仅表明有大量的不同零件涉及这样的材料：

1）用芳纶纤维或全新的材料组合替代石棉来制造承受热应力的平垫片。

2）越来越多地用高耐氟能力橡胶（FPM）替代丁腈橡胶（NBR）和其他的人造橡胶来制造冷却液密封件和油封。

3）用聚四氟乙烯（PTFE）来制造承受磨损应力的零件，如径向轴封圈。

4）用 Al_2O_3 或SiC陶瓷环替代特种炭环来制造水泵的端面密封圈密封件。

5）用极细的合成纤维丝代替树脂浸渍纸来制造进气滤芯和润滑油滤芯。

6）免清洗或可再回收润滑油滤清器概念。

可安装在许多不同位置的人造橡胶异形密封件，对于发动机功能仍然是不可缺少的。然而，对于批量生产的发动机，结构上的分开面（如曲轴箱与油底壳之间）现在正在开始用专门涂覆的膏状硅树脂进行密封。

10.3　材料选择应考虑的因素

评估材料是否适用于制造柴油机零件不应该仅局限在材料的成分和性能，一种全面考虑设计、制造、粗加工和精加工在内的各种因素的全局观是很重要的。最近几年，还应考虑环境保护和报废处理。除了前述各因素外，材料的成本也异常重要（图 10-8）。不仅昂贵的基础材料或合金元素，而且更重要的是，复杂的成形和机械加工方法也会对成本产生重要的影响。

图 10-8 列举了发动机制造中使用的某些材料的材料成本。铸造合金的成本变动是因为零件不同的几何形状导致了铸造工艺复杂程度的差异。材料成本的对比通常以重量为基准。由于材料的性能与充分利用量成正比，所以批量生产价格实际上更有利于比较。塑料常常评价更好。然而，由于性能差别极大的材料通常不允许采用类似的几何设计，所以一个零件必须在特定的情况下才能与另一个零件进行比较。

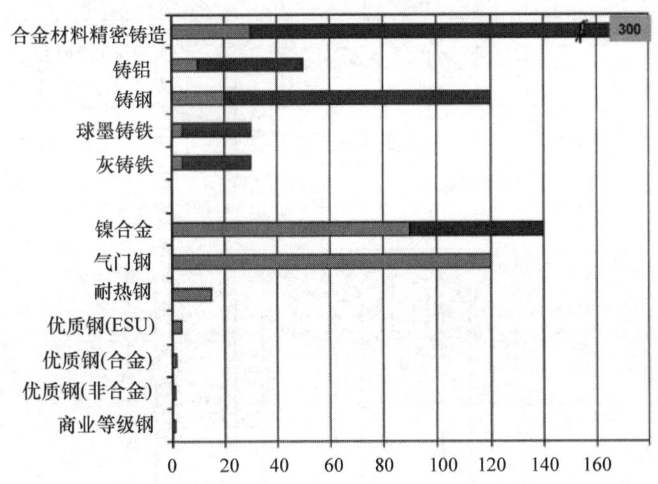

图 10-8　材料价格参考值（比较基准：商业等级钢的价格指数为 1。2005 年 12 月价格）

10.4　使用寿命概念与材料数据

在仅有几个物理性能和静态性能可以用来描述材料性能时，材料的适用性和可靠性或许只能用零件或发动机试验进行测试。为了对疲劳强度的试验研究进行补充，曾经开发了专门的评价方法。最重要的是，在发动机制造过程中，长久以来一直被接受的名义应力概念和最近一些时候才得到应用的局部应力概念（局部概念和切口基本概念）现在都在得到应用（见 7.1.3 节和 8.6 节）。尽管原始零件试验对于名义应力概念很重要（图 10-9），但是局部应力概念直接建立在使用 FE 计算的应力分析，或建立在 DMS 测量基础之上，并且只需要依据一根实心试棒来确定材料的性能。

实心试棒的性能被认为可转换成零件带切口的根部承受最大应力的材料部分的性能。塑性变形可以考虑在内。由于此类概念仍有许多空白区，所以在实践中它们常常组合使用。精确地预测疲劳强度和使用寿命均需要可靠的材料性能作为评估基础。从出版物、标准手册和材料数据库摘录的周期性变化的材料特性值，通常对于实现可靠的零件设计是不够的。在特殊情况下，已知边界条件下的试验研究是不可缺少的。为了能够进行统计分析，应使用阶梯法等方法来选择试验程序和取样数。将来，为了使寿命预测得到进一步改进，肯定会使不同材料的应力和失效特性的试验和理论综合测试成为必需之物。

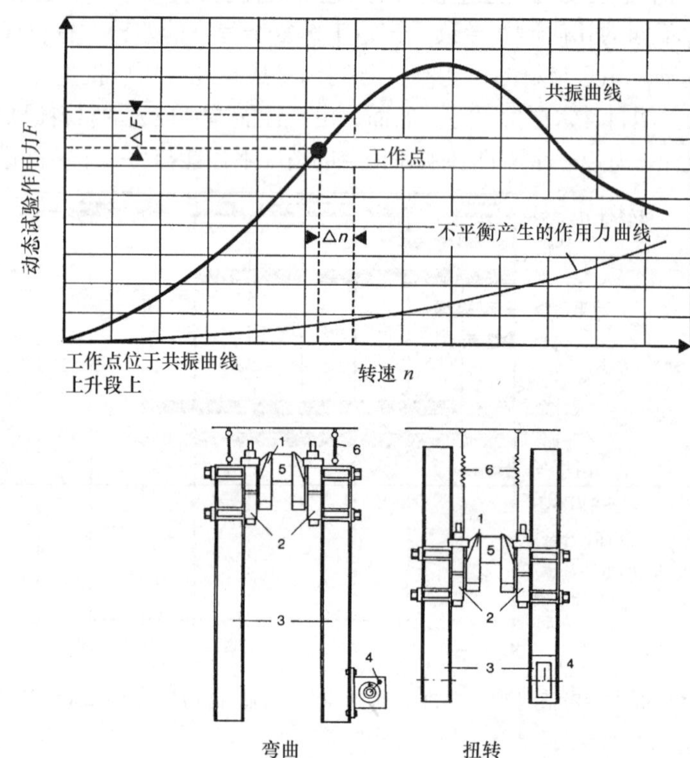

图 10-9　基于共振原理的曲轴曲柄交变循环应力试验

1—曲柄　2—夹爪　3—工字铁　4—调速机驱动的不平衡重　5—调节和监控负荷的应变仪　6—弹性悬浮装置

10.5　提高使用寿命的工艺

10.5.1　创制成形

根据任务共享原理，通过零件的断面和体积的变化，一种技术上可用的材料的性能能更好地适应广泛变化的应力，那么它就会更有价值（图10-10）。

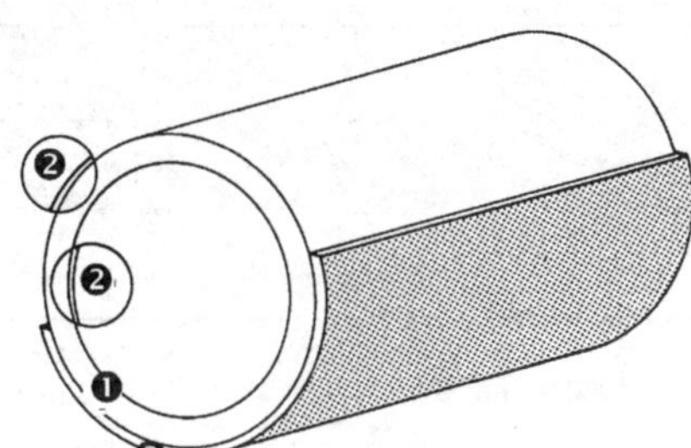

图10-10　提高发动机零件使用寿命的方法

最重要的是，因为温度、应力和磨损所引起的最大应力通常会出现在零件的表面或靠近表面的区域，朝着材料的中心应力锐减，所以对金属材料（特别是铸铁材料和钢）的不同表面处理方法具有十分重要的意义。只有借助于材料的表面处理，才能实现通过提高气缸最高压力来降低燃油消耗的目标，或在保持相同的曲柄连杆机构尺寸的情况下，通过提高制动平均有效压力来提高功率-重量比。对于诸如滑动轴承和活塞环这样的承受摩擦应力的零件，不同涂覆技术具有同样的重要性，而创制成形的其他应用技术由于经济原因并不常见。

对于钢来说，偏析和非金属夹渣仍然是问题。通过从锭铁到连续铸造的转变，改进测试技术和采用真空熔化和再熔（如电渣重熔，ESU），它们所导致的疲劳失效的风险已经大幅降低。ESU显著提高了材料韧性和疲劳强度（图10-11）。这样，对于像曲轴、活塞销和喷油泵零件这样的承受高应力的零件可以使用ESU级的调质、表面淬火和渗氮钢。

在铸件内，气孔和缩孔部位常常会形成内部切口，这样会导致失效点转移到低应力的材料内部。高温等静压制（HIP）可对此进行补救。HIP工艺所具有的高压和高温可用于将特定的铸件（例如用高镍精密铸造合金制成的涡轮和用铸造铝合金制成的曲轴箱）内部的有空隙的部位熔合在一起，因而提高了零件的疲劳强度（图10-12）。不过这种方法不能消除零件的表面空隙和缺陷。

粉末冶金（PM）能使零件的材料均匀，各向具有相同的性能。它不仅有利于低成本高效益的批量生产（如润滑油泵齿轮和气门导管），而且还允许连杆使用烧结锻造法来生产，甚至允许使用现有活塞合金进行PM件生产。

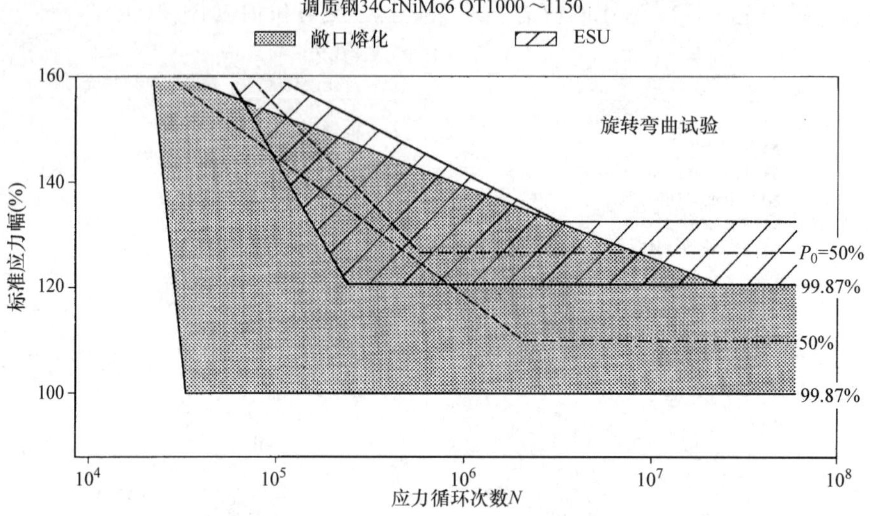

图 10-11　用电渣冶炼（ESU）法提高钢的弯曲疲劳强度。用 arcsin $\sqrt{p}$变换进行分析

更加先进的特殊粉末冶金工艺（基于 Osprey 法的热喷涂）仍然在开发中。粉末冶金的应用要求一定的最小生产数量，并且受到单件重量和形状的限制。

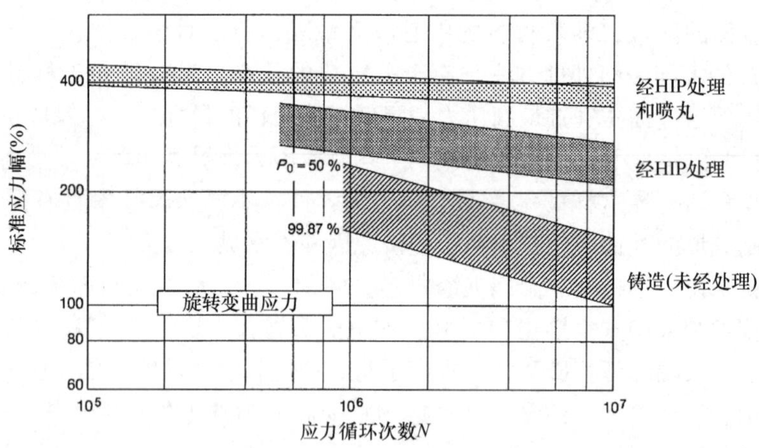

图 10-12　通过高温等静压制（HIP）处理提高铸铝合金弯曲疲劳强度。
衰退线在疲劳强度范围内

10.5.2　表面处理

铁基材料表面区域的不同处理方法的重要性在本文中无法进行详尽评价。表面处理所实现的性能提高远远超过了合金技术的作用，尤其在承受磨损和疲劳负荷的条件下。长久以来，调质和硬化方面的各种各样的热处理法已得到广泛应用，并仍在使用中。由于马氏体的形成，钢制零件表面的硬化处理还涉及零件体积的显著膨大问题。在硬化区内，体积变化将形成内应力与高的固有压缩应力相叠加的一种状态。在提高硬度和强度的同时，提高疲劳强度是表面处理的基本目的。由于平衡的原因，固有压缩应力必须通过相应的拉伸内应力得到补偿。当硬化区位置不正确时，在另一个部位可能会出现低应力失效。

渗氮化学热处理法［包括在盐浴中、气体中或等离子体中（离子渗氮）进行的相关碳氮共渗］具有类似的改善材料性能的可能性。在此必须强调，任何复合氮化物层的孔隙率和渗氮表面，对于破坏效应和平均应力的敏感度往往较高。因此，螺纹区根本不应该渗氮处理。

尽管渗氮对提高金属的强度潜力最大，但很长时间以来，机械形变硬化法被忽视了。铸件和锻铝合金的简单喷砂清理已经使疲劳强度显著提高。机械形变硬化的选择范围从喷丸、冲击压缩和滚压，到各种不同的滚子挤压法。根据硬化方法，显微几何结构的整平和表面区的塑性变形使性能得到了改善，同时像热处理一样，硬化法提高了强度，并产生了适当的内部压缩应力。

对内部受压的零件所进行的内表面挤压硬化（自紧工艺）是一种在极高内压力下，通过不可重现应力对内表面进行增塑处理，从而使内表面承受压应力的特种方法。这种方法很适合于可靠地应对 St30Al 无缝冷拔喷油管内的1500bar 以上的高压。

10.5.3 涂覆

虽然涂覆技术在承受滑动和磨损应力的发动机零件的开发中提供了极大的便利，但是它们在其他零件组中所起的作用仍然较小（表10-4）。通常必要的制造过程中断，以及常常显著增加的成本构成了批量生产中的障碍。但是，发动机技术中的复杂领域（例如活塞-活塞环-气缸套系统），仍需要专门的定制解决方案，所以许多工艺方法和涂层都在开发中，并已在实验室规模进行试验。除了已经确认的化学涂覆和电化学涂覆、金属注塑成形和硬化表面焊等方法之外，主要还期望依据物理和化学蒸气沉积法（PVD 和 CVD）的解决方案得到应用。

表10-4 发动机零件涂层的可能应用

涂覆方法	涂层类型	应用
电化学涂覆（电镀和化学沉积）	1）Cr	1）气缸套、气缸盖、气门杆、活塞顶部零件、活塞环槽
	2）Cr、Cr-Al_2O_3	2）活塞环
	3）Ni-SiC/NiKasil	3）气缸套
	4）PbSnCu/CuPb	4）滑动轴承耐磨层
	5）Zn	5）螺纹连接件、螺栓、管件
	6）Zn/Mn-磷酸盐	6）低合金钢零件、螺栓
	7）（硬质）阳极氧化镀层	7）铝质零件、活塞

（续）

涂覆方法	涂层类型	应　用
物理蒸汽沉积（PVD）	1）TiN	1）喷油泵柱塞、控制零件
	2）WC/C	2）喷油泵柱塞、控制零件、轴向密封圈密封件
	3）AlSn	3）滑动轴承耐磨层
热喷涂法	1）Mo	1）活塞环、径向轴封密封圈
	2）金属/陶瓷混合涂层	2）活塞环
	3）ZrO_2	3）输送废气和靠近燃烧室的零件
硬质表面焊	硬质合金	气门、气门座
喷漆/机械涂覆	1）石墨化处理	1）活塞
	2）减摩漆	2）螺栓
	3）塑料涂层	3）输送海水的冷却器零件、弹簧
	4）含有金属的烤漆层	4）螺栓、弹簧

10.6　发展趋势

10.6.1　材料

一旦先进工程设计、先进的制造加工和热处理技术的潜力得到发挥，就可以利用已被广泛应用的传统材料的性能，来实现许多现代发动机开发目标。然而，各种零件具有不同且复杂的负载条件，同时新的发动机制造要求继续支配着材料工程的新技术需求（图10-13）。对于车用发动机来说，轻量化制造需求在继续增长。

轻量化的最大希望存在于用结构陶瓷替代传统金属上。在发动机制造中，这些结构陶瓷是以氮化物、碳化物和金属氧化物为基础的非金属无机材料。由于使用绝热燃烧室来获取更高热效率的绝热发动机已被证实是不可行的（见7.2节），所以未来可能的应用主要包括：降低摩擦和磨损（活塞环、气缸套和气门导管），减小运动质量（气门、活塞销和废气涡轮增压器涡轮）和排气系统隔热处理。虽然陶瓷材料的许多性能优于钢（表10-5），但是，由于成本的缘故，大多数发动机零件以陶瓷代替钢是不可能的。另外，在设计工程中必须考虑它们的变形和失效性能的不足，并且必须在开发中克服这些不足。除了个别已经常见的陶瓷结构零件（如高应力轴向水泵密封圈和挺杆滚轮）外，先进的陶瓷涂层将最可能作为标准工艺使用（如用于活塞环）。通过涂层和复合材料结构的绝热作用，更小直径的涡轮增压器涡轮和气门，以及其他的发动机控制部件在技术上已经可行。

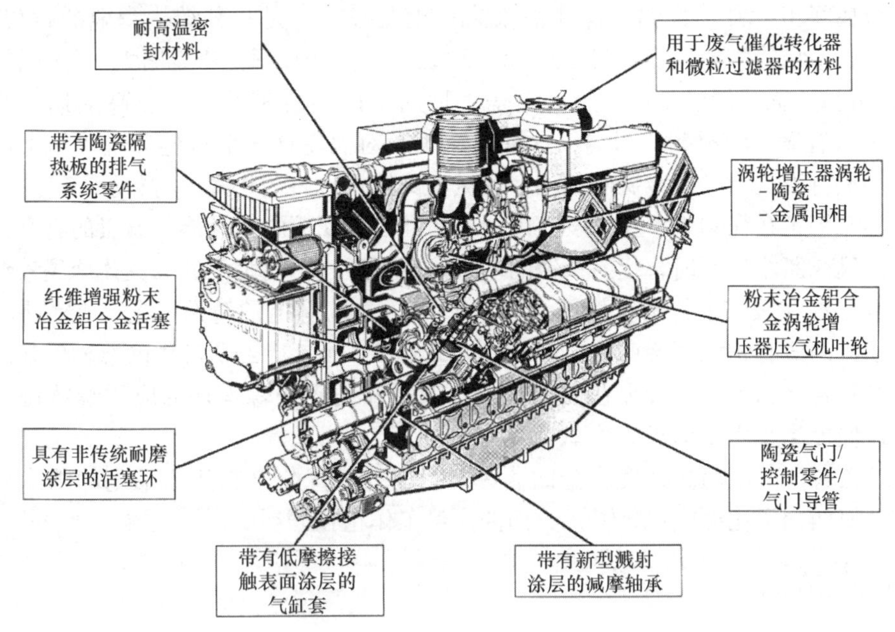

图 10-13　材料发展的未来目标

表 10-5　用于发动机制造的陶瓷材料与钢的性能比较

材料性能	密度 ρ/(g/cm^3)	杨氏模量 E/GPa	伸长系数 α/[$\times 10^{-6}$ m/(m·K)]	热导率 (λ/W)/(m·K)	抗拉和弯曲强度 R/MPa	最高工作温度 Tmax/℃	可能的应用
氮化硅 SiN	2.5～3.2	180～320	3.0～3.5	11～35	220～700	>1400	活塞、气缸套、预燃室、气门导管
碳化硅 SiC	2.5～3.2	350～410	4.4～4.8	70～90	300～450	1600	涡轮增压器涡轮
氧化铝 Al_2O_3	3.9	360	4.0	30	300	1200～1900	轴封圈、结构增强材料
氧化锆 ZrO_2	5.8	200	9.5	2.5	>500	900	活塞、气缸套、气缸盖垫板、气门、排气道衬里
钛酸铝 Al_2TiO_5	3.2	20	2.0	2.0	40	900	活塞顶凹坑、排气道衬里
调质钢 34CrNiMo6	7.8	210	11.0	50	1000	500	曲柄连杆机构零件（曲轴、连杆等）

纤维增强或高级粉末冶金铝合金，在应用于诸如活塞或废气涡轮增压器压气机叶轮这样的需要高性能材料的零件方面具有潜力。由于使用聚合物材料可以降低零件重量、噪声和成本，所以工程人员在发动机周围的轻负荷区域（各种盖板和整

流罩）使用聚合物材料的兴趣越来越浓。

金属间相材料（如铝化镍和铝化钛）正在被认为是一种结构陶瓷的替代物。金属间相与结构陶瓷（氮化硅$\rho=2.5\sim3.2\text{g/cm}^3$）相比只是密度略大（铝化钛$\rho=3.8\text{g/cm}^3$），而延展性更好，所以它是一种用于内燃机零件（承受高加速度和高温）的很有潜力的材料。目前，这种材料正在对涡轮增压器涡轮和排气门上的初始应用进行测试。除了金属间相外，高氮奥氏体钢也将用作气门材料。

AFP钢正在得到进一步开发，以便提高强度和屈服强度性能。昂贵的合金元素正在由硼或氮添加剂所替代。铸铁的型号范围可通过更高强度的贝氏体球墨铸铁的型号（已经在级间进行调质处理）得以扩展。一旦稳定的铸造工艺（烧结铸造）在发动机的所有领域都会产生显微组织，蠕墨铸铁可能会经历应用的急剧增长。

在轻合金当中，镁合金在曲轴箱、缸盖罩和油底壳等零件的应用继续得到推进，以便提高车用发动机的功率-重量比。

有关替代高温超高强度合金的非传统材料及其优化（如用于活塞的细晶粒碳钢和金属间相铝化钛或铝化镍）方面的大量工作正在开展中。

10.6.2 方法

研究加工方法的基本目的是进一步开发和完善用于低成本制造的加工工程技术。10.5节所介绍的加工方法正在借助一些新的研究成果而得到进一步优化和补充。对这些方法举例如下：

1）硬车削。

2）喷水切削和应变硬化。

3）连杆和主轴承盖的撑断。

4）重熔和表面涂层加入合金。

5）铝质气缸套的激光渗透合金。

6）涡轮/轴的连接使用的激光焊接和电子束焊接。

7）涡轮叶片的径向轴承接触表面的激光淬火和电子束淬火。

8）离子束技术（植入）。

然而，上述各种加工方法的应用可能性还难以进行详细评估，具体可参见参考文献[10-10，10-27，10-32，10-33，10-22，10-8]。

10.6.3 环境

许多对环境可能有害的材料现在已经被替代。在某些情况下，这可能涉及用磷酸盐和锌涂层替代镉涂层，以及用其他纤维材料替代石棉的问题。随着新的技术发展和新的要求出现，可望会出现新工艺和新材料。现在，不含Cr（VI）元素的防腐保护涂层即将用于螺栓（10.2.3节），同时滑动轴承已经普及无铅轴承合金。对零件和材料进行系统的回收利用这一策略也将在未来发挥作用。尤其是资源供给问题仍然必须得到解决。

将来，与降低排气污染物相关的难题需要全新的解决方案才能解决。特别是需要即使在低温下也能起作用的合适的催化剂材料和过滤炭烟的材料和滤芯。可以预计，在这一领域会出现保持和提升柴油机在市场上的竞争力的革新技术。

参 考 文 献

10-1 Sperber, R. (Hrsg.): Technisches Handbuch Dieselmotoren. Abschn. 9, Berlin: Verlag Technik 1990

10-2 Schmidt, R.M.; Trebs, J.: Werkstoffe im Hochleistungsdieselmotor. Ingenieur-Werkstoffe 4 (1992) 1/2, S. 56–59

10-3 Bargel, H.J.; Schulze, G. (Hrsg.): Werkstoffkunde. 9. Aufl. Berlin/Heidelberg/New York: Springer 2005

10-4 Metals Handbook. American Society for Metals. Metals Park, Ohio 44073

10-5 Stahlschlüssel. 20. Aufl. Marbach: Verlag Stahlschlüssel 2004

10-6 Aluminium-Zentrale (Hrsg.): Aluminium Taschenbuch. Bd. 1, 16. Aufl.: Grundlagen und Werkstoffe (2002); Bd. 2, 13. Aufl.: Umformen, Gießen, Oberflächenbehandlung (1999); Bd. 3, 16. Aufl.: Weiterverarbeitung und Anwendung (2003). Düsseldorf: Aluminium Verlag

10-7 Klein, M.: Einführung in die DIN-Normen. 13. Aufl., Berlin: Beuth 2001

10-8 Coenen, H.P.; Wetter, E.: Das Pressenschmieden von Kurbelwellen. Thyssen Edelstahlwerke AG: Technische Berichte (1988) 2

10-9 Adlof, W.: Neuere Entwicklungen bei geschmiedeten Kraftfahrzeug-Kurbelwellen. Schmiede-Journal (2001) 9

10-10 Adlof, W.: Fortschritte beim Schmieden großer Kurbelwellen. Schmiede-Journal Report 1999

10-11 Pischel, H.: Stand und Entwicklungstendenzen beim Herstellen von Pleueln. Werkstatt und Betrieb (1990) 12, S. 949–955

10-12 Benz, G.: Harte Schichten für hohe Beanspruchungen. Bosch Research Info (2001) 3

10-13 Greuling, S., et al.: Dauerfestigkeitssteigerung durch Autofrettage. FVV e.V., Heft R 506, Frankfurt 2000, S. 29–46

10-14 Jorach, R.; Doppler, H.; Altmann, O.: Heavy Fuel Common Rail Systems for Large Engines. MTZ Motortechnische Zeitschrift 61 (2000)

10-15 Kayser, K.: Hochfeste Schraubenverbindungen. Die Bibliothek der Technik, Bd. 52. Landsberg/Lech: Verlag Moderne Industrie 1991

10-16 Fußgänger, A.: Eisengußwerkstoffe im Fahrzeugbau gestern, heute – morgen? Konstruktion 44 (1992), S. 193–204

10-17 Krebs, R. et al.: Magnesium Hybrid Turbomotor von Audi. MTZ (2005) 4

10-18 Schöffmann, W. et al.: Magnesium Kurbelgehäuse am Leichtbau-Dieselmotor. Magdeburg: VDI Verlag 2005

10-19 TRW Thompson, Barsinghausen: TRW-Motorenteile. 7. Aufl. 1991

10-20 Escher, C.: Druckaufgestickte Stähle für Verbrennungsmotoren – Fortschr.-Berichte VDI 5/569 Düsseldorf: VDI Verlag

10-21 Walter, G.; Eyerer, P. (Hrsg.): Kunststoffe und Elastomere in Kraftfahrzeugen. Stuttgart: Verlag Kohlhammer 1985

10-22 Haibach, E.: Betriebsfestigkeit. Verfahren und Daten zur Bauteilberechnung. Berlin/Heidelberg/New York: Springer 2002

10-23 Sonsino, C.M.: Zur Bewertung des Schwingfestigkeitsverhaltens von Bauteilen mit Hilfe örtlicher Beanspruchungen. Konstruktion 45 (1993), S. 25–33

10-24 Gräfen, H. (Hrsg.): VDI-Lexikon Werkstofftechnik. Düsseldorf: VDI-Verlag 1991

10-25 Hofer, B.W.: Nachverdichten statt Nachgießen – Verbesserung der Eigenschaften durch heißisostatisches Pressen. Gießerei 75 (1988) 2/3, S. 45–49

10-26 DVM-Arbeitskreis Betriebsfestigkeit: Moderne Fertigungstechnologien zur Lebensdauersteigerung. 17. Vortrags- und Diskussionsveranstaltung GF/Schaffhausen Schweiz. 16. u. 17.10.1991

10-27 Technische Keramik. Jahrbuch Ausgabe 1. Essen: Vulkan-Verlag 1988

10-28 Tietz H.D. (Hrsg.): Technische Keramik – Aufbau, Herstellung, Bearbeitung, Prüfung. Düsseldorf: VDI-Verlag 1994

10-29 Eisfeld, F. (Hrsg.): Keramik-Bauteile in Verbrennungsmotoren. Referate der Fachtagung am 15. u. 16.3.1988 in Essen. Wiesbaden: Vieweg 1988

10-30 Dowling, W.E. Jr.; Allison, J.E.; Swank, L.R.; Sherman, A.M.: TiAl-Based Alloys for Exhaust Valve Applications. SAE-Paper 930620. International Congress and Exposition Detroit/Michig. 1993

10-31 Georg Fischer Formtech AG Schaffhausen, Schweiz: Pleuel Cracken 1993

10-32 Haefer, R.A.: Oberflächen und Dünnschicht-Technologie Teil II. Berlin/Heidelberg: Springer 1991

10-33 Weibrecht, A.: Ölwannen aus SMC. Kunststoffe 88 (1998), S. 318–322

10-34 Weber, A. (Hrsg.): Neue Werkstoffe. Düsseldorf: VDI-Verlag 1989

10-35 Werkstoffe im Automobilbau 1999/2000. Sonderausgabe ATZ/MTZ 1999

10-36 Knippscheer, S.; Frommeyer, G.: Intermetalic TiAl(Cr,Mo,Si) Alloys for lightweight engine parts – Structure, Properties and Applications. Advanced Engineering Materials 1 (1999) 3/4

第三部分　柴油机的工作

第 11 章　润滑剂和润滑系统
第 12 章　起动和引燃辅助系统
第 13 章　进气与排气系统
第 14 章　排气余热的回收

第 11 章 润滑剂和润滑系统

11.1 润滑剂

11.1.1 柴油机润滑油的要求

柴油发动机不仅对每一个部件的承载能力都提出了很高的要求，而且对润滑剂，例如润滑油，也提出了严格的要求。因此，这些润滑剂属于技术上比较复杂的工作介质。由于乘用车和商用车柴油机的工作条件与大型柴油机有明显的差异，因此，需要根据不同用途选用经过不同优化的润滑油。

发动机润滑油不仅是一种润滑剂，而且是对发动机的功能和使用寿命具有重要影响，并需要综合考虑的一个关键性设计因素。因此，润滑油的指标必须与发动机的技术质量标准相匹配。摩擦学上优化过的润滑油膜（它决定着发动机的摩擦和磨损特性），只有在机械负荷和热负荷（尤其是磨合）条件下，部件表面和润滑油相互作用时才能形成。不同的发动机设计概念对发动机润滑油提出了完全不同的要求，这就需要制造商必须分别在润滑系统、维护方法、发动机部件和工艺技术设计规范中详细说明。更重要的是，从京都议定书签订和各国纷纷制订排放标准开始，减少气候相关的气体和污染物排放的新技术规定了很具体的额外要求，这就有必要对影响燃料经济性的发动机润滑油和催化剂兼容配方进行研发。

发动机润滑油必须至少于下一次定期更换润滑油之前，能在各种工作条件下履行其所有的功能，这远远超过润滑油的单一润滑功能。

由发动机工作所需要的主要功能派生的对润滑油的要求，按化学、物理性能和技术性能表征为：

1）滑动表面的分离。

2）力的传递。

3）多余产物的中和。

4）磨损防护。

5）防腐。

6）密封。

7）冷却。

表11-1给出了发动机润滑油的功能，以及有效完成发动机润滑、确保发动机良好运行所必要的综合性能。一方面，某些功能必须被整体地而不是彼此分开看待。另一方面，必须具有不同的和部分相互矛盾的性能，以便能同时获得最佳工作条件。发动机润滑油的性能可以细分为以下几点经简化的复合特性：

表11-1 发动机润滑油的功能及其综合性能要求

功能	发动机部位和工作状态	综合性能要求
将滑动表面隔开，并且		
1. 传递力		
1）通过在压力作用下的承载膜	具有液体摩擦的摩擦点	高黏度表面活性/高黏度（EP和AW性能）[a]
2）通过理化反应膜	具有混合摩擦的摩擦点	
2. 中和不需要的产物（防污染）的中和性能和清净分散功能		
1）液体杂质的中和 2）固体杂质的悬浮	较低和较高的工作温度	中和性能和清净分散性能
3. 磨损防护		
1）见1. 中的1）	具有液体摩擦的摩擦点	高黏度毛细管活性/高黏度（EP和AW性能）
2）见1. 中的2）	具有混合摩擦的摩擦点	
4. 防腐		
1）见1. 中的2）	较低和较高的工作温度发动机的停转和运行	表面活性
2）见2. 中的1）		中和性能
5. 密封	活塞－活塞环区域/气缸壁	高黏度
6. 冷却	具有液体摩擦和混合摩擦的区域	散热性能/低黏度

[a]适用于低磨损（抗磨损）情况下的最大压力（极限压力）

1）黏度和流动特性。

2）表面活性。

3）防腐性能。

表面活性根据它是否影响发动机部件表面或根据杂质含量进行区分的。防腐性能是指既能中和燃烧产物，又能稳定润滑油本身抵抗氧化降解的能力。除了主要功能外，对发动机润滑油提出了以下额外要求：

1）对密封材料呈中性。

2）低发泡倾向。

3）较长的使用寿命和换油时间间隔。

4）较低的润滑油消耗。

5）低油耗。

6）较低的排放控制系统的负荷。

11.1.2　润滑油组成和成分

与其他润滑油相同，发动机润滑油也是由基础油或基础油混合物，与添加剂或制剂组成的。纯矿物油、矿物油与合成油的混合油，或纯合成润滑油通常被用作基础油。除传统的矿物油外，加氢裂化润滑油和某些合成油，如聚 α 烯烃或双酯、多元醇酯等都是非常重要的，对多级油产品尤其如此。

合成油常被用作基础油组分，因为它们比矿物油具有更高的氧化稳定性、较低的蒸发损耗、更少的碳残留物和更好的抗温度 - 黏度变化能力。然而，合成油的可溶性较差，与密封材料的相容性也存在较大的问题。但总的来说，只有合成油才能满足对润滑油最严格的要求。

目前的发动机润滑油全都含有添加剂来履行它们应有的功能，因此这些润滑油被称为全配方调配油。以前常见的无添加剂润滑油已不再使用。先进的高性能发动机润滑油可能会含有表 11-2 列出的不同类型添加剂。表 11-2 中包括各类添加剂中常见的化学组成和添加剂有关功能的一些信息。

表 11-2　润滑油添加剂的类型、化学组成和功能

添加剂类型	化学组成举例	功　能
1. 碱性清洁剂	钙或镁磺酸盐、苯酚盐或水杨酸盐	1. 酸的中和 2. 抑制漆膜的形成
2. 无灰分散剂	聚异丁烯丁二酰亚胺	1. 炭烟和氧化产物的分散 2. 抑制杂质和漆的沉积
3. 抗氧化剂	二硫代磷酸锌，受抑制的酚、磷硫化烯烃、金属盐、胺	抑制润滑油的氧化和变稠
4. 高压（极压）添加剂	二硫代磷酸锌、有机磷、有机硫化合物	抑制磨损
5. 防腐蚀/防锈添加剂	钙或磺酸钠、磷酸胺、二硫代磷酸锌	抑制腐蚀
6. 黏度指数改进剂	聚甲基丙烯酸酯、乙烯丙烯共聚物，苯乙烯 - 丁二烯共聚物	减少因温度升高导致的黏度下降
7. 消泡剂	硅化合物、丙烯酸酯	抑制较强循环时的发泡
8. 摩擦改进剂	脂肪酸、脂肪酸衍生物、有机胺、氨基磷酸酯、通常较温和的极性添加剂	减少因摩擦而产生的损耗

清洁剂和分散剂将其极性的“端头”与不溶于润滑油的燃烧和氧化产物相连接，借助于它们亲油的碳氢链来保持它们处于悬浮状态，从而抑制杂质在金属表面上的沉积、润滑油变稠和发动机中淤积物的形成。碱性（高碱性）清洁剂含有超化学计量的金属离子（钙、镁），因而具有额外的防腐蚀功能。它们的碱性对进入润滑油的酸性燃烧产物进行中和。润滑油的碱性由TBN（总碱值）进行标定。它是润滑油的一个非常重要的指标，尤其是对使用高硫含量重质燃油工作的大型柴油机更是如此。特别是对大型发动机气缸的润滑来说，高碱性、可溶的添加剂形成碱值高达100（相当于每克润滑油中100mg KOH）的均匀单相润滑油，能减少化学腐蚀磨损的危险。对添加剂还有一个要求，即在燃烧过程中只产生具有软结构的最少灰分。

无灰分散剂的极性头组仅含有氧和氮原子的官能团，因此没有成灰的金属离子。具有一小部分高分子亲油分子的分散剂，还能额外发挥黏度指数（Ⅵ）改进剂的功能。

抗氧化剂的作用是抑制通过氧化反应产生的润滑剂的降解。受抑制的酚类通过捕获自由基使碳氢化合物氧化的链式反应中断，同时二硫代磷酸锌则通过相互作用来干扰氧化过程中过氧化物的形成。

黏度指数（VI）改进剂是长链碳氢聚合物，它在较低温度时以紧凑的球形聚集（主要是分子内相互作用），并在高温时再次解散，从而引起润滑油随黏度的增加（随分子间的相互作用的增加）而变稠。具有黏度指数改进剂的润滑油配方必须考虑到能够补偿因机械剪切而可能产生的功效下降（剪切稳定性），以及轴承间隙中在高温和高剪切速率时黏度（HTHS黏度）的瞬时减小。在这方面，高性能润滑油的配方越复杂，价格越昂贵，但它是技术上更有利的一种方法，因为高性能润滑油的基础油对黏度-温度变化有良好的抵抗能力（如合成油），而且具有相对低含量的精选的VI（黏度指数）改进剂。永久性和瞬时性黏度损失对润滑油的影响越来越大，对燃料经济性利好的发动机润滑油来说更是这样。所谓品质稳定的润滑油能够在其使用寿命期间维持SAE分类规定的黏度限值不变。

流动改进剂的添加能阻碍矿物基础油中含有的烷烃（蜡）的结晶，从而改善润滑油的低温流动性能。

摩擦改进剂（FM）又称减磨添加剂，它与减少燃料消耗的其他措施结合起来，呈现出越来越大的重要性。它们在混合摩擦区域，通过在摩擦表面上形成吸附层来减少固体摩擦产生的黏附，这个吸附层能够将相互摩擦的金属表面隔开。在混合摩擦条件下，无灰的、纯有机FM对摩擦表面具有高亲和性的极端极性头组，而且具有能分离摩擦表面的烯烃链。含钼有机FM通过形成减摩硫化钼而作用于摩擦点上。

成灰的燃烧产物、含硫和含磷添加剂是潜在的催化剂毒物，它会降低三元催化转化器和柴油机颗粒过滤器的使用寿命。因此，已研发了与催化转化器兼容的高性能润滑油，它具有较低限值的硫、磷和硫酸盐灰分含量。

11.1.3 发动机润滑油的特性

11.1.3.1 一般特性

本章 11.1.1 节所叙述的对润滑油的要求通常是以下列标准的组合为特征：

1）理化数据，如密度、闪点、黏度、碱储量、硫酸盐灰分等（新鲜的和用过的润滑油所具有的）。

2）从标准化以及非标准化的单缸和多缸发动机（例如，MWM B，OM 602 A，OM 411 LA）的测试运转中测得的值。

3）从比较严密或不太严密控制的道路试验中测得的结果。

4）来自于现场运行的经验值。

表 11-3 给出了可选择的物理、化学及工艺试验的方法，可以用来测定新的和用过的发动机润滑油。

表 11-3 用来表征新的和用过的润滑油和基础油组分特性的物理、化学及工艺试验方法

参数	标准	参数	标准
密度	DIN 51 757	灰含量	
闪点和燃点		氧化物	DIN ISO 6245
新油参数	DIN EN ISO 2592	硫酸盐	DIN 51 575
旧油参数	DIN EN 22719	密封材料性能	
黏度		膨胀	DIN 53 521
乌氏值	DIN 51 562	肖氏硬度	DIN 53 505
芬氏值	DIN 51 366	球压硬度	DIN 53 519
黏度指数	DIN ISO 2909	基准弹性丁腈橡胶（抗拉强度试验）	DIN 53 504
m 值	DIN 51 563		
冷起动模拟器	ASTM D 5293	磨损试验	
迷你转动黏度计	ASTM D 4684	FZG 测试	DIN 51 354
冷黏度	DIN 51 377	VKA 测试	DIN 51 350
润滑油的 SAE 级	DIN 51 511	铁含量	DIN 51397
中和值	DIN 51 558	IR（红外）分析	DIN 51451
皂化值	DIN 51 559	IR（红外）炭烟含量	DIN 51452
总碱值	DIN ISO 3771	X－射线荧光分析（RFA）	DIN 51396－2
结焦倾向		积炭	DIN 51 378
康拉德逊值	DIN 51 551	金属含量（Ba，Ca，Zn）	DIN 51 391
拉姆斯博顿值	ASTM D 524	镁含量	DIN 51 431

（续）

参　　数	标　　准
氯含量	DIN 51 577
磷含量	ASTM D 1091
硫含量	DIN 51 768 DIN 51 450
铅含量	ASTM D 810
其他金属（Sn、Si、Al 等）	ASTM D 811
颜色（ASTM）	DIN ISO 2049
蒸发	DIN 51 581
发泡倾向	
Seq. 1 - 3	ASTM D 892
Seq. 4	ASTM D 6082
空气分离性能	DIN 51381
时效稳定性	DIN 51 352 IP 48
氧化稳定性	ASTM D 2272
热稳定性	MIL - Ⅱ -27601A
剪切稳定性：机械的	DIN 51 381
超声处理	ASTM D 2603
防腐蚀试验	
海水含量	DIN 51 358
HBr	DIN 51 357
不溶物质	
膜过滤方法	DIN 51 592
水分 - 蒸馏法	DIN ISO 3733
乙二醇含量	DIN 51 375
润滑油含量（在二冲程机型的混合物中）	DIN 51 784
采样	DIN 51 750
测试误差	DIN 51 848

11.1.3.2　SAE 润滑油黏度等级

美国汽车工程师学会（SAE）采用了国际上应用的黏度分类方法。表 11-4 给出了润滑油黏度 SAE J300 分类的摘录。它涵盖“冬季”润滑油 SAE 0 W 至 SAE 25 W 和“夏季”润滑油 SAE 20 至 SAE 60。冬季润滑油必须满足在低温条件下的最大黏度和在高温下最小黏度的要求。相比之下，夏季润滑油只有一个最低的高温黏度的要求。高温和高剪切速率时最小黏度的要求也于 1994 年被采纳。

假如预期的外界温度允许，单级和多级润滑油都可以用作发动机的润滑油。行业领先的制造商越来越多地使用有利于燃料经济性的润滑油，如 0W－30。在现代高性能发动机中遵守制造商润滑油规格的说明是很必要的。在中欧，单级油已不常见。

11.1.3.3　润滑油的分类、规格和测试

1. 军用规格

润滑油测试原则，以及精确的测试运行程序规范已有明确定义，以便对按工作条件定制的润滑油性能进行评价。美国军用领域的规范，MIL－L－2104（不同字母表示不同的版本）在世界各地曾经是非常重要的，甚至在民用领域也是如此。但现在此标准已经被其他标准替代。

表 11-4　根据 SAE J 300（2007）* 确定的润滑油黏度等级摘录

SAE 黏度等级①	低温起动（CCS）黏度②最大值		低温泵送黏度③最大值，无屈服应力		100℃时低剪切速率运动黏度④/(mm^2/s)		150℃时高剪切速率黏度⑤（mPa s）和 10^6 s^{-1} 最小值
	mPa s	℃	mPa s	℃	最小值	最大值	
0W	<6200	-35	<60000	-40	3.8		—
5W	<6600	-30	<60000	-35	3.8		—
10W	<7000	-25	<60000	-30	4.1		—
15W	<7000	-20	<60000	-25	5.6		—
20W	<9500	-15	<60000	-20	5.6		—
25W	<13000	-10	<60000	-15	9.3		
20	—		—		5.6	<9.3	2.6
30	—		—		9.3	<12.5	2.9
40	—		—		12.5	<16.3	3.5⑥
40	—		—		12.5	<16.3	3.7⑦
50	—		—		16.3	<21.9	3.7
60	—		—		21.9	<26.1	3.7

注：* SAE J300 润滑油黏度分类，2007 年 11 月修订，2009 年 5 月生效。①按照 ASTM d3244 的要求；②CCS -冷起动模拟：ASTM D5293 或 DIN 51 377；③MRV -迷你转动黏度计：ASTM D 4684；④ASTM D445 或 DIN 51 562；⑤ASTMD4683 或 CECL-36-a-90（ASTM D4741）；⑥用于 0 W-40，5 W-40 和 10 W-40 润滑油；⑦用于 15 W-40，20 W-40，25 W-40 和 40 润滑油

2. 民用规格

通常的民用润滑油分类、规格和润滑油性能与制造商所说的这些参数之间是有区别的。普遍有效的民用润滑油的规格和分类包括了 API（美国石油学会）和 ACEA（欧洲汽车制造商协会）各自制订的规格和分类，它们已取代了 CCMC（欧洲润滑油检验认证标准）的分类。

现在 API 级润滑油特别重要。

1）SM、SL 和 SJ 汽油机润滑油。

2）CJ-4、CI-4、CH-4、CG-4、CF-2 和 CF 柴油机润滑油（表 11-5）。

ACEA 采用的 AxBx 分类用于乘用车的汽油机和柴油机润滑油（表 11-6），Ex 类用于商用车柴油机润滑油（表 11-7）。新的分类 Cx 用于催化剂兼容的润滑油，以保证三元催化转化器和柴油机颗粒过滤器能有更长的使用寿命，以及燃油消耗可持续减少。已有 ACEA 测试程序用于：

1）乘用车汽油机和柴油机：A1/B1 -08、A3/B3 -08、A3/B4 -08 和 A5/B5 -08。

2）催化剂兼容的润滑油：C1 -08，C2 -08 和 C3 -08（表 11-8）。

3）商用车柴油机：E4－08、E6－08 和 E7－08（表11-9）。

ACEA 扩大了发动机测试运行的范围。对催化剂兼容的 Cx 润滑油引入或收紧了硫酸盐灰分以及硫、磷含量的限值。

ACEA 比 SAE 黏度的要求更加严格。下列发动机试验是为上述要求而设定的：

1）活塞环黏滞和活塞清洁度（CEC－L－78－T－99）：VW－1.9－1－DI（它取代了 VW1.6 TC D），需要与 RL 206 比较并以规定步骤对润滑油性能进行示范。

2）气缸孔光洁度和活塞清洁度：OM－501LA－测试（CEC－L－101－08）是为 E4～E7 润滑油确定的质量标准。在活塞环槽中尽管减少潜在沉积是至关重要的。

3）润滑油稠化：选用 Mack T－8E（Mack T11 用于 E9－08）作为对每小时黏度增加的限制。

4）磨损：选用 OM 646 LA CEC L－099－08 发动机进行磨损和其他标准测试。

5）黏度的增加和活塞清洁度，在标致 DV4TD CECL－093－04 发动机上进行测量。

当然，一些发动机制造商已经开发了自己的润滑油分类和规格。举例如下：

1）MAN 270 和 271。

2）QC 13－017。

3）梅赛德斯－奔驰 228.1 至 229.5。

4）MTU MTL 5044。

5）沃尔沃 Drain 规范 VDS 和 VDS－2。

6）VW 505.00 至 507.00。

有的制造商对某些技术（柴油机颗粒过滤器和单体喷油器）和使用维护（延长换油间隔周期）方面增加的要求超过了 ACEA 规格。

以重油作为燃料的大型柴油机所使用的碱性润滑油不存在国际规范。因此，对这种润滑油的要求只有在制造商的设施条件下经较长的测试运行后才能批准。但是，除了它们的 TBN（总碱值）外，其他要求必须至少满足 MIL－L－2104C 或 API CD 规范（表11-4）。

表11-5　柴油机润滑油的 API 分类

类别	状态	使　用
CJ－4	在用	2006年被采用。用于为满足2007年版公路废气排放标准而设计的高速、四冲程发动机，这种发动机全都使用至多含硫量 500×10^{-6}（质量分数，后同）的柴油，具有有效持续的排放控制系统耐久性，采用柴油机颗粒过滤器和其他先进的后排气处理系统。对控制催化剂中毒、颗粒过滤器阻塞、发动机磨损、活塞沉积物、低温和高温稳定性、炭烟处理性能、氧化增稠、发泡和由剪切引起的黏度损失能起到最佳保护。可用来替代具有 CI－4 +的 API CI－4、CI－4、CH－4、CG－4 和 CF－4。CJ－4 润滑油与含硫量高于 15×10^{-6} 的燃油一起使用可能会影响废气后处理系统

（续）

类别	状态	使　　用
CI－4	在用	2002 年被采用。用于高速、四冲程发动机，以满足 2002 年实施的 2004 版废气排放标准。CI－4 润滑油是为了使用废气再循环（EGR）的情况下维持发动机的耐久性，适用于柴油中硫的质量分数至多 0.5% 的柴油机。可用来替代 CD、CE、CF－4、CG－4 和 CH－4 润滑油。一些 CI－4 润滑油也达到了CI－4＋的标准
CH－4	在用	1998 年被采用。用于高速、四冲程发动机，以满足 1998 版废气排放标准。CH－4 润滑油是专门配制用于柴油中硫的质量分数至多 0.5% 的柴油机。可用来替代 CD、CE、CF－4、CG－4 润滑油
CG－4	在用	1995 年被采用。用于重型、高速、四冲程发动机，使用硫含量分数小于 0.5% 的柴油。CG－4 润滑油用于能满足 1994 版排放标准的柴油机。可用来替代 CD、CE、CF－4 润滑油
CF－4	废弃	1990 年被采用。用于高速、四冲程、自然吸气和涡轮增压的柴油机。可用来替代 CD、CE 润滑油
CF－2	在用	1994 年被采用。用于重型、二冲程柴油发动机。可用来替代 CD－Ⅱ润滑油
CF	在用	1994 年被采用。用于越野、间接喷油和其他柴油发动机，包括那些使用硫的质量分数超过 0.5% 的燃油的柴油机。可用来替代 CD 润滑油
CE	废弃	1985 年被采用。用于高速、四冲程、自然吸气和涡轮增压柴油机。可用来替代 CC 和 CD 润滑油
CD－Ⅱ	废弃	1985 年被采用。用于二冲程柴油机
CD	废弃	1955 年被采用。用于一些自然进气和涡轮增压柴油机
CC	废弃	警告：不适合 1990 年后的柴油机使用
CB	废弃	警告：不适合 1961 年后的柴油机使用
CA	废弃	警告：不适合 1959 年后的柴油机使用

表 11-6　乘用车柴油机润滑油的 ACEA 规格

ACEA 级	状态	应用范围/要求
B1	在用	该类别用于特别低 HTHS（高温高剪切率）黏度、高燃油经济性的发动机润滑油（相当于 A1）
B2	撤销	该类别用于常规的和高润滑性的润滑油
B3	在用	该类别用于常规的和高润滑性的润滑油；就凸轮磨损、活塞清洁、炭烟影响下的黏度稳定性而言超过 ACEA B2
B4	在用	用于涡轮增压直喷式柴油机（TDI）的新类别
B5	在用	相当于 ACEA B4，但 HTHS（高温高剪切率）黏度较低。比使用 15 W－40 基准润滑油能节约燃油≥2.5%，这须在试验发动机上进行验证
C1	在用	自 2004 年起用于具有颗粒过滤器的乘用车柴油机，最大硫酸盐灰分质量分数为 0.5%，具有较低的高温高剪切率（HTHS）黏度（福特）
C2	在用	自 2004 年起用于具有颗粒过滤器的乘用车柴油机，最大硫酸盐灰分质量分数为 0.8%，HTHS＞2.9mPas（标致）
C3	在用	自 2004 年起用于具有颗粒过滤器的乘用车柴油发动机，最大硫酸盐灰分质量分数为 0.8%，HTHS＞3.5mPas（奔驰和宝马）

表 11-7　货车柴油机润滑油的 ACEA 规格

ACEA 级	状态	应用范围/要求
E1	撤销	主要是对应于以前的 CCMC D 4
E2	在用	很大程度上基于 MB 228.1，还需要额外进行 Mack T8 测试
E3	撤销	很大程度上基于 MB 228.3，还需要额外进行 Mack T8 测试
E4	在用	很大程度上基于 MB 228.5；不需要发动机的 OM364 A 测试，但需要进行 Mack T8 和 T8E 测试，润滑油更换间隔最长，适用于欧Ⅲ发动机
E5	撤销	该类别用于欧Ⅲ发动机，灰分含量比 E4 的小。质量水平处于 ACEA E3 和 E4 之间
E6	在用	用于具有 EGR（废气再循环）、有或无柴油机颗粒过滤器的发动机，以及 SCR（选择性催化还原）NO_X发动机；推荐用于具有柴油机颗粒过滤器同时使用无硫燃料的发动机；硫酸盐灰分质量分数小于 1%
E7	在用	用于大多数的 EGR 和 SCR NO_x 的、无柴油机颗粒过滤器发动机；硫酸盐灰分质量分数最大为 2%

11.1.4　发动机工作引起的润滑油变化

11.1.4.1　主要由蒸发、VI 改进剂和固体杂质侵入引起的变化

1. 蒸发损耗

发动机工作过程中润滑油的变化一部分是由机械和热应力产生的物理效应引起的，另一部分是由化学反应引起的。物理作用引起的变化包括蒸发损耗。在一定温度条件下，蒸发损耗取决于下列参数：

1）基础油的分子量、黏度和类型（矿物油和合成油）。

2）基础油的配方（核心部分好于高黏度和低黏度基础油混合物）。

3）VI（黏度指数）改进剂的分子量和分布。

蒸发损耗的后果是增加了润滑油消耗和润滑油稠化，即增加了黏度。

2. 由剪切引起的黏度降低

VI 改进剂采用了高分子聚合物，它们可能受机械力、热和氧化作用而产生降解，从而降低了润滑油黏度，减弱了发动机润滑油的黏－温特性。

剪切导致的黏度损失程度取决于聚合物添加剂的工作条件、化学结构、分子量和浓度。如果润滑油在它们剪切后仍能保持其初始黏度等级，则这种润滑油被称为品质稳定的润滑油。

3. 黏度的瞬时降低

在高剪切速率时，配有黏度指数改进剂的润滑油可能会暂时出现滑动表面之间的油膜失去黏度的现象。这可以通过添加剂的长链分子在其流动方向上的对正效应进行解释。低黏度、对燃油经济性利好的润滑油更是明显存在这个问题。因此，除了仍然常用的 100℃时毛细管黏度测量的乌氏（ubbelohde）方法外，还采用了 150℃

表 11-8　汽油机和柴油机润滑油以及催化剂兼容的机油的 ACEA 测试程序

要求	测试程序	性能	单位	限值							
				乘用车汽油机或柴油机润滑油					催化剂兼容的润滑油		
				A1/B1 -08	A3/B3 -08	A3/B4 -08	A5/B5 -04	C1 -08	C2 -08	C3 -08	C4 -08
实验室测试											
黏度等级		SAE J 300		除了剪切稳定性和 HTHS 要求外没有限制。制造商可以规定相对于环境温度的具体黏度要求							
剪切稳定性	CEC L-14-A-93 或 ASTMD6278	30 个循环后 100℃黏度	mm^2/s	xW-20 s. i. g xW-30≥9.3 xW-40≥12.0	所有等级的黏度必须品质稳定（s. i. g.）						
HTHS 黏度	CEC L-36-A-90（第二版）（Ravenfield）	150℃和 $10^6 s^{-1}$ 剪切速率时的黏度	mPa s	≥2.9 和≤3.5 xW-20： 最小 2.6.	≥3.5	≥3.5	≥2.9 和 ≤3.5	≥2.9	≥2.9	≥3.5	≥3.5
蒸发损耗	CEC L-40-A-93（Noack）	250 ℃，1h 后最大质量损失	%	≤15	≤13	≤13	≤13	≤13	≤13	≤13	≤11
硫酸盐灰	ASTM D874		%，m/m	≤1.3	≤1.5	≤1.6	≤1.6	≤0.5	≤0.8	≤0.8	≤0.5
硫	ASTM D5185		%，m/m	报告				≤0.2	≤0.3	≤0.3	≤0.2
磷	ASTM D5185		%，m/m	报告				≤0.05	≤0.09	≤0.09	≤0.09
氯	ASTM D6443		$\times 10^{-6}$，m/m	报告							
TBN（总碱值）	ASTM D2896		mg KOH/g	≥8						≥6	≥6
发泡倾向	ASTM D892	趋势稳定性	mL	程序Ⅰ（24℃）10~0 程序Ⅱ（94℃）50~0 程序Ⅲ（24℃）10~0							
高温发泡倾向	ASTM D6082	趋势稳定性	mL	程序Ⅳ（150℃）100~0							

（续）

要求	测试程序	性能	单位	限值							
				乘用车汽油机或柴油机润滑油					催化剂兼容的润滑油		
				A1/B1－08	A3/B3－08	A3/B4－08	A5/B5－04	C1－08	C2－08	C3－08	C4－08
发动机测试											
高温 沉积 活塞环卡滞 润滑油稠化	CEC L－ 088－T－02 （TU5JP－L4） 72 h 测试	活塞环卡滞	优值	≥9.0							
		活塞生漆	优值	≥RL 216							
		黏度增加	mm^2/s	≤0.8×RL 216							
		润滑油消耗	kg/测试	报告							
低温油泥	ASTM D6593－00	平均发动润滑油泥	优值	≥7.8							
		摇臂盖油泥	优值	≥8.0							
		平均活塞裙生漆	优值	≥7.5							
		平均发动机生漆	优值	≥8.9							
		压缩环（热卡滞）		无							
		机油滤网堵塞	%	≤20							
气门机构 磨损	CEC L－038－94 （TU3M）	平均凸轮磨损，	μm	≤10							
		最大凸轮磨损，	μm	≤15							
		垫片优值	优值	≥7.5							
黑色油泥	CEC L－ 53－95（M111）	发动机中 油泥（平均）	优值	≥RL 140	≥RL 140＋4σ 或≥9.0						
燃油经济性	CEC L－54－96 （M111）	改善超过 RL 191 （15W－40）	%	≥2.5			≥2.5	≥3.0	≥2.5	≥1.0（用于 xW－30）	
中等 温度 弥散性	CEC L－093－04 （DV4TD）	黏度增加 活塞优值	mm^2/s 优值	≤0.6RL 223 结果 ≥RL223～2.5 pts.							

（续）

要求	测试程序	性能	单位	限值							
				乘用车汽油机或柴油机润滑油					催化剂兼容的润滑油		
				A1/B1-08	A3/B3-08	A3/B4-08	A5/B5-04	C1-08	C2-08	C3-08	C4-08
磨损	CEC L-099-08（OM646LA）	平均凸轮磨损（排气）	μm	≤140	≤140	≤120	≤120	≤120	≤120	≤120	≤120
		平均凸轮磨损（进气）	μm	≤110	≤110	≤100	≤100	≤100	报告	≤100	≤100
		平均气缸磨损	μm	≤5.0	≤5.0	≤5.0	≤5.0	≤5.0	≤5.0	≤5.0	≤5.0
		气缸孔表面粗糙度	%	≤3.5	≤3.5	≤3.0	≤3.0	≤3.5	≤3.0	≤3.0	≤3.0
		平均挺杆磨损（进气）	μm	报告	报告	报告	报告	报告	报告	报告	报告
		平均挺杆磨损（排气）	μm	报告	报告	报告	报告	报告	报告	报告	报告
		平均活塞清洁度	优值	报告	报告	报告	报告	报告	报告	报告	报告
		平均发动润滑油泥	优值	报告	报告	报告	报告	报告	报告	报告	报告
DI 柴油机活塞清洁度和活塞环卡滞	CEC-L-078-99（VW TDI）	活塞清洁度	优值	≥RL206～4 pts.	≥RL206～4 pts.	≥RL206	≥RL206	≥RL206	≥RL206	≥RL206	≥RL206
		活塞环卡滞（环1和环2）平均	ASF	≤1.2	≤1.2	≤1.0	≤1.0	≤1.0	≤1.2	≤1.0	≤1.0
		第一道环最大值	ASF	≤2.5	≤2.5	≤1.0	≤1.0	≤1.0	≤2.5	≤1.0	≤1.0
		第二道环最大值	ASF	≤0.0	≤0.0	≤0.0	≤0.0	≤0.0	≤0.0	≤0.0	≤0.0
		EOT TBN（ISO 3771）	mg KOH/g	≥4.0	≥4.0	≥4.0	≥4.0	报告	报告	报告	报告
		EOT TAN（ASTM D 664）	mg KOH/g	报告	报告	报告	报告	报告	报告	报告	报告

表 11-9　商用车柴油机润滑油的 ACEA 测试程序

要求	测试程序	性能	单位	限值			
				商用车柴油发动机润滑油			
				E4－08	E6－08	E7－08	E9－08
实验室测试							
黏度等级		SAE J 300		除了对剪切稳定性和 HTHS 的要求外，没有限制。制造商可以指定相对于环境温度的具体黏度要求			
剪切稳定性	CEC－L－14－A－93 或 ASTM D6278	30 个循环后 100℃时的黏度	mm^2/s	品质稳定（s. i. g.）			
	ASTM D6278	90 个循环后 100℃时的黏度	mm^2/s		品质稳定（s. i. g.）		
HT／HS 黏度	CEC－L－36－A－90（第二版.）（Ravenfield）	150℃和 $10^6 s^{-1}$ 剪切速率时的黏度	mPa·s	≥3.5			
蒸发损耗	CEC－L－40－A－93（Noack）	250 ℃，1h 后最大质量损失	%	≤13			
硫酸盐灰	ASTM D874		%，m/m	≤2.0	≤1.0	≤2.0	≤1.0
硫	ASTM D5185		%，m/m		≤0.3		≤0.4
磷	ASTM D5185		%，m/m		≤0.08		≤0.12
发泡倾向	ASTM D892	趋势稳定性	mL	程序Ⅰ（24℃）10～0			程序Ⅰ10/0
				程序Ⅱ（94℃）50～0			程序Ⅱ20/0
				程序Ⅲ（24℃）10～0			程序Ⅲ10/0
高温发泡倾向	ASTM D6082	趋势稳定性	mL	程序Ⅳ（150℃）200～50			
氧化	CEC－L－085－99（PDSC）	诱导时间	最小	R&R	R&R	≥65	≥65
腐蚀	ASTM D 6594	铜增加	$\times10^{-6}$	R&R	R&R	R&R	≤20
		铅增加	$\times10^{-6}$	R&R	R&R	≤100	≤100
		铜条评级	最大	R&R	R&R	R&R	3
TBN	ASTM D 2896		mg KOH/g	≥12	≥7	≥9	≥7
发动机测试							
磨损	CEC L－099－08（OM646LA）	平均凸轮磨损（排气）	μm	≤140	≤140	≤155	≤155

（续）

要求	测试程序	性能	单位	限　值 商用车柴油发动机润滑油 E4 – 08	E6 – 08	E7 – 08	E9 – 08
润滑油中炭烟	ASTM D 5967 （Mack T – 8E）	试验持续时间 300h， 4.8% 炭烟时的相对黏度 试验 1/试验 2/试验 3 平均值		≤2.1/2.2/2.3			
润滑油中炭烟	Mack T11	4.0cSt（100℃）时最小 TGA 炭烟	%				3.5/3.4/3.3
		12.0cSt（100℃）时最小 TGA 炭烟					6.0/5.9/5.9
		15.0cSt（100℃）时最小 TGA 炭烟					6.7/6.6/6.5
气缸孔表面粗糙度活塞清洁度	CEC L – 101 – 08 （OM501LA）	平均气缸孔光洁度	%	≤1.0		≤2.0	
		平均活塞清洁度	优值	≥26		≥17	
		油耗	kg/每次测试	≤9		≤9	
		发动机油泥，平均	优值	≤R&R		≤R&R	
炭烟引起的磨损	康明斯 ISM	优值				≤7.5/7.8/7.9	≥1000
		3.9% 烟尘时摇臂垫块平均质量损失 试验 1/试验 2/试验 3 平均值	mg			≤7.5/7.8/7.9	≤7.1 ≤19
		150h 时润滑油滤清器的压差 试验 1/试验 2/试验 3 平均值	kPa			≤55/67/74	
		油泥 试验 1/试验 2/试验 3 平均值	优值			≥8.1/8.0/8.0	≥8.7
		调整螺钉质量损失	mg				≤49
磨损（气缸套 – 活塞环 – 轴承）	Mack T12	优值			≥1000	≥1000	≥1000
		平均气缸套磨损	μm		≤26	≤26	≤24
		第一道环质量损失，平均	mg		≤117	≤117	≤105
		铅含量（测试结束）	$\times 10^{-6}$		≤42	≤42	≤35
		铅 250 ~ 300h 变化量	$\times 10^{-6}$		≤18	≤18	≤15
		润滑油消耗（阶段 Ⅱ）	g/h		≤95	≤95	≤85

时高温高剪切速率（HTHS）时的黏度测量方法。尽管燃油经济性好的润滑油具有较低的名义黏度（SAE 级），但它们必须符合适当的 HTHS 标准，以保证发动机在高负荷时充分的润滑可靠性。

4. 燃油引起的黏度降低

未燃烧的燃油在气缸壁上冷凝和对润滑油的侵入是造成润滑油黏度降低的原因，尤其是低于正常工作温度的短距离行驶时。

在实践中，润滑油中混入体积分数至多2%的燃油被认为是正常的标准值。对这些数值的影响进行评估时，应考虑到微小比例的燃油都可能使润滑油黏度降低到下一个黏度等级，因而产生磨损的危险。

5. 固体杂质引起的黏度增加

用过的润滑油中的固体杂质包括从外部随空气进入的灰尘颗粒、润滑油老化的不溶性反应产物、燃料燃烧的残留物等。主要由燃烧过程所产生的炭烟颗粒是柴油机润滑油黏度增加的重要因素。

实际上，润滑油中1%～2%（质量分数）的炭烟颗粒被认为是无害的。润滑油黏度随固体杂质含量的增加而增加的百分比，证明了即使小于1%的炭烟颗粒也足以将高黏度润滑油增加到下一个更高的黏度等级。直喷式柴油机中的炭烟颗粒对润滑油的浸入比间接喷油发动机的少。

11.1.4.2 主要由添加剂损耗引起的润滑油的变化

1. 润滑油的酸化

润滑油的酸化是由氧化引起的，由此会产生油溶性的有机酸。甚至含硫燃油燃烧过程中产生的化合物（以重油作为燃料的大型柴油机尤其明显）也会促进润滑油的酸化。润滑油酸化的影响是对气缸的化学磨损和腐蚀，特别是对轴承的磨损更为严重。

在润滑油中使用氧化与腐蚀抑制剂是防止其酸化及其影响的最重要措施。润滑油必须始终保持碱性，并在润滑油明显酸化之前尽早予以更换。

2. 残渣的形成

润滑油的热分解和氧化所产生的有机高分子、不溶于润滑油的化合物，是残渣形成的根本原因。这些热解和氧化过程中产生的化合物会从润滑油中分离，并沉积在发动机的活塞上以及油孔和管路中。

在润滑油中使用清洁剂/分散剂是防止残渣形成的最重要的措施。

3. 油泥的形成

润滑油残渣与固体杂质、水和酸泥相结合，会形成大块的油泥淤积。有两种形式的油泥区分如下：

1）低温油泥是发动机过冷情况下，走走停停行驶的典型产物。如果没有达到正常的工作温度，燃烧过程中产生的水和未燃烧的柴油会凝聚，并与残渣结合而形成油泥。

2）高温油泥主要在较高工作温度时形成，而且包含了由窜漏的气体、氮氧化物和润滑油反应形成的不溶于油的反应产物。在发动机中，这种类型的沉积特别常见于气门罩（气缸盖）上，它不能通过更换润滑油被消除（危害曲轴箱通风系统）。润滑油和燃油的品质，以及发动机自身的特点和工作条件是影响高温油泥形成的主要因素。

与清洁剂/分散剂充分而适当配制的润滑油能阻止油泥的形成。

11.2　润滑系统

11.2.1　功能和要求

优化的润滑油路设计决定着柴油机的使用寿命。由油底壳、润滑油泵、润滑油冷却器、润滑油滤清器等主要部件构成的润滑油路，除了润滑功能外，还必须确保发动机部件的冷却和防蚀。润滑系统的主要功能和要求如下：

1）润滑油的供给系统必须在发动机的每一工作时刻和所有工作条件下，例如在非常高和低的工作温度时，能为每一部件提供必要的润滑油量。除此之外，这个系统还需要监测和监控主油道的压力。

2）润滑系统的设计必须满足使用和维护方便简单的要求，即在发动机的整个使用寿命期间，只需要定期更换润滑油和润滑油滤清器，以及监测油量（例如用油尺）和润滑油压力表读数。

11.2.2　润滑系统的设计

11.2.2.1　油路尺寸

图 11-1 示出了 OM 906 LA 商用车发动机润滑油路的各个组成部件、油道和供油管的实际布置。

由图 11-1 可以看出，调整润滑油供油量、冷却各个部件，以及为每一部件提供足够的润滑油等功能全都被涉及。整个发动机每 kW · h 需要约 25 ~ 30L 的润滑油。这个油量被分成三路，分别通向发动机支撑部件、活塞冷却系统、涡轮增压器控制系统。汽车发动机总的润滑油量约为 2L/dm^3（发动机排量）。

油路中各个需要润滑的部件中润滑油的流动阻力应尽可能低，以尽量减少压力损失。这就要求油路的设计应紧凑，即外部油路被消除、润滑油冷却器通常被集成在曲轴箱内、润滑油滤清器被安装在发动机中，以形成尽可能短的油路路径，从而降低润滑油的压力损失。

油路中各组件的安装顺序是特别重要的。润滑油滤清器应位于主油道之前，以便能滤掉铁屑和一切杂质。润滑油冷却器应位于油泵之后，以保持曲轴组件中的润滑油保持较低的温度。

一般来说，曲轴轴承必须获得更多的油量，以便为轴承壳提供流体动力润滑及

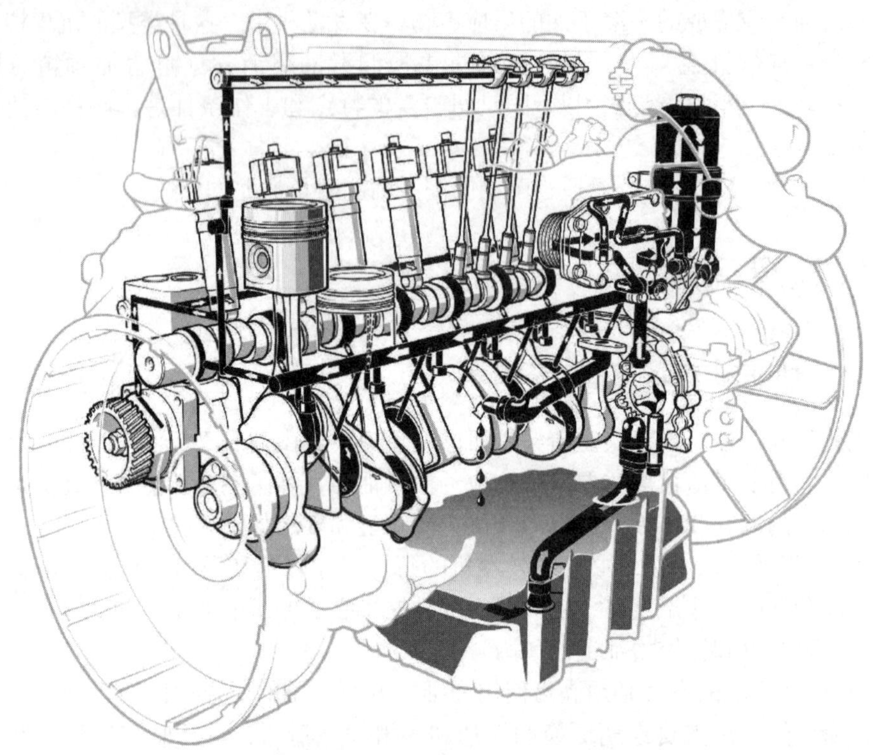

图 11-1　OM 906 LA 润滑油路

冷却。然而，增加的润滑油流量会导致流动阻力的增加，从而使轴承变热。这也再次说明了精确匹配润滑油量的必要性。

气门控制部件，如凸轮轴和滚子摇臂轴承等是由油道提供润滑油进行润滑的。凸轮、挺杆接收甩油油雾或由喷油器喷油进行润滑。目前，设计师采用试验的方法进行油路设计，可通过流量测量（流量计）、油滴集油盘、粒子图像测速（PIV）、激光多普勒测速（LDA）、温度测量以及高速摄像机等进行试验。

在最简单的数字仿真设计中，采用仿真程序来模拟一维液流。通过计算流体力学流动模拟的方式捕捉流体现象的影响效果。测量和仿真必须确保考虑到每一个工作条件，也就是包括从冷起动到很高温度的各个工况。

11.2.2.2　润滑系统

图 11-2 示出了商用车发动机润滑油路的简要原理。

润滑油泵将润滑油从油底壳中吸出，并通过出油口输送给各个需要润滑的部件。由于润滑油油量会随发动机转速的增加而增加，因而采用一个限压阀将最大润滑油压力限制为 5bar，以防止对润滑油冷却器、润滑油滤清器和密封件的任何损坏。

来自润滑油泵的油流首先通过冷却器和滤清器进入装有压力表的主油道。通向各个润滑部位的所有油路分支都由此出发。涡轮增压器和喷油泵也由来自主油道的润滑油进行润滑。

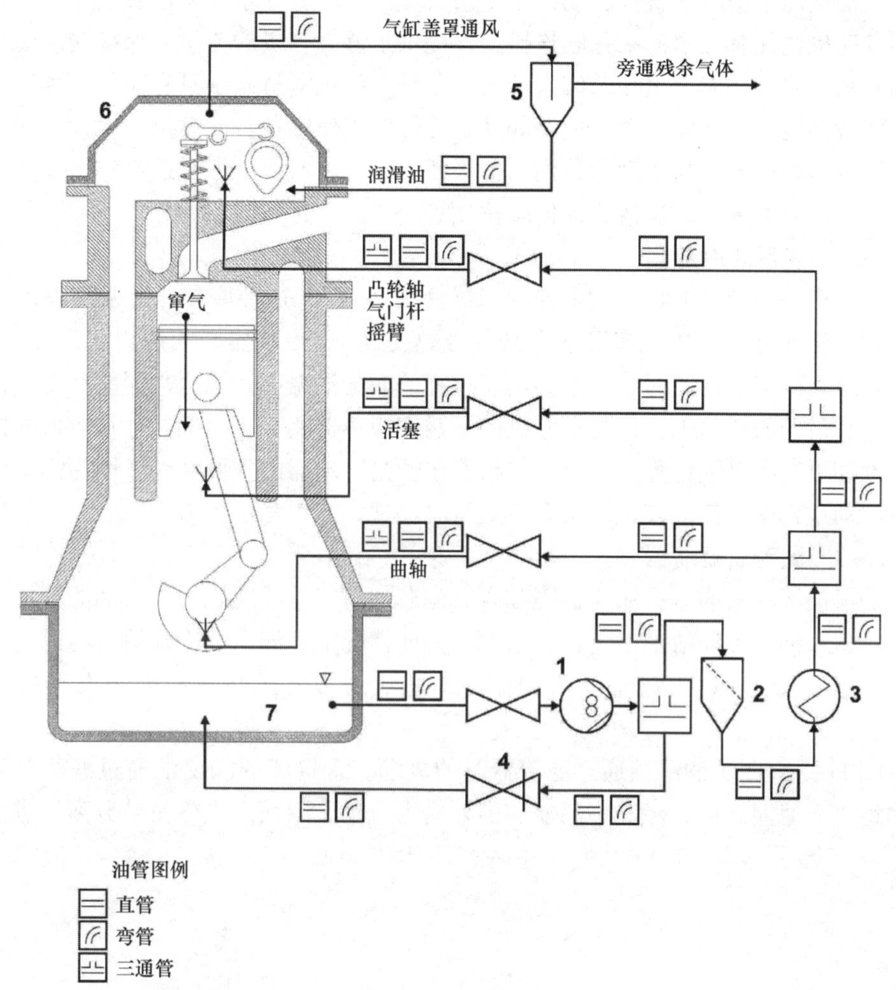

图 11-2　润滑油路示意图

1—润滑油泵　2—润滑油滤清器　3—润滑油冷机器　4—限压阀　5—润滑油分离器　6—气缸盖罩　7—油底壳

润滑油到达曲轴总成的主轴承，并从那里通过曲轴流到连杆轴承，然后通过连杆中的油孔流到活塞销。另一种方法是活塞销和连杆的小端可以通过润滑油喷雾获得润滑。

润滑油到达凸轮轴、挺杆和滚子式摇臂，通过端口来润滑这些控制元件。在对它们润滑之后，不再具有压力的润滑油流通过回路和端口返回到油底壳。

11.2.3　润滑系统的部件

11.2.3.1　润滑油泵

润滑油泵的作用是在发动机转速范围内提供润滑系统所需要的油量和压力。大多数柴油机均采用曲轴直接驱动的齿轮泵（图11-3）、月牙形齿轮泵或叶片泵。较大的发动机往往有几个油泵并联连接，以提供足够大容量的流量，保持润滑油泵较小的安装空间，并能产生多余润滑油量。一些发动机润滑系统具有额外的预润滑或恒定润滑功能，以便使曲轴总成在起动之前做好工作准备。发动机的设计必须保证润滑油泵不会出现倾斜角度导致油泵抽吸任何空气。然而，曲轴必须防止被浸入润滑油中，以防其溅油动作造成任何摩擦功。

11.2.3.2 润滑油冷却器

发动机采用管式或板式润滑油冷却器（换热器），这种冷却器通常由发动机冷却液在其中间进行冷却（润滑油-冷却液热交换）。冷却器必须按规定尺寸设计，以便在最高冷却液温度时，也不会出现过高的润滑油温度。铝冷却器能获得最佳的热传递和最佳的热输出，但与更常见的不锈钢换热器相比，它仍然存在较低的机械稳定性和更高的腐蚀危险等缺点。机械稳定性是冷却器的重要性能，因为润滑油泵在冷起动过程中，甚至在正常发动机运行时经常会产生峰值压力。

11.2.3.3 润滑油滤清器

润滑油滤清器通常由滤清器壳和含有滤芯的滤筒总成组成。润滑油滤清器壳包括进、出口油道和润滑油滤清器旁通阀。有些情况下，润滑油冷却器也与滤清器集成在一起（图11-4）。整个润滑油滤清器总成通常通过凸缘安装在发动机气缸体上。

图11-5表明了润滑油通过滤清器时的流动。未过滤的润滑油通过滤清器壳的进油道进入滤筒总成，经其中的滤芯由外向内流动，因而灰尘微粒被分离。进油道

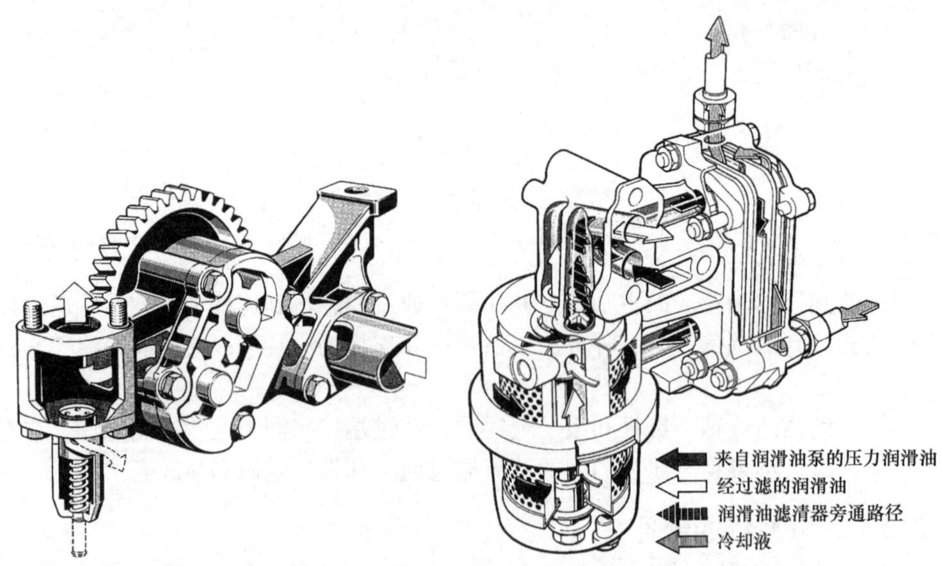

图11-3 具有限压阀的齿轮泵（MB，OM442） 图11-4 润滑油滤清器总成（包括润滑油冷却器）

和出油道与润滑油滤清器旁通阀连接，因而即使润滑油滤清器滤芯堵塞时，也可以正确地保持发动机的润滑油循环。

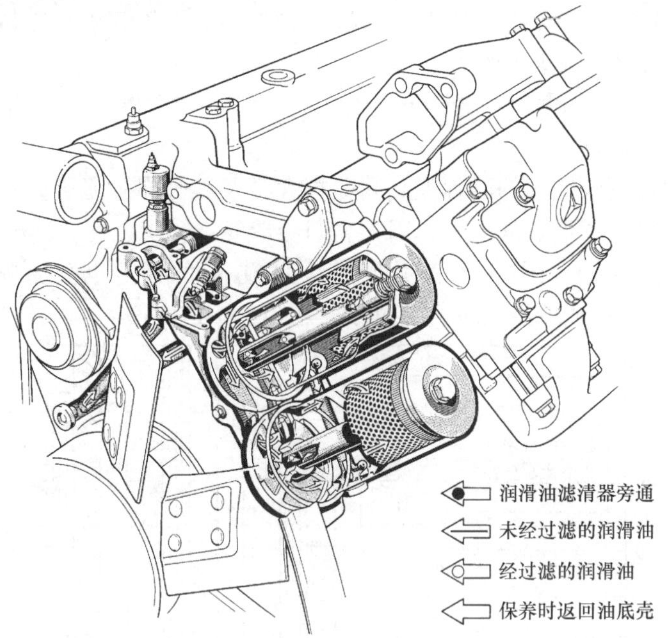

图 11-5　润滑油通过滤清器的油流（MB、400 型、NG90）

11.2.3.4　润滑油分离器

燃烧的产物在润滑油中很少只以固体颗粒的形式存在。相反，由润滑油微粒、燃油蒸气和油雾组成的窜漏气体，也可能会通过活塞环到达曲轴箱。它们通过分离器被吸出，在高温下与润滑油蒸气一起进入发动机的进气系统。如果窜漏气体在进气系统中冷却下来，那么润滑油微粒通常会分离到进气管壁上。图 11-6 示出了润滑油分离器的工作原理，它将通风气体进一步引导进入进气歧管。在这个过程中，润滑油蒸气首先到达一个钢丝网，在其中分离出较大的油滴，而进气系统中保持过压，这样可通过膜片将吸出的润滑油蒸气送入进气气流。这将保持曲轴箱中恒定的真空度，从而减少润滑油泄漏。

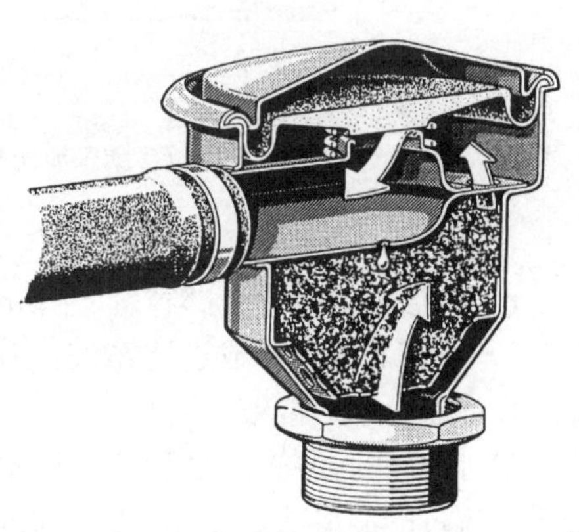

图 11-6　润滑油分离器

11.2.4　润滑油的滤清

发动机工作过程中会形成大量的杂质颗粒，这会引起沉积和磨损或润滑油中的化学反应，从而加速润滑油的分解。这些颗粒的大小不同，只有部分能溶于润滑油。通常可将它们分为两类：

1）无机产物，主要是气缸筒、活塞环和轴承磨损的产物，或硅酸盐颗粒，以及由助燃空气带入的尘埃和机加工遗留的铁屑。

2）有机产物，如润滑油老化形成的炭化产物、燃油燃烧的产物，或冷却液回路泄漏导致的杂质。

各种磨损机制表明磨损的程度是其颗粒大小及其分布的函数。现在大于20μm的微粒一般都被滤清器过滤掉了，因为它们会造成主轴承、连杆轴承、活塞环、气缸和齿轮过大的磨损。图11-7表明即使小于20μm的颗粒也会影响部件的磨损。2.5～5μm的微粒造成的磨损也会超过较大颗粒磨损的50%。

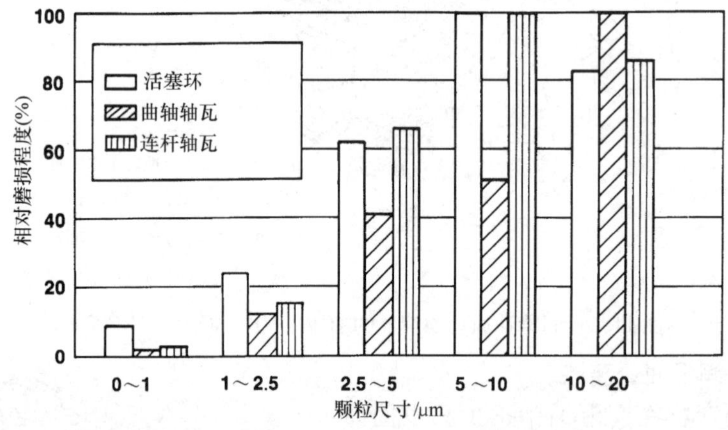

图11-7 随杂质中颗粒大小而变化的相对磨损

目前采用的下列润滑油滤清器有效滤除了润滑油回路中的杂质。

1）全流滤清器：全部容量的润滑油经过滤后才能进入主油道。

2）全流和旁路集成过滤系统：有小部分的润滑油通过一个较细的旁路滤清器，以捕获更细的微粒。

3）长寿命润滑油过滤系统：旁路滤筒被套装在一个壳体内，并与发动机隔开安装，流过的润滑油量额外增加（图11-8）。更好的过滤效果和更大的过油量，使得延长润滑油的更换时间间隔成为可能。

4）二级过滤元件：这种过滤元件都放置在现行的主过滤元件之后。一旦主滤芯损坏，则在二级过滤元件50μm孔的滤芯帮助下，可保护发动机免受污垢微粒的磨损。

5）润滑油处理系统：一种中央润滑油处理系统能对所有润滑油进行收集和净化，它被用于大型柴油机和多台发动机组。

作为过滤介质的材料主要有纸质（过滤确切定义粒径的杂质）、纤维材料（比纸质有更好的渗透性）、棉花或折叠纸片。

离心式润滑油滤清器是车用柴油机使用的一种特殊形式的旁路滤清器。由润滑

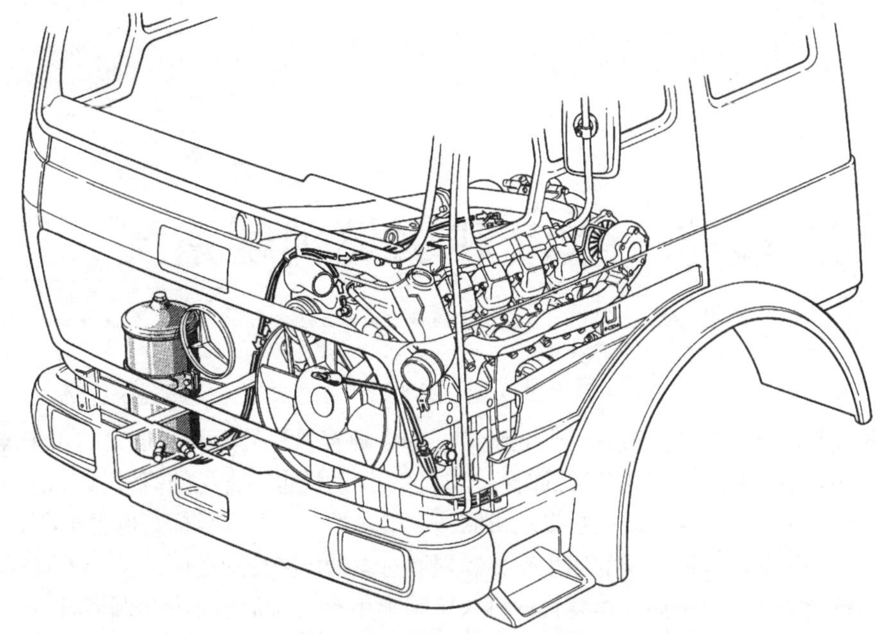

图 11-8 长寿命润滑油滤清器和润滑油分离器（MB、OM 442 A）

油射流驱动的离心机（脉冲离心机）能获得极为精细的过滤效果。

除了实际滤清器的尺寸外，可用的润滑油总容量和规定的润滑油更换时间间隔都是选定润滑油过滤系统尺寸时需要考虑的关键重要因素。

润滑油滤清器的设计必须保证其过滤孔径尺寸和润滑油颗粒的储存容量能在下一次更换润滑油或更换滤清器之前，将所有会造成发动机损坏的微粒过滤掉。一般来说，可以在不更换润滑油的情况下更换润滑油滤清器，但绝不能只更换润滑油而不更换滤清器，因为新润滑油中的新鲜添加剂可能会洗脱旧滤清器中的滤出物。更为甚者，滤清器的阻力在滤清器更换时间间隔的末期可能会过高，从而导致润滑油滤清器旁通阀打开和未经过滤的润滑油进入发动机需润滑的部位。而在旁通阀不打开时，过高的滤清器阻力会导致发动机中的润滑油压力衰减或润滑油滤清器元件的毁坏。

参考文献

11-1 Schilling, A.: Automobile Engine Lubrication Vol. I u. II. Broseley/Engl.: Scientific Publication 1972

11-2 Reinhardt, G. P.: Schmierung von Verbrennungskraftmaschinen. Ehningen: expert 1992

11-3 Bartz, W. J.: Aufgaben von Motorölen. Mineralöltechnik 25 (1981) 2, S. 1–21

11-4 ACEA: European Oil Sequences 2004 Rev. 1. Brüssel 2004, S. 1–15

11-5 Groth, K. et al.: Brennstoffe für Dieselmotoren heute und morgen. Ehningen: expert 1989

11-6 Treutlein, W.: Schmiersysteme. In: Handbuch Dieselmotoren. Berlin/Heidelberg: Springer 1997

11-7 Gläser, H.: Schmiersystem in Kraftfahrzeugmotoren. In: Küntscher, V. (Hrsg.): Kraftfahrzeugmotoren: Auslegung und Konstruktion. 3. Aufl. Berlin: Verlag Technik 1995

11-8 Affenzeller, J.; Gläser, H.: Lagerung und Schmierung von Verbrennungskraftmaschinen Bd. 8. Wien: Springer 1996

11-9 Zima, S.: Schmierung und Schmiersysteme. In: Handbuch Verbrennungsmotor. 2. Aufl. Wiesbaden: Vieweg 2002

11-10 Zima, S.: Kurbeltriebe. 2. Aufl. Wiesbaden: Vieweg 1999

第12章　起动和引燃辅助系统

早期车辆装用的柴油机在低温起动时，都伴随着强烈的烟雾和很大的敲击噪声。起动前必须预热和经历好几分钟的时间才能起动发动机也是常见的情形。因此，顺利起动的能力过去是，现在仍然是发动机制造商追求的一个重要目标，也是生产商研发的目标之一。起动辅助系统的逐步完善和它们对发动机特性的适应，导致柴油机起动和冷运行性能的重要进展。铠装式预热塞用于乘用车，通常用于每缸排量小于1L的发动机，而进气加热器或火焰起动系统用于具有较大排量的商用车柴油机。

乘用车柴油机的持续发展，主要是通过提高升功率输出来提高驾驶的满意度，以及通过进一步减少废气排放（炭烟/氮氧化物）来改善环境的兼容性。这正在导致发动机的设计概念转向降低压缩比。现在直喷（DI）式的乘用车柴油机压缩比为16:1～18:1。目前在产的乘用车柴油发动机最低的压缩比（ε）为15.8:1。而早期的（预燃室式）柴油机压缩比一般约为21:1。如果没有额外的措施，将压缩比从18:1降低为16:1，会损害发动机的冷起动及冷态怠速性能。这样，在既要降低压缩比又想实现冷起动和冷怠速性能类似于汽油发动机的愿望的共同作用下，增加了对未来乘用车使用预热系统（预热控制单元和预热塞）的要求：

1）最快的升温速率（1000℃小于2s），以便使低至－28℃时的冷起动能类似于汽油发动机。

2）预热塞（GLP）温度与发动机需求的灵活适应性。

3）高达1300℃的最高预热塞（GLP）温度和高达1150℃的连续GLP温度，以减小压缩比（17:1或更低），进而降低发动机的废气排放。

4）以较短（瞬间）的时间范围延长后续预热能力，以获得具有较高运行平稳性的低排放冷怠速工况，即使在低压缩比发动机的热起阶段也能如此。

5）中间预热能力，例如促进颗粒过滤器的再生。

6）预热系统长达200000km的较高使用寿命。

7）铠装式预热塞整个使用寿命期间具有恒定预热特性（温度和升温速率）。

8）具有OBDⅡ和EOBD能力。

9）支持先进的通信接口，例如CAN或LIN。

目前，商用车柴油机的压缩比是一般为17∶1～20.5∶1。两级增压商用车发动机将在未来推出。在气缸中没有采取额外措施的情况下，这将增加峰值压力。将压缩比降低为16∶1～16.5∶1，尽管采用较高的增压，也能够保持峰值压力处于目前的水平。

自行压燃与起动辅助装置引燃的柴油发动机之间存在着一定的区别。

12.1 燃油压燃的条件

柴油发动机一旦其缸内温度达到足够高时，便会自行引燃燃油。对这种压燃式发动机来说，气缸内经压缩的空气-燃油混合气的温度通常必须高于250℃才能自行着火工作。压缩循环期间的压缩功能够产生这个温度所需的热量。是否达到自燃温度取决于进气和发动机的温度、压缩比，以及压缩过程中的泄漏和热损失。

随着压缩比的增加，压缩功会使最终的压缩温度增加。发动机中的泄漏损失会降低有效压缩比，并与热损失一起，导致最终的压缩温度下降。提高发动机的转速可以减少泄漏和热损失。能使自燃发生的柴油机转速被称为起动转速，它依赖于多种影响变量，如气缸容积、气缸数和发动机的设计。典型的柴油机起动转速为80～200r/min。

在燃烧室容积相同的的情况下，乘用车直喷（DI）式柴油机比预燃室和涡流室式柴油机具有更小的燃烧室散热表面积。这导致了DI发动机具有更好的冷起动性能和较低的起动转速。直喷式柴油机压缩比为18∶1，只在0℃以下时才需要额外的起动辅助。涡流室和预燃室式的乘用车柴油机具有较高的热损失，因而在20～40℃时就需要使用起动辅助装置。

大排量柴油机，例如商用车发动机燃烧室的面容比，显著低于乘用车发动机。现在的商用车柴油机在温度低至-20℃时仍能自行起动而不需要起动辅助。起动时，应增加喷入的燃油量以获得最大的空气利用率，以克服冷起动期间非常高的摩擦转矩。

12.2 引燃辅助技术

只有采用额外的起动辅助才能使燃油在低温起动时完全燃烧（冷起动）。有两种冷起动辅助装置，其原理也各不相同。第一种是铠装式电预热塞给燃烧室中的空气-燃油混合气提供局部的有限能量。这就是所谓的预热塞引燃。这种预热系统由铠装式预热塞（GLP）和预热控制单元组成，它被用于乘用车和轻型商用车。第二种是火焰预热起动系统，它由进气加热器或进气电热塞向进气空气提供热能，从而在燃烧室中压缩时使混合气达到引燃温度。如果大型柴油机的燃烧室具有非常大的容积与表面积比（低热量损失），则仅需要对进气进行相对小的加热即可进行冷起动。

气缸内预热塞（GLP）式的电预热系统通常借助于其铠装式预热塞的“集热

点”将热能提供给燃油喷雾与吸入的空气形成的混合气。当GLP附近的可燃混合气达到足够高的温度时，燃烧循环便从那里开始（图12-1）。这种局部有限的先期引燃会在图中示出的燃烧室中引发火焰，并在预喷射过程中遍布整个燃烧室。在气缸的真实条件下，混合气的湍流（涡流）会额外地支持火焰传播。铠装式预热塞的效率由其温度和在燃烧室中的几何位置所确定。

可以在气缸中使用铠装式预热塞来增加平均空气温度，这对预热起动起着从属作用。

由于GLP预热引燃是局部有限的，因此在冷态发动机中空气–燃油混合气的燃烧可能会不完全或根本无法引燃（失火）。燃烧程度和燃烧速率取决于预热塞（GLP）区域特定的引燃条件。高的燃烧速率会导致压力的迅速增加。这会产生明显的燃烧噪声（柴油机工作粗暴，见图12-2的上部）。由于低温发动机的引燃条件各不相同，在压缩循环中的压力梯度也有所不同。改变燃烧室的压力梯度能调整燃烧噪声。

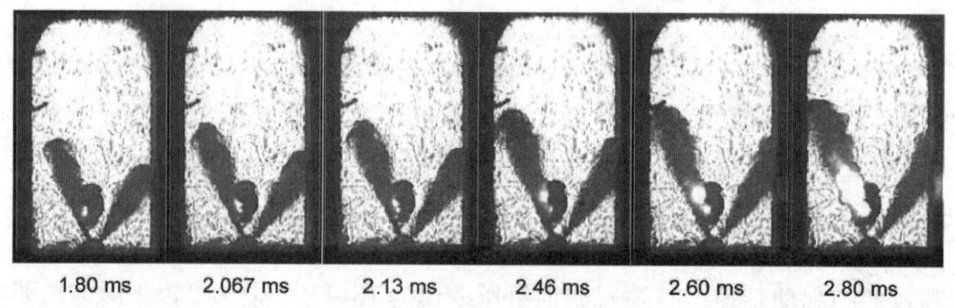

图12-1　冷起动条件下金属铠装式预热塞引燃柴油喷雾（燃烧室中拍摄的照片）。铠装式预热塞首先引燃小区域的喷雾。随着能量的增加，一些这样的局部有限的火焰核心出现。随着混合的继续，引燃整个喷雾

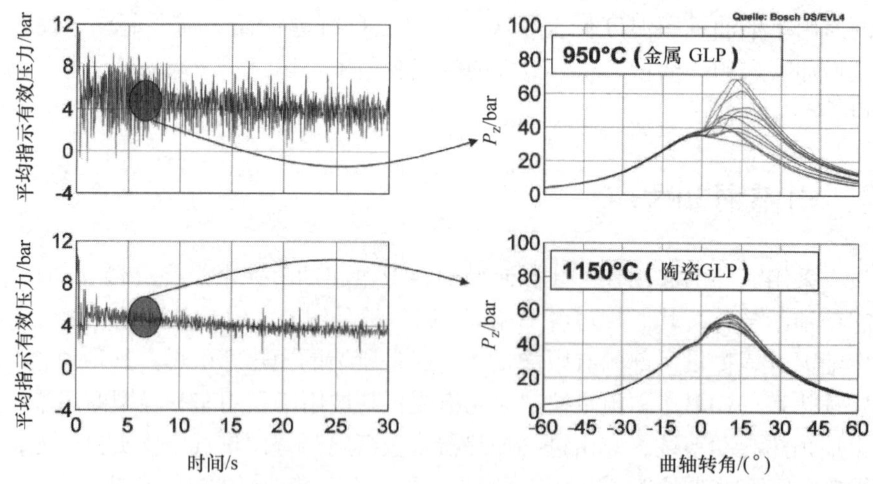

图12-2　随预热温度而变化的制动平均指示压力和气缸压力曲线
（压缩比为16:1的四缸共轨柴油机，-20℃时具有优化位置预喷射的低温怠速工况）

增加铠装式预热塞的表面温度能产生几乎完全且较慢的燃烧。这样的结果会使压力缓慢增加，从而使发动机的噪声变得柔和。根据柴油机具体类型的不同，在温度高达1150℃以上时可能需要不同时间（几分钟）的预热辅助，才能使发动机平稳地低温怠速运转。

12.3 起动和引燃辅助系统的应用

12.3.1 乘用车柴油机的起动和引燃辅助系统

气缸内预热系统由铠装式预热塞（GLP）、预热控制单元和一个储存在控制单元里的软件模块组成。传统的预热系统采用的铠装式预热塞，额定电压为11V（预热塞达到额定温度时的电压），它由汽车系统电源的电压直接控制。低电压预热系统需要额定电压低于11V的铠装式预热塞。预热塞控制单元调整预热塞的热输出，使其适应发动机的需求。

预热塞（GLP）在起动时的预热至少由以下五个阶段组成：

1）自预热，使GLP本身加热至其工作温度。

2）备用预热，预热系统在规定的时间内保持GLP处于预热需要的温度。

3）开始预热，当发动机运转并加速时，对柴油喷雾开始加热。

4）后续预热，一旦起动机停止工作，马上开始后预热阶段。

5）中间预热，有利于柴油机颗粒过滤器的再生，或减少发动机在温度较低且交变负荷时的烟雾形成。

12.3.1.1 汽车电源电压预热系统

在传统的汽车电源电压预热系统中，柴油机电子控制单元（EDC）内的软件模块随着点火开关的接通和软件中存储参数（如冷却液温度）的变化，起动和结束预热过程。预热控制单元（GCU）利用汽车电源电压通过基于EDC设定值的继电器来控制铠装式预热塞（GLP）。GLP的额定电压为11V。因此，其热输出取决于当前车辆电源电压和随温度而变化的GLP电阻（PTC）。这就保证了GLP的自调节功能。柴油机控制单元的软件模块中的截止功能，根据发动机的负荷，能可靠地防止GLP的过热。依据发动机的需求调整后续预热时间，能在保持低温运行性能良好的同时，延长GLP的使用寿命。

12.3.1.2 低电压预热系统

采用低电压系统控制铠装式预热塞（GLP），能使预热温度得到最优化调整，以适应发动机的要求。在这个阶段中，GLP简单地以增强电压进行工作，以便在预热期间达到尽可能迅速地起动发动机所需的预热温度。激励电压高于GLP的额定电压。于是在起动备用预热过程中，这个增强电压需要被降低到GLP的额定电压。在开始预热期间，这个电压被再次提升，以补偿吸入的低温空气对GLP的冷却作用。进气的冷却作用和燃烧的加热效果可以在后续预热期间和中间预热范围得到补偿。脉冲宽度调制（PWM）器由汽车电源电压来产生预热所需的电压。在应用过程中，各个PWM值从特定发动机匹配的参数图中提取。参数图中包含了表征发动机运行状态的重要参数，如：

1）发动机转速。

2）喷入的燃油量（负荷）。

3）起动机被关闭后的时间。

4）冷却液的温度。

如果发动机转速较高而喷入的燃油量较少，则铠装式预热塞（GLP）在换气期间被冷却。当发动机转速较低和喷入的燃油量较大时，则GLP会被燃油燃烧的热量加热。随着这两个参数的变化对电压进行选择，以便使GLP达到发动机工作所需的温度，同时保持GLP不会过热。一旦起动机被关闭，则发动机低噪声和低排放工作所需的GLP温度不断下降。这可以通过不断降低后续预热阶段GLP的预热温度，来增加GLP的使用寿命。当冷却液温度较高，例如乘用车直喷式柴油机的冷却液温度升高了约10℃时，应降低GLP的温度并缩短后续预热时间，这样可以进一步延长GLP的使用寿命。

12.3.1.3 金属铠装式预热塞

金属铠装式预热塞（GLP）由压装入外壳（图12-3中的5）的气密式管状加热元件组成（图12-3）。管状加热元件由热的气体和耐腐蚀的铬镍铁合金或镍-铬-铁基固溶强化合金辉光管（4）组成，管内装有一个被嵌入压缩氧化镁粉（2）中的线圈。这个线圈实际上是两个串联连接的金属电阻，即位于辉光管前端的加热线圈（1）和中后部的控制线圈（3）。

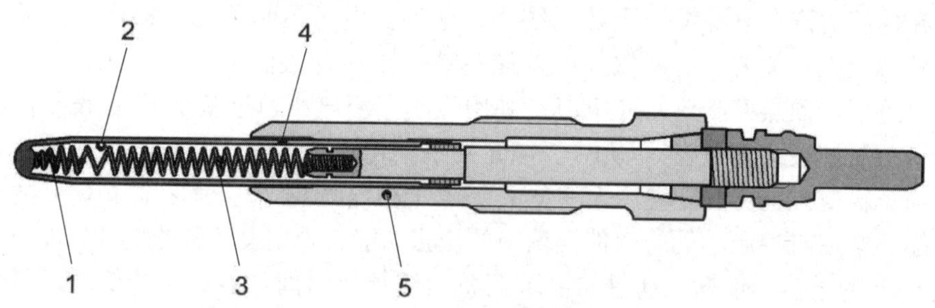

图12-3 金属铠装式预热塞的结构

1—加热线圈 2—经压缩的氧化镁粉 3—控制线圈 4—辉光管 5—外壳

加热线圈的电阻与温度无关。而控制线圈的电阻具有正推动温度系数（PTC）。它的电阻随着温度的升高而增加。先进的11V铠装式GLP约在4s内就能达到引燃燃油需要的850℃的表面温度。通常，GLP可以后续加热几分钟。加热线圈被焊接在辉光管的圆形顶端，以便使其与搭铁侧相接。控制线圈通过控制单元的接线与

GLP 的尾销相接。

当铠装式 GLP 通电时，加热线圈中的大部分电能开始转换为热。铠装式 GLP 端头的温度急剧上升。控制线圈的温度及其电阻随时间延长而增加。因而铠装式 GLP 的功耗下降，温度接近平衡。这样产生的加热特性如图 12-4。

一般来说，低电压式金属 GLP 的结构和功能与 11V 式的相当。加热和控制线圈被设计为较低的额定电压和较高的加热速率。比较细长型的 GLP 结构与四气门发动机上有限的安装空间相匹配。GLP 的末端具有一定的锥度，以减小加热线圈与辉光管之间的空间，从而加速从线圈到预热塞表面的热传递。这里采用的“增强运行”的控制原理（具有超过额定电压的 GLP 的控制）使加热速率高达 330℃/s 成为可能。最高加热温度高于 1000℃。在备用预热和后续预热期间的温度约为 980℃。对于压缩比大于 18∶1 的柴油机，后续预热时间高达 3min；对于压缩比小于 18∶1 的柴油机，延长至 10min。

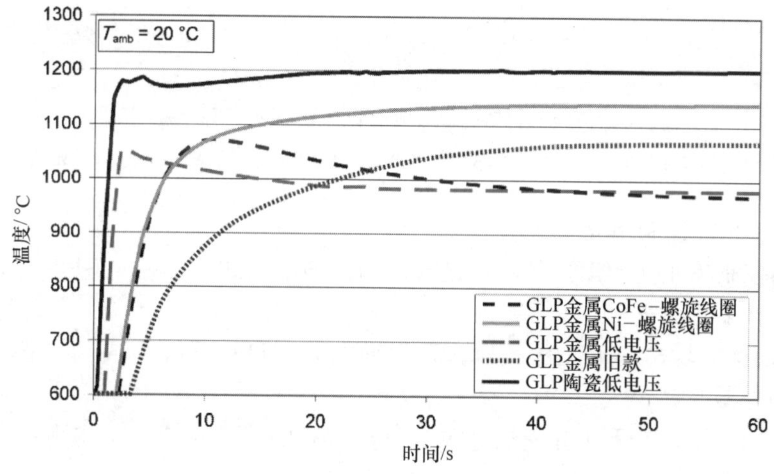

图 12-4　各种金属铠装式预热塞和陶瓷铠装式预热塞的加热特性

12.3.1.4　陶瓷铠装式预热塞

现代低压缩比乘用车柴油机要求铠装式 GLP 允许最高温度高达 1300℃，以及 1150℃以上时更长的加热时间也不会使其性能恶化。此外，希望它能类似于汽油发动机，即使在极低的温度时也能立即起动。因此，其预热塞的加热速率必须高达 600℃/s（见图 12-4）。

具有 Si_3N_4（氮化硅）陶瓷加热体的铠装式 GLP（图 12-5）已研发出来，它具有承受高的热冲击和热气体腐蚀的能力。陶瓷加热体（图 12-5 的 1）由电绝缘的氮化硅组成，高导电性的供电线（2）和一个被嵌入加热体（1）中具有 PTC（电阻随温度而变化）效应的封闭式加热器（3）。不同于金属铠装式 GLP，陶瓷 GLP 的加热和控制功能被合并在加热器内。陶瓷加热体固定在金属管（4）中并与金属管一起气密式压装在外壳（5）上。端头（6）与正（+）电极相接。金属管及其外壳与发动机缸体之间建立搭铁连接。11V 与低电压之间的转换是通过调整加热器电阻实现的。预热控制单元完全与金属 GLP 一样控制陶瓷铠装式 GLP。

金属铠装式 GLP 经常会出现因其性能恶化导致加热温度下降的现象。而陶瓷 GLP 很少出现冷起动和低温工作性能逐渐下降的情况。即使在恒定的非常高的 1200℃的加热温度，使用 3000h 后其加热温度的下降通常也不会超过 50℃。

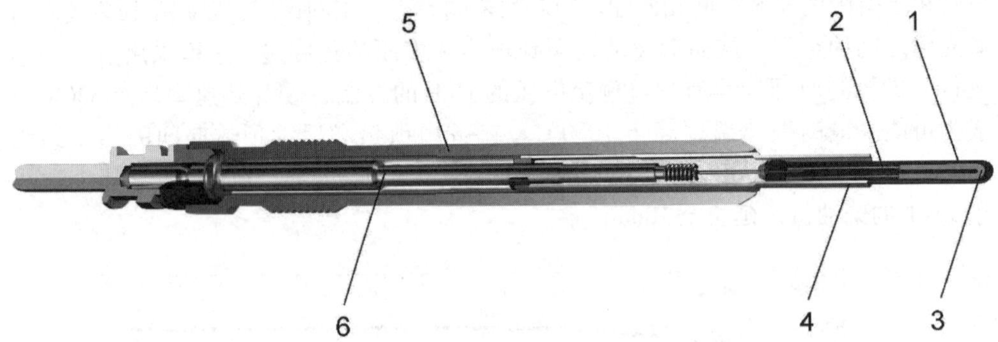

图 12-5　具有封闭加热器的陶瓷铠装式预热塞

1—陶瓷加热体　2—供电线　3—封闭式加热器　4—金属管　5—外壳　6—端头

12.3.1.5　预热控制单元

预热控制单元（GCU）的功能是控制和监测铠装式预热塞（GLP）。这种控制过程有以下不同的概念：

1）根据铠装式 GLP 工作电压，采用继电器（11V 系统）或晶体管（低压系统）作为电源开关。

2）铠装式 GLP 可以由一根电源线驱动所有的 GLP，或多根电源线驱动每一个 GLP。

3）预热控制单元（GCU）可以依据柴油机电子控制单元（EDC）中的软件模块和参数（图 12-6）进行工作，或依据 GCU 中的自我控制系统、软件和参数独立工作而与 EDC 无关。

在 11V 系统中通常采用继电器作为电源开关。继电器仅作为 GLP 的接通和断开开关。因此，预热系统的热输出是由当前车辆电源电压和随温度而变化的 GLP 的电阻来决定的。这可能在非常低的环境温度时会有特别不利的影响，因为汽车蓄电池在低温时电力不足，此时起动发动机会使电压低至 7～8V，从而会显著降低 GLP 的加热功率。

低压系统的预热控制单元（GCU），能通过车辆系统电压的脉冲宽度调制（PWM）有条不紊地控制铠装式 GLP 的电压。GCU 的电源开关控制的车辆系统电压接通和断开的比率，能够在铠装式 GLP 中设定一个有效电压。所需的电压有效

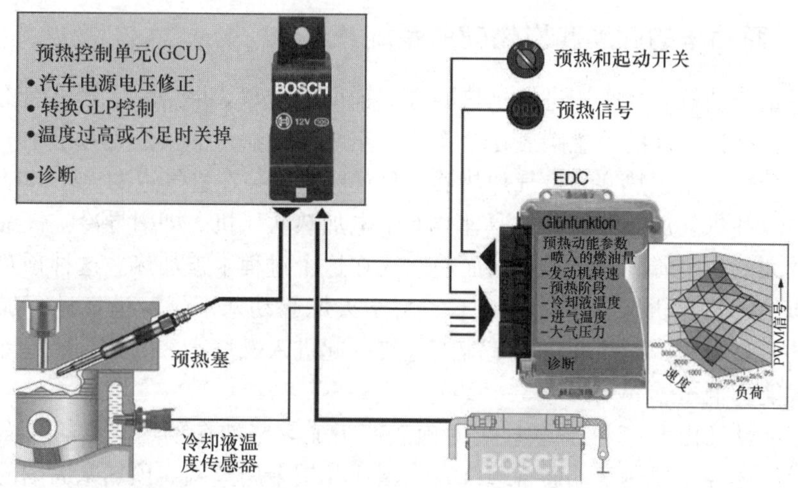

图 12-6　具有非自治 GCU 的预热系统，它由存储标准参数图的发动机控制单元进行控制

值是从具体的发动机的标准参数图中提取的。

因此，预热系统的热输出可以比较理想地进行调整，以满足动态发动机的要求。此外，这种类型的控制还可以补偿车辆的系统电压，即脉宽调制（PWM）信号的占空比被调整到与车辆系统电压的大小相适应。对车辆系统电压调制的电源开关增加了相关的开关速度和频率的要求。因此，在此处使用半导体开关（功率 MOSFET）是必要的。铠装式 GLP 还可在时间上交错进行控制。这就最大限度地减少了在冷起动期间和后续预热阶段车辆电源系统的最大负荷。由于低压预热塞（GLP）通常在 7V 以下进行工作，因此，起动过程中车辆电源电压的下降对 GLP 的加热功率没有明显的影响。

通过一根电源线并联控制所有的铠装式 GLP 可能会导致非常高的（约 300 A）的开关电流。这种类型的接线方式中如果一个铠装式 GLP 发生故障是不可能被诊断出来的。因此，铠装式 GLP 通常用各自的专用电线进行控制，以便于单个故障的诊断。单个 GLP 监测是实现先进诊断理念（如 OBDⅡ）的前提，而这种理念今后将会强制性推行。

自我控制系统利用能表征发动机运行状态的传感器信息来控制预热过程。一旦控制单元被点火开关通电激活，就会对冷却液温度进行分析。预热塞（GLP）只有在柴油机电子控制单元（EDC）发出一个控制信号时才会被通电工作（主/从关系）。用于 GLP 预热过程的所有信息都被存储在预热控制单元（GCU）的微处理器中，通过交互接口被输入 EDC。当超过临界喷入燃量时，EDC 会缩短后续预热过程，以防止 GLP 过热。这些控制单元也能够承担汽车上诊断指标的控制。

非自我控制的 GCU 根据 EDC 的技术参数，控制和监测铠装式预热塞（GLP），并将诊断信息向 EDC 反馈。

12.3.2 商用车的起动和引燃辅助系统

大排量柴油机通常采用进气预热的方式辅助起动。如果这种预热仍然不够，可以额外地将高挥发性的可燃碳氢化合物喷入空气滤清器（采用起动预喷射）。

进气预热采用预热塞、进气加热器（IAH）或安装在进气道的火焰起动塞来实现。预热塞和进气加热器的工作原理类似于电加热吹风机。即引导冷空气最大限度地通过较大的热金属表面流动，从而使空气在这个过程中被加热。这种预热方式能使柴油机的自然起动阈值降低3～5℃。由于火焰起动塞不仅对进气进行加热，也能产生活性自由基，而活性自由基能随进气一起进入燃烧室，因此火焰起动塞这一预热方式能降低压燃起动阈值8～12℃。

火焰起动塞由1～3个并联连接的预热塞组成。柴油在预热塞热的表面蒸发并部分地进行燃烧。预热塞上通常缠绕着一层或几层金属丝网。预热塞周围的保护套和丝网层防止进气流吹灭火焰。一体式单向阀能够根据发动机排量正确匹配并向火焰起动塞供给柴油。

进气加热器和预热塞需要较大的电功率，通常为1～3kW。

12.4 乘用车的冷起动、冷运行性能和排放

如果不采取额外的措施，冷态柴油机将会因燃油的不完全燃烧而产生较多的HC和炭烟。可见的烟雾（排气烟度）就是其明显的表现。此外，低温时增加了柴油机工作粗暴的可能性。通过使用引燃辅助，目标是使产生的排放和噪声降低到可能的最低水平。

12.4.1 压缩比为18∶1的柴油机

通过铠装式预热塞（GLP）及喷雾位置优化来降低排气的烟度（半透明）的实例如图12-7所示。

冷起动后关闭GLP，在高达220s的分析期内会显著增加排气的不透明度（排气烟度）。较长时间的后续预热会降低柴油机的冷怠速排放。根据发动机的不同边界条件，金属GLP通常的后续预热时间范围为180s。取决于发动机要求的不同，陶瓷GLP的后续预热时间可以长达几分钟，而不会减少GLP的使用寿命。使用陶瓷GLP可以减少整体的排气烟度。

这里介绍的压缩比为18∶1的共轨柴油机中，其铠装式预热塞（GLP）和喷油器喷雾的几何结构经优化后能使排气烟度从原来的大于60%降低到小于20%。该喷雾直接喷到GLP附近。进气涡流额外引导可燃混合气朝向GLP流动。这就增加了可燃混合气趋于GLP附近的可能性，进而使燃烧趋于稳定，排气烟度降低。

当喷油位置得到优化，而且铠装式GLP的预热温度高于900℃时，在低至

-20℃时冷起动过程中的发动机起动时间（发动机开始转动与达到 800r/min 之间的时间）与 GLP 的温度无关。在第一次喷油期间燃油燃烧完全，而且发动机转速迅速升高。在这种情况下，喷入的燃油量和共轨压力（300～600bar）的相互作用是缩短发动机起动时间最重要的因素。

在温度低于 0℃时，低压 GLP 的总起动时间，即预热时间加上发动机起动时间，会明显比 11V 预热塞（GLP）的时间短（图 12-8）。这可能是由于低压 GLP 的加热时间极短的缘故。

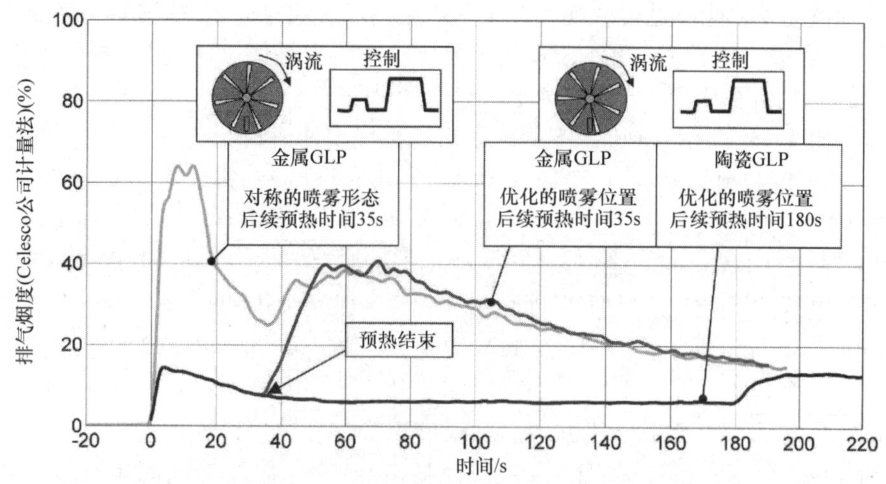

图 12-7　随着预喷射的喷雾形态和后续预热时间而变化的排气烟度。
压缩比为 18∶1 的四缸共轨柴油机，-22℃起动时测得的曲线

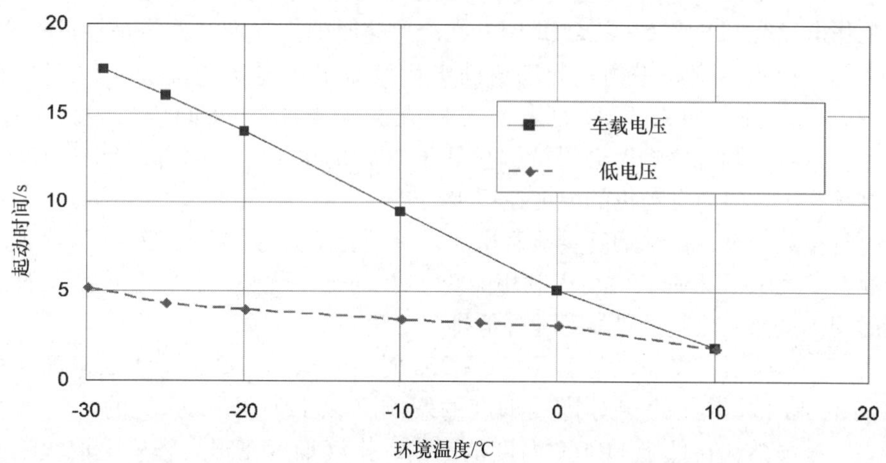

图 12-8　随着 GLP 加热速率和环境温度而变化总的发动机起动时间

12.4.2 压缩比为16:1的柴油机

降低压缩比（ε）能够在相同的峰值燃烧压力时，通过提高增压压力和喷油量来增加发动机的比功率输出（千瓦/每升排量）。在正常工作温度下，较低压缩比的发动机与较高压缩比的相比，在相同的时间内其炭烟和氮氧化物排放量可以明显降低，这已被发动机稳态工作点的测试所证明。然而，较低压缩比发动机的冷起动和冷怠速存在一些问题。低压缩比发动机由于压缩终了时的温度较低，因而在没有预热系统情况下，能够进行冷起动的发动机起动温度将会增加约10℃（16:1发动机与18:1的进行比较）。此外，降低压缩比会在冷怠速时显著增加排气烟度，因为较低的压缩终了温度会导致燃油更不完全的燃烧。

压缩比为16:1的发动机，冷怠速期间的排气烟度值很大程度上取决于预热塞（GLP）的温度和预热时间（图12-9和图12-10）。在起动机断电后0~35s期间，所用的GLP平均温度分别为950℃（11V金属GLP）、1010℃（5V金属GLP）和1200℃（陶瓷GLP）。11V金属GLP的平均预热温度较低，这可以归因于起动期间车辆系统电压的下降（这里所讲的是低至7V），以及发电机电压在发动机起动后大约需要3s才能缓慢上升。因此，11V金属GLP在起动过程中以低于其额定电压而工作，因而其加热温度下降。如果压缩比从18:1降低至16:1，则在起动过程中，11V的金属GLP在起动机断电后的温度下降，会导致排气烟度由小于20%增加到约40%（见图12-7和图12-9）。而低电压GLP在起动期间也会得到控制（$U_{\text{ansteuer}} \geqslant U_{\text{Nenn-GLP}}$），所以，它们的温度不会下降。因此，在较低压缩比（16:1）和两次预喷射情况下，低电压GLP预热系统在起动机断电后的排气烟度，可以与11V的金属GLP在压缩比为18:1和一次预喷射时的相媲美。发动机起动后，工作电压为11V和5V的金属GLP在冷怠速时的排气烟度曲线是接近重合的，因为它们的预热温度相平衡。起动机断电后汽车电源电压的增加使得11V金属GLP的温度增加。如果GLP的表面温度在整个测量时间间隔均高于1150℃（$T_{\text{Keramik-GLP}}$），则排气烟度会保持明显低于20%的水平，并随着冷怠速时间的增加而继续减小，因为发动机的温度在逐步上升。

一旦预热结束，排气烟度会显著增加，而且会发生失火或延缓燃烧。陶瓷GLP比金属GLP的使用寿命长。可以利用陶瓷GLP的这一优势，较大程度地延长后续预热时间，从而在热起阶段显著地降低排气烟度。

图12-10绘制了发动机起动后在0~35s时间间隔，GLP平均表面温度在相同的时间范围内对累计的相对排气烟度的影响（以11V金属GLP的排气烟度为100%）。很显然，在低于1100℃温度范围内，排气烟度在很大程度上取决于GLP的表面温度，而在温度高于1150℃时排气烟度基本不再受温度的影响。

这些结果表明，对压缩比已被降低的柴油机，只有通过优化预喷射的喷油策略和喷油位置，并保持每一预热阶段都有较高的预热温度，以及较长的后续预热时间

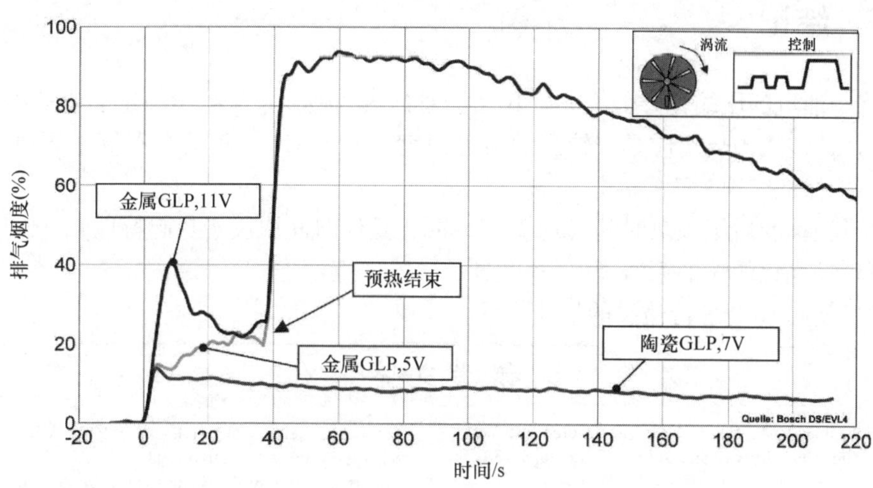

图 12-9 排气烟度随着铠装式 GLP 的性能和后续预热时间而变化。压缩比为 16∶1 的 2.2L 四缸共轨发动机在 -20℃，两次预喷射和优化的喷雾形态时测得的曲线

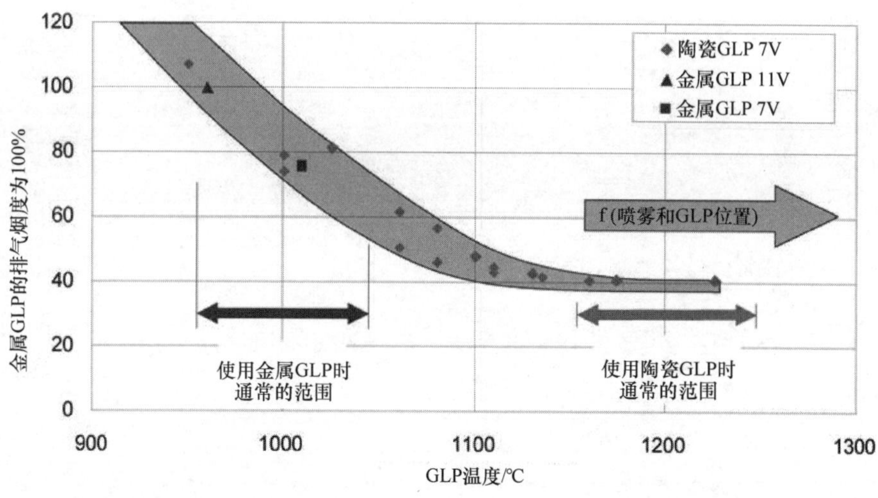

图 12-10 GLP 表面温度对相对排气烟度的影响。压缩比为 16∶1 的 2.2L 四缸共轨发动机在 -20℃两次预喷射时测得的曲线

才能使排气烟度减少到非常低的值。与此同时，柴油机产生的噪声（柴油机工作粗暴）才能减少。

12.5 结论

将柴油机的压缩比降低至 $\varepsilon = 16$，会对预热和喷油系统提出一定的要求：

1）铠装式预热塞应具有较高的表面温度（1150℃），甚至在车辆电源电压下降时也能保证实现。

2）较长的后续预热时间（约2～15min，具体时间取决于热起特性）。

3）经优化的喷油策略。

4）朝向GLP进行喷雾的最佳位置。

参考文献

12-1 Reichenbach, M.: Neuer 2,2l Dieselmotor mit Verdichtungsverhältnis 15,8:1: MTZ 9 (2005) 66, S. 638

Weiterführende Literatur

Tafel, St.: Entwicklung eines Brennverfahren für kleine, drallfreie Direkteinspritzer-Dieselmotoren. VDI Fortschritts-Berichte 377, Diss. 1998

Robert Bosch GmbH (Hrsg.): Dieselmotor-Management.

Aufl. Wiesbaden: Vieweg 2003

第 13 章　进气与排气系统

13.1　空气滤清器

13.1.1　基本要求

空气滤清器的作用是阻挡进气中所含的灰尘进入发动机，从而防止发动机过早的磨损。空气滤清器还用于降低发动机的进气噪声。空气的粉尘含量取决于汽车的应用区域和道路条件。表 13-1 给出了部分区域车辆使用环境的平均粉尘浓度，而图 13-1 示出了在实际使用中的各种粉尘粒径（颗粒大小）的分布。实验室空气滤清器试验时采用的两种标准化的测试用粉尘也被用来进行试验比较。粉尘浓度和粒径根据使用情况通过数量级进行相互区分。在为不同应用车型进行空气滤清器设计时，这个数据至关重要，而且可以用来估计滤清器的预期使用寿命。

表 13-1　平均粉尘浓度

工 作 条 件	粉尘浓度/(mg/m^3)
通常的欧洲道路交通	0.6
非欧洲道路交通	3
非道路交通（工地）	8
具有后部进气的公共汽车正常欧洲道路交通	5
具有后部进气的公共汽车非欧洲道路交通	30
施工设备（轮式装载机、履带式车辆）	35
在欧洲中部的农用拖拉机	5
在非欧洲地区的农用拖拉机	15
车队中的联合收割机	35

随进气流而进入发动机的灰尘会导致滑动部件的磨粒磨损。气缸套、活塞、活塞环、曲轴和连杆轴承、气门和气门座等是易产生这种磨损的关键部位。这些部件

的磨损严重影响发动机的使用寿命。图 13-2 示出了用粉尘试验台测得的发动机三个不同关键部位的磨损百分数，没有空气滤清器时测一次，使用老式空气滤清器测一次、油浴式空气滤清器测一次，纸质干式空气滤清器测一次。从图中可以看出，使用纸质干式空气滤清器时磨损明显较小，因而它能最有效地减小磨损。

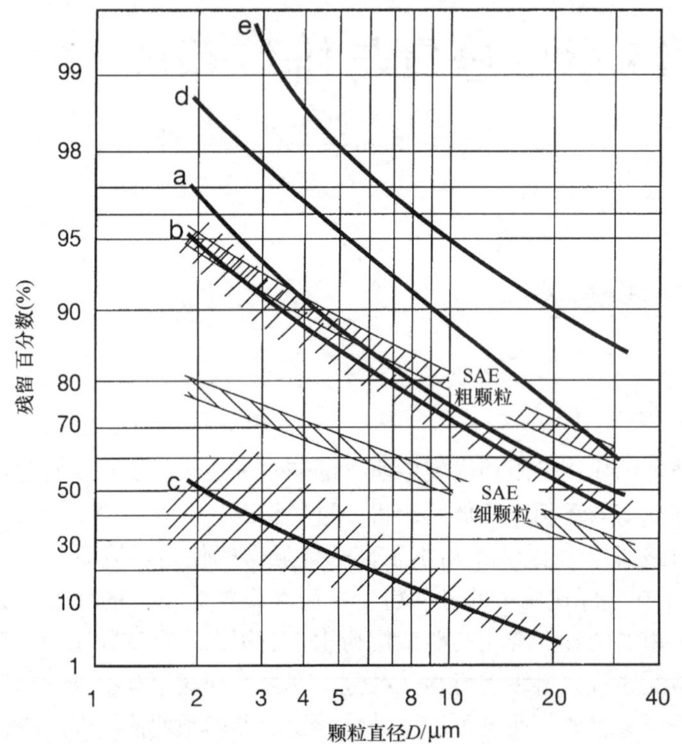

图 13-1　道路和场地实际粉尘颗粒大小的分布

a—在建筑工地的曲线　b—未铺砌道路上的曲线　c—铺设道路上的曲线

d—欧洲以外土路上的曲线　e—沙尘暴条件下的曲线

除了各种类型空气滤清器的减磨能力等一些基本知识外，粒径的影响也是设计滤清器时需要考虑的重要因素。

以柴油机活塞环为例，图 13-3 示出了不同粒径范围粉尘的磨损百分数，它是按照有粉尘时的磨损与没有粉尘影响的基本磨损之比计算的。进气的粉尘浓度为 2.3mg/m^3。5～10μm 组分的粉尘会导致磨损的大幅度增加，大大超过没有额外粉尘的基本磨损。其次，导致比较严重磨损的是 10～20μm 组分的粉尘。因此，空气滤清器必须可靠地将这些组分的粉尘从进气中过滤掉。

除了由较大颗粒造成的磨粒磨损外，细颗粒物质也可在废气涡轮增压发动机的压缩机壁上形成沉积。这会降低压缩机的工作效率。尽管非常精细的过滤在技术上已完全可能，但滤清器的成本和安装空间通常会阻碍其运用。在压缩机工作过程中进行液体喷注，已成为清除压缩机表面细颗粒物沉积的一种有效方法。

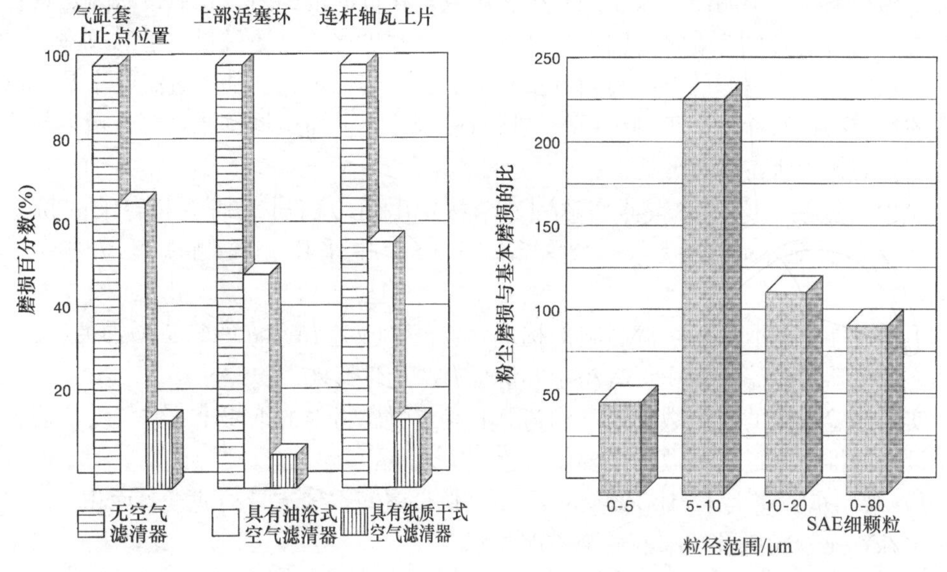

图 13-2　不同空气过滤情况下发动机部件的磨损

图 13-3　不同粉尘颗粒组分引起的活塞环磨损

为了产生良好的磨损防护和足够的滤清工作时间，基于多年实践经验收集的过滤效率和使用寿命的推荐值，被用来作为滤清器设计的基础。如果不遵循这些推荐值，将会导致滤清器过滤效率降低和容纳粉尘能力的不足。当发动机在高粉尘环境中工作时，这两个性能是特别重要的。

通常，汽车工程师必须额外考虑使滤清器的大小和结构适应非常紧凑的安装空间。此外，空气滤清器需要定期维修。为此，设计时还必须考虑滤清器的易接近性，以便维护时尽可能地便于操作。

13.1.2　过滤材料和性能数据

空气滤清器的过滤材料主要采用纤维素材料和合成纤维材料。这种类型材料的滤清器通常具有可更换的滤芯，被称为干式空气滤清器。此外，使用比较广泛的还有油浸式空气滤清器和油浴式空气滤清器，这两种滤清器中的润滑油在过滤粉尘颗粒的过程中起着重要作用。然而，这两种滤清器与干式空气滤清器相比其过滤效率较低，而且过滤效率依赖于它们的气流。当气流减小时，过滤效率也会下降。油浸式和油浴式空气滤清器维护保养时必须进行清洗，但它们不需要更换任何部件。

干式空气滤清器具有恒定的高过滤效率，而且其效率与气流无关。它们很容易通过更换滤芯进行维护保养，而且不受安装位置的影响，可以灵活地根据发动机的工作条件进行设计。干式空气滤清器的滤芯由技术上专用的，具有精确规定成分、纤维结构和孔径大小的滤纸或羊毛状织物组成。在世界范围内，它们被认为是具有较高过滤能力，而且有着统一的质量标准和良好性价比的过滤材料。过滤效率由部分过滤效率、整体过滤效率、粉尘容量和节流程度进行定义。部分过滤效率是指被拦截的特定粒径的粉尘基于测试用粉尘所占的百分比，而整体过滤效率是指拦截的所有粒径的粉尘所占的百分比。

粉尘容量被定义为滤清器在达到一个特定限值之前所能捕捉和容纳的粉尘容积。这些性能术语在标准［13－5，13－6］中采用相关测试程序进行了定义。

上述性能数据取决于过滤材料的构成、空气的流速和允许的容量增加的程度。当然，滤清器的过滤表面积对其粉尘容量也有决定性影响。

实践经验得出的以下数据可以作为具有确定过滤材料的纸质干式空气滤清器表面积设计的推荐值，这些数据主要用于：

1）乘用车：应大于2500$cm^2/m^3/min$（单位时间空气流量的滤纸表面积），或200cm^2/kW（发动机升功率的滤纸表面积）。

2）商用车：应大于4000$cm^2/m^3/min$，或320cm^2/kW。

根据应用场合、发动机类型和过滤材料的变化，上述数据值可以有很大的不同，因此，它们只代表一个平均值。相同的设计标准也适用于大型发动机，如商用车发动机。以$cm^2/m^3/min$计的单位过滤纸表面积的过滤能力规范，相当于进气流速的倒数值。

图13-4包含用于乘用车和商用车干式空气滤清器常见的功能数据。图13-4中的节流压差产生的阻力随着体积进气流量的平方而增加。它不应该超过10～30mbar的初始值，这样才不会影响发动机的工作，并保持有足够的粉尘容量。图13-4b提供了有关总的质量过滤效率和滤清器粉尘容量的数据。这些数值是按照标准［13－6］，使用规定的标称体积流量和SAE粗粒试验粉尘进行测试而确定的。乘用车的空气滤清器较小的比表面积（单位表面积）和较高的空气速度，导致总的质量过滤效率和粉尘容量的降低。然而，它们对特定的乘用车工作条件来说是足够的。乘用车空气滤清器的比表面积设计得较小，是对必要的过滤功能和汽车发动机罩下的有限空间以及发动机室里普遍存在的较低平均粉尘浓度之间，进行了很好地折中。

13.1.3 干式空气滤清器的结构

干式空气滤清器中央的滤芯是一个可更换的过滤元件，它由折叠式过滤介质形成的扁平或圆形部件和适当的密封件组成。过滤介质几乎无一例外全用合成树脂浸渍，以抵抗热、机械和化学应力。此外，隔片或槽板被冲压成褶，以便使过滤元件保持机械稳定性。

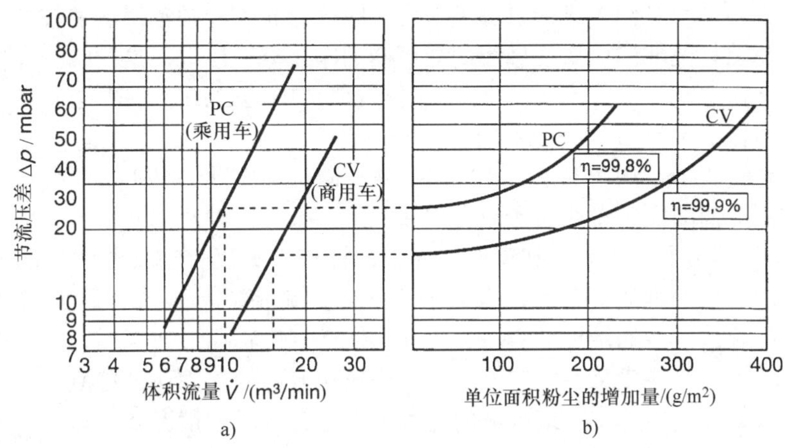

图 13-4　乘用车和商用车纸质干式空气滤清器的典型特性曲线（单位过滤面积分别为 2500 和 4000cm²/m³/min）

空气滤清器有着不同的设计，以适应乘用车和商用车上不同的安装和支撑条件。常用的乘用车空气滤清器如图 13-5 所示，它由长方形塑料壳（聚丙烯或聚酰胺）和扁平的矩形纸质滤芯组成。滤清器被直接安装在发动机上或发动机的横向区域内。每当达到发动机制造商规定的保养间隔里程时，滤芯就应被更换。乘用车空气滤清器必须为每一发动机类型单独进行研发和匹配，以优化发动机功率、燃油消耗、转矩特性和进气噪声阻尼。纸质干式空气滤清器也经常用于商用车。过滤效率较低、但具有自行再生能力的油浴式空气滤清器在少数情况下也被使用。虽然它们的抗磨损能力较低，但备用纸质滤芯的供应不能保证时，油浴式空气滤清器就会显出其优势（见本书的 17 章和 18 章）。

图 13-6 给出了油浴式空气滤清器示意图。空气通过中心管流入滤清器外壳底

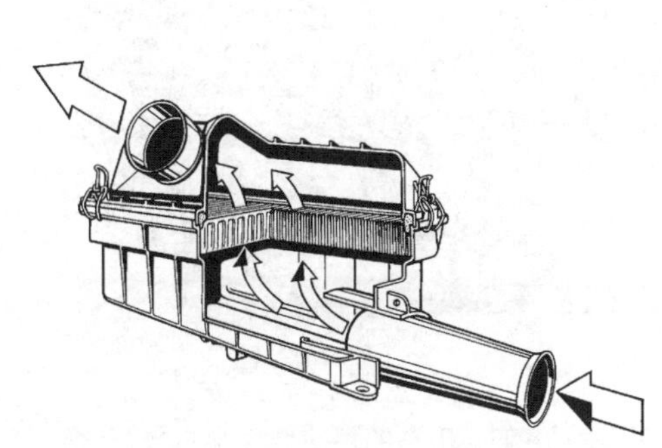

图 13-5　乘用车空气滤清器

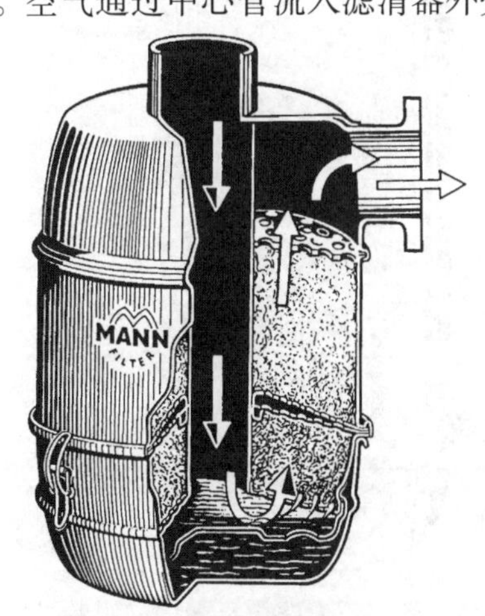

图 13-6　用于柴油机的油浴式空气滤清器

部的油池，并被引导向上进入过滤填充层。空气首先流经被油浸润的较低区域，然后通过过滤填料上部的干燥区域流到滤清器的净化空气出口。这种结构在发动机全负荷时能获得99%的过滤效率，而在部分负荷范围的过滤效率往往会减小。油浴式空气滤清器的设计必须完全符合发动机对进气的需求。滤清器的尺寸过大或过小，会导致气流携带润滑油通过，或过滤效率降低。因此，必须对空气滤清器的结构设计和制造商的安装说明给予应有的注意。

图13-7示出了商用车辆和类似应用中的标准干式组合空气滤清器的设计。它包括一个圆筒形的纸质滤芯，以及与外壳一体的旋流式分离器，这能增加使用寿命，从而延长滤清器的维护间隔。环形叶片使空气旋转而形成气旋，产生的离心力将大多数的粗颗粒粉尘从空气中分离。这些最初分离的粉尘通过排泄阀释放到大气中，或被收集在集尘罐中。进气流的脉动决定了在每一种情况下，选择哪种粉尘释放方式更为合适。当脉动足够强大时，采用粉尘排泄阀已被证明是既简单又好用的释放解决方案。根据SAE试验用的粗颗粒进行测试，滤清器中的气旋能实现85%的初始过滤效率，这相当于延长使用滤清器寿命大约四倍。如果在一个小型气旋室中将干式空气滤清器和油浴式空气滤清器安装一起，则其使用寿命甚至可以增加更多。而且这样还可以实现高达95%的初始过滤效率。图13-8示出了一个用于商用车发动机的简单的标准上行气旋室实例。这种气旋室安装在空气滤清器未经滤清的进气管上，并将释放的粉尘收集到四周透明的集尘罐中。

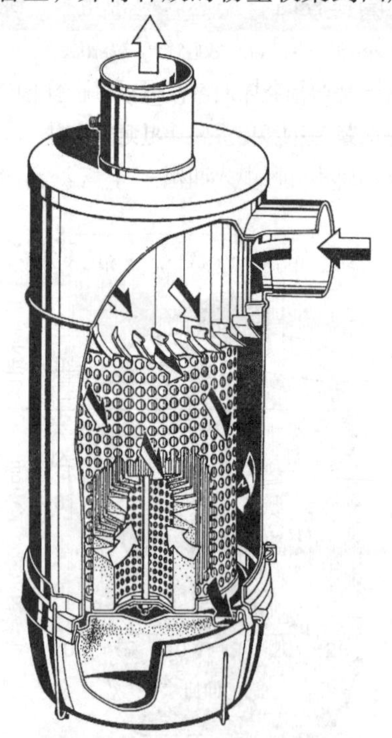

图13-7　商用车采用的组合式空气滤清器（MANN& HUMMEL）

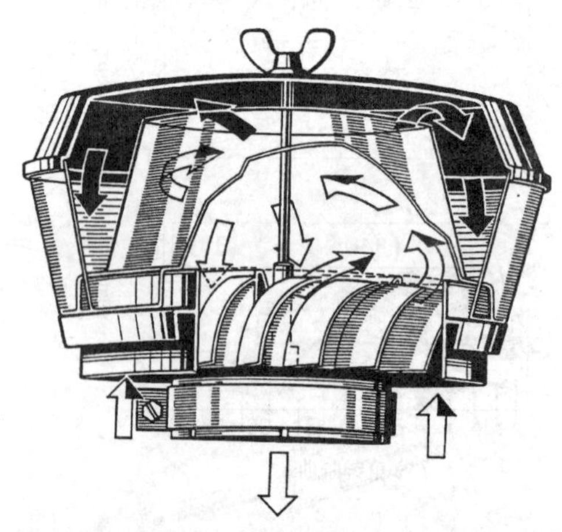

图13-8　用于商用车的预滤器（上行气旋室）

在封闭空间或船舶上使用的大型固定式柴油机，它们工作环境中的粉尘浓度相对较低。在这样的条件下简单的油浸式空气滤清器即可获得令人满意的过滤效果。这种滤清器主要包括由钢丝纤维、金属网或塑料网制成的圆筒状的过滤体，它被润滑油浸润，以提高过滤效率。它的进气由外向内流动。最近，与商用车发动机滤清器类似的干式滤清器，也越来越多地用于固定式柴油动机，因为它们具有较高的过滤效率。

13.1.4　进气噪声阻尼

降低乘用车和商用车柴油发动机进气噪声是遵守整车噪声法规要求必不可少的方面。汽车内部噪声的大小受进气噪声的影响很大，必须尽量使其减小以便提高驾驶的舒适性。

可以设计具有特殊形式的亥姆霍兹谐振腔的空气滤清器，同时起到反射式消声器的作用，以抑制进气噪声。亥姆霍兹谐振器由一个具有连接管的消声室组成。图 13-9 示出了乘用车滤清器相关阻尼曲线的一系列特性。理论特性和两个测得的特性均被绘制。依据的关系式为：

$$f_0 = \frac{c}{2\pi}\sqrt{\frac{S}{l \cdot V}}$$

式中的谐振频率 f_0 随以下因素的变化而变化：气流声音的速度 C、谐振腔的体积 V、进气歧管的长度 l 和平均截面积 S。当产生共振时，声音增强。在 $f = f_0\sqrt{2}$ 时，阻尼随频率的增加而增加。f_0 应尽可能低于车辆运行中发生的频率，以便获得最佳的阻尼效果。这可以通过增加空气滤清器的体积、降低进气截面或延长进气歧管来实现。

对四冲程发动机来说，进气消声器体积的推荐值至少为气缸排量的 15 倍，最好是 20 倍。这通常会获得 10 ~ 20dB（A）的阻尼。减少进气歧管的截面和延长进气歧管的长度，会因为阻力增加和空间条件的限制，使阻尼很快达到它们的限值。

柴油机的进气噪声可以达到 100dB（A）。图 13-10 比较了商用车柴油机进气噪声的阻尼与得到改善的空气滤清器以及标准滤清器的阻尼。

当进气管的长度和位置与滤清器的外壳尺寸相匹配时，可以实现阻尼的进一步的改善。图 13-10 还包含了获得的附加阻尼。

另外，滤清器壳或进气歧管中发生的共振会明显减少空气滤清器或消声器的阻尼效果（见图 13-9）。当空气滤清器不再能产生理想量的进气噪声阻尼时，则应采用附加的消声器。表 13-2 列出了能够产生阻尼的最重要类型消声器的声学性能。利用这种额外的消声器，可以系统地处理和消除特殊进气噪声。这种消声器也经常集成在空气滤清器壳中，以便节省空间和降低成本。

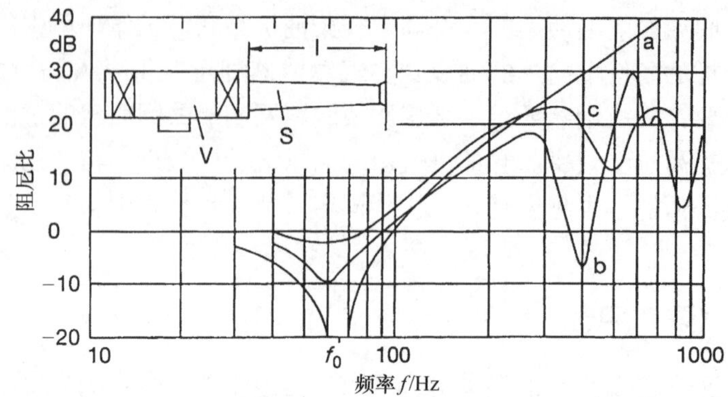

图 13-9　进气消声器（亥姆霍兹谐振腔）的声音阻尼

曲线 a：理论阻尼特性（f_0=66Hz）；曲线 b：无层流时较低声能密度下测得的阻尼特性（扬声器测量）；曲线 c：有层流时较高声能密度下测得的阻尼特性（发动机中测量）

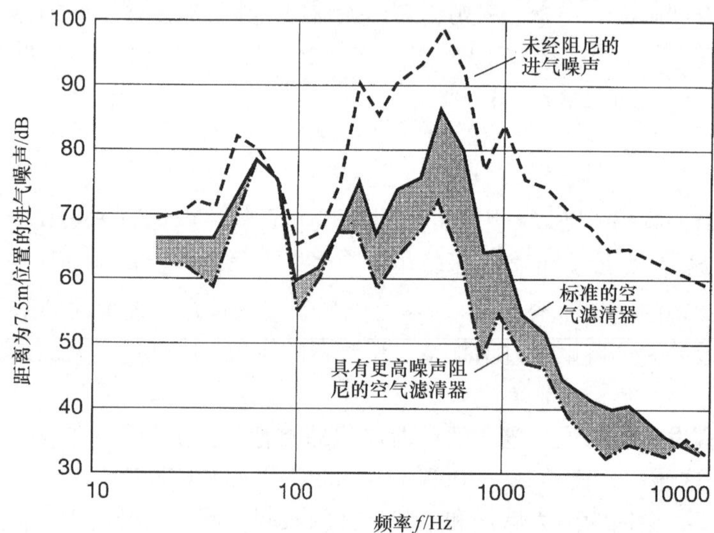

图 13-10　147kW 的 6 缸商用车柴油机的进气噪声

表 13-2　最重要类型消声器的声学性能

阻尼的类型	性　能
吸声式消声器	宽带：适用于约 300～5000Hz 的中频和高频范围
流量控制消声器	宽带：适用于中频和高频范围
内联谐振器	高于谐振频率 f_0 以上范围的窄带阻尼：适用于约 500Hz 的频率
歧管谐振器	高于谐振频率 f_0 以上范围的窄带阻尼：适用于低频和中频；各种调谐谐振器可以并联连接
哨管谐振器	$f=C(2m+1)/4l$ 频率范围的窄带阻尼；其中 m=0，1，2…；l=哨管长度
通过旁通的干扰式阻尼	$f=C(2m+1)/4l$ 频率范围的超窄带阻尼；其中 m=0，1，2…；l=路径长度的差；允许非常高的阻尼值

13.2　排气系统

13.2.1　功能和基本设计

排气系统在汽车上主要发挥三种功能：

1）将发动机燃烧后产生的高温废气排放到大气中。

2）净化废气中的有害化学成分和颗粒物以符合法律的要求。

3）使排气噪声降低到法规要求的最小值，并额外进行调整，为客户提供所需的声音设计。

因此，需要以下部件组成排气系统：

1）排气歧管，收集来自排气门的废气。

2）催化转化器和柴油机颗粒过滤器（DPF），作为排放后处理装置（见本书的15.5章节）。

3）消声器，减少和控制排气噪声。

4）排气尾管，将废气输送到大气中。

具有废气再循环系统（EGR，见本书15.4章节）的发动机还有一个排气再循环阀，集成在排气系统中。带有废气涡轮增压器的柴油机，其排气歧管也作为废气涡轮的流入通道。

排气和进气系统通过气体交换会对发动机功率和转矩产生较大的影响。排气行程中，在诸如排气歧管和催化转化器这些上游部件中产生的最初压力波的反射具有特别大的影响，因而需要仔细地对其进行调整。

废气涡轮增压柴油机的排气背压不应超过一定水平（见本书的2.2章节）。因而，保持排气的低流动阻力是非常重要的。排气背压对排气消声器也有影响。因此，功率很大而且具有相应较大排气质量流量的发动机，有时会采用双排气管双消声器系统。这样使废气或者从排气歧管开始即通过两根管道流出（例如在V形发动机中），或在排气系统的中部使废气分流（例如在中央消声器处分流）。在中部分流情况下，废气通常被分别输送到两个后消声器。

相应地，不同的排气路径对排气系统的声波传输特性有较大的影响。此外，在大多数情况下，车身下面的空间条件使声学工程设计变得复杂，因为设计工作开始时，消声器的位置和最大尺寸通常已被确定。因此，除了排放控制外，排气系统的功能研发也是常见的研发优化过程，这个过程受到以下这些相互冲突的参数的影响：

1）排气背压与发动机功率。

2）消声器的体积与质量。

3）排气出口的声压级。

4）系统成本。

13.2.2 排气尾管噪声阻尼

13.2.2.1 基本知识

来自气缸的脉动式废气排放是产生排气噪声的主要原因。特定排气管路中随气缸发火顺序和工作时间差的不同会产生特定的频谱。这被称为发动机的阶次（EO）。由于可燃混合气每隔一转被引燃，随后被排出，所以单缸四冲程发动机中0.5阶的发动机阶次为主阶次。多缸发动机的阶次为每个气缸阶次的累加。因此，四缸发动机中二阶发动机阶次为主阶次，六缸发动机中三阶发动机阶次为主阶次，以此类推。每一台发动机的主阶次也被称作发火频率。发动机的主要阶次（发火频率）与次要阶次（半阶、偶数和奇数阶次）的振幅比，基本上决定了噪声的特性。这个比例取决于发火顺序和各个气缸的噪声分量沿着共同的排气通道传播的声学特性，也就是说它明显取决于排气歧管的特性。由发动机阶次产生的交变压力波动的频率总是与发动机转速成正比。

图13-11示出了四冲程发动机阶次的频率特性。由此可知，在一阶发动机阶次（EO）或旋转频率为50Hz时，四冲程四缸发动机3000r/min的转速相当于发火频率100Hz。因此，就常见车用柴油机的转速范围来说，其发动机阶次实际上贡献给排气出口的噪声频率范围大约仅为30～600Hz。

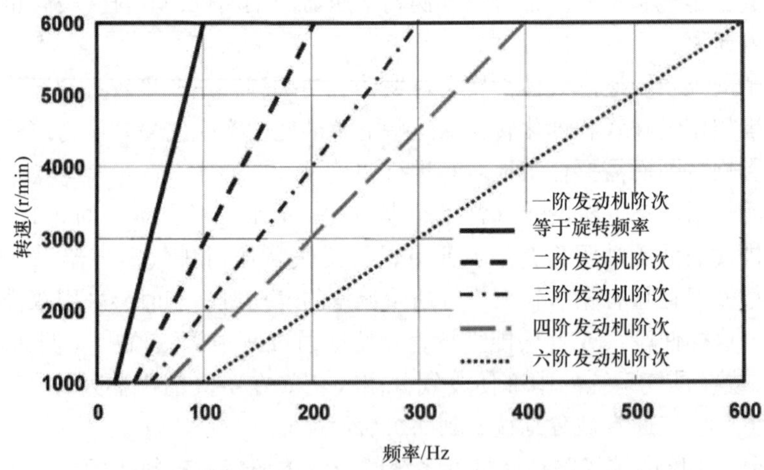

图13-11 四冲程发动机的阶次特性

此外，当废气排放并沿排气路径继续流动时，所产生的较大气流噪声也必须进行抑制。它们的特征是具有一个宽带的频谱，它与脉动噪声不同，也会延伸到高达约10kHz的高频率范围。一般来说，气流噪声的强度与流速的关系不成比例。因此，防止排气管和旁通路径中，以及废气流入和排出过程中出现过高的气流速度，就可以从源头上减少噪声分量。

内燃机的排气系统，包括每一排气管以及相连的消声器和催化转化器的容积，共同构成了一个具有许多声学和机械自然共振特性的振荡系统。消声器的几何位置对固有频率的位置和阻尼量具有重要意义。通常，只是对重要的发动机阶次进行检测来分析排气尾管的噪声，并随转速的变化绘制发动机阶次的大小。图 13-12 中的坎贝尔图表明了六缸柴油机每一速度和频率的声压级。重要的发动机阶次 3、6 和 9 属于明显的暗区，是大约 1000Hz 时气流噪声激发的弱共振。

现在，计算机模拟能系统地调整汽车整个排气系统的固有频率。市场上能买到专用的软件包，可以模拟进气系统、发动机燃烧、排气系统，以及在同一个应用程序中模拟发动机的换气噪声。此外，模拟的结果会在发动机每一个相关的工作点（速度和负荷）显示出排气系统的温度和压力以及排气出口的噪声。通过严格的使用统计方法［例如实验设计（DoE）］和连接不同的软件工具，使自动声学排气系统设计已成为发动机研发中的最先进的设计工具。

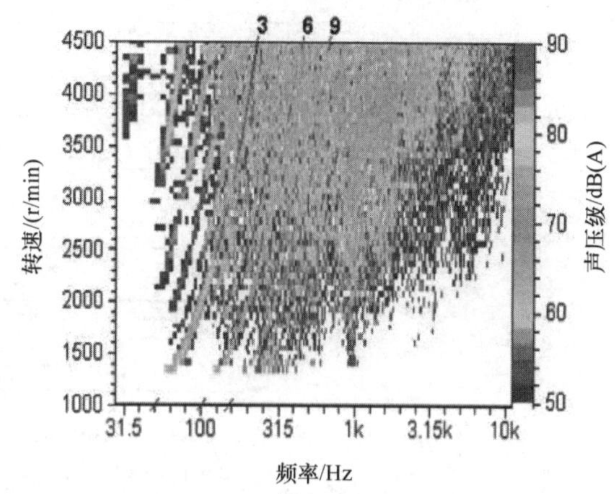

图 13-12 典型六缸柴油机排气出口测得的声压级坎贝尔图

消声器的设计在噪声的吸收和反射的物理原理之间存在着基本区别。此外，按照是否有开关元件在工作过程中改变声音效果，或采用声响发生器使声波叠加直接消除噪声，消声器被进一步细分为半主动消声器或主动消声器。从这个角度看，传统的吸收和反射式消声器，也被认为是被动消声器。然而，半主动和主动消声器最终都是根据反射原理而起作用。

13.2.2.2 吸声式消声器

在声学中，通过气体分子相互之间或与结构之间摩擦使声波中的声能向热能的转换被称为吸声。由于空气中的气体分子之间的摩擦相对较低，因此，空气对声音的吸收通常可以被忽略。材料的表面积越大，结构中的摩擦就越大。因此，多孔和纤维材料，例如羊毛和泡沫，吸收声音的效果特别好，因为空气分子能容易地穿透这些种类的材料，并在许多细纤维或许多小孔中激烈摩擦。这种声学效应的作用效果（吸声性能）可以通过吸声系数进行测定。吸声系数是指被吸收的声能与发生的声能的比率。

就像声音的阻尼一样，对声音的吸收一般会由低频到高频逐步增加。玻璃棉有时被用作吸声材料。然而，通常却不用它，而是采用容积密度约为100g/L的长纤维玄武岩或石棉，因为它们能耐高温。

图13-13对三种不同设计的消声器进行了比较。图的左上部是典型的填料吸声式消声器，一根多孔管穿过其中；右上部为传统的反射式消声器；下部为吸声与反射原理相结合的消声器。排气管的多孔结构和气流流经丝棉的设计应确保即使高流速时的排气脉动也不能吹出这些填料。这些矿物丝棉有时会采用一层不锈钢丝围绕多孔管周围进行保护。吸声式消声器对降低气流噪声尤其有效，因为在中高频范围内它们具有宽带效应。

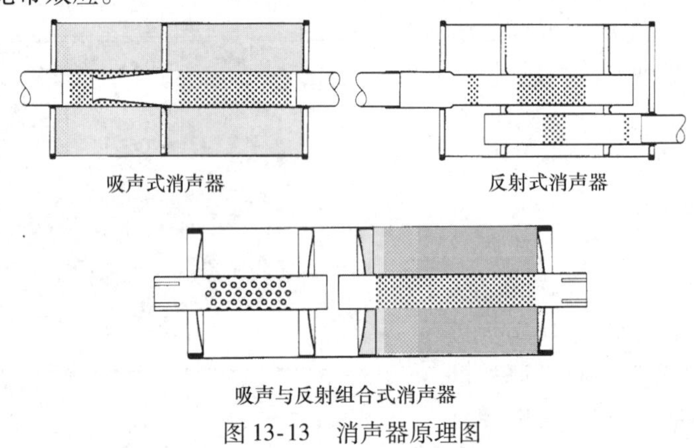

图13-13　消声器原理图

13.2.2.3　反射式消声器

这种消声器设计包括了由多个气管相互连接的长腔室。气管与气室之间的截面跃变、废气的旁路，以及与气室相连的气管所形成的谐振器会产生阻尼，而且这种阻尼对低频噪声特别有效。然而，反射式消声器中每个旁路和每个进气与出气管都会增加排气背压，因此，与直接气流路径的吸声式消声器相比，通常会有更大的功率损失。

催化转化器和柴油机颗粒过滤器也应视为声学元件，并应对其进行调整。催化转化器的入口巧妙的锥形结构，还有这个元件之前的管路布置，都有利于压力的均匀传递，同时有利于增加转化器的使用寿命和阻尼效果。

如同进气系统一样，基于亥姆霍兹原理的支管或进气谐振腔被用来消除消声器系统尾管噪声中特别令人不舒服的低频共振谐波（例如开始嗡嗡声）。谐振腔中有一横向连接管，通过该横向连接使传输废气的主管路上没有气体流动，以便将声能送入一个密封的容积里，在那里它被暂时存储，并随后被添加到时间有所延迟的主气流中。时间延迟恰好足够的长，以便在谐振频率下使两个声波相互抵消。然而，废气流速会对亥姆霍兹谐振腔的效果产生不利影响。因此，它们只能被安装在流速低的位置。由于亥姆霍兹谐振腔只在一个频率上起作用，因此它的容积既不阻尼其他频率，也不能衰减其他速度时的噪声（见本章的13.1）。此外，这一原理只适用于排气噪声有问题的情况下，因为它通常需要相当广泛的密封区域才能发挥效果。

图 13-14 示出了具有消声多样化选择的传统被动式消声器虚拟结构设计。

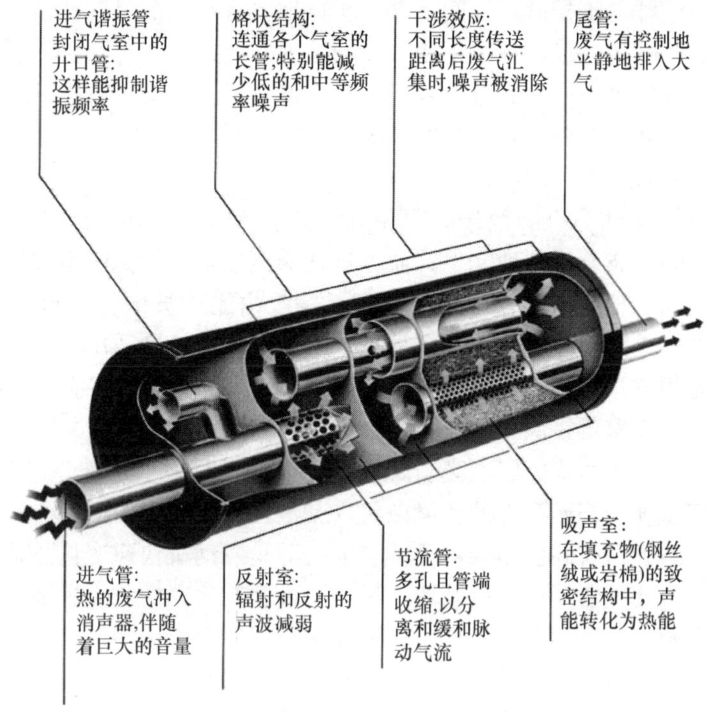

图 13-14　代表不同被动阻尼机构的虚拟消声器

13.2.2.4　半主动消声器

好的声学阻尼效果可通过部分阻断气流路径的方式获得。如果消声器的两根排气尾管中的一根被封堵，例如通过排气阀控制一根排气管（图 13-15），则与没有排气阀的消声系统相比，低频排气噪声会降低 10dB。这相当于一半的感知响度。排气尾管的低频噪声主要发生在城市行驶期间，并在发动机强制怠速条件下（如在红绿灯处）进一步加剧。然而，在较高转速和高负荷时（例如高速公路行驶），滚动噪声和行驶噪声占主要地位，因此减少排气背压还是应优先考虑的因素。因而，在这种情况下，打开排气阀，使废气通过两根排气管排放，气流噪声减小，排气背压下降，发动机能够释放出其全部的功率。有些排气阀是由压力和气流实施的自行控制，而有些是由与发

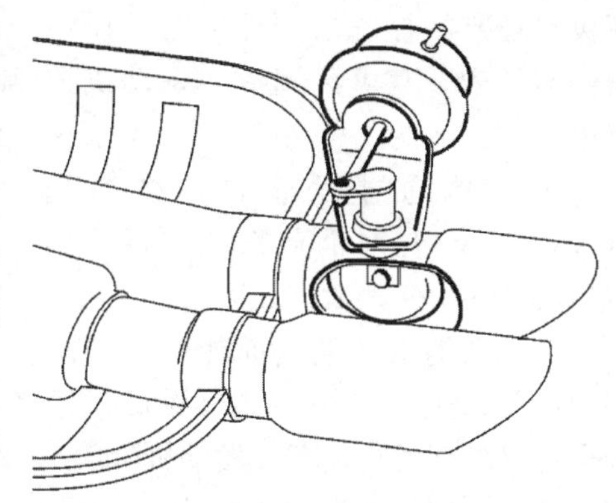

图 13-15　后部消声器尾管上被开启的排气阀

动机电子控制单元相连的接口实施外部控制的。因此，在根据负荷和速度选择排气阀开关点时，这种电子控制排气阀的方式明显地具有更大的灵活性，这就为依据特性参数图来控制噪声的设计提供了相当多的选项。此外，由外部控制的排气阀比由气流自行控制排气阀所产生的排气背压通常更低。当然，前者的技术复杂性比后者也要大得多，因此只在一些要求高的情况下采用。

13.2.2.5 主动消声器（ANC）

主动消声器又称为有源消声器。主动噪声控制（ANC）功能的原理很简单：一个负镜像的噪声波有规则地产生，而且排气噪声波与负镜像噪声波这两个分量在某一时刻被叠加。其结果是两个声波相互抵消。由于声波的传播可以准确加以预测，而且噪声主要为低频，因此，这种技术本质上来说特别适用于消声器。通常采用扬声器作为相位相反的干扰声源（产生负镜像噪声波）。可靠而又反应迅速的电子控制装置必须确保负镜像噪声波被同步产生，并具有正确的音量。

然而，还有一些基本的问题必须解决，以保证负镜像噪声波系统的可操作性。例如，在排气系统中普遍存在的环境条件（热、湿度和高的声压级），减少了产生负镜像噪声波的扬声器的使用寿命。第二个问题是发动机快速变化的转速和负荷条件需要有一个由处理器支持的控制器。近年来机动车研究的重大进展，已研发出了高效、低成本的声音传感器。另外，这种技术特别适合于柴油发动机，因为它们通常比汽油发动机的排气温度低。

在过去的几十年里，微电子技术的发展及其在汽车和消费品行业的大规模使用，已经使第二个问题得到了解决。必要的控制器硬件现在已设计得小而高效，它可以集成在发动机控制单元中，作为一个小的独立控制单元，单独地通过标准的总线系统（CAN，MOST）对消声系统进行控制（参见图13-16）。

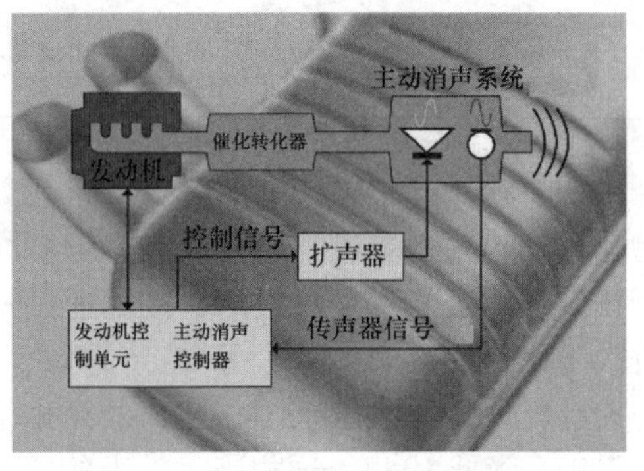

图13-16 主动消声系统示意图

除了抵消噪声波进而能纯粹的减小噪声外，主动噪声控制（ANC）系统也可以提高某些频率（发动机阶次），例如，令人愉快的声音频率，以获得所希望的声学模式（声音设计）。因此，具有声音难听或声音不明显的汽车可以在声学方面得到提升。主动噪声控制系统仅通过软件设置即可达到这个要求。因此，与传统的被动消声器排气系统相比，它在未来有可能将排气噪声控制在一定限度内，而不受发动机、汽车类型和行驶情况的影响。

13.2.3　排气系统结构噪声辐射

除了来自尾管的噪声外，排气系统也通过其表面发出噪声。这种结构传播的噪声是由振动引起的。它们的一部分可能是由发动机或涡轮增压器的机械激振或由脉动气柱推动而产生。上游结构噪声的去耦元件能有效抑制结构噪声的进一步传递，这些噪声从发动机或涡轮增压器通过管道到达消声器。从技术上讲，有多种可选择的方法能减少结构噪声辐射。这些方法主要是采用强化外壳（消声器、催化转化器和柴油机颗粒过滤器）来实现：

1）增加壳壁钢板的强度。

2）使用双层钢板。

3）优化壳体的外部形状。

较厚壳壁通常也由于结构质量和强度的增加而降低结构噪声辐射。然而，这种方法是无奈之举，因为它会使排气系统更重、更昂贵。采用双层钢板壳壁，通过在振荡过程中板层之间相对运动产生的摩擦也会降低结构噪声辐射。双层壳壁之间也可以填入丝绒材料，以便使其形成热绝缘层，从而进一步增强解耦效果。然而，这种解决方案在技术上比较复杂，而且没有单层板那样的机械稳定性。优化半壳式消声器的外部形状有助于防止结构共振发声。然而，这必须在结构空间利用、耐久性和模具工艺性方面进行平衡和妥协。因此，确定最可取的解决方案仍然是发动机研发的一个难题和挑战，必须以实例为基础进行综合考虑和处理。

13.2.4　声音设计

购买汽车时，人们考虑的不仅是技术和经济，情感因素也会起到相当大的作用。感官体验，如对声音的感觉，会造成很强烈的印象。因此，优质运动型车辆给人的印象，也明显地取决于驾驶感觉的“完美”，包括声音的悦耳，才使它们真正有别于其他制造商的汽车。除进气系统外，排气系统的尾管噪声也明显影响人们对汽车的整体声响印象，这些声响影响车内驾乘人员的同时，也同样影响车外的行人。人们对声音质量的要求和相关法律的规定，对简单地通过提高响度来突出运动性的做法提出了明确的限制。排气系统制造商广泛地致力于使其产品在相同或类似声响大小情况下，给人们以与众不同的特别好的音响印象。系统性的声音设计包括在录音室进行密集的声学试验，以逐步优化排气系统的噪声。汽车制造商根据他们在市场细分中的定位，以及发动机和汽车的类型，会在很大程度上响应潜在客户的需求。与汽油发动机不同，相关法规对柴油机排气系统的声音设计提出了更严格的限制，这是由于通常采用的废气涡轮增压器和排放控制所必需的柴油机颗粒过滤器（DPF），需要从气体脉动中去除本来受欢迎的噪声成分。因而，这仍然阻碍着柴油发动机在跑车上的应用，而且这种阻碍不可低估。

13.2.5 几何设计

乘用车排气系统依据车型、机动性和车身底部的不同而有完全不同的设计。图13-17的上半部分示出了用于四缸柴油机的单排管路排气系统，它包括来自涡轮增压器的前管、催化转化器、气隙绝热的中间管、柴油机颗粒过滤器（DPF）和较大的后部消声器。DPF同时承担中间消声器的功能。中间管被隔热以便将废气以最高温度送入DPF，因为这会更容易地使集有炭烟颗粒的过滤器加热和再生。图13-17的下半部分示出了V8双涡轮增压发动机双排气管排放系统。这种双管路排气系统需要两个催化转化器、柴油机颗粒过滤器和后部消音器。由于没有采用中央消声器，因此，双管路排气系统在其中部仅有一个小的串扰点。

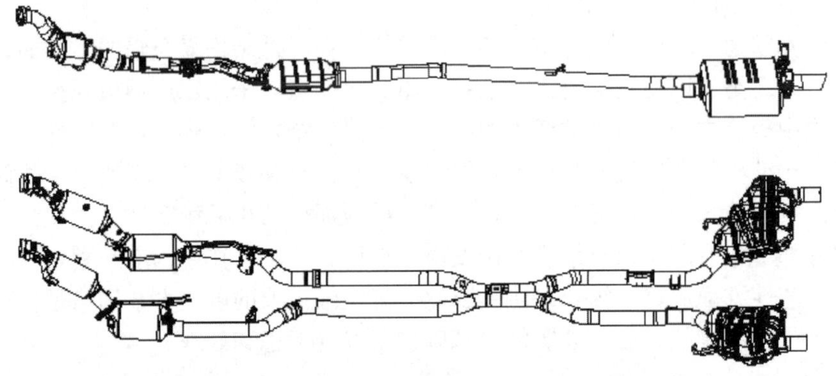

图13-17　装有四缸和八缸柴油机乘用车的两种不同排气系统

图13-18示出了装有三缸柴油机的小型乘用车特别创新的紧凑式排气系统的解决方案。这种排气系统的催化转化器、颗粒过滤器和消声器都被集成在一个壳体中。

一般来说，商用车排气系统的设计与乘用车的相类似。但由于发动机通常有较大的排量，因此需要采用高达1000L容量的较大消声器。然而，汽车下部的空间条件仍然对大尺寸的消声器有所限制。对商用车的法规所要求的噪声限值比乘用车的大，而且声学性能与乘用车也有很大的不同。因此，在今天的商用车上，包括有催化转化器、必要时也包括颗粒过滤器的大尺寸消声器通常是足够用的。然而，由于这样的消声

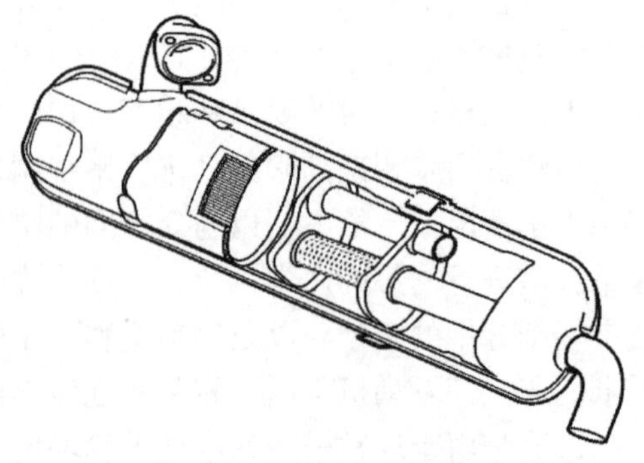

图13-18　装有三缸柴油机的小型乘用车十分紧凑的排气系统

器有较大的表面积，因此，不仅排气尾管本身的噪声，而且消声器结构噪声的辐射，都需要重点关注，不能超过法规对传递噪声的限制。

参 考 文 献

13-1 Erdmannsdörfer, H.: Trockenluftfilter für Fahrzeugmotoren – Auslegungs- und Leistungsdaten. MTZ 43 (1982) 7/8, S. 311–318

13-2 James, W.S.; Brown, B.G.; Clark, B.E.: Air cleaner – oil filter Protection, Critical factor in Engine wear. SAE Journal 1952, S. 18–26

13-3 Thomas, G.E.; Culbert, R.M.: Ingested Dust, Filters and Diesel Engine Ring Wear. SAE Paper 680536 (1968)

13-4 Schropp, G.: Versuche über Entstehung und Auswirkung der Verschmutzung in Verdichtern. Brown Boveri Mitteilungen Bd. 55, Nr. 8

13-5 DIN 71450: Filter für Kraftfahrzeuge und Verbrennungsmotoren: Begriffe für Filter und Komponenten. Deutscher Normenausschuß (Hrsg.), Ausgabe (1990) 5

13-6 Entwurf DIN ISO 5011: Luftfilter für Verbrennungsmotoren und Kompressoren; Prüfverfahren. Deutscher Normenausschuß (Hrsg.), Entwurf (1992) 5

13-7 Blumenstock, K.-U.: Motorenfilter. In: Die Bibliothek der Technik Bd. 31. München: Moderne Industrie 1989

13-8 Bach, W.: Beitrag des Luftfilters zur Geräuschdämpfung und Leistungsbeeinflussung von Verbrennungsmotoren. ATZ 78 (1976) 4, S. 165–168

13-9 Bendig, L.: Ansauggeräuschdämpfung an Nutzfahrzeugen. ATZ 80 (1978) 4, S.171–173

13-10 Kurtze, G.: Physik und Technik der Lärmbekämpfung. Karlsruhe: Verlag G. Braun 1964

13-11 Forschungshefte. Forschungskuratorium Maschinenbau e.V. 26 (1974)

13-12 ECE Regulation 51: Uniform provisions concerning the approval of motor vehicles having at least four wheels with regard to their sound emissions

13-13 Munjal, M.L.: Acoustics of ducts and mufflers. New York: Wiley Interscience Publication 1987

13-14 Ricardo Software, Bridge Works: WAVE V7 Manuals. Shoreham-by-sea, West Sussex/England 2005

13-15 Jebasinski, R.; Halbei, J.; Rose, T.: Automatisierte Auslegung von Abgasanlagen. MTZ (2006) 3, S. 180–187

13-16 Krüger, J.; Castor, F.; Jebasinski, R.: Aktive Abgas-Schalldämpfer für PKW – Chancen und Risiken. Fortschritte der Akustik – DAGA 2005, S. 21–22

13-17 Heil, B.; Enderle, Ch.; Bachschmid, G.; Sartorius, C.; Ermer, H.; Unbehaun, M.; Zintel, G.: Variable Gestaltung des Abgasmündungsgeräusches am Beispiel eines V6-Motors. Motortechnische Zeitschrift MTZ (2001) 10, S. 787–797

13-18 Krüger, J.; Castor, F.: Zur akustischen Bewertung von Abgasanlagen. Fortschritte der Akustik – DAGA 2002, S. 188–189

13-19 Krüger, J.; Castor, F.; Müller, A.: Psychoacoustic investigation on sport sound of automotive tailpipe noise. Fortschritte der Akustik – DAGA 2004, S. 233–234

第 14 章 排气余热的回收

14.1 余热回收的基本原理

14.1.1 简述

化石燃料储量有限性，以及污染物和 CO_2 排入地球大气中所带来的温室效应，使人们明显认识到，需要制定长期的有具体目标且环境友好的能源政策。

在未来，这两个挑战，即节约资源和保护环境，将越来越多地需要一种方法，充分利用所有潜力来节约能源，而且也能加大可再生的，即用之不竭的新能源的利用。对这两个目标的追求必须同时进行，即并行，而不是顺序进行。

因此，有必要研究柴油机燃烧过程中积累的余热类型，以及为了节约一次能源和保护环境而需要采取的有利的回收方法。

14.1.2 柴油机的余热

以下余热类型是根据它们的来源区分的：

1）换气中产生的废气中的余热。

2）为了保护金属壁而进行冷却时所吸收能量产生的余热，如气缸的冷却、活塞的冷却、涡轮增压器涡轮壳体（如果有的话）的冷却、轴瓦和轴承座内壁冷却油的冷却。

3）为提高发动机的功率和净效率而采用的中间冷却所产生的余热。

4）发动机表面因辐射和对流散发到环境中的余热。

排气过程中废气余热通过气体交换散发的同时，所有其他类型的余热会不可避免地通过冷却剂（水、油或空气）被浪费掉。

积累在发动机各处的热（图 14-1）传递给作为传热介质的冷却液，以便进行不同复杂程度的回收。尽管冷却液散发的热量被水－水，或气－水式换热器传递没有任何问题，但颗粒物和炭烟颗粒所承载的废气热量传递到气－水的换热器，被证明是比较复杂的（见本书的 9.2.5.5 小节）。

由发动机发出的热辐射和对流通常是通过暴露于空气的部位和通风的发动机舱等环境消散的。一般来说，它可以通过气－水式热力泵被散发和回收。不过现在已经很少采用这种方式了。

除了余热被散发和交换的方式不同外，不同类型柴油机的余热，对应于它们在发动机中发源的位置也会有不同的温度。具有最高温度的余热，即废气余热累积的温度，根据发动机的型号、尺寸的不同，其范围为 300～500℃。发动机冷却液出口温度通常在 75～95℃范围内。尽管多级增压中冷过程中，中冷器或低温中冷器中冷却液的温度为 30～40℃，但在高温中冷器，冷却液的温度可以达到发动机冷却液温度的水平。用于冷却润滑油的冷却液的温度通常也处于或略低于冷却液的温度范围。

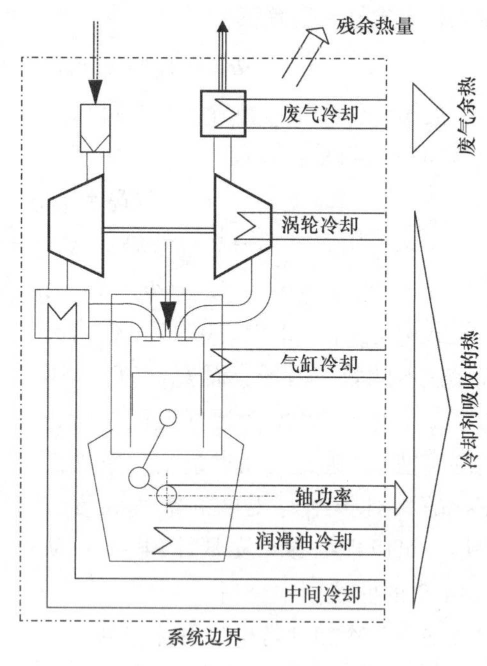

图 14-1　柴油发动机外部的热平衡和余热

14.1.3　余热输出的确定

14.1.3.1　柴油发动机的能量平衡

可以参考以下关系来确定柴油机的余热输出。

下式适用于柴油机的外部热平衡：

$$P_B = P_e + \Phi_A + \Phi_K + \Phi_R$$

相应地，由燃料能 P_B 提供的热量 Φ_{zu} 等于燃油质量流量 $\dot{m}_B$ 和热值 H_u 的乘积。

$$\Phi_{zu} = P_B = \dot{m}_B \cdot H_u$$

式中的 Φ_{zu} 等于 P_B，而 P_B 等于以下各项之和：净（机械）功率 P_e、随排气输出的热量 Φ_A、冷却剂带走的总热量 Φ_K、通过辐射和对流散发到环境中所损失的热量 Φ_R。

冷却剂带走的总热量 Φ_K 为：

$$\Phi_K = \Phi_{ZK} + \Phi_{\ddot{O}K} + \Phi_{LLK} \tag{14-1}$$

冷却剂带走的总热量 Φ_K 包括：发动机（气缸）发出并由冷却液散发的热量 Φ_{ZK}、润滑油冷却器累积散发的热量 $\Phi_{\ddot{O}K}$ 和中冷器累积散发的热量 Φ_{LLK}。

14.1.3.2　排气输出的热量 Φ_A

相对于由环境条件确定的系统边界（p_U、T_U），下式采用特定的比焓 h（kJ/

kg）的焓差进行表达，适用于离开涡轮增压器后的废气输出的热量（式中的下角标 L 指空气；A 指废气）：

$$\Phi_A = \dot{m}_A h_A - \dot{m}_L h_L = \dot{m}_A[h_A - (1/\delta_0)h_L]$$

如果已知理论空燃比 L_{min} 和过量空气系数 λ_V，则质量流量比 $1/\delta_0 = \dot{m}_L/\dot{m}_A$ 由式（14-2）得出：

$$1/\delta_0 = L_{min}/(1+\lambda_V L_{min}) \tag{14-2}$$

下式可用于废气换热器的热量（下角标 AK）计算：

$$\Phi_{AK} = \dot{m}_A \eta_{AWT}(h_{A1} = h_{A2})$$

式中 $\eta_{AWT} = 0.95 \sim 0.98$ 可作为废气换热器的效率因子，而 $T_{A1} = T_A - 5K$ 或 $T_{A2} = 160 \sim 180℃$ 为废气温度（防止潮湿腐蚀）。随温度和过量空气系数而变化的相对于绝对零度的空气和废气净焓值可以根据参考文献［14－1］从图 14-2 的曲线图中查得。

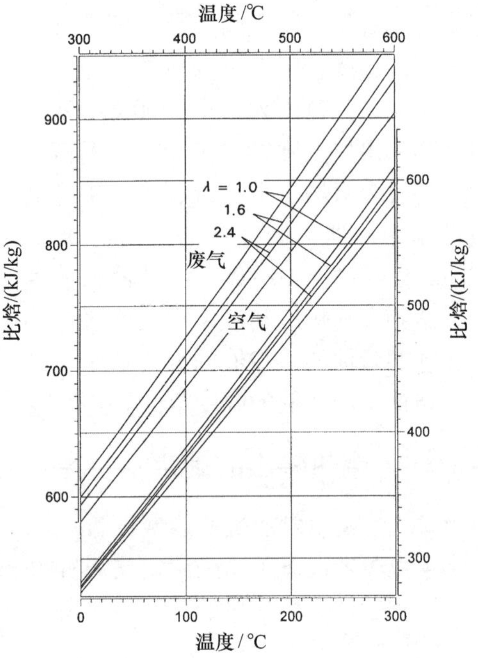

图 14-2　随温度和过量空气系数而变化的空气和废气的比焓

14.1.3.3　冷却剂带走的总热量 Φ_K

发动机冷却剂带走的总热量通常由三部分组成［见式（14-1）］。

14.1.3.4　中冷器散发的热量 Φ_{LLK}

相应于"机械增压器"压缩机的等熵压缩比 π_L，以环境温度 T_U 吸入的空气被压缩时，会使压缩机中出口工质的温度增加到 T_{L1} = 中冷进口温度。利用压缩机的等熵效率 η_{SL}，可得到下式，以计算相对温度的增加 T_{L1}/T_U 或 T_2/T_1，式（2-37）：

$$T_{L1}/T_U = [1 - (\pi_L^{\kappa-1/\kappa} - 1)/\eta_{SL}]$$

利用中冷器进口的空气温度 T_{L2}，则中冷器散发的热量为：

$$\Phi_{LLK} = \dot{m}_L(h_{L1} - h_{L2})$$

对于按 ISO3046－1 确定的基准温度 T_U = 298K 和工质进入发动机时的温度 $T_{L2} > T_L$，Φ_{LK} 也可以借助于 $h-T$ 图表（图 14-2）进行确定。

14.1.3.5　空气和排气质量流量的指导值

从表 14-1 查出单位空气流量 l_e（以 kg/kW · h 计）的指导值，利用燃烧过程中随空气质量的增加而变化的质量流量比 δ_0［式（14-2）］，得出下式：

$$\dot{m}_A \approx l_e P_e \delta_0$$

最低的空气需求量 L_{min} 通过常用的燃料燃烧元素分析而计算得出，计算时通常采用以下指导值：

1）柴油（DK）L_{min} = 14.6kg（1kg 燃油）。

2）重燃油（HF）L_{min} = 14.0kg（1kg 燃油）。

表 14-2 列出了相对于柴油发动机由燃油提供的功率在全负荷时测得的参数，作为不同尺寸柴油发动机散发的和有效（如果可用的话）的热量指导值。

表 14-1　单位空气流量 l_e（以 kg/kW · h 计）

商用车柴油机	具有涡轮增压和中冷器	l_e = 6.0 ~ 6.4
高速高性能柴油机	具有涡轮增压和中冷器	l_e = 6.8 ~ 7.2
中速柴油机	具有涡轮增压和中冷器	l_e = 7.0 ~ 7.2
低速二冲程柴油机	具有涡轮增压和中冷器	l_e = 9.8 ~ 10.5

表 14-2　柴油发动机的参数

参数		发动机类型	
		18V 32/40MAN 柴油机	18V 48/60 MAN 柴油机
p_e	bar	24.9	23.2
缸径/行程	mm/mm	320/400	480/600
功率	kW	9000	18900
转速	r/min	750	500
废气温度	℃	310	315
燃料能百分比			
HT（高温）冷却液回路①	%	14.2	13.8
LT（低温）冷却液回路②	%	10.7	9.8
废气（180℃）③	%	12.5	12.7
辐射和对流	%	1.9	1.7
效率④			
η_e④	%	46.2	47.7
$\eta_{a(热.可用的)}$⑤	%	37.4	36.3
$\eta_{气体(效率.+热)}$⑤	%	83.6	84.0

① 包括：气缸冷却 + 中冷。

② 包括：中冷的 LT 百分比 + 润滑油冷却。

③ 冷却到 180℃时废气余热百分比。

④ 包括润滑油泵而无水泵。

⑤ 包括低温余热回收。

14.2 余热回收方式的选择

14.2.1 以机械能回收余热

14.2.1.1 涡轮复合式回收装置

尽管将余热转换为机械能，只要可能的话，似乎都会明显增加柴油机的主要功用，即输出机械能，但这在实践中却受到了很大的限制，特别是就成本效益而言。由于技术的复杂性和低转换效率对单位发动机成本的影响，使得这种转换方法的利用还存在一些问题，特别是对较小的发动机来说。但是，涡轮复合装置被用于商用车发动机，尤其是大型发动机上，它之中的废气能在一个下游的废气涡轮中产生额外的有效制动功，并被传递到输出轴或发电机上（见本书的2.2.4.4小节和18.4.4小节）。

14.2.1.2 蒸汽装置（底循环或有机朗肯循环）

发动机余热也可以在蒸汽装置中得到利用。蒸汽装置也被称作底循环装置，它们通常基于克劳修斯－朗肯过程来作为一个理想的过程（图14-3）。根据卡诺过程，最大有效温度区间由于过程余热的下降被局限在随排气温度而获得的蒸汽温度与环境空气温度之间。废气提供的最高温度为300～500℃（见表14-2）。取决于特定设计（排气冷却间隔）的不同，蒸汽温度在200～250℃范围内变化。除了部分回收热对给水进行预热时具有相当的额外复杂性外（图14-3），冷却液的热（发动机冷却液、工质空气的热、润滑油的热等）因为其温度较低，因而也不适合用来产生机械能或电能。

发动机技术的不断进步和有效的发动机效率的增加，以及随之而来的较低的废气温度，越来越减少了在蒸汽装置中回收废气余热这种方式的选用。

蒸汽涡轮机、螺旋桨发动机和往复式蒸汽机是可以利用余热的膨胀式发动机。虽然转速在750～1500r/min之间的蒸汽机可以直接驱动发电机，但相对高速的蒸汽轮机和螺旋桨发动机需要齿轮变速装置来调整转速，以便与发电机连接。这会额外地降低膨胀式发动机的效率，而且无论如何，膨胀式发动机也是低效率，因为它们的输出功率低。

除水蒸气外，比废气温度具有更好沸腾特性的液体也可以作为循环介质。通常被称为低温蒸气或有机蒸气，这些都是常见的用于有机朗肯循环中的制冷剂。更好的预期循环效率带来的好处补偿了毒性、热稳定性、材料相容性等方面的缺点。蒸气使安全应用成为可能，即使对臭氧层会产生有害影响的传统的氟氯烃制冷剂也是如此。对商用车柴油机进行的详细试验也证实了这一结论。蒸气装置已被确定的最大输出增加了3%。虽然这些结果表明，蒸气装置用于转换成机械能或电能的余热回收方案还存在局限性，但由于油价不断升高，工程技术人员对这种方法却越来越

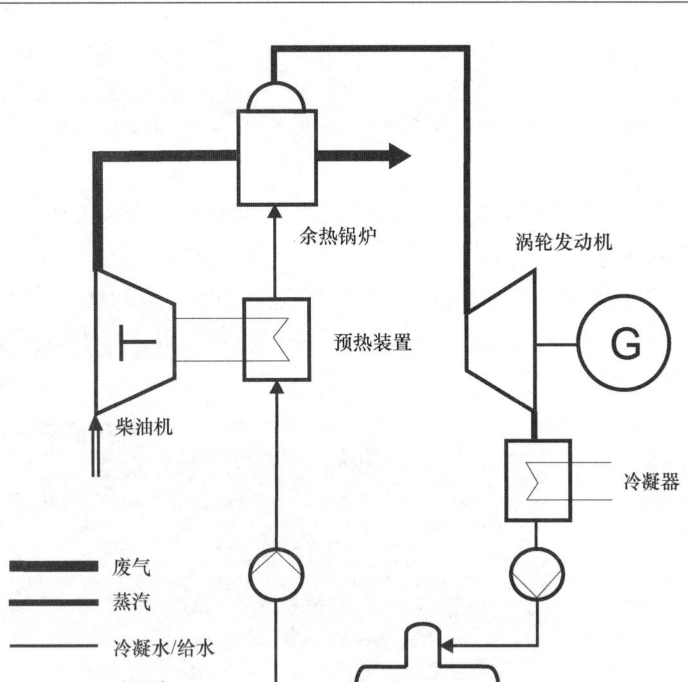

图 14-3　具有下游蒸汽动力过程（底循环）的柴油机，以便在涡轮发电机中发电

感兴趣。

与此同时，汽车工业也正在致力于这一方法在乘用车上应用的可能性研究。

14.2.2　热能形式的余热回收

14.2.2.1　取暖和工艺用热

除在住宅供暖系统中的直接利用外，余热回收在技术上最简单的方法是工业用水的加热。此外，它可以被回收作为制造过程中或在船舶上由海水生产淡水的工艺用热。然而，余热的主要应用可能是它在汽车中的回收以加热乘员室。现在汽车如果没有这种加热取暖是不可想象的。常见的加热系统集成在发动机冷却液回路中。即使效率优化的汽车发动机，在冷起动和预热阶段因为它们的热输出不足，不仅加热乘员室的效果较差，而且它们的污染物排放、比油耗和发动机磨损也会比发动机正常工作温度时大得多。因此，能弥补加热不足的所谓的辅助加热器、燃料电池加热装置越来越多地被采用，特别是在柴油机中更是如此。

14.2.2.2　热电联产

1. 简述

在回收机械能的同时积累热量，从而导致了热电联产工作方式的出现。热电联产的目的是尽可能地回收燃油中所含有的化学能，从而节约能源，减少燃烧产物，降低污染物的排放。

热电联产设备的使用在经济上和生态上都是十分有利的。

2. 联合热电站

根据 VDI 指南 3985 参考文献（[14－7]），联合热电站（CHPS）是具有内燃机或燃气轮机的热电站，它能同时发电和产生有效的热。

联合热电站（图 14-4）包括一个或多个联合热电（CHPS）系统模块，每个模块都具有其工作所需的辅助设备、相关的开关和控制装置、噪声防护装置，废气输出装置和适当的安装空间。

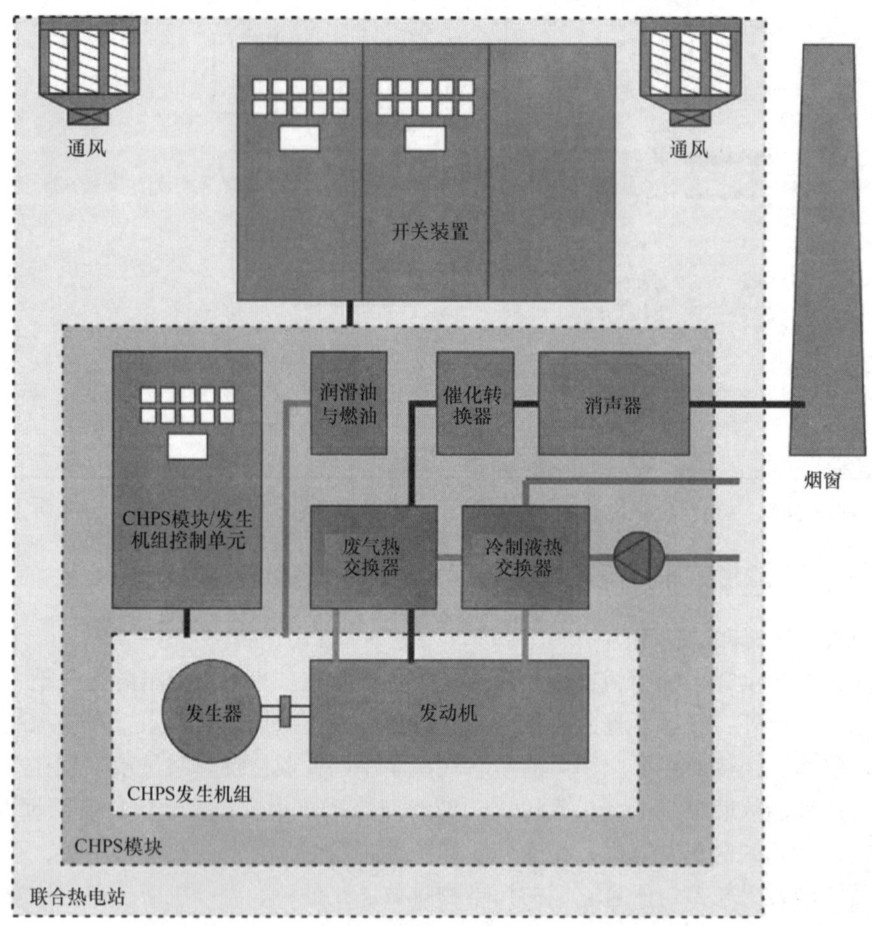

图 14-4　DIN6280 确定的 CHPS 组件的定义和规范

内燃机式 CHPS（热电站）的基本单元是一个 CHPS 发生机组，它包括一台内燃机作为机械能和热能发生机，一台发电机作为机械能变成电能的转换装置，还有动力转动装置和悬架元件。这个基本单元与热交换部件、控制和监测系统、进气和排气系统、润滑油和燃油系统和安全系统一起，形成了一个 CHPS 系统模块。

同时，用于较大热电输出的 CHPS 发生机组通常被交付施工场地使用，而它的所有组件都为了这个系统被定制生产。而由包括主要排气消声器的每一部件组成的紧凑型模块（图 14-5）通常用于较小的电能和热能输出系统。

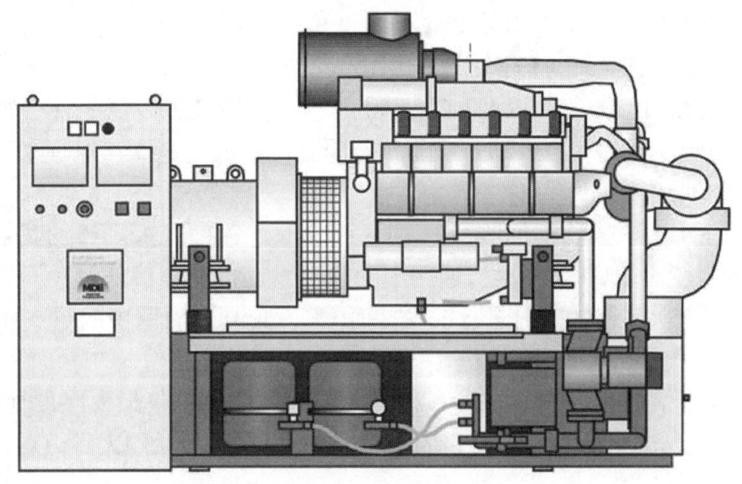

图 14-5 设计紧凑的 CHPS 系统模块

联合热电站（CHPS）被用于市政设施（如医院、游泳池和学校等）、工业和商业，以及办公和住宅建筑。它们的电力输出从几十千瓦直至十几兆瓦的范围。尽管在 CHPS 输出较大，而且被回收的热量用以产生蒸气时，通常采用燃气轮机作为驱动用的动力装置，但在 CHPS 单元和输出都比较小时，通常使用内燃机作为动力装置。除了柴油机和双燃料发动机，则主要采用火花点燃的内燃机，因为它们的废气排放中污染物较少（见本书的 4.4 节）。

在使用可再生能源的情况下，植物油，特别是菜籽油或菜籽油甲酯（RME），可作为柴油机和双燃料发动机的燃料。

德国联邦议院通过的一些法规，进一步促进了德国联合热电站（CHPS）成本效益的提高。

引入生态税改革的法规规定，输出高达 2MW 的 CHPS，当它们的年利用率至少为 70% 时，免除其电力税、矿物油税。“促进可再生能源发电法”确立了利润丰厚的入网电价税率。当使用可再生原材料制成的燃油时，除降低入网电价税率外，还给予额外的奖励。

热电站的热电联产比单独地在发电厂发电和热力厂锅炉供热无可争辩地节省了更大份额的一次能源。就 NO_x 和 CO_2 而言，输入到大气中的污染物也低于单独的热电站发电和锅炉供热。

然而，其必要的先决条件是必须采取适当的措施，减少 NO_x 的排放。产生热能 1MW 以上的热电站在德国投入生产时，必须遵守“空气质量控制技术规范”

（TA – Luft）的 NO_x 排放限值规定（见本书的15.2节）。尽管发动机中采取的机内措施（稀薄燃烧系统）使火花点火发动机的 NO_x 排放显著低于法规规定的限值，但柴油机的 NO_x 排放还比较高。因此，在大多数情况下，常用的柴油机和双燃料发动机的排放控制系统的使用仍是必不可少的。

目前，具有经济和生态引领概念、由可再生燃料菜籽油甲酯提供动力的四个CHPS模块组成的热电站为柏林的德国国会大厦提供电力。

因此，潜在的 CO_2 节约以两种方式得到利用，即通过燃烧一种已知有良好的 CO_2 平衡的可再生燃料，以及通过应用具有固有电位的热电联产原理来节省一次能源，从而排放很少的 CO_2。

上述四个CHPS模块能回收90%的一次能源，各自以42.5%的热效率，实现400kW的电力输出。HT（高温）回路中的热（发动机冷却液的热 + 润滑油冷却器的热 + 废气的热）在110℃时进行散发，而LT（低温）回路中的热（工质空气冷却时产生的热）在40℃时被散发。

这种CHPS装置按客户要求具有废气后处理系统，不仅最大限度地减少 CO_2，而且也减少燃烧过程中形成的废气污染物。二氧化碳是公认的无毒但对地球大气环境有害的气体。

不能蒸发的颗粒物在颗粒过滤器中借助于催化涂层的滤芯从废气中被分离出来。由涂层蜂窝组成的SCR（选择性催化还原）转化器通过喷入尿素减少 NO_x 的排放，并通过附加的氧化催化转化器减少一氧化碳和碳氢化合物的排放。

因此，以下规定的排放限值应得到遵守，它远低于“空气质量控制技术规范”（TA – Luft，见本书的15.2节）的要求：

1）炭烟（颗粒）小于 $10mg/m^3$。

2）颗粒物小于 $20mg/m^3$。

3）氮氧化物（NO_x）小于 $100mg/m^3$。

4）一氧化碳（CO）小于 $300mg/m^3$。

5）碳氢化合物（HC）小于 $150mg/m^3$。

根据“空气质量控制技术规范”，基于标准的水平（273.15K；101.3kPa）扣除氧的体积分数为5%的废气中的水分含量，在施工的时候 $4000mg/m^3$ 的 NO_x 是被允许的。虽然可从大量成功运营的联产热电站（CHPS）中获得经验，但CHPS实施的便利性和最有前途的概念必须在每一个案中进行评估。

仅仅基于资源节约和环境保护的缘由，几乎不足以促使一个运营商作出积极购买热电站（CHP）设备的决定。因此，像其他产品一样，也必须对CHP的成本效益进行分析。然而，热电站（CHP）必须在设计之前进行可行性研究。必须对能量流、能源供应的现状和采购合同进行审查。这需要详细的有关区域对电力和热量需求随着时间推移而变化的数据。CHPS模块运行时间可以基于年持续负荷曲线和每日、每周的负荷曲线，通过记录模块的电能进行确定。当然，CHPS的工作模式也需要被记录。它是热驱动、电驱动或交互模式驱动下运行的吗？在电力采购合同的基础上，在高峰负荷时运行它有利吗？能量需求预测的结果是什么？

以上概念一旦建立起来，则可运用由资本支出预算所熟悉的投资数学方法进行可行性研究。净现值法与年金法结合应用能特别证明自己的选择是否正确。

目前，超过多年的有效寿命曲线不仅显示了摊销期，而且也能得出有效寿命结束时的回报。摊销期是指投资的时间与通过能源节约成本而获得的高于投资的收回时间之间的时间跨度。摊销期与成本效益的信息一起代表着财务风险评估的重要参数。摊销期越短，投资风险越低。有关风险的信息和可实现盈余的数据均可以为恰当的热电站设计概念的决定提供支持。

3. 热电站参数

标准 DIN 6280 的第 14 部分对热电站的重要参数进行了定义，以便为多年来使用的许多术语建立统一的规则（见表 14-3）。该标准 1997 年 8 月颁布，适用于具有往复式内燃机的联合热电站（CHPS）。热电站能产生交流电和有用的热。

DIN 6280 第 14 部分定义的利用率类似于通常所说的效率。产生的能量（电、热和总能量）按照较长时间（例如 1 年）内燃油供给量的热能相对于热值（H_u）的关系进行设定。与效率有所不同的是，利用率也包括驱动附件（如泵和风扇）的能量和停机时间的损失。

表 14-3　根据 DIN 6280 确定的 CHPS 效率的定义

电效率	η_{ne}	由供给的燃料基于热值（H_u）实际产生的电能输出与输入的热量之比
热效率	η_{th}	由提供的燃料基于热值（H_u）所产生的热能与输入热量的比率
总效率	η_{gas}	电效率和热效率的总和。总效率不计附件驱动的功率

每个测得的或规定的效率（见表 14-4）都取决于 CHPS 的运行状态，包括额定负荷或部分负荷、转速、冷却液温度、工质空气温度、废气冷却温度等。

所有的参数，特定单元的效率和利用率（发电机组、模块或 CHPS）与定义的系统边界有关，例如发电机端子的输出电流，模块的热水进口和出口，模块的工质、空气、冷却液的入口和出口。这些边界条件对参数进行数据分类来说是必不可缺的。

表 14-4　CHPS 效率的常见范围

电效率	η_{ne}	25% ~48%
热效率	η_{th}	35% ~56%
总效率	η_{gas}	65% ~92%

尽管效率的测量或规格与恒定的工作条件有关，但起动和关闭过程、部分负荷运行和停机时间也纳入利用率的数据之中。所以，一个完整的热电站的规划和设计以及运营商选择的运行模式显著地影响热电站的利用率。因此，不可能由利用率得

出任何关于热电站质量评价的结论。

随着装备燃气发动机的联合热电站的普及，有人反复表达一种愿望，即通过附加工艺设备延长应急柴油机组运行时间，甚至使它们连续工作来供应热电联产的热量。但这种方法是绝对不可取的，因为应急柴油机发电装置仅是为了紧急时使用。这样设计的发动机适合于较高输出而较短工作时间，每一个部件都不适合连续工作。紧急发电装置只能与电网并联运行，或进行比较全面的修改（发动机、控制单元的改进等）后作为应急电源系统，或作为电力输出的重新配置。每一部分的附属装置必须由热电联产进行供热，而且应急柴油机组的废气后处理系统需要遵守法规对污染物排放限值的规定。

4. 柴油机热泵

柴油机热泵是一种由柴油机驱动压缩机的压缩式热泵。图14-6为柴油机热泵设计原理示意图。活塞式压缩机、螺杆式压缩机和涡轮压缩机是用来压缩工作介质（制冷剂）的压缩机的主要类型。同时被压缩和加热的工作介质流入冷凝器，在那里它以高温释放出有用的（加热用的）热量。在节流降压后，蒸发器中的工作介质从大气、河水、盐水或其他低温热源中以废热的形式吸收能量。

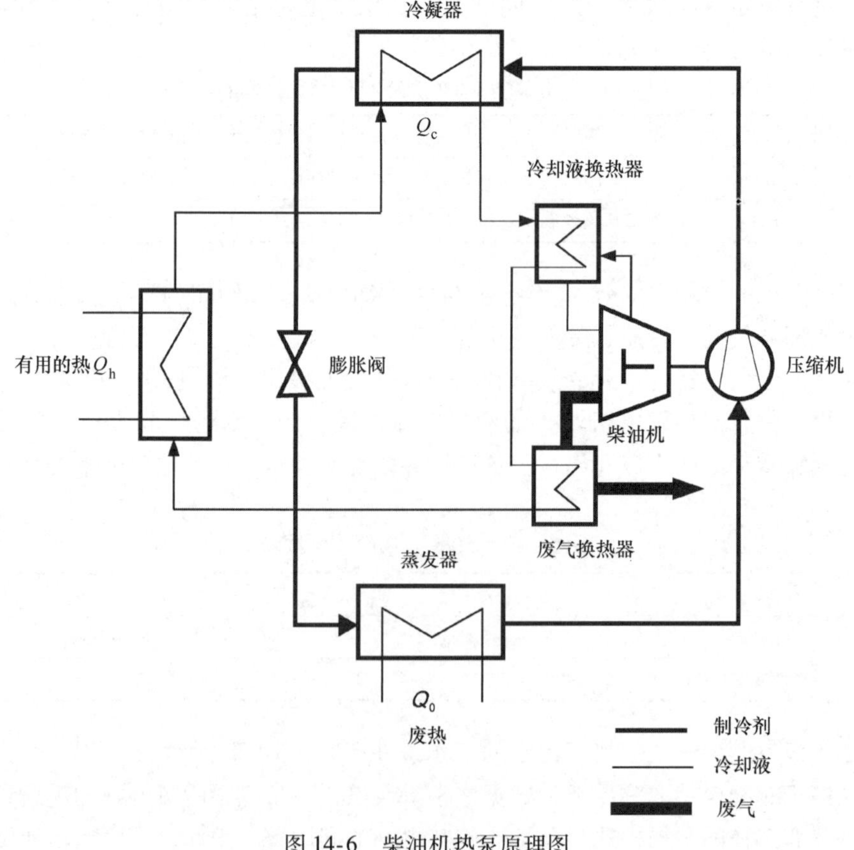

图14-6　柴油机热泵原理图

根据热泵的原理，压缩机工作的加入是将低温热转变为高温热。

冷凝器的热输出 Q_c 与压缩机输入功率 P_v 的比称为热性能系数。在 $P_v \equiv P_e$ 的应用中，热性能系数为：

$$\varepsilon = \dot{Q}_c/P_e$$

热性能系数可作为评价热泵过程的一个参数。

通常用于住宅或工艺用水加热的热泵，取决于加热的温度和进入蒸发器的制冷剂的低温热，其热性能系数在 2 ~ 4。

然而，柴油发动机的热泵也回收其自身放出的热能。这些热能可以被提供给冷凝器后面的加热回路，以增加液流温度，或被吸入到第二个独立的回路，以供其他用热者使用。

总的有用热的输出 Q_N 与基于热值（H_u）的燃料能 P_B 的输入之比，称为热因数：

$$\zeta = \dot{Q}_N/P_B$$

热因数可用来对柴油机热泵工作的总体过程进行评价。

热因数也可由下列关系式进行计算：

$$\zeta = \varepsilon\eta_e + \eta_a$$

也就是说，热因数与热性能系数、发动机效率，以及有效发动机余热相对于供给的燃料能的百分比有关。

取决于加热的温度和来自于供给蒸发器制冷剂的低温热，以及相应的发动机数据（见表 14-2），通常用于住宅和工艺用水加热的热泵的热因数为 1.5 ~ 2 之间。

图 14-7 示出了柴油发动机热泵系统的能量平衡。发动机的功率为 250kW，热泵的热输出为 1085kW。

用于住宅和工艺用水加热的热泵发出的加热温度为 70℃/50℃（输出流/回流）。温度为 10℃的地下水被用作热源。当这些水被冷却 4K 时，+1℃的蒸发器温度可以全负荷运行，而 4 ~ 5℃的蒸发器温度可部分负荷运行。对热泵的性能系数来说至关重要的是，全负荷情况下冷凝器中温度 60℃时，制冷剂的蒸发与冷凝之间温度提升至 50 ~ 59K。部分负荷工作时这个提升值会相应降低。

5. 压缩机模块

由内燃机驱动的压缩机的工作为直接余热回收提供了另一选项。用来产生压缩空气的这个装置主要是螺杆式压缩机或涡轮压缩机。

压缩机模块的设计，可以与一个具有压缩机而不是发电机的联合热电站模块相媲美。

如同图 14-8 能量流示意图所表明的，400kW 性能级的柴油机压缩机模块中 87% 的一次能量可以得到利用。

14.2.2.3　热电冷联产

在大多数应用实例中，联合热电站（CHP）的目的是为了在发电的同时输出

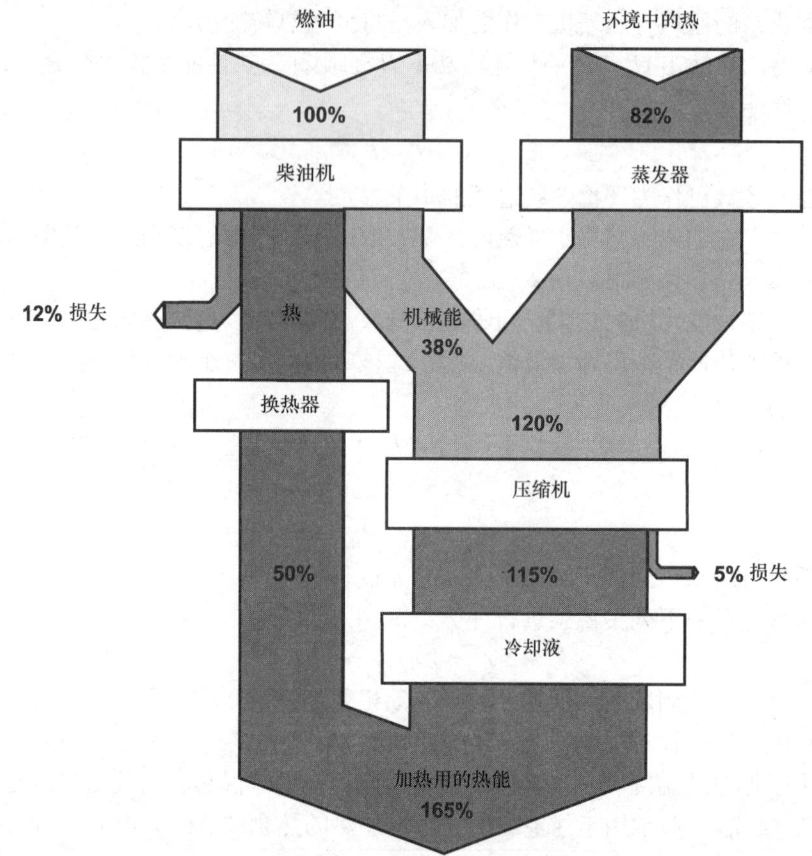

图 14-7　柴油机热泵能流图

热能，即对其输出的规定是如果可能的话，CHP 的余热应全年都能被回收利用。这导致了 CHP 较长的运行时间和较高的保障成本。如果回收的热主要是为了住宅供暖系统，则会导致热电站设计的输出多于夏季较低的热量需求。因此，进行 CHP 规划设计时就需要确认用户是否夏季真的不需要冷气，而是需要热量。但在多数情况下，具有较大 EDP 设施的行政大楼、医院、酒店、购物中心等，在夏季特别需要制冷和空调。如果用户每年对电能、热能和冷能的需求类似于图 14-9 中的曲线，则基于联合供热、发电、制冷（CHCP）工作原理的热电冷三联厂无疑能做到低成本高效地运行。

热电冷三联厂总共由一个或多个与吸附式制冷机相连的联合热电站模块组成。很多情况下，采用吸收式制冷机组。有时候也采用吸附式制冷机组。

冷水回路 12℃/ 6℃的空调系统中主要由水作为制冷剂，而溴化锂用作溶剂。在低于 0℃的空调系统中则主要由氨作为制冷剂，而水用作溶剂。

图 14-10 示出了具有吸附式制冷机组的热电冷三联厂（CHCP）在联合热电站（CHP）供热温度为 95 ℃/ 85℃、用于吸收制冷的冷却塔温度为 27℃和冷水温度为 6℃/12℃时的能量平衡。

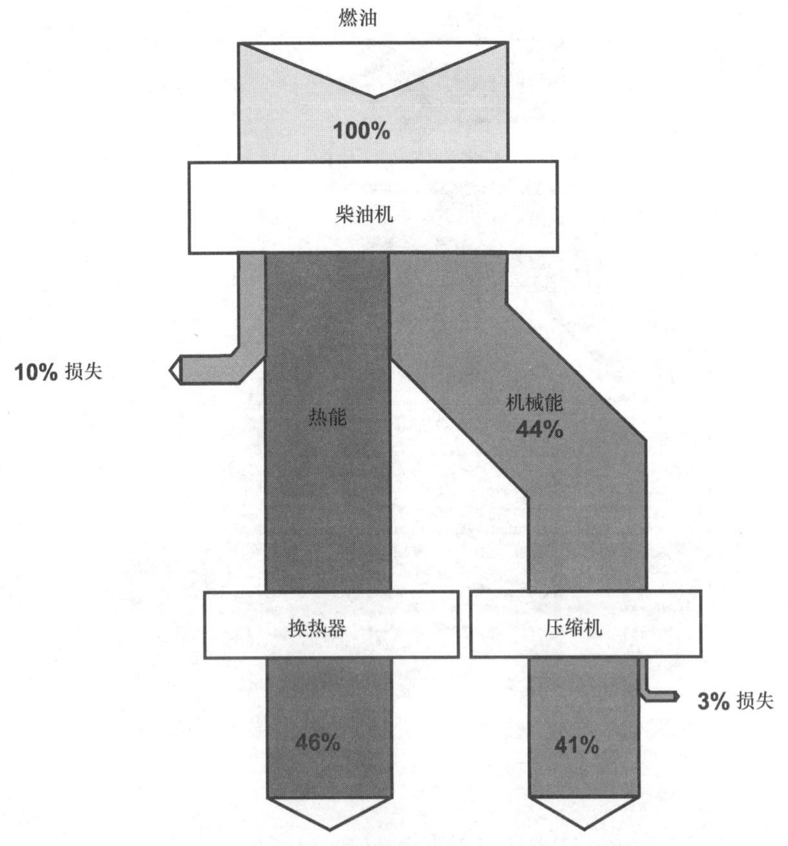

图 14-8　压缩机模块能流图

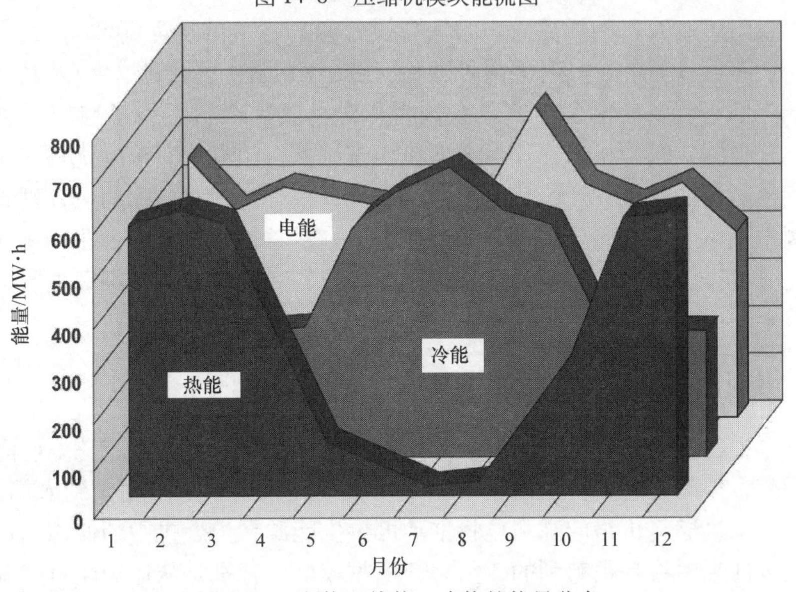

图 14-9　电能、热能、冷能的能量分布

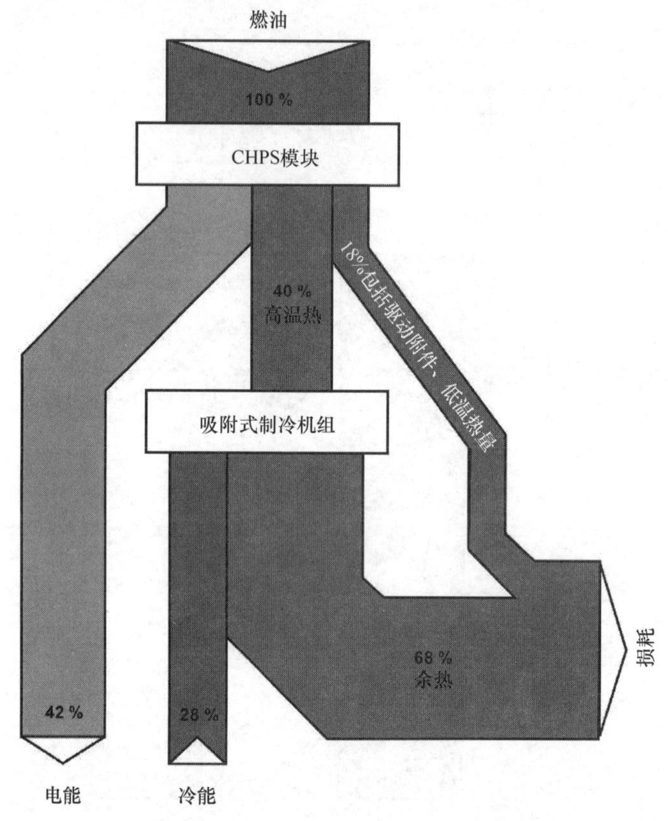

图 14-10　热电冷联产（CHCP）系统能流图

任何吸附式制冷机的优点是它的低磨损（只有少数的运动部件），因而很少需要维护。还有其良好的，具有无限可变负荷控制的部分负荷特性，以及其低噪声排放。由于它们不需要任何会导致温室效应和对臭氧层产生不利影响的氟氯烃制冷剂，因此，吸附式制冷机组在环保方面比压缩制冷机组具有明显的优势。

应审核所用的热电联产、热电冷联产系统，并确认最有前途的设计理念在每一应用实例中基本上都是必要的。有些情况下生态效益也是决定是否建一座这样的联产厂的充分依据。所需的投资是进行全面工厂规划和成本效益详细评估所必须考虑的重要因素。

14.2.3　结论

虽然过去已确立的，从柴油机余热中回收机械能和热能的方式还不能满足成本效益的标准，但随着燃料价格的继续上升，这些回收技术越来越受到人们的关注。此外，预计未来燃料价格的高涨也将推动可再生能源在内燃机中的使用。这对能量利用的经济性来说将是很有利的，因为其税收较低。特别是从保护化石能源和降低输入大气的二氧化碳以保护环境的角度，柴油机余热的回收，特别是在与生物能源相结合使用方面的重要性，未来将继续增长。

参 考 文 献

14-1 Pflaum, W.: Mollier-Diagramme für Verbrennungsgase Teil I u. II. 2. Aufl. Düsseldorf: VDI-Verlag 1960, 1974

14-2 Gneuss, G.: Arbeitsmedien im praktischen Einsatz mit Expansionsmaschinen. VDI- Berichte Nr. 377. Düsseldorf: VDI-Verlag 1980

14-3 Gondro, B.: Forschungsbericht 03 E-5373-A des BMFT. Okt. 1984

14-4 MAN B&W Diesel A/S, Copenhagen: Thermo Efficiency System (TES) for Reduction of Fuel Consumption and CO2 Emission

14-5 Spiegel Online: Turbosteamer Heizkraftwerk im Auto. 14. Dezember 2005

14-6 Lindl, B.: Kraftstoffbetriebene Heizgeräte für das Wärmemanagement in Fahrzeugen. ATZ 105 (2003) 9

14-7 VDI-Richtlinie 3985: Grundsätze für Planung, Ausführung und Abnahme von Kraft-Wärme-Kopplungsanlagen mit Verbrennungskraftmaschinen. (1997) 10

14-8 Ortmaier, E.; Hirschbichler, F.: Regenerative Energieträger als Brennstoff für BHKW. VDI-Berichte 1312, Düsseldorf: VDI-Verlag 1997

14-9 Hirschbichler, F.: Auslegung eines Blockheizkraftwerks. Fachzeitschrift der Deutschen Mineralbrunnen (1998) 2

14-10 DIN 6280: Blockheizkraftwerke (BHKW) mit Hubkolben-Verbrennungsmotor. Teil 14: Grundlagen, Anforderungen, Komponenten und Ausführung und Wartung. Teil 15: Prüfungen. (1995) 10

14-11 Wärme macht Kälte. Kraft-Wärme-Kopplung mit Absorptionskältemaschinen. ASUE, Arbeitsgemeinschaft für sparsamen und umweltfreundlichen Energieverbrauch e.V. ASUE-Druckschrift Nr. 190990

第四部分　柴油机对环境的污染

第15章　柴油机的废气排放

15.1　概述

燃烧过程产生的废气成分直接释放到环境中（即废气排放），是包含排放、扩散、污染物输入和污染物影响等环节的整个污染过程链中最重要的环节。当然，由植物、海洋、火山活动或生物质分解等产生的排放与人为排放之间存在着根本的区别。人为排放即由人类活动引起或产生作用的排放，包括发电、交通、工业、日常生活和农耕等的排放。以下讨论的内容仅涉及来自柴油机燃烧过程的人为排放。图15-1描绘了主要人为排放源的功能链。废气成分包含有害的和无害的成分，其他气体、液体或固体也是这样。

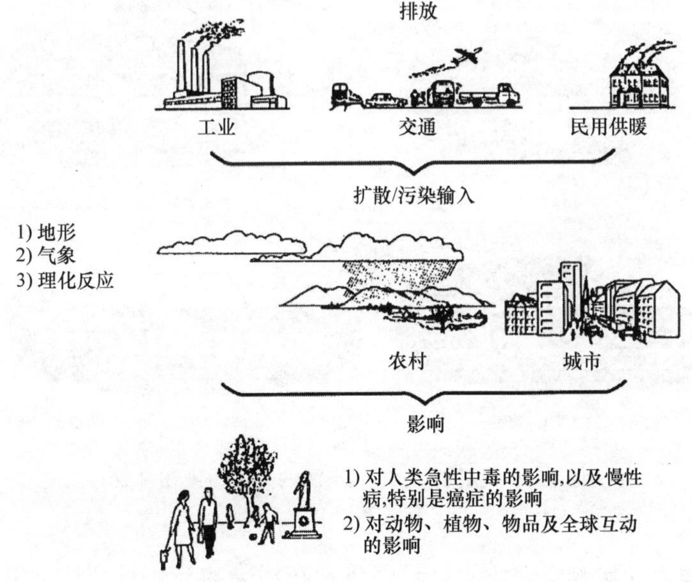

图15-1　排放、扩散、污染物输入与影响之间的关系

图15-2示出了德国的人为排放情况和它们的来源概况。受地形、气候条件、温度、水分和空气运动的影响，废气成分被稀释，并进行物理化学反应，然后通过大气传递（输送）进行大范围扩散。

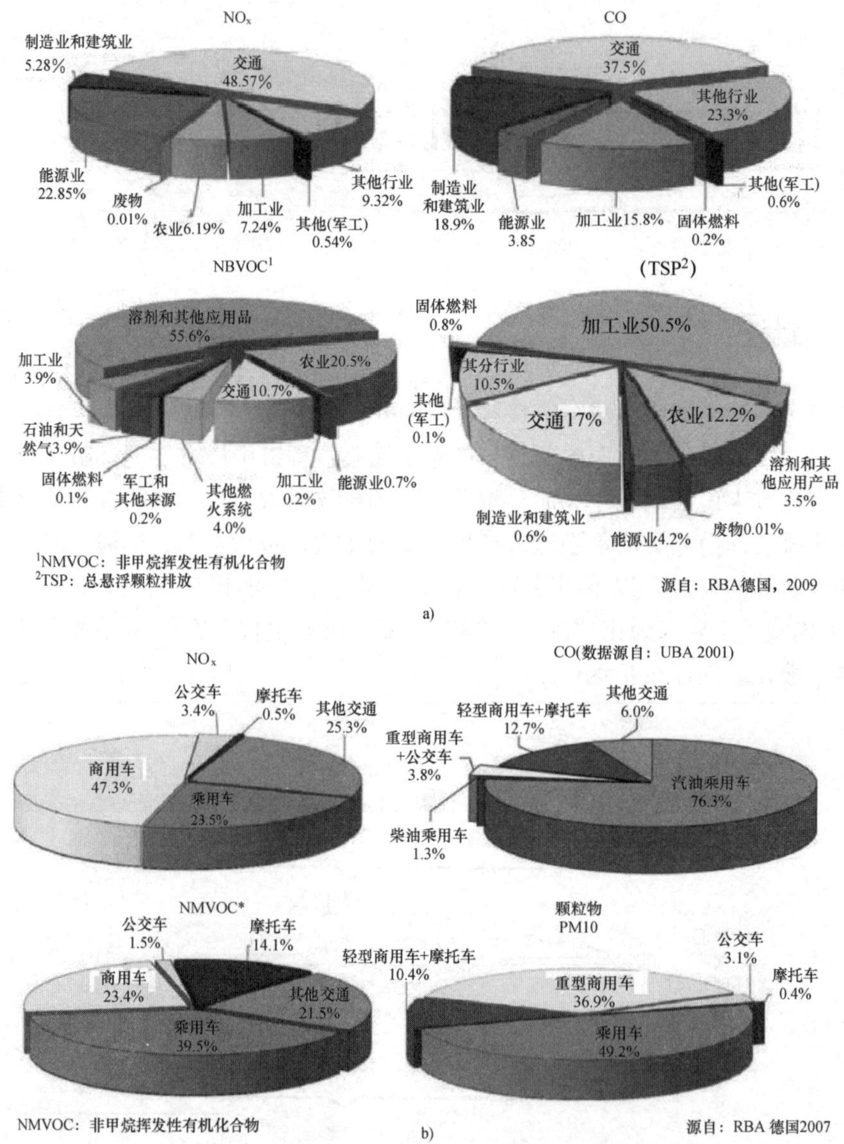

图15-2 德国基于不同来源的人为污染物排放

a）所有来源 b）源于交通

污染物输入（影响空气质量）最终体现在污染物被传输到特定位置（例如某个交叉路口）时所测得的浓度。污染物输入是废气排放和扩散对人类或自然产生污染的主要来源。

污染物影响是指污染物输入对环境、生物或物品的影响。污染物排放扩散的复杂过程导致污染物输入的数量每天波动和季节性变化。因此，针对汽车或家用供暖系统等排出的废气污染物规定了排放限值，针对二氧化硫、颗粒物、铅和臭氧等规定了空气质量限值。

在燃烧过程中产生的废气污染物可分为无害的废气成分和有害的废气成分。无害的废气成分是燃烧时不可避免的自然产物，而有害的废气成分则可能已经受到限制，或还没有受到限制。图 15-3 示出了与纯氧进行理想的完全燃烧时的废气成分，这种燃烧除了内燃机转化为机械能所需的热量外，只产生二氧化碳和水。这两种成分都是无害的，但它们也与气候变化有关。除了上述无害的成分，理想条件下与空气一起燃烧产生的废气只含有氮，在柴油机存在过量空气的情况下还含有氧。

废气的成分

与纯氧进行完全燃烧时的反应方程:

$$C_nH_{2n+2}+\frac{3n+1}{2}O_2 \Rightarrow nCO_2+(n+1)H_2O+\text{热}$$

与空气进行完全燃烧时的质量平衡

汽油发动机 (λ = 1):

1 kg 燃油 + 14.7 kg 空气 =

1 kg 燃油 + 3.4 kg O_2 + 11.3 kg N_2 ⇒ 3.1 kg CO_2 +1.3 kg H_2O + 11.3 kg N_2

柴油发动机 (λ = 3):

1 kg 燃油 + 3 · 14.5 kg 空气 =

1 kg 燃油 + 3 · (3.3 kg O_2 + 11.2 kg N_2) ⇒ 3.2 kg CO_2 +1.2 kg H_2O + 6.6 kg O_2 + 33.6 kg N_2

图 15-3　理想燃烧过程的废气成分

然而，实际燃烧产生的其他成分是有害的，因此必须进行限制，如一氧化碳 CO、未燃烧的碳氢化合物 HC、氮氧化物 NO_x（NO、NO_2）、颗粒物、硫化物、醛类、氰化物、氨，特殊的碳氢化合物，如苯以及多环芳香烃如菲、芘、芴等。

图 15-4 示出了真实燃烧的原始排放及其成分的质量百分比。柴油机污染物的组分比汽油机要少得多。然而，柴油发动机由于其混合气的形成是不均匀的，因而也会产生额外的颗粒物，即固体污染物（主要是炭烟）和作为冷凝物存在的污染物。它们的特殊成分很大程度上取决于发动机的工况。在具有工质分层，即不均匀混合气组分的汽油机中，也必须考虑到产生颗粒物排放的可能。

总的来说，过去几年里，受到限制后的有害废气成分急剧减少，并通过对 2020 年的标准预测证实了这一趋势将在未来继续下去。图 15-5 清楚地表明柴油发动机驱动的车辆应当特别对氮氧化物和颗粒物的排放负责。减排措施将不得不集中在这些方面。

根据预测到 21 世纪末，地球的平均温度很有可能会增加 1.5 ~5℃，因而温室

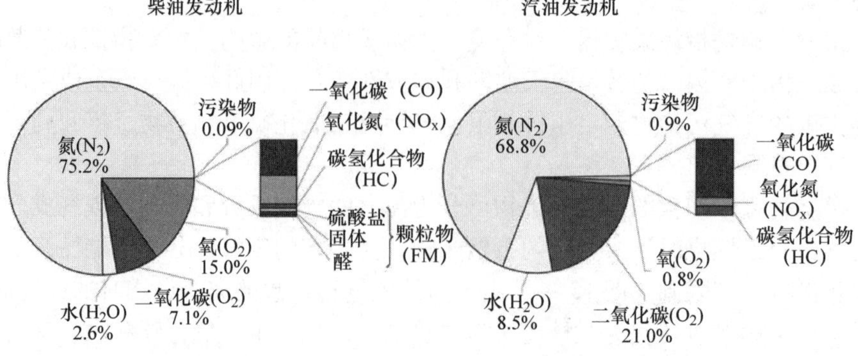

图 15-4　真实燃烧过程的废气成分（质量分数）

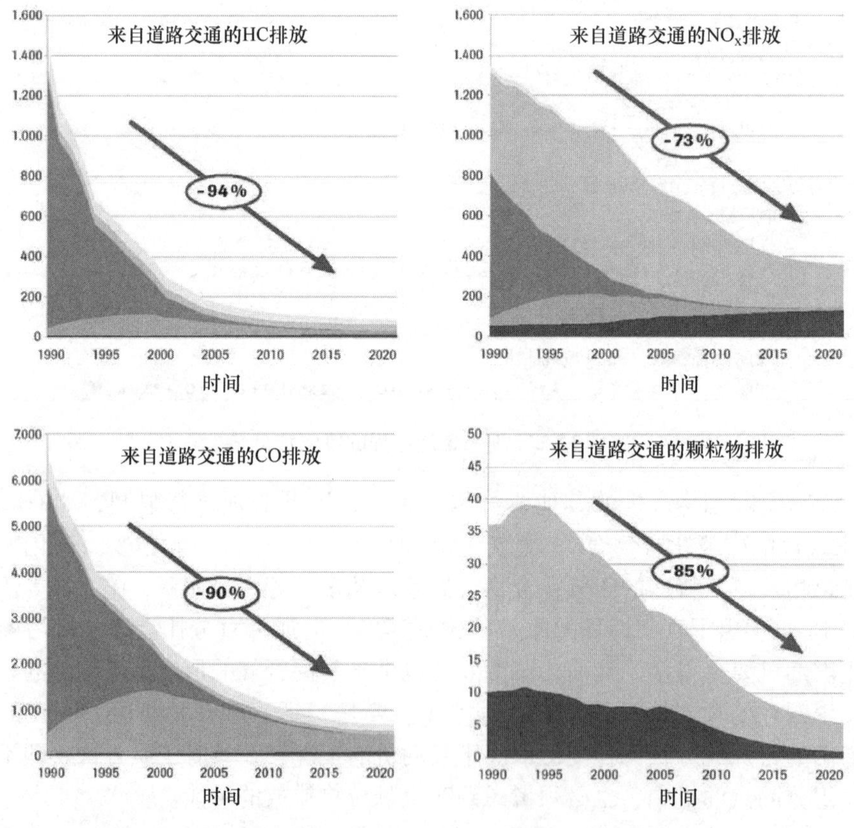

图 15-5　德国道路交通产生的排放的改善

气体的排放也必将在未来受到限制。首先，二氧化碳 CO_2 和甲烷 CH_4（主要来自农业）应对“温室效应”负责。其他温室气体如氟代烃 FCKW，二氧化氮和硫化物，一定程度上比 CO_2 有更高的全球变暖潜势（GWP）。然而，它们在大气中基本上只有很小的浓度，因此与温室效应不太相关。

二氧化碳对预估的气温增加值的贡献约占 65%。图 15-6 表明全球 CO_2 排放的增加量之中，交通的贡献估计为 15% ~20%（参见图 15-7）。除了现已存在的空气质量限值（全球气候会议，京都议定书和欧盟法律的限值），世界范围内密集的政治和经济讨论及相关行动，也在致力于制订对汽车二氧化碳排放的限制。针对汽车所制定的 120 ~130g/km 的二氧化碳排放的车队限值标准计划于 2012 年出台。

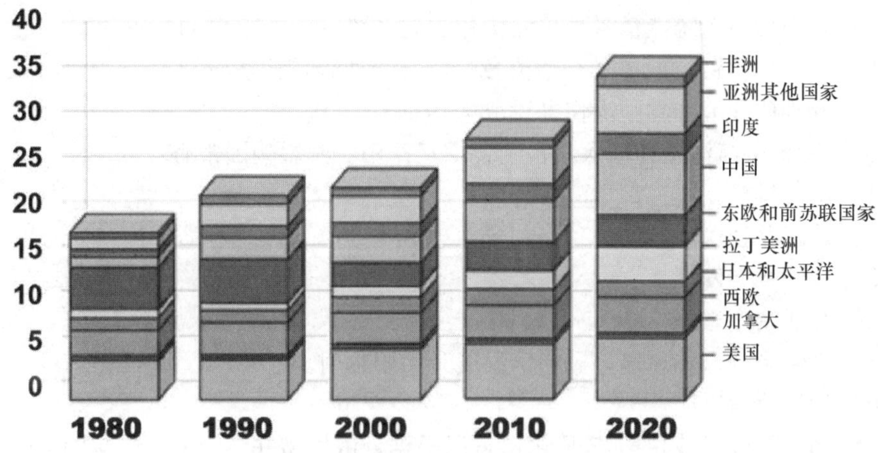

图 15-6　全球人为 CO_2 排放的改善

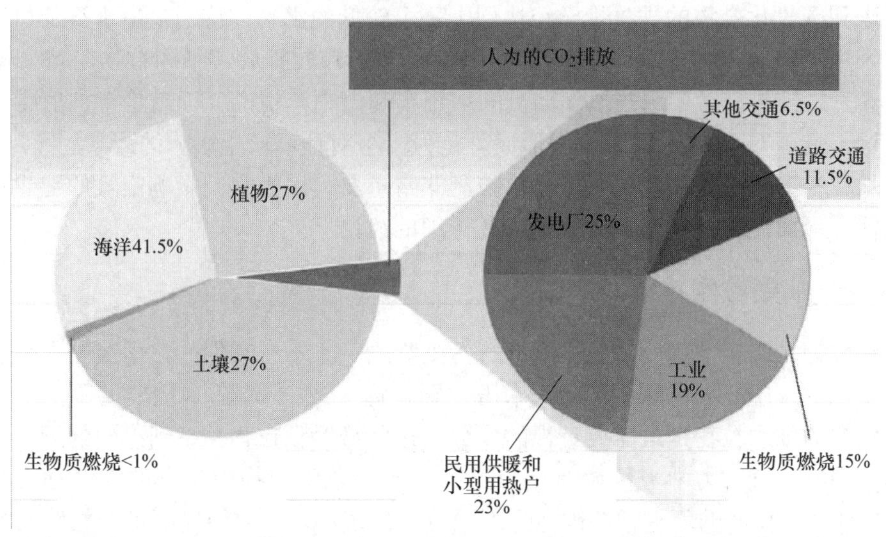

图 15-7　不同人为污染源 CO_2 排放量百分比

实际上，只有采用综合的方法，即各项措施相互作用，才可以有效地减少与气候相关的有害排放。这些措施可能包括：

1）法规约束（规定排放限值结合进行基础实验）。

2）通过激励机制促进环保车辆的发展（降低环保车辆税收，增加公共交通的吸引力等）。

3）通过改善燃烧过程和废气后处理系统，从源头上减少排放。

4）增加能量转换的效率。

5）使用低排放燃料。

6）动力系统和整车的改进（传动系设计，道路交通负荷和空气动力学）。

7）利用动力系统能量管理单元优化驱动系统（汽车混合动力驱动）。

8）动态交通路径选择（交通流量控制与交通容量相适应）。

9）低排放和节油驾驶操作（驾驶人培训）。

污染物扩散与污染物输入紧密结合相互作用。其影响因素有：

1）局部排放。

2）道路路径。

3）经济社会发展。

4）交通密度。

5）气候影响，如风速，风向，温度和太阳辐射。

6）物理化学反应。

特定地理位置预期的空气质量，可以根据分散模型并结合上述影响因素进行预测。这在规划新的住宅区和选择连接道路的路径等项目方面都是很重要的。尽管一氧化碳和碳氢化合物的排放量已经达到了一个较低的水平，特别是由于汽油机动力汽车采用了催化转化技术（三元催化转化器），但颗粒排放（细颗粒物）和氮氧化物（NO_x）排放量对使用柴油发动机的乘用车和商用车来说，仍然是特别值得关注的问题。臭氧 O_3，它只在大气中形成，是另一个对环境产生影响的因素。

颗粒物、氮氧化物和臭氧的排放控制非常重要，因为它们影响空气的卫生和人类生活。下面还将对这三种成分进行更详细的讨论。

15.1.1 细颗粒物

颗粒物是决定空气质量的主要空气污染物之一。不管它们的化学成分如何，所有分布在空气中的固体物质都归入术语“颗粒物”或“颗粒”。主要的不能被人的眼睛感知的细颗粒物是最需要重视的成分。这些悬浮颗粒物关系到人们的健康，并根据它们的空气动力学当量粒径 d_{Aero} 进行分类。总颗粒物中含有的空气动力学当量粒径小于10μm的所有颗粒被称为细颗粒物（PM10），它们代表了颗粒物总质量中绝大多数可吸入的部分。细颗粒物的形成可能有自然（如土壤侵蚀）或人为的原因（即人类行为）。电厂、工厂，固定火电站、金属生产企业和散装物料处理场等都会产生细颗粒物。道路交通往往是城市地区可吸入颗粒物的主要来源。

虽然目前以下名称在文献中使用的不尽一致，但被采用较多的是：

悬浮颗粒物（总悬浮颗粒，TSP）：d_{Aero}（空气动力学当量直径）至 30μm 左右的颗粒（所有颗粒物，空气传播的颗粒物）。

细颗粒物（PM10）：能够以 50% 过滤比率通过选定尺寸的空气进口的 d_{Aero} = 10μm 的颗粒物。

粗粒级：d_{Aero}大于 2.5μm，但小于 10μm 的颗粒物。

细粒级：能够以 50% 过滤比率通过选定尺寸的空气进口的 d_{Aero} = 2.5μm 的颗粒物。

超细粒级：d_{Aero}小于 100nm 的颗粒物。

纳米粒级：d_{Aero}小于 50nm 的颗粒物。

PM2.5 颗粒物也被称为可吸入颗粒物。任何形状、化学成分和密度的颗粒，它的空气动力学当量粒径 d_{Aero}，等同于同质量，且密度为 1g/cm^3 的球体的直径，当进行颗粒分析时，它们在空气中具有相同的沉降速度。

在欧盟，空气质量框架指令（96/62/EC，有关环境空气质量评价与管理）附加具体的指令（1999/30/EC，有关环境空气中二氧化硫、二氧化氮、氮氧化物、颗粒物和铅的限值）规定了对空气质量的严格限制。这些限制（空气质量限值）具有法律约束性，即为了防止对环境的有害影响，规定排放中不得超过这些限值。指令 96/ 62 /EC 和 3 个附属指令当时计划 2007 年修订。

截至 2005 年 1 月 1 日，这些限值分别为：

1）PM10 颗粒物 24h 的平均值为 50μg/m^3，允许每年超标 35μg/m^3。

2）PM10 颗粒物的年平均值为 40μg/m^3。

截至 2010 年 1 月 1 日，限值为：

1）PM10 颗粒物的 24h 平均值为 50μg/m^3，但每年只允许超标 7μg/m^3。

2）PM10 颗粒物的年平均值为 20μg/m^3。

附属指令规定的限值是基于国际卫生组织（WHO）的研究，通常低于早期法规的限值。因此，细颗粒物（PM10）新的限值取代了以前的总悬浮颗粒物（TSP，颗粒直径小于和等于 40μm 的颗粒物）限值。2002 年 9 月 11 日颁布的德国第二十二部联邦环境污染控制法（22. bimSchv）要求实施空气质量框架指令，并且前两个附加指令已列为联邦法律。

人为污染源和自然污染源之间通常是有区别的。这两种污染源可以分为一次（原发性）污染源和二次（继发性）污染源两种。一次人为污染源直接产生和释放粉尘颗粒物，它包括固定污染源如发电厂、供热站、垃圾焚烧厂、民用供暖站（燃气、燃油、煤和其他固体燃料）、冶金企业（钢铁厂和烧结厂）等与燃烧相关的工厂，以及农业生产和散装材料处理场。

城市区域主要污染源是道路交通等这样的移动来源，如柴油商用车和乘用车。除了来自废气的炭烟颗粒排放外，来自轮胎、制动片和离合器衬片的磨损颗粒，以及汽车行驶激起的颗粒物，也必须归于道路交通的弥漫性排放。轨道交通、海运

（采用柴油机）和航空飞行器是其他具有较多颗粒物排放量的移动污染源。

二次人为污染源释放活性气体（包括硫、氮氧化物和氨），它们与大气反应转化为二次粉尘颗粒物，其中包括硫酸盐和硝酸盐，它们与已经存在于大气层中的细颗粒物结合，从而形成二次气溶胶。

自然污染源包括火山、海洋（盐水气溶胶）、森林火灾和生物有机材料（如植物花粉）。这样的颗粒物可以从它们的一次源区通过长距离传递，从而促成了长距离传播。颗粒的大小（粒径）基本上决定了它们在大气中的停留时间和可能的传输路径。因此，小颗粒物可能会在几天内传输几千公里。例如撒哈拉的沙尘根据风向的不同，可以到达欧洲或美国。

在过去的15年中，德国的颗粒物排放量显著下降。然而，直到2001年前，一直是仅对主要的总颗粒物进行测定。图15-8绘出了具有以下边界条件的颗粒物排放的变化曲线。

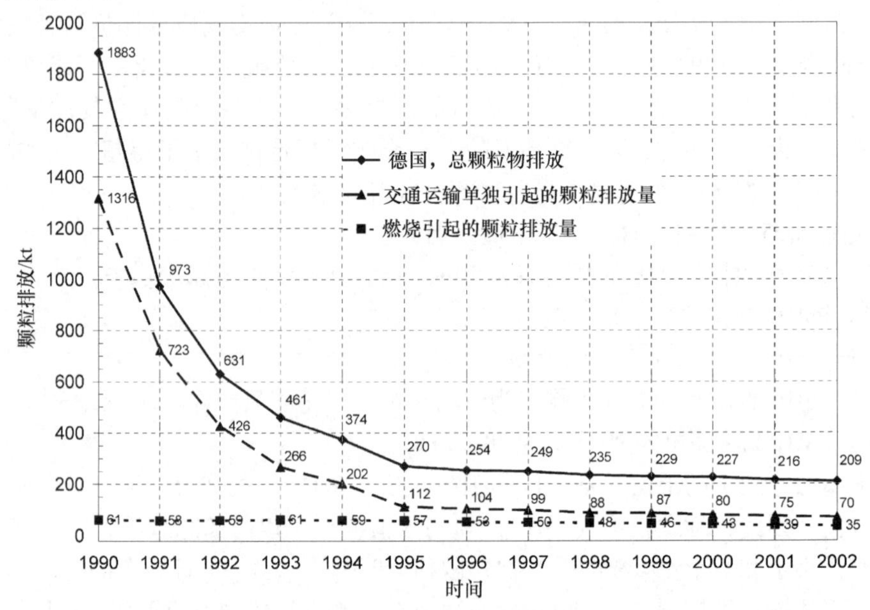

图15-8　德国1990～2002年颗粒物排放的改善

1）它包括燃烧过程引起的和交通运输引起的排放量，而不包括由冶金企业和散装物料处理引起的颗粒排放。

2）它不包括道路交通路面激起的粉尘和砂粒，也不包括轮胎和制动摩擦片引起的大量磨损颗粒。

细颗粒物中的柴油机炭烟颗粒所占的比例是难以估计的。交通流量大的城市区域，局部的百分比可能相对较高。德国政府正在采取行动限制具有较高炭烟排放的柴油车辆的增加。此外，更严格的排放标准（欧Ⅴ和欧Ⅵ）和税收优惠政策正在加紧推动柴油车安装柴油机颗粒过滤器。

图 15-9 示出了柏林交通拥挤区域附近的监测站 PM10 的来源分析。总颗粒物负荷的 49% 可以归因于道路交通，但只有 11% 源于当地交通车辆的废气排放（约 8% 来自货车，3% 来自乘用车）。依照世界卫生组织（WHO）推荐值确定的减少细颗粒物的法规已被实施，各种研究也表明了这些颗粒物对健康的危害。

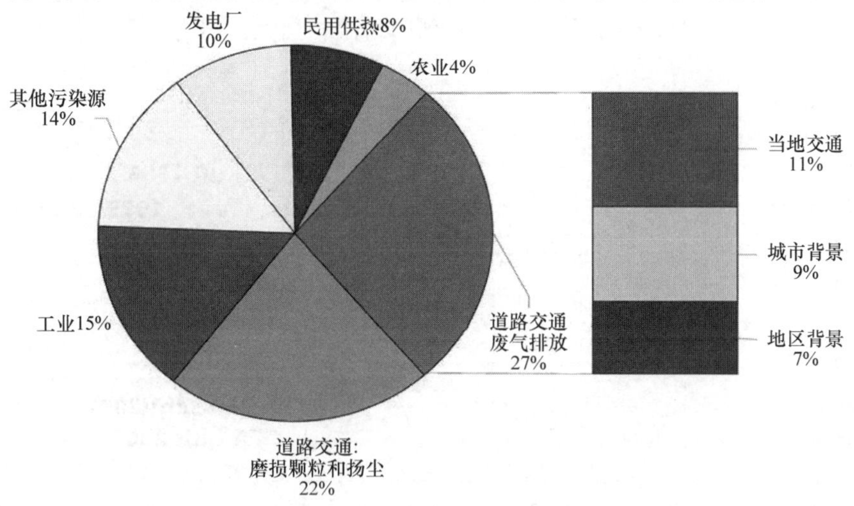

图 15-9　柏林交通拥挤区域附近监测站细颗粒物的负荷

超细微粒只占颗粒物中较低的质量百分比，但具有相当大的总颗粒表面积，因为它们的数量很多（高达 90%）。有害物质（如重金属，或有机物例如多环芳香烃）可以黏附在它们上面。柴油车排放的炭烟也由超细粒级颗粒物组成。悬浮颗粒物组分每当沉积入人体成为异物时，可能会作为刺激物引起炎症。微粒越小，它们能穿透呼吸道的深度就越深。直径超过 10μm 的颗粒几乎不可能通过咽喉，因而只有一小部分可以达到支气管和肺泡。

然而，小于 10μm 特别是 2. 5μm 以下的细颗粒可以深入到人体内部。尺寸小于 0. 1μm 超细颗粒甚至可以通过肺泡进入血液，并通过血液在体内扩散。

近年来越来越多的证据表明，与早期的假设相反，现在还没有任何阈值来确定哪些悬浮颗粒物对健康有不利影响。

针对大范围人群的研究结果表明，细颗粒物的吸入会缩短人的预期寿命。但这些研究还存在一些争议。

15. 1. 2　氮氧化物 NO_x

内燃机的燃烧过程主要产生 NO（60% ~90%）和很少的 NO_2。它们被认为是一种混合物，符号是 NO_x。但只有作为污染物输入的 NO_2 与空气质量相关。柴油发动机在催化转化器中由 NO 有系统地产生 NO_2。脱硝（去除二氧化氮）系统利用转化器来氧化和有效降低炭烟微粒。在空气中 NO 氧化成 NO_2，这种气体会刺激黏膜并与水分结合产生腐蚀性液体（酸雨）。它会增加哮喘患者的身体不适反应，尤其是在消耗体力的时候。NO_2对植物有“追肥”效果，也就是说它能促进植物生长。

根据参考文献［15－2］，40μg/m^3的NO_2浓度限值将于2010年在欧盟生效。图15-10示出了目前NO_2的浓度。不管位置如何变化，这个浓度自1997年以来一直保持不变。实现上述限值，将需要所有部门付出相当大的努力，而不仅是运输部门的事情。

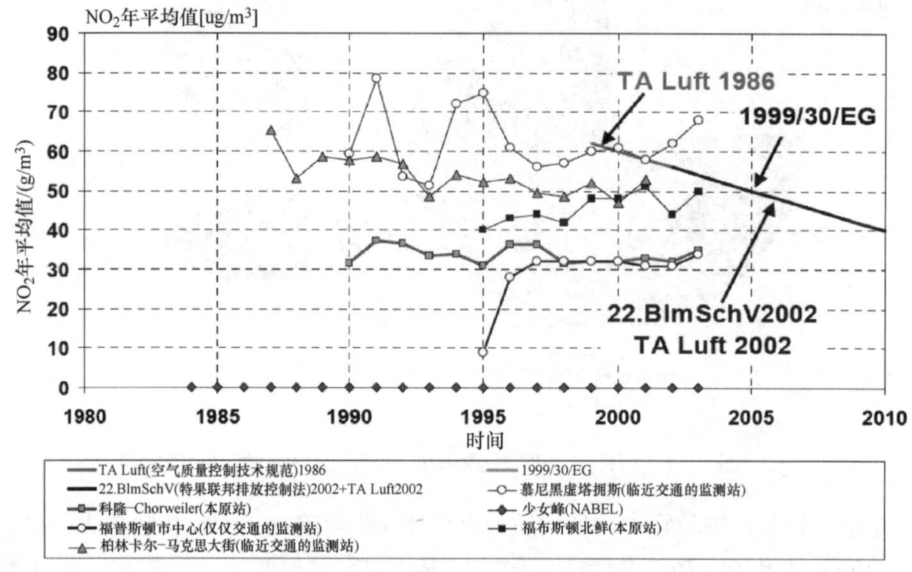

图15-10　德国NO_2污染物输入和限值

15.1.3　臭氧O_3

臭氧（O_3）活动的两个区域区分如下：

1）臭氧层：在30～40km高度（平流层）的臭氧作为一种抗强烈紫外线（UV－C和UV－B）辐射的滤波器，因而是生命不可或缺的。氟利昂（FCKW）等污染物质导致臭氧层日益变薄。南半球的春天（每年9月和10月），南极上空的臭氧浓度（臭氧洞）下降尤为明显，在过去20年里一直能被观测得到。废气排放在这一区域倒是没产生任何作用。根据最新的计算，大约在2040～2050年臭氧洞将再次关闭。

2）低层臭氧：这是由大气中的氧气在强烈的太阳照射时受光氧化剂（NO_x、VOC、CO）的影响而形成的一种夏季烟雾。它具有毒性，因此是不希望发生的。由于其前体物质部分地来自汽车废气，因此，必须把有关臭氧浓度的信息传递给驾驶人，甚至实施相应的驾驶禁令以减少汽车交通。一方面，氮氧化物能引发臭氧的生成；另一方面，它们也会促使它的分解。农村地区实际上出现的臭氧浓度比交通繁忙的城市地区可能会更高。

臭氧是一种刺激性气体，会改变人体内氧的输送。它会降低对病毒感染的抵抗能力，影响人类呼吸并损害植物的生长。

15.2　排放控制法规

15.2.1　乘用车发动机排放控制法规

美国在 20 世纪 70 年代初发布了柴油车辆的第一个排放控制标准，而日本和欧洲则紧随之后。目前，立法仍然集中在限制柴油机炭烟、颗粒物和氮氧化物排放方面。在具有标准化行驶循环的底盘测功机上进行的排放试验，目的是提供有代表性的运行条件下车辆排放的定量信息。然而，不同驾驶循环的废气和燃油消耗的测量方法也被同步研发，因为在美国、欧洲和日本的驾驶条件有较大不同。图 15-11 示出了乘用车排放的主要行驶测试循环。

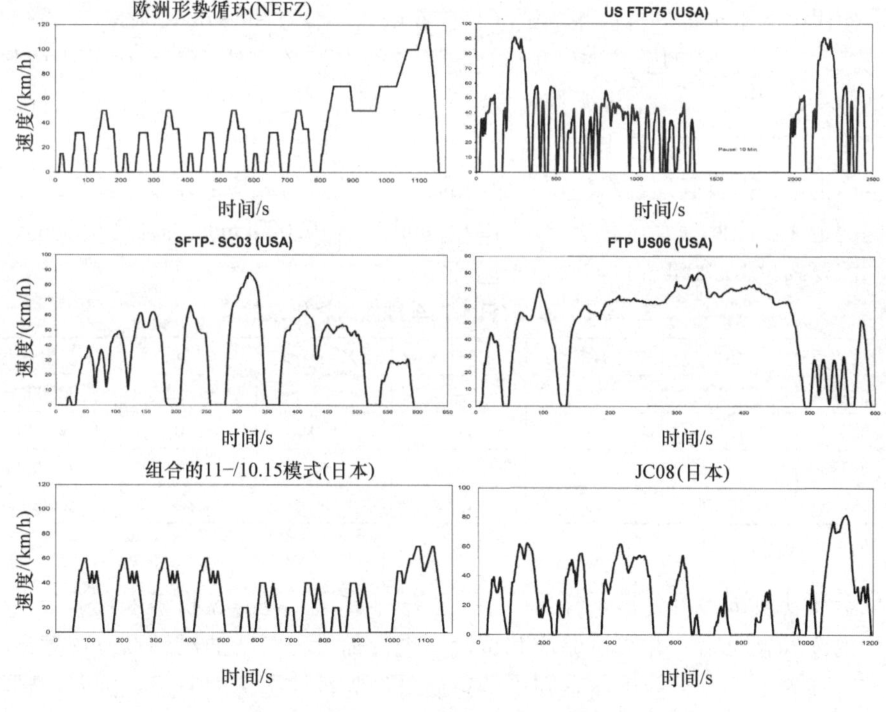

图 15-11　乘用车排放测试循环

虽然来自柴油车辆较高的氮氧化物排放量最初曾被接受，但现在排放控制标准的制订正朝着将柴油机与汽油机同等对待的方向发展，即致力于规定与燃料燃烧技术无关的限值标准。美国、欧洲和日本首先开启了排放控制立法，其次是在其他国家和许多地区排放标准的发展，现在已有 30 多个国家制定了不同严格程度的排放控制标准。由于这些标准基本上依赖于美国、欧洲和日本的模式，因此下面将集中讨论这三个国家和地区的排放标准。

15.2.1.1 柴油机烟雾

柴油机烟雾的测定最初对新车评价也有意义，但现在对排气烟雾的测试只对使用中的车辆才有必要，因为新的柴油车排烟整体上已经变得很少。

现在基本上采用两种形式的柴油烟雾测试，即全负荷测试（发动机的全负荷曲线上4~6个点）和自由加速测试（发动机加速到其最大限速）。所采用的计量方法是光吸收法或过滤测量法。然而，这些测量的结果没有考虑直接的和明确的有关底盘测功机试验中颗粒排放量结论。柴油烟雾测试是唯一能够有效识别高排放车辆的方法，而且在某些情况下，也能查明喷油系统是否被篡改。

15.2.1.2 气体排放和颗粒排放

新车型审批时的测试，需要在底盘测功机上测定行驶循环期间 HC、CO、NO_x和颗粒物的排放。此外，法规授权生产一致性检测时也必须测试这些项目，而且在一些国家，使用中的车辆也进行这些测试（目前在欧盟，行驶里程达 100000km 的汽车必须进行这些测试）。车型生产许可测试还需要符合车辆整个使用寿命中的排放限值。为了证明符合程度，制造商通常使用恒定的恶化系数（表15-1）或进行耐久性试验，并通过线性回归由排放推算出使用寿命。然而，在美国恒定恶化系数的选择只适用于小的生产批量，而且必须针对使用寿命内的行驶距离进行相应的换算。使用寿命周期有不同的定义。因此在美国需要超过 120000mile㊀（193000km）符合度检验的证明，而欧洲需要超过 160000km 的符合度检验证明。

表15-1 欧洲/日本汽车排放的恶化系数

	CO	HC	NO_x	$\sum HC+NO_x$	PM	使用寿命
EU（欧Ⅳ）	1.1	–	–	1.1	1.2	80000km
EU（欧Ⅴ）	1.5	–	1.1	1.0	1.0	160000km
EU（欧Ⅵ）	*	*	*	*	*	160000km
日本	1.2	13	1.0	–	1.2	80000km

*以后进行设定

底盘测功机试验可分析稀释后废气气流的排放量。过滤盘收集来自部分废气气流量中的废气颗粒物，并在试验前和试验后进行称量。对柴油炭烟颗粒物潜在的健康危害存在着争论。目前确实存在把颗粒质量作为排放指标的质疑。因此，颗粒数量限值将成为欧Ⅴ和欧Ⅵ强制性的标准，而且在欧洲增补了对颗粒质量的测量。

当颗粒过滤器系统在市场上推出时，欧洲立法要求增补对周期性再生颗粒过滤器的检测。在颗粒聚集阶段和再生阶段均需确定排放和燃料消耗量。对颗粒过滤器再生过程中较高的排放量，依据再生频率进行加权得出最终结果。

㊀ 1mile≈1.6km。

15.2.1.3　美国排放控制标准

不同的排放限值水平在美国被称为 tiers，tier2 是最新的排放限值标准。相应地 tiers 又包含不同系列的限值或 bins。制造商可以在多个 bins 之间进行选择，但必须确保其所有车辆氮氧化物（NO_x）值的平均水平不能超过 0.07g/mile。这大大限制了 bins 的选择，因为平均水平必须达到 bin5 的标准。bin8 是最不严格的。柴油车和汽油车采用同一排放限值是美国立法的一项原则。这对柴油机排放控制是一个特别的挑战（见表 15-2）。此外，在附加的测试循环，即增补的联邦测试程序（SFTP）中也需要遵循排放限值的规定。

表 15-2　"一半使用寿命"（50000mile）的 tier 2 Bin8 /Bin5 排放限值

	FTP－75 循环的排放				
	NMOG/(g/mile)	CO/(g/mile)	NO_x/(g/mile)	PM/(g/mile)	HCHO/(g/mile)
Bin8	0.100	3.4	0.14	0.02	0.015
Bin5	0.075	3.4	0.05	0.01	0.015

考虑到气候、人口密度和交通密度的特殊情况，美国加利福尼亚州直到现在一直保持自己的排放标准。非甲烷有机气体（NMOG）车队标准取代了美国联邦实施的 NO_x 的车队标准。制造商的平均 NMOG 车队限值决定了它们的产品只能限定在三类车辆之中，即 LEV（低排放车辆）、ULEV（超低排放车辆）和 SULEV（特超低排放车辆），具体见表 15-3。加利福尼亚州是世界上排放限制最严格的地区。

表 15-3　"一半使用寿命"（50000mile）的加州排放限值

	FTP－75 循环的排放				
	NMOG/(g/mile)	CO/(g/mile)	NO_x/(g/mile)	PM/(g/mile)	HCHO/(g/mile)
LEV	0.075	3.4	0.05	0.01	0.015
ULEV	0.040	1.7	0.05	0.01	0.008
SULEV *	0.010	1.0	0.02	0.01	0.004

＊整个使用寿命（120000miles）。

NMOG：非甲烷有机气体；HCHO：甲醛；LEV：低排放车辆；ULEV：超低排放车辆；SULEV：特超低排放车辆。

15.2.1.4　欧洲排放控制标准

欧盟（EU）排放控制标准的进展，在采用了欧Ⅰ排放水平的法规时才赶上了美国的严格程度。与此同时，欧盟已制定了欧Ⅳ（见表 15-4）标准，并被用于自 2005 年 1 月 1 日起所有新型车辆和 2006 年 1 月 1 日以来所有新批准的车辆。进一步的规范已纳入欧Ⅴ（2009 年 9 月 1 日开始实施）和欧Ⅵ（2014 年 9 月 1 日生效）。目前，欧洲的排放标准仍然对汽油机和柴油机采用不同限值。此外，欧洲通过汽车允许的总质量对它们的排放限值进行区分。因此，总质量小于 2500kg 额定值的车辆比 2500kg 及以上的车辆，必须满足更严格的排放限值。

表 15-4　柴油车的欧Ⅳ、欧Ⅴ、欧Ⅵ限值

	欧洲汽车循环 NEDC				
	CO/(g/km)	HC + NO_x/(g/km)	NO_x/(g/km)	PM/(g/kg)	P①/(#/km)
欧Ⅳ	0.5	0.30	0.25	0.025	—
欧Ⅴ	0.5	0.23	0.18	0.005	6×10^{11}
欧Ⅵ②	0.5	0.17	0.08	0.0045	6×10^{11}

① 颗粒数。

② 依照法规 715/2007/EC。

欧盟排放控制标准由欧盟委员会提出，并由其专门机构批准。法规的组成部分，如一些测试程序，正越来越多地采纳联合国“世界车辆法规协调论坛（UN-ECE)”的研讨结果。具有周期性再生式废气后处理系统（如柴油机颗粒过滤器）的车辆，其测试程序的产生就是其中一例。这一程序通过测量废气后处理系统再生之前、再生期间和再生之后的排放来确定再生系数（K_i），具体见图 15-12。拆掉颗粒过滤器时测得的排放值应乘以系数 K_i。

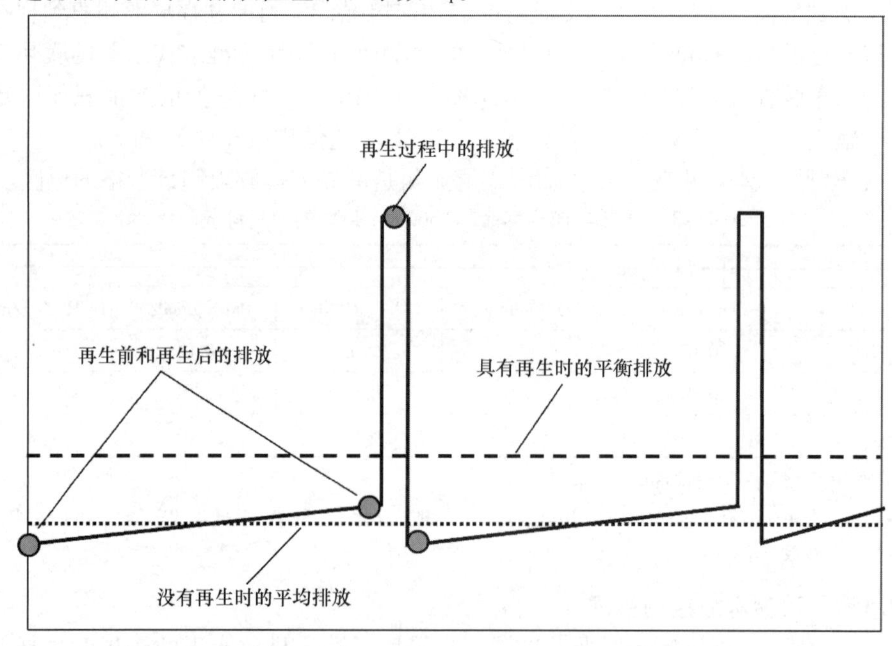

图 15-12　确定周期性再生系统排放的方法

最近通过的欧Ⅴ和未来的欧Ⅵ排放控制法规，将进一步收紧柴油发动机的 NO_x 排放的限值，以缩小柴油机限值与汽油机限值之间的差距。欧盟排放标准未来的限值规定可能会很好地协调这种差距。欧盟立法机构也在考虑修改颗粒物的排放限值，而且要采取行动，不仅测量颗粒物的质量，也要确定颗粒的数量。

测试循环的任何修改仍然是开放的。立法者对目前 NEDC 测试循环效果的说明

似乎不能代表他们未来将会提出的建议。这些修改活动可能会与在 UNECE 上进行的那些讨论相互协调。

15.2.1.5　日本排放控制标准

一段时间以来，日本主要城市和大都市区域一直饱受高浓度碳氢化合物和氮氧化物导致的烟雾问题的困扰。道路交通是造成这种烟雾的主要原因。因此，排放控制法规的发展，特别集中在减少 NO_x 的排放量。除规定了整个国家的排放限值外，“NO_x 控制法”包含了对大都市用柴油车生产许可的更严格限值。然而，日本的废气排放标准的修订也倾向于同样地对待汽油车辆和柴油车辆。日本国内制造和进口汽车的排放控制实施日期是交错的。然而，未来可能会终止这种做法。此外，日本规定了两种不同的限值，一种用于大规模生产，而另一种用于小批量或少量的进口车（每种车型每年度最多 2000 辆），详见表 15-5。

表 15-5　日本柴油乘用车的排放限值

		HC/(g/km)	CO/(g/km)	NO_x/(g/km)	PM/(g/km)
		10.15 模式的排放			
长期目标	自 2004 年起	0.12 (0.24)	0.63 (0.98)	0.28 (0.43)	0.052 (0.11)
		11/10.15 模式的排放 自 2008 年起：JC08/10.15 模式的排放			
新的长期目标	自 2007 年 9 月 1 日起	0.024 (0.032)	0.63 (0.84)	0.14 (0.20)	0.013 (0.017)
		JC08/10.15 模式的排放 自 2013 年起：JC08/JC08 模式的排放			
以后新的长期目标	自 2010 年起	0.024 (0.032)	0.63 (0.84)	0.08 *	0.005 *

* 以后设置。

括号内的值适用于小批量生产或少量进口的汽车（每种车型每年度最多 2000 辆）。

车载诊断（OBD）系统

一些国家或地区的排放控制法规要求安装车载诊断系统，以监控车辆运行过程中与排放相关部件的功能。加利福尼亚州于 1988 年为此首先提出了安装 OBD Ⅰ的要求。目前已发展到加州版的 OBD Ⅱ。欧Ⅲ排放控制法规（EOBD）要求欧盟 2000 年引入车载诊断系统。OBD 的功能是通过光纤通信的故障指示器向驾驶人提示相关排放部件的故障或失效。检测到的故障以故障码的方式输入故障存储器中，可以通过一个外部诊断工具从标准化的接口进行调取。美国和欧洲的 OBD 有不同的监测参数和 OBD 阈值，系统依据这些参数和阈值进行故障显示。

15.2.2　商用车发动机排放控制法规

15.2.2.1　测试模式和排放限值

商用车的类型很多，而且已演变出组合式货车（仅有驱动车，非完整车辆），同时底盘测功机运行时对轮胎和制动器磨损也比较大，因此对重型商用车的排放转而采用发动机试验台进行测试。欧盟汽车的分类见表15-6。

表15-6 根据指令70/156/EEC[1]分类的柴油车类型及废气排放和颗粒物测试要求

客车				载货汽车		
类型	座位②	汽车额定总质量	测试循环	类型	汽车额定总质量	测试循环
M_1	≤8	≤3.5t >3.5t	NEDC③ ESC；ELR；ETC	N_1	≤3.5	或者NEDC①，或 ESC；ELR；ETC
M_2	>8	≤5t	ESC；ELR；ETC (NEDC)④	N_2	3.5t<12t	ESC；ELR； (NEDC)④
M_3	>8	>5t	ESC；ELR；ETC	N_3	≥12t	ESC；ELR；ETC

ESC：欧洲稳态测试循环；ETC：欧洲瞬态测试循环；ELR：欧洲负荷响应测试。

① 适用于至少有四个车轮，最大速度超过50（25）km/h的车辆（无被驱动的机械）。

② 不含驾驶人。

③ 新的底盘测功机试验循环，可达120km/h（根据指令70/220/EEC）。

④ 基准质量不超过2840kg时，可以通过底盘测功机对M_2和N_2车辆进行测试。

由于不可能测试每一发动机的使用情况，因此，一台发动机必须通过尽可能接近使用工况的运行测试循环来对排放进行评估，同时尽量降低发动机限值范围内认证所需的时间和精力。一个测试循环能够测量以下的排放成分：

1）氮氧化物（NO_x）。

2）碳氢化合物（HC）。

3）一氧化碳（CO）。

4）颗粒物（PM）。

5）可见的排放烟雾（废气的不透明烟度）。

表15-7和表15-8给出了用于不同地区的排放限值。世界各地的排放法规均明显表现出排放限值越来越严格的趋势。由于发动机必须经过调整才能适应特定的测试循环，因此，不可能直接对各地区的限值进行比较。最重要的测试程序将在下面进行介绍。

表15-7 欧盟3.5t以上商用车废气和颗粒物排放限值的发展

	1992/1993 欧Ⅰ	1995/1996 欧Ⅱ	2000/2001 欧Ⅲ		2005/2006 欧Ⅳ		2008/2009 欧Ⅴ		2012/2013 欧Ⅵ	
测试循环	13－工况	13－工况	ESC	ETC	ESC	ETC	ESC	ETC	WHSC	WHTC
CO/(g/kW·h)	4.5 (4.9)	4	2.1	5.45	1.5	4	1.5	4	1.5	4
HC/(g/kW·h)	1.1 (1.23)	1.1	0.66		0.46		0.46		0.13	0.16
NMHC/(g/kW·h) (燃气发动机)				0.78		0.55		0.55		0.416

（续）

	1992/1993 欧Ⅰ	1995/1996 欧Ⅱ	2000/2001 欧Ⅲ		2005/2006 欧Ⅳ		2008/2009 欧Ⅴ		2012/2013 欧Ⅵ	
测试循环	13－工况	13－工况	ESC	ETC	ESC	ETC	ESC	ETC	WHSC	WHTC
NO_x/(g/kW·h)	8.0（9.0）	7	5	5	3.5	3.5	2	2	0.4	0.44
PM/(g/kW·h)	0.61（0.68） 0.36（0.4）	0.25 0.15	0.13 0.10	0.21 0.16	0.02	0.03	0.02	0.03	0.01	0.01
CH_4/(g/kW·h)（燃气发动机）				1.6		1.1		1.1		0.5
ELR 不透明烟度/m^{-1}			0.8		0.5		0.5			

表 15-8　美国 3.5t 以上和日本 2.5t 以上柴油商用车废气和颗粒物排放限值的发展

美国				日本	
有效日期	测试循环	FTP/(g/kWh)	ESC/(g/kWh)	D 13/(g/kWh)	JE05/(g/kWh)
1998	NO_x HC CO PM	5.4 1.7 20.8 0.13/0.07			
1999	NO_x HC CO PM			4.5 2.9 7.4 0.25	
2004	NO_x HC CO PM	3.35（NO_x＋HC） 20.8 0.13/0.07		3.38 0.87 2.22 0.18	
2005	NO_x HC CO PM				2.0 0.17 2.22 0.027
2007	NO_x HC CO PM	1.5 0.19 20.8 0.02	0.5 0.19 20.8 0.02		
2009	NO_x HC CO PM				0.7 0.17 2.22 0.01
2010	NO_x HC CO PM	0.27 0.19 20.8 0.02	0.27 0.19 20.8 0.02		

15.2.2.2　美国的测试循环

1985年以来，美国瞬态测试程序（US－FTP）对商用车发动机都是强制性的（参见图15-13）。US－FTP测试循环被规定为标准化的形式（速度百分比和转矩百分比）进行测试，持续20min，运行两次（冷起动试验和热起动试验）。冷起动试验按1/7加权，热起动试验按6/7加权得出最终结果。循环的工作频率集中在更高的发动机转速范围内。实际运行中为减少燃料消耗而使用的最大转矩转速范围在测试中只很少出现。因此，欧洲法规没有采用US－FTP。

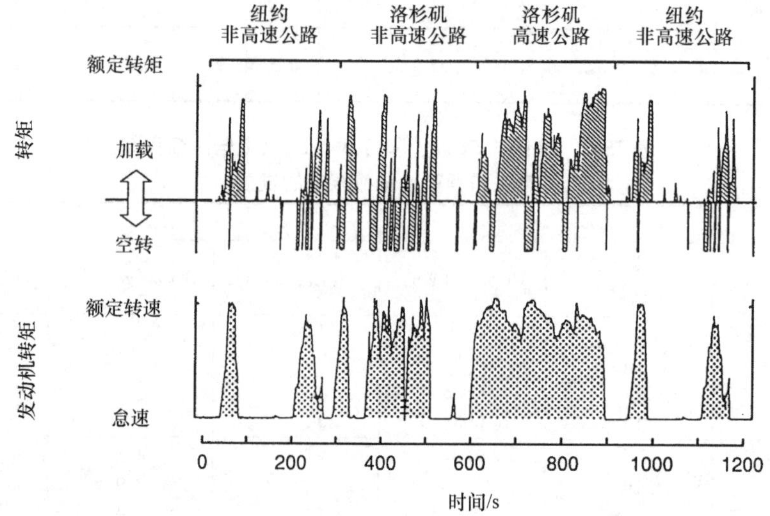

图15-13　美国瞬态试验循环的商用车柴油机转矩和转速特性

US－FTP测试循环不能捕捉典型的实际行驶工况，一些制造商利用这一点在设计发动机时，使其实际行驶中以较大的NO_x排放为代价，获得较低的燃油消耗，而在测试循环中却能满足NO_x的限值要求。这种钻循环空子的做法导致了美国法规的明显收紧。因此，美国除了额外实施欧Ⅲ ESC试验外，还规定按区域划分发动机控制参数图，在这种图确定的区域不得超过各自的排放限值乘以一个相应的NTE系数，这个系数取决于排放限值的等级。这就是所谓的NTE（不得超过）控制区域（图15-14）。

包括不同的电动机反拖、加载和减速阶段（图15-15）的动态测试循环已被确定，用来测试和控制可见排放烟雾（废气不透明烟度）。

15.2.2.3　欧洲测试循环

总部设在日内瓦的联合国欧洲经济委员会（ECE）于1982年推出了第一个欧洲测试循环（13－工况试验），作为其法规ECE R49的一部分，这个法规在欧Ⅲ颁布以前一直有效。

欧盟随后在1999年为欧Ⅲ实施了新的测试循环。循环的工作点是通过对使用中驾驶情况的广泛监测进行确定的。发动机按新的欧洲稳态循环（ESC），连同欧

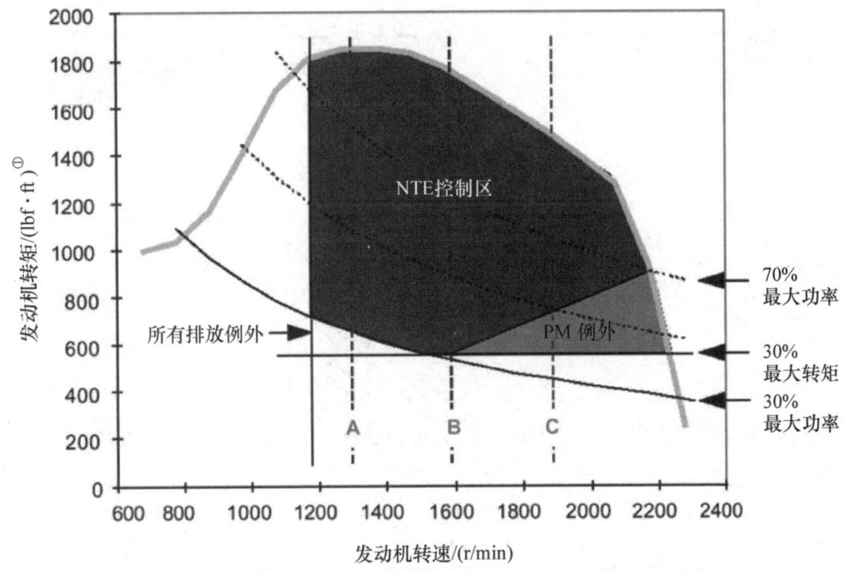

图 15-14　美国 NTE（不得超过）控制区

① 1lbf · ft = 1. 356N · m。

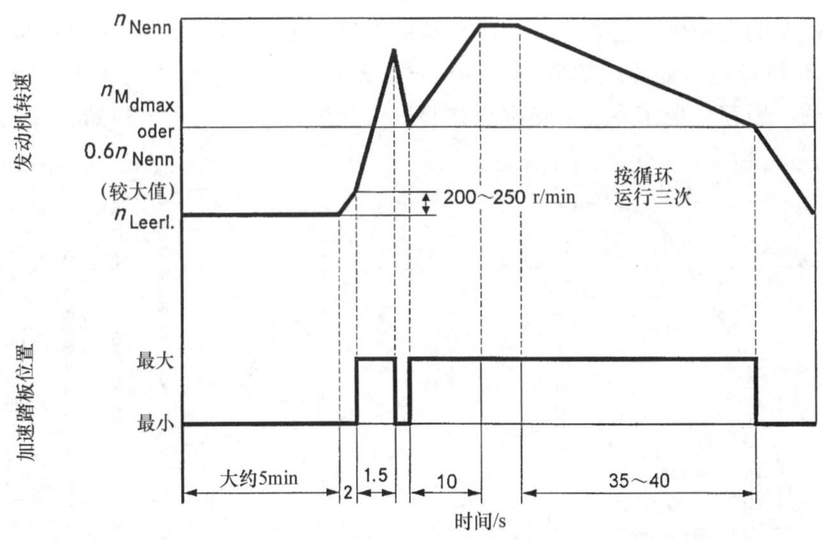

图 15-15　美国烟度测试

洲负荷响应测试（ELR）以三个测试速度和多个负荷点进行测试（图 15-16）。测试范围由发动机的全负荷曲线确定（图 15-7）。在测试范围内以批准机构随机选取的三个测量点对 NO_x 排放进行测量，以验证分区划分的发动机 NO_x 控制参数图的均匀性。ELR 用来限制动态颗粒物排放（图 15-18）。

具有废气后处理系统的发动机（颗粒过滤器和脱硝系统）、燃气发动机和符合

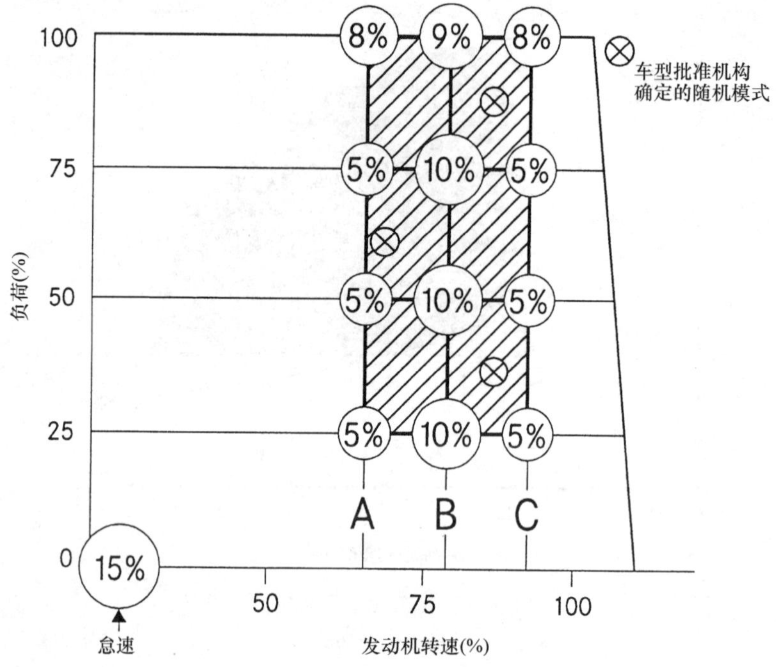

图 15-16　ESC（欧洲稳态循环）

欧Ⅳ、欧Ⅴ的发动机，必须额外按欧洲瞬态循环（ETC）根据相同的基础数据进行测试（图 15-19）。如美国的瞬态试验一样，ETC 是基于标准化的速度和转矩值进行确定的，但它只是作为一个热起动试验进行测试，并持续运行 30min。

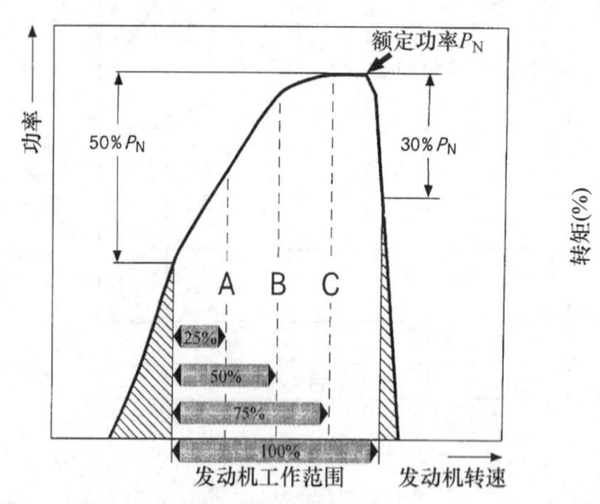

图 15-17　ESC（欧洲稳态循环）测试范围的确定

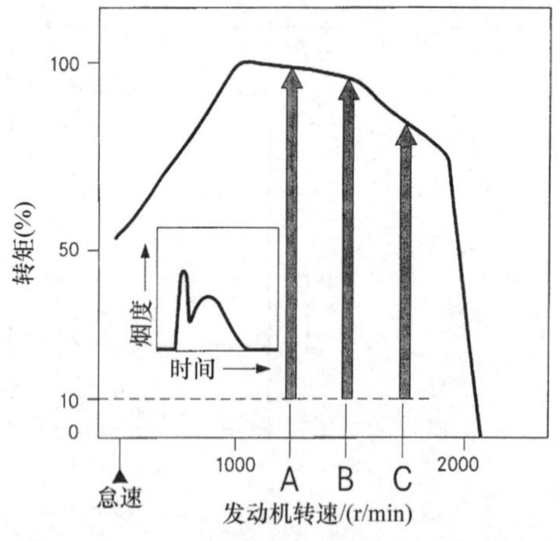

图 15-18　ELR（欧洲负荷响应测试）工况

欧洲法规 ECE－R24 用来限制随发动机理论空气流量而变化的可见全负荷烟度（图 15-20）。在发动机由怠速到全负荷的自由加速过程中，还要对烟度进行额外测试，以检验烟雾限制器的有效性。鉴定合格的烟度值被标注在发动机铭牌上，并作为在一些欧盟国家实施定期检查的基础。

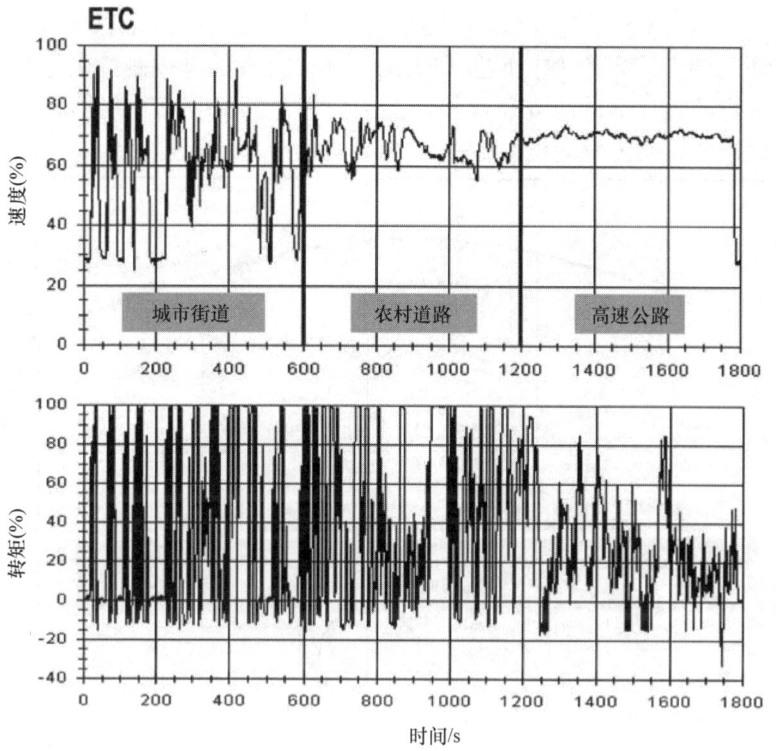

图 15-19 ETC（欧洲瞬态循环）

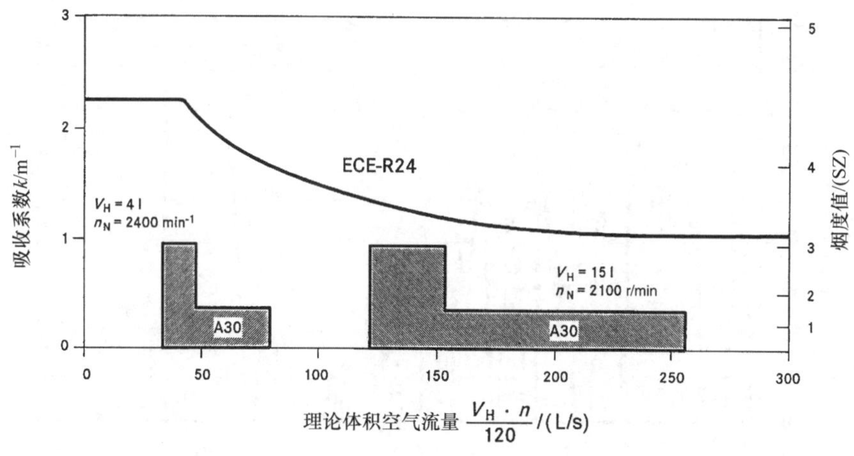

图 15-20 基于 ECE－R 24 和 A30 的瑞典烟度限值曲线

15.2.2.4 日本试验循环

如欧洲一样，稳态 13－工况测试（D 13）最初也在日本实施。其测试点主要覆盖最大转矩和怠速的范围（图 15-21）。瞬态测试循环（JE05）自 2005 年以来一直有效。与美国的 US－FTP 和 ECT 不同，JE05 被指定为乘用车以车速为基准的车辆测试循环（图 15-22）。如同欧盟和美国一样，日本的排放测试也是在发动机试验台架上进行的。日本的法规还额外提供了一个计算机程序，根据车辆类型的变化，将车辆循环转换为发动机循环。

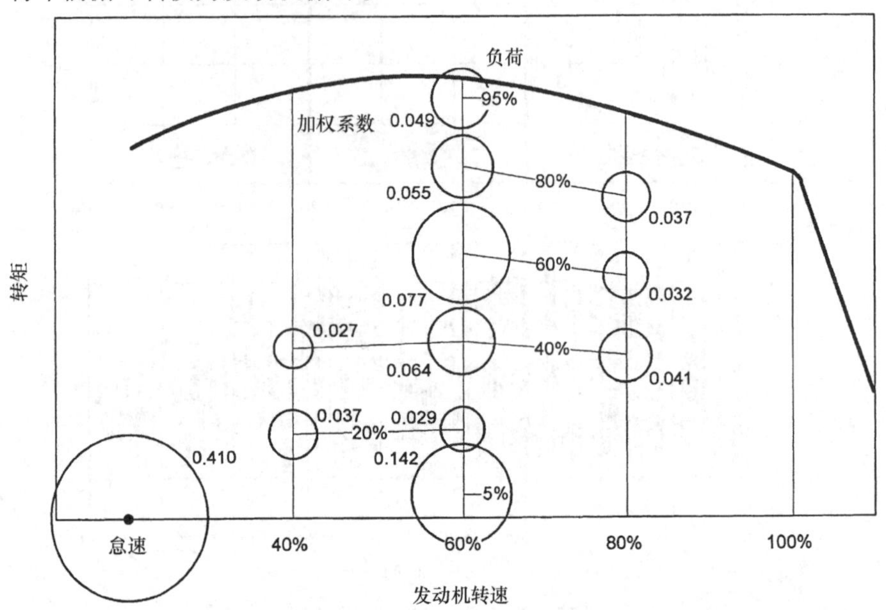

图 15-21　日本稳态 13 工况（D13）的测试循环和加权系数

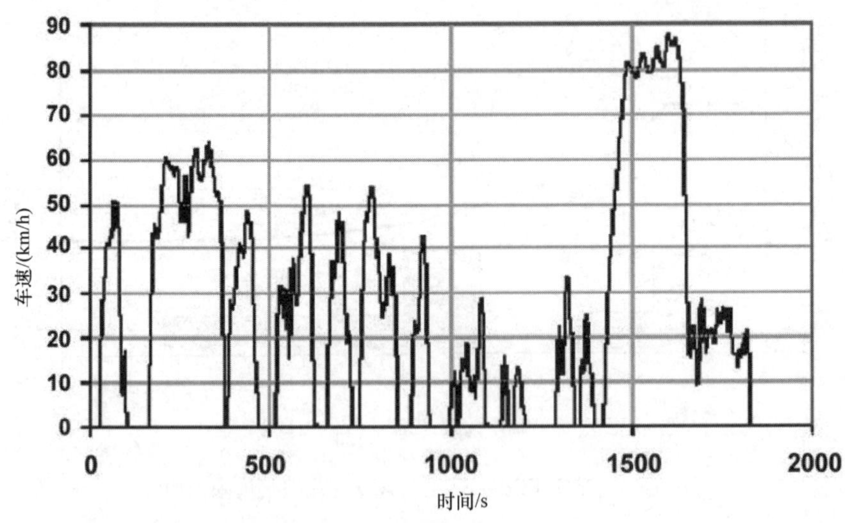

图 15-22　日本瞬态测试工况（JE 05）

15.2.2.5　全球统一试验循环（WHDC）

美国、欧洲和日本的试验循环有明显不同的工作范围（图 15-23）。对于全球运营的商用车制造商来说，越来越严格和趋于一致的排放限值，转化成了排放控制技术研发成本的不成比例的增加。

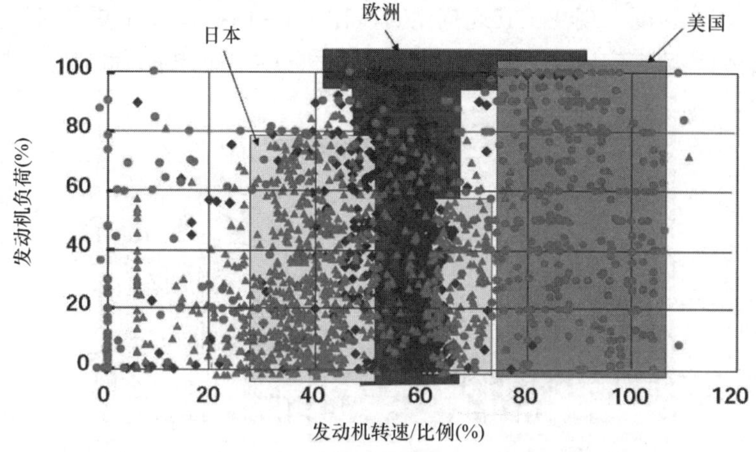

图 15-23　美国、欧盟和日本试验循环的工作范围

因此，由欧洲商用车行业推动，联合国欧洲经济委员会（ECE）1997 年研究，制订了全球统一的测试程序，用于重型商用车发动机的认证。这种 WHDC 程序于 2006 年被采用作为全球技术法规（gtr No. 4），旨在统一协调全球的试验程序和测量设备。它将于 2012 ~ 2013 年与欧Ⅵ一起在欧洲实施。这个测试循环的研发采用了世界各地超过 80 辆汽车的行驶数据，并折中了欧洲、日本和美国的行驶条件（图 15-24）。因此，它不是代表特定车辆的使用情况（例如长途运输），但有利于在整个范围内研发和高效运用废气控制技术。

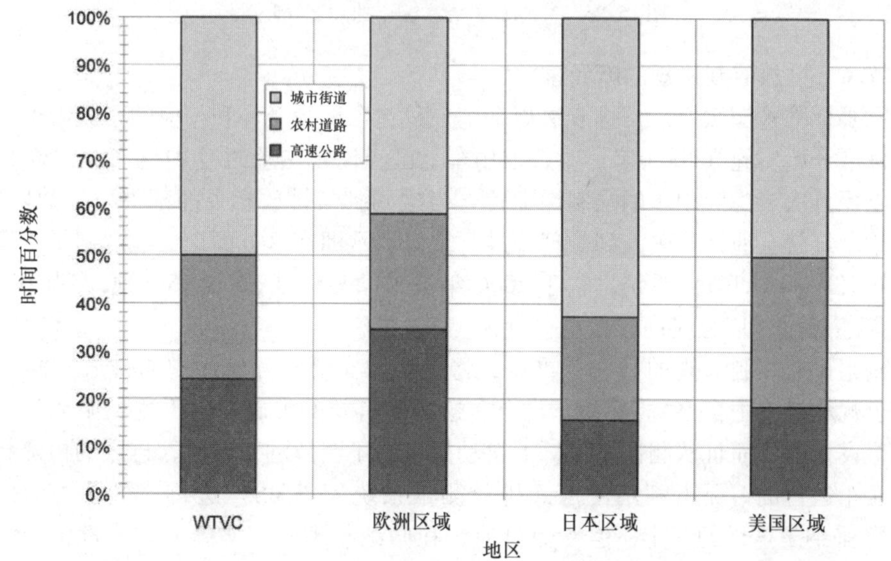

图 15-24　美国、欧盟和日本不同类别道路使用频率的比较。WTVC – 全球车辆瞬态循环

如同US－FTP和ETC一样，全球统一瞬态循环（WHTC）也是以标准化的转速和转矩进行确定的（图15-25）。发动机的主转速范围已明显地被转移到实际运行中使用的较低速度。现在，其规范化明显比US－FTP和ECT更复杂，从而最大限度地减少循环缺失的风险。此外，由于瞬态和稳态测试相结合已成为世界范围的共识，因而稳态试验循环（WHSC）也被采用。

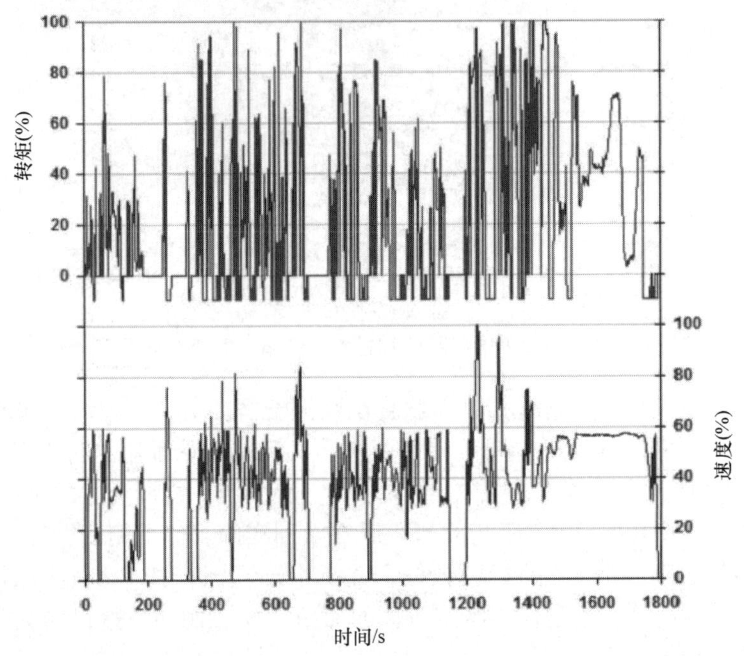

图15-25　WHTC（全球统一的瞬态循环）

15.2.2.6　排放控制法规的新元素

欧Ⅲ标准被淘汰之前，排放法规基本上只包含试验循环和相应的排放限值。从欧Ⅳ标准开始实施（2005年）时，乘用车上已经比较熟悉的OBD（车载诊断）系统在欧盟首次成为商用车的强制性配置。当检测到与排放相关的部件发生故障时，故障指示灯就会通知驾驶人到修理厂进行维修。欧洲在这方面也已经规划了一套全球监管（WWH OBD）系统。它于2006年被采纳为法规gtr No.5，预计到2013～2014年将被全球广泛应用。

未来排放控制法规的另一个重点，将是客户车辆实际应用中的排放监测（使用中合规和维修中合格）。商用车将会在这方面有新的突破。由于测试循环是基于发动机设计的，而且从测试车上拆下发动机也是不明智的，因此，排放的检测将直接在实车运行的情况下利用便携式排放测量系统（PEMS）进行。尽管美国已于2008年采纳了这样的规定，但欧盟目前仍在归纳整理一些实施的技术性细节，预计2010年用于符合欧Ⅴ的车辆。

15.2.3　非道路发动机的排放控制法规

没有安装在道路车辆上的发动机被称为非道路发动机。由于这种类型的发动机包括从小型割草机发动机到大型船用柴油机的各类机型，范围极其广泛，因此下面仅讨论与柴油机密切相关的法规。ISO 委员会制定了标准 ISO 8178，以此为基础，确立适当工作条件下此类广泛应用的发动机的排放限值。具体的测试循环与特定的应用相匹配（见表 15-9）。表 15-10 概括了相关的测试模式和加权因子。

ISO 8178 标准中没有给出这些发动机必须遵守的排放限值。它们将由监管部门和立法机构进行设置。

表 15-9　非道路发动机试验循环的应用范围

试验循环		应用实例
C1	越野柴油发动机	建筑设备、农业设备、材料运输
C2	越野汽油发动机	建筑设备、农业设备、材料运输
D1	巡航速度	发电厂、灌溉泵
D2	巡航速度	气体压缩机、发电机
E1	船用发动机	长度小于 24m 的柴油机船舶
E2	船用发动机	以恒速航行的远洋船舶
E3	船用发动机	具有螺旋桨特性曲线的远洋船舶
E4	船用发动机	长度小于 24m，装有汽油发动机的运动艇
E5	船用发动机	长度小于 24m，采用柴油机的螺旋桨驱动船舶
F	轨道交通	机车、轨道车、调车机车
G1	小型发动机（割草机等）	中速的应用
G2	小型发动机	额定速度的应用
G3	小型发动机	手持式设备

表 15-10　非道路发动机的试验循环：工作模式和加权因子

额定转速						中速					怠速
转矩/功率*（%）											
类型	100	75	50	25	10	100	75	50	25	10	0
C1	0.15	0.15	0.15		0.10	0.10	0.10	0.10			0.15
C2				0.06		0.02	0.05	0.32	0.30	0.10	0.15
D1	0.30	0.50	0.20								
D2	0.05	0.25	0.30	0.10							
E1	0.08	0.11					0.19	0.32			0.30
E2	0.20	0.50	0.15	0.15							
E3*	0.20						0.50 91%	0.15 80%	0.15 63%		

（续）

额定转速						中速				怠速
转矩/功率*（%）										
类型	100	75	50	25	10	100	75	50	25	10	0
E4 *	0.06							0.14 80%	0.15 60%	0.25 40%	0.40
E5 *	0.08						0.13 91%	0.17 80%	0.32 63%		
F	0.25							0.15			0.60
G1						0.09	0.20	0.29	0.30	0.07	0.05
G2	0.09	0.20	0.29	0.30	0.07						
G3	0.90										

* 测试循环 E3、E4 和 E5 的值是功率值。其他测试循环的值是转矩值。

15.2.3.1 固定发动机组：空气质量控制技术指南

"德国联邦环境污染控制法"（BImSchV）对固定式内燃机，例如应急发动机组、热电冷联产厂、联合热电站等柴油机的排放规定了限值。2002 年 7 月 24 日开始实施的被称为 TA - Luft 的"空气质量控制技术指南"，为执行联邦环境污染控制法而规定了具体的措施，并为该法的实际执行提供了明确的指导，以及现有系统的具体说明（表 15-11）。

表 15-11 大于或等于 $1MW_{th}$ 的固定式内燃机 TA - Luft 限值（mg/m^3）

（无垃圾填埋气体的输出限值）

颗粒物	20①		
SO_2	取决于燃料，例如，对生物气和沼气为 350		
甲醛	60		
总碳有机物	—		
氯、氟、卤素	30%		
CO②、③	(a) 采用液体燃料的压燃式发动机和火花点火发动机；采用气体燃料（不包括生物气体、沼气和天然气）的压燃式发动机（压燃喷雾发动机）和火花点火发动机	300	
	(b) 火花点火的生物气或沼气发动机④	<$3MW_{th}$ 1000③	≥$3MW_{th}$ 650
	(c) 火花点火的天然气发动机	650	
	(d) 火花点火的天然气发动机	<$3MW_{th}$ 2000③	≥$3MW_{th}$ 650

（续）

NO_x[③]	（a）采用液体燃料的压燃式发动机	<3MW_{th} 1000	≥3MW_{th} 500
	（b）采用气体燃料的压燃式发动机（压燃喷雾发动机）和火花点火发动机		
	–采用生物气和沼气的压燃喷雾发动机	<3MW_{th} 1000	≥3MW_{th} 500
	–稀薄燃气发动机和采用生物气或沼气的四冲程发动机	500	
	– 压燃喷雾发动机和采用其他气体燃料的稀薄燃气发动机	500	
	（c）其他四冲程汽油发动机	250	
	（d）二冲程发动机	800	

① 专门用于应急驱动，或最多 300h，以覆盖发电过程中的峰值负载时，此值为 80mg/m^3。

② 垃圾填埋气目前此值一般为 650mg/m^3。

③ 专门用于应急驱动，或高达 300h，以覆盖发电过程中的峰值负载时，此排放值不适用。

④ 采用天然气的火花点火发动机，此值为 650 mg/m^3。

注：表中数值的单位为 mg/m^3，O_2体积分数为 5%。

TA – Luft 对汽油机、柴油机和双燃料发动机规定了不同的氮氧化物和颗粒物的限值。其中也有适用于某些气体燃料（污水产生的气体、沼气和垃圾填埋气）发动机排放的调整条款。例如，颗粒物，CO、NO_x、SO_2（针对沼气和污水气体），以及有机物的排放都有调整。TA – Luft 要求利用能反映最先进排放控制技术的措施，并使每一选项都被用尽，以进一步降低排放（参见 TA – Luft 2002）。这些限值是基于废气中 5% 的 O_2 体积分数确定的。

根据 VDI2066，颗粒物的排放必须在接近排放点处采集，即在高温废气的位置进行测量，而商用车发动机及非道路移动式机械发动机的颗粒物排放强制性规定，是基于稀释的废气进行测量的。表 15-11 列举的热输出（以 MW_{th}计的 P_{th}）是基于特定系统的整体燃油流量确定的。

15.2.3.2 非道路移动机械、农业和林业拖拉机

非道路移动机械（NRMM）包括前端装载机、挖掘机、叉车、道路施工设备等。C1 循环用于这些机械所配置的柴油机。为保持与上述瞬态和稳态测试原则一致，美国和欧盟打算从 2011 年起，除了 C1 循环外，针对这些发动机引入一种瞬态循环（NRTC）。NRTC 也是 2009 年开始实施新制订的全球性技术法规（grt）的基础。

排放限值是作为发动机功率的函数进行确定的。经过长时间的协商，测试循环和限值标准基本上做到了全球统一。表 15-12 给出的限值适用于非道路移动机械、农业和林业拖拉机的发动机。

表 15-12　非道路移动机械（NRMM）发动机的排放限值

年	1996	1997	1998	1999	2000	2001	2002	2003	2004	2005	2006	2007	2008	2009	2010	2011	2012	2013	2014	2016	
	欧盟																				
功率/kW																					
>560																					
130≤560				NO_x:9.2/PM:0.54			NO_x:6.0/PM:0.2				NO_x+HC:4.0/PM:0.2					NO_x:2.0/PM:0.025			NO_x:0.4/PM:0.025		
75≤130				NO_x:9.2/PM:0.7				NO_x:6.0/PM:0.3				NO_x+HC:4.0/PM:0.3					NO_x:3.3/PM:0.025			NO_x:0.4/PM:0.025	
56≤75				1999.3	NO_x:9.2/PM:0.85				NO_x:7.0/PM:0.4				NO_x+HC4.7/PM:0.4				NO_x:3.3/PM:0.025			NO_x:0.4/PM:0.025	
37≤56				1999.3	NO_x:9.2/PM:0.85				NO_x:7.0/PM:0.4					NO_x+HC:4.7/PM:0.4				NO_x+HC:4.7/PM:0.025			
19≤37						NO_x:8.0/PM:0.8							NO_x+HC:7.5/PM:0.6								
<19																					
	美国																				
功率/kW																					
>560						NO_x:9.2/PM:0.54						NO_x+HC:6.4/PM:0.2				NO_x:3.5/PM:0.1			NO_x:3.5/PM:0.04		
450≤560		NO_x:9.2/PM:0.54					NO_x+HC:6.4/PM:0.2					NO_x+HC:4.0/PM:0.2				NO_x:2.0/PM:0.02			NO_x:0.4/PM:0.02		
225<450			NO_x:9.2/PM:–				NO_x+HC:6.4/PM:0.2					NO_x+HC:4.0/PM:0.2				NO_x:2.0/PM:0.02			NO_x:0.4/PM:0.02		
130≤225				NO_x:9.2/PM:0.54				NO_x+HC:6.6/PM:0.2				NO_x+HC:4.0/PM:0.2				NO_x:2.0/PM:0.02			NO_x:0.4/PM:0.02		
75≤130				NO_x:9.2/PM:–				NO_x+HC:6.6/PM:0.3					NO_x+HC:4.0/PM:0.3				NO_x:3.4/PM:0.02			NO_x:0.4/PM:0.02	
56≤75					NO_x:9.2/PM:–				NO_x+HC:7.5/PM:0.4				NO_x+HC:4.7/PM:0.4				NO_x:3.4/PM:0.02			NO_x:0.4/PM:0.02	

37≤56					NO_x:9.2/PM:–				NO_x+HC:7.5/PM:0.4				NO_x+HC:4.7/PM:0.3					NO_x+HC:4.7/PM:0.03				
19≤37					NO_x+HC:9.5/PM:0.4					NO_x+HC:7.5/PM:0.6			NO_x+HC:7.5/PM:0.3					NO_x+HC:4.7/PM:0.03				
8≤19						NO_x+HC:9.5/PM:0.8				NO_x+HC:7.5/PM:0.8				NO_x+HC:7.5/PM:0.4								
<8						NO_x+HC:10.5/PM:1.0				NO_x+HC:7.5/PM:0.8				NO_x+HC:7.5/PM:0.4								
	日本																					
功率/kW																						
>560																						
130≤560								NO_x:6.0/PM:0.2			2006.10	NO_x: 3.6/PM: 0.17										
75≤130								2003.10	NO_x: 6.0/PM: 0.3			2007.10	NO_x: 3.6/PM: 0.2									
56≤75								2003.10	NO_x: 7.0/PM: 0.4				2008.10	NO_x: 4.0/PM: 0.25								
37≤56								2003.10	NO_x: 7.0/PM: 0.4				2008.10	NO_x: 4.0/PM: 0.3								
19≤37								2003.10	NO_x: 8.0/PM: 0.8			2007.10	NO_x: 6.0/PM: 0.4									
<19																						

15.2.3.3 船用发动机

莱茵河航运中央委员会（ZKR）在“莱茵河船舶检验指导令”（RheinSchUO）中增加了新的条款，即 Sect. 8a“柴油机气体污染物和空气污染颗粒的排放”。第一层级限值在2002年1月1日生效（表15-13）。第二层级限值随后于2007年7月1日实施。

表 15-13 内河船用发动机随额定功率 P_N 和额定转速 N_N 而变化的 RheinSchUO 排放限值

P_N/kW	CO /(g/kW·h)	HC /(g/kW·h)	NO_x/(g/kW·h)	PM/(g/kW·h)
一级限值				
$37 \leqslant P_N < 75$	6.5	1.3	9.2	0.85
$75 \leqslant P_N < 130$	5.0	1.3	9.2	0.70
$P_N \geqslant 130$	5.0	1.3	$n_N \geqslant 2{,}800$r/min = 9.2 $500 \leqslant n_N < 2{,}800$r/min = $45 n_N^{-0.2}$	0.54
二级限值				
$18 \leqslant P_N < 37$	5.5	1.35	8.0	0.8
$37 \leqslant P_N < 75$	5.0	1.3	7.0	0.4
$75 \leqslant P_N < 130$	5.0	1.0	6.0	0.3
$130 \leqslant P_N < 560$	3.5	1.0	6.0	0.2
$P_N \geqslant 560$	3.5	1.0	$n_N \geqslant 3{,}150$r/min = 6.0 $343 \leqslant n < 3{,}150$r/min = $45 \times n_N^{(-0.2)} - 3$ $n < 343$r/min = 11.0	0.2

欧盟委员会还在修正案2004/26/EC中，将排放指令97/68/EC的适用范围扩大到内河船用发动机。因为它们的技术水平几乎相同，欧盟指令和ZKR的互认得到了保证。

国际海事组织（IMO）对输出功率超过130kW的船用柴油机规定了 NO_x 排放限值，并于2000年1月1日起施行（表15-14和图15-26）。它计划随后调整为由测试循环所确定的限值，以适应新的技术方案和环境政策。而测试循环是根据实际应用（主推进发动机和辅助发动机）和图15-27指定的工作模式（恒速或螺旋桨驱动）确定的。

表 15-14 功率为130kW及以上的船用柴油机的IMO排放限值

额定转速 n_N/(r/min)	NO_x 的排放/(g/kW·h)
$0 < n_N \leqslant 130$	17
$130 < n_N \leqslant 2, 000$	$45 n_N^{-0.2}$
$n_N > 2, 000$	9.8

瑞典自1998年1月1日起一直根据IMO规则收取相关港口的排放费。然而，尽管废气后处理系统能减少排放，但对其使用的激励政策基本上没有奏效，因为额

外增加的营运成本和降低收费的可能性之间没有得到很好的平衡。

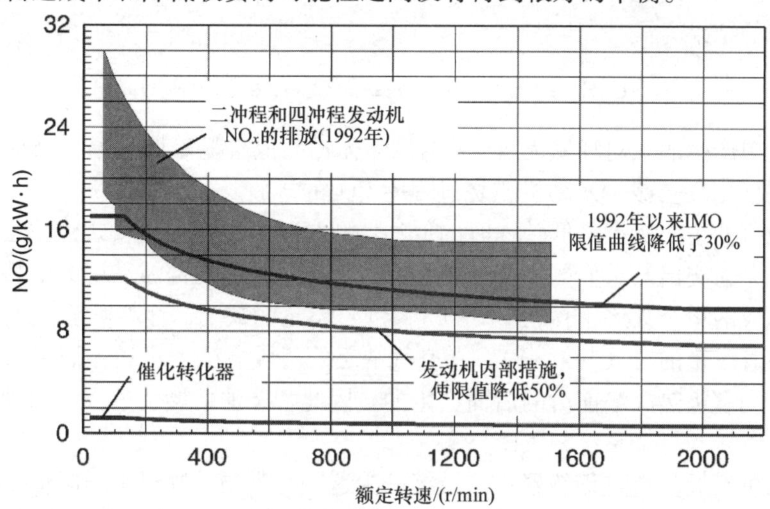

图 15-26　P_N 大于 1300kW 船用柴油机 NO_x 排放的 IMO 限值曲线和基于美国自然环境保持委员会（CLEAN）的测试结果

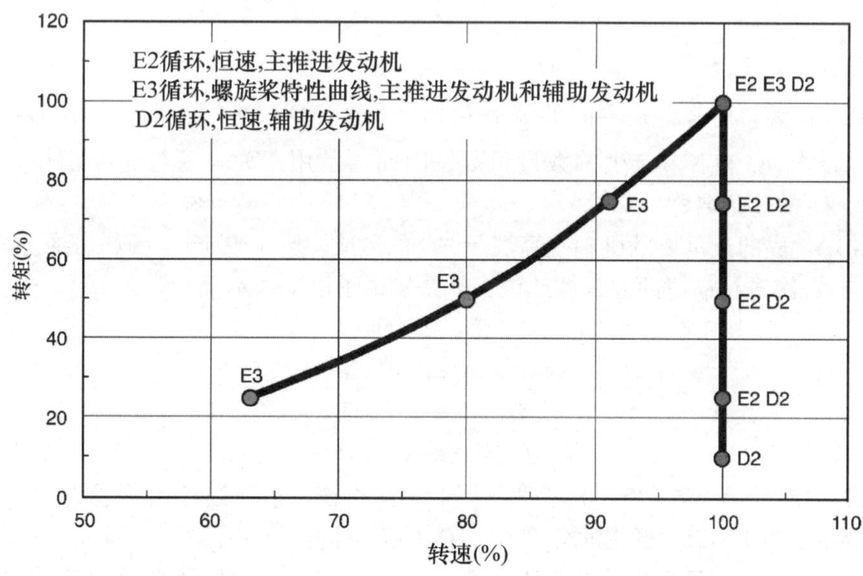

图 15-27　船用发动机根据 ISO 8178 的 IMO 测试循环

15.3　污染物及产生的原因

除所需的热能外，碳氢化合物（HC）在发动机中理想燃烧产生的仅有产物应是水（H_2O）和二氧化碳（CO_2），其质量比为燃料中 H 元素和 C 元素质量比的函数。柴油和汽油的这种比率都可以用经验公式 C_xH_y 进行确定。理想的化学计量的燃烧过程的结果为：

$$C_xH_y+\left(x+\frac{y}{4}\right)\cdot O_2\Rightarrow x\cdot CO_2+\frac{y}{2}\cdot H_2O \tag{15-1}$$

燃烧中产生的水对环境无害。CO_2 虽然无毒，但会显著增加温室效应。降低制动比油耗（b_e）会减少发动机燃烧过程中 CO_2 的排放。

柴油机的主要优点是低转速时的低油耗和高转矩，这在直喷式涡轮增压柴油机上表现得尤为突出。它们的燃烧系统具有过量空气系数局部波动很大的特点。在喷雾周围形成的单个火焰中存在空气（$\lambda \ll 1$）不足的缺陷。而在喷雾之间和燃烧室壁上存在着过量的空气（$\lambda > 1$）。在空气缺乏的区域会产生炭烟，而氮氧化物主要是直接在局部极热火焰前沿的后面产生的。因此，柴油机燃烧过程中两种主要污染物的产生直接与燃烧系统相关。

柴油机发展的重点仍然聚焦在继续减少这些污染物，同时不断降低燃油消耗和进行性能优化。在本章的15.4节和15.5节将讲述发动机内部和发动机外部（废气后处理系统）减少排放的措施。在这之前，下面先详细讨论不同污染物是如何产生的。

15.3.1 氮氧化物（NO_x）

对于内燃机而言，在不同的氮氧化物（NO，NO_2，N_2O，N_2O_3，N_2O_5）中，只有化合物NO和 NO_2 产生的数量可观，因而通常用 NO_x（氮氧化物）作为总的NO和 NO_2 的速记名称。

NO_x 生成的最重要的机理是高温下NO的形成。它是1946年泽利多维奇（Zeldovich）首次进行描述的。具体地说，就是发生了以下基本反应：

$$O_2\Leftrightarrow 2\cdot O \tag{15-2}$$

$$N_2+O\Leftrightarrow NO+N \tag{15-3}$$

$$O_2+N\Leftrightarrow NO+O \tag{15-4}$$

$$OH+N\Leftrightarrow NO+H \tag{15-5}$$

式（15-3）和式（15-4）表明了泽利多维奇链反应：当存在原子氧（O）时，N_2 就会生成NO和N。形成的分子N与 O_2 接下来进行反应生成NO和O。这就形成了完整的循环，而且反应链从头再次开始。式（15-5）说明了位于火焰前端的后部这样的浓混合气区域NO的形成方式。

原子氧的存在是遵循式（15-3）和式（15-4）开始进行泽利多维奇反应的基本条件。原子氧是由分子氧在2200 K以上的温度时形成的［见式（15-2）］。因此，NO形成的一个先决条件是峰值温度，明确地说是局部峰值温度，而不是平均燃烧室温度。NO形成的第二个先决条件是过量氧，即局部过量空气的存在。

当 $\lambda = 1.1$ 时，是汽油发动机中形成 NO_x 的理想条件。柴油机废气中 NO_x 的最大浓度出现在比这个理想条件稍高一点的过量空气系数情况下。因过量空气系数 λ 不同而变化的各种污染物的浓度，如图 15-28 所示。随着 λ 的下降，NO_x 浓度的曲线不断上升。这可以归因于排气温度的增加。尽管氧含量减少，但燃烧过程中温度的增加促进了 NO_x 浓度的增加，直至 $\lambda = 2$。当废气温度继续增加时，如果 λ 小于 2，则自由的氧气不再充足可用。NO_x 浓度的梯度作为过量空气系数的函数而减小，从而产生了局部的浓度最大值。

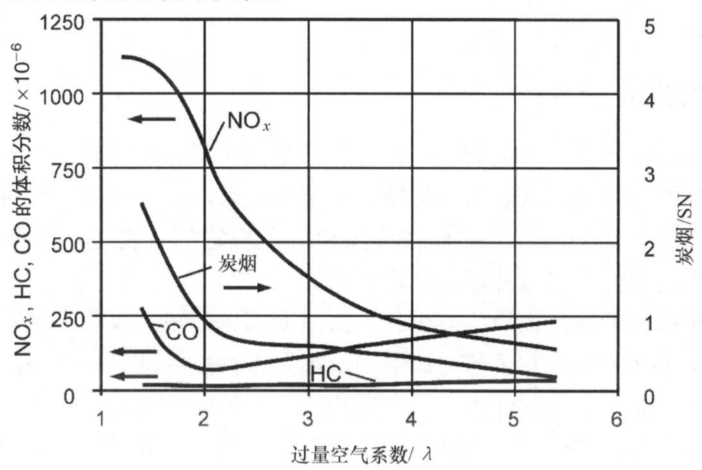

图 15-28　具有不同过量空气系数 λ 的柴油机废气污染物的浓度

泽利多维奇（Zeldovich）反应是平衡反应。它们的平衡参数是作为温度的函数确定的。然而，发动机的燃烧过程是如此之快，因而平衡反应的浓度通常是不能得到的，实际的 NO_x 浓度低于热平衡时得到的浓度。另一方面，根据式（15-3）和式（15-4），在做功行程的膨胀阶段，燃烧室温度的降低引起逆向反应直至“反应冻结”。温度显著低于 2000 K 时，NO_x 不再重新形成。因此，实际废气中 NO_x 的浓度高于平衡浓度。所以说，NO_x 的排放量不能仅仅通过平衡反应进行预测。它们只能借助于反应动力学，并结合实际发生的燃烧时序进行预测。

这种过程序列会显著影响柴油机的 NO_x 排放量。因此，可以通过进气冷却和废气再循环，以及延迟燃油喷射和让燃烧延迟至上止点（TDC）后来控制燃烧温度。废气再循环降低了氧气供给，因此，直接减少了氮氧化物的形成。同时，较低的氧浓度降低了燃烧速率，这继而又限制了局部的峰值温度。废气再循环中的三原子气体（CO_2 和 H_2O）较高的比热容进一步降低了局部的高温。不同的发动机减少 NO_x 排放的过程将在本章 15.4 节进行详细讨论。

汽油发动机中 NO_2 占 NO_x 总排放量的 1% ~10%（体积分数），而在柴油机中占 5% ~15%。在较低的部分负荷范围，相对较低的排气温度情况下也可能检测到较高的 NO_2 浓度。在一台发动机中，NO_2 是由 NO 与 HO_2 和 OH 自由基的反应形成的。最有可能的反应式是：

$$NO + HO_2 \Leftrightarrow NO_2 + OH \tag{15-5a}$$

在室温下，NO_2的化学平衡几乎是完全的。当有入射光时，NO 在大气中与臭氧反应生成 NO_2。平衡是根据环境条件在几小时乃至几天以后建立的。

NO 形成的其他机制，如 N_2与燃料中的自由基反应生成的瞬时 NO，基于燃油中的氮形成的 NO，或从 N_2O 到 NO 的形成，越来越成为柴油机燃烧改善的又一个重点。

15.3.2 颗粒物（PM）

根据法定检验规范，车辆的颗粒物排放量是颗粒固体与附着在它上面的挥发性或可溶性成分的总质量。试验条件的精确定义是：采用已过滤的空气对废气样本进行稀释，并冷却直至52℃。将颗粒物分离到一个规定的且符合条件的样气保持器中，并在规定的条件下进行称量来确定总质量。

图 15-29 示出了颗粒物的典型成分。由图 15-29 可知，颗粒物主要由炭烟，即单质碳组成。下面还会对它进行更详细的论述。未燃烧的碳氢化合物组成的有机化合物，可能源于润滑油或燃油本身，它们构成了颗粒物的第二大组成部分。许多碳氢化合物的露点降低到低于上述颗粒物取样和称量条件下的温度，因此，有机化合物凝聚和粘结在固体核上。

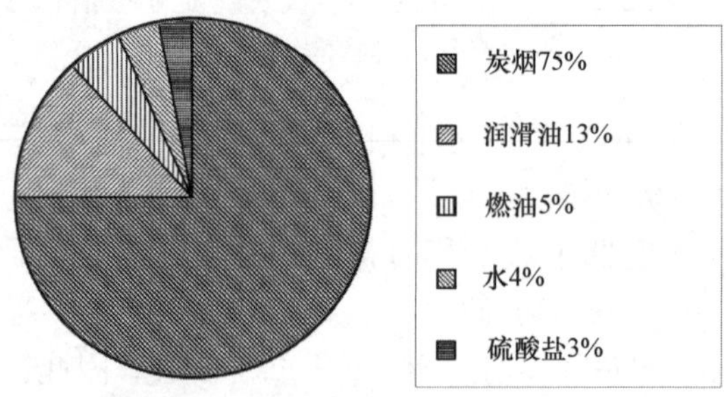

图 15-29　装有标准氧化催化转化器情况下颗粒物的组成（基于［15－16］）

颗粒物中硫酸盐的含量基本上取决于燃油和发动机润滑油的硫含量。燃烧过程中，硫氧化成 SO_2，在排气温度高于450℃时，成为 SO_3。氧化催化转化器中的下游废气后处理过程也会促进 SO_3的氧化过程。SO_3与水相互作用形成硫酸根离子，进而生成硫酸（H_2SO_4），它凝结在低温废气中的颗粒物上。金属氧化物是由润滑油或燃油添加剂的产物而生成的，它在颗粒物排放中只占很小的量。为了颗粒过滤器再生而将添加剂掺入燃油时，这些氧化物可能会在颗粒物质量中呈现较大的比例。

图 15-29 示出的颗粒物的成分比例（质量分数）相当于各种汽车的测量平均值，它会随车型和运行模式的不同而有很大的变化。因此，高负荷运行的商用车发动机颗粒物具有更大比例的单质碳。部分负荷运行的乘用车发动机，其颗粒物中碳氢化合物的比例会显著超过图 15-29 给出的百分比。

炭烟在颗粒物相对质量中的占比最大。这一占比可以通过以下更详细论述的发动机内的措施进行控制。炭烟通常是在空气缺乏的区域产生的。在老式的预燃室式发动机中，这些区域包括气缸壁油膜，其中部分焦化的燃油会产生较大的炭烟颗粒，然后成为废气中可见的烟雾。现代直喷式柴油机的颗粒通常会明显减小，因此在废气中不再可见。炭烟生成的过程也有明显的差异。目前存在着两种炭烟生成的假设，下面对它们进行简单介绍。

15.3.2.1　单质碳假设

这一假说认为，燃料在高温燃烧时离解，即分解成碳和氢的基本元素。在含氧环境下氢分子的扩散明显快于较大的碳原子。碳原子的四价结构使其在脱氧时很快形成了主要为六边形和五边形结构的集群。这样就形成了颗粒的曲形外壳并在几毫秒内生长至约为 10nm 的典型颗粒尺寸。

15.3.2.2　多环假设

这个假设认为至关重要的是乙炔（以前俗称电石气，C_2H_2）。乙炔是在裂解氢时脂肪族和芳香族化合物热解形成的。这种热解是燃油在无 O_2 情况下的分解反应。假设它们为多环结构，乙炔分子反复的结合能使石墨结构增长。通过乙炔的反复结合形成的先期增长如图 15-30 中的序号 1。有时形成的五环会使产生的大分子弯曲。这些分子的一部分会相互附着在另一层的上面，生成初级颗粒。图 15-30 说明了这种颗粒的形成过程。产生的初级颗粒的大小通常为 2～10nm。

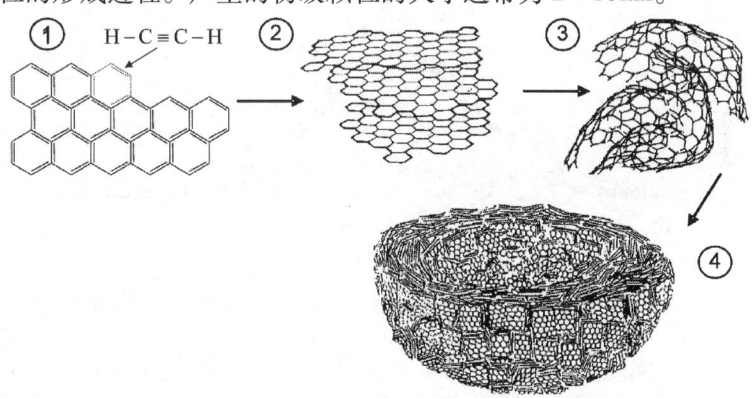

图 15-30　根据西格曼（Siegmann）理论的炭烟颗粒的形成

①—多环（PAK）生长　②—PAK 的平面生长　③—三维结构形成的炭烟　④—凝聚而成的炭烟核的生长

根据上述颗粒形成的两种假设，首先形成的是直径小于 10nm 的初级颗粒，它近似于球形，密度为 1.8g/cm^3。这些初级颗粒随后凝聚成实际的炭烟颗粒，而且各个颗粒彼此不断地相互黏附。一些典型颗粒团的 SEM（电子扫描显微镜）显微照片如图 15-31 所示。非常松散的颗粒团的密度只有 0.02～0.06g/cm^3。

流动较快的初级颗粒的结合导致初始颗粒团非常迅速的增长。然而，随着初级颗粒浓度的下降，以及较大颗粒团流动性的降低，其尺寸的增长减缓，因而呈现出典

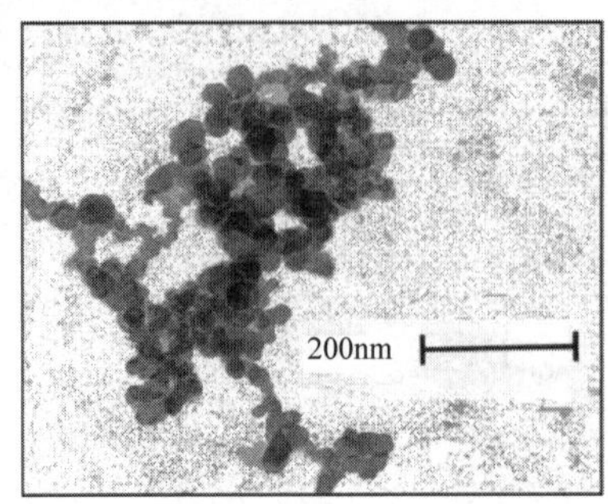

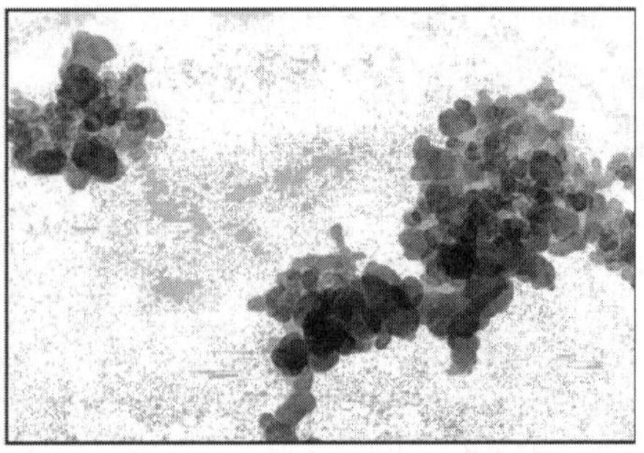

图 15-31　柴油机炭烟的颗粒团

型的颗粒团粒度分布。即使是不同的发动机，其颗粒团的粒度分布都是相当均匀的，而且通常为数值约 80 ~ 100nm 的对数正态分布。图 15-32 给出了不同车辆相应车速为 100km/h 的恒定工作点时，颗粒排放的粒度分布。颗粒的绝对数对应于车辆所处工作点的不同排放量，而且显示的波动是最大值的三倍。然而，粒度分布的形状和最大值的位置几乎与车辆无关，并被认为是所有现代燃烧系统都具有的特点。

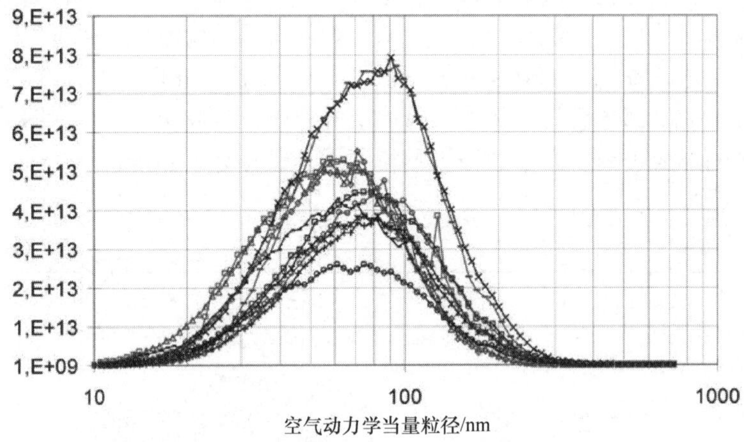

图 15-32　装有最先进柴油机的 11 辆不同汽车颗粒物排放的粒度分布

燃烧过程中产生的大多数炭烟在它还处于燃烧室时就会继续氧化燃烧。在温度高于 1000K 的情况下，只要可燃气体与剩余的新鲜空气混合，即只要有足够的氧气再次可用，则这种后续燃烧就会发生。与汽油发动机不同，稀薄燃烧式柴油机在做功膨胀阶段其混合气温度迅速下降至低于临界值，因而后续氧化会停止。此时，残余的颗粒物从发动机中排出，只能通过具有颗粒过滤器的废气后处理系统才能将其消除（见本章的 15.5 节）。

15.3.3　一氧化碳（CO）

柴油发动机的一氧化碳（CO）排放通常都非常低，只有在常规燃烧过程中炭烟接近极限值时，CO 才会增加。控制参数图的其余区域含有足够的氧来使燃油完全氧化。

然而，理想燃烧的前提是部分燃烧的可燃气体与剩余的新鲜空气，在足够高温度时实现良好混合。预燃室式发动机具有特别低的 CO 排放，因为从预燃室进入主燃烧室的混合气具有密集的湍流。现代的燃烧系统具有涡流和/或挤流，这有助于空气侧混合气的形成。调整燃烧室的空气流量、燃烧室的几何形状和燃油喷射的几何形状，使其相互良好配合，能最大限度地减少 CO 的排放。整个控制参数图必须全部进行优化，特别要注意低负荷范围的优化，因为较低的温度会导致 CO 的后续氧化过早地停滞。一些发动机在这个负荷范围内将其中一个进气口关闭，以促进涡流，即促进空气侧混合气的形成。

最近的研究表明，由富油的喷雾核心区产生的 CO 数量在总的 CO 排放量中的占比很低。在这个区域范围内的温度足够高，能够保证燃烧结束后 CO 与空气混合而完全氧化为 CO_2。

15.3.4 碳氢化合物（HC）

在柴油机中，准备不充分的燃油到达温度较低以至于不能足以保证燃烧的区域时，会排出未燃烧的碳氢化合物（HC）。这种情况在较低的部分负荷范围内有大量的多余空气时就会发生。喷油系统的功能是通过很好的雾化来准备燃油，以便在低温下也能使其完全蒸发。

局部很浓的混合气区域，如燃油喷雾撞击到的燃烧室壁，可能是另一些 HC 的排放源。冷起动时不能保证燃油的完全蒸发，因而 HC 的排放增加。类似于稀薄混合气燃烧的汽油机缺火现象，在柴油机中通常是不会出现的，因为直接喷油总是能建立一个接近化学计量的混合区域，从而形成自动着火的理想条件。

喷油结束后在喷油器孔和喷油器的囊孔中含有的燃油是 HC 排放的另一个源头。在做功膨胀阶段，这些燃油远低于氧化所需的极限温度时便会蒸发，未经燃烧即在接下来的排气行程时进入排气系统。通过囊孔容积的最小化设计，这种 HC 排放源近年来已显著降低。

采用氧化型催化转化器（见本章的 15.5 节）将会进一步减少碳氢化合物和一氧化碳的排放。

15.4 发动机内降低污染物排放的措施

柴油机的优化一般都会面临降低油耗和减少排放二者之间目标的冲突。只有少数几个额外的措施能同时优化这两个参数，而且一个孤立的措施不太可能同时以同样的程度减少法规所限制的每一种污染物。微调发动机时需要综合考虑和折中处理。发动机调整时应考虑的其他重要参数是舒适度（降低噪声）和发动机动力学。由于一些措施的影响在控制参数图的某些范围受到限制，而在其他范围内可能不受限制，因此，在整个参数图范围对发动机进行调整（如不同负荷时对整个速度范围的参数进行调整）是一个挑战。

当舒适性和燃料消耗的目标发生冲突时，许多优化参数需要根据法规对污染物的要求和客户的需求进行加权。因此，对乘用车发动机来说，燃烧噪声等这样的参数越来越受到人们的关注。而耗油量通常是长途运输商用车辆客户需要的关键参数。当然，成本是每一种发动机类型都必须考虑的，以便能够提供具有竞争性的车型产品。

表15-15给出了目前优化发动机常用的不同方法，以及这些方法对污染物排放、燃油消耗率和燃烧噪声的影响。所有车型的主要相关性都是相同的，只有权重会根据市场的需求有所变化。因此，不同的措施必须依据单个车型进行重新评估。一种先进的直喷（DI）燃烧系统为这种评估提供了依据。

表15-15　柴油机燃烧优化的各种措施及其对不同参数的影响

措施	NO_x	HC/CO	炭烟	制动比油耗	噪声
延迟喷油开始时间	+	−	−	−	+
废气再循环	+	−	−	−	+
冷却EGR	+	−	+	+	0
机械增压	−	+	+	+	0
中冷	+	−	+	+	0
预喷射	0	+	−	0	+
增加后续喷射时间	+	0	+	−	0
增加喷油压力	0	+	+	+	0
降低压缩比	+	−	+	0	−

符号的含义：+：减少；−：增加；0：无变化。

没有任何一项措施能对每一个参数都产生有利的影响。通常需要几个措施的结合来对不利的影响进行补偿。因此，喷油压力的增加只有与废气再循环结合时才能对NO_x的排放有积极的影响。下面将对选择的措施进行详细讨论。

15.4.1　喷油开始时间

喷油开始时间是柴油机可以按照工作点的变化，而系统地对喷油施加影响的第一个参数。一些分配式喷油泵已经能够控制喷油的开始时间，最初是采用机械控制，后来采用电磁阀进行控制。

图15-33形象地表明了喷油开始时间对发动机排放的重要性。根据不同的喷油开始时间绘制NO_x和PM的排放曲线，0°的曲轴转角（0°CA）表示上止点。颗粒物排放量的稳步上升和NO_x排放量的持续下降明显可辨。对二者的测量是基于商用车发动机在平均负荷和1425r/min的转速时进行的。

图15-34示出了发动机运行期间选自图15-33的四个不同的喷油开始时间测得的气缸压力曲线。上止点（TDC）后压力上升表明燃烧的开始。喷油开始时间被提

前，与喷油和燃烧推迟至 TDC 以后相比，气缸压力上升得更快。推迟燃烧时压力上升相对平缓，这可以归因于做功时的持续膨胀。一方面，膨胀直接限制了压力的上升，另一方面，膨胀会导致燃烧室的温度下降，从而使燃烧进行的更缓慢。压力曲线也给出了这样的推断，即喷油开始时间被延迟时，气缸中产生的峰值温度也将降低，因为较慢的燃烧所产生的热量有更多的时间从直接燃烧区发散。如本章的 15.3.1 小节的论述，不仅氧的供给，而且局部的峰值温度也是 NO_x 形成的一个重要参数。因此，喷油开始时间延迟时，NO_x 的排放量降低（图 15-33），可以通过图 15-34 气缸压力曲线给出解释。

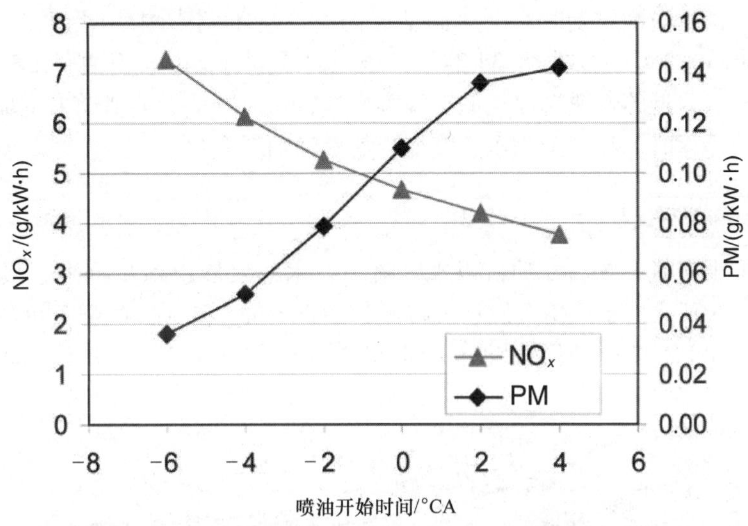

图 15-33 商用车发动机在 1425r/min 和平均负荷时的喷油开始时间对 PM 和 NO_x 排放量的影响

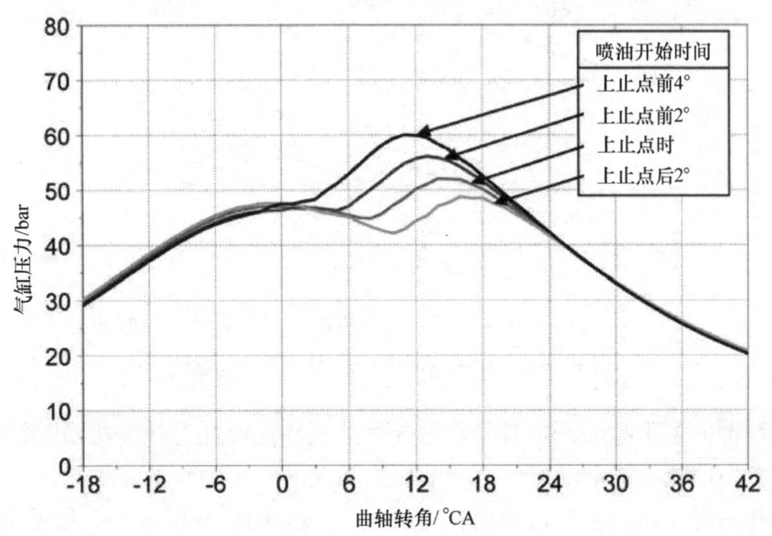

图 15-34 四种不同喷油开始时间的气缸压力曲线（参见图 15-33）

图15-33中不难看出，延迟喷油开始时间会引起颗粒物的增加。这是前面已叙述的每一个排放参数都被最小化时导致目标冲突的典型例子。颗粒物的增加反映到除低负荷外的大多数参数控制图范围上，而且它是由混合气密度减小时混合气准备质量下降，以及由于较低的燃烧室温度使颗粒物后续氧化减少引起的。

在较低的负荷范围，由于燃烧室温度下降，因而也可以观察到延迟喷油开始时间导致颗粒物排放量的减少。这可以从根本上阻止颗粒物的形成。然而，这种情况下也必须接受CO和HC排放以及燃料消耗的显著增加。因此，同时减少NO_x和颗粒物的这一策略只能在一定程度上实施。

此外，延迟喷油开始时间会对制动比油耗产生不利影响（图15-33中没有表示）。这种影响也可以由图15-34的气缸压力曲线进行推断。喷油开始时间被提前时，在上止点附近的快速燃烧类似于等容燃烧，这对降低燃油消耗来说是最佳的条件，而喷油延迟时，趋同于等压的燃烧会使燃油消耗恶化。

15.4.2 喷油压力

自从采用直喷式柴油发动机以来，喷油技术的发展也稳步提高了最大喷油压力。图15-35了示出了乘用车发动机转速为1400r/min和50%的部分负荷点时喷油压力对NO_x和PM排放［图中将该参数指定为炭烟（SN）］，以及制动比油耗的影响。

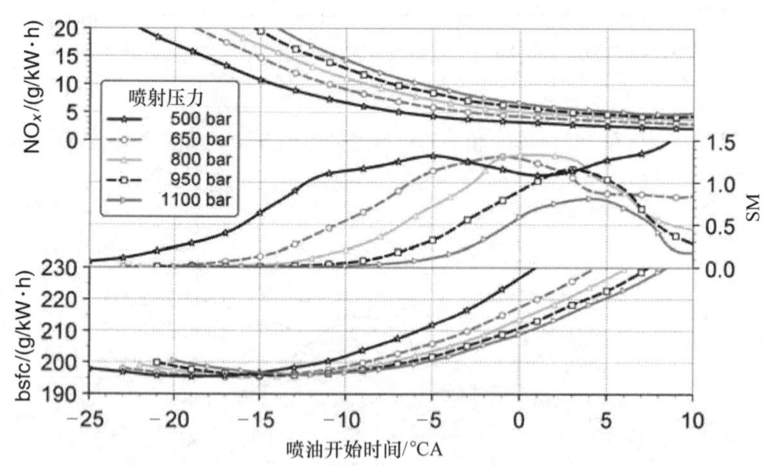

图15-35 不同喷油压力下NO_x和炭烟（SN）排放以及制动比油耗（bsfc）随喷油开始时间而变化的曲线

前面讨论的由于喷油开始时间延迟导致的制动比油耗上升，在图15-35下部的每一喷油压力曲线都能清晰可辨。喷油压力较高时与压力较低时相比，可以更多地延迟喷油开始时间而不会对燃油消耗有任何不利影响。在图15-35所示的实例中，由于喷油持续时间较短（喷油速率随喷油压力增加而增加），而且混合气准备质量随喷油压力的增加而改善，因而最小制动比油耗从 500bar 喷油压力曲线的 -19°CA 位置移至 1100bar 喷油压力曲线的 -12°CA 位置。因此，燃烧的中心位置（它基本上决定了制动比油耗），可以保持大致不变。

如图 15-35 中部曲线所示，较高喷油压力的关键优势在于能明显降低颗粒物（炭烟，SN）排放。当喷油开始时间一定时，炭烟（颗粒物）排放量随着喷油压力的增加而显著降低。只有在喷油开始时间明显延迟时才能观察到随喷油压力的增加而使炭烟排放增加。炭烟的降低再一次归因于混合气准备的改善。一方面，产生的炭烟较少，是因为较高喷油压力时燃油雾化的更好。另一方面，混合气形成的更高能量有利于炭烟的后续氧化。

然而，随着较高局部峰值温度而变化的较高喷油压力，会对 NO_x 排放产生不利影响。当喷油开始时间一定时，NO_x 排放会随喷油压力的增加而显著增加。另一方面，当制动比油耗一定时，NO_x 排放的任何比较都是相对的。例如，在最低制动比油耗时，约为 16g/kWh 的 NO_x 排放量这一大致恒定值，在喷油压力 500bar 的曲线上，出现在 -19°CA 的位置，而对 1100bar 喷油压力曲线，出现在 -12°CA 的位置上。将增加喷油压力和废气再循环结合起来（见本章的 15.4.3 节）能显著减少 NO_x 排放。然而，这种策略有其局限性。在喷油压力较高的限值以上（这个限值取决于燃烧系统和负荷点），进一步提高喷油压力不能产生任何更多的好处。

15.4.3　废气再循环

废气再循环（EGR）作为降低 NO_x 排放的重要措施目前用于所有乘用车。废气再循环率 x_{AGR} 被定义为再循环废气质量流量与进气管的总进气质量流量的比值：

$$x_{AGR} = \frac{\dot{m}_{AGR}}{\dot{m}_{AGR} + \dot{m}_{Luft}} \tag{15-6}$$

先进的燃烧系统中，废气再循环率可达到 50%，而且其大小由电磁阀或气动阀进行控制。一种热膜式空气质量流量计决定着新鲜空气的质量。

图 15-36 示出了废气再循环率对噪声、制动比油耗和 HC、PM 排放随 NO_x 排放而变化的影响。测得的 NO_x 排放量被选择作为横坐标，而其他参数作为依赖值在每一个图中按纵坐标进行绘制。实验确定的每个点都来自不同的 EGR 率。右下图中典型的 PM - NO_x 权衡关系双曲线是作为 EGR 率的函数生成的。图中的曲线是以两种不同的喷油压力（600bar 和 800bar）进行研究的。每个图中的 EGR 率都是从右到左，由 0% 到 40% 的最大值逐渐上升。

在图 15-36 的每一图中都不难看出两种喷油压力下，NO_x 排放量均随着 EGR 率的增加而不断减少。通过延长着火延迟时间来延迟燃烧开始时间和进行缓慢燃烧，以及通过气缸工质中较高比例的三原子气体（惰性气体）来增加比热容，都

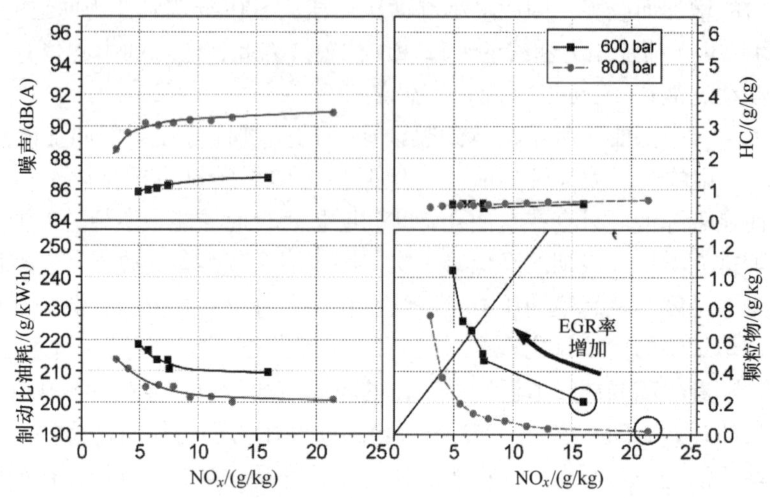

图 15-36　2000r/min 和 50% 负荷时，不同喷射压力下随着 NO_x 排放的变化，废气再循环率对噪声、制动比油耗和 HC、PM 排放的影响

会减少局部最大峰值温度，从而减少 NO_x 排放量。在这里试验的发动机中 EGR 率对 HC 排放的影响是非常轻微的。另一方面，图 15-36 下部的两个图中的 PM 排放和制动比油耗的增加也清晰可见。缓慢燃烧使燃烧中心位置向延后方向转移，导致燃料消耗的增加。炭烟（颗粒物）氧化所需氧的不足，也是炭烟排放较高的一个主要原因。由于 EGR 而减少的氧含量肯定会起到降低 NO_x 和增加炭烟排放的作用。图 15-36 右下角图中形成的双曲线呈现了优化柴油机时目标冲突的特点。

在本章的 15.4.2 节中讨论过，如果喷油压力增加而不采取其他措施，则 NO_x 排放会增加，这在图 15-36 中也比较明显。带圆圈的点是表示实验中没有 EGR 时测得的排放值。比较一下带圆圈的点也可清楚地看出随喷油压力的增加，NO_x 排放增加。PM 排放也明显表现出较低的值。

当 EGR 率增加时，800bar 喷油压力时的 PM - NO_x 关系曲线明显低于 600bar 时二者的关系曲线。这种效应被称为“提高 EGR 的兼容性”。由于混合气形成的能量主要来自喷雾，因此，增加 EGR 率能更明显地减少氧含量而不会太多地增加 PM 排放。然而，这些方法会受到限制，而这些限制取决于不同的燃烧系统。

图 15-36 右下图中的直线表示 NO_x 与 PM 排放的比为 10∶1。这相当于典型的欧Ⅳ乘用车的使用情况，因为法规确定的排放限值正是这个比例。权衡关系曲线与直线的交点表明，喷油压力从 600bar 增加到 800bar，减少了约 35% 的氮氧化物和颗粒物的排放。在该工作点大约减少了 3% 的比油耗，这在图 15-36 的左下图中也容易看得出。

喷油压力的增加仅对噪声（图 15-36 的左上图）有不利影响。噪声的增加可以归因于在喷油延迟的过程中被喷入较多的燃油，它几乎在燃烧开始时瞬间完成燃烧。当 EGR 率恒定时，化学着火延迟是恒定的，而且物理着火延迟因燃油液滴更小而略有减小。然而，较高的喷油速率的影响超过了较高喷油压力的影响。

下面将讨论发动机内减少燃烧噪声最重要的措施，即燃油的预喷射。

15.4.4　预喷射

预喷射（PI）已成为降低直喷式柴油机噪声的有效措施。在主喷射之前，少量的燃油（每次喷射 1～3mm^3）以很短的时间间隔被喷入。这些少量的燃油通常在上止点（TDC）前不久开始燃烧，使得燃烧室温度和压力在主喷射开始之前就增加。图 15-37 呈现了具有不同预喷射燃油量的部分负荷点，且炭烟与 NO_x 为 1∶10 的恒定比率时的典型气缸压力曲线。

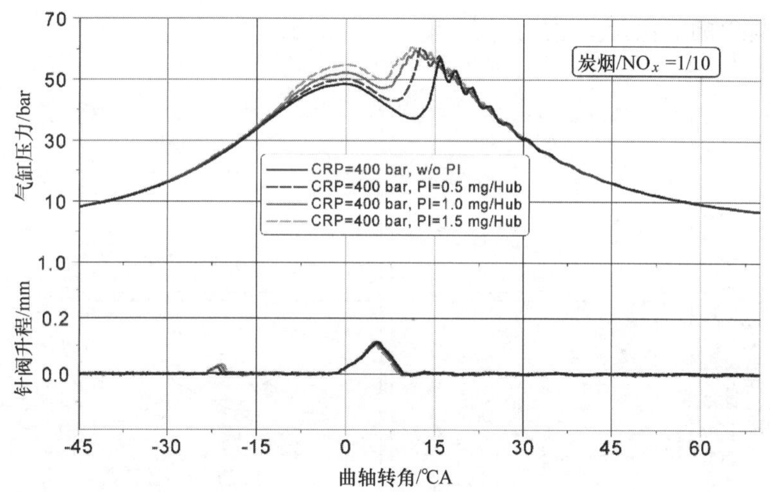

图 15-37　具有不同预喷射燃油量，部分负荷运行时的气缸压力曲线

（CRP：气缸压力；W/O：无；PI：预喷射；mg/stroke：毫克/行程）

图 15-37 的下部曲线表示喷油器针阀的升程与曲轴转角的关系。预喷射的燃油量是用于不同曲线的参数。随着预喷射燃油量的增加，预喷射持续时间明显延长，而主喷射的持续时间被相应缩短，以保持试验台上设定的负荷不变。

图 15-37 上部的黑色曲线表示运行过程中没有预喷射时测得的气缸压力曲线。这种压力曲线相当于主喷射燃烧开始（约 TDC 后 12°CA）之前，反拖（电动机拖动）状况下的发动机运行曲线。直到上止点（TDC）后约 15°CA，燃烧开始时，急剧上升的压力将导致令人厌烦的高噪声排放。燃烧结束后的压力曲线振荡是测量方法造成的假象。

图 15-37 中不同灰度的三条曲线是根据不同大小预喷射燃油量测定的。主喷射和预喷射控制的开始时间保持不变。预喷射燃烧的开始时间明显处于 TDC 前约

12°CA时压力升高的位置，压力曲线由此开始明显偏离电动机反拖曲线。每一压力曲线都是在大约 TDC 15°CA 时局部压力达到最大值。压力绝对值是预喷射燃油量这一参数的函数，并随着它的增加而增加。

当预喷射燃油量增加时，缸内压力和温度升高，缩短了主喷射燃油量的化学着火延迟时间。这在图 15-37 中通过显示为压力的增加，即压力的增加表征了主喷射燃烧的开始（TDC 后 6° ~ 12°CA），而且随着预喷射燃油量的增加，主喷射的着火延迟时间朝着越来越接近 TDC 的方向移动。随着预喷射燃油量的增加，主喷射压力增加的梯度总是增长的较小（在这个实例中最大压力几乎不变）。其原因已经进行过讨论：较短的着火延迟时间减少了该期间喷射的燃油量。燃烧开始时，这些燃油量的快速燃烧影响压力的增加和燃烧噪声。因此，气缸内的压力梯度是燃烧噪声大小的一种量度。

作为废气再循环率的函数，预喷射（PI）燃油量对噪声和污染物排放的影响随着 NO_x 排放的变化而变化的曲线如图 15-38 所示。

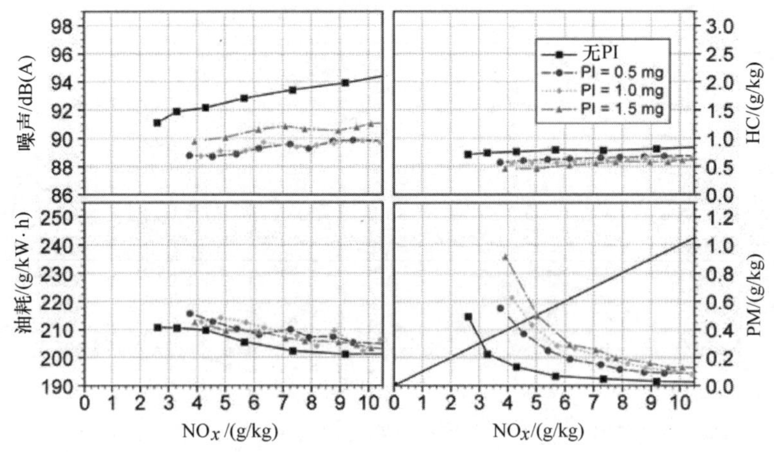

图 15-38　部分负荷下不同 EGR 率，不同预喷射燃油量，随 NO_x 排放而变化的 HC 和 PM 排放，及制动比油耗和噪声曲线

图 15-38 的表现方式已在图 15-36 中有所熟悉：不同的参数（PM、HC、比油耗和噪声）按不同的 EGR 率被表示为随 NO_x 排放而变化的曲线。图 15-38 左上图绘制了前面所述的有预喷射时所带来的燃烧噪声的下降。预喷射燃油量为 0.5 ~ 1mg/每次喷射时，也能获得最小的噪声降低。预喷射燃油量增加为 1.5mg/每次喷射时，会使噪声增加。这是因为预喷射燃油量本身的燃烧噪声造成的。此外，增加 EGR 率会稍微降低每一预喷射喷油量产生的噪声。这可以归因于助燃空气中的氧含量不足引起的缓慢燃烧。

如图 15-38 右上图所示，有预喷射时降低了 HC 的排放。降低的效果很大程度上取决于燃烧系统和发动机的工作点。

图 15-38 的右下图表明，燃烧系统明显较低的 EGR 兼容性是由于预喷射（PI）带来负面影响。预喷射燃油量越大，这种不利影响越严重。这说明，微小的预喷射燃油量的精确喷射对综合优化噪声和颗粒排放的重要性。由于某些情况下增加的燃烧噪声必须由预喷射进行补偿，因此，通过增加喷射压力获得的 PM－NO_x 权衡关系和制动比油耗的一部分好处被损失了。这再一次说明整体燃烧系统的优化，需要对每一个影响因素进行权衡分析。

先进的燃烧系统采用了第二次预喷射和/或位于主喷射后很短时间的后喷射，以便对燃烧进一步优化。采用二次预喷射来进一步优化噪声的同时，增加的后喷射减少了炭烟的排放。额外的后喷射所造成的燃烧室中湍流的增加，有利于炭烟的后续氧化。同时，燃烧结束时的温度升高，这对炭烟的氧化也有正向的影响。采用的后喷射的有效性很大程度上取决于燃烧系统和所分析的参数图的范围。

15.4.5　EGR 冷却和中冷

保持进气门前最低的进气温度对良好燃烧是十分有利的。这是因为随着温度的下降，吸入的空气密度增加，从而产生有效的气缸充气。这就是所谓的热发动机时的降节流作用。其结果是使 EGR 的相容性增加，NO_x 和 PM 的排放可以进一步降低。此外，热态降节流的方法通过改善空燃比，有利于提高燃油经济性。这强化了 EGR 和中冷对发动机热力学性能的积极影响。

涡轮增压器内的充气的压缩和热的废气再循环都会增加气缸进气温度。因此，已研发了限制进气温度的方法。这些方法包括几乎所有汽车都在使用的中冷技术和乘用车专门使用的再循环废气的冷却技术。后者需要较长的通过气缸盖布置的管路和/或由冷却液冷却的换热器。许多应用实例都能够控制这种冷却能力或旁通冷却装置，以便在冷起动期间快速加热发动机冷却液进而为乘员室供暖，或防止在低负荷工作范围时燃烧室温度过低而增加 HC 和 CO 排放。

无论是通过冷却再循环的废气，还是通过冷却涡轮增压器压缩的空气来降低进气门的进气温度，都与热力学循环无关。

图 15-39 给出了增压器压缩机后两种不同温度下，随 EGR 率而变化的 NO_x 和颗粒物的排放曲线（T2）。上图为这种情况下所产生的过量空气系数。比油耗和噪声排放，以及增压压力和排气背压在测量过程中都进行了均衡。在上部图中较高 λ 值对应的最右边的 0% EGR 率表明，较低的温度会导致更好的气缸充气。

图 15-39 下部的图表明，解除 EGR 时较低的进气温度会产生较少的 NO_x 排放。这可以归因于低的进气温度导致低的燃烧峰值温度。具有废气再循环时，较低温度下对排放性能的改善在图 15-39 中也清晰可辨。很明显，较高的 EGR 率下，相应较低的 NO_x 排放可以实现，而且不会过多地增加颗粒物的排放。

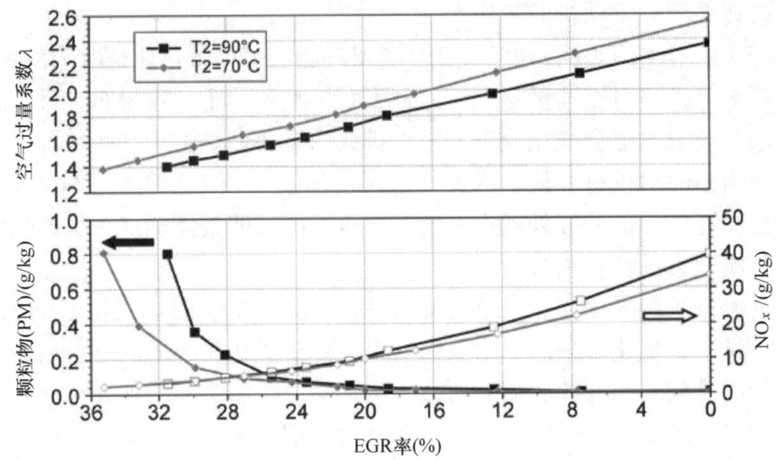

图 15-39 约 50% 负荷点和 2000r/min 时，压缩后不同进气温度下（T2），EGR 率对 NO_x 和 PM 排放的影响和由此产生的 λ 值

15.5 废气后处理

15.5.1 简述

近年来，柴油机的排放限值稳步下降，而且根据法规要求，未来必将进一步减少其排放量。减少排放涉及有助于降低车辆和发动机排放的每一技术和系统。减排系统不仅要满足法律上的要求，而且也得满足其他技术限制条件（如结构空间、排气温度）和经济性的要求。

减排措施可分为发动机内的措施和发动机下游措施，这些下游措施也经常合在一起称为废气后处理。

在过去，通过改善发动机燃烧效果，相应减少原始排放来降低排放限值是可能的（见本章的 15.4）。虽然原始排放量不断下降，但这已不能满足未来的要求。

术语废气后处理是指位于排气系统中，具有降低发动机排放这一主要功能的子系统。它们包括催化转化器、传感器、颗粒过滤器和可以引入还原剂或支持颗粒过滤器再生的辅助系统。废气后处理系统主要是通过化学方法降低污染物的浓度。颗粒过滤器也采用物理分离的方法减少污染物。

选择处理系统时，除了期望的污染物的转换，一些额外的技术要求也必须考虑。下面先简要介绍边界（限制）条件，然后再对每一个部件进行论述。

现在，柴油机的排气温度通常都比较低，因而即使装用了高质量的催化转化器，其化学反应过程往往也受到化学反应动力学的限制。此外，排气温度很大程度上取决于发动机的工作条件，尤其是转矩。发动机起动后即时排气温度能够达到外界温度与满负荷时的排气温度（700℃以上）之间的值。例如，在欧洲行驶循环中，车身下面前部区域的排气系统的温度通常为 150℃与 250℃之间。因此，设计和确定部件位置时，除了后处理系统化学反应速率的优化，也必须考虑对各部件的保护。

排气质量流量也主要取决于发动机的工作条件，特别是发动机转速、增压率和废气再循环率。这些工作条件可以在几秒钟内发生很大的变化，从而在相同的程度上改变空速（排气体积流量与单个催化部件容积之比）。空速是催化器中废气停留时间的一种量度。如果停留时间过短，废气只能进行不充分的反应，因而减少了有害排放物的转换。

因此，催化转化器尺寸的大小必须确保即使在较高的废气质量流量时也能具有足够量的转换。然而，催化器部件的热质量随着它们的尺寸的增加而增加。这就影响了上游部件的温度曲线。这种相互作用的允许程度，以及为满足所有要求而对整个系统的优化是系统研发的目标。在 15. 5. 3 小节将对这方面进行讨论。

废气后处理部件具有气流阻力，它会产生随排气体积流量而变化的排气背压。发动机必须克服这种排气背压，因而增加了换气的能量损失。严重的情况下，这将导致油耗的显著增加，从而转化为运营成本的提高，以及 CO_2 排放的增加。因此，在废气后处理系统的设计中，保证最小的气流损失是非常重要的。

此外，这种气流阻力能够衰减由废气排放导致的发动机噪声。车辆的运行会给排气系统传递加速转矩。各部件和整体系统设计时必须考虑这些机械应力，而且在其他地方也应予以考虑和进行处理（见本书的 13. 2 节）。

发动机排出的废气中含有水蒸气，发动机熄火后排气系统温度下降导致这些水蒸气凝结。这些废气冷凝液还含有与废气中氮氧化物和二氧化硫反应形成的腐蚀性成分。因此在设计和材料选择时必须考虑防腐蚀的问题。

合适的废气后处理系统，包括上述的限制条件，应满足以最低的成本减少污染物排放的要求。结构设计还必须保证系统有足够长的使用寿命。除了上述的腐蚀性和机械应力，催化涂层的劣化也必须予以考虑。很多要求和相互作用需要为每一车型定制复杂的设计优化措施。

15. 5. 2 小节将首先讨论废气后处理系统的各个组成部件。通常情况下，除了其主要功能，这些部件也有辅助功能。发动机原排放得到正确调整的情况下，适当设计的废气后处理系统能降低系统的复杂性和总体减排成本。15. 5. 3 小节将讨论系统设计方面的问题。

15. 5. 2　废气后处理系统的部件

15. 5. 2. 1　柴油机氧化催化转化器

柴油机氧化催化转化器（DOC）是按标准要求第一个安装在柴油车上的“催化转化器”。它们的主要功能是利用废气中残余的氧将发动机排放的一氧化碳

（CO）和碳氢化合物（HC）氧化为无害的气体 H_2O 和 CO_2。为此采用了贵金属涂层。先进的废气后处理系统还包括额外的部件，而且这些系统中的 DOC 还承担其他功能：

1）它能氧化颗粒物的挥发性成分（吸附烃），从而降低颗粒物质量达 30%。

2）它被用来提高二氧化氮（NO_2）与氧化亚氮（NO）的比。这一功能有利于 NO_x 的还原，特别是对于选择性催化还原（SCR）过程来说。

3）它通过特意提供的碳氢化合物和 CO（作为所谓的催化燃烧器）的氧化来释放热量。从而增加 DOC 后排气系统的温度。它适用于促进颗粒过滤器再生必需温度的增加，并额外地被用作温度管理的措施，以便使脱硝系统启动后尽快达到工作温度。这样能改善 NO_x 的转换。

4）当它被适当涂敷时，能通过与 HC 和 CO 的反应，额外降低少量（约 5% ~ 10%）的 NO_x 排放。

以上所有这些功能都是由相同的原理完成的。这一原理由催化转化器的基本结构使其成为可能。催化转化器壳体由一个陶瓷或金属蜂窝结构为载体，其中的废气被引导通过约 1mm 宽的通道。通道壁由陶瓷或金属基板结构组成，基板上覆盖着含贵金属催化剂的活性涂层。废气成分通过转化器流动时扩散到这一催化剂涂层并在这里被氧化。

影响转化的基本变量是：

1）催化剂涂层的活性。

2）催化转化器的大小和它内部几何形状，它们关系到废气的停留时间和空速。

3）催化转化器的温度。

4）反应伙伴的浓度。

活性涂层的催化活性主要是由材料的种类、数量和其表面空间结构决定的。柴油机氧化催化转化器（DOC）利用铂族（铂、钯）贵金属，它们以非常微小的颗粒形式（具有几纳米的尺寸）被分散于氧化物（氧化铝、氧化铈和氧化锆）活性涂层。该涂层具有非常大的内表面积，能保持贵金属颗粒稳定以抵抗其烧结，并支持通过在颗粒与基层之间的边界上直接进行反应，或通过吸附催化剂毒物间接进行反应的反应过程。催化剂的使用量，也经常被称为催化剂装填量，通常在 1.8 ~ 3.2g/L 的范围内。

外形尺寸（直径和长度），通道的密度（每平方英寸的通道数，简称 cpsi）和各通道之间壁的强度是催化转化器壳体的基本结构特性参数。这些特性参数决定了催化转化器的机械稳定性、排气背压和加热性能。

空速的典型值为 250000 ~ $150000h^{-1}$ 之间。体积废气流量，除了其他因素外还取决于发动机的排量。将催化转化器的体积与排量联系起来，二者之比的值为 $V_{Kat}/V_{Hub} = 0.4 \sim 0.8$。

本章概述中已经讨论过，催化转化器的温度取决于发动机的工作状态。如果涡轮增压器涡轮后的排气温度升高，则催化转化器的温度也随之提高，但会因排气系统的热质量有所延迟。图 15-40 呈现了典型的 CO 氧化的转化曲线。图中可容易看出转化率非常迅速地增加。50% 转换率时的废气温度称为催化转化器的起燃温度，该温度为 150 ~ 200℃之间，具体温度值取决于催化剂的组成、气体流速和废气成分。因此，较高温度下超过 90% 的 CO 可以被转化。HC 的氧化过程与此类似，但需要更高一些的温度，而且特别取决于碳氢化合物的成分。因此，甲烷只能在很高的温度时才能被转化，而短链烯烃在较低温度下即可进行反应。

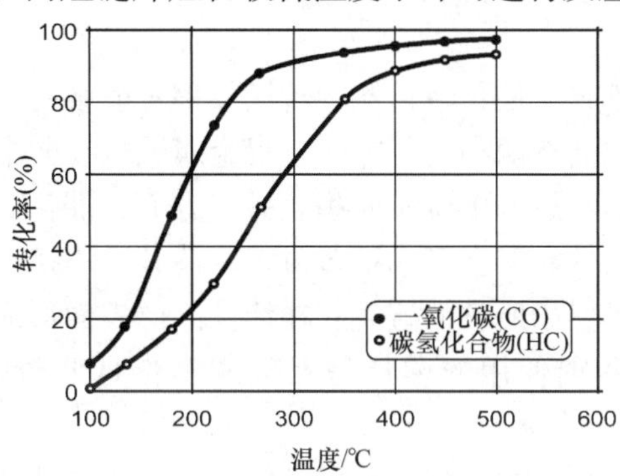

图 15-40 随催化转化器温度而变化的 CO 和 HC 的转化曲线

氧化催化转化器（DOC）的一个基本功能是改善 NO_2 与 NO 的比。NO_2 对一些废气后处理系统（DPF，NSC 和 SCR）是有利的。在有氧存在的情况下，NO 和 NO_2 相互平衡，在较低温度下（ <250℃）偏向 NO_2 一边，而在高温（ >450℃）时偏向 NO 一边。根据不同的工作点，发动机尾气的 NO_x 中的 NO_2 比例在 5% ~50% 之间。这远远低于对大多数工作条件来说的废气温度有效的平衡值。因此，DOC 能够在 180 ~ 230℃及以上温度时利用催化反应增加 NO_2 与 NO 的比例使其趋向平衡。在高温（ > 450℃）时，就热力学平衡来说，随着温度的升高 NO_2 的浓度会相应下降。除废气温度外，HC 和 CO 的浓度也是影响 NO 氧化的一个重要因素。因此，即使在平均温度范围，HC 和 CO 的还原也可以使 NO_2 的百分比降低至其初始值以下。

由于其浓度较低，因此在氧化过程中释放的反应热不会导致任何明显的废气温度的增加。当需要增加温度时，例如起动颗粒过滤器的再生时，必须在 DOC（氧化催化转化器）之前引入额外的 HC。因此，DOC 承担着催化加热部件（“催化燃烧器”）的功能。HC 可以通过发动机的后喷射被引入，或通过发动机排气的下游装置被引入。在这两种情况下，被引入的燃料量可以由所需增加的温度和排气质量流量进行计算。CO 的质量分数每增加 1%，大约能使温度增加 90℃，这是应用中的近似值。热量在催化表面积上被释放，又通过对流传递给废气。涂层的最大允许温度（如 800℃）限制了热量输出。

因此，必须尽可能地使发动机后喷射延迟，以便它不再在燃烧过程中发挥作用。否则它会导致不希望的转矩的增加。然而，过度延迟喷射会使一部分柴油到达气缸壁。这将会稀释发动机的润滑油。

当HC被引入发动机的下游时，所引入的量必须尽可能均匀地分散在整个气流截面，并在达到催化转化器时完全蒸发。正在研发的几种引入方法如下：

1）具有计量阀的柴油液体喷雾引入。

2）汽化的柴油引入。

3）具有低起燃温度的气体的引入，例如H_2/CO混合气，最好是直接由汽车上的柴油产生这种混合气。

随着工作时间的延长，催化转化器的转换效率可能会有所降低。这被称为催化剂恶化。恶化的机制主要有两种。一方面，贵金属颗粒在非常高的废气温度下可能会结块，这就降低了贵金属的单位表面积。另一方面，催化剂毒物，可能会直接涂在贵金属表面，或在活性涂层上形成很多覆盖层使其无法接近必要的扩散过程。最知名的催化剂毒物是燃料中所含的硫。它在活性涂层表面形成硫酸盐，从而抑制了贵金属的可接近性。目前使用的燃料是无硫或至少是低硫燃料。这减少了DOC（氧化催化转化器）硫化的风险。

一定程度上的催化剂恶化过程是不可逆的，必须通过选择适当的废气温度和燃料质量防止这样的过程发生。然而，有一些催化剂中毒可以通过选择适当的工作条件予以逆转。

15.5.2.2 颗粒过滤器

柴油机颗粒过滤器（DPF）的功能是将大部分颗粒物从废气流中分离出来。考虑到微粒的尺寸都比较小（大多数都小于100nm，见本章的15.3.2），因而只有过滤的方式才能相对容易地提供足够大的过滤效率。

随着时间的推移，滤出物越来越多，从而增加了流经过滤器的气流阻力。这将导致较高的燃料消耗。因此，过滤器需要以一定的时间间隔进行再生，即利用适当的工作条件来氧化可燃的滤出物成分（不可燃的滤出物成分作为灰烬留了下来）。因此，过滤器的工作过程可以分较长的颗粒过滤阶段与较短的再生阶段，这两个阶段相互间隔进行。为此，颗粒过滤器的工作需要一种控制策略，并和其他一些组件共同构成DPF系统。下面将首先讲述柴油机颗粒过滤器（DPF）的结构，这对理解过滤过程非常重要。然后讨论再生阶段，最后再介绍DPF的其他组件。

通常，对颗粒过滤器的要求如下：

1）较高的过滤率，甚至对非常小的颗粒也是如此（取决于法规的要求和原排放，过滤率应为50%~95%）。

2）较低的气流阻力。

3）能抵抗高达1000℃的高温，这个温度会在再生过程中出现。

4）对不能氧化的颗粒成分（滤灰）具有有利的过滤器结构和气动性。

目前使用的四种颗粒过滤器类型有：

1）由堇青石挤压成形的陶瓷载体。

2）由碳化硅（SiC）挤压成形的陶瓷载体。

3）烧结的金属过滤器（主要用于改装市场）。

4）具有开放结构的颗粒分离器。

前三种类型的过滤器是基于壁流过滤原理（封闭过滤系统），它引导全部的废气通过一个多孔壁。陶瓷载体上其他每个通道的前端和后端都被封闭（图 15-41）。这就在陶瓷载体的内壁上形成了具有很大表面积的多孔过滤表面（每升过滤器体积约有 $1m^2$ 的过滤表面）。当颗粒通过多孔壁时，它们首先扩散到内部小孔上。很短的时间后，在壁的表面上开始形成一个薄的过滤层，它比基层结构具有更小的孔隙，因此能捕获大部分的颗粒。滤出物覆盖层的厚度随过滤时间的增加而增加。这首先是增加了气流阻力，然后也会随着加载的继续而增加过滤器入口通道中的流动限制。气流阻力和过滤效率是壁厚（0.3～0.4mm）和孔径尺寸的函数。此外，通道的密度［100～300 cpsi（每平方英尺通道数）］是影响气流阻力的重要因素。虽然较高的通道密度能增加内表面积，从而降低通道壁对废气的渗透阻力，但它也会导致较小的通道直径。这将增加通道的流动阻力，特别是当表面滤出物额外占用入口通道的横截面时。最近在新的研发设计时使通道的入口直径大于通道的出口直径，这就降低了表面滤出物引起的流量损失，并提高了与灰分沉积的相容性。

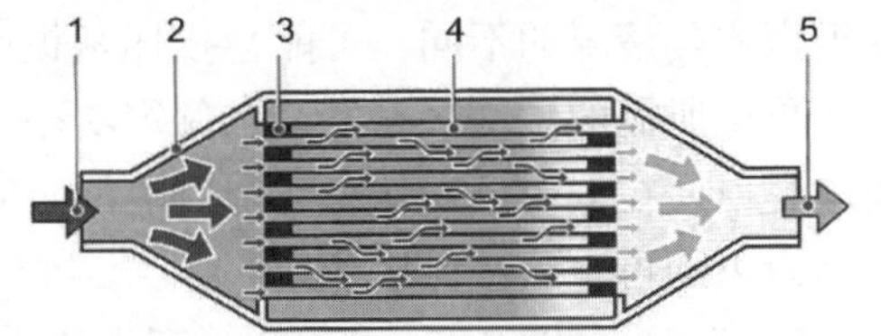

图 15-41　颗粒过滤器的结构
1—直接来自发动机的原排放　2—外壳
3—陶瓷堵头　4—陶瓷蜂窝载体
5—过滤后的废气

烧结式金属过滤器由具有较大入口截面的过滤室组成，过滤器的入口朝向气流的方向越来越细。这样的几何形状也降低了入口流量损失，提高了灰分的兼容性。

壁流式过滤器能够过滤全部的废气，对整个相关尺寸范围（10nm～1μm）的颗粒产生的过滤效率可达 95% 以上。这种过滤器如果不能在适当的时间再生，例如，因为改造方案无法提供每一个措施来触发再生时，那么排气背压就会有较大的增加，以至于使发动机运行不畅。这种过滤器堵塞现象在开放式颗粒分离器中是不可能的发生的。

开放式颗粒分离器不需要强制废气穿过通道壁，其结构能使废气首先改变方向，流向突入过滤通道的过滤室。这样就向气流提供了一个脉冲，从而使其加速朝向多孔的通道壁流动。当过滤器的负载较低时，大部分废气会以近似在壁流式过滤器中的流动情况一样穿过通道壁，从而使滤出物集聚。随着穿透阻力的增大，穿过通道壁的废气量减少，而沿通道流动绕过过滤室的废气比例增加。因此，在这种结构中的过滤效率将随发动机负荷的变化而变化，而在实际应用中过滤效率在 30%～70% 之间。

与氧化催化转化器（DOC）相类似，这种过滤器制作的尺寸（体积）是根据发动机排量确定的（通常为 $V_{dpf}/V_{displ.}$ = 1.2～2.0），从而使废气能得到足够的过滤表面积。

根据设计和原排放的不同，过滤器使用300～800km后必须进行再生。大约600℃以上时，废气中所含的炭烟与氧混合后燃烧变成二氧化碳，释放热量。设计的再生工作点是根据炭烟的累积量确定的（取决于过滤材料的不同，累积量为5～10g/L）。如果这个量太大，那么，再生放热过程中可能会使局部温度达到峰值，并根据实际情况的不同，可能会损坏基板或催化剂活性涂层。

再生所需的温度只在发动机额定功率范围内才能达到。因此，必须采取额外的措施，以便在低于额定功率运行时也能及时地使过滤器再生。

以下的再生策略可以使用：

1）550～650℃时，由残余氧产生的无催化氧化的再生。

2）添加剂支持的再生。

3）利用 NO_2 的再生。

4）使用催化柴油机颗粒过滤器的再生（CDPF）。

1. 无催化氧化的再生

无催化氧化是指采取各种措施来提高柴油机颗粒过滤器（DPF）温度，以达到起燃温度。一般来说，DPF的温度提高可通过降低发动机的效率（改变喷射特性）、降低排气的质量流量（降低增压压力或对排气进行节流），或增加发动机下游的温度（例如，通过DOC中的“催化燃烧器”）来实现。所有这些措施必须确保在DPF中的残余氧体积分数足够高（>5%），以便能快速再生。这些措施是随着发动机工作点的不同而不同，并被组合成措施包（图15-42）。

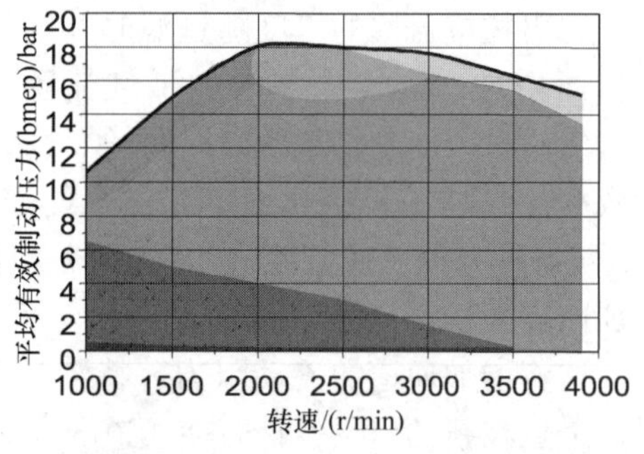

范围1
无额外需要的措施

范围2
主喷射延迟
后喷射在TDC后30°以上

范围3
主喷射延迟
后喷射延迟至TDC后70°以上

范围4
后喷射在TDC后30°以上,较晚的主喷射,
降低增压压力

范围5
后喷射在 TDC后30°以上,较晚的主喷射,
降低增压压力,进气节流,稳定燃烧

范围6
仅通过发动机的措施使库里过滤器再生
已无可能

*并非所有措施都同事需要

图15-42 提高排气温度的发动机内的措施

范围1内的发动机温度（额定功率范围）已经很高，没有必要采取其他提高温度的措施。这个范围在汽车运行中是很少出现的。

范围2虽然已有再生的措施，但所需的非常高的转矩必须能够达到。主喷射被变为更迟后一些。这就降低了发动机的效率，然而却按需要增加了排气温度。此外，附加的（先进的）后喷射发生，它在燃烧中仍然发挥着一部分作用，并提供了另一个转矩分量。这些旨在通过降低效率来提高发动机排气温度的措施，被称为发动机“燃烧器”。

范围 3 中的增压比较低，而且当燃烧处于最佳状态时过量空气系数已低于 1.4。这种情况下，额外的后喷射将在局部导致非常低的过量空气系数，从而显著增加炭烟的排放。因此，应使后喷射延迟足够长的时间，以至于它不再在燃烧过程中发挥作用（延迟的后喷射）。额外的 HC 和 CO 排放在 DOC 中被转换成热能（所谓的“催化燃烧器”）。

范围 4 中，各种措施相结合一起使用。然而，降低增压压力会降低废气的质量流量。延迟主喷射和增加后喷射，将进一步增加范围 2 的排气温度。每一措施的比例必须针对噪声、污染物排放和燃油消耗进行优化，而且通常不是所有措施都同时需要起作用。

范围 5 需要使温度有 300 ~ 400℃ 的显著升高。另外，节流阀额外降低了这个范围内的空气质量。这就需要采取进一步的措施以稳定燃烧，例如增加预喷射的燃油量并调整预喷射和主喷射之间的时间间隔。

在范围 6 中转矩太小，即使过滤器在温度大于 600℃ 时也无法触发再生。

每一范围中的措施包（措施组合）的利用都明显取决于需要产生的温度。发动机和过滤器之间的热损失应保持在最低限度，以充分发挥发动机产生的热量在过滤器中的影响效果。因此，许多应用实例中都使过滤器的安装位置尽可能靠近发动机。以催化的方式支持炭烟进行氧化是降低过滤器再生所需温度的另一种选择。

2. 添加剂支持的再生

这种方法的再生是使添加剂（通常是铈或铁的化合物）与燃油进行混合。发动机燃烧过程中，添加剂中的金属会黏附到炭烟上。这将在过滤器中产生一定面积的掺有复合氧化物的炭烟表面，使起燃温度降低 450 ~ 500℃，从而减少上述措施的效果。炭烟氧化后，金属氧化物在过滤器中残留成滤渣，从而增加了灰分的比例，这些灰分即使通过加热再生也无法将它们去除。因此，添加剂支持的再生需要每隔 120000 ~ 180000km 对传统的壁流式过滤器拆解和机械清洗。

3. 利用 NO_2 的再生

NO_2 是一种非常活跃的氧化剂，温度达到 250 ~ 350℃ 时，它就会使炭烟氧化。商用车和乘用车在公路上行驶时，排气经常会达到这个温度。炭烟的氧化过程中会形成 NO：

$$2NO_2 + C \rightarrow 2NO + CO_2 \tag{15-7}$$

$$NO_2 + C \rightarrow NO + CO \tag{15-8}$$

$$CO + NO_2 \rightarrow CO_2 + NO \tag{15-9}$$

$$CO + 1/2O_2 \rightarrow CO_2 \tag{15-10}$$

上述各式表明，必须有 8 倍质量的 NO_2 才能完全使炭烟氧化。平均来说，当温度和质量之比足够高时（$T > 350℃$），氧化的炭烟量与新分离出来的炭烟量是相同的。这被简称为CRT（连续再生捕捉）。所需要的NO_2是在上游的氧化催化转化器中形成的。实际上，CRT能稳定地氧化一定比例的炭烟，尤其是在高负荷阶段，因此，这使得延长再生时间间隔成为可能。然而，CRT无法在每个单一的行驶条件下使柴油机颗粒过滤器（DPF）完全再生，特别是在乘用车的使用过程中。因此，上述额外的活性再生措施必须设计进去。

4. 利用催化柴油机颗粒过滤器的再生

利用催化柴油机颗粒过滤器（CDPF）可以稍微降低再生温度。虽然它们的催化涂层与使用燃料添加剂相比其效果小很多，但它没有任何添加剂产生的灰分。

催化涂层具有以下功能：

1）氧化CO和HC。

2）将NO氧化为NO_2。

就像氧化催化转化器（DOC）一样，CDPF也能在氧化CO和HC的同时释放热量。这些热量直接作用在点燃烟灰所需的高温工作点上。这就防止了采用上游“催化燃烧器”时可能发生的热损失。如同“催化燃烧器”那样，发动机后喷射或发动机下游的计量装置向排气系统供应所需的HC和CO。

此外，在催化涂层上，NO氧化为NO_2。它可以支持在低温下少量炭烟的氧化。

柴油机颗粒过滤器（DPF）系统除了颗粒过滤器外，还有其他组件：

1）氧化催化转化器（DOC）用作“催化燃烧器”，并提高NO_2的比例。

2）在DOC之前采用一个温度传感器，用来确定HC在DOC中的可兑换性（起燃状态）。

3）压差传感器，用来测量通过颗粒过滤器的压差，由此可以利用体积废气流量计算出气流阻力。

4）在DPF之前采用一个温度传感器，用来确定对控制再生非常重要的DPF温度。

此外，DPF系统必须具有适当的控制单元的功能，以便控制和监测再生。首先，颗粒过滤器的载荷（滤出的炭烟沉积）状态必须在加载阶段进行测量（加载检测）。可以采用各种方法来做到这一点。例如，气流阻力（它随着过滤器载荷的增加而增加）可以借助于一个压差传感器来确定。前述的工作条件，以及炭烟层的形态，例如炭烟层厚度在过滤器上的均匀性和滤出物的孔隙率，都会影响炭烟量与气流阻力之间的关系。

因此，通过发动机炭烟质量流量的积分所获得的炭烟量，可进行额外的数学建模。此外，由连续再生捕捉（CRT）去除的炭烟也被纳入进来。在再生阶段，烧掉的炭烟可作为过滤器温度和氧的质量流量的函数计算出来。

一种所谓的协调器用来确定对再生策略起决定性作用的炭烟质量。这种再生策略采用两种方法对炭烟质量数值进行计算。

再生策略决定再生过程何时被触发，并确定首先采取什么样的再生措施。为了防止再生过程中基板的热损伤，根据基板所用材料的不同，确定不同炭烟质量的阈值，达到该阈值时，再生才能发生。在特别有利的条件下（例如公路行驶时），提前进行再生是比较理想的。再生策略根据炭烟质量的变化，以及发动机和车辆的运行状态的不同，决定要执行的再生措施。这些都被作为状态值传输给发动机的其他控制单元。

再生过程中，DPF 的温度需要进行控制，以防不受控的过热，或不受控制的再生终止。喷射特性和空气质量可用作这种控制的变量。

15.5.2.3　NO_x还原催化转化器

如同颗粒物的还原方法一样，只有一些理论上可行的 NO_x还原方法才可以在车辆上实施。三元催化转化器已有效地安装在汽油机上，它能使 NO_x与 HC 和 CO 反应，生成 N_2、H_2O 和 CO_2，而且在 $\lambda=1$ 时它具有很高的转化率。但它不能用于稀薄燃烧柴油机的废气。柴油机废气中理想的 NO_x还原与残余氧的还原竞争，而废气中残余氧浓度约为 NO_x的千倍。

目前正在市场上推出的有两种 NO_x还原系统，即选择性催化还原（SCR）和存储催化转化（NSC）系统。

1. 选择性催化还原（SCR）

选择性催化还原（SCR）以氨（NH_3）为还原剂，在合适的催化转化器中使 NO_x转化为氮。SCR 的效果已在大型火力发电厂中得到验证，并已广泛用于商用车上（自 2005 年左右开始）。甚至计划在乘用车上开始使用（约 2007 年起）。从根本上说，实际的 SCR 反应按照以下的反应式进行：

$$4\ NO + O_2 + 4\ NH_3 \rightarrow 4\ N_2 + 6\ H_2O \tag{15-11}$$

$$NO + NO_2 + 2\ NH_3 \rightarrow 2\ N_2 + 3\ H_2O \tag{15-12}$$

$$6\ NO_2 + 8\ NH_3 \rightarrow 7\ N_2 + 12\ H_2O \tag{15-13}$$

在普通车辆温度低于 550℃的 SCR 催化转化器中，还原剂不与氧发生反应，即对 NO_x 还原的选择性为 100%。在大多数情况下，前两种反应占主导地位。于是，所需的还原剂的量可以直接由希望的 NO_x还原进行计算。如果将氨的添加时间基于一个加油间隔期间，这将导致较大的 NH_3的需求（取决于原始排放，约为燃油量的 0.3% ~1%）。由于氨有毒，因而它在车辆中的安全存储是不可靠的。

然而，汽车也可以由一些前体物质相对容易地产生 NH_3。这些前体物质在储存密度、毒性、可用性和稳定性方面各自有所不同。20 世纪 90 年代，欧洲汽车行业达成协议，在商用车上使用质量分数 32.5% 的尿素水溶液（商标名为 AdBlue）。工业生产的尿素用作肥料，它在不同环境条件下都具有足够的化学稳定性。此外，尿素易溶于水，其质量分数 32.5% 的水溶液的冰点为 -11℃，是低温下最容易溶解的混合物。

尿素水溶液在 SCR 催化转化器前经计量后被引入，而且在排气系统的两阶段过程中，约250℃及以上温度时，一种中间产品，异氰酸将尿素水解为NH_3。

$$(NH_2)_2CO \rightarrow NH_3 + HNCO(\text{热解}) \quad (15\text{-}14)$$

$$HNCO + H_2O \rightarrow NH_3 + CO_2(\text{水解}) \quad (15\text{-}15)$$

在二次反应中，可能会由异氰酸酯生成固体沉淀（双缩脲和更高分子化合物）。因此，必须选择合适的催化转化器和足够高的温度（约250℃及以上），以保证足够反应速度的水解过程，防止产生固体沉淀。

产生的氨被吸附在SCR催化剂上，然后可用于SCR反应。在180～450℃温度范围，利用氨可获得高转化率。但考虑到上游的水解反应，利用尿素水溶液所获得的稳定的高转换率仅在250℃及以上才有可能。

与氨的反应主要是通过式（15-12）在较低温度下（<300℃）进行。因此，在SCR催化剂（催化转化器）和计量点之前，安装了能提高NO_2与NO_x比率约50%的氧化催化转化器，以提高转化率。氧化催化转化器可以是柴油机氧化催化转化器（DOC）或催化柴油机颗粒过滤器（CDPF）。SCR和水解反应直接将NO_x的还原量与AdBlue（尿素水溶液）引入的量相联系。所需的AdBlue与减少的NO_x质量之比为$2g_{AdBlue}/g_{Nox}$。计量比（也叫进料比）被定义为等效计量的NH_3与废气中存在NO_x的摩尔比。理论上可能的最大NO_x还原量所对应的计量比为α。从理论上讲，当$\alpha=1$时，NO_x可以完全被消除。如果它被计量的$\alpha>1$的时间过长，那么，将超过催化转化器的吸附容量，未参与转化的NH_3将会留在SCR催化转化器中（NH_3外泄）。NH_3具有非常低的气味阈值（在空气中为15×10^{-6}）。过量的NH_3（氨气）会在环境中产生令人讨厌的异味。因此，不仅要通过计量比的最大化来优化转化率，而且保证最小的NH_3外泄也是很重要的。除了以足够小的计量比限制外泄外，下游的氧化催化转化器（捕捉催化器）也可以去除逃逸的NH_3。

在现有系统中实现的转化率可能小于由计量比定义的理论转化潜能。这种差异可能的原因有许多：

1）当废气中的AdBlue溶液均匀度不足，从而在SCR催化转化器入口出现还原剂浓度不均匀时，NH_3的外泄甚至在$\alpha<1$时也可能发生。这种情况下，NH_3的外泄量导致了NO_x转化率的降低。

2）当水解（式15-15）不完全时，沉淀物的形成使还原剂失去了SCR反应。

3）在较高温度时，部分NH_3可能会通过氧化与氧进行反应。

4）当NO_2与NO_x之比过大时，部分NO_2会根据式（15-13）进行反应。这种情况的反应，与式（15-11）和式（15-12）进行的反应相比，需要多出30%的NH_3。

如同柴油机氧化催化转化器（DOC）和柴油机颗粒过滤器（DPF）一样，SCR催化转化器的体积取决于发动机的排量（$V_{SCR}/V_{Displ.}=1.0\sim2.5$）。在现场应用中，当$NH_3$的外泄小于$20\times10^{-6}$时，可以获得90%的$NO_x$转化率。可实现的转化率主要取决于计量策略。在最简单的结构设计中，还原剂以恒定的比率进行计量。

由 NO_x 质量流量产生的所需的还原剂的量可在发动机或整车试验中确定。当 SCR 催化转化器的温度达到工作温度（如 250～450℃）时，计量的量被释放。这种简单的计量策略适用于固定发动机的工作。它不适合于低 NH_3 外泄时，汽车运行中常见的动态工作条件下的高 NO_x 转化率。

SCR 催化转化器具有很好的 NH_3 的存储容量（约 1g/L），这在很大程度上取决于温度（例如，与 350℃及以上温度相比，低温时只能保持 10% 的存储容量）。这样的存储容量的优势是过度计量的 AdBlue 并不会直接导致 NH_3 的外泄，而且即使在温度太低不利于水解反应时，NO_x 的转化也可以利用存储的 NH_3 继续进行。然而，存储容量对温度的依赖隐藏了风险，即如果温度升高过快，部分吸附的 NH_3 会被解除吸附。这会导致 NH_3 外泄。为了控制这个特性，一种扩展的计量策略包括了一个存储模型，它结合了 SCR 催化转化器的存储容量和存储水平。SCR 催化转化器的存储水平可以通过还原剂的计量引入而增加，而且也可以通过 NO_x 的转化和发生的 NH_3 外泄而减少。其目标是获得高的 NO_x 转化率与随温度而变化的最佳存储水平。因此，计量的 NH_3 在降低存储容量阶段可通过恒定计量比的计量被减少，而在温度下降时计量的 NH_3 被增加。

较高的转化效率和较低的 NH_3 外泄只有在存储水平计算正确时才有可能。在实际的系统中，还原剂计量的偏差和 NO_x 的原排放量的差异导致计算的存储水平偏离了真实状态。NO_x 不足或计量比过大都会导致连续的 NH_3 外泄。当 NO_x 和 NH_3 的浓度在 SCR 催化转化器之后被测量，而且这种测量得到相应调整时，可以获得最大的转化率。

一个完整的 AdBlue SCR 系统包括以下部件和子系统（图 15-43）：

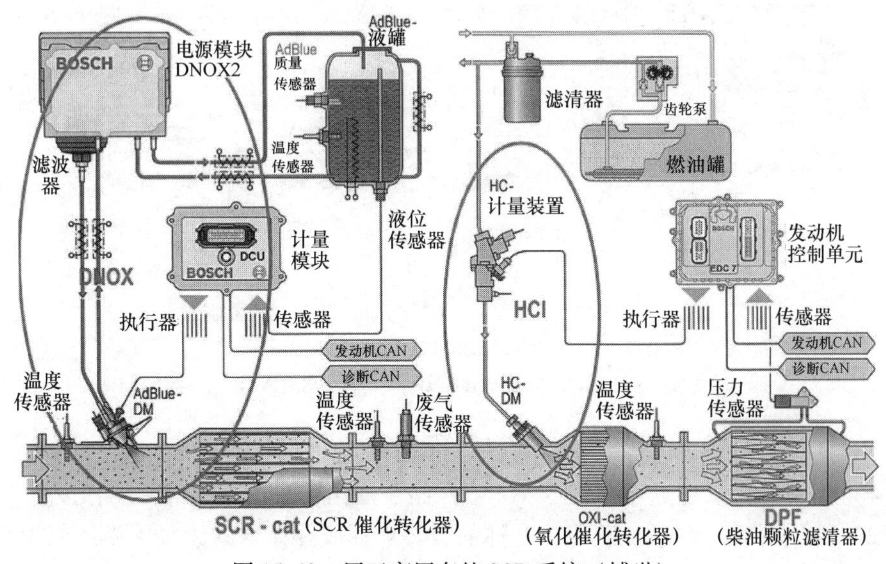

图 15-43　用于商用车的 SCR 系统（博世）

1）DOC 或 CDPF，以增加 NO_2 与 NO_x 的比。

2）装于 SCR 催化转化器下游的温度传感器，它决定着 SCR 的温度。

3）位于 SCR 下游的 NO_x传感器（可选），它决定了 NO_x的浓度，而且在适当的交叉敏感度时，也决定了 NH_3的浓度。

4）SCR 上游的 NO_x传感器（可选），它能提高系统的控制质量。

5）用来储存尿素/水溶液的液罐系统；整体式液位传感器、加热器、温度传感器（可选）和质量传感器（可选）。

6）包括一个泵在内的输送模块，用来将尿素水溶液从液罐输送到计量模块。当混合物的形成是由空气支持时，需要一个空气控制阀和空气压力传感器来建立从空气罐（商用车系统）到计量模块的合适的空气质量流量。

7）计量模块，其中的电磁阀能调整确切量的尿素/水溶液。（在空气支持的系统中，这个量的尿素/水溶液与压缩空气一起到达一个混合室，从那里由一根管将二者形成的气溶胶输送到排气管中的计量点上；在没有空气支援的系统中，有一个合适的喷射器直接在排气管上进行雾化并形成混合物）。

8）控制单元，用来读取传感器并根据计量策略控制相关的执行器，同时具有适当的诊断功能以监测各个部件；它们之间通过 CAN 总线与发动机控制单元进行通信。

2. NO_x存储式催化转化器（NSC）

NO_x存储式催化转化器（NSC），有时也称为稀 NO_x 捕捉器（LNT），有利于 NO_x的还原，而不必补充任何额外的催化剂（图 15-44）。

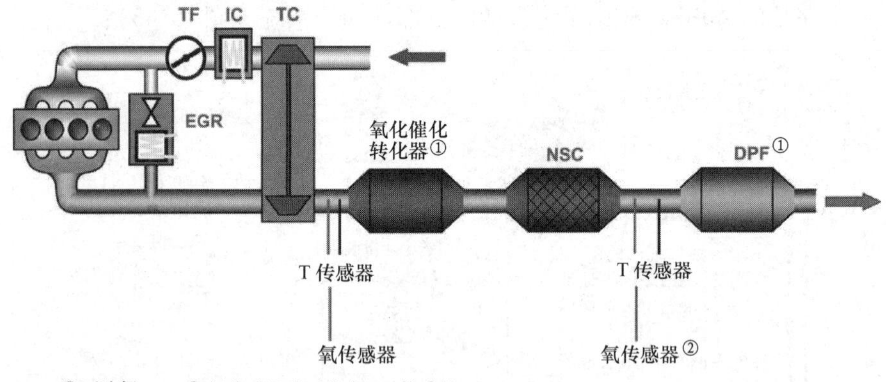

图 15-44　NO_x 存储式催化转化器（NSC）系统

NO_x以下列两个步骤被分解：

1）加载阶段。在这个阶段，NO_x被存储在催化转化器存储部件的稀废气中。

2）再生阶段。在这一阶段，存储的 NO_x被释放并在浓的废气中被还原为 N_2。

根据工作点的不同，加载阶段会持续约 30 ~ 300s，再生阶段约 2 ~ 10s。这种工作模式首先集中了要被还原的氮氧化物。在极短的再生阶段，还原剂只还原了集

中的 NO_x 和残余的氧。这在 NO_x 还原期间减少了部分依附性作用的氧。因此，所需的还原剂可以被限制到只导致燃油消耗增加 2% ~4% 的水平。

3. NO_x 存储

上述的 NO_x 存储催化转化器（NSC）被涂以很容易进入稳定状态，但具有氮氧化物的化学可逆键的化合物，例如，氧化物、碱金属碳酸盐和碱土金属。钡化合物的使用特别常见，因为它们具有良好的热特性。

NO 必须逐步氧化形成硝酸盐。NO 最初在催化涂层中被氧化成 NO_2。NO_2 和涂层中的存储化合物反应，随后与氧气（O_2）反应生成硝酸盐：

$$BaCO_3 + 2\ NO_2 + 1/2\ O_2 = Ba(NO_3)_2 + CO_2 \tag{15-16}$$

因此，NO_x 存储式催化转化器储存了由发动机排放的氮氧化物。这种存储在 250 ~450℃之间这一与材料相关的排气温度区间是最理想的。NO 氧化为 NO_2 的速度很慢。在 450℃以上时形成的硝酸盐是不稳定，而且 NO_x 被释放时会放热。

除了上述存储 NO_x 的容量外，催化转化器的存储表面在低温下附着 NO_x 的容量也有一个限制。但这样的存储系统是足够的，能够在催化转化器的温度较低时，例如在起动阶段，充分存储所需要的 NO_x。

硝酸盐是由碳酸盐在平衡反应中形成的。随着存储的 NO_x 量的增加（加载），催化剂黏附更多 NO_x 的能力下降。因此，允许通过的 NO_x 量随时间的推移而增加。有两种方法来识别催化剂被加载的时间，以便在这个时间使存储阶段终止：

1）采用模型辅助的方法，结合催化剂的状态，计算存储的 NO_x 量，由此计算剩余的存储容量、存储效率，从而计算允许通过的 NO_x 量。

2）采用 NO_x 存储催化转化器之后的 NO_x 传感器来测量废气中的 NO_x，从而确定当前的填充水平。

NO_x 存储式催化转化器（NSC）必须在存储阶段后再生，以限制 NO_x 的通过。

4. NSC 再生

NSC 再生过程中，储存的 NO_x 从存储部件中释放，并被转化为无害成分的 N 和 CO_2。NO_x 释放和转化的过程是分别进行的。

为此，必须在废气中建立缺氧（$\lambda < 1$，也被称为浓废气）的条件。废气中存在的一氧化碳（CO）和碳氢化合物（HC）的成分作为还原剂。NO_x 的释放（下面的例子以 CO 作为还原剂）继续进行，以便 CO 使硝酸盐［硝酸钡 Ba（NO_3）$_2$］还原成 NO，并与钡一起重新形成原来存在的碳酸盐。

$$Ba(NO_3)_2 + 3\ CO \rightarrow BaCO_3 + 2\ NO + 2\ CO_2 \tag{15-17}$$

在这个过程中，生成了 CO_2 和 NO。按照三元催化转化器常见的方法，铑的涂层随后利用 CO 将 NO 还原成 N 和 CO_2：

$$2\ NO + 2\ CO \rightarrow N_2 + 2\ CO_2 \tag{15-18}$$

随着再生的进行，氮氧化物的释放越少，则还原剂的消耗越少。

有两种方法可以识别释放阶段是否结束：

1）利用模型辅助方法计算 NO_x存储式催化转化器中仍然存在的 NO_x量。

2）在催化转化器之后采用氧传感器测量废气中过多的氧，当 λ 的值变为 $\lambda<1$ 时，表明释放过程结束（CO 剧增）。

再生需要的浓混合气的工作条件（$\lambda<1$），可以通过柴油机的延迟喷射和进气节流予以建立。由于存在节流损失和不理想的燃油喷入，因而在再生阶段发动机工作的效率变差。因此，应尽量减少再生阶段持续时间与存储阶段持续时间的比率，以保持燃料消耗的增加量较低。当工作条件由稀混合气向浓混合气转变时，必须保证动力性能不受限制，以及转矩、响应性和噪声的稳定。

浓混合气的工作条件（$\lambda<1$）也可通过在下游发动机引入还原剂进行设置。类似"催化燃烧器"的工作（见本章 15.5.2.1 小节），还原剂的引入可以采用柴油喷雾、气化燃料或高活性物质，通常是一种重整气（H_2/CO 混合物）。这种情况下对发动机燃烧过程的干预，特别是延迟喷射的应用可以相应减少。然而，空气质量应被减少，例如通过降低增压压力或节流来减少还原剂的需求。

5. 脱硫

NO_x存储式催化转化器（NSC）存在的问题之一是它们对硫的敏感性。燃料和润滑油中的硫化物在燃烧过程中被氧化为二氧化硫（SO_2）。这种在 NSC 中用于形成硝酸盐（$BaCO_3$）的化合物，与硫酸盐有很高的结合强度（亲和性），而且超过了与硝酸盐的结合强度。正常再生时并不能清除硫酸盐。因而在使用寿命中积累的硫酸盐逐渐增加。结果使 NO_x存储空间减少，导致 NO_x转化率降低。因此，NO_x存储式催化转化器需要使用无硫燃料（硫的质量分数$\leqslant 10\times10^{-6}$）。

运行 500 ~ 2500km 的距离后，NO_x 存储能力会逐渐降低，即使在这个工作期间使用的是硫的质量分数为 10×10^{-6}的燃油，这时也必须进行除硫再生（脱硫）。通常情况下采用的方法是将 NO_x存储式催化转化器加热到 650℃以上并保持超过 5min 的时间，或将脉冲式浓废气（$\lambda<1$）引入催化转化器进行脱硫。还有一种可用的方法是将催化转化器加热温度提高到 DPF 再生时相应的程度。这些条件下能将硫酸钡转变成碳酸钡。必须选择适当的过程控制（如以 $\lambda\pm1$ 脉冲进行振荡），以确保在脱硫期间残余氧气的不足不会使释放的 SO_2还原成硫化氢（H_2S）。或者，必须再附加一个合适的捕捉式催化转化器。

此外，对脱硫时所需要的条件必须加以选择以避免催化剂恶化的过度增加。尽管高温（通常 > 750℃）能加快脱硫，但也会加剧催化剂恶化。因此，催化转化器最佳的脱硫（除硫再生）必须在限定的温度和过量空气系数窗口时进行，而且脱硫过程应不影响在用车辆的行驶。

最重要的是，存储过程对 NO_x存储式催化转化器（NSC）的设计具有重要意义。存储效率需要根据催化剂温度、贵金属添加、空速和可用的储存量进行确定。催化转化器的容积与发动机排量的比（V_{NSC}/V_{Hub}）为 0.8∶1.5。再生过程中 NO 通过 NO_2有效氧化为硝酸盐和 HC 化合物的最大回收，都需要较多（约 100g/L）的贵金属添加。将 NSC 尽可能靠近发动机安装能使其承担柴油机氧化催化转化器（DOC）的功能，因而可以省去 DOC 装置。

整个使用寿命期间，NSC 能够使 50% ~80% 的 NO_x还原。

6. NO_x还原系统的比较

NSC 和 SCR 系统有多种不同的性质。在车辆上采用哪种系统的任何决定都在很大程度上取决于使用要求和边界（限制）条件。二者最主要的不同如下所述：

1）目前，SCR 系统能够获得比 NSC 系统更大的效率。当需要遵守更高要求的 NO_x限值时，转换效率这个参数是很重要的。

2）SCR 系统需要另一种催化剂（如 AdBlue）。这有三个后果必须牢记：

① 这一催化剂必须被批准在该地区可用于 NO_x的还原。

② 在适当的时间间隔，催化剂的补充必须有保证。

③ 这种催化剂必须存放在车辆内。这需要一定的空间，而且根据催化剂的不同，有可能需要冷流和除霜措施。

用于商用车辆系统的 AdBlue 的基础设施目前正在整个欧洲开始建设，这将使在加油间隔时间内补充 AdBlue 成为可能。采用约 20 ~25L 的液罐也可以满足乘用车维修间隔之间的需要，这样就可以持续至进车间维护时再进行 AdBlue 补给。

另外，就成本来说，有以下不同：

1）二者的成本均与发动机排量成正比，而 SCR 系统的成本低于 NSC 系统。然而，AdBlue 系统也产生固定的成本。因此，用于小排量乘用车的 NSC 系统成本较低，而商用车采用 SCR 系统时价格比较便宜；

2）使用成本的种类和数量不同。SCR 系统消耗 AdBlue。NSC 系统会使燃油消耗增加 2% ~4%，具体增加的数值取决于 NO_x的还原量和系统的设计。当它们的 NO_x还原量可以比较时，SCR 系统的使用费用比 NSC 系统的低。

15.5.3 废气后处理系统

为了完整地设计废气后处理系统，有必要对每一个系统模块的功能都有所了解（图 15-45）。而且，对废气后处理部件的相互作用的理解也必不可少。此外，必须通过发动机内的减排措施与废气后处理系统之间的良好对应，来获得可靠、高效的污染物减排与结构上最小的复杂性。

下面首先介绍废气后处理系统各部分的相互作用，然后再论述与发动机减排的关系。

15.5.3.1 废气后处理系统的相互作用

废气后处理系统各部件串联布置在排气系统中，即一个部件的理化性能对下游部件具有影响。除了每个部件接触废气的时间会有延迟（0.1 ~1s）外，排气质量流量对每一个部件来说都是相同的。

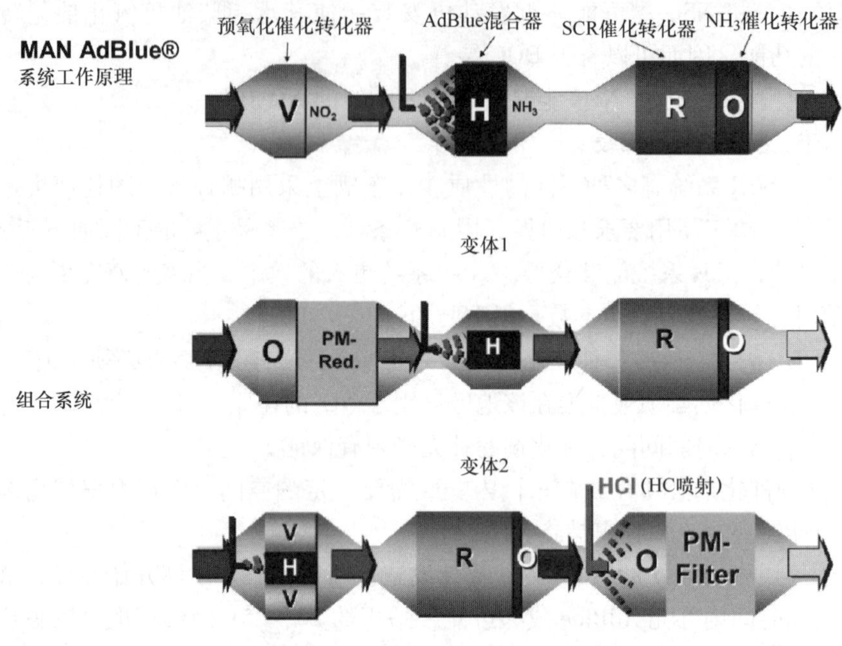

图 15-45　完整的废气后处理系统

1. 热耦合

包括管道在内的所有废气后处理系统的部件，无论其化学功能如何，它们都具有热容量。如果其中一个部件之前的排气温度发生变化，则会导致这个部件温度的变化，以及这个部件下游的废气温度逐渐衰减的变化（热低通以 10～100s 范围的时间常数传递）。同时，外壁（管壁和催化器壳）将排气系统的热量释放到环境中。因此，更远的下游部件比上游部件的平均温度更低。

如前面章节所描述的，每一个化学过程都需要 150℃（起燃 CO 的氧化）至 250℃的最低工作温度，该温度与部件相关（CRT）。由于低于这些温度时不能发生催化转化，因此，发动机起动后必须使部件尽快达到它们的工作温度，才能获得高转化率。由此可知，部件的安装应尽可能靠近发动机。排气系统使用绝热管可以减少它们的热损失。

非常迅速的起动过程额外需要起动辅助措施，其原理与增加 DPF 温度的措施一致。

通常，所需温度的增加一部分是由上游“催化燃烧器”获得的，这种“燃烧器”是用来以热的方法再生柴油机颗粒过滤器（DPF）。为此，柴油机氧化催化转化器（DOC）必须位于 DPF 的上游。

2. 污染物的耦合

每一个有效的废气后处理部件根据其主要功能至少能减少一种污染物成分。其他污染物成分可能会破坏或促进这个过程，或也可能在这个过程中部分地被转化。表 15-16 给出了这些相互作用。

表 15-16　排气后处理系统的相互作用

	部件					
DOC	CDPF	NSC	SCR	存储	再生	
污染物	HC	X	– –	– –↘	–↗	–↘
	CO	X	– –	– –↘	– –↑	–↘
	颗粒物	–	X	–	O	–
	NO	–	–↗	X	X	X
	NO_2	+	+↑	X	X	X

X：部件的主要作用；– –：污染物大大降低；–：污染物减少；O：没有变化；+：污染物增加；↑：污染物大大促进转化过程；↗：污染物促进转化过程；↘：污染物阻碍转化过程。

一种特别重要的耦合是需要通过 NO_x减少颗粒物排放，尤其是由 NO_2通过 CRT 的作用（取决于与部件相关的温度）来实现这一目的时更是如此。此外，CO 和 HC 化合物干扰 NO_x在 NSC 中的储存和 SCR 过程。在这两种情况下，NO_2是一种在 HC 和 CO 的作用下被还原成 NO 的关键成分。

如果排气系统既包含一个颗粒过滤器，也包含一个氮氧化物还原系统，必须做出部件相对排列布置的决定。除了热耦合，污染物对部件功能的影响是也是很重要的。下面讨论两者在一起时的相互作用。

当 DPF 位于 NO_x还原系统的上游时，CRT 可以降低 DPF 加载（不过取决于与部件相关的温度）。在有利的条件下，这能够相当程度延长再生时间间隔。此外，因为它不存在 NSC 或 SCR 催化转化器的热低通，因而这样的布置很容易使 DPF 达到再生温度并予以保持。然而，DPF 相对而言较大的热容量使得 NO_x还原系统在发动机起动后较长时间才能达到其工作温度。因此，为获得较高的 NO_x转化率，必须采取起动辅助措施。然而，当一个具有涂层的 DPF 位于 SCR 系统的下游时，DPF 就会同时承担一个潜在的 NH_3滑移捕捉式催化转化器的作用。

大量的讨论表明，试图推荐一种相对通用的布置方式是徒劳的。对于特定车辆来说，排气处理系统更有利的布置，往往只有在与发动机和车辆设计结合起来才会显现出来。

15.5.3.2　发动机工作参数与废气后处理的相互作用

15.4 节介绍了废气后处理系统不同部件之间相互作用的复杂性。发动机的燃烧与废气后处理的一些关系，也必须为系统的总体设计目标而进行优化。

从历史上看，废气后处理系统最初的设计并没有涉及发动机的燃烧。柴油机氧化催化转化器在发动机起动后不久即可达到 CO 和 HC 氧化所必需的起燃温度，而且除了长时间的反拖运行或怠速阶段外，该系统能保持这个温度直到发动机熄火。SCR 系统也与此非常类似。在开始的应用中，为触发 NO_x转化所必须进行计量的还原剂的量，是通过发动机试验台和车辆上试验测试确定的，而对在产车辆是根据实际运行获得的数据进行定量的。但是由于对 NO_x还原要求的提高，考虑到发动机

NO_x排放波动很大，因而只能通过控制还原剂的计量值来获得所要求的NO_x转化值。然而，在工作过程中发动机的工作参数的稳定性还不适应废气后处理系统的要求。

使用存储式催化转化器或颗粒过滤器时情况发生了变化。这两种系统必须定期进行再生，因而柴油发动机的工作参数被设置的远超出其通常的范围。此外，排气背压也随着颗粒过滤器的载荷（滤出物沉积）的增加而增加。首先，这会导致涡轮增压器之后的压力上升，然后，又使涡轮前的压力增加。这种压力的增加不仅增加了发动机换气的能量损失，而且也影响整个EGR系统的压力梯度。因此，排气背压的变化必须由进气系统进行补偿。所以说发动机的工作参数是随颗粒过滤器的载荷水平而变化的。

可以理解的是，由于部件的成本，以及部件之间复杂的相互作用，还有它们对发动机工作的影响，促使制造商致力于以最小数目的部件来实现排放目标。发动机工作参数（如EGR率和喷油定时），可以用来改变炭烟与NO_x排放之间的比率（所谓炭烟-NO_x的权衡关系）。这种权衡关系被用于两种主要策略，来减少废气后处理的复杂性：

1）为了利用发动机下游NO_x还原来减少炭烟而优化燃烧。

2）为了利用发动机下游颗粒物还原来减少NO_x而优化燃烧。

为了减少炭烟（和浓NO_x）而对燃烧进行优化时，可以得到非常好的发动机效率。更重要的是，这消除了颗粒过滤器背压的影响，这种背压也会造成燃油消耗的明显增加。因此，发动机下游NO_x还原（具有SCR系统）是用于商用车的首选方案，因为对这种车辆来说使用成本是非常重要的。

然而，在不久的将来，对颗粒物排放的限值将会进一步显著降低。当只采取发动机内的措施，或只利用相当复杂的还原装置都不能满足颗粒排放限值要求时，采用具有很高过滤效率的颗粒过滤器，并通过针对NO_x排放而进行的燃烧优化，来免除发动机下游复杂的NO_x还原装置，将会有益于对整体系统的优化。目前，业界正致力于使这种方案在欧洲乘用车上应用。

最后，一些新的柴油车市场，如美国，对颗粒物和NO_x规定的限值低，因此，发动机内和下游的每一减排措施都必须实施。虽然随之而来的复杂性明显增加，但鉴于还没有更好的替代方案，即使复杂性增加也可能是很值得做的。就效率而言，柴油机仍然显著优于汽油发动机。面对有限的全球燃料储备和CO_2排放的危害，推广柴油车的使用已成为越来越重要的论题。

15.6 排放测试

废气测量系统包括废气测量设备和稀释系统。为测量与环境相关的污染物排放质量，需要测定废气中污染物的浓度，以及发动机的废气体积。

15.6.1　废气测量系统的组成

每一种污染物的浓度都是通过废气测量系统中单独的废气分析仪进行测量的。这种系统（图 15-46）由一些基本装置组成，用来从发动机排气系统中提取废气样本，将样本气体输送到测量系统中，经调节并将气体输送到每一个气体分析仪，来测量污染物浓度。此外，系统中还有许多控制阀，用来给分析仪供给不同的被测气体和校准气体。对样本进行调节是为了防止样本组分在其通向分析仪的路径中发生变化，例如防止水的冷凝，或某些碳氢化合物的沉淀。为防止分析仪损坏，必须将废气样本中的颗粒物过滤出来。

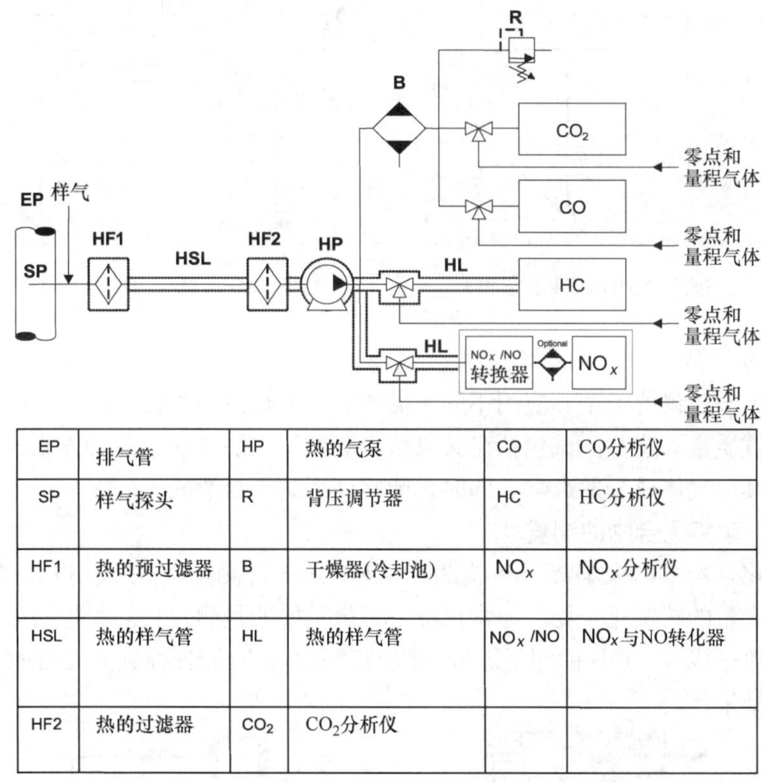

EP	排气管	HP	热的气泵	CO	CO分析仪
SP	样气探头	R	背压调节器	HC	HC分析仪
HF1	热的预过滤器	B	干燥器(冷却池)	NO_x	NO_x分析仪
HSL	热的样气管	HL	热的样气管	NO_X /NO	NO_x与NO转化器
HF2	热的过滤器	CO_2	CO_2分析仪		

图 15-46　废气测量系统原理图（ISO 16183）

1. 零点和量程调整（校准）

所有废气分析仪都需要定期进行零点和量程校准点的调整（图 15-47），具体调校方法取决于应用程序的不同，一般是在每次测量之前，或至少每天进行一次校准。零点气体和最大量程点浓度的校准气体由气瓶被通至废气分析仪，其测量值被调整为已知的标准气体浓度。通常情况下，校准是完全自动的。测量的绝对精度主要取决于校准气体的准确性。

2. 线性化

对废气分析仪进行线性化是为了保证零点和最大量程之间测得值的准确性(图15-48)。为此，分布于整个测量范围的不同浓度的气体被通入分析仪，将测得的值与期望的浓度进行比较。当偏差较大时（>2%），则对测得值进行数学校正(线性化处理)。这种线性化需要经常进行，或至少每3个月的时间间隔进行一次。标准浓度是由零点气体和最大量程点浓度的气体，在一个高精度的多级气体分配器中一起混合制成。

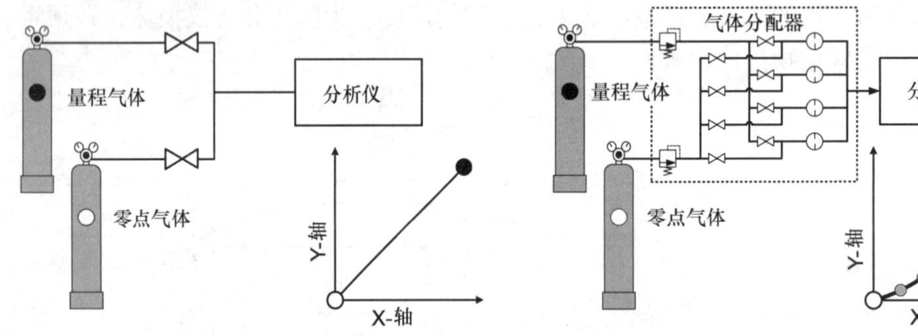

图15-47　废气分析仪校准示意图　　图15-48　废气分析仪的线性化原理

3. 诊断测试

取决于分析仪的类型和应用不同，需要对其进行许多种诊断测试，以此来保证系统的测试质量。这些测试包括交叉灵敏度测试，它能验证一种气体成分的测得值是否受到其他气体成分的影响，同时也能验证系统是否泄漏。

15.6.1.1　碳氢化合物的测量

碳氢化合物采用火焰离子化检测器（FID）进行测量（图15-49）。发动机废气中含有大量的碳氢化合物。通常情况下，最重要的是测量它们累积的成分，而不是它们的单一成分。FID的测量原理是测量完全不相同的各种碳氢化合物，从而得到累积的结果。

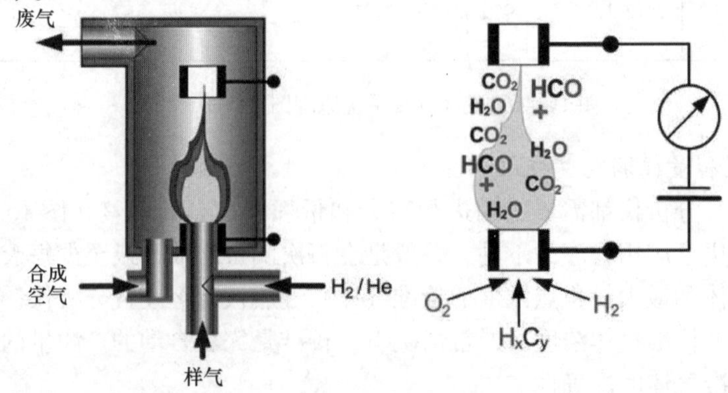

图15-49　火焰离子化检测器（FID）示意图

FID 测量原理

由恒定流量的合成气与氢和氦混合气产生的火焰在检测器的测量罐中燃烧。这种燃烧发生在阴极和阳极之间的电场中。燃烧的火焰与恒定的样气流混合。碳氢化合物分子在这个过程中被裂解和电离。产生的离子在阴极和阳极之间传输一个非常微弱的电流（测量信号）。理想情况下，每一个碳氢化合物分子都被分解成含有一个碳原子的离子成分。于是，废气样本中的离子流也将与碳原子的数目成正比。然而，裂解和电离过程实际上没有充分发挥作用。虽然如此，它的单个碳氢化合物分子的裂解和电离效率还是恒定的。这被称为结构的线性度，并被确定为响应因子。响应因子说明了由 FID 测量的值与单一碳氢化合物真实浓度之间的差异。通常情况下，它们在 0.9～1.1 之间。

当测量柴油机废气中的碳氢化合物时，从采样点到 FID 的整个管路中的废气样本都必须加热至 190℃以上，因为柴油机废气中含有的碳氢化合物低于这个温度时会凝结。如果不进行加热，冷凝的碳氢化合物将得不到测量，而且气体通道也将被污染。这就是所谓的 HC 的“挂起”

15.6.1.2　氮氧化物的测量

通常需要对氮氧化物中 NO 和 NO_2 的总含量（被称为 NO_x）进行测量。一般来说，可采用化学发光检测器（CLD）来完成这一检测（图 15-50）。

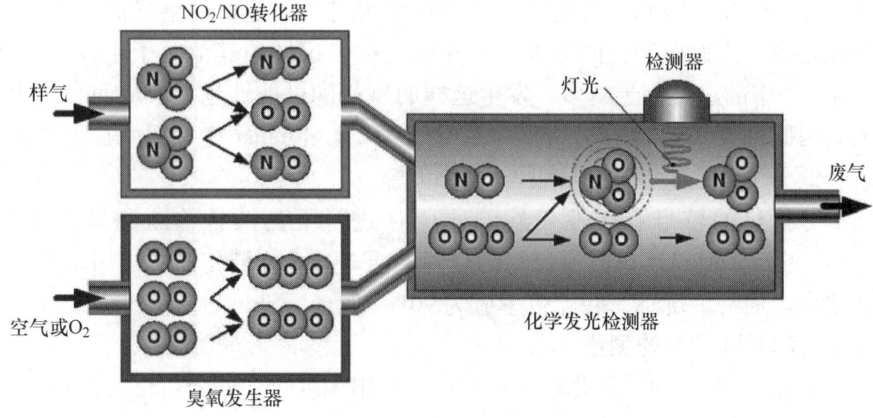

图 15-50　CLD（化学发光检测器）原理示意图

CLD 测量原理

NO_x 的测量是基于由 NO 与臭氧 O_3 混合物所产生的化合反应光。一种化学反应将 NO 和 O_3 转化成 NO_2。这些反应的大约 10% 会产生能量激发态的二氧化氮（NO_2^*）。在短暂的时间后，二氧化氮分子从它们的能量激发态返回到基态，过剩的能量以光子的形式被释放。产生的光子由光敏二极管或光电倍增管检测。光的强度与测量室中 NO 的浓度成正比。

$$NO + O_3 \rightarrow NO_2 + O_2 \qquad (15\text{-}19)$$

样气中大约90%的NO分子会产生上式反应。

$$NO + O_3 \rightarrow NO_2^* + O_2 \tag{15-20}$$

样气中大约10%的NO分子会按上式进行反应。

$$NO_2^* \rightarrow NO_2 + h\nu \tag{15-21}$$

式中 h——普朗克常数；

$h\nu$——光子。

分析仪自身中的臭氧发生器将氧气（O_2）生成所需的臭氧O_3，其中的O_2取决于分析仪类型的不同，可以是纯氧、合成空气或环境空气。

CLD只能用来测量NO。因而，每一个NO_2分子都应在进入CLD检测器之前被转化为NO，以便能进行NO_x（$NO_x = NO + NO_2$）测量。NO_2/NO转化器就像催化转化器一样来进行这种转换。

由于NO_2也能与水反应，因此，至少在NO_2/NO转化器之前必须防止任何水的冷凝。否则，应被测量的NO_2会丢失，并且会形成腐蚀性的酸。所以，这种检测器的样气通道和分析仪通常都需要进行加热。以前的分析仪经常使用非加热的CLD检测器。因此，样气必须先经过NO_2/NO转化器（避免NO_2与冷凝水水接触），然后进入气体干燥器（去除水分）。

当能量激发态的NO_2^*分子与其他合适的分子碰撞时，在它们释放光之前，会发生NO_x淬熄现象。因此，其能量不是被释放为光，而是释放给其他分子。所以，产生的光较少，因而所测得的值太小。在废气中，这样的其他分子主要是H_2O和CO_2。测量室中的这种分子越多，发生这样的碰撞的可能性越大，从而会产生更大的淬熄。因此，大多数CLD分析仪在真空（约20～40mbar绝对压力）中工作。这能显著降低分子的数量，从而降低淬熄的可能。

除了分析仪的校准和线性化外，对CLD进行下列两种诊断测试尤为重要。H_2O和CO_2的淬熄测试用来测量淬熄的程度，而NO_2/NO转化器测试用来测量转化程度和效率。通常情况下，转化效率应为90%以上。

15.6.1.3 CO和CO_2的测量

一氧化碳（CO）和二氧化碳（CO_2）是采用无色散红外分析仪（NDIR）进行测量的（图15-51）。

NDIR测量原理

红外辐射器发射一个宽广的红外光谱，并通过双通道测量罐传送这种辐射。测量罐的一部分通道中充填不吸收红外线的气体（如氮气N_2），并将这一通道称为基准室。被测样气流过另一部分通道（测量室）。一个斩波器（例如一个旋转的多孔磁盘）间歇性地破坏红外辐射。当样气中含有能吸收红外光的气体分子时，例如，CO和CO_2，则部分辐射被这些分子吸收。因此，通过测量室的辐射低于通过基准室的辐射。

检测器测量经过两个室的辐射强度之差。检测器也由两个腔室组成。一个接收

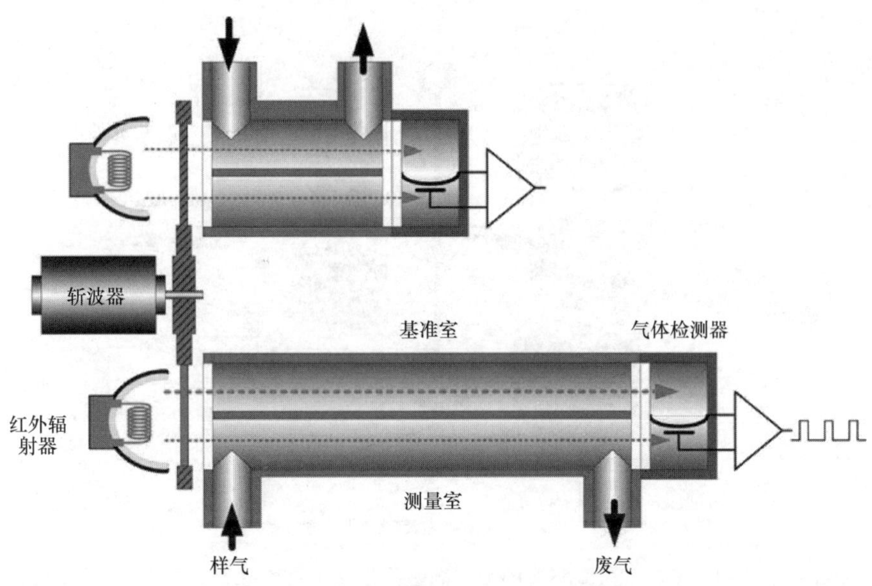

图 15-51　双通道无色散红外分析仪（NDIR）示意图

来自基准室的辐射，另一个接收来自测量室的辐射。这两个检测器的腔室中都充满了待测量的气体（如 CO 和 CO_2）。因此，检测器吸收红外辐射就像测量室的这些气体成分吸收辐射一样。取决于测量室中被测气体成分的浓度，通过测量室的红外辐射比基准室的辐射会有不同程度的变弱，因为一部分辐射已被吸收。其余的辐射在检测器的腔室也被吸收，因为它们充满了相同的被测气体。通过这种吸收增加了能量，从而增加了密封室中的压力。这两个室中不同的辐射导致二者产生不同的压力，这一压力差通过它们之间一个灵活的隔膜来测量。隔膜的运动以电容进行测量（图 15-51）。另外，也可以采用两个腔室之间补偿气流的流量进行测量。

测量室中被测气体的浓度越大，测得的信号就越大。浓度与测得信号之间的相关性符合比尔 - 朗伯（Beer - Lambert）定律，这是一个非线性函数。因此，红外检测器必须进行线性化。许多气体都能吸收红外光谱，而且不同的气体吸收的光谱也有重叠。CO 和 CO_2 分析仪对水蒸气特别具有交叉敏感。CO 分析仪也对 CO_2 有交叉敏感。这种交叉敏感性增加了测量值。通常，原排放的样气需要先进行干燥，然后再通向 NDIR 分析仪。这样，对水蒸气的交叉敏感不再相关。湿的气体只能由定容采样系统（CVS）的气囊进行测量。在这样的应用中需要进行水蒸气的交叉敏感性能试验（干扰检查）。

15.6.1.4　氧的测量

废气中氧 O_2 的浓度由顺磁检测仪（PMD）进行测量（图 15-52）。

PMD 测量原理

氧是少数具有顺磁性的一种气体。在测量室中，样气通过一个强磁场流动。它

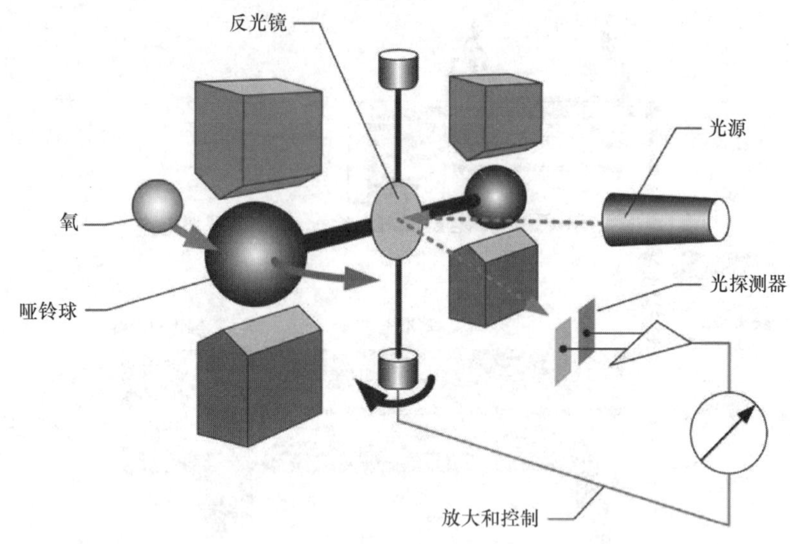

图15-52 PMD（顺磁检测仪）示意图

们的磁性能使氧分子移动到磁场的中心。然而，在这个中心有一个无任何磁性的石英球。这种检测仪在设计上有对称的两个磁场和两个石英球。一根长臂连接着两个球。这种结构被称为哑铃结构。哑铃臂被安装在一个旋转轴上。涌入磁场中的氧分子试图推动哑铃的球体。氧气浓度越高，其推动力越大。在哑铃的旋转轴上安装一面镜子。利用一束光和光探测器来测量镜子偏转。可以采用这种偏转本身作为测量信号，或利用控制磁场使球体总是保持在磁场中心所需的电流作为测量信号。在这两种情况下，其测量信号都与样气中氧的浓度成正比。

这种测量原理也对NO、NO_2和CO_2有轻微的交叉敏感，因为这些气体也稍微有顺磁性。这些气体是在每一个废气测量系统中进行测量的，因而轻微的交叉敏感可以进行数学校正。由于这种交叉敏感性比较低的，因此它只在汽油机废气检测时产生作用，因为汽油机在$\lambda = 1$及以下时仅有非常低的氧气浓度。如果不进行校正，可能会产生5000×10^{-6}量级的误差。

15.6.1.5 特殊测量系统

上述的测量原理构成了标准的测量方法（通常也被称为传统的测量系统），并在大多数排放控制法规中作为规定的测量原理。在研究和开发中还需要利用其他测量方法，以获得更好的废气成分的具体情况，以及测量现有法规还没有涉及的废气成分。下面简单介绍一些特殊的测量方法。

1. 快速响应测量系统

快速响应测量系统是基于上述传统的测量原理，但测量系统被调整到只有几毫秒的快速信号响应时间。然而，这明显导致了更短的使用寿命和维护时间间隔。

2. 无色散紫外线分析仪（NDUV）

NDUV利用与无色散红外分析仪（NDIR）基本相同的原理来测量气体成分。

然而，与NDIR不同的是它使用紫外光源。这种分析仪主要用于测量NO、NO_2和NH_3的浓度。

3. 傅立叶变换红外光谱仪（FTIR）

FTIR是一种能同时测量多种废气成分的光学测量方法。这种测量是基于单个气体成分对红外光的吸收。FTIR应用广泛，特别是在具有废气后处理系统的现代柴油机中的应用，如具有NO_x储存式转化器、选择性催化转化器（SCR）和柴油机颗粒过滤器（DPF）的柴油机。在这些应用中，尤其重要的是，FTIR能分别测量NO、N_2O、NO_2、NH_3和其他废气成分。

FTIR采用广泛的红外波段，同时捕获所有废气样本的光谱信息。借助于迈克尔逊干涉仪，使每个红外波长的强度得到连续变化。一种分束器将光源的红外辐射分为两支光束。其中一支光束撞击可移动的镜子，另一支光束撞击固定的镜子。随后，两支光束重新合拢成一束。镜子的连续运动产生不同的路径长度，这继而又在光束重新合拢时产生干扰。取决于可移动的镜子的位置，个别波长可能被取消或放大。这样不断改变的红外光束通过测量室进行传递，而且各个波长被废气样本中不同的气体成分所吸收。傅里叶变换利用复杂的数学公式，由干涉图来计算红外光谱（强度作为波长的函数），并用特殊方法由它们确定废气中每种成分的浓度。

4. 质谱仪（MS）

质谱仪能够测量废气中的许多气体成分。样气在质谱仪中被电离，例如通过反应气体离解或电离，而且将离子根据它们的质量进行分离。有多种方法能做到这些，但所有这些方法都是基于质谱仪中随质量而变化的离子运动的差异。在反射过程中这些差异可能会产生不同的经过时间，或不同的曲线半径。鉴于质谱仪的复杂性，这种分析仪较多地在实验室中使用，而较少用于常规试验台上的测试。质谱仪系统主要用于测量硫成分（SO_2、H_2S、COS）和氢气H_2。

5. 二极管激光光谱仪（DIOLA）

DIOLA与无色散红外分析仪（NDIR）中采用的红外测量原理类似，但它产生非常短的信号响应时间。这种光谱仪主要用于催化转化器应用的研发。

6. 废气稀释系统

一般来说，废气中与环境有关的污染物的量是由特定废气成分的浓度、它们的密度和发动机废气的体积流量确定的。这种测量方法尽管对发动机的稳定工况来说操作相对简单，但在瞬态工况时却比较复杂，因为必须要应对废气量的快速变化，并能对大小相差若干个数量级的废气浓度进行精确测量。此外，它也必须测量非常动态的排气体积流量。由于每个信号都有不同的时间延迟，因此，所测得的数据必须准确地进行时间对准，然后再进行下一步的计算。由于它不可能满足早期排放控制法规中这样的要求，所以，当时曾寻求利用仪器与计算机结合的替代方法来完成这个任务。这种方法主要是通过采用全流稀释来实现的。即使现在不进行稀释，也能满足这些要求，但几乎所有的排放控制法规中仍然都强制性要求全流稀释。唯一的例外是稳态和瞬态的商用车排放试验如欧Ⅳ（2005）。在立法中的一些保守的立场也植根于这种容易实现且相对简单的全流稀释方法，利用它能利于批准机关检查强制排放试验的准确性。

废气中污染物成分的质量简化计算采用以下术语：

Q_{exh}	发动机原排放废气的体积流量
Q_{CVS}	CVS（定容取样）的体积流量
V_{CVS}	采样期间稀释的废气总体积
q	CVS 的稀释比
$Conc_{raw}$	未稀释的废气中污染物成分的浓度
$Conc_{dil}$	稀释的废气中污染物成分的浓度
$Conc_{bag}$	废气样本包中污染物成分的浓度
ρ	污染物成分的密度
T	采样时间（测试循环持续时间）
m	污染物成分的质量

未稀释的废气（见图 15-53 中的 1）质量为：

$$m = \int_0^T \mathrm{Conc}_{raw} \cdot Q_{exh} \cdot \rho \mathrm{d}t \tag{15-22}$$

利用下式并由式（15-22），计算稀释的废气（见图 15-53 中的 2）质量：

$$Q_{exh} = \frac{Q_{CVS}}{q}$$

$$m = \int_0^T \mathrm{Conc}_{raw} \cdot \frac{Q_{CVS}}{q} \cdot \rho \mathrm{d}t$$

并得出：

$$\mathrm{Conc}_{raw} = \mathrm{Conc}_{dil} \cdot q$$

$$m = \int_0^T \mathrm{Conc}_{dil} \cdot Q_{CVS} \cdot \rho \mathrm{d}t$$

然后得出：

$$Q_{CVS} = \mathrm{const.} \text{ 和 } \rho = \mathrm{const.}$$

$$m = Q_{CVS} \cdot \rho \cdot \int_0^T \mathrm{Conc}_{dil} \mathrm{d}t \tag{15-23}$$

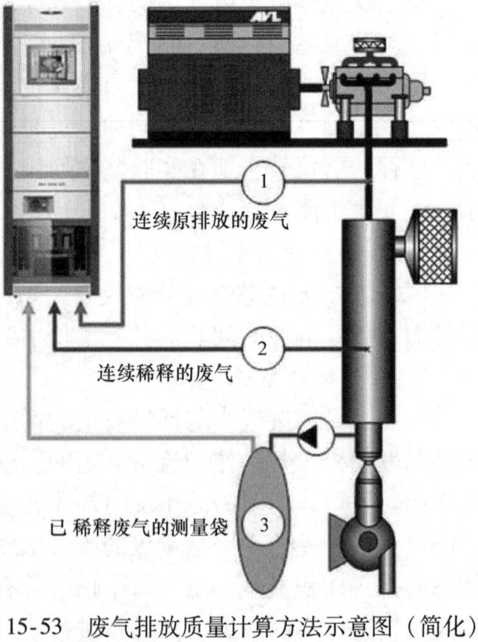

图 15-53 废气排放质量计算方法示意图（简化）
1—未经稀释的废气 2—稀释的废气 3—定容取样

接下来，由式（15-23），CVS（定容取样稀释的废气，见图 15-53 中的3）成为：

$$\int_0^T \mathrm{Conc}_{\mathrm{dil}}\mathrm{d}t = T \cdot (\mathrm{Conc}_{\mathrm{dil}})_{\mathrm{mean}} = T \cdot \mathrm{Conc}_{\mathrm{Bag}}$$

然后，得出下式：

$$V_{\mathrm{CVS}} = Q_{\mathrm{CVS}} \cdot T(\text{这里 } Q_{\mathrm{CVS}} = \mathrm{const.})$$

$$m = V_{\mathrm{CVS}} \cdot \rho \cdot \mathrm{Conc}_{\mathrm{Bag}}. \tag{15-24}$$

发动机废气的稀释也会减少已稀释废气中水的冷凝，因而在测量系统中不会有冷凝水。足够程度的稀释是必要的先决条件。稀释也模拟了各种废气成分在大气（真实条件）中的化学反应。这对颗粒物形成来说是尤其重要的。

由于没有废气被除掉，因此，废气稀释完全保留了废气中污染物的整个质量。然而，添加的稀释空气也会引入大气中已包含的少量的污染物。为防止这些污染物影响检测结果，稀释空气已被收集在样气袋中并进行分析。当计算最终结果时，应减去由稀释空气增加的污染物质量。随进气进入发动机的污染物没有被收集，而是被视为汽车的排放。

7. CVS全流稀释

定容取样（CVS）的主要功能是稀释发动机所有的废气（全流），并使稀释的废气（废气和稀释空气）保持等容流量不变。这可以通过多种方法来完成：

1）CFV临界流文氏管。

2）PDP正排量泵和罗茨鼓风机。

3）SSV亚音速流文氏管。

4）UFM超音速流量计。

8. 临界流文氏管（CFV）

该系统采用风机通过文氏管嘴吸入稀释的废气。管嘴中收缩的截面增加了废气的流速。当管嘴入口与最窄处之间的压差约为2倍时，最窄处的流速将达到声速。由于速度不能进一步增加，从而产生恒流，而且不受管嘴后部风机强度的影响。这种状态被称为临界点，因此，这样的管嘴被称为临界流文氏管嘴。

文氏管精确的流量可以由管嘴的校准参数、管嘴入口的压力和温度进行计算（图15-54）：

$$V_{\mathrm{s}} = K_{\mathrm{V}} \cdot \frac{P_{\mathrm{V}}}{\sqrt{T_{\mathrm{V}}}} \tag{15-25}$$

式中 V_{s}——体积流量，指以美国法规归一化为标准条件20℃和1013bar或以欧洲法规归一化为标准条件0℃和1013bar时的流量；

K_{V}——文氏校正因子，它为最窄管嘴截面的函数；

P_{V}——文氏管嘴前的绝对压力；

T_{V}——文氏管嘴前的绝对温度。

由于文氏管嘴下游的压力不以任何方式影响流量，因此，不必对风机进行控制。然而，它必须具有足够的吸气强度，以便在管嘴中产生临界气流条件。

根据发动机的类型和测试要求，通常需要3或4个文氏管嘴并联在一起，以建立不同的流量。理想情况下，后面每一个较大的文氏管嘴的流量都是前面文氏管嘴的两倍。因此，与二进制数字系统一样，4个管嘴的组合会产生15种不同的流量，而3个管嘴能产生7种不同的流量。

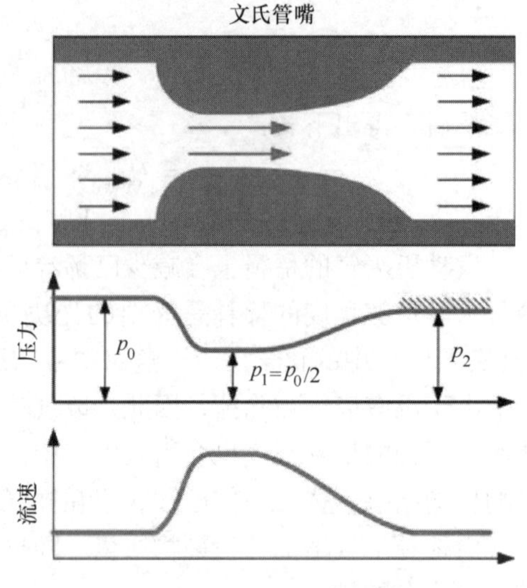

图15-54 通过临界流速文氏管的速度V和压力P的变化曲线

9. 正排量泵

正排量泵（PDP）也被称为罗茨鼓风机，它是保持通过定容采样（CVS）的流量恒定的另一种可选的方法。在壳体中两个旋转活塞输送气体。但体积没有被压缩，而且体积流量与泵的转速成正比。

这种CVS改型装置的优势是由泵的电动机转速控制流量的调节。目前的CVS系统不再由PDP构成，主要是因为其成本较高。

10. 流量测量和主动控制

最近的一些法规也允许使用流量测量和主动风机控制。流量通过亚音速文氏管（SSV）进行测量。如临界流文氏管（CFV）不同，气流在SSV管嘴中达不到声速，因而流量是根据伯努利方程利用压差进行计算的。另外，也可以选用超声波流量计（UFM）进行测量。

11. 常见的CVS流量范围

通常，根据应用情况和发动机排量的大小选用不同流量范围的定容采样系统（CVS）。CVS的流量必须足够大，以防止水在系统中冷凝，而且对柴油机来说，必须保持在颗粒物测量期间稀释的废气温度低于52℃。不同车辆选用CVS的流量范围为：

商用车发动机　120～180m^3/min

乘用车　10～30m^3/min

摩托车　1～5m^3/min

12. 定容采样

只需要从定容采样（CVS）系统中吸取少量的废气来分析它的稀释浓度。样气袋被抽空，然后将废气充入其中，并在测试后对废气进行分析。随着时间的推移，样气袋中的废气浓度在整个测试中形成平均值。为测量颗粒物排放，稀释后的废气通过分析过滤器被抽吸流动，从而使过滤器捕捉样气携带的颗粒物。在测量前和测量后对分析过滤器进行称量，确定捕捉的颗粒物质量。

测量期间从CVS所有体积流量中排放的总质量，由样气袋中的平均浓度和过滤器捕捉的颗粒物质量进行计算。因此，进入样气袋并通过颗粒过滤器的样气必须与CVS中的流量成比例。

CVS的流量不是绝对恒定的，可能会随压力和温度的变化而略有不同。因此，样气流量必须成比例地跟随这些变化，或者使得通过CVS的流量必须保持充分的稳定。一个CFV－CVS系统依靠临界流量文氏管（CFV）通过充填样气袋能满足对废气中气体成分的这一要求。因此，对两个喷嘴（CVS喷嘴和样气喷嘴）来说，压力或温度的任何影响都是相同的，并确定了需要的比例。采样喷嘴不能用于颗粒物测量，因为喷嘴孔会捕捉颗粒，而且喷嘴后部较低的压力会改变颗粒的形成。采用先进的颗粒采样器，能主动调整颗粒采样，使其与流量成比例，或者在CVS文氏管前采用换热器来保持温度恒定。这样，通过CVS文氏管的流量也保持不变。因为CVS系统总是通过稀释空气入口与外部环境相通，因此不会发生能引起流量改变的明显的压力变化（图15-55）。

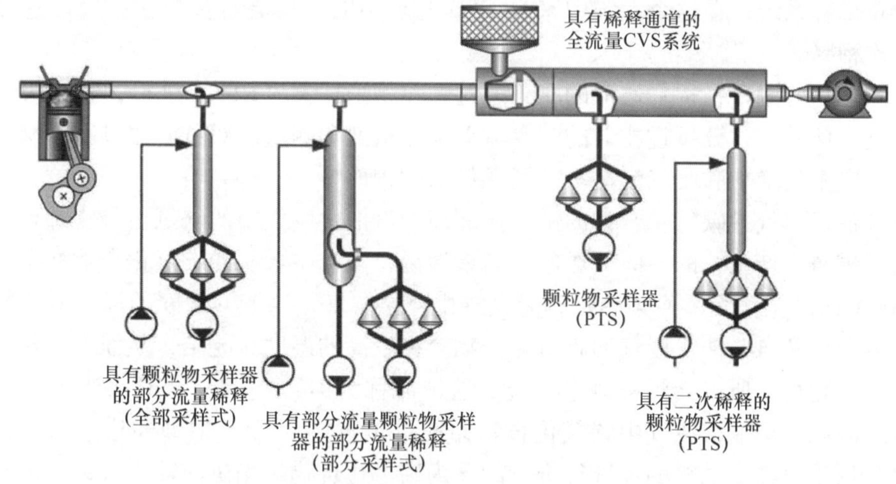

图15-55 颗粒物测量采用的不同稀释系统

13. 柴油发动机的测量要求

对柴油发动机颗粒物和碳氢化合物排放的测量有额外的要求（见图15-56）。

为了测量颗粒物，在定容采样（CVS）系统中增加了稀释通道。实际上，这只是一根长而直的不锈钢管，它的作用是在其中逼真地形成颗粒物。管的直径必须选择的合适，以便使气流总是处于湍流，并使雷诺兹数（湍流的量度参数）达到4000以上。对这根管的长度要求应当是在通道中使稀释的废气有足够长的停留时间，以模拟环境中的颗粒形成。稀释通道的长度通常是其直径的10倍。稀释的程度也必须足够高，以保持稀释的废气温度在颗粒测量时低于52℃。CVS系统已经比较大了，但它通常仍不能充分稀释来满足商用车的颗粒物检测需要。于是，可采

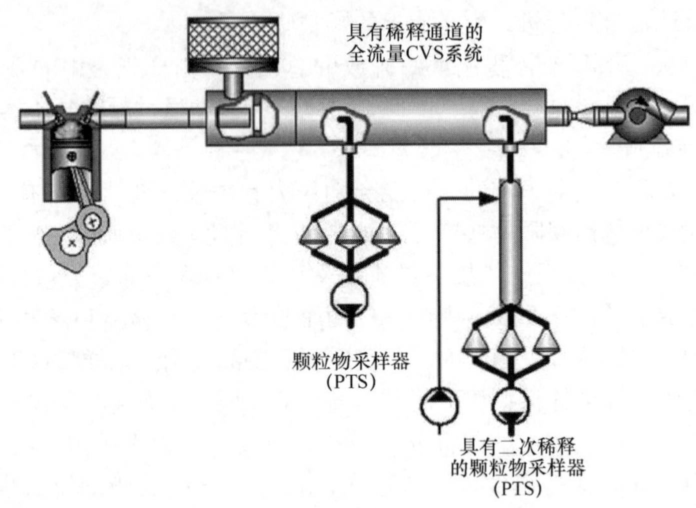

图 15-56　认证时采用的全流量稀释系统

用双重稀释系统，在这个系统中来自 CVS 的较小的采样流量被再次稀释。这被称为二次稀释。

颗粒物的测量在稀释通道的端头通过颗粒物采样器（PTS）进行，它抽吸稀释的废气，使其通过分析过滤器的圆盘流动。测量前和测量后对过滤器进行称量，并通过其质量的增加和废气流量来计算颗粒物的排放量。

柴油机废气中碳氢化合物的沸点显著高于汽油机废气中的碳氢化合物沸点。这是由于燃料生产工艺的不同造成的。简单地说，汽油中含有的碳氢化合物在温度小于200℃时即会蒸发，而柴油含有的碳氢化合物在200～400℃之间的温度时才能蒸发。因此，来自柴油机废气的碳氢化合物会在较高的温度时凝结，从而不能作为气体成分被测得，所以会污染测量系统。这被简称为 HC“挂起”，它会影响随后的测量。因此，柴油机废气中碳氢化合物的测量是直接从 CVS 稀释通道进行的，而不是从用于汽油发动机的样气袋进行的。为碳氢化合物的测量而输送气体的所有管路和部件，包括分析仪（FID），都需要加热至190℃。这样才能抑制碳氢化合物的冷凝。

除了碳氢化合物的测量外，商用车发动机氮氧化物的测量也需要进行加热，并直接从稀释通道进行测量。

15.6.2　颗粒和粉尘排放的测量

15.6.2.1　颗粒排放：稀释通道

所有强制性法规规定的颗粒物排放限值都是基于积分测量确定的。这种积分测量是在废气进行全流量或部分流量通道中稀释后，通过颗粒物质量分析测定法进行的。它最初由美国环境保护局（EPA）规定，然后在全球范围被采用。基于 CVS

的原理，废气与过滤后的空气进行混合，而且部分流量稀释的废气（它必须具有低于 52℃的温度）被抽吸，使其以大于 99% 的过滤速率通过惰性过滤器。颗粒物的排放量通过过滤器质量的增加进行计算。图 15-56 以示意图的方式简要描绘了上述测量原理，它是通常用于商用车的具有二次稀释的系统类型。一般来说，乘用车颗粒物排放量以相同的方法在底盘测功机上进行测量，但它没有二次稀释。

颗粒物是由炭烟、吸附的有机成分、凝聚和吸附的硫酸，以及固体成分（如砂粒、灰分）等组成的。凝聚和吸附物质基本上只在稀释通道中形成。然而，与最初的预期不同，炭烟的浓度在发动机与基准过滤器之间是不完全稳定的。可以理解的是，颗粒物采样与稀释系统较小的修改也会影响颗粒物质量的测量。

EPA 于 2007 年规定的稀释、颗粒物采样和称量系统更加精确。随着颗粒物尤其是炭烟排放量的减少，这也增加了测量方法的重复性和再现性。

欧盟以及几乎所有亚洲和拉丁美洲的国家都允许商用车使用部分流量稀释通道，以便按标准 ISO 16183 的规定稀释固定比例的废气。这些系统的体积空间和成本优势被复杂的质量流量控制所抵消（参见图 15-57 示意的原理）。此外，ISO 16183 标准规定了必须遵守的一些边界条件，以获得与全流量系统相同的排放测量结果。

15.6.2.2　颗粒计数

因为只有非常灵敏的仪器才能捕捉到现代内燃发动机的颗粒排放，联合国欧洲经济委员会污染与能源工作组（UNECE GRPE）的非正式小组的有关颗粒排放计划（PMP）项目，正在研究颗粒测量的新方法。该小组对未来认证程序的建议包括改进 EPA 颗粒测量（2007 年），以及颗粒计数方法。

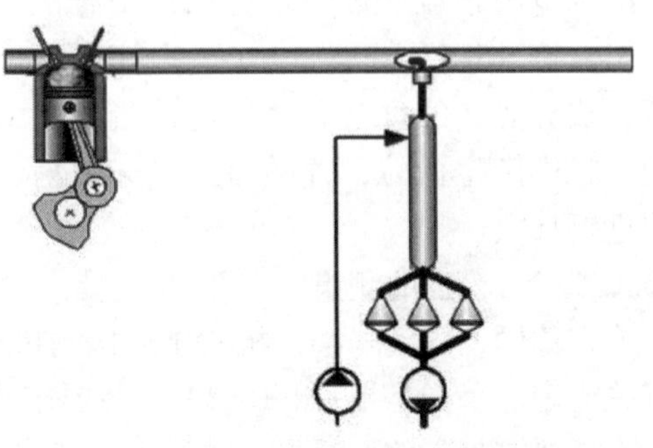

具有颗粒采样器的完全采样式
部分流量稀释系统

图 15-57　用于认证的部分流量稀释

PMP 定义了一个复杂的系统来调节已经稀释的废气，图 15-58 示出了这个系统的简单原理。首先，来自于重新引入的缸壁沉淀而不是直接来源于燃烧的粗颗粒被分离。其次，废气被稀释并随后被加热到 400℃。第三，在颗粒计数器（PNC）之前再次进行稀释，以冷却废气并进一步降低颗粒数量。颗粒数在冷凝颗粒计数器（CPC）中获得，而挥发性的纳米颗粒被排除。因此，只有非挥发性颗粒，即主要是炭烟颗粒被计数。这一要求源于两个因素。一方面，非挥发性颗粒的毒性与人类健康更相关。另一方面，挥发性颗粒排放的重复测量已被证明是非常困难的。这不是测量本身的问题，因为挥发性颗粒就像固体颗粒一样也可以进行计数测量。但是，颗粒过滤器之后均匀冷凝的碳氢化合物和硫酸盐的形成对发动机或废气调节中的细小变化也非常敏感。

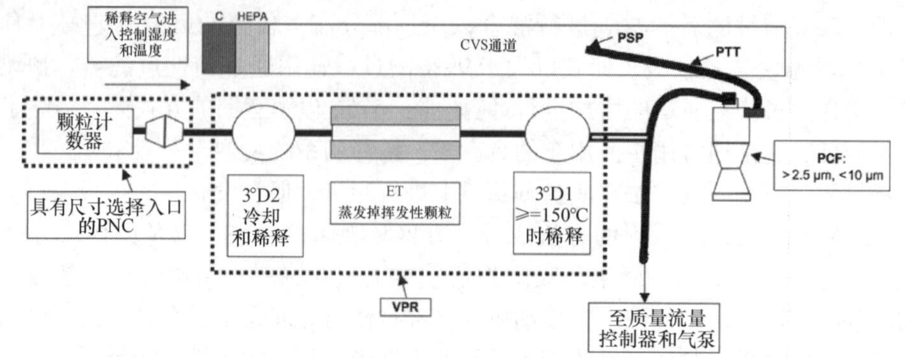

图 15-58　根据 PMP，用于颗粒计数的废气调节系统［15－35］

经调节的废气也可以用来进行一些颗粒特性的分析，如颗粒大小的分布、活性表面积等（PMP 没有要求）。

尽管 PMP 没有明确的要求，但冷凝颗粒计数器（CPC）是用于从亚微米至几纳米范围颗粒计数最常见和最敏感的系统。图 15-59 示出了 CPC 的基本原理。成分混杂的过饱和蒸气的冷凝会从纳米粒中产生微粒，并随后通过光散射法进行计数。

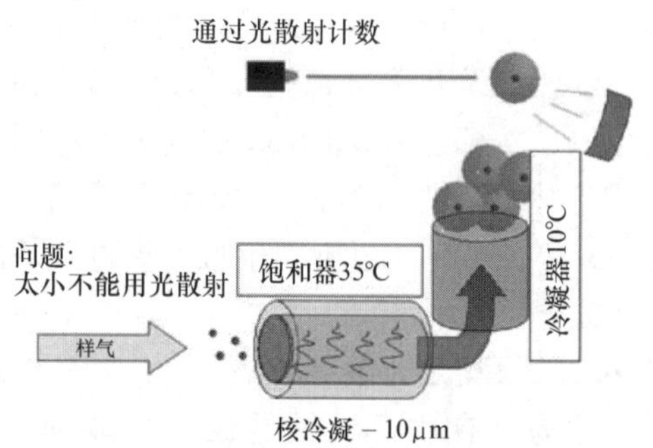

图 15-59　冷凝颗粒计数器（CPC）的功能原理［15－37］

15.6.2.3　粉尘的测量

在德国，固定式柴油机的排放检测执行空气质量控制技术规范（TA－Luft）的有关规定。采样是根据 VDI 2066 的要求进行的。样气是从发动机废气中抽取的，而不需要测量前的稀释。因而，无论从哪个方面来说，这种粉尘都不含任何冷凝和吸附到炭烟上的物质。因此，这种“粉尘质量”与从稀释的废气中测得的颗粒物没有关系。根据负荷点的不同，粉尘质量与颗粒物质量之差可能在 10%～90% 之间。

15.6.2.4　替代方法

颗粒物排放的质量测定法有严重的缺点：它是一种烦琐、费时和集成的方法。然而，为了进行发动机研发，经常需要快速测量和/或动态行驶条件下的排放测试。因此，已经研发了一些比较简单和/或更动态的测量方法。然而，测得的量通常会偏离按照法规测得的颗粒物的值。而且确定的相关性也只得到了监管机构的有限认可。炭烟排放量的测量在这里具有一种特别的作用，因为它是燃烧质量的一个重要指标。已经开发的几种测量方法主要基于炭烟对辐射有很强的吸收能力。这些新方法具有良好的时间分辨率和/或非常高的灵敏度。

最重要的替代测量方法在表 15-17 中进行了归纳总结，图 15-60 至图 15-67 给出了其简要的工作原理 。一般来说，对所有测量方法来说都已具有了不同形式的测量仪器和供销商。

参考文献［15－47～15－50］中提供了有关柴油机颗粒物最先进、非常规测量方法的更多和/或简要的信息，根据需要可以进行查阅。

表 15-17 颗粒/炭烟替代测量方法的优缺点

检测方法	优点	缺点
不透光烟度计［15－39］	1）强制用于一些认证测试，例如 ELR 2）可靠性、成本效益高，是规定的废气不透光烟度检测方法 3）良好的时间分辨率，0.1s 4）灵敏度高（0.1% 不透光烟度，相当于约 300μg/m^3 炭烟） 5）可用特定的样气调节，直至排气压力 400mbar；可用较高的附加压力 6）可以为同系列发动机建立可接受的炭烟浓度的相互关系（mg/m^3）	1）取样系统需要采样流量高达 40l/min 2）高灵敏度需要复杂的系统设计：如需要较长的不透光路径 L 和良好的温度调节 3）NO_2 具有较高的交叉灵敏性
TEOM（锥形元件振荡微量天平）［15－40］	1）可用于颗粒（非炭烟）排放的测量 2）测得的结果类似于法定的颗粒测量方法 3）时间分辨率较好，在几秒的范围内	1）取代了颗粒过滤器，但需要废气稀释 2）一般不完全等同于强制的方法 3）灵敏度取决于时间分辨率，通常为 1mg/m^3 4）价格昂贵
DMM（Dekati 质量监测）［15－41］	1）可用于颗粒（非炭烟）排放的测量 2）测得的结果类似于法定的颗粒测量方法 3）时间分辨率在秒的范围内 4）灵敏度约为 1μg/m^3 5）可额外进行平均粒径的估算	1）取代了颗粒过滤器，但需要高度的废气稀释 2）通常不真正等同于强制的方法 3）价格昂贵

（续）

检测方法	优点	缺点
烟度计［15－39］	1）可靠性和成本效益高 2）是被广泛接收的方法 3）在较长的采样期间具有高的灵敏度（0.002 FSN，相当于约20μg/m³炭烟） 4）利用专门的采样设备，可在柴油机颗粒过滤器之前对废气进行测量 5）良好的炭烟浓度相关性（mg/m³），对其他废气成分的交叉敏感性较小	1）积分法 2）时间分辨率约为1min
光声炭烟传感器［15－42～15－44］	1）灵敏度高，通常小于5μg/m³炭烟 2）传感器信号对炭烟浓度直接和线性敏感，交叉敏感性较小 3）良好的时间分辨率，约等于1s 4）适用于柴油机颗粒过滤器测试 5）价格适中 6）较高的动态范围（1∶10000）	1）需要废气稀释 2）校准的方法还没严格建立 3）DPF上游的测量需要废气调节 4）维修虽比较容易，但必须定期进行
激光诱导发光检测仪［15－45］	1）高灵敏度，通常小于5μg/m³的炭烟 2）传感器信号对炭烟浓度直接和线性敏感，交叉敏感性最小 3）良好的时间分辨率，≤1s 4）适用于柴油机颗粒过滤器测试	1）非常昂贵 2）校准方法尚未建立 3）高动态范围只有利用光衰减器才能获得
光电气溶胶传感器［15－46］	1）紧凑，成本效益高 2）高灵敏度，通常小于1g/m³的炭烟 3）与柴油机炭烟排放的经验关系可以在大多数情况下建立	1）时间分辨率一般，≤10s 2）易受高光电效应物质的强烈影响（PAH）
扩散荷电传感器［15－41，15－46 15－47］	1）紧凑，成本效益高 2）可测量活性颗粒表面（富克斯表面） 3）灵敏度高，通常小于1g/m³颗粒物 4）某些情况下，检测信号与柴油机颗粒物排放之间已建立了经验性的相互关系	1）与颗粒物质量不成正比 2）时间分辨率比较高，在许多秒的范围

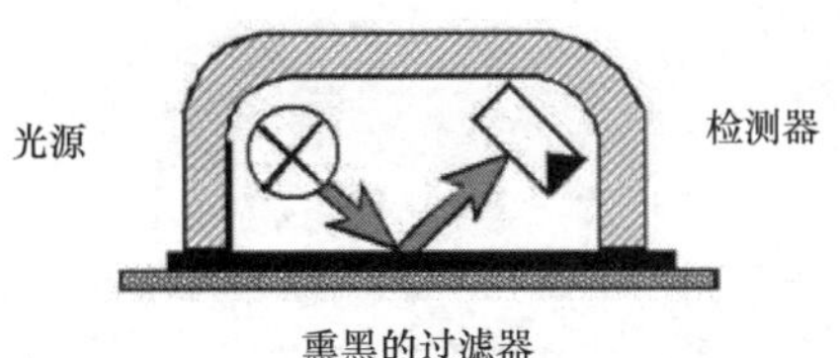

图 15-60　烟度计的原理

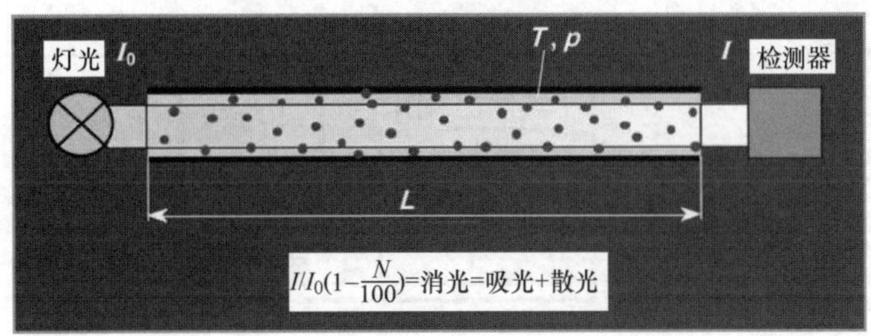

图 15-61　不透光烟度计的工作原理

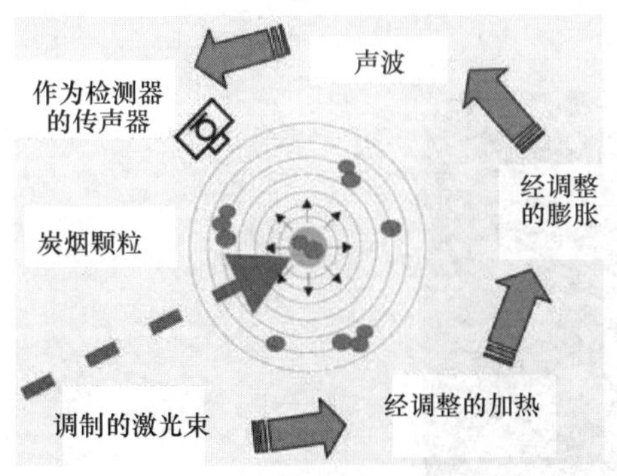

图 15-62　炭烟的光声测量原理

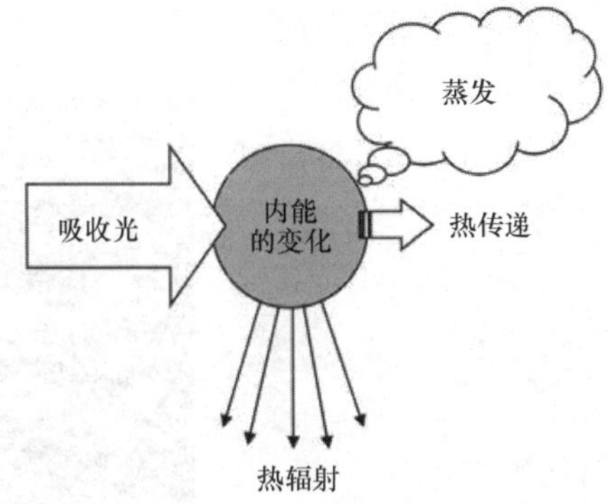

图 15-63　炭烟的激光诱导发光检测原理，LII

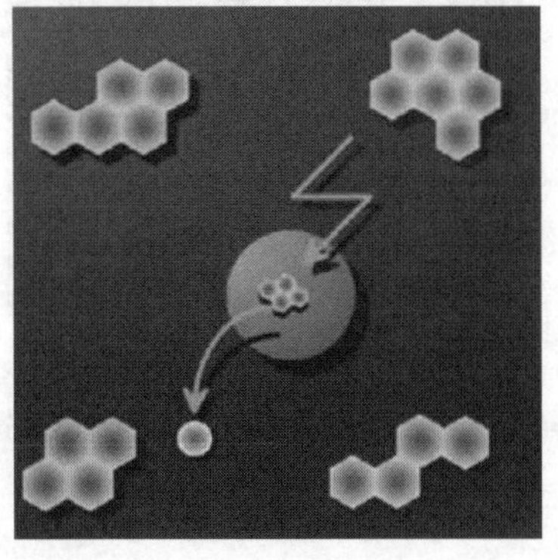

图 15-64　光电气溶胶测量原理

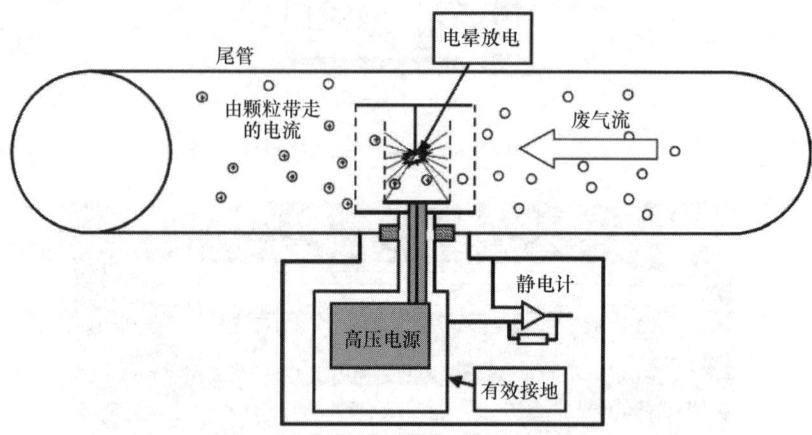

图15-65　扩散荷电传感检测器基本原理

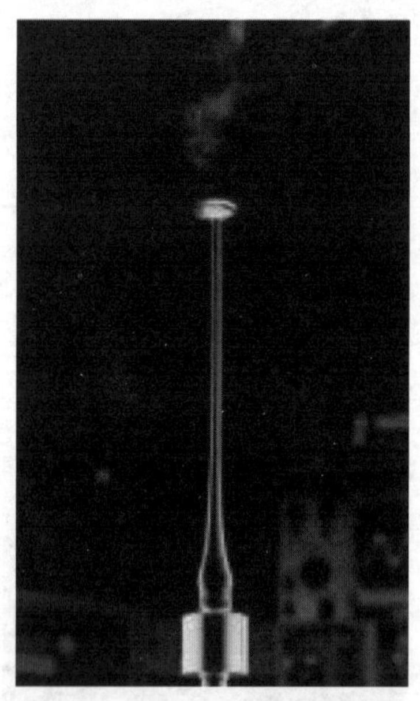

图15-66　TEOM（锥形元件振荡微量天平）：尖端具有过滤器的锥形玻璃管。该管的振动频率随过滤器的载荷而变化

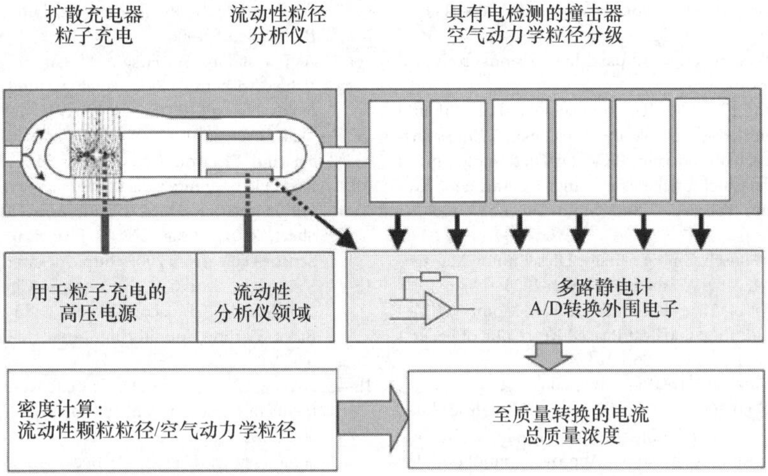

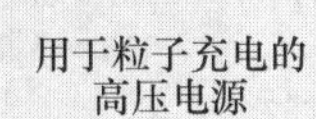

图 15-67 Dekati 质量监测器（DMM）的传感器和数据处理系统示意图

参 考 文 献

15-1 Klingenberg, H.: Automobil-Messtechnik. Bd. C: Abgasmeßtechnik. Berlin: Springer 1995

15-2 22. Bundes-Immissionsschutz-Verordnung vom 18.9.2002

15-3 Basshuysen, R.v.; Schäfer, F. (Hrsg): Handbuch Verbrennungsmotor. Wiesbaden: Vieweg 2005, S. 701

15-4 John, A.; Kuhlbusch, T.: Ursachenanalyse von Feinstaub(PM10)-Immissionen in Berlin. Berlin: Senatsverwaltung für Stadtentwicklung 2004

15-5 Wichmann, E.: Abschätzung positiver gesundheitlicher Auswirkungen durch den Einsatz von Partikelfiltern bei Dieselfahrzeugen in Deutschland. Umweltbundesamt 5/2003

15-6 Fränkle, G.; Havenith, C.; Chmela, F.: Zur Entwicklung des Prüfzyklus EURO 3 für Motoren zum Antrieb von Fahrzeugen über 3,5 t Gesamtgewicht. Aachener Motoren Symposium Oktober 1995

15-7 Europanorm: EN ISO 8178 (1996)

15-8 Richtlinie 97/68/EG vom 16.12.1997

15-9 EPA-US Enviromental Protection Agency: Certification Guidance for Heavy Duty On-Highway and Nonroad CI Engines. Code of Federal Regulations 40 CFR 86/89 (1998) 9

15-10 Technical Code on Control of Emission of Nitrogen Oxides from Marine Diesel Engines. Regulations for the Prevention of Air Pollution of Ships. IMO MP/Conf. 3/35, Annex VI to MARPOL 73/78

15-11 SJÖFS: Swedish Maritime Administration Decree (1997) 27

15-12 Graf, A.; Obländer, P.; Schweinle, G.: Grenzwerte, Vorschriften und Messung der Abgas-Emissionen sowie Berechnung des Kraftstoffverbrauchs aus dem Abgastest. DaimlerChrysler Abgasbroschüre (2005) 24

15-13 Zeldovich, Y.B.: Zhur. Tekhn. Fiz. Vol. 19, NACA Tech Memo 1296 (1950) S. 1199

15-14 Pischinger, S.: Verbrennungsmotoren. Vorlesungsumdruck RWTH Aachen 2001

15-15 Richtlinie 70/220/EWG (Abgasemissionen)

15-16 Hohenberg, G.: Partikelmessverfahren. Abschlussbericht zum Forschungsvorhaben BMWi/AiF 11335 (2000)

15-17 Hagelüken, C.: Autoabgaskatalysatoren. Bd. 612, Reihe Kontakt & Studium. 2. Aufl. Renningen: expert 2005

15-18 Mollenhauer, K.: Handbuch Dieselmotoren. 2. Aufl. Berlin/Heidelberg/New York: Springer 2000

15-19 Mayer, A.: Partikel (www.akpf.org/pub/lexicon10-3-2000.pdf)

15-20 Siegmann, K.; Siegmann, H.C.: Molekulare Vorstadien des Rußes und Gesundheitsrisiko für den Menschen. Phys. Bl. 54 (1998) S 149–152

15-21 Siegmann, K.; Siegmann, H.C.: Die Entstehung von Kohlenstoffpartikeln bei der Verbrennung organischer Treibstoffe. Haus der Technik e.V. Veranstaltung 30-811-056-9 (1999)

15-22 Khalek, I.A.; Kittelson, D.B.; Brear, F.: Nanoparticle Growth During Dilution and Cooling of Diesel

Exhaust: Experimental Investigation and Theoretical Assessment. SAE Technical Paper Series 2000-01-0515 (2000)

15-23 ACEA report on small particle emissions from passenger cars. 1999

15-24 Pischinger, S. et al.: Reduktionspotential für Ruß und Kohlenmonoxid zur Vermeidung des CO-Emissionsanstiegs bei modernen PKW-DI-Dieselmotoren mit flexibler Hochdruckeinspritzung. 13. Aachener Kolloquium Fahrzeug- und Motorentechnik 2004, S 253

15-25 Robert Bosch GmbH (Hrsg): Dieselmotor-Management. 4. Aufl. Wiesbaden: Vieweg 2004

15-26 Control of Air pollution from New Motor Vehicles – Certification and Test Procedures. Code of Federal Regulations 40 CFR 86.110-94

15-27 Richtlinie 91/441/EWG vom 26.06.1991

15-28 TRIAS 60-2003, Exhaust Emission Test Procedures for Light and Medium–Duty Motor Vehicles. In: Blue Book. Automobile Type Approval Handbook for Japanese Certification. JASIC 2004

15-29 Engeljehringer, K.; Schindler, W.: The organic Insoluble Diesel Exhaust Particulates – Differences between diluted and undiluted Measurement. Journal of Aerosol Science 20 (1989) 8, S. 1377

15-30 Code of Federal Regulations: Control of Emissions from new and In-Use Highway Vehicles and Engines. 40 CFR 86.007-11

15-31 Code of Federal Regulations: Engine Testing Procedures and Equipment 40 CFR 1065, July 2005

15-32 Richtlinie 2005/55/EG vom 28.09.2005 und Richtlinie 2005/78/EG vom 14.11.2005

15-33 International Standard Organisation: Heavy Duty Engines – Measurement of gaseous emissions from raw exhaust gas and of particulate emissions using partial flow dilution systems under transient test conditions. ISO 16183, 15. Dec. 2002

15-34 Silvis, W.; Marek, G.; Kreft, N.; Schindler, W.: Diesel Particulate Measurement with Partial Flow Sampling Systems: A new Probe and Tunnel Design that Correlates with Full Flow Tunnels. SAE Technical Paper Series 2002-01-0054 (2002)

15-35 Informal document No GRPE-48-11: Proposal for a Draft Amendment to the 05 Series of Amendments to Regulation No 83, 2004

15-36 Dilaria, P.; Anderson, J.: Report on first results from LD Interlab. Working paper No. GRPE-PMP-15-2 (2005)5(www.unece.org/trans/main/wp29/wp29wgs/wp29grpe/pmp15.html)

15-37 GRIMM Aerosol Technik GmbH, Ainring: Datenblatt Nano-Partikelzähler (CPC) Model 5404; TSI Inc., St. Paul, MN: CPC Model 3790 Data Sheet, 2007

15-38 VDI 2066: Manuelle Staubmessung in strömenden Gasen – Gravimetrische Bestimmung geringer Staubgehalte. In: Reinhaltung der Luft. Bd. 4, Blatt 3. Berlin: Beuth 1986

15-39 AVL List GmbH (Hrsg.): Measurement of Smoke Values with the Filter Paper Method. Application Notes No. AT1007E, 2001; AVL 439 Opacimeter Data Sheet, 2001

15-40 Thermo Electron Co.: TEOM Series 1105 Diesel Particulate Monitor Data Sheet (www.thermo.com)

15-41 DEKATI Ltd.: DMM Dekati Mass Monitor Data Sheet, 2007; Dekati ETaPS Electrical Tailpipe PM Sensor Data Sheet, 2007 (http://dekati.fi)

15-42 Krämer, L.; Bozoki, Z.; Niessner, R.: Characterization of a Mobile Photoacoustic Sensor for Atmospheric Black Carbon Monitoring. Anal. Sci. 17S (2001) p.563

15-43 Faxvog, F.R.; Roessler, D.M.: Optoacoustic measurements of Diesel particulate Emissions. J. Appl. Phys. 50 (1979) 12, p.7880

15-44 Schindler, W.; Haisch, C.; Beck, H.A.; Niessner, R.; Jacob, E.; Rothe, D.: A Photoacoustic Sensor System for Time Resolved Quantification of Diesel Soot Emissions. SAE Technical Paper Series 2004-01-0968 (2004)

15-45 Schraml, S.; Heimgärtner, C.; Will, S.; Leipertz, A.; Hemm, A.: Application of a New Soot Sensor for Exhaust Emission Control Based on Time resolved Laser Induced Incandescence (TIRELII). SAE Technical Paper Series 2000-01-2864 (2000)

15-46 Matter Engineering AG: Diffusion Charging Particle Sensor Type LQ1-DC Data Sheet, 2003 (www.matter-engineering.com); EcoChem Analytics: PAS 2000 Photoelectric Aerosol Sensor (www.ecochem.biz)

15-47 Burtscher, H.: Physical characterization of particulate emissions from diesel engines: a review. J. of Aerosol Science 36 (2005) pp. 896–932

15-48 Burtscher, H.; Majewski, W.A.: Particulate Matter Measurements. (www.dieselnet.com/tech/measure_pm_ins.html)

15-49 Aufdenblatten, S.; Schänzlin, K.; Bertola, A.; Mohr, M.; Przybilla, K.; Lutz, T.: Charakterisierung der Partikelemission von modernen Verbrennungsmotoren. MTZ 63 (2002) 11, p. 962

15-50 Vogt, R.; Scheer, V.; Kirchner, U.; Casati, R.: Partikel im Kraftfahrzeugabgas: Ergebnisse verschiedener Messmethoden. 3. Internationales Forum Abgas- und Partikelemissionen, Sinsheim 2004

Weiterführende Literatur

Robert Bosch GmbH (Hrsg): Kraftfahrtechnisches Taschenbuch. 26. Aufl. Wiesbaden: Vieweg 2007

第16章　柴油机的噪声排放

16.1　声学基本原理

像许多其他机械一样，柴油机工作时也会造成空气压力的变化。这些变化在空气中随着纵向振动而扩散。人的耳朵能够感知约16Hz~16kHz频率范围，诸如噪声这样的压力变化。在这个频率范围内，较高和较低频率的噪声分量被认为远没有0.5~5kHz频率范围的噪声那么吵。人耳的这种与频率相关的灵敏度可以归结于与频率有关的评价曲线（A-加权）。

在1 kHz的频率时，人耳能听到的声压幅值约为2×10^{-5}~20 Pa之间（压力变化超过这个幅值范围会感到痛苦）。人听觉上的大幅值带宽会使线性声（压力）值的规范变得很难处理，因此，通常采用声（压力）级这一参数：

$$L_p = 20\log p/p_o$$

式中　L_p——声压级；

p——声压；

$p_o = 2\times10^{-5}$bar，为参考声压。

声压级确定了测量点声音的大小，即测量点处的噪声量（噪声污染）。然而，由一个部件或一台机器所辐射的噪声，或由指定的声压级以及对应的测量距离来表示，或由声功率级表示：

$$L_W = 10\log P/P_o$$

式中　P——声功率；

$P_o = 10^{-12}$W为参考声功率。

参考变量p_o和P_o可进行选择，以便应用下式：

$$L_W = L_p + 10\log A/A_o$$

式中　A——测量表面积；

$A_o = 1\text{m}^2$为参考表面积。

用以封闭声源并在其中对声压进行测量的表面被称为测量表面。分贝（dB）是声压级、声功率级的单位。常规应用中，A-加权可以通过后缀进行识别，例如

L_{pA}或L_{WA}，单位为dB_A或 dB（A）。

声能的加倍相当于声压级或声功率级增加 3dB 或 3dB（A）。然而，声能的加倍并不等于人耳察觉到的响度的两倍。声能被增加至约 10 倍后，即声压级增加到 10dB（A）之后，人耳才能觉得噪声的响度增加了两倍。

噪声可以通过传声器来进行测量。传声器通过一个薄的膜片捕捉空气压力的变化。膜片本身是电容器的一部分。空气压力的变化引起膜片振动，这反过来又导致相应的电容电荷的变化，这种变化正比于空气压力的变化，而且能相对容易地进一步进行处理。

16.2 发动机噪声排放法规的发展

自 20 世纪 70 年代初，环保法规一直在逐步收紧对几乎所有车辆和发动机组的噪声限值。这种趋势在可预见的未来不会结束，特别是由于不断增加的交通密度在很大程度上抵消了个别车辆或机组降低噪声带来的效果，因此收紧限值显得更有必要。在百姓生活中噪声污染尚未被显著减少，尽管从公共卫生政策（可参见文献[16-1、16-2]）的视角来看这是必须做的事情。

内燃发动机噪声排放的强制性限值并不存在。法规限制整台车辆或机组的排放，而不是单独发动机的噪声排放。例如，设备制造商可自行决定是否使用相对安静的发动机，或封闭的发动机安装空间来满足噪声限值。由于封装措施会使设备制造商产生相当大的额外成本，所以相对安静的发动机具有市场优势。相关的法规也间接地迫使内燃机的噪声排放减少。因此，研发更安静的发动机，过去是，将来会继续是现代发动机设计的一项持续的任务。然而，其他的噪声源，如载货汽车传动系和轮胎噪声，或建筑设备的液压噪声也越来越多地成了噪声排放的重要来源。

图 16-1 以用于货车的排量为 3～16L 的直喷式柴油机和工业用发动机为例，表明了最近几十年取得的发动机降噪的进展。1975 年和 1990 年不同发动机噪声排放

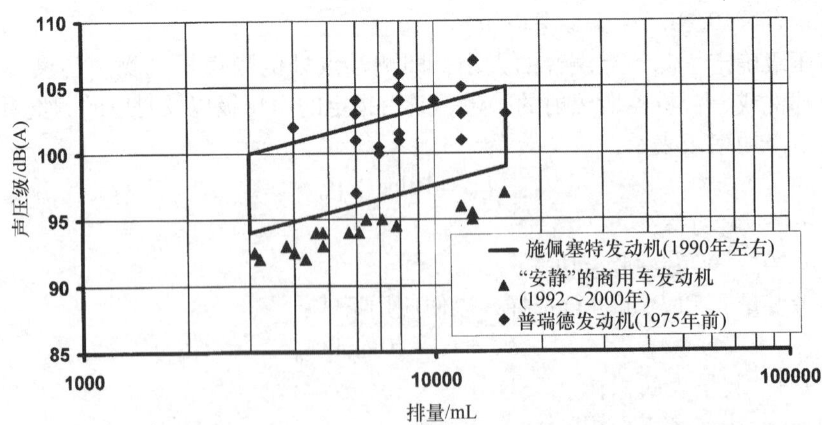

图 16-1　1975 年前和 1990 年左右重型柴油机，以及 1990 年以来市场上推出的声音好听的新发动机（在产发动机，额定功率，1m 测试距离）噪声水平的比较

的每一散射带都被专门规定。一般情况下，散射带范围是相当大的。然而，1975～1990 年之间，噪声水平明显地平均下降了 3dB（A）。

此外，自 1990 以来，一些新研发的先进发动机不断推上市场。最重要的是，通过有限元法（FEM）设计和全面严格实施结构优化设计来降低噪声激励，例如，将正时齿轮传动重新设计于飞轮侧面，见本章的 16.3.1.5。新措施使得新型发动机真正变得安静成为可能。这些新型发动机噪声排放平均降低了 5～8dB（A）的值（1990 或 1975 年各自的值，图 16-1）。现有的降噪潜力远远没有被用尽。“声学效率”，即发动机声功率与发动机额定输出功率的比，自 20 世纪 90 年代以来一直持续下降（图 16-2）。此外，最近的研究表明，即使声音并不令人反感的工业用柴油机，其噪声仍可减少 6dB（A）以上。这种降噪的潜能相当一部分已经通过试验发动机得到验证。

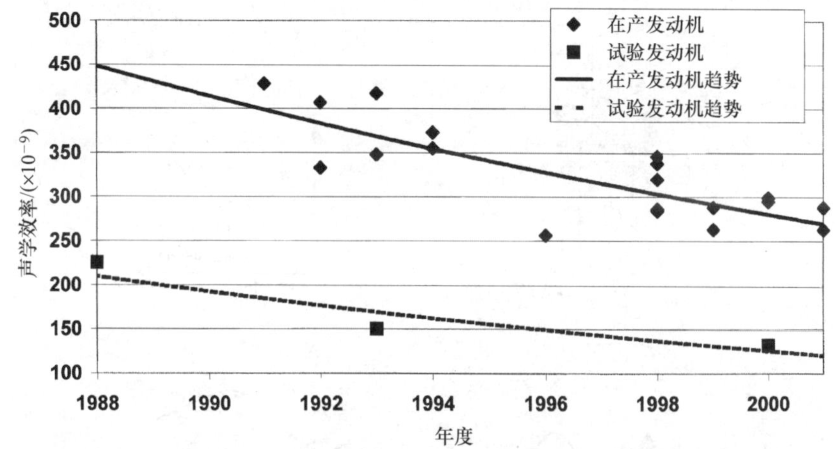

图 16-2　1988～2001 年之间声音好听的商用车柴油机声学效率降低趋势图

降低发动机噪声的先决条件是知道噪声的来源。发动机通过以下因素激发噪声：

1）发动机表面（表面噪声）振动（结构噪声）。

2）进气、排气和冷却系统产生的脉动（气动噪声）。

3）发动机支撑向底盘或基础件的振动传递。

在大多数情况下，发动机表面的激发起着最大的作用。

16.3　发动机表面噪声

16.3.1　结构噪声激励

16.3.1.1　激励机制

发动机表面噪声激励机制示意图见图 16-3。根据傅立叶理论，描述这一机制所需的变量可以被看做频率的函数，并表示为一个频谱：一个力 F，在这个例子中为燃烧室中的气体作用力，它引起结构噪声的加速度 a。转移函数 $T=a/F$ 描述了发动机结构噪声传输的特性。加速度 a 在表面上被转换为声压 p 并进行辐射。这种辐射可以由辐射因子 $A=p/a$ 进行表征，因此，存在以下降噪的选项：

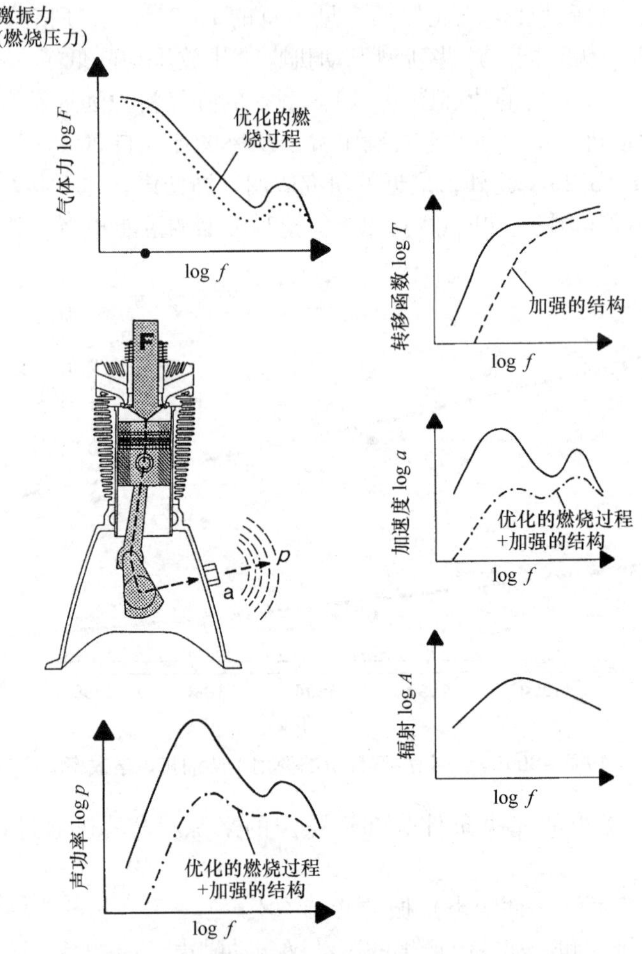

图 16-3　发动机表面噪声的产生机理（示意图）

1）减小激发结构噪声的力 F。

2）降低结构噪声传递，即转移函数 T。

3）降低声的辐射，即辐射因子 A。

然而，在实际发动机中不是单一的力 F，而是各部件之间许多动态力对噪声激励起着决定性作用。因此，不同的激励机制包括：

1）气体力作用下，由燃烧室壁的结构噪声激励而产生的直接燃烧噪声。

2）由相对运动产生的间接燃烧噪声，这些相对运动受气体力（如曲柄机构和正时齿轮传动），或与负荷相关的力的影响（如喷油泵）。

3）相对运动产生的，而且受惯性力（曲柄机构和气门传动机构惯性力）影响的机械噪声。

16.3.1.2 直接燃烧噪声

降低直接燃烧噪声可以从减少以下两方面的噪声入手：

1）自然吸气直喷式柴油机整个工作范围的噪声。

2）所有柴油机低怠速范围和冷起动过程中瞬态运行的噪声。

因此，燃烧程序的声学优化必须作为每一个燃烧系统的研发重点。气缸内压力曲线对直接燃烧噪声的激励是至关重要的。压力曲线通常由时间范围转化为频率范围以便对其进行声学评价。这将产生气缸压力激发的频谱。这个激发频谱取决于气缸压力的各种参数（图 16-4）。实际上，由压力增加或压力升高率确定的频率范围对发动机噪声的 A - 加权水平起决定性作用。它们大约覆盖 0.5 ~3kHz 的范围，这个频率范围的噪声可以轻易透过发动机结构传播出去。

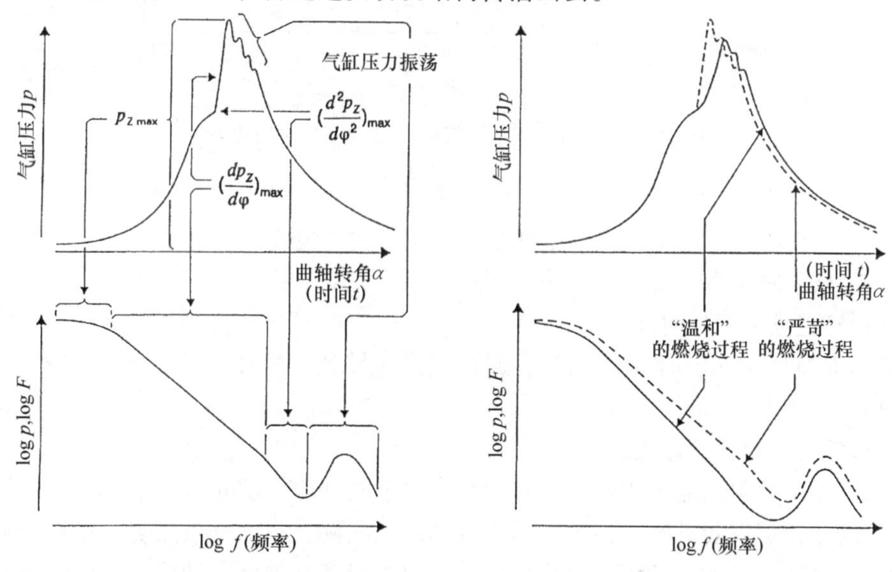

图 16-4 气缸压力曲线与气缸压力激发频谱之间的相互关系（示意图）

图 16-5 比较了不同燃烧过程激发的频谱。直喷式（DI）柴油机的激励水平通常为 10dB，高于间接喷射（IDI）柴油发动机。此外，更高的固有振动频率在燃烧室中形成。它们导致了激发频谱中的峰值和噪声危害的增加（可参见文献［16－11，16－12］）。IDI 柴油机特别易于经历主燃烧室－通道－预燃室系统的振动，通常其固有频率约为 2kHz。这个频率会产生强化噪声水平的激励振动。

由于发动机的结构有非常好的隔声效果，因此在低频率（小于 0.5kHz）时的高激励级通常是与发动机噪声不相关的。此外，在这个频率范围内，辐射因子和人耳的灵敏度都比较低。

燃烧系统研发过程中会出现目标冲突。一种令人满意的折中方案应当能产生显著的降噪潜力，而且没有明显的缺点。只有从研发时开始，对先进燃烧系统每一个复杂因素全部考虑进来，这样的折中方案才能形成。这些因素包括，在可接受的制造成本前提下，获得低油耗、废气低污染物浓度、低燃烧噪声。

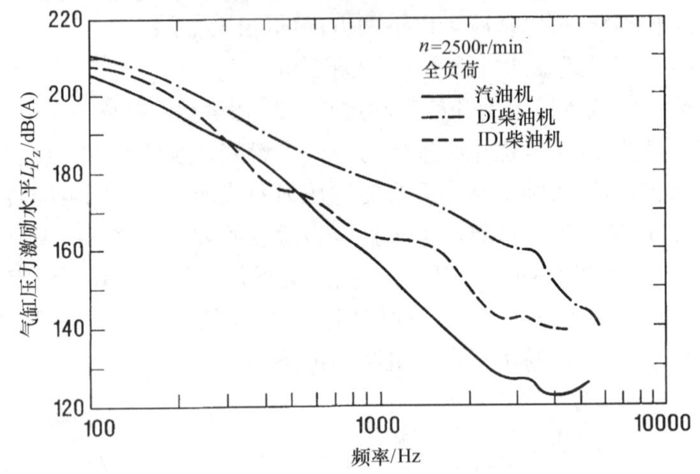

图 16-5　不同燃烧系统气体压力激发频谱的比较

良好的燃烧激励，即最小值的激励频谱，是通过“温和”的气缸压力曲线（图 16-4）获得的。开始燃烧的条件是至关重要的；主要是可以通过减少压燃时可燃燃油的量来减少直接燃烧的噪声。为此，最重要的选择是：

1）延迟喷射开始时间。

2）提前喷射开始时间（例如，通过提高压缩比、增压、废气再循环和/或高温冷却）。

3）定形喷射或分段喷射。

此外，设计中还需采用最大的提前结束喷射时间，以防止炭烟和 HC 排放量的增加。因此，更有效的喷射系统中喷射开始时间实际上只能是被延迟，以便与减少喷射持续时间相一致。然而，这会增加喷油泵本身和喷油泵驱动机构中的噪声激励（见本章的 16. 3. 1. 3）。

通过修改喷油泵或喷油器体可以产生定形喷射或分段喷射。具有电控喷油器的共轨喷油系统，与喷油规律参数图确定的供油开始时间结合起来，特别产生有利于降低噪声的喷射速率形态或分段，从而能在广泛的工况范围内显著减少直接燃烧噪声。

分段喷射能降低怠速和部分负荷期间的直接燃烧噪声 10dB（A）以上；能使发动机整体噪声明显降低 3dB（A）以上（图 16-6）。同时，可降低噪声的脉冲程度，并使人对噪声的主观感知得到明显改善。

替代燃料如 RME（生物柴油）或植物油能显著影响直接燃烧的噪声。因此，根据发动机类型及发动机运行状态的不同，替代燃料的使用可能会明显增加或减少噪声水平。

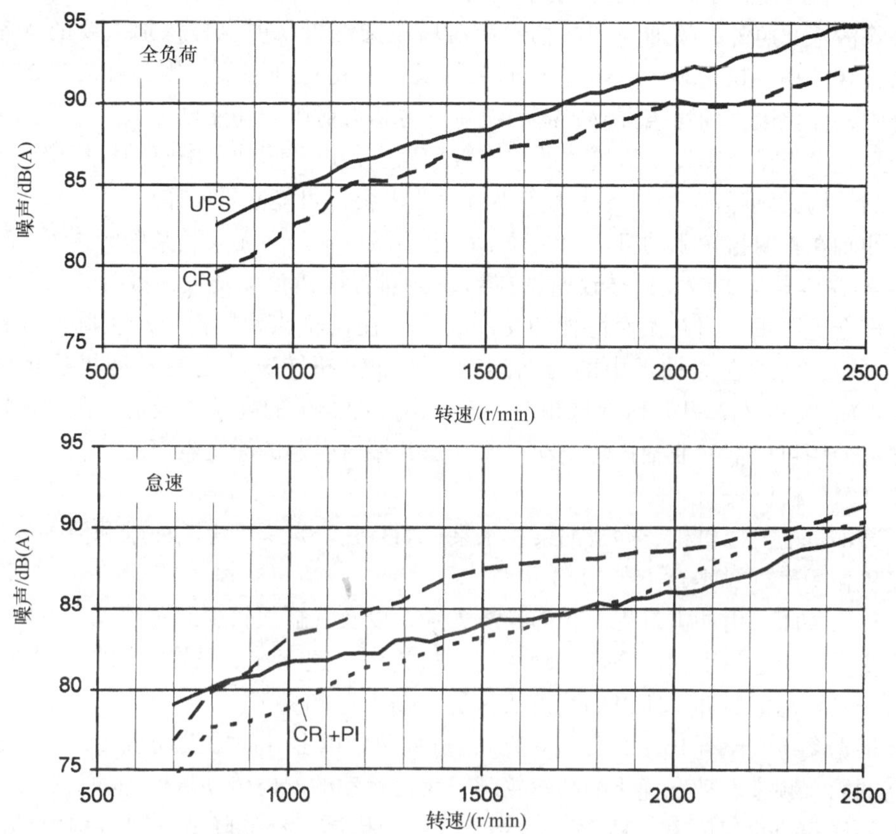

图 16-6 具有预喷射的共轨喷射系统发动机的整体降噪（增压、增压空气冷却，重型六缸直列发动机，$V_H = 5.7\text{dm}^3$）UPS—单体泵系统；CR—共轨喷射系统；PI—预喷射（分段喷射）

16.3.1.3 间接燃烧噪声

间接燃烧噪声在机械增压直喷式高速柴油机的全负荷范围内占主导地位。例如，活塞噪声就在全机噪声中起着重要的作用（参见文献［16－8，16－14～16－18］）。活塞二阶运动会在活塞与气缸之间产生冲击激励，这种激励主要是由高负荷下的气体力形成的。根据工作点的不同，每一个工作循环期间活塞在气缸内的位置会变化 2～10 次。由于噪声的激励是燃烧压力的函数，所以它被称为“间接燃烧噪声”。惯性力也会激起噪声，确切地说，在高速行驶和怠速期间惯性力尤其明显。这应被称为“机械噪声”。

活塞噪声，即活塞与气缸之间冲击过程产生的噪声分量，可以通过减少活塞冲击过程中的冲击脉冲而使其系统地降低。活塞间隙、裙部长度、形状和刚度，以及活塞销偏置是影响活塞噪声的重要参数。推力侧活塞销偏置（占活塞直径的 1%～

2%）对许多工业用发动机和商用车发动机的噪声改善是有利的。

除活塞噪声外，喷油泵和曲轴噪声对增压柴油机来说也是特别重要的（参见文献［16-18～16-20］）。其中喷油泵的噪声变得特别明显，因为在先进的燃烧系统中，优化废气和噪声排放所需的喷射压力和喷射压力梯度显著上升。喷油泵引起的泵壳噪声排放和发动机机体的结构激励噪声，以及喷油泵中驱动机构交变力矩产生的结构激励噪声（见16.3.1.4小节中的内容）可能起重要作用。

曲轴在正时齿轮驱动机构和主轴承中也会激发噪声。尤其是某些转速下，较低（N）阶次气体力的激发，导致曲轴在第一次固有扭转频率发生共振时，曲轴的这种噪声会更严重。因共振而增加的交变力矩会在齿轮传动机构中产生脉冲并被触发。同时，曲轴在主轴承中的径向运动，再加上扭转振动会使发动机机体激发（$N-1$）阶次和（$N+1$）阶次低频率，以及由脉冲产生的高频率振动。扭转振动阻尼器的使用可以消除曲轴扭转振动，尤其是共振时引起的激励噪声。

16.3.1.4 机械噪声

柴油机的气门机构、润滑油泵、水泵，而且在一定程度上其曲轴和活塞等都会激发机械噪声（见本章16.3.1.3小节）。

气门关闭时由冲击过程引起的噪声激励，以及气缸数较少的发动机由齿轮传动机构交变力矩触发引起的噪声激励在气门机构中普遍存在。虽然气门噪声比较小，但由于其较高的脉冲，所以仍然被认为是“烦人”的噪声。

根据参考文献［16-25～16-27］，每缸两个以上气门的发动机中，气门机构较高的固有频率、动态优化的凸轮轮廓、缓慢运动的气门传动机构部件、液压气门间隙补偿和凸轮相位角（稍微）偏移等一系列措施，都能降低气门机构引起的激励噪声。

润滑油泵机因润滑油压力脉动尤其能产生噪声。通过减少压力峰值（优化齿轮泵的传动装置、压力调节器、润滑油泵前和/或后的油道等）可以减少噪声。水泵引起的噪声激励很小，通常可以忽略不计。

16.3.1.5 主传动噪声

主传动噪声包括喷油泵、曲轴和气门传动机构的噪声。因此，主传动噪声不能完全归为“间接燃烧噪声”，也不能归于“机械噪声”。

图16-7以重型直喷式（DI）柴油机齿轮传动机构的噪声激励为例，示出了喷油泵和中间传动齿轮产生的脉冲：喷油泵管路压力出现增加（图16-7顶部），因而使喷油泵柱塞上的压力增加，开始阻碍喷油泵齿轮的转动。因此，喷油泵齿轮的齿与中间齿轮的齿彼此之间相对运动。这将在齿面之间触发一个脉冲，它能作为结构噪声的脉冲和两个齿轮上的脉冲被明显检测到（图16-7中部和底部），而且能通过齿轮轴承激励发动机结构。减少正时齿轮传动噪声的选项包括采用扭转振动阻尼器、增补喷油泵齿轮上的质量、通过拼合齿轮消除间隙、利用比较细长和高接触率的所谓“全齿高齿”、将齿轮传动机构设置于飞轮侧等（图16-8，并参见文献

[16-8，16-18~16-20，16-23，16-24，16-29~16-32]）。

辅助装置，如由齿轮式动力传动装置驱动的压缩机或液压泵，也会明显影响发动机的表面噪声。活塞式压缩机将交变力矩引入齿轮传动装置。这会导致齿轮传动装置的“颤抖”，从而使齿轮传动噪声增大。齿轮传动噪声经常被主观感知为令人讨厌的噪声，尤其是在怠速和低速期间。相比之下，由凸轮轴或喷射泵齿轮驱动的液压泵，由于它们输出的准静态转矩较大，足以防止齿轮传动的相对运动，也可以降低噪声排放。

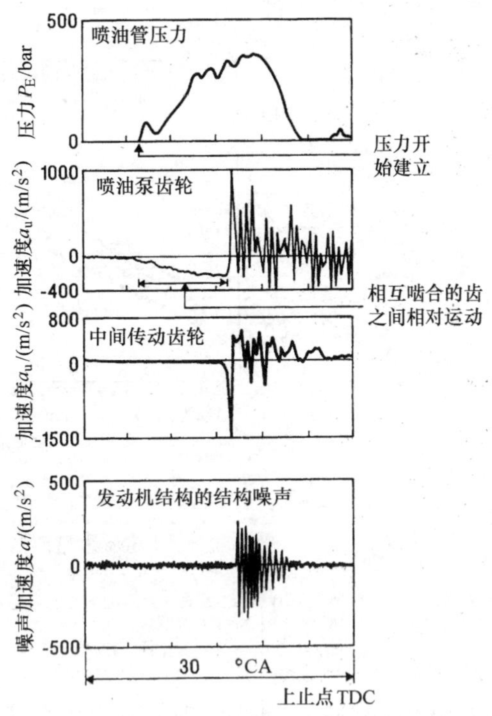

图 16-7　发动机结构中喷油管压力 P_E 的增加及主传动齿轮切向加速度 a_u 与结构噪声加速度 a 之间的相互关系［16-24］

对乘用车柴油机和工业用小型柴油机来说，链条或正时带传动比正时齿轮传动具有更好的声学特性。然而，链和正时带传动也会发出令人能感知的声音。目前，在个别的速度范围内的噪声能级峰值，可以归因于个别链或正时带段的共振振动，特别会令人感到心烦。链条或正时带的不均匀性，正时轮的偏置，相关轴的振动力矩和/或扭转振动都可能会激发固有振动。这些振动增加了链或带的冲击速度，因此增加了噪声激励，在发生共振的情况下尤其是这样。这会使齿的啮合次序及其倍数在噪声频谱中凸显出来（图 16-9）。通过修改轮和/或带的形状以及带和轮的接触表面，将惰轮的固有频率移位和/或使用阻尼空转液柱等可以减少正时带的噪声。

对链传动的声学优化措施在一定会程度上类似于上述正时带传动的措施。链条本身也可以进行声学优化。齿形链条比滚柱链的声学效果好。导向件通过其轨道和夹紧元件影响噪声激励。侧面橡胶垫圈对链条侧冲击的吸收增加了链啮合的阻尼。对链条进行密集润滑油喷射，可以减少链条的冲击和噪声。具有偏置链节的双排滚子链条可减少传动的嘎嘎声。

16.3.2 发动机中结构噪声的传递

除减少结构噪声激励外，对传递结构噪声的有关结构进行声学优化，是充分挖掘现有降噪潜力的必要措施。至少在新的发动机设计中，通过结构优化产生的降噪

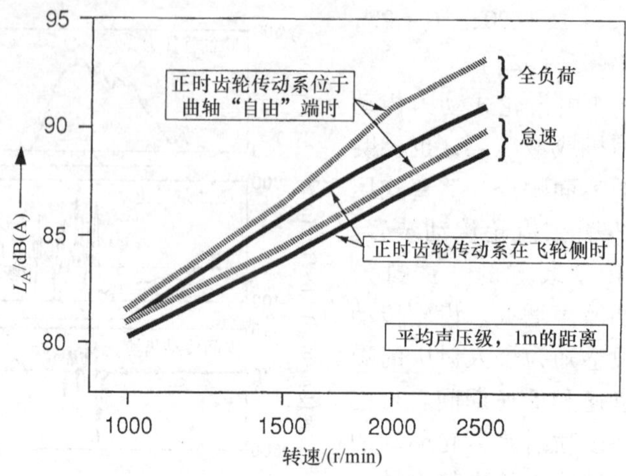

图 16-8　正时齿轮传动系置于飞轮侧时发动机整体噪声 L_A 会降低（增压重型四缸直列发动机）

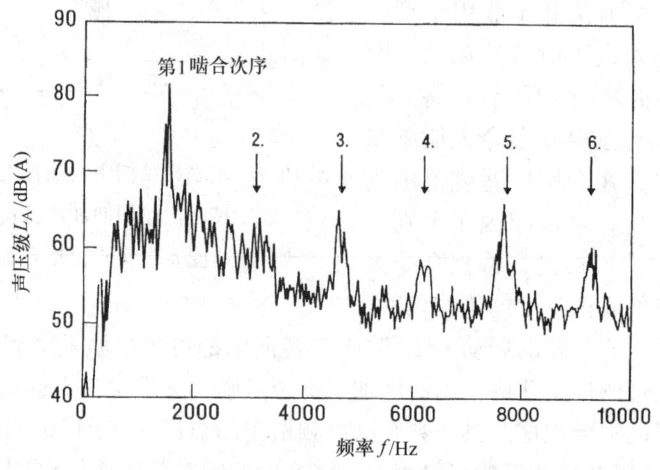

图 16-9　正时带啮合对噪声频谱的影响

潜力大于通过减少噪声激励带来的降噪潜力。

16.3.2.1　发动机机体和气缸盖传递的结构噪声

发动机机体能同时传递力和辐射噪声，因此特别值得注意。因为经验表明，在直列发动机中，发动机机体及由机体引发基础激励的附装配件，至少引发了发动机整体噪声的50%。因此，尽管同时进行了它们总质量的最小化和质量的优化分布，但发动机机体必须确保刚性建构，而不是材料的堆积，以便使固有频率向高频率区间移动，或降低0.5～3kHz频率范围内结构噪声的传递，这对于抑制噪声尤为重要。

传力结构通常是在许多小步骤中进行优化的。但每一个单独步骤的有效性几乎不可能在运行的所有发动机上进行检测。因为这样的检测需要很大的努力来建造数量庞大的发动机试验变体，而且这样做还存在许多的障碍，包括装配质量、测量精度、再现性和高阻尼等。因此，通常只有优化措施的综合效果才能得到验证。然而，在原理试验（如实验模型分析）的基础上，并基于有限元法（FEM）的计算，通过评估各个步骤和措施，可以进行更有针对性、更快速和更有成本效益的机体结构改进（参见文献［16－7，16－8，16－32，16－38～16－42］）。

图 16-10 示出最先进的发动机机体的声学概念。它是借助于先进的模拟分析方法，研发出声学效果良好的商用车和工业用柴油机机体：

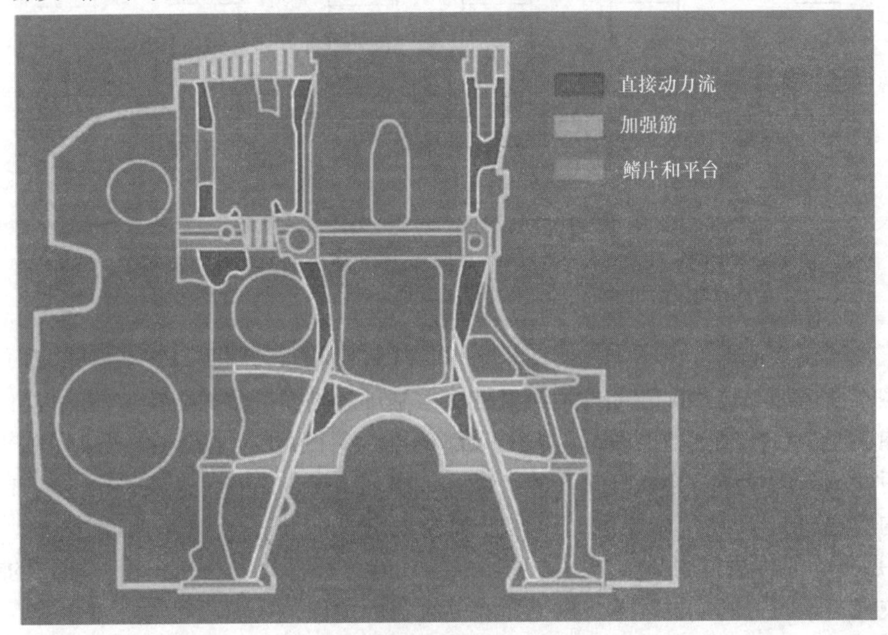

图 16-10 重型柴油机机体的声学概念

1）薄而高的加强筋，宽的油底壳凸缘和刚性平台，使机体获得了较高的水平刚度，尤其在（单体）喷油泵壳区域。

2）线性力分布最大限度地减少了机体表面运动产生的噪声。

3）内部加强筋增加了机体下部区域的刚度。

4）曲轴箱裙部的刚性很大，防止了主轴承座与该裙部的振动耦合，从而使主轴承座的振动不会导致噪声的增加。

上述几项设计理念可以使发动机机体具有良好的声学性能，同时保持机体的质量合理和制造成本较低。

图 16-11 示出的发动机机体结构，可作为新的设计来替代标准结构（图 16-11a），以获得好的声学效果。采用轴向主轴承梁（图 16-11b）使隔板的固有频率朝向高频率移动，从而减小裙部的振动。梯形框架（图 16-11c）增加了曲轴箱裙部的刚度，更重要的是防止发动机机体区域的反相振动。梯形框架和主轴承梁也

被结合在一起。底板（图 16-11d）和隧道壳（图 16-11e）使得很大刚性的发动机机体设计成为可能。具有曲拐座的发动机机体（图 16-11f）（参见文献［16－43～16－45］）使油底壳（由弹性元件与发动机机体完全隔离）向上提高至气缸体下平面的水平。这可以显著降低气缸体的声音辐射表面积。近年来，具有较高频率的主轴承梁、梯形框架甚至底板式框架的发动机机体已经被采用，并投入生产，但上述其他形式的发动机机体结构仅仅在很少的发动机类型中被采用。

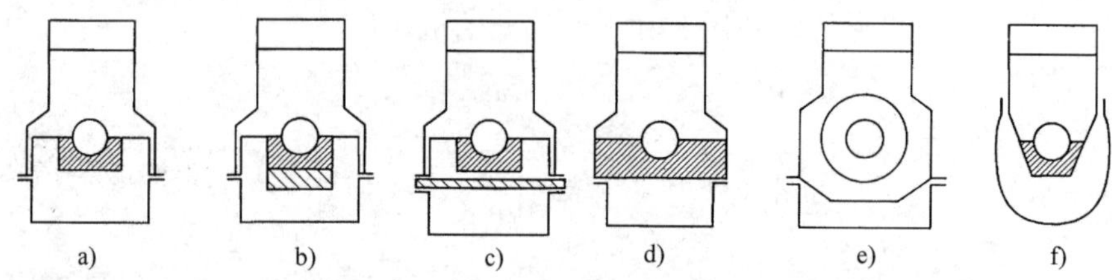

图 16-11　可选择的发动机机体设计概念

a）标准发动机机体　b）具有主轴承梁的标准发动机机体　c）具有梯形框架的发动机机体
d）具有底板的发动机机体　e）“隧道”式发动机机体　f）具有曲拐座的发动机机体

发动机其他部件声学优化的结果之一是气缸盖和它的附装部件在降噪方面的重要性不断增加。这些附装部件是由气缸盖为基础激励而产生噪声排放的。气缸盖基板和中间平台使气缸盖的底部具有了足够的刚性。因此，其结构噪声级相对较低。然而，较高的噪声级会在气缸盖的上部区域出现。所以，在这个实例中，气缸盖的结构应通过更大的壁厚强度，或通过加强筋（比较好的方法）或通过凸型结构（这是更好的方法）得到加强。这种加强措施的一种替代方法是利用分开式的或具有较强声学阻尼的气缸盖罩，向下压在气缸盖的顶部，从而覆盖气缸盖。

16.3.2.2　附装部件传递的结构噪声

除了发动机机体和气缸盖这两个传力部件外，附装部件也发挥着声学上的重要作用。特别是压模铸铝附装部件是经常会导致声学问题的，因为它们必须优先考虑的是降低重量，因而采用了薄壁结构，以便易于制造、降低成本和质量。图 16-12 形象化地示出了采用有限元法（FEM）计算，并通过模型分析测量的进气歧管的前两个固有振动的模型。图 16-13 绘出了进气歧管（优化前后的两个变种）和气缸盖（作为基础激励进气歧管的部件）之间的转换函数。圆周加强筋可以将固有频率向更高的频率转移。由于激振力的频谱随着频率的增加而减小，因此，固有频率的增加使激振力移向其较小的频率范围（见图 16-13）。与此同时，转换函数的振幅也会有所减小。

横向和纵向加强筋结合使用和喷油器周围封闭空间的创建（图 16-14），与完全无加强筋、有尖角的平面式变体相比，最大可降低缸盖罩组件的噪声 8dB（A）。在这个实例中，气缸盖罩和进气歧管的优化与完全无加强筋的变体相比，在发动机上方测量点可降低发动机整体噪声排放 1.5dB（A），在发动机侧面测量点也会有稍微降低。

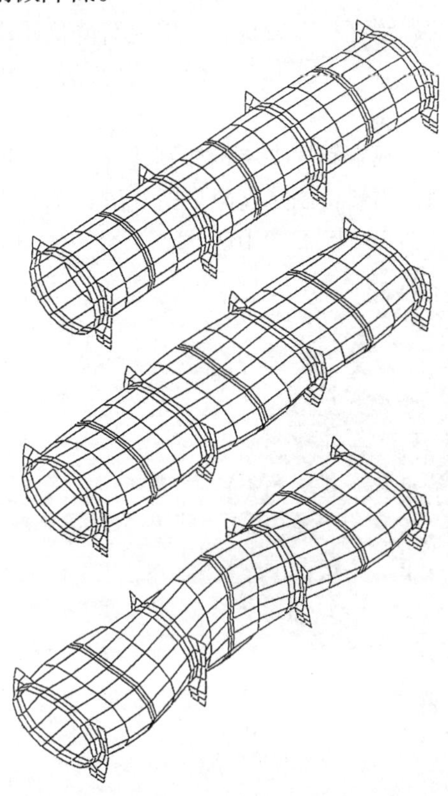

图16-12　进气歧管振动模型。顶部：未定模型；中部：第一模型（FEM：3580Hz，实验模型分析：3766Hz）；底部：第二模型（FEM:4081Hz,实验模型分析:3980Hz）[16－7]

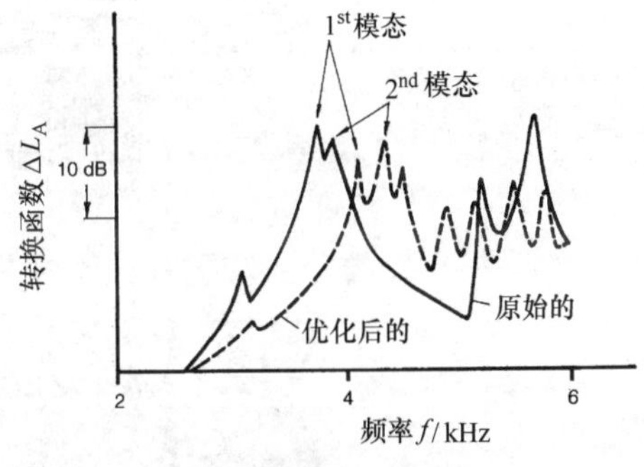

图16-13　气缸盖和进气歧管两个变体管表面之间的转换函数。转换函数峰值的振幅越低和频率越高，则管的声学特性越好

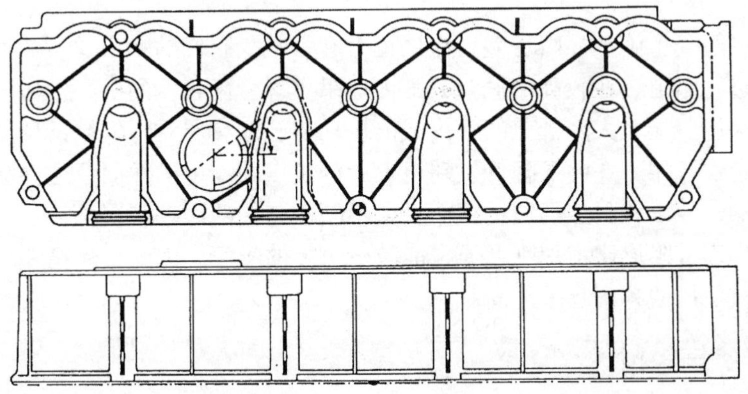

图16-14　具有内加强筋的气缸盖罩

在附装部件与基础件之间采用弹性元件来隔离结构噪声，这样可以减少这些非传力附装部件的噪声排放。弹性隔离元件的动态刚度相对较低，它能显著降低噪声（参见文献［16-4，16-5］）。当然，弹性隔离元件已经预先进行了结构优化，因而它能相对明显地降低噪声。

高阻尼材料也能减少附装部件的噪声排放。现在利用夹层钢板制造气门罩、油底壳，以及风冷发动机中的空气罩已成为惯例。用塑料制造高阻尼的气缸盖罩、进气歧管、空气罩或油底壳在声学上同样有效（图16-15和图16-16）。

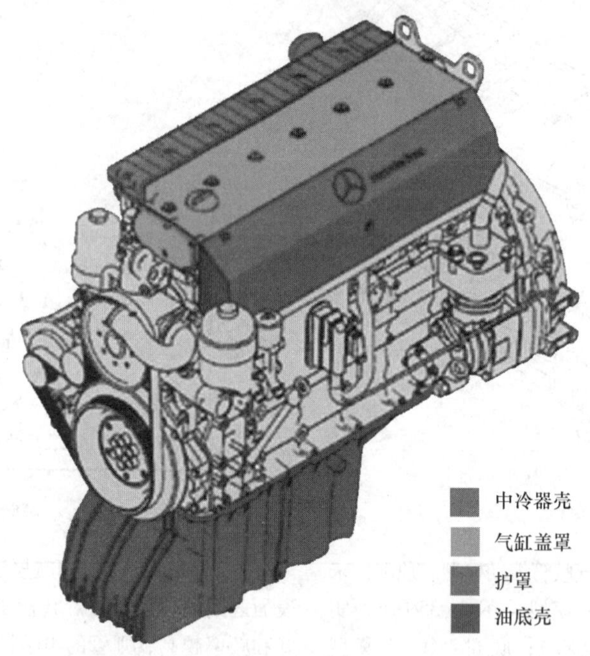

图16-15　载货汽车柴油发动机的塑料部件

铸铝油底壳上施加高阻尼塑料涂层也会有效减少它们的噪声。另一种方法是对振动表面进行阻尼，在较高的振幅范围内效果更好。齿轮盖的中心区域施加高阻尼弹性材料涂层，能大大降低盖的膜片式的振动。施加涂层对降低被试发动机整体噪声起着决定性作用，并明显降低发动机上游测量点的噪声。然而，这种涂料不仅产生较大的额外成本和附加的质量，而且也不利于它们的循环利用。

采用隔离或阻尼比增加刚度通常能减少更多的噪声。因此，隔离和阻尼这样的降噪选项被使用的频率越来越高。

16.3.3　噪声辐射

通过封装的措施（见本章的16.5节和16.6节），或使“声波短路”的方法，可以减少噪声辐射。振动表面产生的过高与低压噪声相互抵消时则产生“声波短

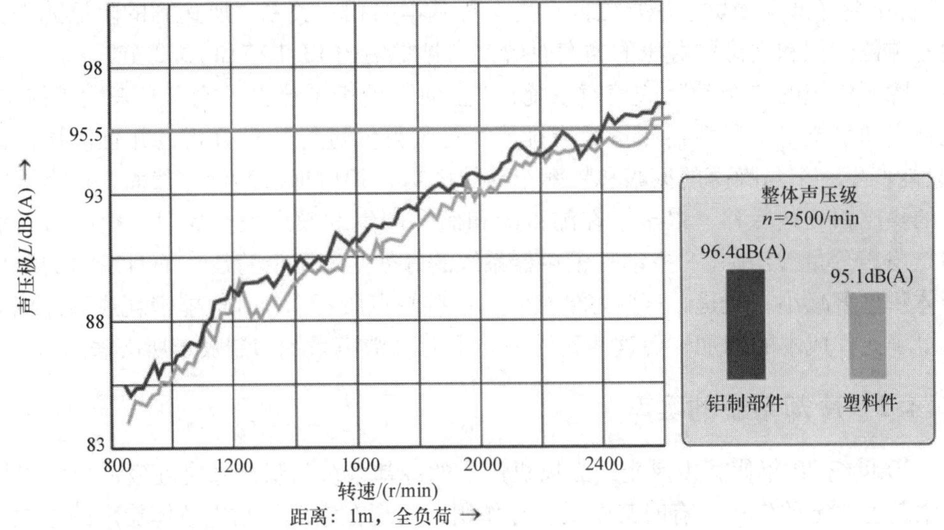

图 16-16　载货汽车柴油机采用塑料部件的降噪曲线

路”现象。这样一来，离振动表面较远处的空气压力不再振动，因而在远处不再有可检测到的噪声辐射。例如对 V 形带轮进行声学优化时可以利用这种效应。

V 形带轮的声学相关振动模式通常是它们的膜片式振动。尽管 V 形带轮的开口只稍微改变固有频率和振幅，但它们有利于带轮前面和背面的压力均衡。因此，压力的变化不再能传播，噪声不再辐射到离发动机的较远区域。

16.4　发动机的气动噪声

16.4.1　进气和排气系统的噪声

内燃机进气系统的压力会强烈脉动，而排气系统中压力脉动甚至更加强烈。无阻尼的压力脉动噪声会淹没发动机所有其他部件的噪声。

至少在机械增压发动机中，空气滤清器已经能产生足够的进气噪声阻尼。为满足其他一些要求，还采用了专门的阻尼系统，例如文氏管和/或谐振器。文氏管主要用来降低较高频率的进气噪声分量，而谐振器主要通过反射和叠加进气噪声脉动来降低进气噪声的低频分量。

无论哪种情况下，采用消声器（系统）来减少排气噪声都是强制性的。该系统通常将前述的文氏管声音阻尼原理、旁通或吸声材料内衬，以及通过反射和叠加消除低频噪声分量等措施结合起来。这将在噪声阻尼能力、单位体积与阻尼器背压

(该背压会降低发动机效率) 之间产生一种基本的相互关系。所达到的阻尼能力会随着单位体积和允许的背压的增大而增大 (见本书的 13.1 节和 13.2 节)。

除了传统的"被动"式消声系统，"主动"消声系统也可能在未来发挥作用。这种主动系统采用传声器测量噪声排放。对测得值进行数学分析，并且使扬声器 (它能产生一个与噪声的振幅和频率相等的声响) 相应地被激活。然而，扬声器辐射的噪声相位被后移，以至于在测得的和额外产生的噪声被叠加时，相应的 (低频) 噪声分量被消除。"主动"消声器系统的好处是能降低背压，而且所需的阻尼器体积显著减小。但是，这些好处被它的一些缺点所抵消，如电能消耗或额外机械和电子元件成本的增加。而这些元件是"主动"消声系统抑制噪声所必需的。

16.4.2 冷却系统的噪声

20 世纪 70 年代，由风扇或鼓风机产生的冷却系统的噪声通常在发动机噪声排放中起着一定的作用，有时甚至是主导作用。而现在它对发动机整体噪声的影响通常是相当轻微的。这是由以下措施实现的 (参见参考文献 [16-53~16-57])：

1) 整个冷却系统和相应的冷却风扇叶片或鼓风机叶片具有更好的空气动力学设计。

2) 采用不均等分度的叶片，防止音调噪声成分的形成。

3) 通过发动机控制系统来限制风扇或鼓风机至最低转速，但还不妨碍在特定工作点时的冷却效果。

在较高转速范围内，交流发电机风扇所产生的气动噪声成为发动机噪声的主要因素。越来越大的电能输出需要越来越大的发电机和更高的发电机转速。因此，即使是新的、具有安静的封闭式风扇的发电机设计，也已经不能满意地降低发电机噪声。实际上，在发动机和发电机之间使用黏性离合器或使用液体冷却的发电机会更有效。

16.5 封装式降噪

16.5.1 封装和封闭式发动机

只有每一种噪声源上的降噪措施已完全用尽之后，才应该去考虑采取部分或完全封闭等形式的额外降噪措施。这种思路是有道理的，因为源头上的降噪措施已被证明比发动机室中的封装或相应的声学措施更具成本效益。从质量和结构空间的角度来看，源头上的降噪措施也应该优先于封装。然而，源头上措施的效果是有限的，一般只有几分贝 (见本章的 16.3 节和 16.4 节)。

另一方面，发动机的完全封闭能显著降低噪声，降噪可达 10~13dB (A)，而且比不封闭的 (敞开式) 发动机只需要稍微多一点的结构空间 (图 16-17)。噪声降低 13dB (A) 意味着 20 台封闭的发动机，只产生一台未封闭式发动机的噪声。

图 16-17　敞开式与封闭式单缸风冷直喷式柴油机的尺寸比较

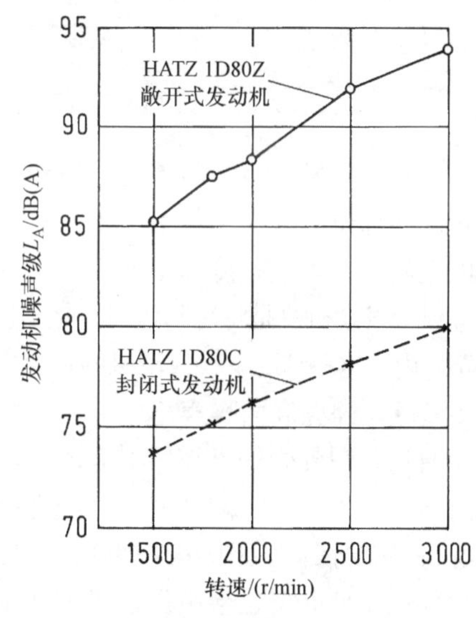

图 16-18　随转速而变化的发动机整体噪声 L_A 的变化曲线，测试距离 1m，全负荷，排气噪声被扣除（图 16-17 中的发动机）

自 20 世纪 60 年代末期，采用部分或完全封闭的措施使柴油机降噪的研发得到加强（参见参考文献 [16 - 58 ~ 16 - 60]）。首批标准系列的封闭式风冷二、三和四缸发动机自 1977 年起已推向市场。封装措施的研发必须致力于降低每一潜在工作点和每一个辐射方向的噪声。图 16-18 示出了大批量生产的发动机在这方面获得的结果。

每当极端噪声情况下的降噪要求不能以任何其他方式满足时，都需要采用封闭式发动机。在多数应用领域敞开式发动机可以满足要求。因此发动机制造商备有可能额外需要的发动机罩，并事先规划好发动机安装方法、降噪措施和冷却措施。这对较小批量制造的特殊发动机来说是一种特别具有成本效益的解决方案。

16.5.2　封闭式发动机的部分噪声源

封闭式发动机的整体噪声（图 16-19）包括封闭式外壳的表面噪声、外部空气的进气噪声和排气噪声。这些噪声又与水冷发动机的冷却风扇系统噪声或风冷发动机的冷却空气进气和出气噪声等相混合。必须采用有效措施来消减所有这些部分的噪声，以获得较低的整体噪声。

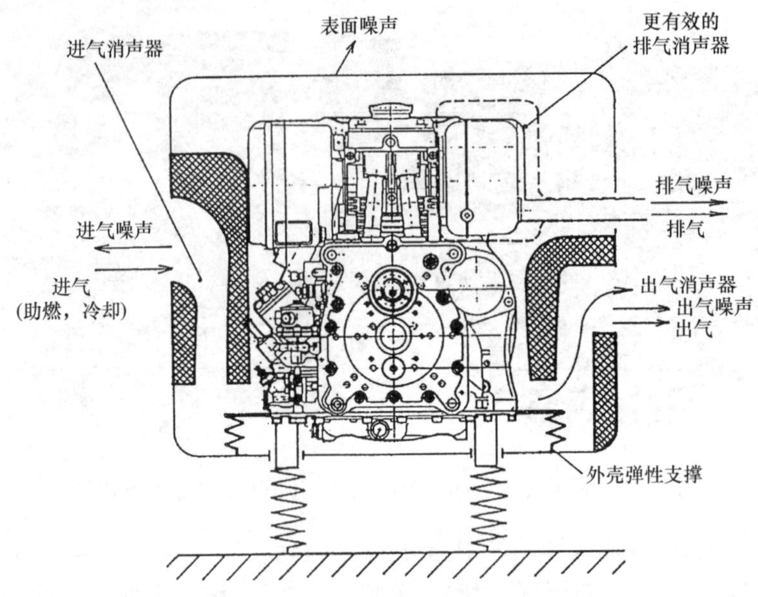

图 16-19　封闭式发动机的部分噪声源

当水冷式发动机被封闭时，散热器/风扇系统通常留在发动机封闭外壳的外面，因此这些部位的降噪工作留给了发动机的用户。与风冷发动机相类似，有些水冷发动机也配备了集成式冷却系统。

风冷发动机总是将冷却风扇直接安装在发动机机体上，因而风扇位于发动机的封闭外壳之内。这种情况下，发动机的封装也包括了通过进口和出口空气管道的降噪。

16.5.2.1　外壳表面噪声

通过封闭外壳的支撑而引起的发动机结构噪声，特别能激励外壳表面的振动，从而向外辐射噪声。因此，应优先选择精心设计的弹性支撑。发动机与外壳壁相接触的每一部分都必须采用这种弹性支撑，如外壳中用来分隔热的和冷的空间的顶端密封部位。外壳壁也会将发动机表面辐射的噪声反射回发动机。因此，外壳内测得的噪声级会高于敞开式发动机多达 3 ~ 5dB（A）。外壳内的吸声材料能减少这种噪声增加。外壳中的噪声会激励外壳壁进行振动，外壳表面向外辐射这种振动，但辐射的强度有所减小。

这种强度减少的程度被称为壳壁绝缘（隔声）。其阻尼因子是频率的函数，它主要取决于单位面积的质量和壳壁的弯曲刚度。厚度 1mm 的钢板已被证明非常适合作为外壳的材料。多层壳壁可以进一步提高噪声阻尼因子。

外壳表面的形状设计必须能防止明显的固有振动或音响强度的增大。

外壳表面泄漏会使发动机噪声通过外壳的反射放大而向外穿透，从而大大降低了壳壁可实现的隔声效果。因此，外壳应紧密地进行密封。

如果排气消声器放置在发动机外壳的外面，那么消声器的表面噪声也必须考虑。消声器表面的降噪措施，例如采用双层消声器壁，无论是否具有中间层，都不能产生足够的效果。因此，在大多数情况下，排气消声器也必须进行封闭。

16.5.2.2　出口噪声

对封闭式发动机来说，进气、出气和排气噪声均被称为出口噪声。封闭式发动机中减少这种噪声的方法与敞开式发动机的相同（见本章的 16.4.1 小节）。但是，封闭式发动机必须获得更好的声学结果。出口噪声的改善必须与封装设计时整体噪声降低幅度的计划目标大致相同。封闭式发动机排气消声器通常集成在封闭结构中，因为呈现给客户的应该是完整的发动机。因此，封闭式发动机丧失了通过增加消声器体积和管路长度来更好地降低排气噪声这一选项，而这些选项是汽车上常见的降噪措施。即使在今天，排气消声器的设计在很大程度上仍是一个依靠经验和试验来解决的问题。

封闭式发动机进气噪声也必须比敞开式发动机至少改善 10dB（A）。封闭式空气冷却发动机都装有用于冷却空气的噪声阻尼进气管。这意味着发动机吸入的空气都来自封装外壳之内，这种布置还可利用冷却空气和助燃空气的吸入管路的声学效进一步降噪。在这种情况下，进气口的横截面必须根据总的空气质量进行调整。助燃空气不应在外壳内被显著加热。

16.5.2.3　发动机冷却噪声

除了发动机气缸体的基本冷却系统外，橡胶件、密封件、V 带、发动机弹性支撑和附装部件（如发电机、电压调节器等）的温度也必须特别地进行限制。封装式发动机的外壳表面也必须保持较低的温度。然而，这些部位的温度在关闭发动机后仍可能会显著升高，尤其是全负荷情况下关闭发动机。由于用户并不期望出现这种情况，因此，基于安全上的原因，需要安装触摸防护装置。

对封闭式发动机来说，水冷式发动机冷却系统出口的出气温度比风冷发动机的低。也就是说风冷发动机具有较高的出口温度。这会导致经过它们的单位体积的空气散发出更多的热量。因此，这种发动机只需要较少量的空气。由此可知所需的进气和出气消声器也比水冷式发动机的小。

冷却系统安装在发动机外壳的外面（水冷式发动机）时，必须额外进行外壳通风。小型电动风扇是这种通风时的理想选择。空气口的进气和出气消声器是必要的，这不是因为风扇的噪声（它本来很低），而是为了防止发动机外壳内的噪声向外传播。位于发动机外壳外面的冷却系统同样需要采取降噪措施，因为在全部热量被散发时，冷却系统本身的噪声可能会比封闭的发动机的还要大。吸声材料能使进气和出气消声器更有效。通常采用的吸声材料是泡沫材料和矿物棉。通过改变气流方向或横截面的方向突变，可以使消声器的效果得到加强。如果对空气温度、消声器尺寸和材料性能有足够的了解，则可以事先精确地对消声效果进行模拟。

发动机外壳必须精心分隔成热的和冷的空间，以便正确地对发动机进行冷却。这对防止排气消声器的热量对助燃空气的加热来说是非常必要的。

16.5.3 发动机的安装和维护

采用封闭式发动机时，被动机构与发动机结构噪声的有效隔声具有特别的重要性，因为如果不进行隔声，则设备所产生的噪声会明显增大，以至于抵消封装发动机所带来的好处。

如果发动机封装后使其噪声降低了10dB（A）或更多，则所有被动机构的噪声必须引起注意。了解被动机构噪声的大小，制订细致的总成布置计划，确定除发动机外哪些其他部件需要降噪，以获得期望的整体效果。发动机外壳的设计应使较小的被动总成（如液压泵）可以容纳进去。

设计时必须考虑封闭式发动机安装后的维护点，并进行合理配置，以便维修时容易接近和使用工具。这特别适用于不必拆开发动机外壳而经常需要接近的部位，如润滑油尺。从外壳上突伸出来因而受到结构噪声影响的发动机部件，必须具有最小的噪声辐射表面，使它们只辐射小的噪声。

其他不必须经常接近的维护点，如气门罩（调整气门间隙时需要接近），可以位于发动机后面容易打开外壳盖的地方（图16-17）。

16.5.4 部分封装

为了以最低的成本实现一定的声学目标，通常对发动机采用部分外壳封装。经常遇到的例子是欧盟范围内建筑工地使用的小动力装置，它需要遵守良好的声功率水平——$L_{WA} \leqslant 100$dB（A）（电输出功率 > 2kVA）。由于柴油机的噪声级只稍微超过这个限值，因此一些简单的部分封装式外壳即可保证柴油机发电机组的合规性。

气缸盖、消声器和包括进气歧管的空气滤清器也经常采用外壳封装。部分封装措施也经常与主要降噪措施（例如为阻止结构噪声而被声音绝缘的油底壳）结合使用。部分封闭措施的应用，可以降低噪声高达4dB（A）。这样的概念可以让发动机表面的大型零部件不必封装，也没有必要采用专门的冷却措施。

16.6 发动机隔声

柴油发动机一直是车辆或以它们为动力的其他机械装置中显著的、经常的、甚至是最主要的噪声源。如果不对柴油机进行封装或隔声，则柴油机安装空间的设计几乎不可能满足车辆或动力装置的声学要求（见本章的16.5节）。有许多封装或隔声的方法可供选择，如何选择取决于特定的应用情况、可用的结构空间、需要减少的噪声级的量等多种因素。

今天，几乎每一个发动机室都以某种方式进行了声学优化。然而，对发动机室采取声学措施将产生额外的费用（通常被认为理所当然的），而这往往可以通过使用更“安静”的发动机而使费用明显减少。对车辆、动力装置或设备噪声辐射的要求越严格，声学效果比较好的发动机的优势就显得越重要。因此，“低噪声”的车辆、动力装置或设备都配备了“安静”的发动机。

除了表面辐射和气动力激发的噪声外，内燃发动机也会通过其支撑悬架对基础件（发动机架）进行激励而产生噪声，从而使相连的发动机室隔壁、驾驶室等产生辐射噪声。通常采用天然和合成橡胶材料的发动机支撑元件。液压减振支撑元件将共振情况下的高阻尼与低刚度传递相结合，因而会产生更好的声学和振动特性（参见参考文献［16－65，16－66］），但通常由于成本和空间方面的原因而很少使用。降低由发动机支架传递结构噪声的另一种方法是在支架上面采用减振器。恰当地设置发动机支架的位置也可以减少车身和驾驶室的激振，例如由发动机怠速抖动而激发的振动（由中间传动轴传递）。

参考文献

16-1 Möse, R.: Sonderstellung des Lärms im Umweltgeschehen. AVL-Tagung Motor und Umwelt Graz 1990

16-2 Gottlob, D.: Verkehrslärmimmissionen – Gesundheitliche Auswirkungen, Gesetzgebung in Deutschland. AVL-Tagung Motor und Umwelt Graz 1996

16-3 Spessert, B.: Auf dem Weg zum leisen Motor. 2. Symposium Motor- und Aggregateakustik, Magdeburg: Haus der Technik 2001

16-4 Spessert, B.: Noise Reduction Potential of Single Cylinder DI Diesel Engines. Small Engines Technologies Conference 03SETC-19 (2003)

16-5 Spessert, B.; Pohl, M.: Akustische Untersuchungen an Einzylinder-Industriedieselmotoren. 4. Symposium Motor- und Aggregateakustik, Magdeburg: Haus der Technik 2005

16-6 Spessert, B.: Noise Emissions of Engines in Different Vehicle Groups: Historical Review, State of the Art and Outlook. FISITA Congress Helsinki 2002

16-7 Spessert, B. et al.: Development of Low Noise Diesel Engines Without Encapsulations. CIMAC Congress London 1993

16-8 Moser, F.X.; Spessert, B.; Haller, H.: Möglichkeiten der Geräuschreduzierung an Nutzfahrzeug- und Industriedieselmotoren. AVL-Tagung Motor und Umwelt Graz 1996

16-9 Flotho, A.; Spessert, B.: Geräuschminderung an direkteinspritzenden Dieselmotoren. Automobilindustrie, (1988) 4 u. (1988) 5

16-10 Wolschendorf, J.: Zyklische Schwankungen im Verbrennungsgeräusch von Dieselmotoren und ihre Ursache. Diss. RWTH Aachen 1990

16-11 Schlünder, W.: Untersuchungen des direkten Verbrennungsgeräusches an einem Einzylinder-Dieselmotor. Diss. RWTH Aachen 1986

16-12 Schneider, M.: Resonanzschwingungen der Zylinderladung von Dieselmotoren und ihre Bedeutung für das Verbrennungsgeräusch. Diss. RWTH Aachen 1987

16-13 Miculic, L.: High Power Diesel Engines for Onroad Application. World Engineers Conference, Hannover: June 2000

16-14 Kamp, H.: Beurteilung der Geräuschanregung durch den Kolbenschlag. Diss. RWTH Aachen 1984

16-15 Tschöke, H.: Beitrag zur Berechnung der Kolbensekundärbewegung in Verbrennungsmotoren. Diss. Universität Stuttgart 1981

16-16 Kaiser, H.-J.; Schmillen, K.; Spessert, B.: Acoustical Optimization of the Piston Slap by Combination of Computing and Experiments. SAE 880 100

16-17 Kaiser, H.-J.: Akustische Untersuchungen der Zylinderrohrschwingungen bei Verbrennungsmotoren. Diss. RWTH Aachen 1988

16-18 Haller, H.; Spessert, B.; Joerres, M.: Möglichkeiten der Geräuschquellenanalyse bei direkteinspritzenden Dieselmotoren. VDI-Tagung Okt. 1991

16-19 Spessert, B.; Ponsa, R.: Investigation in the Noise from Main Running Gear, Timing Gears and Injection Pump of DI Diesel Engines. SAE 900012

16-20 Spessert, B.; Haller, H.; Thiesen, U.-P.: Auswirkungen verschärfter Abgasemissionsvorschriften auf die Geräuschemission von DI-Dieselmotoren. 3. Aachener Kolloquium Motoren- und Fahrzeugtechnik Okt. 1991

16-21 Ochiai, K.; Nakano, M.: Relations Between Crankshaft Torsional Vibrations and Engine Noise. SAE 790365

16-22 Sheng, H.Y.; Fu, Y.Y.: The Influence of Crankshaft Torsional Vibration on Engine Noise in Diesel Engines. 15th CIMAC Conference 1983

16-23 Wilhelm, M. et al.: Structure Vibration Excitation by Timing Gear Impacts. SAE 900011

16-24 Wilhelm, M.: Untersuchung des Geräuschverhaltens von Steuerrädertrieben bei Dieselmotoren. Diss. RWTH Aachen 1990

16-25 Flotho, A.: Mechanisches Geräusch des Ventiltriebs von Fahrzeugmotoren. Diss. RWTH Aachen 1984

16-26 Kaiser, H.-J. et al.: Geräuschverbesserung an Mehrventilmotoren durch Modifikation der Nockenwelle. 2. Aachener Kolloquium Fahrzeug- und Motorentechnik Okt. 1989

16-27 Kaiser, H.-J.; Schamel. A.: Ventiltriebsgeräusch in

Mehrventilmotoren. VDI-Tagung Motorakustik, Essen: Haus der Technik März 1993
16-28 Haller, H. et al.: Noise Excitation by Auxiliary Units of Internal Combustion Engines. SAE 931293
16-29 Watanabe, Y.; Rouverol, W.S.: Maximum-Conjugacy Gearing. SAE 820508
16-30 Spessert, B. et al.: Noise Excitation by the Timing Gear Train. 19th Congress of CIMAC, Florence May 1991
16-31 Wilhelm, M.; Spessert, B.: Vibration and Noise Excitation in the Timing Gear Train of Diesel Engines. IMechE – 5th International Conference of Vibration in Rotating Machinery, Bath: Sept. 1992
16-32 Spessert, B. et al.: The Exhaust and Noise Emission Concepts of the New DEUTZ B/FM1012/C and BFM1013/C Engine Families. SAE 921697
16-33 Kaiser, H.J.; Querengässer, J.; Bündgens, M.: Zahnriemengeräusche – Grundlagen und Problemlösungen; VDI-Tagung Verbrennungsmotoren-Akustik 1993
16-34 Gray, M.; Hösterey, J.; Wölfle, M.: Der neue 1,8-l-Endura-DI-Dieselmotor für den Ford Focus. Sonderheft ATZ/MTZ Der neue Ford Focus 1999
16-35 Bauer, R. et al.: BMW V8-Motoren – Steigerung von Umweltverträglichkeit und Kundennutzen. MTZ 57 (1996)
16-36 Anisits, F. et al.: Der neue BMW Sechszylinder-Dieselmotor. MTZ 59 (1998)
16-37 Spessert, B.: Untersuchungen des akustischen Verhaltens von Kurbelgehäusen und Zylinderblöcken unter besonderer Berücksichtigung des inneren Körperschalleitweges. Diss. RWTH Aachen 1987
16-38 Spessert, B.; Flotho, A.; Haller, H.: Akustische Gesichtspunkte bei der Entwicklung einer neuen Dieselmotoren-Baureihe. MTZ (1990) 1
16-39 Schmillen, K.; Schwaderlapp, M.; Spessert, B.: Untersuchung des Körperschallübertragungsverhaltens von Motorblöcken. MTZ 92
16-40 Spessert, B.; Ponsa, R.: Prediction of Engine Noise – A Combination of Calculation and Experience. London: FISITA Congress 1992
16-41 Spessert, B. et al.: Neue wassergekühlte Deutz-Dieselmotoren. FM 1012/1013: Rechnerische Bauteiloptimierung MTZ 53 (1992)
16-42 Seils, M.; Spessert, B.: Die neuen wassergekühlten Deutz-Dieselmotoren BFM1015 – Konstruktive Gestaltung und Strukturoptimierung. MTZ 55 (1994)
16-43 Thien, G.E.: A Review of Basic Design Principles for Low-Noise Diesel Engines. SAE 790506
16-44 Priede, T.: In Search of Origins of Engine Noise – An Historical Review. SAE 800534
16-45 Moser, F.X.: Development of a Heavy Duty Diesel Engine with a Full Integrated Noise Encapsulation – the STEYR M3 Engine, Truck and Environment. KIVI-RAI-Seminar, Amsterdam 1990
16-46 Spessert, B.: Geräusch-Zielwerte für die Fahrzeug-Dieselmotoren des Jahres 2005. Geräuschminderung bei Kraftfahrzeugmotoren. Essen: Haus der Technik März 2000
16-47 Röpke, P.; Schwaderlapp, M.; Kley, P.: Geräuschoptimierte Auslegung von Zylinderköpfen. MTZ 55 (1994)
16-48 Haiduk, T.; Wagner, T.; Ecker, H.J.: Der Vierventil-DI-Zylinderkopf – eine Herausforderung für die Strukturoptimierung. MTZ 59 (1998)
16-49 Kraus, N. et al.: Cylinder Head Noise Reduction on a 4-Cylinder 4-Valve SI Engine. IMechE C521/036 (1998)
16-50 Spessert, B.: Realisierung ambitionierter Motorgeräusch-Zielwerte mit Motorbauteilen aus Kunststoff. 4. Kunststoff Motorteile Forum 2001
16-51 Harr, T. et al.: Der neue Sechszylinder-Dieselmotor OM906LA von Daimler-Benz. MTZ 59 (1998)
16-52 Spessert, B.: Geräuschminderung bei Baumaschinen und landwirtschaftlichen Fahrzeugen. AVL-Tagung Motor und Umwelt Graz 1990
16-53 Esche, D.: Beitrag zur Entwicklung von Kühlgebläsen für Verbrennungsmotoren. MTZ 37 (1976)
16-54 von Hofe, R.; Thien, G.E.: Geräuschoptimierung von Fahrzeugkühlern, Axiallüftern und saugseitig angeordnetem Wärmetauscher. ATZ 4 (1984)
16-55 Esche, D.; Lichtblau, L.; Garthe, H.: Cooling Fans of Air-Cooled DEUTZ-Diesel Engines and their Noise Generations. SAE 900907
16-56 Lichtblau, L.: Aerodynamischer und akustischer Entwicklungsstand von Axialgebläsen für kompakte Motorkühlsysteme. VDI-Tagung Ventilatoren im industriellen Einsatz. Düsseldorf Febr. 1991
16-57 Esche, D.: Konzeptmerkmale und Besonderheiten von integrierten Kühlsystemen schnellaufender Dieselmotoren. Tagung Konstruktive Gestaltung von Verbrennungsmotoren. Essen: Haus der Technik März 1991
16-58 Härtel, V.; Hoffmann, M.: Optimierung körperschalldämmender Motorlagerungen. Düsseldorf: VDI-Berichte 437 (1982)
16-59 Holzemer, K.: Theorie der Hydrolager mit hydraulischer Dämpfung. ATZ 87 (1985)
16-60 van Basshuysen, R.; Kuipers, G.; Hollerweger, H.: Akustik des AUDI 100 mit direkteinspritzendem Turbo-Dieselmotor. ATZ 92 (1990)
16-61 Frietzsche, G.; Krause, P.: Entwicklung von schalldämmenden Motorkapseln. Düsseldorf: VDI Fortschrittsberichte 26 (1969) 6
16-62 Thien, G.E.; Fachbach, H.A.; Gräbner, W.: Kapseloptimierung. Forschungsbericht der Forschungsvereinigung Verbrennungskraftmaschinen (1979) 262
16-63 Donath, G.; Fackler, M.: Geräuschminderung an mittelschnellaufenden Dieselmotoren durch Teilverschalung. BMFT-FB-HA 82-018 (1982) 9
16-64 N.N.: MTZ April 1977, S. 165
16-65 Kunberger, K.: Progress With Quiet Small Diesels. Diesel and Gas Turbine Progress. May 1977
16-66 Heckl, M.; Müller, H.A.: Taschenbuch der Technischen Akustik. 3. Aufl. Berlin: Springer 1994
16-67 Kochanowski, H.A.: Performance and Noise Emission of a New Single-Cylinder Diesel Engine – with and without Encapsulation. Second Conference of Small Internal Combustion Engine C372/023. Institution of Mechanical Engineers April 1989

第五部分　柴油机的实际应用

第 17 章　车用柴油机

17.1　乘用车柴油机

17.1.1　发展史

柴油机用作乘用车发动机比较晚，在 1897 年首次展示其运行后才开始。1936 年第一款量产柴油乘用车的引入，终于使柴油机也能在乘用车动力装置领域与当时占统治地位的汽油机竞争。

由于 Bosch 公司开发和制造了高精度燃油计量和喷油正时的燃油喷射系统（1927），并且由于将燃烧室分成预燃室和主燃烧室（可追溯到 L' Orange 公司的设计）使得在相对较高的发动机转速下混合气形成和燃烧过程得到控制，因此在乘用车领域柴油机与汽油机的竞争历程已经开始。

20 世纪末，在越来越强烈地对节约能源和减少影响气候的二氧化碳的关注的推动下，柴油机在乘用车中曾经经历了相当的成功，但从来没有真正建立起应有的地位。真正的突破是在 20 世纪 90 年代后期，当新的高压喷射系统，如泵喷嘴系统，尤其是共轨喷射技术变成标准的可利用的技术，因此能够实现直接喷射，并且具有可变涡轮导向叶片系统的新型废气涡轮增压器也开发成功。

这些新技术使得客户关心的柴油乘用车的性能得到极大提高。图 17-1 示出了乘用车柴油机在功率、转矩、油耗和排放性能等方面引人注目的发展。

17.1.2　车辆的特殊需求

17.1.2.1　质量标准

作为乘用车发动机的柴油机是以各种方式通过各个子系统（变速器、底盘等）在概念上与车辆相互关联的。因此，对于驱动发动机的设计要求，必须从车辆的总体质量标准和传动系统的性能、要求（对于乘用车，基本上是采用的变速器的传动系统）得出。在产品功能方面，车辆的基本要求是基于如运输性能、安全性、

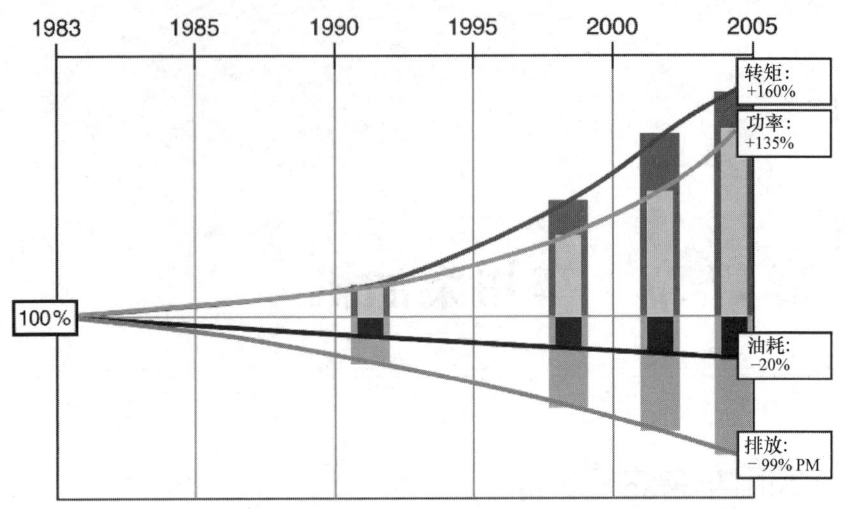

图 17-1　乘用车柴油机性能的发展

舒适性、操作安全性和环境的兼容性标准。

单独的性能标准可以分解成次级性能标准，从中可以得到有关发动机的标准。运输性能的功能要求涉及车辆性能、能量输入和能量转换。

车辆的安全要求也具有对传动系的影响。例如，它们影响：

1）发动机的响应和发动机功率的可控性。

2）行驶中驱动转矩的传递。

3）在故障情况下适合的“跛行－回家”策略。

起动性能也是发动机设计的一个重要方面。

对舒适性的要求是多种多样的。传动系统的振动特性影响与发动机相关的驾驶舒适性。易于操作是基于力－位移特性（如加速踏板）和一切有利于操作的内容（例如发动机起动前的自动预热）。气候舒适性定义了发动机设计必须提供的热量输出和制冷能力的要求。最后，汽车的声学舒适性也是非常重要的，它明显地受发动机的声学工程特性的影响。

车辆的运行安全要求可分为两类：长期质量和特殊条件下的可用性。因此，对于可靠性、使用寿命、功能稳定性、系统诊断和可维护性（范围、频率和可接近性）的要求必须建立，并将这些因素考虑在内。

在上述标准中，乘用车的环境兼容性越来越重要。次要方面是在控制废气和噪声排放的基础上，节约运行所需要的资源，废料的回收和处置，以及制造所需的原材料和能源的有效利用。根据质量水平的不同，这基本上决定了发动机的设计和工作原理。

对汽车舒适性方面的多样化的要求使得发动机设计和发动机部件非常重要，并且能够产生发动机布局和部件设计的独立的和定制化的解决方案。

在同一车型上常常采用几何尺寸相似的乘用车柴油机和汽油机。这特别影响发动机的外部尺寸和它们与车辆冷却系统、进气系统、排气系统和手动以及自动变速器的连接，它们通常源自相同的组件。严格的轻量化结构也是这方面的一个重要因素。无论是什么样的车型，当它们的额外重量成功地保持很低时，标准化的底盘部件只会给柴油机带来比较好的行驶动态特性。

17.1.2.2 传动系统配置

乘用车运行条件具有最广泛的变化，例如：

1）起动。

2）加速。

3）上坡行驶。

4）保持恒速。

因此，它们对车辆的牵引力提出相应的要求，发动机必须在一个宽广的转速范围内满足其功率需求。

汽车的动力可以从牵引力－速度特性图上得到（基于发动机转矩是发动机转速的函数）。发动机的转矩特性，最高转速和工作转速范围显著影响变速比，影响档位的数量和各传动比的大小。发动机和变速器的共同作用使汽车具有优异的爬坡性能、加速性能和起步性能。

当发动机满足下列条件时就可以为合适地调校汽车传动系统提供良好的先决条件：

1）转矩曲线具有的特性是随着发动机转速的降低，最好在最低转速（n_{Mmax}/n_{Mmin} 大约为 0.4～0.5）转矩增加到最大。

2）为了优化变速器设计（变速器档位数和变速比），发动机最高转速或速度范围相应的主要道路负荷被选择得足够大。

17.1.3 乘用车柴油机的设计特点

17.1.3.1 发动机的尺寸和高速能力

发动机的尺寸和转速高低是不同类型柴油机的突出特点，我们一般把柴油机分为低速、中速和高速柴油机。

乘用车柴油机设计成具有气缸工作容积约为 0.3～0.55dm^3。尽管早期的直列发动机几乎只有 4 缸、5 缸和 6 缸，最近几年 3 缸、8 缸甚至 10 缸发动机都已经出现。主要是由于车辆动力要求的推动，V 形 6 缸发动机也越来越多地被采用。

从热力学的角度分析，大排量发动机基本上是可取的，因为大排量发动机有较小的面容比和紧凑的燃烧室设计的潜力。此外，对于确保良好的起动性能，以及当辅助装置（动力转向泵，空调等）需要较大功率，而发动机又只能保持较低的怠速转速的工况来说，大排量发动机设计是非常有利的。对于减小气缸排量，还存在其他争论。最重要的争论是“工作点变化”，它与增压相结合可用来降低车辆的油耗和排放。增压有利于在小排量下保持较大功率，或利用提供更高的转矩来选择一个较大的总传动比。图 17-2 示出了减少燃料消耗的两个主要选项。

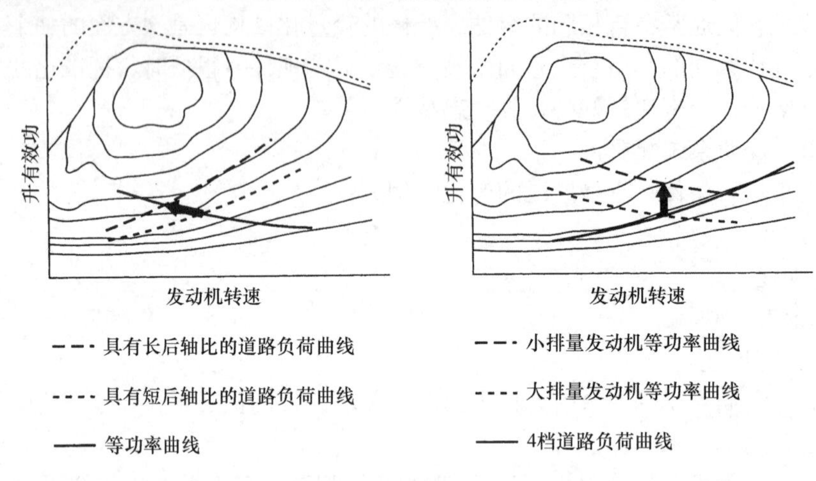

图 17-2　改变工作点的潜力

由不同的后桥传动比得到的两条道路负荷曲线，与发动机等功率曲线一起被绘制在图 17-2 的发动机万有特性曲线图（左图）中。在转速降低、负荷增加的情况下，总的传动比可以提高到一个燃料消耗率较低的范围。图 17-2 的右图示出了两种不同排量的情况。当排量减小时工作点移到较高的负荷区，即移到发动机效率更高的区域。当发动机具有相等的功率但有不同的排量时，通过将 2.5dm^3 的自然吸气发动机换成 1.6dm^3 的涡轮增压发动机，可以明显降低油耗。在不降低车辆动力性的情况下可以降低油耗 16%。

由于发动机总排放量是废气的质量流量与污染物浓度的乘积，由小排量导致的质量流量的减少会产生另一个有益的影响，即在部分负荷范围内排放的减少。乘用车柴油机活塞平均速度在 13 ~ 15m/s 的范围，它是发动机高速能力的度量，与发动机的最高转速密切相关。相应地，发动机最高转速的选择对传动系统的设计具有重要影响。

图 17-3 给出了两台额定转速不同的发动机的无量纲曲线图，对这一问题提供了易于理解的解释。在低额定转速下，为实现驱动而可以利用的转速范围相对减小，要么需要另外的传动比（第 6 档），要么需要低速档的传动比分布范围比较大。

17.1.3.2　混合气形成和燃烧系统

乘用车柴油机的混合气形成和燃烧系统，在高转速发动机上，必须在极其短暂的时间间隔内完成。在各种情况下所选择的系统，确定了发动机转速极限、燃油消耗、废气成分和燃烧噪声。为大型低速柴油机开发的系统，不能转换到乘用车柴油机上。一方面，在较小气缸空间内气门和喷嘴不能根据大的气缸空间的方案进行布

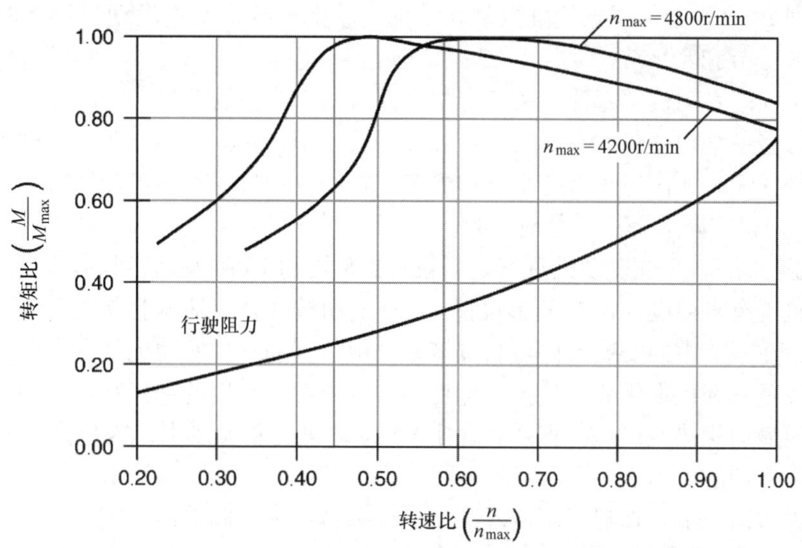

图 17-3　可用转速范围对变速器设计的影响

置，另一方面，由于在高转速下着火延迟导致混合气形成的强度低，不足以使燃烧足够早地结束。

预燃室系统（双室系统），包括分布式涡流室或中央预燃室，长期在乘用车柴油机中占主导地位，但在过去的十年里情况完全发生了改变。

一旦先进的高压力喷射系统问世，直喷技术在几年内就迅速确立了自己的地位。除了比预燃室系统效率高约 15% 以外，先进的直接喷射燃烧系统在功率密度和减少排放方面也有显著的优势。喷射压力高达 1800bar（见 5.3 节）的高柔性高压喷射系统的发展，为高效、清洁和高功率的乘用车直喷柴油机的实现铺平了道路。发动机电控管理系统显著提高喷油控制效率，也有助于在直喷柴油机的发展。

17.1.4　乘用车柴油机设计

以下特征构成了乘用车柴油机设计和开发的重点要求：

1）重型、紧凑型基本发动机。

2）燃烧室形状和混合气形成元素。

3）高压燃油喷射系统。

4）废气涡轮增压和换气谐波增压。

5）具有车辆电控系统接口的发动机电控管理系统。

6）高效废气后处理系统。

下面介绍这些领域的可选择方案。

17.1.4.1　基本发动机设计

根据车辆的等级，乘用车柴油机可以被设计成 3 缸、4 缸、5 缸、6 缸、8 缸，甚至达到10个气缸。根据气缸数量和结构，就能够确定基本发动机设计的不同趋势（见8.1节和8.2节）。

与4气门发动机一起使用的还有相当数量的2气门发动机，因此有相当数量的非对称燃烧室结构还仍然在3缸和4缸发动机使用，它们在部分低成本车辆上被使用。但是，无论如何对于具有5缸和更多气缸的发动机，对称布置气门和喷油嘴的4气门发动机实际上是占主导地位的。

3缸、4缸和5缸发动机只有直列设计，8缸和10缸发动机只有V形设计。6缸发动机既有直列设计也有V形设计。6缸发动机的设计基本上取决于两个主要影响因素，在车辆中的安装条件与制造策略。由于直列6缸发动机具有优异的振动特性，以及重量和成本优势，是技术优良的布置方案。它们的进气和排气部件的布置也具有明显的优势。但是，直列6缸比V6发动机的总长度大，这是许多汽车制造厂不选择它们的原因之一。

在许多情况下，理想的制造网络也是至关重要的。制造商必须决定对于整体成本的优化以及生产运行中必要的灵活性而言，是否联合生产直列4缸和6缸发动机，或者联合生产V6和V8发动机更好。

车辆所需发动机的定位是基本发动机设计的另一个关键因素。虽然入门级别的发动机被设计为最高燃烧室压力最高达到150bar，但对于高等级发动机明显有更多的要求，要求它们的最高燃烧室压力达到180bar。这会影响部件的设计以及材料的选择和制造工艺。

发动机的核心部件是曲轴箱和气缸盖。尽管目前气缸盖只采用一体式铝合金缸盖，但曲轴箱的技术解决方案的范围是相当广泛的，从用于小型、特别是强度要求不是太高的发动机的压铸铝合金曲轴箱，到普通灰铸铁和重型蠕墨灰铸铁曲轴箱，直至经后续热处理的高强度特殊重力铸造铝合金曲轴箱，新型材料正在被越来越多地用于高等级发动机。图17-4示出了用于直列6缸和V形8缸发动机的优质铝合金曲轴箱。

长期以来，气缸盖和曲轴箱之间的密封限制了可容许的最高燃烧室压力。用层叠钢垫片替换以前常见的可压缩密封件，可以给密封可靠性带来巨大突破。

高峰值压力对曲柄连杆组的部件也有很高的要求。因此，几乎完全使用重载锻钢曲轴。在曲轴轴承轴颈上通常采用分体式连杆。通常连杆小头是梯形的，以便最佳地将其集成在活塞轮廓内，并且在承受更高负荷的下半部轴承获得最大的轴承表面积。活塞一般由高强度铝合金制造（见8.6节）。镶铸活塞环槽护圈和冷却通道也是标准结构。图17-5所示为用于高负荷发动机的活塞连杆组件的实例。

直列4缸和V形6缸发动机的质量平衡系统，为了使柴油机乘用车的舒适性达到汽油机乘用车的水平，已经越来越广泛地使用。所谓的“平衡轴附加”系统几乎在直列4缸发动机上普遍使用。两个反向旋转的平衡轴安装在油底壳内，由曲轴通过链条或齿轮驱动。因此，根据不同车辆应用中对振动舒适性的要求，有平衡轴

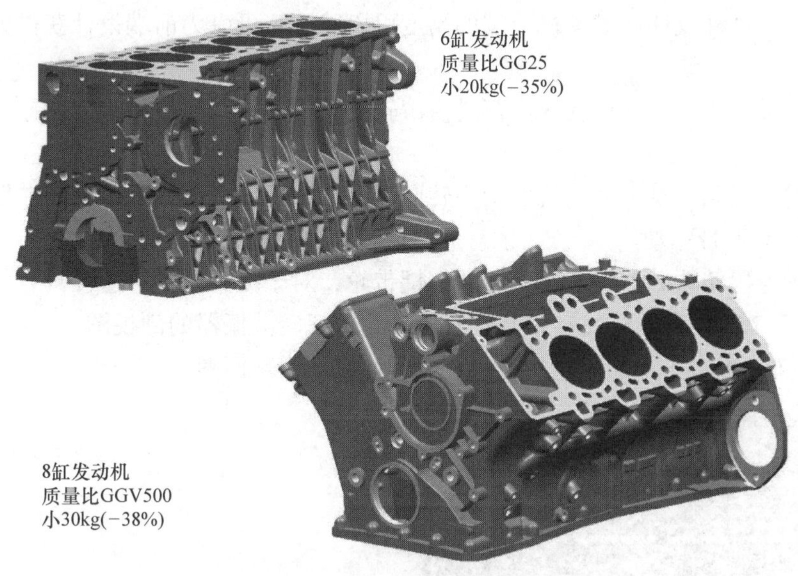

图 17-4　高负荷柴油机铝合金曲轴箱

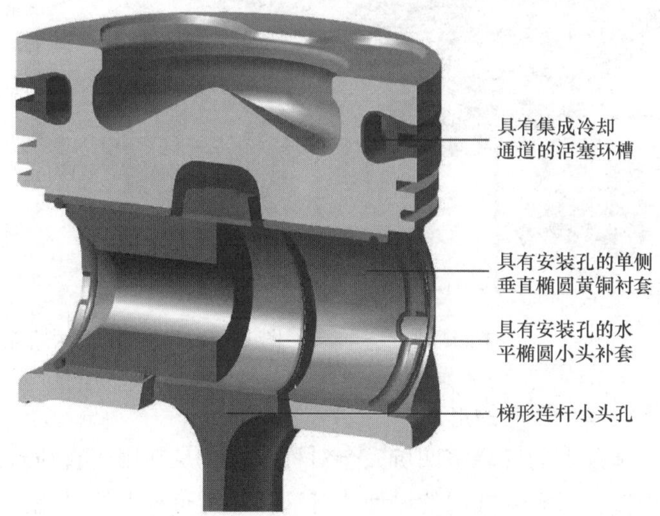

图 17-5　活塞连杆组件的工程设计

和没有平衡轴的发动机可以很容易地在同一条装配线上生产。图 17-6 显示了为减少二阶惯性力而设计的平衡轴的实例。V6 发动机常采用的平衡轴通常集成在曲轴箱内。

平衡轴由免维护链条或高强度正时带驱动，以确保正时准确。链条传动装置可以选择安装在发动机后端。凸轮轴驱动平衡轴的位置靠近曲轴的后端，平衡轴运转不均匀性比在曲轴前端明显减小是这种解决方案的优点，首次采用这种结构的产品已经在市场上销售。

此外，这种设计使发动机前端的高度可以减小，可以为前端设计获得更多的自由空间。

大多数乘用车柴油机的气门都是由滚轮摇臂驱动的，以尽量减少摩擦功率损失（见图 17-8）。

辅助装置如水泵、发电机、动力转向泵、空调压缩机通常是由安装在发动机前端的聚酯 V 形带驱动。

一种与扭转减振器集成在一起的解耦带轮，对于提高车辆舒适性具有相同的作用。图 17-7 是一种 6 缸发动机具有解耦带轮的扭转减振器的剖视图。

图 17-8 示出了当前流行的 4 缸直喷柴油机的横截面图。

图 17-6　4 缸发动机的平衡轴

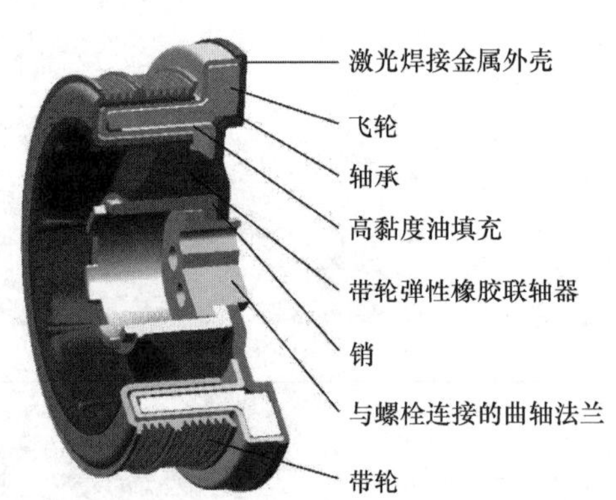

图 17-7　具有集成解耦带轮的扭转减振器

17.1.4.2　燃烧室和混合气的形成

喷油器与活塞顶上的燃烧室凹坑完全对称布置，是乘用车直喷式柴油机燃烧室的最佳配置。当然，只有 4 气门的设计才有这种几何布置上的可能性。进气道分开由增压室通向气缸盖。这样可以允许一个进气道关闭，即通过开度连续可变的阀门，能够完全或在一定的范围部分关闭一个进气道。因此，根据在燃烧室内定向的空气运动，涡流能够按照特定的运行工况受控制地调节。这对于直喷柴油机的最佳混合气形成是非常重要的。

排气道通常被设计成双合并气道，即在气缸盖内它们就已经合并在一起了。由于 2 气门发动机在提高气缸内充量运动方面的自由空间明显较小，因此它们现在只用于低性能的低成本发动机。

除了气门和喷油器，电热塞（见第 12 章）也安装在燃烧室内。电热塞不仅具

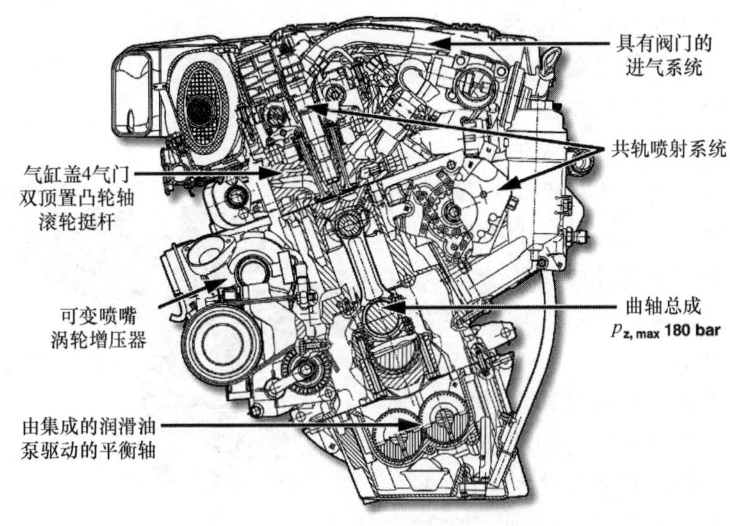

图 17-8　柴油机横截面图

有原来的冷起动时在燃烧室产生“热点”的功能，在新型发动机上还在发动机运行过程中继续进行加热，通过对燃烧产生积极影响改善不同工况下的噪声和排放性能。电热塞系统的性能近年来得到了极大的提高。虽然冷起动时预热 20s 时间在以前并不少见，现在即使在外部温度非常低的情况下，需要的预热时间也只在 5s 以内。图 17-9 以现代自动预热系统为例示出了其特性。

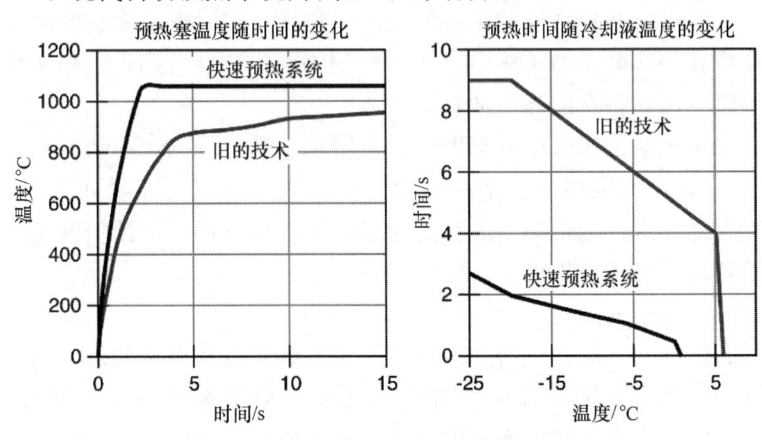

图 17-9　自动预热系统

喷嘴喷射燃料时的压力随着工况的变化而变化，并且目前可以每个燃烧循环分为多达 5 次进行单独喷射。每个喷嘴有 6 至 8 个喷孔是常见情况，这取决于其应用。图 17-10 以 4 气门发动机燃烧室为例示出了其布置。

17.1.4.3　高压喷射

随着直喷技术在乘用车柴油机领域取得突破，有 3 种不同的高压喷射系统已经在车用柴油机中得到广泛应用（见第5章和第6章）。除了现在占主导地位的共轨系统以外，还包括高压分配泵和泵喷油器系统。分配泵和泵喷油器系统是凸轮驱动系统，其压力的产生与发动机转速和曲轴位置直接相关，而共轨系统可以不受发动机转速和曲轴位置影响，完全自由地选择每一次单独喷射的喷油压力和喷油时刻。

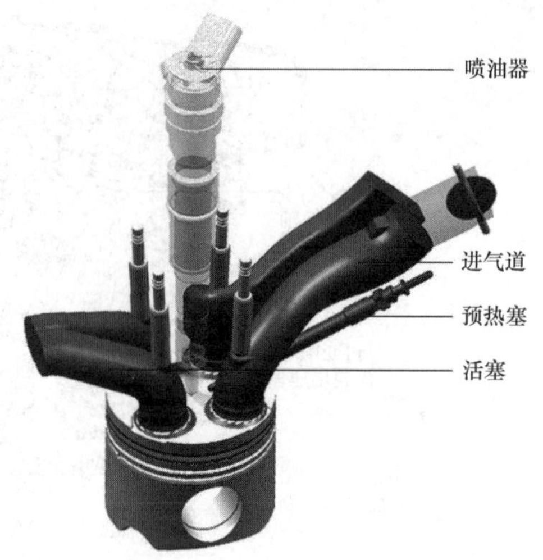

图17-10　4气门发动机燃烧室布置

根据有关声学和振动特性的安装要求，进一步减少废气排放和燃料消耗的需要，以及支持具有多种喷射策略的复杂的废气后处理系统稳定工作的需要，共轨系统由于系统的灵活性，已经成为首选的喷油系统。

总而言之，高压分配泵和泵喷油器系统已不再适用，并且在乘用车中的应用已经过时了。

此外，共轨系统的核心部件对发动机整体设计明显只有较少的影响，并且可以非常灵活地集成在不同的发动机设计中。

图17-11所示为共轨系统的布置的实例，包括由定时链条驱动的高压油泵，以及与共轨集成在一起的压力传感器、压力控制阀，安装在直列6缸和V形8缸发动机缸盖上的喷油器和各自的高压油管。

目前，乘用车柴油机采用的喷射压力范围从怠速范围的250bar，到额定功率范围的1800bar。每个燃烧周期采用的单独喷射次数，从1次喷射到高达5次喷射。虽然在主喷射之前进行的预喷射通常是为了降低燃烧噪声，但预喷射也被用来支持新型废气后处理系统正常工作。

17.1.4.4　增压和换气

增压与高压喷射一起，在帮助乘用车柴油机取得目前强大的市场地位方面发挥着非常重要的作用（见第2章）。限定的高速能力和稀燃运转的必要性，使得足够的新鲜空气供应成为合适的功率输出的基本前提条件。另外，柴油机的工作原理适合于增压。缸内形成混合气，压燃点火的基本原理也使得高增压率不会产生任何问题。这导致了自然吸气柴油机几乎已经从市场上消失。

可变几何涡轮增压器占据柴油机增压系统的市场主导地位。图17-12示出了具有涡轮导向叶片电动调节器的涡轮增压器的剖面模型。这样的涡轮增压器能够产生乘用车发动机所需要的，可在较大转速范围保持的优异涡轮机效率和压气机效率。此外，导向叶片在部分负荷下关闭，因而增加的排气背压会显著增大排气歧管与新

图 17-11　共轨喷射系统部件的布置

鲜空气之间的扫气梯度，从而提高了废气再循环率。由于废气再循环是降低柴油机中氮氧化物的最有效的措施之一，这项技术也非常有利于柴油机的环境相容性。

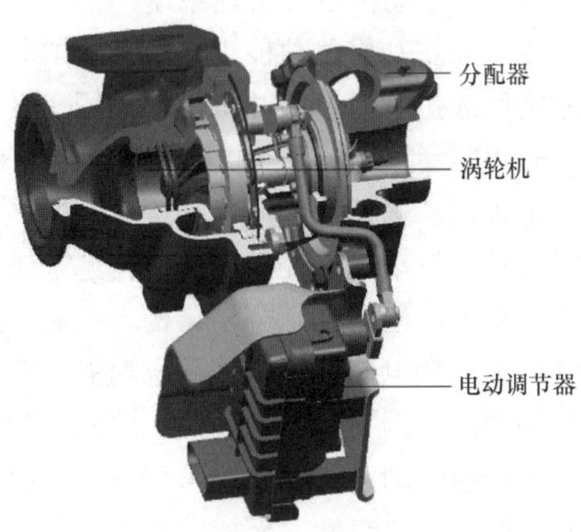

图 17-12　可变几何涡轮调压器

因此，带有旁通阀控制的固定几何涡轮的使用逐渐减少，基本只用于最低级的柴油机。

进一步提高增压比的尝试，正越来越多地在高档柴油机上实施。随着升功率的增加带来的是减小尺寸的较大潜力。因此，它将进一步为降低油耗和减少排放做出贡献。

另一种有前途的技术——两级废气涡轮增压，已经开始在量产产品中得到应用。图 17-13 所示为两级废气涡轮增压器的剖视图，其中的两个不同尺寸的涡轮增压器串联，在低速范围同时提供高增压压力，并且在额定功率范围提供高升功率输出。相继增压——依次连接的两个同样尺寸的涡轮增压器也已经推向市场。

目前，所有乘用车用的增压柴油机都使用了中冷技术。空气/空气中冷是首选，更为复杂的水/空气中冷由于密封过于困难只是偶尔采用。但是，它不仅需要通常的冷却回路，而且还需要一个额外的低温回路，以保证在各种运行工况下都能可靠地获得较低的充气温度。

图 17-13　两级废气涡轮增压

17.1.4.5　发动机电控管理系统

除了在发动机负荷能力、燃油喷射和增压技术取得的关键进步以外，电子控制技术的巨大进步对于柴油机作为乘用车发动机也具有重要贡献（见第6章）。

自1988年全电控柴油机首次推出以来，发动机电控单元的性能和功能都有了很大的提高。除了它们原来基于脉谱图，在适当的时间计量准确的喷油量这一核心功能之外，发动机电控单元现在在越来越复杂的车辆电控系统中承担越来越多的功能。汽车的功能架构是分层结构。控制车辆运动的车辆协调器、整个传动系统、车身功能和车辆电气系统作为顶层功能。在许多情况下，内部总线系统，动力传动系统控制器局域网（CAN），被用于驱动领域。发动机和变速器电控单元与驱动动态控制系统通过动力传动系统CAN进行通信。图17-14是基于转矩的车辆电气系统的示意图。系统组件，例如空调或发电机，通过精确定义的物理接口与系统进行通信。通过这种方式，不仅能够精确地、面向需求地、面向转矩地控制动力传动系统，而且，这对于车辆电气系统架构的模块化设计是非常有利的。单个部件可以互换，不同的发动机或变速器的变型非常容易。

通常，标准化的适应功能，甚至越来越多的自学习适应功能被采用，以获得与燃烧相关的重要的喷射系统和空气系统参数。每个喷油器在生产过程结束时，在规定的工作点精确测量，结果以数据矩阵码记录在喷油器中。在控制单元与成品发动机的“匹配”过程中，读取来自每个单独的喷油器的数据，并且在控制单元中赋

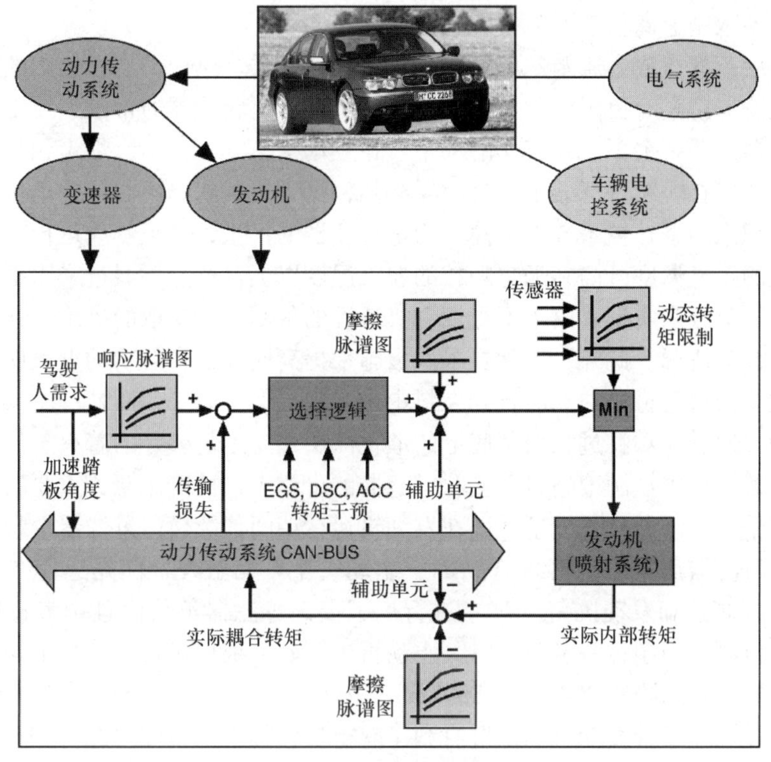

图 17-14　车辆电气系统网络

予补偿值。另一个例子是具有在工作中自学习适应功能的空气质量流量传感器，用于测量进入气缸的空气质量。利用转速、增压压力和空气温度参数，不依赖于空气质量流量传感器的空气质量，可以由在准稳态下的气体方程确定，并且软件可以校正空气质量流量传感器在车辆的整个使用寿命内不可避免的信号漂移。

17.1.4.6　废气后处理

废气后处理对于柴油机车辆而言具有极大的重要性，因为对废气排放的标准在不断提高（见 15.5 节）。除了精心优化燃烧系统，最大限度地减少原始排放量以外，其他重要技术包括高效冷却的废气再循环系统，尽可能靠近发动机安装的氧化催化转化器，以及颗粒过滤器和 NO_x 还原系统。

废气再循环是将废气涡轮增压器之前的部分废气改变方向，通过集成在冷却回路中的废气/水换热器后返回到进气流。这样用再循环废气部分地替换新鲜空气质量可以显著降低氮氧化物排放。再循环废气量通常是由发动机电控单元控制的气动或电动驱动的再循环阀进行控制的。严格来说，废气再循环是降低排放的一项发动机机内措施。

实际上废气后处理不是通过一个单独的氧化催化转化器进行，就是通过氧化催化转化器与颗粒过滤器，以及在有些情况下与还原系统结合起来实现的。即使许多发动机/车辆组合在没有颗粒过滤器的情况下也能够有效地低于欧 IV 的排放限值，但现在大多数制造商仍然安装了颗粒过滤器。

镀涂层堇青石或金属箔基底用于氧化催化转化器。然而，现在使用的几乎所有的颗粒过滤器都具有更耐热的碳化硅基底。氧化催化转化器通常是连续工作的，而颗粒过滤器需要一个不连续工作的策略。在发动机正常工作中，烟尘颗粒与排气分离并且被捕集在颗粒过滤器中。过滤器必须根据其负载状态不时地主动再生，即在过滤器中积聚的颗粒被系统地烧掉。为了过滤器的再生，必须修改运行策略，暂时将发动机的排气温度升高到烟尘颗粒的着火温度以上。这主要通过采用延迟的后喷射结合进气节流来实现。由于不受发动机特性的限制，可采取的措施不同，因此必须仔细选择和协调。此外，还需要采取措施来提高储存的颗粒物的点火质量。第一代颗粒过滤器通过将添加剂混合到燃料中来实现，但是第二代微粒过滤器省去了这种添加剂，通过在颗粒过滤器基底上的催化涂层建立了足够好的着火条件。最佳的过滤器负载和再生控制策略对于颗粒过滤器的可靠工作性能是至关重要的。发动机控制单元采用过滤器负载模型，以在发动机运行期间连续模拟过滤器中颗粒的当前质量。当过滤器负载已达到约70%时，主动再生开始触发，优先选择在良好的温度条件下（高速和发动机高负荷）进行。不仅是过滤器负载而且排气背压也需要连续进行监测。当超过一定限值时，主动再生开始。根据运行条件的不同，过滤器系统的共同再生间隔是300km到800km之间。

颗粒过滤器靠近发动机的位置有利于获得最佳的再生条件。图17-15所示为一种封闭组合布置，其中氧化催化转化器、涂层颗粒过滤器，以及测量压力、温度和过量空气的传感器（8元件传感器）组合在一个壳体中。

图17-15　封闭组合式颗粒过滤器

17.1.5　运行性能

17.1.5.1　燃油消耗和二氧化碳

由于对原油储量枯竭的担忧，人们对更有效地使用化石燃料的能源政策的讨论一直在持续，现在更被二氧化碳（CO_2）排放引起的全球气候变化的潜在危险所推动。

由于二氧化碳是所有碳燃料燃烧的最终产物，油耗与二氧化碳的排放直接相关。除了废气污染物排放以外，二氧化碳是最重要的环境影响因素。

汽车的燃料消耗由多种因素决定，不仅与发动机有关，还包括：

1）汽车的总质量、阻力和道路负荷。

2）受动力传动系统设计和排量影响的发动机特性曲线图中的工作点的位置。

3）车辆辅助装置需要的功率（发电机、动力转向泵、空调压缩机和真空泵）；

4）驾驶条件、交通路线和个人驾驶风格。

柴油机的能量转换效率取决于最低制动燃料消耗率，即其通常的特征在于油耗曲线的最佳点处的边际有效效率。最佳效率值主要取决于燃烧系统的选择和质量优化，以及发动机的摩擦损失。

乘用车直喷柴油机的最低油耗值约为 200g/kWh，对应的有效效率可以达到 44%。由于混合气形成不良和摩擦损失增加，会使发动机在暖机过程的油耗增加。因此，暖机过程也应被考虑到优化中。目前，业界正在努力扩展有利于提高效率的工况范围，着眼于更低的车辆燃料消耗。

自 1996 年初开始油耗就使用新的欧洲测试循环（MVEG－A）进行确定。这种联合循环包括城市循环（ECE）和城市外循环（EUDC）。由总的燃料消耗量计算 L/100km 的平均值。在美国，油耗用 mpg 表示（每加仑英里，转换为 23.5mpg = 10L/100km），并作为车队油耗的限值。它是根据同一制造商的车辆的数量，加权计算每加仑的里程得到的。

图 17-16 比较了现代柴油乘用车与汽油乘用车，在新的欧洲测试循环中的 CO_2 排放量与车辆重量的函数关系。柴油乘用车比汽油乘用车有约 15% ~25% 的优势。由于柴油燃料具有较高的密度，柴油乘用车具有 25% 至 35% 之间的油耗优势。

从燃料输送到最终燃料消耗的所有能量消耗过程，会产生额外的 CO_2 排放，在这方面柴油燃料比汽油燃料低 6%。

17.1.5.2　废气排放

改善空气质量的努力也包括近年来在减少有毒、有害排放方面的重大进展。柴油发动机本身就具有极低的一氧化碳（CO）、碳氢化合物（HC）排放，但氮氧化物（NO_x）的排放量较高（见第 15 章）。

高压喷射系统、高压增压和高效废气再循环系统等先进技术的引入，使得近年来显著降低这些排放成为可能。附加使用的氧化催化转化器和颗粒过滤器使现代柴油车实际上达到了 CO、HC 和颗粒物排放的最低检测极限。柴油机由于其原理，只有 NO_x 的排放比汽油机高。但是，正在采用的还原系统将使 NO_x 排放在不久的将来明显减少。

图 17-17 示出了欧洲对颗粒物和氮氧化物的限值的发展，它记录了由欧 I 到欧 V 标准限值水平的明显改进。

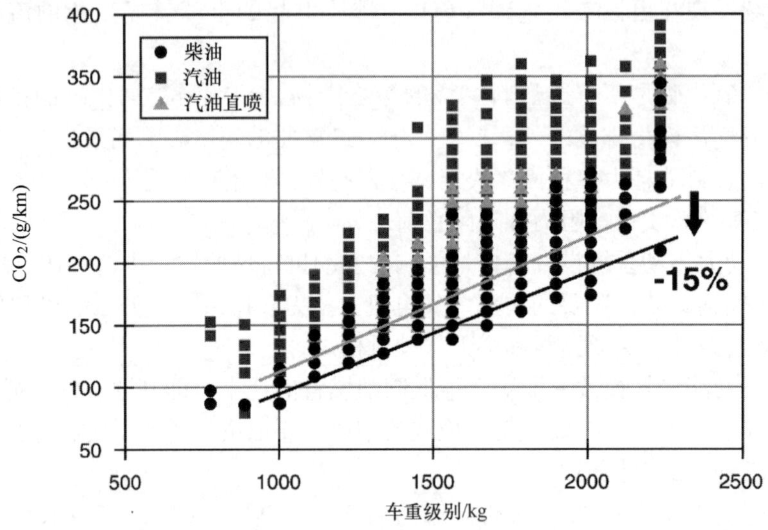

图 17-16　乘用车的 CO_2 排放

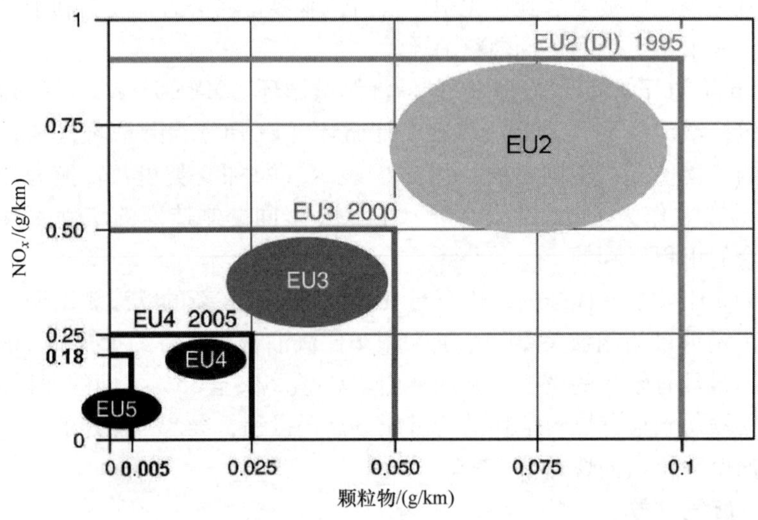

图 17-17　欧洲排放水平的发展

17.1.5.3　性能

乘用车性能的评价是以准稳态和瞬态运行的标准为基础的。

准稳态操纵性，例如起步加速、适应性、最高车速和爬坡性能，受额定功率、最大转矩和全负荷特性的影响，简单地说可用转矩曲线为发动机转速的函数。

然而，对所需负荷和速度变化的响应（反应速度），取决于包含在系统中的转动惯量、质量存储（充入和排空）和热量存储的惯性。

直接喷射、高压增压和电子技术的引入，在过去十年中显著提高了乘用车柴油机的性能，使得它们几乎在车辆驱动的每项性能指标上都超过了乘用车汽油机。对于在低速和中速下行驶时，发动机低转速下的转矩的潜力更是如此，这在日常运行中是至关重要的。

用作比较发动机功率密度的指标是升输出功率，该值是最大功率与发动机排量的比值。现代柴油机的升输出功率值从入门级的约 30kW/dm^3 到最高级的 70kW/dm^3。质量-功率比也是非常重要的指标。最好的柴油机已经接近 1.0kg/kW 的值，这对于汽油机来说也是不错的值，预计乘用车柴油机可能在不久的将来突破这一发动机性能“门槛”。

17.1.5.4　舒适性

驾驶舒适性、声学舒适性和气候舒适性以及易于操作性是车辆的主要性能，但它们受发动机性能的影响。由于乘用车对舒适性的要求标准较高，舒适性是乘用车柴油机的一个重要方面。因此，柴油技术在舒适性方面是如此先进，它已经成为欧洲高档车辆中占主导地位的动力装置。

驾驶舒适性和声学舒适性主要受振动和噪声的最强激发者——发动机的影响（见第 16 章和第 18.2 节）。振动由燃烧和换气过程，以及往复运动的活塞的摆动，以及曲轴和凸轮轴的旋转所激发。根据振动源的不同，这可以被称为燃烧噪声或机械噪声。燃烧噪声基于气缸中压力的快速上升和衰减，在气缸盖、曲轴箱和曲轴总成中产生冲击激励，这会引起振动和噪声。在曲轴组件中周期性出现的交变应力是产生发动机机械噪声的主要原因。动力传动系统包括的所有其他组件，如变速器、传动轴、差速齿轮和辅助装置，以及进气和排气系统，都被认为是将结构噪声传到车身和/或散热器的途径。

现代汽车需要在振动激励源和传动机构中进行系统地干预，以获得良好的驾驶和声学舒适性。

在发动机上采取的某些主动措施，旨在减少振荡质量（活塞、活塞销和连杆质量），以及活塞与缸壁之间的间隙，可以提高声学舒适性。

最佳的质量平衡，抵抗弯曲变形的高曲轴刚度，主轴承在曲柄两侧直接布置，主轴承中心线刚度足够大，以及发动机支撑结构的隔离合理，可以将振动限制到可接受的水平。

配气机构组件也必须采取预防措施。在换气过程中，气门的开启和关闭都会产生冲击和惯性力，这将导致无论在低速还是高速范围内窄频带的振动增加。

以下措施有利于减小这些力。

1）减小气门弹簧力。

2）减小气门质量。

3）凸轮轴具有较低的加速度峰值。

4）具有轴承阻抗的刚性凸轮轴支座。

每一个附加在曲轴箱上的大质量辅助装置都会改变发动机的振动特性，并且可以在特定的频率范围内增加声压级。为了应对这一问题，必须遵守以下规则：

1）安装位置到曲轴箱的距离应该是最小的。

2）辅助装置的质量应最小。

3）支架应非常坚固。

4）吊环必须安装在曲轴箱的坚固点。

脉动进气会激发进气系统。当空气滤清器壳体具有足够大的容积（大约是4缸发动机排量的5倍）时，可以获得足够的阻尼。连接一个附加腔（亥姆霍兹共振器）或共振管，并将进气口布置在壳体的不敏感位置（见第13章），是改进这一问题的有效措施。被动措施是中断用于传递振动能量的路径。隔离气缸盖罩、油底壳和传动带护罩，以及使用附加的盖板是降低噪声排放的有效措施。

手动变速器车辆产生噪声是一个特殊的问题，主要表现在部分负荷和全负荷时的速度范围，也包括怠速范围。双质量飞轮是解决这一问题的有效方法（见第8.2节）。

双质量飞轮由曲轴上的主飞轮，多级扭转振动阻尼器，以及具有摩擦离合器和刚性连接的驱动盘的涡轮组成，对转动不均匀的响应像一个低通滤波器。由于共振只出现在怠速转速以下，只有当发动机正在起动和熄火时才会产生噪声。

通过朝向内部覆盖发动机舱，或者将其封闭隔音来限制外部噪声是一种新兴趋势。取决于其复杂性的不同，封闭的发动机舱比没有封闭的发动机舱，可以在怠速期间将噪声降低12dB，而在第2档和第3档可以降低噪声5~7dB。曲轴支承的其他被动措施，例如液压支承，以及排气系统减振悬挂，有助于更好地隔绝车身的噪声传递，因此可以使柴油乘用车获得良好的振动舒适性。

17.1.6 展望

现代柴油机已经在欧洲发动机市场上占有优势。柴油乘用车也已经开始在欧洲以外的许多其他市场显著增长。其他大型市场如美国采取了观望态度。然而，化石能源的节约，以及因此促进节约燃料发动机的发展，也逐渐成为全球的重要课题。

图17-18示出了全球和欧洲的柴油乘用车生产的份额。

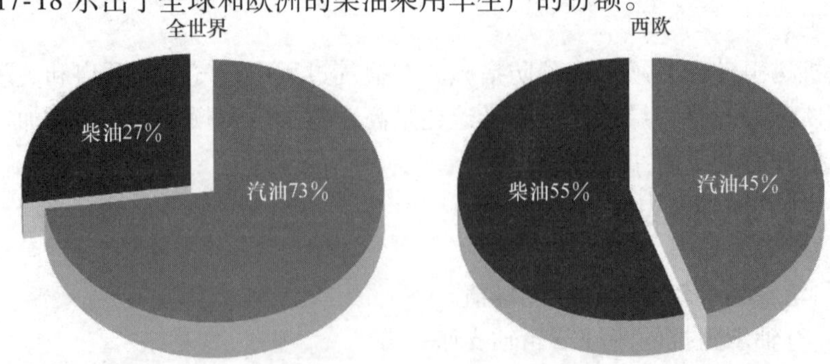

图17-18　乘用车市场的柴油车份额

从技术的角度看，进一步显著提高乘用车柴油机性能的很多潜力因素仍然存在。在材料、制造方法和模拟方法方面的进一步发展，将有可能进一步增加发动机的负荷能力。诸如轻合金曲轴箱组合，210bar 的最高燃烧室压力等先进技术，现在似乎已经是完全可以现实的目标。此外，喷射压力和增压压力水平的增长潜力也是很大的。

在可预见的将来，用共轨系统也可实现 2000bar 的喷射压力。对喷射精度和灵活性的下一个创新步骤有完全切合实际的方法。例如，采用直接驱动压电式喷油器。但是，高效 NO_x 废气后处理系统的开发和标准实施将是最大的挑战，同时也是在全美国引进柴油车的最大机会。在这方面，非常有希望的方法和思路存在于催化剂存储的形式，以及选择性催化还原技术。这些技术的实现和商业化将需要几年时间。从长远来看，它还将使乘用车柴油机能够消除其最后一个仍然存在的明显缺点，即略高的 NO_x 排放。

17.2　轻型商用车柴油机

17.2.1　轻型商用车的定义

柴油发动机具有高可靠性和耐用性，一直是商用车的首选驱动装置。柴油机是欧洲重型货车的唯一驱动装置。柴油机还在很大程度上将汽油机逐出了欧洲轻型商用车市场。

由于轻型商用车广泛应用于城市和市郊的商业运输，以及越来越多地在私营部门运输货物和乘客，轻型商用车显著改变了当前的交通模式。

欧盟指令 70/156/EEC 根据用途和型号将自行道路车辆分为 3 类（表 17-1）。该分类将轻型商用车辆分为 M_2、N_1 和 N_2类。

表 17-1　根据 EC 70/156/EEC 标准的机动车辆分类

	L 类					M 类			N 类		
分类	少于四个轮子的车辆，摩托车，三轮车					至少具有 4 个车轮或 3 个车轮并且总质量 >1t 的用于运输乘客的机动车辆			至少有 4 个车轮或 3 个车轮并且运输总质量 >1t 用于运输货物的机动车辆		
	L1	L2	L3	L4	L5	M1	M2	M3	N1	N2	N3
形式	2 轮	3 轮	2 轮	3 轮（不对称）	3 轮（对称）	—	—	—	—		
排量/mL	<50	<50	>50	>50	>50						
最高车速/(km/h)	<50	<50	>50	>50	>50						
座位数	—	—	—	—	—	1~5	>9	>9			
车辆最大总质量/t	—	—	—	—	<1	>1	1~5	>5	1~3.5	3.5~12	>12

用于旅客运输的商用车具有额定最大总质量5t属于M_2类，商用车辆小于或等于3.5t属于N_1类，商用车达到5t属于N_2类。

德国道路交通法规将最大总质量为2.8～7.5t的货车归类为轻型商用车。但是，最大总质量低于2.8t的车辆也可以被确定为货车，条件是设计确定的有用面积至少为总面积的50%。这种车辆的有效载荷在总质量为1.7t时约为0.55t，在总质量为2.8t时约为1t，在总质量为3.5t时约为1.8t。

轻型商用车在货车中占有相当大的比重说明了它们的重要性。最大总质量为1.4～7.5t的商用车在德国2004年注册的新货车中约占87%。

虽然最大总质量低于1.5t类型的车辆越来越重要，但在这里不再详细讨论，因为这些车辆的发动机几乎都来自乘用车。越野车的动力装置也没有进行讨论，因为经常把它们的发动机放在豪华乘用车的类别里讨论。

轻型商用车的应用领域是非常多样化的。这种类型的车辆的商业应用主要包括将货物运输到周围地区。此外，它们被租用，在贸易和小企业以及市政和商业服务部门广泛应用。例如，作为出租车、校车、医院和特殊需要运输车、街道清洁车辆、消防部门车辆等。

近年来，这种类型的车辆在私人用户中也越来越受欢迎。活跃的休假和娱乐趋势导致了露营车、房车和小型公共汽车成为路上的“常客”。

对于轻型商用车的发动机的要求来自上述不同的应用领域。低运行成本、大转矩和高可用性是突出的商业使用要求。私人用户另外还期望类似于乘用车的较高车辆性能，例如加速性能和最大速度，以及舒适性和低燃料消耗。

17.2.2 对轻型商用车发动机的要求

适用于轻型商用车的强制性排放规定来自重型商用车和乘用车的规定。

随着欧Ⅲ标准的引入，基于ESC（欧洲稳态测试循环）和ELR（负荷烟度试验）测试的程序，现在应用于车辆额定最大总质量超过3.5t的车辆。这一测试根据指令ECE R49从13模式试验演变而来。具有柴油机颗粒过滤器的车辆还必须基于ETC（欧洲瞬态循环）进行测试。

污染物限值适用于额定最大总质量低于3.5t的轻型商用车辆。在底盘测功机上确定是否符合要求，并且与用于乘用车测试相同的底盘测功机适用于本类车辆测试。不同的限值，取决于参考质量（见15章）。参考质量类别为1～1305kg用于乘用车，2类（<1760kg）和3类（>1760kg）适用于以轻型商用车为代表的车辆。根据这些法规采取不同的措施，这些法规的应用是基于车辆的类别。

不断严格的排气法规，需要在较短的周期内使发动机的开发状态适应现行立法。在柴油机上，共轨技术已在近几年基本上全面建立起了自己的优势。这种混合气的形成方法在喷油量、喷油正时、喷油频率（预喷射和后喷射），以及喷油压力相关的喷油系统设计方面提供了充分的自由度。电子技术在柴油发动机中的应用还使得其他措施，例如冷却、调节废气再循环或调节增压压力成为标准的措施。但是，气缸工作容积明显小于1dm^{3}的发动机使问题变得复杂。这种气缸容积与重型货车发动机相比相对较小，由于自由喷射的喷注射程较短而妨碍了燃烧的优化。石油消费，尤其是燃料消耗的改善在未来将是至关重要的。

对于所有发动机而言，废气后处理都变得越来越重要。除了氧化催化转化器之外，柴油机颗粒过滤器已经在轻型商用车辆中采用，以便满足由于欧Ⅳ标准的引入，对基于13模式测试的额定最大总质量 >3.5t 的车辆，以及基于底盘测功机测试的额定最大总质量 <3.5t 的车辆的排气限制。随着欧Ⅴ标准在2008年10月1日实施，氮氧化物限值的明显降低，可能还需要在轻型商用车进一步加强废气后处理系统。

指令70/157/EEC限制商用车辆的噪声排放（见第16.2节）。遵守该指令需要在发动机和车辆中采取相应措施。在发动机中，通过在设计气缸曲轴箱时提高刚度，使用铸造油底壳，并且使用梯形框架保证主轴承中心线的公差来满足要求。隔音围板可以带来二次改善。通过将燃烧特性设计为一次或多次预喷射，可以对燃烧噪声产生显著影响。

除了法规的限制，商用车的应用领域和客户的要求也决定了发动机的发展方向。本地商业运输对于在低转速下高转矩的需求远大于对高额定功率的需求。这种转矩特性可借助于可变几何涡轮增压器获得。另一种选择是两级涡轮增压，它已经成为乘用车的标准配置。但是，私人用户需要相对较高的发动机功率，首先是运输乘客的车辆。这种类型的车辆可使用升功率较高的发动机。废气涡轮增压已成为柴油发动机的标准配置，并且无一例外地都采用了中冷装置。

诸如耐久性、可靠性、坚固性和长维护间隔里程等因素，对轻型商用车辆而言是非常重要的。在最大总质量小于或等于3.5t的轻型商用车上采用的乘用车发动机，针对这些应用进行了专门改进。这种发动机通常具有有限的最大转矩、额定功率、最高增压压力和额定转速，以满足上述标准。此外，曲轴组件部分被修改，以匹配特定的商用车辆负载特性和外围措施，例如维护间隔指示和安装情况的修改。

额定最大总质量超过5t的商用车辆通常配备额定转速约为3000r/min或更低的柴油发动机，以保证发动机的磨损在极限范围内，并确保较长的使用寿命。

17.2.3　轻型商用车发动机的应用

17.2.3.1　简述

在机动车辆中作为驱动装置的柴油机设计的范围从具有30kW的0.8L小排量发动机，到具有485kW的18L大排量发动机。

现在，用于驱动总质量为2~5t的轻型商用车的发动机，覆盖的功率范围约为50~170kW（图17-19）。排量从1.9L到3.7L的汽油机，以及具有中冷器的增压直喷柴油机都可以满足这样的需求。除了传统的汽油发动机和柴油发动机以外，天然气发动机也正在轻型商用车领域打开市场。

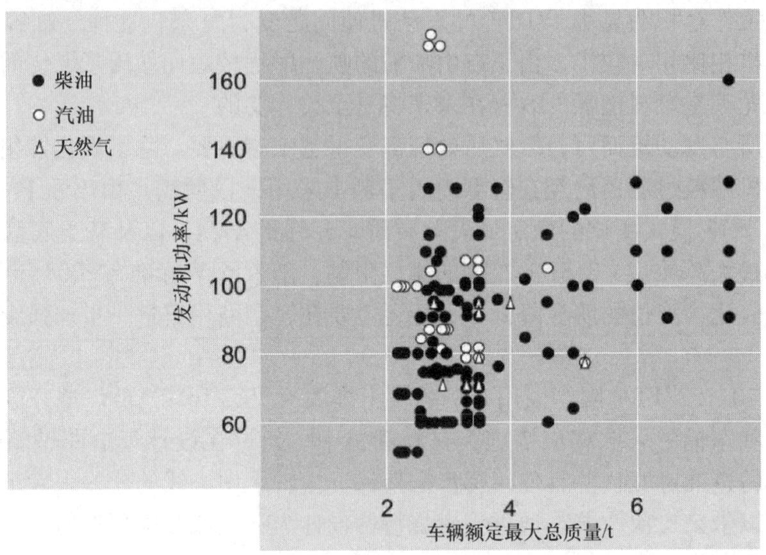

图 17-19　具有不同最大总质量的轻型商用车的内燃机额定功率

额定总质量2t以下的轻型商用车通常配备本来用作乘用车发动机的柴油机。它们的输出功率在50~90kW之间，排量约为2L。额定最大总质量达到6t的轻型商用车发动机的功率应增大到约130kW，排量为2.5~3L。大排量汽油机部分存在于客运车辆中（图17-20）。

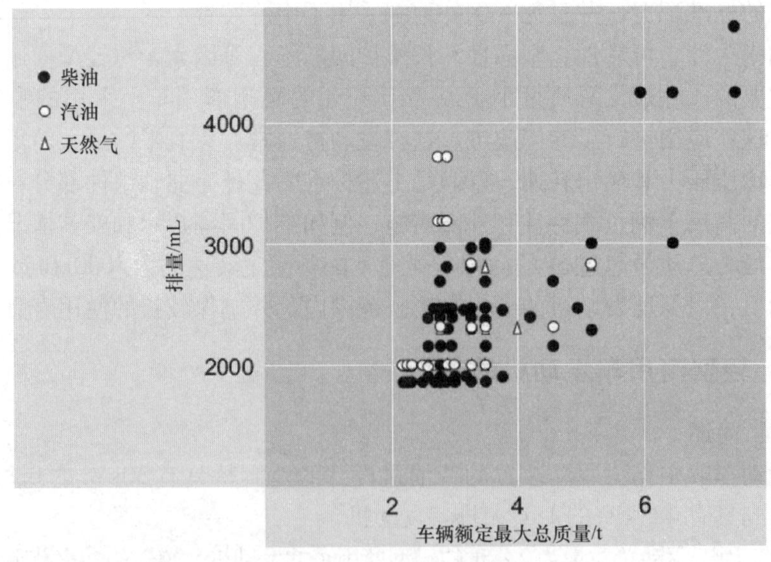

图 17-20　具有不同最大总质量的轻型商用车的内燃机排量

来自重型商用车发动机系列的发动机，经改型设计，用于额定最大总质量在 6 ~ 7.5t 之间的货车，这些车也被认为是商用车辆。它们的额定功率范围在 90kW 到 160kW，排量在 3L 至接近 5L 之间。

来自不同车辆柴油机的性能数据的比较，揭示了与它们的应用领域的特定关系。图 17-21 示出了在额定功率下作为升功率函数的制动平均有效压力。图 17-21 还另外绘制了相应的额定转速。正如预期的那样，轻型商用车的发动机具有接近乘用车发动机的设计数据。可以看到每升排量的功率输出可以达到 50kW/L，平均值约为 40kW/L。柴油车领域的顶级发动机几乎可以达到 70kW/L。商用车发动机的额定转速覆盖约 3500r/min 及以上的范围，它们低于乘用车发动机的额定转速。它们的设计一方面来自曲轴组件的几何尺寸，另一方面受到影响商用车负荷特性和使用寿命的活塞速度的限制。

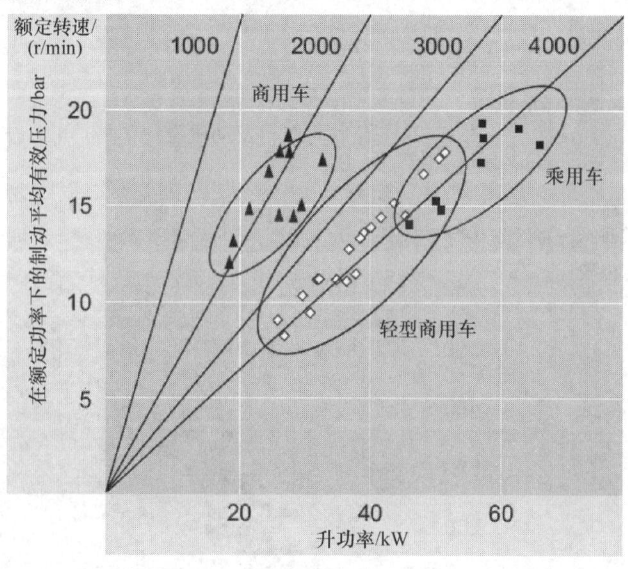

图 17-21　用于车辆的选定柴油机的性能数据

这类轻型商用车柴油发动机的燃烧系统采用直接喷射系统。共轨现在已经建立起了它自己的混合气形成方式。具有分配泵的间接喷射燃烧系统已不再使用，因为这种类型的混合气形成和燃烧系统不再能够达到排放限值。电控系统已经建立起来，因为它们有多种控制选择。这一发展受到排放控制立法的显著影响。由于直喷发动机的高效率和耐用性，它们早已在大于 2.5L 排量极限的货车驱动装置中建立了自己的优势。燃料消耗和运行成本显著影响了商用车发动机的发展。

自燃吸气发动机不再用于轻型商用车辆。大功率汽油机在专门装备车辆的零售市场比柴油机的市场份额小。此外，可以看到使用天然气发动机驱动的轻型商用车辆的载质量有达到 5t 的趋势（图 17-22）。

图 17-23 示出了使用商用车柴油发动机可以获得的最大转矩。图 17-23 的下部

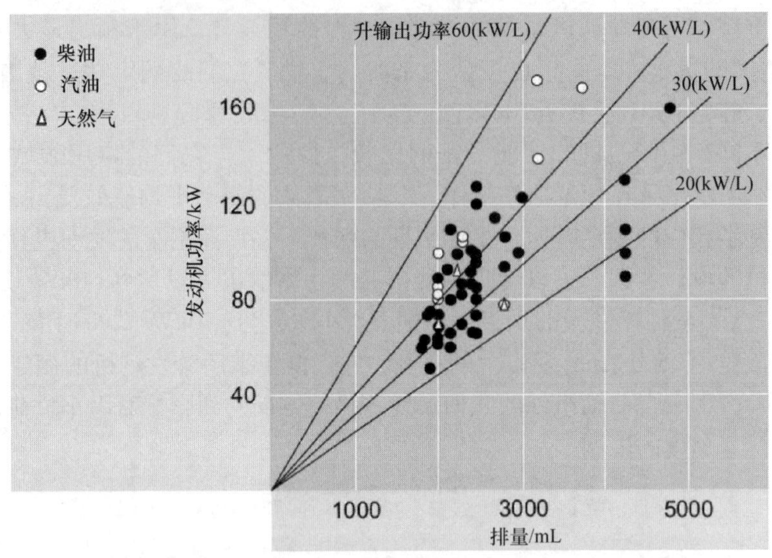

图 17-22　轻型商用车发动机设计

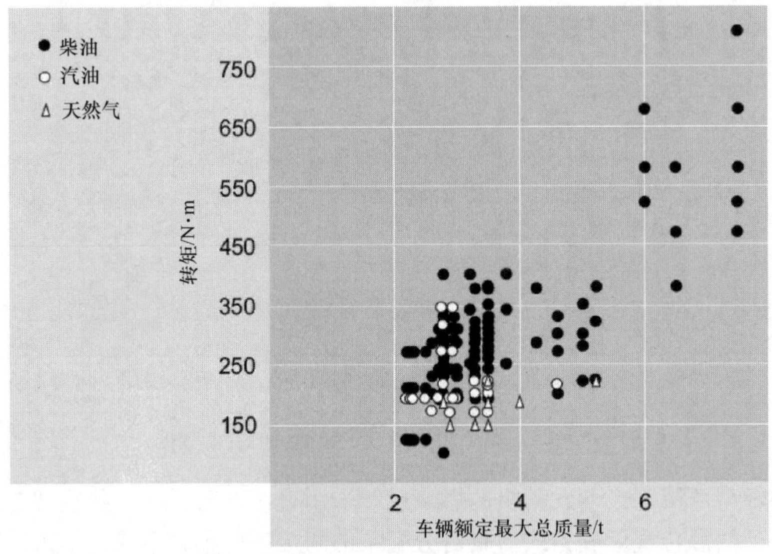

图 17-23　具有不同最大总质量的轻型商用车柴油机的最大转矩

包含天然气发动机，其次是汽油发动机，涵盖的转矩范围为 100～200N · m 之间。一个例外是采用了增压的汽油机具有较大的转矩。额定最大总质量达到 6t 的车辆的柴油发动机转矩可以达到 400N · m。转矩从 400N · m 到约 800N · m 的发动机更常见于额定最大总质量达到 7. 5t 的车辆。

图 17-23 中所示的发动机符合欧Ⅲ和欧 IV 排放标准。当在 2008 年 10 月 1 日执行 13 模式测试的欧 V 排放标准时，可以预期柴油机的混合气形成技术将进一步改进。新一代高压油泵将能够产生 2000bar 以上的喷射压力。此外，可以预期需要

使用适当的废气后处理系统来还原氮氧化物。这些系统将在何种程度上在轻型商用车中建立自己的地位，在这一点上尚难以最终判断。

17.2.3.2　选择实例

选自不同制造商的两种不同型号的发动机，排量在2.2L到2.5L之间，可以作为用于轻型商用车辆的柴油发动机的代表。这种排量级别包含了轻型商用车辆中使用的大多数发动机（图17-20）。表17-2列出了两种选定发动机的基本数据。

表17-2　选择的轻型商用车发动机的基本数据

	单位	戴姆勒克莱斯勒	大众
型号		14	15
排量	mL	2148	2461
缸径	mm	88	81
行程	mm	88.3	95.5
废气再循环		有	有
中冷		有	有
可变几何废气涡轮增压		可变	可变
喷射系统		共轨	共轨
额定功率	kW/(r/min)	110(3800)	120(3500)
最大转矩	Nm	330	350
升功率	kW/L	51.2	48.8

1. 5缸直喷柴油机（大众）

4缸和5缸柴油机与某些汽油机一起用于大众Crafter　T5型厢式货车（图17-24）。作为LT2的换代产品，Crafter只使用5缸柴油发动机。这种成熟的发动机来自于20世纪80年代的乘用车发动机，并一直在稳步完善，为商用车广泛应用。这款发动机用于Crafter基本上是重新设计的，采用了第3代共轨技术，喷射压力达到1600bar。喷油器配备的是压电执行器。本款发动机功率从65kW到120kW分4个等级。额定转速通常为3500r/min。在转速为2000r/min下达到最大转矩。可变几何涡轮和中冷器现在已成为这种车型的标准配置。本款发动机行程为95.5mm，缸径为81mm，使其成为相对长行程的发动机。2461cm^3的排量与用于乘用车和轻型商用车辆的4缸发动机的排量相当。

图17-24　大众2.5L增压柴油机

气缸体曲轴箱由灰铸铁制成，气缸盖由铝合金制成。它们与铝制油底壳的组合也有助于形成变速器安装凸缘，使得整个发动机与驱动装置形成一个刚性系统。气缸中心线之间的88mm的距离与缸径为81mm的气缸留出7mm的最小壁厚，这通过卷边金属层气缸垫控制。密封系统有助于将气缸变形保持在狭窄的范围内。这对于润滑油的消耗至关重要。具有2气门的铝基气缸盖被设计为平行流。气门的液压筒式挺杆由凸轮轴驱动。

凸轮轴和共轨喷射油泵由自动张紧正时带驱动。冷却液泵驱动装置也集成在这一带传动组件中。用于正时带的先进材料和通过共轨系统适度的加载，允许正时带更换的间隔达到200000km。

带有涂层的柴油机颗粒过滤器的使用，使它能够满足欧IV标准排放限值要求，既可以在底盘测功机测试也可以基于13模式进行测试。

2. 4缸2.2L柴油机（戴姆勒克莱斯勒）

戴姆勒克莱斯勒还在轻型商用车领域采用4缸柴油发动机，它们来自乘用车。用于Sprinter的不同型号的4缸发动机，在额定转速为3800r/min时的功率范围为65kW至110kW。动力最强的本发动机改进型的最大转矩为330N·m，它是一台V6顶配柴油发动机。

气缸体曲轴箱由灰铸铁制成。曲轴箱总成的侧壁向下延伸以提高刚度。梯形连杆可有利于承受增加的曲轴箱组件的负荷。尽管使用了梯形活塞，但是保留了活塞中连杆的轴向导向（活塞端导向）。

气缸盖由铝合金制成。两根顶置凸轮轴驱动4个气门。共轨喷射系统喷油器居中，从而使活塞顶凹坑位于中央成为可能。因此，可预期与具有偏心活塞顶凹坑的2气门发动机相比，在温度分布方面存在明显优点。该发动机配有第3代共轨系统，喷射压力可达到1600bar。配气机构设计成由与共轨油泵传动装置集成的链传动装置驱动。

17.2.4 展望

未来的法律法规将会决定性地影响作为轻型商用车动力的柴油机的发展前景。进一步限制污染物和噪声排放，原油价格的变化和能源成本的增加，将成为对发动机开发商的重要影响因素，并持续影响他们对驱动装置的设想和决定。未来用于商用车的汽油机可能都直接来自乘用车，并且主要用于运输乘客的商用车辆。配备汽油机的将主要是较小吨位的商用车。

未来的立法比以往任何时候都将由温室效应背景下有关二氧化碳排放的争论所推动。天然气动力也将越来越重要，因为天然气比汽油或柴油具有更少的碳排放量。一些轻型商用车制造商已经提供天然气发动机。

今天，柴油机仅被设计为直喷式发动机，不断上涨的燃料价格将在未来很长时间内加剧这一趋势。共轨系统在混合气形成方式中展现出很大的优势。共轨系统可以形成更好的喷射特性，并因此产生更好的燃烧特性。压电技术是否会在未来几年迫使电磁阀控制喷油器退出市场是一个此时还不能确切回答的问题。这两个系统目前都在使用。

可变几何涡轮已经在废气涡轮增压中确立了自己的地位。两级增压将在柴油机中发挥越来越重要的作用，它可以提高车辆性能，同时还能满足排放控制法规的要求。超过使用柴油机颗粒过滤器效果的废气后处理系统也将在该车型中使用，以达到欧 V 排放标准。

柴油机由于具有更低的油耗，将是未来几年轻型商用车占统治地位的动力装置。未来的柴油机应遵守更严格的强制性规定，同时提高使用寿命和可维修性，并进一步适应汽车的舒适性的要求。

17.3　重型商用车和公共汽车柴油机

17.3.1　重型商用车的定义

17.3.1.1　分类

根据车辆额定最大总质量，法规将商用车分为用于货物运输和乘客运输的车辆（图 17-25）。这种分类被许多涉及商用车及其相关事务的法规所引用，包括排放限制法规、税收、许可证的分类或限速设置等。根据德国道路交通法规，重型商用车从 7.5t 开始通常进一步细分为轻型、标准型和重型等级（图 17-25）。这些限值是不固定的。在欧洲公共道路允许行驶的重型商用车的额定最大总质量为 40t。本规定在局部地区可能遇到例外的情况。

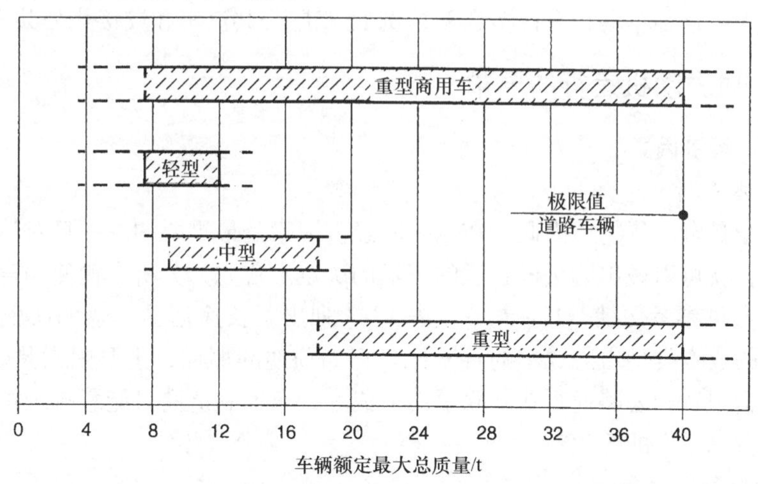

图 17-25　重型车根据其最大总质量分类（欧洲）

17.3.1.2　应用领域

商用车是现代经济运行的支柱之一。欧盟的所有商业运输服务中，约有三分之二是用商用车来完成的，绝大多数是当地的商用车。尽管半挂货车主导欧洲长途重型运输（图 17-26），公路货运列车也广泛应用于德国。

从事区域和地方交通运输的主要是标准型商用车和轻型商用车，此外还有用于

图17-26　重型半挂货车，最大总质量40t

城市清洁和废物处理的市政车辆以及消防车辆。挂车很少用于这些应用领域。长途客车用于中、长途旅行中运输乘客。它们的有效载荷形式和座位数可以有许多变化。在短距离公共交通中的公共汽车，即市区和区域公共汽车，是这种类型车辆最常见的代表。这种车辆也有许多变型，例如 双层公共汽车和铰接式公共汽车。

17.3.2　对发动机运行的要求

17.3.2.1　经济因素

1. 成本分析

商用车是资本货物。因此，在购买时经济因素是最重要的。一旦对运输作业进行了分析，就可以做出购买最合适的车辆的决定。首先，分析车辆使用寿命周期内的成本（参见参考文献［17－6］）。表17-3列出了长途运输车辆的实例。它表示出了不同的成本类型占总成本的百分比。正如预期的那样，主要因素是燃料成本，其次是车辆租赁和公路通行费。除了制造成本，车辆制造商只能影响维护和修理成本。它们占总成本的5.7%。

2. 功率和比功率

市场要求重型商用车发动机的输出功率在100～500kW之间。根据给定的运输作业的具体情况，确定最具成本效益的发动机输出功率。一旦确定了所需的功率，发动机比功率就会作为竞争标准发挥作用。发动机的空间要求和质量大小应当尽可能少地限制车辆可运载的货物体积和有效载荷。

3. 燃料消耗

关于资源保护和环境保护的公开辩论引起了人们的特别关注。除了可靠性以外，燃料消耗是运营商最重要的经济因素，因为它直接影响成本（见表 17-3）。因此，几乎毫无例外地，只有具有最佳油耗的驱动装置，即直喷式柴油机，在重型商用车市场中被接受。这对于重型商用车尤其如此，因为长途运输具有超过每年 200000km 的最高里程。在轻型商用车中，燃油消耗在交通运输中在经济上不那么重要。一些轻型商用车的行驶里程不超过每年 20000km。

表 17-3 最大牵引质量 40t，使用寿命 48 个月，总行驶里程 600000km 的半挂车的费用分摊情况，不含驾驶员、管理和车库费用（按 2006 年的价格估算）

可变费用		条件		评估	
柴油费用（欧元/100km = ct/km）	32.11	运营天数（天/年）	240	固定费用	122.93
车用尿素溶液费用（欧元/100km = ct/km）	0.00	使用寿命（月）	48	固定费用（欧元/100km = ct/km）	19.67
公路通行费（欧元/100km = ct/km）	9.60	车辆行驶里程（km/年）	150000	可变费用（欧元/100km = ct/km）	41.71
可变费用（欧元/100km = ct/km）	41.71	在收费公路上的行驶里程（km/年）	120000	固定和可变费用（欧元/100km = ct/km）	61.38
		车辆租赁（欧元/月）	1285		
固定费用		维护和修理（欧元/月）	438	车辆租赁（欧元/年）	15420
车辆租赁（欧元/年）	15420	轮胎（欧元/月）	75.00	维护和修理（欧元/年）	5256
维护和修理（欧元/年）	5256	柴油消耗（1/100km）	34.90	轮胎（欧元/年）	900
轮胎（欧元/年）	900	车用尿素溶液消耗（1/100km）	0	燃油（欧元/年）	48162
保险、税收、杂项等固定费用（欧元/年）	7926	公路收费（欧元/100km = ct/km）	12	通行费（欧元/年）	14400
固定费用（欧元/年）	29502	柴油价格（欧元/1）	0.92	税收和保险（欧元/年）	7926
		车用尿素溶液（欧元/1）	0.60	合计（欧元/年）	92064

车辆单位运输里程的燃料消耗值，对于运营商来说是决定性的。通过优化车辆的道路阻力和空气阻力，以尽量减少功率损失也起决定性的作用。车辆开发的另一个目标，特别是对油罐车，是必须减少整备质量。这不仅有助于节能，而且间接地提高了运输能力。

然而，仅实现在最低燃料消耗点的较低油耗，对于发动机的开发是不够的。燃料消耗最小值的区间应该尽可能宽，并且应在发动机特性图中的最频繁运行工况范围内。

相反，发动机的油耗特性曲线也影响传动系的设计。只有优化发动机、变速器、后桥和车轮尺寸之间的相互关系才能满足运营商的要求。

4. 可用性、服务、维修和质量保证

与所有资本货物一样，商用车辆应尽可能完全满足其预期用途。理想的情况下，这意味着运营商只需要补充汽车的各类工作液。那些使用寿命比车辆短的部件，需要在维护和维修期间进行修复、更换或调整。由于这种开支是相当可观的成本因素，因此，正在尽可能努力延长和同步维护间隔，以减少需要停机的时间。下面从运营商的角度来分析最先进的维护。

（1）润滑系统

更换润滑油导致运营商在润滑油、润滑油滤清器和劳动力成本等几个方面承受负担。因此，润滑油液发展的最重要目标是进一步降低润滑油消耗，并延长更换间隔。

延长润滑油更换间隔需要改进润滑油的再生系统。杂质被捕获在过滤系统中，以防止在摩擦副形成磨料磨损。虽然早期使用的离心式润滑油滤清器仍然可用于进一步延长润滑油更换间隔，但现在普遍使用部分流量润滑油滤清器。高达150000km的润滑油更换间隔里程，在各种长途运输情况下，通过维护计算机的有效监控、管理已经可以达到。维护计算机允许考虑不同的参数，如润滑油质量、燃料类型、硫含量或运行条件，进行换油周期的判断。

（2）助燃空气

助燃空气必须是无尘的，以防止气缸、活塞和活塞环的早期磨损。严格按照技术要求维护空气滤清器系统，对于发动机的使用寿命至关重要。维护空气滤清器的间隔是随车辆运行条件变化的。当灰尘浓度高时，驾驶员应该经常使用主滤清器上游的旋风分离器。类似可更换墨盒形式的纸质干式空气滤清器，也已在商用车中得到了广泛应用（见第13.1节）。

纯空气侧的真空指示表可以指示空气滤清器的负载和是否需要更换滤清器。车辆运行时必须防止发动机遭受空气缺乏。缺乏空气会造成不完全燃烧、炭烟排放超标、功率降低、油耗增加，甚至发动机损坏。

（3）燃油系统

燃油系统对提供的燃油的纯度有非常严格的要求，燃油系统存在着在高机械和液压应力下的最精密的配合。杂质可能在燃油加注期间混入油箱，或者通过油箱通气管到达油路。只有微孔滤清器能够获得必要的燃油纯度。在正常环境条件下，其使用寿命也与润滑油更换间隔一致。

（4）气门间隙

虽然在过去的几十年中，凸轮轴在曲轴箱中并且通过挺杆和摇臂将运动传递到气门的经典设计仍然占主导地位，重型商用车辆的新发展，也越来越多地实现通过滚轮摇臂传递运动的顶置凸轮轴。必须为每一对气门设计一个调节器，必须在尽可能大的间隔时间内检查，必要时进行校正。在具有可接受的运行安全性的商用车发动机中，基于液压控制的气门间隙自动补偿尚未实现：当排气系统中装有蝶形阀，并且排气门打开时保持蝶形阀不关闭的话（参见第17.3.3.2节），在发动机制动运行期间必须防止自动间隙补偿功能起作用。

（5）V带传动

商用车发动机必须驱动多个不同的辅助装置。随着车辆型号和应用类型的不同，辅助装置可以包括冷却风扇、发电机、空气压缩机、动力转向泵、空调压缩机、液压泵和其他装置。V带传动简单并且性价比高。更高效的多棱形V带已经得到了广泛应用（图17-27）。这些传动部件具有比发动机明显更短的使用寿命。因此，它们必须在一定间隔内更换。

图 17-27　在公共汽车柴油机中由 V 肋带驱动的辅助装置
a—曲轴　b—惰轮　c—发电机　d—水泵　e—张紧轮
f—弹簧阻尼器　g—空调压缩机　h—共轨高压油泵

V 带的设计必须注重它们的磨损和伸长率。只有当它们在规定的预紧力下工作时，才能可靠地工作并达到预期的使用寿命。因此，传动装置必须补偿长度的变化。自调节弹簧加载惰轮现在也用于商用车辆。

（6）修理和质保

其他发动机部件不应在发动机使用寿命极限之前发生故障。因此，这些故障不属于维护的范围，而是作为需要维修的损坏计算。长途运输车辆全寿命里程可以达到 1000000km 或者更长的里程。一些辅助装置，例如水泵、发电机或废气涡轮增压器在一些应用状况下不能达到这样的里程。

重型商用车传动系统的保修具有不同的极限值，例如首次许可后 2 年和/或 200000km，取决于哪一项首先达到限值。如果发动机没有被不正确地使用，保修范围包括更换有缺陷的部件。

（7）采购价格和制造成本

由于不可能生产出无需维护的发动机，或者只能通过昂贵、复杂的附加措施实现发动机免维护，因此在制造成本与维护和修理成本之间找到适当的平衡是至关重要的。此外，必须考虑到由立法者直接通过强制性法规，或者间接通过基于排放的为运营商分级减税，以促使有利于环境保护的各种措施，这些措施对运输商的影响很大。

17.3.2.2 驾驶性能、易操作性、社会接受性

1. 动力特性、档位选择

图 17-28 示出了 40t 的公路货运列车，在不同道路坡度时作为车速函数的功率需求。在水平道路上以 80km/h 的速度克服道路阻力，需要大约 100kW 的发动机功率。在最高档位下的总传动比设计，可以让发动机的转速保持在 1300～1400r/min。由于这种类型车辆的发动机，在大约 1900r/min 的额定转速下，功率通常在 250～400kW 之间，所以这种设计有利于节油和低噪声驾驶。

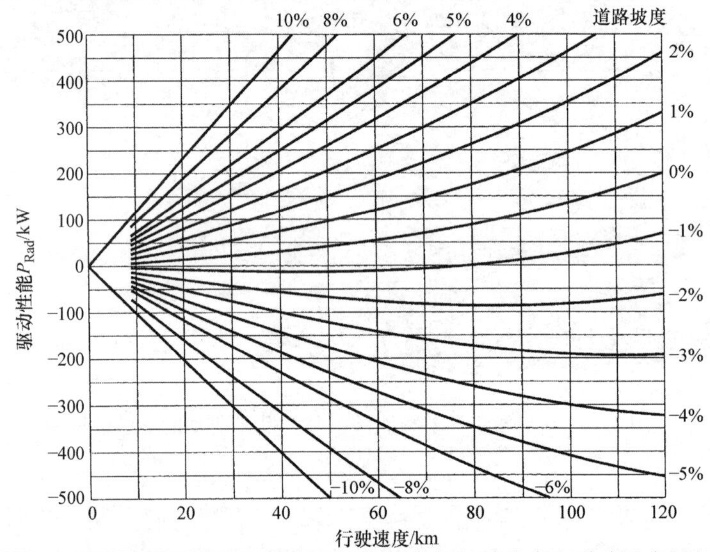

图 17-28　以车轮驱动功率表示的车辆性能要求与行驶速度和道路坡度的相关性：最大总质量 $m=40000$kg；迎风面积 $A=8.45\text{m}^2$；空气阻力系数 $c_w=0.62$；空气密度 $D=1.250\text{kg/m}^3$；道路阻力系数 $f_L=0.006$

要求发动机在约 1000r/min 下必须已经具有最大转矩，由此可以推断出即使在较小或中等坡度上坡时，也能够几乎不需要换档。图 17-29 示出了在这些要求的基础上开发的满载特性。

虽然制造商 A 倾向于恒定功率和恒定转矩的结合适用于驾驶性能，但制造商 B 认为稳定的转矩达到较低的满载速度更好。峰值转矩的 35%，是具有很强适应性的低速端常用转矩，尤其是与自动变速器结合，这一转矩可以轻松实现驱动。通过采用具有中冷器的废气涡轮增压装置，实现这种类型的转矩特性已经成为可能。这些废气涡轮增压器通常只具有大功率废气阀门，已经是用于重型商用车发动机几十年的标准配置。与乘用车或轻型商用车辆不同，可变几何涡轮增压不能为重型商用车发动机提供任何特殊优点，因为采用 12～16 速变速器，发动机在每一档位下转速变化范围较小。

2. 加速性能

另一个重要参数是发动机在有负载的情况下在低速时的加速性能。这种性能被认为非常重要，特别是对城市交通的商用车，如城市公交车、市政车辆和商业运输

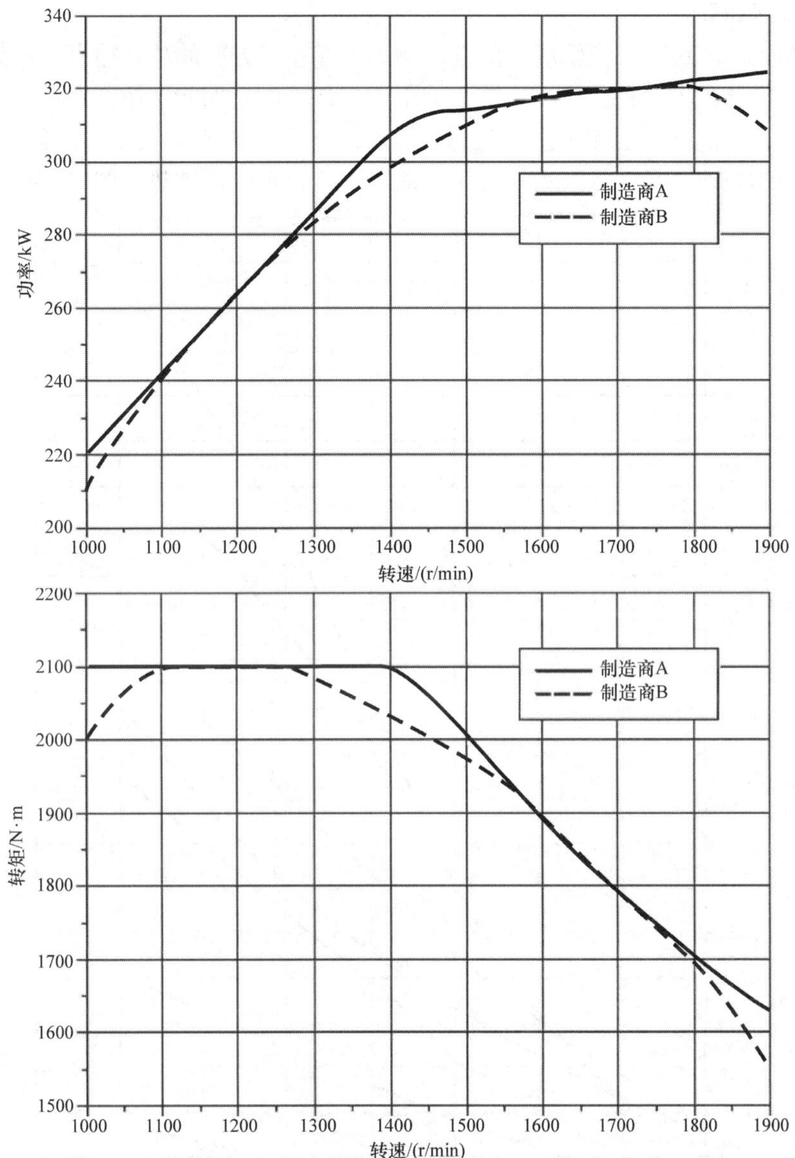

图 17-29　具有废气涡轮增压和中冷器的商用车柴油机的满载特性

车辆。此外，当驾驶员需要时，车辆必须立即可以加速。这在很大程度上需要防止涡轮增压发动机轻微延迟的响应性（涡轮迟滞）。因为出于能源、成本和/或可用性的考虑，新型发动机已经淘汰了诸如机械或电驱动压气机之类的附加措施，所以对于此类需求的新解决方案是采用电子控制喷射系统，结合高喷射压力。

3. 发动机制动

车辆运营商的竞争力取决于车辆的巡航速度，特别是在长途运输中。在理想的情况下，它应该是非常接近特定的最大允许速度。要达到这一点需要车辆在坡道上行驶时快速而安全。

如图17-28所示，车辆所需的制动功率与在相反方向的功率输出一样高，并且随车辆的道路阻力负荷的增大而减小。由于在连续制动期间摩擦制动将在车轮处产生热应变，因此开发了无磨损的辅助制动系统。基于空气压缩机的原理，制动时把发动机用作减速工具。排气系统利用压缩空气直接消除制动热。图17-30示出了不

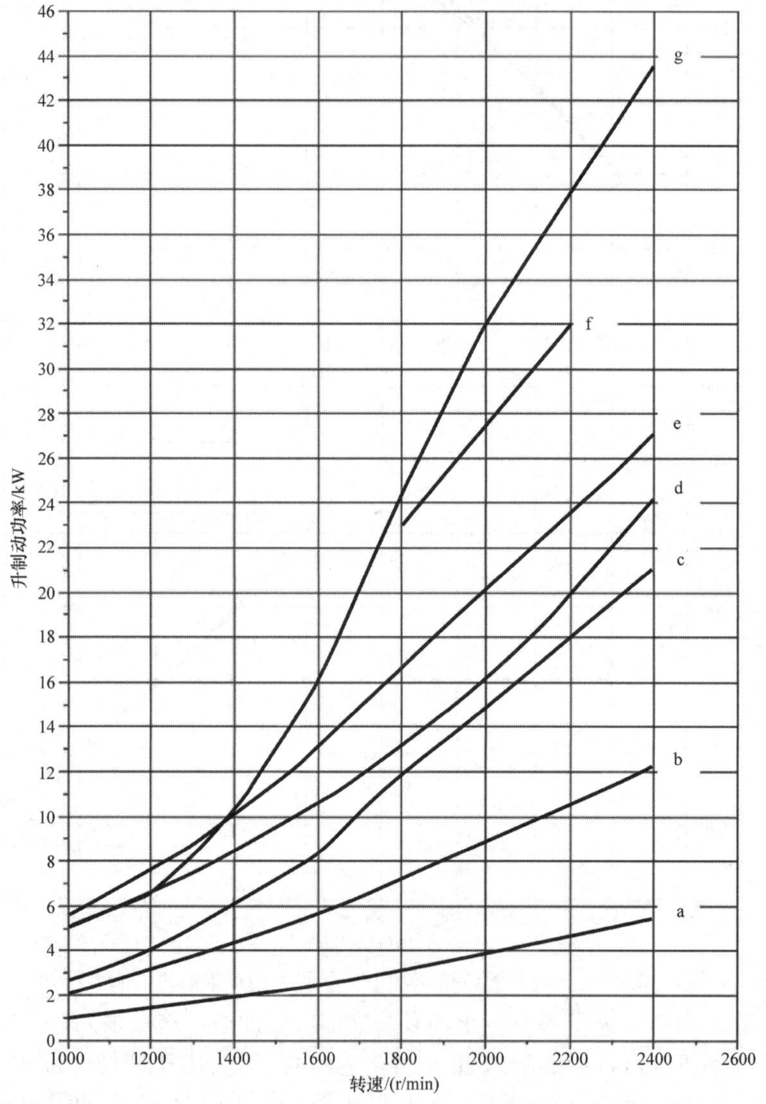

图17-30　不同发动机制动设计的相对于排量的发动机制动功率曲线：a—打开发动机蝶阀（阻力功率），直列6缸发动机；b—关闭发动机蝶阀，发动机与a相同；c—EVB（排气门制动），发动机与a相同；d—恒定节流阀与关闭的发动机制动阀门，V8发动机；e—杰克制动（发动机制动），直列6缸发动机；f—整体制动，直列6缸发动机；g—与d相同，但在制动操作时涡轮增压参与工作

同发动机制动功率曲线相对于排量的关系（见第17.3.2节）。变速器档位可用于根据车辆的要求调节制动功率。

4. 内部噪声、振动

在长途运输中，驾驶室是商用车驾驶员的工作场所，在工作时他们绝对不可能离开。由于发动机通常直接安装在驾驶室下，所以必须确保驾驶室内能够达到噪声标准。在这方面的显著进展是采用了较低声辐射的刚性发动机表面结构，以及发动机支撑的振动阻尼的改善（见16章）。

通过发动机支撑传导到车辆结构，发动机的向外作用力、惯性力和惯性力矩可以干扰驾驶舒适性。由活塞式发动机运转产生的这些力的大小和效果，取决于发动机的设计和尺寸（见第8.2节）。可能需要为发动机配备附加的平衡轴，以支撑用于平衡的配重。

大型6缸直列式发动机，以及具有90°V形夹角的6缸和8缸V形发动机被用作重型车的驱动装置。

直列6缸和V8发动机具有完全外平衡的惯性力和惯性力矩。因此，它们代表了高驾驶舒适性的理想解决方案。V8发动机气缸数较多，具有旋转不规则性较低的优点。然而，这仅在全负荷下才会体现出来。

5缸直列发动机和重型级别的V10发动机，也已经能够满足驾驶舒适性的最新标准。5缸直列发动机的支撑必须仔细调整，因为该结构向外传递明显的二阶惯性力矩（见第8.3节）。因此，发动机中通常需要安装转矩平衡轴。图17-31示出了一个设计的实例，其中惯性力矩由两个传动装置内部平衡，每个传动装置具有两个配有平衡质量的，以2倍于曲轴转速相对转动的平衡轴。传动装置放置在第2和第5个曲轴轴承下方，每一个都由曲柄上的齿圈驱动。

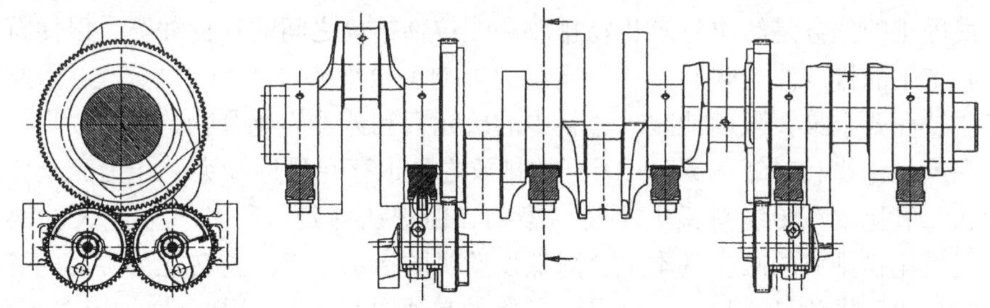

图17-31 五缸直列发动机进行二阶惯性矩平衡的传动装置（MAN商用车辆股份公司）

在小功率轻型商用车中常常可以发现直列4缸发动机。这种发动机具有不平衡的二阶惯性力，当用一个调节良好的发动机支撑，保持振动远离驾驶室时，直列4缸发动机也是可以接受的。它们具有用于增加舒适性要求的平衡轴，在小型公共汽车中很常见。

5. 起动性能和低温性能

重型商用车辆运营商期望发动机即使在低环境温度下也能迅速起动，并且没有明显的排放。具有高压缩比（17:1～20:1）的高压直接燃油喷射系统，使得发动机能够在-15℃的环境温度下进行冷起动，在更低的环境温度下也能够进行热起动。低温下需要冷起动辅助系统预热进气，例如采用电加热元件或燃烧器。取决于环境温度的高低，预热时间最长可达25s。诸如乘用车中常见的，突入燃烧室的快速铠装电热塞不能用于重型商用车的发动机，因为它们会对排放产生不利影响。

6. 社会接受性

由于车辆交通在局部和通过路口时经常会非常密集，因此重型商用车的交通友好性变得非常重要。由于商用车在交通中的大量存在，个别道路使用者已经将它们视为对自己交通需求的妨碍。当排放和噪声污染使这种情况更加复杂时，在政治诉求和社会目标中拒绝它们的趋势更加强烈。商用车对个人生活质量有显著贡献的观点常常不能被接受。

因此，确保商用车发动机在交通中污染排放没有显著增加，是符合各商用车运营商的商业利益的，并有利于商业公路运输业的形象改善。因此，发动机发展的准则是：发动机不应在外部察觉到超出传动噪声的噪声水平，其排气应既看不见也应闻不到。这方面的挑战是以具有竞争力的成本，尽可能接近这个目标。

17.3.2.3 法规

1. 废气排放

废气排放中的有害物质，包括氮氧化物（NO_x）、一氧化碳（CO）、碳氢化合物（HC）和颗粒物（PM），受到环境法规的限制（见第15.2节，其中还描述了测量系统和测量方法）。与乘用车不同，重型商用车柴油机的废气排放限值基于发动机产生的功率。这导致了发动机功率和运输量之间的直接相关性。因此，基于功率的排放限值，确保了从轻型车到40吨公路列车的运输性能得到适当的平等对待。

最困难的任务是解决氮氧化物排放和颗粒物排放之间的目标冲突，以便符合当前的和未来的排放法规限制。燃料质量的影响也很重要（见第4.1节）。因此，发动机制造商要求最大限度地减少燃料中的硫元素和芳香族化合物的含量。

在氮氧化物和二氧化碳（CO_2）的排放之间也存在目标冲突。作为完全燃烧的产物，二氧化碳在传统意义上不是污染物，但被认为是一种与气候相关的温室气体。氮氧化物排放的减少基本上会降低发动机的指示效率。这转化为更高的燃料消耗和二氧化碳排放量增加。在这里，必要的是通过精确控制混合气的形成和燃烧，在减少氮氧化物排放的同时防止油耗增加。

欧Ⅳ限值标准的水平现在已经达到，这需要采用废气后处理，特别是由于发动机排放的稳定性，必须同时保证超过7年或者500000km。基本上，只有两种解决方案是可行的（详见第15.4节和第15.5节）。

（1）发动机内氮氧化物最小化和由颗粒过滤器减少颗粒

外部冷却废气再循环（EGR）是限制氮氧化物在燃烧系统中产生的最有效措施。它增加了气缸充气的质量，并减缓反应速度，从而降低燃烧室温度。

但是，它也延缓了炭烟氧化的过程，其特征是炭烟排放的增加，这是不利的。进一步增加喷射压力（>2000bar）和延后喷射可以改善后氧化。

因此，为了达到对颗粒物的限制标准，需要使用颗粒过滤器。通常，当废气温度足够高时，借助于铂涂覆的催化剂产生的二氧化氮（NO_2），可以使颗粒过滤器进行连续再生。

（2）发动机内颗粒物减少和由选择性催化还原技术减少氮氧化物

当采用SCR（选择性催化还原）系统时，遵循的路线完全不同。燃烧的优化使颗粒物达到要求的水平。下游催化剂使用反应物氨来将氮氧化物还原成大气天然存在的氮（N_2）。氨由品牌为AdBlue的尿素水溶液制备。一旦AdBlue喷射到排气流中，当温度足够高时，它就会水解产生氨。

2. 噪声

重型商用车噪声的强制性限制是基于其外部噪声辐射（见第16章）。噪声排放基于整个车辆，发动机是其中一个噪声源。当按照指令70/157/EEC的规范，在车型认证条件下加速通过时，发动机通常被认为是主要的噪声源。有效的阻尼系统可用于减少进气管和排气管噪声（见第13章）。进气压力的损失和结构空间的占用必须保持可接受的程度。

控制发动机本身的噪声排放更加困难。由燃烧脉冲触发，噪声通过发动机结构，以及来自发动机和变速器表面的共振现象传递到外部。这是来自发动机机械机构，例如轴承间隙、齿轮间隙、气门间隙等的脉冲混合噪声。降低燃烧压力梯度，可以降低燃烧过程中的噪声。具有预喷射选择的电子控制喷射系统的引入，已经在不降低发动机效率的情况下实现了降低燃烧噪声方面的进展。

噪声优化的曲轴箱结构，以及作为辅助措施的噪声阻尼部件，可以由发动机以及车辆的设计改进来实现，在新发动机开发中这已经很普遍（参见第17.3.3.2小节和第16.5节）。降低噪声的措施使质量增大的损失只能被接受，并且对发动机维护时的障碍通常也是必须被接受的。

17.3.3　重型商用车发动机的设计

17.3.3.1　简述

1. 功率密度

排放控制法规持久影响发动机的发展。近年来，法规导致了所有重型商用车只能采用配备废气涡轮增压和中冷器，因而具有高升功率的柴油机。图17-32示出了用于重型商用车的不同欧洲发动机的额定功率。由于具有较高的额定转速，在排量较小的情况下柴油机升功率可以达到约35kW/L的最大值。

商用车发动机的另一个重要变量是单位排量的转矩，它对应于制动平均有效压力p_e（见第1.2节）。柴油机最大升转矩值约为200N·m/L，这对应于制动平均有效压力$p_e \approx 25$bar和升制动有效功$w_e \approx 2.5$kJ/L（见第1.2.5节）。

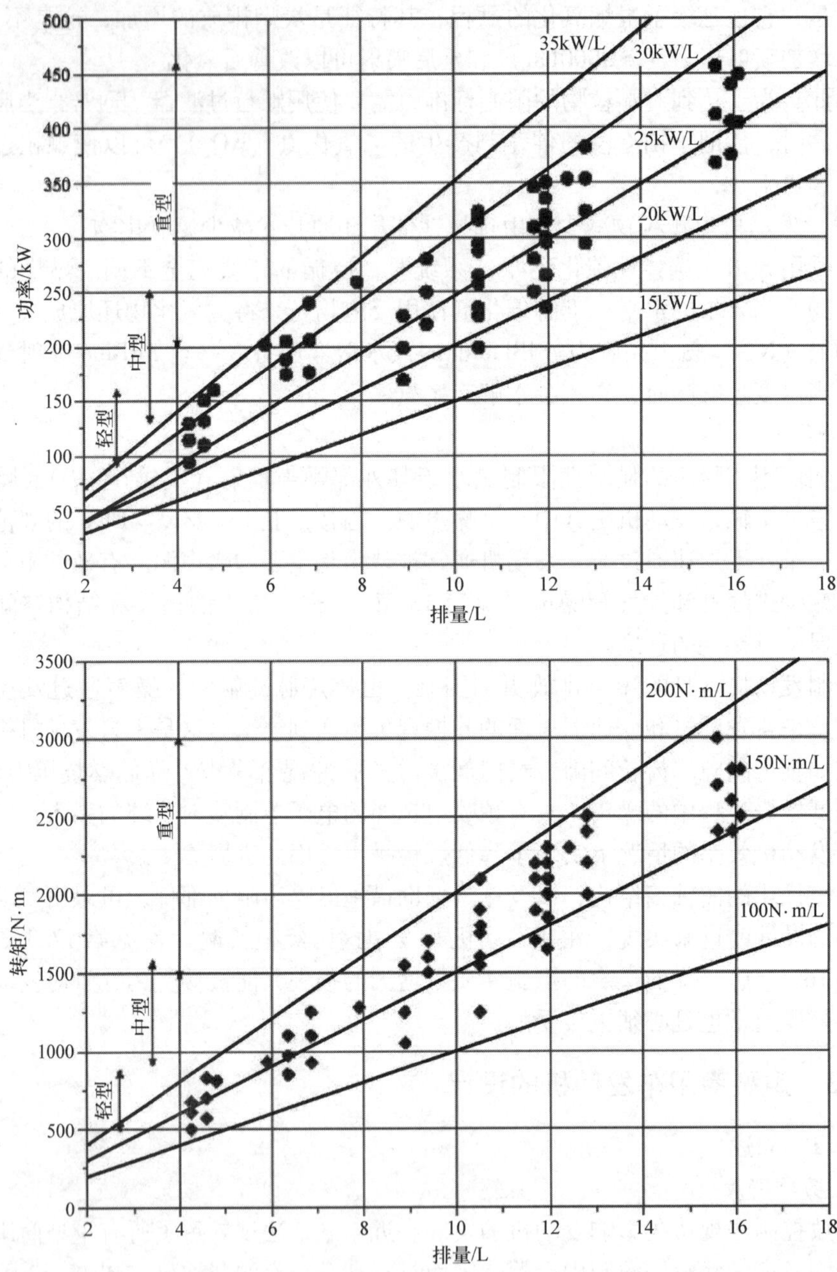

图 17-32　具有涡轮增压和中冷器的商用车发动机的功率和转矩与排量之间的关系

2. 排量

涡轮增压和中冷器通常在较小的发动机（缩小尺寸）中带来升功率的增加。图 17-32 示出了不同车辆类别中发动机的额定功率和排量值的信息。在欧洲重型商用车上配备有大约 4 ~ 16L 排量的发动机。4 缸和 6 缸发动机在轻型商用车中则很常见。6 缸发动机几乎完全由标准型商用车采用。6 缸、8 缸和 10 缸发动机在重型商用车中都有采用。它们每个气缸的工作容积在 0.7 ~2.2L 之间，相关的额定转速在 2500 ~1800r/min 之间。

3. 气缸压力

功率密度的增加也需要改进与燃烧室相邻的部件，以及改进连接连杆、曲轴和飞轮的传动链。图 17-33 示出了自 1990 年以来燃烧压力的变化。排放控制立法对燃烧压力的重大影响是显而易见的，尤其是欧Ⅲ标准的实施最明显。

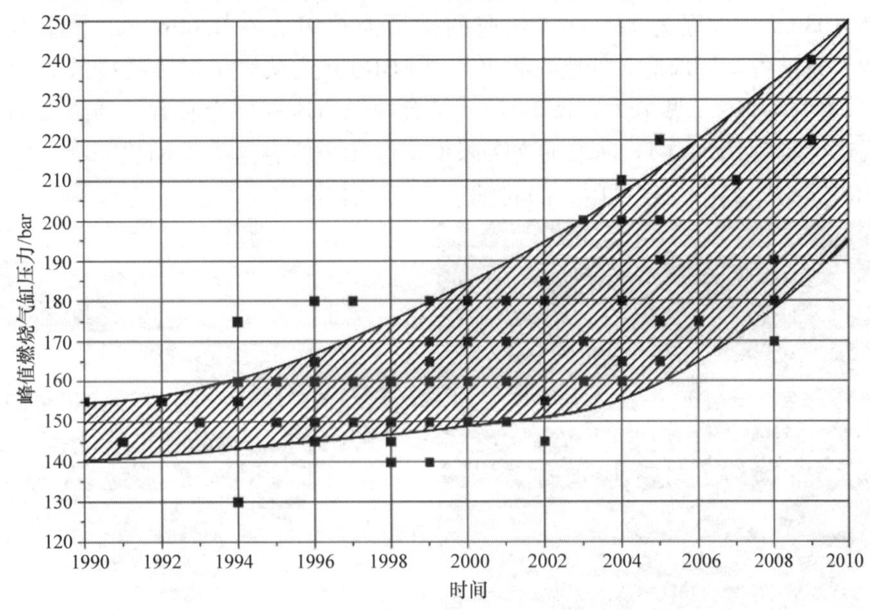

图 17-33　随着时间推移气缸峰值燃烧压力的变化

4. 燃料消耗

除了一些特殊用途的公共汽车或市政车辆外，所有重型商用车均采用柴油机。用柴油机驱动道路车辆，可以获得最低燃料消耗率。氮氧化物以及颗粒物排放的强制性限制增加了燃料消耗（见第 17.3.2.2 节）。业界正在尝试通过系统地改进燃烧过程，将对油耗的不利影响保持在最小。目前，在最佳工况点处可获得低于 190g/kWh 的油耗值，对应的发动机总效率大约为 45%。

车辆相对于里程的油耗对车辆运营商来说更有意义。然而，很难为此指定标准值，因为许多边界条件例如车辆尺寸、应用规范、载荷、地形、风况和交通密度等都影响结果。行业期刊指导使用长途运输车辆，通常是重型车辆在固定路线上进行驾驶和油耗测试，为运营商提供决策辅助（参见文献［17－13］)。

17.3.3.2　选型设计

1. 燃烧系统和换气

今天，重型商用车发动机都采用直接喷射柴油机（见第 3.1 节）。燃烧室内的集中涡流有助于改善混合气的形成和燃烧。这取决于诸如喷射系统可能达到的压力、废气再循环率、增压比等边界条件。涡流由位于进气门之前的，能够产生涡流的进气道内形成。

重型车发动机通常每缸4个气门，即两个进气门和两个排气门，控制换气。随着流动横截面的扩大，这种发展也带来了燃烧的优点，因为喷嘴可以在燃烧室中居中布置。

图17-34中的发动机体现了具有增加涡流要求的改型。它是直列6缸发动机，缸径为108mm，行程为125mm，相应的排量为6.9L，在2300r/min下输出功率240kW。它配备有外部冷却的废气再循环（EGR），这减轻了污染物排放和燃料消耗之间的目标冲突（见第7.3.2.2节）。结合两级增压和中冷装置，通过发动机内的措施，它能够满足欧Ⅳ标准的NO_x限值。像几乎所有这类发动机一样，它每个气缸有两个进气和两个排气门。凸轮轴安装在缸体中。

图17-34　具有可控废气再循环、两级增压和中冷器以及共轨喷射系统的商用车柴油机

图17-35所示为由燃油分布提供更多混合气形成能量的低涡流发动机的代表。这种新的发动机设计的第一种代表机型的排量为V_H = 7.8L，随后也有排量为10.5L和13L的，具有相同的设计特点的机型。直列6缸发动机的缸径为115mm，行程为125mm，在2500r/min下输出功率257kW。每个气缸有两个进气门和两个排气门。进气门的中心分别与曲轴轴线对角地对准。排气门也是如此。其中，燃烧室的几何形状具有在压缩行程结束时产生湍流的特点，有利于混合气形成。

燃油喷射提供了混合气形成所需的大部分能量。安装在气缸轴线上的泵喷嘴单元可以确保燃油喷注均匀地分布到中心燃烧室。最高可达1900bar的喷射压力将燃料分散成非常细小的液滴。这种设计使用较弱的进气涡流使燃料蒸发并与空气混合。位于气缸盖上由齿轮驱动的凸轮轴上的喷油凸轮，通过摇臂驱动泵喷嘴单元内的活塞。泵喷嘴单元中的电磁阀控制喷射的开始点和喷油量。电子控制单元调节整个系统，包括控制在最强动力型号中的可变几何涡轮（VTG）。

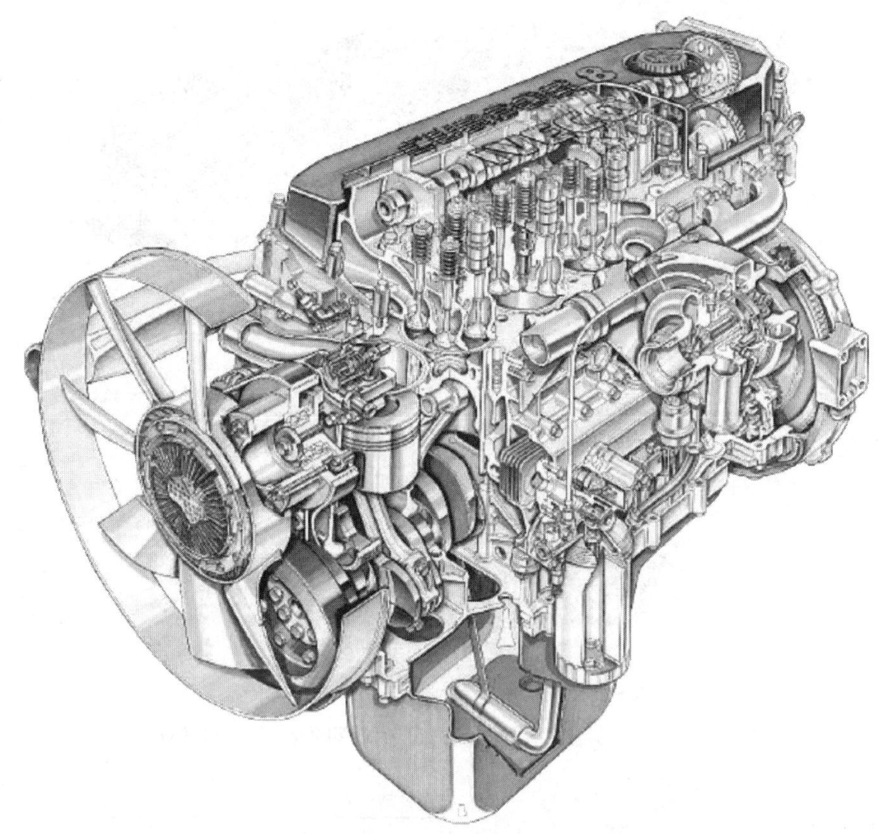

图 17-35 具有安装在气缸盖上的凸轮轴和泵喷嘴系统的商用车柴油机（Iveco）

图 17-36 示出了带涡轮增压器和中冷器的 V8 柴油机的横截面，在 1800r/min 下功率为 420kW。

它的缸径为 130mm，行程为 150mm。除 V8 外，还提供 V6 型号的发动机。凸轮轴通过滚轮挺杆、推杆、摇臂和每一对进气门和排气门的气门连接装置，驱动每个气缸的 4 个气门。

凸轮轴由位于两列气缸之间的曲轴箱中的轴承支承。它直接由曲轴在飞轮端驱动，没有中间齿轮。除了驱动气门的凸轮之外，凸轮轴还为每缸多提供一个凸轮，用于驱动位于曲轴箱的电磁控制的单体泵（参见第 5.3 节）。电子控制单元调节喷射的燃油量和喷射开始点。

2. 发动机制动

一种简单且经常应用的设计是安装在排气歧管中的节流阀，它通过活塞的排气过程的背压获得高制动功率（见图 17-37）。然而，能够达到的背压和制动功率必须受限制的，以防止部件损坏。

当活塞不仅在排气行程，而且在压缩行程也吸收损失的功时，可以得到更高的

图 17-36　具有单体泵喷射系统和恒定节流阀的 V8 柴油机的横截面

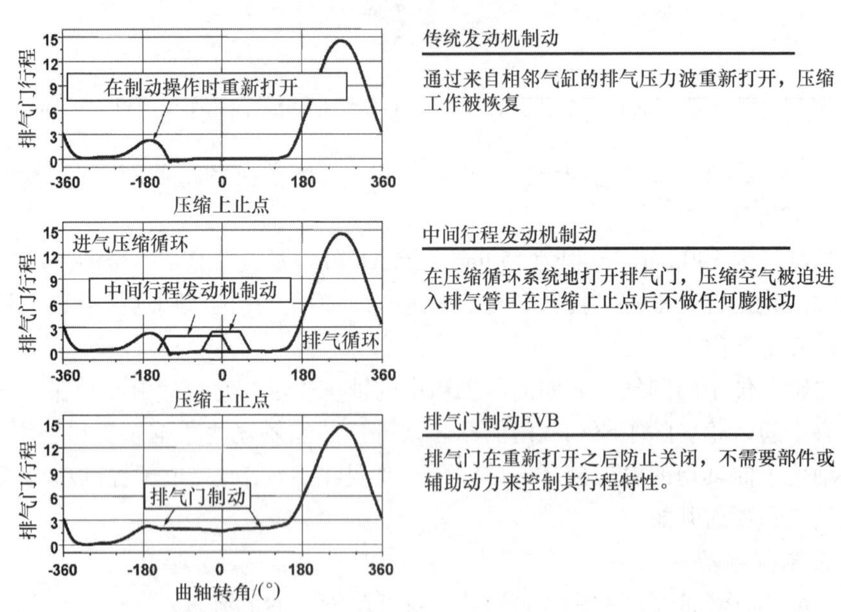

图 17-37　发动机制动系统的工作原理

制动功率。这可以通过在压缩行程将要结束时清除压缩空气来实现。用控制阀操作的系统包括杰克（雅各布斯）制动法、恒定节流阀制动法、排气门制动法（EVB）和整体制动法。此外，利用 VTG 涡轮增压器，涡轮制动可进一步提高制动功率（见第 2.2.5.2 节）。

在图 17-36 中在 V 形发动机横截面左列气缸中可以看出，每缸 4 个气门被辅以连接压缩室与排气道的另一个阀。该阀在发动机正常工作时关闭。它与排气管路中的节流阀结合起来工作，可以增加发动机的制动功率。由压缩空气驱动，它可以通过限定的间隙持续打开。通过这一所谓的恒定节流阀清除空气，在压缩行程就能产生额外的负功［17－19］（见第 17.3.2.1 节）。

排气门制动法（EVB）发动机制动系统［17－20］中的排气门具有减压阀的功能（图 17-37）。图 17-38 说明了四冲程工作顺序中，需要对气门机构进行的干预：排气系统中的节流阀关闭时可以起动发动机制动。通过邻近气缸排出的压力波形成排气压力，在进气行程结束时打开排气门。摇臂中的液压锁定装置防止排气门完全关闭。压缩空气的一部分在压缩行程期间通过气门座处剩余的限定间隙（1.5～2mm）排出，从而增加制动功率（见第 17.3.2.1 节）。在膨胀行程结束时凸轮开始驱动排气门打开，以解除液压锁定。

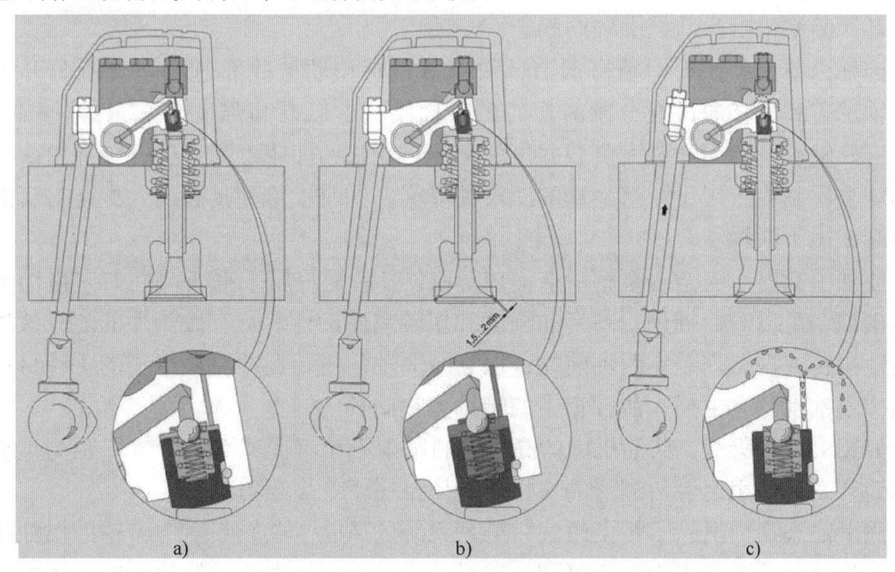

图 17-38　EVB（排气门制动）的工作原理

a）进气行程，锁定活塞靠紧气门　b）压缩和膨胀行程：排气系统压力波打开气门，锁定活塞保持限定的气门间隙（1.5～2mm），空气放出　c）排气行程：凸轮升程使锁定消除（MAN Nutzfahrzeuge AG）

在压缩行程结束时控制排气门打开，是放出压缩空气并随之增加发动机制动功率的另一选择。杰克（雅各布斯）制动法利用具有泵喷嘴系统的发动机中的泵喷嘴机械驱动装置，借助于附加的液压单元在压缩上止点打开排气门。

整体制动法借助于两根顶置凸轮轴，可以实现更高的制动功率。一根凸轮轴单独驱动泵喷嘴，另一根则控制气门。每个气缸对应一个位于凸轮轴上的附加凸轮，系统使用可切换的滚轮摇臂打开排气门放出压缩的空气。因此，发动机制动和燃料喷射的功能彼此独立，并且可以为发动机制动和燃料喷射分别设计最佳的气门定时和凸轮轮廓（见第7.3.2.1节）。

3. 曲轴和凸轮轴总成

图17-39示出了功率为321kW的直列6缸发动机的横截面。该型号发动机的缸径为120mm，行程为155mm。在这种类型的发动机中，曲轴箱首次采用蠕墨铸铁EN-GJS-450铸造，这种设计可用于高负荷发动机。这种材料的高强度为紧凑和轻量化的发动机设计提供了选择。由于为润滑发动机外围零件而向上流动的冷却液和润滑油穿过气缸盖垫板而不穿过气缸盖密封件，所以曲轴箱顶面与气缸盖的垫板都要设计成具有极大的刚性。本发动机采用了分开的主轴承盖，各自利用两个高强度螺纹滚压螺栓固定在曲轴箱中。当组装到正确的位置时，分开的部件精确地返回到其正确的原始位置。它们的粗糙表面有利于更好地吸收径向载荷。

活塞由铸铝合金制成。在第一道活塞环处镶铸有耐蚀高镍合金钢阿尔芬（Alfin）镶圈。3个环槽配有镀铬双梯形环、锥形面环和镀铬双斜面螺旋膨胀环作为油环。活塞销由弹性挡圈轴向固定。

连杆由淬火和回火钢精密锻造，没有重量补偿肋，并通过倾斜分割分开轴承盖。轴承盖和连杆通过在分割时产生的表面结构，以及高强度内六角螺栓彼此固定。连杆轴承设计用于最大负载并可保证尽可能长的使用寿命。连杆轴瓦由耐磨溅射轴承金属制成。用于活塞冷却的润滑油喷雾，同时供给到具有压入配合衬套的连杆小端，用于润滑。

曲轴由高温回火微合金钢锻造而成。8个锻造配重用于平衡惯性力。借助于有限元模拟，可以对曲轴进行高弯曲刚度和扭转刚度设计。具有散热片的能有效散热的黏性扭转减振器安装在曲轴前端，以衰减曲轴的扭转振动。预组装的3种材料轴承用作主轴承。它由插入曲轴箱中的半推力垫圈轴向支撑。

如图17-39所示，柴油机中的高压共轨喷射系统（见第5.3.5节）也为重型商用车而开发。使用由燃料润滑的3柱塞高压泵用于产生喷射油压。

润滑油添加剂消除了污染废气后处理系统的风险。共轨喷射中希望的燃油压力在整个喷油脉谱图范围内灵活可调，并且还通过较短的油管供给到由电磁阀控制的喷油器。在这里使用的第二代系统中压力仍然限制在1600bar。更高压力的系统正在开发中。

喷油器直立安装在燃烧室中心位置，7孔喷嘴负责喷射燃油，能够将喷雾均匀地分布在整个燃烧室中的。根据燃烧循环的不同，可以进行具有预喷射、主喷射和后喷射的多次喷射。发动机电子控制系统基于存储的喷油脉谱图控制各次喷射的特性，包括共轨压力、喷油开始点和喷油持续时间。因此，可以获得对废气排放、噪声排放和燃料消耗都具有有益影响的燃烧过程。气缸内的燃烧压力最大可达

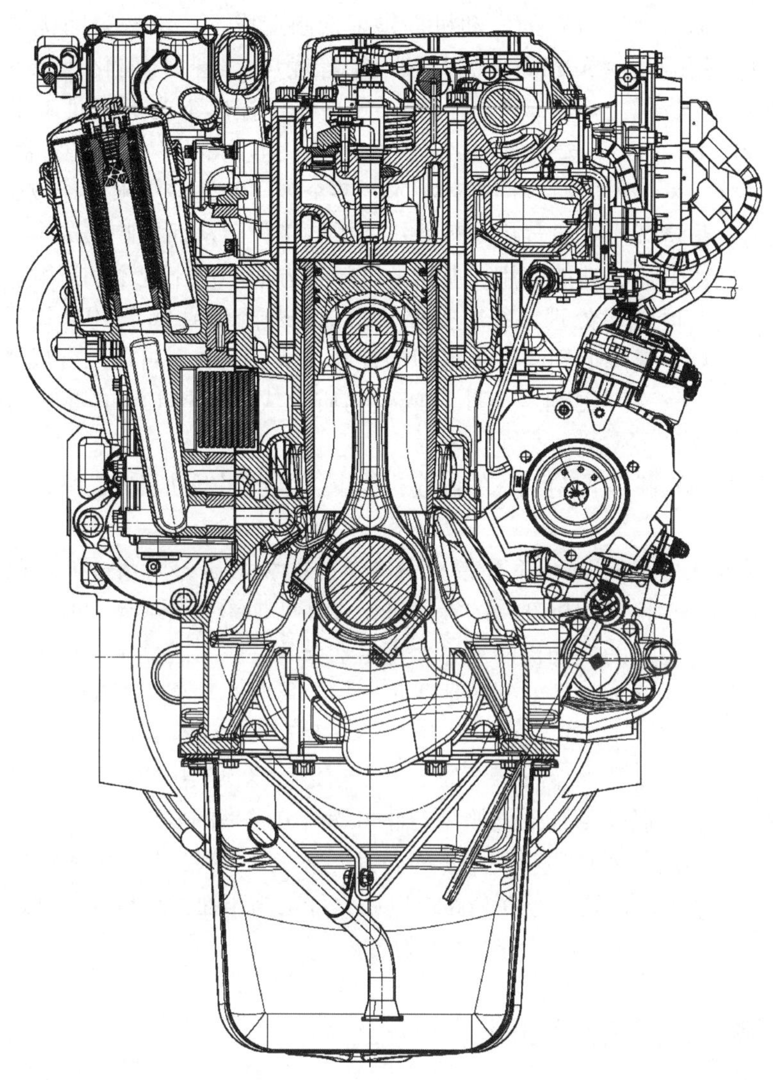

图 17-39　现代商用车柴油机的基本设计特点（MAN Nutzfahrzeuge AG）

到 200bar。

17.3.4　展望

功能效用和相应的成本将是未来的重型商用车柴油机的关键竞争力标准。环境兼容性的法律标准将继续严重影响柴油机的发展。因此，自 2005 年以来，单独的发动机机内措施已经难以达到氮氧化物排放和颗粒物的限制水平。必须开发高效和耐用的废气后处理系统，以达到法规标准。商用车行业选择了两种不同的策略，每种策略都具有特定的优点和缺点。

带废气再循环（EGR）的发动机提供了低制造成本、结构空间优势、低重量且不依赖于车用尿素（AdBlue）的基础设施等优势。选择性催化还原（SCR）发动机制造商利用较低的燃料成本或国家补贴，在可控成本之下满足未来的排放标准。不管为欧IV和欧V选择何种路径，预测仍在争论的欧VI水平将需要在2012年生产的同一台发动机同时采用两种技术。各个公司开发最大限度地减少废气排放的潜在能力，将持续影响废气后处理系统所需的工作，从而影响其成本。在客户利益方面，在使用寿命、功能效用、所需的维护等方面不应出现不利影响。

无论如何，废气后处理系统将需要硫质量分数降低到低于10×10^{-6}的柴油燃料，并且芳香烃含量降低到经济上合理的程度。从长远看，可以从合成燃料如煤合成油（CTL）、天然气合成油（GTL）或生物质合成油（BTL）的混合物中获取合格燃料（见第4.2节）。

尽管面临来自排放控制立法的挑战，但也可以预期发动机升功率仍然会进一步增加。

这将需要在更高的EGR率和带有中冷器的两级增压，以及进一步改进车辆冷却系统的基础上，将发动机部件的峰值机械强度增加至显著大于200bar。发展尺寸更大，因此动力更强的发动机的意愿，肯定会导致在正常道路上行驶的车辆的额定最大总质量进一步增加。在欧洲各地区正在进行最大总质量高达60t的车辆相关的场地试验。

在排气流中增压器涡轮机下游的动力涡轮是否将得到广泛应用仍待观察，具体结果将取决于这种涡轮复合系统的复杂性与燃料节省率的发展（见第14.1节）。

在中期，额定最大总质量为40t的长途运输货车的发动机功率将增加到大约500kW。该功率可以保证货车在公路上以比允许最高车速（80km/h）低4%的速度行驶。

17.4 高速高性能柴油机

17.4.1 高速高性能柴油机的分类

高速高性能柴油机（HHD）通常被理解为具有高功率密度的柴油机。由于不同时期分界线并不固定，因此不可能在HHD和其他柴油机之间划分出非常明确的界限。HHD通常具有高于1000r/min的设计转速。将HHD与普通中速柴油机分开的另一个显著特征是其活塞平均速度c_m明显高于10m/s。对于HHD而言，体现高性能的重要参数主要是在额定功率点的升有效功w_e（对应于制动平均有效压力p_e，参见第1.2节）大于2kJ/dm³。单位活塞面积功率也是高性能柴油机的特征之一。HHD的单位活塞面积功率与其缸径D的相关性如图17-40所示。HHD的单位活塞面积功率的平均值为5W/mm²，最大值约为10W/mm²。

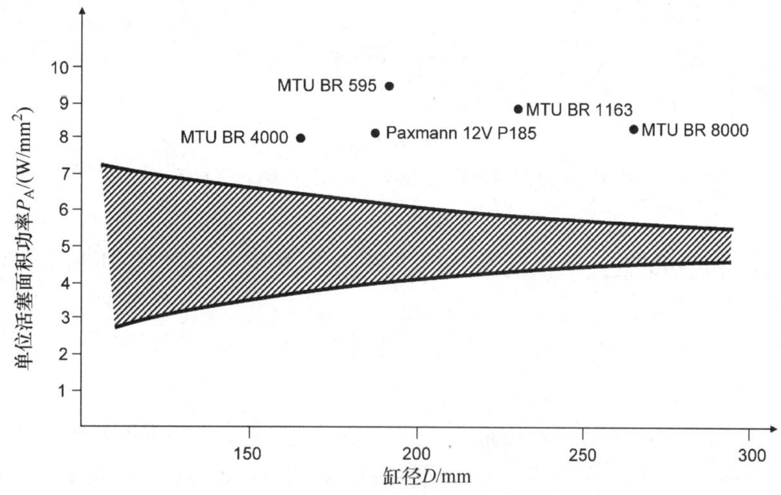

图 17-40　柴油机单位活塞面积功率与缸径的相关性

图 17-41 示出了现有高性能柴油机的质量相对于它们的功率，即质量功率比 m_p的情况。HHD 一般被设计成 V 形结构，以保证良好的质量功率比。

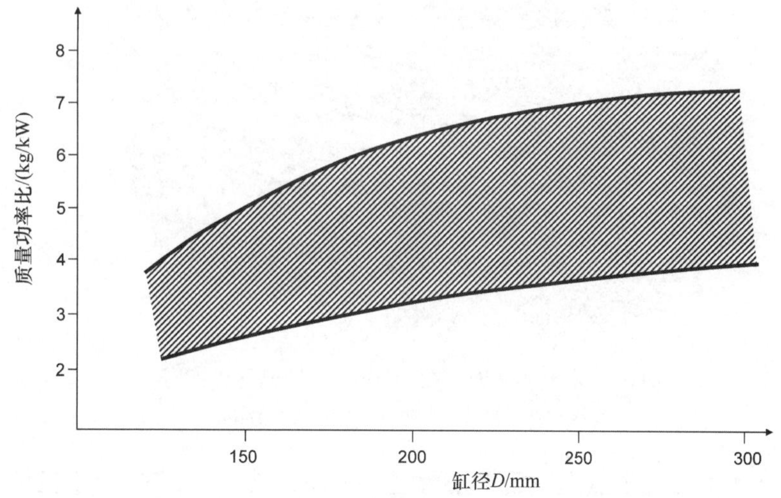

图 17-41　柴油机的质量功率比与缸径之间的关系

原则上，在单位活塞面积功率 P_A恒定的情况下，质量功率比随着缸径的增加而增加。这符合一般规律（见第 17.4.2 节）。当下式被定义为 HHD 的高速范围的边界条件时

$$c_m \leqslant 13\text{m/s} \qquad n \geqslant 1000\text{r/min}$$

那么，高速高性能柴油机的气缸工作容积 V_h可以应用下式给出上限

$$s = c_m / 2n$$

因此得到 HHD 的对应行程

$$s < 390\text{mm}$$

有效燃烧系统的行程/缸径比应该是

$$s/D \geqslant 1.25$$

因此可以由此计算出高速高性能柴油机的最大可能缸径

$$D \leqslant 300\text{mm}$$

当根据图 17-40 选择单位活塞面积功率 $P_A = 10\text{W/mm}^2$ 时，则最大可能单缸功率计算为

$$P_Z \approx 700\text{kW}$$

具有气缸工作容积约 27dm^3。

然而，这种极限范围尚未被冒险涉足，因为这种尺寸的 HHD 不能产生令人满意的性能价格比，对此下面将做更详细的解释。MTU 8000 系列具有 $P_e = 9100\text{kW}$（455kW /缸），构成了目前高速高性能发动机的上限（图 17-42）。

图 17-42　MTU 20 V 8000 M91，在 1150r/min 转速下 9100kW，缸径 265mm，行程 315mm，升有效功 2.73kJ/dm^3

高速高性能柴油机总是在那些能够通过低质量功率比，和/或小机型体积为整个系统产生益处的地方使用。

这可能包括：

1）快速船舶。

2）具有特殊要求（可运输性）的动力装置。

3）机车和轨道车辆。

4）大型自卸车。

HHD 对于快速船舶尤其重要，因为与飞机非常相似，船舶的有效载荷主要取决于推进系统的质量。这里不打算更详细地涉及船舶系统（更多参考文献见

[17－22～17－24]），对于低质量/功率比的要求基本上随着船舶排水量的减小以及船舶速度的增加而增加，反之亦然。因此，只要没有同时对速度提出较高的要求，推进系统的质量功率比就会随着船舶的排水量的增加而失去重要性。在大功率范围对 HHD 的使用的精确限制是难以确定的，因为它们在很大程度上取决于驱动系统的需求。一个指标是对于功率范围在 5000～10000kW 之间，速度范围≤30kn（kn：节，即每小时海里，1 海里＝1.852 千米，30 节约等于 55km/h）的情况，HHD 的重要性稳步下降，具有良好的质量功率比（$m_p \leqslant 6$kg/kW）的中速柴油机的重要性稳步上升。对用于高速的要求，只有燃气轮机与大型船舶动力装置一起才能够提供所需的功率。

商用车柴油机的低成本衍生产品通常覆盖 1500kW 以下的功率范围。专门开发的 HHD 有 1500kW 以上的功率。17.4.2 节和 17.4.3 节专门描述它们的设计和工程。

17.4.2　更高功率的柴油机

基于内燃机功率的共有条件方程组（见第 1.2 节），下列用于 HHD 的典型领域（即船用发动机）的关系式，可以方便地作为设计开始点，因为转速可以在宽广的范围内自由选择：

$$P_e \sim z \cdot w_e \cdot c_m \cdot D^2 \tag{17-1}$$

气缸数 z 对于质量功率比是至关重要的。在恒定活塞平均速度 c_m、恒定升有效功 w_e 和恒定发动机功率 P_e 下，气缸数量对质量功率比的影响需要分析。

在第一近似值中，式（17-2）适用于往复活塞式发动机的质量：

$$m \sim D^3 \tag{17-2}$$

因此，结合式（17-1），可以得到发动机质量相对于功率的关系，即质量功率比：

$$m_P = m/P_e \sim D/(z \cdot w_e \cdot c_m) \sim D/(z \cdot P_A) \tag{17-3}$$

考虑式（17-1），在 P_e、w_e 和 c_m 等于常数的情况下，随着气缸数的增加，缸径 D 减小。因此，在其他恒定的边界条件下，质量功率比在气缸数 z 增加的同时不成比例地下降。图 17-43 示出了 V 形结构恒定功率发动机的气缸数对质量功率比的影响。

在 HHD 中不仅希望有较高的单位活塞面积功率值 P_A，而且希望有较多数量的气缸。V 形结构中 12 缸、16 缸和 20 缸被选择用于 HDD 系列产品，因为一个系列通常需要覆盖一定的功率范围。由于曲轴箱刚度的原因，V20 发动机不再被考虑用于气缸工作容积小于 3dm^3 的较小发动机。具有 V 形结构 12 缸以上的发动机可以设计成不同的 V 形夹角，使得质量可以完全平衡，不需要额外的一阶或二阶平衡质量。

柴油机的有效效率（见第 1.2 节）是各部分效率的乘积，基本上受最大气缸

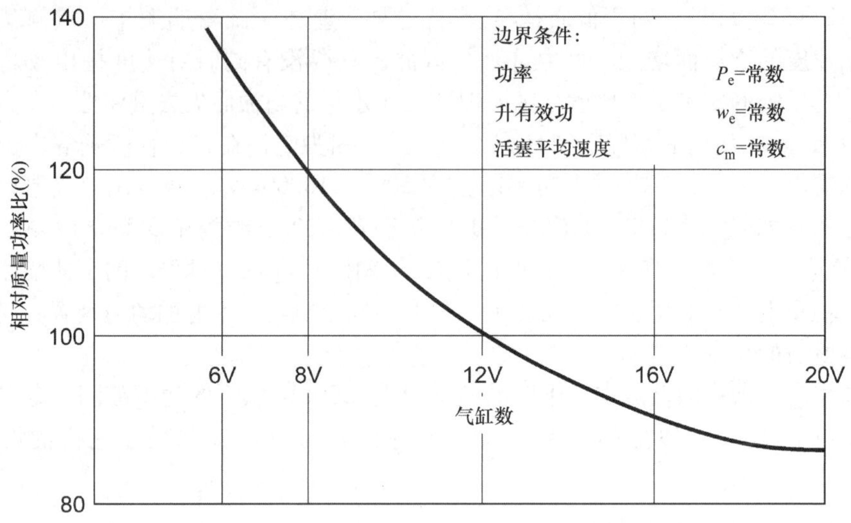

图 17-43　相对质量功率比随 V 形发动机气缸数的变化

压力（峰值压力）与升有效功的比值 p_{Zmax}/w_e、基于质量和时序的燃烧、增压效率（见 2.2 节）和机械损失的影响。p_{Zmax}/w_e 和增压效率都不受气缸数量的影响。

根据式（17-1），对具有相等功率但不同气缸数量的发动机的比较表明，在其他边界条件相同的情况下，气缸尺寸随气缸数量的增加而减小。因此，效率因子和指示效率下降，因为壁面热损失由于面容比的增加以及换气损失的增加而增加。然而，该措施比任何其他降低质量功率比的措施导致的燃油效率损失都更少。

由于发动机功率随升有效功成比例地增加，因此当尺寸相同时，发动机质量相对于功率减小。相对来说，机械损失同时降低。因此，确定升有效功的上限对于发动机设计是有意义的。

具有单级增压的 HHD 可实现的增压压力约为 4.5bar 绝对压力。

虽然更高的增压压力原则上是可能的，但是变窄的压缩发动机特性图不足以产生诸如船用发动机所需的发动机特性曲线图（见第 17.4.3 节）。4.5bar 的增压压力使得升有效功 w_e 可实现的值达到 2.8kJ/dm^3。高于该值时，发动机必须进行多级增压。这将产生作为允许的峰值压力和可能的喷射时间函数的最大可能压缩比。较高的峰值压力也允许有较高的压缩比。在恒定的喷射压力下，可以通过缩短喷射持续时间，向后推迟喷射开始时刻。反过来，在指定的峰值压力下，实现更高的压缩比是可能的。

由于为了在起动和怠速运转时不产生白烟而必须保证最小的压缩比，所以允许的增压压力对于指定的发动机设计具有上限，并且因此最大潜在升有效功 w_e 也低于指定的边界条件（η_{emax}，λ_{Vmin}）。小型发动机（$V_h < 3$dm^3）所需的最小压缩比为 14～15，大型发动机所需的最小压缩比为 13～14。总而言之，以下因素有利于高

增压，并因此有利于高升有效功：

1）高峰值压力。

2）高效率。

3）低空燃比。

4）短喷射时间。

峰值压力极大地影响发动机质量和发动机效率。这存在目标冲突，必须仔细进行权衡。

图 17-44 示出了在不同边界条件下柴油机的升有效功对质量功率比的影响。单缸功率 P_Z 和活塞平均速度在两条曲线中是恒定的。当设计发动机时，必须首先确定功率的定位。每条曲线指定为某一设计原理期望的质量功率比作为升有效功 w_e 的函数，即缸径也沿着 P_Z = 常数的曲线随 w_e 而变化。

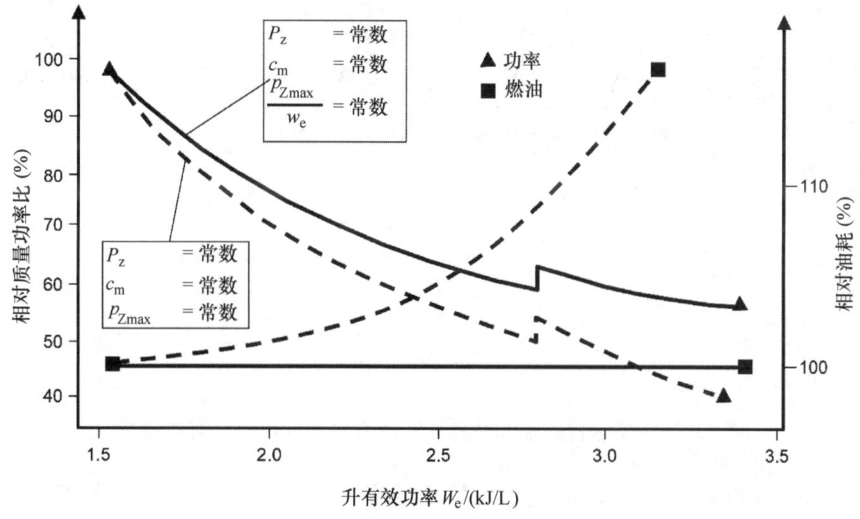

图 17-44　柴油机的相对质量功率比和相对油耗随升有效功的变化

此外，比值 p_{Zmax}/w_e 对应于图 17-44 中的实曲线是恒定的，即效率恒定，因而制动燃料消耗率在第一近似值中也是恒定的。对应于图 17-44 中的虚曲线，p_{Zmax} 等于常数。由于随着升有效功相对于制动平均有效压力的增加，p_{Zmax}/w_e 的比值降低，因此效率降低。

在 w_e = 2.8kJ/dm^3 的不稳定点表示从单级增压器到两级增压器的过渡。通过相似性分析计算发动机在具体工程设计中的部件质量。当升有效功较高时，降低质量功率比的可能性降低。为了补偿两级增压器的附加复杂性，必须增加升有效功。当气缸中的峰值压力，以及因此需要的部件强度受到限制，并且可能对效率产生有利影响时，较高的升有效功只能产生对质量功率比的有利影响。

缸径是另一个严重影响柴油机功率的参数。气缸几何尺寸一方面受气缸中心线之间的距离限制，另一方面受到与所期望的峰值压力有关的允许的轴承负荷限制。

图17-45示出了假设在整个图中气缸中心线之间的距离x和活塞平均速度c_m是恒定的情况下，缸径D随升有效功的变化关系。在气缸中心线之间为恒定距离x的情况下，缸径有一个符合几何尺寸原因的$D \leqslant x/1.3$的上限。在气缸中心线之间的距离恒定的情况下，每个气缸都可以确定最高燃烧压力符合$D^2 \cdot p_{Zmax}$ = 常数的要求。最高峰值压力的上限为220bar。这一上限是可以变化的，它基于技术进步向上移动。此外，图17-45中绘出了恒定单缸功率P_Z曲线，以及具有p_{Zmax}/w_e = 常数的特性的曲线。两曲线都是平行的，因为功率和发动机负荷都是缸径的二次函数。此外，对于p_{Zmax}/w_e = 常数的曲线而言，可以假设具有近似相等的有效效率。

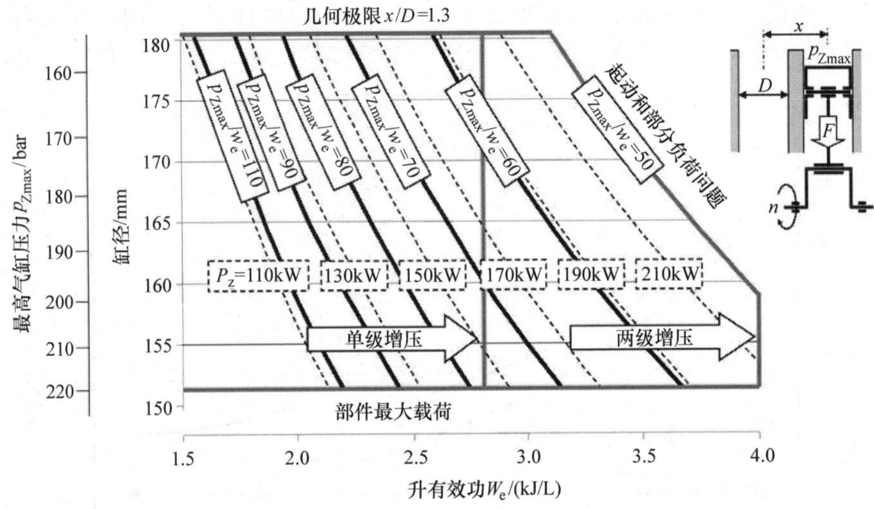

图17-45　柴油机缸径和最高气缸压力与升有效功之间的关系

$p_{Zmax}/w_e \geqslant 50$这一参数限值限制了效率的提升。低于此值在起动和部分负荷时就可能出现问题。w_e = 2.8kJ/dm^{3}是单级增压发动机的极限，w_e = 4.0kJ/dm^{3}是两级增压发动机的极限。在给定的边界条件下，通过增加峰值压力或减小允许的p_{Zmax}/w_e比值，只能将升有效功增加到高于4.0kJ/dm^{3}的值。当恒功率线通过单级和两级增压范围时，即在高p_{Zmax}/w_e比值的情况下，则当缸径较小时的较高的升有效功，以及当缸径较大时的较低升有效功，对于产生期望的功率来说是等效的方法。当希望得到较低的油耗时，即$p_{Zmax}/w_e \geqslant 70$，用单级增压可以产生允许的功率。

在给定峰值压力p_{Zmax}下，通过增加升有效功w_e增强功率，会因为p_{Zmax}/w_e比值的降低而使制动燃料消耗率恶化。

对于$50 \leqslant p_{Zmax}/w_e \leqslant 60$范围的功率只能通过两级增压产生。

基本发动机负荷能力的提高，即在气缸中心线之间的距离恒定的情况下，提高峰值压力，可以期望在具有两级增压和最大缸径的情况下使得p_{Zmax}/w_e值能够达到60以上。

因此，当由于几何尺寸限制的原因而不能扩大缸径，并且已经达到单级增压的极限时，应当在新设计中应用两级增压实现高功率密度。一旦单级增压的潜力已经耗尽，两级增压可以帮助提高功率，即使对现有型号的发动机也可以实现。

具有中冷器的两级增压可以实现比单级增压更高的增压效率。因此，可以使制动燃料消耗率降低 3 ~4g/kW · h（见第 2. 2 节）。

最后，活塞平均速度是影响功率的另一个参数。根据式（17-1），功率与活塞平均速度成正比，这可以通过增加行程和/或增加发动机转速来实现。这两种措施不同程度地影响质量功率比和发动机效率。

各种设计参数间的相关性是非常复杂的，因此，这里只进行定性讨论。对效果的精确掌握需要调查它们对曲轴组件的设计的影响，包括它们在具体情况下对发动机整体振动、摩擦和换气损失的影响。

例如，当活塞行程增大时，曲轴轴颈重叠度会变小。因此，必须增大轴颈直径以保持刚度。这使得曲轴总成质量更大且增加了轴承摩擦力。换气损失随活塞平均速度的增加呈平方关系增加。因此，这两种相关性导致发动机的效率降低。当必须保持特定升有效功时，这只能通过提高增压压力进行补偿，而提高增压压力通常会引起增压效率的降低。

当已经达到增压的极限时，还会产生特别的问题必须加以考虑。另外，对于给定的喷油设备，如果需要的喷油量较高，将导致喷油持续时间的延长，这又反过来导致热效率的降低。

在任何情况下增大行程都会增加发动机的质量。

这里讨论第二种措施，即在恒定行程下增加转速，对发动机质量的影响很小，但会导致更大的换气损失。在恒定的活塞平均速度下，长行程发动机比短行程发动机具有更低的转速。较低的转速导致较低的换气损失，较低的转速使得有更多的绝对时间用于换气，因为时间断面更长（见第 2. 1 节）。总之，对于指定功率的高速高性能柴油机的设计必须考虑：

1）着眼于较多的气缸数量。

2）在气缸中心线之间的距离确定的情况下可获得的最大缸径。

3）使最大气缸压力与升有效功之比与希望的效率，以及所需的起动和部分负荷的性能相适应。

4）着眼于高活塞平均速度，但应将其限制在 13m/s。

17. 4. 3　高性能柴油机的设计

17. 4. 3. 1　序言

一百年来，柴油机工业已经产生了许多高度发达，且非常有趣的内燃机设计解决方案。复杂的基本概念今天已不再追求，主要是因为成本的原因。因此，新开发的柴油机与基本发动机的特征差别很小。适用于在较小的结构空间实现较大排量的设计方法，例如，通过三角形、W形或H形布置更多列气缸，因为废气涡轮增压的进一步发展而将不再需要。

因此，以下的描述仅仅涉及用于四冲程柴油机的现有技术。对柴油机的设计历史感兴趣的读者可参考相关参考文献，具体可见［17－25，7－26］等。

高速高性能柴油机（HDD）的设计和生产在很大程度上取决于各制造商的专有技术和知识。先进的HHD的进一步发展，使得先进的辅助技术得到广泛应用，例如以下辅助技术是必不可少的：

1）CAD（计算机辅助设计）。

2）在力学、热力学和空气动力学方面新的发现。

3）完整柴油机系统的过程模拟。

4）计量和分析的最新进展。

只有借助于这些辅助技术才能优化整体系统、子系统和部件的性能。下面我们具体介绍基本发动机和增压系统的设计思路。

17.4.3.2 基本发动机

基本发动机主要包括曲轴箱、曲柄连杆机构部件、气缸盖、配气机构、喷射系统和定时齿轮传动机构。当要求更高时，曲轴箱通常由片蠕墨铸铁或球状石墨铸铁铸造而成。曲轴箱具有闭合气缸盖与曲柄连杆机构之间载荷传递的功能，在它上面高动态载荷也会发生。因此，使用少量材料来生产高结构强度的曲轴箱，对于具有良好的质量/功率比的HHD是非常重要的。为了满足这种需求，曲轴箱下端面远低于曲轴轴承的高度（图17-46）。

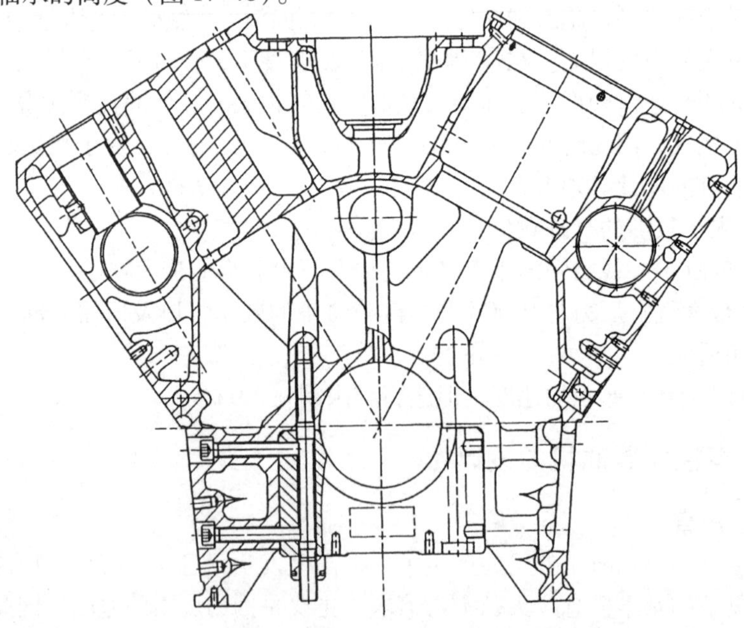

图17-46 高结构强度曲轴箱

轴承盖被侧向预加载以增加刚度。通过提供合适形式的配合，或使用紧固螺栓在分界面的水平面上施加适当的预紧力，防止可能导致摩擦锈蚀的轴承盖与曲轴箱分界面之间的微小运动。采用有限元法可以优化结构的刚度。这不仅可以减轻曲轴和曲轴轴承的重量，而且可以对防止结构噪声的传递产生积极影响。适当设计的油底壳有助于增加结构刚度。由于曲轴箱是整个发动机中最昂贵的单个部件，因此必须努力不对其附加次要功能。曲轴箱的设计也可以有不同的解决方案。曲轴箱上部区域的设计主要取决于诸如喷射系统和排气系统等部件。因此，在这一区域几乎没有普遍有效的方案。在曲轴箱中加工的气缸盖螺栓孔的深度较深，以便在气缸套与气缸盖的密封组件区域获得良好的压力分布。

曲柄连杆机构具有将直线运动转换成旋转运动的功能，由曲轴、连杆轴承、连杆、活塞销和活塞等部件组成。配重安装在曲轴上，以减少主轴承和壳体结构的负载，并消除或减少向外作用的力和转矩（随气缸数变化）。

曲轴由淬火和回火钢锻造而成。在确定曲轴尺寸和布置曲柄销时，必须在不同数量的气缸的扭转振动性能、发火顺序、质量平衡和轴承负载之间进行权衡。上述影响必须考虑到主轴承轴颈、腹板和曲柄销的尺寸。确定所需要的气缸中心线之间的距离和所需要的配重半径，以及确定取决于这些参数的发动机的质量和结构空间要求，更广泛的结构机械计算必须提前进行。新开发的发动机中的连杆，由于成本的原因都是并排布置在一个曲柄销上（图 17-47）。

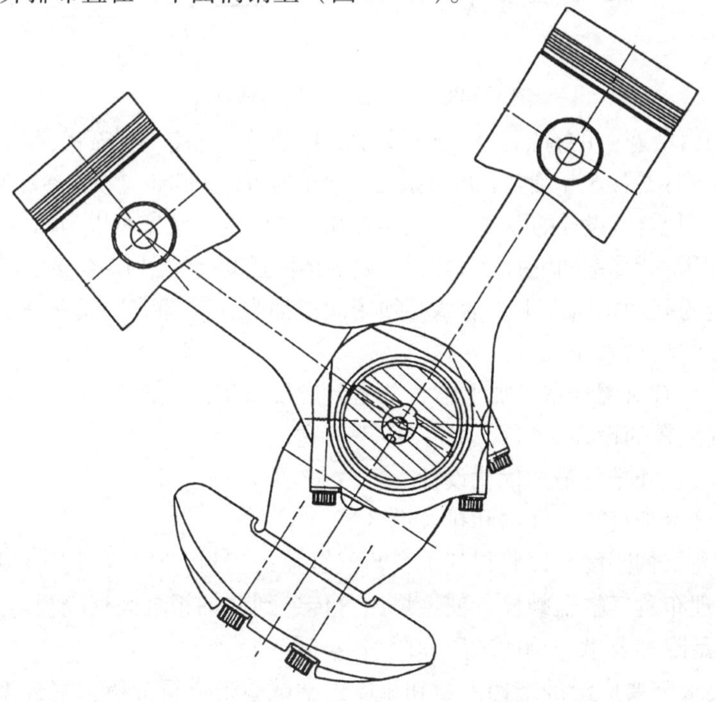

图 17-47　连杆并列布置的曲柄连杆机构

锻造连杆的大端设计为扣齿结构。连杆在连杆轴承区域必须进行高刚性设计，以减少任何通过变形而附加的轴承负载，并且防止轴承背面与连杆的相对运动。

连杆必须全面进行机械加工以获得重量优化，并且减小所需的配重半径，从而减小整个组件的重量。连杆小头必须具有阶梯形或梯形形状，以使其能够承受高气缸压力（图17-48）。

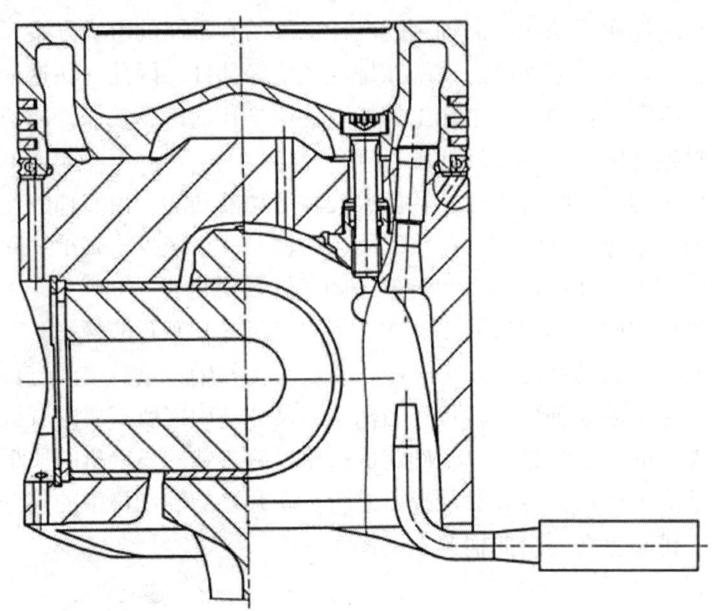

图17-48　活塞和活塞销与连杆连接

活塞销由活塞中的青铜衬套轴承支承，以防止活塞销座在高负荷下破裂。

采用电子束焊接全裙活塞，可负担的峰值压力可达180bar。设计冷却通道时的限制另外也造成了燃烧室设计的限制。铝质裙部和钢顶的复合活塞可以为峰值压力 >180bar 的，必须采用深燃烧室凹坑的设计提供必要的结构强度（见图17-48和第8.6节）。

在给定的高功率密度下，活塞必须用润滑油强化冷却。这通常是由在下止点插入活塞空腔的喷嘴来完成的。

气缸盖具有对燃烧室施加上盖，并密封燃烧室以及安装配气机构部件和喷油器的功能。气缸盖的设计必须特别注意以下问题：

1）进气道和排气道的优化设计。

2）充分冷却气缸盖底部和排气道区域。

3）提高结构刚度，以获得气缸套与气缸盖的密封组件中的均匀的压力分布。

4）合理布置气缸盖螺栓，使燃烧压力传递到曲轴箱缸间横隔板。

5）满足附加要求，例如减压和压缩空气起动系统。

上述要求需要广泛的结构力学和流体力学试验来进行分析。气缸盖通常设计为交叉流动，即进气道的入口和排气道的出口位于彼此相对的位置上。进气道在弱涡流燃烧系统中彼此相邻，在强涡流燃烧系统中串联。进气道布置在中间位置也是可能的，但是这样会使进气控制更复杂。在气缸工作容积超过 $3dm^3$ 时，气缸盖只被设计为单个气缸盖，否则在工作过程中的热膨胀可能产生过高的变形。另外，设计为单个气缸盖还便于维修。换气部件通常由气缸盖下凸轮轴、挺杆、推杆和摇臂进行控制（图 17-49）。

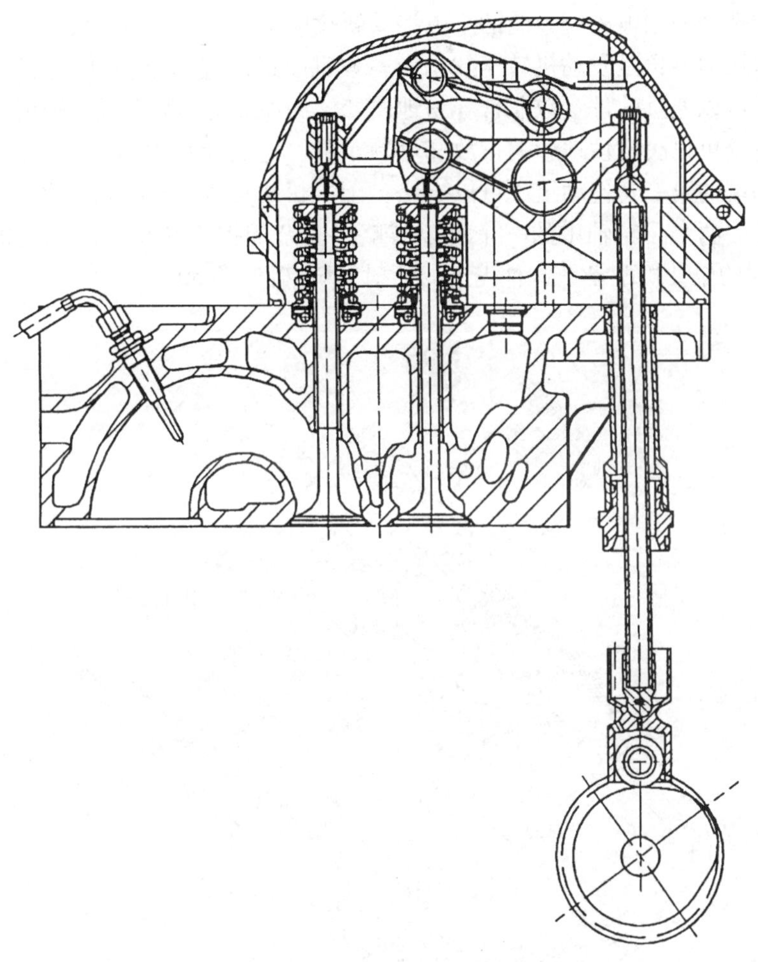

图 17-49　换气部件的控制

根据气门的布置，在两个气门上采用叉形摇臂或桥臂以传递驱动力。

下置凸轮轴的布置有助于在维护期间简单地拆卸各个气缸盖。顶置凸轮轴会引起大量额外的维护工作，这使它的应用受到限制。

喷射装置具有在合适的时刻、以适当的持续时间，向燃烧室供应所需质量燃油的功能。在全负荷时，最大喷油持续时间为 25°曲轴转角所对应的时间，采用这一参数的目的是获得高热效率。

为实现这一喷油时间需要最大喷射压力高于 1500bar，并随发动机尺寸和燃烧系统的不同而变化。

目前正在使用的喷射系统有（见5.3节）：

1）单体泵-高压油管-喷嘴系统。

2）泵喷嘴系统。

3）高压蓄压器油管喷油器（共轨）。

通常选择使用电磁阀控制的全电控共轨喷射系统用于新柴油机的开发。共轨系统中喷射压力不再是发动机转速的函数，并且喷射的开始时刻可自由选择。此外，喷油特性可以通过软件参数非常容易地改变，例如加上预喷射或后喷射。因此，共轨喷射系统可以决定性地影响排放和燃料消耗。它还能从根本上简化基本发动机，因为驱动端的第二套传动组件可以省去。配气机构可以通过中心凸轮轴驱动工作，并且通常的两个凸轮轴中的一个可以省略，复杂的控制联动可以完全消除。MTU 4000系列的柴油机配备了这种先进的喷射系统（图17-50）。

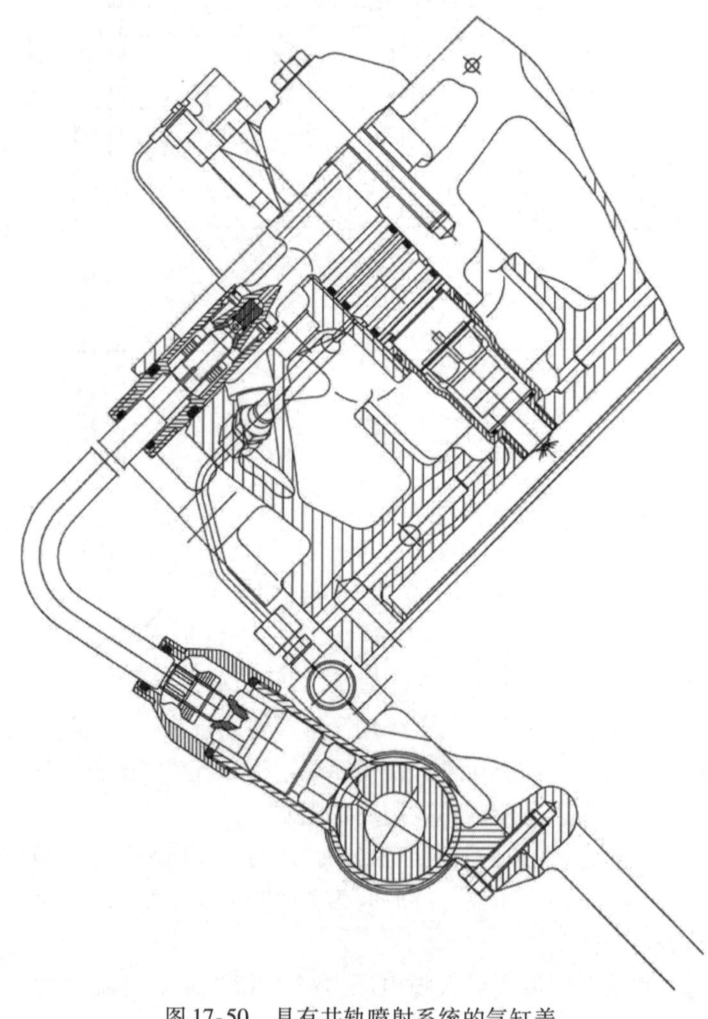

图17-50　具有共轨喷射系统的气缸盖

17.4.3.3　增压

增压用于提高柴油机的动力性能和热效率（关于热力学的更多知识，见第 2.2 节）。由于它为各种类型的内燃机设计提供了更多的选择，废气涡轮增压已经在四冲程柴油机上得到了广泛的应用。高速高性能柴油机（HHD）废气涡轮增压系统的部件包括：

1）排气歧管系统。

2）废气涡轮增压器。

3）中冷器。

4）增压空气分配系统。

由于往复活塞式发动机（柴油机）的排量特性与涡轮机（废气涡轮增压器）的输送特性彼此明显不同，因此柴油机与废气涡轮增压器只能在特性曲线上的一个工作点实现最佳匹配。这需要根据期望的升制动有效功、所需的发动机特性曲线，以及涡轮增压器和柴油机的允许极限来调整运行曲线。

每个增压系统必须根据其热力学特性和设计工作的需要进行评估。因此，在 HHD 中要在脉冲增压和恒压增压之间进行基本区分。折中的解决方案也是可能的，并且已经得到了应用。第 2.2 节详细描述了增压系统。

17.4.3.4　设计实例

下面以 2000 年推出的 MTU 8000 系列柴油机（图 17-42）作为典型 HHD 实例加以介绍。它的性能介于高速高性能柴油机和中速四冲程柴油机（见第 17.3 节）的极限范围之间。

该系列机型最初作为 V20 类型发动机用于船舶，其气缸工作容积为 17.37dm^3，最高转速为 1150r/min，活塞平均速度为 12.1m/s，这是该尺寸发动机可以接受的参数值。单级增压产生的升有效功 $w_e = 2.7\text{kJ/dm}^3$，该值允许单级增压的极限值进一步提高。

MTU8000 系列发动机的工程设计结构清晰、简洁。增压器部件，即在曲轴箱中具有中冷器和空气入口的所谓连接盒，以及具有 4 个废气涡轮增压器的支撑壳体安装在驱动端。

维修区部件位于发动机自由端，从油泵的底部开始，用于共轨喷射系统的两个高压油泵，然后是 A 侧的盐水泵和 B 侧的发动机水泵。燃油滤清器、润滑油自动滤清器和润滑油散热器安装在两个水泵的上方。发动机冷却液节温器和分流式离心润滑油滤清器安装在 A 侧的外面。发动机电子部件位于润滑油散热器上方中间位置。

发动机驱动端与自由端之间的上方结构空间应易于接近以安装动力单元。动力单元和共轨喷射系统是该发动机的具体设计特征。动力单元是与气缸相关的一组部件，包括气缸盖（具有控制和喷油元件）、气缸套、活塞和连杆，可共同作为一个单元安装。

动力单元只通过 4 个螺栓固定在曲轴箱中。这提供了对气缸盖及其进、排气道进行优化设计的空间，表现在优异的进、排气道流量和坚固耐用的气缸盖。

MTU 8000 系列通过与传统设计类型不同的设计元件承受固定力和密封力。气缸套与气缸盖连接的密封力通过24个螺栓从下方施加。这可以在高压密封组件中产生非常均匀的接触压力。

用于共轨喷射系统的两个高压油泵在共轨燃油系统中产生高达1800bar的压力。纵向安装在发动机上的双壁高压油管和分配器将燃油供给到共轨或各缸蓄压器。蓄压器具有足够大的容积，以防止在最大喷油量时燃油系统中出现喷油器前的压力下降，以及在油路中产生压缩振荡。

燃油由安装在气缸盖居中位置（相对于燃烧室）的喷油器进行喷射。发动机管理系统通过电控系统控制燃油喷射的开始时刻和持续时间。多个传感器向发动机电控管理系统提供关于发动机工作状态的信息。这些信息与存储的脉谱图链接，并且不仅提供随发动机工况变化的定时数据，而且提供随发动机工况变化的燃油系统中的压力数据。

共轨系统的优点是能够根据发动机的工况自由选择喷油压力。这意味着它与具有常规喷射系统的发动机不同，即在较低的发动机转速下也能得到高喷射压力，因此即使在部分负荷范围内也能实现高效和低排放燃烧。

17.4.4 展望

高速高性能柴油机（HHD）现在已经达到了先进的发展状态，即诸如质量功率比、结构空间、使用寿命和燃油效率等有益于客户的要素都具有高标准。将来，柴油机将越来越多地根据其环境相容性来判断其优劣。

在柴油机生产和运行期间的材料和能量输入的分析，说明了柴油机在其使用寿命中相对是环境友好的机器。通常情况下，这需要：

1）安全材料如铸铁，钢和铝的加工。

2）传统的制造方法。

3）可控的环境问题。

4）高比例可回收材料。

5）使用寿命长。

6）热效率高。

废气排放目前被认为是有问题的（见第15章）。控制NO_x成分和颗粒物排放特别重要，并且由于温室效应问题，控制CO_2的排放也变得很重要。

为满足未来的法规限制，必须设计新一代柴油发动机，以创造更好的降低废气排放的条件。

原则上，通过发动机机内和机外措施可以使这一目标得以实现（见第15章）。

发动机的机外措施需要以成本、结构空间和发动机质量的形式进行大量的额外配置。这牺牲了HHD的小质量和较小结构空间的特征。因此，必须尽量通过发动机内部措施获得HHD的良好废气排放值。

传统的措施例如改善燃烧室、改善涡流和喷射系统必将首先被尽量有效利用。必须设计和发展新的低涡流燃烧系统。这将不可避免地需要使喷射系统更加有效。

在车辆应用领域，需要额外的措施例如废气再循环系统以满足 NO_x 限值 <5g/kW · h 的要求。

参 考 文 献

17-1 Kraftfahrt-Bundesamt: Statistische Mitteilungen. Reihe 1, (2005) 12

17-2 Steinparzer, F.; Stütz, W.; Kratochwill, H.; Mattes, W.: Der neue BMW-Sechszylinder-Dieselmotor mit Stufenaufladung. MTZ 66 (2005) S. 334–345

17-3 Krebs, R.; Hadler, J.; Blumensaat, K.; Franke, J.-E.; Paehr, G.; Vollmers, E.: Die neue 5-Zylinder-Dieselmotoren-Generation für leichte Nutzfahrzeuge von Volkswagen. Wiener Motorensymposium 2006

17-4 Brüggemann, H.; Klingmann, R.; Fick, W.; Naber, D.; Hoffmann, K.-H.; Binz, R.: Dieselmotoren für die neue E-Klasse. MTZ 63 (2002) S. 240–253

17-5 Bach, C.; Rütter, J.; Soltic, P.: Diesel- und Erdgasmotoren für schwere Nutzfahrzeuge, Emissionen, Verbrauch und Wirkungsgrad. MTZ 66 (2005) S. 395–403

17-6 DVZ: Deutsche Verkehrszeitung. 17 (2006) 1, S. 9ff.

17-7 DIN 7753 Teil 3: Endlose Schmalkeilriemen für den Kraftfahrzeugbau. Berlin: Deutsches Institut für Normung (Hrsg.) (1986) 2

17-8 DIN 7867: Keilrippenriemen und -scheiben. Berlin: Deutsches Institut für Normung (Hrsg.) (1986) 6

17-9 Neitz, A.; Held, W.; D'Alfonso, N.: Schwerpunkte der Weiterentwicklung des Nutzfahrzeug-Dieselmotors. Düsseldorf: VDI-Z. Special (1990) 1, S. 17

17-10 Held, W.: Die MAN-Strategien für Euro 4, 5 und in der Zukunft, MAN Nutzfahrzeuge. Ambience & Safety Conference 2005

17-11 Lange, W. et al.: Einfluß der Kraftstoffqualität auf das motorische Verhalten und die Abgasemissionen von Nutzfahrzeug-Dieselmotoren. MTZ 53 (1992) 10, S. 466

17-12 TRUCKER. München: Verlag Heinrich Vogel GmbH Fachverlag

17-13 Biaggini, G.; Buzio, V.; Ellensohn, R.; Knecht, W.: Der neue Dieselmotor Cursor 8 von Iveco. MTZ (1999) 10

17-14 Im Aufwind. lastauto omnibus (1999) 11, S. 16 ff.

17-15 TEST&TECHNIK. lastauto omnibus. (2001) 1, S. 34

17-16 Schittler, M. et al.: Die Baureihe 500 von Mercedes-Benz. MTZ (1996) 9, S. 460, (1996) 10, S. 558, (1996) 11, S. 612

17-17 Price, R.B.; Meistrick, Z.S.A.: New Breed of Engine Brake for the Cummins L10 Engine. SAE-Paper 831780 (1983)

17-18 Körner, W.-D.; Bergmann, H.; Weiß, E.: Die Motorbremse von Nutzfahrzeugen – Grenzen und Möglichkeiten zur Weiterentwicklung. Automobiltechnische Zeitschrift 90 (1988) 12, S. 671

17-19 Haas, E.; Schlögl, H.; Rammer, F.: Ein neues Motorbremssystem für Nutzfahrzeuge. VDI Fortschrittberichte Reihe 12, Nr 306, S. 279–298

17-20 Cummins Engine Company Inc.: Signature Engine. Bulletin 3606151 (1997) 7

17-21 Rat der Europäischen Gemeinschaft (Hrsg.): EWG-Richtlinie 70/157 vom 6. Februar 1970 zur Angleichung der Rechtsvorschriften der Mitgliedstaaten über den zulässigen Geräuschpegel und die Auspuffvorrichtung von Kraftfahrzeugen (1990) 3

17-22 Théremin, H.; Röbke, H. (Hrsg.): Schiffsmaschinenbetrieb. 3. Aufl. Berlin: Verlag Technik 1978

17-23 Holden, K.O.; Faltinsen, O.; Moan, T. (Hrsg.): Fast ′91. First International Conference on Fast Sea Transportation. Trondheim: TAPIR Publishers 1/2 (1991) 6

17-24 Jewell, D. A.: Possible Neval Vehicles. Neval Research Reviews, Okt. 1976. Office of Neval Research Arlington (VA), USA

17-25 Zima, S.: Hochleistungsmotoren – Karl Maybach und sein Werk. Düsseldorf: VDI-Verlag 1992

17-26 Reuß, H.J.: Hundert Jahre Dieselmotor. Stuttgart: Franckh-Kosmos-Verlag 1993

Weiterführende Literatur

Rudert, W.; Wolters, G.-M.: Baureihe 595 – Die neue Motorengeneration von MTU, Teil 1. MTZ 52 (1991) S. 274–282

List, H.: Das Triebwerk schnellaufender Verbrennungskraftmaschinen. Berlin/Heidelberg: Springer 1949

Kraemer, G.: Bau und Berechnung der Verbrennungsmotoren. Berlin/Heidelberg: Springer 1963

Scheiterlein, A.: Der Aufbau der raschlaufenden Verbrennungskraftmaschinen. Berlin/Heidelberg: Springer 1964

Pischinger, A.; List, H.: Die Steuerung der Verbrennungskraftmaschine. Berlin/Heidelberg: Springer 1948

Maaß, H.; Klier, H.: Kräfte, Momente und deren Ausgleich in der Verbrennungskraftmaschine. Berlin/Heidelberg: Springer 1981

第 18 章　工业和船用发动机

18.1　小型单缸柴油机

18.1.1　简述

工业单缸柴油机具有悠久的历史，从 1897 年的第一台实用柴油机发展到今天，多功能、风冷、小型单缸柴油机一直是工业动力的主力。由于相对于产量的低制造成本、低燃料消耗、良好的润滑条件和更好的排气质量，现在的轻型工业动力源仅使用四冲程柴油发动机。

尽管工业用柴油机已经取得了高水平的发展，但仍存在改进的潜力。主要的改进设想是在使用新的高级材料，以及可燃混合气的形成和控制的标准方面。

虽然工业用柴油机的使用寿命和可靠性将始终是最优先考虑的因素，但是复杂的市场机制，以及附加的性能参数，例如废气排放和噪声排放，越来越需要认真考虑（见第 15 和 16 章）。

相关类型产品的技术进步也推动了小型柴油发动机的发展。然而，不能总是应用相同的标准：开发新一代发动机或引入新技术需要仔细研究，包括对当前柴油发动机工程的精确分析，它已经在几十年的条件苛刻的工业运行中证明了自己。只有对可预见的开发阶段和未来需求的正确评估，才能在早期阶段将新技术集成到内部产品的开发中，成功地将这些产品推向市场，并在竞争中占据优势。功率范围为 2～12kW，转速在 3000r/min 至最高 3600r/min 的发动机的应用领域包括建筑设备、市政车辆、草坪和花园，以及农业设备和小型拖拉机，发电机、水泵和船用发动机。

经典的小型单缸柴油机，水平布置的设计只存在于亚洲。早期作为汽油割草机和舷外发动机的典型应用，垂直曲轴布置的单缸四冲程柴油机（图 18-1）在 4 年前也扩展到了其他领域。在具有低质心位置的装置（例如割草机）中，惯性力和惯性力矩不太明显。

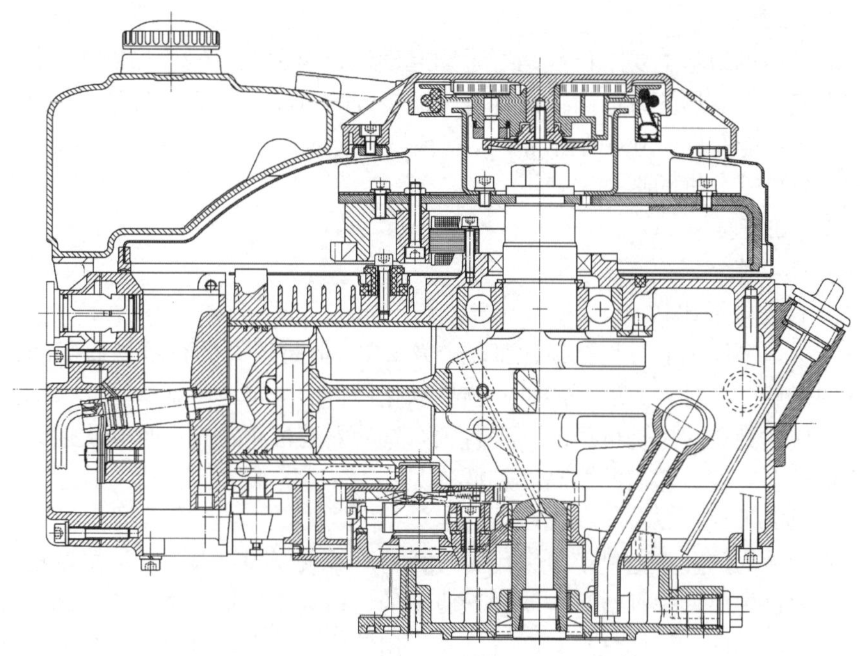

图 18-1　1B20V 型垂直曲轴布置发动机 $V_h = 232cm^3$，$P_e = 3.8kW/3600r/min$

发动机用户的需求是极其多样的。他们都希望看到目前使用的发动机在功能和成本方面具有最佳解决方案。响应每个客户的需求将导致多种不同的发动机型号。这只有在适当的数量支持时才有价值，但通常情况并非如此。因此，所有的发动机制造商都试图开发自己的型号策略，以基本发动机作为出发点，可以提供最多可能的变型，批量采购和可定制生产的发动机。这意味着发动机供应商与用户之间必须进行安装工程的对话。从设备的生产开始到包括验收认证的需求规格的协调以及支持安装的协议，已经成为发动机制造商的标准程序的一部分。

18.1.2　单缸柴油机的性能规格和基本参数

18.1.2.1　功率范围和燃烧过程

1. 发动机功率

市场需求的四冲程单缸柴油机的功率为 2 ~ 12kW，气缸工作容积 $V_h = 200 \sim 850cm^3$。全世界对这种发动机的年需求量为 120 万台，并且在不断增长。功率超过 12kW 才有必要采用双缸发动机。考虑到成本，根据转矩要求，在 3600r/min 转速下的功率下限为 8kW 是合理的。只产生较低的惯性力，以确保发动机运转更平稳和保持较小的振动是至关重要的。运用更高的转速来获得功率增加对于应用是不利的，并且几乎是无效的。在较高排量范围内的最大额定转速为 3000r/min，或者在较低排量范围内达到 3600r/min 的最大额定速度已经证明是最好的选择。

2. 燃烧过程

单缸柴油机的基本要求仍然是可手动起动性，至少在 -6℃（或 -12℃）温度下，在没有诸如电热塞或加热线圈等电辅助装置的情况下保证手动起动。由于涡流室式发动机不能在低于0℃的情况下没有预热而起动，因此直接喷射（DI）是小排量（≤0.4l）发动机的唯一选择。

18.1.2.2 工程要求

1. 整体要求

（1）行程缸径比

虽然基本上优选的行程缸径比都是 $s/D>1$，但是较大的行程妨碍了利用最佳总高度的优点。有时，高度可能是实施机动化项目的决定性因素。因此，即使发动机的 s/D 比达到0.6也是可用的。垂直轴布置的发动机正在越来越受欢迎，例如安装在割草机上，因为它们的总高度较低（见图18-1）。

（2）冷却系统

所有用途的单缸柴油机都只采用直接风冷（参见第9.1.4节），在飞轮中具有集成的径向排气扇。这种节省空间和低成本的结构利用挡板系统地将冷却空气引导到温度较高的部件，例如气缸盖和气缸套。用于冷却的发动机表面积越大，则在具有高环境温度的国家中使用得越多。小型多缸发动机的水冷却系统太复杂，因此超出了这一问题的讨论范围。

不断加强对设备等的噪声排放的立法，也针对设备驱动装置，即内燃机。因此，发动机的全封装往往是唯一的补救措施（见第16.5节）。发动机出现的散热问题和需要对冷却空气噪声的隔绝正在迫使发动机制造商开发新型全封装发动机。Hatz（赫驰）正在对用于其B型发动机的润滑油和外部散热器（图18-2）进行液体冷却测试，它具有改进的气缸盖，控制侧的润滑油循环和更大的润滑油供应。间隙配合的缸套之间增大的充油间隙用于冷却它们或作为到壳体的热桥。

（3）发动机安装

如果可能，发动机应弹性安装。供应商为此提供广泛的选择。橡胶/聚合物元件与液压支撑已被证明是非常优异的，当发动机正在加速或熄火时的惯性运行时，弹性安装防止发动机出现共振。

由带驱动的机械最初可以与发动机一起刚性地安装在中间框架上。基础的减振部件可以使框架隔离振动。发动机可以结合高刚度和大质量的框架和基座进行刚性设计。

（4）动力输出

制造商生产的发动机通常都需要在飞轮侧和相对的控制侧进行输出。这两种动力输出的旋转方向相反。然而，反冲起动器越来越多地位于飞轮侧的动力输出装置。根据发动机的设计，省去简单的手动起动器并选择更方便但更容易损坏的电起动机，会产生其他的动力输出轴。例如，1D81 发动机具有4个动力输出轴（见图

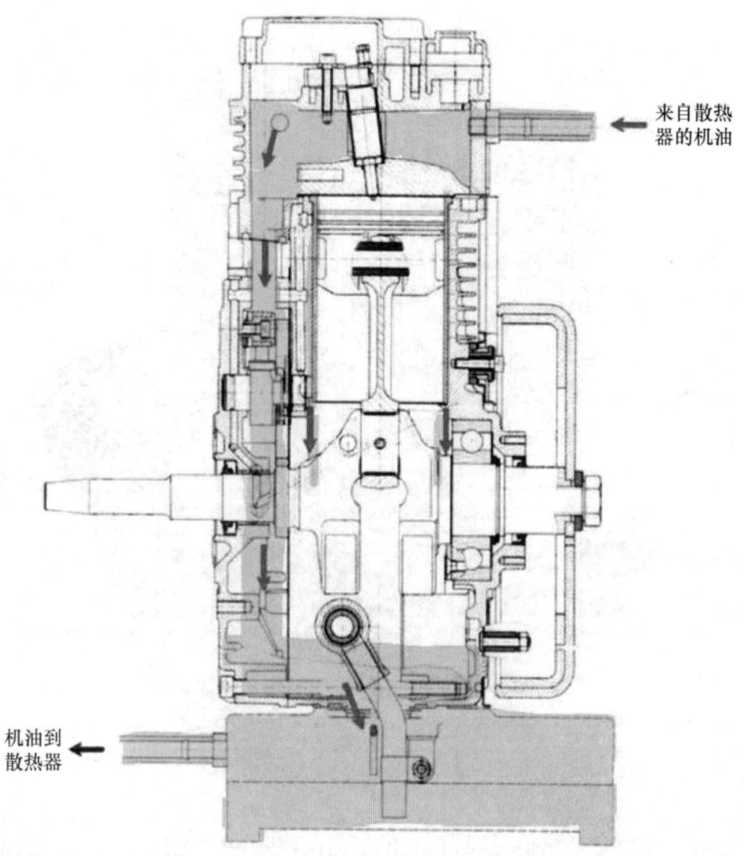

图 18-2　Hatz B 系列发动机用润滑油作为冷却介质并具有外部散热器的液体冷却系统（在测试中）

18-3）。

除了逆时针（标准）或顺时针旋转的选项之外，转矩也可以减小：

1）在飞轮侧通过连接凸缘轴向或通过带轮径向 100% 输出（1）。

2）在曲轴的控制侧径向和轴向 100% 输出（2）。

3）当手柄起动时通过附接 V 带轮在凸轮轴处在控制侧附加 100% 输出（3）。

4）在驱动小液压泵的凸轮轴处在有限的程度上输出（4）。

2. 起动系统和起动方式选择

（1）手柄起动

手柄起动总是需要比电起动更高的转动惯量。然而，较高的转动惯量意味着明显较大的发动机质量，因为必须有质量更大的飞轮。电气部件腐蚀的潜在危险和强烈振动对蓄电池的损坏，是在工作环境苛刻的建筑设备中不利于采用电起动的原因。

忽视维护、不当操作等错误工作方式很常见，这就导致建筑设备租赁业务要求设备“简单”、“坚固”和“功能可管理”。这些是在气缸工作容积 $V_h > 0.5\mathrm{dm}^3$ 的

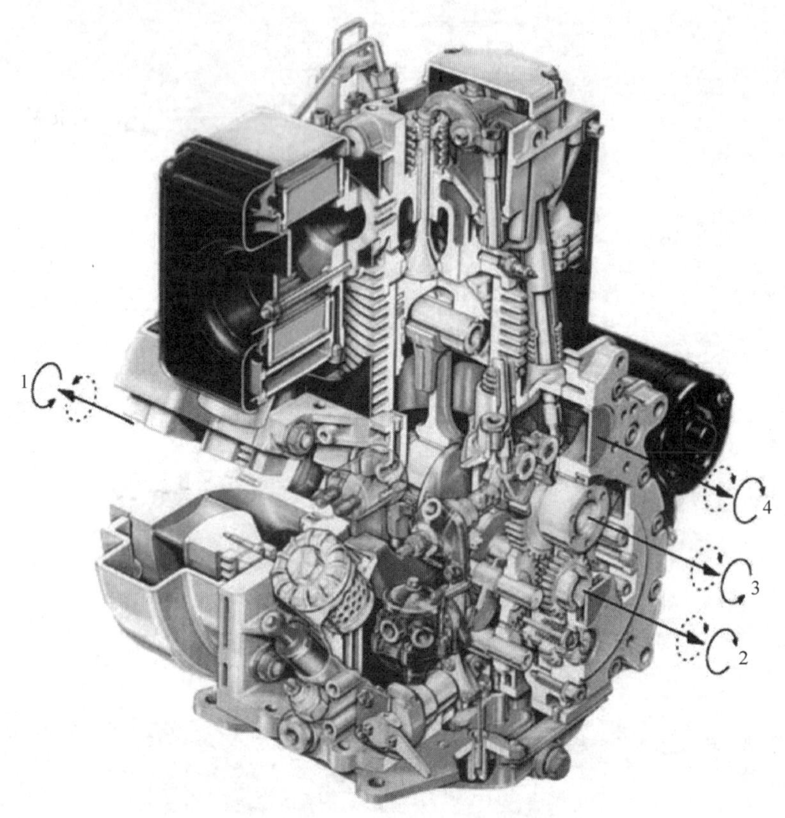

图 18-3　单缸风冷柴油机的动力输出轴（HATZ SUPRA 1D81）$V_h = 0.667 dm^3$

较大的单缸柴油机中运用手柄起动的原因，起动中可预选的几个减压循环使飞轮有足够高的加速，使得其能量允许发动机自动发火并且在完全压缩的情况下完成一个或多个工作循环。德国法规规定了当飞轮惯性力不足，并且在上止点之前开始发火时，防止危险的反冲（反转）的保护措施。例如，安装在手柄中的分离机构，在几度的角度之后停止对反冲转矩传递动力。当正确选择飞轮以及手柄转速与曲轴转速的倍数时，手柄起动能够在排量为 0.8L 以下的发动机中使用。在 3.5s 时间内在付出全部体力的情况下，以最大手柄半径为 200mm，手柄转速为每秒 2.5 转起动发动机，勉强符合人体工程学。

利用降低飞轮质量来降低发动机单位功率质量的趋势，是以降低可靠的起动和冷起动性能为代价的。图 18-4 给出了在 -6℃下可靠的冷起动的相关参数。

（2）反冲起动

在固定式汽油机中，几乎毫无例外地采用了反冲起动。现在反冲起动越来越多地用于柴油机，特别是由于它们几乎没有任何伤害的危险。由长度为 0.7 ~ 1m 的拉索手动引入能量必须使飞轮在一个工作循环内，即在两转内达到起动速度。通过

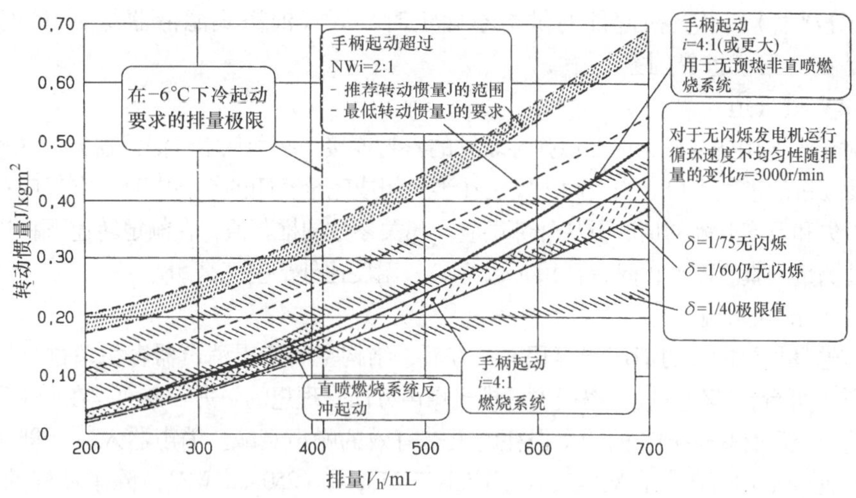

图 18-4　单缸柴油机在 -6℃下冷起动时其所需飞轮转动惯量与排量的关系

在一个循环之后返回的简单杠杆系统或通过自动离心控制的减压系统，将排气门打开大约 0.1 ~ 0.2mm 来减压以便于起动。图 18-4 还包括在 3000r/min 下发电机无闪烁运行所需的飞轮的转动惯量。然而，这也使得通过反冲起动方式，冷起动排量在 $300cm^3$ 和更大排量的发动机成为问题。在这种情况下，手柄起动允许更高的传动比，在 V_h <0.4L 的非直喷发动机中在 4:1 和 5:1 之间。预燃室式发动机（IDI）在 -6℃以下起动时还需要电预热装置。

（3）电起动

除了要求苛刻的建筑领域之外，从起动电动机利用小齿轮和飞轮上齿圈起动开始，已经越来越多地应用在空调和升降设备中，例如从一开始就被设计成遥控或电子控制。由于单缸柴油机具有较长的稳定时间（高达 2.5s），因此必须选择大于 2.5mm 的齿轮模数，以防止在起动后再意外起动使轮齿折断。所以，通常推荐对于远程控制的发动机必不可少的起动继电器。由于存在发生事故的危险性，德国和欧洲未来将继续禁止在手动起动期间向进气管喷射“点火剂”以及简单的手拉起动器。

3. 进、排气系统

（1）空气滤清器

湿式油浴空气滤清器以前用于小型柴油机，过滤效果比较差，但是容易维护，因为它们工作时使用的是在建筑工地很容易得到的润滑油。干式空气滤清器（见第 13.1 节）的过滤效果明显更好，它不仅需要有滤清器滤芯的储备，而且需要在维护时检查滤芯的堵塞程度。由于进气脉动性强，普通的滤清器真空指示表在单缸发动机中使用是不准确的。空气滤清器堵塞短时间之后就可能由于助燃空气的不足导致过热而在气缸盖区域引起严重的损坏。由于建筑领域灰尘浓度较大，基本发动机应该设计两种类型的空气滤清器，并且当灰尘浓度非常严重时允许安装预滤清器

（旋风分离器）。当更换部件的供给不确定时，湿式油浴式滤清器是更好的选择，特别是在“第三世界国家”。

（2）进气道

对于工业用柴油机，诸如像弹性软管的密封连接，必须从空气滤清器的空气入口提供到发动机的进气入口。当发动机安装在半封闭或完全封闭的空间中时，空气应在没有压力损失和温度升高的情况下从外部供应。相关参数的推荐值：在额定转速下在进气道入口处测量的真空度≤10mbar（100mm WS），温度比外部空气高5K。

（3）排气系统

应选择尽可能大的消声器容积。一方面，结构空间使得消声器容积超过是排量的10倍并不可行，即使这在功率损失和排气噪声方面是理想的。另一方面，在低于3倍排量时，如果没有高达10%的功率损耗就没有有效的噪声衰减。消声器入口（即排气道出口）处的平均背压，在额定转速下应小于25mbar（250mm WS）。除了良好的密封，排气歧管必须刚性安装，或具有柔性的补偿装置以消除振动，这取决于发动机的支撑。安装在封闭空间内的发动机需要尽可能短的隔热的排气歧管。

（4）发动机舱通风

当发动机安装在密闭的空间（封装）时，必须以最小的温度升高（＜3K）将冷却空气供应到叶轮入口。应通过波纹管，软管或导管，以最短路径将热的废气排放到大气中，以调节发动机或安装空间中的热平衡。当消声器安装在发动机安装空间外部，并且排气歧管较短且被隔热时，通过飞轮风扇从安装空间部分散热通常就足够了。当消声器位于发动机舱内时，消声器以及消声器后面的排气管必须放置在分隔的空气管道中。当排气没有泄漏时，只需要外部通风。

4. 燃油供给

安装在发动机上的油箱具有滤清器、连接到喷油泵的油管，以及从喷油器泄漏的燃油的回油管是标准的配置。可靠的发动机运行需要从油箱到喷油泵的最小倾斜度≥50mm，以确保发动机在倾斜位置的正常运行。还必须避免水平或＜10°的略微倾斜的油管布置。这对于燃油从油箱到喷油泵的流动尤其重要。必须确保在发动机熄火后燃料中的气体或气泡的排放，特别是在喷油泵区域。当燃油由位置较低的油箱供给时，恰好安装在膜片式供油泵之前的止回阀可以防止燃油系统在发动机熄火时泄压。否则，在重新起动期间需要延长排气过程。

5. 交流发电机

单缸柴油机中的交流发电机通常被设计为节省空间的飞轮交流发电机。安装在飞轮环上的磁铁环绕着安装在曲轴箱上的星形绕组，具有约0.4mm的间隙。电压调节器附接到发动机上，使其容易接近，并且作为转速的函数，在12V下提供15A，在24V下提供8A的整流充电电流，因此可以得到的充电功率约为200W。在另一种类型的发电机中，安装在飞轮上的永磁体与连接到曲轴箱的线圈支架通过轴向气隙相互作用。当发生故障时，它可以单独更换。因此，发动机或飞轮不必被拆除。发电机的功率可以通过外加线圈很容易地提升。

18.1.3　小型单缸柴油机的工程设计

18.1.3.1　曲轴箱

虽然灰铸铁曲轴箱在噪声排放方面具有优势，但由于其质量较大，因此它们已经很少使用。同时，轻质砂铸造或重力压铸铝曲轴箱由于昂贵的加工成本也不再被广泛使用（图 18-5）。

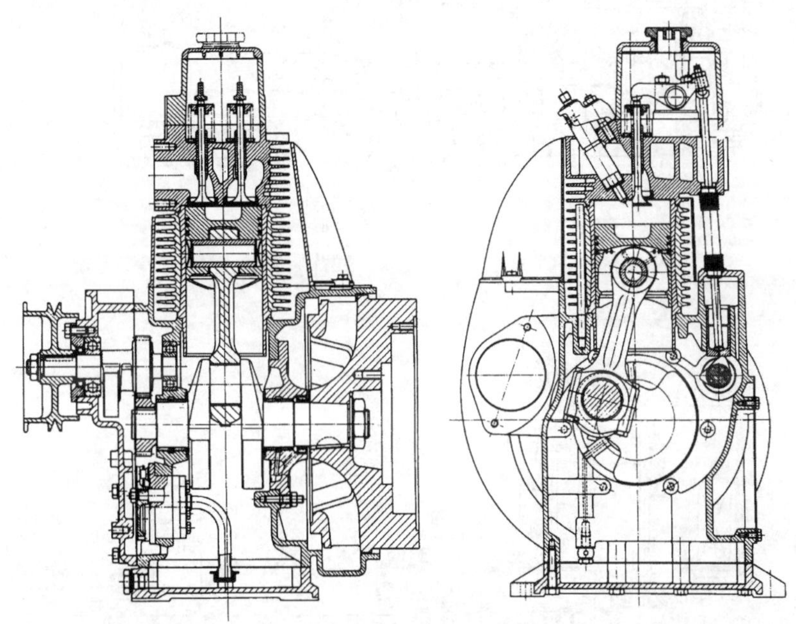

图 18-5　具有灰铸铁曲轴箱的老式单缸风冷柴油机 $s/D=82/82$（DEUTZ FIL 208）

由铝合金来铸造曲轴箱或机架主要是由于成本较低的原因。一种技术上优化的低成本解决方案是压力铸造铝合金曲轴箱设计，可以用于气缸套上集成的凸起的固定装置。它在一侧开口，因此易于脱模（参见图 18-6 和图 18-7）。作为密封部件，控制盖容纳一个主轴承。然而，受力情况揭示了这种设计原理的局限性。在排量大于 0.6dm^3时，燃烧压力就会产生不利影响。对于底部开口的一体式设计，可以采用压力模铸，其中在多缸发动机中采用的螺栓固定油底壳密封曲轴箱的方式，也适用于较大的单缸柴油机。

凸轮轴可以安装在不同的位置。它可以如在直列式发动机中那样在侧面平行于曲轴布置（图 18-7），也可以在曲轴上方居中布置，或者在控制侧或飞轮侧布置（图 18-6）。用于控制喷油泵的 P 型调速器的传动部件，通常由凸轮轴或油泵齿轮驱动。逐步增加的传动比有利于控制和减少调速器所需的空间。每一个发动机制造商都有自己的系统，根据用途的不同它们具有不同的灵活性。全程式调速器，正负

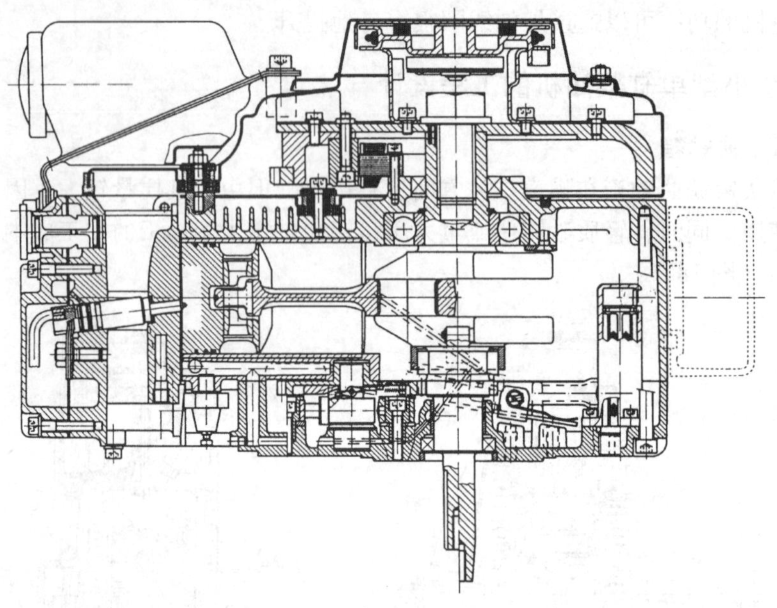

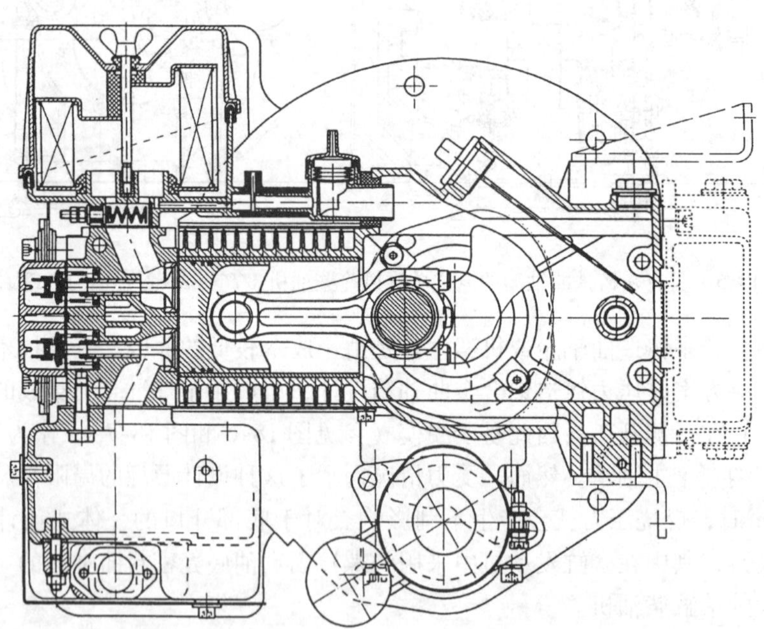

图 18-6　风冷单缸轻型柴油机，压力铸造铝合金曲轴箱“一侧开口”设计，直喷系统和单凸轮系统（SCS）（HATZ 1B20）$V_h = 0.23\mathrm{dm}^3$，$s/D = 62/69$

转矩控制和可自由选择转速比例为3% ~10%（发电机为3% ~5%）的调速器是标准配置。具有喷油凸轮和配气机构组件的凸轮轴通常与喷油泵、调速器和油泵驱

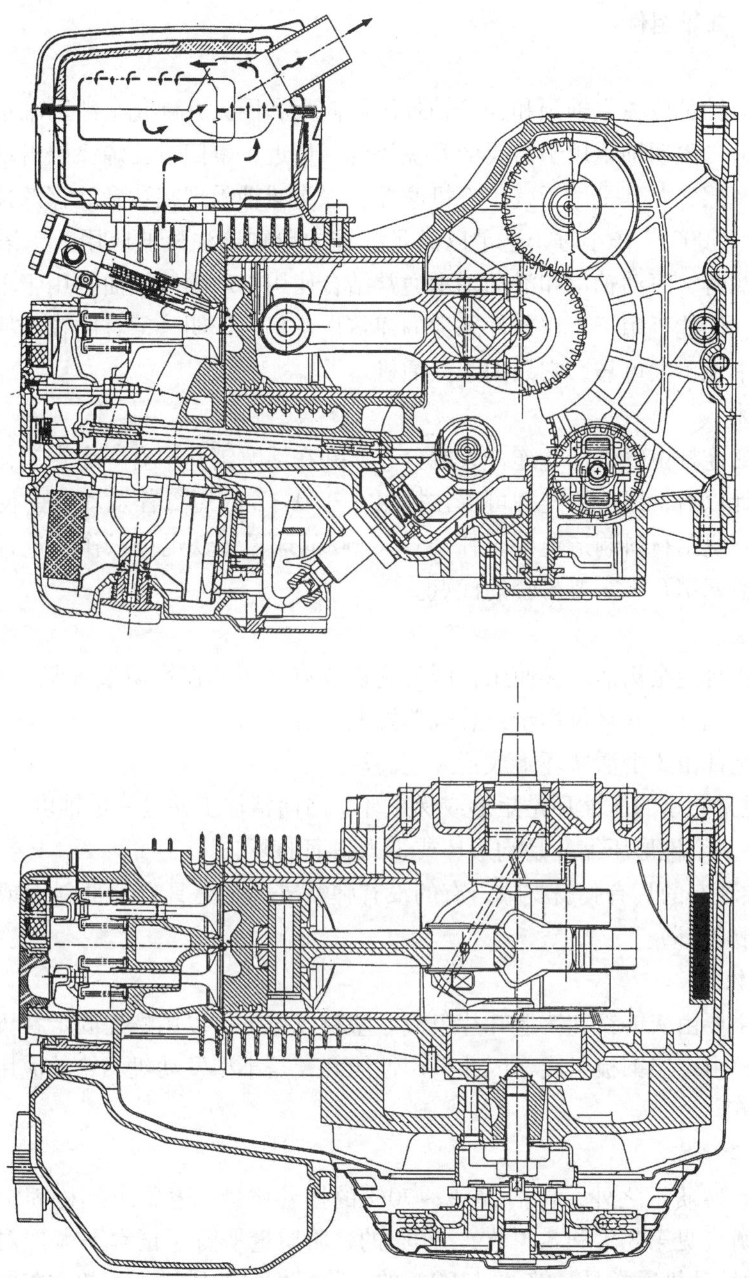

图18-7　风冷单缸轻型柴油机，压力铸造轻质合金曲轴箱“一侧开口”设计和直喷系统（LOMBARDINI 15LD315）$V_h = 0.315 dm^3$；$s/D = 66/78$

动装置一起装在控制盖和曲柄臂之间的开放空间内（参见图18-7）。具有一定转动惯量只用于100%一阶质量平衡的平衡轴位于飞轮侧。

18.1.3.2 曲轴组件

1. 曲轴

锻造曲轴都应在主轴颈和连杆轴颈区域淬火和回火并硬化。滑动轴承仍然保持长使用寿命，滚动轴承用于需要低摩擦场合。最近，聚四氟乙烯涂层滑动轴承也被用来减少摩擦，尤其是用于减小冷机摩擦。深沟球轴承现在达到计算的预期使用寿命为4000~5000工作小时，这足以满足标准的单缸柴油机的应用。当滚动轴承安装在飞轮侧时，滚动轴承和滑动轴承通常结合使用。球墨铸铁曲轴用于单缸发动机是可能的，但能否用于工作条件恶劣的建筑设备仍需证明。复合曲轴即使应用在微型柴油机中也不太可靠，它只用于汽油机。

2. 连杆

标准的连杆由钢锻造，连杆大端分开，并在活塞销孔中有一个青铜衬套。经过适理地设计以后，锻造铝连杆可以在排量小于0.3L的短行程发动机中使用。可以期望将来由烧结材料制造连杆。牌号GGG 60的球墨铸铁也可以作为连杆材料，它具有小的活塞销孔不需要衬套的优点。

3. 活塞

只有铝合金全裙活塞被使用，因为它们具有最小的惯性质量（见8.6节）。组合式活塞是例外，并且仅用于封装式单缸发动机。

标准组件由3个活塞环组成：

1）通常镀铬的压缩环是矩形或梯形环，凸面精加工并呈一定锥度。

2）另一个锥形压缩环是钩形环或带内斜面的环。

3）油环有的具有弹簧支撑，有的没有弹簧支撑，是具有顶部斜面或双斜面的环（螺旋膨胀环）。

4. 飞轮

飞轮主要由灰铸铁和铸造叶片组成。塑料风扇也可以用螺栓固定在飞轮上。深冲钢质飞轮由多层钢板组成，因此消声性能好，是小型发动机飞轮的应用发展趋势（见图18-6）。

5. 质量平衡

除了旋转质量之外，包括35%~70%的振动质量，通常由螺栓固定的配重进行质量平衡（见第8.1和8.3节）。50%的一阶质量平衡（正常平衡）对于排量小于0.5L的发动机通常是足够的。100%的一阶惯性力的质量平衡常常与附加力矩有关（见第8.3节）。图18-3所示的发动机（HATZ SUPRA系列1D30/40/60/80）实现了比较理想的100%一阶质量平衡。图18-8说明了这样的原理：在飞轮侧曲柄臂上的单个小配重可以降低发动机整体高度，同时释放控制侧的空间，使平衡轴系统以与曲轴旋转相反的方向在几乎理想的位置旋转（见第8.3.6节）。所有其他配重都布置在飞轮中而不影响机体内部。

图 18-8　平衡质量和平衡轴的布置可以完全平衡一阶惯性力（HATZ－SUPRA 系列；参见图 18-3）

18.1.3.3　气缸套、气缸盖和气门组件

1. 气缸

考虑到组件的尺寸稳定性，一般将带散热片的紧凑型灰铸铁气缸体与曲轴箱用连续张紧螺栓连接。具有镶铸灰铸铁缸套的，配有铝散热片的缸体也已经广泛应用。

具有升高到气缸盖平面的集成镶铸灰铸铁气缸套的曲轴箱，对于 $V_h <$ 0.4L 的发动机而言是最先进的，并且成本更低（参见图 18-7）。在其 B 系列发动机中，Hatz 公司采用浮动在油垫上的离心铸造缸套，其优点是可在维护期间更换（见图 18-6）。单缸风冷柴油机通常都采用铝合金缸盖，铝合金缸盖具有嵌入克郎宁壳模铸造的螺旋涡流进气道，以产生进气涡流，在直喷（DI）过程中有利于混合气形成。由 Hatz 公司用于其 B 系列气缸盖的压力铸造的型芯拼块和取出法提供了非常有趣的解决方案（图 18-6）。气门只由摇臂和推杆驱动，或者是凸轮从动滚轮或者是互连杠杆与凸轮直接接触。Hatz 公司有效实施了具有专利的纯机械式气门间隙补偿技术（见图 18-9），同时在 B 系列发动机中

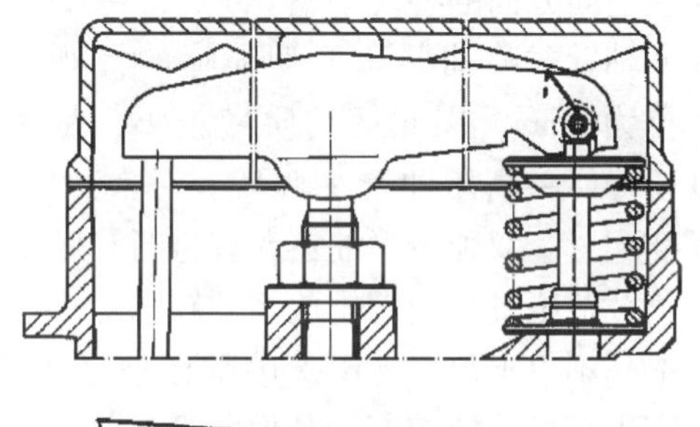

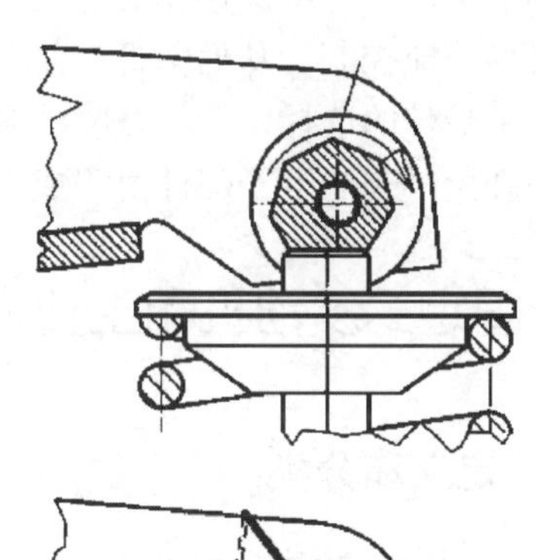

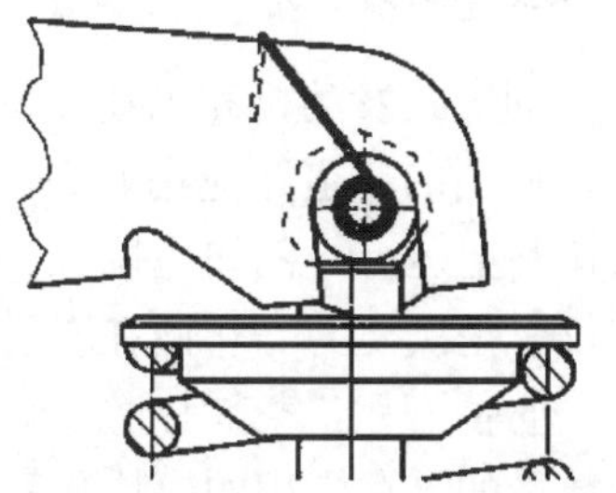

图 18-9　具有自动偏心多级锁定（扭力弹簧驱动）的机械式气门间隙补偿装置

配用了金属板制成的摇臂。这些发动机中的进、排气门以及喷油泵的驱动，仅由一个凸轮轮廓（图18-10中的单凸轮系统SCS专利技术）实现，从而节省了空间。

2. 喷射系统

PLN（泵－高压油管－喷嘴）系统在工业用柴油机中占统治地位。直接喷射（DI）需要短的高压油管，以使高压系统中的死空间容积尽可能小，并最大限度地提高驱动的动态刚性。UPS（单体泵系统）由滚轮挺杆或顶置凸轮轴驱动，特别易于满足这些要求，因此被认为是未来小型单缸柴油机在安装空间方面的替代方案。

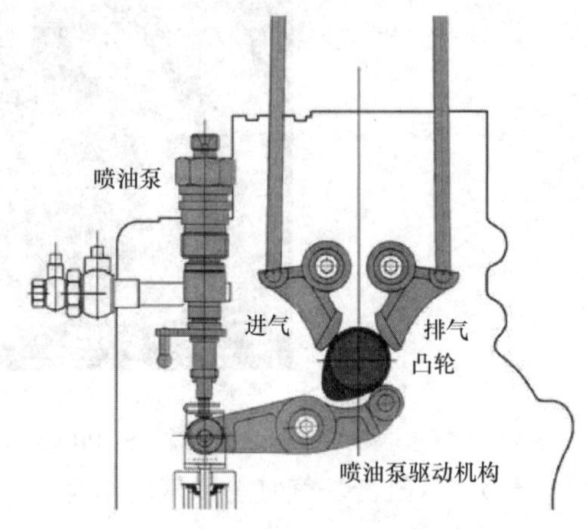

图18-10 单凸轮系统专利技术SCS（HATZ）

轴针式喷油器和P型喷嘴的针阀直径为4mm，因此运动质量较小，是PLN（泵－高压油管－喷嘴）系统的标准配置。双弹簧喷油器允许进行预喷射，可以降低在小负荷下的燃烧噪声，但在大负载范围具有炭烟排放高的缺点。多次喷射也是小型柴油机所期望的，但是由于成本高不得不放弃。RSN喷嘴已被证明是非常合适的。它们能在较大的针阀升程下实现可变节流控制，从而降低燃烧噪声以及NO_x和CO排放。尽管喷油时刻的液压控制不是最佳的选择，但是在喷油泵和喷油器中必须依靠简单的液压措施，因为控制喷油开始时刻的电子部件由于成本的原因不能用于小型单缸柴油机。

18.2 固定式发动机和工业发动机

18.2.1 定义和分类

术语“固定式发动机和工业发动机”是指几乎所有已经改制和认证用于道路交通之外（所谓的非道路应用）的内燃机。虽然具有工业发动机的车辆可以部分地在公共道路上运行，例如拖拉机、街道清洁车或装载机，道路交通的比例相对于这些应用仅仅是次要的。它们在符合ISO 8178标准的应用环境下进行认证（见第15.2节）。通常，固定式和工业发动机常常以非常低的量在多种应用中被采用。覆盖了最大数量的潜在应用的模块化系统，不允许型号增加到不经济的程度，因此对于附加部件是必要的。其应用可大致分为3组：

1）固定式发动机。

2）移动机械。

3）农业设备。

固定式发动机基本上用于发电（发电机组），但也用于驱动其他装置，例如制冷系统、泵和压缩机等。取决于不同的应用，它们可能长时间小负荷连续运转，或者长时间间歇之后大负荷运转，例如应急发电装置。固定式发动机以可变负荷但以恒定速度运转。这特别适用于在欧洲以 1500r/min 转速运转的发电装置，以保证 50Hz 恒定的交流频率，并且在美国以 1800r/min 的转速保证 60Hz 恒定的交流电频率。它们需要在 D2 循环中被认证符合 ISO 8178 标准（见第 15.2 节）。

移动机械应用领域涵盖了大部分建筑设备，如挖掘机、装载机和推土机，以及叉车、轨道车辆和机场牵引车。根据应用，当性能要求由液压装置控制时，移动机械中的发动机在整个性能曲线范围内以固定转速运行。运行转速通常对应于发动机额定转速。火车发动机要么被认证为工业发动机，要么依据道路商用车发动机的排放法规加以管理。

农业设备实际上对应于移动机械的应用，但在性能要求和安装的部件方面构成了一个独特的类别。因此，农业设备发动机也构成自己的技术类别。通常，农业设备发动机的独特设计特征是对车辆功能的强化。

基于它们的设计，工业发动机可以被分类为改制的车辆用发动机和为工业应用系统开发的发动机。改制的车用发动机包括额定功率达约 100kW 的改制乘用车发动机，和额定功率达约 500kW 的改制商用车发动机。工业发动机通常覆盖从约 2kW 到约 500kW 的功率范围。超过 1000kW 的应用由中速和大型低速发动机实现（见第 18.3 节和 18.4 节）。只有很少的发动机，需要在 500kW 至 1000kW 之间的功率范围内工作。

正如乘用车和商用车发动机一样，电控喷射系统也正在成为工业发动机的标准配置，尤其是对于功率在 75kW 以上的发动机。自 2006 年起生效的工业发动机第 3 阶段排放控制法规，使得不可能在该功率范围内，以合理的成本使用机械控制喷射系统满足这些要求。单体泵系统、泵喷嘴系统以及越来越多的共轨系统被用作工业发动机的喷射系统。此外，电控系统还允许客户功能的集成，以及发动机电控系统与车辆或设备电控系统的智能连接（参见第 5 和 6 章）。

许多低于 75kW 的发动机配备有机械控制的喷射系统，因为排放要求不太严格。由于发动机的购买价格在这个细分市场中起着比运营成本更为主导的作用，发动机电控系统的优势已经消失。

工业发动机最初都是风冷发动机（见第 9.1.4 小节）。选用其他冷却介质可以转化为在可靠性方面和维护方面的明显的优势，特别是在有时存在非常苛刻的运行条件时，例如在极端气候条件下。逐渐收紧的排放限制使得风冷部分地被水冷取代，因为较低的部件温度使得后者在氮氧化物排放以及功率密度方面具有优势。与原来的预期相反，开发商在以往总是能够成功达到每一个限制标准等级，包括风冷发动机。因此，即使在不久的将来，风冷发动机的市场可望继续存在。发动机制造商 Deutz（道依茨）公司非常成功地将油冷发动机推向了市场（见第 9.1.3 小节）。

油冷基本原理非常接近水冷发动机的设计，但避免了额外的冷却介质水。由于油温通常高于水冷发动机的冷却液温度，油冷发动机工作时部件温度也稍高（见第9.1.3小节）。

18.2.2 类别和选择

尽管近年来在汽车工业和发动机工业领域经历了产业集中过程，但是全世界的发动机类型仍然非常多。因此这里既不能详细也不能全部进行介绍。表18-1给出了全球柴油机应用领域的概况。大量的应用来自乘用车、商用车和农业设备领域，因此录入了少量通常需要大量应用的固定式和工业发动机。然而，许多知名的车辆制造商也提供工业发动机。图18-11提供了全球范围工业发动机的概况（本书不保证数据的完整性）。

表18-1 成品柴油机的应用 （单位：百台）

地区	日本	东亚	北美	西欧	东欧	全球总计
乘用车	323	167	0	4383	1013	6209
商用车	774	1047	693	2328	277	5853
农业机械	590	7156	42	340	67	8792
建筑设备	299	61	112	271	22	812
其他工业发动机	140	47	31	186	9	482
发电设备	204	179	17	247	28	711
船用主机和船用辅机	38	203	13	35	3	297
合计	2368	8860	908	7790	11419	23156

在工业发动机领域使用改制的车用发动机，可以提供大规模生产所带来的优势。然而，这通常伴随着在安装变化方面的灵活性很小，而灵活性恰恰是专门从事工业发动机生产的制造商的强项。

工业发动机有所谓自备制造商制造和非自备制造商制造之分。自备制造商的核心业务是生产工业机械和车辆。他们用自己生产的发动机来满足这些机械所需的各种类型的发动机。在这一市场的某些典型制造商有Caterpillar（卡特彼勒）、John Deere（约翰迪尔）和Yanmar（洋马）。这部分市场份额被称为自备市场，因为它对于其他发动机制造商是无法获得的。然而，上述制造商还在非自备市场上销售其发动机，因此与纯发动机制造商如康明斯或道依茨发生了竞争。

鉴于排放控制立法带来的日益增加的复杂性，近年来在工业发动机制造商中出现了在汽车工业中可观察到的集中过程。特别是年产发动机20000～30000台的小型自备制造商，越来越多地转向在非自备市场上购买发动机。

18.2.3 应用

固定式和工业发动机的市场特征在于应用的多样性，与此相关的常常是小批量

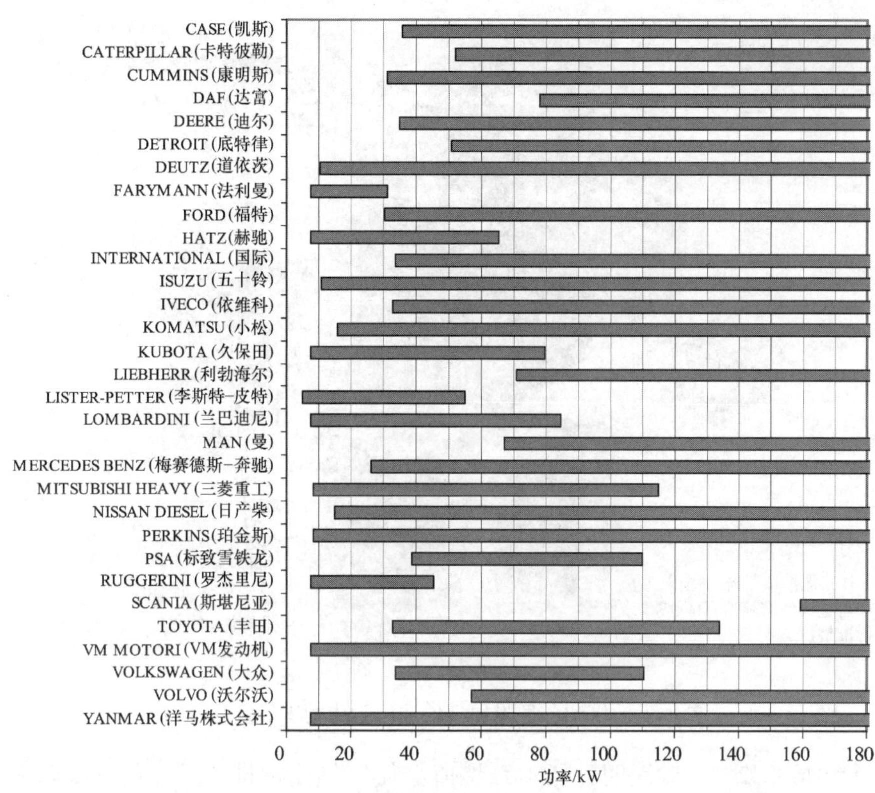

图 18-11　来自最重要的（德国和其他国家）制造商的工业发动机功率范围

生产。发动机的制造技术包括这些多样性应用，但要避免在自己的生产过程中陷入难以控制和商业上不可持续的型号扩张。该解决方案是基于基本发动机和附加组件的模块化概念的平台策略，如图 18-12 所示。安装条件导致了油底壳、进气歧管和排气歧管的特定多样性的变型。后者必须适应废气涡轮增压器的各种安装位置。当开始就需要安装发电机时，它们的安装位置是可以变化的。

应用的多样性不仅来自安装限制，而且还取决于负荷特性曲线、运行气候条件、燃料等级、不同的排放标准、燃料消耗要求和发动机的销售价格。

虽然只有符合欧Ⅲ标准（见第 15.2 节）的发动机仍然可以在欧盟和北美销售，但非洲和中东的大部分地区没有任何排放标准限制。由于商业原因同时因为发动机的技术复杂性，在这些地区出售符合欧Ⅲ排放标准的发动机是不可能的。具有机械控制喷射系统的风冷或油冷发动机，在这些地区由于气候和后勤保障的原因还是首选。

世界各地各种不同等级的燃料是发展过程中必须考虑的另一个方面。虽然符合 EN 590 标准，且十六烷值至少为 51 的燃料标准适用于西欧，但美国柴油的平均十

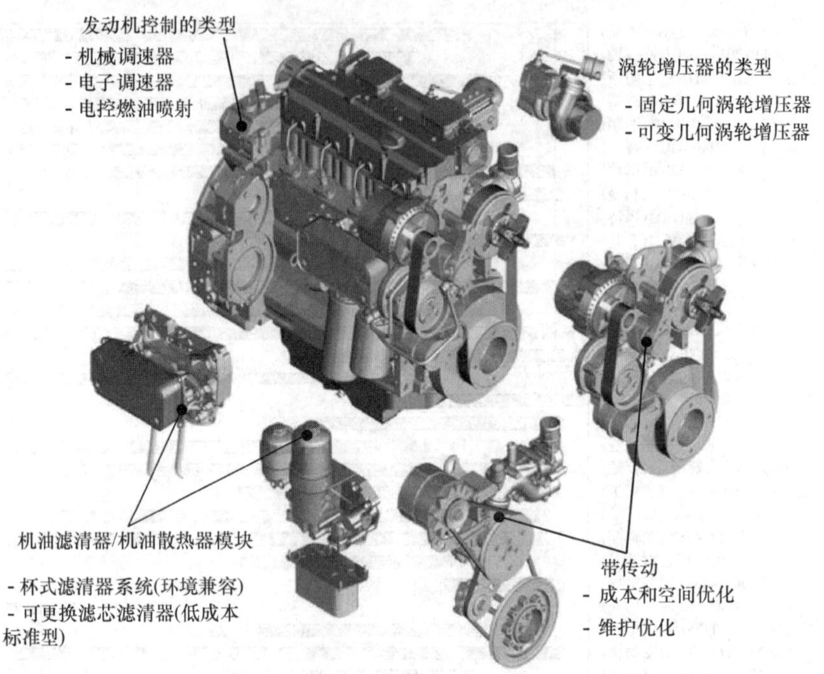

图 18-12　由基本发动机和各种附加零件选项组成的工业发动机的模块化概念

六烷值为 40 ~ 42。经验表明，低十六烷值会使氮氧化物排放增加约 0.2g/kW · h。由于工业发动机的相同限制适用于美国和欧洲，因此在改进发动机时必须考虑这一点。此外，在一些地区燃料中硫的质量分数高于 5000×10^{-6}，这对于颗粒物排放的影响和硫酸腐蚀的损害方面都是挑战。一些欧盟国家允许使用工业发动机燃料油。这不符合 EN 590 标准。生物燃料越来越多地被使用。脂肪酸甲酯（FAME）这种酯化植物油基燃料通常不被喷射系统制造商所认可。因此，发动机制造商只承担认可的风险。油菜油甲酯（RME）是德国常见的生物柴油（见第 4.2 节）。

由于发动机的使用寿命还取决于其运行要求，制造商将它们划归为不同的功率类别（见表 18-2）。降低发动机的功率可以防止长时间的全负荷运行导致的过热。

表 18-2　功率类别的定义和相关应用实例

功率类别	功率降低%	车辆发动机	固定式发动机		
			建筑设备	农业和林业设备	泵和压缩机
Ⅰ	0	施工现场车辆 消防车 自卸车 起重车 道路清扫车	装载机 挖掘装载机 平地机 土方机械 压路机 混凝土和砂浆搅拌机	联合收割机	消防泵 应急泵

（续）

功率类别	功率降低%	车辆发动机	固定式发动机		
			建筑设备	农业和林业设备	泵和压缩机
Ⅱ	5	吹雪机 扫雪机	液压挖掘机 沥青铺路机 混凝土和路面铣刨机	四轮拖拉机 集材机 修剪平台 牧草收割机 收割机	喷灌系统 10bar 高压压缩机
Ⅲ	10		挖沟机 钻井设备		10bar 以上高压压缩机

图 18-13 所示的拖拉机的散热器组件说明了安装的复杂性。这种安装适合拖拉机的前端布置，其设计改善了驾驶员的视野。由于散热器的效率很大程度上取决于配置和流量，因此必须在技术认可前模拟安装，以确保散热器组件符合发动机的设计数据。这对于满足排放要求以及防止发动机过热是必要的。

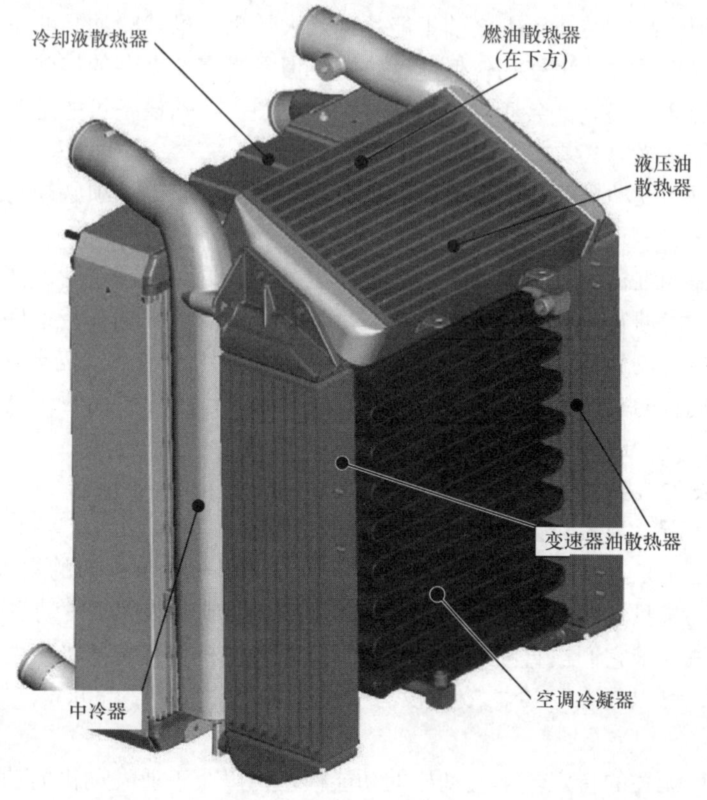

图 18-13　具有 7 个散热模块的拖拉机散热器组件

18.2.4 车用发动机的改制

18.2.4.1 一般说明

除了专门作为工业发动机开发的特殊柴油机之外，其他改制的乘用车或商用车发动机也可用于一般工业用途。改制的车用发动机的明显优点是可以大规模生产，以及具有良好的质量/功率比的轻量化设计产生的成本优势。

当成本效益或技术特性遭受损害时，就会出现对它们的应用的限制，例如曲轴组件过载，其特征在于车用发动机的轻质结构。因此，重量优化的发动机的支撑应当就像它被安装在车辆中一样进行处理。由于强度的原因，发动机曲轴箱不应当使用农业和建筑设备的设计中常见的系统支撑功能。由于重量优化的车用发动机具有较小的质量，其噪声和振动阻尼措施已经被要求比工业用发动机进行稍微复杂的处理。根据 DIN/ISO 3046 标准，车用发动机的功率根据车辆的具体要求进行调整，对于连续运行的工业发动机，应选择明显更低的功率，以利于在低磨损的情况下延长发动机的使用寿命（见第 18.2.3 小节）。当需要高起动转矩时，比乘用车柴油机更好的商用车柴油机，从一开始就应该是工业用发动机选择的基础：乘用车发动机通常在达到较高的转速范围之前不能达到最大转矩。虽然喷油泵的特殊调节能够在一定限度内将最大转矩移到较低速度范围，但是当需要太多的特殊设备时，与标准车辆设备的任何偏差都会变得昂贵并且无利可图。特殊设备可能是改制发动机所期望的，但不是绝对必要的。

在评估改制发动机时，用于改制标准车用发动机需要的选项必须与工业方面的要求相协调。

使用寿命和维护间隔对工业发动机起着至关重要的作用。这种保证通常需要更大的发动机润滑油容积，以利于更长的润滑油维护间隔。根据安装条件，可使用润滑油量高达 20L 的特殊油底壳。汽车发动机大约是 4L。这不仅需要额外的成本，而且必须对现有的制造设备和制造选项进行权衡，以确定这样的改制是否仍然可以达到期望的目标，或者是否负担得起。

18.2.4.2 发动机实例

图 18-14 所示为大众公司制造的改制车用发动机。该发动机基于乘用车发动机，唯一的区别是其性能数据不同，以获得具有乘用车批量生产的最大协同效应。涡流室式发动机只在功率范围低于 37kW 时仍然制造成自然吸气发动机。然而，3A 阶段排放立法要求它们被直喷发动机代替，直喷发动机包括自然吸气发动机和涡轮增压发动机，可以具有中冷器或者没有中冷器，功率达到约 80kW，排量为 1.9L 和 2.5L。

由与应用无关的特定基本发动机的功能模块，以及工业发动机的功能模块组成的数据集概念被开发出来，以改制这些为车辆使用而开发的基本发动机，用于工业应用的最广泛的各种需求。发动机控制单元将工业发动机功能存储在 7 个特定数据

- 直喷
- 分配泵VP 37
- 电控单元博世EDC 15V
- 单顶置凸轮轴配气机构
- 铝合金缸盖
- 立式可充入机油滤清器
- 可变几何涡轮增压器
- TDI 规格：
  - 80kW, 3500r/min
  - 280N·m, 1400~ 2400r/min
  - 220kg
  - 221g/kW· h(最低有效燃料消耗率)

图 18-14　大众 2.5l TDI®增压发动机，配有电控分配泵、双气门缸盖、可变几何涡轮增压器，在 3500r/min 下最大功率 80kW

集中。它们在发动机控制的类型上不同：

1）由加速踏板确定的转矩控制。

2）由加速踏板确定的功率控制。

3）以比例调节器的形式由加速踏板确定的运行速度控制。

4）通过采用具有或不具有安全概念的比例积分调节器的形式的 0~5V 接口的运行速度控制。

5）通过将加速踏板反映的驾驶员需求转换成喷油量来进行汽车驾驶。

6）通过外部连接的固定调速器进行固定操作。

与车辆发动机不同，工业发动机电控系统有少量执行器和传感器是专门为工业发动机设计的。这里描述的差异仅存在于具有机械液压喷油泵的发动机中，这种发动机结合了诸如全程调速器这样的专用设备，通常只与附加的电子调速器一起控制喷油泵，以实现工业应用功能。

18.2.5　工业发动机

18.2.5.1　产品概念

专门开发作为固定式和工业发动机的柴油机可在约 75kW 以下的功率范围中找到。气缸数为 1~4 的发动机是最常见的。油耗和功率密度是次要因素，采购成本、坚固性和多功能性更重要。为了满足排放要求，自然吸气发动机越来越多地被增压发动机取代，但是由于安装和成本的原因通常没有中冷器。然而，自然吸气发动机仍然在37kW以下功率范围的发动机中占主导地位。在曲轴减振器端有几个取力器和100%动力输出的选择是常见的机型。低维护需要的要求导致在该性能等级中的大部分发动机采用风冷或油/风冷。

功率范围高于75kW的工业发动机（设计为4缸、6缸或8缸发动机），也可采用车用发动机改制，通常源自商用车发动机或工业发动机。在该功率范围内的工业发动机的废气和噪声排放、维护、使用寿命、质量功率比、功率密度等的要求与商用车发动机的要求相似。与商用车发动机的唯一区别是特殊的设计特征，例如取力器，包括在曲轴减振器端的动力输出，特别是当安装在拖拉机中时的刚性发动机缸体，强化的油底壳和发动机平衡器，以及用于液压的附加冷却系统和发电机。

工业发动机用途的潜在多样性，以及因潜在的客户需求必须保留尽可能多的设备选择，所以通常只能以相对较小批量生产。因此，工业发动机通常比相应的乘用车或商用车发动机价格更高。

18.2.5.2 发动机实例

考虑到工业发动机的型号多样，这里将只介绍单缸排量在0.2~1L的发动机的几个实例，仅介绍它们的基本特征。由于篇幅所限不涉及其他范围。

大多数多缸水冷发动机都只采用直列气缸设计，它们在单缸排量400mL以下的发动机中占主导地位。重要的制造商有Kubota（久保田）、Yanmar（洋马）、Daihatsu（大发）、Isuzu（五十铃），Lister Petter（李斯特皮特）和Deutz（道依茨）。他们的基本设计原则都非常相似。然而，喷油设备变化很大，从泵-高压油管-喷嘴系统，到分配泵和直列泵直至单体泵系统。经常采用涡流室间接喷射结构。除了低噪声优势和低制造成本，还具有比直接喷射原理更低的氮氧化物排放水平。与此相关的油耗高的缺点在这一市场中可以接受。

一个非常有趣的设计实例是Hatz 4 W35系列（见图18-15），单缸排量为350mL，有两缸、3缸和4缸直列发动机。这种直列式发动机具有纵向垂直分开平面。压铸铝曲轴箱分为两块，包覆空间内包含油底壳、正时室、齿轮箱、飞轮壳体、气缸盖和气缸套固定架。气缸盖和薄壁离心铸造气缸套是模块式的。水泵集成在正时齿轮传动中。发动机仅由3个部件，即左半、右半曲轴箱和气门室盖就可以完全封闭。喷射系统及其正时机构是模块化设计。机械控制的非常紧凑的泵喷嘴系统由顶置凸轮轴和摇臂驱动。图18-16所示为完整的4W35自然吸气发动机的结构。

图18-17和图18-18的两个实例说明了不同的市场和法规要求如何影响发动机系列的设计。在符合ISO 8178标准的C1循环中，NO_x + HC的排放限值为4.7g/kW·h，颗粒物的排放限值为0.3g/kW·h，这些标准适用于64kW型号发动机（见第15.2节）。由于空间和成本的原因，该发动机不具有中冷器，并且仅配备有机械控制的单体泵喷射系统。排放目标通过适当设计燃烧室和喷嘴几何形状、合理的喷油和换气正时来实现。这种类型的发动机油耗高的缺点通过低制造成本进行补偿。图18-18中的113kW型号的发动机被改制成为非常适宜拖拉机使用的发动机。在C1循

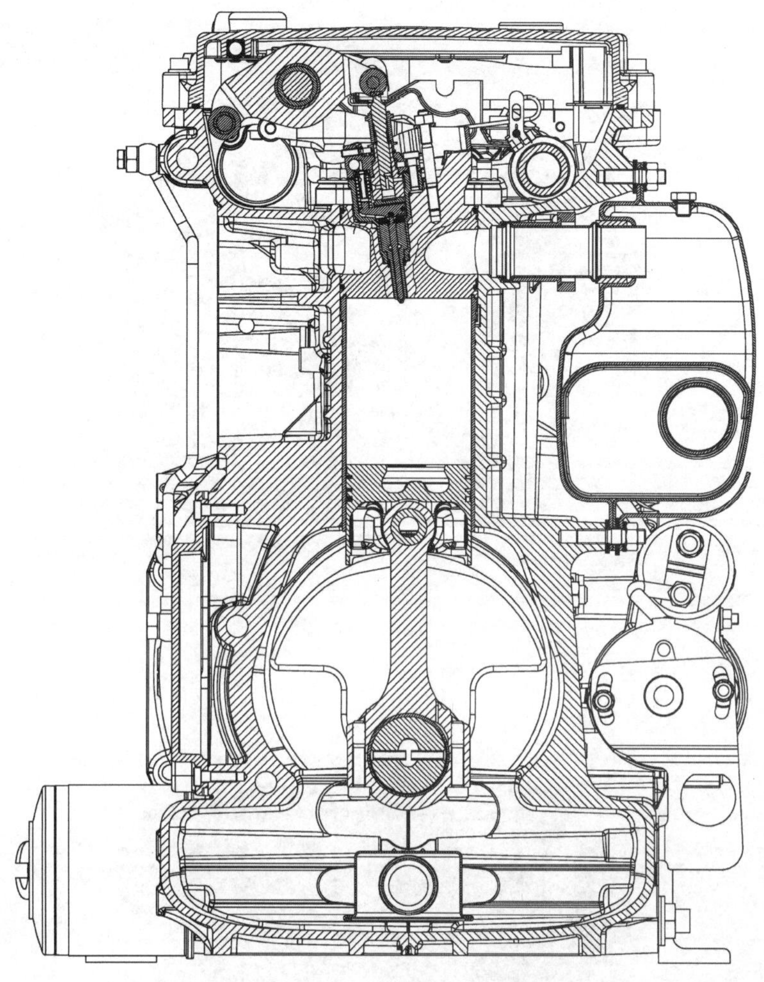

图 18-15 具有立式纵向分开压铸铝曲轴箱的 Hatz 4W35NA 发动机的横断面

环中，NO_x + HC 的排放限值为 4.0g/kW · h，颗粒物的排放限值为 0.2g/kW · h，这些标准也适用于该功率。由于负荷特性曲线和每年的高运行小时数，在用户选择时油耗明显起着更大的作用。因此，他们可以接受更多的复杂技术和更高的发动机价格。中冷以及冷却的废气再循环是获得低氮氧化物排放和良好油耗的合适措施。此外，共轨喷射系统允许在整个发动机运行图中优化燃料消耗、燃烧噪声和废气排放。

这些典型的固定式发动机可以为取力方式提供更多的选择。正时齿轮传动装置不仅可以驱动凸轮轴，而且可以驱动一个或多个液压泵和/或压缩机。或者，高达 100% 的发动机功率也可以从前端输出。这些水冷发动机还具有集成的冷却系统，油和水散热器连接在发动机侧面。还可以根据需要提供用于液压油的附加散热器。这不仅有利于极其紧凑的设计，而且简化了整个集成冷却型发动机的组装。

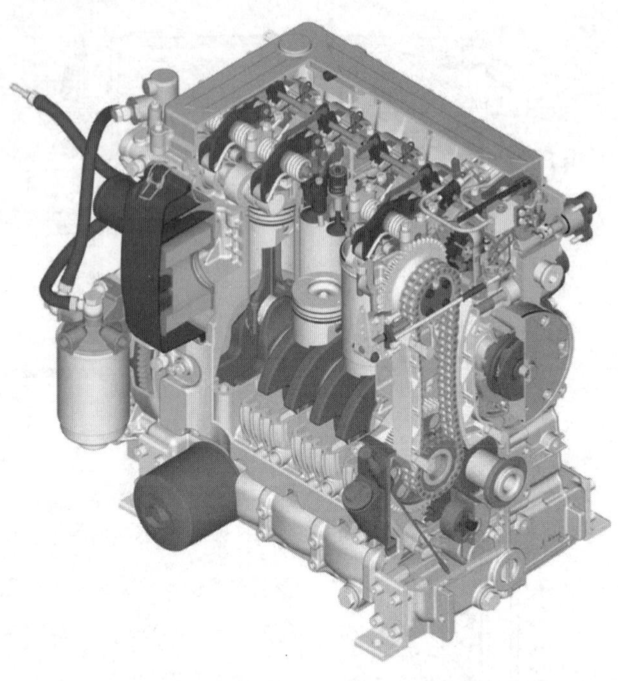

图18-16 具有机械控制单体泵的Hatz W35系列水冷4缸双顶置凸轮轴直列发动机

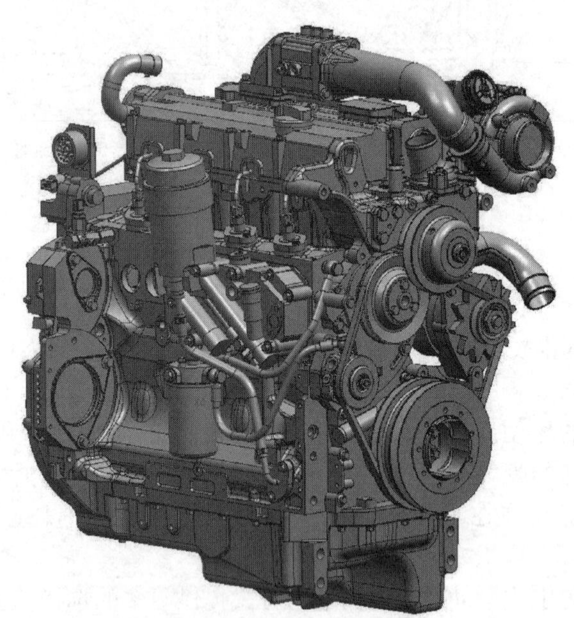

图18-17 DEUTZ TD2012L04 2V涡轮增压4缸发动机，无中冷器，具有机械控制泵－高压油管－喷嘴喷射系统，两气门缸盖，侧装式废气涡轮增压器，在2200r/min下最大功率67kW

图 18-18　DEUTZ TD2012L04 2V 增压 4 缸发动机，具有中冷器和电控共轨喷射系统，4 气门气缸盖，中心顶置废气涡轮增压器和外部冷却废气再循环，在 2200r/min 下最大功率 113kW

农业机械是工业发动机应用的典型领域。发动机缸体的高刚性不仅减少了噪声排放，而且能够将发动机用作拖拉机的支撑部件。在 4 缸发动机中，平衡差速齿轮消除了惯性力，从而保证了在拖拉机中刚性安装所需的平稳运转。

18.2.6　展望

与车用发动机的发展一样，工业发动机在未来几年中的进一步发展，将继续以大幅度收紧排放控制法规为特征（见第 15.2 节）。3A 阶段排放法规的相关技术要求，已经导致在许多发动机中通过电控系统来替代机械控制的喷射系统。机械控制的喷射系统仅在低于 75kW 的功率范围内的发动机中继续占主导地位。符合欧Ⅳ排放限制标准需要引入排气后处理技术，例如颗粒过滤器和选择性催化还原氮氧化物的后处理装置。由于这些技术需要监测和控制，因此负责排气后处理的排气温度控制的集成发动机管理系统也是必不可少的。考虑到较严格的排放限制，低成本的机械控制喷射系统未来将可能仅在低于 56kW 的功率范围的发动机上应用。

共轨喷射系统因为其灵活性，特别是可以进行多次喷射，被认为具有最大的未来潜力。这也简化了动态运行性能的改进，它不仅必须满足客户的需求，而且还必须通过引入瞬态循环来满足排放控制法规的要求。此外，发动机电控管理系统提供集成附加客户功能的选项，并允许与其他车辆或机械系统进行数据交换。

这种日益复杂的技术及其在整个发动机系统中的集成，不仅要求发动机制造商具有燃油喷射和燃烧领域的专业知识，而且还需要电子控制和排气后处理领域的专业知识。生产相对较少数量的发动机，用于内部需要的机械制造商很难做到这一点。他们越来越多地转而购买来自专业发动机制造商的发动机，专业制造的发动机在尺寸和复杂技术领域中具有核心竞争力。因此，在未来几年也可以预期发动机制造商之间的兼并过程会持续。

18.3 中速四冲程柴油机

18.3.1 定义和描述

18.3.1.1 中速四冲程柴油机的分类

中速发动机目前基本都是以四冲程工作的筒形活塞式发动机。二冲程筒形活塞式发动机在市场上仍然偶尔可以见到，但它已不再重要，这里不再详细讨论。

中速四冲程发动机的转速大约在300~1200r/min之间。它们的缸径范围从低于200mm到超过600mm。近年来，活塞平均速度已经稳定在大约9~11m/s，在个别情况下甚至更高。

新一代发动机的制动平均有效压力p_e达到29bar，相应的升制动有效功为$w_e \leq 2.9$kJ/L。

现代中速四冲程发动机的功率范围可以从每个气缸大约100kW，到超过2000kW。

目前，直列式发动机设计为6~10个气缸（有时甚至更少），V形发动机设计为12~20个气缸。

18.3.1.2 中速柴油机的使用

中速四冲程发动机被用作船用主机、船用辅机，以及驱动应急发电机的固定式发动机。较小的中速发动机也应用于热电联产发电站中，或作为牵引发动机被用于驱动泵和压缩机。

在过去四十年中，柴油机在民用航运中已经超越其他动力推进装置（蒸汽机或燃气轮机）而建立了自己的主导地位。中速四冲程发动机已经变得非常重要，并且用于原先使用二冲程低速发动机的船舶（图18-19）。由于空间利用的原因，在许多应用情况下中速发动机是唯一的选择，例如渡轮、滚装船和其他特殊船舶。使用中速发动机的柴-电驱动装置，由于其高灵活性而经常在客船和游艇中使用。小型中速发动机主要在内河航运中被使用。而在大型船舶中，中速发动机几乎仅用作船用辅机（图 18-20）。

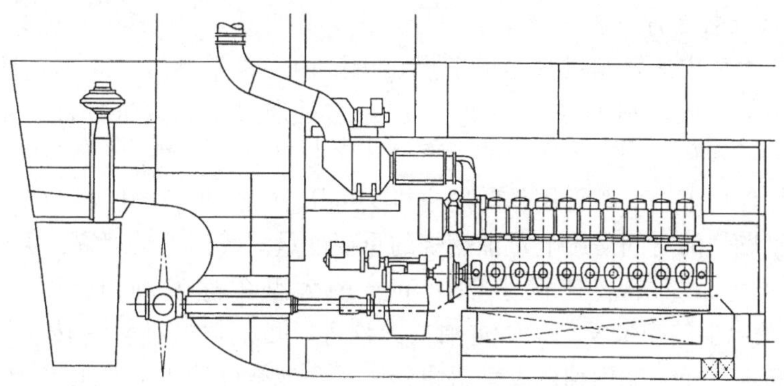

图 18-19　具有中速发动机的单发动机系统，减速器和发电机由 PTO（取力器）驱动，在 428r/min 下发动机功率为 12500kW，以驱动额定容量为 400000ft³ 的冷藏货船

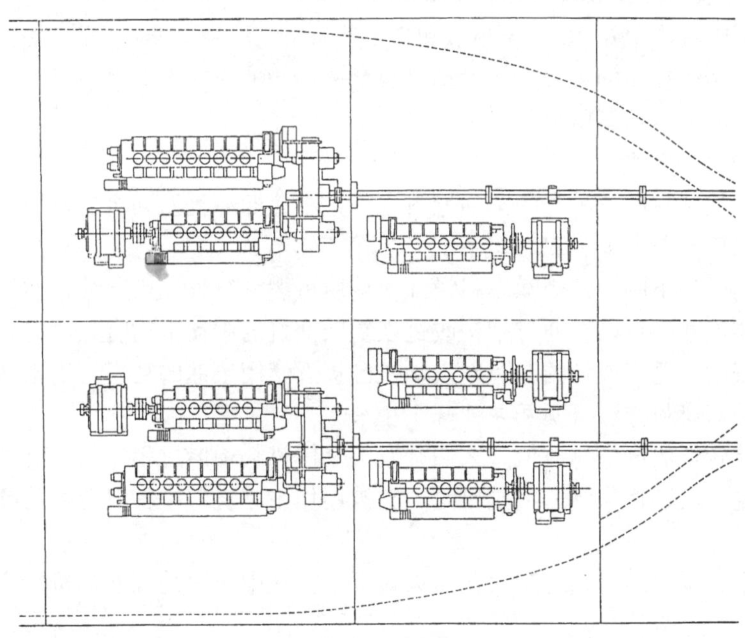

图 18-20　游轮机舱布置：每套主机采用双“父－子”配置，通过减速器驱动两个螺旋桨，有三个相同类型的辅机产生船载电源，并且还有由“子”发动机驱动的发电机

另一个应用极其广泛的领域是柴油机发电站，特别是在不存在覆盖整个区域互连电力系统的发展中国家。具有 10～20MW 的功率输出的机组，经过单元组合，可用于在短时间内高效地建造高达 100MW 或更高功率的发电站，而且这种组合式机组还可以根据需求逐渐扩展。

18.3.1.3 燃料

1. 重油燃料运行

先进的大型中速发动机甚至能够燃用国际内燃机学会（CIMAC）H/K55 标准所定义的劣等重质燃料油（见第 4.3 节）。这是通过不断改进部件，尤其是燃烧室、气门、活塞和气缸套等实现的。重油几乎专门用于大型中速发动机，只要环境要求不施加任何限制，既可用作船用主机又可用于固定设备的燃料。

可用于燃烧的时间是影响重油燃烧的重要变量。我们不难理解，更容易设计成适合于燃用重油的是转速低于 750r/min 的大型中速发动机，而不是转速在1000r/min及以上的小型发动机。重油的允许等级可能对这种较高转速的发动机产生某些限制。然而，船用辅助发动机也越来越多地被设计使用重油运行，以便能够向主机和辅机提供相同的燃料（单燃料船）。

燃烧重质燃料油必须采取适当的措施，以处理燃料和选择润滑油（见第 4.3 节）。发动机设计必须确保受重油影响的部件具有合适的温度，以防止腐蚀和沉积物的有害影响（参见第 18.3.3 小节和 7.1 节）。

因此，转速较高的小型中速发动机通常燃用柴油。在大多数情况下，处理重油所需的时间和成本是不值得的。

2. 气体燃料运行

除了重油和最广泛种类的柴油燃料之外，中速四冲程发动机也可燃用不同的气体燃料。采用火花点火和双燃料系统（见第 4.4 节）。

与燃用柴油不同，常规双燃料设计中均质可燃混合气先被压缩，然后通过喷射少量引燃燃油触发自燃，通过结构改进恢复柴油机的制动平均有效压力和功率。最近的发展表明，适当设计的双燃料发动机已接近燃用柴油的功率，而不必采用高压气体喷射的双燃料方法（见第 4.4.3.1 小节）。

为保持较低的废气排放值，人们开发了气体燃料稀燃过程。引燃燃油引燃预燃室中的稀混合气，在从预燃室排出时，它被用作主燃烧室中稀混合气的高能点火助燃剂。

近年来，稀薄燃烧系统和火花点火式发动机在中速四冲程发动机中变得越来越普遍。

18.3.1.4 中速发动机的优点

中速四冲程柴油机位于高速高性能发动机与二冲程低速发动机之间。在使用方面的情况是不断变化的。

中速发动机与二冲程发动机相比的基本优点，是具有更低的空间要求和相对较低的质量功率比，以及更低的采购成本。

中速发动机可以一直配备减速齿轮（图 18-21）。

除了空间优势以外，中速发动机还有其他优点：

1）自由选择最佳螺旋桨转速。

2）良好的弹性安装适应性可以隔绝结构噪声。

3）非常简单的回收余热的选择。

4）转速适合发电机要求。

5）简单的轴传动发电机连接，燃用重油燃料发电。

6）减少污染物措施的良好先决条件。

7）容易附接动力和复合涡轮机以增加成本效益。

8）对发动机管理系统和远程监控的良好适应性。

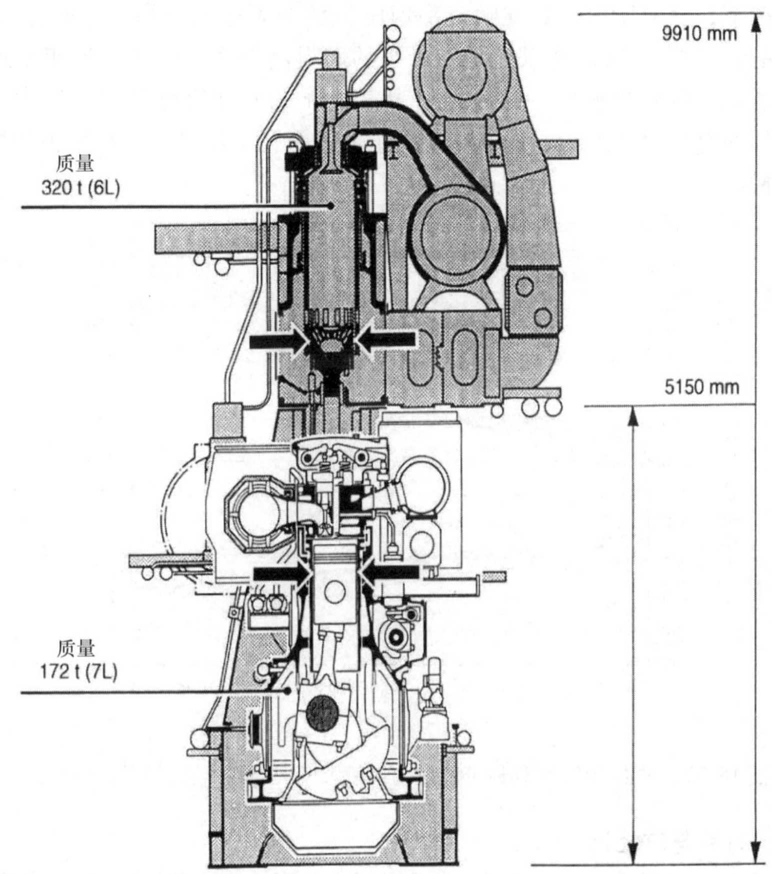

图 18-21　功率相等的中速四冲程发动机和低速二冲程十字头发动机的尺寸比较

18.3.2　设计标准

18.3.2.1　升功率

由竞争压力引起，并且由于增压设备的进一步发展而促进，柴油机的升功率越来越增大。制动平均有效压力和升有效功已部分达到了单级增压所能达到的极限。活塞平均速度也已持续增加。

单位活塞面积功率 P_A（参见第1.2节）也是用于评价柴油机技术水平的参数，它与升有效功和活塞平均速度的乘积成正比。现代四冲程中速柴油机可以达到单位活塞面积功率 5W/mm²，峰值约为 7W/mm²。

18.3.2.2 最大气缸压力

在提高单位活塞面积功率的同时，已经做出巨大努力降低燃料消耗，尤其是由于20世纪70年代和80年代的石油危机，以及燃料价格的逐步上升。最大气缸压力与制动有效功之比（由 p_{Zmax}/p_e 表示），已被证明是表征效率的重要参数值。在可能的情况下，峰值压力也必须随着平均压力增加而适当升高，以确保大约7~8的足够高的 p_{Zmax}/p_e 比值，并以此确保最小的燃料消耗率。因此，近年来最大气缸压力已经达到非常高的水平。峰值压力为200bar的发动机已经在使用中，并且峰值压力增加的趋势仍在继续。图18-22展示了过去几十年最大气缸压力和燃料消耗率的变化情况。

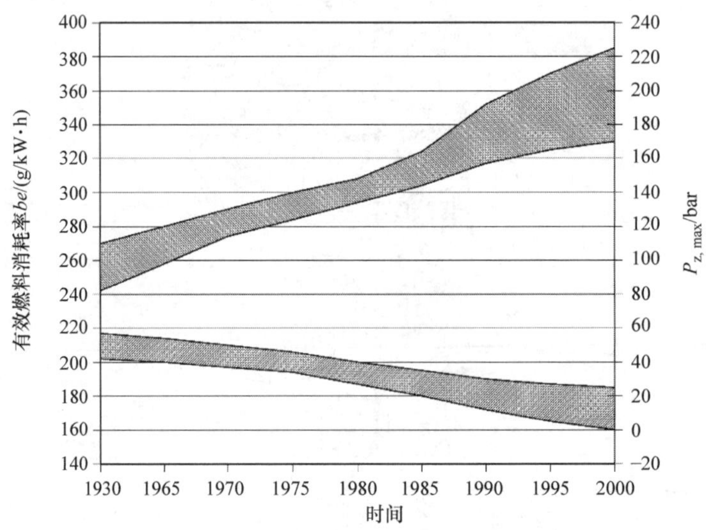

图18-22　过去40年中速四冲程发动机最大气缸压力和燃料消耗率的变化

18.3.2.3 行程与缸径比

保持压力升高率 $dp_Z/d\varphi$，即最终压缩压力与最大气缸压力之间的间隔，或所谓的着火压力跃升不要增长太大是非常重要的。特别是在燃用重油运行时更要如此。由此可见，较高的最大压力也需要明显更高的最终压缩压力。最终压缩压力受增压压力和压缩比的影响。由于热力学的原因，增压压力水平受到一定限制（见第2.2节）。允许的增压压力可以很方便地用增压压力与制动平均有效压力的比值（p_L/p_e）这一参数来描述。p_L/p_e 比为0.15~0.17已被证明对于中速发动机是最佳的，这可以一方面确保油耗低，另一方面保持燃用重油工作时燃烧室部件的温度水平在安全运行范围内。最后，压缩比必须相应地提高，以获得期望的最终压缩压力。因此，作为缸径的函数，现代中速发动机的压缩比为 $\varepsilon=13\sim16$。

具有较长行程以及良好形状的燃烧室的发动机，可以更容易地获得较高的压缩比。在保持压缩比一定的情况下，随着行程变短，燃烧室将变得更扁平，并且越来越难以获得良好的燃烧。

发动机的绝对尺寸在所有这些因素中也起着非常重要的作用。气缸尺寸越小，气门周围不利的空间变得越明显。随着尺寸变小，不利的影响显著增加。从逻辑上讲，较小的行程缸径比只有在气缸直径较大时才足以获得特定的压缩比，而在气缸直径较小时难以实现。

18.3.2.4　转速

行程和活塞平均速度决定了发动机的转速。根据气缸直径、行程缸径比，以及最大允许活塞平均速度，可以确定发动机转速大约为 300 ~ 1200r/min。因此，合适的发动机转速可以驱动产生 50Hz 或 60Hz 三相交流电的发电机（见第 1.2 节）。

18.3.2.5　其他标准

除了中速四冲程发动机的低燃料消耗和低润滑油消耗外，燃用重油的适应性，良好的制造成本等也是它的优势，运营商还非常重视机组组装的简单性和易维护性。

与此相对应的是复杂的技术解决方案，例如一级或多级增压，并未在中速发动机中被采用。

中速四冲程发动机发展的重点是对重油燃料的适应性，甚至是在较高的特定负荷和成本效益，以及可靠性提升和改进的废气排放情况下对重油燃料的适应性。设计解决方案的实例在下面部分中说明了这一点。

18.3.3　设计解决方案

18.3.3.1　基本发动机的设计

由于篇幅的限制，在此只涉及几个基本组件，并且只描述它们的主要特征。

以前常见的具有台板的曲轴箱设计，曲轴从上方插入，外部安装的气缸体用螺栓连接到台板上，现在通常被具有顶置曲轴的一体式框架的新设计替代。这种设计确保了非常好的负荷传递，消除了附加载荷界面并且价格便宜。

MAN Diesel 公司为中速发动机选择了一个有趣的解决方案。延伸到一体式框架顶部边缘的主轴承螺栓，以及延伸到框架中很深的缸盖螺栓，显著减轻了铸造结构件上的负载（图 18-23）。

18.3.3.2　曲轴总成

1. 曲轴和曲轴轴承

除了适当的润滑油保护之外，曲轴轴承的尺寸对于防止在燃用重油运行中由腐蚀性或磨蚀性磨损引起的轴承问题是极其重要的。实践已经证明，如果要获得令人满意的轴承使用寿命，则必须保证不低于一定厚度的润滑油膜剩余间隙。由于新机型气缸压力比以前明显增高，因此常常需要强度更高的基本轴承和曲轴轴颈，为了提高强度，增大了轴承面积。此外，引入了新的轴承技术，例如沟槽轴承或溅射轴承，显著增加了运转稳定性。尽管气体压力较高，但在许多情况下甚至能够大大提高支承的工作可靠性和轴承的使用寿命（见第8.5节）。

2. 连杆

只有在极少的具有相对较低负荷的发动机中，连杆大端轴承可以简单地以垂直于连杆杆身的平面分开。通常，具有较高负载的、强度较高的连杆轴颈需要倾斜地分开，以便当活塞被拉动时至少能够引导连杆和连杆杆身穿过气缸套。在许多情况下，中速发动机采用船用发动机连杆头部的设计，其中杆身用螺栓与其两件式轴承体连接（图18-24）。这种附加分型面具有在确定轴承尺寸时具有较少空间限制的优点，因而有利于高刚性、低变形的设计。此外，当活塞必须拆卸时，轴承不必拆开。

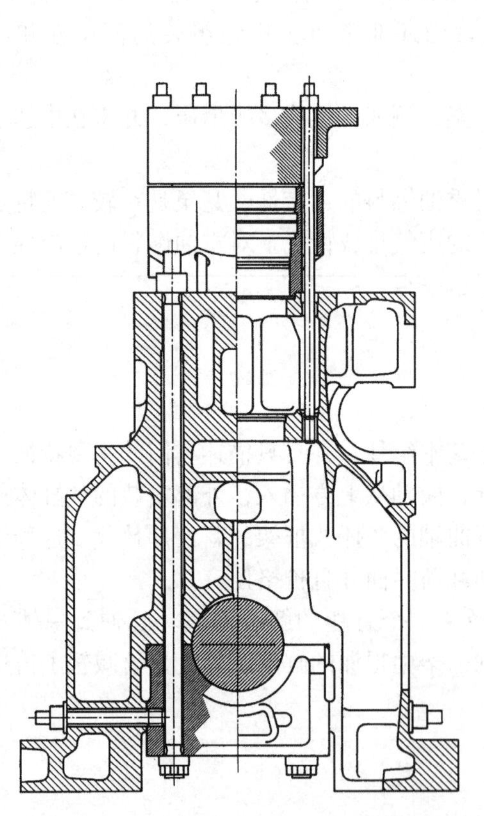

图18-23　具有单气缸体、细长主轴承螺栓和细长缸盖螺栓的发动机机架（来源：MAN Diesel）

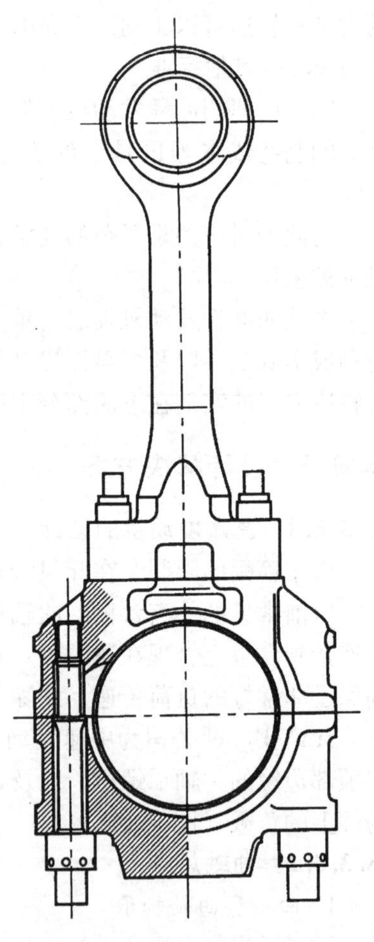

图18-24　具有船用发动机连杆头结构的连杆

18.3.3.3　燃烧室部件

1. 活塞

除了用于较小气缸尺寸的整体球墨铸铁活塞之外，中速四冲程发动机在大多数情况下使用组合式活塞。活塞顶部是钢质的，环槽通常经硬化或镀铬处理，以减少磨损（见第 8.6 节）。

因为负载的增加导致铝合金达不到要求，活塞裙部主要由球墨铸铁制成。活塞裙部和活塞头部偶尔也用钢制造。这种组合式钢/球墨铸铁活塞可以承受高达 200bar 以上的气缸压力。

高热负荷要求活塞顶部必须得到冷却（见第 7.1 节）。来自循环系统的润滑油，通常通过连杆供应给活塞，作为冷却介质（见第 8.6 节）。活塞的上、下运动的振荡效应将冷却用油甩到活塞顶部的内壁上吸收热量，然后通过活塞裙部适当的回流孔返回到驱动室。活塞顶部通常配备有冷却孔以扩大传热面积（图 18-25）。

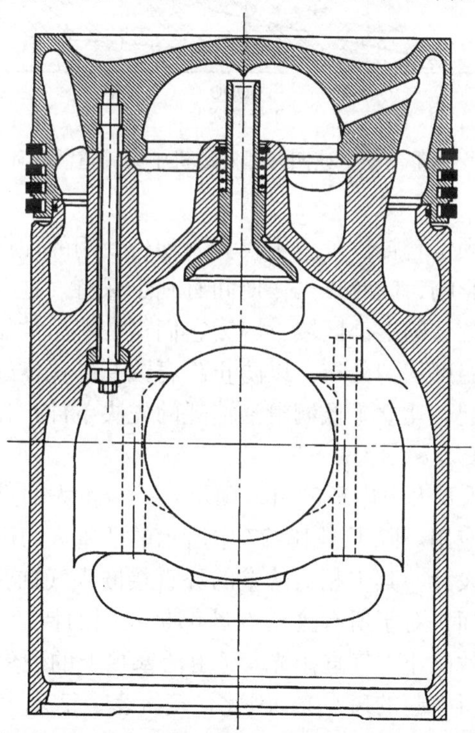

图 18-25　具有钢质顶部和模块化铸铁裙部的组合式活塞，适用于非常高的气缸压力（来源：MAN Diesel）

活塞设计成阶梯式，活塞顶部环岸与气缸套一起可以防止燃烧残留物的沉积，从而防止气缸套上形成斑点，并且还可以减少润滑油消耗。较小的活塞间隙能够捕获磨料颗粒并保护润滑油膜，可以减少活塞环的机械负荷。

所有的活塞环都布置在活塞的钢质顶部。

铬陶瓷涂层环（即具有陶瓷夹杂物的铬环）的发展，将等离子涂层环的高稳定性与镀铬环的耐磨性结合起来。这样，即使使用最劣等的燃料也可获得0.01～0.02mm/1000h量级的低磨损率（图18-26）。因此，现代中速柴油发动机具有镀铬陶瓷涂层的压缩环和镀铬的第二道环，以及根据具体情况布设的第三道环，这样使活塞环组件高度稳定。

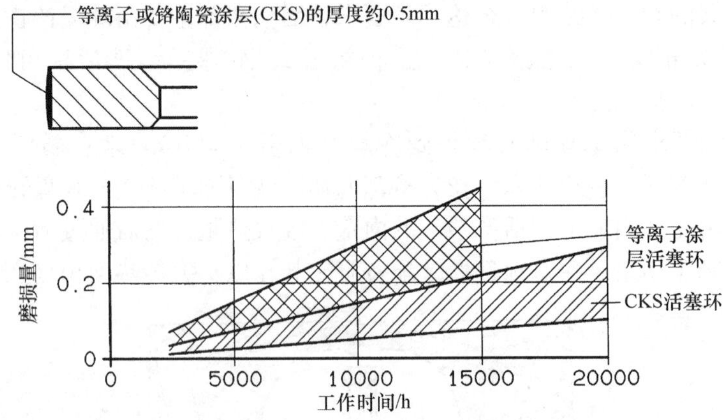

图18-26　燃用重油的中速四冲程发动机中第一道活塞环的平均磨损

2. 气缸套

单独的垂直气缸固定套提供了适于较大发动机使用的优点，因为它们减少了相邻气缸或船体变形的影响，因此在工作期间有利于保持气缸套的圆度。水道和强烈冷却区间被限制在气缸套的上部区域，因为它们仅在那里被需要。冷却的目标是在缸套的整个表面上的温度均匀分布，以防止冷腐蚀并确保良好的润滑条件。这与稳定的气缸几何形状一起，建立了低润滑油消耗的先决条件，在现代中速发动机中润滑油消耗率不应超过0.5～1g/kW·h。

20世纪90年代活塞火力岸环的引入预示着一个重大的进步。它们也被称为防抛光环，已经被广泛应用。除了图18-27中所示的活塞火力岸环冷却设计外，还采用无冷却和间接冷却设计，其中相对薄壁的环直接嵌入气缸套中。环直径略小于气缸套的实际气缸孔表面，对于所有这些设计都是共同的特征。与阶梯式活塞组合，活塞火力岸环可以有效防止“气缸抛光”（由活塞顶上的硬焦炭沉积，或者在气缸孔表面的中心的点蚀所引起的斑点）。因此，气缸套、活塞火力岸环和阶梯式活塞的使用寿命长达80000h，同时润滑油消耗降低。这也包括图18-28中所示的大约为0.01mm/1000h的低磨损值，它是使用铬陶瓷涂层环，并在第一道活塞环的换向点处测量得到的。最大磨损通常发生在气缸套上的该点处，被称为气缸套磨损。

3. 气缸盖和气门

随着载荷的增加，球墨铸铁越来越多地用于气缸盖。由于球墨铸铁比灰铸铁有明显更高的力学性能，并且结合有利于承受载荷的设计，可以明显提高机械负荷和热负载部件的工作可靠性。

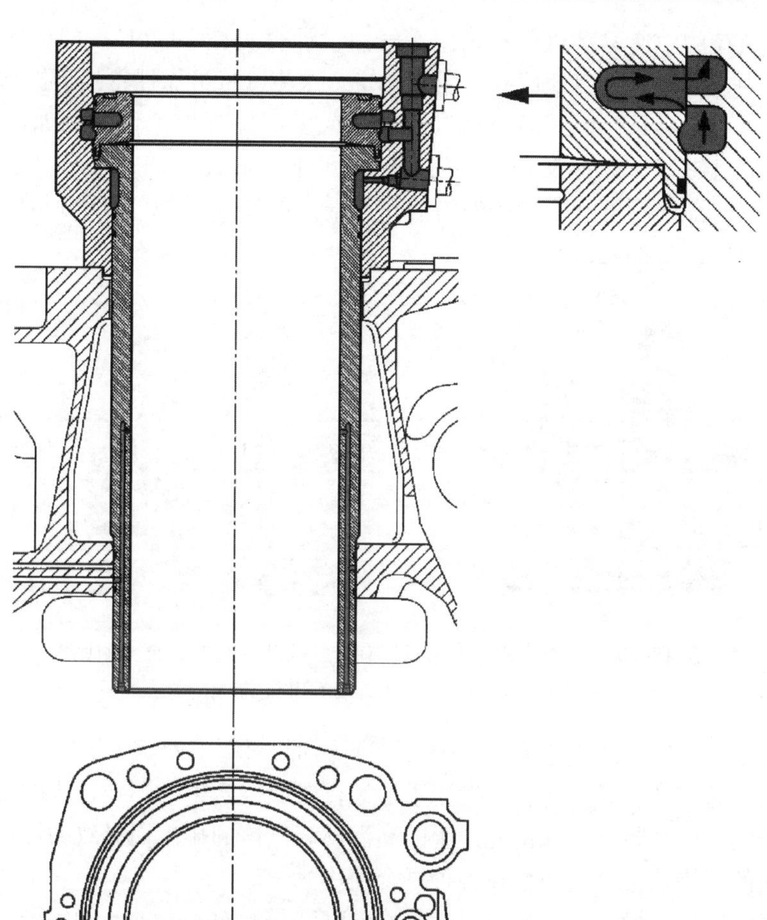

图 18-27　具有水套的缸套和具有冷却孔的活塞火力岸环

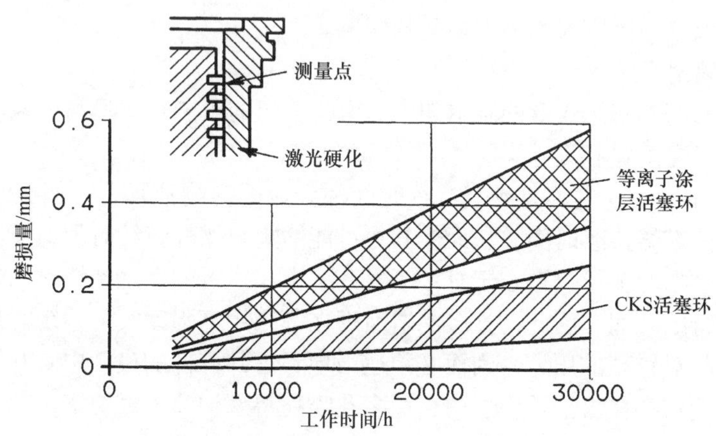

图 18-28　燃用重油的中速四冲程发动机气缸套的磨损

更高负荷的中速发动机中都采用4气门设计（见图18-29）。即使在较大尺寸的发动机中，也越来越多地放弃使用气门笼，这使运行可靠性得到了提高，气门的使用寿命得到了延长，因此只有在进行全面或多部件维护工作（例如活塞环）时才必须拆卸气缸盖。但这没有了气门笼的便于维护的优势，并且凸显了结构复杂性、降低气缸盖的刚度和增加额外的潜在泄漏点的缺点。气门座圈通常冷却镶入，至少排气门座圈是如此。

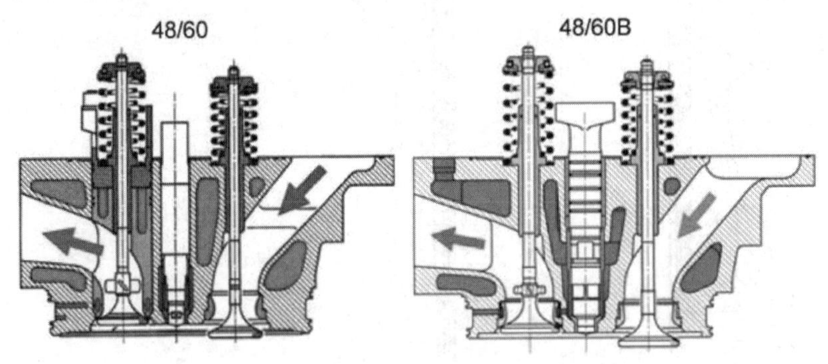

图18-29 MAN 48/60发动机具有排气门叶片阀的气缸盖的比较
（48/60具有排气门笼；48/60B无排气门笼）

气门锥面和气门座圈通常都具有硬密封锥面，例如钨铬钴合金（硬质合金），能够确保高耐磨性，并且防止在燃用重油运行时燃烧产生的颗粒造成的磨蚀，而且防止由于气门座密封不严和由此产生的高温燃烧气体的排出而导致的烧蚀。没有硬密封锥面的镍铬钛合金气门也在各种场合使用。

实践证明，在燃用重油工作时，气门的旋转是绝对必要的。气门可以通过机械旋转装置（例如旋转加速器）旋转。各制造商在排气门的气门杆中采用旋转叶轮。与机械旋转装置相比，从排出废气可以获得更强烈的旋转。在这种情况下，气门的质量惯性导致气门落座时与座圈之间的摩擦。

18.3.3.4 喷射系统

读者请参阅本书第5章的基本知识。由于篇幅的限制在这里简单地涉及用于中速发动机的常见配置和设计。

不仅比值p_{Zmax}/p_e，而且燃烧持续时间都会显著影响油耗，人们已经尝试优化中速发动机的燃烧持续时间，从而使其尽可能缩短。燃烧持续时间与喷油持续时间之间的相对密切的关系仅存在于直接喷射系统中：短暂的燃烧持续时间也需要相应短暂的喷射持续时间。因此，许多制造商现在都采用高强度喷射系统。最终，这导致喷射系统相对较高的压力，因而必须适当地考虑到部件的设计中。几乎在所有的设计中，喷油器都在气缸盖中居中，用多孔喷嘴将燃油喷入燃烧室。

当燃用重油运行时，具有将喷射调节到不同燃烧特性的能力是非常有利的。例如，存在通过降低预喷射量对燃烧循环产生有利影响的设计。很多制造商已经创建了影响着火点或喷油正时的选项，以能够适当地对不同的着火延迟期做出响应。

结合现有的排放限制法规，这些措施将日益重要，因为这种方法尤其可通过改变着火点来影响 NO_x 排放。

共轨系统由于具有可变化性，为发动机开发商设定喷射参数提供了范围广泛和很高的灵活性。除了喷油时刻和喷油压力可变之外，还能实现降低污染物排放所需的最佳燃烧所依赖的多次喷射。

共轨系统越来越多地在中速发动机中使用，尽管在燃用重油运行中出现的问题是由于使用黏度高达700cSt（$1cSt = 10^{-6} m^2/s$）（在50℃下）的重油，这些燃料必须被预热至150℃，以到达必要的喷射黏度。这些问题由于重油中存在的高含量的磨料颗粒和侵蚀性成分而加剧。喷射部件必须在这些运行条件和高温下可靠地工作。

沿着发动机的整个长度延伸的蓄压器（共轨）对于大型柴油机来说是有问题的，因为存在热膨胀问题，并且制造具有径向孔的工作压力高达1600bar的高压管路部件的难度较大。因此，在Wärtsilä（瓦锡兰集团）和MAN Diesel公司引入的系统中，蓄压器都被分成几个部分。燃油供应也可以分散到几个高压油泵。通过两个或更多的高压油泵向蓄压器系统供应高压燃油，具有即使其中一个油泵出现故障时，发动机仍能工作的附加优点。

基于分段共轨的概念，MAN Diesel针对多种发动机类型开发了模块化系统（图18-30）。

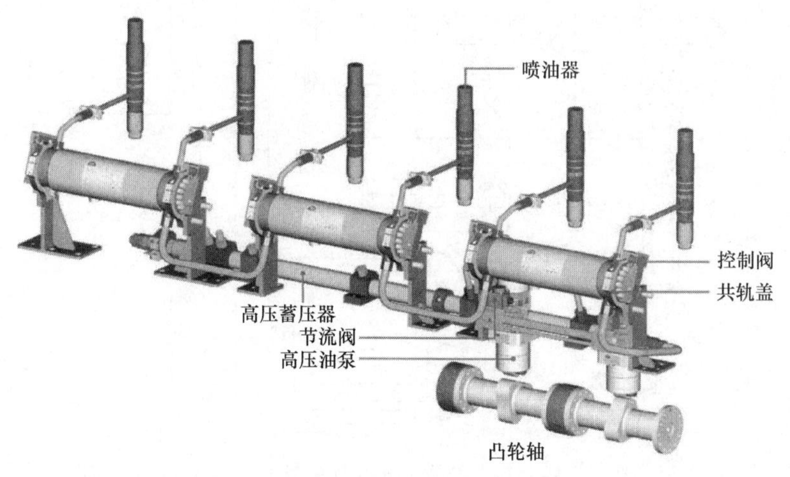

图18-30 MAN Diesel共轨系统布置

分割成单个轨道模块的共轨系统，具有更大的灵活性，可以适应不同数量的气缸，并且能够通过紧凑单元更好地利用现有空间，为组装和备件供给提供了进一步的优势。

预期共轨系统未来将取代由凸轮轴驱动的单柱塞泵的传统机械喷射系统。

18.3.3.5 增压系统

对增压理论感兴趣的读者请参考第2章第2.2节。本部分涉及增压系统设计的不同特点，用于典型的中速发动机的增压系统。

现代中速发动机几乎全部装备有废气涡轮增压系统。根据发动机尺寸的不同采用轴流式或径流式涡轮增压器。近年来随着在涡轮增压器工程中取得的进展，现在允许在一级增压中增压比达到5。并且进一步的增加在发展中。

在发动机中采用的增压有脉冲增压和恒压增压。近年来，对于中速发动机来说，恒压增压已经越来越成熟，因为它可以实现更低的油耗、均匀的涡轮增压压力、更简单的排气歧管结构，以及不会出现不利于增压的气缸数的优点，这远超过了加速性能差的缺点。加速性能差的缺点可以通过较细的排气歧管来改善，并且在必要时通过适当的附加措施（例如 Jet Assist，在加速期间用压缩空气短暂地加压）协调脉冲运行条件。

设计有利于进气和排气流动的气道，以及正确布置用于压力恢复的扩压器，可以改善整个增压系统的效率。这对降低油耗也有积极影响（图18-31）。

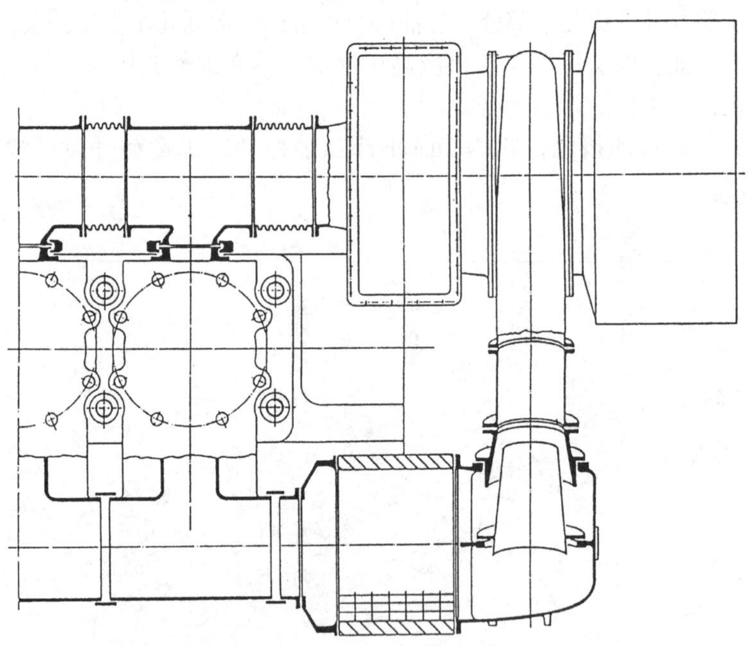

图18-31　在气缸盖与排气歧管之间以及在用于压力恢复的压气机之后具有流量优化的气道和扩压器的恒压增压系统

采用单级增压要实现高制动平均有效压力遇到的一个问题，是由于发动机和涡轮增压器不同的特性曲线，难以在整个负荷范围内最佳地满足发动机的空气需求。然而，通过诸如在较低负荷范围内再循环增压空气，以及如果需要，在超负荷时排出废气（废气阀）等措施，可以获得完全满意的结果。

无级可变几何涡轮将是最佳解决方案。然而，具有可调导向叶片的试验，发现了在燃用重油运行时的严重污染问题。

18.3.4　运行监控和维护

除了电子辅助控制、定时以及用于优化运行的监测系统以外，诊断系统和预测系统也被采用。因此，操作者可以接收关于系统的当前状态的信息，目的是便于决定要采取的措施。

最新的发展动态是使用专家系统，它不仅可以显示系统的瞬时状态，而且相当具体地通知操作者由于发动机运行特性的改变，必须维修或更换哪个部件。这允许发动机从定期维护转换为视情维护。

尽管负荷增加，但近年来的发展已经可以使现代中速发动机部件的计划维修间隔延长。良好的可接近性和使用适当设计的特殊工具使得在磨损部件上进行的维修工作，例如活塞环，喷油嘴，进、排气门，主轴承和连杆轴承等，更加容易。在进行维护期间可能出现的错误在很大程度上被最小化，这是有利于发动机系统运行可靠性的因素。

18.3.5　废气排放

改善中速四冲程柴油机废气排放的主要目标是减少燃烧期间的 NO_x 和炭烟的产生。后者不仅引起排气黑烟，而且还产生排放颗粒物（见第 15.3 节）。这种情况在主要使用含硫重油的大型柴油机的运行中相当严重（见第 4.3.4.2 小节）。此外，炭烟形成的增加，由于浓重的烟雾而引人注意，特别是在小负荷下发生时。这是海上船舶在港口机动时存在的问题。

发动机机内净化措施最初是一种权宜之计的补救措施，例如改进喷射系统、改进配气正时等。机外净化措施，例如使用水/燃油乳液或颗粒过滤器（参见第 15.5 节），通常会使发动机系统的处理复杂化，并增加其对故障的敏感性。

根据这一原则，MaK 公司在其低排放大型柴油发动机开发过程中的第一步，是根据 IMO（国际海事组织）规范减少 NO_x 排放（见第 15.2.3.3 小节）。然后，把炭烟排放降低到可见度极限以下。长期目标是针对未来需求，设计生产低排放发动机（LEE）。

事实证明，必须根据负荷的变化将几种措施结合起来使用。米勒循环（见第 2.2.4 小节）可以降低大负荷范围内的最高燃烧温度，从而降低了 NO_x 的形成。假设没有达到单级增压极限，由此引起的进气减少可以通过提高增压压力来补偿（见第 2.2.3 小节）。较大的压缩比以及较长的行程（$s/D=1.5$）可以显著减少 NO_x 排放，但是在小负荷下通常具有较重的炭烟排放。然而，在较低功率下使用柔性凸轮轴技术（FCT）可以保持排气黑烟低于可见度极限（烟度 SN≤0.4～0.5；参见第 15.6 节和图 18-32）。为此，大幅改进了喷油凸轮并结合改进喷油泵，改善了雾化并减少了燃烧时的炭烟排放。同时，进气门较晚打开和关闭，因此消除了米勒效应，而排气门较早打开，以通过较大的排气压差提高增压压力。

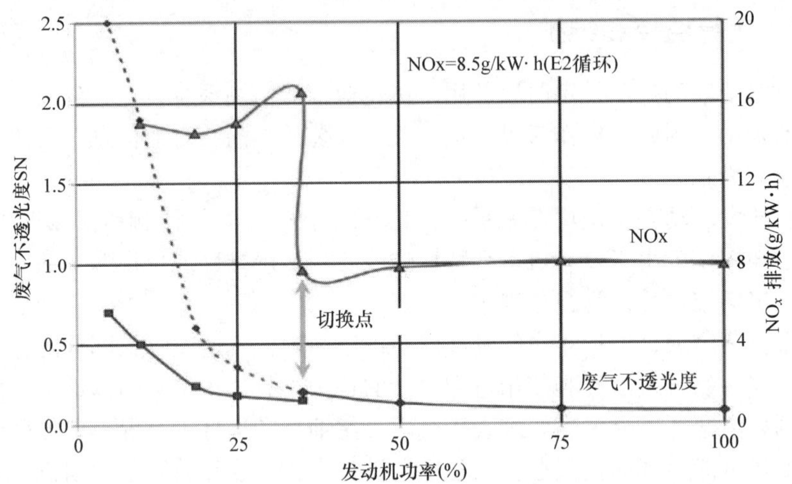

图 18-32　废气优化的卡特彼勒 M43C 船用柴油机的 NO_x 排放和废气不透光度（SN）
（当前 IMO 限值：NO_x = 12.9g/kW · h，SN：基于 Bosch 过滤法的烟度）

18.3.6　发动机实例

鉴于来自各制造商的不同的中速发动机的多样性（在较低功率范围内类型特别多），这里仅挑选几个典型实例。

图 18-33 所示为 MAN Diesel 公司的大型中速发动机系列，包括 L58/64、L48/60，L40/54 和 L32/40 型号，在转速 428 ~ 750r/min 下单缸功率为 1400kW、1200kW、720kW 和 500kW。这 4 种类型发动机的标准化工程设计是显而易见的，其中每种类型的发动机都是直列气缸布置。除了 320mm 和 480mm 型号以外，另外两种还有相应的 V 形发动机。

缸径在 250 ~ 350mm 范围的中速发动机可以在市场购得。其中，Wärtsilä 32 近年来取得了非常大的成功。在气缸直径为 320mm，且行程为 400mm 的情况下，在 750r/min 转速下达到 500kW 的单缸功率。该发动机还具有直列和 V 形设计，有 6 缸、7 缸、8 缸和 9 缸或 12 缸、16 缸和 18 缸。

如图 18-34 所示为大型 Wärtsilä 46 发动机的横截面，气缸直径为 460mm，行程为 580mm。对于开发阶段的 W46F 发动机，转速将增加到 600r/min，因此获得 1250kW 的单缸功率。

MaK 公司的 M20 发动机是缸径范围小于 200mm 的发动机的代表（图 18-35）。它具有许多为大型中速发动机保留的设计特征，例如单独连接的气缸固定套。该发动机的缸径 200mm，行程 300mm，转速 1000r/min 的情况下，单缸功率 190kW。目

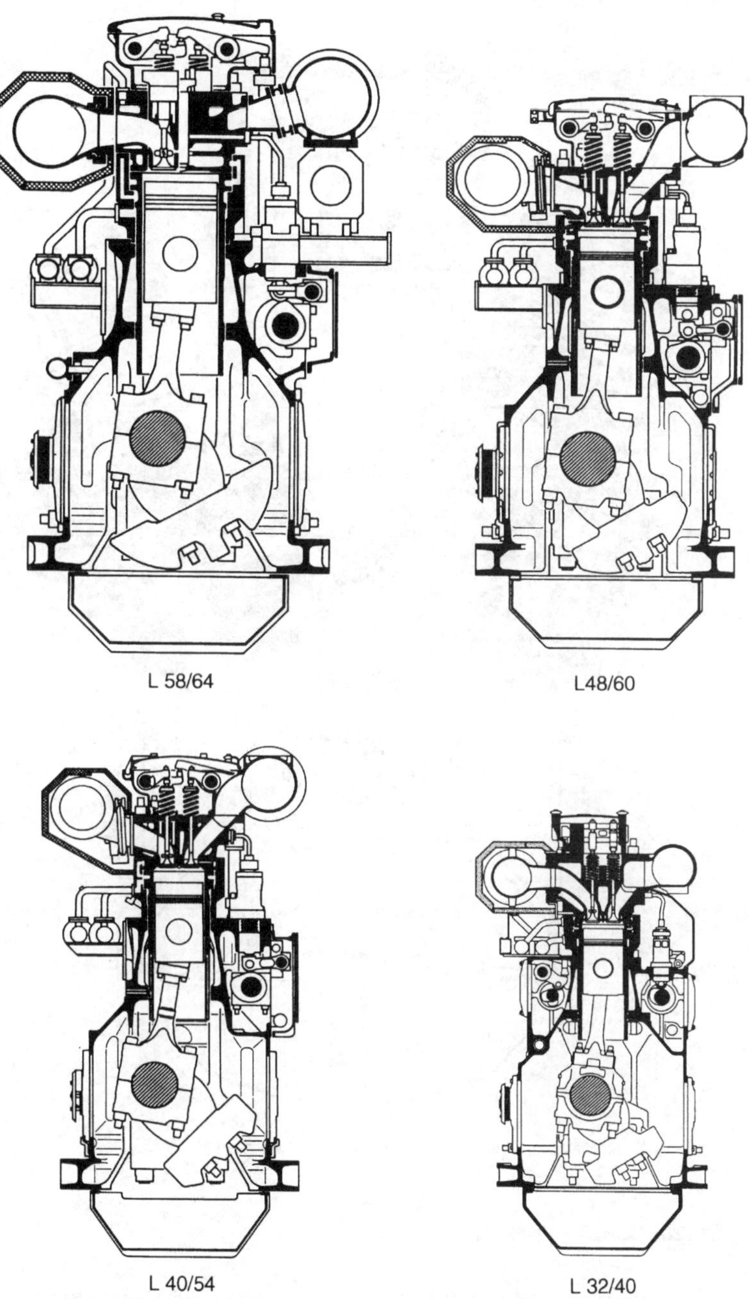

图 18-33　大功率范围的 MAN Diesel 中速发动机系列，包括 4 款结构大致相同的直列发动机

前具有 6 缸、8 缸和 9 缸直列结构。

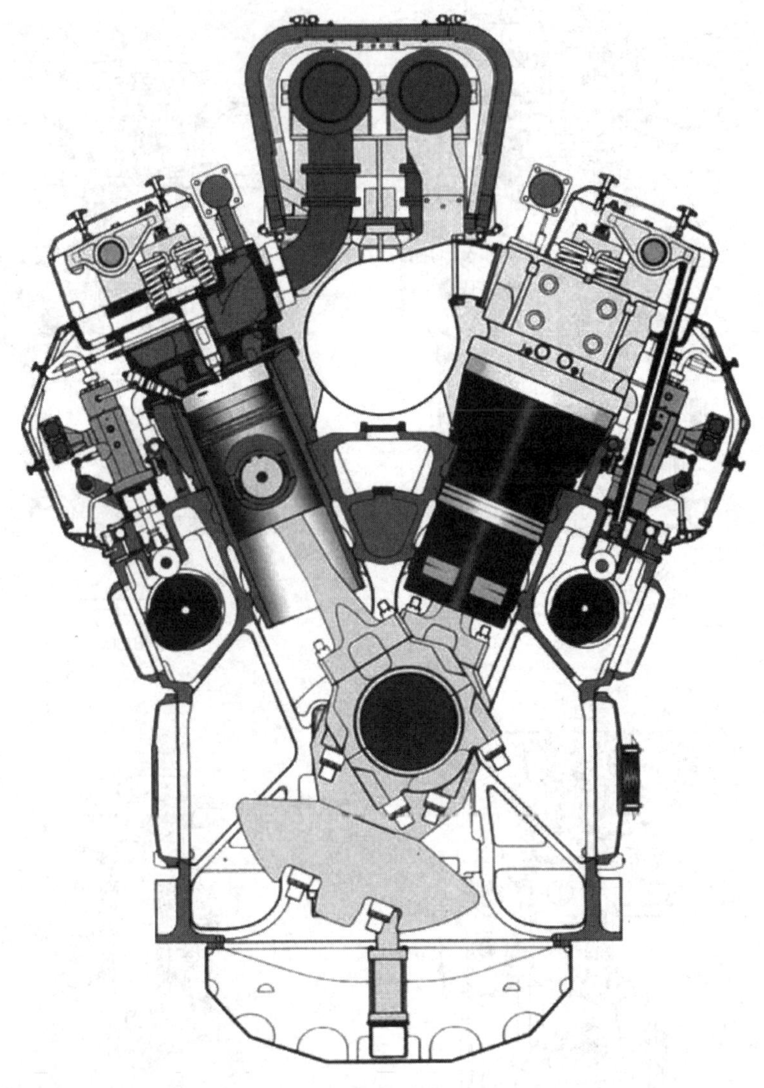

图 18-34 Wärtsilä 46 发动机

18.3.7 展望

人们对中速四冲程柴油机提出了许多要求，并且在将来还会提出更多要求。当然，从使用者的角度来看，更高的成本效益、可靠性和可维护性要求是最重要的。现代中速四冲程柴油机的技术概念在很大程度上满足了这些要求。长使用寿命主要意味着最重要的部件一定要有低磨损值。可维护性，即易于操作各类维护工具，以及被维护部件的良好可接近性，是成本效益的重要部分。

当然，成本效益也意味着较低的燃料消耗率和润滑油消耗。近年来，最大气缸压力的提高，燃烧过程的优化和增压技术的发展，使得降低燃料消耗成为可能。如今，中速四冲程发动机能够将超过 50% 的燃料中包含的化学能量转化为机械功。

随着功率的进一步提高，减少排放将是未来几年中速四冲程发动机改进过程中优先考虑的问题（见第 18.3.5 小节和本书第四部分）。

除了减少氮氧化物的排放以外，进一步减少颗粒物排放的大量研发工作也正在进行。中速发动机的目标是通过抑制炭烟的产生，使得即使在燃用重油运转时，从怠速到全负荷都能产生高透光度的排气。

在理想情况下，低硫燃料防止硫的燃烧产物与炭烟结合而增加颗粒物排放。然而，如第 4.3 节所述，当含硫燃料燃烧时，尽管排气烟度下降，却并不等同于颗粒物排放也降低了。

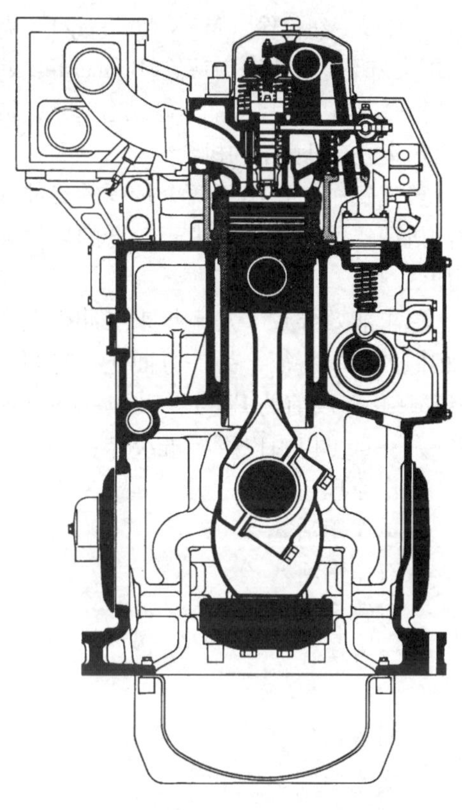

图 18-35　MaK M20 发动机横截面

发动机在船舶中的弹性和半弹性安装可以降低结构传递噪声，这对于降低噪声排放的重要性将继续增加。除了降低发动机本身的噪声和采取吸收噪声的措施以外（这些措施已经大量采取），适当的声音工程机房，或在发动机尺寸不超限的情况下进行封装，将进一步降低噪声。

18.4　二冲程低速柴油机

18.4.1　二冲程低速柴油机的发展和特点

18.4.1.1　二冲程低速发动机的发展

在由狄塞尔设想的具有四冲程原理的第一台柴油发动机公之于世后不久，Hugo Güldner 不顾狄塞尔的忠告，于 1899 年设计并公布了一台二冲程柴油发动机，尽管这种柴油机的成功没有得到承认。温特图尔（Winterthur）市的苏尔寿（Sulzer）兄弟于 1906 年推出了作为船用发动机的第一台可运行的二冲程柴油发动机。其他公司，如曼-纽伦堡（MAN Nürnberg），克虏伯日耳曼尼亚船厂（Krupp-Germania-Werft），布尔迈斯特·韦恩（Burmeister & Wain）（哥本哈根市）等企业不久后跟进。二冲程原理与更大尺寸的气缸结合起来，被认为是船用发动机与具有很大输出功率的往复活塞式蒸汽机竞争的机会。

虽然每个工作循环两个行程的二冲程发动机理论上能够产生相同尺寸的四冲程发动机两倍的功率，但由于较低的换气纯度和扫气所需的压缩损失，实际上功率仅增加约60%。

追求能效导致了几十年来二冲程发动机结构演变的多样性，一方面它们具有通常相似的基本特征，另一方面还具有制造商特有的特征，例如Doxford、Grandi Motori Trieste（以前的Fiat）、Götaverken、Stork、Werkspoor等公司，它们的产品各具特征，并且可以由以下标准决定：

工作原理：

-单作用活塞。

-双作用活塞。

-对置活塞。

扫气方法：

-直流扫气。

-回流扫气。

-横流扫气。

增压方法：

-机械增压。

-废气涡轮增压。

-机械和废气涡轮组合增压。

各种原理的结合产生了形式广泛的各种设计，其中一些结构特征保持到了20世纪70年代。目前所有二冲程柴油机制造商都采用燃料直接喷射。

一方面，20世纪70年代后半期和80年代初的两次“石油危机”再次引发了柴油发动机燃油经济性的巨大发展。另一方面，二冲程柴油机的市场份额向现在全球仅存的3家公司集中，这3家公司开发和制造二冲程低速柴油发动机，除了许可其他公司生产也部分自己制造。自20世纪90年代中期以来，这3家公司是（图18-36）：

1）曼恩柴油机SE（MAN Diesel SE）（原来的MAN B&W Diesel AG）。

2）瓦锡兰集团（Wärtsilä）（原来的Gebrüder Sulzer/New Sulzer Diesel）。

3）三菱重工（Mitsubishi Heavy Industries，MHI）。

所有这3个供应商都在追求相同的概念：低速单作用活塞式，废气涡轮增压，直流扫气二冲程柴油发动机。

因此，曾经相当广泛的多样性设计思想，已经基本上让位给一个在今天看起来近乎标准化的设计理念。

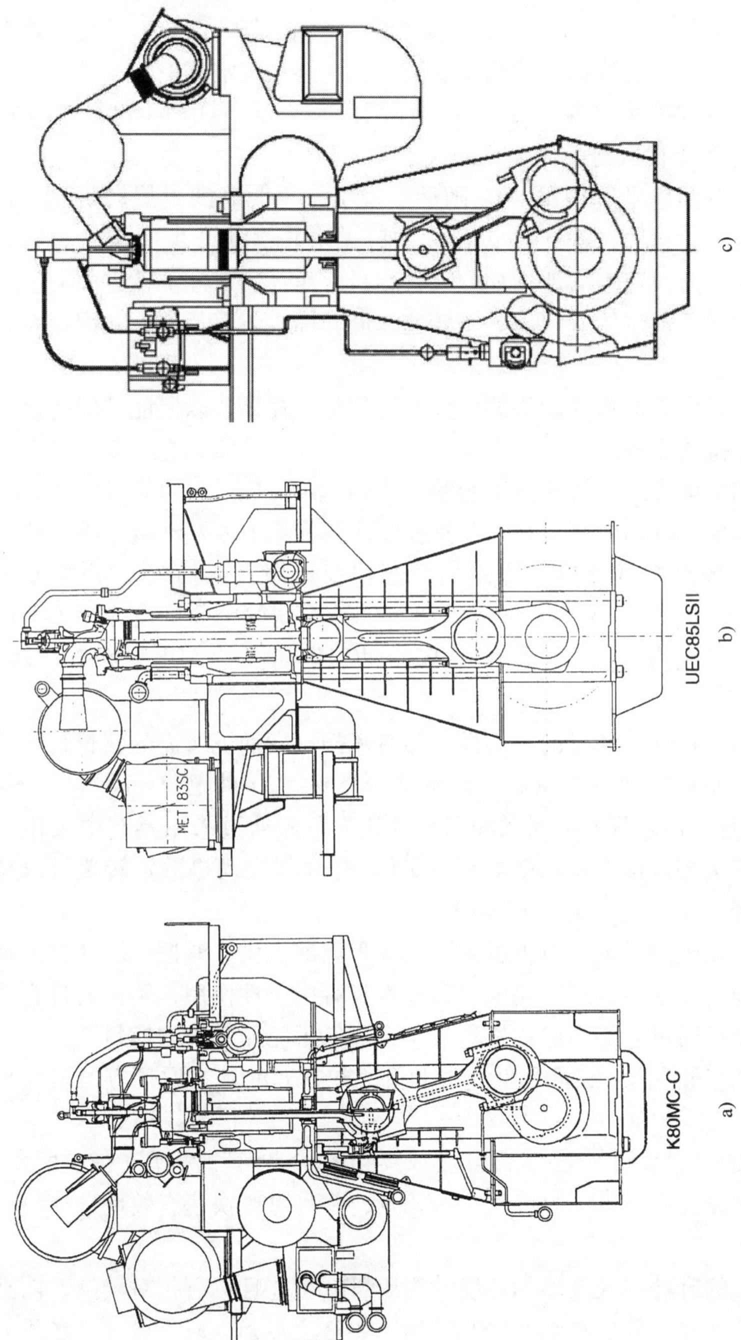

图 18-36　具有直流扫气的二冲程低速柴油机的现代设计

a）MAN B&W：S90MC－C（D＝900mm）　b）Mitsubishi：UEC85LsII（D＝850mm）　c）Wärtsilä RT－flex82C（D＝820mm）

18.4.1.2 直流扫气的演变

直到20世纪70年代中期，所有仍然在商业上活跃的制造商，它们的发动机行程与缸径之比都在1.7~2.1变化。这允许回流扫气或横流扫气不产生扫气效率损失。这两种扫气系统的显著特征是结构特别简单，它能在气缸盖中没有排气门的情况下起作用。这使得维护简单并且便于用户使用，因此帮助这种类型的发动机在20世纪60年代和70年代取得了商业上的成功。

然而，第一次石油危机（1973年）随后引发了一个明确的发展转折点。1973年之后，燃料成本在运营总成本中所占份额的巨大增长对此产生了重要影响。因此，不仅最大气缸压力快速连续地增加以节省燃料，而且燃料经济性方面的发展也在造船领域开始占据关键位置。螺旋桨的转速降低，螺旋桨直径变大，因此螺旋桨效率更高。

这不可避免地导致二冲程发动机的更大的行程与缸径比，以便能够保持活塞平均速度，并因此保持功率输出。

直到20世纪70年代末，曼-奥格斯堡（MAN-Augsburg）和苏尔寿（Sulzer）能够利用他们的简单无气门的，且行程与缸径之比约为2.1的发动机，跟上这一发展。然而，后来市场对更低速度的需求迫使制造商转向直流扫气。MAN公司于1980年初，通过接管丹麦B&W（Burmeister&Wain）公司的柴油机设计解决了这个问题，因为行程缸径比约为2.4的大型B&W二冲程发动机，采用直流扫气技术已经很长时间了。

将无气门、回流扫气发动机的可靠性，与直流扫气发动机所需的较长行程结合起来，随后成为二冲程柴油机开发和设计的必要条件。20世纪80年代初，Sulzer公司推出了它的超长行程RTA系列二冲程柴油机，首先通过采用具有中央排气门的直流扫气，并首次将行程缸径比增加到约3.0。这使得发动机额定转速可以显著降低（在最大缸径的发动机中为67r/min）。

这种特征的发动机随后很快就被各主要二冲程柴油机供应商接受。功率范围广阔的这些极长行程的发动机，对于船舶运行成本具有决定性作用，不仅通过它们更好的燃烧过程，而且通过它们更好的推进效率，降低了船舶系统的燃料消耗。

现在，3个制造商的高级二冲程低速发动机，在它们的基本原理方面彼此没有不同。

在20世纪末的其他工业产品中，可以观察到的“自然”选择也在这里发生，尤其是因为先进的设计和计算工具已经大量普及，并且可以快速有效地选择设计理念正确的解决方案。

近年来发动机的升功率大大增加，发动机质量减小并且负荷相对较高，而且这些发动机的可靠性现在已经提高到大修间隔达到3年。目前，3个制造商之间的基本区别是它们采用的电控燃油喷射系统不同。

18.4.1.3　现代二冲程低速发动机的特性

低速柴油机在其 90 多年的发展历史中，经历了以下巨大的技术发展：

1）持续的概念发展。

2）演变到直流扫气。

3）增压设备和涡轮增压器设计的进展。

4）材料技术的新知识。

5）先进的理论和先进实验方法的利用。

6）向电子控制喷射和电子控制气门定时的过渡。

在 20 世纪 50 年代早期的自然吸气发动机中，制动平均有效压力 p_e 约为 5bar，现在的增压发动机已经达到 20bar。这对应于制动升有效功从 0.5kJ/L 增加到约 2.0kJ/L。活塞平均速度从大约 5m/s 增加到超过 9m/s。

在此过程中，最大气缸压力 p_{Zmax} 从大约 50bar 增加到大于 160bar。明显的长行程，以及约 3.0 ~ 4.2 之间的行程与缸径比，被认为是当今大型二冲程柴油机的典型设计特征。它们的缸径 D 为 260 ~ 980mm。

现在在扫气装置中几乎全部采用具有主动控制的排气门直流扫气装置。

以单位活塞面积功率 P_A 为特征，现代二冲程柴油机的单位活塞面积功率达到大于 790W/cm^2 的值。因此，即使是大型二冲程低速发动机也发展成了一种明显的“高科技”产品（见第 1.2 节）。

同时，与涡轮复合和废气热回收相结合，现代二冲程柴油机的燃料消耗率从约 220g/kW · h 降至 156g/kW · h。这对应于大约 55% 的有效热效率。由于二冲程低速柴油机具有较强的适应性，现在还能够燃烧最劣等的燃料。

在此期间，最大型发动机的单缸功率从几百千瓦增加到超过 5700kW。这使得一台发动机的功率输出可能超过 80000kW。对于越来越大的集装箱船仍然有只装备一个螺旋桨的趋势，以及对满载和空载航行以及班轮运输都具有相同甚至更高的速度的期望，近年来已经引起对 100000kW 甚至更高的功率输出的需求。

根据式（1 - 13），发动机功率与升有效功 w_e（或制动平均有效压力 p_e）、活塞平均速度 c_m 和气缸数 z 存在着线性相关性。然而，发动机的功率随活塞直径 D 的平方增加。从逻辑上讲，制造商迄今为止一直试图通过升有效功率的稳定持续的增长，以及具有较大活塞直径的发动机来满足对更大功率的需求。目前，活塞直径的上限为 $D \leqslant 1$m，但在适当设计的热负荷（见第 7.1 节）、部件质量、混合气形成和燃烧的情况下，D 进一步增加是绝对可能的。将气缸数量增加到先前公认的最大数量 12 以上是提高单机功率的另一选择。

Wärtsilä 公司已经提供了活塞直径为 960mm、并且气缸数达到 $z = 14$ 的直列大型二冲程发动机（RTA96C 和 RT - flex96C），在 $p_e = 18.6$bar 或 $w_e = 1.86$kJ/L 和 $c_m = 8.5$m/s 的情况下，可以获得 5720kW 的单缸功率和 80080kW 的单台发动机功率。这种类型的发动机是曾经制造的最大和动力最强的柴油发动机，它已经于 2006 年投产。

由于气缸数 z 增加时，发动机的总重量和总长度不可避免地增加，因此目前几乎不能认为气缸数大于 $z=14$ 是现实的。这特别可能引起发动机的支撑结构和船体的负载问题。

为此，MAN 公司自 2002 年以来一直在发展更大的 K108MC－C 型发动机。在标称单缸功率为 6950kW 的情况下，该发动机将实现 83400kW 的总功率，最大气缸数为 $z=12$。

进一步考虑减小总长度和发动机重量导致了 V 形气缸结构的出现。MAN 公司的相关设计和模拟结果显示，活塞直径为 900mm 的 12 缸 V 形发动机的重量将减少 15%，长度减少 6.8m，即减少约 30%。它也证明，在维护和可接近性方面预期不会有主要问题。然而，到目前为止，还没有生产缸径大于 108cm，或采用 V 形结构这两种特征的发动机。

图 18-37 示出了 Wärtsilä 大型二冲程柴油机的重要参数随时间的演变情况。

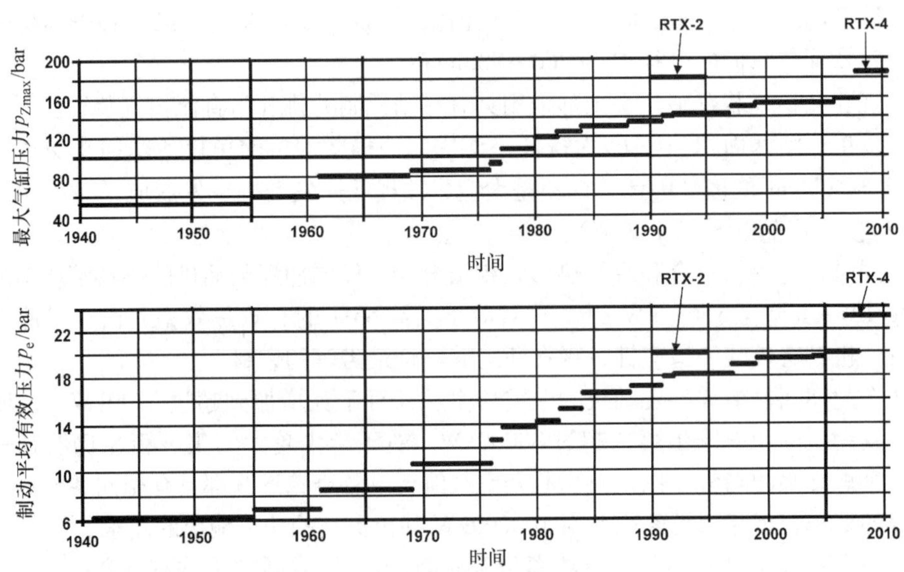

图 18-37　过去 65 年间发动机最大气缸压力 p_{Zmax} 和制动平均有效压力 p_e 的演变（Wärtsilä RTX－2 和 RTX－4 研究发动机）

18.4.2　现代二冲程低速发动机设计

18.4.2.1　发动机系列和功率图

市场上销售的所有二冲程低速发动机都具有相同的设计原理，因此具有相似的设计特征。所以只对一个制造商的发动机进行详细描述就足够了。

由于发动机功率和转速与直接驱动螺旋桨紧密相关，因此对于每个制造商来说，具有不同缸径以及行程缸径比的密集分级的发动机系列是必需的。图 18-38 示出了某一制造商的产品的部分重叠图。这使得可以在考虑诸如安装尺寸、气缸数、燃料消耗等标准的同时，选择最佳发动机。

这里描述的 Wärtsilä 系列的不同发动机包括：

1）行程缸径比达到约 3.5 的发动机（RTA52U，RT－flex60C，RTA62U，RTA72U，RTA82C/RT－flex82C，RTA96C/RT－flex96C），它们能在相对较高的转速下产生高功率，用于高速船舶，例如集装箱船或汽车运输船。

2）行程缸径比大于 4.0 的发动机（RTA48T，RTA58T/RT－flex58T，RTA68/RT－flex68，RTflex82T)，它们在相应较低的转速下用于具有较大螺旋桨的低速船舶，例如油轮和散装货船。

每一款发动机的功率图由顶点 R1/R2 至 R3/R4（图 18-38）确定，发动机的额定功率在该图中可针对特定应用可自由选择。根据需要，这允许充分利用最大功率（点 R1）或具有降低功率的变型，具有较低油耗和/或较低螺旋桨速度的优点。

R1＋功率图概念代表另一种设计变型，能够提供相同的推进动力，同时转速增加和平均压力降低的情况下燃料消耗减少 2g/kW·h。

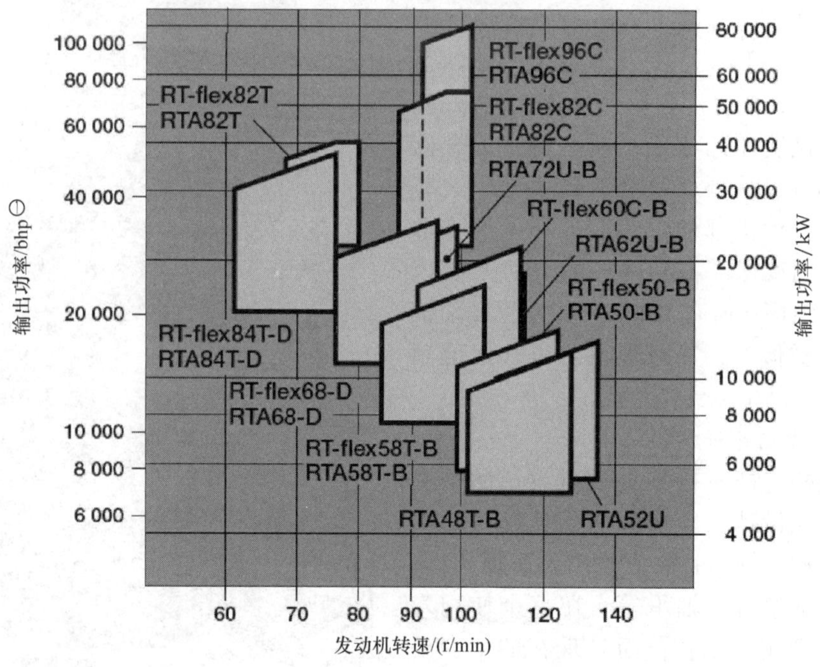

图 18-38 Wärtsilä 公司的二冲程柴油机的功率和转速图

18.4.2.2 发动机设计

1. 发动机机体

14RT－flex96C（80080kW，102r/min）是目前世界上功率最大的柴油机。现

㊀ 1bhp＝745.7W。

代二冲程低速柴油机的典型特性，可以用图18-36所示的苏尔寿（Sulzer）RTA96C二冲程柴油机作为实例进行说明。该发动机的有关参数如下：

行程/缸径（mm）	2500/960（=2.6）
单缸功率（kW）	5720
额定转速（r/min）	102
制动平均有效压力（bar）	18.6
升有效功（kJ/L）	1.86
活塞平均速度（m/s）	8.5
燃料消耗率（g/kW·h）	171
最大气缸压力（bar）	145
单位活塞面积功率（W/cm^2）	790

发动机机体包括一个刚性的焊接结构，有一个底板和一个A形框架，其中集成了采用巴氏合金的十字头导轨。在现代发动机中，保持气缸套的铸造气缸固定套是“干的”，即不包含冷却液的空间。全部3个部件都用螺栓连接在一起，从而提供所需的稳定结构。所有的螺栓连接都可以从外面很容易地接近。这些重要的发动机部件中的应力和变形非常低，从而确保高可靠性（图18-39）。这种基本结构在所有Wärtsilä二冲程发动机中都是类似的，其原理也可以在其他制造商的产品中见到。

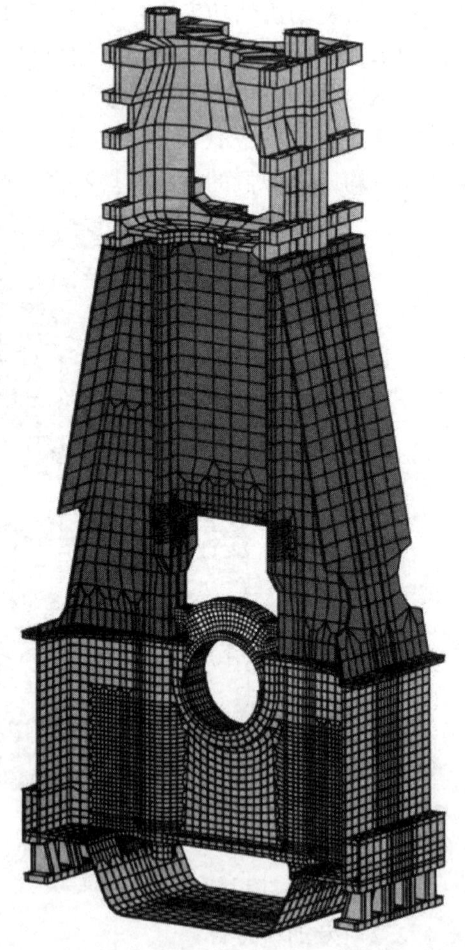

图18-39　由焊接底板和A形框架组成的用于有限元计算的铸造单缸体发动机机体（RTA96C）的结构模型

2. 曲柄连杆机构

曲柄连杆机构是发动机设计的核心领域。该设计必须确保曲柄连杆机构的每个部件，例如曲轴、推杆（连杆）、十字头、活塞杆、轴承等，在整个使用寿命期内能正常工作，而且现在的寿命要求一般超过25年。

曲轴由单个锻造的曲拐通过主轴颈横向压入配合（热压配合）连接构成。除了热压配合，曲拐与主轴颈也可以通过窄间隙焊接技术进行焊接。通过有限元计算和动态测量，精确地优化了细长的曲拐的刚度和载荷（图 18-40）。计算使用了曲轴和轴承负载的动态分析，考虑了径向轴承结构和轴向轴承结构的刚度和阻尼，包括气缸阻尼的影响。这使得气缸中心线之间的较小的距离（大约 1.75 倍气缸直径）成为可能，并且使曲轴具有高可靠性。

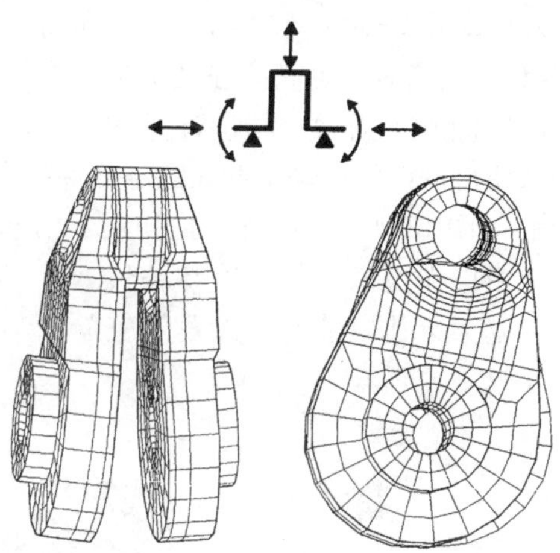

图 18-40　单个曲拐有限元计算和变形的测量

尽管行程/缸径比较大，但采用了非常短的连杆来限制发动机高度。推杆比 r/l（曲柄半径/连杆长度）为 0.5 ~ 0.45，即大约为通常的两倍。然而，大尺寸的十字头滑靴表面可以容易地吸收高的侧向力。

标准的十字头轴承构成了这种类型发动机的一个显著特征：连杆只有往复运动，并且其载荷矢量总是指向下方。这会干扰可靠的液体动力润滑和润滑油的供应。一种改进措施是采用静压润滑，在专门为此设置的油室中具有大约 12bar 的油压。它们在每转一转期间短暂地提升十字头轴颈（图 18-41），以确保润滑油供给。

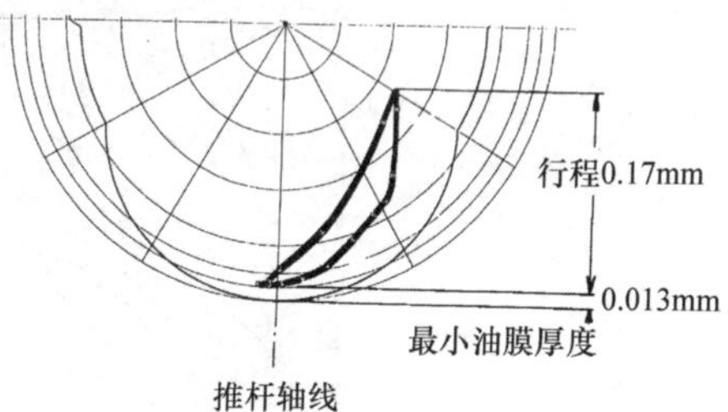

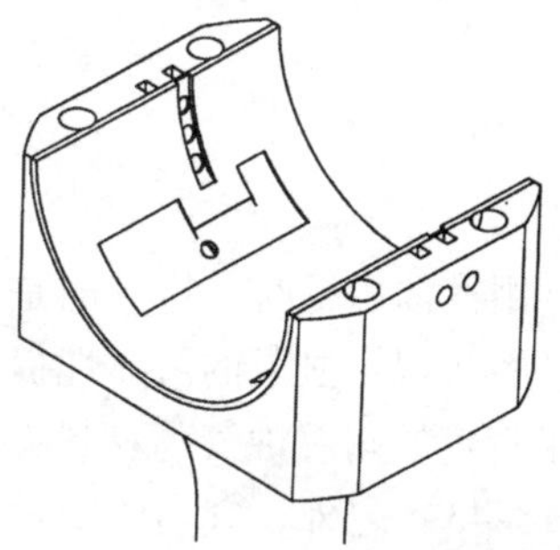

图 18-41　十字头轴承油膜厚度的模拟和测量

主轴承、连杆轴承和十字头轴承的特别高的可靠性，是这种发动机的设计要求。以下因素对此是有帮助的：

1）通过适当的尺寸保持较低的特定负载。

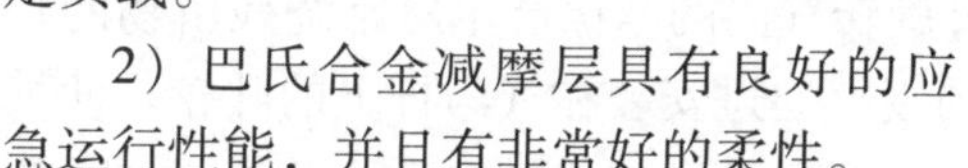

2）巴氏合金减摩层具有良好的应急运行性能，并且有非常好的柔性。

3）二冲程发动机燃烧室与曲轴箱之间的清晰分隔的特征，可以保护这些轴承免受燃烧产物的影响。

3. 燃烧室

由于当气缸直径大时能量（燃油质量）转换多，所以燃烧室的精细设计是可靠运行的先决条件。现代增压柴油机的燃烧室同时吸收高热负荷和机械负荷，导致在20世纪70年代末引入冷却孔冷却（图18-42），苏尔寿（Sulzer）公司在20世纪30年代末已经获此专利。它同时以更高的强度提供对燃烧室部件（活塞、气缸套、气缸盖、气门和气门座圈）的有效、精确计量的冷却能力，而不需要耐热涂层，即所谓的覆盖层。这使得可以将燃烧室壁面的温度保持在允许的极限内，不受稳定增加的升功率的影响（图18-43）。此外，最初用于活塞冷却的水冷却方式在所有大型二冲程发动机中由操作更简单的油冷却替代。特别是新型喷嘴（喷射振荡器）使冷却孔中的热传递效果比以前的“振荡效应”冷却效果增加了50%。其他发动机制造商也采用了这一原理。

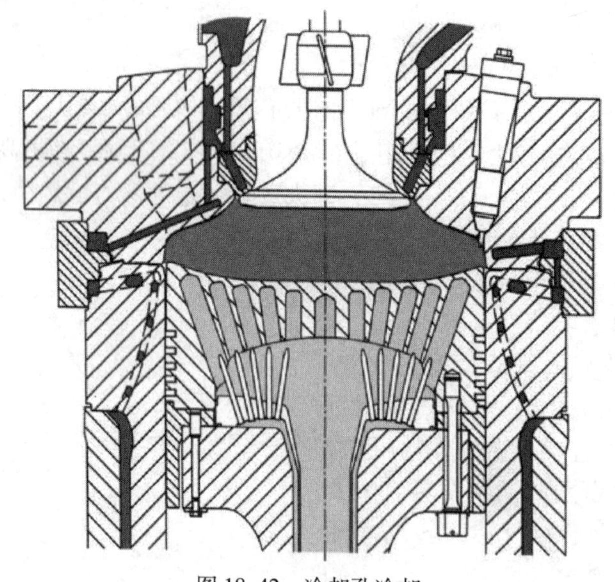

图18-42 冷却孔冷却

4. 排气门

以前在燃用重油运行时，排气门是容易出现问题的部件，新一代二冲程发动机中，排气门已经实现了显著的可靠性提升。它们可以工作达到80000h而无须维护。这主要归因于特定的耐腐蚀气门材料镍基合金。除了通过冷却孔冷却获得的最佳表面温度（图18-43）之外，气门座圈对通过旋转气门的摩擦产生对燃烧残留物的自洁作用，也有利于延长其使用寿命。排出的废气通过安装在气门杆上的叶轮，使气门周期性地旋转。气门液力驱动装置消除了气门驱动中的机械振动。此外，通过压缩空气弹簧产生关闭气门的气动力。

5. 凸轮轴

凸轮轴由齿轮非常精确地驱动，与链驱动不同，齿轮在多年的运行后仍能保证正时的稳定性。用于两个气缸的喷油泵和液压阀驱动的执行器被放置在发动机 A 形框架的顶部。通过用单独的伺服泵转动喷油凸轮可以使发动机反转。Wärtsilä 发动机的喷油泵是由阀控制的，在 MAN B&W 公司的发动机中它们是由螺旋柱塞控制的。可变喷油正时（VIT）可用于优化部分负荷下的运行。通过 3 个对称布置在气缸盖圆周的喷油器进行喷油。这可以保证活塞的表面温度分布实现最佳（见图 18-43）。共轨技术首先由 Wärtsilä 公司应用于新的大型二冲程柴油发动机（见第 18.4.5.2 小节）。

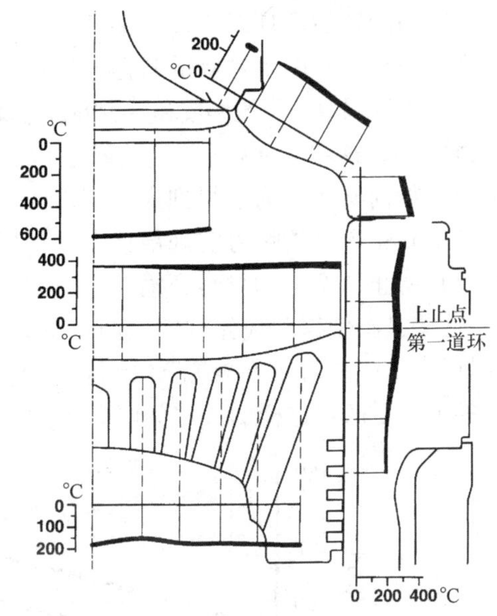

图 18-43 在功率为 $P_e = 54340\text{kW}$，制动平均有效压力 $p_e = 18.2\text{bar}$（$w_e = 1.82\text{kJ/L}$）和转速 $n = 90\text{r/min}$ 的 11RTA96C 发动机的燃烧室内测量的表面温度（R3 功率水平；见第 18.4.4.1 小节）

6. 扫气和增压

现代二冲程低速发动机需要总效率高达 72%、增压比高达 4.2 的涡轮增压器。更紧凑的结构将中冷器布置在气缸固定套附近。在中冷时不可避免地产生的冷凝水必须在进入气缸前分离，以防止冷腐蚀和破坏润滑油膜。

扫气口和排气门的对称布置有利于提高扫气效率。结果是容积扫气效率超过 95%，而回流扫气发动机的容积扫气效率约为 85%。

18.4.3 二冲程低速发动机的工作性能

二冲程低速柴油机有充分理由赢得作为最可靠的内燃机的良好声誉。在过去三十年中，各种因素已经引起柴油发动机制造商额外增加发动机的固有可靠性：

1）自从 20 世纪 70 年代的“石油危机”以来，重油的质量明显下降，因为炼油厂通过新工艺从原油中生产更多轻质的燃油（见第 4.3 节）。

2）尽管需要苛刻的运行条件，客户期望长达 3 年的大修间隔，这通常与船舶的干坞定期维护周期对应。

为了实现这一点，大型二冲程发动机近年来经历了进一步的改进。这里只以两个对大修间隔起决定作用的最重要的部件为例进行说明：活塞环和气缸套磨损，该领域的发展进步基于以下因素：

1）完全珩磨的气缸套，具有明确轮廓的硬质材料分布区间，能最佳地分配工作载荷。

2）铬陶瓷活塞环，提高了活塞环的磨合性能和工作可靠性。

3）在气缸套的上边缘的防抛光环，它能够刮除活塞边缘可能的焦炭沉积物。

4）改进润滑油膜的形成和减少混合摩擦区，通过电子控制的气缸润滑系统精确计量润滑油量，这对于活塞环与气缸套之间的液体动力润滑特别有效。

5）如前所述，为了得到最佳部件温度而进行的冷却孔冷却。

6）布置3个喷嘴可实现最佳混合气形成和达到最佳燃烧温度。

7）防止活塞上的材料磨损。

这些措施使得现代先进的二冲程发动机的大修间隔达到3年或大约18000工作小时成为可能。对于在螺旋桨运行期间测量的大型二冲程发动机的运行值，图18-44记录了产生这样的大修间隔必须的条件。

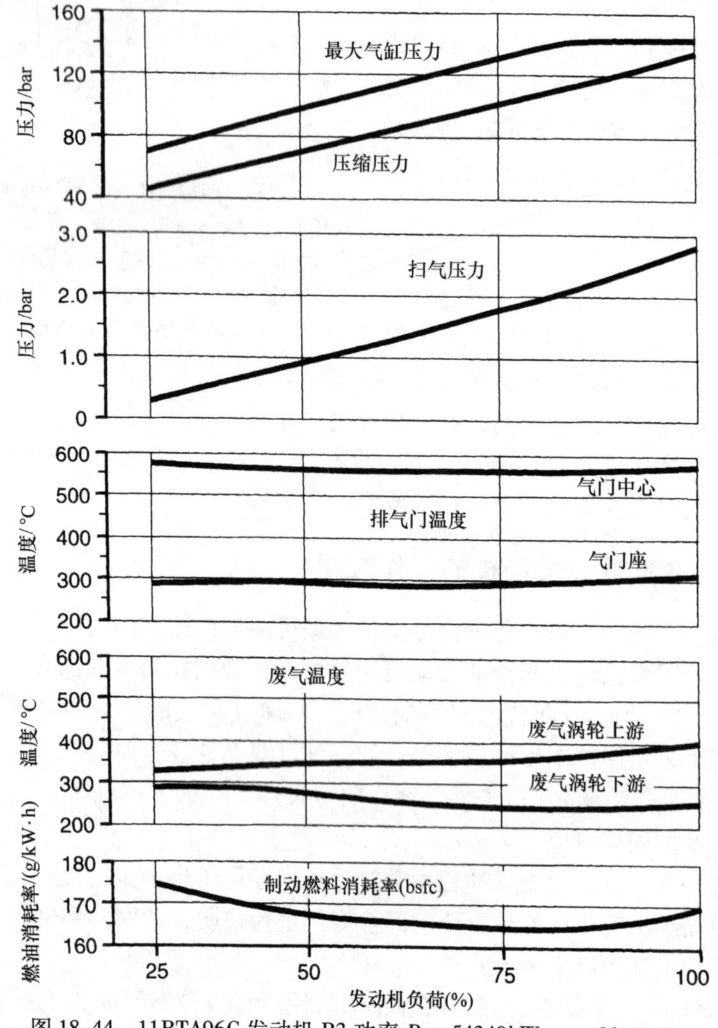

图18-44　11RTA96C发动机R3功率$P_e = 54340kW$；$n = 90r/min$，螺旋桨运行时最重要的发动机参数特性

全负荷时的最大气缸压力达到 142bar，并且气缸压力通过可变的喷油开始时刻，在大约 80% 的负荷和全负荷之间保持恒定。因此，作为负荷函数的燃料消耗率，在不同工况下基本保持平稳。非常低的排气温度（在涡轮机之前大约为 450℃，在涡轮机之后大约为 300℃）也是值得注意的。它们表明二冲程发动机的效率特别高，但仍有足够的能量用于加热废气锅炉。

18.4.4　作为船用发动机的二冲程低速发动机

18.4.4.1　推进系统匹配

由于柴油机是船舶推进系统的一部分，推进系统的最佳设计是特别重要的。相关的重要参数包括：

1）船－螺旋桨－发动机的优化调整。

2）发动机所需的辅助系统（润滑油、燃料、冷却系统等）的优化。

3）防止干扰或有害振动。

4）船载辅助电源的最优发电。

5）废热的最佳回收。

最佳地相互调节发动机、螺旋桨和船，需要首先考虑到螺旋桨和船舶的特性，从一系列的可用型号中选择与固定螺旋桨连接的柴油发动机。从船的形状和螺旋桨数据入手，可以根据模型试验、模拟和以前的实例选择船舶速度，以选择的船速确定推进功率。船舶的各种航行模式，例如在装载、压载、船壳清洁或脏污，都必须予以考虑。一旦确定了功率和速度，就可以选择发动机。由于来自该系列的各个发动机的功率图重叠，因此对于某一特定需求，通常有几种发动机可以提供期望的功率速度组合。然后，其他标准，例如气缸数、尺寸、燃料消耗率等，都可以作为最终决定的参考。

当考虑用发动机驱动其他装置时，例如轴带发电机，在确定所需的额定功率时必须另外考虑这些因素。就像船载柴油发电机一样，轴带发电机可以用来产生船上所需的电力。辅助柴油机的优点是其较大的工作灵活性。然而，当它们不是以较便宜的重油替代柴油作为燃料（单一燃料概念）运行时，运行成本稍高。相比之下，通过齿轮与主机连接的轴带发电机，通过动力输出（PTO）的方式，具有更低的燃料成本，但是需要更高的系统投资。显著的成本因素是当螺旋桨速度改变时，通过具有可变传动比的齿轮传动机构，或者由晶闸管逆变器，对电源频率进行必要的调节。

在废气涡轮机出口处的 270～300℃ 的较低的排气温度，对涡轮发电机的有利使用产生了一定的限制。

二冲程低速柴油机的高热效率使得超过 50% 的燃料化学能被转换成机械功。因此，与四冲程柴油机相比可回收的废气热量更少。废气热量主要用于产生蒸汽。从第一级中冷器以及从部分冷却液提取的热量，主要用于在淡水装置中产生热水或淡水（见第14章）。

Wärtsilä扩展了涡轮复合的概念，废热回收（WHR）系统（图18-45）提供了有吸引力的回收废热的方法。现在效率高达72%的高效涡轮增压器的开发，使得这一概念成为可能。

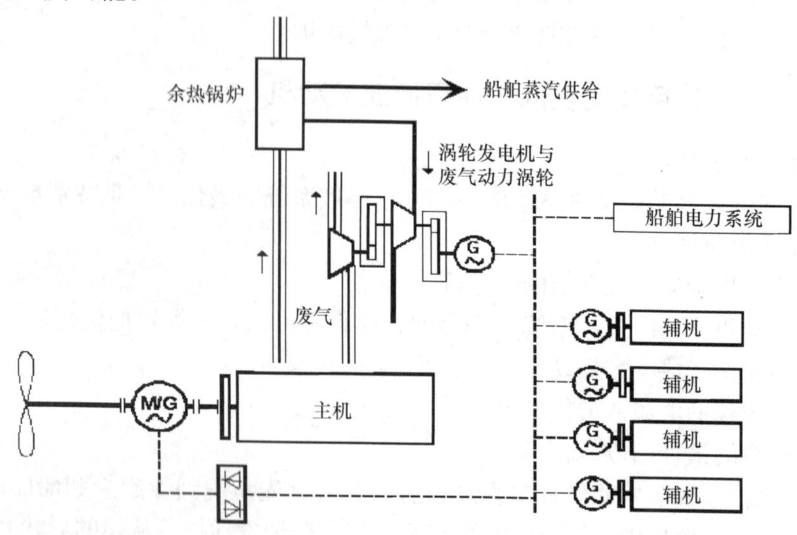

图18-45 具有低速大型二冲程柴油机和废热回收（全部热回收）的船舶推进系统示意图

在离开涡轮增压器之后，大部分的废气被供给到供应蒸汽涡轮机的两级蒸汽发生器。涡轮增压器的高效率允许在涡轮增压器之前分出大约10%的废气量，并且将其供应到废气涡轮机，废气涡轮机的轴通过齿轮与蒸汽涡轮机的轴连接。由该装置驱动的发电机向船舶电气系统提供额外的电力，使得轴电动机甚至可以转换为用于船舶增加推进功率。因此，结合废热回收系统，大型二冲程发动机总热效率可以增加到大约55%（图18-46）。这使得它比标准发动机的二氧化碳排放量减少大约11%，剩余的废气排放量也相对于发动机输出功率降低相同的比例。

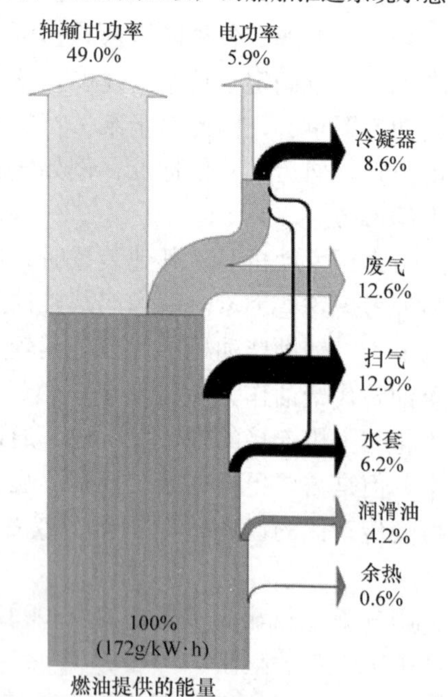

图18-46 Wärtsilä 12RT－flex96C二冲程低速柴油机的热平衡，通过涡轮发电机回收废热发电，总效率为54.9%

MAN Diesel SE公司提供了一个类似的设计概念，称为热效率系统（TES）。

18.4.4.2　传动系中的振动衰减

对更高的推进效率的追求，已经导致了对于一定的发动机功率下的发动机转速的降低。这可以通过以下方法获得：

1）将行程缸径比从大约 2.0 增加到大于 4.0。

2）增加使用具有大缸径的低速发动机，从而减少气缸数量，例如选用 4 缸和 5 缸发动机。

行程缸径比（s/D）逐渐增加的趋势，已经导致变得更细长的曲轴的固有频率出现降低。因此，发动机的临界转速更经常地接近发动机的推进运行转速，必须通过仔细地调节发动机 - 螺旋桨轴 - 螺旋桨的振动系统（图 18-47）来防止这种情况的出现。如果不可能完全消除来自运行范围的共振，则应通过减振器减小振幅。当需要减振或“去谐”轴系统的轴向振动时，也应用类似的方法。

向较小数量的气缸的过渡，需要额外的措施来消除 4 缸和 5 缸发动机中的不平衡的一阶矩和二阶矩。发动机在船中的最佳布置可以起到矫正作用，为了防止船体振动的激发，发动机不应该放置在船体振动的节点上。如果这些解决方案仍然不能令人满意，则通过曲轴上的配重“去谐”一阶矩的相位关系和振幅。二阶矩通常可以由以两倍发动机转速旋转的“兰彻斯特（Lanchester）”平衡器来平衡（见第 8.1 节和 8.2 节）。将电驱动平衡器装在发动机的自由端，与集成在发动机驱动侧并由齿轮驱动的平衡质量组合，已经证明适用于衰减在 4 ~6 个气缸的二冲程发动机中经常发生的垂直二阶矩 M_{2V}。因此，平衡力矩的效果可以在船舶航行中，与负荷和速度无关地进行测试和调整（图 18-48）。安装电驱动二阶平衡器（应位于尽可能远的后方，并且还可以覆盖螺旋桨力矩的潜在干扰影响）是提供衰减振动的另一种选择，特别适用于船桥远离船尾的船舶（图 18-49）。

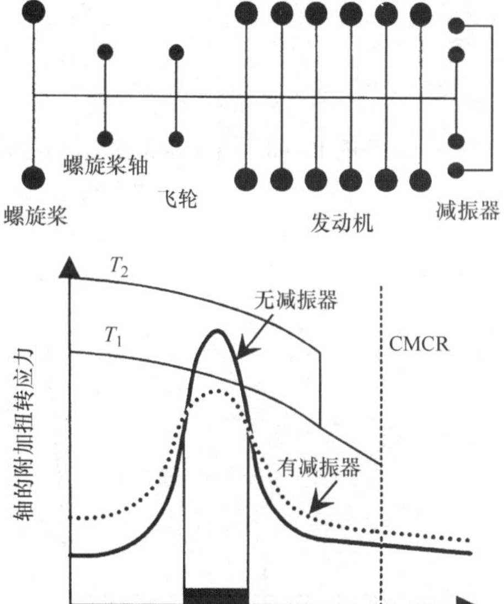

图 18-47　发动机 - 螺旋桨轴 - 螺旋桨的计算振动系统。用减振器减小扭转振动幅度。T_1 是连续模式允许极限，T_2 是过渡模式允许极限

18.4.5　展望

18.4.5.1　未来发展趋势

1. 简述

在过去几十年中，大型二冲程发动机的效率和可靠性的提高，并不意味着它的

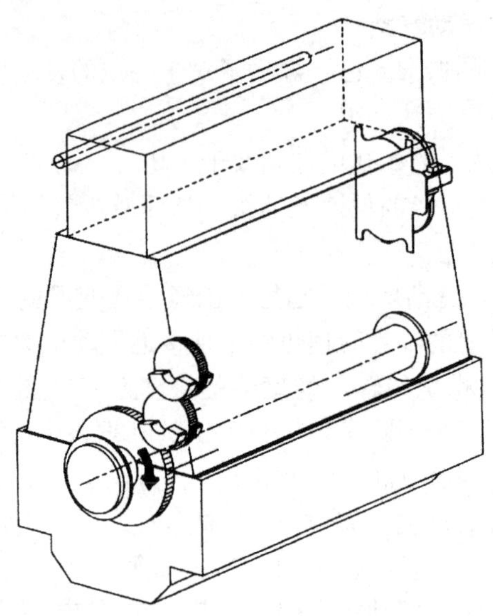

图 18-48　由安装在发动机自由端的电驱动平衡器和安装在驱动端的齿轮驱动平衡器平衡二阶矩

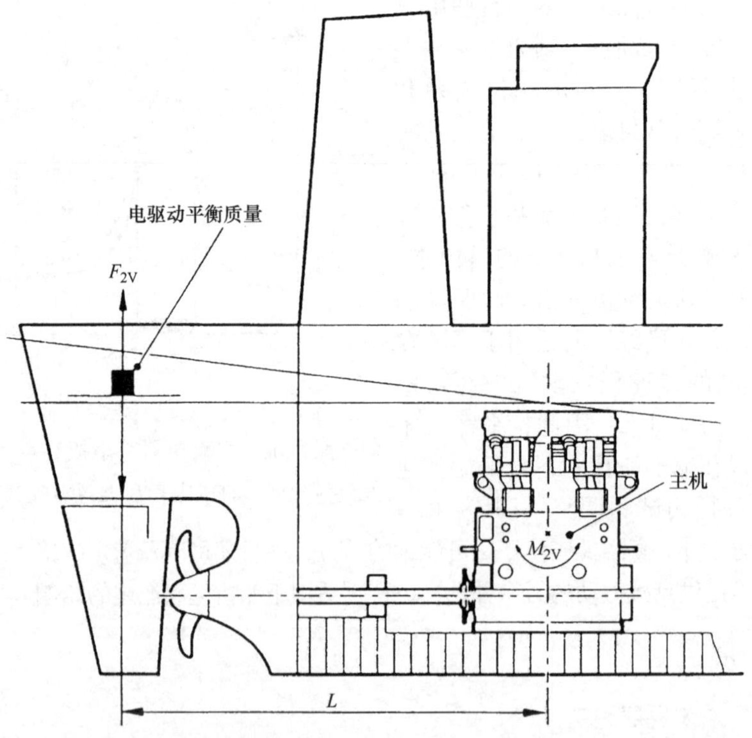

图 18-49　通过电驱动平衡质量产生二阶力以衰减由惯性矩 M_{2V} 引起的振动

发展已经达到极限。埃贝勒（Eberle）的理论分析证明了设计出热效率高于60%和升功率更高的二冲程发动机确实存在可能性。然而，由于船用柴油机继续需要特别高的可靠性，有利于功率集中或降低运行可靠性的折中是不可行的。

下面我们讨论发动机特性的未来发展情况。然而，结论可能包含一定程度的不确定性，因为它们可能受到不可量化的约束条件的影响，例如经济增长、环境要求、原油供给或技术趋势。

2. 制动平均有效压力和最大气缸压力

从热力学的角度分析，最大气缸压力与制动平均有效压力（或升有效功）的恒定的比值，对应于大致恒定的热效率水平。因此，在已证实的 $p_{Zmax}/p_e=8.0$ 的最佳比值下，当不想有任何效率损失时，目前大型二冲程发动机的最大气缸压力随制动平均有效压力呈线性增加（图 18-50）：

1）由于较高的制动平均有效压力，意味着需要有气缸中较高的最大压力，在制动平均有效压力 p_e = 21bar 时，最大气缸压力 p_{Zmax} 增加至 168bar。

2）同样，大约 4.2bar 的较高的增压压力和大约 72% 的高涡轮增压器效率是必需的（见第 2.2 节）。

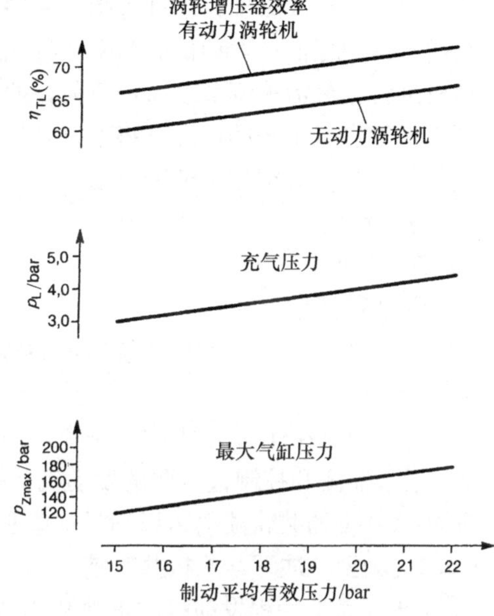

图 18-50　最大气缸压力 p_{Zmax}、增压压力 p_L 和涡轮增压器效率 η_{TL} 作为恒定热效率下的制动平均有效压力 p_e 的函数

这些数值现在已经完全实现。冷却孔冷却的原理（见第 18.4.2.2 小节）仍然具有控制部件温度水平的巨大潜力。活塞环－气缸套配合的摩擦学的发展，同样必须跟上要求，这样才能保持二冲程柴油发动机的传统可靠性。

3. 行程缸径比和活塞平均速度

对于作为气缸数 z、活塞平均速度 c_m、发动机转速 n、行程缸径比 $s/D=\zeta$ 和制动平均有效压力 p_e 的函数的发动机功率 P_e（参见第 1.2 节），可以采用下列不常见的公式进行计算

$$P_e \sim z \cdot p_e \cdot c_m^3/(n^2 \cdot \zeta^2)$$

其中由螺旋桨吸收的功率 P 是设计速度 $n_p=n$ 的函数，那么接下来有

$$P_e \sim n^a,$$

其中，$a=0.3$ 是上述参数的行程缸径比的函数。

$$\zeta_2 = \zeta_1 (n_1/n_2)^{1.15} \cdot (p_{e2}/p_{e1})^{0.5} \cdot (c_{m2}/c_{m1})^{1.5} \cdot (z_2/z_1)^{0.5}$$

下标“1”对应于当前的“最先进水平”的参考发动机，下标“2”对应于潜在的下一个发展阶段的发动机。

可以预期在下列情况下行程缸径比将进一步增加：

1）当单位活塞面积功率 $P_A \approx p_e \cdot c_m$ 更高时。

2）采用甚至更大、更低速的具有更高效率的螺旋桨。

然而，行程缸径比的增加与较高的具体成本和发动机的高度和宽度相矛盾。

结合预期的排放法规，通过将制动平均有效压力增加到21bar或更高，进一步增加高增压二冲程低速发动机的功率，将能对具有电控燃油喷射和电控排气门正时的发动机进行更灵活地调节。与全负荷时的最佳设置相对应的工作参数，在部分负荷范围内在不进行干预的情况下将不再是最佳的。

此外，这将需要根据负荷调整以下几项：

1）喷油参数。

2）气门定时。

3）冷却和润滑。

并且能够提供高性能增压系统所需的增压比，以及更高的增压效率。

这将允许：

1）对发动机在任何工况下的油耗、负荷和排放性能进行最佳调整。

2）通过监测和控制最重要的发动机功能来增加部件的可靠性。

近年来开发的共轨喷射可以满足这些必要的条件。

18.4.5.2 大型二冲程柴油机共轨技术

适用于大型二冲程发动机的重油共轨燃料喷射系统的引入，促成了在上述发展方向上的技术飞跃。

Wärtsilä的RT－flex概念自1998年在实验室发动机上进行了测试，并于2001年在6RT－flex58T型标准发动机中使用。以前控制喷射和排气门工作，并且极大地限制了优化潜力的凸轮轴被电子正时系统代替，这提供了在各种运行条件下优化发动机的极大灵活性。中央泵单元（供应单元）将重油和驱动排气门的液压油供应到位于气缸盖处的共轨单元的两个蓄压器中（图18-51）。从那里，燃油和液压油各自通过控制单元进入每个气缸上的3个外围喷油器或中央排气门。两个功能的全电子正时使得喷油正时和喷油持续时间，以及排气门动作的运行参数可以自由调节。尽管驱动气门的伺服系统的工作压力为200bar，在共轨中最大的喷射压力可以达到1000bar。集成在喷射控制单元中的计量活塞控制每个气缸的喷油量。计量活塞在任何时刻的位置，都可以通过电子装置测量得到，因此便于精确计量每个气缸的喷油量。每个气缸的3个喷嘴都是单独可控的，因此还允许在小负荷下切断单个喷嘴，以改善在最小喷油量下的喷射，并防止在部分负荷下形成炭烟排放。

RT－flex系统的主要优点是降低油耗和废气排放。此外，该技术使得能够将发

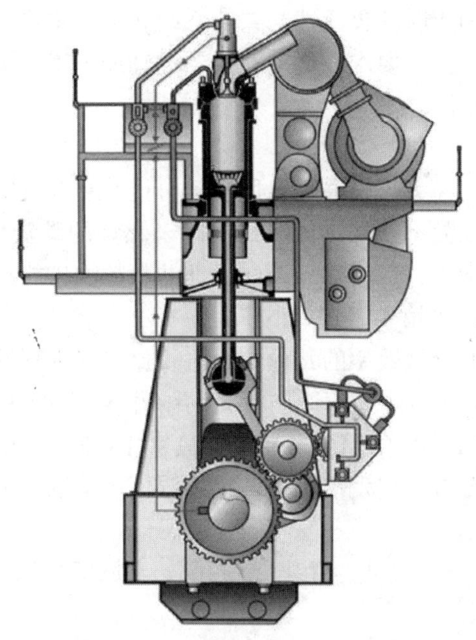

图 18-51 具有适用于重油的共轨喷射系统和电子控制排气门的 Wärtsilä RT – flex96C 二冲程柴油机的结构

动机运行参数自动调整到发动机的当前最佳状态。这是朝着“智能”发动机迈出的重要一步。

具体来说，共轨技术为大型二冲程发动机的运行性能提供了以下优点：

1）通过可变喷射压力和可自由选择的气门正时，来降低中等和中等以上负荷范围的油耗。

2）在所有工况下实现无烟运行。

3）即使最低转速在 10 ~ 15r/min 的范围内，也能实现精确的速度控制和发动机的稳定运行。

4）通过更均匀的燃烧和平衡的气缸压力水平降低机械负荷和热负荷。

5）共轨部件更容易调节和减少维护需要。

6）通过集成监测功能以及关键部件的冗余设计，提高运行可靠性和有效性。

7）较小的发动机质量（对一般缸径尺寸的发动机每个气缸大约 2t）。

8）较低的振动。

起动空气系统也是电子控制的，因此允许比机械控制系统有更好的发动机起动和制动性能。

MAN Diesel SE 还在近几年采用电子控制系列“ME”扩展了其二冲程发动机程序，其中凸轮轴已被电 – 液伺服系统替代。该系统不同于共轨系统，而是使用电 – 液驱动的单柱塞泵用于燃油喷射，以及电控阀驱动装置作为排气阀功能。喷油压力、喷油正时和气门正时的灵活性与共轨系统相当，主要差别是增加了对伺服系统的液压阻尼的要求，这一要求在气动蓄能器的辅助下得到满足，并且不能对单个喷嘴进行单独激活和切断。

18.4.5.3 废气排放

减少废气排放是现在大型二冲程船用发动机进一步开发中的首要任务。低速柴油机的固有优点是其高效率。二氧化碳排放和未燃烧的碳氢化合物的含量非常低。可见烟雾的排放也非常少，但对基于ISO标准的颗粒物排放则并非如此，特别是在燃用重油燃料运行时（见第4.3.4.2小节）。

通过比较，与具有较低效率的其他内燃机相比，二冲程发动机废气中的氮氧化物含量相对较高。根据国际海事组织防污公约附件6（IMO Marpo IAnnex VI）的规定，对于转速低于130r/min的船用发动机，氮氧化物限值为17.0g/kW·h。

为了使现在的大型二冲程发动机符合排放限值，采取以下措施：

1）更高的压缩比。

2）喷嘴的几何形状和尺寸的优化（喷孔数、喷孔直径、喷雾锥角）。

3）延迟喷油正时。

即使采取所有列出的措施选项，进一步降低NO_x排放的剩余潜力也已经不多了（见图18-52，降低NO_x排放的优化措施）。

在IMO法规或当地排放控制立法中进一步减少氮氧化物的限值是可预见的。以下附加选项可用于进一步降低NO_x（参见图18-52）：

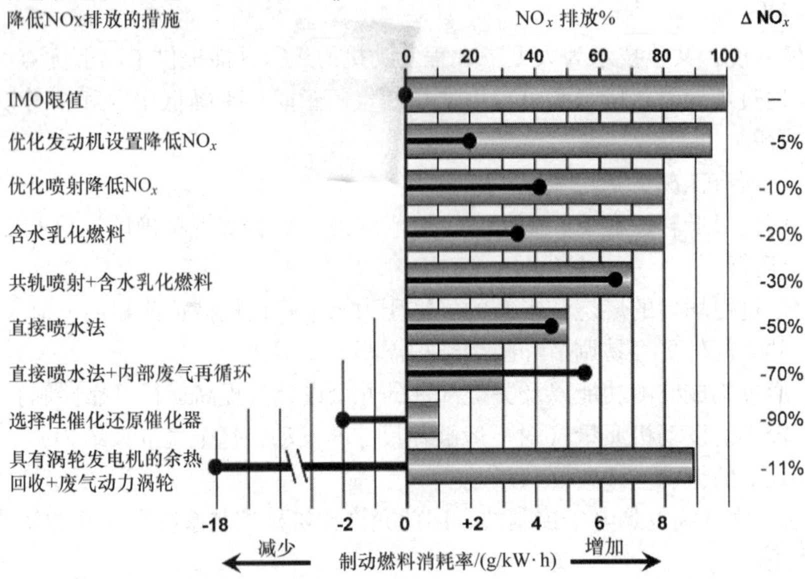

图18-52 二冲程低速发动机减少氮氧化物及其对油耗的影响的措施，根据IMO规定的目前有效的NO_x限值为17g/kW·h

1）通过共轨（CR）喷射优化喷射参数。

2）通过采用加水（加湿技术）、扫气加湿、含水乳化燃料和直接喷水，并采用与共轨喷射（Wärtsilä 的 RT – flex 系统）相结合的发动机机内净化措施，可将 NO_x减少 20% ~50% 。

3）通过缩短扫气过程（WaCoReG），将喷水与内部废气再循环相结合，从而可以将 NO_x降低高达 70% 。

4）用喷入氨水或尿素溶液的选择性催化还原（SCR）催化剂对废气进行后处理（参见第 15.6 节），从而可以转化高达 95% 的氮氧化物。

大型二冲程发动机中的选择性催化还原（SCR）催化器必须放置在废气涡轮增压器之前，因为这里的排气温度高到足以获得最佳转化率，并同时防止腐蚀问题。特别紧凑的设计允许将催化器安装在发动机的排气管中。

尽管到目前为止讨论的减少氮氧化物的措施，都会导致较高的燃料消耗（图 18-52），但是当使用选择性催化还原（SCR）催化器时，燃烧循环可以被优化以降低燃料消耗。

通过蒸汽发生器结合涡轮发电机和废气动力涡轮机（总热量回收，参见图 18-46）的废热回收，提供了总共 11% 的总驱动系统功率。这转化为相对于同等功率发动机的氮氧化物排放的减少，并且同时相应地提高了效率，因此将燃料消耗减少了 18g/kW · h（参见图 18-52）。

18.4.5.4　结论

与其他内燃机作为海洋船舶的主要动力源竞争，二冲程低速柴油机迄今为止已经能够维持甚至巩固其热效率、对重油燃料的适用性和可靠性的优势，未来的前景也令人鼓舞，由于材料技术、涡轮增压技术和电子控制共轨喷射技术的进步，它在功率密度、成本效益、可靠性和排放性能方面仍然存在相当大的潜力。使用最先进的技术进一步降低废气排放，特别是二氧化碳、氮氧化物、黑烟和颗粒物将是至关重要的。

参考文献

18-1 Lingens, A.; Feuser, W.; Bülte, H.; Münch, K.-U.: Evolution der Deutz – Medium Duty Plattform für zukünftige weltweite Emissionsanforderungen. 12. Aachener Kolloquium Fahrzeug- und Motorentechnik 2003

18-2 Wegener, U.: Elektronisch geregelte Dieselmotoren – Status und Ausblick. 13. Heidelberger Flurförderzeug-Tagung 2005. VDI-Berichte 1879

18-3 Bülte, H.; Beberdick, W.; Pütz, M.; Kipke, P.: DEVERT® – The DEUTZ Concept to Fulfill the Emission Level U.S. EPA Tier 3 and EU COM 3A for Non-Road Engines. ICES2006-1441, Aachen: ASME Spring Conference 2006

18-4 Lingens, A.; Bülte, H.; Münch, K-U.; Hülsmann, B.: Fuel Injection Strategies for Medium Duty Engines to Meet Future Emission Standards. Fisita Congress 2002

18-5 Schiffgens, H.J. et al.: Die Entwicklung des neuen MAN B&W Diesel Gas Motors 32/40 DG. MTZ 58 (1997) 10

18-6 Koch, F.; Hanenkamp, A.: Moderne Gasmotoren auf Basis der erfolgreichen MAN B&W Schweröl-Dieselmotoren. 13. Aachener Kolloquium Fahrzeug- und Motorentechnik 2004

18-7 Syassen, O.: Der konsequente Viertakt Dieselmotor. Hansa 126 (1989) 112

18-8 Lausch, W.; Fleischer, F.; Maier, L.: Möglichkeiten und Grenzen von NO_X Minderungsmaßnahmen bei MAN B&W Viertakt-Großdieselmotoren. MTZ 54 (1993) 2

18-9 Koch, F.; Hollstein, R.; Imkamp, H.: Weiterentwicklung des mittelschnelllaufenden 4-Takt-Schweröl-Dieselmotors MAN B&W 58/64. 14. Aachener Kolloquium Fahrzeug- und Motorentechnik 2005

18-10 Vogel, C.; Wachtmeister, G.; Maier, L.: New concept of HFO common rail injection system for MAN B&W MS-Diesel engines. CIMAC Congress Kyoto (2004) 136

18-11 Ollus, R.; Paro, D.: Experience and development of world's first Common-Rail Injection System for Heavy-Fuel operated Medium-Speed Diesel Engines. CIMAC Congress Kyoto (2004) 114

18-12 Vogel, C.; Haas, S.; Tinschmann, G.; Hloussek, J.: Die Motorenfamilie mittelschnelllaufender Dieselmotoren mit schweröltauglichem Common Rail Einspritzsystem von MAN B&W. 14. Aachener Kolloquium Fahrzeug- und Motorentechnik 2005

18-13 Lausch, W.; Perger, W.v.; Schmidt, H.: Systeme müssen selbst drohende Störungen schnell lokalisieren. Schiff & Hafen (1994) 11

18-14 Rulfs, H.: Großmotorenforschung am Einzylindermotor. 50 Jahre FVV. MTZ Sonderheft 2006, S. 66–68

18-15 Marquardt, L.; Berndt, B.: Untersuchung zur innermotorischen Stickoxidminderung in mittelschnelllaufenden Viertakt-Schwerölmotoren. FVV-Heft R531(2005), S. 185–203

18-16 Schlemmer-Kelling, U.: Entwicklungstendenzen bei mittelschnelllaufenden Großdieselmotoren. 6. Dresdner Motorenkolloquium 2005

18-17 Sass, F.: Bau und Betrieb von Dieselmaschinen. Berlin/Göttingen/Heidelberg: Springer 1957

18-18 Briner, M.; Lustgarten, G.: Design Aspects of the new Sulzer RTA Superlongstroke. Sulzer-interne Schrift (1981) 12

18-19 Pedersen, S.; Groene, O.: Design Development of Low Speed Engines. 21. Marine Propulsion Conference Athen: (1999) 3

18-20 Lustgarten, G.: Zweitakt-Kreuzkopf-Dieselmotor, Reife Technologie oder High-Tech? Vortrag an der TH Hannover 1989

18-21 Heim, K.: New Technologies in Sulzer Low-Speed Engines for Improving Operational Economy and Environmental Friendliness. 7th International Symposium on Marine Engineering Tokyo: (2005) 10

18-22 Eberle, M.K.; Paul, A.: Possible ways and means to further develop the diesel engine in view of economy. CIMAC Conference Warschau 1987

18-23 Demmerle, R.; Heim, K.: The Evolution of the Sulzer RT-flex Common Rail System. CIMAC Conference Kyoto (2004) 6

18-24 Egeberg, C.; Knudsen, T.; Sorensen, P.: The Electronically Controlled ME/ME-C Series Will Lead the 2-Stroke Diesel Engine Concept into the Future. Kyoto: CIMAC Kongress Mai 2004

18-25 Holtbecker, R.: Taking the Next Steps in Emissions Reduction for Large Two-Stroke Engines. CIMAC Conference Wien

图书在版编目（CIP）数据

柴油机手册/(德)克劳斯・莫伦豪尔，(德)赫尔穆特・乔克主编；于京诺，宋进桂，杨占鹏译．—北京：机械工业出版社，2017.8
（内燃机先进技术译丛）
书名原文：Handbuch Dieselmotoren
ISBN 978-7-111-57323-4

Ⅰ.①柴…　Ⅱ.①克…②赫…③于…④宋…⑤杨…　Ⅲ.①柴油机－维修－技术手册　Ⅳ.①TK428－62

中国版本图书馆 CIP 数据核字（2017）第 161742 号

机械工业出版社（北京市百万庄大街 22 号　邮政编码 100037）
策划编辑：孙　鹏　　责任编辑：孙　鹏
责任校对：张　征　刘志文　封面设计：鞠　杨
责任印制：张　博
三河市国英印务有限公司印刷
2018 年 1 月第 1 版第 1 次印刷
169mm×239mm・48 印张・975 千字
0 001—1 900 册
标准书号：ISBN 978-7-111-57323-4
定价：299.00 元

凡购本书，如有缺页、倒页、脱页，由本社发行部调换

电话服务
服务咨询热线：010-88361066
读者购书热线：010-68326294
010-88379203
封面无防伪标均为盗版

网络服务
机 工 官 网：www.cmpbook.com
机 工 官 博：weibo.com/cmp1952
金 书 网：www.golden-book.com
教育服务网：www.cmpedu.com